Frick/Knöll/Neumann/Weinbrenner

Baukonstruktionslehre
Teil 2

Von Professor Dipl.-Ing. Dietrich Neumann
und Professor Ulrich Weinbrenner
Fachhochschule Darmstadt

30., neubearbeitete und erweiterte Auflage
Mit 831 Bildern, 96 Tabellen und 24 Beispielen

B. G. Teubner Stuttgart · Leipzig 1998

Hinweise auf DIN-Normen in diesem Werk entsprechen dem Stand der Normung bei Abschluß des Manuskriptes. Maßgebend sind die jeweils neuesten Ausgaben der Normblätter des DIN Deutsches Institut für Normung e.V. im Format A4, die durch den Beuth-Verlag GmbH, Berlin Wien Zürich, zu beziehen sind. – Sinngemäß gilt das gleiche für alle in diesem Buch aufgelisteten amtlichen Richtlinien, Bestimmungen, Verordnungen usw.

Die Deutsche Bibliothek – CIP-Einheitsaufnahme

Baukonstruktionslehre / Frick ... Von Dietrich Neumann und Ulrich Weinbrenner. – [Ausg. Frick/Knöll/Neumann/Weinbrenner]. – Stuttgart ; Leipzig : Teubner
Früher u.d.T.: Neumann, Friedrich: Baukonstruktionslehre
Teil 2. Mit 96 Tabellen. – 30., neubearb. und erw. Aufl. – 1998
ISBN 3-519-25251-1

Printed in Germany
Gesamtherstellung: Graphische Betriebe Wilhelm Röck, Weinsberg
Einbandgestaltung: Peter Pfitz, Stuttgart

Vorwort

Im Juni 1909 erschien bei Teubner in Leipzig und Berlin die erste Auflage der Baukonstruktionslehre von Frick und Knöll als Leitfaden und als „Hilfsmittel für den Vortragsunterricht und die Wiederholungen“ im Baukonstruktionsunterricht der Königlich Preußischen Baugewerkschulen. Aus dem Leitfaden wurde im Laufe der Jahre ein aus zwei Teilen bestehendes Standardwerk für Architekten und Ingenieure. Mit der 27. Auflage von Teil 1 und der 26. Auflage von Teil 2 haben die jetzigen Verfasser die weitere Bearbeitung übernommen. Dabei ist bis heute der „Frick-Knöll“ die mit Abstand am weitesten verbreitete Baukonstruktionslehre für Studierende und auch ein von vielen Fachleuten geschätztes Nachschlagewerk geblieben.

Nach wie vor wird von einer Baukonstruktionslehre erwartet, daß sie die wichtigsten Aufgabengebiete des Bauens erfaßt, die unterschiedlichen Konstruktionsprinzipien in den Bereichen des Rohbaues, Innenausbaues und teilweise auch des Technischen Ausbaues berücksichtigt und dabei die sich ständig weiterentwickelnden Herstellungsverfahren aufzeigt. Schließlich muß deutlich gemacht werden, daß alle Baukonstruktionen abhängig sind von statischen Bedingungen, bauphysikalischen Einflüssen, Baustoffeigenschaften, von den Baukosten und der Bauabwicklung sowie von behördlichen Bestimmungen und Normen.

Die Bearbeiter waren daher bestrebt, erneut das Gesamtwerk gründlich zu überarbeiten, zu aktualisieren und an einigen Stellen zu ergänzen, um den bautechnischen Weiterentwicklungen gerecht zu werden. Bei der ständig zunehmenden Informationsflut, nicht zuletzt bedingt durch die immer weiter um sich greifenden europäischen Normungen, durch Zertifikationen, Güte- und Bauproduktrichtlinien, muß es verstärkt die Aufgabe einer Baukonstruktionslehre bleiben, die wesentlichen Zusammenhänge zwischen der Konstruktion und den vielen anderen Komplexen innerhalb des gesamten Baugefüges wie z. B. Standsicherheit, Materialverhalten und Verarbeitung, verständlich zu machen. Es muß dabei Ziel sein, Grundlagenwissen zu vermitteln und einen ausreichenden Überblick auch auf absehbare Entwicklungstendenzen zu geben, statt rezeptartig möglichst viele Konstruktionsmöglichkeiten aufzuzeigen.

Der bisherige Erfolg der Baukonstruktionslehre dürfte unter anderem darin begründet sein, daß es kein anderes Werk gibt, in dem nicht nur der allgemeine Bereich der Baukonstruktion, sondern auch der raumbildende Innenausbau umfassend und ganzheitlich behandelt wird. Dies beinhaltet sowohl die traditionellen Ausbautechniken als auch den Trockenbau entsprechend seiner ständig zunehmenden Bedeutung als Fertigungsprinzip.

Es war daher nicht zu vermeiden, daß der Umfang des Werkes trotz Straffung auf einigen Gebieten weiter zugenommen hat.

So wurden bei der nun vorliegenden 30. Auflage von Teil 2 die umfangreichen Sachgebiete für geneigte Dächer und Flachdächer erneut überarbeitet und durch zahlreiche neue Abbildungen ergänzt. Berücksichtigung fanden dabei die neuen Bestimmungen für die Ausführung von Dachdeckerarbeiten.

Der Abschnitt über Schornsteine wurde entsprechend der Fortentwicklung auf diesem Gebiet neu bearbeitet.

In Zusammenarbeit mit dem Institut für Fenstertechnik e.V., Rosenheim, wurden die Weiterentwicklungen auf dem Gebiet des Fensterbaues, der Verglasung und des Fenstereinbaues durch eine gründliche Neubearbeitung des Abschnittes berücksichtigt. Aufgenommen wurden neue Abschnitte über Sonnenschutz, Lüftungseinrichtungen, Einbruchhemmung und Kellerfenster.

Ebenso wurde der Abschnitt über Türen vollkommen neu bearbeitet unter besonderer Berücksichtigung des Schall-, Wärme-, Feuchte- und Brandschutzes, der Maßkoordination und moderner Montagetechniken. Eingearbeitet wurden die Weiterentwicklungen bei Türelementen aus Holz und Holzwerkstoffen, bei Metalltüren und -zargen und die Fortschreibungen bei Falz- und Bodendichtungen, Türschließmitteln und Schloßsicherungen.

Völlig neu gefaßt wurde die Behandlung von Sondertüren (Schutztüren), Wohnungsabschlußtüren, Ganzglastüren und einbruchhemmenden Türen.

Neu bearbeitet wurde auch der Abschnitt über Absteifungen und Abfangungen.

Bei der Auswahl der Bildbeispiele blieben die Bearbeiter weiterhin bemüht, nur Konstruktionen zu erwähnen, die einen kritisch beobachteten Reifeprozeß aufweisen können.

Es muß besonders darauf hingewiesen werden, daß die bei den einzelnen Abschnitten aufgeführten Normen nur eine Auswahl darstellen. An vielen Stellen sind z. Zt. Neubearbeitungen im nationalen und vor allem auch im europäischen Bereich im Gange, deren Auflistung den Rahmen des Buches sprengen würde. Dem Benutzer des Werkes muß dringend empfohlen werden, die ständige Weiterentwicklung zu beobachten.

Allen, die durch Bereitstellung von Informationen oder ihre Mitarbeit wertvolle Hilfe geleistet haben, danken wir. Unser besonderer Dank gilt Herrn Prof. U. Hestermann und Prof. L. Rongen für die allgemeine Beratung bei der Neubearbeitung und Herrn Prof. J. Schmid, Leiter des Institutes für Fenstertechnik e.V. Rosenheim, und seinen Mitarbeitern für die Beratung bei der Neufassung des Abschnittes über Fenster.

Vor allem aber verdienen Frau Dipl.-Ing. Pia Döring, Herr Dipl.-Ing. Jens Eberhardt, Frau cand. arch. Bianca Boehlck, Frau cand. arch. Clementine Michels und Frau cand. arch. Antje Paul für die zeichnerische und rechnergestützte Bearbeitung der zahlreichen neuen Abbildungen unseren Dank.

Möge diese Neuauflage sich wieder beim Studium und in der Baupraxis als brauchbare und zuverlässig Hilfe erweisen.

Darmstadt, im Sommer 1998 D. Neumann U. Weinbrenner

Inhalt

5 Fenster

1 Geneigte Dächer

1.1 Allgemeines

Dächer sollen Bauwerke vor Witterungseinflüssen und meistens auch vor Wärmeverlust schützen.

Zur eindeutigen Kennzeichnung eines Daches gehören Angaben über

— Dachform
— Dachgrundriß
— Dachtragwerk
— Dachneigung
— Dachdeckungsmaterial
— Dachdeckungsart
— Dachentwässerung.

Die Dachflächen mit der Dachdeckung können dabei auf die verschiedenste Weise hergestellt werden.

Dachdeckungen (Abschn. 1.5) erfordern deutlich geneigte Dachflächen, die in der Regel von einem Dachtragwerk getragen werden.

Dachabdichtungen (Abschn. 2) können ohne oder mit geringer Neigung auf flachen Tragwerken oder direkt auf Bauwerken oder Bauteilen aufliegen.

1.1.1 Dachformen

Dachform, Dachneigung, Dachdeckung und Dachüberstände mit Ortgang- und Traufenausbildung haben entscheidenden Einfluß auf die äußere Gesamtwirkung eines Bauwerks. Sie sollen im Einklang stehen mit dessen Funktion und sind damit weitgehend abhängig von Grundriß, Konstruktionsart und Höhe eines Gebäudes.

Herstellungs- und Unterhaltungskosten eines Daches können von der Gestaltung stark beeinflußt werden. Komplizierte Dachformen erfordern meistens aufwendige Detaillösungen, bei denen oft schon geringfügige Planungs- oder Ausführungsfehler zu schwerwiegenden Bauschäden führen können. So sollten allein aus diesen Gründen großzügige, zusammenhängende Dachflächen bei der Planung bevorzugt werden, bei denen Dachaufbauten und Unterbrechungen der Dachhaut durch Belichtungsöffnungen, Dachaufbauten, Installationen und ähnliches auf das unbedingt Notwendige beschränkt bleiben.

Bei Verschneidungen verschiedener Dachteile untereinander oder mit Dachaufbauten muß unbedingt darauf geachtet werden, daß der Regenwasserlauf nicht auf schwer abzudichtende Wandanschlüsse, schräg verlaufende Ortgänge usw. trifft. Bei manchen Dachentwürfen mit Erkern, Gauben oder Gebäudevor- oder -rücksprüngen wird vielfach übersehen, daß in solchen Fällen für oft nur kurze Traufenabschnitte gesonderte Regenfallrohre notwendig werden, die sich als sehr problematisch für die Fassadengestaltung erweisen können.

1.1.1.1 Bezeichnung der Dachformen

Die Grundformen von Dächern sind in Bild **1**.1 gezeigt. Varianten, Misch- und Sonderformen dieser Grundformen sind möglich. Sie entstehen z. B. auch, wenn geneigte Dachflächen auf nicht rechtwinkligen Baukörpern vorgesehen werden. Dabei können zwar sehr reizvolle

Dachformen mit vorspringenden und geneigten Traufen- und Firstlinien entstehen, die jedoch besondere Aufmerksamkeit hinsichtlich aller Detailpunkte und der Wasserableitung erfordern.

Spezielle Dachformen ergeben sich durch neuere Konstruktionstechniken wie Hängekonstruktionen, pneumatische Konstruktionen, Faltwerke und andere mehr (s. Bild **1**.14 und **1**.19 in Teil 1 dieses Werkes), die in diesem Zusammenhang nicht behandelt werden können und für die auf Spezialliteratur verwiesen werden muß.

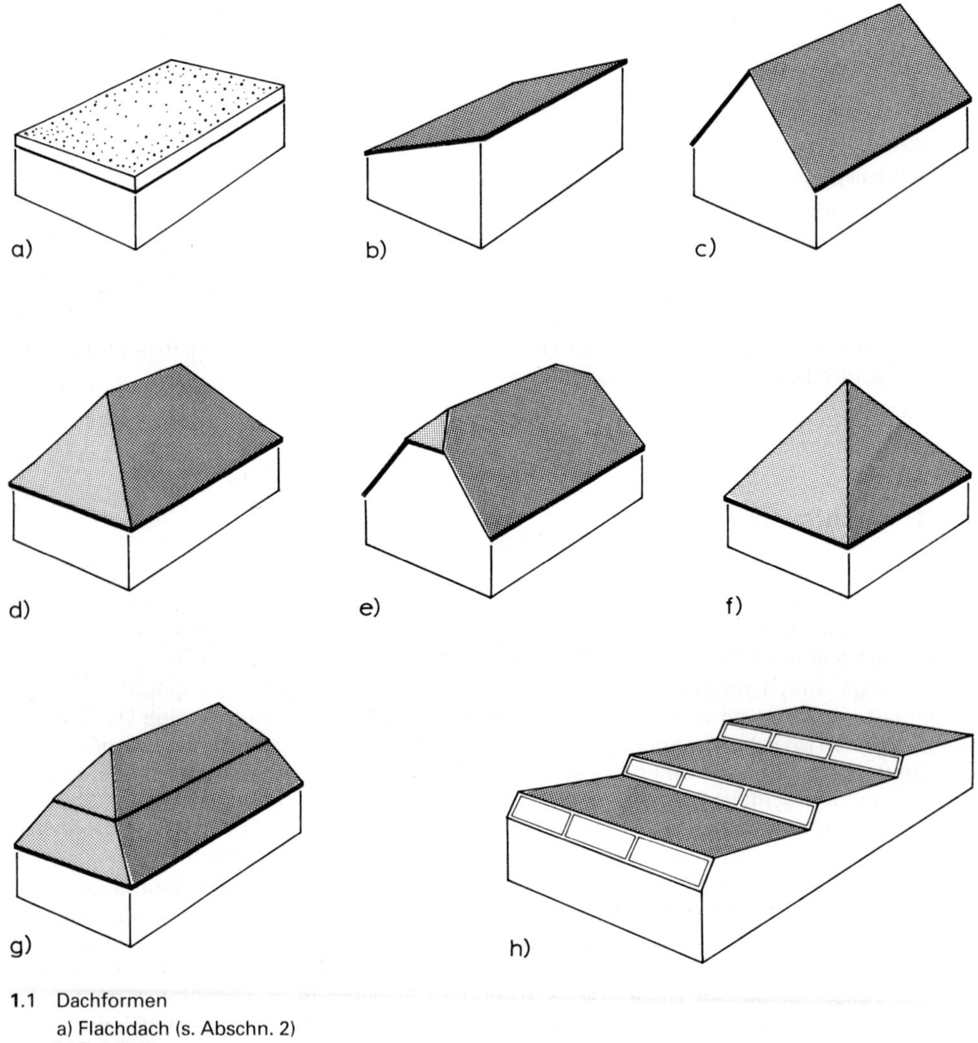

1.1 Dachformen
a) Flachdach (s. Abschn. 2)
b) Pultdach
c) Satteldach
d) Walmdach
e) Satteldach mit Krüppelwalm
f) Zeltdach
g) Mansarddach
h) Sheddach

1.1.2 Bezeichnung von Dachteilen (Bild 1.2)

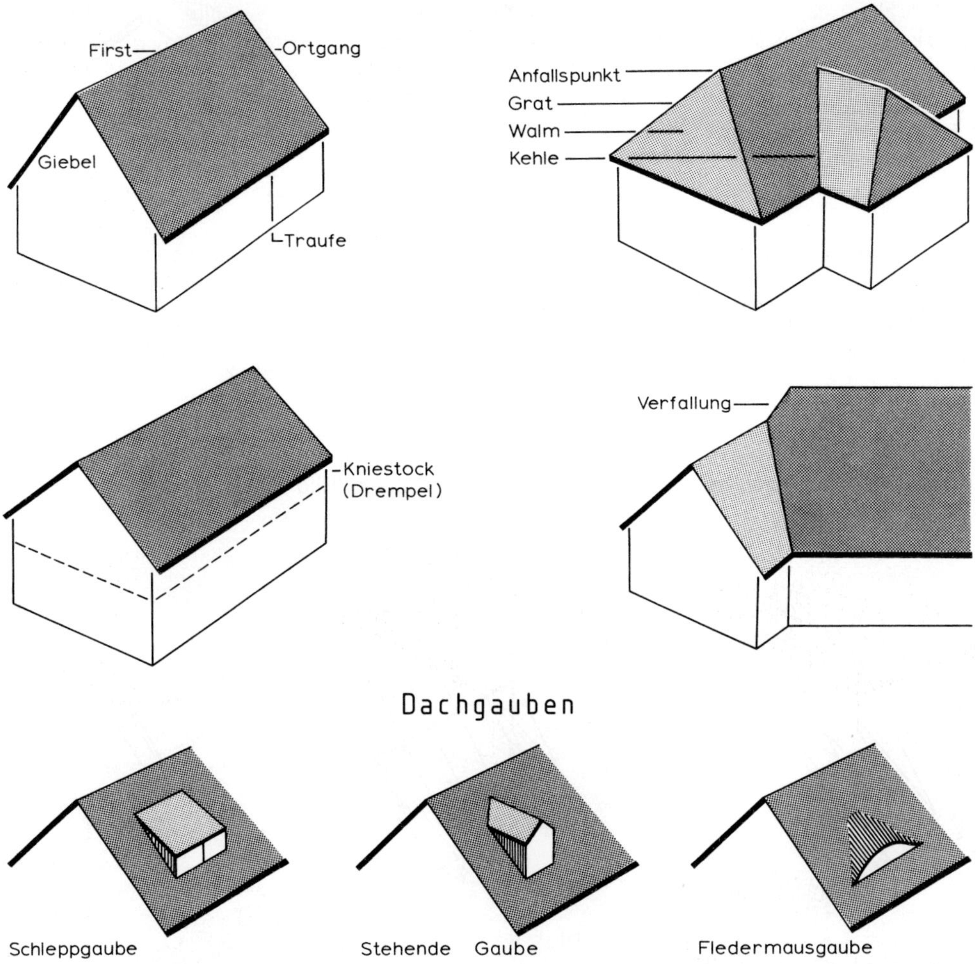

1.2 Bezeichnung von Dachteilen

1.1.3 Konstruktionsgrundregeln

Dachflächen können auf Bauwerken so aufliegen, daß sie bei senkrechter Belastung nur Belastungen mit vertikalen Auflagerkräften bewirken (Bild **1**.3 a und b). Sie können sich jedoch auch so gegeneinander abstützen, daß an den Auflagern vertikale und horizontale Kräfte auftreten (Bild **1**.3 c).

Die Grundformen für Dachkonstruktionen, die sich seit ältester Zeit herausgebildet haben, werden bezeichnet als

– Sparrendächer (Bild **1**.3 c und Abschn. 1.2.3.1),

– Pfettendächer (Bild **1**.3 b, **1**.4 b und Abschn. 1.2.3.2).

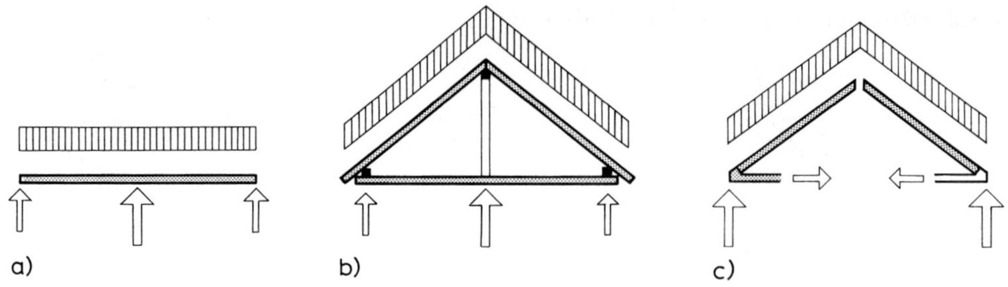

1.3 Auflagerkräfte von Dachkonstruktionen
a) Flachdächer
b) vertikale Auflagerkräfte bei Pfettendächern
c) vertikale und horizontale Auflagerkräfte bei Sparrendächern

Die aus dem Eigengewicht der Dachkonstruktionen, aus Wind- und Schneelasten und aus Nutzlast resultierenden Gesamtlasten können abgetragen werden auf Außenwände, Außen- und Innenwände bzw. -stützen und punktweise auf Stützen (Bild **1**.4).

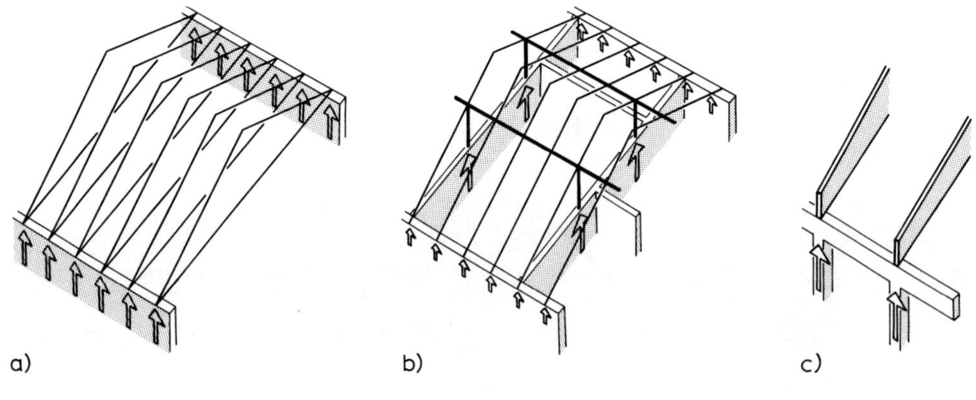

1.4 Lastabtragung
a) Abtragung der Dachlast auf die Außenwände
b) Lastabtragung auf Außen- und Innenwände
c) Lastabtragung punktweise

Gegen die Auswirkung horizontal angreifender Kräfte – (das sind besonders Windkräfte) – müssen Dachkonstruktionen für sich allein oder in Verbindung mit dem übrigen Bauwerk unverschiebbar ausgebildet sein. Das kann erreicht werden durch die Wirkung scheibenartiger Konstruktionsteile (z. B. durch Schalungsflächen oder Fußbodenflächen) oder durch Dreiecksverbände (z. B. durch Kopfbänder oder Windrispen, Bild **1**.5). Alle Dachkonstruktionen müssen gegen Abheben oder Kippen infolge Winddruck oder -sog durch entsprechendes Eigengewicht oder durch Verankerung mit dem übrigen Bauwerk gesichert sein (Bild **1**.19 und **1**.34).

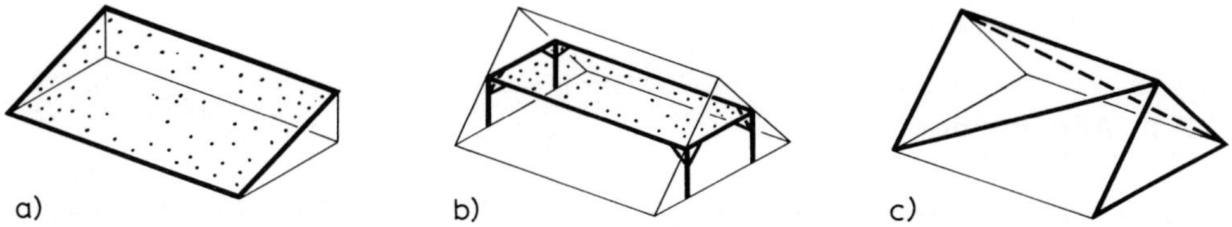

1.5 Aussteifung
a) durch Scheibenwirkung der Dachschale
b) durch biegesteifen Eckverband der Kopfbänder und Scheibenwirkung der Zwischendecke
c) durch Dreieckverbände, z. B. Windrispen (s. Bild **1**.13 u. **1**.16)

1.1.4 Zeichnerische Darstellung

Dachkonstruktionen sind in Quer- und Längsschnitten, Grundrissen und Detailzeichnungen darzustellen. Sie dienen zur

— Klarstellung der Konstruktion
— Grundlage der statischen Berechnung
— Preisermittlung
— Bauausführung.

Grundrißzeichnungen sollen zeigen

— Lage aller tragenden Bauteile wie Tragwände, Unterzüge, Stützen, Pfosten
— Lage der Binder, Pfetten, Zangen, Sparren
— Lage von Dachaufbauten, Schornsteinen, Dachfenstern oder Lichtöffnungen, Dachausstiegen und sonstigen Aussparungen mit den evtl. erforderlichen Auswechslungen
— Lage von Firstlinien, Graten und Kehlen mit Darstellung des geplanten Regenwasserablaufes
— Dachüberstände und Dachrandausbildungen.

Querschnitte sollen insbesondere den Dachbinder zeigen, d. h. den Teil des Dachtragwerkes, in dem alle Glieder der Konstruktion in ihrem Zusammenwirken erkennbar werden. Das sind z. B. beim

— Sparrendach: Sparren, Kehlbalken, Deckenbalken oder Deckenkonstruktion
— Pfettendach: Stuhlsäulen (Stiele, Pfosten), Pfetten, Streben, Sparren und ggf. Zangen, Streben, Kopfbänder.

Bei ingenieurmäßig konstruierten und berechneten Tragwerken sollen neben dem Überblick über die Gesamtkonstruktion mit allen Verbänden die Ausbildung der Knotenpunkte mit allen Maßen und Verbindungselementen in großem Maßstab deutlich gemacht werden.

In Detailzeichnungen sind Ortgang- und Traufenabschlüsse an aufgehende Wände, Lichtöffnungen, Regenrohre usw. im Zusammenhang mit Dachdeckung und Wärmeschutz darzustellen.

1.2 Dachtragwerke aus Holz

1.2.1 Allgemeines

Holz gilt nach wie vor als hervorragend geeigneter Baustoff für Dachkonstruktionen. Die hergebrachten, handwerklich hergestellten Dachtragwerke sind ständig weiterentwickelt worden, so daß es heute möglich ist, auch statisch-konstruktiv sehr anspruchsvolle Bauaufgaben gerade mit Holzkonstruktionen wirtschaftlich und formal ansprechend zu lösen. Moderne Holzverarbeitungsverfahren und Holzschutzmittel haben die ohnehin große Lebensdauer von Holzkonstruktionen noch bedeutend verbessert, die Gestaltungsmöglichkeiten ausgeweitet und die Unterhaltung wesentlich vereinfacht. Als Konstruktionsregel ist jedoch auch heute noch zu beachten, daß Hölzer, die Feuchtigkeitseinwirkungen ausgesetzt sind, leicht wieder trocknen können müssen. Vor ständiger Einwirkung von wechselnder Erdfeuchtigkeit, vor Spritzwasser (z. B. in Geländenähe) oder vor Tauwasser (z. B. bei unmittelbarer Berührung mit Mauerwerk, Beton oder größeren Metallflächen) muß Holz durch konstruktive Maßnahmen geschützt sein.

Die Widerstandsfähigkeit von Holzkonstruktionen gegen Feuer kann durch Anstrich, Imprägnierungen oder Ummantelungen erheblich verbessert werden. Verleimte Konstruktionen (z. B. Brettschichtträger, s. Bild **1**.110), Sperrholz und Spanplatten sind gegen Entflammung besonders widerstandsfähig.

Für kleinere und konstruktiv einfache Dächer werden auch heute noch Konstruktionen nach handwerklichen Erfahrungsgrundsätzen ausgeführt. In der Regel ist aber ein Standsicherheitsnachweis für das Baugenehmigungsverfahren notwendig, wobei Mindestabmessungen der einzelnen Bauteile und ihre konstruktive Verbindung untereinander untersucht und festgelegt werden.

1.2.2 Baustoff Holz

1.2.2.1 Allgemeines

Für Zimmerarbeiten werden hauptsächlich N a d e l h ö l z e r verwendet:

— Kiefer (sehr harzreich, daher dauerhaft)

— Fichte (Rottanne)

— Weißtanne (Edeltanne)

— Lärche.

Hölzer mit größeren Querschnitten (Balken, Dachverband) bestehen meist aus Kiefern- oder Fichtenholz.

Durch Anwenden der Gütevorschriften, volles Ausnutzen der Tragfähigkeit, sachgemäßen Einbau und geeigneten Holzschutz kann Holz gespart werden; ferner dadurch, daß alle Balken- und Dachverbandhölzer nach der DIN 1052 „Holzbauwerke, Berechnung und Ausführung" berechnet werden und die DIN 18334 „Zimmer- und Holzbauarbeiten" beachtet wird.

1.2.2.2 Gütebedingungen

Holzbauwerke aller Art und somit auch Dachkonstruktionen werden nach DIN 1052 bzw. nach Eurocode 5 bemessen.

Bauholz

Für Bauholz gelten DIN 4074 und DIN 68365 (Bauholz) sowie DIN EN 338 (Festigkeitsklassen), DIN EN 384 (Charakteristische Werte für Festigkeit usw.), DIN EN 518 und 519 (Sortierung usw.). Nach DIN 4074 werden hinsichtlich der Festigkeitswerte und zulässigen Beanspruchungen 3 Güteklassen unterschieden:

— Güteklasse I	besonders hohe Tragfähigkeit
— Güteklasse II	gewöhnliche Tragfähigkeit
— Güteklasse III	geringe Tragfähigkeit

Bauholz (Vollholz) für Zimmerarbeiten ist zwar auch in DIN 68365 genormt, jedoch enthält DIN 4074 eine noch weitergehende Klassifizierung der Anforderungen an Nadelschnittholz (Latten, Bretter, Bohlen, Kanthölzer an die Oberflächenbeschaffenheit, die Zulässigkeit von Krümmungen oder Verdrehungen, von Baumkanten, Ästen, Breite und Neigung von Jahresringen, von Blitz- und Frostrissen, Verfärbungen, Insektenbefall usw.

Die Sortierungsmerkmale werden unterschieden für

— „visuelle Sortierung"	Sortierklassen S 7, S 10, S 13
— „maschinelle Sortierung"	Sortierklassen MS 7, MS 10, MS 13, MS 17

Es entsprechen die Sortierklassen	S 13 bzw. MS 13	der Güteklasse GK I
	S 10 bzw. MS 10	der Güteklasse GK II
	S 7 bzw. MS 7	der Güteklasse GK III

Für zimmermannsmäßige Dachkonstruktionen wird in der Regel Vollholz der Güteklasse II verwendet.

Für die mittlere Holzfeuchte, bezogen auf die Darrmasse, ist in DIN 4074-1 festgelegt:

frisch	Holzfeuchte	$> 30\,\%$
		$> 35\,\%$ bei Querschnitten $> 200\ \text{cm}^2$
halbtrocken	Holzfeuchte	$> 20\,\%$
		$\leq 30\,\%$
		$\leq 35\,\%$ bei Querschnitten $> 200\ \text{cm}^2$
trocken	Holzfeuchte	$\leq 20\,\%$.

Holzfeuchten unter 20 % lassen sich nur durch technische Trocknung erreichen.

Die Dichte in kg/dm^3 des Holzes in lufttrockenem Zustand (s. DIN 52182) beträgt bei

— weichen Hölzern (Fichte, Tanne)	0,55
— halbharten Hölzern (Kiefer, Lärche)	0,60
— harten Hölzern (Buche, Eiche)	0,75 bis 0,80

Konstruktionsvollholz

Für Konstruktionsvollholz (KVH) aus Fichte oder Tanne zur Verwendung im Holzhausbau gelten auf Grund von Vereinbarungen zwischen dem Bund Deutscher Zimmermeister und der Vereinigung Deutscher Sägewerksverbände besondere Qualitätsstandards hinsichtlich Maßhaltigkeit und Dimensionsstabilität, optischem Erscheinungsbild, Zulässigkeit von Keilzinkungen, Standardquerschnitten und -längen sowie des Feuchtegehaltes (< 18 %). Dabei wird unterschieden zwischen Konstruktionsvollholz für den sichbaren Einbaubereich (KVH-Si) und für den nicht sichtbaren Bereich (KVH-NSi).

Brettschichtholz

Vollkantige Konstruktionshölzer mit großen Querschnitten sind heute nicht nur schwierig zu beschaffen, sie neigen wegen der verfügbaren Holzqualitäten auch besonders zum Reißen, Schwinden und Verdrehen.

Sie werden daher vielfach durch Brettschichtholz ersetzt. Es besteht aus lamellenartig zu Vollprofilen verleimten, mit Keilzinkung gestoßenen Brettern. Rechteckquerschnitte werden ab ca. 8 cm Breite und in Höhen bis über 2,00 m und Regellängen bis zu 35 m in besonders dafür zugelassenen Betrieben hergestellt. Dabei sind auch gebogene und räumlich gekrümmte Trägerformen sowie trapezförmige o. ä. Querschnitte möglich (vgl. auch Abschn. 1.2.4.2).

Kreuzbalken

Aus einheimischen Nadelhölzern werden seit einiger Zeit sogenannte Kreuzbalken hergestellt. Dabei werden vier Rundholz-Außenteile so miteinander verleimt, daß die Rundungen innen liegen, im Zentrum also ein mehr oder weniger unregelmäßig geformtes Loch entsteht. Die Jahresringe laufen dabei sehr gleichmäßig auf die Außenseiten zu. Es entstehen somit gegen Risse weit weniger anfällige Außenflächen, und es werden eine erheblich bessere Formstabilität, besseres Feuchtigkeitsverhalten bzw. bessere Trocknungseigenschaften und auch günstigere statische Eigenschaften gegenüber Vollholz erreicht.

Nach diesem Herstellungsprinzip können auch großformatige mehrschichtige Wandelemente mit Hohlräumen gefertigt werden.

Holzwerkstoffe

Für die Verwendung in zimmermannsmäßigen Konstruktionen kommen für tragende Bauteile neben den seit langem bewährten Sperrholz- und Dreischichtplatten immer stärker auch neuartige Holzwerkstoffe auf den Markt.

Dazu zählen

Furnierschichtholz, hergestellt vor allem in den USA, Kanada und Finnland (Kerto®) aus verleimten 3 mm dicken Fichten-Schälholzfurnieren. Das Material wird in Platten von 1,80 m Breite, Dicken von 27 bis 75 mm und in Längen bis zu 23 m produziert und ist für tragende Bauteile (z. B. für aussteifende Scheiben, Wind- und Knickverbände in Verbindung mit Sparren, Rippen usw. bauaufsichtlich zugelassen.

Furnierstreifenholz (Parallam PSL®) aus phenolharzverleimten parallel verlaufenden Schälfurnierstreifen aus Douglas Fir oder Southern Yellow Pine. Querschnitte von 280/490 mm und Längen bis etwa 20 m, hohe Festigkeitseigenschaften und einfache Verbindungstechniken ergeben außerordentlich wirtschaftliche Einsatzmöglichkeiten.

Streifenholz. Es wird aus langen polyurethanverleimten Furnierstreifen auch aus minderwertigen Holzqualitäten zu großen bis zu 140 mm dicken Platten gepreßt. Diese können in beliebige Einzelstreifen aufgetrennt werden.

1.2.2.3 Mängel und Fehler des Holzes

Nachteilig ist die Neigung des Holzes zum Quellen und Schwinden (bei Wasseraufnahme bzw. -abgabe), zum Reißen (bei ungleichmäßigem Austrocknen von Kern- und Splintholz) und zum Werfen (ungleichmäßiges Quellen oder Schwinden von Schnittholz mit einer Kernholz- und einer Splintholzseite).

Trocken- und Schwindrisse, von außen nach innen verlaufend und kaum zu vermeiden, beeinträchtigen die Holzfestigkeit nur wenig. Dagegen wird die Tragfähigkeit durch Kernrisse, von innen nach außen gehend, bedeutend vermindert. Auch Ringschäle, in der Richtung der Jahresringe verlaufende Risse, sowie Blitzrisse und Frostrisse sind für Holz der Güteklasse I nicht zulässig.

Gesunde, festverwachsene Äste sind keine Fehler, beeinträchtigen jedoch die Tragfähigkeit des Bauholzes, und zwar bei Zugbeanspruchung mehr als bei Druckbeanspruchung. Drehwüchsiges Holz (mit schraubenförmig verlaufenden Fasern) läßt sich schlecht bearbeiten und wirft sich leicht. Faserverlauf schräg zu den Längskanten vermindert die Festigkeit.

Bläue und harte rote Streifen sind bei Verwendung im Trockenen zulässig, nicht aber, wenn das Holz getränkt werden soll.

Rot- und Weißfäule, die den lebenden Baum befallen, beeinträchtigen die Güte des Holzes wenig. Befallenes trockenes Holz ist nur im Trockenen verwendbar. Das gleiche gilt für Holz mit Wurmfraß, falls die Bohrgänge der Käfer und Holzwespen sich nur an der Oberfläche befinden und das Holz sorgfältig mit Holzschutzmitteln imprägniert wird.

1.2.2.4 Holzschutz

Gelagertes und eingebautes Holz ist durch pflanzliche Schädigungen (Pilze wie Echter Hausschwamm, Porenhausschwamm, Kellerschwamm, Bläuepilz) und Insekten (Hausbock, Poch- oder Nagekäfer, Splintholzkäfer, Holzwespen) gefährdet.

Pflanzliche Schädigungen treten vor allem dort auf, wo Holz zu feucht eingebaut wurde und eine rasche Austrocknung nicht möglich ist oder wenn eingebautes Holz ständiger Feuchtigkeit durch Bewitterung, Kondensat oder durch an Schadensstellen eindringendes Wasser ausgesetzt wird. Zu Schutzmaßnahmen zählt daher vor allem der sachgemäße Einbau des Holzes (vgl. Abschn. 15.1 in Teil 1 des Werkes).

Wenn schädigende Beanspruchungen durch bauliche Maßnahmen nicht ausreichend zu verhindern sind, sind chemische Maßnahmen gegen den Befall schädigender Insekten nicht zu vermeiden.

Baulicher (konstruktiver) Holzschutz

Bauholz ist am meisten durch Pilze gefährdet, wenn für diese geeignete Wachstumsbedingungen vorhanden sind. Das ist überall dort der Fall, wo längere Zeit Feuchtigkeit herrscht, die über dem Wert von 20% für luftfeuchtes Holz liegt (s. Abschn. 1.2.2.2).

Zu den baulichen Holzschutzmaßnahmen ist daher schon die Wahl geeigneter Holzarten und die Einhaltung der richtigen Holzfeuchte bei der Bearbeitung und beim Einbau zu rechnen.

Bereits bei der Planung von Holzkonstruktionen ist darauf zu achten, daß diese nicht durch exponierte Lage übermäßiger Bewitterung ausgesetzt sind. Wenn das nicht zu vermeiden ist, müssen komplizierte Profilierungen und Bauteilanschlüsse vermieden werden, damit keine Feuchtigkeitsnester entstehen können. Freiliegende Holzflächen, insbesondere Hirnholzflächen, müssen durch Abdeckungen aus Metall geschützt werden oder – wenn das aus gestalterischen Gründen nicht gewünscht wird – durch zusätzliche Holzbauteile, die wie eine „Verschleißschicht" ggf. leicht zu erneuern sind. Im übrigen ist durch entsprechende Profilierungen, insbesondere durch Gefällebildung, für eine rasche Ableitung von Niederschlagswasser zu sorgen.

Der Bewitterung ausgesetzte Holzteile sollen möglichst senkrecht eingebaut werden, damit Niederschlagwasser in der Faserrichtung ablaufen kann. Insbesondere bei ungehobelten Oberflächen ist dabei auch die Schnittrichtung des Holzes entsprechend zu beachten.

An Auflagern und Berührungspunkten sind die Holzbauteile durch Zwischenlagen (z. B. durch Bitumenbahnen) gegen die aus angrenzenden Bauteilen herrührende Feuchtigkeit zu schützen. Bei eingebauten Bauteilen, wie z. B. Balkenköpfen von Holzbalkendecken, ist durch Hinterlüftung und zusätzlichen Wärmeschutz der Tauwasserbildung entgegenzuwirken (s. Abschn. 9.3 in Teil 1 des Werkes).

Während der Bauzeit sind Holzbauteile nötigenfalls durch geeignete provisorische Abdeckungen gegen länger einwirkende Feuchtigkeit zu schützen.

Chemischer Holzschutz

Holz, das nicht durch Schädlinge gefährdet ist, wie z. B. Treppen, Verkleidungen im Innenbereich, Einbaumöbel usw., wird lediglich mit Holzveredelungsmitteln behandelt, die das Holz in natürlicher Farbe belassen und einen Oberflächenschutz gegen Verschmutzung bilden.

Hölzer, die der Bewitterung ausgesetzt sind, müssen zusätzlich zu baulichen Schutzmaßnahmen vor allem gegen zerstörende und verfärbende Pilze geschützt werden.

Dabei ist zunächst die unterschiedliche Resistenz der verwendeten Holzarten gegen Pilzbefall zu berücksichtigen (Tab. **1**.6).

Durch Anstriche, die lichtechte Pigmente enthalten, ist ein Schutz gegen ultraviolette Strahlung des Sonnenlichtes möglich. Für die Herstellung wasserabweisender Oberflächen kommen biozidfreie Grundierungs- und Anstrichmittel in Frage.

Für tragende und aussteifende Holzbauteile ist in der Regel vorbeugender chemischer Holzschutz nötig.

Chemische Holzschutzmittel müssen nach dem bisherigen Stand der Forschung biozide Wirkstoffe enthalten. (Die sogenannten „biologischen" Holzschutzmittel haben sich bisher zumindest auf Dauer als nicht ausreichend erwiesen. Bauaufsichtliche Zulassungen wurden bisher nicht erteilt.) Zwar sind früher verwendete, inzwischen als außerordentlich gefährlich erkannte Wirkstoffe wie PCP, Lindan, Dioxin usw. durch andere Stoffe ersetzt, doch ist die Entwicklung wegen der erforderlichen Langzeitbeobachtungen ständig im Fluß. Aus begründeter Vorsicht sollten daher chemische Holzschutzmaßnahmen nur dort ausgeführt werden, wo sie wirklich unvermeidbar sind.

Nach den Festlegungen von DIN 68800-3 ist für den vorbeugenden Holzschutz zunächst zu prüfen, ob die Notwendigkeit des Schutzes gegen Insekten und Pilze besteht. Die Notwendigkeit wird durch Vergleich mit der Gefährdungsklasse festgestellt.

Die Wirkung der verschiedenen Einflußfaktoren ist abhängig von den konkreten Einbaubedingungen, von der Beanspruchung und der daraus sich ergebenden Gefährdung. Es wurden in der DIN 68800-3 Gefährdungsklassen definiert, die sich vorrangig an der Feuchtebeanspruchung orientieren:

GK 0	Innenbauteile, ständig trocken: keine Gefährdung durch Insekten
GK 1	Innenbauteile, trocken, rel. Luftfeuchte bis 70 %: Gefährdung durch Insekten
GK 2	Innenbauteile, rel. Luftfeuchtigkeit zeitweise über 70 %, Tauwasser und Außenbauteile ohne unmittelbare Wetterbeanspruchung: Gefährdung durch Insekten und Pilze
GK 3	Außenbauteile mit Wetterbeanspruchung: Gefährdung durch Insekten, Pilze und Auswaschung
GK 4	Holzbauteile in ständigem Erd- und/oder Süßwasserkontakt: Gefährdung durch Insekten, Pilze, Auswaschung und Moderfäule

Die Zuordnung zu den Gefährdungsklassen soll nicht formal vorgenommen werden, sondern aus den spezifischen konkreten Bedingungen abgeleitet werden. In der Norm sind Bedingungen erläutert, unter denen eine Einstufung in die GK 0 möglich ist, obwohl formal die GK 2 vorliegt. Ein chemischer Holzschutz ist demnach für die Gefährdungsklasse GK 0 nicht erforderlich.

Chemische Holzschutzmaßnahmen sind nicht erforderlich im Bereich der Gefährdungsklasse 0 und im Bereich der Gefährdungsklasse 1, wenn das Holz

— in Räumen mit üblichem Wohnklima verbaut ist,

— gegen Insektenbefall allseitig durch geschlossene Bekleidungen abgedeckt ist,

— zum Raum hin so offen eingebaut ist, daß es kontrollierbar bleibt sowie in allen Gefährdungsklassen, wenn splintfreie Farbkernhölzer nach DIN 68364 verwendet werden (Resistenzklassen s. Tab. **1**.6).

Die chemischen Schutzmittel bestehen in der Hauptsache aus wasserlöslichen und öligen Mitteln, Öl-Salz-Gemischen und Emulsionen. Das Holz kann mit den Schutzmitteln behandelt werden u. a. durch

— Streichen, Sprühen (Spritzen)
— Kurztauchen (Sek. und Min.)
— Tauchen (30 Min. bis mehrere Std.)
— Trogtränkung (mehrere Std. bis Tage)
— Kesseldrucktränkung (Schutzflüssigkeit wird in die Hohlräume des Holzes gedrückt)
— Diffusionstränkung (Schutzpaste wandert durch monatelange Diffusion in saftfrisches Holz ein).

Tabelle **1**.6 Dauerhaftigkeit verschiedener Holzarten nach DIN 68364

Resistenzklasse	Dauerhaftigkeit	Beispiel
1	sehr resistent	Robinie
2	resistent	Eiche
3	mäßig resistent	Lärche, Douglasie
4	wenig resistent	Fichte, Tanne
5	nicht resistent	Ahorn, Buche

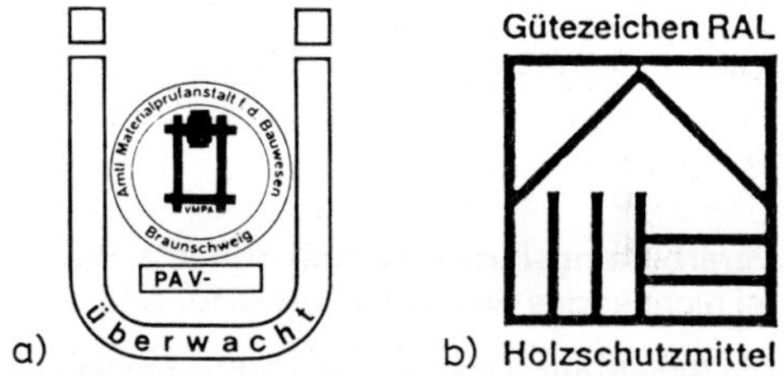

1.7 Kennzeichnung von Holzschutzmitteln
a) Überwachungszeichen
b) Gütezeichen

Je nach Schutzmittelverteilung entsteht

— Deckenschutz (an der Oberfläche)
— Randschutz (Eindringtiefe < 1 cm)
— Tiefschutz (Eindringtiefe > 1 cm)
— Vollschutz (völlige Durchsetzung)
— Teilschutz (Behandlung besonders gefährdeter Teile).

Einbringverfahren und Wirksamkeit der Mittel sind in DIN 68 800 näher erläutert.

Hölzer für Dachkonstruktionen werden in der Regel mit Salzimprägnierungen im Tauch- oder Tränkverfahren behandelt. Wichtig ist, daß durch lange Tränkzeiten eine ausreichende Eindringtiefe der Schutzsalze erreicht wird. An der Baustelle dürfen die Imprägnierungen nicht durch Regenwasser ausgewaschen werden. Die fixierenden, meistens grün gekennzeichneten Schutzmittel sind den vielfach üblichen einfacheren rot oder orange gekennzeichneten ggf. vorzuziehen. Beim Einbau etwa entstehende frische Schnitt- oder Bearbeitungsstellen ggf. auch größere Schwindrisse sind nachzuimprägnieren.

Mit schaumbildenden, einen Oberflächenfilm bildenden Feuerschutzmitteln behandelte Hölzer müssen gegen mechanische Beschädigungen und gegen Feuchtigkeit besonders geschützt werden.

In jedem Falle müssen alle Holzschutzmittel auf Grund strenger Prüfungen vom Institut für Bautechnik in Berlin zugelassen sein und das amtliche Prüfzeichen, das Überwachungszeichen (Bild **1**.7), den Prüfbescheid und Anwendungsbereich sowie Hinweise zur Verarbeitung (S = Sicherheitsratschläge bzw. R = Risikohinweise) auf den Gebinden tragen.

Die in den Prüfbescheiden enthaltenen Prädikate sind in Tabelle **1**.8 zusammengestellt.

Tabelle **1**.8 Kennzeichnung von Holzschutzmitteln

P = wirksam gegen **P**ilze

Iv = **v**orbeugend wirksam gegen **I**nsekten

Ib = wirksam bei **I**nsekten**b**ekämpfung

S = geeignet zum **S**treichen, **S**prühen, Spritzen und Tauchen

(S) = zum Spritzen sowie Tauchen von Bauholz in stationären Anlagen geeignet, nicht zum Streichen

W = auch für Holz, das der **W**itterung ausgesetzt ist, jedoch nicht in Erdkontakt oder Gewässern

E = auch für Holz, das extremer Beanspruchung ausgesetzt ist (**E**rdkontakt, fließendes Wasser o. ä.)

M = geeignet zur Bekämpfung von Schwamm im **M**auerwerk

F = Holzschutz gegen **F**euer (durch Verkieselung der Holzfasern, Entwicklung einer Schutzzone aus sauerstoffabsperrenden Gasen oder Bildung von Schmelz- bzw. Schaumschichten auf der Holzoberfläche kann Holz schwerentflammbar gemacht werden)

KL = behandeltes Holz führt bei Chrom-Nickel-Stählen nicht zu Lochkorrosion

L = Verträglichkeit mit bestimmten Klebstoffen (**L**eimen) entsprechend den Angaben im Prüfbescheid nachgewiesen.

Beispiel IvSW bedeutet: Mittel ist geeignet zum vorbeugenden Schutz gegen Insekten für Streich-, Sprüh-, Kurztauch- und Tauchverfahren und für der Witterung ausgesetztes Holz.

Verarbeitungshinweise sind genau zu beachten. Bei der Anwendung dürfen Holzschutzmittel nicht in das Erdreich, Gewässer oder die Kanalisation gelangen.

Die **Beseitigung** von leeren Gebinden ist je nach Art und Menge der Mittel auf üblichen Mülldeponien bzw. gemäß vorgeschriebenem Hinweis der Hersteller ggf. nur über die Sondermüll-Beseitigung durchzuführen.

1.2.2.5 Zurichten des Bauholzes

Nach dem Fällen sollte das Holz zwei bis drei Jahre lang austrocknen. Leider erzwingt die Marktlage oft viel kürzere Fristen. Deshalb wird häufig Holz verarbeitet, das nach dem Einbau durch Austrocknen stark schwindet. Dabei entstehen u. a. klaffende Fugen, Putzrisse und häufig Pilzbefall. Holz darf nur dann halbtrocken eingebaut werden, wenn es in Kürze für dauernd austrocknen kann. Hochwertiges Holz wird technisch getrocknet („Kammertrocknung").

Durch Schneiden des Stammes im Sägegatter entsteht Schnittholz verschiedener Abmessungen. *Kanthölzer* sind besonders günstig geschnitten, wenn das Kernholz im Schnittpunkt der Querschnittachsen liegt. Ebenso sind *Bretter* mit stehenden Jahresringen (Kernbretter, Herzdielen) wertvoller als Seitenbretter (Bild **1**.9).

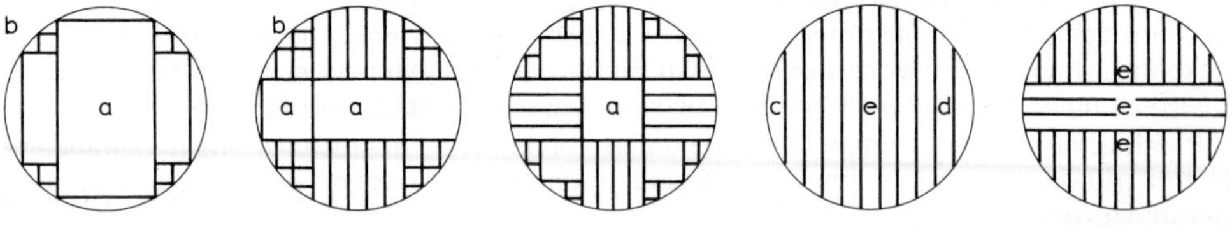

1.9 Sägeschnitte
- a Kanthölzer
- b Latten
- c Schwarten
- d Seitenbretter
- e Kernbretter (Herzdielen)

günstigstes Widerstandsmoment für Vollbalken bei Seitenverhältnis ≈ 5 : 7
günstigstes Trägheitsmoment für Vollbalken bei Seitenverhältnis ≈ 4 : 7

Unterschieden wird das Bauholz hinsichtlich der Lieferform nach Sortierklassen (s. Abschn. 1.2.2.2 und Tab. **1**.10).

Im allgemeinen genügt fehlkantiges Bauholz (Sortierklasse S 10 bzw. MS 10), vollkantiges soll nur in Ausnahmefällen verlangt werden.

Tabelle **1**.10 Sortierkriterien für Kanthölzer bei der visuellen Sortierung (DIN 4074-1)

Sortiermerkmale	Sortierklassen		
	S 7	S 10	S 13
1. Baumkante[1)]	alle vier Seiten müssen durchlaufend vom Schneidwerkzeug gestreift sein	bis $^1/_3$, in jedem Querschnitt muß mindestens $^1/_3$ jeder Querschnittsseite von Baumkante frei sein	bis $^1/_8$, in jedem Querschnitt muß mindestens $^2/_3$ jeder Querschnittsseite von Baumkante frei sein
2. Äste[2)]	bis $^3/_5$	bis $^2/_5$ nicht über 70 mm	bis $^1/_5$ nicht über 50 mm
3. Jahrringbreite – im allgemeinen – bei Douglasie	 – –	 bis 6 mm bis 8 mm	 bis 4 mm bis 6 mm
4. Faserneigung	bis 200 mm/m	bis 120 mm/m	bis 70 mm/m
5. Risse – radiale Schwindrisse (= Trockenrisse) – Blitzrisse Frostrisse Ringschäle	 zulässig nicht zulässig	 zulässig nicht zulässig	 zulässig nicht zulässig
6. Verfärbungen – Bläue – nagelfeste braune und rote Streifen – Rotfäule Weißfäule	 zulässig bis zu $^3/_5$ des Querschnitts oder der Oberfläche zulässig nicht zulässig	 zulässig bis zu $^2/_5$ des Querschnitts oder der Oberfläche zulässig nicht zulässig	 zulässig bis zu $^1/_5$ des Querschnitts oder der Oberfläche zulässig nicht zulässig
7. Druckholz[3)]	bis zu $^3/_5$ des Querschnitts oder der Oberfläche zulässig	bis zu $^2/_5$ des Querschnitts oder der Oberfläche zulässig	bis zu $^1/_5$ des Querschnitts oder der Oberfläche zulässig
8. Insektenfraß	Fraßgänge bis 2 mm Durchmesser von Frischholzinsekten zulässig		
9. Mistelbefall	nicht zulässig	nicht zulässig	nicht zulässig
10. Krümmung – Längskrümmung, Verdrehung	bis 15 mm/2 m	bis 8 mm/2 m	bis 5 mm/2 m

1) Die Breite der Baumkante wird schräg gemessen und als Bruchteil der größeren Querschnittsseite angegeben.

2) Maßgebend ist der kleinste sichtbare Durchmesser der Äste. Die Ästigkeit berechnet sich aus dem Druckmesser geteilt durch das Maß der zugehörigen Querschnittseite. Maßgebend ist der größte Ast.

3) Druckholz wird im lebenden Baum als Reaktion auf äußere Beanspruchungen gebildet und ist durch eine vom üblichen Holz verschiedene Struktur gekennzeichnet. In mäßigem Umfang ist Druckholz ohne wesentlichen Einfluß auf die Festigkeitseigenschaften, kann aber wegen des ausgeprägten Längsschwindverhaltens eine erhebliche Krümmung des Schnittholzes verursachen.

1.2.2.6 Holzabmessungen

In DIN 4070 bis 4073 sind die Schnittholzabmessungen festgelegt.

Tabelle **1**.11 Holzabmessungen für Nadelschnittholz nach DIN 4070-1 (die Maße gelten für halbtrockenes [verladetrockenes] Holz in rauhem Zustande)

Kantholz in cm/cm						Balken in cm/cm				Latten in mm/mm			
8/8	6/10	6/12	6/14	8/16	8/18	8/20	10/22	12/24	12/26	24/48	30/50	40/60	50/80
	8/10	8/12	8/14	10/16	10/18	10/20	16/22	16/24	20/26				
	10/10	10/12	10/14	12/16	14/18	12/20	18/22	18/24					
		12/12	12/14	14/16	18/18	14/20		20/24					
			14/14	16/16		16/20							
						20/20							

Längenstufung innerhalb eines Meters 0,0 0,25 0,50 0,75 1,00 m

Bretterdicken

rauhe Bretter (besäumt und unbesäumt) nach DIN 4071:

— Dicke 10 12 15 18 20 22 24 26 28 30 35 und 40 mm;

— Längenstufung innerhalb eines Meters für Nadelholz wie vor, für Laubholz von 10 zu 10 cm

gehobelte Bretter (besäumt/unbesäumt) nach DIN 4073 für lufttrockenes Nadelholz:

— Dicke 7 9 12 15 17 21 23 27 32 und 36 mm (Brett- und Bohlenbreiten $\geqq$ 8 cm).

Bohlen

rauhe Bohlen (besäumt und unbesäumt) nach DIN 4071:

— Dicke 45 50 55 60 65 70 80 90 und 100 mm; Längenstufung wie vor gehobelte Bohlen (besäumt/unbesäumt) nach DIN 4073 für lufttrockenes Nadelholz:

— Dicke 40 45 50 55 60 65 75 mm.

Wegen der Dicke der künstlich getrockneten gehobelten Bretter und Bohlen (Nadelholz und Laubholz) s. DIN 4073.

1.2.2.7 Zulässige Spannungen

In Bauwerken aus Bauholz nach DIN 4074 sind die zulässigen Spannungen nach DIN 1052 zu berücksichtigen. Die zulässige Spannung richtet sich nach der Güteklasse des Holzes. Nadelholz ist nach DIN 4074 auszuwählen und zu beurteilen. Für Zugglieder darf Holz der Güteklasse III nicht verwendet werden.

1.2.3 Dachtragwerke als Zimmermannskonstruktionen

Nachfolgend werden herkömmliche, nach Erfahrungsregeln gestaltete und bemessene Dachkonstruktionen besprochen, wie sie noch ausgeführt werden. Die aufwendigeren in diesem Zusammenhang dargestellten Zimmermannskonstruktionen werden heute jedoch vielfach ersetzt durch Tragwerke, in denen vorgefertigte Holzbauelemente mit weitaus günstigeren statischen Eigenschaften als das übliche Bauholz wirtschaftlichere Lösungen ermöglichen. Im Hinblick aber auf die immer wichtiger werdenden Gebiete der Bauerhaltung und -sanierung sowie der Denkmalpflege erscheinen auch Kenntnis und Beurteilungsvermögen älterer Konstruktionen nötig.

1.2.3.1 Sparrendächer

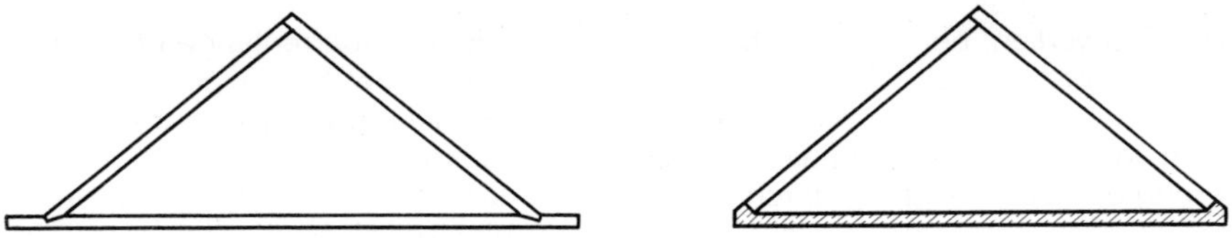

a) b)

1.12 Prinzip des Sparrendaches
a) Sparrendach in Verbindung mit Holzbalkendecke
b) Sparrendach in Verbindung mit Stahlbetondecke

Sparrendächer bilden einen stützenfreien Dachraum und erleichtern die Nutzung von Dachgeschossen (Bild **1**.12). Beim Sparrendach bilden zwei Sparren mit einem Deckenbalken oder dem dazugehörigen Streifen einer Massivdecke ein unverschiebliches Dreieck („Gespärre"). Die gesamte Dachlast wird – ohne die Decke zu belasten – auf die Außenwände übertragen. Decke oder Deckenbalken werden auf Zug beansprucht. Größere Öffnungen in Decken erfordern daher besondere konstruktive Aufwendungen. Ebenso sind größere Öffnungen in der Dachfläche für Dachfenster oder Gauben zu vermeiden. Dabei sollte möglichst nur ein Gespärre „ausgewechselt" werden (Bild **1**.13).

Dabei müssen die „Wechselsparren" die Belastungen aus den Feldern der ausgewechselten Sparren übernehmen und sind daher in der Regel gegenüber den normalen „Feldsparren" gemäß statischem Nachweis zu verstärken.

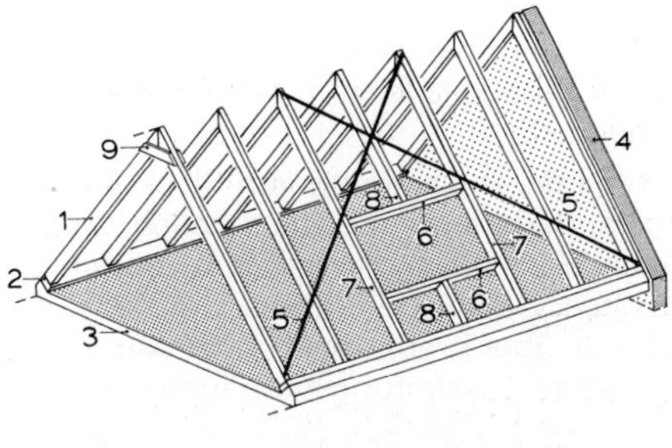

1.13
Sparrendach; Begriffe
1 Sparren
2 Schwelle
3 Deckenplatte (oder Holzbalkendecke)
4 Giebelscheibe
5 Windrispen (Gegenseite nicht eingezeichnet)
6 Wechsel
7 Wechselsparren
8 ausgewechselter Sparren
9 Firstlasche (vgl. Bild **1**.14, hier nur im 1. Gespärre eingezeichnet)

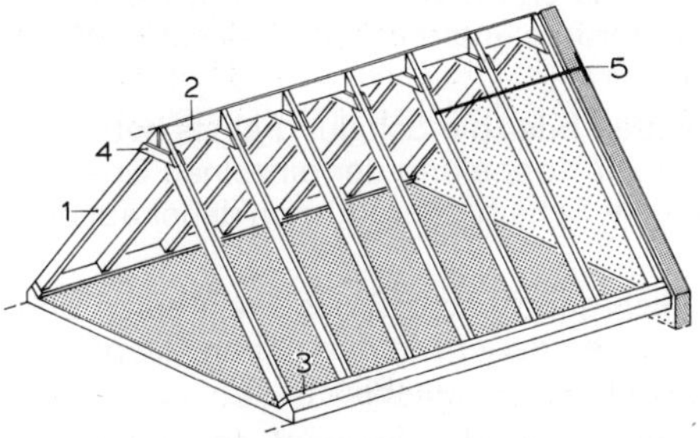

1.14 Einfaches Sparrendach ohne Kehlbalken; Sparrenlänge < ca. 5,00 m (schematisch; Windrispen, Laschen usw. nicht eingezeichnet)

1 Sparren
2 Firstbohle (nicht tragend)
3 Schwelle
4 Firstlaschen
5 Giebelanker

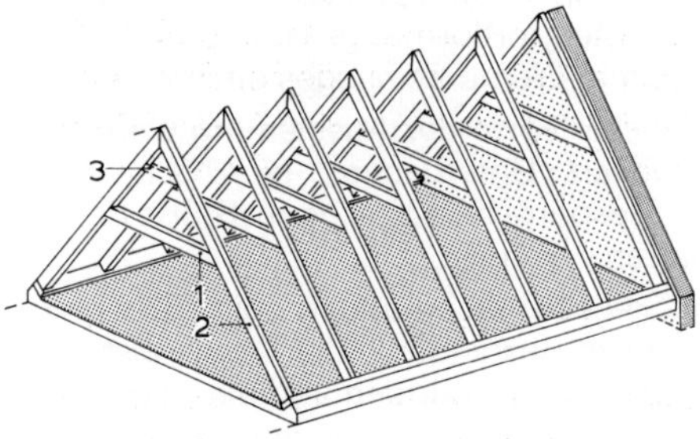

1.15 Sparrendach mit Kehlbalken (schematisch; Windrispen, Laschen usw. nicht eingezeichnet)

1 Kehlbalken
2 Sparren
3 Hahnenbalken (vgl. Bild **1**.21 b)

Der Sparrenabstand beträgt mit Rücksicht auf die Dachlattenabmessung je nach Gewicht der Dachdeckung 70 bis 100 cm.

Über kleineren Bauwerken, bei denen sich je nach Dachneigung Sparrenlängen bis etwa 5,00 m ergeben, können einfache Sparrendächer wie in Bild **1**.14 bzw. **1**.18 geplant werden. Bei größeren Dachabmessungen werden die erforderlichen Abmessungen der Sparren unwirtschaftlich. In der Regel werden die Sparren eines Gespärres deshalb gegeneinander zur Abminderung der Durchbiegung durch Kehlbalken als Druckstäbe abgestützt. Sparrendächer in derartiger Form werden deshalb auch als „Kehlbalkendächer" bezeichnet (Bild **1**.15).

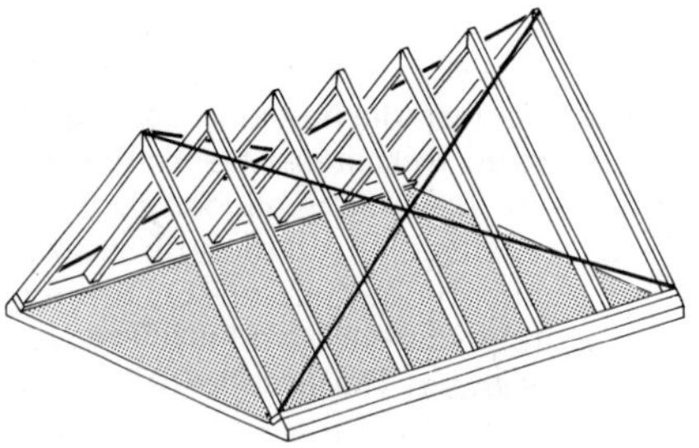

1.16 Aussteifung durch Rispenbänder

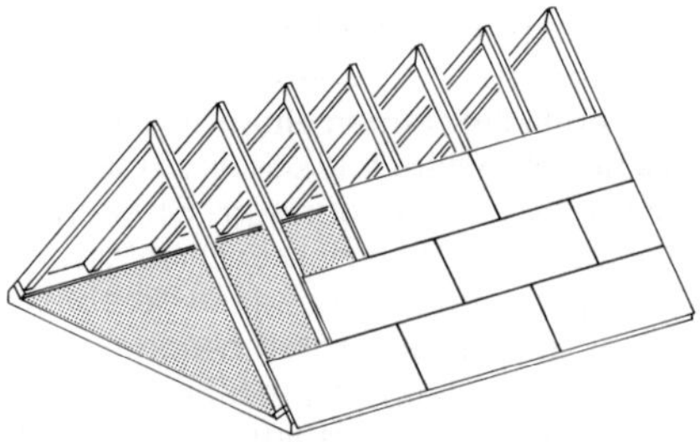

1.17 Aussteifung durch großformatige Bauelemente

In Längsrichtung müssen die Gespärre von Sparrendächern durch „Windrispen" ausgesteift werden. In herkömmlicher Ausführung waren das diagonal in der Dachfläche unter die Sparren genagelte Bretter. Durch diese Ausführungsart wird jedoch ein Dachausbau zu sehr behindert.

Daher ist die Aussteifung von Rispenbändern aus verzinkten, gelochten etwa 4 cm breiten Stahlbändern heute meistens üblich. Sie werden auf die Oberseite der Sparren (d.h. unterhalb der Dachlattung) angebracht, damit möglichst nur geringe außermittig Kraftanschlüsse entstehen. Da solche Stahlbänder nur Zugkräfte übertragen können, müssen sie auf jeder Dachseite über Kreuz angeordnet werden (Bild **1**.16). Bei größeren Dachflächen sind mehrere derartige Aussteifungsverbände vorzusehen.

Statt durch Windrispen können die Dachflächen auch durch im Verband verlegte und verschraubte großformatige Holzspanplatten oder vorgefertigte entsprechend belastbare Wärmedämm-Elemente ausgesteift werden (Bild **1**.17).

Bei dieser Form der Aussteifung werden die Dachlatten oder die Schalung eines evtl. vorhandenen „Unterdaches" (s. Abschn. 1.8.1) statisch zur Koppelung der einzelnen Sparren bzw. Gespärre herangezogen. Stöße der Dachlatten bzw. Schalbretter müssen daher auf den Sparren vernagelt sein.

Die Giebelscheiben bilden beim Sparrendach lediglich den Abschluß des Dachraums und sind nicht Bestandteile der Dachkonstruktion. Sie müssen daher mit den ersten Gespärren durch Anker verbunden und damit gegen Kippen gesichert werden (Bild **1**.14).

Die gesamte Dachkonstruktion muß mit dem darunter liegenden Bauwerk so verbunden werden, daß alle auftretenden Horizontal- und Vertikalbeanspruchungen sowie Kippmomente aus Winddruck und -sog sicher übertragen werden. Bei Sparrendachkonstruktionen in Verbindung mit Holzbalkendecken sind die Deckenbalken mit dem Mauerwerk oder den in der Regel notwendigen Ringbalken zu verankern (vgl. Bild **1**.18). Wenn Massivdecken Bestandteil von Sparrendachkonstruktionen sind, werden die dabei notwendigen Schwellen oder Sparrenschuhe fest mit dem Bauwerk verankert (Bilder **1**.19).

Einfache Sparrendächer

Ein einfaches Sparrendach in alter handwerklicher Ausführung über einem kleineren Bauwerk zeigt Bild **1**.18. Am First wurden die Sparren nach alter, handwerklicher Art durch „Scherzapfen" mit Hartholznagel von quadratischem Querschnitt in entsprechender Bohrung gesichert (Bild **1**.18, Punkt B1). Heute bildet man die Firstverbindung jedoch meist mit einer Firstbohle und mit doppelten, genagelten Brettlaschen aus (Punkte B2 und B3). Dadurch wird nicht nur der arbeitsaufwendige Scherzapfen vermieden, sondern auch ein einfacheres Ausrichten des gesamten Daches ermöglicht. Die Firstbohle hat keine tragende Funktion im Dachverband, ist jedoch ein Bauteil zur Stabilisierung des Daches in Längsrichtung.

Die am Fußpunkt des Sparrens auftretenden Schubkräfte werden bei Holzbalkendecken durch „Versatz" in die Deckenbalken übertragen. Der Sparrenanschluß muß gegen das Balkenende zurückgesetzt werden, damit eine ausreichend große Scherfläche („Vorholz") entsteht, die errechnet werden muß und keinesfalls weniger als 20 cm lang sein soll. Die handwerkliche Ausführung mit „Stirnversatz" und Zapfen (Bild **1**.18 A1) wird wegen des hohen Arbeitsaufwandes in dieser Form nicht mehr ausgeführt. Auch die Ausführung ohne Zapfen erfordert aber eine relativ große Vorholzlänge. Diese kann reduziert werden, wenn der „Fersenversatz" oder „Doppelversatz" angewendet wird (Bild **1**.18 A2). Eine einfachere Lösung ergibt sich, wenn eine längs auf die Balkenenden aufgenagelte Bohle die Horizontalkräfte der Sparren aufnimmt und diese durch Laschen angeschlossen werden (Bild **1**.18 A3). Bei diesen Ausführungsarten ergibt sich der für derartige Sparrendächer typische Knick in der Dachebene, der durch einen „Aufschiebling" gemildert wird. Aufschieblinge, die meistens aus einer dicken Bohle geschnitten und durch Nägel auf Balken und Sparren befestigt werden, sind eine besondere Eigenart des Sparrendaches in Verbindung mit Holzbalkendecken.

Stahlblech-Sparrenhalter (Bild **1**.18 A4) ermöglichen es, einen versatzähnlichen Sparrenanschluß so weit nach außen zu verlegen, daß keine Aufschieblinge erforderlich sind und die Sparrenenden sogar überstehen können.

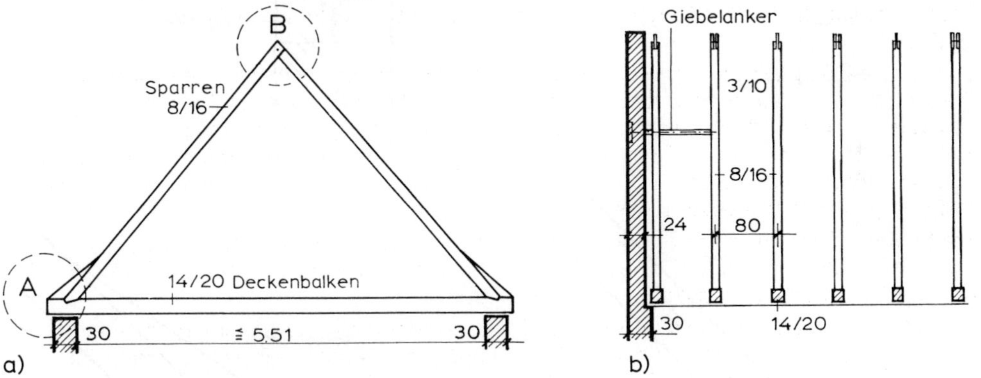

1.18 Einfaches Sparrendach auf Holzbalkendecke[1]), Fortsetzung s. nächste Seite
a) Querschnitt, b) Längsschnitt

A Fußpunkt
A 1 Sparrenanschluß mit Stirnversatz und Aufschiebling
A 2 Sparrenanschluß mit Doppelversatz und Aufschiebling
A 3 Sparrenanschluß mit aufgenagelter Längsknagge und Brettlaschen
A 4 Sparrenanschluß mit Stahl-Sparrenschuh

B First
B 1 Sparrenverbindung mit Scherzapfen
B 2 Sparrenverbindung mit Laschen und Firstbohle
B 3 Sparrenverbindung mit Sperrholzlaschen und innenliegenden Firstbohlen

1) Die im Bild angegebenen Holzdimensionen sollen als Anhalt dienen. Sie sind in jedem Fall durch Standsicherheitsnachweis zu ermitteln.

Bild 1.18, Fortsetzung

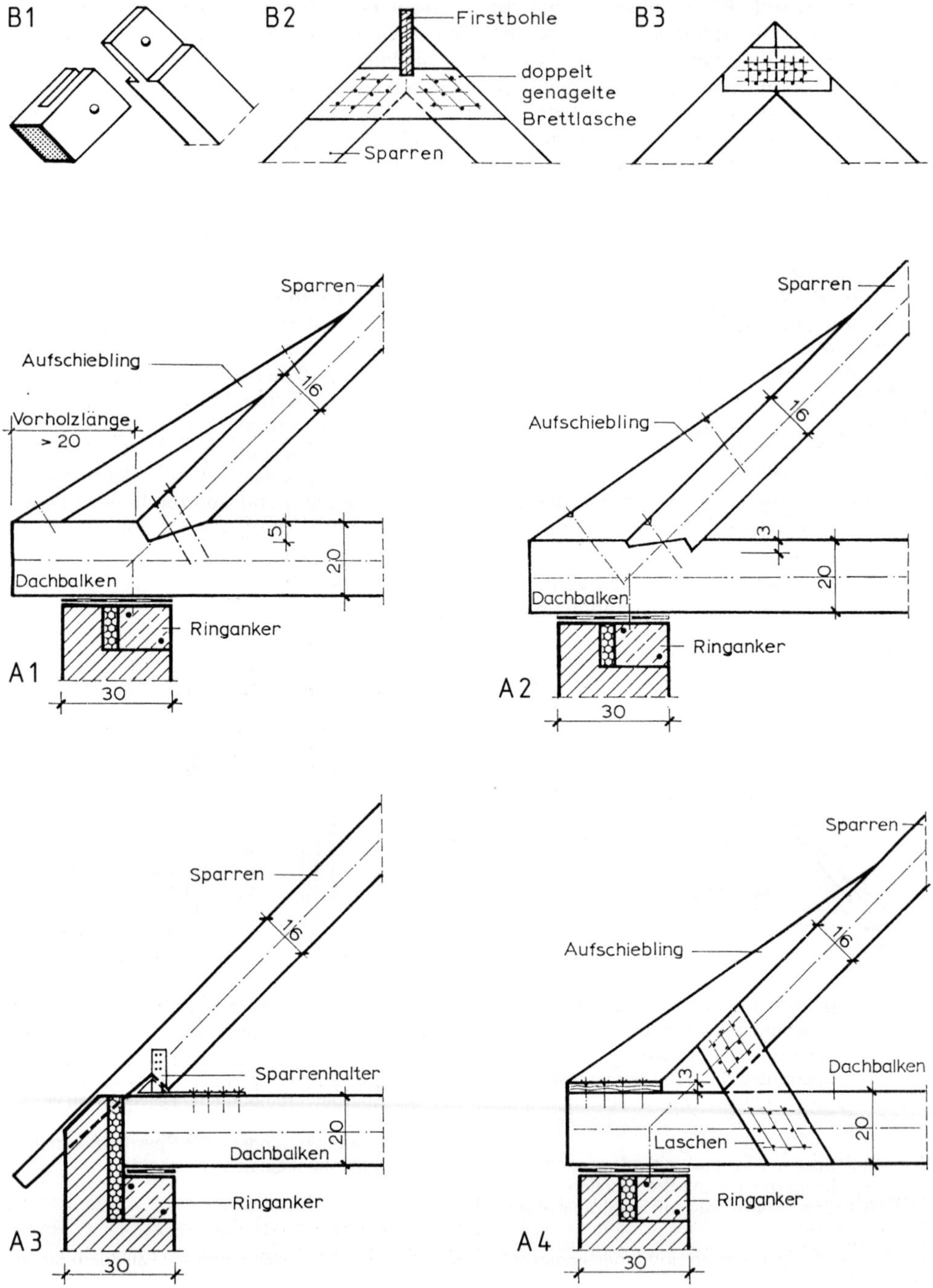

In jedem Fall ist die Einleitung der Horizontalkräfte am Auflager der Sparren statisch nachzuweisen.

In der Regel liegen die Balken auf Ringankern (s. Abschn. 6.2.1 in Teil 1 des Werkes) der Außenwände auf (vgl. Bild **1**.18 A1 bis A4). Durch geeignete Verankerung ist die gesamte Dachkonstruktion gegen Winddruck bzw. -sog zu sichern.

Die am Sparrenfuß auftretenden Horizontalkräfte können natürlich auch von Massivdecken – am einfachsten von Stahlbetonplatten – aufgenommen werden. Die Sparren werden entweder mit einer Fußschwelle auf eine Deckenaufkantung gesetzt (Bild **1**.19 a) oder mit Stahlblech-Sparrenschuhen in Verbindung mit einbetonierten Ankerschienen am Deckenrand angeschlossen (Bild **1**.19 b).

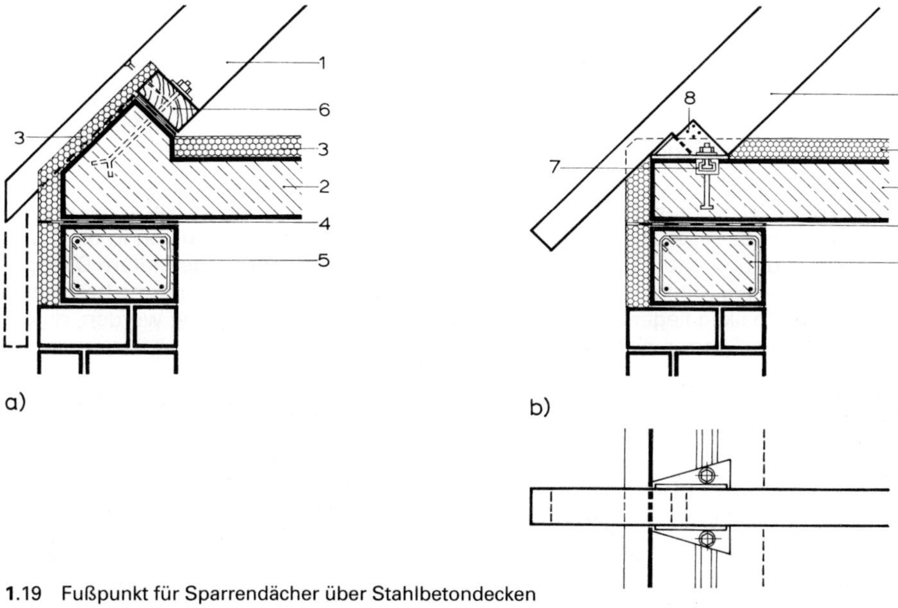

1.19 Fußpunkt für Sparrendächer über Stahlbetondecken
a) Stahlbetondecke mit Aufkantung
b) Sparrenanschluß mit Ankerschiene, Schnitt und Grundriß

1 Sparren
2 Stahlbetondecke
3 Wärmedämmung
4 Gleitlager
5 Ringanker
6 Fußschwelle mit Verankerung an der Deckenaufkantung, Sparren genagelt
7 Ankerschiene, einbetoniert
8 Stahlblech-Sparrenschuh (BTM) auf Ankerschiene verschraubt, Sparren seitlich genagelt

Traufenüberstände sind bei Sparrendächern in Verbindung mit Holzbalkendecken statisch ungünstig, weil in den Deckenbalken bei einem größeren Überstand zusätzliche Biegemomente entstehen (Bild **1**.20 b). Wenn aus gestalterischen Gründen überstehende Traufengesimse vorgesehen werden sollen, sind bei der traditionellen Konstruktion lange Aufschieblinge unvermeidlich (Bild **1**.20 c). Werden die Fußpunkte jedoch im Zusammenhang mit Stahlbetondecken ausgebildet (Bild **1**.19), können die Sparren problemlos Überstände haben (Bild **1**.20 d).

Ortgangüberstände sind bei Sparrendächern konstruktiv nicht zu begründen, da ja an den Gebäudeabschlüssen die letzten Gespärre auf der Innenseite der Giebelscheiben stehen. In der Regel wird daher hier lediglich die Dachdeckung über die Giebelscheiben hinweggezogen.

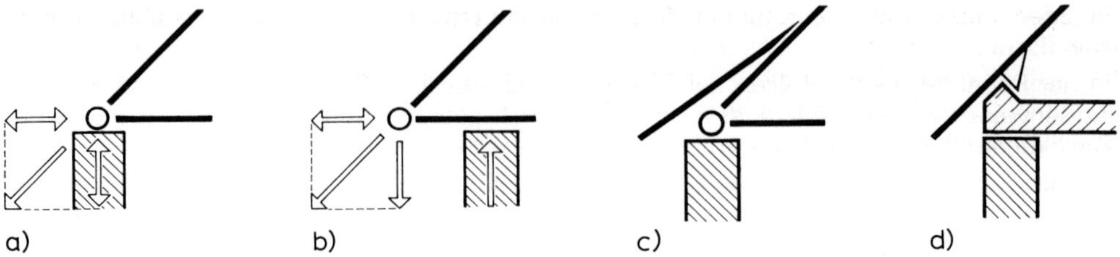

1.20 Konstruktive Überlegungen für Dachüberstände bei Sparrendächern
a) Sparrenanschluß mit Versatz auf Holzbalkendecke
b) Gesimsbildung durch Balken- oder Deckenüberstand (stat. ungünstige Lösung)
c) Gesimsform durch Aufschiebling
d) Gesimsbildung bei Sparrenanschlüssen auf Stahlbetondecken

Sparrendächer mit Kehlbalken

Bei größeren Gebäudetiefen, d. h. bei Sparrenlängen über etwa 4,50 m, sind die Sparren gegen Durchbiegen zu sichern. Das geschieht durch Einfügen eines Kehlbalkens, der je zwei Sparren gegeneinander abstützt. Der Kehlbalken läge statisch am günstigsten in der Mitte des Sparrens, wo die Durchbiegung am größten ist (Bild **1**.21 a). Bei ausgebautem Dachgeschoß wird die Lage der Kehlbalken aber durch die Höhe der Dachgeschoßräume bestimmt. Das über dem Kehlbalken liegende Sparrenende kann bis etwa 3,50 m lang werden, da die gegenüberliegenden Sparren sich im First gegenseitig stützen.

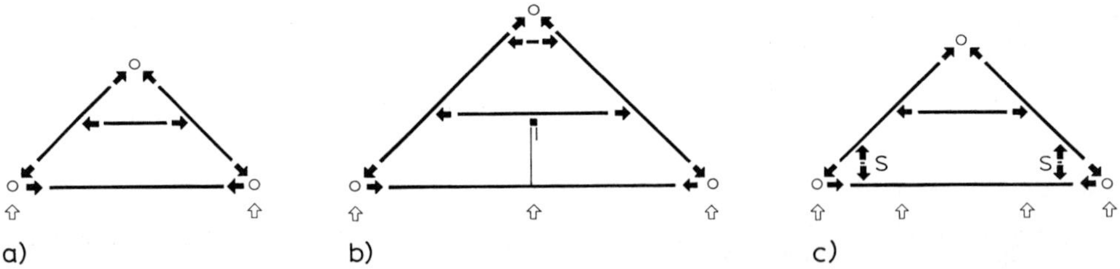

1.21 Kehlbalken-Dachtragwerke
a) Sparrendach mit Kehlbalken etwa in Sparrenmitte
b) Sparrendach mit 2 Kehlbalken (oberster Kehlbalken = „Hahnenbalken"), Abstützung des unteren Kehlbalkens durch Schwelle auf Stielen mit Kopfbändern (vgl. Bild **1**.30)
c) dreifach ausgesteiftes holzsparendes Kehlbalkendach (vgl. Bild **1**.24) mit Stielen unter den Sparren

Wenn das obere Sparrenende zu lang ist oder bei großen Dächern kann eine zweite Kehlbalkenlage mit „Hahnenbalken" in Frage kommen (Bild **1**.21 b).

Unbelastete Kehlbalken erhalten nur Druck in der Faserrichtung. Wird das Dachgeschoß ausgebaut und der Raum über den Kehlbalken als Dachbodenraum ausgenutzt, wird der Kehlbalken durch Deckengewicht und Nutzlast auch auf Biegung beansprucht.

Müssen deshalb belastete, lange Kehlbalken durch Stiele gegen Durchhängen gesichert werden, entstehen statisch unklare Verhältnisse, weil die durch die Stiele auf die Geschoßdecke mit übertragenen Dach- und Windlasten schlecht erfaßbar sind.

Ein Sparrendach mit freiem, für den Ausbau geeignetem Dachraum über einer Massivdecke ist in Bild **1**.22 dargestellt. Der stützen- und strebenlose Verband besteht aus Hölzern mit verhältnismäßig schmalem, hohem Querschnitt. Die Verbindungen sind genagelt. Die Sparren stehen auf einer Fußschwelle, die auf der Aufkantung der Stahlbetondecke verankert ist. Der Sparrenfuß ist gegen Abheben durch Nagelung gesichert (vgl. Bild **1**.19 a).

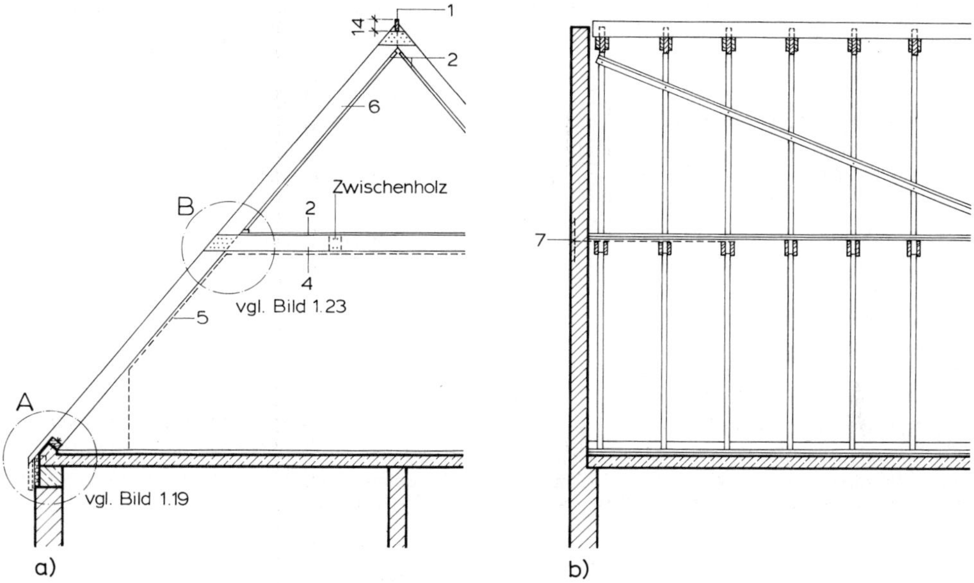

1.22 Sparrendach mit Kehlbalken bei ausgebautem Dachgeschoß auf Massivdecke. Dachneigung 50°.
a) Querschnitt
b) Längsschnitt

1 Firstbohle 3/14
2 Windrispe 3/14
3 Längsverband
4 Kehlbalken aus 2 x 3,5/21
5 Grenze des Dachausbaues
6 Sparren 7/21
7 Giebelanker

Der Längsverband ist in diesem Beispiel oberhalb der Kehlbalkenlage durch eine Windrispe hergestellt.

Kehlbalkenanschlüsse wurden früher mit Versatz und Zapfen ausgeführt. Diese Verbindung ist nicht nur handwerklich aufwendig herzustellen, sie ist auch statisch betrachtet falsch, weil sie den Sparren an der am stärksten beanspruchten Stelle schwächt. Kehlbalkenanschlüsse werden daher heute mit Hilfe von Knaggen hergestellt, die an die Sparren genagelt werden und so eine Versatzfläche bilden; seitlich werden Brettlaschen angenagelt (Bild **1**.23 a). Bei größeren Spannweiten der Kehlbalken, bei Belastung durch Ausbau oder Nutzung des Dachraumes oberhalb des Kehlbalkens wird die Kehlbalkenkonstruktion vielfach durch zwei zangenartige, gegeneinander mit Futterklötzen ausgesteifte Holzprofile gebildet, die mit dem Sparren durch Nagelung oder Dübelung verbunden werden (Bild **1**.23 b).

In Bild **1**.24 ist eine Sonderform für Kehlbalkendächer mit großen Spannweiten in konventioneller Ausführungstechnik gezeigt. Die unteren langen Sparrenabschnitte sind hier durch kurze Stiele unterstützt, die zugfest an die Decke angeschlossen werden.

Die Holzquerschnitte derartiger Konstruktionen können relativ klein sein. Von Nachteil jedoch ist die zusätzliche Belastung der Decken, die entsprechend stärker dimensioniert werden müssen.

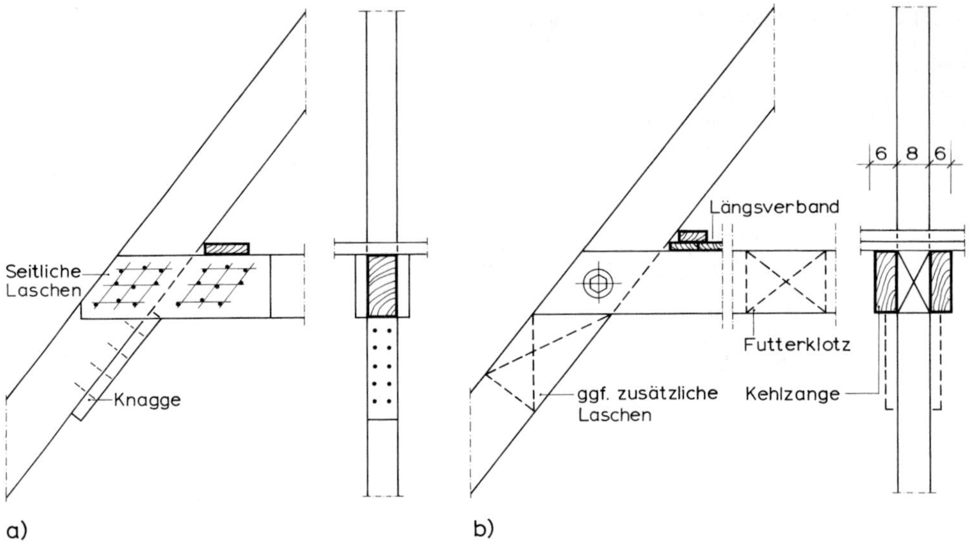

1.23 Kehlbalkenanschlüsse

a) Kehlbalkenanschluß mit genagelter Knagge und Laschen

b) Kehlbalkenkonstruktion für große Spannweiten und Belastungen

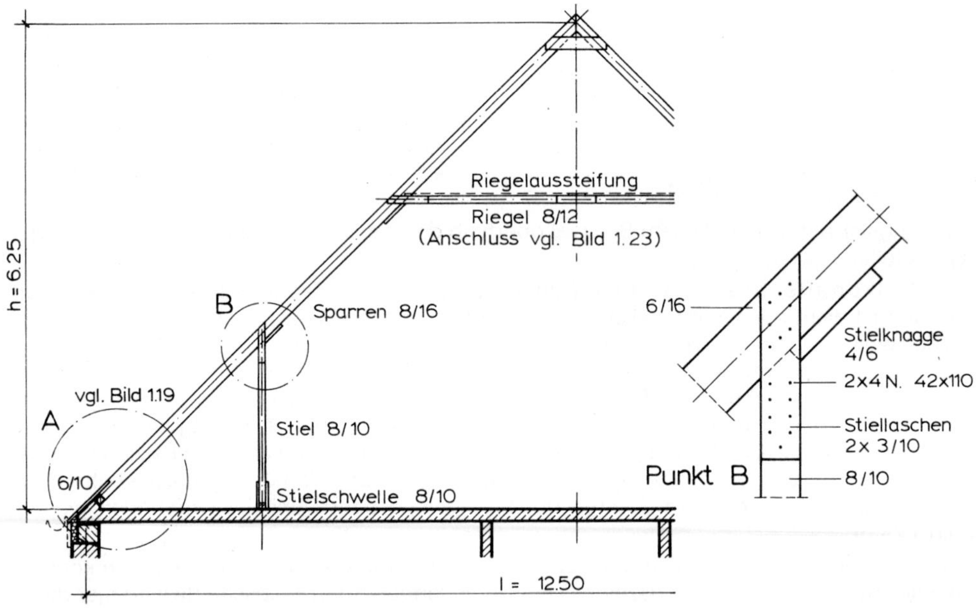

1.24 Dreifach ausgesteiftes Kehlbalkendach[1])

[1]) Die im Bild angegebenen Holzdimensionen sollen als Anhalt dienen. Sie sind in jedem Fall durch Standsicherheitsnachweis zu ermitteln.

1.2.3.2 Pfettendächer

Allgemeines

Die konstruktiv einfachste Form eines Daches ergibt sich, wenn die die Dachdeckung tragenden Sparren auf Lagerhölzern aufliegen, welche unmittelbar auf tragenden Wänden ruhen. Abstand und Lage der Sparren sind dann allein von der Art bzw. dem Gewicht der Dachdeckung und dem Gebäudegrundriß bestimmt. Lediglich die Durchbiegung der Sparren begrenzt hinsichtlich der Spannweiten die Ausführungsmöglichkeiten (Bild **1**.25).

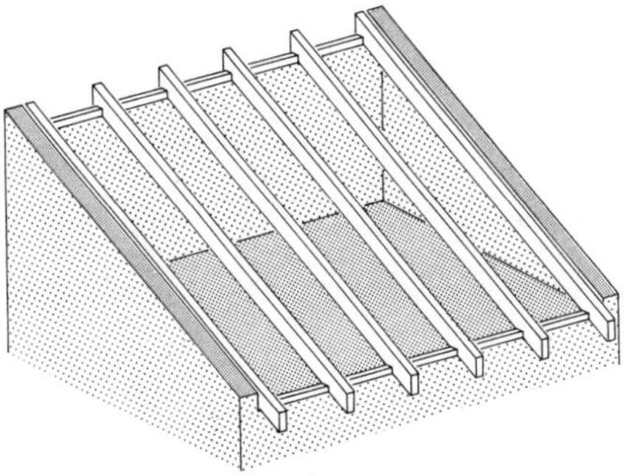

1.25 Ausgangsform des Pfettendaches: Pultdach mit Sparren, die auf Mauern aufliegen (kleinformatige Dachdeckung)

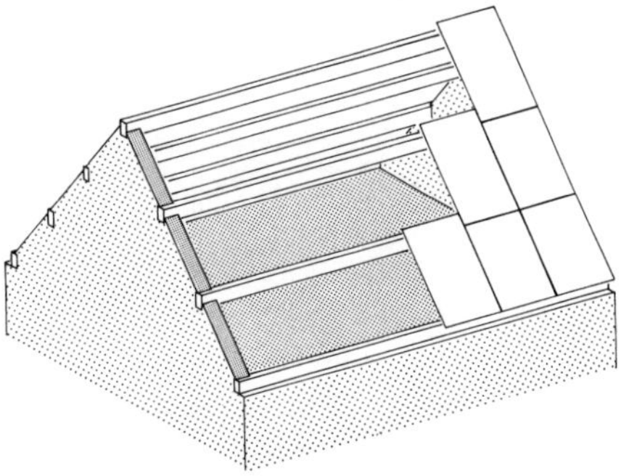

1.26 Pfettendach mit Pfetten auf ausgesteiften Giebelwänden in Verbindung mit großformatiger Eindeckung ohne Lattung (z. B. Faserzement-Wellplatten)

In der Regel werden die Sparrenauflager durch tragende „Pfetten" gebildet. Sie können bei kleineren Gebäuden mit einfachen Grundrißformen frei zwischen ausgesteifte Giebelwände oder sonstige hochgeführte Querwände gespannt werden (Bild **1**.26).

Dachdeckungen aus großformatigen Bedachungsmaterialien (z. B. Faserzement-Wellplatten) können direkt auf Pfetten aufliegen, wenn diese im erforderlichen Abstand frei zwischen ausgesteifte Giebelscheiben gespannt (Bild **1**.26) oder auf anderen Unterkonstruktionen wie z. B. unverschieblichen Dreiecksverbänden aufgelagert sind (Bild **1**.27).

Mit derartigen Pfettendachkonstruktionen können jedoch nur einfache Satteldächer über kleineren Rechteckgrundrissen gebildet werden.

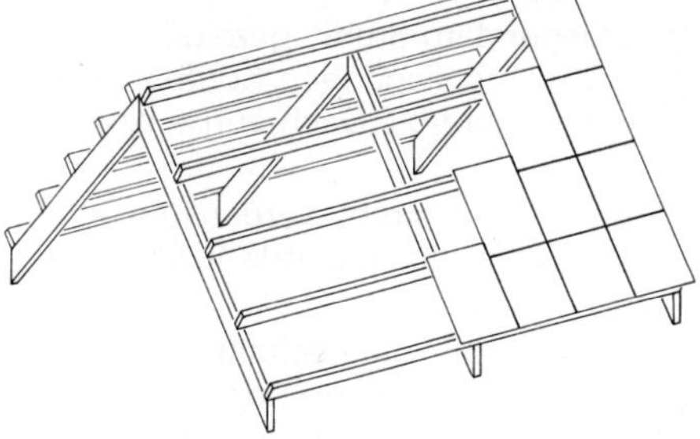

1.27 Pfetten auf Unterzügen, Bindern o. ä. in Verbindung mit großformatiger Deckung

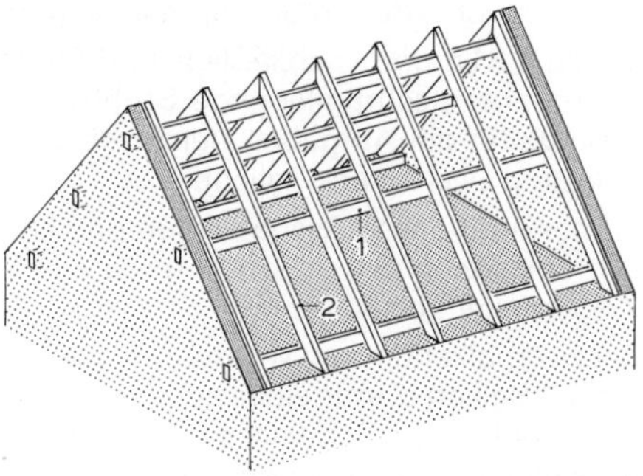

1.28 Pfetten auf ausgesteiften Giebelwänden. Sparrenlage für kleinformatige Deckungen

1 Pfette
2 Sparren

Bei den meisten Dachdeckungen aus kleinformatigen Materialien (Dachziegel, Dachsteine, Schiefer usw.) bilden die Pfetten in der Regel das Tragwerk für die erforderlichen Sparren. Bei Bauwerksbreiten ab etwa 8,00 m ergeben sich je nach Dachneigung Sparrenspannweiten von über 4,50 m. Die Durchbiegung von Sparren aus üblichem Bauholz muß dann durch zusätzliche Auflagerung auf „Mittelpfetten" begrenzt werden (Bild **1**.28).

Bei der herkömmlichen handwerklichen Ausführung von Pfettendächern werden die Sparrenauflager durch den „Dachstuhl" gebildet. Die einfachste Form eines Dachstuhles für geringe Gebäudebreiten stellt der „einfach stehende Stuhl" dar (Bild **1**.29). Standardausführung ist der „zweifach stehende Stuhl" (Bild **1**.30).

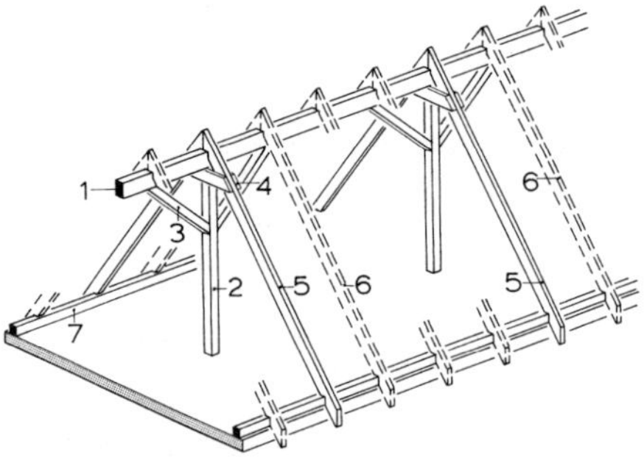

1.29 Pfettendach mit einfach stehendem Stuhl

1 Firstpfette
2 Pfosten (Stiel)
3 Kopfbänder
4 Laschen
5 Bindersparren
6 Feldsparren
7 Fußpfette (Schwelle)

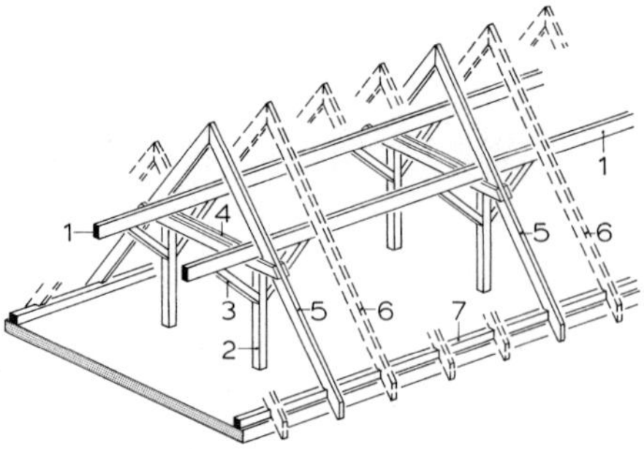

1.30 Pfettendach mit zweifach (doppelt) stehendem Stuhl, schematische Übersicht

1 Mittelpfette
2 Pfosten (Stiel)
3 Kopfbänder
4 Zangen
5 Bindersparren
6 Feldsparren
7 Fußpfette (Schwelle)

Im Laufe der historischen Entwicklung sind zahlreiche weitere Formen von Dachkonstruktionen nach dem Pfettendachprinzip entstanden, die ergänzt werden durch Sprengwerke und Hängewerke zur Überbrückung größerer Spannweiten.

Ein schematischer Überblick ist in Bild **1**.31 gegeben. Übliche einfache Konstruktionen mit abgestützten Pfetten zeigt Bild **1**.31 a und b. In der zweiten Gruppe (Bild **1**.31 c bis e) sind Pfettendächer mit Dachneigungen > 40° oder Sparrenlängen > 7 m schematisch dargestellt. Sie sind mit Streben gegen Windkräfte gesichert.

Wenn Decken die durch Pfosten übertragenen Dachlasten nicht aufnehmen können, werden mit Hilfe von Streben Sprengewerke gebildet (Bild **1**.31 e, f, g).

In Bild **1**.31 h und i schließlich sind Pfettendächer mit „Liegendem Stuhl" gezeigt. In ihnen übernehmen schrägliegende Stuhlsäulen (Pfosten) – mit schrägliegenden Kopfbändern – gleichzeitig die Aufgaben der Streben. Dadurch werden stützenfreie Dachräume bzw. unbelastete Decken ermöglicht.

Immer muß aus wirtschaftlichen und konstruktiven Gründen angestrebt werden, die erheblich belasteten Stuhlsäulen eines Pfettendaches möglichst auf tragende Wände oder Wandpfeiler abzusetzen.

Bei Holzbalkendecken werden für den Binderbalken u. U. so große Querschnitte nötig, daß 2 bis 3 Balken unmittelbar nebeneinander verlegt werden müßten. Es muß daher die Stiellast über kräftige Schwellen auf mehrere Balken verteilt oder durch Streben ganz oder teilweise auf das Balkenende übertragen werden.

Bei Stahlbeton-Massivdecken ist eine Lastquerverteilung möglich. Die Stützen können somit ohne Bindung an Zwischenwände auf die Deckenplatte gestellt werden, wenn der entsprechende statische Nachweis geführt wird.

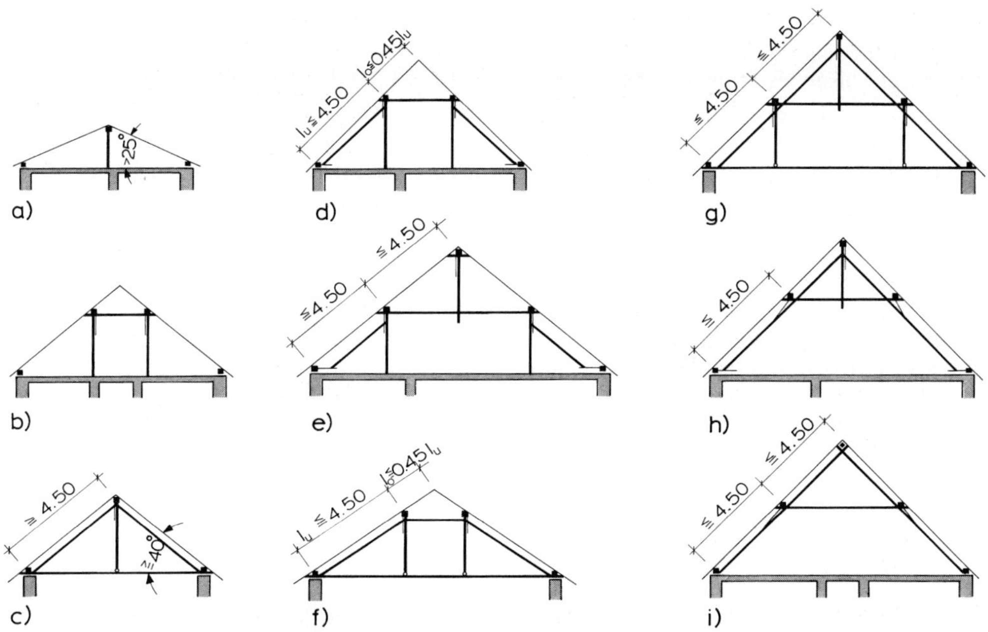

1.31 Herkömmliche Pfettendachformen

a) Einfach stehender Stuhl, Stiel unter Firstpfette. Bei Neigung > 25° Zange erforderlich
b) Doppelt stehender Dachstuhl. Zange erforderlich bei Neigungen > 25°
c) Einfaches Sprengwerk. Hängesäule mit Schwebezapfen
d) Doppelt stehender Stuhl mit Windstreben auf Massivdecke
e) Dreifach stehender Stuhl mit First- und Mittelpfetten und Windstreben auf Massivdecke
f) Doppeltes Sprengwerk (Decke wird nicht belastet). Bei steilen Dächern zusätzlich Zange unter den Mittelpfetten erforderlich.
g) Sprengwerk mit Mittel- und Firstpfette
h) Sprengwerk, bei dem die Stiele unter den Mittelpfetten gleichzeitig die Sprengwerkstreben sind. („Liegende" Kopfbänder)
i) Stuhlsäulen (Streben) kreuzen sich im First

Bei den Grundformen des Pfettendaches besteht der Dachstuhl aus den Stuhlsäulen oder Stielen von quadratischem Querschnitt und den Pfetten, die auf die Stuhlsäulen aufgezapft sind (Bild **1**.30).

In jeweils ca. 4,50 m Abstand bildet ein in der gleichen senkrechten Ebene liegendes Sparrenpaar mit seinen Doppelzangen, Firstlaschen und den Stielen (ggf. auch mit den Streben, vgl. Bild **1**.31 d und **1**.35) einen Binder. Die Binder bewirken als Dreieckverbände die Queraussteifung der Dachkonstruktion. Die Längsaussteifung der Pfettendachkonstruktion wird von den Kopfbändern übernommen.

Quer zur Firstlinie werden je zwei Stiele unterhalb der Pfetten durch Doppelzangen miteinander verbunden. Die Doppelzangen fassen außer den Stielen und den aufgekämmten Pfetten jeweils ein Sparrenpaar.

Alle Zangen liegen so unter den Pfetten, daß die Oberkante der Zange um 2 cm höher als die Unterkante der Pfette liegt (Aufkämmung). Das Maß zwischen Unterkante Zange und Decke richtet sich bei ausgebauten Dachgeschossen nach der Mindestgeschoßhöhe, soll jedoch möglichst 2 m betragen (Durchgangshöhe). Die Zangen werden ohne Anblattung neben den Bindesparren gelegt und durch Schraubenbolzen und Holzverbinder verbunden (Bild **1**.32 Punkt B).

Im Giebelbinder werden statt der Doppelzangen einfache Zangen verwendet.

Ein Deckenbalken gehört beim Pfettenbach über Holzbalkendecken nur dann zum Binder, wenn der Balken als Zugstab für ein Sprengwerk (Bild **1**.35) dienen muß.

Die zwischen den Bindern liegenden Sparrenpaare werden als Leergebinde bezeichnet.

Die Sparren der Leergebinde brauchen – anders als beim Sparrendach – nicht paarweise aneinander gegenüberzuliegen, auch nicht von der Fußpfette bis zum First in einem Stück durchzulaufen, vorausgesetzt, daß außer der Mittelpfette eine Firstpfette oder Firstbohle vorhanden ist. Ebenso ist das Leergebinde unabhängig von Balkenlagen in Geschoßdecken. Die Leergebinde sind je nach Art der Dachdeckung und nach Lattendicke 65 bis 100 cm voneinander entfernt (Sparrenabstand).

Jeder Sparren ist auf die Pfetten aufgeklaut und durch Sparrennägel gegen Abhebe gesichert. Über einer Firstpfette werden die Sparren stumpf gestoßen. Sind die Sparren nicht länger als 4,50 m, genügen Fußpfette und Firstpfette (Pfettendach mit einfach stehendem Stuhl, Bild **1**.29), werden sie länger als 4,50 m, werden sie durch eine Mittelpfette unterstützt (doppelt stehender Stuhl, Bild **1**.30). Auch die Sparrenlänge vom Fußpunkt bis zur Mittelpfette soll nicht größer sein als 4,50 m.

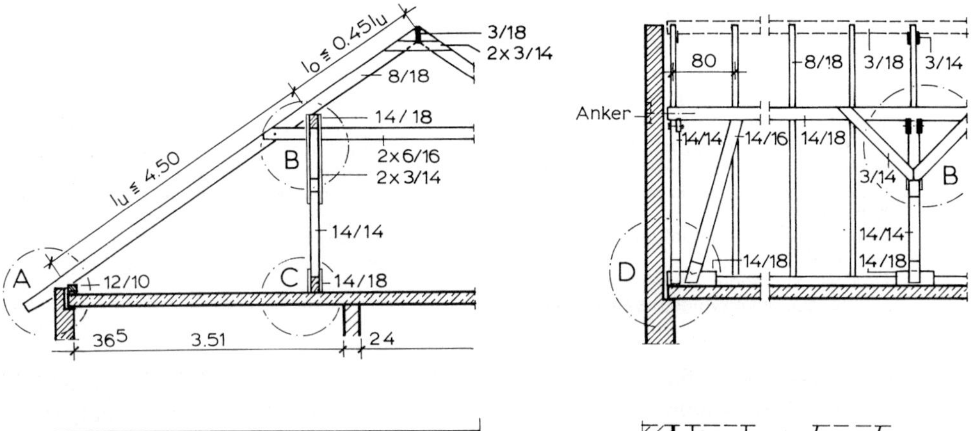

1.32 Pfettendach mit doppelt stehendem Stuhl, Dachneigung < 35°[1] / Fortsetzung s. nächste Seite

[1] Die im Bild angegebenen Holzdimensionen sollen als Anhalt dienen. Sie sind in jedem Fall durch Standsicherheitsnachweis zu ermitteln.

Bild **1**.32, Fortsetzung

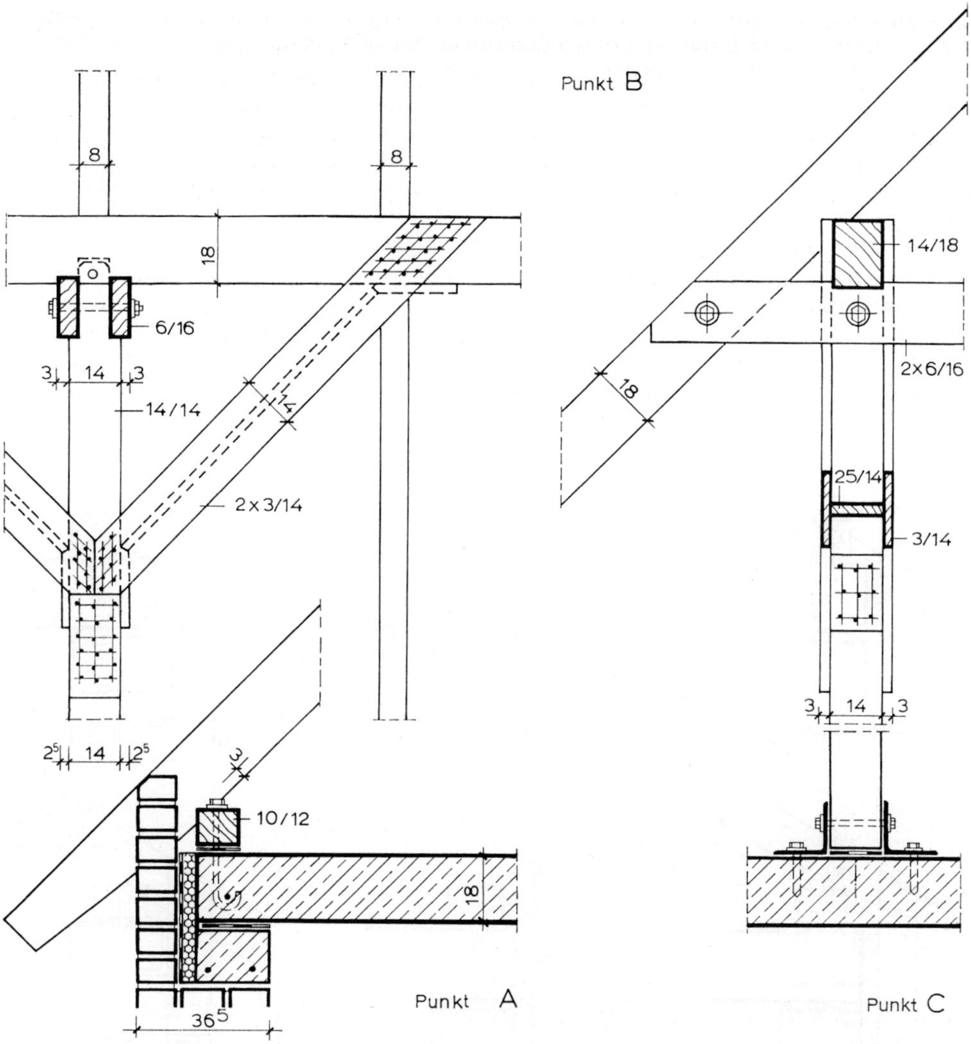

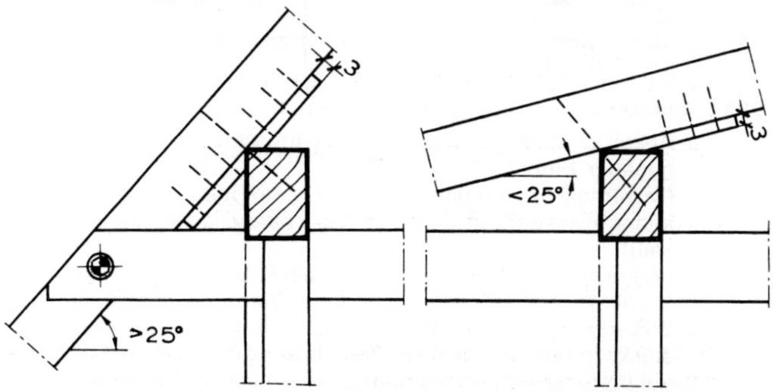

1.33
Sparrenbefestigung auf der Mittelpfette bei auskragendem, oberem Sparrenende (ohne Querschnittsminderung des Sparrens)

a) für Neigungen > 25°
b) für Neigungen < 25°

Ist die Länge von der Mittelpfette bis zum First $\leqq 0{,}45\, l_u$ (untere Sparrenlänge zwischen Fußpfette und Mittelpfette), so stützen sich die Sparren auf die Fuß- und Mittelpfette und kragen bis zum First frei aus. Dabei ist, um die Sparren an der Mittelpfette nicht zu schwächen, ein Sparrenauflager nach Bild **1**.33 der Aufklauung vorzuziehen.

Die nach oben auskragenden Sparren bedürfen aus statischen Gründen keiner Verbindung im First. Um jedoch Schäden in der Dachdeckung zu vermeiden, die durch ungleichmäßige Bewegung in den oben auskragenden Sparrenenden auftreten können, und als Montagehilfe ist eine Verbindung durch Anlehnen an eine Firstbohle (insbesondere bei nicht gegenüberliegenden Sparren) zweckmäßig (vgl. Bild **1**.18 B2).

Die T r a u f e n können von überhängenden Sparren gebildet werden.

Wenn die die oberste Pfette überragenden Sparrenenden $\geqq 0{,}45\, l_u$ sind, m ü s s e n sie miteinander verbunden werden.

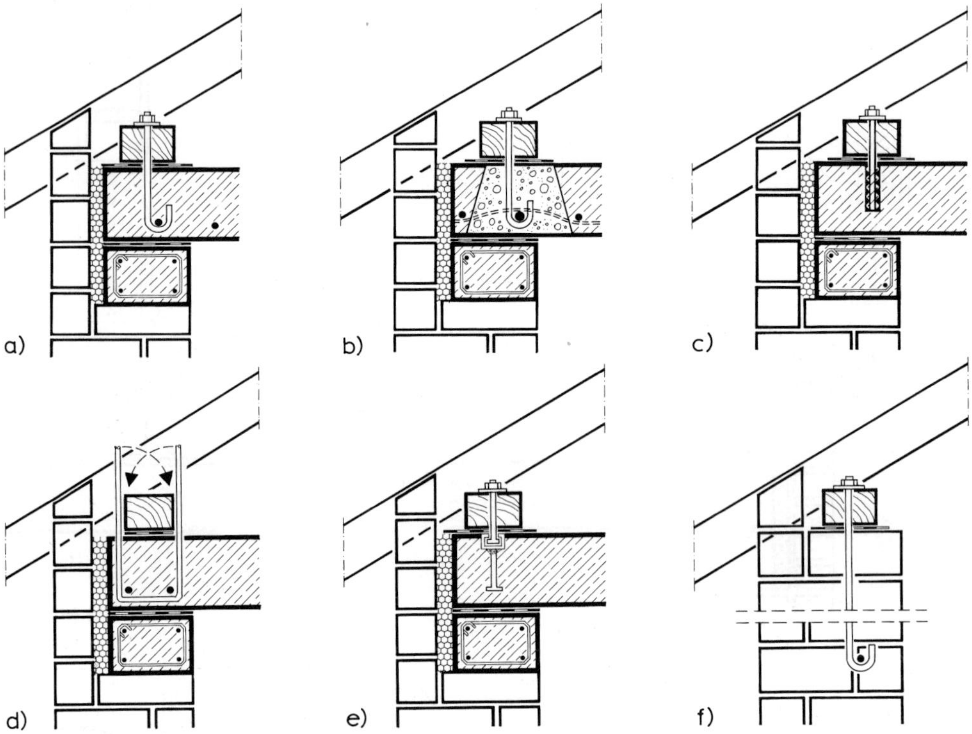

1.34 Verankerung von Fußpfetten

a) Anker in Stahlbetondecke. Anker müssen Bewehrungsstab der Decke umfassen (Probleme für genauen Einbau!)

b) Nachträglicher Einbau von Ankerschrauben (schlechte Lösung: Selbst, wenn die Ankerlöcher konisch ausgeführt sind, ist das spätere ordnungsgemäße Einbetonieren kaum zu gewährleisten!)

c) Verankerung durch Schwerlastdübel in Durchsteckmontage

d) Lochband einbetoniert; nach Pfettenmontage umgeschlagen und vernagelt

e) Befestigung mit Hilfe kurzer längs oder besser quer zur Fußpfette einbetonierter Ankerschienenstücke (teure, aber einwandfreie Lösung)

f) tief heruntergeführte eingemauerte Anker bei Mauerwerk ohne Ringanker

Die Pfetten können aus einfachen Balken bestehen, bei größeren Spannweiten sind aber andere Trägerarten (z.B. Brettschichtträger, Wellstegträger, Gitterträger usw., s. Abschn. 1.2.4) wirtschaftlicher.

Größere Spannweiten mit weitgespannten, freitragenden Pfetten führen meistens zu unwirtschaftlichen Dimensionierungen. Längere Pfetten und „Pfettenstränge", die aus statischen Gründen auch mit Gelenken („Gerberpfetten") ausgeführt werden können (s. Abschn. 1.2.4), müssen daher Zwischenauflager erhalten. Sie können aus Stützreihen gebildet werden, die auf der obersten tragenden Geschoßdecke stehen.

Die Fußpfette liegt mit ihrer Breitseite auf der Unterkonstruktion. Stahlbetonauflager oder Mauerwerk werden durch eine Trennlage aus Bitumenbahnen geschützt. Auf Balkenlagen sind die Fußpfetten durch Nageln oder auf Massivkonstruktionen zu verankern.

Verschiedene Möglichkeiten für Auflagerung und Verankerung von Fußpfetten auf Mauerwerk und Massivdecken zeigt Bild **1**.34.

Zwischen Pfetten und Stielen werden Kopfbänder (Büge) angeordnet. Sie dienen der Längsaussteifung und verkürzen die Feldweite der Pfette (s. DIN 1052-1). An Stiel und Pfette werden die Kopfbänder entweder durch Versatz mit Schraubenbolzen oder durch Nagelung (Bilder **1**.32 Punkt B und **1**.74) angeschlossen. Wegen des Richtens liegen Pfettenstöße bes-

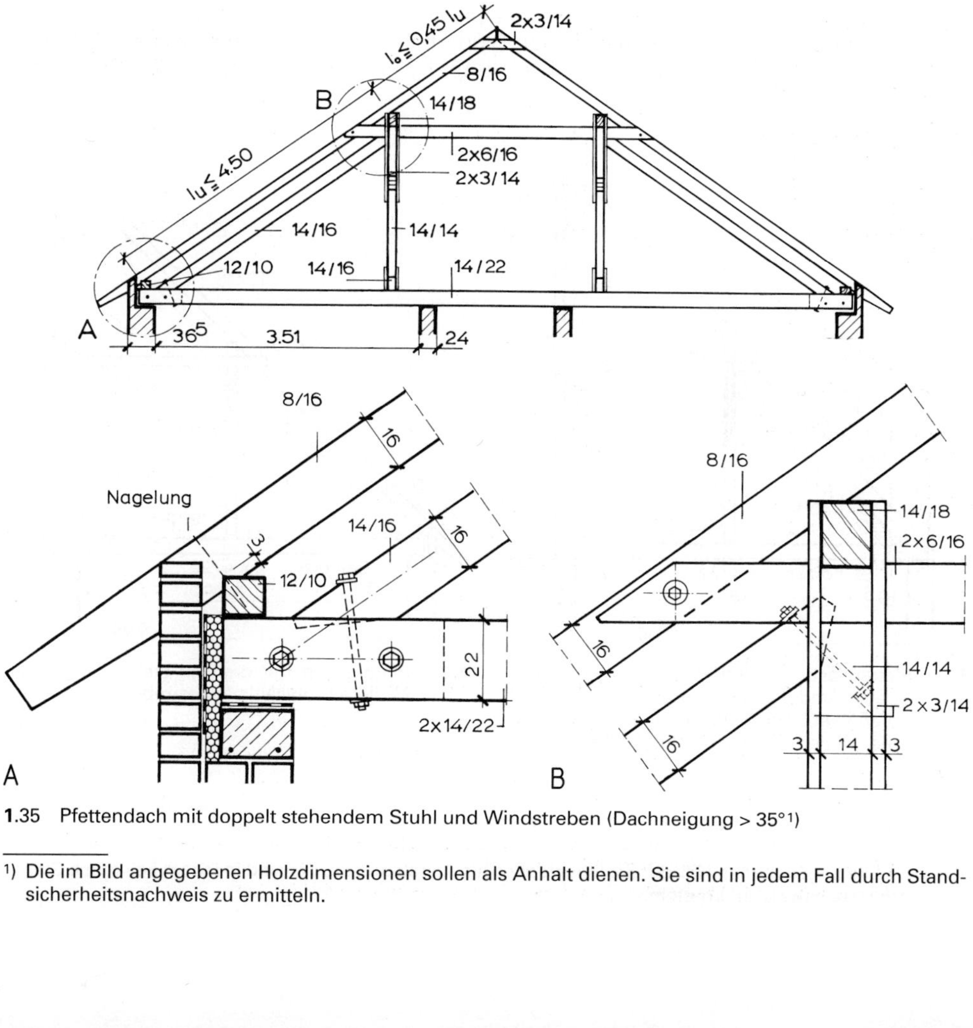

1.35 Pfettendach mit doppelt stehendem Stuhl und Windstreben (Dachneigung > 35°[1])

1) Die im Bild angegebenen Holzdimensionen sollen als Anhalt dienen. Sie sind in jedem Fall durch Standsicherheitsnachweis zu ermitteln.

ser neben der Stuhlsäule. An der Giebelwand werden statt einseitiger Kopfbänder, die den Endstiel auf Biegung beanspruchen würden, Streben unter jede Pfette gesetzt (Bild **1**.32 Punkt D). Die Fußschwelle bzw. der Pfosten ist in der Decke zu verankern. Die Pfetten können auch ohne Stiel oder Strebe auf die Giebelwand aufgelegt werden, wenn die Pfettenlänge verkürzt oder die Pfette verstärkt wird. Bei Brandwänden können die Pfettenaufleger durch eingemauerte Betonkonsolen gebildet werden. Giebelanker sind so zu drehen, daß sie möglichst viel belastetes Mauerwerk fassen.

Streben dienen der Queraussteifung, wenn diese bei großen Pfettendächern mit über 35° Dachneigung nicht von den Binderzangen und Sparren übernommen werden kann. Die Streben werden auf der vom Wind abgekehrten Dachseite auch von Zugkräften beansprucht; ihre Endpunkte sind daher gegen Zug zu sichern (Bild **1**.35).

Pfettendächer mit Sprengewerk

Ist eine Sparrenlänge von mehr als 7 m erforderlich, ist außer den beiden Mittelpfetten noch eine tragende Firstpfette anzuordnen. Es ergibt sich ein Pfettendach mit dreifach stehendem Stuhl.

Die mittlere Stuhlsäule kann entweder bis auf die Geschoßdecke geführt werden (Bild 1.36) oder endigt unter den Zangen und wird gegen die beiden Seitenstiele durch Streben abgestützt (Bild **1**.37). Streben und Zangen bilden dann ein Sprengewerk, das in statischer Hinsicht mit dem Gespärre eines Sparrendaches verglichen werden kann (Bilder **1**.3c und **1**.12), und entlasten so die Decke bzw. den Binderbalken. Die Streben sind mit doppeltem Versatz dicht unter den Zangen an die Stiele und dicht am Auflager an den Balken an-

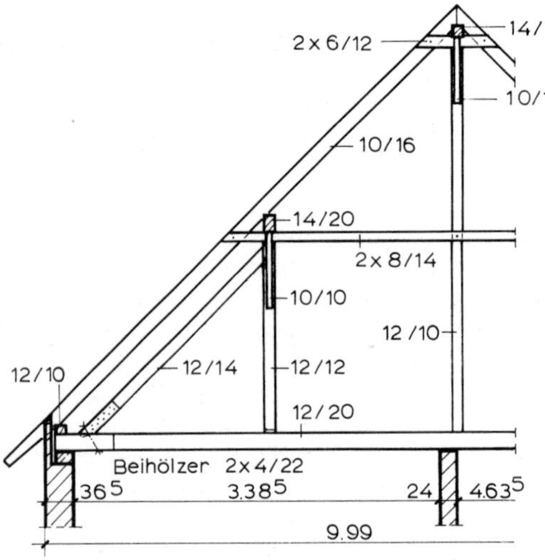

1.36 Pfettendach mit dreifach stehendem Stuhl. Streben und ausgesteifte Zangen bilden ein Sprengwerk zur Entlastung des Binderbalkens. Mittlere Stuhlsäule durchlaufend.[1]

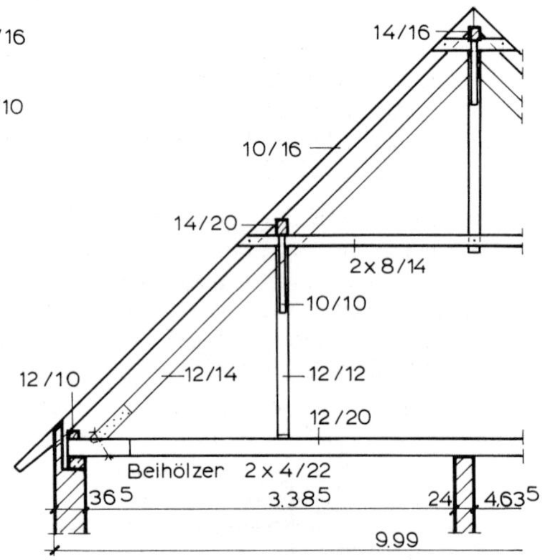

1.37 Pfettendach mit dreifach stehendem Stuhl. Mittlere Stuhlsäule abgestrebt.[1]

[1] Die im Bild angegebenen Holzdimensionen sollen als Anhalt dienen. Sie sind in jedem Fall durch Standsicherheitsnachweis zu ermitteln.

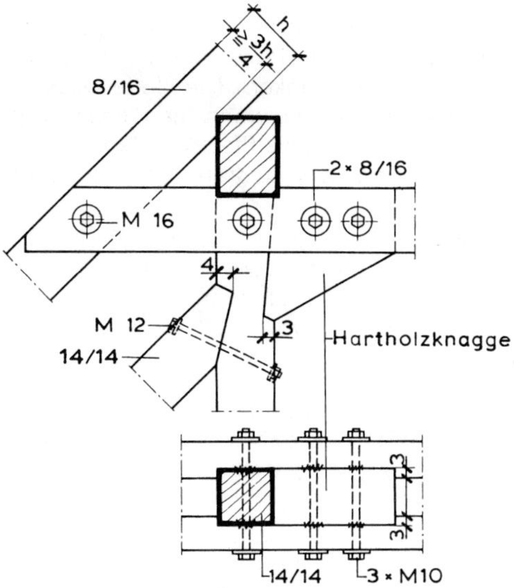

1.38 Strebenanschluß an ausgesteifte Doppelzange, die als Spannriegel benutzt wird

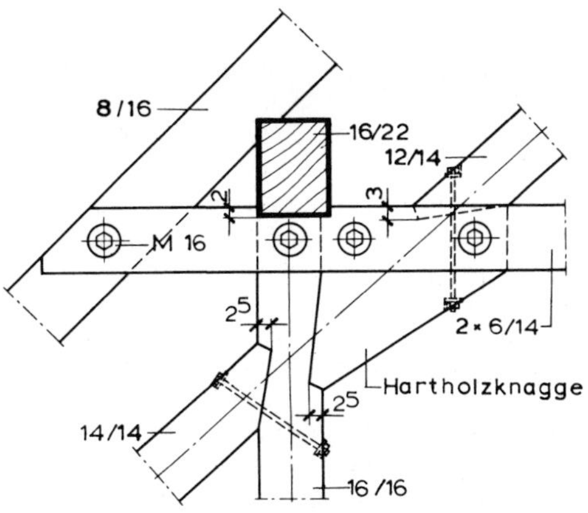

1.39 Aufsetzen eines einfachen Sprengwerks für die Firstpfette auf ein doppeltes Sprengwerk für die Mittelpfetten. Ausgesteifte Doppelzangen dienen als Spannriegel

geschlossen. Die Stiele stehen mit 3 cm Zwischenraum über dem Balken und erhalten kurzen Führungszapfen (Schwebezapfen). Die Doppelzangen sind im gezeigten Beispiel durch 12 × 14 cm dicke Futterhölzer ausgesteift und so gegen Ausknicken gesichert. Mit den Stielen sind die Doppelzangen durch 2 Einpreßdübel (s. Abschn. 1.2.4.3) mit Bolzen M16 verbunden (Bilder **1**.38 und **1**.39).

Pfettendächer mit liegendem Stuhl. Dächer mit liegendem Stuhl (Bild **1**.31 h, i) wurden früher verwendet, wenn die senkrechten Stiele zu große Abstände von den Unterstützungspunkten der Dachbalkenlage erhalten hätten oder wo große freie Dachräume benötigt wurden. Bei landwirtschaftlichen Gebäuden mußte vielfach das Aufhängen von Greiferaufzügen und deren freie Bewegung in Firstnähe ermöglicht werden. Einen dafür geeigneten Binder zeigt Bild **1**.40 in Verbindung mit einem Drempel oder Kniestock.

Die Höhe eines solchen Kniestockes[1]) kann von geringen Höhen bis zu fast voller Geschoßhöhe reichen. Ein Kniestock läßt es zu, den Fußpunkt von Streben selbst sehr flacher Dächer in nächster Nähe der unterstützenden Außenwand auf den Dachbalken aufzusetzen. Die Kniestockwand kann als massive Wand unmittelbar die Drempelpfette tragen, aber auch als Fachwerkkonstruktion ausgebildet werden.

Drempelpfette, Sparren, Strebe und gegebenenfalls Stiel einer Fachwerkwand werden in der Regel durch Doppelzangen miteinander verbunden. In einem liegenden Stuhl liegen die Kopfbänder geneigt und werden mit den Pfetten durch schräge Zapfen, mit den liegenden Stuhlsäulen durch Anblattung verbunden. Die Stuhlsäulen sind im gezeigten Beispiel mit durch Bolzen gesichertem Versatz über eine Schwelle mit der Massivdecke verbunden.

1) Als Kniestock- bzw. Drempelhöhe gilt in der Regel der senkrechte Abstand zwischen Oberkante Sparren (bzw. Dachkonstruktion) und Oberkante Fußboden, gemessen in der Ebene der Außenwandfläche. Die Regelungen sind jedoch nicht einheitlich.

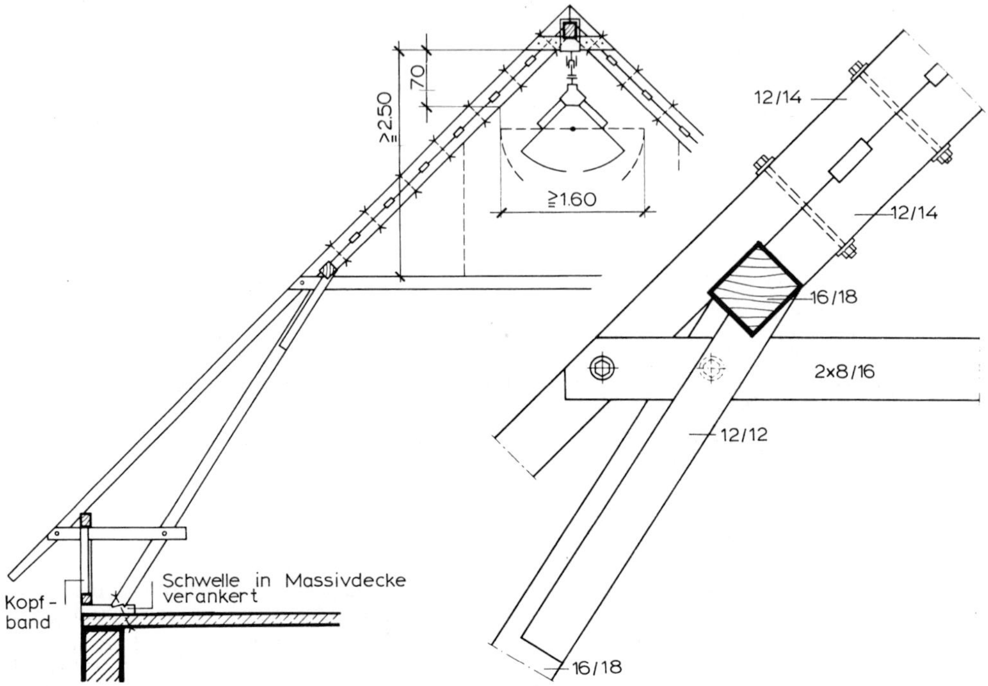

1.40 Pfettendach mit Drempel (Kniestock) und liegendem Stuhl (oberes Sparrenfeld durch Dübelung für Anbringen schwerer Einzellast verstärkt, vgl. Abschn. 1.2.4.3).[1]

[1]) (Die im Bild angegebenen Holzdimensionen sollen als Anhalt dienen. Sie sind in jedem Fall durch Standsicherheitsnachweis zu ermitteln.)

1.2.3.3 Hängewerkdächer

Stützenfreie Dachkonstruktionen über großen Räumen wurden früher mit teilweise recht großen Spannweiten als „Hängewerke" errichtet. Dabei ist es möglich, Zwischendecken oder Einzellasten an der Dachkonstruktion aufzuhängen. Derartige Dachtragwerke sind statisch mit dem Sparrendachprinzip vergleichbar (s. Bilder **1**.3 und **1**.41).

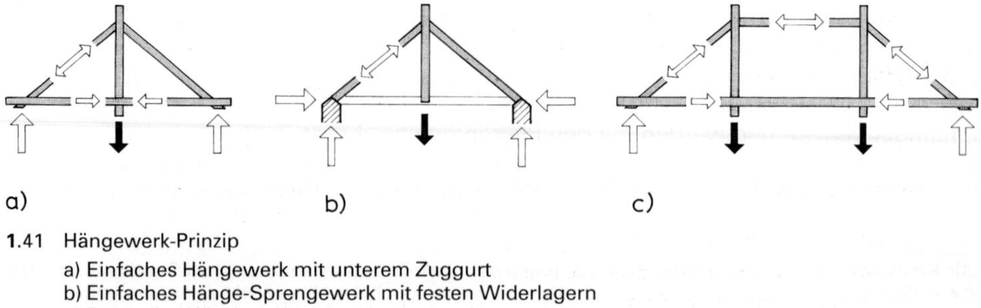

1.41 Hängewerk-Prinzip

a) Einfaches Hängewerk mit unterem Zuggurt
b) Einfaches Hänge-Sprengewerk mit festen Widerlagern
c) Doppeltes Hängewerk

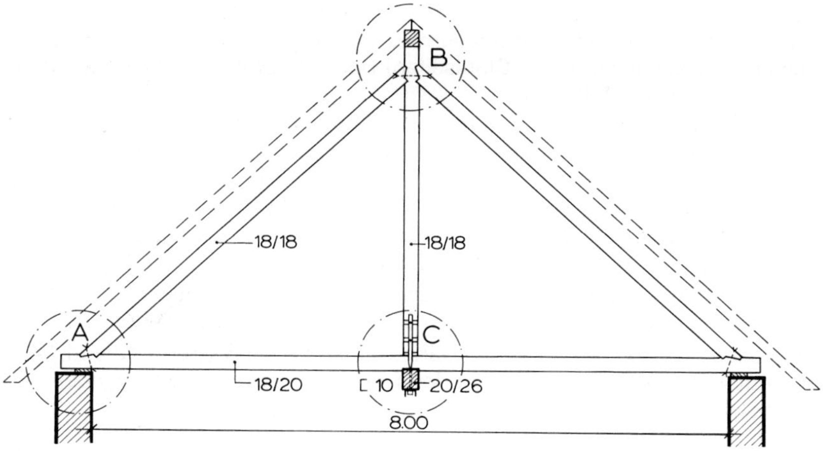

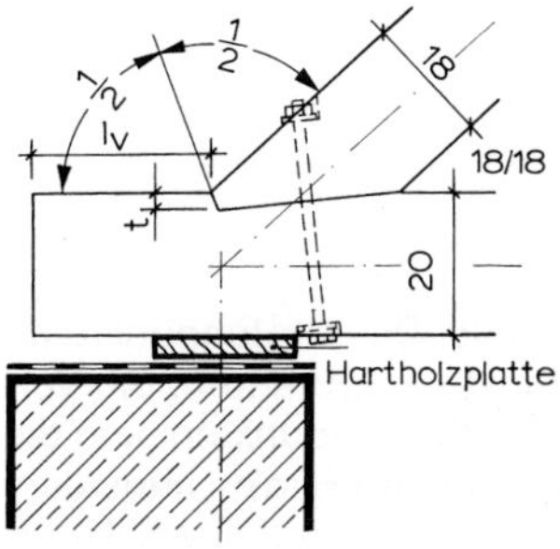

Strebenansatz
mit einfachem
Versatz
Knotenpunkt A

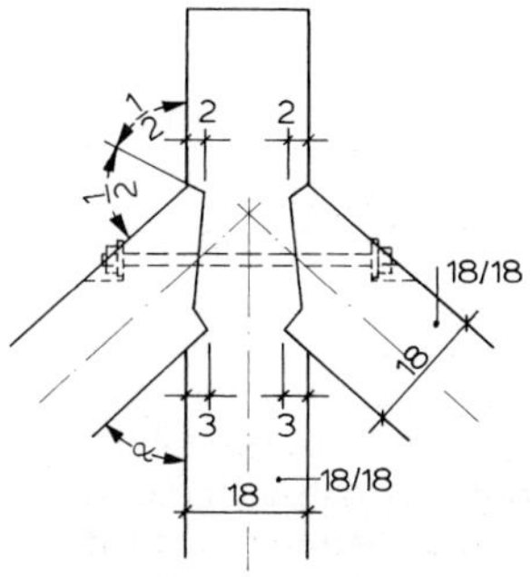

Verbindung der
Streben mit
der Hängesäule
Knotenpunkt B

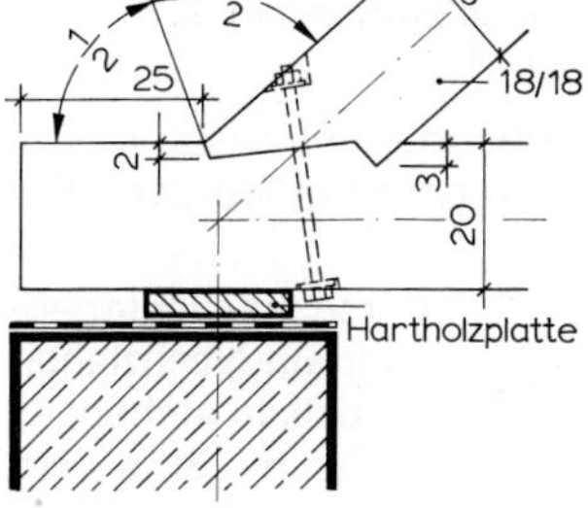

Strebenansatz mit doppeltem
Versatz
Knotenpunkt A (mit Ringanker)

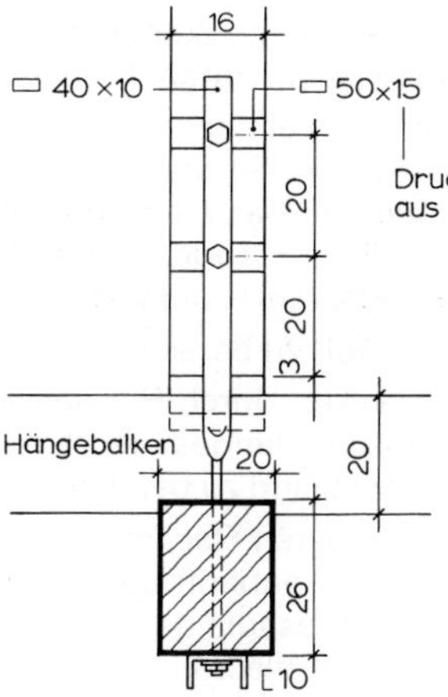

Verbindung der Hängesäule
mit dem Hängebalken
Knotenpunkt C

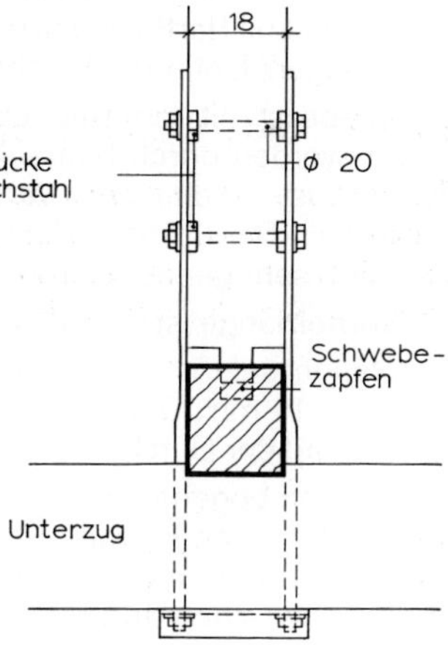

Seitenansicht
Knotenpunkt C

1.42 Einfaches Hängewerk, herkömmliche Ausführung[1])

[1])(Die im Bild angegebenen Holzdimensionen sollen als Anhalt dienen. Sie sind in jedem Fall durch Standsicherheitsnachweis zu ermitteln.)

Sie übertragen ähnlich wie Sprengewerke die Dachlasten auf die Auflager. Hängewerke können als reine Holzkonstruktionen, ingenieurmäßig in Kombinationen von Holz- und zugbeanspruchten Stahlbauteilen (z. B. Stahlseilen) oder als Stahlkonstruktionen ausgeführt werden (vgl. Bilder **1**.44 bis **1**.46).

Das Prinzip derartiger Dachtragwerke kann gut an den nachstehend beschriebenen in herkömmlicher Zimmermannstechnik ausgeführten Hängewerkkonstruktionen erläutert werden.

Hängewerke bestehen im einfachsten Fall aus einem Zugstab oder -seil, aufgehängt im Knotenpunkt zweier Druckstäbe, die sich auf unverschiebliche Auflager abstützen oder durch einen zugbeanspruchten Bauteil (Massivdecke, Balken, Stahlprofil oder -seil) zusammengehalten werden (Bild **1**.41). Die einzelnen Hänge- oder Sprengewerke bilden dabei Binder mit Abständen von ca. 5 m, abhängig von der Dimensionierung der Pfetten.

Die durchlaufenden Gurtbalken unter den Hängesäulen in den Bildern **1**.42 und **1**.43 dienen der Auflagerung von Holzbalkendecken in den Feldern zwischen den als Bindern angeordneten Hängewerken.

H ä n g e w e r k d ä c h e r werden als Pfettendächer nicht flacher als 30° ausgebildet. Die Pfetten werden im allgemeinen von den Hängesäulen getragen.

Nach der Anzahl der Hängesäulen unterscheidet man:

— einfache Hängewerke, für Spannweiten bis 8 m

— doppelte Hängewerke, für Spannweiten bis 12 m

— dreifache Hängewerke, für Spannweiten über 12 m.

Das e i n f a c h e H ä n g e w e r k (Bild **1**.42) hat nur e i n e Hängesäule. Die Knotenpunkte an den Strebenenden sind bei allen Hängewerken auf das sorgfältigste auszuführen; die Verbindungen sind durch Bolzen, Stahllaschen usw. zu sichern. In den Knotenpunkten sind die Hölzer so anzuordnen, daß sich die Stabachsen (Schwerelinien) in einem Punkt schneiden. Der Schnittpunkt der Streben- und Balkenschwerelinien muß über dem Auflagerschwerpunkt liegen, wenn der Balken auf Biegung nicht beansprucht werden soll. Dazu sind Auflagerplatten aus Hartholz einzubauen, die einige Zentimeter gegen die Bauwerksvorderkante zurückliegen. Unter der Hartholzplatte ist ein Ringanker auszuführen.

Die Strebe ist mit dem Hängebalken durch einfachen oder doppelten Versatz verbunden. Die Hölzer werden durch Schraubenbolzen in Verbindung mit Dübeln zusammengehalten. In Bild **1**.42 ist ein einfacher Versatz und alternativ ein doppelter Versatz mit Bolzensicherung dargestellt. Der Bolzen soll rechtwinklig zur langen Versatzfläche stehen. Der doppelte Versatz muß sehr genau gearbeitet werden, damit die volle Versatzfläche belastet wird.

Die Vorholzlänge ist wie beim Strebenfuß zu berechnen.

Die Hängesäule ist mit dem Hängebalken durch Hängeeisen verbunden (Flachstähle von 40 mm x 10 mm Querschnitt, die an der Hängesäule durch Bolzen befestigt werden). Die Anzahl und der Durchmesser der Bolzen sind zu berechnen.

Die unteren bogenförmig ausgeschmiedeten Flachstahlenden werden durch eine Unterlegplatte oder einen kurzen [-Stahl und Schraubenmuttern verbunden, damit ein Nachziehen der Verbindung möglich bleibt. Die Hängesäule darf nicht auf dem Hängebalken stehen; es muß ein Zwischenraum von 3 bis 4 cm verbleiben. Zur Führung ist ein Zapfen mit 3 bis 4 cm Spielraum anzuordnen (Schwebezapfen). Überzüge liegen neben der Hängesäule auf dem Hängebalken und sind mit diesem durch Schraubenbolzen verbunden. Unterzüge liegen unter den Hängesäulen und dem Hängebalken. Sie werden durch Hängeeisen am Hängebalken befestigt.

Das d o p p e l t e H ä n g e w e r k besteht aus dem Hängebalken, 2 Hängesäulen, 2 Streben und dem Spannriegel. Die Knotenpunkte A und C werden wie beim einfachen Hängewerk ausgeführt. Im Punkt A schließt die Strebe mit einfachem oder doppeltem Versatz an die Hängesäule an; der Spannriegel erhält einfachen Versatz. Die drei Hölzer werden durch dreiteilige Flachstahllaschen und Bolzen miteinander verbunden (Bild **1**.43).

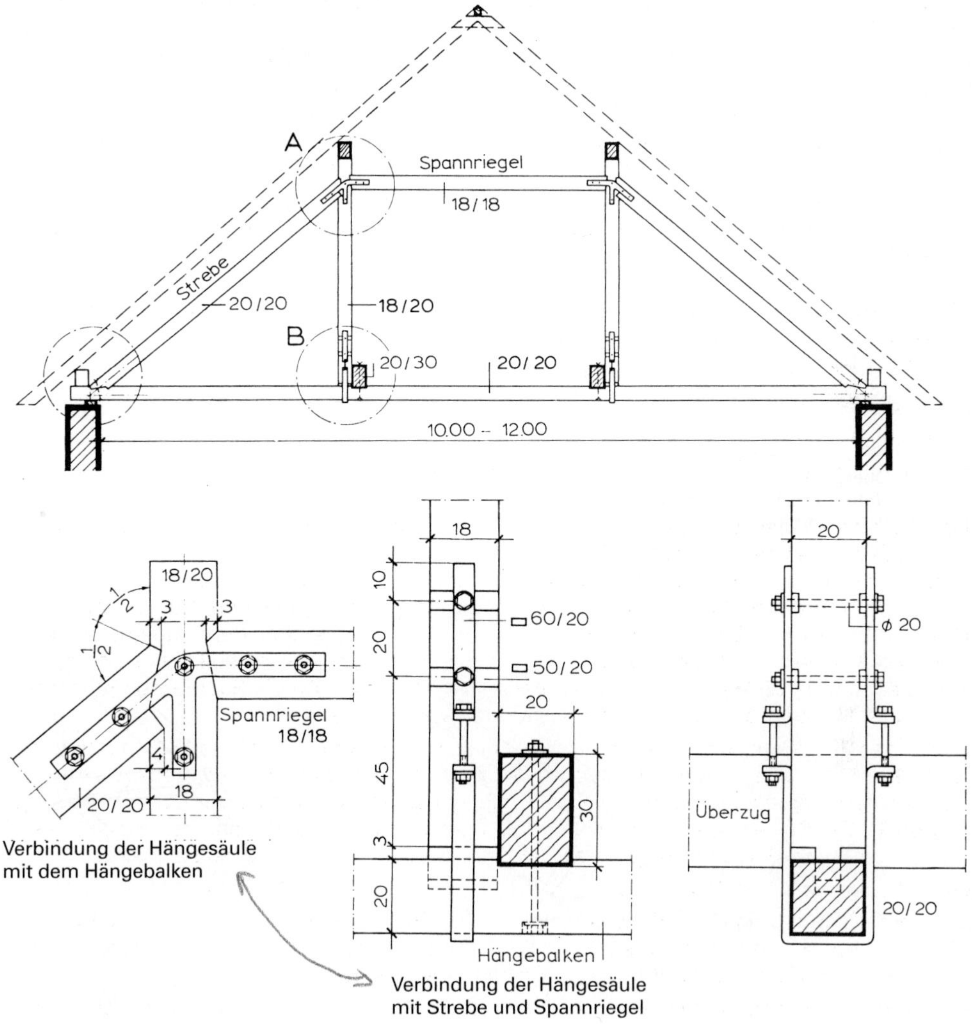

1.43 Doppeltes Hängewerk, herkömmliche Ausführung[1])

Die Holzquerschnitte, Versatze und Stahlquerschnitte für das dargestellte doppelte Hängewerk sind für ein Dach von 12 m Spannweite und 4 m Binderentfernung ermittelt worden. (Dachlast einschließlich Pfetten und Binder 3,0 kN/m² Grundfläche; Dachboden 1,0 kN/m² Eigengewicht und 2,0 kN/m² Verkehrslast.

[1]) Die im Bild angegebenen Holzdimensionen sollen als Anhalt dienen. Sie sind in jedem Fall durch Standsicherheitsnachweis zu ermitteln.

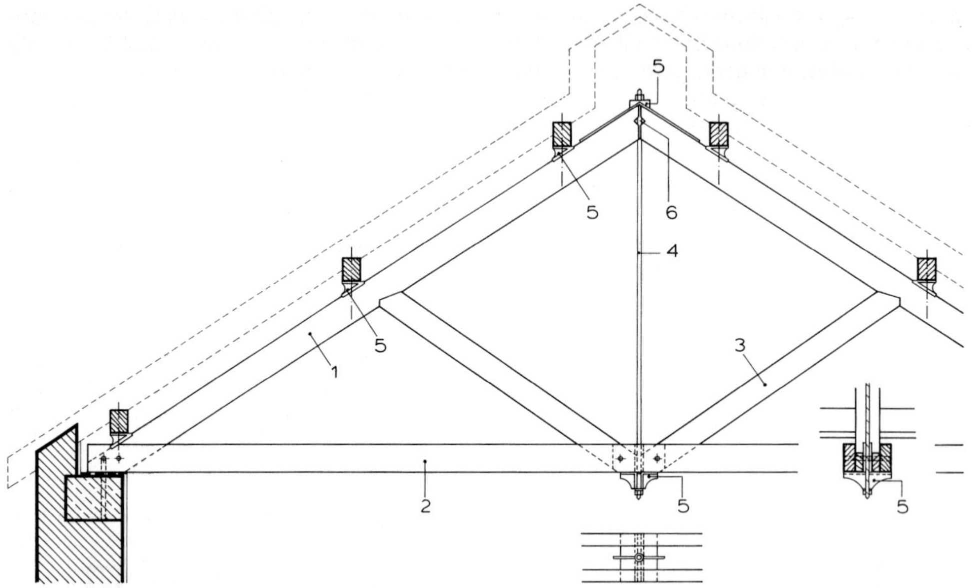

1.44 Moderne Hängewerkkonstruktion (Architekt: H. Caspari)

1 Obergurt
2 Untergurt (Doppelprofil, Anschlüsse mit Bolzenverbindungen)
3 Strebe (Anschluß mit Versatz)
4 Hängesäule (Stahl-Rundprofil)
5 Pfetten auf Stahlguß-Konsolen
6 Gelenk

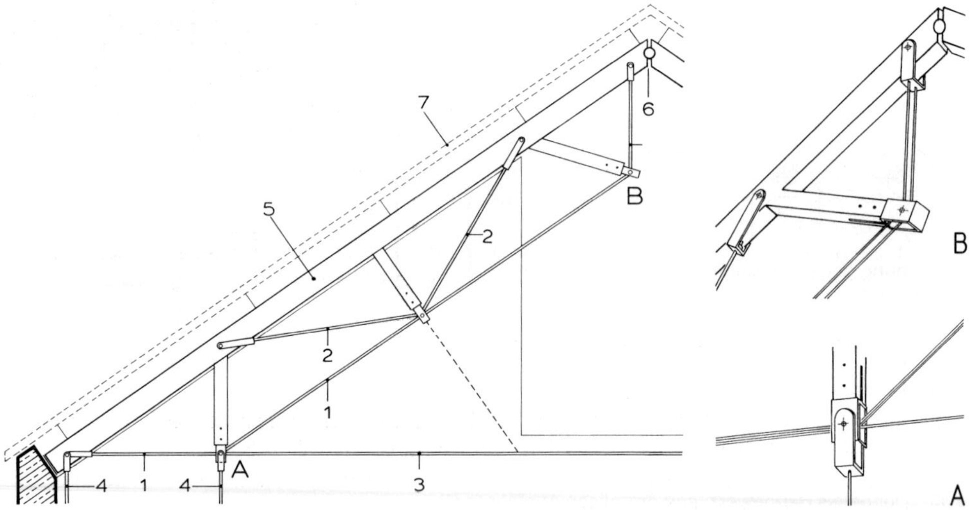

1.45 Hängewerk mit untergespanntem Obergurt (Architekten: J. und M. Schürmann)

A Detail Aufhängungspunkt
B Detail Unterspannung

1 Stahlrohr Ø 26
2 Stahlrohr Ø 30
3 Stahlrohr Ø 26
4 Aufhängung Galerie
5 Obergurt Brettschichtholz
6 Gelenk
7 verglaste Dachfläche auf Stahlpfetten

Dachtragwerke nach dem Hängewerksprinzip kommen in vielfach abgewandelten modernen Formen vor. Dabei sind die früher reinen Holzkonstruktionen oft durch Stahlseile oder -profile ergänzt. Insbesondere aber werden die Knotenpunkte mit Hilfe moderner Verbindungsmittel wie z. B. Stahlblech- oder Stahlgußteilen, Stabdübeln mit Stahl-Knotenplatten usw. gebildet (vgl. Abschn. 1.2.4.3).

Der Versuch, einen Überblick über die Fülle der konstruktiven Gestaltungsmöglichkeiten zu geben, würde den Rahmen dieses Werkes sprengen. Die Bilder **1**.44 und **1**.45 können daher lediglich als Anregungen auch für viele auch ganz andersartige Möglichkeiten dienen.

Moderne Hängewerkskonstruktionen können in mehreren Ebenen kombiniert werden und Bestandteil von räumlichen Tragwerken werden (Bild **1**.46).

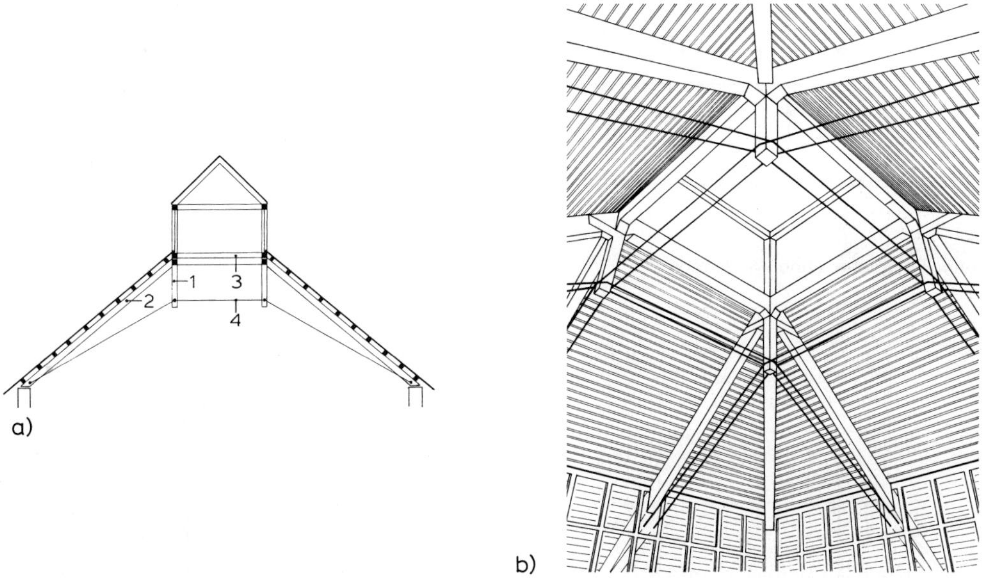

1.46 Räumliche Hängewerkskonstruktion (Architekten: H. und C. Nickl)
a) Schnittskizze
b) Innenraum
1 Hängesäule
2 Obergurt
3 Rahmen (Anschlüsse mit verschweißten Knotenblechen)
4 Zugbänder (Rundstahl)

1.2.3.4 Besondere Ausführungsformen

Walmdächer

Walmdächer (Bild **1**.1 d) können für freistehende, niedrige Gebäude in Frage kommen, wenn das Hauptgesims um alle Gebäudeseiten herumgeführt werden soll.

Der Material- und Arbeitsaufwand ist jedoch höher als bei vergleichbaren Satteldächern. Der Dachraum läßt sich schlechter nutzen.

Für die Ausführung von Walmdächern sind Pfettenkonstruktionen in der Regel am besten geeignet. Die Lage der Binder ist vom Grundriß (Gebäudetiefe, unterstützende Wände) und der Dachneigung (Sparrenlänge) bzw. der Binderform (Anzahl und Lage der Pfetten) abhängig. Die Binderstiele sollten bei Holzbalkendecken auf tragenden Wänden stehen. Wird eine Firstpfette im Anfallspunkt von einem Binder unterstützt (Bild **1**.47 a und e), entfällt dort das einseitige Kopfband (Längsaussteifung durch Walmfläche). Wirtschaftlicher ist es oft, den

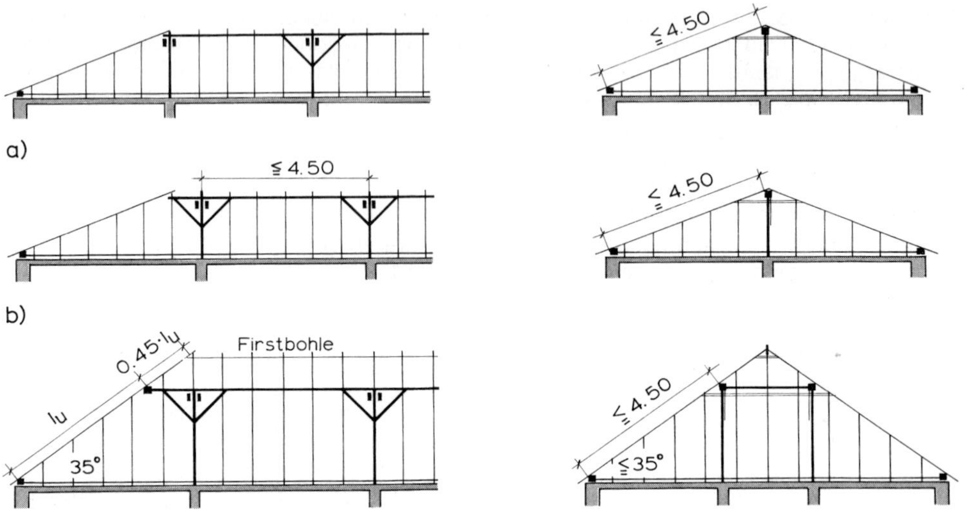

c)

ohne Firstpfette, ohne Windstreben

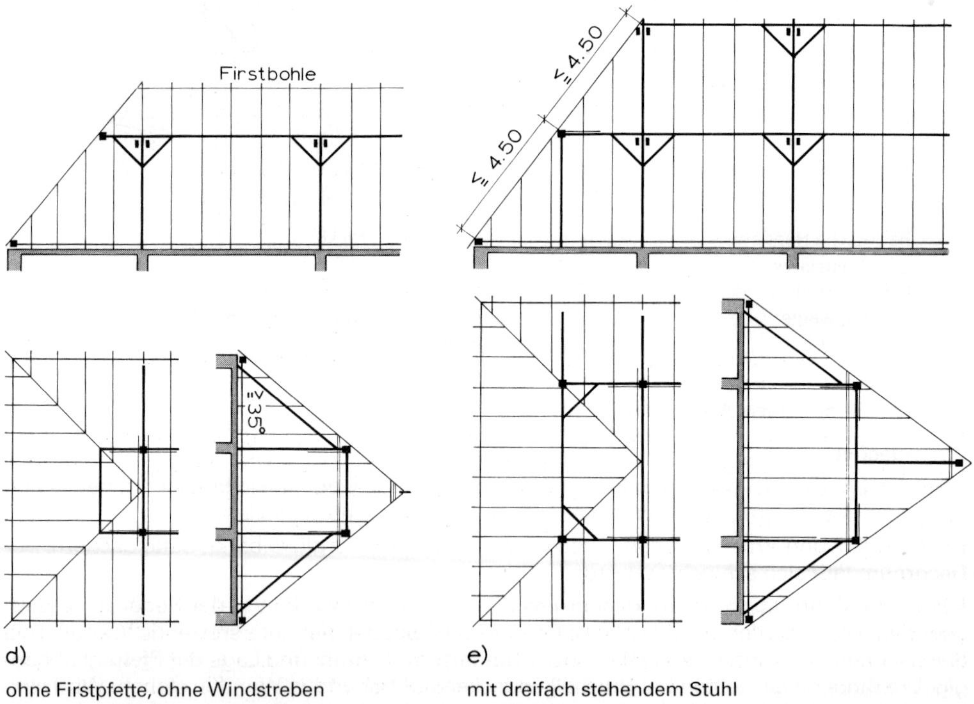

d) ohne Firstpfette, ohne Windstreben

e) mit dreifach stehendem Stuhl

1.47 Walmdächer, Ausführung nach dem Pfettendach-Prinzip

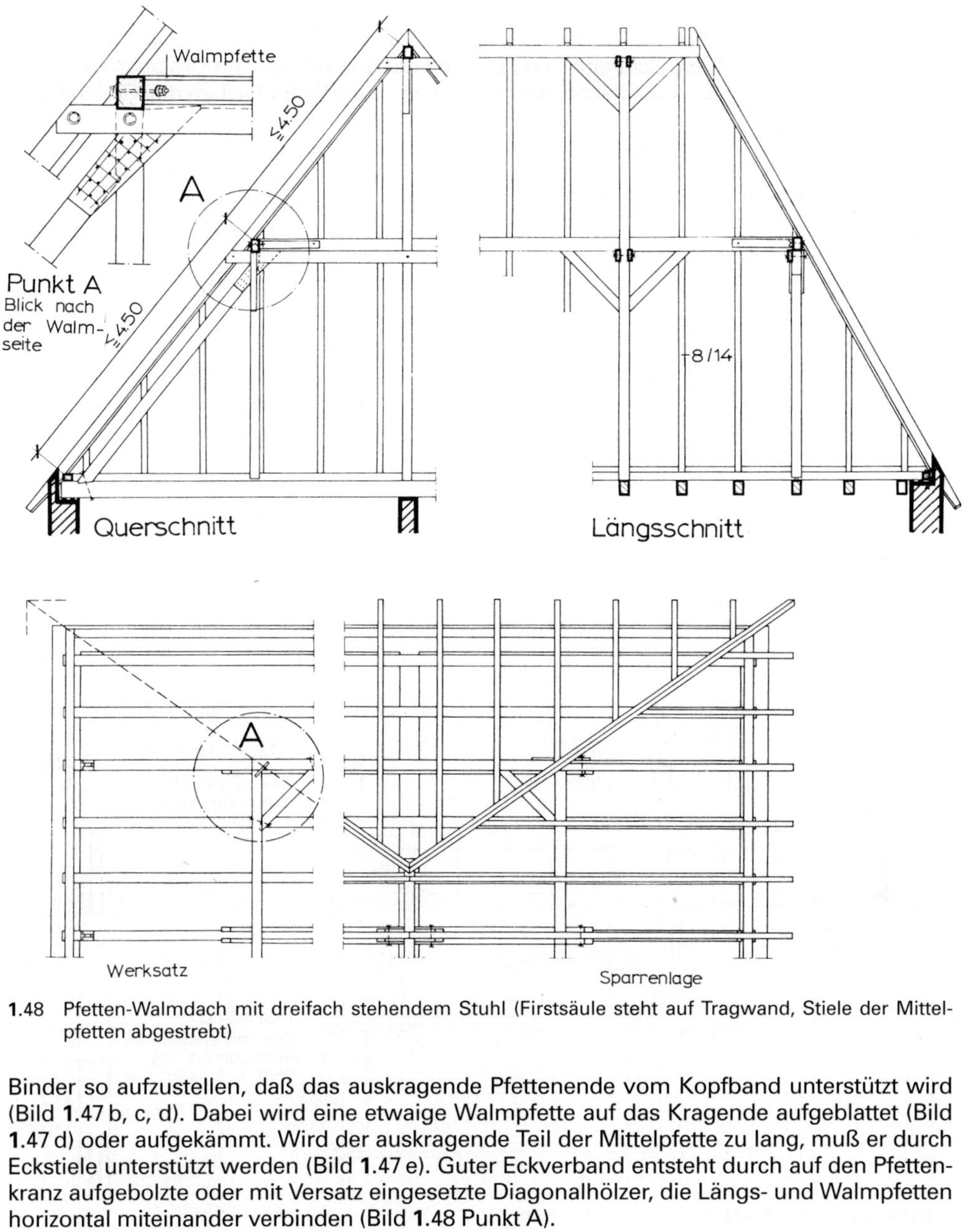

1.48 Pfetten-Walmdach mit dreifach stehendem Stuhl (Firstsäule steht auf Tragwand, Stiele der Mittelpfetten abgestrebt)

Binder so aufzustellen, daß das auskragende Pfettenende vom Kopfband unterstützt wird (Bild **1**.47 b, c, d). Dabei wird eine etwaige Walmpfette auf das Kragende aufgeblattet (Bild **1**.47 d) oder aufgekämmt. Wird der auskragende Teil der Mittelpfette zu lang, muß er durch Eckstiele unterstützt werden (Bild **1**.47 e). Guter Eckverband entsteht durch auf den Pfettenkranz aufgebolzte oder mit Versatz eingesetzte Diagonalhölzer, die Längs- und Walmpfetten horizontal miteinander verbinden (Bild **1**.48 Punkt A).

Die Hauptkonstruktionshölzer der beiden Seitenteile sind die Gratsparren, die im Anfallspunkt stumpf zusammentreffen. Ist keine Firstpfette vorhanden, so muß im Anfallspunkt ein Sparrengebinde (Anfallsgebinde) angeordnet werden. Gegen dieses Anfallsgebinde legen sich die Gratsparren mit ihren Schmiegen stumpf an (Bild **1**.49 Punkt C, Verbindung durch Sparrennägel). Ist eine Firstpfette vorhanden, so werden die Gratsparren auf diese Pfette aufgeklaut. Durch den Anfallspunkt braucht dann kein Sparrengebinde zu gehen. Die Gratsparren haben fünfeckigen, der Dachneigung entsprechend abgedachten Querschnitt. Die Gratsparren sind im allgemeinen 2 bis 4 cm breiter als die übrigen Sparren. Die Höhe soll so bemessen werden, daß die Schiftsparren (das sind die Sparren, die am Gratsparren enden) sich mit ihrer vollen oberen Endfläche, der Schmiege, an die Seitenflächen des Gratsparrens anlegen können. Gratsparren dürfen nicht ausgewechselt werden.

Kehlbalkenkonstruktionen können für Walmdächer über Massivdecken eine konstruktiv einfache Lösung darstellen. Über Holzbalkendecken ergeben sich jedoch bei traditioneller Technik aufwendige Zimmerarbeiten. Nach der Walmseite wird ein Stichgebälk angeordnet, das die horizontalen Kräfte der in der Walmfläche liegenden Sparren auf einen verstärkten Randbalken der Decke überträgt. Die Stichbalken werden mit dem letzten durchgehenden Balken der Decke durch schwalbenschwanzförmiges Blatt verbunden (Bild **1**.49 Punkt A).

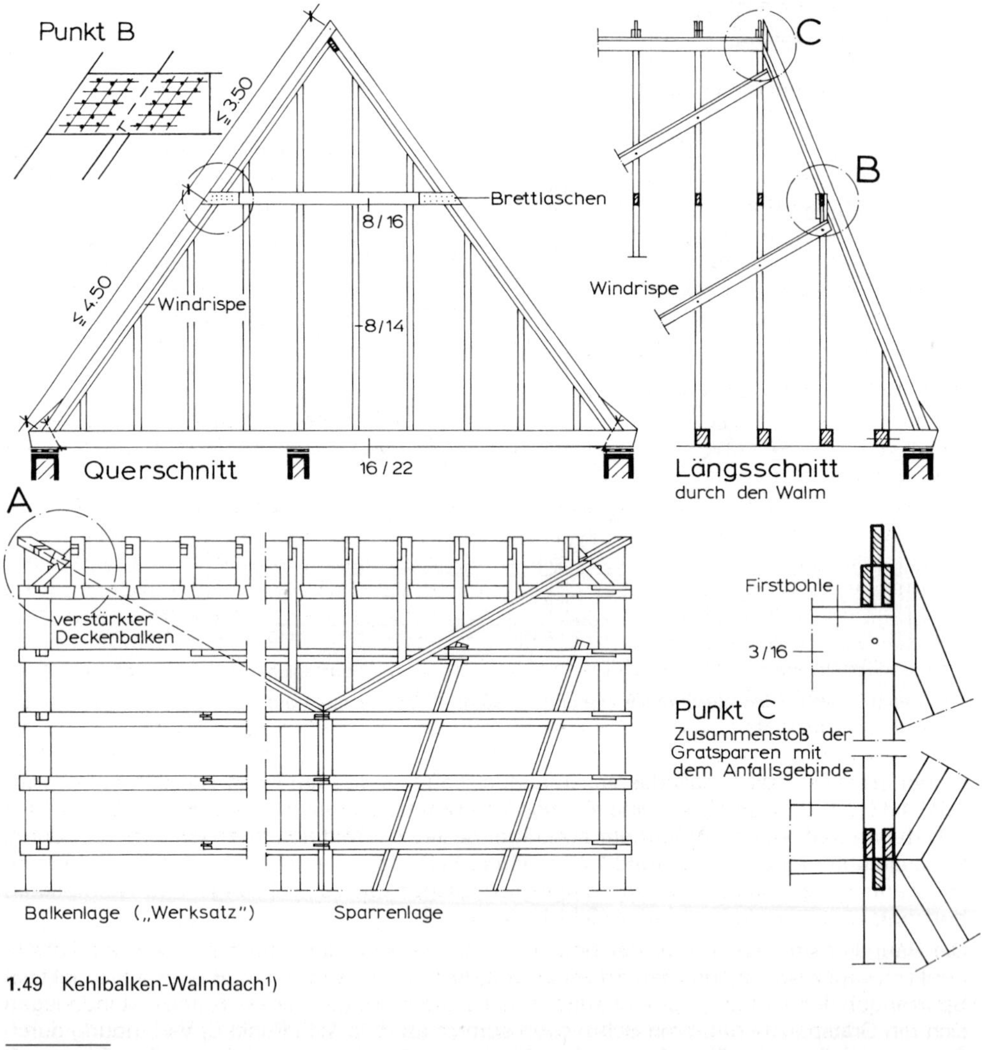

1.49 Kehlbalken-Walmdach[1])

[1]) Die im Bild angegebenen Holzdimensionen sollen als Anhalt dienen. Sie sind in jedem Fall durch Standsicherheitsnachweis zu ermitteln.

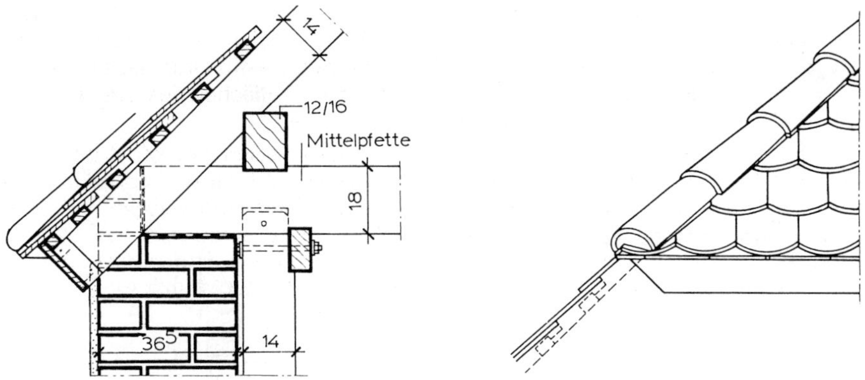

1.50 Traufe am Krüppelwalm eines Pfettendaches

Beim Krüppelwalmdach (Bild **1**.1 e und **1**.50), einer besonders im norddeutschen Küstengebiet verbreiteten Dachform, wird nur der obere Teil des Giebels abgewalmt. Bei Kehlbalkendächern liegt die Traufe der Walmfläche dann meist in Höhe der Kehlbalkenlage.

Kleine Krüppelwalmflächen werden meistens ohne Entwässerung ausgeführt. Bei größeren Flächen sind Dachrinnen unvermeidlich. Die erforderlichen Fallrohre sind jedoch formal schwierig einzuordnen. Schräg entlang dem Ortgang geführte Ableitungen dürften wohl immer die gestalterisch und auch technisch schlechteste Lösung darstellen. Meistens wird daher das Rinnenwasser über gebogene Rohrstutzen auf die Hauptdachfläche geleitet.

Dächer über zusammengesetztem Grundriß

Treffen zwei gleich breite Gebäudeteile mit gleicher Dachneigung zusammen, so schneiden sich die beiden äußeren Dachflächen in einer Gratlinie, die beiden inneren Dachflächen in einer Kehllinie, die beide bis zum First durchgehen.

Wenn keine Firstpfette vorhanden ist, werden Grat- und Kehlsparren durch Scherzapfen miteinander verbunden. Kehlsparren sind etwa 14/20 bis 16/22 cm dick; sie werden oben der Neigung der beiden Dachflächen entsprechend ausgekehlt (Bild **1**.51 Punkt A) oder behalten rechteckigen Querschnitt (Bild **1**.51 Punkt B). Im ersteren Falle legen sich die Schiftsparren seitlich an den Kehlsparren und werden durch Nagelung befestigt; im zweiten Falle stützen sich die Schiftsparren mit einer Klaue auf den Kehlsparren. Die letztere Ausführung ist umständlicher, aber fester. Der Kehlsparren wird durch die Schifter belastet und muß daher bei größerer Länge durch eine Strebe unterstützt werden.

Die Mittelpfetten werden entweder in gleicher Höhe herumgeführt oder besser dort, wo sie zusammentreffen, übereinandergelegt. Die Pfette des einen Daches kann als Spannriegel für den Binder des anderen Daches benutzt werden. Die Gebäudeteile werden auf diese Weise fest miteinander verbunden. Sind die Gebäudeteile ungleich breit, so kann man versuchen, die Binder so anzuordnen, daß die Verlängerung der Walmpfette des großen Daches die Firstpfette für das kleine Dach ergibt (Bild **1**.52).

Geneigte Dächer lassen sich auch über komplizierten, auch nicht rechtwinklig orientierten Grundrissen – u. U. mit verschieden geneigten Teilflächen – errichten. Dabei können sehr reizvolle gestalterische Lösungen entstehen. In jedem Fall aber müssen alle dabei entstehenden Anschnitte an Traufen, Ortgänge, aufgehende Bauteile sowie alle Kehlen, Grate und Verfallungen für die Planung geometrisch genau erfaßt werden. Die sich daraus ergebenden Dachkonstruktionen sind immer im Zusammenhang mit der Dachdeckung zu entwerfen. Nur mit kleinformatigen Deckungsarten (Schiefer, Biberschwänze u. ä.) können die sich oft ergebenden komplizierten Anschlüsse und Übergänge formal befriedigend gelöst werden.

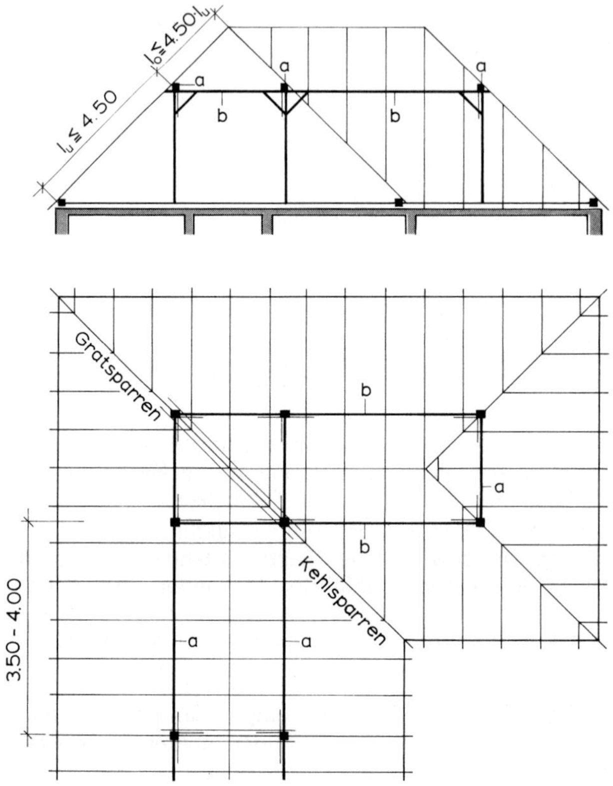

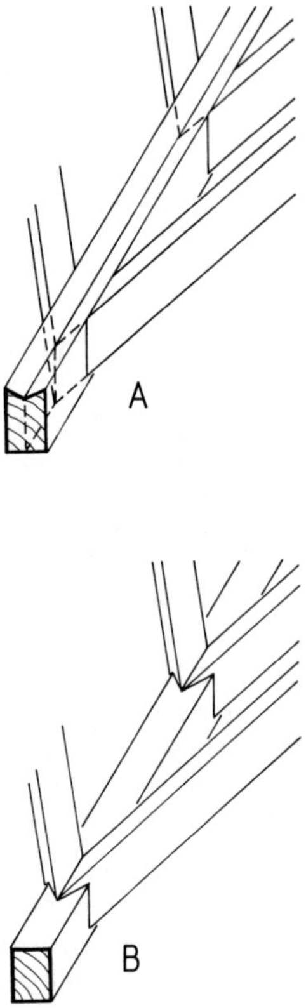

1.51 Dächer über zusammengesetztem Grundriß

a) Pfettendach über zusammengesetztem Grundriß. Die Pfetten a liegen auf den Pfetten b. Beide Gebäudeteile sind gleich tief.

b) Anschluß der Schifter an den Kehlsparren

Die Lösung aller entstehenden Detailfragen, insbesondere alle Übergänge zwischen Ort- und Traufgängen, Anschlüsse von Graten und Kehlen – ggf. auch an aufgehenden Bauteilen – sollte keinesfalls der Improvisation auf der Baustelle überlassen werden. Obwohl die Verwendung moderner Materialien (Folien, Dichtungsmassen usw.) für manche Problempunkte hilfreich sein kann, sollten immer konstruktive Lösungen vorgezogen werden.

Bei der Planung der Kehlen in zusammengesetzten Dachformen muß auf die einwandfreie Ableitung von Niederschlagwasser besonders geachtet werden. Vor allem, wenn Niederschlagwasser aus verschiedenen höher gelegenen Dachflächenteilen anfällt, müssen die Querschnitte erforderlicher Kehlrinnen (s. Abschn. 1.6.2) bereits bei der Dimensionierung der Kehlsparren und bei der Planung der Schifteranschlüsse (Bild **1**.51 A und B) berücksichtigt werden.

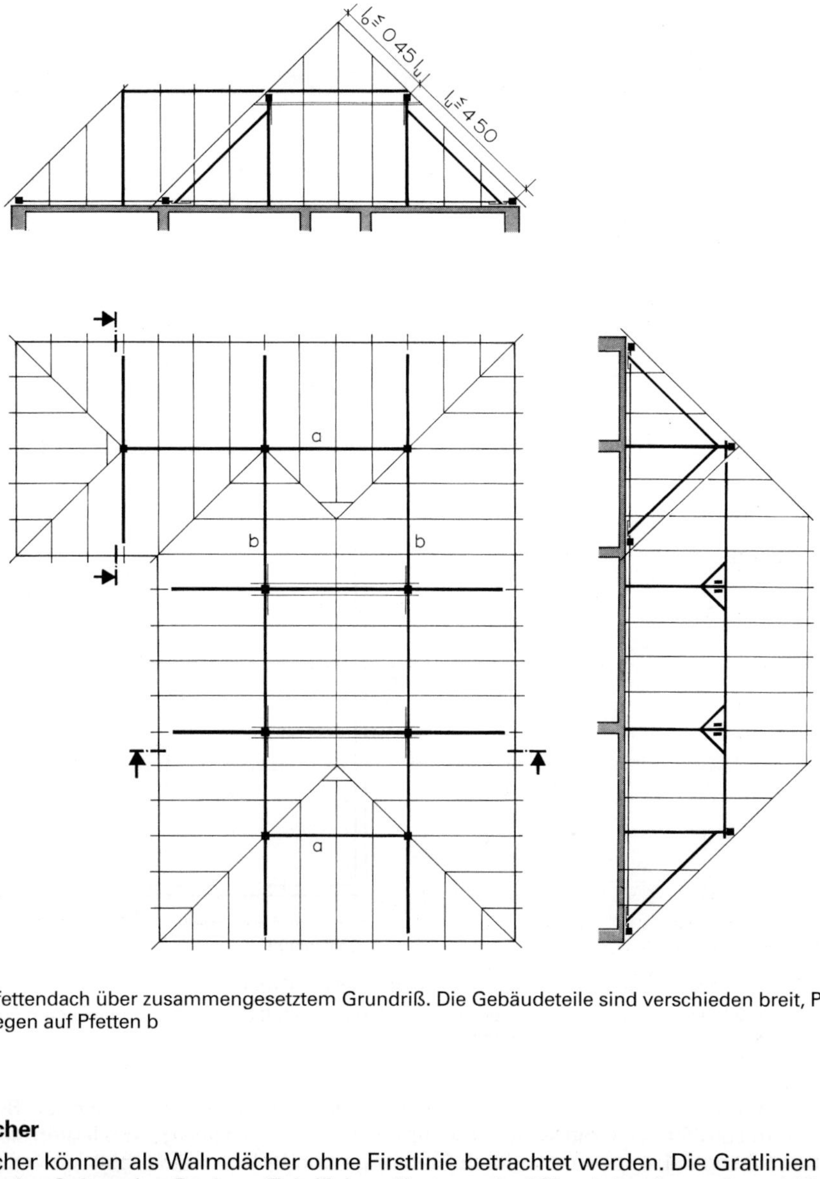

1.52 Pfettendach über zusammengesetztem Grundriß. Die Gebäudeteile sind verschieden breit, Pfetten a liegen auf Pfetten b

Zeltdächer

Zeltdächer können als Walmdächer ohne Firstlinie betrachtet werden. Die Gratlinien treffen sich in der Spitze des Daches. Zeltdächer über regelmäßig vieleckigem Grundriß haben gleich geneigte Dachflächen; bei rechteckigem oder unregelmäßigem Grundriß ergeben sich verschieden geneigte Dachflächen. Die Binder können in den Diagonalen des Grundrisses liegen; die Gratsparren sind dann Bindersparren, alle anderen Sparren Schiftsparren. Die Gratsparren legen sich in diesem Falle oben mit Zapfen und Versatz gegen einen Stiel (Kaiserstiel), der meistens nicht bis zur Dachbalkenlage heruntergeführt wird, sondern unter den mittleren Querzangen endigt.

Doppelzangen am Kaiserstiel ordnet man übereinander an. Bild **1.53** zeigt ein Zeltdach über quadratischem Grundriß mit Kniestock und diagonal liegenden Bindern.

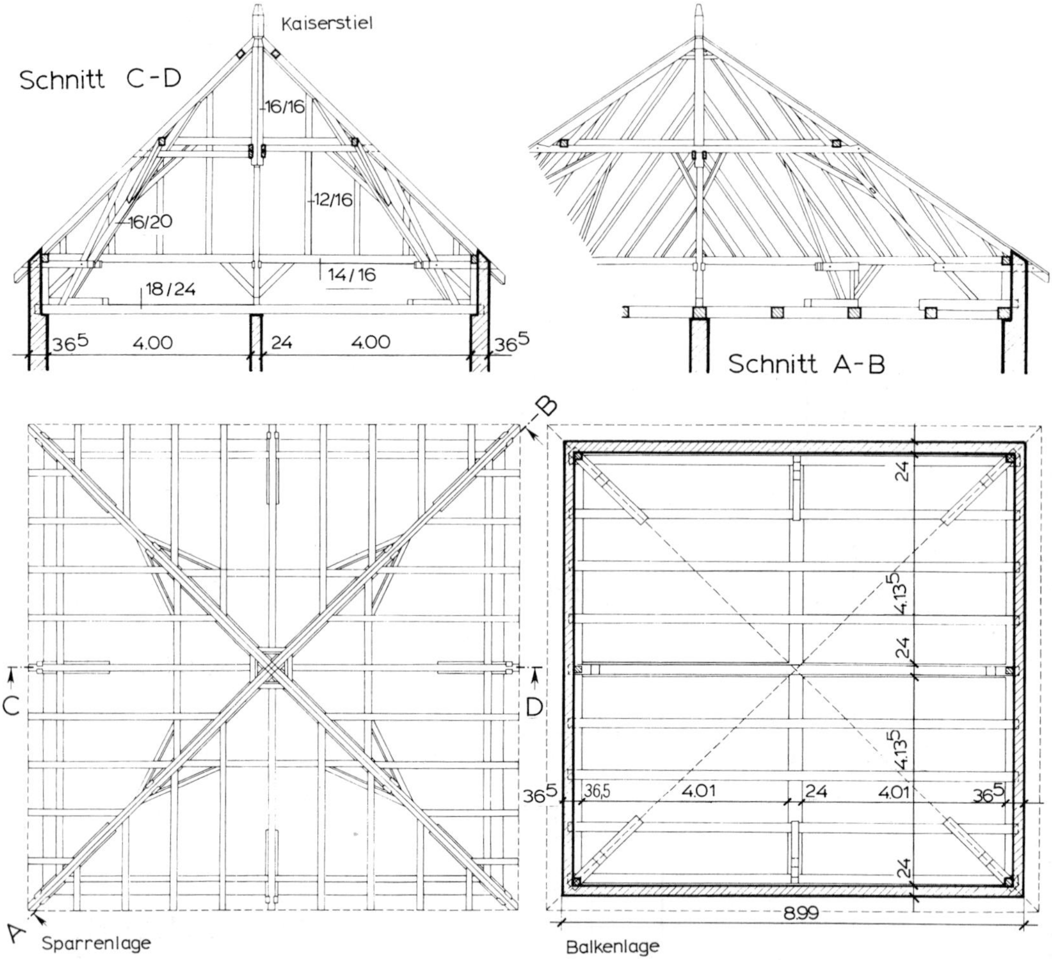

1.53 Zeltdach mit Kaiserstiel und Kniestock über quadratischem Grundriß[1])

[1]) (Die im Bild angegebenen Holzdimensionen sollen als Anhalt dienen. Sie sind in jedem Fall durch Standsicherheitsnachweis zu ermitteln.)

Zeltdächer mit sehr steilen Dachflächen werden als Turmdächer bezeichnet. Bei alten Turmdächern standen die Gratsparren mit Zapfen auf einer Balkenlage und legten sich oben gegen den Kaiserstiel, mit dem sie durch Stahlringe und Bolzen fest verbunden waren. Alle 4 bis 5 m wurden die Gratsparren durch Zangen zusammengehalten und ebenso wie die Zwischensparren durch liegende Stühle aus Schwelle, Rähm und gekreuzten Streben unterstützt, denn Zugkräfte konnten vom Turmmauerwerk kaum übernommen werden. Das Eigengewicht der sogenannten „Mollerschen Konstruktion" war jedoch so groß, daß der Turmhelm dem Winddruck ohne zu kippen widerstehen konnte (Bild **1**.54).

Neuere Turmdachkonstruktionen bestehen nur aus den Hölzern, die als Traggerüst für die Dachhaut dienen. Die Standfestigkeit der Konstruktion wird dadurch gewährleistet, daß die bei Wind anfallenden Zugkräfte über Zugstöße der Hölzer und Stahlanker auf die Wände des Turmschaftes übertragen werden. Den Turmhelm bildet ein pyramidenförmiges Raumfach-

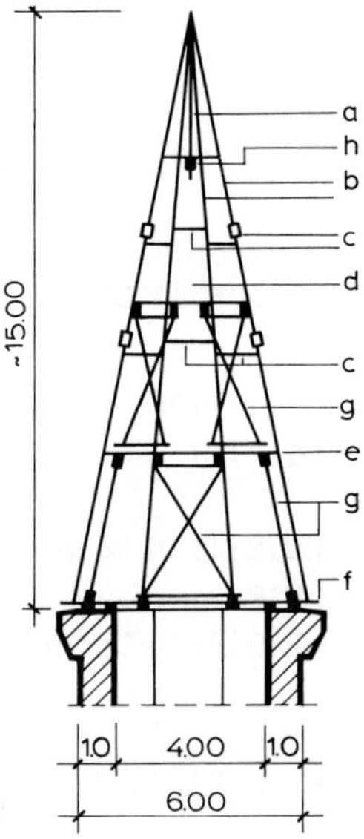

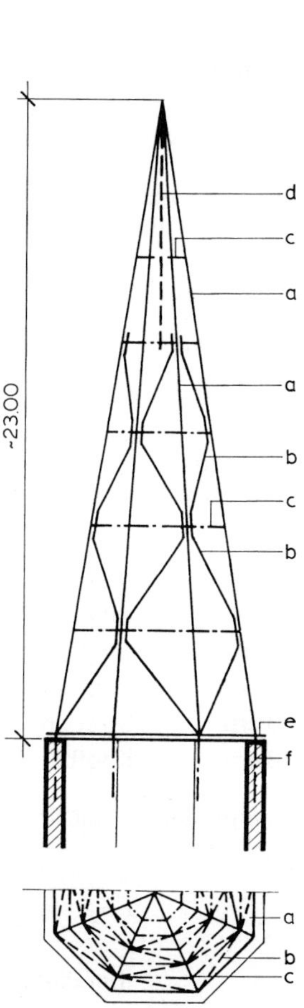

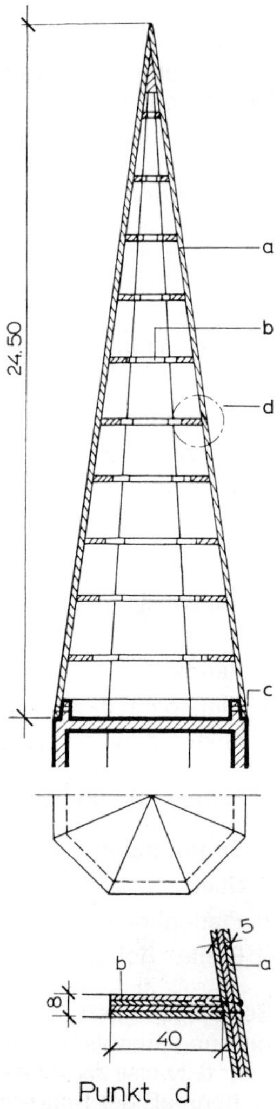

1.54 Mollersche Konstruktion (schematisch)[1]

- a Kaiserstiel 20/20
- b Gratsparren 20/24
- c Wechsel
- d Balkenlage 16/20
- e Balkenlage 18/22
- f Balkenlage 24/30
- g liegende Stuhlwände (Strebenquerschnitt 16/18)
- h Aussteifungslage mit Verankerung des Kaiserstieles

1.55 Pyramidenförmiges Raumfachwerk (schematische Darstellung)[1]

- a Gratsparren 16/26
- b Streben 21/14
- c ausgesteifter Pfettenkranz 14/16
- d Kaiserstiel 20/20
- e Schwellenkranz (Eiche 10/14)
- f Zuganker M24 (1,50 m tief im Mauerwerk)

1.56 Turmdachschale aus geleimten Holztafeln[1]

- a Brettschale (5 cm dick)
- b Aussteifungsringe (5 bis 13 cm dick)
- c Befestigung der Holzschale am Beton des Turmschaftes durch Geka-Dübel Ø 115 mm

[1] (Die angegebenen Holzdimensionen sollen als Anhalt dienen. Sie sind in jedem Fall durch Standsicherheitsnachweis zu ermitteln.)

werk mit den Gratsparren als Tragpfosten, die unten von einem Schwellenkranz zusammengefaßt werden. Untereinander sind die Gratsparren durch Streben zu steifen Flächen verbunden. Der horizontalen Aussteifung dienen Pfettenkränze, die durch Zangen gegen Verschieben gesichert sind (Bild **1**.55).

Sehr vereinfachte Turmdachkonstruktionen werden durch Verwendung von geleimten Holzschalen möglich, die durch mehrschichtige, geleimte, horizontal liegende Rahmen ausgesteift werden. Diese Turmhelme sind so leicht, daß sie auch auf dem Werkplatz fertig montiert, teilweise gedeckt und dann mit Kränen auf den massiven Turmschaft gehoben werden können (Bild **1**.56).

1.2.3.5 Handwerkliche Ausführung

Abmessungen

Auch bei einfachen Kehlbalken- und Pfettendächern in zimmermannsmäßiger Konstruktion sind in der Regel alle Hölzer statisch zu berechnen. Für Dächer mittlerer Spannweite ergeben sich etwa folgende Holzabmessungen:

Sparren	8/12 bis 10/16 cm	Kniestockpfetten	12/14 bis 12/16 cm
Kehlbalken	8/14 bis 10/20 cm	Kniestockstiele	12/12 cm
Zangen	6/14 bis 8/16 cm	Stiele unter den	
Rähme	14/18 bis 14/22 cm	Rähmen und Pfetten	12/12 bis 14/14 cm
Mittelpfetten	12/20 bis 14/20 cm	Streben	14/16 cm
Firstpfetten	14/16 bis 14/18 cm	Kopfbänder	10/10 bis 10/12 cm

Faustregel zur überschlägigen Ermittlung der Holzdicken in cm:

Sparrenhöhe	$= 5 + 2\,L$	
Stiel	$= 7 + 2\,L$	L = freie Länge des Holzes in m
Pfettenhöhe	$= 9 + 2\,L$	
Breite : Höhe	$= 5 : 7$	(bei Pfetten und Sparren)

Bei ausgebauten Dachräumen sind nach den Anforderungen der neuen Wärmeschutzverordnung erhebliche Dämmstoffdicken zu berücksichtigen. Wenn die Wärmedämmung ganz oder teilweise zwischen den Sparren eingebaut wird, ergibt sich meistens ein erforderliches Höhenmaß der Sparren von 18 bis 20 cm. Bei hinterlüfteten Wärmedämmungen sind evtl. noch höhere Sparren nötig (vgl. Abschn. 1.8).

Das Zurichten der Grat-, Kehl- und Schiftsparren (Schiftungen)

Die Abmessungen, Querschnittsformen, Schmiegeflächen und Klauen können bei Grat- und Kehlsparren und z. T. auch bei den Schiftsparren nicht unmittelbar aus den Querschnittszeichnungen des Daches entnommen werden.

Mit Schiftapparaten werden die Sparrenlängen sowie Lage und Größe von Klauen und Schmiegen mechanisch an zu verschieblichen rechtwinkligen Dreiecken zusammengesetzten Metallmaßstäben ermittelt und auf den Hölzern angerissen („ausgetragen").

Insbesondere für das Zurichten großer Holzquerschnitte, z. B. aus Brettschichtträgern, werden rechnergestützte Zuschnittmaschinen eingesetzt, mit denen die erforderlichen Abmessungen der Hölzer und die Schnittwinkel direkt aus Zeichnungen ermittelt werden können.

Für das teilweise auch heute noch übliche zeichnerische Arbeiten auf dem Schnürboden des Zimmerplatzes ist in Bild **1**.57 ein Beispiel in vereinfachter Form dargestellt.

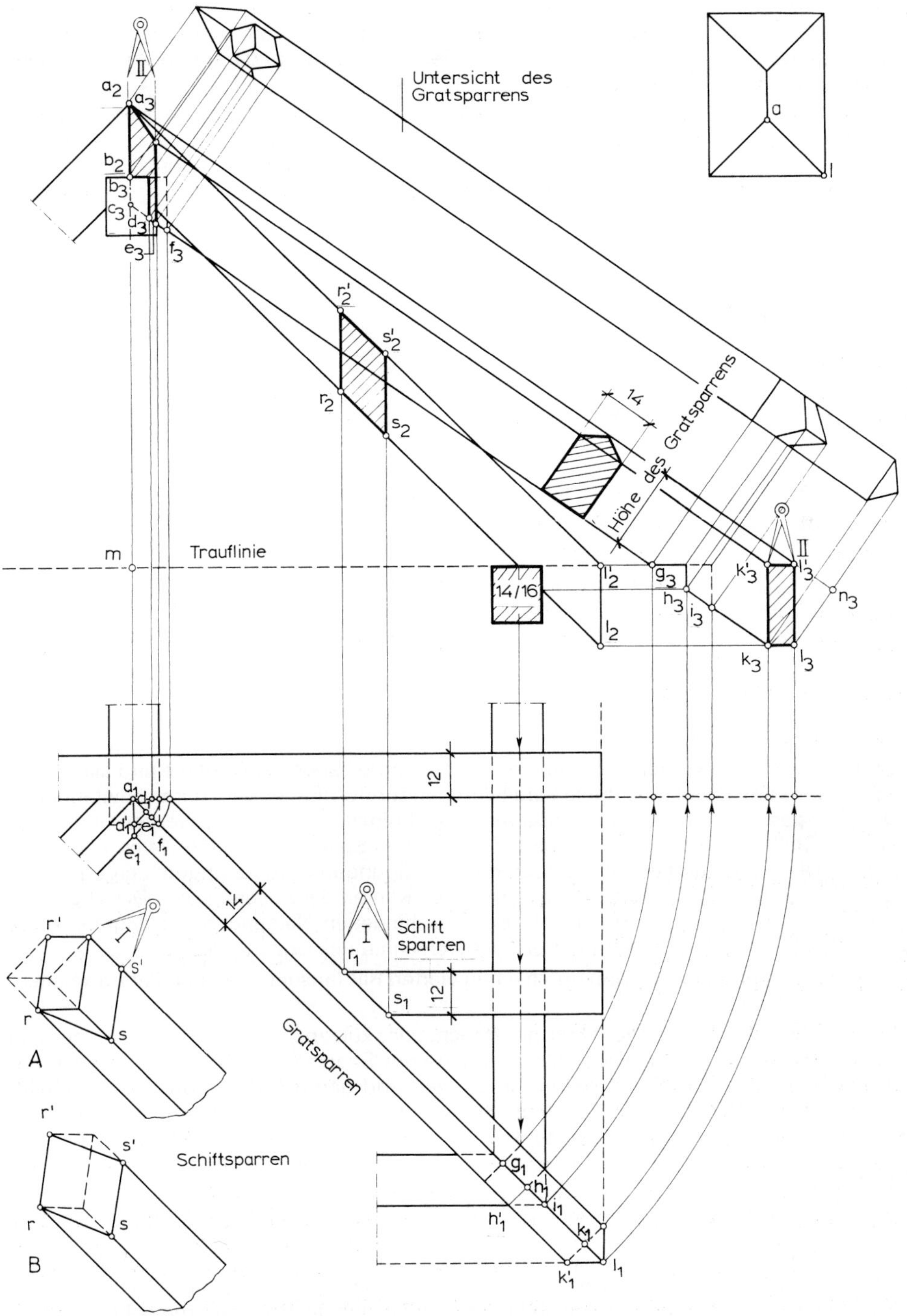

1.57 Austragen von Grat- und Schiftsparren

Bild **1**.57, Fortsetzung

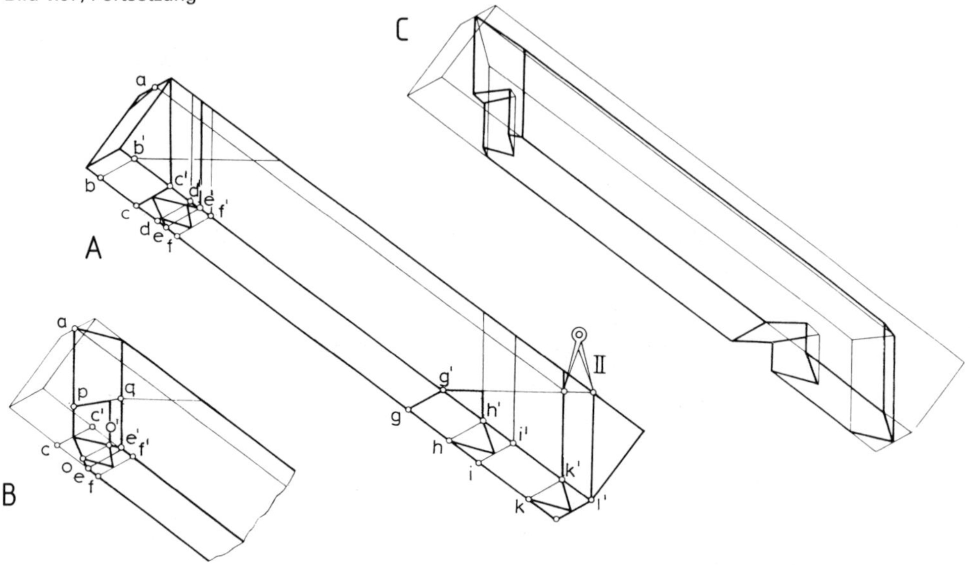

Die Seitenansicht des Gratsparrens und damit die wahre Länge der Gratlinie und aller anderen Sparrenkanten findet man durch Paralleldrehen zur Aufrißebene. Im damit entstandenen dritten Riß des Sparrens kann die Sparrenquerschnittsfläche ermittelt werden, indem an beliebiger Stelle die aus dem Grundriß entnommenen Sparrenbreite (hier 14 cm) eingetragen wird. Die Höhen und damit die oberen Abschrägungen („Abgratungen") ergeben sich aus der Verschneidung mit den bereits ermittelten Kanten der Seitenansicht. Die Abgratungen sind in diesem Falle symmetrisch. Bei verschiedenen Neigungen der angrenzenden Dachflächen ergibt sich ein asymmetrischer Querschnitt des Gratsparrens.

Die Untersicht des Sparrens kann durch einen vierten Riß (ausgetragen parallel zum Seitenriß) dargestellt werden.

In den Aufriß ist die „Schmiege" (Anschnittsfläche) des kurzen „Schiftsparrens" eingetragen (Punkte r_2, r_2', s_2, s_2'). Diese Endpunkte werden vom Sparrenfuß aus durch Antragen der wahren Längen auf den Schiftsparren übertragen und dadurch die erforderliche Schnittfläche ermittelt (r, r', s, s' in den Detailpunkten A und B). Das Anreißen der Schnittlinien und den fertigen Gratsparren zeigt Detailpunkt C.

Bohlenschiftung

Kleine Satteldächer, deren Dachraum nicht genutzt wird, können an größere Dachflächen auch ohne Kehlsparren angeschlossen werden. Die Schiftsparren des Nebendaches setzen sich mit ihren Schmiegeflächen auf entsprechend zugerichtete Bohlen, die auf die durchgehenden Sparren des Hauptdaches aufgelegt und durch Nägel befestigt werden. Die Bohlen sind 6 bis 8 cm dick und müssen so breit sein, daß sich die Schiftsparren der Gaube voll auflegen lassen (Bild **1**.58).

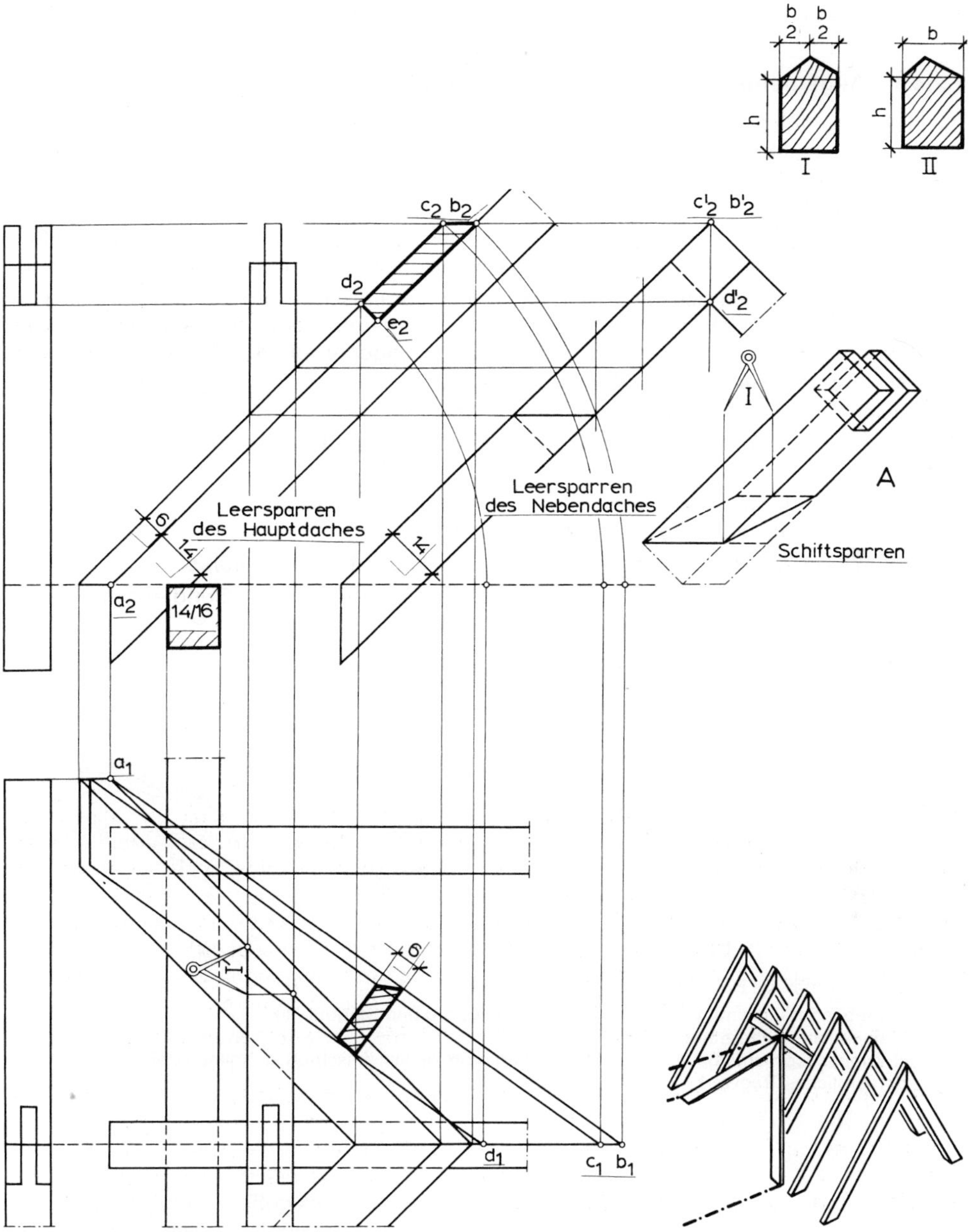

1.58 Bohlenschiftung, Austragung eines Schiftsparrens und einer Schiftbohle

1.2.4 Ingenieurmäßige Holzdachkonstruktionen

1.2.4.1 Allgemeines

Die in Abschn. 1.2.3 behandelten Konstruktionen aus Kanthölzern mit einfachen handwerksmäßig hergestellten Verbindungen erlauben bei noch wirtschaftlichen Holzdimensionen freie Einzellängen bis etwa 5,00 m. Damit ist es möglich, Stützweiten bis etwa 12,00 m zu überspannen.

Holztragwerke können jedoch auch für wesentlich größere Spannweiten und über größere Flächen sehr wirtschaftlich und vor allem auch gestalterisch sehr reizvoll gestaltet werden.

Begrenzungen ergeben sich dabei meistens nur aus Brandschutzforderungen (s. Abschn. 15 in Teil 1 des Werkes). Holzkonstruktionen sind jedoch – ausreichende Dimensionierungen dafür vorausgesetzt – im allgemeinen wesentlich weniger empfindlich gegen Brandeinwirkung als ungeschützte Stahlkonstruktionen.

Neuzeitliche Holzkonstruktionen sind gekennzeichnet durch:

- Einsatz vorgefertigter, hochbelasteter Tragelemente anstelle oder in Ergänzung von Vollholzquerschnitten (Abschn. 1.2.4.2),
- spezielle Verbindungstechniken, die hoch belastbare Anschlüsse – auch in mehreren Ebenen – ermöglichen (Abschn. 1.2.4.3),
- Kombination von Holz- und Stahlbauteilen (s. a. Bilder **1**.44 und **1**.45),
- hochentwickelte, auch räumliche Tragwerkssysteme (Abschn. 1.2.4.5 und Abschn. 1.2.4.6) (Bild **1**.59).

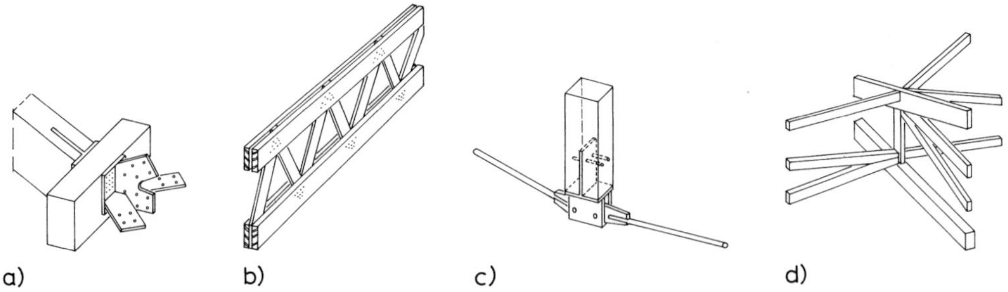

1.59 Ingenieurmäßige Holzkonstruktionen
a) Stabanschlüsse mit verschweißten Knotenblechen und Stabdübeln
b) genagelter Gitterträger
c) Zugbeanspruchte Bauteile aus Stahlstäben oder -seilen: Anschluß an Vollholzstab
d) räumliches Tragwerk

Brettschichtholz, vorgefertigte Träger und moderne Holzwerkstoffe ermöglichen größere Spannweiten bei ingenieurmäßigen Dachkonstruktionen. Bei der Überdachung großflächiger Gebäude tragen sie z. B. als lange auf Dachbindern oder Zwischenwänden aufgelegte Pfettenstränge („Sparrenpfetten") die Dachhaut (vgl. Abschn. 1.2.3.2).

Einfeld- oder Durchlaufpfetten (bzw. -träger) sind bei großen Spannweiten durch Lieferlängen und Transportmöglichkeiten begrenzt und statisch unwirtschaftlich. Für große Spannweiten können Koppelträger mit biegesteifen Stoßverbindungen durch Nagelung oder Dübelverbindungen gebildet werden. Gelenkträger (bzw. „Gerberträger") als Mehrfeldträger bestehen aus aneinandergereihten gelenkig verbundenen Kragträgern und Einhängträgern. In den Gelenken werden lediglich Querkräfte und keine Biegemomente übertragen. Dadurch ergeben sich Vorteile bei der statischen Dimensionierung (Bild **1**.73).

In modernen Holzkonstruktionen werden zunehmend für zugbeanspruchte Bauteile wie Untergurte von unterspannten Trägern und Dachbindern, für Windverbände und ähnlichem Drahtseile und Rundstahlstäbe mit justierbaren Anschlußflanschen und mit Verbindungsteilen in vielfältigen Spezialausführungen verwendet (vgl. Bilder **1**.110 bis **1**.113 und **1**.126).

1.2.4.2 Konstruktionselemente

Träger aus Holzwerkstoffen, Brettschichtträger

Erheblich größere Spannweiten als mit Vollhölzern lassen sich in Konstruktionen des Holzbaues mit Trägern aus modernen Holzwerkstoffen und mit Brettschichtträgern erreichen (vgl. Abschn. 1.2.2.2). Brettschichtträger (Bild **1**.60) können mit unterschiedlichen Höhen und Querschnittsformen, in gebogenen und auch in räumlich gekrümmten Formen hergestellt werden (vgl. Bild **1**.122). Für hallenartige Bauwerke können Rahmenteile aus gebogen ausgeführten Brettschichtträgern und durch Keilzink- bzw. Stabdübelverbindung (Abschn. 1.2.4.3) gebildet werden.

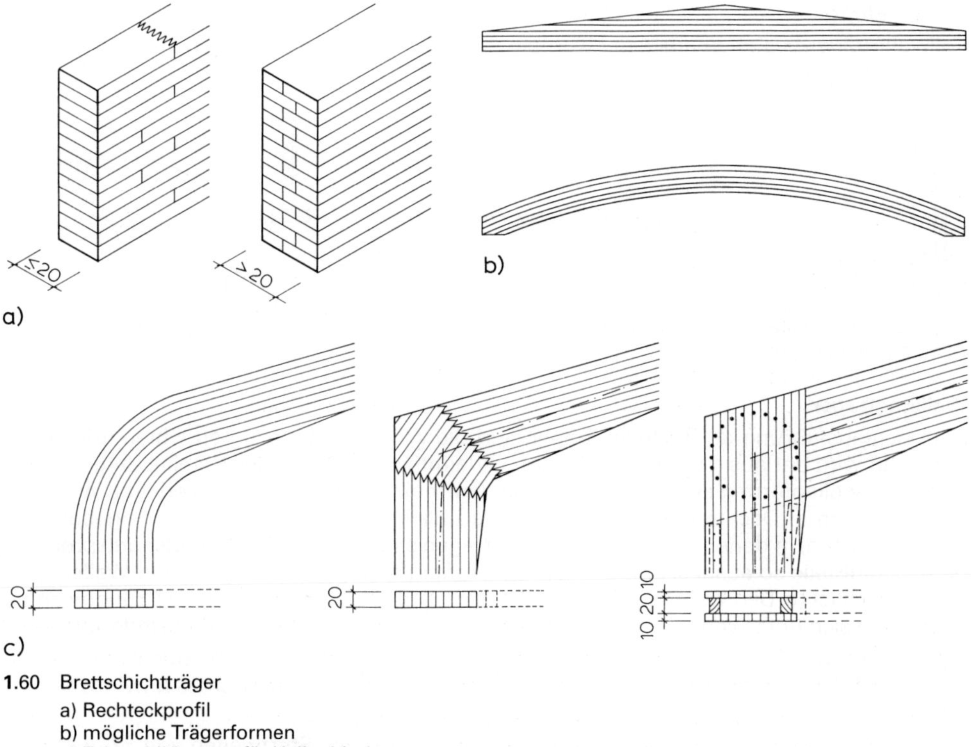

1.60 Brettschichtträger
a) Rechteckprofil
b) mögliche Trägerformen
c) Eckausbildungen für Hallenbinder:
Gebogen geleimter Binder; Eckverbindung durch Keilzinkung; Träger zwischen Doppelstützen; Anschluß durch Stabdübelkreis

Kastenträger

Für Konstruktionen mit geringeren Belastungen können Kastenträger aus Bausperrholzplatten und Ober- bzw. Untergurten aus Brettschichtholz in Frage kommen (Bild **1**.61).

Kastenträger können als weitgehend vorgefertigte weitgespannte Flachdachelemente hergestellt werden (Bild **1**.62).

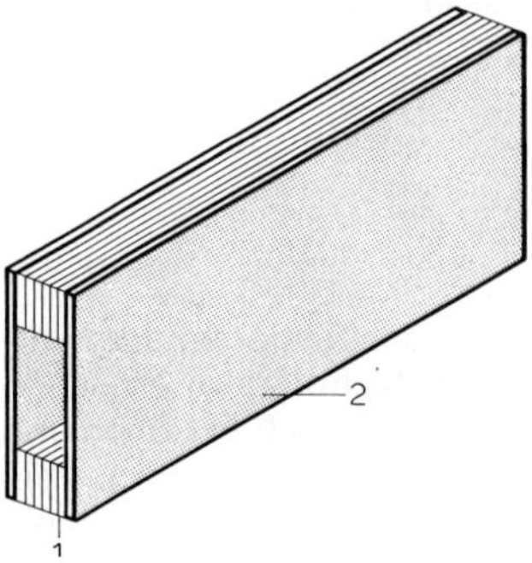

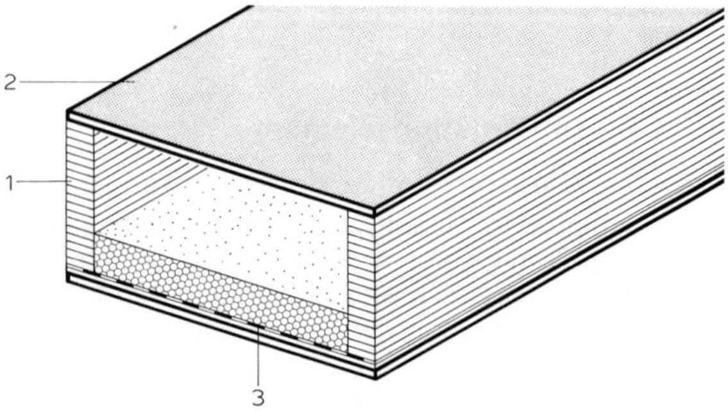

1.61 Kastenträger
1 Brettschichtträger
2 Sperrholz
3 Wärmedämmung auf Dampfsperre

1.62 Vorgefertigtes Flachdachelement

Vollwandträger

Vollwandträger bestehen aus einer Kombination von Bausperrholzplatten als Stegen Ober- bzw. Untergurten aus verleimten Brettern (Bild **1**.63).

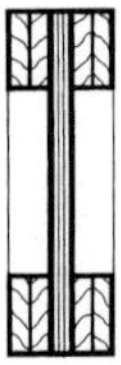

1.63 Geleimter Vollwandbinder mit Sperrholzsteg

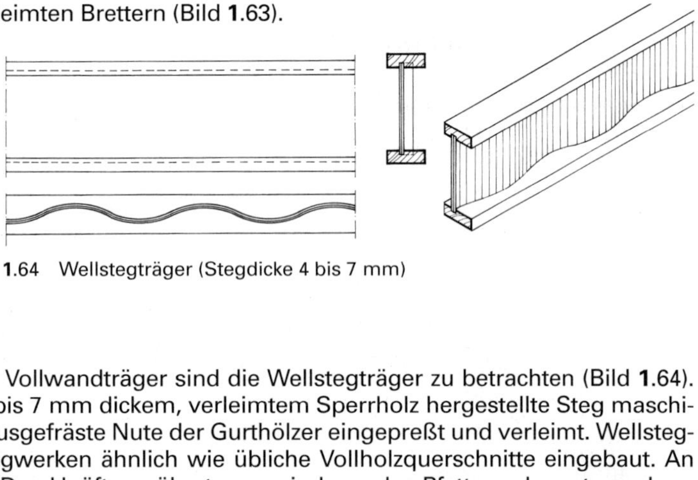

1.64 Wellstegträger (Stegdicke 4 bis 7 mm)

Wellstegträger

Als Leichtausführung der Vollwandträger sind die Wellstegträger zu betrachten (Bild **1**.64). Bei ihnen wird der aus 4 bis 7 mm dickem, verleimtem Sperrholz hergestellte Steg maschinell in die wellenförmig ausgefräste Nute der Gurthölzer eingepreßt und verleimt. Wellstegträger werden in Dachtragwerken ähnlich wie übliche Vollholzquerschnitte eingebaut. An Knotenpunkten, in denen Druckkräfte zu übertragen sind, werden Pfetten oder entsprechende Anschlußteile so ausgeschnitten, daß die Krafteinleitung über die Gurte der Wellstegträger möglich ist (s. Bild **1**.65). Auskragende Gesimse u. ä. werden in Form von Zangen angebracht, die sich unter Verwendung von Füllhölzern an beide Seiten des Wellstegs anlegen.

Gitterträger werden auch im Schalungsbau und für Holzbaukonstruktionen mit großen Spannweiten eingesetzt, wenn Vollholzprofile wegen ihres Eigengewichtes unwirtschaftlich sind.

DSB-Träger sind als Sparren und Pfetten bis zu Längen bzw. Stützweiten von 12 und 15 m zugelassen. Die Gitterstreben sind hier mit Zinken in die parallel oder geneigt zueinander verlaufenden Gurte geleimt. Mit verschieden breiten Ober- und Untergurten werden je nach

Beanspruchungsmöglichkeit Träger mit Doppel-, Dreifach- und Vierfachstreben hergestellt (Bild **1**.65).

Beim **Trigonit-Träger** sind nur die Diagonalstäbe durch Keilzinkung miteinander verleimt. Ober- und Untergurt werden durch Doppelprofile gebildet.

Als Beispiel für das Konstruieren mit Gitterträgern ist in Bild **1**.67 der Schnitt durch ein Kehlbalkendach dargestellt.

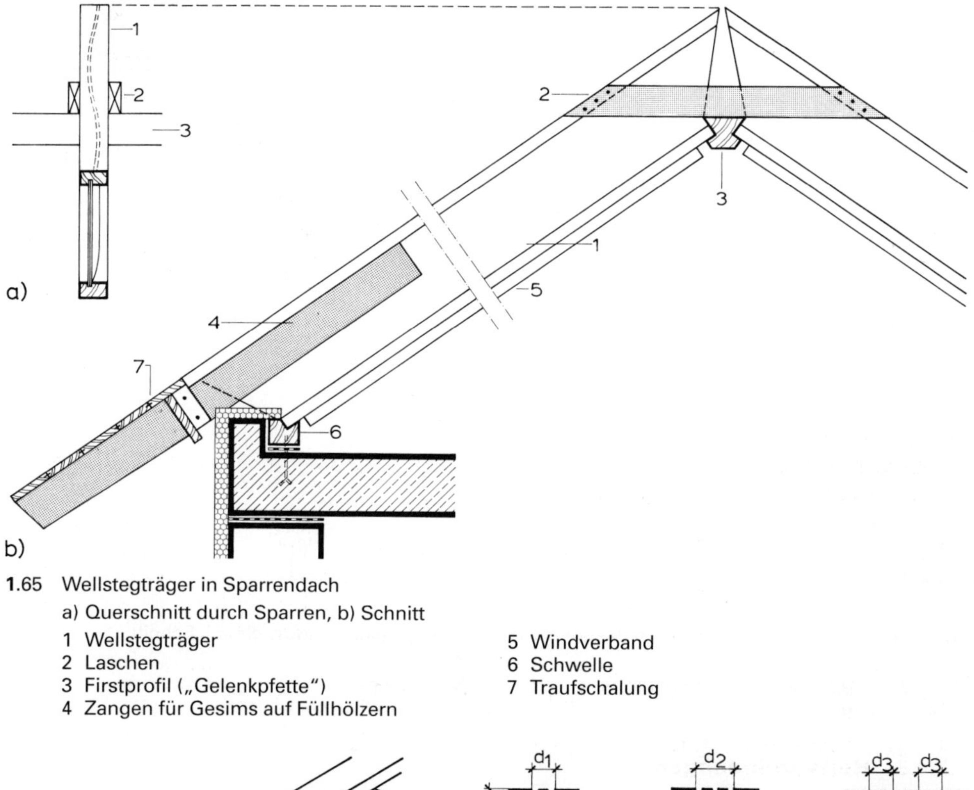

1.65 Wellstegträger in Sparrendach
a) Querschnitt durch Sparren, b) Schnitt
1 Wellstegträger
2 Laschen
3 Firstprofil („Gelenkpfette")
4 Zangen für Gesims auf Füllhölzern
5 Windverband
6 Schwelle
7 Traufschalung

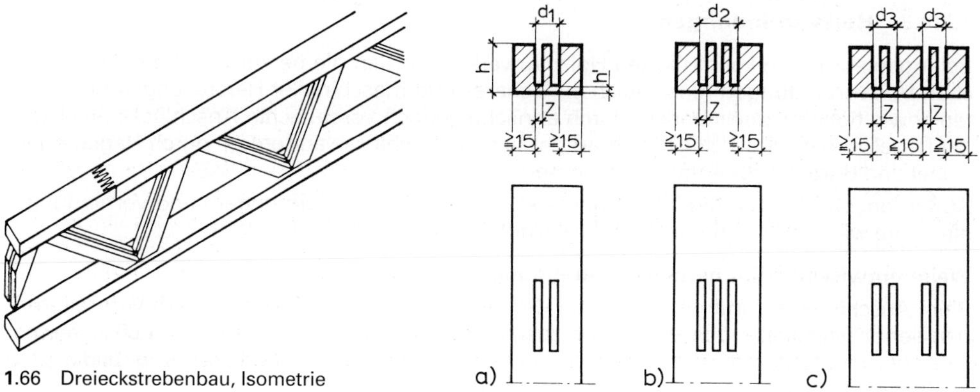

1.66 Dreieckstrebenbau, Isometrie
Strebentypen
a) 2-Zinker
b) 3-Zinker
c) 2 × 2-Zinker

Vorgefertigte Gitterträger

Der den Fachwerken zugrunde liegende Gedanke, durch Aneinanderreihen einer Vielzahl von aus Stäben gebildeten Dreiecken sehr leistungsfähige und materialsparende ebene Tragwerke zu konstruieren, führte zum vorgefertigten Gitterstegträger. Träger dieser Art werden maschinell als leichte Bauelemente vorgefertigt.

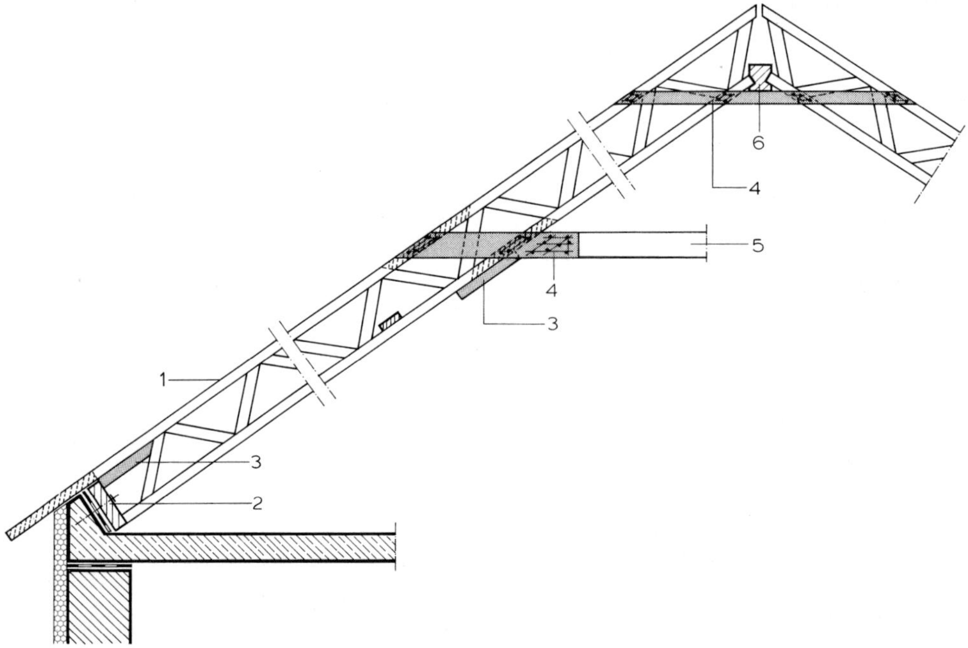

1.67 Sparrendach aus Gitterträgern (diagonale Windverbände nicht eingezeichnet), Schnitt
1 Gitterträger
2 Sattelschwelle auf Trennlage, verankert
3 Knagge
4 Laschen
5 Kehlriegel
6 Firstprofil, nicht tragend

1.2.4.3 Holzverbindungen

Bei ingenieurmäßig konstruierten Holzbauwerken werden die herkömmlichen handwerklichen Holzverbindungen hinsichtlich einfacherer und maschineller Herstellungsmöglichkeiten sowie höherer Belastbarkeit durch ähnliche, jedoch vereinfachte Anschlüsse ersetzt. In der Regel wird die Tragfähigkeit derartiger Versatzanschlüsse außerdem durch Nagelungen, Dübel und Bolzenverbindungen verbessert.

Außerdem werden moderne Verbindungstechniken (z. B. Verleimungen) und Verbindungselemente wie Stahlbleche und spezielle Knotenverbindungen eingesetzt.

Weiterentwickelte Zimmermannsverbindungen

Beim Anschluß von Druckstäben durch Versatz wird die Tragfähigkeit durch Verbreiterungen der anzuschließenden Hölzer und zusätzlichen Einsatz von Dübeln (Bild **1**.68 a) verbessert oder die herkömmlichen Versätze werden durch aufgedübelte Laschen gebildet (Bild **1**.68 b; Dübel, Bolzen- und Nagelverbindungen s. S. 65 f.).

Zur einfacheren Herstellung der Knotenpunkte werden Versätze auch durch aufgenagelte oder aufgedübelte Laschen ersetzt, kombiniert mit Bolzenverbindungen oder genagelten Verbindungslaschen (Bild **1**.69).

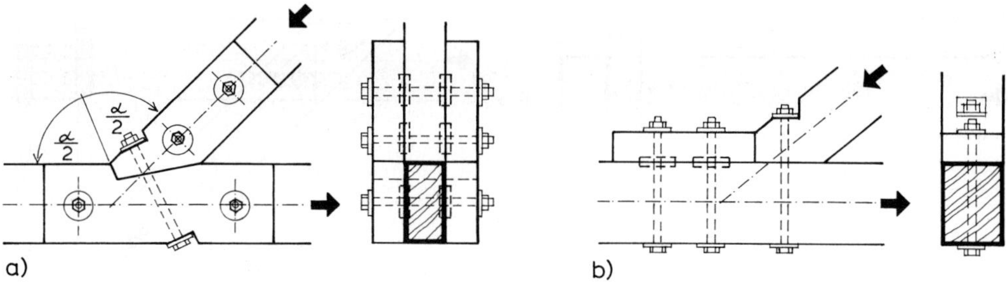

1.68 Druckstabanschlüsse mit Versatz
a) Versatzflächen vergrößert durch angedübelte Verbreiterungslaschen
b) Versatz gebildet durch aufgedübelte Lasche (vgl. „Vorholz"), Druckstab durch Bolzen gesichert

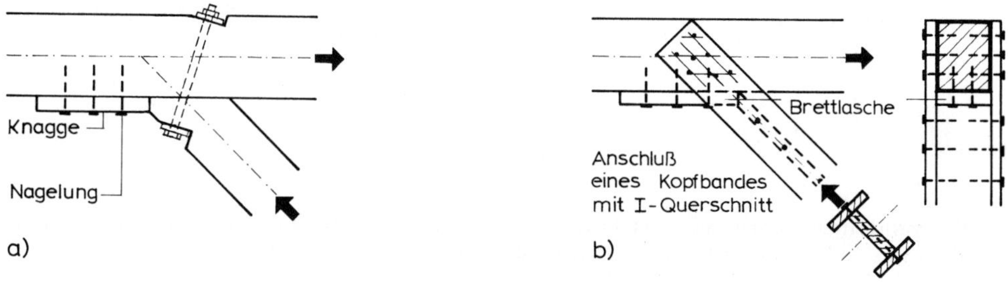

1.69 Druckstabanschlüsse („Kopfbänder" zur Verminderung der Stützweiten der Pfetten)
a) Anschluß mit Stirnversatz, gebildet durch genagelte Knagge, Bolzensicherung
b) Kopfband mit I-Querschnitt aus Einzelbrettern

Vielfach werden die Anschlußknoten für Druck- und Zugstäbe durch Doppelprofile in Verbindung mit verbolzten Dübeln vereinfacht (Bild **1**.70).

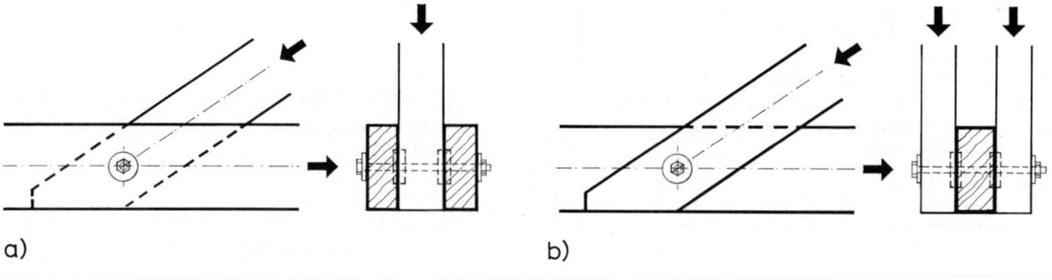

1.70 Knotenpunkte durch Doppelprofile gebildet (Verbindung durch Bolzen in Verbindung mit Dübeln, s. Bilder **1**.77 bis **1**.82
a) Zugstab als Doppelprofil
b) Druckstab als Doppelprofil

Anschlüsse von Zugstäben sind in der gleichen Weise oder mit Stabdübeln möglich (Bild **1**.71 a und b) oder werden bei Verbindung von Einfachprofilen mit Nagellaschen ausgeführt (Bild **1**.71 c).

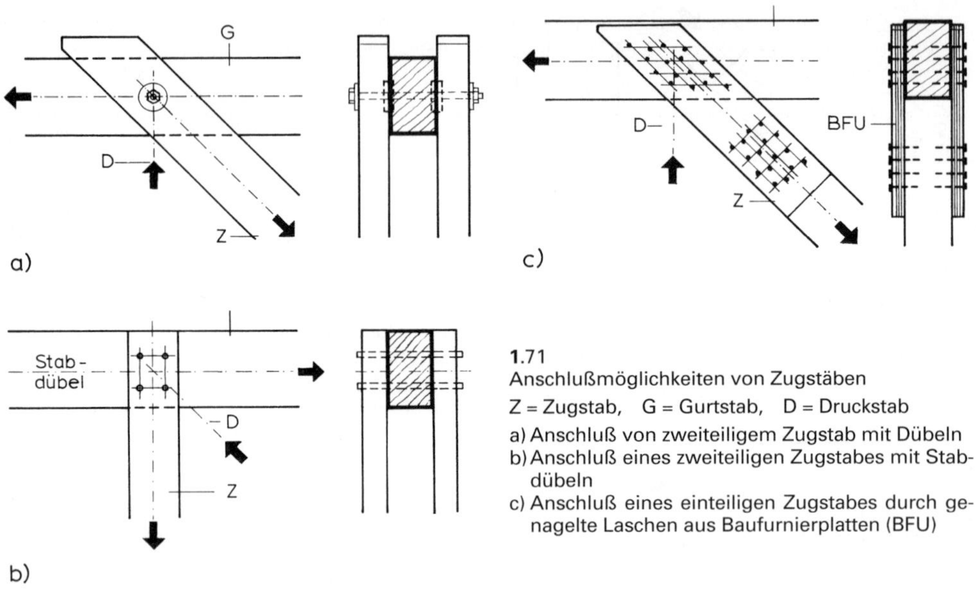

1.71
Anschlußmöglichkeiten von Zugstäben
Z = Zugstab, G = Gurtstab, D = Druckstab
a) Anschluß von zweiteiligem Zugstab mit Dübeln
b) Anschluß eines zweiteiligen Zugstabes mit Stabdübeln
c) Anschluß eines einteiligen Zugstabes durch genagelte Laschen aus Baufurnierplatten (BFU)

Stoßverbindungen werden mit Hilfe genagelter oder verbolzter Laschen hergestellt oder durch Stabdübel in Verbindung mit Knotenblechen aus Stahl (Bild **1**.72).

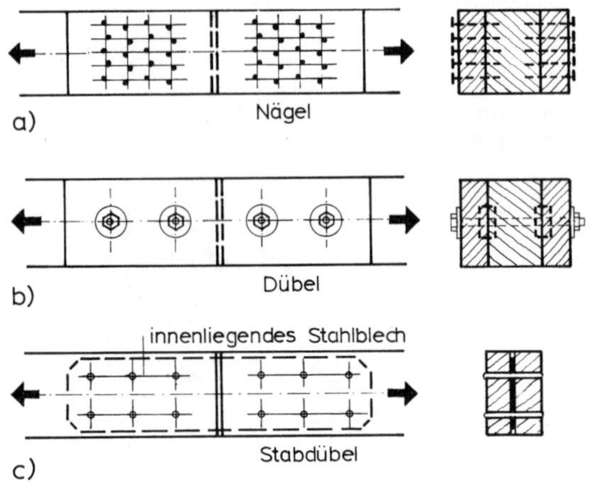

1.72
Stoßverbindungen
a) genagelter Zugstoß mit außenliegenden Laschen
b) Zugstoß mit Dübeln und außenliegenden Laschen
c) Zugstoß mit Stabdübeln (s. Bild **1**.90 f.) und innenliegendem Stahlblech

Gelenke durchlaufender Pfettenstränge (Gelenkträger) werden mit Stahlblechformteilen oder durch Überplattungen mit Bolzenverbindungen gebildet. Die Stöße sind so auszuführen, daß die Bolzen auf Zug beansprucht werden, oder die Hölzer müssen durch Klemmbolzen gegen Aufreißen gesichert werden (Bild **1**.73).

Gelenkträger („Gerberpfetten") haben in Pfettensträngen über die Stützen hinauskragende Pfettenenden als Auflager für gelenkig eingehängte zwischengehängte Pfettenabschnitte.

In den Gelenken werden nur die Auflagerkräfte des eingehängten Trägers, jedoch keine Biegemomente übertragen. Dadurch sind erheblich günstigere statische Dimensionierungen möglich.

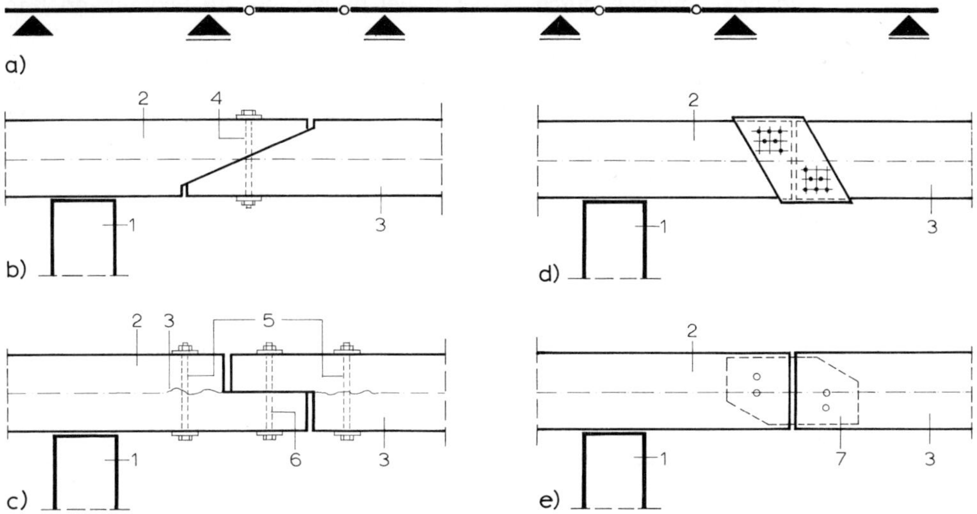

1.73 Gelenkträger („Gerberträger")

a) Prinzipskizze
b) untergehängte Einhängträger mit Bolzenverbindung
c) aufgelegter Einhängträger mit Rißsicherung
d) Gelenkausbildung mit Stahlschuh
e) Gelenkausbildung mit eingeschlitztem Stahlblech

1 Auflager (Innenstütze)
2 Kragträger
3 Einhängträger
4 Zugbolzen
5 Klemmbolzen
6 nichttragender Verbindungsbolzen
7 Stahlblech mit Stabdübeln

Spitzwinklig zusammenlaufende Gurthölzer werden durch beidseitig aufgenagelte Platten aus Baufurnierplatten verbunden (Bild **1**.74).

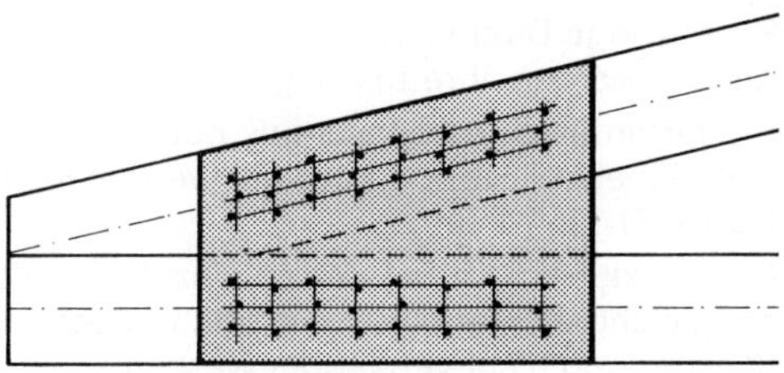

1.74
Verbindung von flachgeneigtem Obergurt mit Untergurt durch beidseitig genagelte Sperrplatten

Dübelverbindungen

Dübelverbindungen ermöglichen das Übertragen großer Kräfte bei kleinen Anschlußflächen. Unter die Festlegungen für Dübelverbindungen fallen alle überwiegend auf Druck und Abscheren beanspruchten Verbindungsmittel, wie

— rechteckige Dübel aus Hartholz (Bild **1**.75)
— Dübel aus Stahl („Dübel besonderer Bauart"), Bild **1**.76 und Bilder **1**.77 bis **1**.82
— Stabdübel (Bilder **1**.89 und **1**.90).

Dübel dürfen nur in Holz mindestens der Güteklasse II nach DIN 4074-1, Einpreßdübel nur in Nadelholz verwendet werden. Die Grundplatten von Einpreßdübeln müssen, wenn sie mehr als 2 mm dick sind, eingelassen werden.

Alle Dübelverbindungen müssen durch in der Regel nachspannbare Schraubenbolzen zusammengehalten werden, wobei jeder Dübel durch einen Bolzen gesichert sein muß. Bei Verbindungen mit Dübeldurchmessern bzw. -seitenlängen ≧ 120 mm sind an den Enden der Außenhölzer oder -laschen Klemmbolzen anzuordnen (Bild **1**.75). Die Bolzen sind so anzuziehen, daß die Unterlegscheiben geringfügig, jedoch höchstens 1 mm tief in das Holz eingedrückt werden.

Die Abstände von Dübeln untereinander und vom Rand sind – wegen der großen Tragfähigkeit – entsprechend groß, so daß Anschlüsse mit mehreren Dübeln hintereinander eine große Länge erfordern.

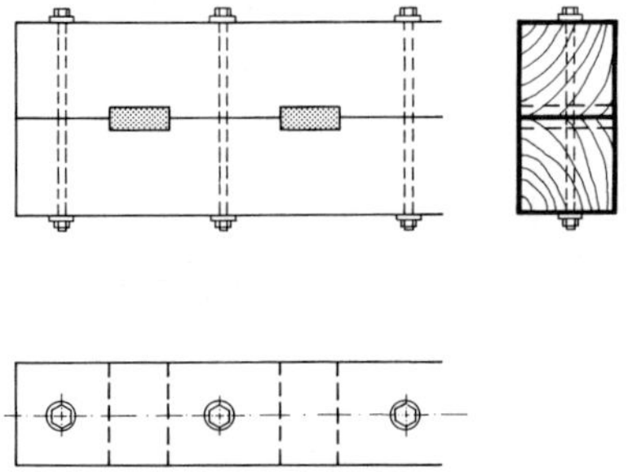

1.75 Verdübelter Balken. Rechteckdübel aus Hartholz der Güteklassen I und II nach DIN 4074; Faserrichtung in Dübeln und Balken muß übereinstimmen

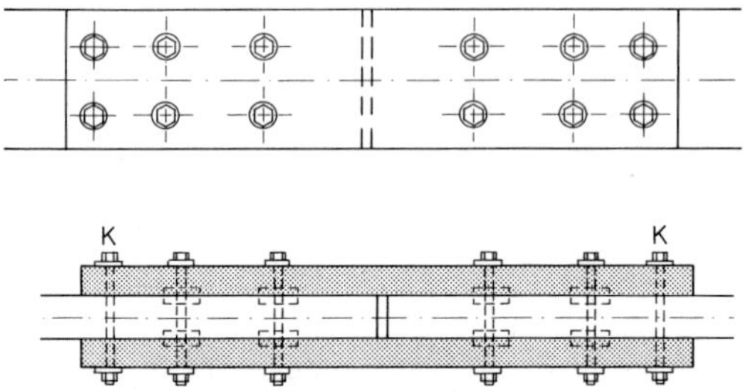

1.76 Bolzenanordnung bei Dübelverbindungen (links und rechts außen zusätzliche Klemmbolzen (K) bei großen Dübeln)

Rechteckige Dübel nach Bild **1**.75 dürfen nur aus trockenem Hartholz oder aus Metall hergestellt werden. Ihre zulässige Belastung ist rechnerisch zu ermitteln.

Es dürfen in einem Anschluß höchstens 4 hintereinanderliegende Rechteck- oder Flachstahldübel in Rechnung gestellt werden (das gilt nicht für Rechteckdübel in verdübelten Balken), DIN 1052-1 Tab. 2.

Rechteckige Holzdübel sind so einzulegen, daß ihre Fasern und die der zu verbindenden Hölzer gleichgerichtet sind. (Gerade, aufrechtstehende Dübel aus Flachstahl dürfen zur Kraftübertragung nicht verwendet werden.)

Man unterscheidet Einlaßdübel, die in vorbereitete passende Vertiefungen des Holzes eingelegt, und Einpreßdübel, die ohne Benutzung von Bohr-, Nut- oder Fräswerkzeugen in das Holz eingepreßt werden, ferner Dübel, die teils eingelassen, teils eingepreßt werden (Einlaß-/Einpreßdübel).

Sie werden hergestellt als

— Ringkeildübel aus Metall (Dübeltyp A) (Bild **1**.77)

— Rundholzdübel aus Eichenholz (Dübeltyp B) (Bild **1**.78)

— Krallen- und Zahnkranzdübel aus Metall (Dübeltyp C bis E) (Bild **1**.79 bis **1**.82).

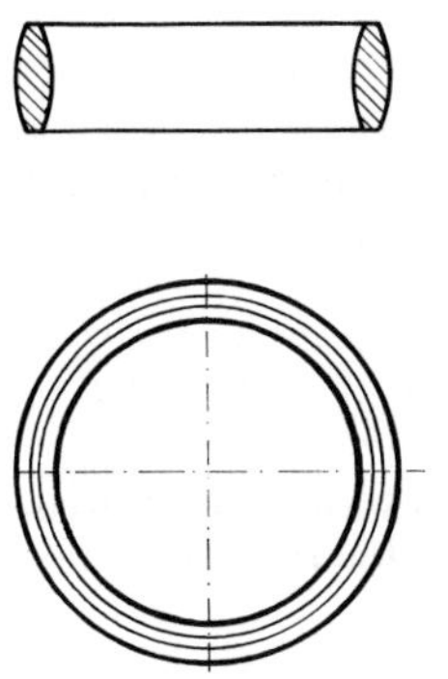

1.77 Dübeltyp A (Einlaßdübel) zweiseitiger Ringkeildübel System Appel

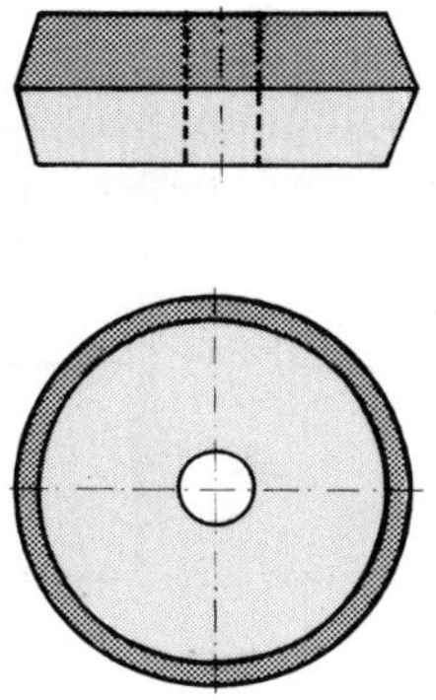

1.78 Dübeltyp B (Einlaßdübel) Hartholzdübel System Kübler

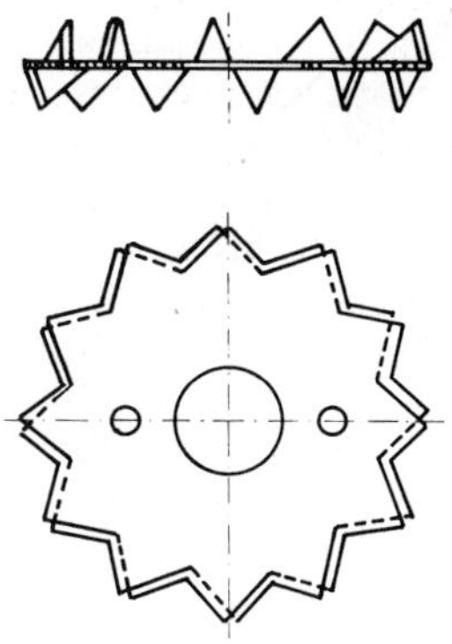

1.79 Dübeltyp C zweiseitiger, runder Einpreßdübel System Bulldog

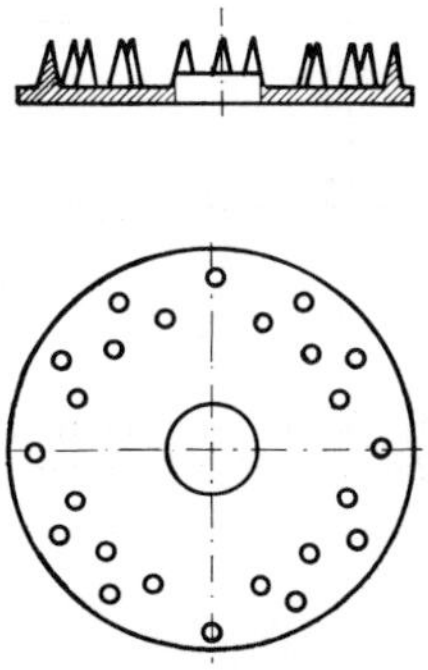

1.80 Dübeltyp D einseitiger Einpreßdübel System GEKA

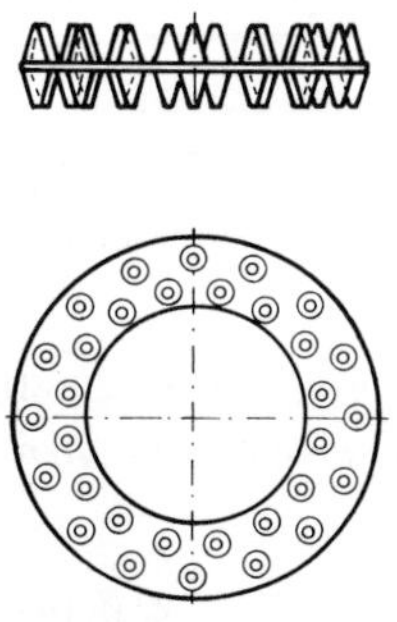

1.81 Dübeltyp D zweiseitiger Einpreßdübel System GEKA

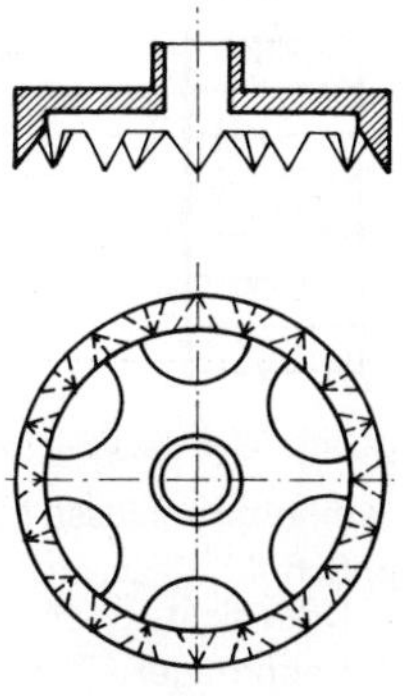

1.82 Dübeltyp E Einlaß-/Einpreßdübel einseitiger Dübel

Dübel besonderer Bauart. Diese nach Form, Durchmesser und Materialdicke in der DIN 1052-1 festgelegten Dübel (keine Stabdübel, s. S. 71) können große Kräfte übertragen. Die Metalldübel (Typ A, C, D und E, Bilder **1**.77 bis **1**.82) werden in zweiseitiger und einseitiger Form hergestellt; dabei dienen die zweiseitigen Dübel zum Verbinden von Holz mit Holz, die einseitigen zum Verbinden von Holz mit Stahlteilen (Bild **1**.83).

Der Dübeltyp A (Ringkeildübel) darf auch zur Kraftübertragung in der Hirnholzfläche bei Brettschichtträgern herangezogen werden (Bild **1**.84). Damit ist es möglich, den Anschluß von Neben- an Hauptträger mit nicht sichtbaren Verbindungsmitteln herzustellen.

Einpreßdübel sind so einzubauen, daß die Hölzer außerhalb der eigentlichen Dübelfläche nicht beschädigt oder überbeansprucht werden. Im allgemeinen sind daher besondere Vorrichtungen (Pressen, Schraubenspindeln oder dgl.) zum Einpressen der Einpreßdübel zu verwenden.

Dübel aus Metall müssen ausreichend korrosionsbeständig sein.

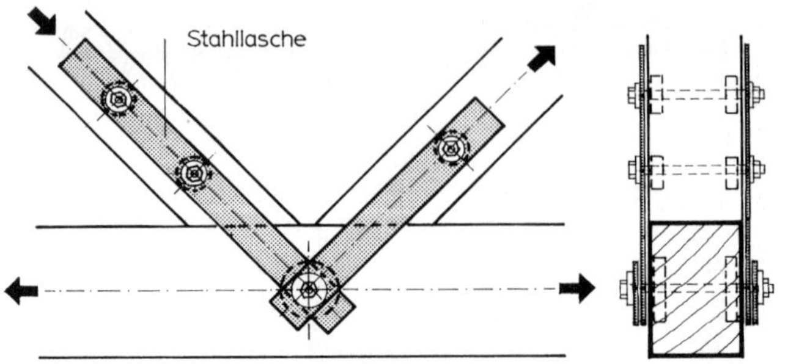

1.83 Fachwerkknoten mit außenliegenden Stahllaschen und einseitigen Dübeln

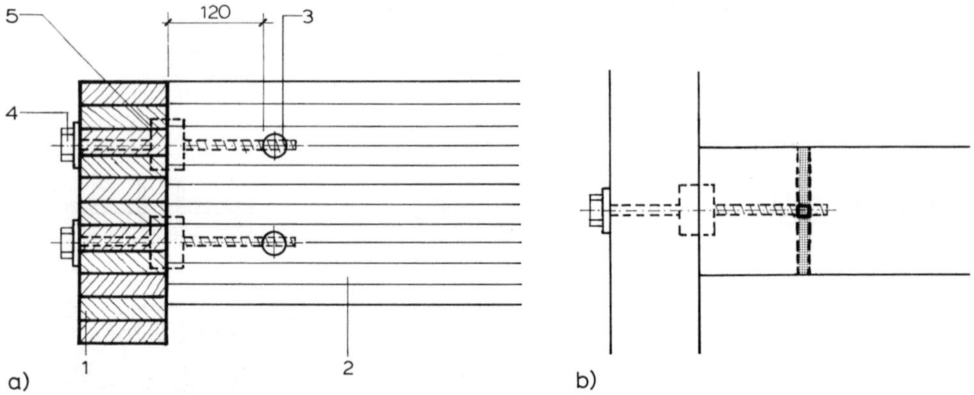

1.84 Hirnholzanschlüsse bei Brettschichtholz mit Dübeln Typ A

a) Schnitt
b) Draufsicht

1 Hauptträger
2 Nebenträger
3 Stabanker 30 mm mit Quergewinde
4 Bolzen M 12
5 Dübel Typ A

Bolzen sind lange Stahlschrauben mit Schaft und Gewinde zum Zusammenspannen von Holzteilen (Bild **1**.85). Da die Bohrlöcher ca. 1 mm größer hergestellt werden müssen als der Bolzendurchmesser, sind Bolzen a l l e i n zur Übertragung von Kräften senkrecht zur Bolzenachse nicht geeignet. Der Schlupf von ca. 1 mm bedeutet für Dauerbauwerke und hochbelastete Bauteile eine zu große Anfangsverschiebung.

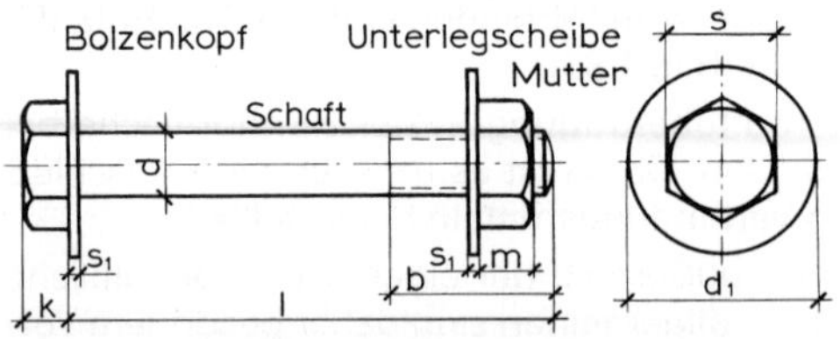

1.85 Schraubenbolzen

Bolzen dürfen für tragende Verbindungen nur dann eingesetzt werden, wenn durch besondere Maßnahmen ein Schlupf verhindert wird (Einbau nur trockener Hölzer und in Verbin-

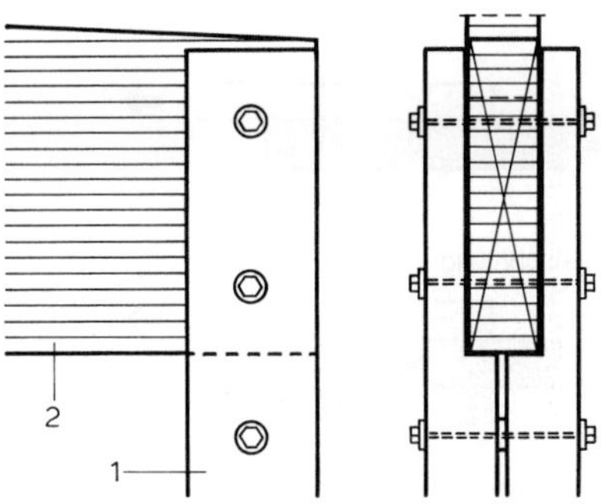

1.86 Stützenanschluß durch Bolzen
1 eingespannte und ausgesteifte Doppelstütze
2 Brettschichtträger

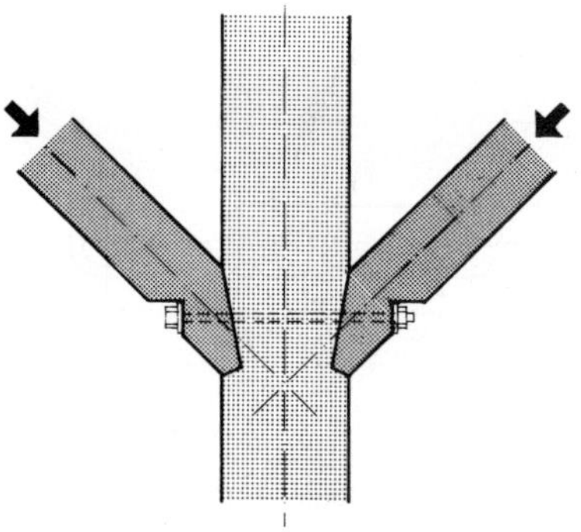

1.87 Anschluß von Kopfbändern mit Stirnversatz an einen Pfosten mit Sicherung durch einen Bolzen

dung mit Dübeln). Im übrigen sind Bolzenverbindungen nur für untergeordnete bzw. nicht ständige Bauten mit geringen Belastungen möglich. Bolzen sind außerdem ein hervorragendes Verbindungsmittel zur Montage **1**.86, Verankerung, Bauteilsicherung (Bild **1**.87) und für vorübergehende Baumaßnahmen (Gerüste, Hilfsbauwerke, fliegende Bauten). Wegen des Austrocknens des Holzes und des damit verbundenen Schwindens sollen die Bolzen nach einiger Zeit nachgespannt werden.

Die Mindestdicke von Bolzen beträgt 12 mm, der größte Durchmesser 30 mm; die üblichen Abmessungen und die jeweils dazugehörigen Unterlegscheiben sind in der Tabelle **1**.88 aufgeführt.

Tabelle **1**.88 Maße der gebräuchlichsten Sechskantschrauben, Sechskantmuttern und Scheiben (für den Holzbau) in mm

Gewinde	Schaft-Ø d		b für l		k	m	s	d_1	d_2 1)	s_1
		≦ 80	> 80 bis 200	> 200						
M 12	12	22	28	40	8	9,5	19	58	50	6
M 16	16	28	35	50	10,5	13	24	68	60	6
M 20	20	32	40	55	13	16	30	80	70	8
M 24	24	38	50	65	15	18	36	105	95	8

1) Seitenlänge bei quadratischer Scheibe

Werden Bolzen durch Zugkraft beansprucht (Zugstangen), so beträgt die zulässige Spannung für den Kernquerschnitt 10 kN/cm², wenn nicht eine nachgewiesene höhere Stahlqualität verwendet wird.

Stabdübel. Durch die Möglichkeit, Abbundarbeiten und damit auch die Herstellung von hochbelastbaren Holzverbindungen mit Hilfe rechnergestützter Maschinen außerordentlich präzise auszuführen, haben im ingenieurmäßigen Holzbau Stabdübelanschlüsse eine große Verbreitung gefunden.

Stabdübel sind glatte, zylindrische Stahlstäbe, die in Bohrlöcher mit gleichem Durchmesser eingetrieben werden (Bild **1**.89). Die Kraftübertragung erfolgt stets rechtwinklig zur Stabachse und wird durch Lochleibungspressung auf die zu verbindenden Hölzer übertragen. Stabdübel werden in den Durchmessern 8 bis 24 mm verwendet.

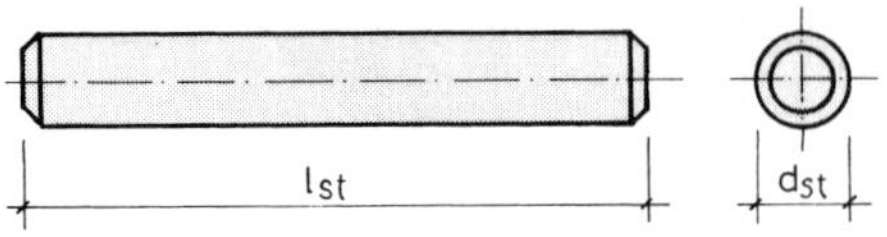

1.89 Stabdübel mit angefasten Enden

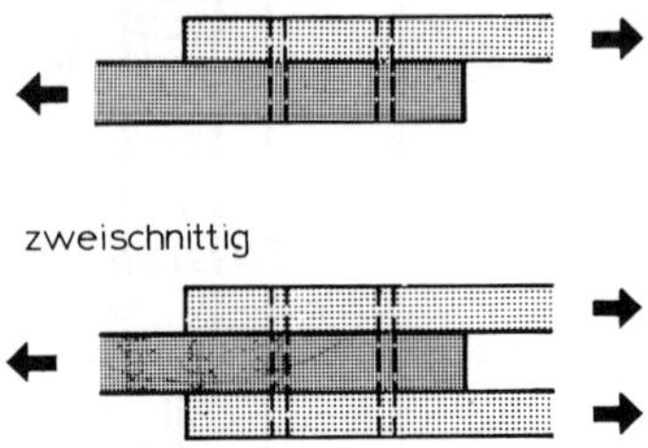

1.90 Verbindungsarten bei Stabdübeln

Stabdübelverbindungen können ein-, zwei- oder mehrschnittig sein. Sie müssen mindestens 4 Scherflächen aufweisen (Bild 1.90).

Die Mindestabstände von Stabdübeln sind DIN 1052 zu entnehmen. Beträgt der Abstand der Stabdübel untereinander weniger als 8 x d_{st}, so sind die Bohrlöcher um den Durchmesser d_{st} zu versetzen (Bild 1.91).

Soll bei Stabdübelverbindungen neben der Scherkraftübertragung eine Klemmwirkung auf die zu verbindenden Hölzer ausgeübt werden, können Stabdübel mit Kopf, Gewinde und Mutter (Paßbolzen) verwendet werden. Paßbolzenverbindungen müssen mindestens 2 Scherflächen aufweisen.

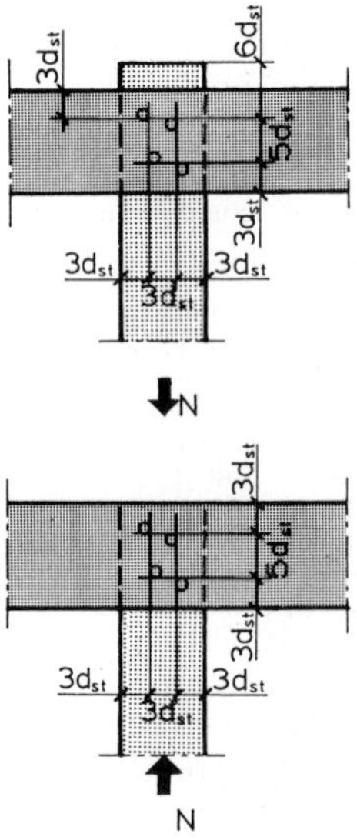

1.91 Mindestabstände von Stabdübeln

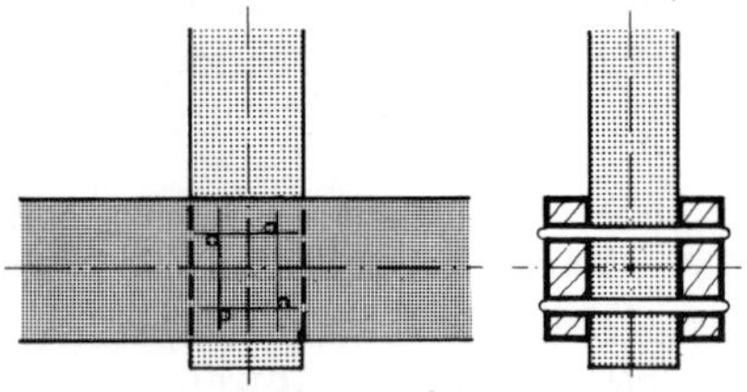

1.92 Anordnung von Stabdübeln: Länge des Stabdübels wie die Gesamtdicke der Hölzer

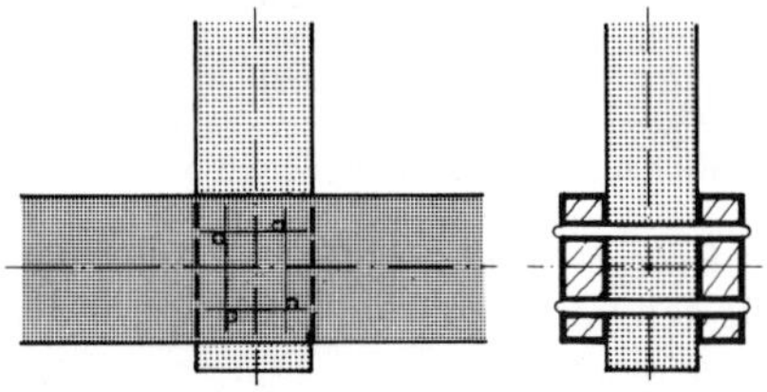

1.93 Anordnung von Stabdübeln: Länge des Stabdübels kleiner als die Gesamtdicke der Hölzer (Brandschutz)

In der Regel entsprechen die Stabdübellängen der Gesamtdicke der gebildeten Holzverbindung (Bild 1.92). Soll eine Stabdübelverbindung höhere Anforderungen an den Brandschutz erfüllen, ist die Stabdübellänge kürzer als die Holzgesamtdicke zu wählen. Die verbleibenden Bohrlochenden werden mit Holzpfropfen verschlossen. Die Dicken der außen liegenden Hölzer sind entsprechend größer auszuführen (Bild 1.93).

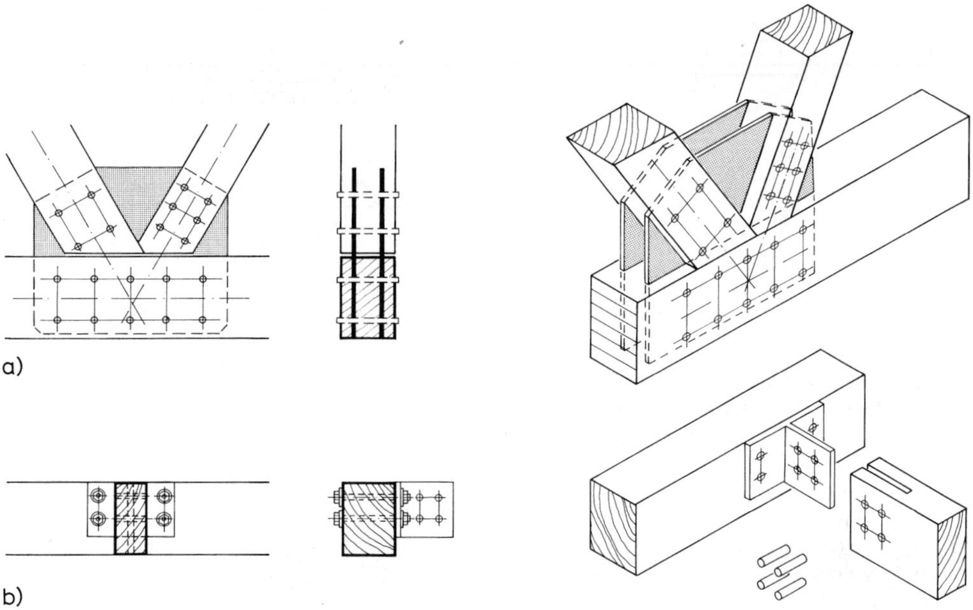

1.94 Stabdübelanschlüsse mit Knotenblechen
a) 2 innenliegende Knotenbleche, 4-schnittige Stabdübel
b) geschweißtes Knotenblech mit Bolzen am Durchlaufträger, Nebenträger mit Stabdübeln angeschlossen

Stabdübelanschlüsse werden in sehr vielen Fällen mit Hilfe von ebenen oder räumlich zusammengeschweißten Knotenblechen aus Stahlblech ausgeführt (Bild **1**.94 und **1**.117).

Mit Hilfe von speziell geformten Knotenblechen werden auch Anschlüsse mit Stabdübeln zwischen Holz- und Stahlstäben bzw. Gurten ermöglicht (Bild **1**.95).

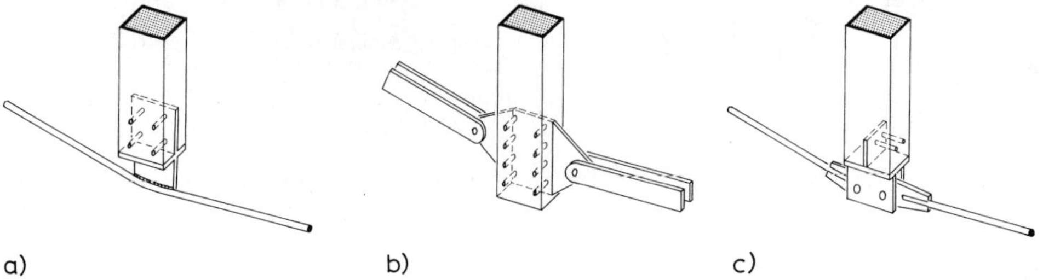

1.95 Anschlüsse von Holz-Druckstäben an Stahl-Untergurte
a) Knotenblech mit Zugstab verschweißt, Stabdübelanschluß ggf. auch zur Aufnahme eines Versatzmomentes
b) Knotenblech mit Stabdübelanschluß für den Druckstab, Zugstäbe mit Bolzen angeschlossen
c) Zugstäbe mit Bolzen gelenkig an doppelten Knotenblechlaschen

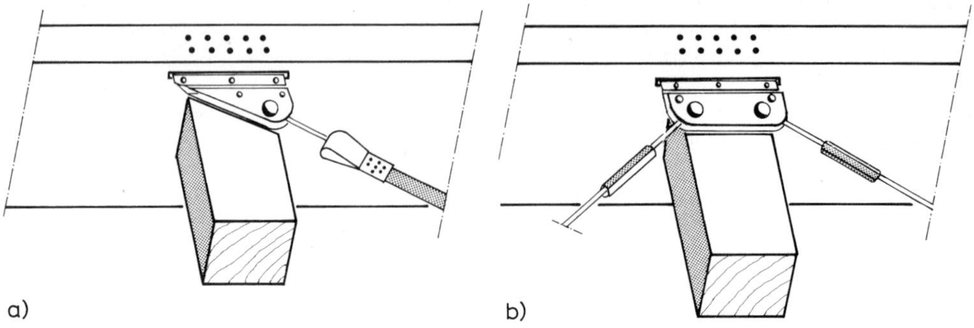

1.96 Windverbandanschlüsse (BMF)
a) Anschluß eines Windrispenbandes
b) Doppelter Verbandanschluß aus justierbaren Rundstäben

Windverbandanschlüsse können insbesondere in sichtbaren Bereichen mit eingeschlitzten Knotenblechen und Stabdübelanschluß hergestellt werden. Sie werden durch Verschraubungen mit rechts/links-Gewinden gespannt (Bild 1.96).

Dübel für räumliche Tragwerke. Stabverbindungen der in Abschnitt 1.2.4.6 behandelten räumlichen Holztragwerke werden bei größeren Kantholz- oder Brettschichtholz-Profilen meistens mit Stabdübeln in Verbindung mit Stahlblechknoten ausgeführt. Für schlanke quadratische Holzquerschnitte sind jedoch spezielle Dübelformen erforderlich.

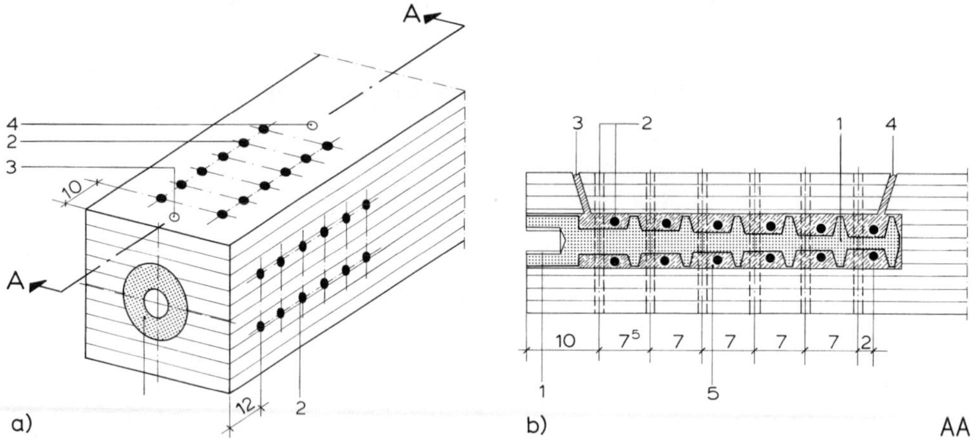

1.97 Verpreßdübel [4]
a) isometrische Ansicht
b) Schnitt
1 Ankerkörper mit Gewinde
2 Stabdübel 14 mm
3 Vergußbohrung
4 Entlüftungsbohrung
5 Restvolumen, ausgefüllt mit Vergußmasse

Eine neue Entwicklung dafür stellen hochbelastete Verpreßdübel dar. Speziell geformte Ankerkörper aus Stahlguß werden dabei in entsprechende Bohrungen eingesetzt und mit Epoxidklebern verpreßt. Die Kraftübertragung übernehmen überkreuz eingebaute Stabdübel (Bild **1**.97).

Ebenfalls mit überkreuz eingebauten Stabdübeln werden die Lasten bei den in Bild **1**.98 gezeigten Verbindungen übertragen.

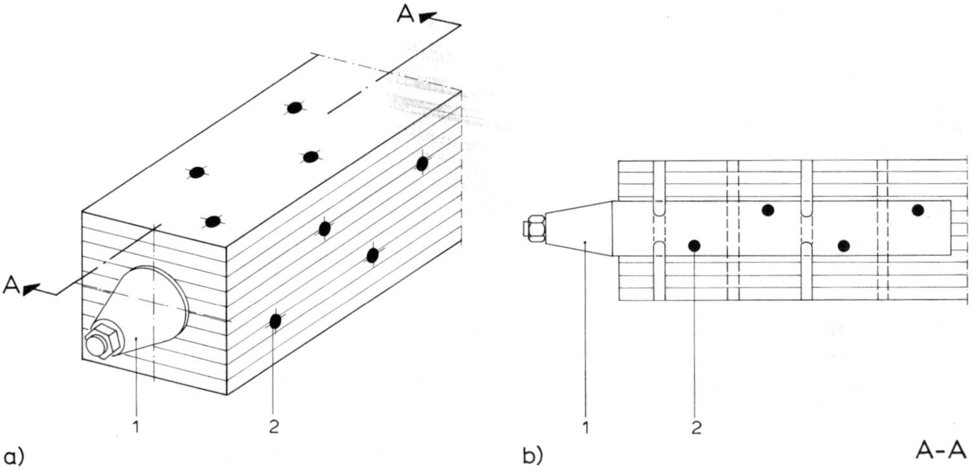

1.98 Dübelverbindung System MERO (DBP)
a) isometrische Ansicht
b) Schnitt
1 MERO-Dübelstab mit Schraubanschluß (s. Bild **1**.99 a)
2 Stabdübel

Die Knotenverbindungen werden lösbar über Verschraubungen mit Stahlkugeln oder unlösbar durch Verschweißen mit Stahlhohlkugeln oder Stahlringen gebildet (Bild **1**.99), s. auch Bild **1**.121 in Abschn. 1.2.4.6).

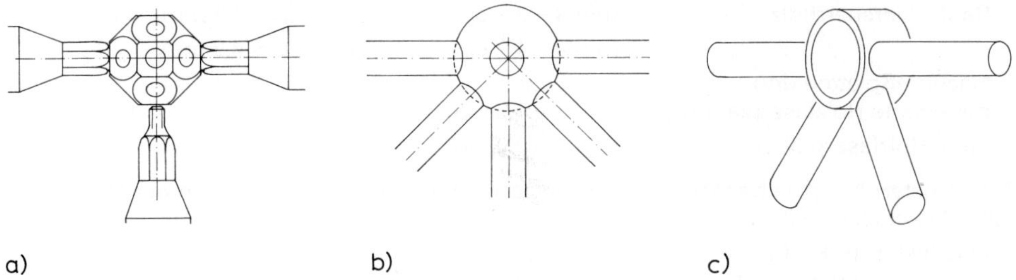

1.99 Räumliche Knotenverbindungen
a) Schraubanschluß System MERO (max. 18 Stäbe)
b) Schweißanschluß über Hohlkugel (Mannesmann)
c) Schweißanschluß über Stahlring

Nagelverbindungen

Das Bestreben, aus wirtschaftlichen, baustofftechnischen und konstruktiven Gründen Vollhölzer durch zusammengesetzte Querschnitte zu ersetzen, hat zur Holznagelbauweise geführt. Nagelungen ergeben flächenhafte Verbindungen von großer Steifigkeit. Die Tragkraft einer Nagelverbindung hängt hauptsächlich von der Biegefestigkeit des Nagels und der Druckfestigkeit des Holzes ab. Erforderliche Anzahl der Nägel, Nagelabstände und Mindestholzdicken werden nach DIN 1052 errechnet. Da dünne und sehr schmale Bretter bei Transport und Verarbeitung leicht aufspalten, ist die Mindestbrettdicke mit 24 mm, die Mindestquerschnittsfläche mit 14 cm^2 festgesetzt.

Eine Nagelverbindung wird hergestellt durch Einschlagen in das Holz (nicht vorgebohrt) oder in vorgebohrte Nagellöcher. Das Vorbohren stellt zwar einen Mehraufwand dar, bedeutet jedoch für die Nagelverbindung eine erhebliche Qualitätsverbesserung hinsichtlich Tragfähigkeit, Nagelabstand, Rißgefahr usw. und sollte überall dort zur Anwendung kommen, wo hochwertige Verbindungen geschaffen werden müssen (Bohrlochdurchmesser $\approx 0{,}85 \times d_n$, Bohrlochtiefe mindestens gleich der Einschlagtiefe s).

Verwendung finden Standardnägel (Drahtstifte) und Sondernägel (Schraub- und Rillennägel) (Bild **1**.100). Schraubnägel werden überwiegend dort verwendet, wo auch Zugkräfte in Schaftrichtung zu übertragen sind, Rillen- oder Ankernägel für die Befestigung von Stahlblech-Formteilen an Holzträgern.

Unterschieden werden 1-, 2- und mehrschnittige Nagelverbindungen (Bild **1**.101).

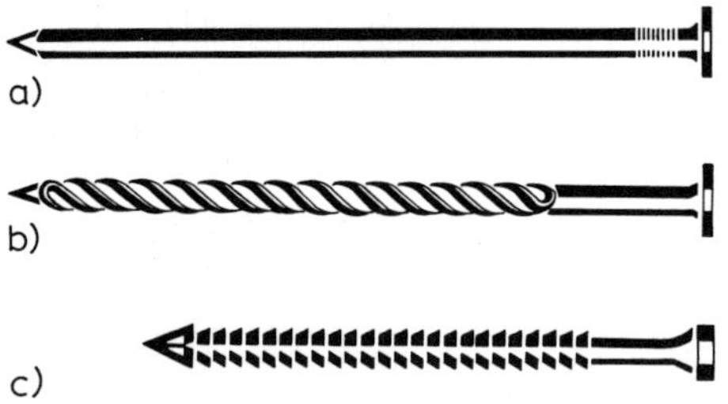

1.100 Nagelformen
a) Standardnagel (Drahtstift)
b) Schraubnagel (Sondernagel Typ S)
c) Rillen- oder Ankernagel (Sondernagel Typ R)

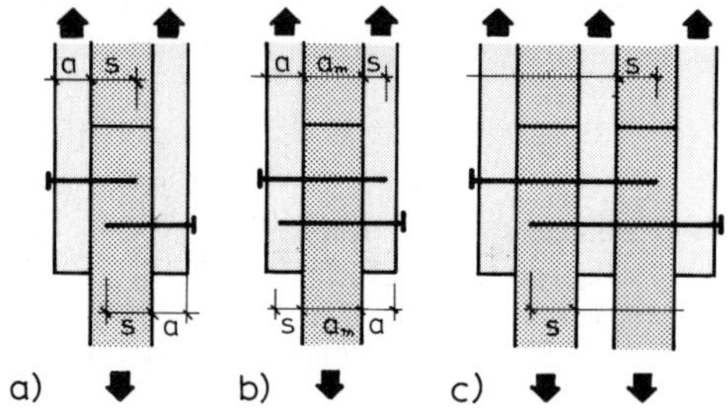

1.101 Holzdicken und Einschlagtiefen bei Nagelverbindungen
a) einschnittig
b) zweischnittig
c) dreischnittig

Die Mindestholzdicken betragen bei:

Baufurniersperrholz	min $a = 3 \times d_n$	für	$d_n \leq 4{,}2$ mm
	min $a = 4 \times d_n$	für	$d_n > 4{,}2$ mm
Flachpreßplatten und mittelharte Holzfaserplatten	min $a = 4{,}5 \times d_n$		
harte Holzfaserplatten	min $a = 2{,}0 \times d_n$		

Die kleinsten Nagelabstände bei versetzt angeordneten Nägeln sind in der DIN 1052-2 Tab. 12 festgelegt (Bild **1**.102).

Rechtwinklig zur Kraftrichtung muß der Nagelabstand sowohl untereinander als auch vom Rand mindestens $5 \times d_n$ bei nicht vorgebohrten und $3 \times d_n$ bei vorgebohrten Nagellöchern betragen.

Schalbretter sind mit mindestens 2 Nägeln an jedem Sparren, Binder oder Stiel zu befestigen. In Hirnholz eingeschlagene Nägel dürfen auf Herausziehen nicht in Rechnung gestellt werden.

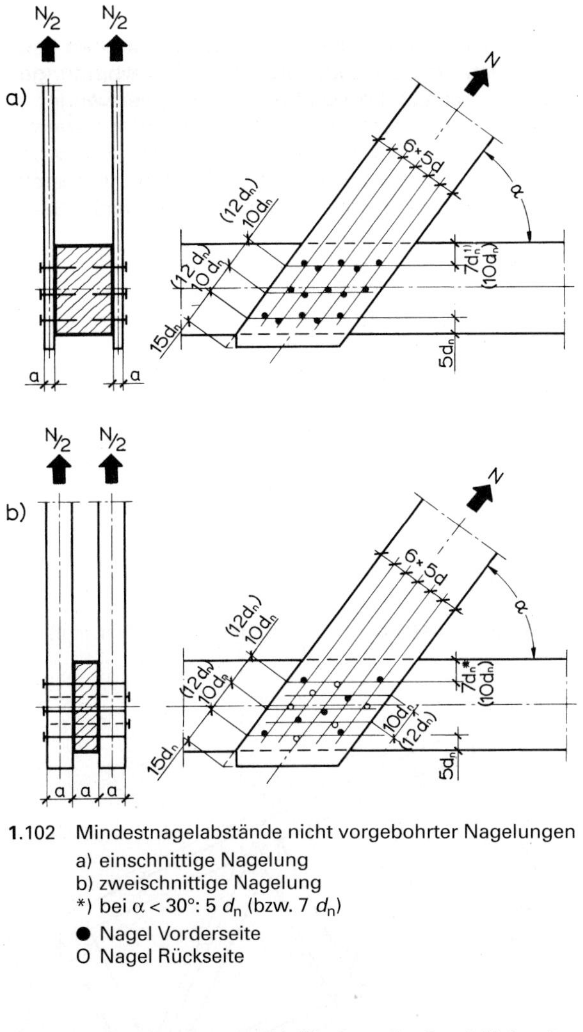

1.102 Mindestnagelabstände nicht vorgebohrter Nagelungen
a) einschnittige Nagelung
b) zweischnittige Nagelung
*) bei $\alpha < 30°$: 5 d_n (bzw. 7 d_n)
● Nagel Vorderseite
O Nagel Rückseite

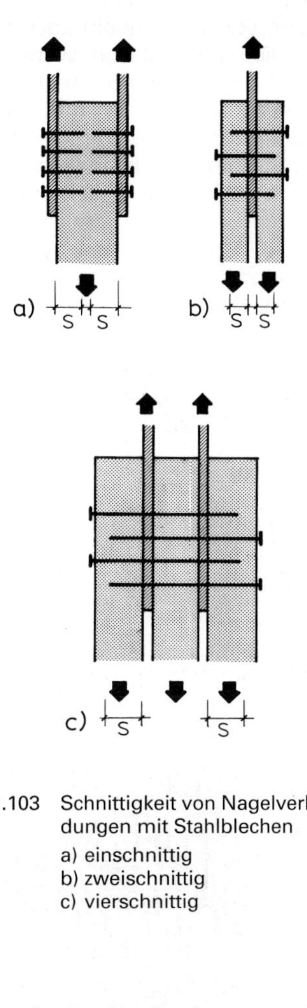

1.103 Schnittigkeit von Nagelverbindungen mit Stahlblechen
a) einschnittig
b) zweischnittig
c) vierschnittig

Nagelverbindungen von Vollholz- mit Stahlblechteilen oder Baufurnierplatten ermöglichen eine erhebliche Verminderung der Querschnittsmaße an den Anschlußpunkten und damit oft überhaupt erst eine Nagelkonstruktion. In DIN 1052-2 Abschn. 7.1 ist festgelegt, daß bei Stahlblech-Holz-Nagelverbindungen (Bild **1**.103) die Blechdicke mindestens 2,0 mm betragen muß. Die Nagellöcher sind in der Regel gleichzeitig in Holz- und Blechteilen auf die erforderliche Nagellänge vorzubohren (Bohrlochdurchmesser = Nageldurchmesser).

Bei Blechdicken unter 5 mm ist Korrosionsschutz I nach DIN 55 928-5 stets erforderlich. Bei druckbeanspruchten Blechen ist auf eine ausreichende Beulsicherheit zu achten.

Bei Verbindung von Furnierplatten mit Vollholz haben in der Regel die Furnierplatten den Anforderungen nach DIN 68 705-3 zu entsprechen.

Die in diesem Abschnitt behandelten Möglichkeiten für die Herstellung von Nagelverbindungen mit glatten Nägeln gemäß DIN 1151 werden erheblich erweitert, wenn Spezialnägel (Bild **1**.100) verwendet werden, die auf Grund von Sonderzulassungen geringere Nagelabstände sowie höhere Scher- und Ausziehbeanspruchungen erlauben.

Stahlblech-Holz-(Lochplatten-)Verbindungen

In Verbindung mit Lochplatten und den verschiedensten Spezial-Nagelverbindungen kann die Herstellung sowohl konstruktiver wie auch statisch beanspruchter Holzverbindungen erheblich rationalisiert werden. Spezielle Stahlblech-Lochplatten werden verwendet in geschlossenen Systemen wie z. B. bei den Knotenblechen in Fachwerkbindern der „Greim"-Bauweise (Bild **1**.104). Auf Grund behördlicher Einzelzulassungen werden leichte Fachwerkbinder oder andere Tragwerksteile auch mit Hilfe von besonderen Nagelplatten hergestellt, die maschinell in die jeweils gleich dicken Konstruktionshölzer eingepreßt werden („Gang-Nail"-System, Bild **1**.105).

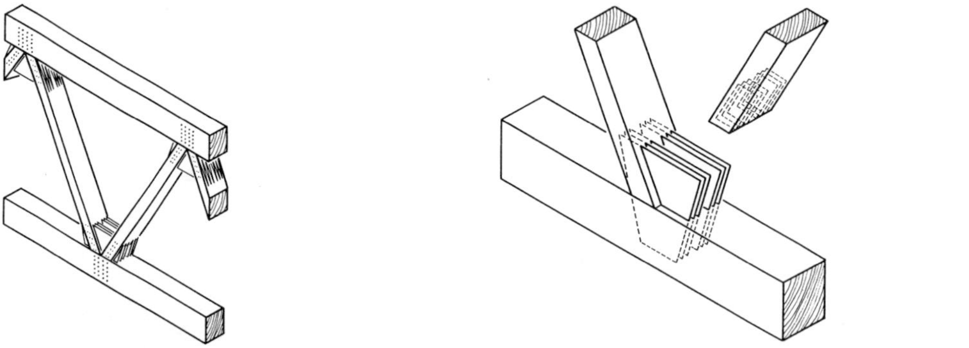

1.104 Fachwerkträger in „Greim"-Bauweise: eingeschlitzte dünne Stahl-Knotenbleche, Anschluß mit Nägeln

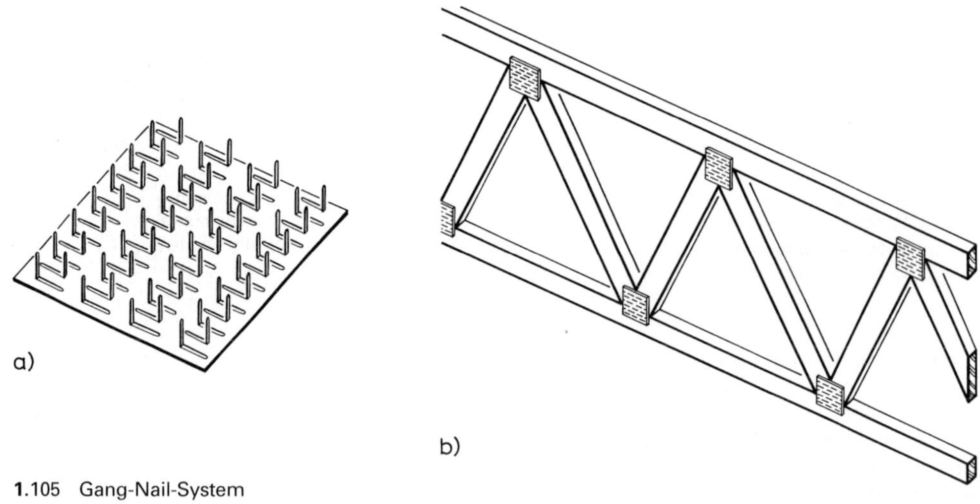

1.105 Gang-Nail-System
a) Fachwerkbinder, b) Gang-Nail-Platte

Im übrigen werden im modernen Holzbau die traditionellen arbeits- und lohnaufwendig herzustellenden Zimmermannsverbindungen fast vollständig von Stahlblech-Holzverbindungen verdrängt. Für praktisch alle vorkommenden Verbindungspunkte zwischen Konstruktionshölzern und auch zwischen Holzbauteilen und Unterkonstruktionen, z. B. für Anschlüsse an Ringanker, für Pfettenauflager, Holz-Stahlverbindungen usw.) gibt es nagel- oder schraubbare verzinkte Stahlblech-Formteile, von denen in den Bildern **1**.106 und **1**.107 im Rahmen dieses Abschnittes nur einige Beispiele gezeigt werden können.

a) b)

1.106 Stahlblechwinkel, schwere Ausführung (BiLO® Euro-Winkel)
a) für Holz/Holz-Verbindungen
b) für Holz/Beton-Verbindung mit Verstärkungs-Fußplatte

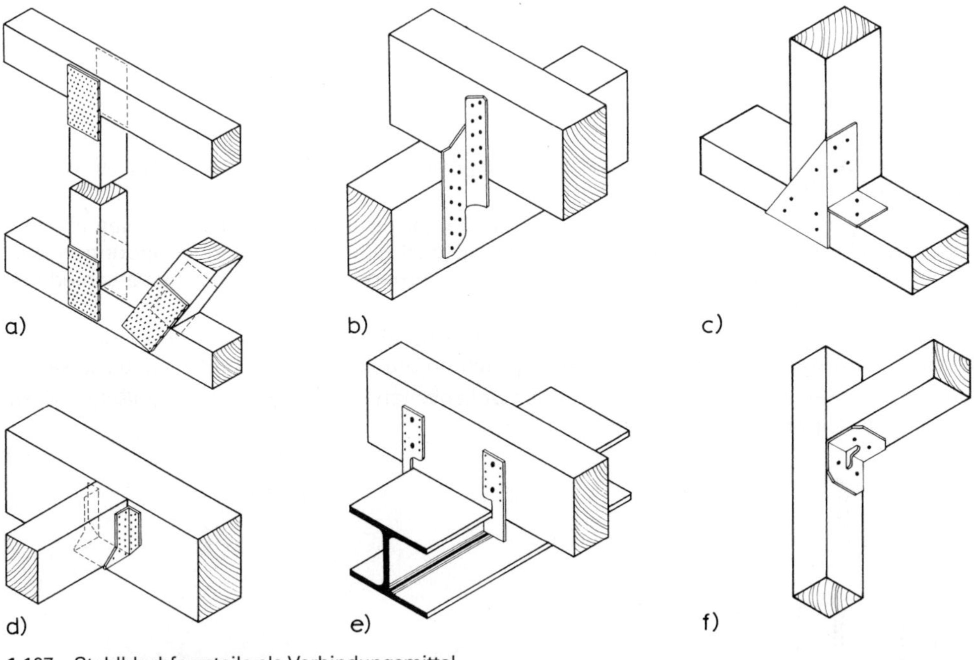

a) b) c) d) e) f)

1.107 Stahlblechformteile als Verbindungsmittel
a) Nagelplatten-Verbindung
b) Sparren-Pfetten-Anker
c) Pfosten-Schwelle-Verbindung
d) Balkenschuh
e) Pfettenanker für Stahlträger
f) Konsolwinkel

Zur Verbesserung der Kraftübertragung können bei Knotenanschlüssen Nagelplatten mit Bolzenverbindungen kombiniert werden (Bild **1**.108).

Für rechtwinklige Stabanschlüsse können spezielle Hakenplatten-Verbindungen in Frage kommen (Bild **1**.109).

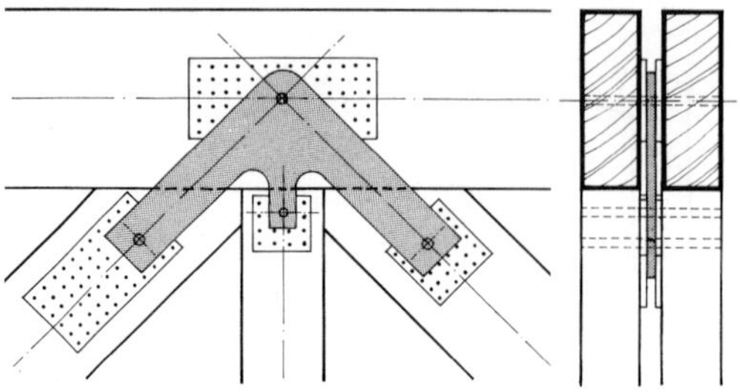

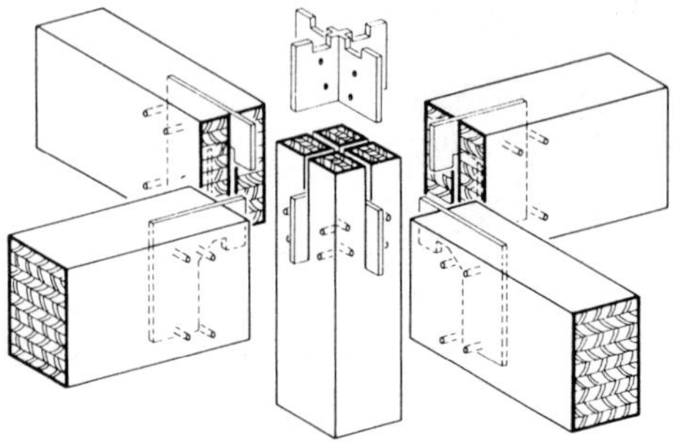

1.108 Nagelbleche in Verbindung mit Gelenkbolzen

1.109 Anschlüsse mit Hakenplatten (System Bulldog)

Schließlich sind die vielfältigen konstruktiven und gestalterischen Möglichkeiten zu erwähnen, die sich aus der Verwendung speziell hergestellter Stahlgußteile ergeben. Sie werden in zahlreichen Formen hergestellt.

Für hochbeanspruchte Anschlüsse von Zugstäben aus Rundstahl oder Stahlseilen an Holzbauteile gibt es zahlreiche serienmäßig oder speziell gefertigte Knotenverbindungen (Bild **1**.110) . Das in Bild **1**.111 gezeigte Anschlußsystem ermöglicht die Verbindung verschiedener in einer Ebene liegender Zugstäbe.

Ein Ausführungsbeispiel für einen Dachbinder aus einer Kombination von Holzsparren, Anschlüssen aus Profilstahl und zugbeanspruchten Stahlseilen ist in Bild **1**.112 dargestellt.

Aus der großen Anzahl von Ausführungsmöglichkeiten für räumliche Holz-Gußstahl-Kombinationen zeigt Bild **1**.113 zwei Beispiele.

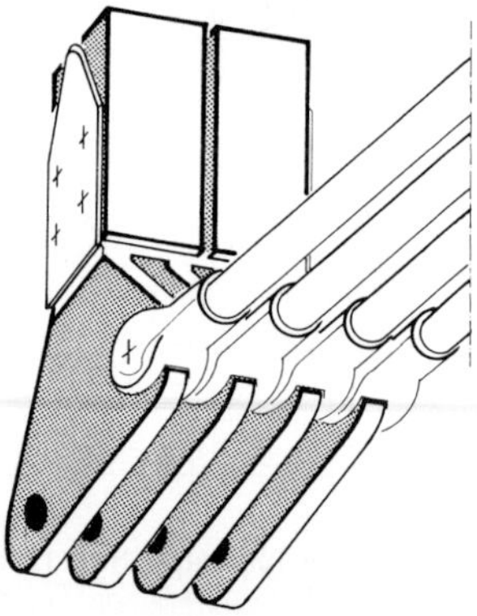

1.110 Anschluß von Zugstäben durch Gußformteil (Detec)

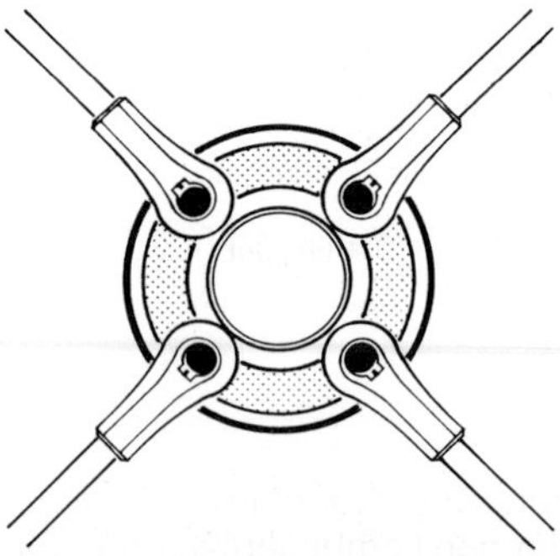

1.111 Knotenring für Zugstabanschlüsse (Rodan®)

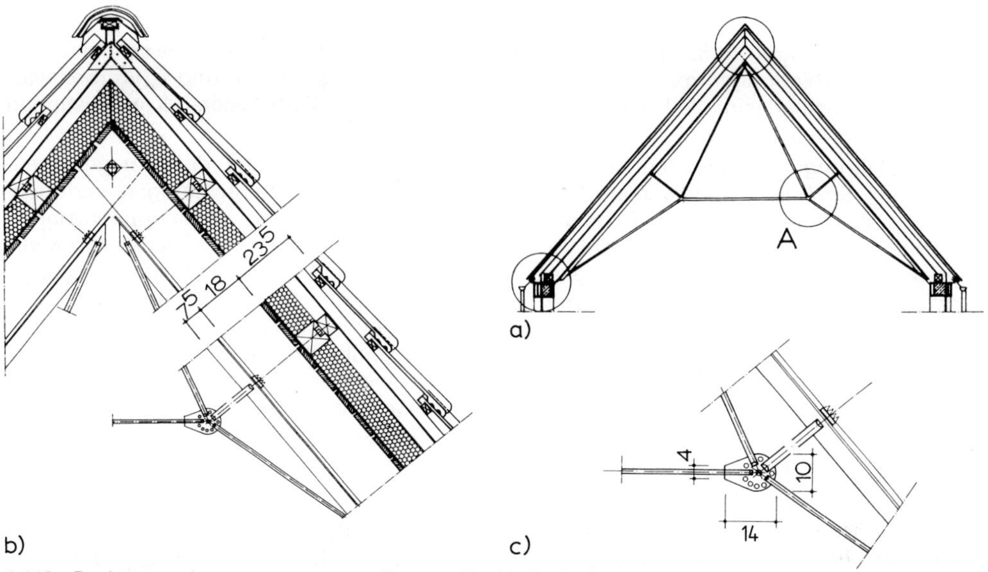

1.112 Dachtragwerk aus unterspannten Sparren (Architekt: Prof. L. Rongen, Erfurt)
a) Schnittsskizze
b) Detail
c) Knoten-Detail A

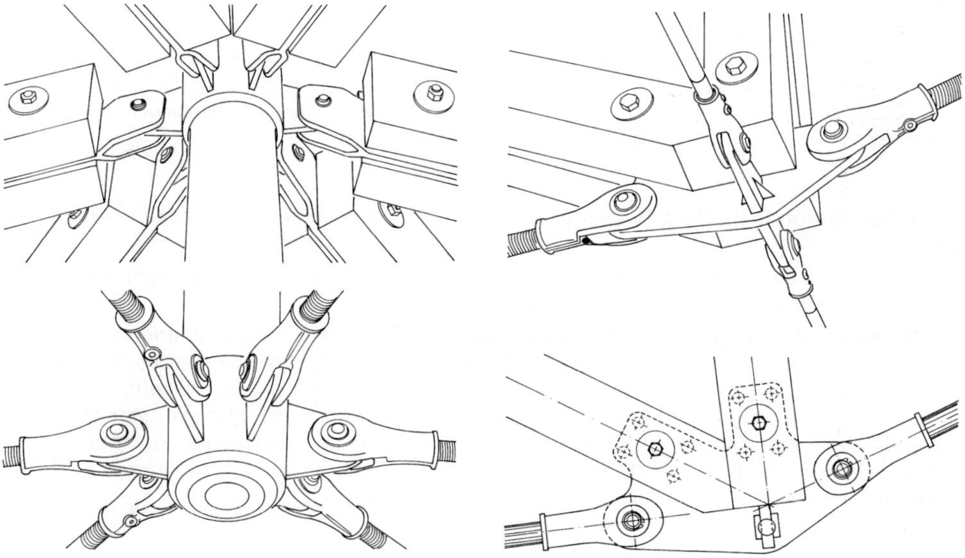

a) b)

1.113 Knotenbildung mit Hilfe von Stahlgußteilen
a) Stabanschluß mit sternförmigen Gußteilen
b) Knoten mit gegossenen Preßdübelplatten

1 Holz-Doppelprofile
2 Stahlguß-Formteil
3 angegossene Preßdübel
4 Dübel

Leimverbindungen

Der Leimbau ermöglicht flächenhafte Verbindungen von einer Steifigkeit, wie sie bei Dübel- oder Nagelverbindungen nicht erreicht wird. Die Entwicklung wasser- und schimmelfester härtbarer Kunstharzleime läßt Leimverbindungen auch bei hochbelasteten Konstruktionen des Ingenieurholzbaues zu.

Die Ausführung geleimter Bauteile dürfen nur Betriebe übernehmen, die über geeignete Fachleute, erfahrene Handwerker und entsprechende Werkstatteinrichtungen verfügen. Hierzu zählen Vorrichtungen zur Erzeugung eines ausreichend großen, auch genügend lange wirkenden Preßdruckes, Maschinen zur Bearbeitung der Leimflächen, zuverlässige Meßgeräte zur Ermittlung der Holzfeuchtigkeit, ferner eine Anlage zur künstlichen Holztrocknung und überdachte, heizbare Arbeitsräume. Die Leimbaubetriebe sind verpflichtet, den Nachweis zu erbringen, daß eine von der zuständigen obersten Bauaufsichtsbehörde dazu anerkannte Stelle ihre Werkeinrichtung und ihr Fachpersonal überprüft und als geeignet befunden hat. Jedes verleimte Bauteil ist vom Hersteller mit einer Kennzeichnung zu versehen, aus der Herstellerwerk und Herstellungstag entnommen werden können.

Für Leimverbindungen dürfen nur trockene Hölzer (mit weniger als 15% Feuchtigkeit) verwendet werden. Der Feuchtigkeitsgehalt ist in jedem Falle durch geeignete Feuchtigkeitsmesser zu ermitteln. Die zu verleimenden Oberflächen müssen vollständig trocken sein.

Leime für tragende Bauteile müssen DIN 68 141 entsprechen.

Der Preßdruck wird durch Spindelpressen, hydraulische Pressen o. ä. erzeugt und muß gleichmäßig wirken. Die Preßdauer hängt von der Wahl des Leimes und der Temperatur ab. Die Lufttemperatur beim Pressen darf nicht unter 18 bis 20 °C liegen.

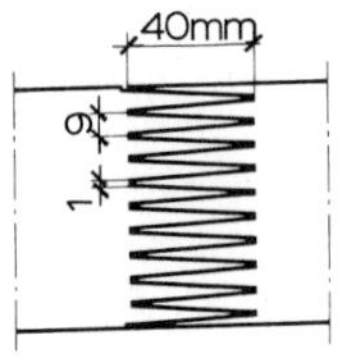

1.114
Keilzinkenverbindung für Leimbinder und Einzelbauteile

Leimfugen dürfen nicht durch wesentliche, quer zu ihnen wirkende Zugkräfte beansprucht werden.

Stöße für lange Bauteile und Brettstöße innerhalb von Brettschichtholz werden durch Keilzinkung hergestellt (DIN 68 140, Bild **1**.114).

Die Zinken werden mit beweglichen, auf Schlitten aufgesetzten Fräsmaschinen hergestellt. Die Zinkendicke an der Spitze beträgt 1 bis höchstens 2,7 mm, um die Fasern auf möglichst große Länge in die Leimverbindung einzubeziehen; Zinkenlänge 40 bis 60 mm, Zinkenentfernung 9 bis 15 mm. Die Tragfähigkeit wächst mit der Summe der Flächen der verleimten Zinkenflanken innerhalb des gleichen Kantholzquerschnitts. Die Verleimung der Keilzinkenverbindungen muß unter Druck (in Längsrichtung 250 N/cm^2, in Querrichtung 80 bis 100 N/cm^2) erhärten.

1.2.4.4 Binderkonstruktionen

Wenn keine besonderen gestalterischen Anforderungen bestehen, kommen für Bauwerke mit einfachen Rechteckgrundrissen bei großen Spannweiten Fachwerkbinder in Frage, die nach den Methoden des Ingenieurholzbaues konstruiert sind (Bild **1**.115 und **1**.116).

Die Möglichkeit, gleichartige Tragkonstruktionen in größerer Zahl vorzufertigen, kann dabei in erheblicher Weise kostenmindernd sein.

Fachwerkbinder unterscheiden sich, abgesehen von Form und Spannweite durch die Art der Stabquerschnitte und die Art der Verbindungsmittel.

Im allgemeinen werden Fachwerkbinder aus Bauholz- oder Brettschicht-Vollprofilen hergestellt. Daneben können auch zusammengesetzte Profile in Frage kommen. Tragende einteilige Einzelquerschnitte müssen eine Mindestdicke von 4 cm und mindestens 40 cm² Querschnittsfläche haben. Bei genagelten, geschraubten oder geleimten Bauteilen muß der Einzelquerschnitt mindestens 2,4 cm dick sein und 24 cm² Querschnittsfläche aufweisen (DIN 1052-1).

Die Dimensionierung aller Fachwerkstäbe sowie die Art und Anzahl der Verbindungsmittel sind nach statischer Berechnung unter Beachtung von DIN 1052 festzulegen.

Je nach ihrer Lage im Gesamtgefüge sind die Fachwerkstäbe entweder Zug- oder Druckstäbe. Sparrenpfetten als Trägerlagen für die Dachdeckung sollten möglichst in den oberen Knotenpunkten der Binder aufliegen. Wenn das nicht möglich ist, werden die Obergurte der Binder zusätzlich auf Biegung beansprucht.

Fachwerkbinder sind wie alle aus Einzelhölzern zusammengesetzte Tragkonstruktionen wegen des Schwindens des Bauholzes und für den Fall der Nachgiebigkeit von Verbindungsmittel bei der Ausführung um etwa $^1/_{200}$ der Spannweite zu überhöhen.

Als Verbindungsmittel kommen vor allem Bolzen mit Dübeln oder Nagelung in Frage.

Alle Verbindungsmittel sind möglichst symmetrisch zur Stabachse vorzusehen. Bolzenverbindungen sollen so angeordnet sein, daß ein späteres Nachziehen möglich ist.

In Bild **1**.115 ist als Beispiel ein Fachwerkbinder in Dübeltechnik gezeigt.

Genagelte Binder können bei Abständen von 4,00 bis 5,00 m als Pfettenauflager bzw. als Auflager von Sparrenpfetten dienen.

Genagelte Bretterbinder – katalogmäßig verfügbar oder speziell werksmäßig hergestellt – bieten u. U. aber auch wirtschaftliche Lösungen, wenn sie in leichter Ausführung in üblichen Sparrenabständen von ca. 70 bis 80 cm direkt die Dachdeckungen tragen. Zu beachten ist die sorgfältige Längsaussteifung, wenn die Möglichkeit von Windeinwirkung senkrecht zur Binderachse besteht (Bild **1**.116).

Für die stützenlose Überspannung großer Räume werden Fachwerkbinder auch als Bestandteil von Rahmenkonstruktionen eingesetzt. Hierfür muß auf Spezialliteratur verwiesen werden.

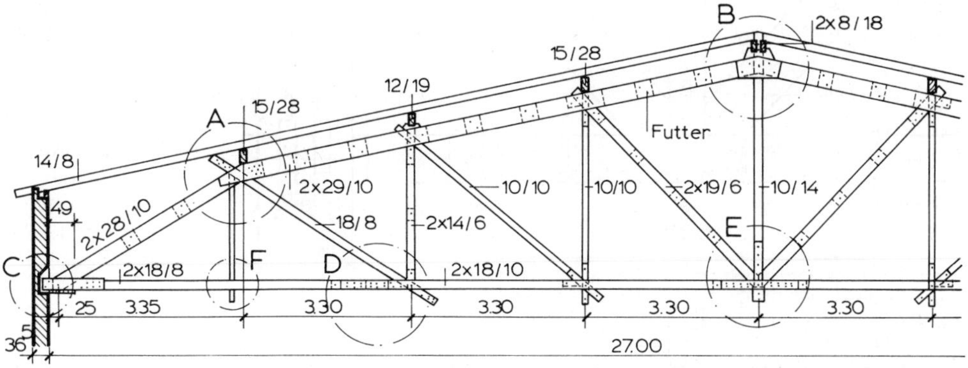

1.115 Fachwerkbinder (Fortsetzung s. nächste Seite)[1]

= Bolzen = Dübel = Dübel mit Bolzen

[1] (Die im Bild angegebenen Holzdimensionen sollen als Anhalt dienen. Sie sind in jedem Fall durch Standsicherheitsnachweis zu ermitteln.)

Bild **1**.115, Fortsetzung

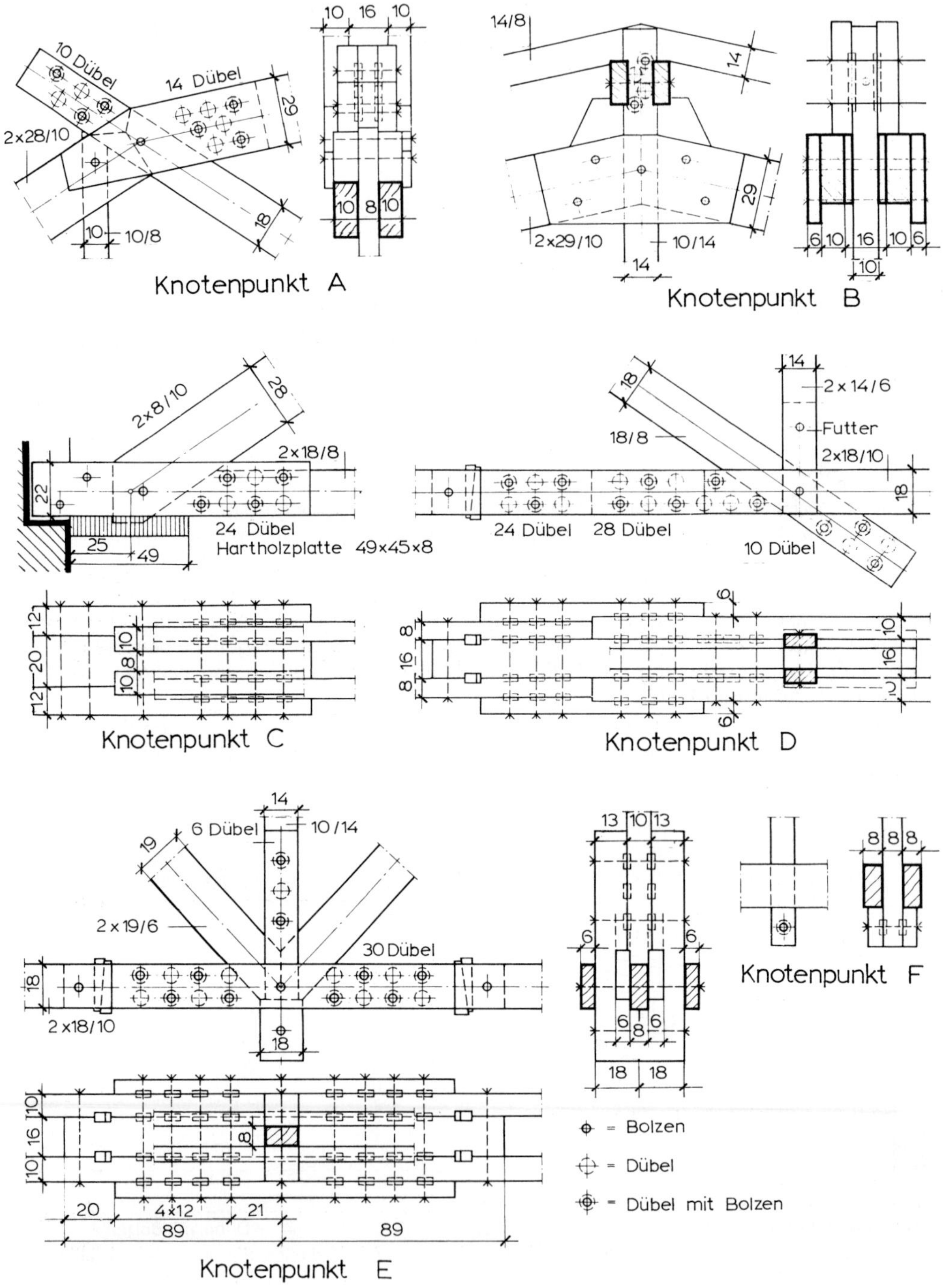

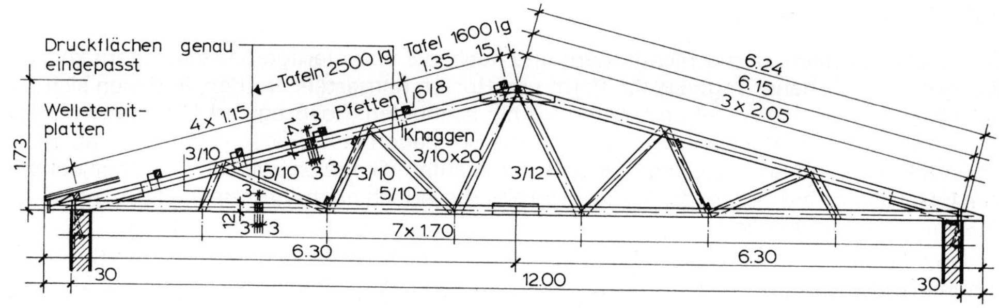

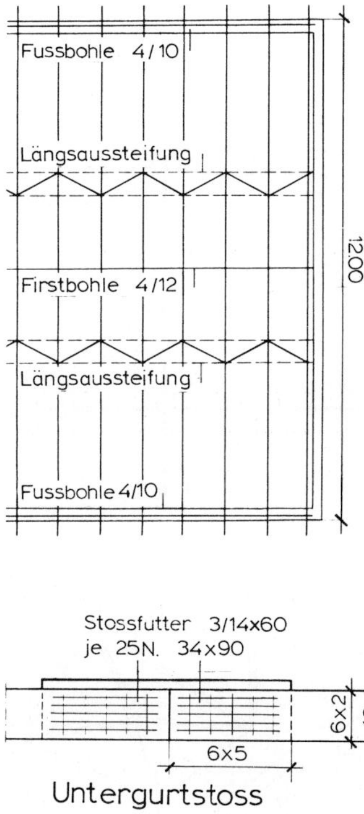

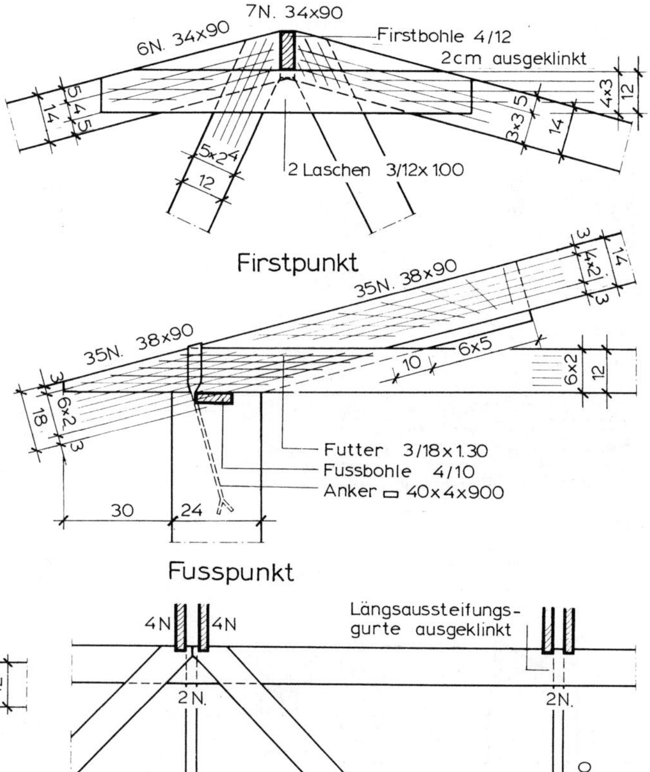

Fusspunkt

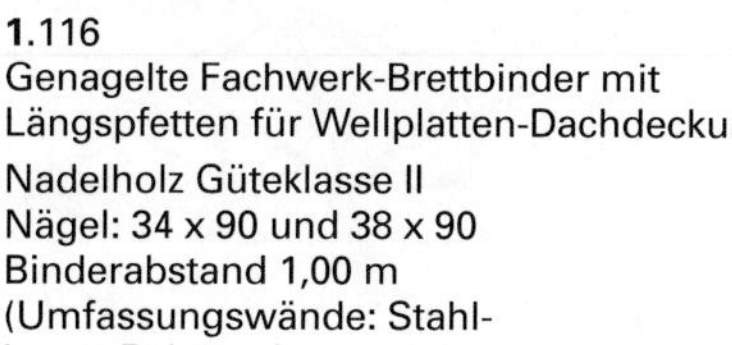

Untergurtstoss

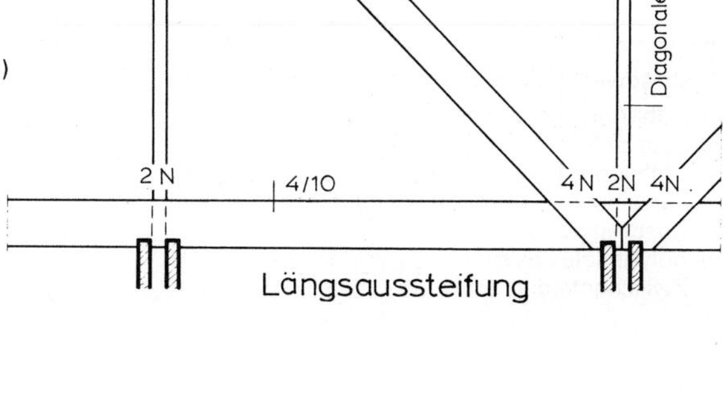

Längsaussteifung

1.116
Genagelte Fachwerk-Brettbinder mit Längspfetten für Wellplatten-Dachdeckung¹)
Nadelholz Güteklasse II
Nägel: 34 x 90 und 38 x 90
Binderabstand 1,00 m
(Umfassungswände: Stahlbeton-Rahmenkonstruktion)

---

¹) s. Fußnote auf S. 83

1.2.4.5 Rosttragwerke

Aus Vollholzprofilen, Brettschichtträgern und auch aus vorgefertigten Gitterträgern können weitgespannte, ebene Tragwerke in Form von Rosten hergestellt werden, in denen sich die einzelnen Träger rechtwinklig oder sternförmig schneiden. Rosttragwerke können in Leimbauweise dadurch hergestellt werden, daß die Brettlagen von Brettschichtträgern abwechselnd überlappend an Kreuzungspunkten durchlaufen (Stapelbauweise). Bei einer derartigen Herstellung sind wegen der Transportprobleme jedoch nur begrenzte Abmessungen der Gesamtelemente möglich.

In den meisten Fällen werden die Rostträger aber durch Knotenblech-Kreuze oder -Sterne so untereinander verbunden, daß Rosttragwerke auf Quadrat-, Rechteck- oder Vieleckrastern entstehen. Die Feldgrößen werden so bemessen, daß für die Ausfachung übliche Vollholzquerschnitte bei Holzlängen von 4 bis 5 m verwendet werden. Diese Sekundärträger werden dabei meistens in wechselnden Spannrichtungen eingebaut, so daß die Hauptträger jeweils nur einseitig belastet werden (Bild **1**.117).

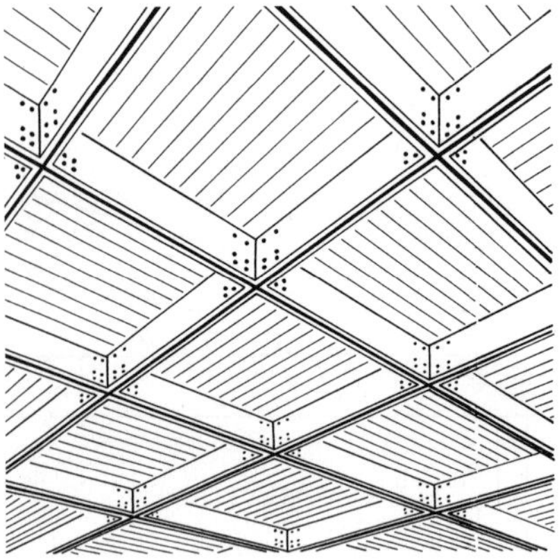
a)

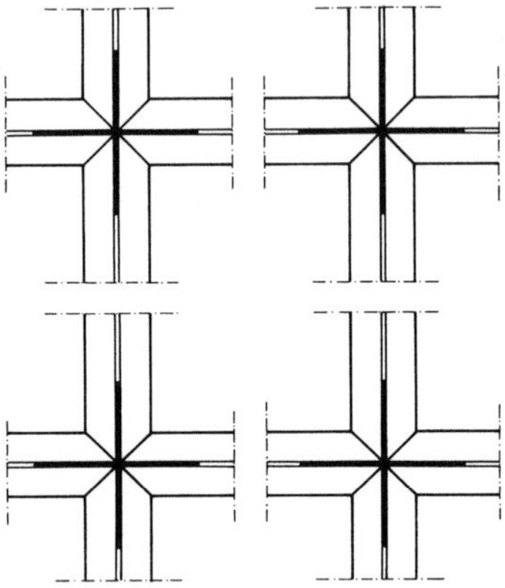
b)

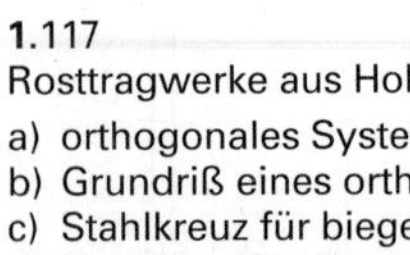
c)

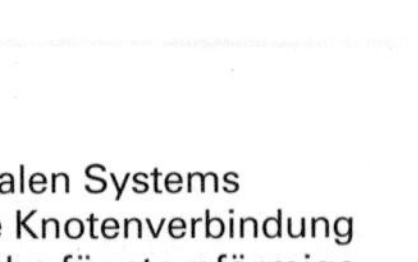
d)

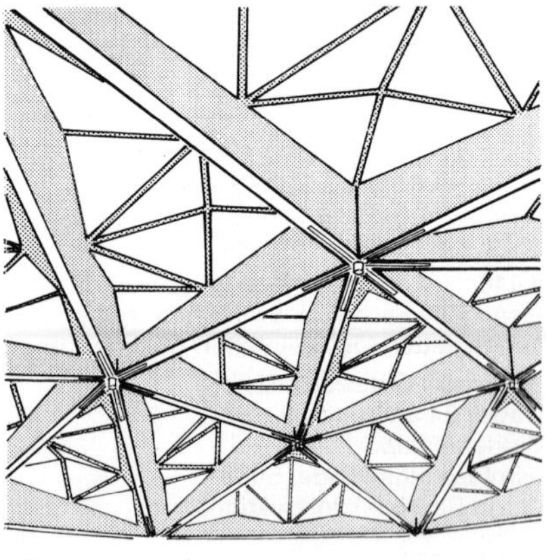
e)

1.117
Rosttragwerke aus Holz
a) orthogonales System
b) Grundriß eines orthogonalen Systems
c) Stahlkreuz für biegesteife Knotenverbindung
d) Verschweißte Knotenbleche für sternförmige Rosttragwerke
e) polygonales System mit pyramidenförmigen Zwischenfeldern

1.2.4.6 Räumliche Tragwerke

Als Weiterentwicklung der in den vorangegangenen Abschnitten dargestellten Tragwerksarten sind in Verbindung mit modernen Befestigungsmitteln in letzter Zeit auch gestalterisch oft sehr interessanter Tragwerke für große Spannweiten entwickelt worden. Die eindeutige Typisierung ist in den meisten Fällen nicht möglich, weil es sich vielfach um Mischformen statischer Systeme handelt. Aus der großen Fülle der nach den verschiedensten Bauprinzipien ausgeführter Projekte können im Rahmen dieses Werkes nur einige typische Beispiele gezeigt werden.

Bei der in Bild **1**.118 schematisch dargestellten Tragwerkskonstruktion über einem Versammlungsraum ist der Hauptträger durch ein pyramidenartiges Sprengwerk unterstützt. Die Widerlager werden von Bauteilen gebildet, die durch benachbarte Flachdach- bzw. Deckenscheiben ausgesteift sind.

Die Felder zwischen den Hauptträgern sind durch geschiftete Zwischenträger überbrückt. Alle Stabanschlüsse sind mit eingeschlitzten Knotenblechen und Stabdübeln ausgeführt. Trotz der Gesamt-Spannweite von über 27,00 m ist bei dem Hauptträger ein Brettschichtprofil von nur 0,25/1,20 m ausreichend.

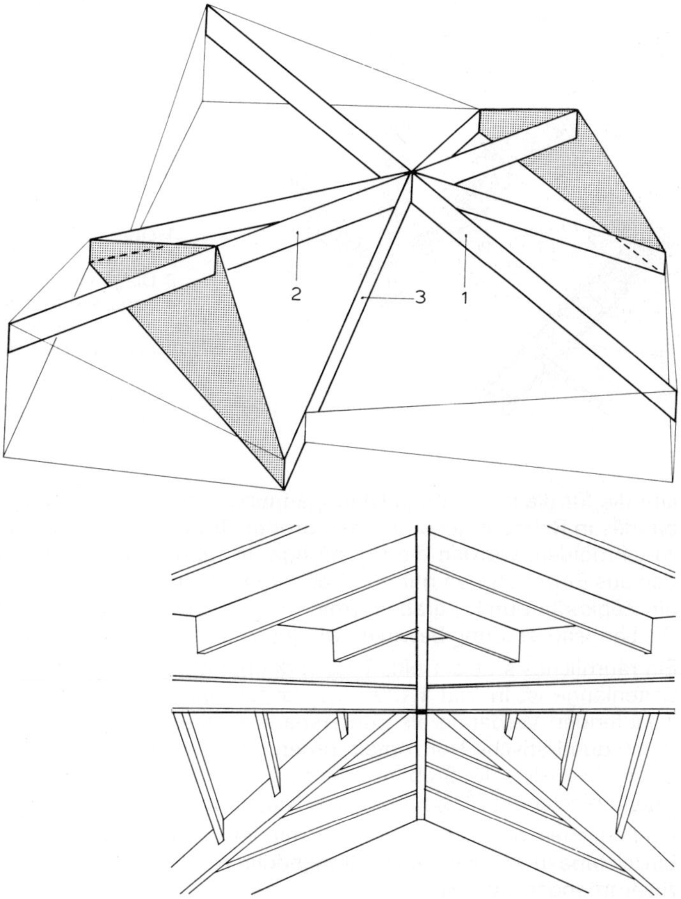

1.118
Räumliches Tragwerk mit abgestütztem Hauptträger; schematische Darstellung des Tragwerkes und Innenansicht (Architekt: Prof. D. Neumann, Erzhausen)

1 Durchlaufträger (ca. 27 m Spannweite), unterstützt durch Kehlträger
2 Nebenträger (im Schnittpunkt gestoßen)
3 Kehlträger als Druckstab, abgestützt auf unverschiebliche Auflager (angrenzende Bauteile)

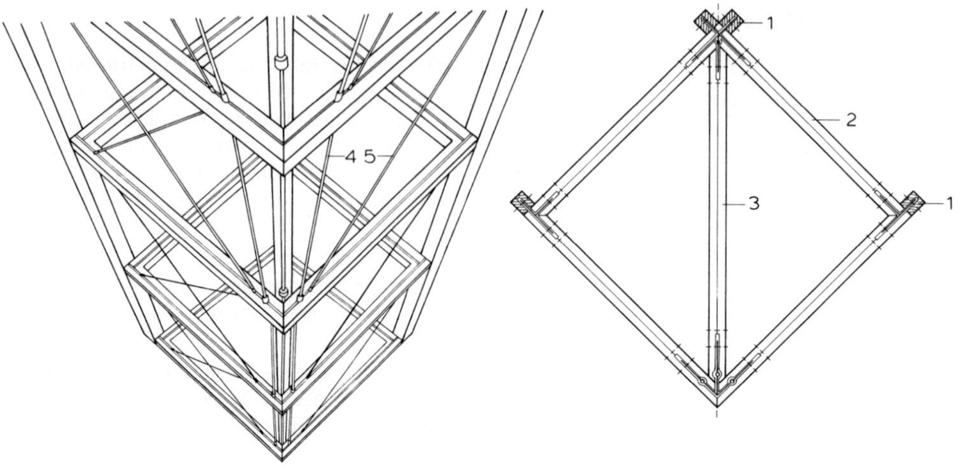

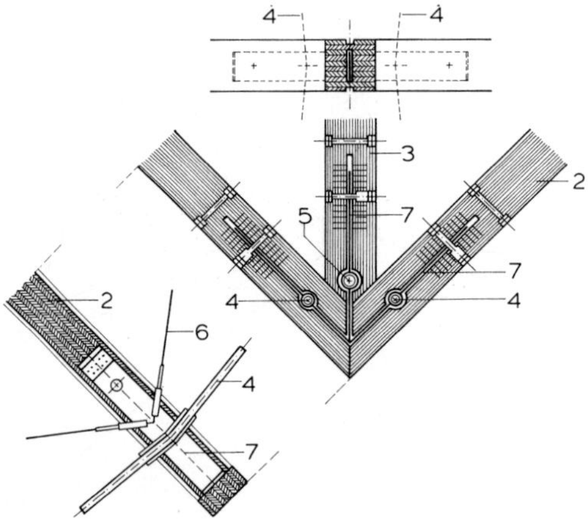

1.119
Räumlicher Fachwerkträger mit Zugbändern aus Stahl, Obergurte (Pfetten) aus Brettschichtholz (Architekten: P. Faller und C. Muschalek, Stuttgart)

1 Obergurte
2 Fachwerkrahmen
3 Diagonalstiel
4 parabelförmig gespannter Stahl-Zugstab für seitliche Untergurte (45 mm)
5 parabelförmig gespannter Stahl-Zugstab für mittl. Untergurt (64 mm)
6 Diagonalverspannungen
7 Nagel- und Verbindungslaschen

Um die für die stützenfreie Überspannung eines anderen weiträumigen Versammlungsgebäudes in Betracht gekommenen großen Trägerquerschnitte bei Spannweiten bis 34,00 m zu vermeiden, wurden die Hauptträger in räumliche Fachwerke aufgelöst (Bild **1**.119). Bei den aus Einzelrahmen mit quadratischem Querschnitt gebildeten Fachwerkträgern werden die Zugkräfte durch parabelförmig gespannte Untergurte aus Stahlrohren aufgenommen. Die Längsaussteifung bewirken Diagonalverbände aus verspannten Stahlseilen.

Ein räumliches stützenfreies Tragwerk über einem quadratischen Grundriß mit ca. 16,00 m Seitenlänge ist in Bild **1**.120 schematisch dargestellt. Hier können die auf die Dachspitze zulaufenden Verbände als „unterspannte Träger" (vgl. Bild **1**.126) betrachtet werden, die durch quadratische Horizontalrahmen und Diagonalstäbe ausgesteift sind. Auch in diesem Beispiel werden die Stabanschlüsse mit Hilfe räumlich zusammengefügter eingeschlitzter Knotenbleche mit Stabdübeln bzw. Nagelung hergestellt.

Ein ähnliches räumliches Tragwerk mit gitterartigen Strukturen zeigt Bild **1**.121. Hier sind die Einzelstäbe in den Knotenpunkten jedoch mit Hilfe von Verpreßdübeln an Stahlhohlkugeln zusammengeschweißt.

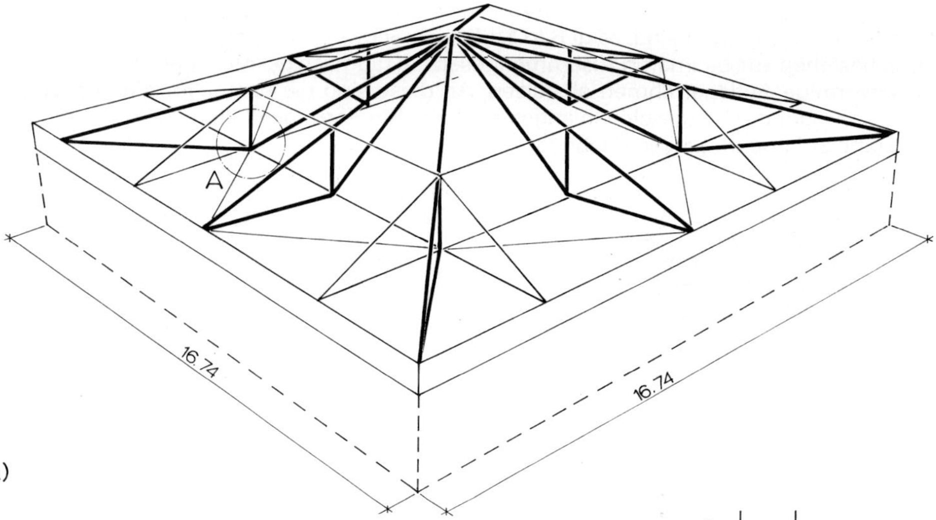

a)

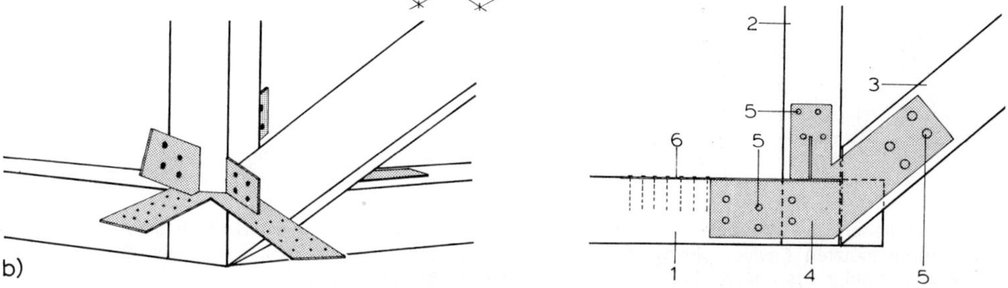

b)

1.120 Aus unterspannten Trägern zusammengesetztes räumliches Tragwerk (Architekt: E. Ritz, Viechtach)
a) Übersicht (vereinfacht), b) Knotenpunkt A

1 Untergurt
2 Druckstreben
3 Diagonalstab
4 räumliche Knotenbleche
5 Stabdübel
6 Nagelung

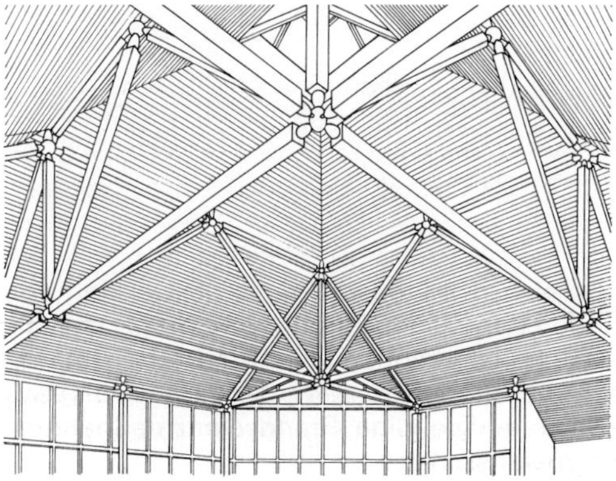

a)

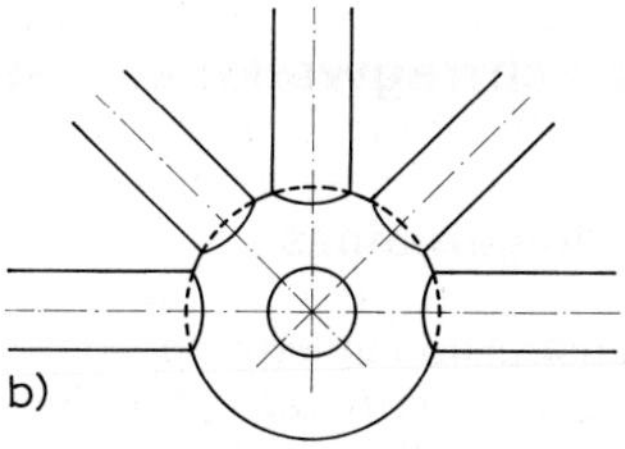

b)

1.121 Räumliches Tragwerk mit Stabanschlüssen mit Schweißverbindung an Stahl-Hohlkugeln (Architekten: W. Riehle, G. Loew, H. Goldbach, Reutlingen)
a) Innenraum (vereinfacht), b) Anschlußpunkte

Aus der großen Zahl von räumlichen Tragwerkskonstruktionen, die mit gekrümmten Brettschichthölzern ausgeführt sind, zeigt Bild **1**.122 eine Schwimmbadüberdachung. Die Hauptstützen bestehen aus baumartig zusammengesetzten räumlich gekrümmten Trägerbündeln, die kreisförmige Auflagerrahmen abstützen. An diese sind die parabelförmigen zugbeanspruchten Träger der Hängeschalen angeschlossen. Ringförmige Pfettenkränze nehmen die Druckkräfte auf und tragen die Dachhaut.

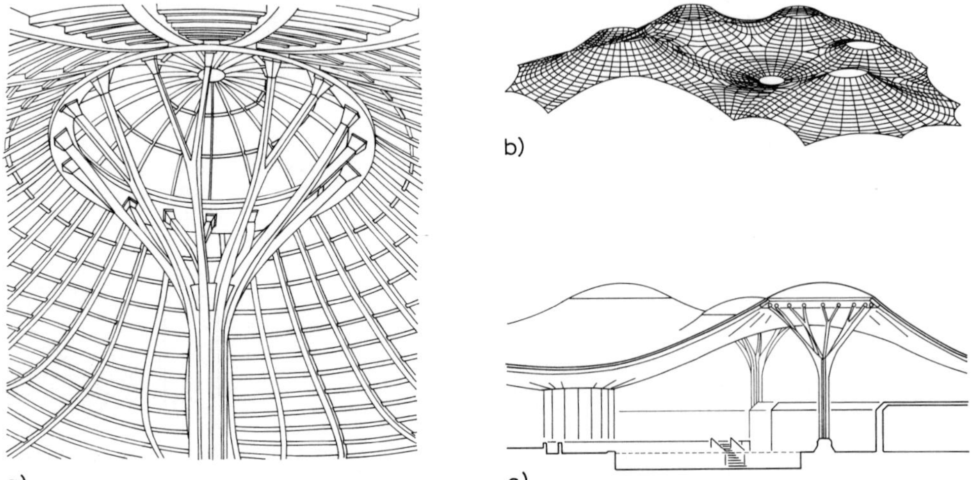

1.122 Schalenartiges Tragwerk mit mehrfach gekrümmten Brettschichtträgern; Zentralstützen aus zusammengesetzten Profilen (Entwurf und konstruktive Bearbeitung: Prof. F. Wenzel, B. Frese und R. Barthel, Karlsruhe; Architekten: R. und I. Geier, Stuttgart)

a) Innenraum mit Stützenbündel
b) Prinzipskizze der Dachkonstruktion
c) Schnitt (Ausschnitt)

1.3 Dachtragwerke aus Stahl

1.3.1 Allgemeines

Stahlkonstruktionen kommen besonders im Bereich des Industriebaues überall dort vor, wo der Einsatz von Holz zum Beispiel aus Gründen des Brandschutzes nicht möglich ist. Es sollte allerdings beachtet werden, daß zwar Stahlkonstruktionen nicht brennbare Bauteile darstellen, aber in ihrem Brandverhalten vielfach kritischer beurteilt werden müssen als etwa Holz-Leimbauteile. Sie erfordern in vielen Fällen aufwendige Brandschutzmaßnahmen (s. Abschn. 15.7 in Teil 1 dieses Werkes) und Korrosionsschutz.

Im folgenden soll ein Überblick über die verwendeten Konstruktionselemente und -systeme aus Stahl gegeben werden. Für eine ausführliche Darstellung muß jedoch auf Spezialliteratur verwiesen werden.

1.3.2 Baustoff Stahl

Für Stahlbauwerke kommen Baustähle nach DIN 17 100 und DIN EN 10025 als Stabstahl, Flachstahl, Formstahl oder in Hohlprofilen hauptsächlich in den Qualitäten St 37-2 oder St 52-3 in Frage (Zugfestigkeit 370 bzw. 520 N/mm^2)[1]. Für Konstruktion und Standsicherheitsberechnungen ist die DIN 18 800 Grundlage .

1.3.3 Schutzmaßnahmen

Korrosionsschutz[2]

Stahlbauteile, die einer Festigkeitsberechnung oder einer bauaufsichtlichen Zulassung bedürfen (d. h. praktisch alle tragenden Bauteile), müssen einen Korrosionsschutz gemäß DIN 55 928 erhalten.

Er kann bestehen aus

— Beschichtungen (Anstrichen), 1- bis 4fach aufgetragen,
— Überzügen aus metallischen Schichten (im Stahlbau bevorzugt Feuerverzinkung),
— Korrosionsschutz-Systemen, die eine Kombination aus Beschichtungen und Überzügen bilden.

Einen Überblick über Beschichtungsarten und erforderliche Schichtdicken gibt Tabelle **1**.123.

Tabelle **1**.123 Korrosionsschutz, Aufgaben und Schichtdicken

Anzahl der Schichten	Beschichtung Überzug	Sollschichtdicke je Schicht in µm	Aufgaben
1	Fertigungsbeschichtung (FB)	15 bis 25	Schutz der Stahlbauteile während Lagerung, Fertigung und innerbetrieblichem Transport
1 bis 2	Grundbeschichtung (GB)	40 normal 80 DICK	Schutz der Stahloberfläche gegen Korrosion
1 bis 2	Deckbeschichtung (DB)	40 normal 80 DICK	Schutz der Grundbeschichtung bzw. in besonderen Fällen der Feuerverzinkung vor aggressiven Stoffen
1	Feuerverzinkung (Stückverzinkung)	50 bis 85 (360 bis 610 g/m^2)	Schutz der Stahloberfläche vor Korrosion

Bemerkung: normal = normale Beschichtungsstoffe, DICK = dickschichtige Beschichtungsstoffe

Brandschutz

Stahlbauteile bzw. Bauwerke aus Stahl erfordern insbesondere bei Bauwerken über zwei Vollgeschossen im allgemeinen zusätzliche, in den Bauordnungen bzw. in DIN 4102 festgelegte Brandschutzmaßnahmen. Konstruktive Einzelheiten sind in Abschn. 15.7 in Teil 1 des Werkes behandelt.

---

[1] Kurzbezeichnung und Lieferformen s. Tab. **7**.31 in Teil 1 des Werkes

[2] s. auch Abschn. 7.4.3 in Teil 1 des Werkes

1.3.4 Bauteile[1])

Profilträger

Als Tragelemente bei flachen Dächern kommen für Binder und Pfetten alle Walzprofile der genormten Reihen (z. B. IPE, IPB, IPBI, IPBv)[1]) insbesondere überall dort in Frage, wo nur geringe Bauhöhen zur Verfügung stehen. In vielen Fällen kann auch der Einsatz speziell angefertigter Träger wirtschaftlich sein, die als Kasten- oder als hohe I-Profile aus relativ dünnen Blechen mit entsprechenden Beulsicherungen maschinell hergestellt werden können (Bild **1**.124).

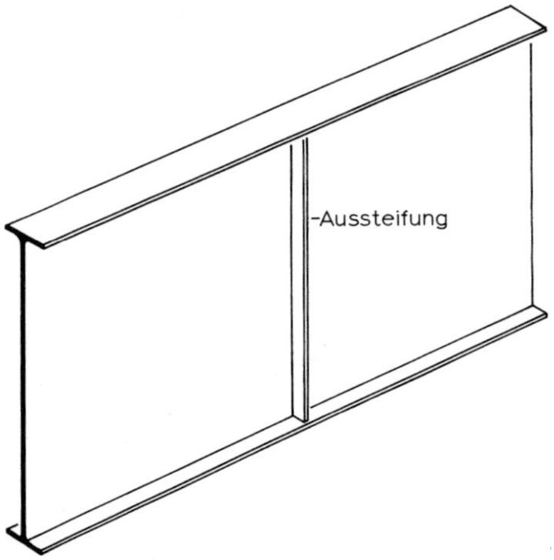

1.124 Leichter, aus Blech verschweißter Träger

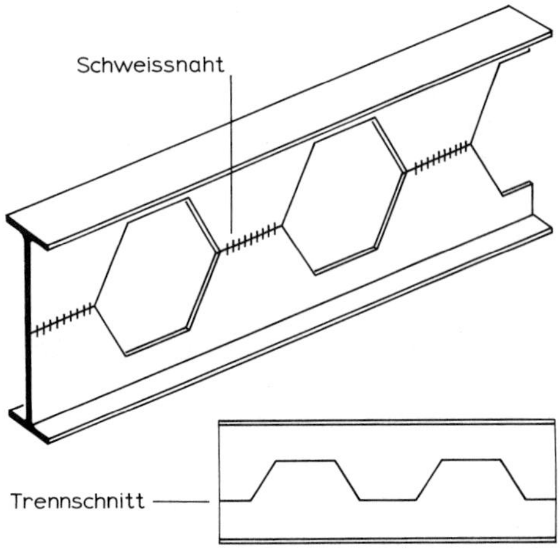

1.125 Wabenträger

Eine Sonderform der Profilträger stellen die Wabenträger dar, die aus sägezahnförmig aufgeschnittenen üblichen Walzprofilen verschweißt werden (Bild **1**.125).

Bauteilverbindungen für Stahlkonstruktionen sind in Abschn. 7.4 in Teil 1 des Werkes näher behandelt.

Unterspannte Träger

Eine andere Möglichkeit, die Tragfähigkeit der handelsüblichen Profile zu erhöhen, besteht in der „Unterspannung". Unterspannte I-Profile werden vielfach dort verwendet, wo die zulässige Durchbiegung einzelner Tragprofile sonst überschritten würde (Bild **1**.126).

Dabei werden die ermittelten Druckbeanspruchungen durch einen Profilstahl als „Obergurt" aufgenommen, der außerdem das seitliche Ausknicken der Konstruktion zu verhindern hat. Die Zugkräfte nehmen leichte Profilstähle oder Spannseile auf. In Verbindung mit druckbeanspruchten Stäben kommen große, statisch günstige „Profilhöhen" der Gesamtkonstruktion des unterspannten Trägers zustande.

Als Beispiel für die vielfachen konstruktiven und gestalterischen Möglichkeiten des Bauens mit unterspannten Trägern sollen ein Ausschnitt und Details für eine weitgespannte verglaste Dachfläche auf Pfetten aus Vierkantstahlrohren dienen (Bild **1**.126 c).

[1]) Nach Euro-Norm 53 bis 62 lautet das Kurzzeichen für breite I-Träger HE ... B (z. B. IPB 300 entspricht HE 300 B).

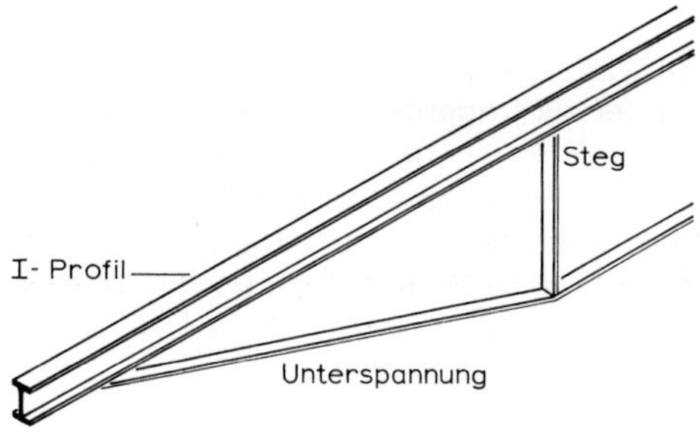

a)

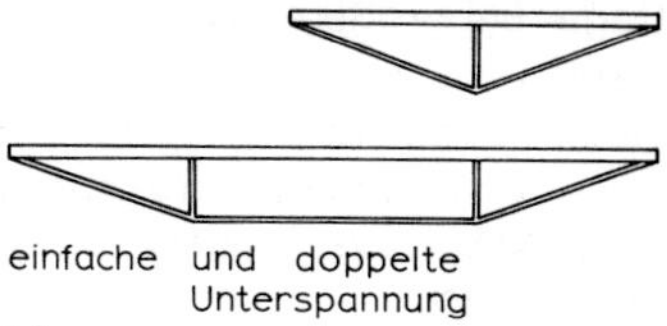

b)

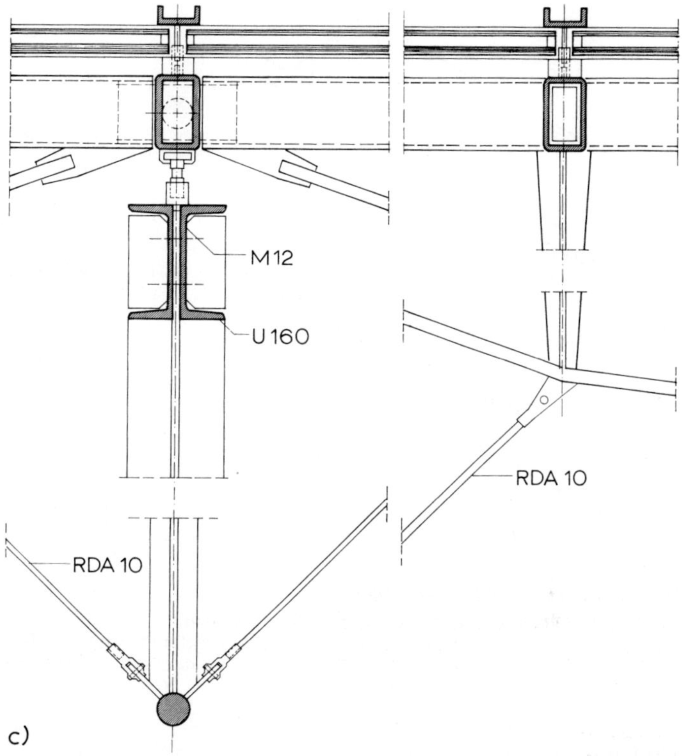

c)

1.126
Unterspannter Profilträger
a) Unterspannung,
b) einfache und doppelte Unterspannung
c) verglaste Dachfläche auf unterspannten Pfetten aus Vierkantstahlrohren (Architekten: Kammerer & Belz, Kucher und Partner, Stuttgart)

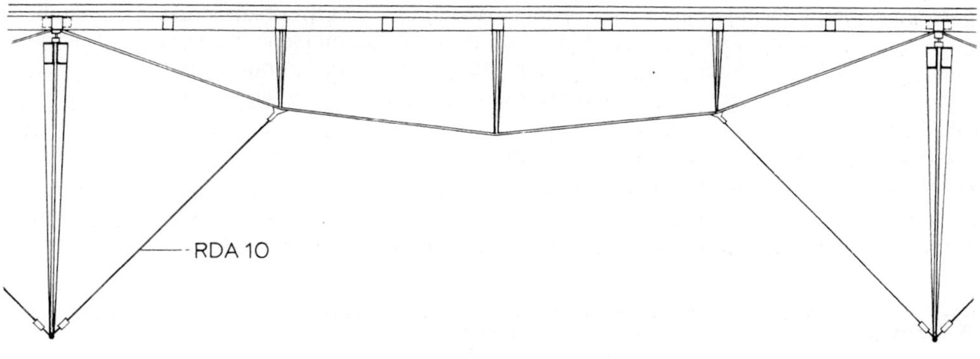

Gitterträger

Anstelle von Profilträgern oder von unterspannten Trägern können leichte Stahl-Fachwerkträger bei größeren Spannweiten als Hauptträger oder als Trägerpfetten sehr wirtschaftlich sein.

Derartige Fachwerkträger können in vielfachen Dimensionierungen aus Winkel-, Vierkant- oder Rundstahlprofilen zusammengesetzt werden oder als sogenannte R-Träger (R = Rundstahl als Stabwerk) oder X-Träger (kalt verformte Bleche) vollautomatisch hergestellt werden (Bild **1**.127).

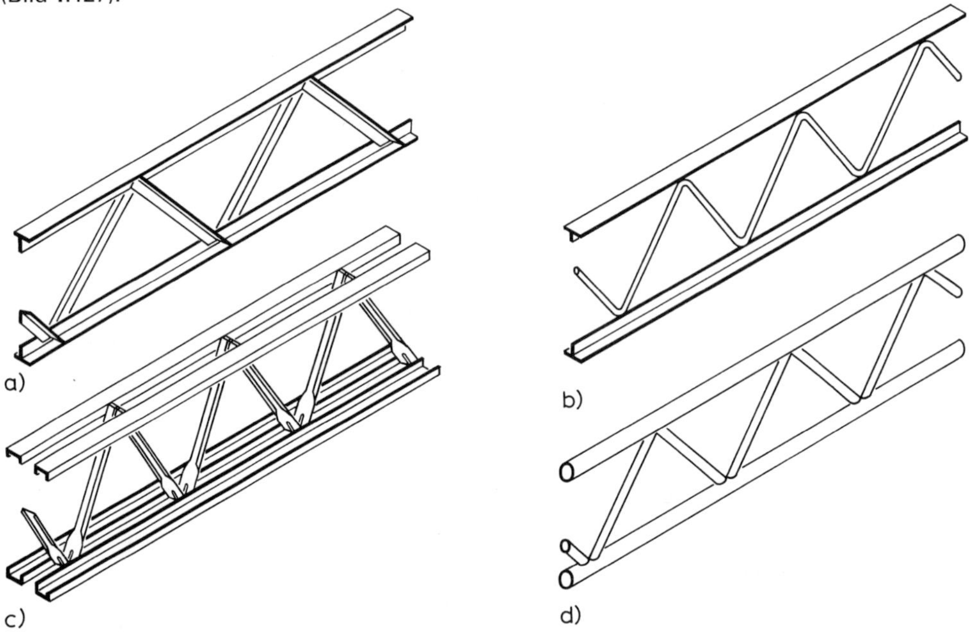

1.127 Leichte Stahlfachwerkträger
a) Stahlfachwerk aus T-Profilen und aus Winkeln
b) R-Träger aus gebogenen Rundstählen zwischen Gurten aus T-Profilen
c) Vollautomatisch hergestellte X-Träger aus kalt verformtem Stahlblech
d) Fachwerk aus Stahlrohren

Profilblechkonstruktionen[1])

Wenig geneigte oder flache Dachflächen können sehr wirtschaftlich durch trapezartig geformte Stahlblechelemente hergestellt werden. Trapezblechkonstruktionen stellen großflächige Leichtbauelemente dar, die sich durch ihre unterschiedliche Querschnittprofilierung und Materialdicke den jeweiligen statischen Anforderungen optimal anpassen. Sie überbrücken auch sehr große Spannweiten und sind unabhängig von der Art der Unterkonstruktion.

Trapezbleche in der in Bild **1**.128 als Beispiel gezeigten Form können als 1-, 2- oder 3-Feldträger mit Einzelspannweiten bis etwa 8,00 m eingesetzt werden.

Trapezblechelemente lassen sich ohne großen Montageaufwand auf praktisch allen Unterkonstruktionen leicht verlegen und können kraftschlüssig so miteinander und der Unterkonstruktion verbunden werden, daß Windverbände und Aussteifungen überflüssig werden.

---

1) Trapezblechkonstruktionen für Flachdächer s. Abschn. 2.3.3

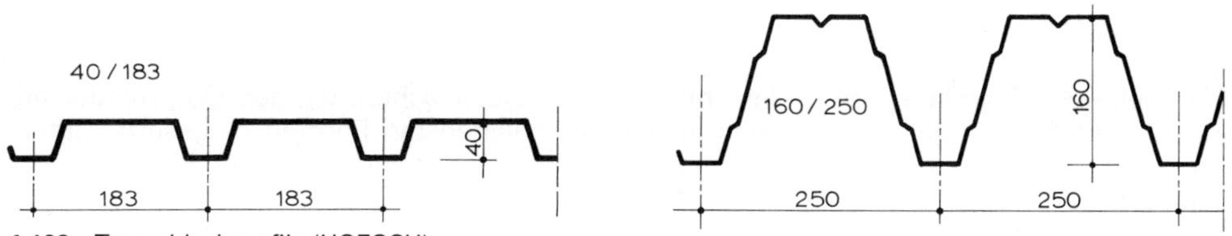

1.128 Trapezblechprofile (HOESCH)

Die bis zu 18 m langen Elemente sind verzinkt und können zusätzlich lackiert oder beschichtet werden. In den Hohlräumen der Platten können Kabel verlegt werden. Jede Art von Abhängungen ist mit Hilfe von Kippdübeln oder seitlich aufgenieteten Abhängern leicht herzustellen. Mit Systemen, die aus Spezial-Trapezelementen von 75 cm Breite bestehen, können als Mehrfeldträger Spannweiten von etwa 10 m überbrückt werden (Bild **1**.129).

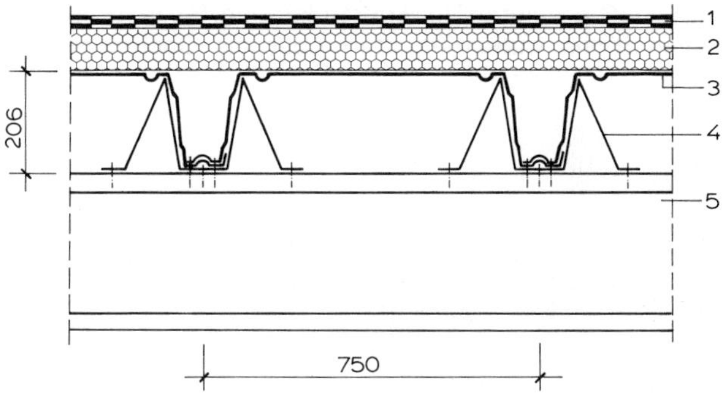

1.129
Trapezgroßprofile (HOESCH)
1 mehrlagige Abdichtung
2 Wärmedämmung
3 Trapezblech
4 Stützelemente
5 Unterkonstruktion

Trapezblechkonstruktionen sind ferner als vorgefertigte Flachdachelemente mit bereits aufgeschäumter Wärmedämmung auf dem Markt (Bild **1**.130). Bei allen derartigen Elementen muß der sorgfältigen Ausbildung von Längsstößen (Kältebrücken) und dem Anschluß von Zwischenwänden (Schallübertragung) besondere Aufmerksamkeit gewidmet werden.

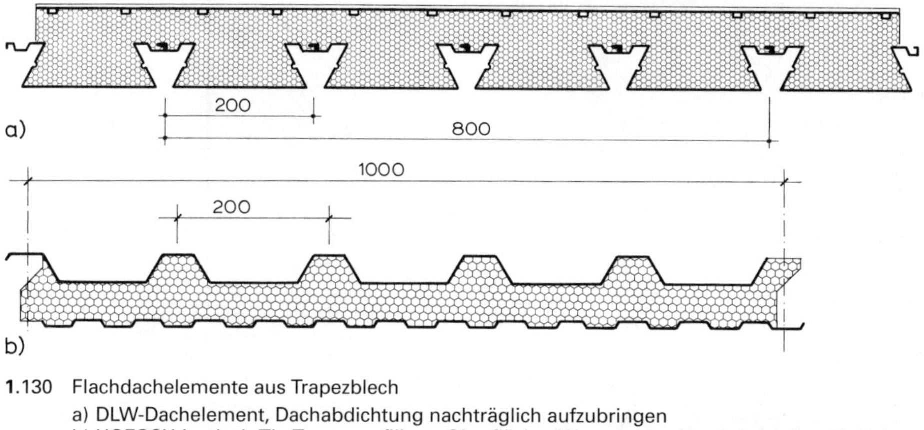

1.130 Flachdachelemente aus Trapezblech
a) DLW-Dachelement, Dachabdichtung nachträglich aufzubringen
b) HOESCH-Isodach TL. Trapezprofilierte Oberfläche (Wasserablauf berücksichtigen!). Keine weitere Flächenabdichtung erforderlich. Stöße mit Dichtungsbändern.

1.3.5 Gittertragwerke

Für große Spannweiten, verbunden mit schweren Dachflächen, werden Gitterbinder als ingenieurmäßige Stahlkonstruktionen in den verschiedensten Formen eingesetzt. Gittertragwerke sind sehr oft im Zusammenhang mit Sheddachkonstruktionen (s. Bild **1**.1 h) anzutreffen (Bild **1**.131).

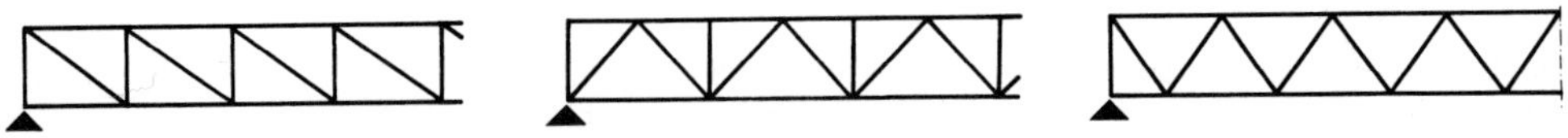

1.131 Formen von Gitterbindern (schematische Darstellung)

Gitterbinder aus Stahlprofilen sind konstruktiv ähnlich den in Abschn. 1.2.2.4, Bilder **1**.115 und **1**.116, gezeigten Holzkonstruktionen. Sie werden meistens in ingenieurmäßig geplanten hallenartigen Industriebauten oder als Dachtragwerke im Zusammenhang mit untergehängten Decken ausgeführt.

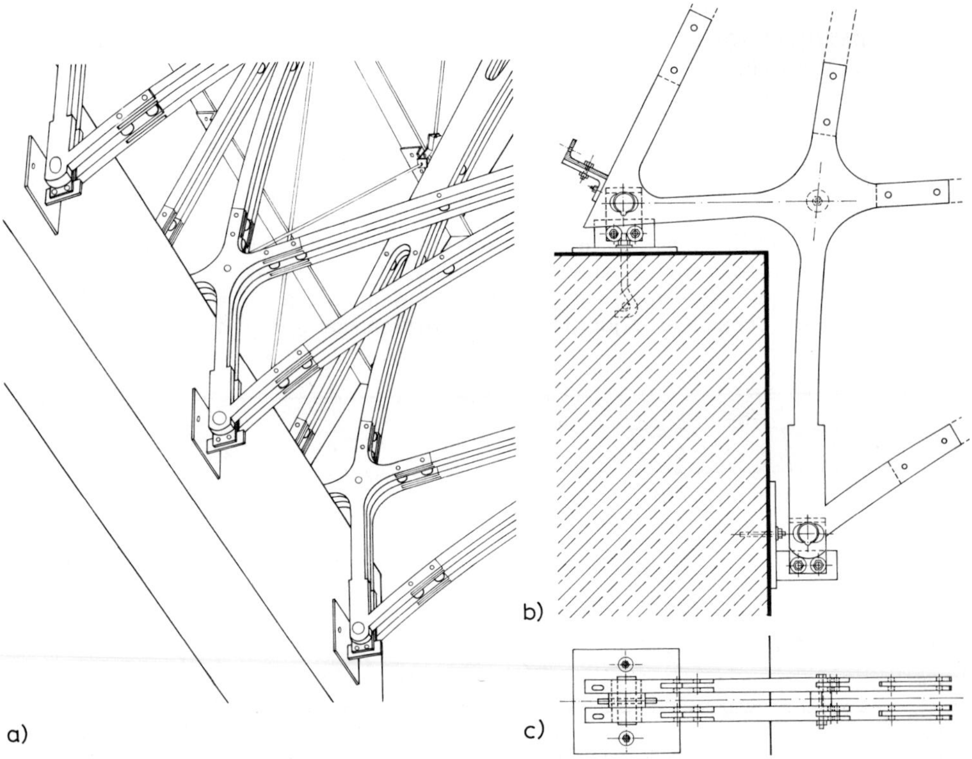

1.132 Dachtragwerk aus Flachstahlkombinationen (Architekt: J. P. Kleihues, Dülmen)
a) isometrische Darstellung (Ausschnitt)
b) Detail Auflager: Schnitt/Ansicht
c) Detail Auflager: Grundriß

Eine ausführliche Behandlung ist im Rahmen dieses Werkes nicht möglich, und es muß auf Spezialliteratur verwiesen werden.

Als Hinweis aber dafür, welche auch gestalterisch außerordentlich interessante Möglichkeiten das Bauen mit Stahl bei Dachtragwerken bietet, ist ein aus Flachstahlprofilen zusammengesetzter moderner Dachbinder über einem historischen Bauwerk in Bild **1**.132 gezeigt.

1.3.6 Raumtragwerke

Die konsequente Weiterentwicklung der nur in einer Ebene wirksamen, in den vorangegangenen Abschnitten beschriebenen Tragsysteme stellen die Raumtragwerke dar. In ihrem räumlichen Fachwerkgefüge entstehen in sich steife Bauteilsysteme, die keiner horizontalen Wind- bzw. Stabilisierungsverbände bedürfen. Sie können auf Stützen aus Stahl oder Stahlbeton oder direkt auf Gründungspunkte aufgesetzt werden.

Ein Stahlbausystem, bei dem Gitterträger baukastenartig mit Spannweiten bis zu 7,20 m durch verkeilte Spezialverbinder zusammengefügt werden, zeigt Bild **1**.133.

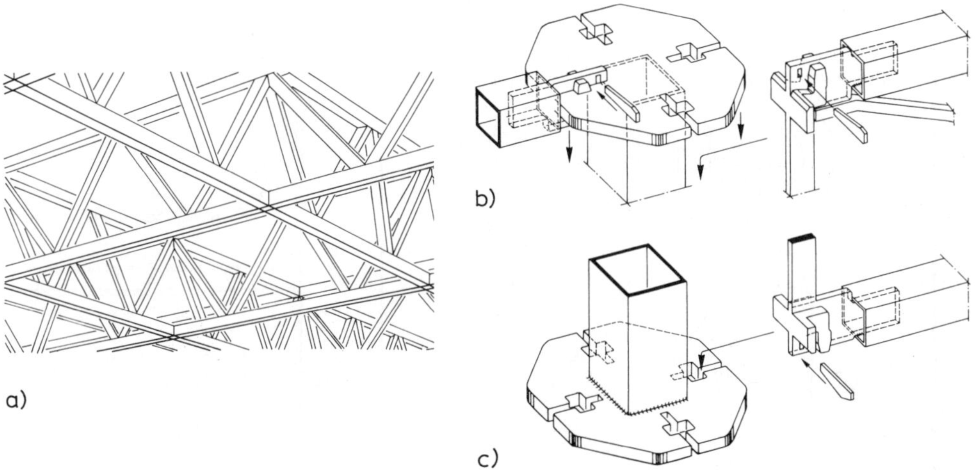

1.133 Stahlbausystem Rüter GmbH., Dortmund
a) räumliche Darstellung
b) oberer Anschlußknoten
c) unterer Anschlußknoten

Ebene räumliche Fachwerke aus Stahlstäben basieren auf geometrischen Polyeder-Strukturen. Sie werden vor allem aus Kombinationen von Oktaedern mit Tetraedern gebildet (Bild **1**.134 a und b). Durch Variationen der Stablängen lassen sich auch gekrümmte, kuppelartige räumliche Tragwerke bilden.

Bei dem verbreiteten System MERO werden Stahl-Rundstäbe unterschiedlicher Abmessungen je nach statischen und geometrischen Erfordernissen mit Hilfe von Kugelverbindern zu Tragwerken verschraubt. Die Bedachungen werden bei ebenen Tragwerksoberflächen meistens auf Trapezblechkonstruktionen ausgeführt. Für gekrümmte Oberflächen kommen als Unterkonstruktion für die Dachabdichtung den Teilflächen entsprechend zugerichtete Verbundplatten in Frage. Auch Verglasungen aus Sicherheitsgläsern auf Spezialbefestigungen sind möglich. Einige Konstruktionsdetails sind in den Bildern **1**.134 c bis f gezeigt.

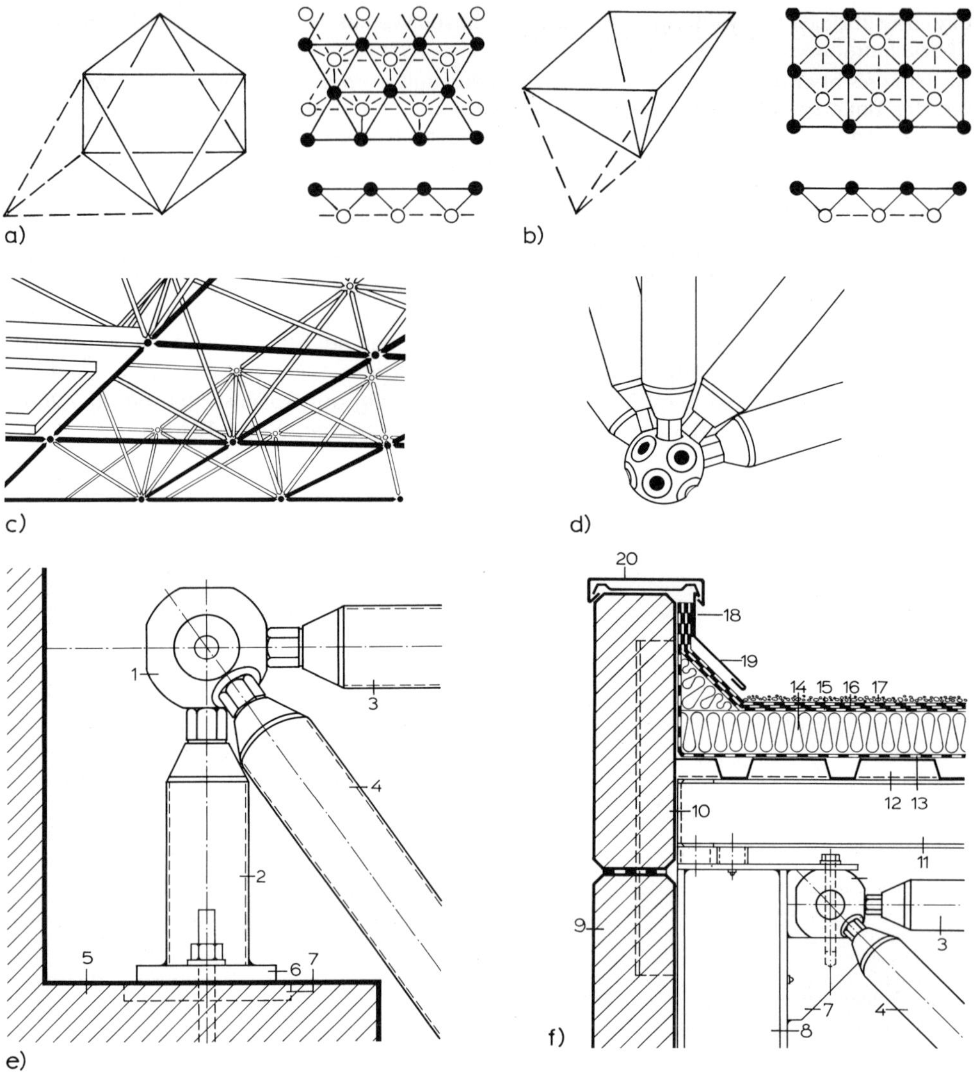

1.134 Raumtragwerk aus Stahlrohr-Stäben

a) Raumstruktur aus Oktaeder und Tetraeder (räumliche Darstellung, schematischer Grundriß mit Schnitt)

b) Raumstruktur aus Halboktaeder und Tetraeder (räumliche Darstellung, schematischer Grundriß mit Schnitt)

c) Untersicht einer Dachkonstruktion, d) typischer Knoten von Raumtragwerken

e) Auflager z. B. für Dachtragwerke, f) Dachrand-Ausbildung

1 MERO-Knoten
2 MERO-Stababschnitt
3 MERO-Obergurtstab
4 MERO-Diagonalstab
5 Konsole
6 Fußplatte
7 einbetonierte Anschweißplatte mit Verankerung
8 Stütze
9 Porenbetonelemente
10 Stützenverlängerung
11 Unterzüge
12 Trapezblech
13 Voranstrich und Dampfsperre
14 Wärmedämmung
15 Dampfdruckausgleichschicht
16 Dachabdichtung
17 Kiespressung
18 Anflanschung der Dachabdichtung
19 Blechverwahrung
20 Abdeckprofil

1.4 Massivdachkonstruktionen

1.4.1 Dachtragwerke aus Massivplatten

Die Tragwerke von geneigten Dächern oder Flachdächern können durch Bauelemente aus Porenbeton- oder Leichtbetonmassivplatten, aus Lochziegeln und aus Stahlbeton-Platten bzw. -Fertigteilen in den verschiedensten Ausführungsarten gebildet werden.

Bei geneigten Dächern ist der Einbau derartiger Elemente traufenparallel, giebelparallel (Binderabstände bzw. Spannweiten ca. 5 bis 6 m) oder bei raumüberspannenden Fertigteilen in freitragender Montage möglich (Bild **1**.135).

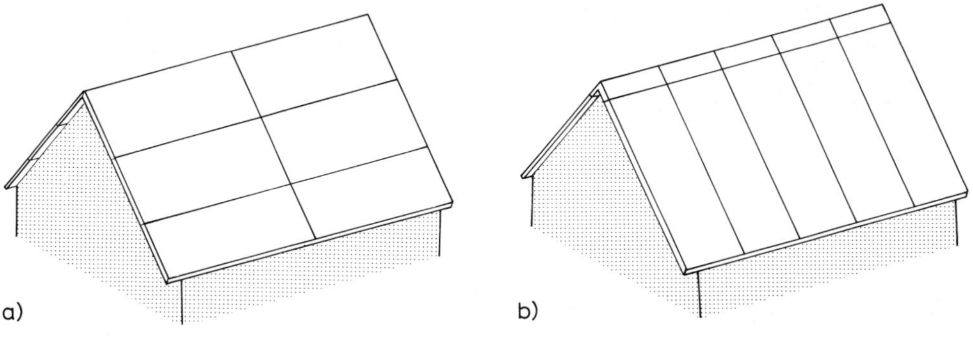
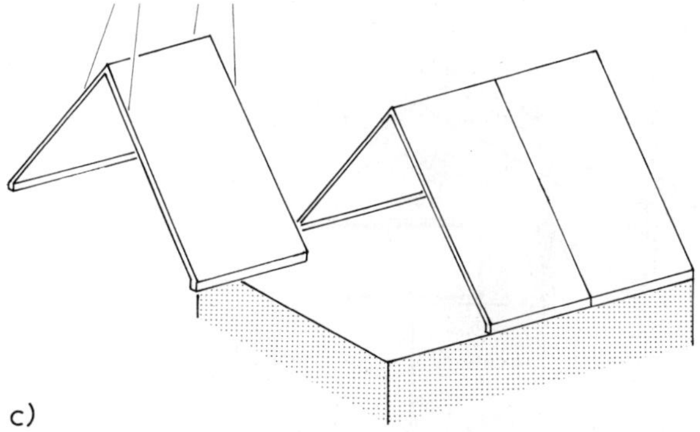

1.135
Massivdachkonstruktionen, Konstruktionssysteme
a) Massivelemente traufenparallel eingebaut
b) Massivelemente giebelparallel eingebaut
c) Montageelemente, spezielle Anfertigung

Stahlbetonteile für Dächer können aus Standard-Hohlplatten aus Normal- oder Spannbeton, Leichtbeton-Vollmassivplatten, Ein- oder Doppelschalenplatten mit Gitterarmierung sowie aus speziell hergestellten Normalbetonbauteilen bestehen. Fertigteile aus Porenbeton oder Lochziegeln stellen begrenzt wärmedämmende Dachelemente dar.

Bei Bauteilen aus Massivplatten können die hohe Feuerwiderstandsfähigkeit (Feuerwiderstandsklassen bis F 90 erreichbar, vgl. Abschn. 15.7 in Teil 1 des Werkes) und die Verbesserung des Schutzes gegen Luftschallübertragung durch die gegenüber anderen Konstruktionen große Masse die bisher noch höheren Kosten gegenüber Holzkonstruktionen rechtfertigen.

Bei allen Massivdachkonstruktionen ist insbesondere der Nachweis für die Lage der Taupunktgrenzen erforderlich (s. Abschn. 15.6 in Teil 1 des Werkes).

Verschiedene Ausführungsmöglichkeiten massiver Dachkonstruktionen sind in Bild **1**.136 erläutert.

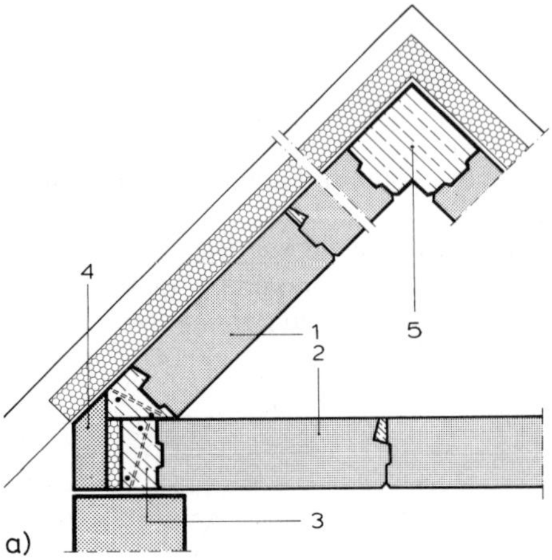

a)

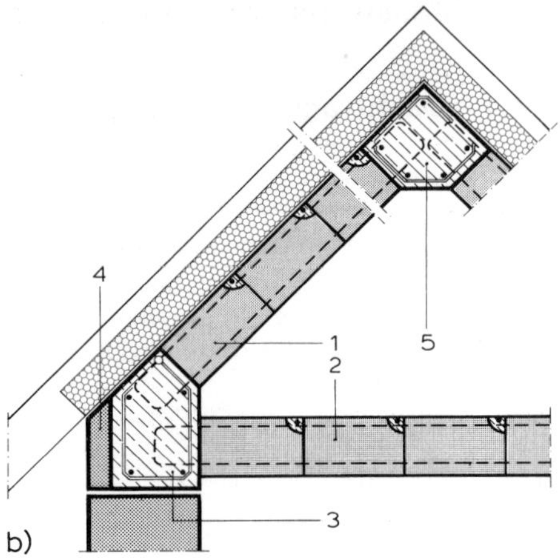

b)

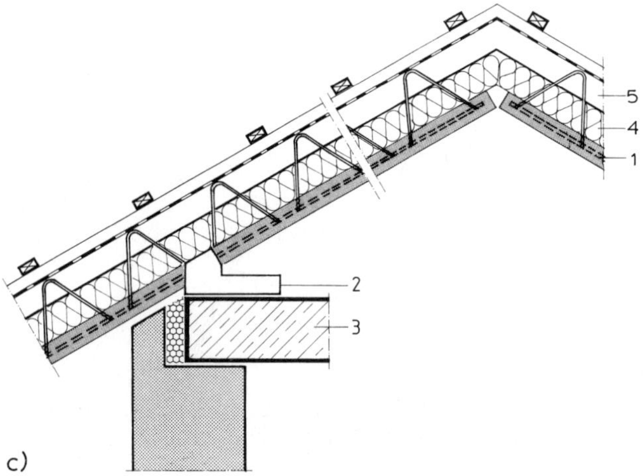

c)

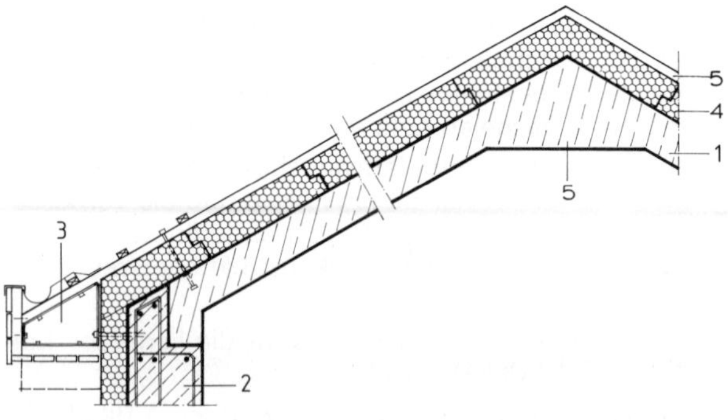

d)

1.136
Massivdachkonstruktionen

a) Porenbetonplatten, traufenparallel liegend verlegt auf tragenden Zwischenwänden
b) Ziegelelemente, giebelparallel verlegt (Sparrendachprinzip)
   1 Dachplatten
   2 Deckenplatten
   3 Ringanker mit Wärmedämmung
   4 Verblendstein
   5 Betonanker (Firstbalken)
c) Stahlbeton-Montagedach (vgl. Bild **1**.135 c)
   1 Betonschale mit Gitterträgern
   2 Auflager-Formteile
   3 Stahlbetondecke
   4 Wärmedämmung
   5 Sparren mit Unterspannbahn und Lattung
d) Massivdach System (SÜBA®)
   1 Stahlbeton-Element (vgl. Bild **1**.135 c)
   2 Stahlbetonauflager mit Ringbalken
   3 Traufen-Formteil
   4 Wärmedämmung
   5 Konterlattung und Lattung auf diff. off. Spannbahn

1.4.2 Dachtragwerke aus Stahlbeton

Betonkonstruktionen sind wenig empfindlich gegen Feuchtigkeitseinflüsse, erfordern kaum Unterhaltungskosten. Sie eignen sich auch als Dachtragwerke. Für Flachdächer kommen dabei in entsprechend abgeänderter statischer Dimensionierung nahezu alle Stahlbeton-Deckensysteme in Frage. Die verschiedenen konstruktiven Möglichkeiten sind in Teil 1 Abschn. 7.5 dieses Werkes dargestellt. Im folgenden soll daher nur ein Überblick gegeben werden über spezielle Stahlbetonelemente für Dachkonstruktionen.

Stahlbetonträger

Stahlbetonträger werden in der Regel als Spannbeton-Fertigteile in Verbindung mit entsprechenden Stützen innerhalb geschlossener Hallenbausysteme eingesetzt oder als Dachbinderelemente, wenn die Transportprobleme – auch an der Baustelle – lösbar sind. Für geringere Spannweiten sind Rechteck- oder Trapezprofile aus Beton B 45 oder B 55 üblich. Größere Träger werden meist als T- oder I-Spannbetonträger hergestellt. Sie können kombiniert werden mit Spannbeton-Pfetten als Unterkonstruktion für großformatige Dachelemente (Bild **1**.137).

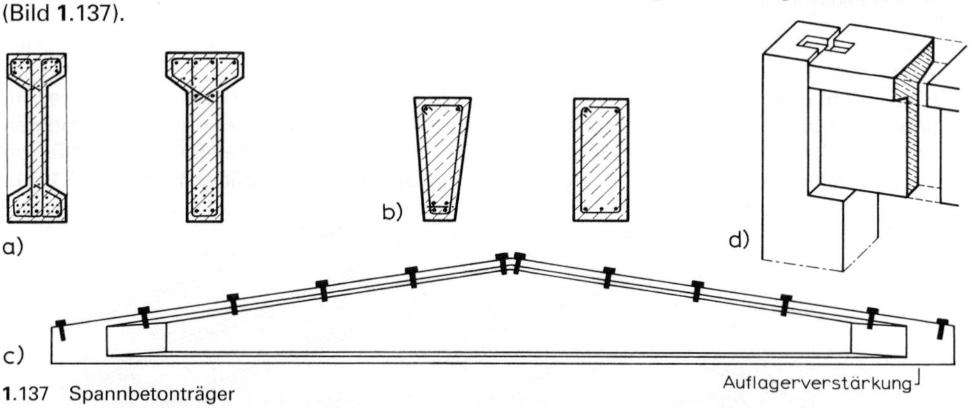

1.137 Spannbetonträger

a) Querschnitte von Spannbetonträgern, b) Querschnitt von Spannbetonpfetten,
c) Spannbeton-Binderträger mit eingehängten Spannbetonpfetten, d) Stützenanschluß

Stahlbeton-Plattenkonstruktionen

Für Spannweiten bis zu etwa 12 m werden – in der Regel in Verbindung mit kompletten Stahlbeton-Hallenbausystemen – Stahlbeton- bzw. Spannbetonbauteile mit verschiedenen Querschnittsformen eingesetzt (Bild **1**.138).

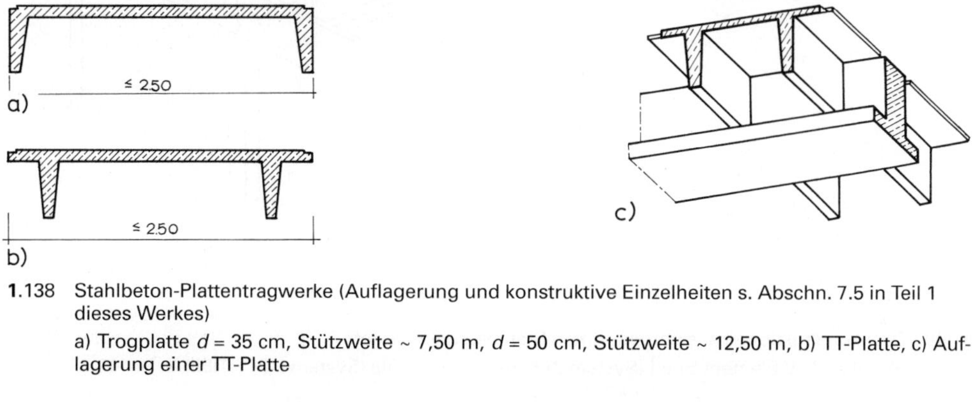

1.138 Stahlbeton-Plattentragwerke (Auflagerung und konstruktive Einzelheiten s. Abschn. 7.5 in Teil 1 dieses Werkes)

a) Trogplatte d = 35 cm, Stützweite ~ 7,50 m, d = 50 cm, Stützweite ~ 12,50 m, b) TT-Platte, c) Auflagerung einer TT-Platte

Faltwerke und Schalen

Theoretisch ist es möglich, Stahlbetonkonstruktionen in jeder aus formalen Gründen gewünschten und auf die gegebene Belastung abgestimmten Form herzustellen. Mit dünnwandigen Schalen- oder Faltwerkkonstruktionen sind Spannweiten von 150 m erreicht worden. Nach DIN 1045 sind Schalen einfach oder doppelt gekrümmte Flächentragwerke geringer Dicke mit oder ohne Randaussteifung. Faltwerke sind räumliche Flächentragwerke, die aus ebenen, kraftschlüssig miteinander verbundenen Scheiben bestehen (Bild **1**.139).

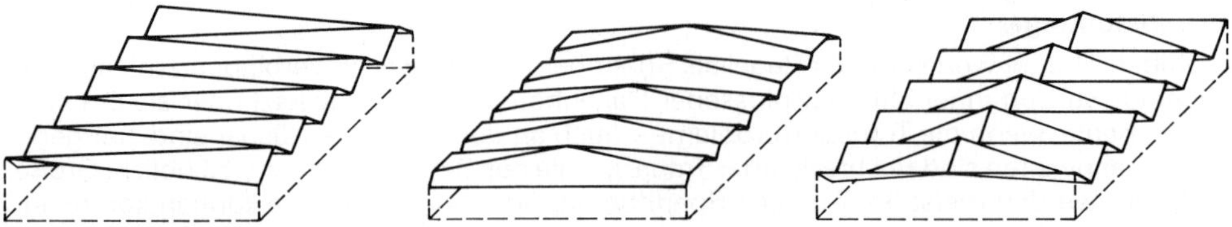

1.139 Formen von Faltwerken

Nur in Sonderfällen sind derartige individuelle Konstruktionen aus Ortbeton wegen des überaus großen Arbeitsaufwandes für Schalungen und Gerüste vertretbar. Dagegen lassen sich nach dem Faltwerk- oder Schalen-Prinzip hergestellte vorgefertigte Elemente mit Spannweiten bis zu 40,00 m wirtschaftlich einsetzen, insbesondere wenn die allgemeinen Vorteile von Stahlbetonkonstruktionen gegenüber Witterungs- und Feuchtigkeitseinflüssen sowie ihre relativ große Sicherheit gegen Feuer ins Gewicht fallen (Bilder **1**.140 und **1**.141).

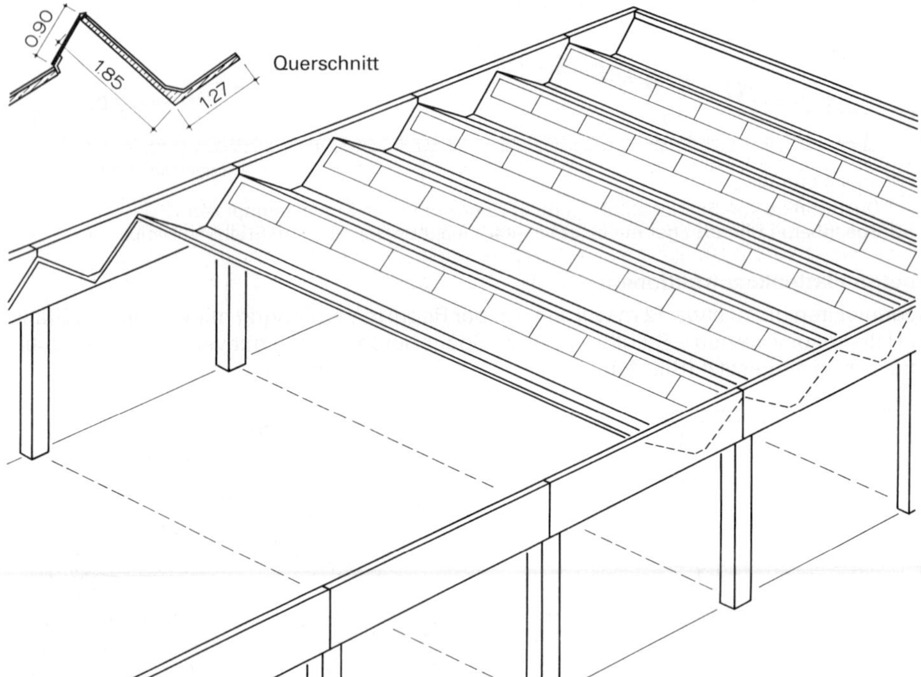

1.140 Dachkonstruktionen aus vorgefertigten Stahlbetonelementen
a) Faltwerk, V-Element-Shed (System Züblin), b) HP-Schale (System HOCHTIEF), s. S. 103

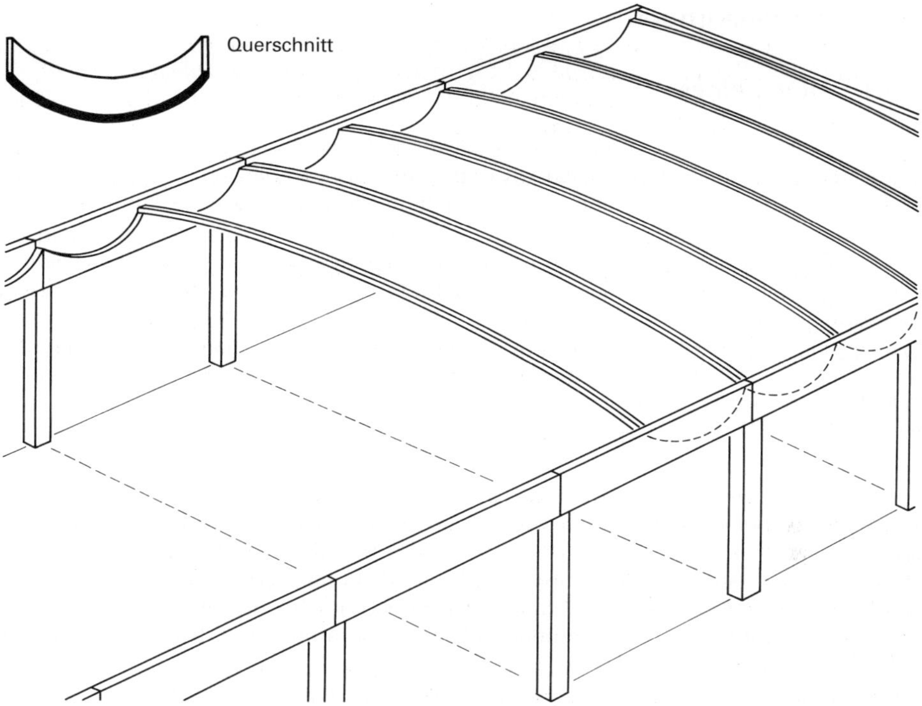

b)

Für eine ausführliche Darstellung der vielfachen Konstruktionsmöglichkeiten mit Faltwerk- und Schalenkonstruktionen muß auf Spezialliteratur verwiesen werden.

Mischformen aus diesen Konstruktionssystemen in Ortbetonausführung kommen in vielfältigsten Formen vor. Einen Eindruck von den fast unbegrenzten Möglichkeiten, mit Hilfe moderner Schalungssysteme auch komplizierteste räumliche Dachtragwerke aus Stahlbeton auszuführen, kann die in Bild **1**.142 gezeigte Bahnhofsüberdachung vermitteln.

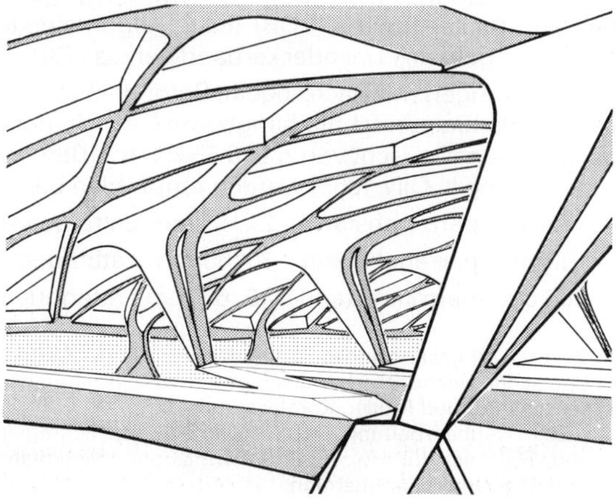

1.141
Stahlbetonüberdachung Bahnhof Lyon (Architekten: S. Calavatra, A. Rourrat, S. Memet)

1.5 Dachdeckungen[1])

1.5.1 Allgemeines

Geneigte Dächer werden in der Regel mit Dachdeckungen ausgeführt.

Das Erscheinungsbild eines Bauwerkes und besonders von ganzen Gebäudegruppen wird weitgehend von der Dachneigung und von den Baustoffen der Dachdeckung bestimmt.

Auch wenn keine Aspekte des Denkmal- oder Ensembleschutzes zu beachten sind, sollten bei der Auswahl neben gestalterischen Überlegungen die ortsüblichen Bauweisen in die Betrachtung einbezogen werden, weil sie sehr oft Ausdruck langer Erfahrung mit Klima und Baustoffen sind.

Die Dachdeckung hat bei Steildächern vor allem die Aufgabe, Niederschlagswasser sicher abzuleiten und ausreichende Sicherheit gegen das Eindringen von Wasser durch Winddruck oder Flugschnee zu gewährleisten.

Sie muß regensicher, wetterbeständig, feuerbeständig und kostengünstig in Herstellung und Unterhaltung sein.

Traditionelle Dachdeckungen erfüllten bei nicht ausgebauten Dachräumen außerdem ohne besondere Vorkehrungen die Forderung nach Durchlüftung und Ableitung von Wasserdampf.

Da Dachräume heute sehr oft intensiv genutzt werden und damit die Wärme- und Wasserdampfverhältnisse grundlegend verändert sind, werden an die bauphysikalischen Eigenschaften geneigter Dächer zunehmend höhere Anforderungen gestellt (s. Abschn. 1.8 und Abschn. 15 in Teil 1 des Werkes).

Wenn flachere Dachneigungen aus wirtschaftlichen und gestalterischen Gründen bevorzugt werden, ergeben sich zusätzliche Forderungen an die Dichtigkeit der Eindeckungen, die vielfach nur durch Einführung einer weiteren wasserableitenden Schicht unterhalb der Dachdeckung (Unterspannbahnen, Unterdach, s. Abschn. 1.8.1) erfüllt werden können.

Nach Werkstoff und Decktechnik unterscheidet man:

— Ziegeldächer
— Betondachstein-Dächer
— Schieferdächer
— Schindeldächer
— Stroh- und Rohr- (Reet-, Ried-)Dächer
— Wellplattendächer
— Pappdächer
— Metalldächer

Für die Ausführung von Dachdeckerarbeiten gelten die Vorschriften der Verdingungsordnung für Bauleistungen (VOB) Teil C: Allgemeine technische Vorschriften DIN 18 338 sowie die Fachregeln des Dachdeckerhandwerkes [13][2]).

Dachdeckungen mit Dachziegeln, Betondachsteinen u. ä. werden auf Lattungen ausgeführt. Der Dachlattenquerschnitt hängt vom Gewicht der Ziegeldeckung und vom Sparrenabstand ab. Bei einem Gewicht von z. B. 0,55 kN/m² [Berechnungsgewicht für Flachdachpfannen einschl. Lattung lt. DIN 1055] werden empfohlen bis:

— 75 cm Sparrenabstand 24/48 mm Lattenquerschnitt
— 90 cm Sparrenabstand 30/50 mm Lattenquerschnitt
— 100 cm Sparrenabstand 40/60 mm Lattenquerschnitt.

[1]) Die mit [13] gekennzeichneten Bilder wurden mit freundlicher Genehmigung des Zentralverbandes des Deutschen Dachdeckerhandwerkes den von ihm herausgegebenen Fachregeln entnommen (Verlagsgesellschaft Rudolf Müller, Köln-Braunsfeld).

[2]) z. Zt. in Neubearbeitung. Neu erschienen z. Zt. Fachregeln für Deckungen mit Dachziegeln und Dachsteinen, Hinweise für Holz und Holzwerkstoffe, Merkblatt Wärmeschutz, Merkblatt Unterdächer, Unterdeckung, Unterspannbahnen.

Eindeckungen mit Schiefer, Blechbahnen oder Dichtungsbahnen erfordern in der Regel eine mindestens 24 mm dicke Vollschalung. Großformatige Wellplatten können auch direkt auf Pfetten verlegt werden (s. Bild **1**.26 und **1**.27).

Mindestdachneigungen für die verschiedenen Deckungsarten sind in den Fachregeln des Dachdeckerhandwerkes festgelegt:

Dachziegel

- Biberschwanzziegeldeckung
  bei Doppeldeckung ≧ 30° (57,7 %)
  bei Kronendeckung ≧ 30° (57,7 %)
  bei Einfachdeckung mit Spließen ≧ 40° (83,9 %)
- Hohlpfannendeckung bei Aufschnittdeckung – trocken, mit Strohdocken oder mit Mörtelverstrich ≧ 35° (70,0 %)
- Mönch-Nonnen-Ziegeldeckung ≧ 40° (83,9 %)
- Krempziegel- und Strangfalzziegeldeckung ≧ 35° (70,0 %)
- Falzziegeldeckungen – z. B. Doppel-Muldenfalzziegel, Reformpfannen oder Falzpfannen ≧ 30° (57,7 %)
- Flachdachpfannendeckung (Hohlfalzziegel) ≧ 22° (40,4 %)
- Verschiebeziegeldeckung ≧ 30° (57,7 %)

Dachsteine

- profilierte Dachsteine ≧ 22°
  > 10° Mindestdachneigung (ohne erhöhte Anforderungen)
  < 16° Unterdach erforderlich
- nicht profilierte Dachsteine (Biberschwänze) wie Dachziegel

Schiefer

- Altdeutsche Doppeldeckung, Deutsche Schuppenschablonen, Rechteckschablonendeckung ≧ 22° (40 %)
- Schablonendeckungen verschiedener Formen ≧ 30° (58 %)

Dachplatten (Faserzementplatten)

- deutsche Deckung, Doppeldeckung ≧ 25° (47 %)
- waagerechte Deckung ≧ 30° (58 %)

Wellplatten (Faserzement)

- bei Plattenlängen von 1,25 bis 2,50 m je nach Dachtiefe (Entfernung Traufe-First) ≧ 7 bis 12° (12 bis 22 %)
- Kurzwellplatten (Gesamtlänge 62,5 cm) ≧ 15° (27 %)

Reet- und Strohdeckung

- Mindestdeckung ≧ 45° (100 %)
- in windreichen Gegenden ≧ 50° (119 %)

Holzschindeln

- je nach Deckungsart etwa ≧ 30° (58 %)

Metalldeckungen (Zink, Kupfer)

- Bei Dachneigungen < 5° (12 %) sind Längsfälze zusätzlich abzudichten ≧ 3° (5 %)

1.5.2 Dachdeckungen mit Dachziegeln und Dachsteinen[1])

1.5.2.1 Material und Grundregeln

Material

Dachziegel stellen eine der ältesten und bewährtesten Dachdeckungen dar. Wenn bei der Herstellung gute Tonerden richtig verarbeitet werden, können Dachziegel mehrere hundert Jahre überdauern. Als kleinformatiges Deckungsmaterial ermöglichen sie die Anpassung an praktisch alle Dachformen. Durch die Porosität des Ziegelmaterials wird unter normalen Umständen die Gefahr der Tauwasserbildung an der Unterseite der Dachhaut erheblich herabgesetzt.

Dachziegel aus gebranntem Ton (DIN 456, DIN EN 538, E DIN EN 1304) sollen keine die Verwendbarkeit einschränkenden Risse aufweisen, im Rahmen der Normen eben und maßhaltig, wasserundurchlässig und frostbeständig sein. Sie werden nach 3 Güteklassen unterschieden. Nur Dachziegel I. Wahl müssen die Gütebestimmungen der Norm in allen Teilen erfüllen. Dachziegel II. und III. Wahl sind nicht genormt. Dachziegel werden in natürlicher Brennfarbe, durchgehend gefärbt, engobiert (mit aufgespritzter oder durch Tauchen aufgebrachter, im Brand farbgebender Tonschicht versehen) oder gedämpft geliefert. Für First, Traufe, Kehle, Ortgang usw. werden Sonderziegel hergestellt; sie sind nicht genormt.

Nach der Art der Herstellung unterscheidet man Preß- und Strangdachziegel.

Strangdachziegel werden aus dem Mundstück einer Schneckenpresse (als Strang) gepreßt. Rillen, Falze usw. sind nur parallel zur Längsrichtung möglich.

Preßdachziegel werden einzeln aus Ton gepreßt, daher sind Längs- und Querfalze möglich.

Strangdachziegel sind:

— Biberschwanzziegel, Strangfalzziegel, Hohlpfannen.

Preßdachziegel sind:

— Falzziegel und Reformpfannen, Falz- und Flachdachpfannen, Krempziegel.

Eine Zusammenstellung über Abmessungen und Deckmaße von Dachziegeln enthält Tabelle **1**.142.

Planung

Bei der Planung von Dächern, die mit Dachziegeln oder Dachsteinen eingedeckt werden sollen, sind zunächst die Regeldachneigungen zu beachten (s. Abschn. 1.5.1).

Nach Möglichkeit sind möglichst glattflächige, klare Dachformen zu wählen. Bei sorgfältiger Planung lassen sich alle bei der Eindeckung vorkommenden Problemstellungen z. B. für Dachränder und für Anschlüsse an andere Bauteile (Schornsteine, Dachgauben und -fenster, usw.) lösen. Es sollte jedoch beachtet werden, daß die Eindeckung von Kehlen gestalterisch am besten und vor allem materialgerecht nur mit Kleinformaten (z. B. Biberschwanzdeckung) zu lösen ist.

Bei großformatigem Dachdeckungsmaterial, insbesondere bei allen Dachziegeln oder Dachsteinen mit Falzen, sind die je nach Form und Anwendungsart unterschiedlichen Decklängen (bzw. Lattenabstände) für die normalen Deckungsreihen in der Dachfläche und für First- und Traufenabschlüsse anhand der Herstellerunterlagen planerisch zu berücksichtigen. Die erforderlichen Sparrenlängen sind nötigenfalls durch geringfügige Änderungen der Dachneigung oder der Dachüberstände herzustellen.

Die Breite und die Lage im Grundriß ist für alle größeren Dachaufbauten oder Dachdurchbrüche, insbesondere für evtl. nebeneinander liegende Dachflächenfenster oder Gauben auf

[1]) s. Abschn. 1.5.3

Tabelle **1**.142 Angaben über die wichtigsten Dachziegelarten

Dachziegel			Länge Breite	Gewicht je Stück ≈ kg	Deckweise	Mindest-sparren-neigung	Überdeckung bei 45° Neigung	Weite der Lattung bei 45°	Lattenbedarf je m² Deckfläche	Dachziegelbedarf je m² Deckfläche	Dachlast je m² Deckfläche
Art	Gruppe	Bezeichnung[1]	in cm	≈ kg		in Grad[2]	in cm	in cm	in m	in Stück	in kN/m²
Preß-dachziegel	verfalzte Ziegel	Flachdach-Pfanne	42/26	3	in Reihen	20			3	15	0,55
		Flachkremper									
		Kronenkremper	43/26	3,3		30			2,4	12	0,50
		Reformpfanne	42/25	2,8					3	15	0,55
		Falzziegel									
	konische Kremper	Romano-Kremper	43/27	3,0		18			3	15	0,55
	Schalenziegel	Mönch Nonne	40/11 40/21	2,0 2,5		40	5	35	3	2 x 13	0,70 ohne, 0,90 mit Mörtel
Strangdachziegel		Hohl-Pfanne	40/23,5	2,5	mit Kurzschnitt Aufschnittdeckung	35	9[3]	31	3,3	16	0,50
					mit Langschnitt Vorschnittdeckung	40	7[3]	33	3	15	
	falzlose Dachziegel	Biberschwanzziegel	38/18	1,8	in Pappdocken[4]	20 bis 25					
					Spließdeckung	40	16[3]	21,5	4,8	30	0,65
					Doppeldeckung	30	8[3]	15	6,25	35	0,80
					Kronendeckung		8[3]	30	3,4	37	0,80

[1]) s. „Fachregeln für Dachdeckungen mit Ziegeln" v. Zentralverband des Dachdeckerhandwerkes e.V. [13]

[2]) Die Zahlen stellen Durchschnittswerte dar. Nicht nur die Ziegelform, sondern auch die Größe der Dachflächen sowie Regen- und Windanfall beeinflussen die Werte. Je ungünstiger die Verhältnisse, desto steiler die Dachneigung. Ziegeldeckungen können um 5° flacher verlegt werden, wenn durch Schalung, Unterspannung und Konterlattung dafür gesorgt wird, daß durch Wind eingetriebenes Wasser unter den Dachlatten abläuft.

[3]) S. a. DIN 18 338. Die Überdeckung bei den Strangdachziegeln nimmt – von 45° Sparrenneigung ausgehend – zu, je flacher das Dach geneigt ist. Sie kann bei steilen Dächern in dem gleichen Maße, nämlich um 2 % je Neigungsgrad, vermindert werden.

[4]) Pappdocken: Streifen aus Bitumenpappe unter den Längsstößen der Ziegel

die Deckbreite der verwendeten Dachziegel oder Dachsteine abzustimmen, damit volle Formate oder Formsteine verwendet werden können. Alle etwa erforderlichen Trennschnitte bilden Schwachstellen der Eindeckung.

Zusatzmaßnahmen zur Regensicherheit

Zusätzliche Maßnahmen sind bei der Planung und Ausführung vorzusehen, wenn die Regeldachneigung unterschritten wird, das Dachgeschoß zu Wohnzwecken genutzt wird oder wenn konstruktive Besonderheiten, klimatische Verhältnisse oder besondere örtliche Gegebenheiten dies erfordern.

Im Fachregelwerk des Deutschen Dachdeckerhandwerkes werden die erforderlichen Maßnahmen unterschieden für Unterschreitungen der Regeldachneigung um bis zu 6° oder über 6° jeweils bei Sparrenlängen von bis zu 10 m bzw. mehr als 10 m.

Als Zusatzmaßnahmen kommen je nach Deckungsart und Werkstoff in Frage:

— Vermörtelung bzw. Innenverstrich
— Unterspannung
— Unterdeckung
— Unterdach

Vermörtelungen und Innenverstrich von Deckungen mit Dachziegeln und -steinen vermindern den Eintrieb von Regen, Flugschnee und Staub. Vermörtelungen werden während der Deckungsarbeiten von außen ausgeführt. Innenverstrich wird nachträglich von innen hergestellt. Vermörtelungen und Innenverstrich gelten nicht als Zusatzmaßnahmen bei Unterschreitung der Regeldachneigung oder bei ausgebauten Dachgeschossen.

Unterspannungen aus diffusionsoffenen Unterspannbahnen können bei zu Wohnzwecken ausgebauten Dachräumen verwendet werden, wenn bei einfachen Dachformen die Regeldachneigung eingehalten wird. Im übrigen können sie bei Unterschreitung der Regeldachneigung um bis zu 6° verwendet werden, wenn keine besonderen Anforderungen an die Dachdeckung gestellt werden.

Unterdeckungen sind anzuwenden bei Unterschreitung der Regeldachneigung bis zu 6°. Unterdeckbahnen können geeignete Schalungsbahnen oder diffusionsoffene Unterspannbahnen sein. Für wasserdichte Unterdächer (bei Unterschreitung der Regeldachneigung von mehr als 10°) kommen Bitumen-Schweißbahnen oder Bitumenbahnen mit Glasvlieseinlage in Frage. Unterdeckungen müssen auf druckbelastbaren Unterlagen (z. B. Schalungen) aufliegen. Zusatzmaßnahmen können in allen Fällen auch für den Bereich flacher Kehleindeckungen in Frage kommen (s. auch Abschn. 1.8.2).

Sicherung gegen Flugschnee

Zwar sind einige recht gute Lösungen für Lüftungssteine, Firstentlüftungen usw. auf dem Markt, doch ist bei ungünstigen Verhältnissen der Eintrieb von Flugschnee nicht mit absoluter Sicherheit zu verhindern.

Zusatzmaßnahmen zur Windsogsicherung

Bei exponierter Lage, Höhe, ungünstigen Dachformen und bestimmten Ausführungsarten der Dachdeckung sowie im Zusammenhang mit geschlossenen Deckunterlagen unterhalb der Dachdeckung reicht das Eigengewicht der Dachdeckung vielfach nicht als Windsogsicherung aus. Besonders an Dachecken und -rändern, Firsten und Dachdurchdringungen (z. B. Gauben, Schornsteine) sind Zusatzmaßnahmen zur Windsogsicherung erforderlich.

Bei Dachneigungen über 65° muß jeder Dachziegel bzw. Dachstein durch korrosionsgeschützte Klammern, Schrauben oder Nägel befestigt werden. Für alle anderen Dachdeckungen sind teilweise in den Landesbauordnungen und in den neuen Fachregeln des Dachdeckerhandwerkes die erforderlichen Zusatzmaßnahmen in Abhängigkeit von der Höhenlage und Abmessung der Gebäude festgelegt.

Es werden 4 Windzonen unterschieden:

Windzone I	(Höhe bis 600 m ü. NN; Hessen, Thüringen, Rheinland-Pfalz, Bayern, Baden-Württemberg, südl. Sachsen)
Windzone II	Höhe über 600 bis 830 m ü. NN; Niedersachsen, Sachsen-Anhalt, Brandenburg, nördl. Sachsen
Windzone III	Nordwestdeutsche Küstengebiete, Gebiete um Rügen und Fehmarn
Windzone IV	nordwestdeutsche Inseln

Art und Anzahl der erforderlichen Befestigungsmittel ist für die Windzonen I bis III zu entnehmen. Einzelfallberechnungen sind erforderlich für die Windzone IV, für offene Gebäude mit offener Deckunterlage, Gebäude in besonders exponierter Lage und bei Firsthöhen über 30 m.

In allen Fällen sind bei den Dachflächen unterschiedliche Anforderungen an Eck-, Rand- und Flächenbereich zu berücksichtigen (Bild **1**.143).

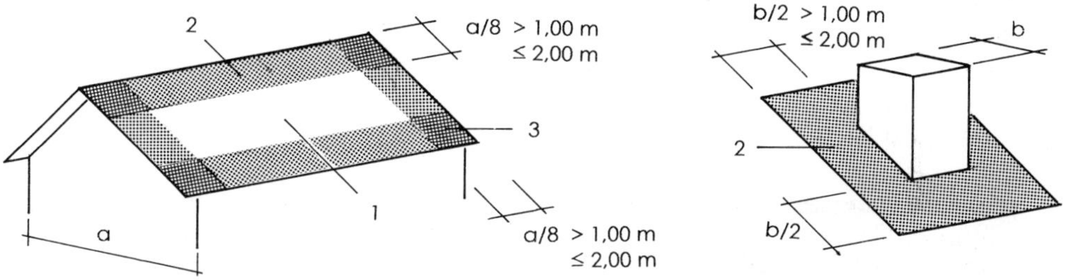

1.143 Randbereiche
1 Flächenbereich
2 Randbereich
3 Eckbereich

An Dachkanten (First, Ortgang, Grat, Pult) ist jeder Dachziegel bzw. Dachstein zu befestigen. Die Latten sind auf der tragenden Unterkonstruktion so zu befestigen, daß sie eine Kraft von mindestens 0,60 kN/m lotrecht zur Befestigungsebene aufnehmen können.

Wärmedämmung

Die Ausführung der nachfolgend behandelten Dachdeckungen ist für Dächer mit nicht ausgebauten Dachgeschossen vorgesehen. Bei nachträglich eingebrachten Wärmedämmungen ist in jedem Fall eine Taupunktuntersuchung anzustellen (s. Abschn. 1.8).

Wartung und Pflege

Dachdeckungen sind neben der natürlichen Alterung ihrer Baustoffe vielfachen mechanischen Beanspruchungen (z. B. Bewegungen der Dachkonstruktion infolge von Wind- oder Schneelasten) sowie Temperaturschwankungen, chemischen Einflüssen (z. B. saurer Regen), Abgasen, UV-Strahlung und Pflanzenwuchs (Moose und Flechten) ausgesetzt.

Sie bedürfen daher der regelmäßigen Kontrolle und Wartung, um die fortdauernde Funktionstüchtigkeit und die Sicherheit bei den für die Begehung und Reinigung vorhandenen Einrichtungen (Schornsteinreinigung u. ä. s. Abschn. 1.7.2 zu erhalten.

1.5.2.2 Biberschwanzdeckung (Flachziegeldeckung)

Biberschwanzziegel nach DIN 456 sind rechteckige Tafeln ohne Falz, deren untere Seite gerundet, geradlinig, auch mit gestutzten Ecken oder halbkreisförmig ist (Bild **1**.144). Am oberen Ende des Ziegels sitzt auf der Unterseite eine „Nase“ zum Aufhängen auf die Dachlatten. Biberschwänze werden im Format 18/38 cm hergestellt mit mindestens 10 mm Dicke.

Kleinformatige Bedachungselemente wie auch Biberschwanzziegel gewinnen wieder zunehmend Bedeutung, seitdem immer mehr auch komplizierte Dachformen als Gestaltungsmittel verwendet werden. Mit Biberschwänzen lassen sich nach alten Handwerksregeln insbesondere Kehlen, Wand- und Gaubenanschlüsse gut lösen. Biberschwänze sind auch für komplizierte Eindeckungen von Turmdächern u. ä. gut geeignet. Bei stark gewölbten Dachflächen werden dafür entsprechend gekrümmte Formziegel hergestellt (Bild **1**.148).

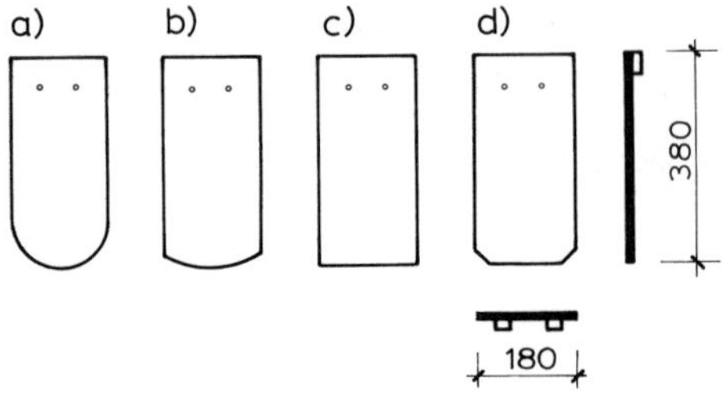

1.144 Biberschwanzformen
a) Rundschnitt
b) Segmentschnitt
c) Geradschnitt
d) gestutzte Ecken

Mit Biberschwänzen werden hauptsächlich zwei Deckungsarten ausgeführt: Doppeldach (Bild **1**.145) und Kronendach (Bild **1**.146).

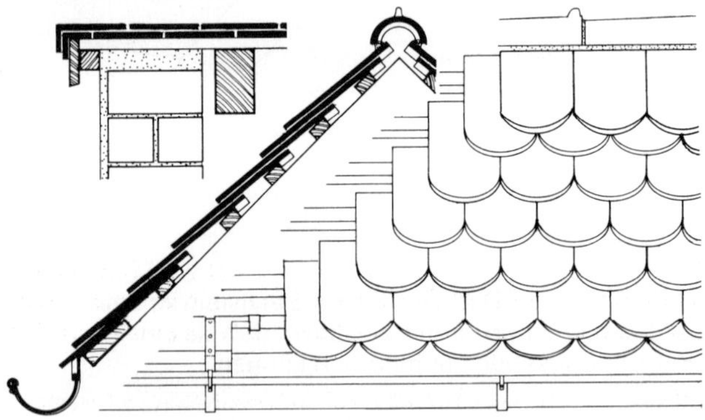

1.145 Biberschwanz-Doppeldach [13] (Ort mit Abschluß-Formsteinen)

Doppeldachdeckung

Auf jeder Latte hängt eine Reihe Dachziegel in Verbanddeckung; nur die oberste Reihe am First und die unterste Reihe an der Traufe liegen als Doppelreihen (vgl. Bild **1**.146), oder es werden Schlußplatten bzw. Traufplatten verwendet (Bild **1**.145).

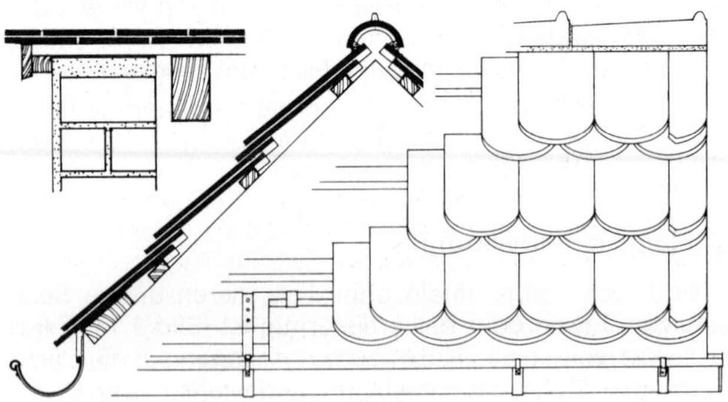

1.146 Biberschwanz-Kronendach [13]

Kronendachdeckung

Beim Kronendach liegen die Dachziegel in allen Deckreihen doppelt. Der Dachziegelbedarf ist annähernd der gleiche, das Kronendach erfordert jedoch weniger Latten.

Das Spließdach ist eine noch in Baudenkmälern anzutreffende alte Deckungsform, bei der auf jede Latte nur eine Ziegelreihe Fuge über Fuge hängt. Unter die Fugen wurden „Spließe" (5 cm breite Kiefer- oder Eichenholzspäne) geschoben.

Firste, Grate, Kehlen werden mit konischen oder zylindrischen Firstziegeln eingedeckt (Bild **1**.147). Sie werden auf Firstbohlen mit Drahtklammern gesichert und in Mörtel verlegt („Trockenfirste" s. Abschn. 1.5.2.4). Die Stöße liegen von der Wetterseite abgekehrt.

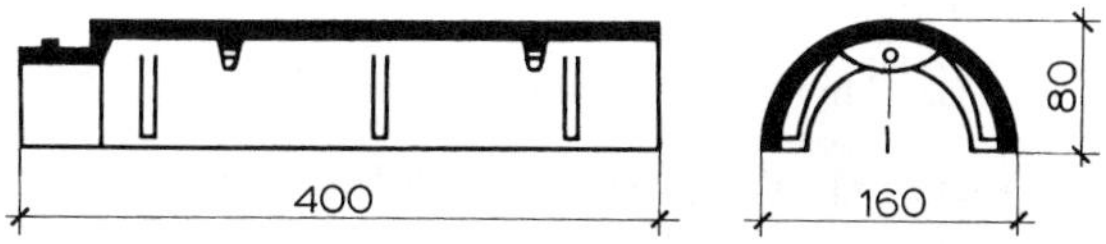

1.147
First- oder Gratziegel für Ziegeldächer (nicht genormt)

Für die Deckung der Grate werden Grat- bzw. Firstziegel verwendet. Sie greifen seitlich über die entsprechend schräg zugehauenen Dachziegel. Die Gratziegel werden durch Bindedraht auf dem Gratbrett, das hochkant auf dem Gratsparren genagelt ist, befestigt und in Mörtel verlegt.

Kehlen der Biberschwanzdächer sollten nicht mit Hilfe von sichtbaren Blechstreifen, sondern mit gewöhnlichen Biberschwänzen oder mit keilförmigen Kehlsteinen gedeckt werden. Diese Ausführung bezeichnet man als „Deutsch eingebundene Kehle". Die Kehle wird beim Kronendach als Doppeldach gedeckt, wobei der infolge der geringeren Neigung des Kehlsparrens entstehende Unterschied in den Schichtenbreiten regelmäßig wechselnd durch An- und Unterlaufen der Kehlschichten an und unter die Schichten der Dachfläche ausgeglichen wird. Geringste Kehlsparrenneigung 22°.

Bild **1**.148 zeigt den Anfang einer „gleichhüftig eingebundenen Kehle" im Doppeldach. Das mindestens 25 cm breite Kehlbrett beginnt über dem Zusammenstoß der Deckschicht des Traufgebindes. Die Aufteilung der Kehlschichten ergibt sich aus der Kehlbreite, die 2 oder 3 Ziegelbreiten entspricht. Es sind die Schnittpunkte der Fluchtlinien der Deckschichtunterkanten mit den die Kehlbreite begrenzenden Kehlfluchtlinien festzustellen und je 2 der entstehenden Zwischenräume in 3 gleiche Teile zu teilen.

Bild **1**.149 zeigt den Anfang einer „gleichhüftig eingebundenen Kehle" im Kronendach. Die Kehlschichten werden wie beim Doppeldach aufgeteilt, jedoch ist jeder Zwischenraum, der sich aus dem Anschnitt der Deckschichtunterkanten an die Kehlfluchtlinien ergibt, in 3 gleiche Teile zu teilen.

Kehlen aus gewöhnlichen Biberschwänzen können auch als „Untergelegte Kehlen" ausgeführt werden. Auf dem Kehlsparren liegen in einer muldenförmigen mindestens 40 cm breiten Unterschalung keilförmig zugeschnittene Biberschwänze („Schwenksteinkehle").

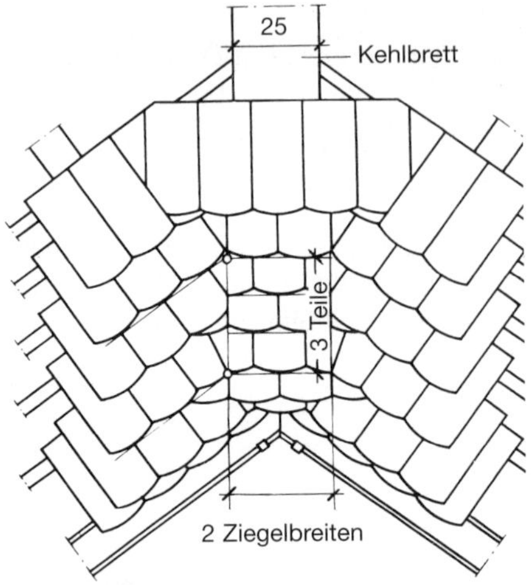

1.148 Gleichhüftig eingebundene Biberkehle bei Doppeldeckung
(beide Dachflächen sind in der Darstellung in eine Ebene geklappt)

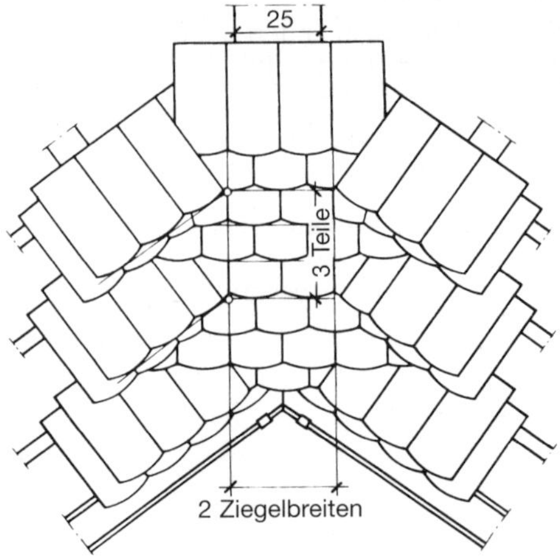

1.149 Gleichhüftig eingebundene Biberkehle bei Kronendeckung

1.5.2.3 Hohlziegeldeckungen

Bei allen Hohlziegeldächern überdecken sich die einzelnen Dachziegel nicht nur oben und unten, sondern auch seitlich.

Mönch-Nonnen-Dach-Deckung (Bild **1**.150)

Diese Dachdeckungsart wurde häufig bei mittelalterlichen Bauten verwendet. Sie ist wegen des gleichmäßigen Wechsels von Licht und Schatten von guter architektonischer Wirkung.

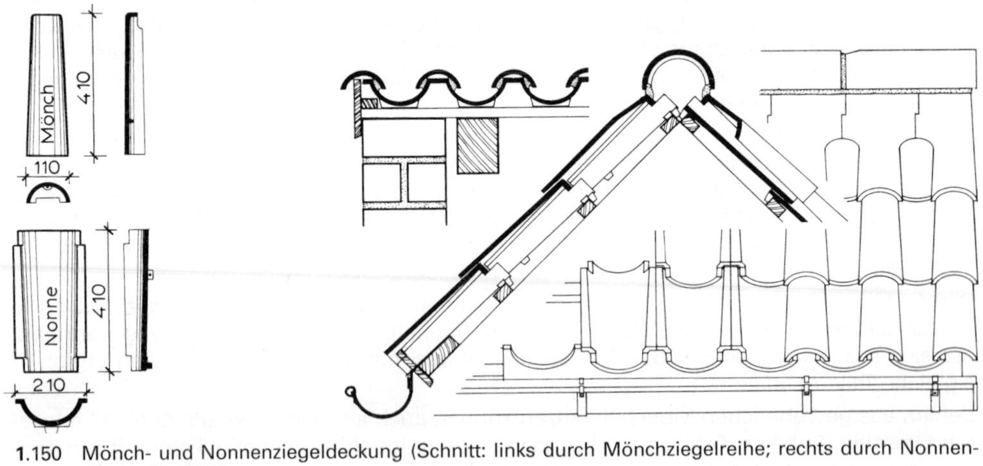

1.150 Mönch- und Nonnenziegeldeckung (Schnitt: links durch Mönchziegelreihe; rechts durch Nonnenziegelreihe) [13]

Der Mönch ist ein konisch geformter, 40 bis 42 cm langer Hohlziegel, dessen oberes schmales Ende geschlossen ist. Die Nonne hat ähnliche Form, ist jedoch breiter und auf der Unterseite mit einer Nase zum Aufhängen auf die Dachlatten versehen. Die Längskanten sind an der Breitseite gekerbt.

Die Nonnenziegel müssen mit Mörtelquerschlag über der Nase, die Mönchziegel mit zwei Mörtellängsschlägen und Mörtelfüllung des Kopfes verlegt werden.

Diese Deckungsart ergibt ein Dach mit hohem Eigengewicht und ist wegen der zeitraubenden und großes handwerkliches Geschick erfordernden Verlegungsarbeiten sehr kostenaufwendig.

Wenn keine Forderungen des Denkmalschutzes erfüllt werden müssen, werden statt dessen vielfach Deckungen mit Krempziegeln (Bild **1**.151) oder mit „Romano-Krempern" (Bild **1**.152), einer Sonderform von Falzziegeln (s. Abschn. 1.5.2.3) verwendet, die ein ähnliches Dachbild ergeben wie Mönch- und Nonnenziegeldeckungen.

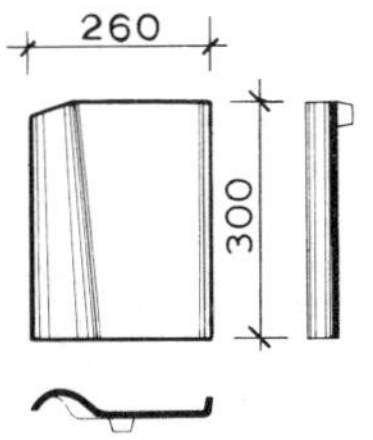

1.151 Krempziegel

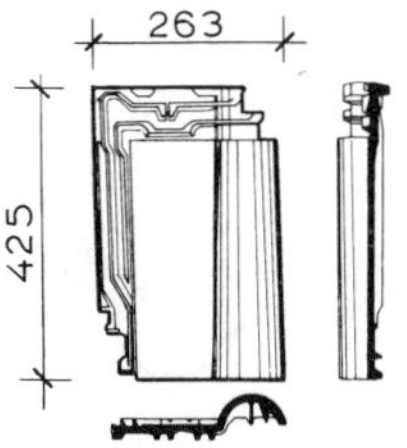

1.152 Romano-Kremper

Hohlpfannendeckung

Hohlpfannen (auch S-Pfannen oder Holländische Pfannen genannt) sind Strangdachziegel (Bild **1**.153 und **1**.154). Diese sind 40 cm lang und 23,5 cm breit (DIN 456). Es werden nur noch rechtsdeckende Pfannen und für den linken Ortgang Doppelwulstziegel (Doppelkremper) hergestellt (Bild **1**.155).

Zwei gegenüberliegende Ecken der Pfannen sind abgeschrägt, um die doppelte Überdeckung (in der Quer- und Längsrichtung) zu ermöglichen. Hohlpfannen werden in Vorschnitt- oder in Aufschnittdeckung verlegt.

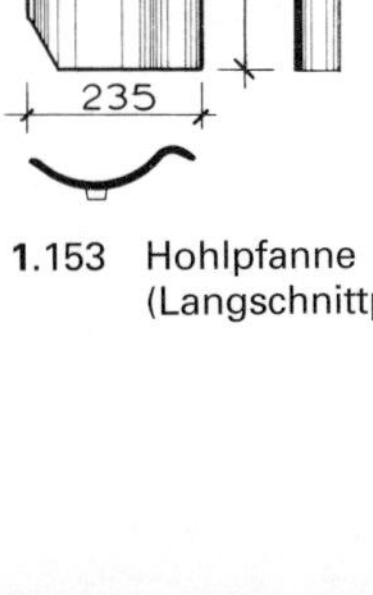

1.153 Hohlpfanne (Langschnittpfanne)

1.154 Hohlpfanne (Kurzschnittpfanne)

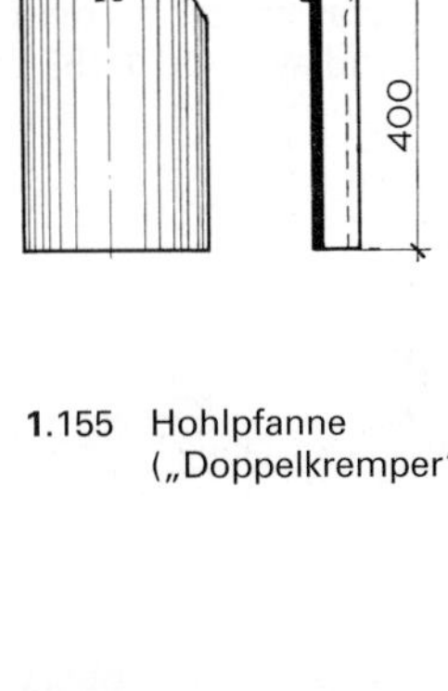

1.155 Hohlpfanne („Doppelkremper")

Bei der Vorschnittdeckung (Bild **1**.156) liegt Ziegel C vor Ziegel B, bei der Aufschnittdeckung (Bild **1**.158) liegt Ziegel C auf Ziegel B. Für Vorschnittdeckung wird die Langschnittpfanne, für Aufschnittdeckung die Kurzschnittpfanne verwendet (Bild **1**.153 und **1**.154).

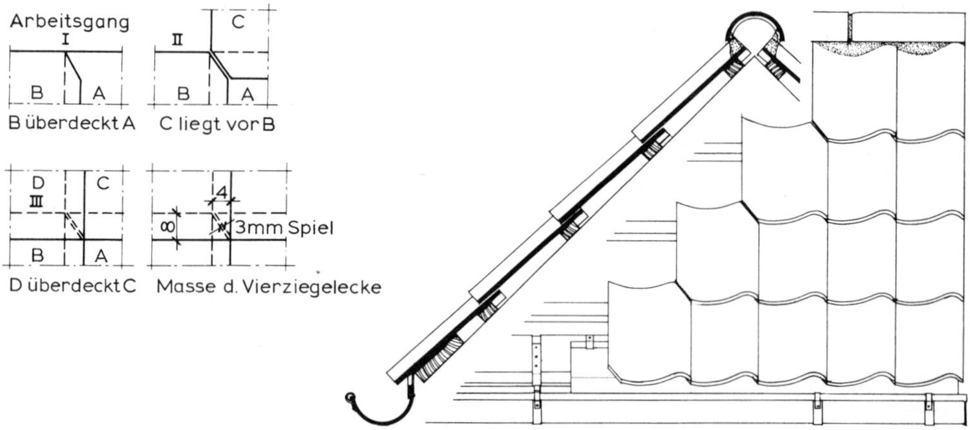

1.156 Hohlpfannen-Vorschnittdeckung [13]

Bei Sparrenlängen ≥ 6 m (starker Wasseranfall in den unteren Schichten) wird die Aufschnittdeckung bevorzugt.

Die Pfannen können entweder trocken eingedeckt werden oder trocken mit Innenverstrich oder mit Querschlag und Innenverstrich. An der Traufe, am First und an den Stellen, wo kein Innenverstrich möglich ist, werden die Pfannen in Kalkmörtel gelegt. Ohne Innenverstrich oder Querschlag verlegte Hohlpfannen sollen mit Sturmklammern gesichert werden.

Flache Pfannendächer werden auch auf Unterdeckungen ausgeführt (s. Abschn. 1.5.1). Auf der Dachschalung liegen in der Richtung der Sparren erst Streck- oder Konterlatten (2/8 cm) und darauf parallel zur Traufe die eigentlichen Dachlatten (3/5 cm). An der Traufe wird eine sogenannte Bundlatte angeordnet, die mit Ausschnitten zur Lüftung der Hohlräume versehen ist. Die Pfannen werden bei dieser Ausführung nicht verstrichen.

First und Grate werden wie bei den Flachziegeldächern mit vermörtelten Gratziegeln gedeckt. Der Gratziegel für Pfannendächer ist 400 mm lang, hat flachbogigen Querschnitt und ist etwas breiter als der Gratziegel für Strangdachziegel (Bild **1**.147). Die übrigen Abmessungen sind aus Bild **1**.157 ersichtlich.

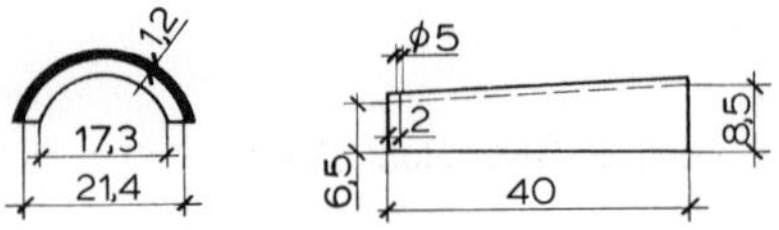

1.157 First- und Gratziegel

Die Kehlen werden als untergelegte Kehlen mit Zinkblech- oder als Ziegelkehlen („Herzkehlen") aus Biberschwänzen mit mindestens 4 Ziegelbreiten hergestellt (vgl. Abschn. 1.5.2.2).

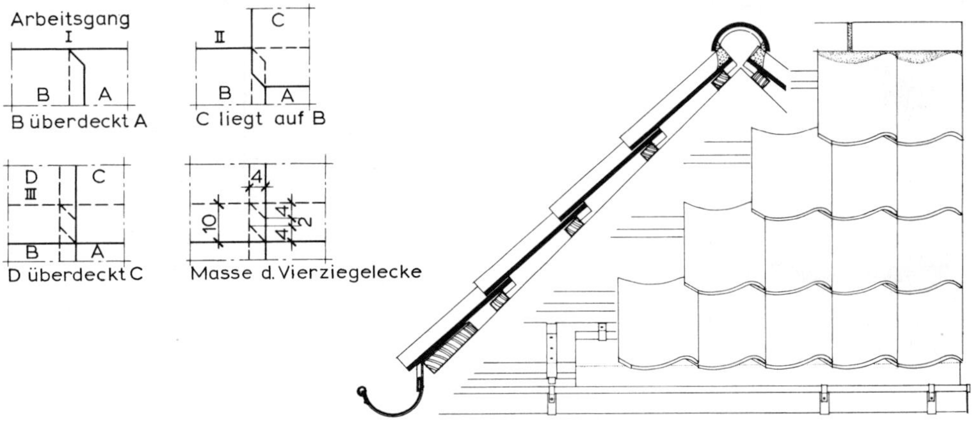

1.158 Hohlpfannendach in Aufschnittdeckung [13]

1.5.2.4 Falzziegeldeckung

Falzziegel, Falzpfannen und Flachdachpfannen sind Preßdachziegel mit mehrfacher Ringverfalzung, mit unterbrochener Ringverfalzung, mit Verschiebefalz oder mit Seitenverfalzung. Sie werden in den verschiedensten Formen hergestellt (s. auch Bild **1**.152 Romano-Kremper).

Die Verfalzungen greifen allseitig bzw. teilweise in- oder übereinander ein, so daß sich eine sehr regensichere dichte Deckung ergibt.

Falzziegel werden trocken (ohne Vermörtelung) verlegt.

Preßdachziegel sind im Gegensatz zu Strangdachziegeln nicht in ihren Außenmaßen, sondern in ihrem Deckmaß genormt. Die Decklänge beträgt einheitlich 333 mm (± 10 mm), die Deckbreite 200 mm (± 6 mm). Damit ergibt sich ein Ziegelbedarf von 15 Stück für 1 m^2 Dachfläche. Innerhalb der Lieferung für ein Bauwerk dürfen sich die Deckmaße der größten und der kleinsten Ziegel höchstens um 2 %, bezogen auf die Maße des kleinsten Ziegels, unterscheiden.

Falzpfannen können sowohl in der Decklänge als auch in der Deckbreite gegeneinander nur innerhalb geringer Toleranzen verschoben werden. Deshalb ist bei der Planung des Daches je nach Fabrikat der verwendeten Falzpfannen die Dachlänge (Sparrenlänge) und Dachbreite unter Berücksichtigung der Anschlüsse an Dachrinnen und First (Maße a und b in Bild **1**.160) genau zu ermitteln. Nötigenfalls müssen die erforderlichen Maße durch Änderungen der Dachüberstände oder der Dachneigung erreicht werden.

Die in Bild **1**.159 dargestellte weitverbreitete F l a c h d a c h p f a n n e[1]), die die wirtschaftlichen und konstruktiven Vorteile der Falzpfanne mit dem Aussehen der Hohlpfanne vereint, kann u. U. für Neigungen ab 22° verwendet werden (Bild **1**.160).

---

1) Flachdachpfannen sind für flach geneigte Dächer bis min. 22° geeignet (vgl. Tab. **1**.142), nicht etwa für abgedichtete Flachdächer (s. Abschn. 2).

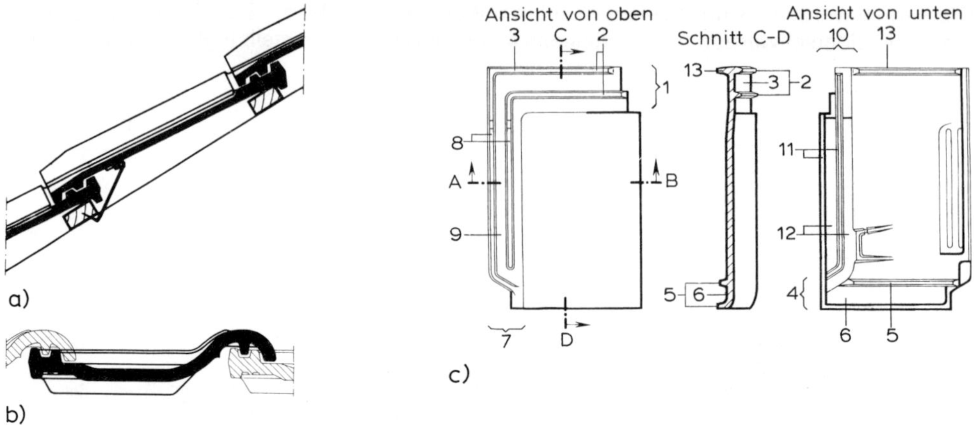

1.159 Flachdachpfanne

a) Längsschnitt mit Sturmklammer
b) Schnitt A–B (vergrößert)
c) Einzelheiten

1 Kopffalzteil
2 Kopffalzrippen
3 Kopffalznut
4 Fußfalzteil
5 Fußfalze
6 Fußfalzrippen
7 Seitenfalzteil
8 Seitenfalzrippen
9 Seitenfalznut
10 Deckfalzteil
11 Deckfalzrippen
12 Deckfalznute
13 Aufhängenase

Firste und Grate werden mit besonderen First- und Gratziegeln gedeckt. Sie können in Mörtel – der Dachfarbe entsprechend eingefärbt – verlegt werden (Bild **1**.161 a und b). Firstziegel werden heute jedoch meistens mörtelfrei mit Klammern an den Sparrenspitzen (Bild **1**.160, **1**.161 c und **1**.162) oder an Firstbohlen befestigt. Am Zusammenstoß verschiedener Grate bzw. von Graten und First müssen die Firstziegel passend geschnitten werden, oder es werden Gratkappen verwendet (Bild **1**.161 d). Zur Entlüftung des Dachraumes oder der Dachkonstruktion (vgl. Abschn. 1.8) werden Lüfter-Firstziegel verwendet (Bild **1**.161 c und **1**.162 a), Lüfter-Formsteine in Firstnähe eingebaut (Bild **1**.162 b) oder bei Pultdächern Abluftöffnungen im Gesims eingeplant (Bild **1**.163).

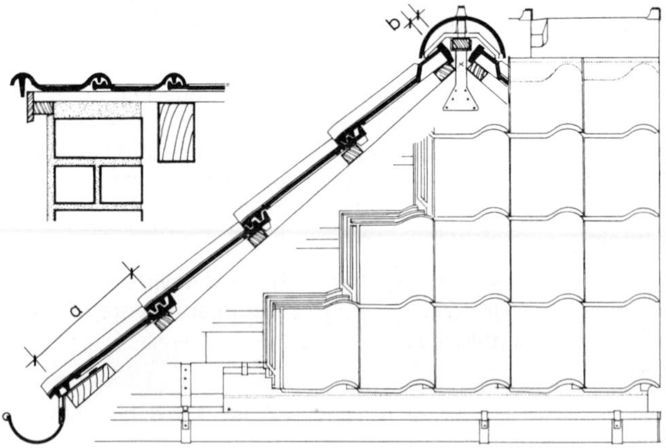

1.160
Flachdachpfannendeckung [13]

1.161 Firstziegel
a) konischer First- und Gratziegel
b) Firstziegel mit Überfalzung
c) Lüfter-Firstziegel
d) Gratkappe

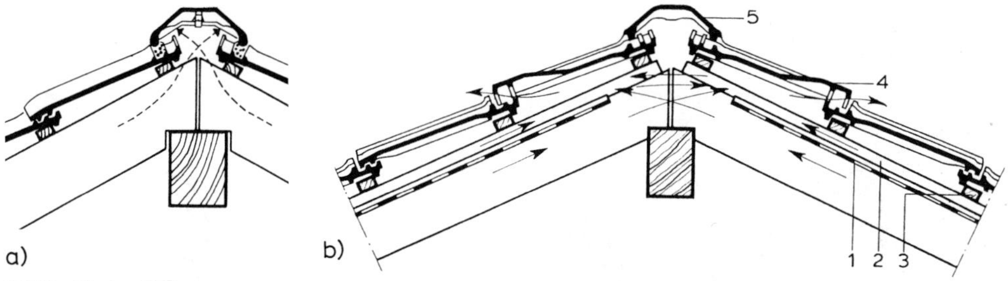

1.162 Firstentlüftung
a) Lüfter-Firstziegel (vgl. Bild **1**.161 c)
b) Entlüftung mit Lüfter-Formsteinen (vgl. Bild **1**.170 e)
1 Spannbahn (z. B. DELTA-Folie)
2 Konterlattung, die die unterseitige Belüftung der Dachziegel ermöglicht
3 Dachlatte
4 Lüftungspfanne
5 Firstziegel

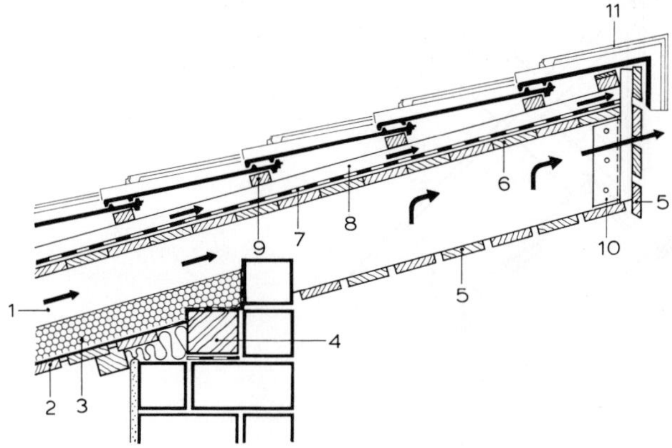

1.163 Zweischaliges Pultdach, oberer Abschluß
1 Sparren
2 Deckenschalung
3 Wärmedämmung und Dampfsperre
4 Pfette (verankert)
5 Gesimsschalung mit Lüftungsfugen
6 Schalung
7 Unterdeckung (Sicherung gegen Sprühwasser und Flugschnee)
8 Konterlattung
9 Dachlattung
10 Knagge zur Befestigung der Gesimsbrettstützen
11 Pultdachziegel (Schenkel 70° bis 90° lieferbar)

Übergänge zwischen verschieden geneigten Dachflächen können mit Formsteinen ausgeführt werden. Dafür stehen bei den gebräuchlichen Dachziegel- bzw. Dachsteinserien „positive" (Bild **1**.164) oder „negative" Knickdachziegel einschließlich der erforderlichen Ortgangsteine zur Verfügung.

Auf diese Weise eröffnen sich Gestaltungsmöglichkeiten für zusammengesetzte Dachflächen mit wechselnden Neigungen, und es können dabei komplizierte und schadensanfällige Hilfskonstruktionen mit Blechen vermieden werden.

Kehlen werden als untergelegte Kehlen ausgebildet, wobei die Kehle mit 40 bis 50 cm breiten gefalzten Blechen, die auf Kehlbrettern aufliegen, oder mit Formziegeln (Bild **1**.165) gedeckt wird. Die Anschlußpfannen werden mit der Trennscheibe fluchtgerecht abgeschrägt und auf die Deckung der Kehle aufgelegt.

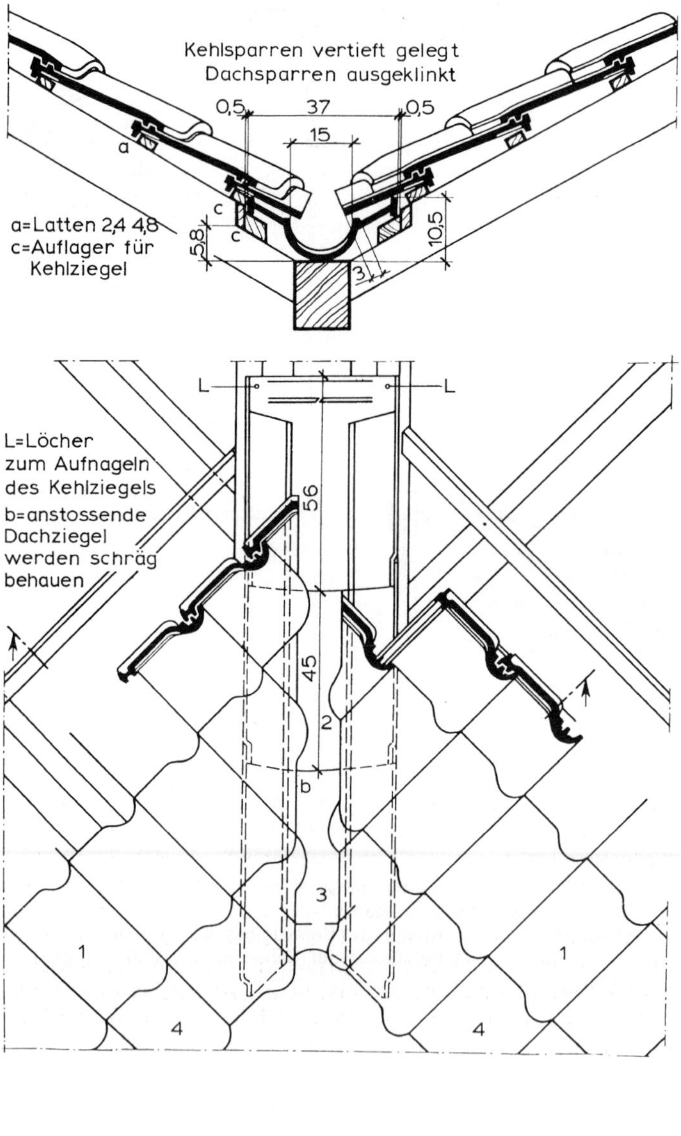

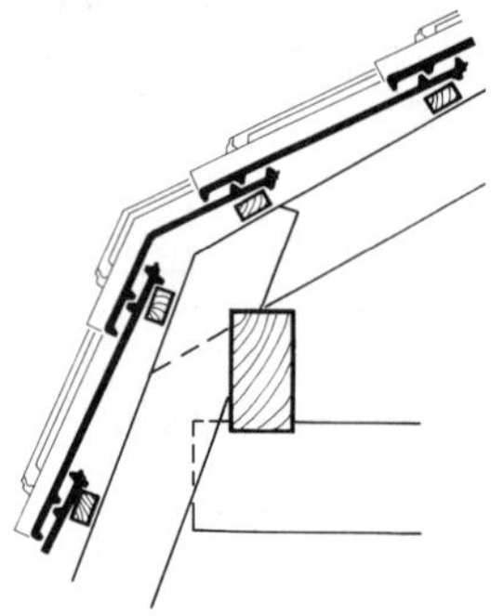

1.164 Knickdachziegel (positiv), s. auch Bild **1**.170 i

1.165
Kehldeckung eines Flachdachpfannendaches mit Formziegeln

1 Dachpfanne
2 Rinnenkehlziegel
3 Rinnenkehlziegel, Traufanhänger
4 Traufziegel

Ortgang. An den Ortgängen, den seitlichen Dachabschlüssen, können die letzten Deckreihen in Mörtel auf dem Giebelmauerwerk verlegt und durch Klammern, Haken o. ä. gegen Sturm gesichert werden. Der Abschluß zum Giebelmauerwerk kann durch den Außenputz gebildet werden (vgl. Bild **1**.166 a). Der Putzanschluß ist jedoch nur schwierig sauber herzustellen. Auch wegen der Rißgefahr werden besser Zahnleiste und Windbrett als Übergang vorgesehen (Bild **1**.166 b). Bei Hohlpfannen, Krempziegeln, Falzpfannen, Beton-Dachsteinen u. ä. bilden „Doppelkremper" die Abschlußreihe, oder es werden spezielle Ortgang-Formstücke verwendet (Bild **1**.166 c und d). Sie bilden den Übergang zum Giebel oder dem Ortganggesims. Es kann mit Profilbrettern, evtl. in Verbindung mit einer Ortgangrinne ausgeführt (Bild **1**.166 e) oder auch mit vorgefertigten Elementen gestaltet werden (Bild **1**.166 f).

Werden aus gestalterischen Gründen keine Formstücke am Dachrand gewünscht, kann der Übergang zwischen Ortganggesimsen und Dachfläche durch Ortgangrinnen gebildet werden, die mit Überhangstreifen an der Gesimsoberkante anschließen. Wenn bei trapezförmigen Dachflächen die letzten Deckreihen am Ortgang schräg anschließen, sind Ortgangrinnen unvermeidlich, um das anfallende Niederschlagwasser vom Gesims fernzuhalten und in die Dachrinnen abzuleiten (vgl. Bild **1**.166 e).

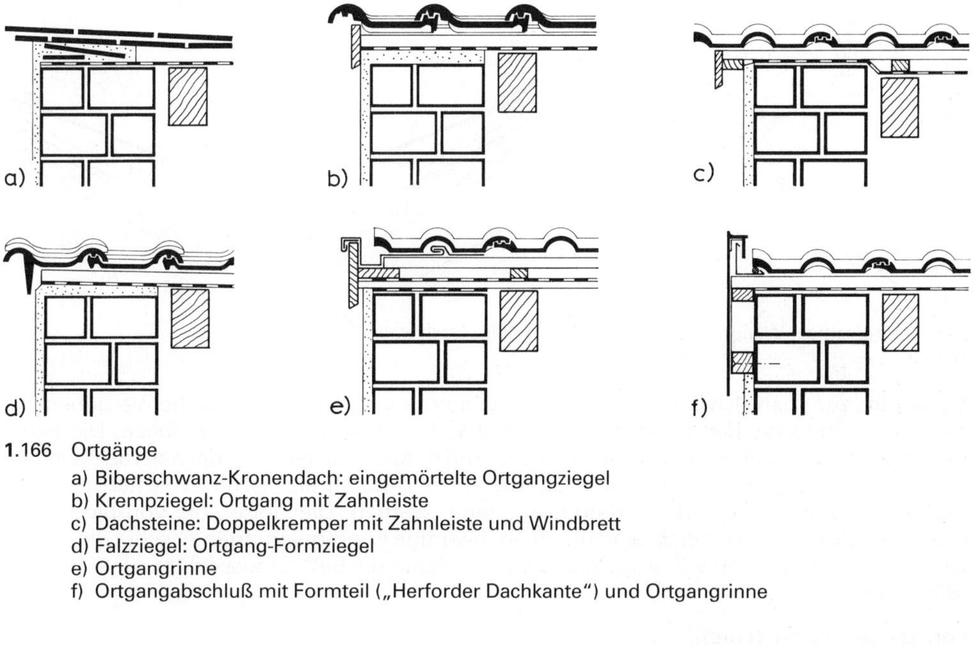

1.166 Ortgänge
a) Biberschwanz-Kronendach: eingemörtelte Ortgangziegel
b) Krempziegel: Ortgang mit Zahnleiste
c) Dachsteine: Doppelkremper mit Zahnleiste und Windbrett
d) Falzziegel: Ortgang-Formziegel
e) Ortgangrinne
f) Ortgangabschluß mit Formteil („Herforder Dachkante") und Ortgangrinne

Wandanschluß. Schließen Dachflächen seitlich an Wände an, wird der Übergang durch Überhangstreifen aus Walzblei gebildet, die mit Kappleisten abgedeckt werden (Bild **1**.167 a). Die Kappleisten wurden früher bei Sichtmauerwerk in handwerklich aufwendiger Arbeit abgetreppt ausgeführt, dabei in die Mauerwerksfugen abgewinkelt und sorgfältig eingemörtelt bzw. eingedichtet. Heute werden meistens vorgefertigte Kappleistenprofile der Dachneigung folgend an das Mauerwerk angedübelt und eingedichtet. Bei dieser Ausführung muß jedoch fast immer mit einer Hinterwanderung durch Schlagregenwasser über die Mauerwerksfugen gerechnet werden. Gestalterisch scheint die Ausführung mit Kehlrinnen zwar klarer, doch sind durch Verschmutzung (Laub) oder Eisbildung im Winter Undichtigkeit durch Rückstaubildung schwer zu vermeiden (Bild **1**.167 b).

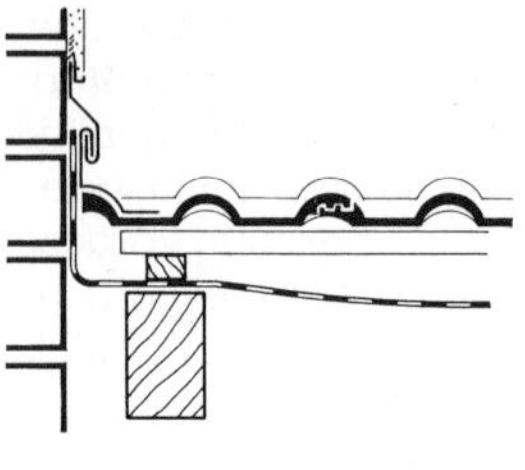

a)

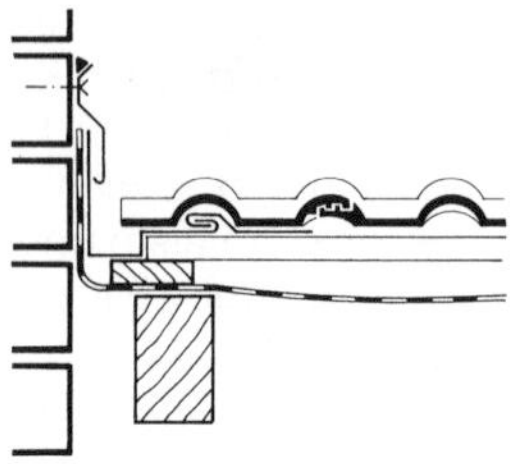

b)

1.167
Wandanschluß [13]
a) mit Walzblei, Kappleiste und Putzabschlußprofil
b) Kehlrinne mit eingedichteter Kappleiste am Sichtmauerwerk

Traufseitige Wandanschlüsse sollten beim Entwurf eines Bauwerkes allein aus formalen Gründen immer die Ausnahme darstellen. Konstruktiv ist nur bei kurzen Anschlußstellen mit ausreichendem Gefälle und einwandfreier Wasserableitung eine solche Lösung vertretbar, weil immer mit der Gefahr von Rückstau insbesondere bei winterlichen Verhältnissen zu rechnen ist. Eine Lösungsmöglichkeit zeigt Bild **1**.168.

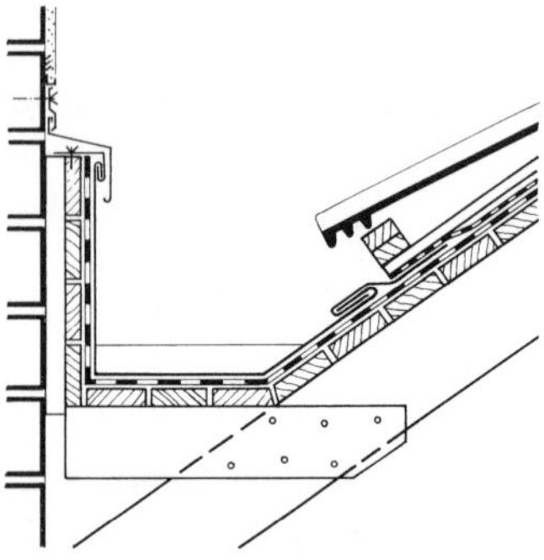

1.168 Traufseitiger Wandanschluß

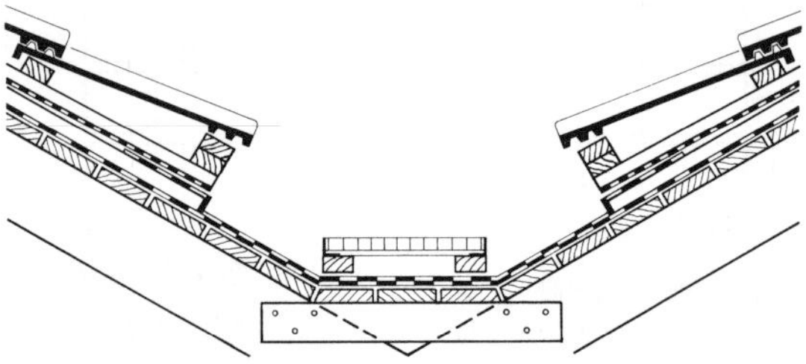

1.169 Dachgraben [13]

Dachgräben können sich bei großflächigen, zusammengesetzten Satteldächern ergeben, die nicht mit innenliegenden Standrinnen (s. Bild **1**.260) entwässert werden sollen. Die Schalungsflächen des kehlenartigen Dachgrabens sind ähnlich wie bei Flachdächern abzudichten (vgl. Abschnitt 2). Am Auflager von Laufrosten muß durch elastische Zwischenschichten einer Beschädigung der Abdichtung vorgebeugt werden. Die Hölzer, die vorübergehend Nässe ausgesetzt sein können, sind durch hochwertige Imprägnierungen zu schützen. Durch Gitter ist das Eindringen von Vögeln und Ungeziefer in die Belüftungsschlitze zu verhindern (Bild **1**.169).

Formziegel (Formsteine)

Zu den geläufigsten Dachziegelformen werden Ergänzungs- und Sonderziegel angeboten, die nicht nur den Arbeitsvorgang beim Dachdecken wesentlich vereinfachen und beschleunigen, sondern bei Dachanschlüssen aller Art auch in Form und Farbe besser wirken als Blechverwahrungen, Deckleisten usw. So gibt es neben rechten und linken Ortgang- oder Windbordziegel, z. B. Kehlziegel, Firstanschlußziegel oder Schlußplatten, Traufziegel oder Traufplatten, Wandanschlußziegel, Lüftungsziegel und Glasdachsteine in den Dachziegelformen.

Nach DIN 456 Ziffer 1.5 ist die Ausbildung von Formziegeln nicht genormt und den Herstellern überlassen. Formziegel müssen lediglich so gestaltet sein, daß sie zusammen mit den genormten Dachziegeln einwandfrei eingedeckt werden können.

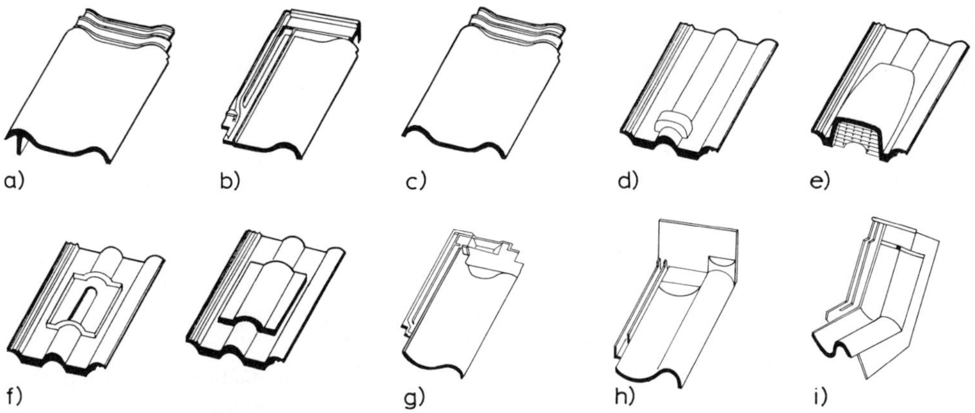

1.170 Formziegel und Formsteine
a) Ortgangziegel (links)
b) Firstanschlußziegel
c) Doppelwulstziegel
d) Schneestoppziegel
e) Lüfterziegel
f) Lüftergaube (PVC)
g) Firstanschlußziegel
h) Wandanschlußziegel
i) Knickdachziegel, negativ, Ortgang rechts

Einige Beispiele sind in Bild **1**.170 gezeigt.

Für die Eindeckung gerundeter Dachflächen (z. B. kegelförmige Turmhelme, Fledermausgauben o. ä.) werden auch keilförmige Dachziegel in Ausgleichsätzen in Sonderanfertigung hergestellt.

1.5.3 Betondachstein-Deckung

Ähnlich den in Abschn. 1.5.2.1 erwähnten Strangziegeln werden aus hochwertigem Beton Betondachsteine in verschiedenen Profilierungen (Beispiele in Bild **1**.171) oder als plattenförmige Dachsteine (Bild **1**.172) mit allen für die Eindeckung erforderlichen Formsteinen hergestellt (DIN 1115). Betondachsteine erhalten in der Regel durch Aufbringen gebrannter Farbgranulate eine sehr dauerhafte Farboberfläche in ähnlichen Farbtönen wie engobierte Dachziegel.

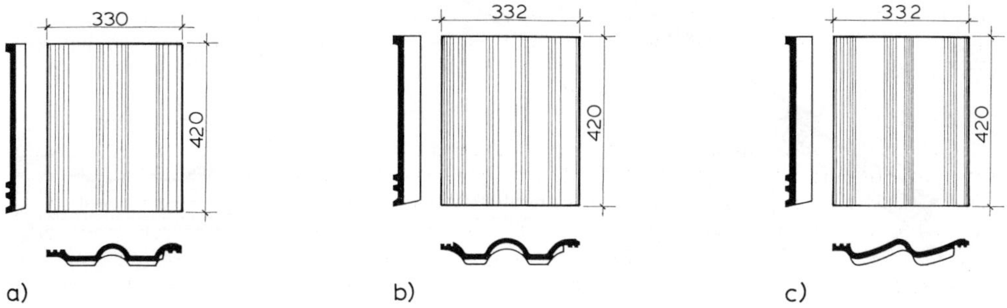

1.171 Betondachsteine mit Mittelwulst
a) Frankfurter Pfanne
b) Römerpfanne (ähnlich Zamis-, Tessinerpfanne)
c) Doppel-S-Pfanne

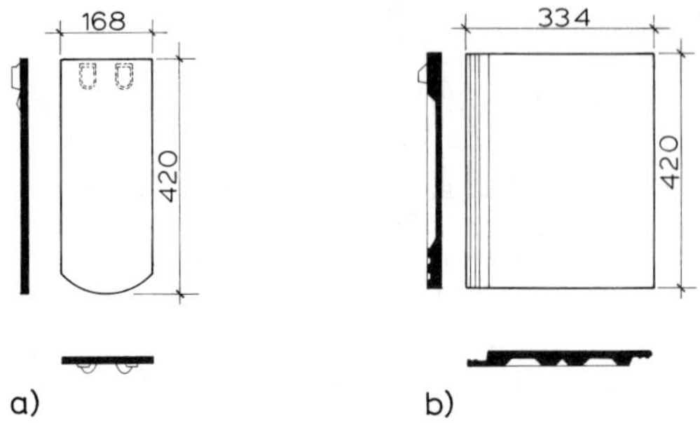

1.172
Plattenförmiger Beton-Dachstein (BRAAS)
a) Biberstein
b) Tegalit

Wegen der guten Maßhaltigkeit der Betondachsteine gewähren einfache Längsfalze in Verbindung mit aerodynamisch wirksamen Rippen an den Querstößen eine gute Dichtigkeit von Betonsteindeckungen, die durch Einlegen von Dichtungsstreifen noch verbessert werden kann. Selbstverständlich erfordern auch Betondachsteine bei der Planung die genaue Berücksichtigung der gegebenen Deckbreiten und der Lattenabstände, doch können wegen der fehlenden Querfalzung u. U. größere Toleranzen in der Längsüberdeckung in Anspruch genommen werden (vgl. Bild **1**.173). Im übrigen sind die handwerklichen Verlegeregeln sowie die zu beachtenden Details denen für Falzziegel-Deckungen (s. Abschn. 1.5.2.4) vergleichbar.

Auch für Betondachsteine ist für alle Typen eine große Zahl von Sonderformsteinen verfügbar (vgl. Bild **1**.170).

Dachsteine aus Beton werden auch in Biberform mit verschiedenen Rund-, Segment- oder Eckenschnitten hergestellt. Für die Verlegung gelten die gleichen Regeln wie für Tonziegelbiber (s. Abschn. 1.5.2.2).

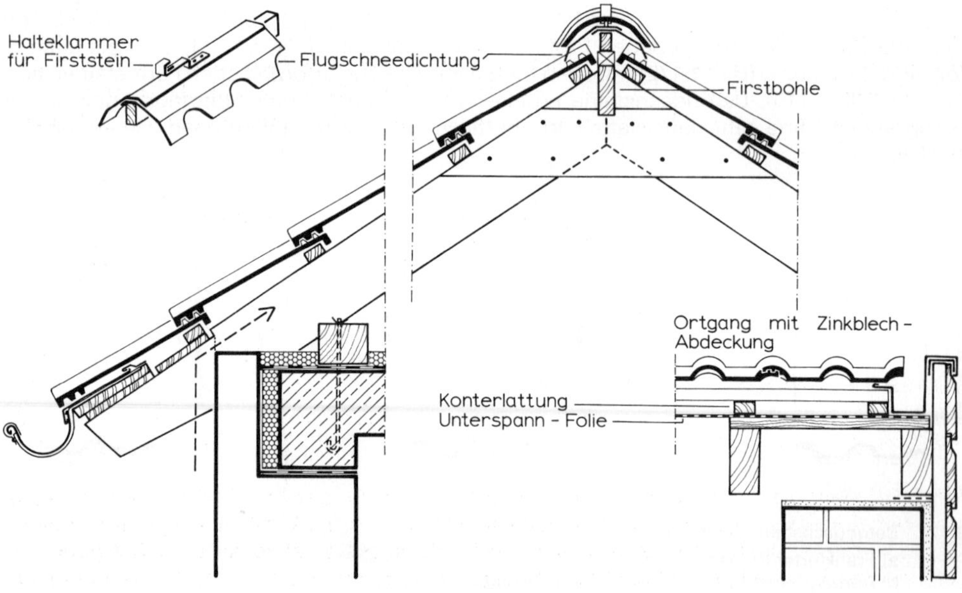

1.173 Eindeckung mit Beton-Dachsteinen (Trockenfirst)

1.5.4 Schieferdeckung

Für Dachdeckungen mit Schiefer sind die Fachregeln des Deutschen Dachdeckerhandwerks, Regeln für Deckungen mit Schiefer, Teile 1 und 2, zu beachten [14].

Dachschiefer sollen fluchtrechte Flächen haben, wetterbeständig und weder porig noch bituminös sein und dürfen keine Beimischungen von Schwefel oder Kupferkies, Eisenoxyd und Kalkerde enthalten; sie sollen gleichmäßige Farbe und beim Anschlagen mit einem Hammer hellen Klang haben.

Schieferplatten werden in verschiedenen Formen und Größen verwendet. Je größer die Platten, desto flacher kann die Dachneigung gewählt werden, desto härter muß aber auch der Schiefer sein, um der länger andauernden Durchfeuchtung Widerstand zu leisten. Nach der Schieferform werden u. a. folgende Deckungsarten unterschieden:

- Altdeutsche Deckung, altdeutsche Doppeldeckung
- Deckung mit deutschen Schuppenschablonen (einfache oder Doppeldeckung)
- Deckung mit Rechteckschablonen
- Deckung mit Fischschuppen- oder Spitzwinkelschablonen

Die Schieferplatten werden in der Regel auf eine Schalung aus 24 mm dicken und bis 20 cm breiten Brettern genagelt, die auf jedem Sparren mit mindestens 3 Nägeln befestigt werden.

Die Schalung muß vollkommen trocken sein, da nasse Schalung beim Zusammentrocknen der Bretter zum Zerspringen einzelner Schiefer führen kann. Die Schalung darf nicht federn; die Herzseite der Bretter liegt nach dem Dachraum zu. Großflächige Schieferplatten (z. B. bei der Englischen Deckung) werden auf Latten genagelt. Zum Schutze gegen Staub und Flugschnee wird die Schalung in der Regel mit einer leichten Dachpappe (Überdeckung 6 cm) abgedeckt.

1.5.4.1 Altdeutsche Deckung

Die Decksteine für Altdeutsche Deckung sind trapezförmig mit gerundetem Rücken zugehauen und nach der Höhe sortiert. Nach ihrer Größe werden sie als Ganze, Halbe, Viertel, Achtel, Zwölftel, Sechzehntel und Zweiunddreißigstel bezeichnet. Für Dachflächen mit mittlerer Größe werden hauptsächlich Achtel (ca. 30 cm x 23 cm) und Zwölftel (ca. 26 cm x 21 cm), für Dächer, die steiler als 45° sind, auch Sechzehntel (ca. 22 cm x 19 cm) verwendet.

Je nach Überdeckung im „Rücken" der Steine wird „normaler" und „scharfer Hieb" unterschieden (Bild **1**.174).

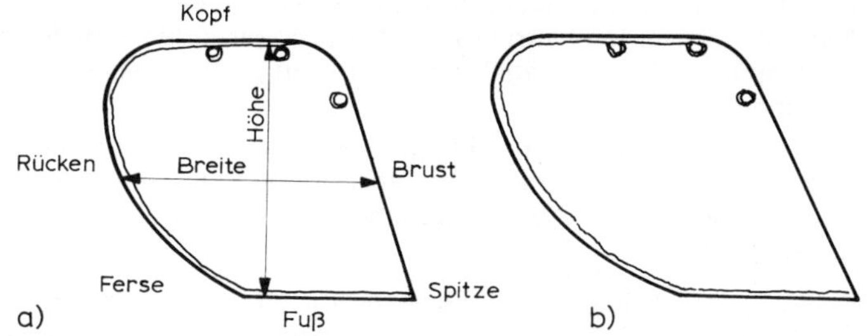

1.174
Schiefer-Decksteine (breit)
a) normaler Hieb
b) scharfer Hieb

Bild **1**.175 stellt die Deckung einer rechteckigen Dachfläche dar. Die Decksteine werden, je nach der Windrichtung, in von links nach rechts oder umgekehrt ansteigenden Reihen (Deckgebinden) angeordnet. Je steiler das Dach ist, desto flacher kann die Steigung der Gebinde werden; sie beträgt bei 45° Dachneigung ca. 30 cm auf 1 m, bei 60° Dachneigung ca. 14 cm auf 1 m.

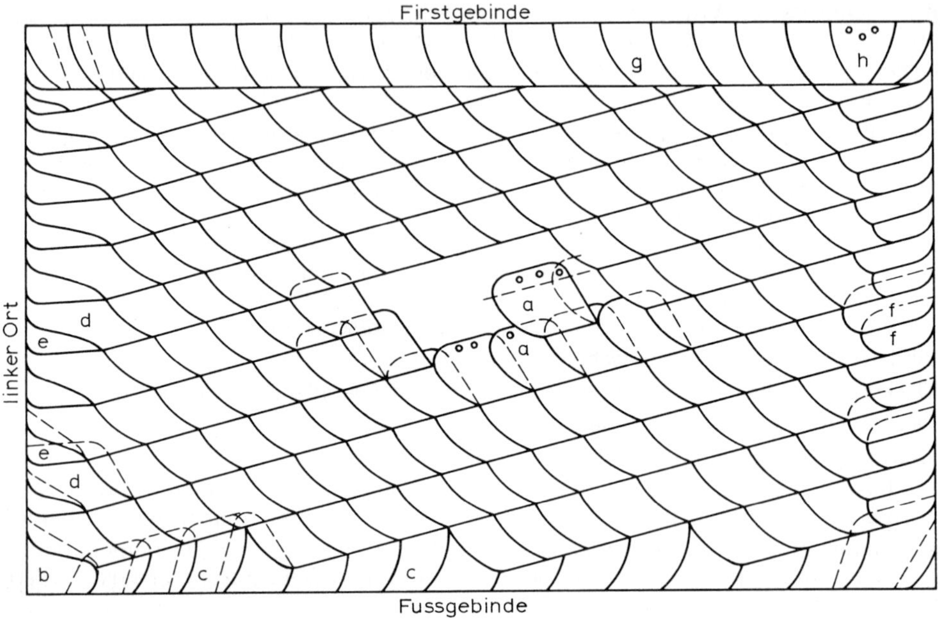

1.175 Altdeutsches Schieferdach

a Deckstein
b Anfangfußstein
c Fußstein
d Anfangortstein
e Anfangortstichstein
f Endortstein
g Firststein
h Schlußstein

Die Gebindehöhen nehmen nach dem First zu allmählich ab. Die einzelnen Gebinde enthalten Steine gleicher Höhe, aber verschiedener Breite, wodurch die Dachfläche wirkungsvoll belebt wird.

Die Steine desselben Gebindes überdecken sich um 6 bis 7 cm. Die Überdeckung der aufeinanderfolgenden Gebinde beträgt 7 bis 8 cm.

Jeder Deckstein wird mit 2 bis 4 Nägeln auf der Schalung befestigt. Jeder Stein darf nur auf einem Brett genagelt werden, damit die Platten beim Werfen des Holzes nicht springen. Die Nagellöcher werden beim Decken mit der Spitze des Schieferhammers eingeschlagen. Die breitköpfigen Schiefernägel sind 4 cm lang und müssen aus verzinktem Schmiedeeisen bestehen.

Bei allen Schieferdächern sind für die Ausführung von Ausbesserungsarbeiten Leiterhaken in ca. 2,50 m Entfernung anzubringen, die mind. doppelt zu befestigen sind. Unter den aus verzinktem Stahl bestehenden Haken werden die Schieferplatten durch Beiplatten ersetzt.

Deckung der Traufe. Das Fußgebinde wird aus verschieden hohen Steinen, wie es der Anschluß an die Deckgebinde erfordert, gebildet. Die Fußsteine erhalten runden (Bild **1**.175) oder geraden Rücken (Bild **1**.178).

Deckung der Orte. Bei der Altdeutschen Deckung müssen alle Orte eingebunden werden. Aufgelegte Orte (Strackorte) sind zu vermeiden. Am Anfangort werden besonders geformte Anfangortsteine mit untergelegten Stichsteinen angeordnet, damit das Wasser möglichst von der Ortlinie abgelenkt wird. Die Anfangortsteine können geschwungenen oder runden Rücken erhalten. Am Endort endet jedes Deckgebinde mit zwei übereinanderliegenden Endortsteinen, die mit mindestens 4 Nägeln befestigt werden (Bild **1**.175).

Deckung des Firstes. Das 30 bis 40 cm hohe Firstgebinde greift etwa 10 cm über die letzten Steine der Deckgebinde. Die Firststeine erhalten runden oder geraden Rücken. Das der Wetterseite zugekehrte Firstgebinde ragt 5 bis 7 cm über die andere Dachfläche hinaus (Bild **1**.176). Der dabei entstehende Winkel wird mit Schieferkitt (Asphalt und Kreide) ausgefüllt.

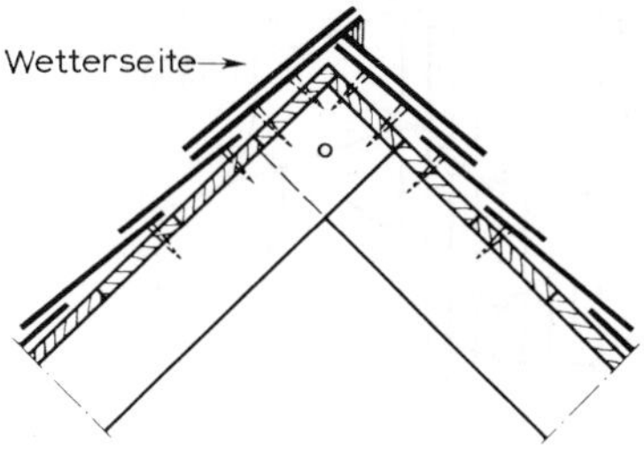

1.176 Deckung des Firstes

Deckung der Grate. Alle Grate sind einzubinden. Strackorte sind zu vermeiden.

Der Anfangort am Grat wird als Stichort mit geschwungenem oder rundem Rücken gebildet (Bild **1**.177). Der Endort am Grat erhält auf jedes Gebinde zwei übereinanderliegende Endortsteine (wie im Bild **1**.175, rechts).

Deckung der Kehlen. Alle Kehlen sind einheitlich mit Schiefer zu decken (kein Blech!). Die Kehlen werden muldenförmig ausgeschalt, mit Dachpappe ausgefüttert und mit schmalen, 14 cm breiten Schieferplatten (Kehlsteinen) als Herzkehlen oder in Rechts- bzw. Linksdeckung gedeckt.

Bei der Herzkehle (Bild **1**.179) wird von dem in der Mitte der Kehle liegenden Herzwasserstein nach beiden Dachflächen gedeckt (mindestens 4 Kehlsteine auf jeder Seite). Die Kehlgebinde überdecken sich um 8 bis 10 cm und schließen mit Wasserstein bzw. Schwärmer an die Deckgebinde an. Bei der rechts oder links gedeckten Kehle (Bild **1**.180) erfolgt die Deckung vom Wasserstein aus. Die Breite der Kehle muß mindestens 7 Kehlsteine betragen.

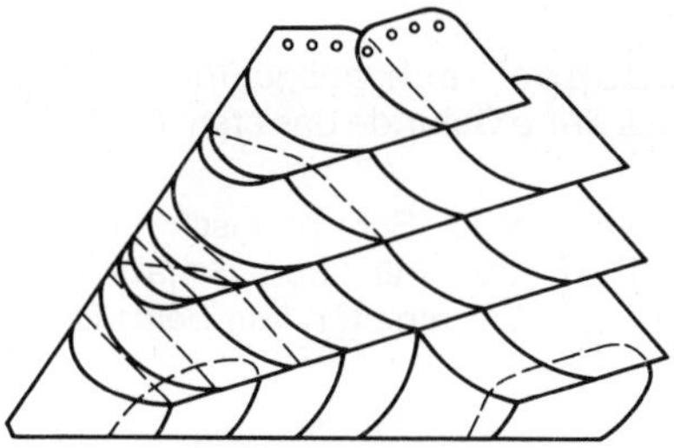

1.177 Eingebundener Grat als Stichort mit rundem Rücken (Altdeutsche Deckung)

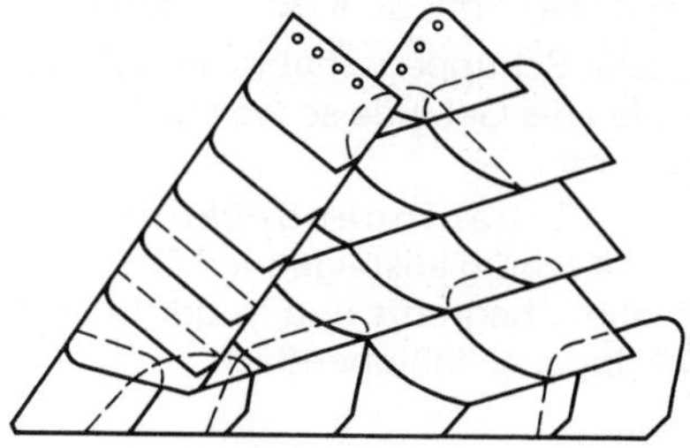

1.178 Gratdeckung mit Strackort (Deckung mit deutschem Schablonenschiefer)

Deckung der Dachfenster- und Maueranschlüsse. Da die Altdeutsche Deckung mit Hilfe eingehender und ausgehender Kehlen eine Deckung von der Dachfläche zur senkrechten Wand oder umgekehrt ermöglicht, sollen alle Anschlüsse an Dachfenster, Schornsteine und Mauern ohne Verwendung von Metallblechen einheitlich in Schiefer gedeckt werden.

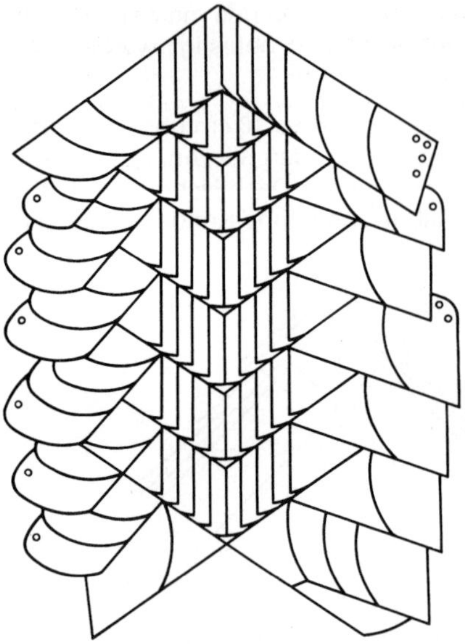

1.179 Herzkehle

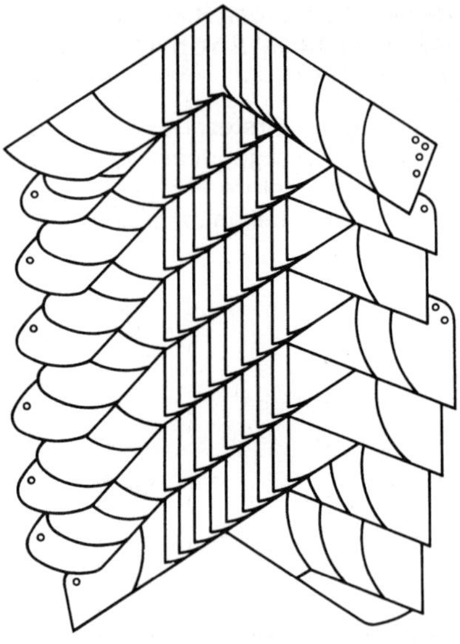

1.180 Rechts gedeckte Kehle

Altdeutsche Doppeldeckung. Das Altdeutsche Schieferdach kann auch als Doppeldach ausgeführt werden. Dabei greifen die Gebinde so weit übereinander, daß jedes dritte Gebinde das erste noch um 3 cm überdeckt.

1.5.4.2 Deckung mit deutschen Schuppenschablonen

Sparrenneigung nicht unter 25°. Die Deckung entspricht der Altdeutschen Deckung; es werden jedoch Decksteine gleicher Größe verwendet. Alle Gebinde sind also gleich hoch, alle Schuppen gleich breit. Dadurch wird die Deckung einförmig und weniger wirkungsvoll als bei der Altdeutschen Deckung.

Die Deckung der Traufe, des Firstes, der Orte und der Kehlen geschieht genau wie bei der Altdeutschen Deckung. Die Grate können entweder eingebunden oder als aufgelegte Orte (Strackorte) gedeckt werden (Bild **1**.178).

Das deutsche Schuppenschablonendach kann auch als Doppeldach ausgeführt werden. Dabei greifen die Gebinde so weit übereinander, daß jedes dritte Gebinde das erste noch um 3 cm überdeckt.

Die Litera-Schablonendeckung wird, wie die deutsche Schuppenschablonendeckung, mit schräg ansteigenden Gebinden ausgeführt. Die Decksteine (Litera-Schablonen) sind geradlinig begrenzt und in der unteren Ecke gebrochen. Einzelheiten wie beim Deutschen Schuppenschablonendach.

1.5.4.3 Deckung mit Rechteckschablonen

Sparrenneigung nicht unter 25°. Die Schiefer werden in waagerechten Reihen als Doppeldach im Verband gedeckt. Die Reihen greifen so weit übereinander, daß jede dritte Reihe die erste noch um 6 bis 8 cm überdeckt. Je flacher das Dach, desto größer müssen die Schiefer gewählt werden. Das Firstgebinde besteht aus Firststeinen mit geradem Rücken. Die Orte können als Strackorte oder Ausläuferorte gedeckt werden (wasserableitender Hieb bei Ausläuferorten).

Große Rechteckschiefer können auch auf Latten 40/60 gedeckt werden (Englisches Schieferdach; Bild **1**.181). Lattenweite = Schieferlänge minus 8 cm, geteilt durch 2. Die Schiefer liegen dann überall doppelt, auf 8 cm sogar dreifach. Die nebeneinanderliegenden Platten der einzelnen Reihen stoßen stumpf zusammen (vgl. Flachziegel-Doppeldach). Jede Platte wird in der Mitte durch 2 Nägel auf der Latte befestigt. Die Nagelstellen werden durch die folgende Reihe überdeckt. Die unterste Reihe an der Traufe besteht aus Steinen halber Länge, die im unteren Teil auf die erste Latte genagelt werden.

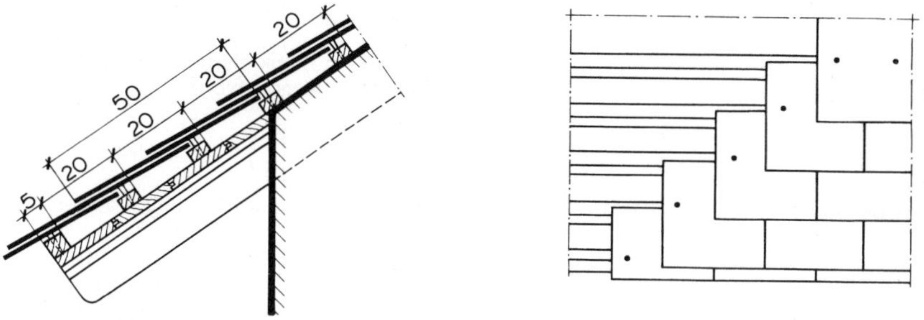

1.181 Doppeldach mit rechteckigem Schiefer (Englisches Schieferdach)

Die Kehlen müssen hier auf flach geneigten Dächern untergelegt, d. h. geschalt und mit Zink- oder Bleiblech ausgekleidet werden. Die der Kehllinie entsprechend zugehauenen Platten überdecken den gefalzten Blechrand um 8 bis 10 cm (Bild **1**.182).

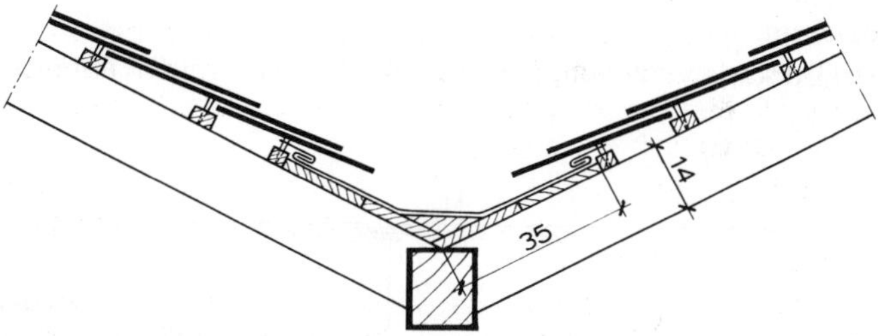

1.182 Deckung flacher Kehlen beim Englischen Schieferdach

1.5.4.4 Deckung mit Sechseck-, Achteck- oder Halbkreisschablonen

Sechseckschablonen (Spitzwinkelschablonen, Sparrenneigung nicht unter 35°) werden in waagerechten Reihen so gedeckt, daß sich ein rhombisches Schuppenmuster ergibt (Bild **1**.183). An der Traufe ist ein Fußgebinde aus Fußsteinen gleicher Höhe, am First ein Firstgebinde anzuordnen. Die Orte werden als Strackorte gedeckt.

Halbkreisschablonen (Fischschuppenschablonen) werden in waagerechten Reihen so gedeckt daß sich das in Bild **1**.184 dargestellte Schuppenmuster ergibt. Deckung der Traufe und des Firstes wie vor. Die Ortsteine der geraden Ortkante können eingebunden werden, die Grate werden als Strackorte gedeckt.

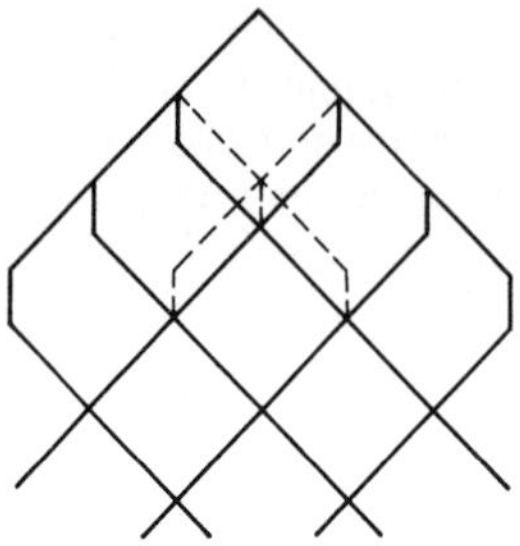

1.183 Deckung mit Sechseckschablonen (Spitzwinkelschablonen)

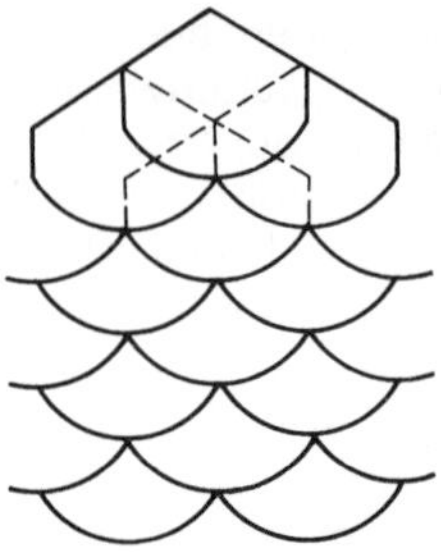

1.184 Deckung mit Halbkreisschablonen (Fischschuppenschablonen)

1.5.4.5 Deckung mit Faserzement-Dachplatten[1])

In ähnlicher Weise wie mit Naturschiefer können Dächer (Mindestneigung 25°) und senkrechte Flächen mit Faserzement-Dachplatten gedeckt werden (Faserzement s. Abschn. 1.5.5). Die Platten werden nach DIN 274 witterungs-, volumen-, korrosions- sowie frost- und hitzebeständig hergestellt und sind unbrennbar (DIN 4102, Kl. A1). Es werden verschiedene Quadrat- und Rechteckformate (Vorzugsgrößen 60/30, 40/40, 40/20 cm) – auch mit gestutzten Ecken – sowie Schablonen für Deutsche Deckung gefertigt in den Farben Dunkelgrau, Rostbraun und Rot.

Die Deckung erfolgt je nach Deckungsart, Plattengröße, Neigung und Witterungsbeanspruchung der gedeckten Flächen auf Lattung oder Vollschalung, wobei geschalte Flächen eine Unterdeckung mit 333er Dachbahnen erhalten (Bild **1**.185 und **1**.186).

Die Platten werden mit je 2 verzinkten oder kupfernen Schiefernägeln (Breitkopfnägel) genagelt und in verzinkte, kupferne oder aus rostfreiem Stahl hergestellte Sturmhaken eingehängt.

Die Deckung von Firsten, Graten, Kehlen und Traufen ähnelt der Naturschieferdeckung.

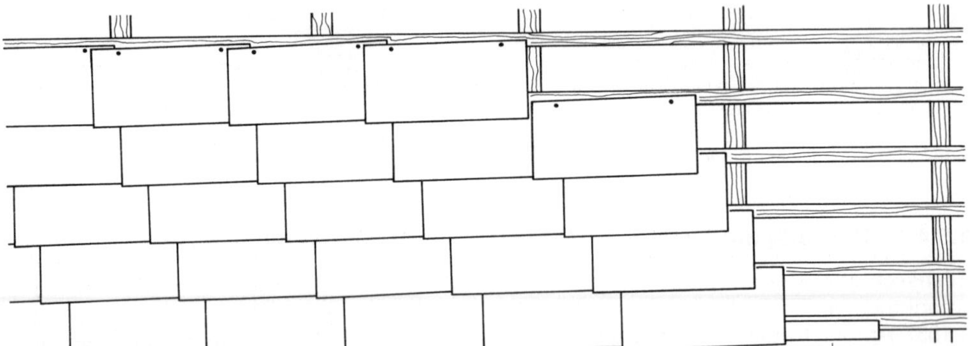

1.185 Faserzement-Dachplatten in waagerechter Deckung auf Latten

---

1) Asbestzement s. Abschn. 1.5.5

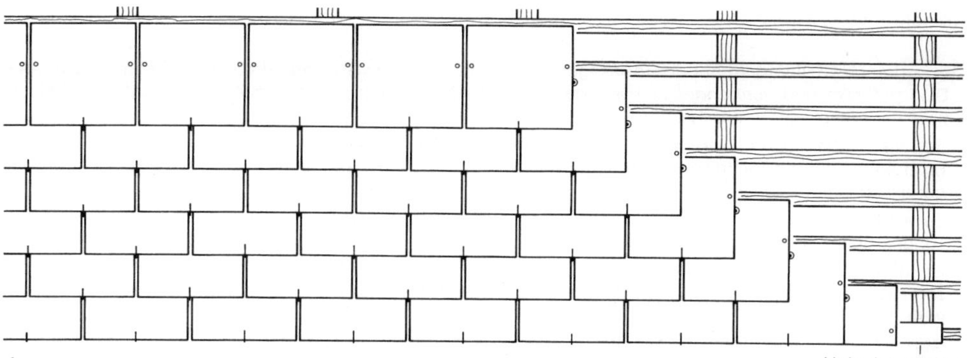

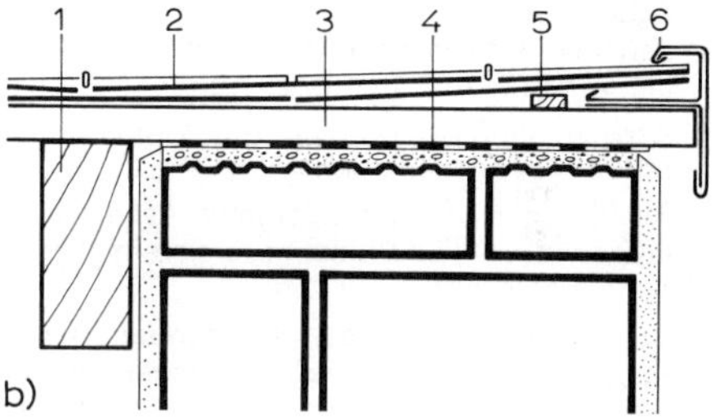

1.186
Faserzement-Dachplatten in Doppeldeckung auf Latten

a) Doppeldeckung mit Quadraten
b) Ortgang

1 Sparren
2 Faserzement-Dachplatten
3 Lattung
4 Pappe
5 Keil-Leiste
6 Zinkblech-Einfassung

1.5.5 Faserzement-Wellplattendeckung[1])

Faserzementerzeugnisse werden hergestellt aus langfaserigen Mineral- oder Kunststoff-Fasern, Zement (Mischungsverhältnis etwa 1/6 : 5/6) und kalkgesättigtem Wasser. Die einer feuchten Pappe ähnliche Rohmasse kann praktisch in alle Formen gepreßt werden, so daß neben Standarderzeugnissen (Wellplatten, ebene Platten und Rohre) alle dazugehörigen Formteile auch in Sonderanfertigungen leicht hergestellt werden können.

1) Die Verwendung von Asbestfasern für dünne zementgebundene Bauplatten ist eingestellt worden, nachdem gesundheitsschädigende Wirkungen von freiem Asbest beobachtet wurden. Es werden statt dessen Kunststoff-Fasern verwendet. Für alle Erzeugnisse ist daher die Bezeichnung „Faserzement" eingeführt.

Bei Dachdeckungsarbeiten mit Asbestzementerzeugnissen sind Gesundheitsschäden vor allem dann beobachtet worden, wenn durch sorglosen Umgang mit Trennschleifern o. ä. Asbestfasern freigesetzt wurden. Die Gefahren, die von eingebautem Material ausgehen, werden nach Untersuchungen von Wissenschaftlern geringer als die Gefährdung durch Tabakrauchen eingeschätzt.

Bei funktionstüchtigen, eingebauten Asbestzement-Produkten, die für Dachdeckungen oder Fassadenverkleidungen verwendet werden, ergibt sich nach heutigen Erkenntnissen kein Sanierungsbedarf und keine Notwendigkeit, diese Produkte aus Gründen der Asbestfaserbindung zu beschichten oder gar auszutauschen. Dies gilt auch, wenn die Oberflächen durch Verwitterung beansprucht sind.

Das für bauaufsichtliche Fragen bundesweit zuständige Institut für Bautechnik stellt hierzu im Jahresbericht 1989 (2) fest: „Nach heutiger Auffassung gehen von genormten oder allgemein bauaufsichtlich zugelassenen Asbestzementprodukten für Dacheindeckungen und Fassadenverkleidungen im eingebauten Zustand keine konkreten Gesundheitsgefahren im Sinne der Landesbauordnung aus, wenn die Produkte bestimmungsgemäß hergestellt, verarbeitet und verwendet worden sind. Somit ist ein generelles bauaufsichtliches Sanierungsgebot – vergleichbar mit dem für schwach gebundene Asbestprodukte – nicht

Fortsetzung s. nächste Seite

Fußnote 1, Fortsetzung

erforderlich." (Die vorstehenden Aussagen gelten auch für Asbestzement-Produkte, die in der früheren DDR gefertigt und verwendet wurden, da diese Erzeugnisse ebenfalls nach der Baustoffnorm DIN 274 bzw. der entsprechenden TGL hergestellt worden sind.)

Bei allen Arbeiten und Veränderungen an Asbestzementprodukten und schwach gebundenen Asbestprodukten sind die Technischen Regeln für Gefahrenstoffe (TRGS 517 und 519 - Asbest) der Bauberufsgenossenschaft [3] zu beachten.

Es wird unterschieden zwischen Abbruch-, Sanierungs- und Instandsetzungsarbeiten. Für Instandsetzungsarbeiten, d. h. für den Ausbau einzelner Bauteile gelten erleichterte Bedingungen.

Bei den Asbestzementprodukten gelten unterschiedliche Vorschriften für unbeschichtete Produkte mit zementgrauer Oberfläche und beschichtete Produkte, sofern die Beschichtung nicht großflächig abgewittert ist.

Abbruch- und Sanierungsarbeiten dürfen nur von besonders zugelassenen Unternehmen durchgeführt werden und sind anzeigepflichtig. Für das eingesetzte Fachpersonal und für den Schutz sind dabei besondere, im einzelnen festgelegte sicherheitstechnische Maßnahmen einzuhalten.

Asbestzementprodukte sind möglichst zerstörungsfrei auszubauen und Faserfreisetzungen zu vermeiden. In Innenräumen müssen die Arbeitsbereiche staubdicht abgeschottet werden. In allen Fällen ist bei den Arbeiten Atemschutz zu tragen.

Asbesthaltige Abfälle sind in geschlossenen Behältern zu sammeln und nach besonderen Vorschriften der Länder zu entsorgen.

Alle farbigen oder beschichteten Asbestzementflächen dürfen mit drucklosem Wasserstrahl und Seifenlauge mit weichen Bürsten o. ä. gereinigt werden. Das anfallende Wasser ist aufzufangen und wie Abwasser zu entsorgen.

Bei unbeschichteten, naturgrauen Asbestzementplatten ist die dafür in der Regel erforderliche Reinigung mit mechanischen Arbeitsgeräten, mit Hochdruck-Strahlgeräten und Kaltwasser-Druckstahlgeräten aber auch druckloses Abwaschen wegen der unvermeidlichen Freisetzung von Asbestfasern grundsätzlich untersagt.

Nach den bisherigen Erkenntnissen ist eine Sanierung für Bauteile innerhalb von Gebäuden dann erforderlich, wenn festgestellt wird, daß Asbestfasern nur noch „schwach gebunden" sind und z. B. aus Asbestzement-Lüftungskanälen, asbesthaltigen Dichtungen, Brandschutzbeschichtungen o. ä. freigesetzt werden.

Bei alterungsbedingten Erneuerungen müssen alte Asbestzementbauteile wegen der vorhandenen baulichen Gegebenheiten vielfach durch gleichgeformte neue Erzeugnisse ersetzt werden. Dabei und bei vorsichtshalber gefordertem Austausch sind strenge bauaufsichtliche Auflagen zu beachten. Die daraus resultierenden Kosten für den Ausbau und die Entsorgung der asbesthaltigen Bauteile übersteigen in der Regel die Kosten der Neueindeckung mit asbestfreiem Material.

Eine Neubeschichtung von Außenbauteilen aus Asbestzementerzeugnissen ist allenfalls als optische Oberflächenverbesserung zu betrachten.

Faserzement-Wellplatten bieten infolge ihres großen Formates die Möglichkeit, große Sattel- und Pultdächer (Mindestneigung 7°) insbesondere in Verbindung mit Pfettenkonstruktionen gemäß Bild **1**.26 und **1**.27 sehr wirtschaftlich zu decken.

Folgende meist voneinander abhängige Daten sind bei Faserzement-Wellplattendächern zu beachten:

— Dachtiefe
— Dachneigung
— Plattenprofil
— Plattengröße
— Pfettenabstand
— Zahl der Befestigungspunkte
— Höhenüberdeckung
— Auflagerbreite
— Lochabstand vom Plattenrand

Die Standardplatte mit 5 Wellen für Dachdeckungen wird entsprechend den Hauptabmessungen mit 177/51 gekennzeichnet („Profil 5", von einzelnen Werken auch mit 6 Wellen als „Profil 6" hergestellt). Für kleinere Dachflächen, besonders aber für Wandbekleidungen, gibt es außerdem dünnwandige Wellplatten mit der Bezeichnung 130/30 – Profil 8 – (Bild **1**.187).

Die Wellplatten sind mit verschiedenen Standard-Farbbeschichtungen lieferbar.

Die gängigen Plattengrößen sind Tabelle **1**.188 zu entnehmen.

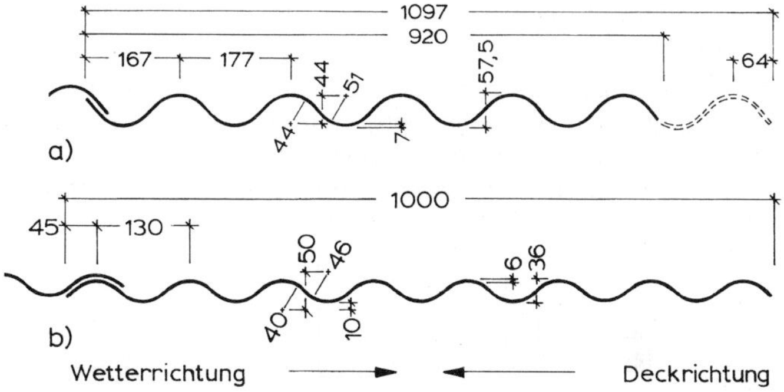

1.187
Dünnwandige Wellplatten[1]
a) Faserzement-Wellplatten Profil 5 (6)
b) Faserzement-Wellplatten Profil 8

[1]) Dickwandige Faserzementplattenprofile werden für Eindeckungen mit großen Spannweiten bei Industriebauten nur von ausländischen Werken produziert.

Für Eindeckung auf Dachlatten werden Wellplatten Profil 5 auch in Längen von 625 und 800 mm als Kurzwellplatten (auch als „Berliner Welle" bezeichnet) mit werkseitiger Lochung hergestellt.

Für alle üblichen Anschlußpunkte usw. steht eine große Zahl von Standardformteilen zur Verfügung. Für spezielle Probleme oder besondere gestalterische Absichten ist die Anfertigung von Sonderformteilen bei Faserzementplatten leicht möglich. Für Belichtungsfelder in einfachen Dächern sind den Wellplattenprofilen entsprechende Welldrahtglas- und Wellacrylplatten im Handel.

Tabelle **1**.188 Plattengrößen

Vorzugslängen[1]) in mm	Vorzugsbreiten[2]) Profil 177/51[3]) in mm	130/30[4])
1250	920/1097	1000
1600		
2000		
2500		
3000[5])		

[1]) zul. Maßabweichungen ± 10 mm
[2]) zul. Maßabweichungen ± 5 mm
[3]) Plattendicke 6,5 mm ± 0,5 mm
[4]) Plattendicke 6 mm ± 0,5 mm
[5]) nur für Wandbekleidungen

Tabelle **1**.189 Neigungen

Dachtiefe in m	Dachneigung in Grad	Dachneigung in Prozent	Höhenüberdeckung in mm
≦ 6	> 7[1])	> 12	200
> 6 bis 10	8[1])	14	200
> 10 bis 15	9[1])	16	200
> 15 bis 20	10	18	200
> 20 bis 30	12	22	200
> 30 bis 40	14	25	200
> 40 bis 50	16	29	200
> 50	≧ 17	≧ 31	150

[1]) Bei Deckungen mit Neigungen von weniger als 10° sind die Höhenüberdeckungen mit dauerplastischen Kittbändern zu dichten. Bei Neigungen unter 7° sind die besonderen Vorschriften der Hersteller für Maßnahmen zur Dachdichtung zu beachten.

Eindeckung

Bei der Eindeckung ist zunächst die Deckrichtung so festzulegen, daß die Überdeckungen der Wellplattenlängsstöße von der Hauptwindrichtung abgewendet liegen.

Die Höhenüberdeckung der einzelnen Platten ist von der Dachtiefe (= Entfernung zwischen First und Traufe) und der Dachneigung abhängig. Bei Neigungen < 10° sind die Fugen zu dichten. Die Richtwerte gemäß DIN 274-2 zeigt Tabelle **1**.189.

Die Seitenüberdeckung muß bei Profil

177/51 mindestens 47 mm ≙ 1/4 Welle

130/30 mindestens 90 mm ≙ 2/3 Welle

betragen (s. Bild **1**.187).

Am Kreuzungspunkt von vier Wellplatten ist ein Eckenschnitt an den sich diagonal gegenüberliegenden Wellenbergen erforderlich (Bild **1**.190). Standard-Wellplatten werden mit werkseitigem Eckenschnitt geliefert. Lediglich bei Paßplatten muß er an der Baustelle vorgenommen werden. Der Abstand zwischen den Eckenschnitten soll 5 bis 10 mm betragen.

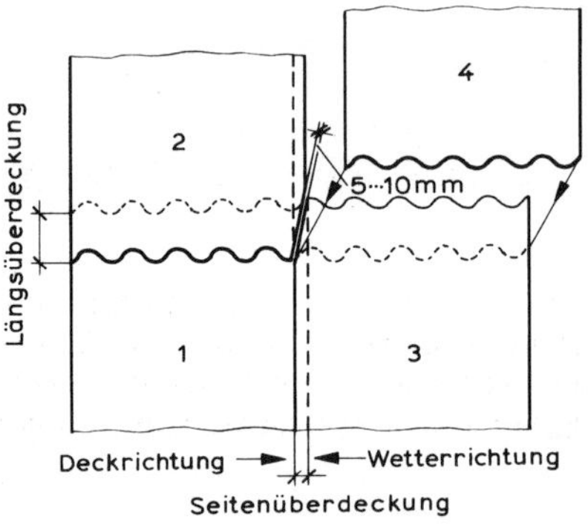

1.190 Eckenschnitt von Wellplatten

Tabelle **1**.191 Höchstzulässige Pfettenabstände

Dachneigungen in Grad	Profil 177/51	130/30
< 20°	1150 mm	1150 mm
≧ 20°	1450 mm	1175 mm

Höchstzulässige Pfettenabstände (bzw. Abstände der Unterstützungen der Wellplatten für selbsttragende Dachkonstruktionen) s. Tabelle **1**.191.

Wellplatteneindeckungen sind am wirtschaftlichsten, wenn die Unterkonstruktion lediglich aus durchlaufenden Pfetten besteht (vgl. Bild **1**.26 und **1**.27). Auf Sparrenlagen – mit möglichst weitem Sparrenabstand – dienen kleine Sparrenpfetten als Trägerlage für die Wellplatten.

Die Auflagerbreite für Wellplatten soll ≧ 50 mm betragen (ausgenommen bei Stahlrohrpfetten o. ä. mit Durchmessern ≧ 40 mm und Stahlprofilträgern I80).

Bei Befestigung der Wellplatten ist zu beachten:

- Jede Wellplatte ist gemäß DIN 1055-4 in 4 Verankerungspunkten zu befestigen. Bei Dachneigung < 35° sind Wellplatten der Profile 177/51 und 130/30, die auf 3 Pfetten aufliegen, an den Dachrändern im Bereich von 2 m auf der mittleren Pfette zusätzlich an 2 Punkten zu befestigen.
- Wellplatten des Profils 177/51 werden stets auf dem 2. und 5. Wellenberg (Bild **1**.187), die des Profils 130/30 auf dem 2. und 6. Wellenberg befestigt. Der Abstand der Befestigung vom unteren bzw. oberen Plattenrand muß mindestens 50 mm betragen (Bild **1**.192), Ausnahme s. Bild **1**.193.

Bei sehr geringen Dachneigungen, bei besonderen Beanspruchungen durch Winddruck oder bei komplizierten Anschlüssen sind die Plattenstöße mit selbstklebenden Dichtungs-

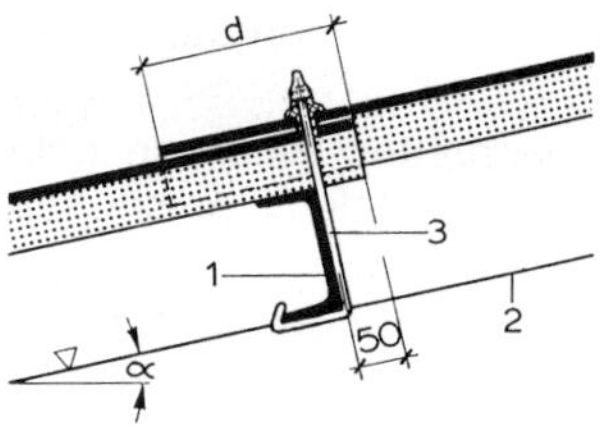

1.192 Plattenstoß auf Stahlpfette
1 Pfette
2 Sparrenoberkante
3 Stahlhaken mit Kunststoff-Pilz-Dichtung und Korrosionsschutzhut
d Höhenüberdeckung

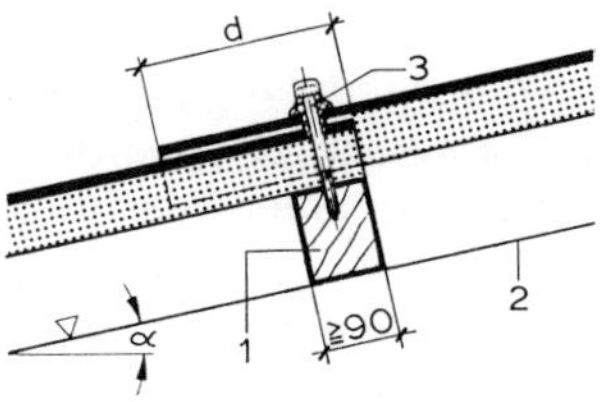

1.193 Plattenstoß auf Holzpfette
1 Holzpfette (45 mm Mindestabstand zwischen Lochmitte und Plattenrand zulässig)
2 Sparrenoberkante
3 Holzschraube nach DIN 571 Ø = 7 mm (mit Pilzdichtung und kleinem Korrosionsschutzhut); *d* s. Tab. **1**.189

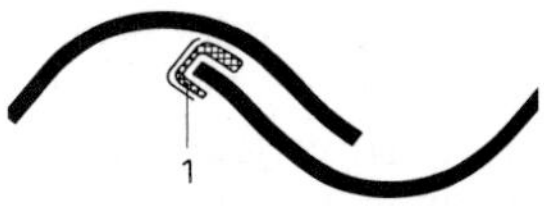

1.194 Dichtung der Längsüberdeckung
1 selbstklebendes umgeschlagenes Dichtungsprofil

bändern zu sichern. Sie werden bei den Querstößen unterhalb der Befestigungsstellen in die Wellen eingelegt. Die Längsüberdeckungen werden mit selbstklebenden Spezial-Dichtungsbändern abgedichtet (Bild **1**.194).

Wellplattendeckungen auf Satteldächern können – auch mit Dichtungsbändern – wegen der erforderlichen Abluftöffnungen an den Firsten einwandfrei sprühwasser- und flugschneesicher nur in Verbindung mit einer zweiten Entwässerungsebene (Spannbahnen, Unterdach, vgl. Abschn. 1.8.2) ausgeführt werden. Auch durch schroffe Außentemperaturveränderungen bedingtes, von den Wellplatten nicht aufsaugbares Kondenswasser, kann nur auf diese Weise abgeleitet werden.

Befestigungsmittel

Als Befestigungsmittel dienen je nach Unterkonstruktion feuerverzinkte Sechskant-Holzschrauben Ø 7 (Einschraubtiefe > 36 mm) oder feuerverzinkte Hakenschrauben in verschiedenen Ausführungen für Befestigungen auf Profilstahlpfetten. Für Fälle, in denen mit stärkeren Bewegungen in Unterkonstruktionen (z. B. durch Windbeanspruchung) zu rechnen ist, gibt es verschiedene Gelenkschrauben. Durch Kunststoff-Quetschdichtungen sind die Befestigungspunkte gesichert, und alle Schraubenköpfe werden mit Kunststoffkappen als Korrosionsschutz abgedeckt (Bild **1**.195).

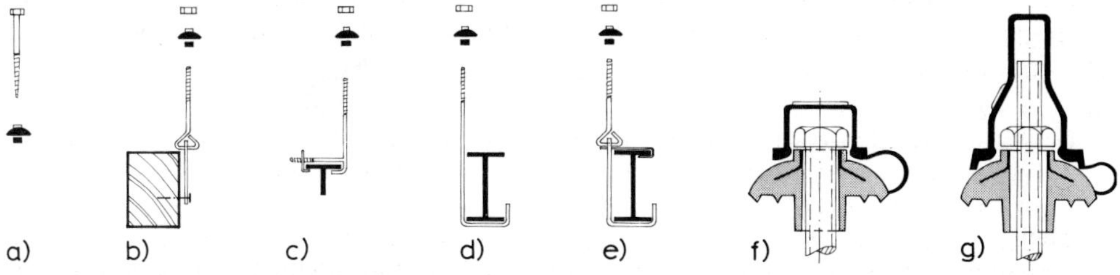

1.195 Befestigungsmittel für Wellplatten
a) Holzschraube Ø 7/110, b) Gelenkschraube für Holzpfetten, c) Spezialschraube für Stahlpfetten, d) Hakenschraube für Stahlpfetten, e) Gelenkschraube für Stahlpfetten, f) Kunststoffdichtung für Holzschrauben (Deckkappe anhängend, über Schraubenkopf gestülpt), g) Kunststoffdichtung für Metallschrauben mit großer Deckkappe

Löcher für Befestigungsschrauben müssen vorgebohrt werden. Die Schrauben dürfen keinesfalls durch die Platten geschlagen werden!

Kurzwellplatten sind werkseitig vorgebohrt und werden mit sogenannten Glockennägeln (mit angeformten Kunststoffdichtungen) unter Beachtung besonderer Verlegevorschriften der Hersteller auf die Dachlatten genagelt.

Bei allen Verlegearbeiten ist darauf zu achten, daß Wellplattenflächen nur auf Laufbohlen betreten werden dürfen, die über eine fest installierte Leiter oder andere sichere Zugänge zu erreichen sind.

Firste

Firste werden mit Wellfirsthauben eingedeckt. Sie werden als 1teilige Wellfirsthauben für die wichtigsten Dachneigungen in Abstufungen von 5° hergestellt. Es dürfen sich bei der Verlegung an der Überdeckung außen keine klaffenden Fugen ergeben. Daher ist immer die der nächsten Dachneigung entsprechende Wellfirsthaube zu wählen. Die gegenüberliegenden Dachflächen müssen mit genau auf der Gegenseite fluchtenden Stößen und absolut winkelgerecht verlegt sein. Die Längsüberdeckungen liegen in diesem Fall auf beiden Seiten von der Wetterseite abgewendet, d. h. auf der einen Seite „rechtsdeckend" und auf der anderen Seite „linksdeckend". Die Gestaltung mit einteiligen Wellfirsthauben setzt also eine sehr genaue Verlegung auf genau hergestellter Unterkonstruktion voraus.

Bei zweiteiligen Firsthauben sind die Ansprüche an die Unterkonstruktion weniger hoch, auch können die Deckrichtungen auf gegenüberliegenden Dachseiten wechseln. Die Muffenstöße liegen von der Hauptwindrichtung abgewendet (Bild **1**.196).

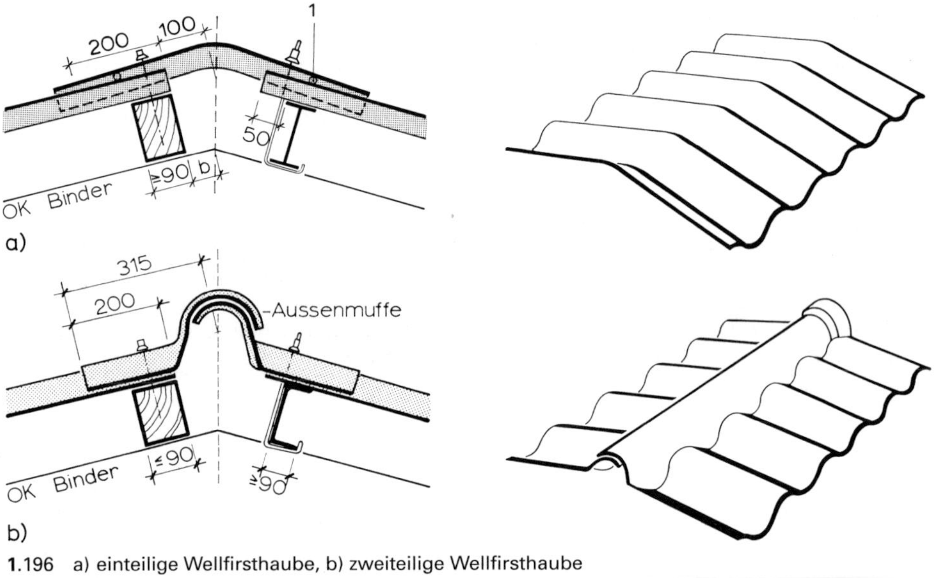

1.196 a) einteilige Wellfirsthaube, b) zweiteilige Wellfirsthaube
1 Dichtungsband

Traufen

Traufen von Wellplattendächern sind so zu planen, daß Vögel, Marder usw. nicht unter den Wellenbergen in den Dachraum kommen können. Dichte Abschlüsse gewähren Traufenfußstücke und -zahnleisten (Bild **1**.197 a und b), wenn Zuluftöffnungen anderweitig vorgesehen werden können (Bild **1**.197 f). Sonst sind Traufenlüftungsgitter oder -fußstücke mit flachen Wellenbergen vorzuziehen (Bild **1**.197 c, d und e).

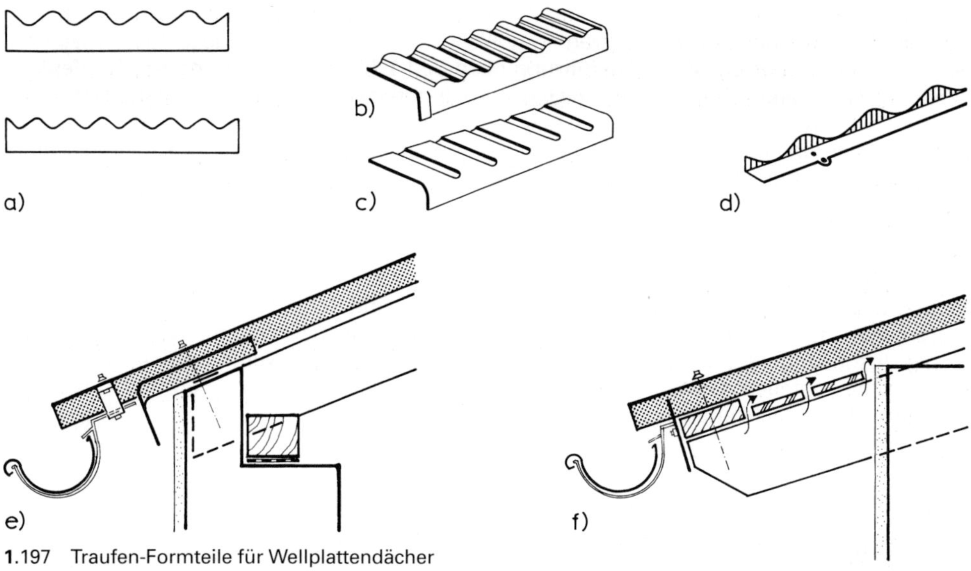

1.197 Traufen-Formteile für Wellplattendächer

a) Zahnleisten
b) Traufenfußstück, dicht schließend
c) Traufenfußstück mit flachen Wellenbergen (Lüftung, vgl. e))
d) Lüftungsgitter für Traufenabschluß
e) Traufenausbildung mit angehängter Dachrinne (mit Traufenfußstück, vgl. c))
f) Traufenausbildung bei Sparrenüberstand (Belüftung durch die Gesimsschalung)

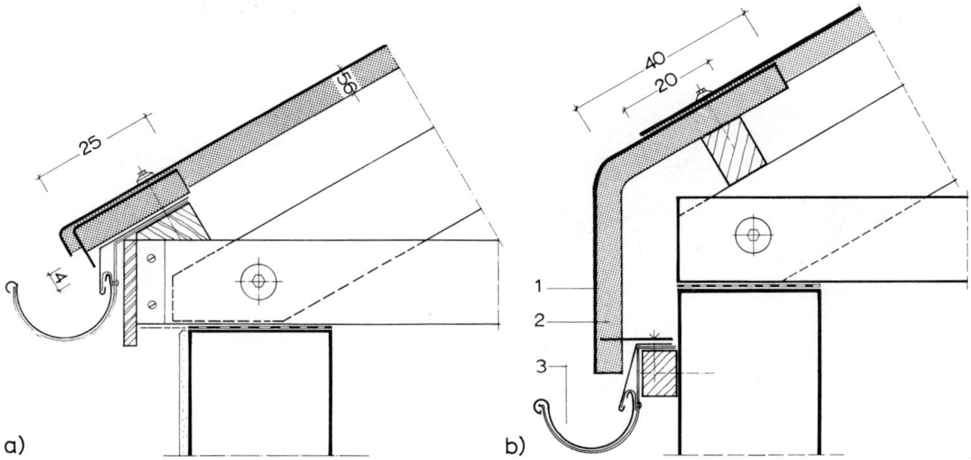

1.198 Traufen bei Tragwerken mit Pfettenkonstruktionen

a) vorgehängte Rinne mit Traufenfußstück
b) untergehängte Rinne, Gesimsbildung durch einteilige Wellfirsthaube oder Wellübergangsstück

1 einteilige Wellfirsthaube
2 Traufenzahnleiste (Bild **1**.197 a oder d)
3 Dachrinne mit Einlaufblech

Dachrinnen können bei einfachen Dächern ohne gestalterischen Anspruch wie in Bild **1**.197 e gezeigt mit Hilfe spezieller Rinnenträger an Wellplattenüberstände angeschlossen werden. Bei Traufen mit Sparren ist die Ausführung nach Bild **1**.197 f in Verbindung mit Traufenfußstücken oder Traufenzahnleisten möglich wie bei anderen Dachdeckungen. Besteht das Tragwerk jedoch lediglich aus Pfetten (vgl. Bild **1**.27), können die Rinnenhalter auf der Fußpfette befestigt werden (Bild **1**.198 a). Traufengesimse können bei kleineren Dachflächen auch durch Verwendung von 1teiligen Wellfirsthauben bzw. ähnlichen Formteilen gebildet werden (**1**.198 b).

Grate und Kehlen

Eindeckungen für komplizierte Dachformen mit Graten und Kehlen sind für Wellplatten nicht materialgerecht. So wirken die erforderlichen Grat-Formteile bei kleineren Dachflächen sehr klobig. Insbesondere Kehlen sind nur mit recht großem handwerklichem Aufwand einwandfrei herzustellen. Grate und Kehlen sollten daher in der Planung vermieden werden. Ausführungsmöglichkeiten sind in Bild **1**.199 und **1**.200 gezeigt.

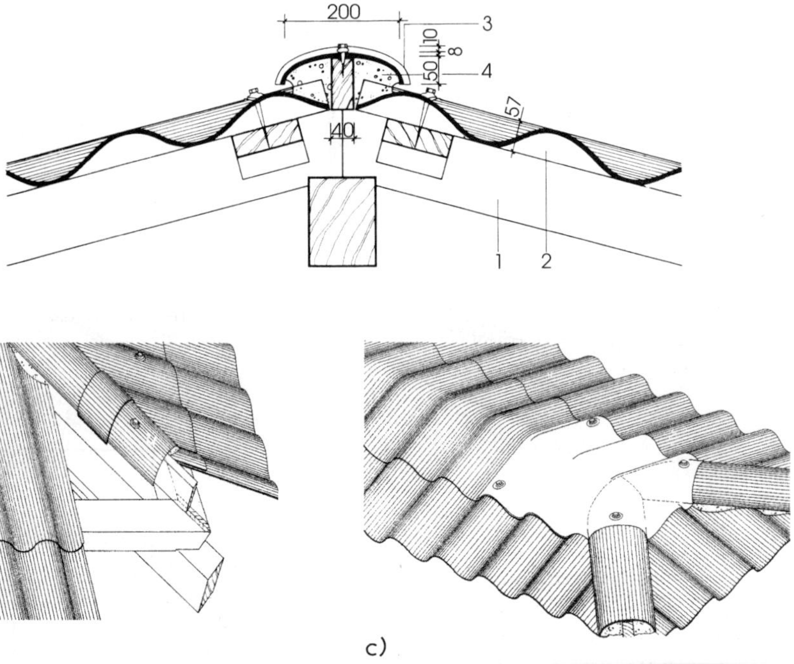

a)

b)

c)

1.199 Grate

a) Schnitt, senkrecht zum Gratsparren

1 Pfette
2 Wellplatte, Schräganschnitt
3 Gratkappe
4 Dichtung durch Mörtel auf verz. Drahtgewebe

b) Gratisometrische Darstellung

c) Gratanschluß an First mit Walzbleiüberdeckung

Am Anschluß zwischen Graten und First (Bild **1**.199c) muß meistens ebenso wie bei Anschlüssen an Dachaufbauten, Schornsteine u. ä. an der Baustelle mit Walzblei-Übergängen improvisiert werden.

Faserzementplatten können werkseitig nahezu beliebig zu Sonderformteilen verarbeitet werden, wenn entsprechende genaue zeichnerische Festlegungen vorliegen. Die Herstellung ist jedoch meistens sehr aufwendig und nur bei größeren Stückzahlen wirtschaftlich vertretbar.

Ortgänge

Ortgänge von Wellplattendächern können mit Formteilen (Bild **1**.201) oder ähnlich wie bei anderen Dachdeckungen mit Ortganggesimsen, Ortgangrinnen usw. ausgeführt werden.

Für Pultdachabschlüsse, seitliche und obere Wandanschlüsse, Sanitärentlüftungen, Dachfenster usw. steht eine große Zahl von Sonderformteilen zur Verfügung (Bild **1**.202).

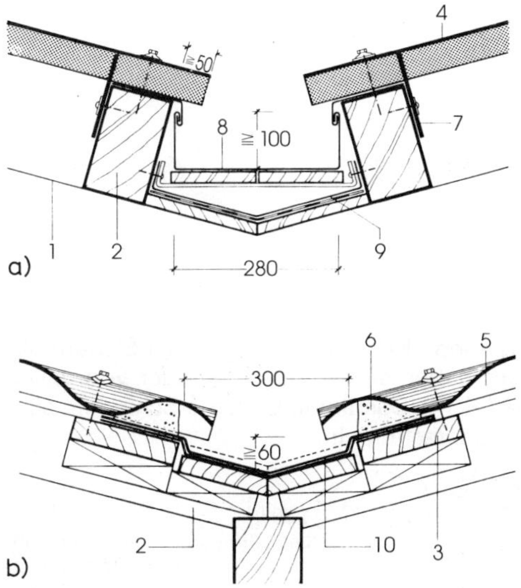

1.200 Kehlen
- a) Dachgraben (gefällelose Kehle)
- b) Kehle, Mindestgefälle 17°
- 1 OK Binder
- 2 Pfette
- 3 Auflagerbohlen auf Futterhölzern, Pfette ausgeklinkt
- 4 Wellplatte, gerader Abschluß
- 5 Wellplatte mit Schräganschnitt
- 6 Haarkalkmörtel auf verz. Drahtgewebe
- 7 Traufenzahnleiste (Bild **1**.197 a oder d)
- 8 Zinkblechrinne auf Trennlage und Laufbohlen in Hängeeisen
- 9 Sicherheitsrinne (z. B. Kunststoff-Dichtungsbahn auf Schalung)
- 10 Zinkblech-Kehlrinne auf Trennlage

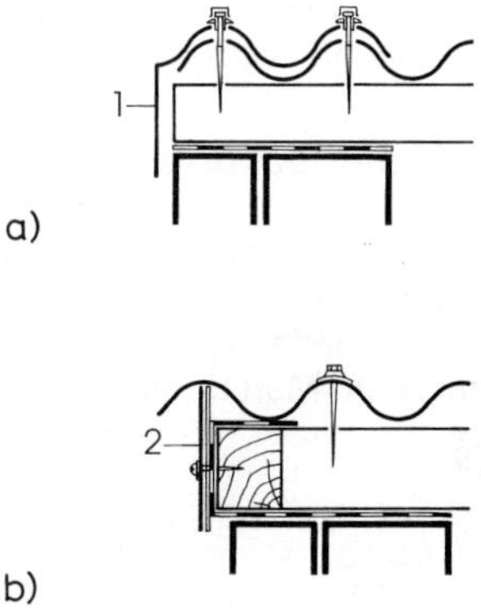

1.201 Ortgänge
- a) Ortgang mit Well-Ortgang-Formteilen
- 1 Formteil, senkrechte Flächen mit Muffen
- b) Ortgang mit konisch zugeschnittenen Ebenen
- 2 Faserzementstreifen (Stöße unterlegt)

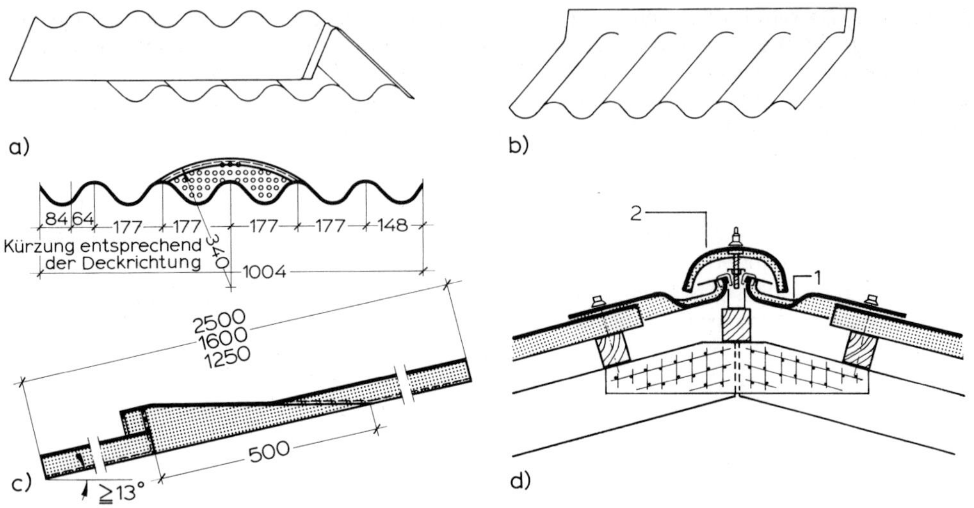

1.202 Formteile
a) Wellpulthaube
b) Wandanschluß
c) Belüftungshaube, in Wellplatte eingeformt
d) Lüftungsfirst (FULGURIT 400)
1 Firstanschlußstück mit Flugschneeabweiser
2 Firstkappe auf Stützschrauben

1.5.6 Schindeldeckung

Schindeln sind handgespaltene Brettchen aus Tannen-, Kiefern-, Lärchen- oder Eichenholz. Sie werden schuppenförmig verlegt. Imprägniert haben sie eine Lebensdauer von vielen Jahrzehnten. Sie bilden eine wärmedämmende, leichte Dachhaut. Gesägte Schindeln sind weniger dauerhaft. Man unterscheidet Leg- und Scharschindeln.

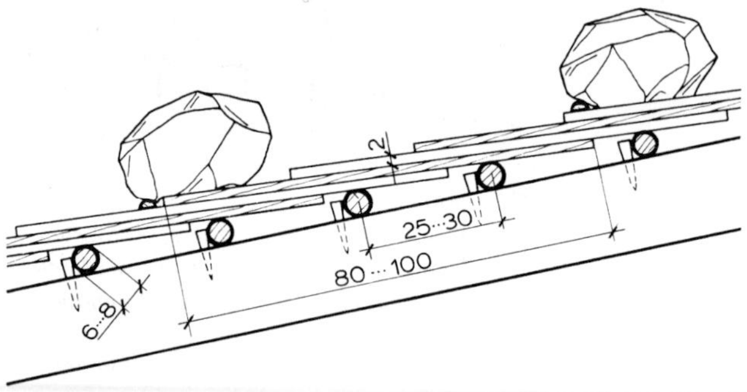

1.203
Legschindeln. Die Rundstangen sind mit Holzpflöcken festgehalten, die lose aufgelegten Schindeln mit Steinen beschwert. Bei Dächern über 20° werden die Steine durch vorgelegte Rundholzstangen, die am Ortgang verkeilt sind, gesichert.

Legschindeln kommen praktisch nur noch im Rahmen der Denkmalpflege in Frage. Sie sind 10 bis 20 cm breit, 80 bis 100 cm lang, 20 mm dick und im Längsschnitt rechteckig oder schwach keilförmig. Legschindeln werden auf flach geneigten Dächern (15 bis 25°) so auf Latten aufgelegt, daß sie sich dreifach überdecken. Festgehalten werden sie in der Hauptsache durch schwere Steine (Bild 1.203). Der First wird ähnlich wie beim Schieferdach ausgebildet. Auf den flach geneigten Dächern alpenländischer Häuser werden Legschindeln heute noch verwendet.

Scharschindeln werden auf Lattung oder Schalung genagelt. Sie haben, je nach Landschaft, verschiedene Formen und Maße (Bild **1**.204). Gedeckt werden sie doppel- oder dreilagig (Bild **1**.205), aber auch vier- und fünflagig. Die Nagellöcher werden vorgebohrt. Oft werden ungenutete Langschindeln am unteren Ende mit Kupfernägeln sichtbar (blank) genagelt, um das Aufwerfen zu verhindern. An der Traufe sind die einander überdeckenden Schindeln verschieden lang.

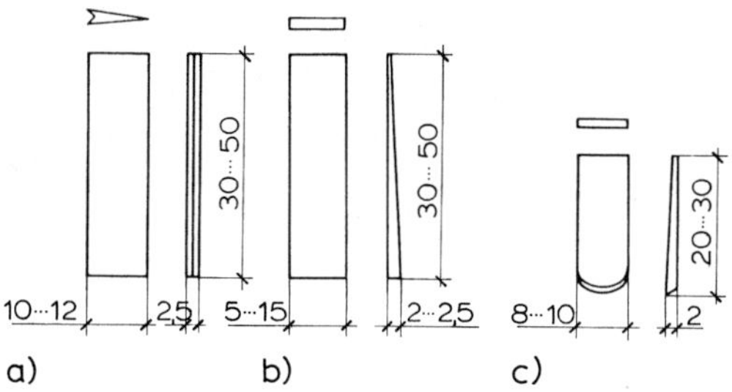

1.204 Schindelabmessungen
a) Spund- oder Nutschindel
b) Brettschindel
c) Rundschindel

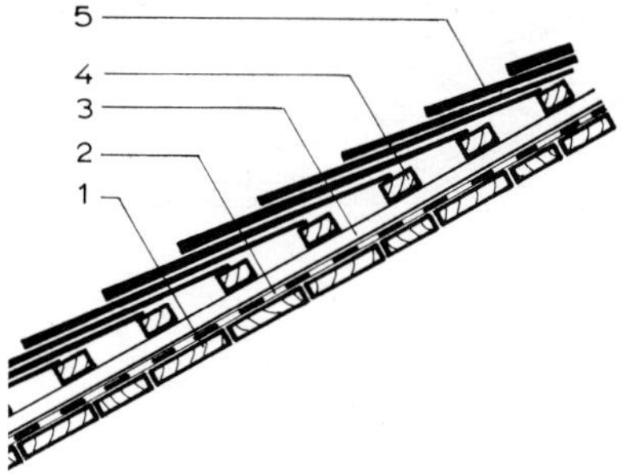

1.205 Deckung mit Scharschindeln
1 Schalung
2 Bitumendachbahn (V13)
3 Konterlattung
4 Lattung
5 unbeh., gesägte WRC-Schindeln, 3lagig, DIN 68 119-1

Firste

Am First hat die der Wetterseite zugekehrte Firstschar > 3 cm Überstand (vgl. Bild **1**.176), oder es wird ein „aufgelegter First" ausgeführt (Bild **1**.206).

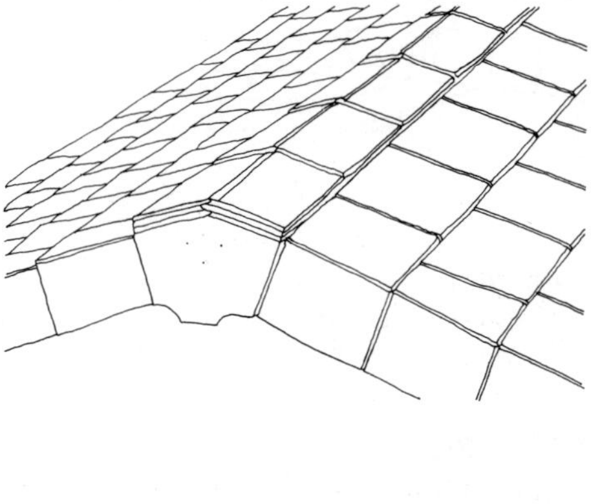

1.206 Aufgelegter First

Grate

Grate können ebenfalls „aufgelegt" ausgeführt werden. Aufwendiger, jedoch formal besser sind Schwenkgrate mit gerade oder rund herangeführten Schindelreihen (Bild **1**.207).

Kehlen

Kehlen werden auf untergelegter Kehlschalung mit Kehlblechen als „eingebundene" oder Schwenkkehlen ausgeführt (Bild **1**.208) [16].

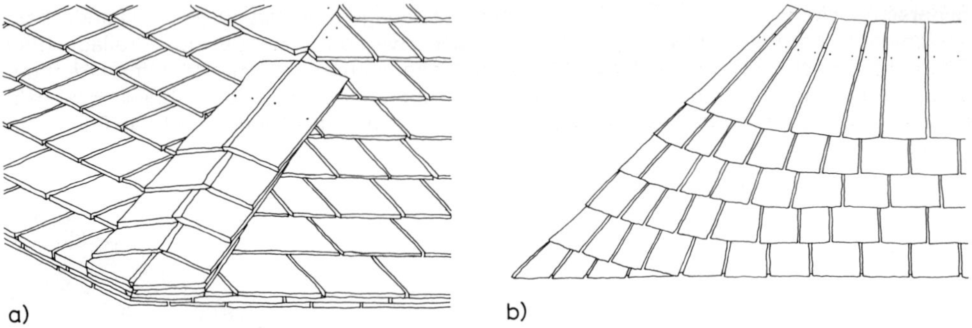

a) b)

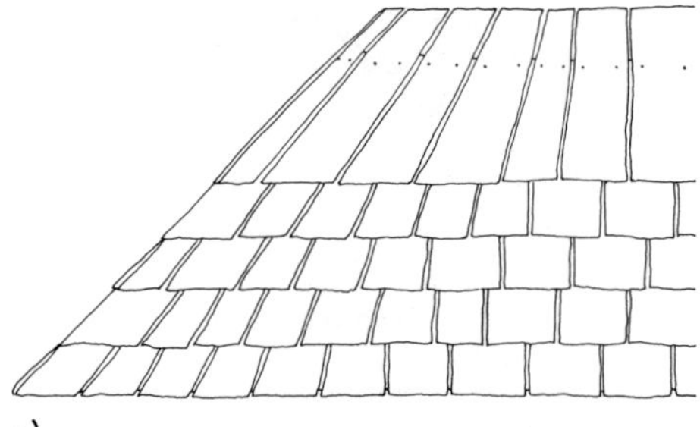

c)

1.207 Grate
a) aufgelegter Grat
b) Schwenkgrat mit herangeführten Reihen
c) Schwenkgrat mit geraden Reihen

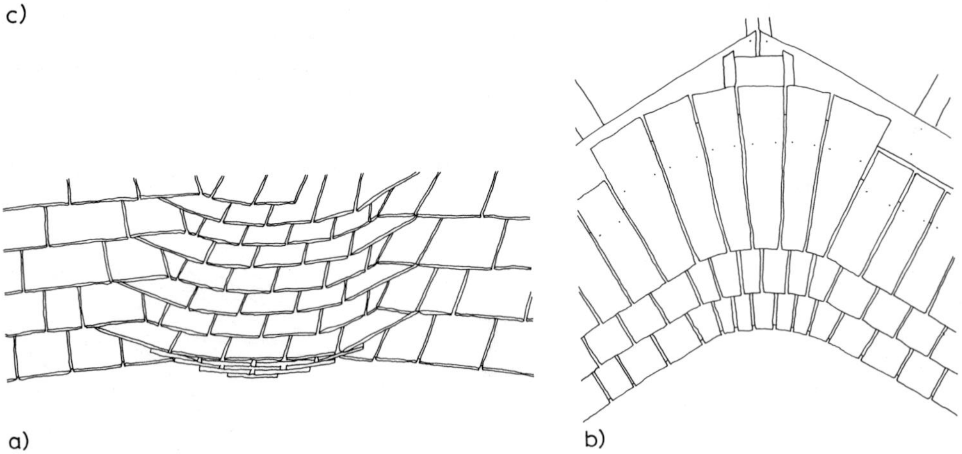

a) b)

1.208 Kehlen
a) eingebundene Kehle
b) Schwenkkehle (mit längeren Schindeln im Kehlbereich)

1.5.7 Bitumenschindeldeckung

Bitumenschindeln werden aus Bitumenbahnen mit Glasvlies- oder Kunstfaservlieseinlagen gestanzt (Bild **1**.209). Neben diesen Normalschindeln werden auch verschiedene Schablonenformen hergestellt (vgl. Bilder **1**.183 und **1**.184). Die Oberflächen werden in verschiedenen Farben durch eingewalzte Bestreuungen aus Schiefersplit oder anderen mineralischen Granulaten gebildet. Mit Bitumenschindeln lassen sich für Dachneigungen von 15° bis 85° auch komplizierte Dachformen gut eindecken, weil sich die flexiblen Schindeln – ggf. bei entsprechendem Zuschnitt – Wölbungen und Krümmungen selbst über Kehlen und flache Grate hinweg gut anpassen.

Bitumenschindeln werden in Doppeldeckung (vgl. Bild **1**.145) auf Nut-Feder-Vollschalung in der Regel auf einer Unterdeckung aus einer Lage Glasvlies-Bitumendachbahn V13 (DIN 52 143) mit verzinkten Breitkopfnägeln genagelt oder mit Breitklammern geheftet.

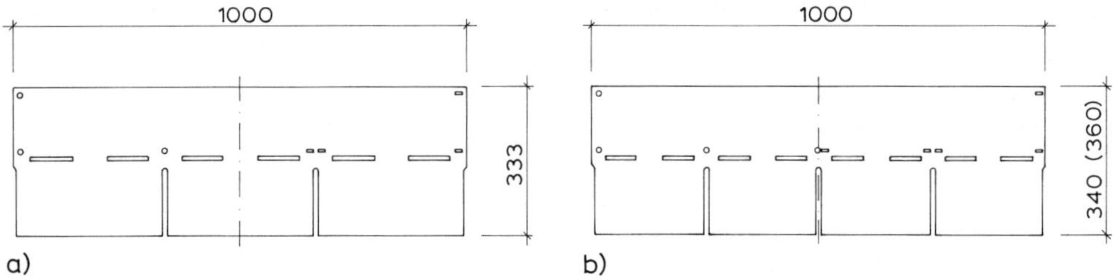

1.209 Bitumenschindeln (Maße; Normalschindeln)

a) dreiblättrige Schindel
Befestigung:
< 60° 4 Nägel oder 6 Klammern
> 60° 6 Nägel oder 8 Klammern

b) vierblättrige Schindel
Befestigung:
< 60° 5 Nägel oder 8 Klammern
> 60° 7 Nägel oder 10 Klammern

Firste und Grate

Sofern Firste und Grate nicht fortlaufend mit Zuschnittplatten überdeckt werden, sind sie auf speziellen Grat- oder Firstschindeln „aufgelegt“ einzudecken (Bild **1**.210).

Im übrigen sind die Verlegeregeln für Standard-Bitumenschindeln denen für Biberschwanzdeckungen (s. Abschn. 1.5.2.2) und von Schablonenschindeln denen für Schiefer vergleichbar (s. Abschn. 1.5.4).

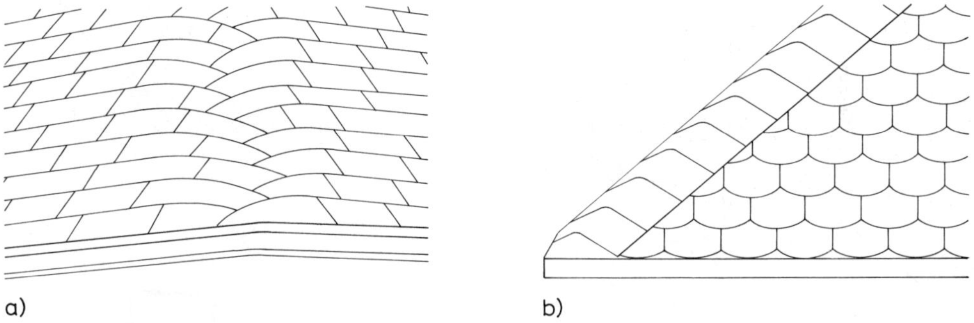

1.210 Grateindeckung
a) fortlaufende Überdeckung bei flachen Gratwinkeln
b) aufgelegter Grat (Eindeckung mit Schablonenschindeln)

Bei nicht durch Beschieferung o. ä. geschützten Bitumendachflächen bilden sich unter dem Einfluß der Bewitterung Carbonsäuren, die Metalle angreifen und in relativ kurzer Zeit bis zur Zerstörung korrodieren können („Bitumenkorrosion“). Bei einwandfreiem Bedachungsmaterial sind diese Schäden weniger zu befürchten. Im Zweifelsfall sollten alle erforderlichen Metalleinfassungen, -anschlüsse, -Dachrinnen usw. entweder bitumen-korrosionsfest ausgeführt (Kupfer oder V2A-Stahl), oder durch Bitumen- oder Kunststofflacke dauerhaft gegen Korrosion geschützt werden [17].

1.5.8 Stroh- und Rohr-(Reet-)Deckung

In vielen Gegenden Deutschlands werden Gebäude landwirtschaftlicher Betriebe und frei in der Landschaft stehende Wohnhäuser noch mit handgedroschenem Winterroggenstroh (Maschinendrusch zerdrückt den Halm) oder – in der Nähe von Gewässern – mit dünnhalmigem, mittellangem Rohr gedeckt. Diese sogenannten Weichdächer bieten eine sehr gute Wärmedämmung und sind dicht und sturmsicher, leicht, bei einfacher Pflege dauerhaft (Lebensdauer bis 50 und mehr Jahre), jedoch nicht mehr billig (importiertes Rohr, hohe Lohnkosten, Brandversicherung). Mindestdachneigung 45°. Nachteilig ist ihre Empfindlichkeit gegenüber Feuer und Funkenflug (bauaufsichtlich geforderte Mindestabstände beachten! Hauseingänge an Giebelseiten legen!). Abstände der Sparren (Rundholz) 1,00 bis 1,30 m. Abstand der Latten (Rundstangen ≈ 5 cm Ø) 25 cm ≈ $^2/_{10}$ der Halmlänge. Dicke der Dachhaut 35 bis 40 cm. Die Eindecktechnik ist je nach Deckmaterial (Stroh oder Rohr) und je nach Landschaft verschieden.

Im allgemeinen werden die Strohbunde oder Rohr-(Reet-, Ried-, Reith-)Schoofe, die Rispenseite zum First, mit 1,5 mm dickem verzinktem Draht in mehreren 10 cm dicken Lagen unter Zuhilfenahme einer Rundnadel auf die Latten genäht, nachdem mit dem Klopfbrett die Wurzelenden schuppenartig hochgeklopft worden sind. Mit einem Messer werden am Schluß die Wurzelenden in der Dachebene und an den Kanten geradegeschnitten (Bild **1**.211).

Eine andere Deckungsart ist das Binden. Dabei werden die Stroh- oder Rohrlagen mit „Bandstöcken" auf die Lattung gepreßt, danach die Bandstöcke an den Latten festgebunden (Bild **1**.212).

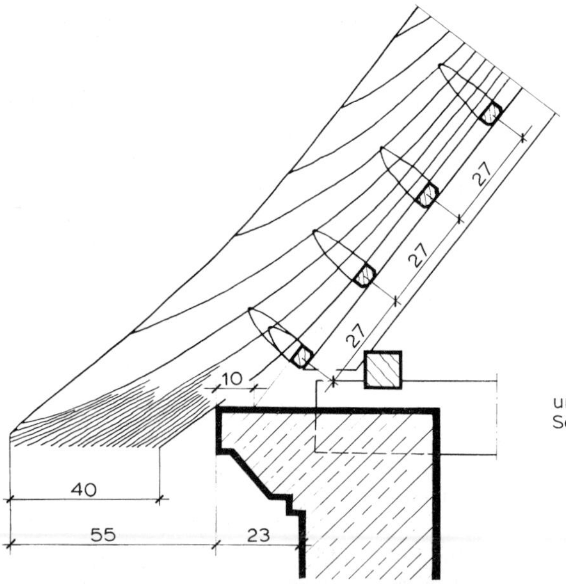

1.211 Das genähte Dach. Das Stroh wird an der Traufe waagerecht geklopft und abgerundet. Auf der ersten Latte wird zweimal genäht. Die Entfernung der Dachlatten beträgt 27 cm, Dicke der Dachhaut ≧ 28, in den Kehlen ≧ 42 cm.

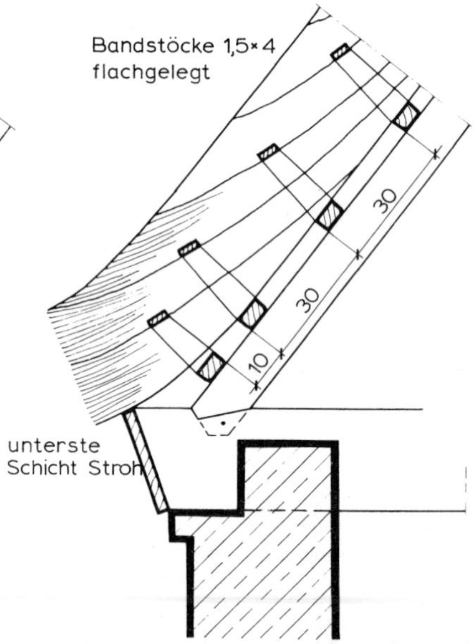

1.212 Das gebundene Dach. Schnitt durch die Traufe. Lattenabstand 30 cm. Flache Bandstöcke drücken die Lagen fest. Latten 4 x 6 cm unten abgerundet, damit der Bindedraht nicht bricht.

Die Firste – beim Weichdach besonders wettergefährdet – werden auf die verschiedenste Art gedeckt: Mit gedrehten, dicht an dicht nebeneinandergebundenen Strohseilen, die 70 bis 80 cm vom First abwärts reichen, mit aufgelegten Heide- oder Rasensoden, die von kreuzweise zusammengepflockten, über den First gespreizten Knüppeln (Wahrhölzern) festgehalten werden, oder mit quer über den First gebundenen Langstrohbunden. Neuerdings werden auch vorgeformte Firsthauben aus Wellfaserzement verwendet. Eine baustoffgerechte Eindeckung ist jedoch vorzuziehen (s. auch DIN 18338).

Die Schornsteine sind nur am First ≧ 80 cm hoch aus der Dachfläche zu führen. Die Deckung greift unter das $^1/_2$ Stein auskragende, bis mindestens 50 cm unterhalb der Deckungszone 1 Stein dicke Schornsteinmauerwerk. Ähnlich werden die Anschlüsse an Gauben (Fledermausgauben) durch Überkragen der Brüstungsbohle gebildet.

Weichdächer mit erheblich verminderter Brandgefahr werden in Form sogenannter Lehmschindeldächer hergestellt. Dazu wird das Reet mit verzinktem Draht zu 8 bis 10 cm dicken, ca. 75 cm breiten und 1 m langen Matten zusammengenäht, mit dünnem Lehmbrei getränkt und wie oben geschildert auf die Dachlatten gebunden (Lehmbedarf 5 bis 6 kg/m²). Die Lehmschindeln überdecken sich dreifach. Lattenentfernung 30 bis 40 cm, Sparrenentfernung 1,20 bis 1,50 m. Dachneigung ≧ 45°. Über den First werden lehmgetränkte Strohseile gelegt und festgepflockt [18].

1.5.9 Metalldeckungen

1.5.9.1 Allgemeines

Dächer oder Dachteile mit sehr geringer Neigung (> 3°) oder mit sehr komplizierten Formen sind in den meisten Fällen mit Metalldeckungen am dauerhaftesten. Blei- und Kupferdeckungen zählen zu den ältesten und beständigsten Dachdeckungsmaterialien, die es gibt, und ihre Lebensdauer auf historischen Gebäuden ist meist nur durch die Lebensdauer der Unterkonstruktion begrenzt. Metalldeckungen sind leicht, dicht und nicht brennbar.

Die Verlegetechnik aller Metall-Deckungen ist weitgehend bestimmt durch die Forderung nach ungehinderter Bewegungsmöglichkeit für die Bleche bei Temperaturänderungen. Außerdem müssen die Bleche gegen Berührung mit korrosionsfördernden Chemikalien in Putz, Beton, Holzwolle-Leichtbauplatten oder Schalungsflächen gesichert werden.

Für Metall-Deckungen verwendet man Zink-, Kupfer-, Stahl-, Blei- und Aluminiumbleche in Form von ebenen Tafeln, ebenen und profilierten Bändern sowie in profilierten Sandwichelementen.

1.5.9.2 Metalldeckungen in handwerklicher Ausführung

Allgemeines

Metalldeckungen sind auf der Grundlage von DIN 18339 (VOB Teil C) auszuführen.

Die Mindestneigung für Metall-Deckungen beträgt 3° bzw. 5%.

Metall-Deckungen erfordern vollflächige, nagelhaftende Unterkonstruktionen, in der Regel Holzschalungen (Spanplatten sind für die Unterkonstruktion nicht geeignet und kommen nur ausnahmsweise für kleinere Flächen in Frage). Dachschalungen müssen glatt, eben und trocken, die Schalbretter (Sortierklasse S7, besser jedoch S10) müssen mindestens 24 mm (für Bleideckungen mindestens 20 mm) dick sein und eine Breite von 140 mm haben. Bei gekrümmten Schalungsflächen können dünne Sperrholztafeln zusätzlich zur Ausrundung aufgebracht werden.

Die Verwendung von Sperrholzplatten (Baufurniersperrholz) als Unterkonstruktion ist möglich, in Deutschland aber noch wenig gebräuchlich.

Mineralisch gebundene Spanplatten können bei erhöhten Anforderungen an den Brandschutz verwendet werden, wenn auch die Unterkonstruktionen entsprechend ausgeführt sind.

Befestigungsnägel sind sorgfältig zu senken.

Trotz aller kontroversen Diskussionen über Umweltverträglichkeit sind Holzschalungen nach DIN 68 800 gegen Insekten und Pilzbefall zu schützen.

Bei allen Metalldeckungen ist die temperaturabhängige Wärmedehnung in Länge und Breite der Dachflächen bzw. der Bauteile zu berücksichtigen. Sie ist abhängig vom Ausdehnungskoeffizienten α der Materialien. Er beträgt z. B. für

— Zink 0,000 036 K^{-1}

— Zinklegierungen mit Kupfer und Titan 0,000 022 K^{-1}

— Aluminium 0,000 024 K^{-1}

— Beton (zum Vergleich) 0,000 012 K^{-1}

Auf Dächern sind Temperaturdifferenzen von etwa –20 °C bis +80 °C möglich. Bei einer Verlegetemperatur von z. B. 15 °C errechnet sich dann die Ausdehnung l_A einer 5,00 m langen Kupferbahn dann wie folgt:

$$l_A = 5{,}00 \times 0{,}000\,017 \times (80\ °C - 15\ °C = 65\ K) = 0{,}005\,525\ m = 5{,}525\ mm$$

Die Zusammenziehung l_z beträgt dann:

$$l_z = 5{,}00 \times 0{,}000\,017 \times (+\ 15\ °C - 20\ °C = 35\ K) = 0{,}002\,975\ m = 2{,}975\ mm$$

Die gesamte Längenänderung kann somit also 8,5 mm betragen. Sie muß durch entsprechende konstruktive Maßnahmen so ausgeglichen werden, daß keine unkontrollierten Verwerfungen oder Ausbeulungen auftreten.

Als Richtwerte für die Abstände von Dehnungsausgleichen können angenommen werden:

— Bei eingeklebten Winkelanschlüssen, Dachrandeinfassungen, eingeklebten innenliegenden Dachrinnen: 6 m

— Bei Mauerabdeckungen; Dachrandabschlüssen außerhalb der Wasserebene; innenliegenden, nicht eingeklebten Dachrinnen
  Zuschnitt größer 500 mm 8 m

— Bei Scharen für Dachdeckungen und Wandbekleidungen; innenliegenden, nicht eingeklebten Dachrinnen Zuschnitt kleiner 500 mm
  Zuschnitt größer 500 mm 10 m

— Hängedachrinnen
  Zuschnitt bis 500 mm 15 m

Diese Richtwerte gelten für die gestreckte Länge; von Ecken oder Enden (Festpunkte) aus gemessen sind die halben Richtwerte einzuhalten.

Hinterlüftung

Dächer mit Metalldeckungen werden in der Regel als hinterlüftete Konstruktionen ausgeführt. Bedingt sind jedoch auch nicht hinterlüftete Eindeckungen möglich.

Metalldeckungen ergeben konstruktiv und auch unter bauphysikalischer Betrachtung sehr dichte Flächen. Sie müssen daher unter ganz besonderer Berücksichtigung aller feuchteschutztechnischen Problemfelder geplant und ausgeführt werden.

Die Hinterlüftung von Metalldeckungen (vgl. Tab. **1**.216) ist durch Zustromöffnungen in Traufengesimsen (vgl. Bild **1**.219) oder aufgesetzte kleine Zuluftgauben (Bild **1**.224) sowie durch Lüfterfirste (Bild **1**.225) ausreichend zu gewährleisten. Schließen Metalldachflächen an aufgehende Wände an, läßt sich die Abluftführung wie in Bild **1**.225c, am besten aber in Verbindung mit einer hinterlüfteten Fassadenbekleidung lösen (Bild **1**.226).

Wie auch bei anderen Dachdeckungen muß jedes Eindringen von Feuchtigkeit in die Dachkonstruktion auch während der Bauzeit, durch Sprühwasser und Flugschnee, durch Wasserdampfdiffusion, durch Luftaustausch über offene Fugen sowie durch Kondensatbildung infolge von Wärmebrücken verhindert werden. Insbesondere über offene Fugen kann derart viel Feuchtigkeit eingetragen werden und an kälteren Bauteilen oder in Bauteilschichten kondensieren, daß Schäden auch durch eine richtig ausgeführte Hinterlüftung nicht verhindert werden.

Die einwandfreie Ausführung einer richtig dimensionierten, vor allem aber luftdichten Dampfsperre mit sorgfältig gedichteten Materialstößen und dichten Anschlüssen an angrenzende oder durchdringende andere Bauteile ist daher bei Dachkonstruktionen mit Metalleindeckungen absolute Voraussetzung ($s_d = \mu \times s > 10$ m). Wärmebrücken müssen in Planung und Bauausführung ausgeschlossen werden (vgl. Abschnitt 1.8 sowie Abschnitt 15.5 in Teil 1 des Werkes).

Bei belüfteten Dachkonstruktionen mit Metalldeckungen ist bei Dachneigungen von 7° bis 20° für den Belüftungsraum eine freie Höhe von > 8 cm erforderlich (Zuluftöffnungen im Traufenbereich > 4 cm/m). Bei Dachneigungen von mehr als 20° sind dafür ca. 5 cm ausreichend (Zuluftöffnungen im Firstbereich > 3 cm/m). Bei flach geneigten Dächern, Dächern mit Innengefälle und in anderen kritischen Fällen sind diese Werte erheblich höher anzusetzen. In jedem Fall muß sichergestellt sein, daß der Belüftungsraum nicht durch Hindernisse oder auch durch aufquellende Wärmedämmungen eingeengt wird. Insbesondere bei Durchdringungen mit größeren Dachaufbauten, Dachflächenfenstern oder Gauben muß planerisch – z. B. durch zweilagige Unterkonstruktionen – für durchgehende Lufträume gesorgt werden.

Die genannten Voraussetzungen gelten in besonderem Maße für nicht hinterlüftete Konstruktionen. Sie sollten deshalb nur dann ausgeführt werden, wenn diese Bedingungen sowohl bauphysikalisch als auch ausführungstechnisch in allen Bereichen voll erfüllt werden können. Die Dampf- bzw. Windsperre unterhalb der Wärmedämmung muß mindestens den gleichen Diffusionswiderstand wie die Metalleindeckung aufweisen.

Material

Zink. Für die Herstellung von Dachdeckungen und Wandbekleidungen wird bandgewalztes Titanzink[1]) (eine Legierung aus Zink, Kupfer und Titan, DIN 1706 bzw. prEN 988) verwendet. Auf der zunächst walzblanken Oberfläche bilden sich an der Atmosphäre Deckschichten aus Zinkoxid und basischem Zinkcarbonat, die einen natürlichen Langzeitschutz gegen Witterungseinflüsse bilden. Neben der walzblanken Normalausführung kann für besondere Einsatzzwecke „vorbewittertes" Material hergestellt werden.

Nur in sehr aggressiver Industrieatmosphäre oder in unmittelbarer Nähe von Abgasen mit hohem SO_2-Gehalt bei gleichzeitiger hoher Luftfeuchtigkeit können Beschichtungen (Anstriche) zur Erhöhung der Lebensdauer notwendig werden.

Abbauprodukte des Bitumens können in Verbindung mit UV-Strahlung und Feuchtigkeit aggressive Säurekonzentrationen bilden. Wenn Bitumenbaustoffe (ausgenommen Dachabdichtungen mit ausreichender Kiesschüttung) in Verbindung mit Zinkbauteilen kommen können, müssen besondere Schutzmaßnahmen getroffen werden.

Für Schutzanstriche haben sich Chlorkautschukfarben bewährt, jedoch bedürfen die Flächen je nach Alterung laufender Unterhaltung.

Anstriche mit Kaltbitumen können nur schwer wirklich vollflächig aufgebracht werden. Wenn selbst geringe ungeschützte blanke Stellen auf den Zinkblechen verbleiben, kann durch derartige Anstriche die Korrosion eher gefördert werden. Völlig ungeeignet als Korrosionsschutz sind Bitumen-Emulsionen wegen ihrer hohen Alkalität.

Bisher galt bei der Verlegung von Zinkeindeckungen auf Holzschalungen eine Trennlage aus verstärkten, besandeten Bitumenbahnen (z. B. V13) als Korrosionsschutz gegenüber

[1]) Die verbreitete Bezeichnung Rheinzink® ist ein geschützter Markenname

Holzschutzmitteln und auch zur Minderung von Regengeräuschen als unabdingbar (DIN 18339, Abschn. 3.1.3). Neuere Untersuchungen und Erfahrungen im Ausland haben ergeben, daß eine Trennlage aus den genannten Gründen nicht unbedingt erforderlich ist. So sind z. B. in Frankreich Trennlagen seit jeher nicht üblich. Lediglich zum Schutz der Unterkonstruktion werden dort armierte Folien verlegt, die entsprechend dem Montagefortschritt der Metallbekleidungen wieder abgenommen werden.

Titanzink ist selbst unter sehr ungünstigen Einflüssen gegen die gängigen Holzschutzmittel weitestgehend unempfindlich. Bei vollflächig aufliegenden Metalldeckungen aus Zinkblech ist der Einfluß von Trennlagen für die Minderung von Regengeräuschen relativ gering. Lediglich mit Trennlagen aus Polyamid-Strukturmatten (ca. 18 mm dick, schwer entflammbar) kann der Schalldurchgang spürbar verbindert werden.

Bei hochwertigen Zinkbahnen ist die Gefahr der „Kontaktkorrosion" durch Berührung mit Bauteilen aus mit Aluminium, Blei, verzinktem Stahl und nichtrostendem Stahl durch elektrochemische Prozesse geringer als bisher meistens angenommen, so daß der Zusammenbau mit diesen Materialien problemlos ist [41].

Bauteile aus Titan-Zink sollen jedoch niemals in Verbindung mit Bauteilen aus Kupfer oder Stahl verlegt werden, insbesondere wenn von Kupfer- oder Stahlteilen abfließendes Wasser auf Titan-Zinkflächen gelangen kann.

Titan-Zinkbleche werden in Blechdicken von 0,7 bis 2,0 mm hergestellt. Die Fertigung erfolgt in Bändern (Coils) mit maximal 1000 mm Breite sowie in Tafeln von 1000 x 2000 mm und 1000 x 3000 mm.

Außerdem werden vorgefertigte Profilstreifen in Mindestdicken von 0,7 mm für Traufstreifen, Kehlen, Kappleisten, Abdeckungen usw. geliefert.

Die Zinkbleche müssen nach DIN 17770 bzw. pr EN 988 gekennzeichnet sein.

Kupfer ist noch immer das dauerhafteste, aber auch teuerste Deckmaterial. Auf der Kupferdeckung schlägt sich allmählich eine schützende, meist grüne Oxydschicht (Patina) nieder, die den Dächern mit zunehmendem Alter ihr besonderes Aussehen verleiht.

Bei Eindeckungen mit Kupfer kann es insbesondere in der Anfangsphase des Oxydationsprozesses durch Auswaschungen zu grünen Verfärbungen an benachbarten Bauteilen kommen, die kaum beseitigt werden können. Durch sorgfältige Planung muß daher sichergestellt werden, daß Niederschlagswasser nicht unkontrolliert ablaufen kann.

Kupfertafeln oder -bahnen werden auch mit verzinnter Oberfläche geliefert, wenn die Oxydierung und Grünverfärbung der Oberflächen ausgeschlossen bleiben soll, jedoch die hohe Korrosionsbeständigkeit von Kupfer als erforderlich erachtet wird.

Kupferblech muß mindestens 99% reines Kupfer enthalten und sich falzen lassen, ohne Sprünge und Risse zu bekommen. Es muß eine glatte, von Poren, Zunder und Asche vollkommen freie Oberfläche haben.

Für Dachdeckungen wird Kupferblech in Tafeln von 1,00 x 2,00 m und 0,1 bis 2,0 mm Dicke (DIN 1751) sowie in Bändern von max. 1,00 m Breite und 0,2 bis 2,0 mm Dicke (DIN 1791) verwendet. Es wird die Qualität „weich" F 22 (Zugfestigkeit 220 bis 250 N/mm²; Bruchdehnung > 45%) und „halbhart" F 25 (Zugfestigkeit 250 bis 350 N/mm²; Bruchdehnung > 15%) geliefert. Die Buchstaben SF kennzeichnen sauerstofffreie, phosphordesoxidierte Kupfersorten mit einem Reinheitsgrad von 99,9 Gew.-% Kupfer.

Bezeichnungsbeispiel für Kupferband Bd (Tafeln bzw. Blech Bl): **Bd 0,6 x 600 DIN 1791 – SF – Cu F 22**

Aluminium. Aluminiumbleche werden in verschiedenen Legierungen in ebenen Tafeln (1000/2000, 1250/2500, 1500/3000 sowie bei verschiedenen Breiten in Längen bis 6000 mm) oder in Bändern von 600, 800 und 1000 mm Breite geliefert. Für Dacharbeiten in handwerklicher Ausführung kommen hauptsächlich Dicken von 0,7 und 0,8 mm in Frage.

Walzblankes Aluminium bildet bei Bewitterung eine oberflächenschützende natürliche Korrosionsschicht. Sie bleibt unter dem Einfluß starker Luftverschmutzung jedoch nicht auf Dauer beständig. Einen verbesserten Oberflächenschutz bietet die Eloxierung, doch werden heute meistens farblich beschichtete oder einbrennlackierte Aluminiumbleche verwendet.

Nichtrostender Stahl. Für hochwertige oder durch eine aggressive, schadstoffbelastete Atmosphäre stark beanspruchte Eindeckungen werden zunehmend Bleche aus nichtrostendem Stahl (Cr-Ni-Mo-Stähle, DIN 17 441 und DIN EN 10 088-2, Handelsname Nirosta®) verwendet. Das Material wird in 0,4 mm dicken Blechen in Coils von 625 mm (auch 1250 mm) Breite mit blanker oder mattierter Oberfläche geliefert. Es bedarf im allgemeinen keines besonderen Oberflächenschutzes.

Die Verlegung erfolgt wie bei anderen Metalldeckungen in Scharen, die mit Hilfe spezieller Rollnaht-Schweißmaschinen absolut wasserdicht verbunden werden können. Damit können Deckflächen aller Art auch für Sanierungsaufgaben und sogar für gefällelose Dächer hergestellt werden.

Verzinkter Stahl. Bleche aus verzinktem Stahl kommen für handwerklich ausgeführte Metalldeckungen weniger in Frage, weil bei der Bearbeitung die korrosionsschützende Zinkschicht fast zwangsläufig beschädigt wird.

Blei. Vollständige Bleideckungen werden wegen der hohen Kosten selten ausgeführt. Sie eignen sich wegen der leichten Verformbarkeit von Walzbleitafeln oder -bändern aber ganz besonders für komplizierte oder mehrfach gekrümmte Dachflächen wie z. B. von Kuppeln u. ä. Blei wird daher auch für schwierige Anschlußstellen anderer Deckungen verwendet.

Deckblei muß mindestens 2 mm dick sein. Es wird in Rollen von 1,00 m Breite und bis zu 10 m Länge geliefert (DIN 59 610). Die erforderliche Vollschalung muß mindestens 30 mm dick sein.

Für Bleideckungen sind spezielle Hohlwulst- und Holzwulstdeckung (diese besonders für flach geneigte, begehbare Dächer) üblich (Bild **1**.213).

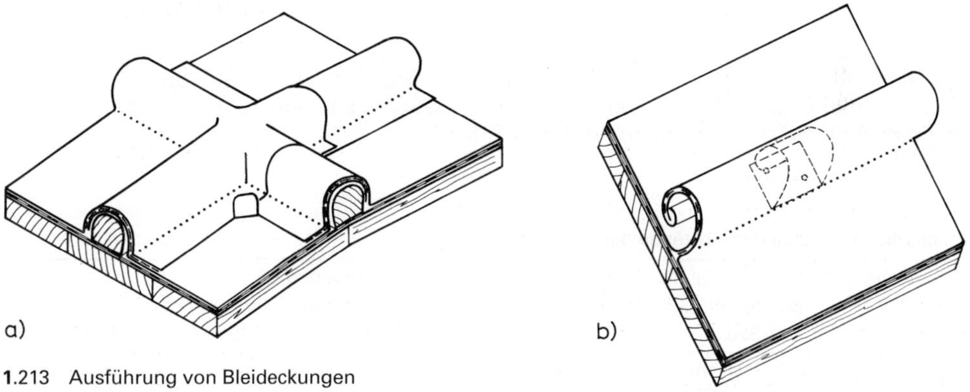

1.213 Ausführung von Bleideckungen
a) Holzwulst, b) Hohlwulst

Verarbeitung

Metalldeckungen werden aus senkrecht zur Traufe verlegten Blechbahnen oder -tafeln („Schare") gebildet. Die Art der Längsstoßausbildung kennzeichnet die Ausführungsarten. Metalldeckungen aus Zink- oder Kupferbahnen werden als Doppelstehfalzdeckung bei Dachdeckungen > 25° auch als Winkelstehfalzdeckung oder als Leistendeckungen ausgeführt (Bild **1**.214).

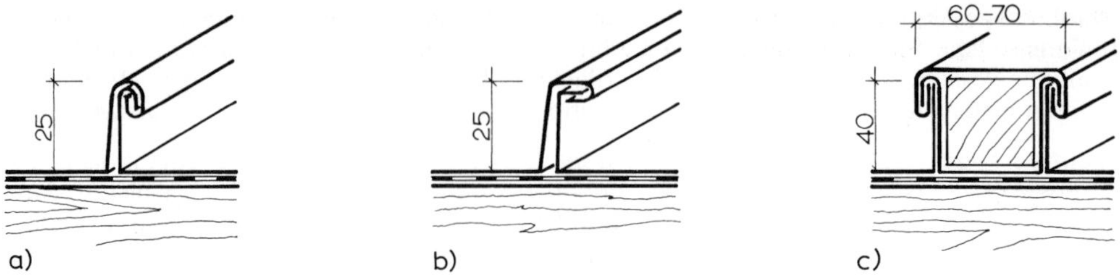

1.214 Ausführungsarten von Zink- und Kupfereindeckungen
a) Doppelstehfalzdeckung
b) Winkelstehfalz
c) Leistendeckung

Doppelstehfalzdeckung

Bei dieser Deckungsart werden die einzelnen bis ca. 60 cm breiten (Achsmaß) Metallbahnen durch Fest- oder Schiebehaften (Bild **1**.215) gehalten.

Jeder Hafter wird mit 3 Breitkopfstiften auf der Dachfläche befestigt.

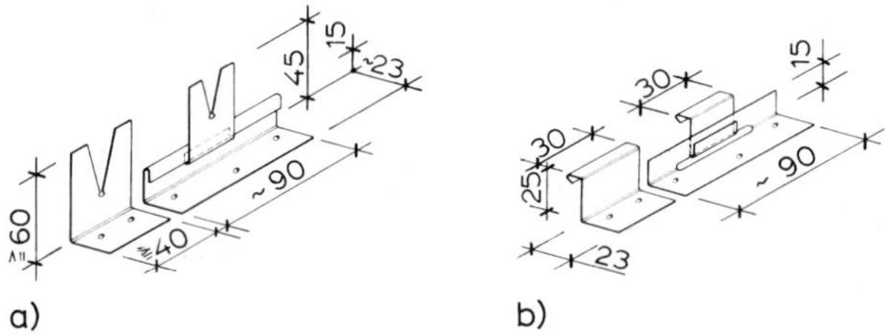

1.215
Formen von Haften
a) Hafte für Handverlegung
b) Hafte für Maschinenverlegung

Die Entfernung der Hafte ist abhängig von der Windbelastung der Eindeckung, d. h. der Einbauhöhe über Gelände (Gebäudehöhe), dem Einbaubereich (Normalbereich bzw. Eck- und Randbereich) und der Scharenbreite (Tab. **1**.216).

Tabelle **1**.216 Anzahl und Abstände der Hafte [50]

Gebäudehöhe Traufhöhe m	Eck- und Randbereich Bandbreite/Scharenbreite						Normalbereich Bandbreite/Scharenbreite					
	600/520		700/620		800/720		600/520		700/620		800/720	
	H/m²	H/cm	H/m²	H/cm	H/m²	H/cm	H/m²	H/cm	H/m²	H/cm	H/m²	H/cm
bis 8	4	50*	4	42	4	36	4	50	4	42	4	36
8 bis 20	6	33	6	28	6	24	5	40	5	33	5	28
20 bis 100	8	25	8	21	–	–	6	33	6	28	–	–

H/m² = Hafte/m² H/cm = Hafte/cm
* = max. Haftabstand (10 m Scharenlänge)
Haftabstände über 50 cm sind unzulässig
Hinweis: Bandbreite/Scharenbreite 1000 mm/920 mm sind nicht zulässig für Cu, Zn, Alu

Die Hafter werden von Hand, mit der Falzzange oder – bei großen Dachflächen – maschinell beim Verfalzen mit eingearbeitet (Bild **1**.217).

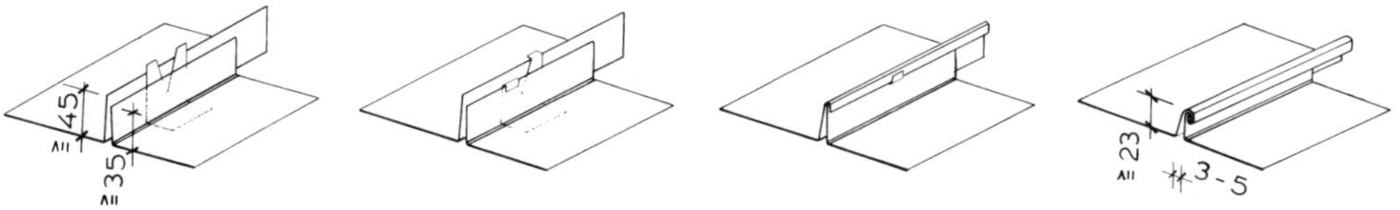

1.217 Doppelstehfalzdeckung [27]

Bei der maschinellen Deckung arbeitet man von der Rolle und kann somit Deckbahnen großer Länge ohne Querstöße aufbringen. Wegen der Wärmedehnung müssen jedoch mindestens alle 10 m Schiebestöße in den Scharen ausgebildet werden. Bei geringen Dachneigungen sollen die Scharen jedoch nur 5 m Länge haben. Die waagerechten Stöße werden bei Dächern mit Neigungen > 7° mit liegenden einfachen oder doppelten Falzen ausgebildet (Bild **1**.218 a bis d). Bei flachen Dächern (3 bis 7°) müssen Gefällestufen gebildet werden (Bild **1**.218 e).

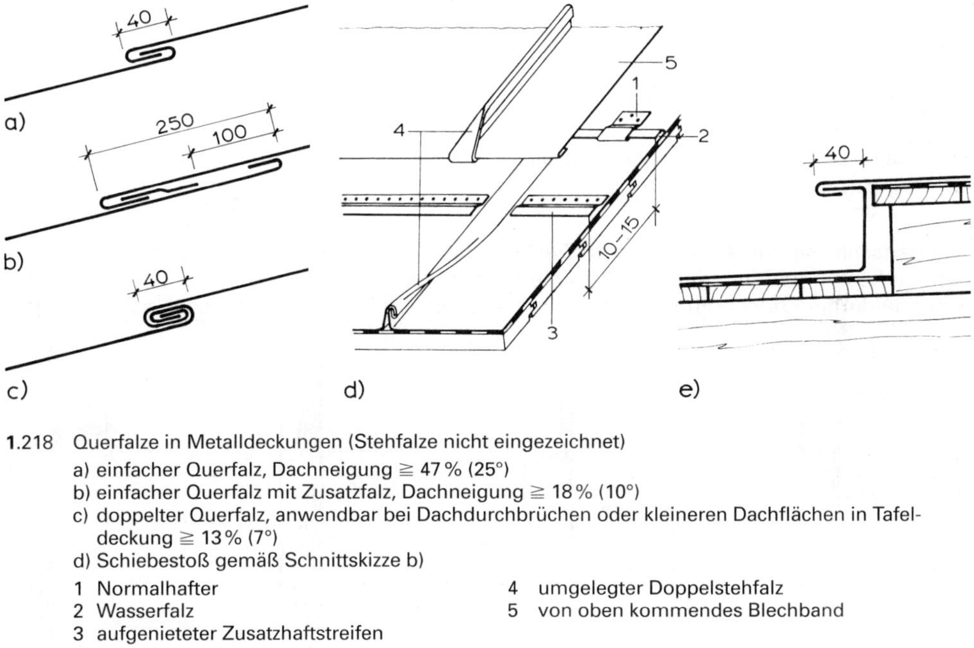

1.218 Querfalze in Metalldeckungen (Stehfalze nicht eingezeichnet)
a) einfacher Querfalz, Dachneigung ≧ 47 % (25°)
b) einfacher Querfalz mit Zusatzfalz, Dachneigung ≧ 18 % (10°)
c) doppelter Querfalz, anwendbar bei Dachdurchbrüchen oder kleineren Dachflächen in Tafeldeckung ≧ 13 % (7°)
d) Schiebestoß gemäß Schnittskizze b)
1 Normalhafter
2 Wasserfalz
3 aufgenieteter Zusatzhaftstreifen
4 umgelegter Doppelstehfalz
5 von oben kommendes Blechband
e) Gefällestufe, Dachneigung ≧ 5 % (3°)

An der Traufe werden die Schare um gerade oder profilierte Vorstoß- bzw. Traufstreifen gefalzt (Bild **1**.219).

Abknickungen für Aufkantungen in den Dachflächen werden durch Quetschfalz (Bild **1**.220 a) oder mit umgelegtem Doppelstehfalz (Bild **1**.220 b) gebildet.

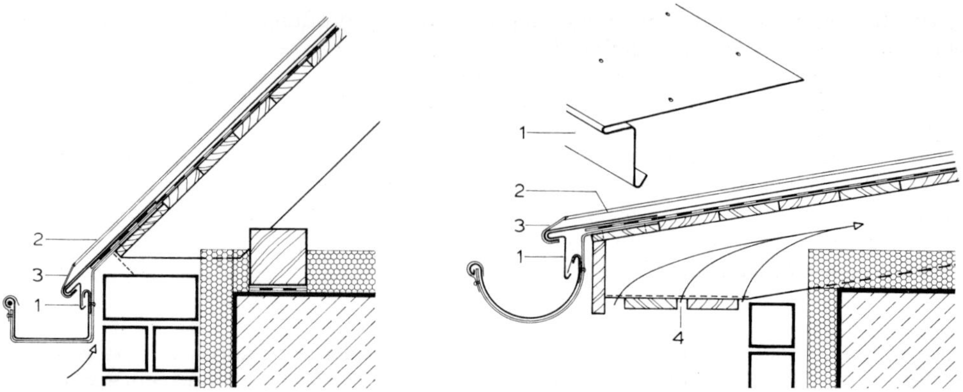

1.219 Traufenanschlüsse [27]
1 Traufenstreifen („Vorstoß")
2 Doppelstehfalz
3 Falzlasche umgeschlagen
4 Zuluftschlitze mit Insektengitter

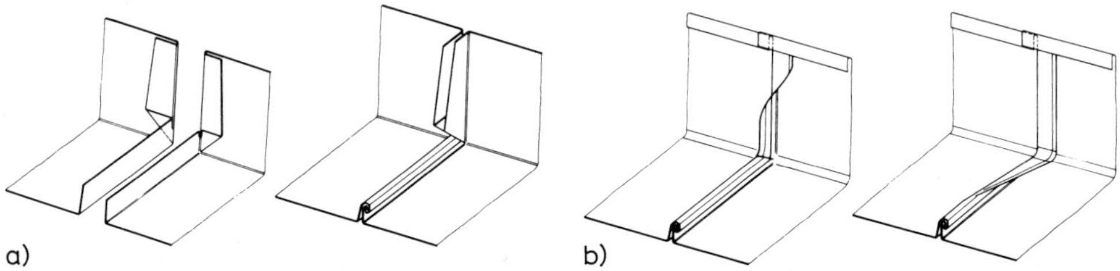

1.220 Abknickungen in Doppelstehfalzdeckungen [41]
a) Arbeitsablauf Quetschfalz
b) umgelegter Doppelstehfalz

Wandanschlüsse und Anschlüsse an Dachdurchdringungen wie z. B. an Schornsteine werden am besten dadurch gebildet, daß die Eindeckung hinter Bekleidungen oder unter Hinterschneidungen hochgeführt werden (vgl. Abschn. 1.9.3 und 1.9.4). Anschlüsse mit Kapp-

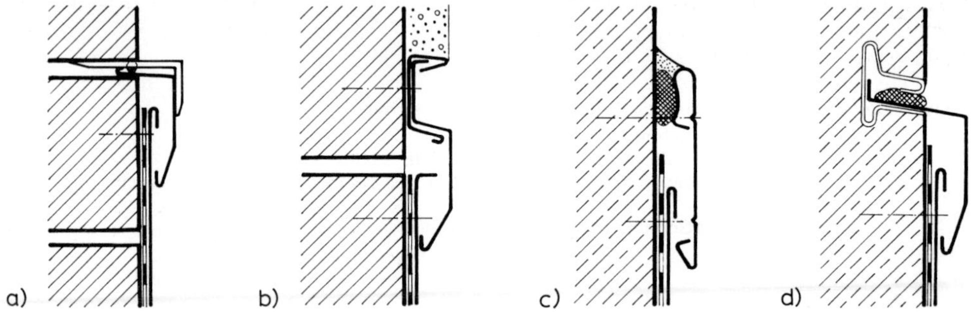

1.221 Wandanschluß
a) Kappleiste abgetreppt in Mauerfuge eingelassen, Sicherung durch verzinkte Mauerhaken, zusätzliche Abdichtung mit Dichtungsmasse *(bedenkliche Ausführung: Kappleiste in eingeschnittene Fuge eingelassen)*
b) vorgefertigtes Putzanschlußprofil, Kappleiste nachträglich aufgeschraubt
c) Profil-Kappleiste mit Quetschdichtung und dauerelastischer Abdichtung (auf Stahlbeton oder Sichtmauerwerk)
d) einbetonierte Profilschiene; Kappleiste eingeschoben, mit Kunststoff-Klemmprofil gehalten

leisten (vgl. Bild **1**.221 a und c) sollten möglichst vermieden werden. Zu bedenken ist, daß Fugendichtungsmassen nicht auf lange Zeit alterungsbeständig sind. Nicht allein dadurch kommt es bei Kappleisten-Anschlüssen insbesondere bei starker Schlagregenbeanspruchung oft zur Hinterwanderung durch Niederschlagswasser. Anschlüsse an aufgehende geputzte Flächen können mit Hilfe von Putzschlußprofilen ausgeführt werden (Bild **1**.221 b). Die Verwendung von Spezial-Einbauprofilen ist zwar aufwendig bei den Schalungsarbeiten, kann aber sichere Anschlüsse an Betonbauteile gewährleisten (Bild **1**.221 d).

Bei langen Wandanschlüssen muß der Dehnungsausgleich berücksichtigt werden. Handwerkliche Ausführung mit „Schiebekasten" (Bild **1**.222 a) erfordern sehr sorgfältige, aufwendige Arbeitsgänge. Vorgefertigte Dehnungsausgleicher sind hier vielfach eine rationelle Alternative (Bild **1**.222 b).

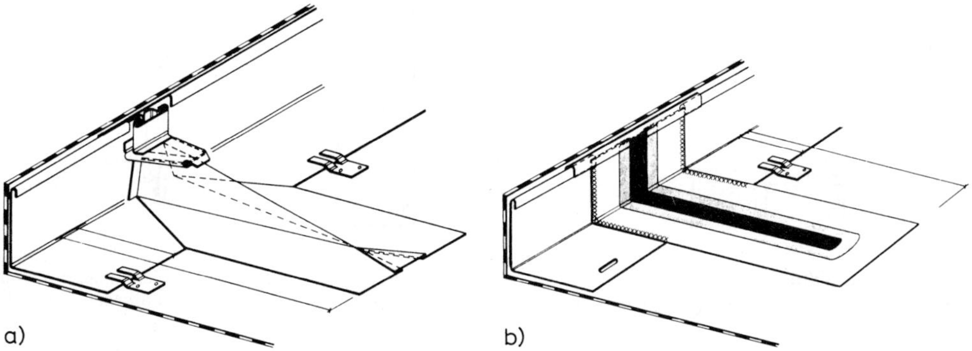

1.222 Wandanschluß mit Dehnungsausgleich [41]
a) handwerklich hergestellter Dehnungsausgleich (Schiebekasten)
b) RHEINZINK-1-Kopf-Dehnungsausgleicher für Wandanschluß

Ortgang. Eine übliche Ortgangausbildung zeigt Bild **1**.223.

Gekrümmte Formen. Für gestalterische Sonderformen können Stehfalzeindeckungen auch mit gekrümmten Scharen ausgeführt werden, die in diesen Fällen meistens bereits werkseitig vorbereitet werden.

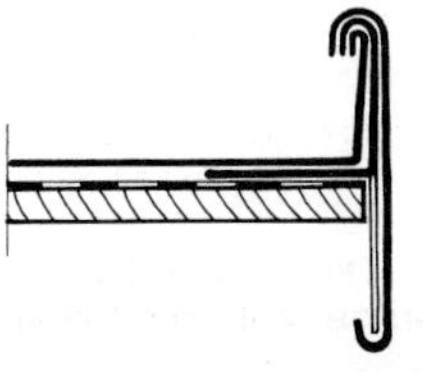

1.223 Ortgangabschluß

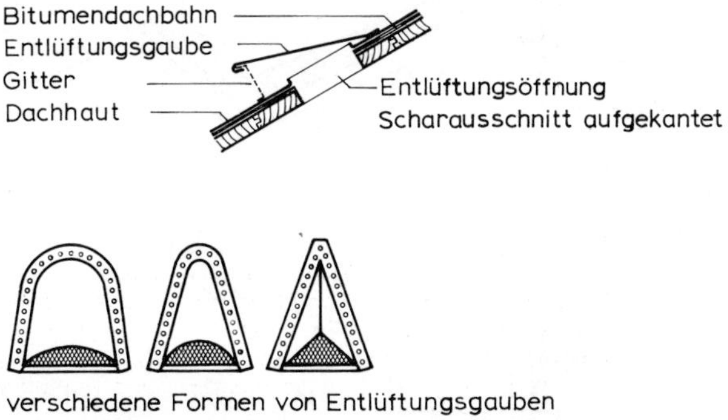

1.224 Lüftungsgauben

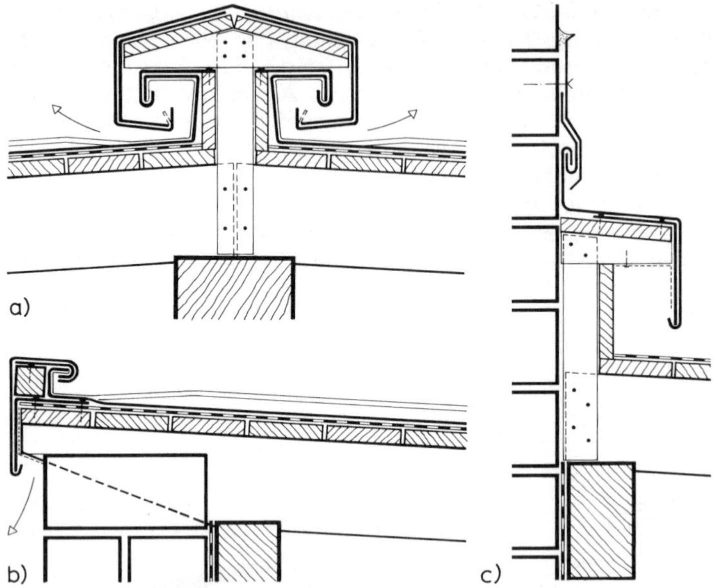

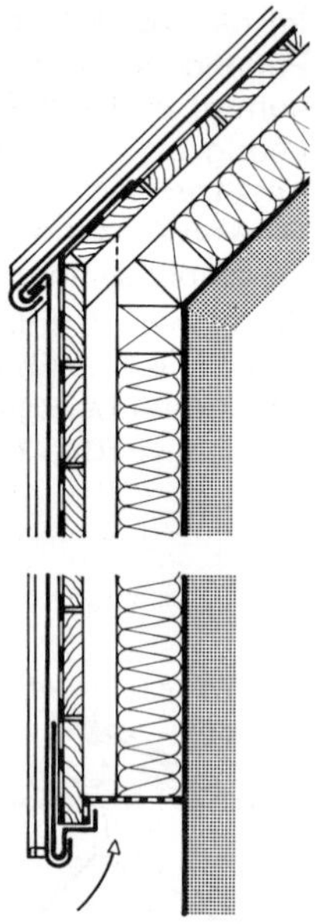

1.225 Firstentlüftung [41]
a) Firstentlüftung für Satteldächer (mit Flugschneesicherung)
b) Pultdachfirst mit Abluftschlitz
c) Pultdachanschluß mit Entlüftung an aufgehender Wand

1.226 Fassadenknickpunkt mit Falzunterbrechung [41]

Grate und Kehlen. Die Ausführung von Graten und Kehlen hängt ab von der Größe und Neigung der angrenzenden Dachflächen. Bei der Planung der Grate sind zunächst ausreichende Querschnitte für die aufsteigenden Luftströme der Hinterlüftung sicherzustellen. Bei kleineren Flächen kann dabei eine entsprechend gestaltete mehrlagige Unterkonstruktion ausreichen, und die Grate können mit Doppelwinkelfalz eingedeckt werden (Bild **1**.227 a). Bei großen Dachflächen kann die einwandfreie Entlüftung nur durch Grate mit Abluftschlitzen ähnlich wie bei Firsten gewährleistet werden (vgl. Bild **1**.225 a).

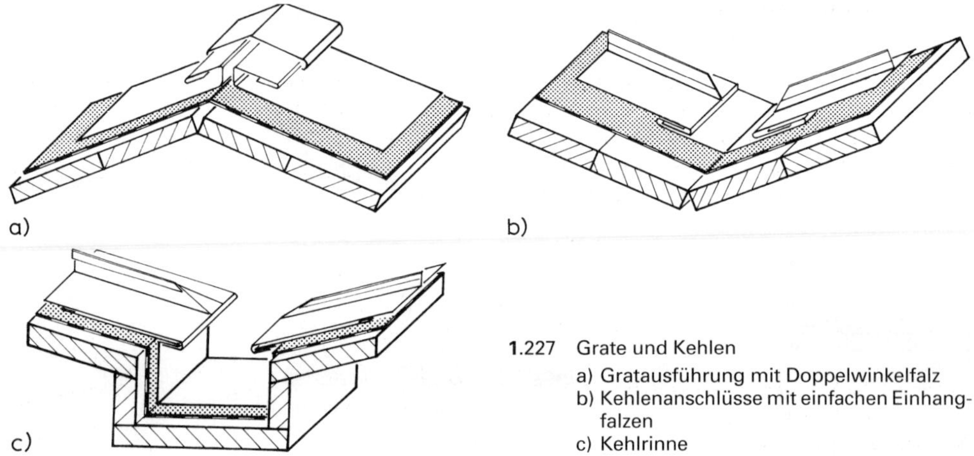

1.227 Grate und Kehlen
a) Gratausführung mit Doppelwinkelfalz
b) Kehlenanschlüsse mit einfachen Einhangfalzen
c) Kehlrinne

Kehlen mit einfachem Einhangfalz (Bild **1**.227 b) können bei steilen Neigungen ausreichen. Wenn größere Niederschlagmengen von großen Dachflächen abgeführt werden müssen und bei geringen Neigungen, ist die Ausführung von Kehlgräben erforderlich (Bild **1**.227 c). Bei ihnen ist die Kombination mit Zuluftöffnungen nicht ratsam, denn bei Verunreinigungen der Kehlgräben z. B. durch Laub oder bei Vereisung von Schnee könnte leicht durch Rückstau Wasser in die Dachkonstruktion eindringen. In jedem Fall ist die sichere Entwässerung von Kehlrinnen planerisch durch entsprechende Dachrandgestaltung zu gewährleisten.

Bei großen Dachflächen können im Kehlenbereich Zustromöffnungen zur Hinterlüftung erforderlich werden. Sie werden am besten durch Lüftergauben gebildet (Bild **1**. 224). Die ausreichende Hinterlüftung muß auch in der Unterkonstruktion durch geeignete Maßnahmen gesichert sein wie z. B. durch Auflagerung der Unterschalung mit Konterlattung oder auf doppelter Pfettenlage sowie ggf. durch Ausschnitte an den Anschlüssen zwischen Schiftersparren und Kehlsparren.

Leistendeckung

Leistendeckungen haben gegenüber den Stehfalzdeckungen den Vorzug, daß sich die einzelnen Blechbänder („Schare"), die durch Holzleisten getrennt sind, gänzlich unabhängig voneinander dehnen und zusammenziehen können.

Die Aufkantungen der Deckschare grenzen so an die Deckleisten (mind. 40/40 mm) an, daß der Dehnungsausgleich in der Querrichtung problemlos möglich ist. Die Stoßstelle wird durch die Deckkappen überbrückt. Unterschieden wird

— „Deutsche" Leistendeckung als Regelausführung (Bild **1**.228 a) und
— „Belgische" Leistendeckung (Bild **1**.228 b).

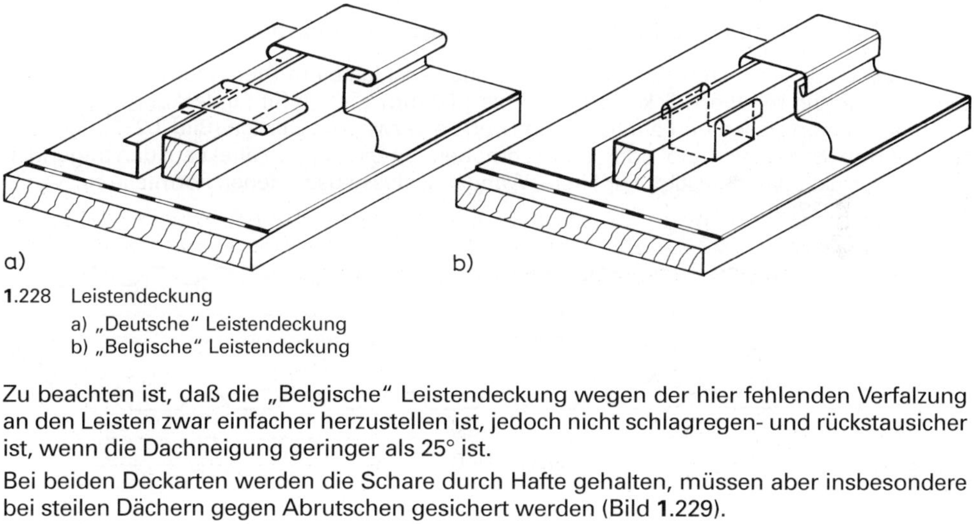

1.228 Leistendeckung
a) „Deutsche" Leistendeckung
b) „Belgische" Leistendeckung

Zu beachten ist, daß die „Belgische" Leistendeckung wegen der hier fehlenden Verfalzung an den Leisten zwar einfacher herzustellen ist, jedoch nicht schlagregen- und rückstausicher ist, wenn die Dachneigung geringer als 25° ist.

Bei beiden Deckarten werden die Schare durch Hafte gehalten, müssen aber insbesondere bei steilen Dächern gegen Abrutschen gesichert werden (Bild **1**.229).

1.229
Sicherung der Schare gegen Abrutschen [41]
a) „Deutsche" Leistendeckung
b) „Belgische" Leistendeckung

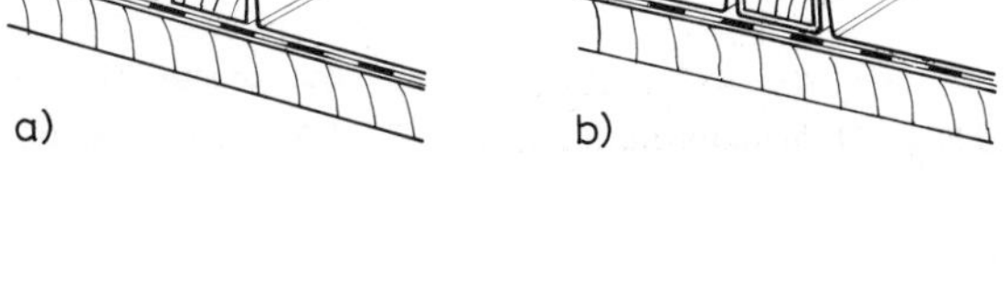

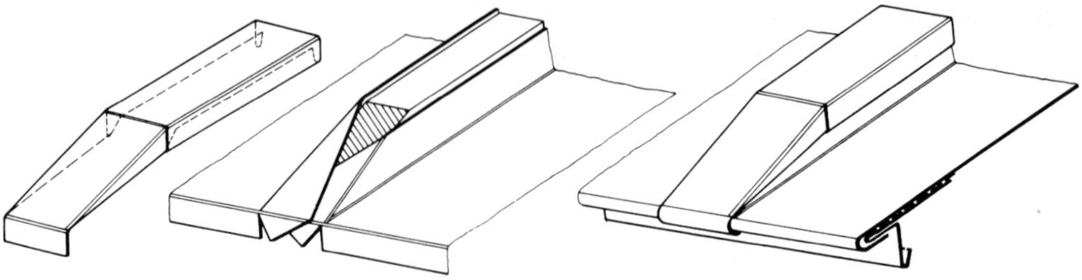

1.230 Traufenausbildung [41]

Aus gestalterischen Gründen können Leistendeckungen mit Doppelstehfalzdeckungen kombiniert werden, so daß in den Dachflächen z. B. jede 2. Stoßstelle in der jeweils anderen Deckart ausgeführt wird.

Die Ausführung von Traufenkanten und Ortgängen zeigen die Bilder 1.230 und 1.231. Firste, Grate und Kehlen und insbesondere die erforderlichen Hinterlüftungen sind wie bei Stehfalzdeckungen auszuführen.

1.231
Ortgangausbildung
a) „Deutsche" Deckung
b) „Belgische" Deckung

1.5.9.3 Metalldachdeckungen mit vorgefertigten Elementen

Profilbleche aus verzinktem Stahlblech oder aus beschichtetem Aluminium in verschiedenen Formen und mit Blechdicken von 0,35 bis 1,00 mm können für Eindeckungen größerer Dachflächen von Hallen und ähnlichen Bauwerken verwendet werden (Bild 1.232). Sie werden mit Holz- bzw. Blechtreib- oder -bohrschrauben mit Dichtungen direkt auf den tragenden Unterkonstruktionen befestigt. Für Firste, Wandanschlüsse usw. stehen Formteile zur Verfügung (Bild 1.233).

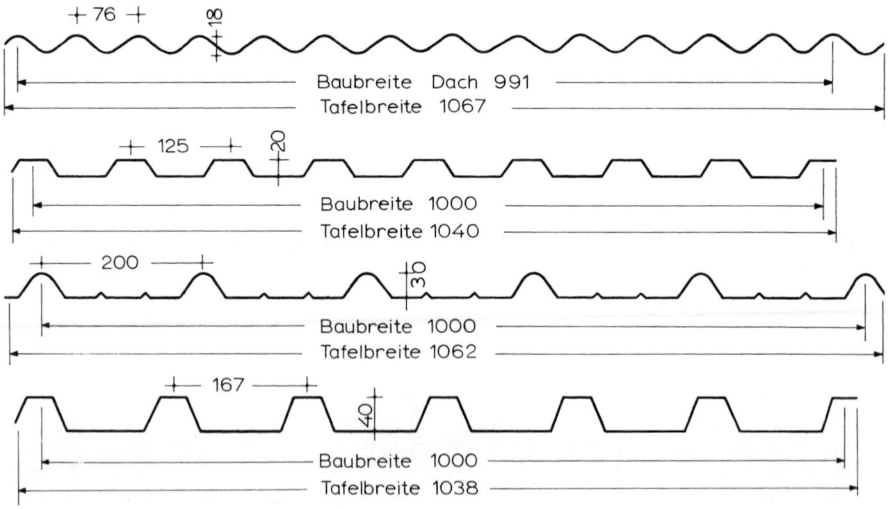

1.232 Aluminium-Blechprofile (ALCAN-Aluminiumwerke)

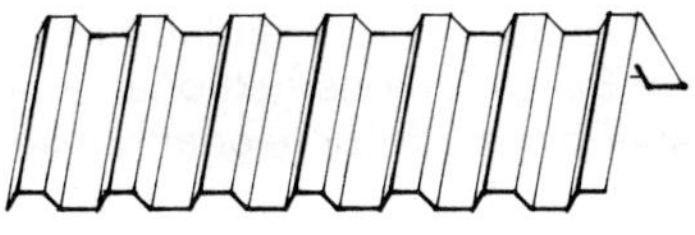

a)

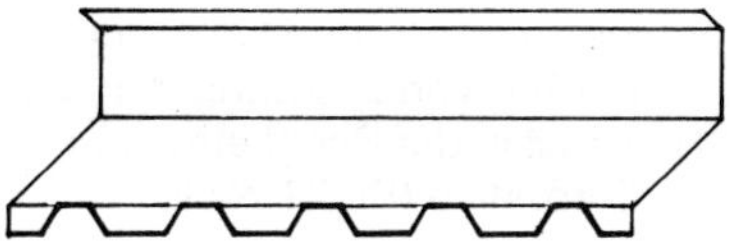

b)

1.233 Formteile für Wellplatten aus Metall (Beispiele)
a) Firsthaube
b) Zahnblech-Anschlußstück

Profilblechkassetten aus verzinktem Stahlblech oder aus beschichtetem Aluminium werden in großen Längen hergestellt, so daß eine querstoßfreie Verlegung möglich ist. Je nach Profilart und statischem System (1- oder 3-Feldverlegung) können Pfettenabstände bis ca. 3,00 m überbrückt werden. Derartige Elemente haben je nach Hersteller verschiedene Verfalzungsformen. Sie werden auf Halteprofile aufgeklemmt bzw. ineinandergehängt (Bild **1**.234). Für die Eindeckung von Firsten, Pultdachabschlüssen usw. werden alle erforderlichen Formteile hergestellt.

Wärmegedämmte Dachflächen können mit Profilkassetten in Verbindung mit Mineralwolleplatten eingedeckt werden. Sie werden bei hallenartigen Bauwerken mit Pfettentragwerken auf Trapezprofile aufgelegt oder in tragende Profilkassetten eingelegt. Dabei ist zur Vermeidung von Wärmebrücken eine zweilagige Verlegung der Wärmedämmung zu bevorzugen.

Die Profilkassetten der Dachdeckung werden in die Befestigungsclips von durchlaufenden Halteprofilen eingehängt (Bild **1**.235). Die Halteprofile verlaufen in der Regel quer zur Spannrichtung der Unterkonstruktionen (Bild **1**.236 a). Wenn eine Verlegung parallel zur Spannrichtung der tragenden Profilbleche nötig ist, werden Halteprofile verwendet, die für die Montage im Winkel von 45° vorgerichtet sind (Bild **1**.236 b und c).

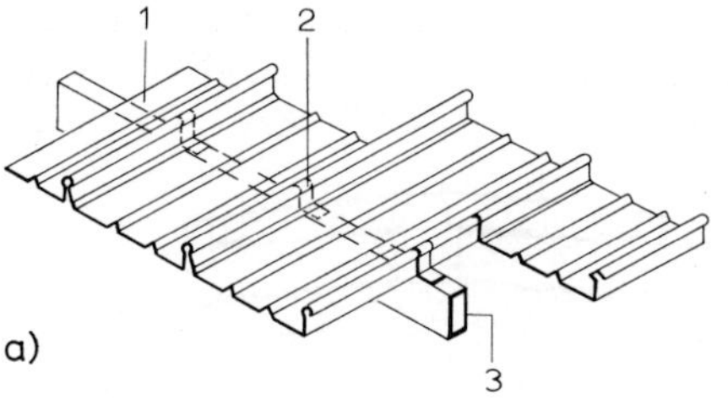

a)

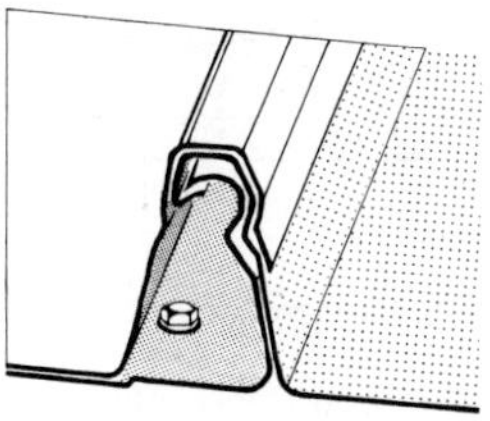

b)

1.234 Profilblechkassetten
a) Schematische Darstellung
b) Detail Längsverfalzung (Domico GBS®)
1 Profilblechkassette
2 Ankerclip (Gleitbügel)
3 Pfette

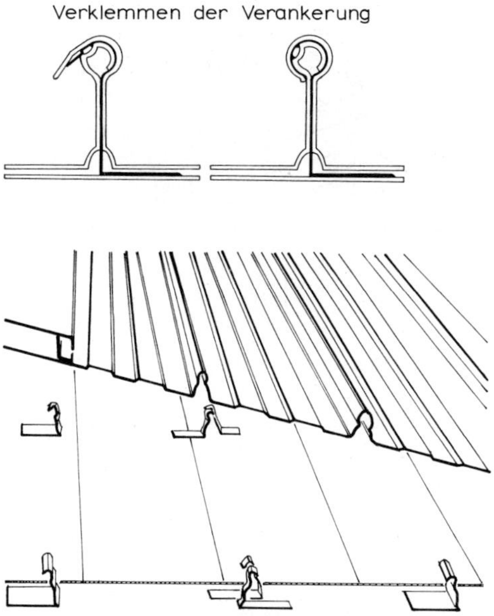

1.235 Profilblechkassetten auf Schalung und Dampfsperre, befestigt mit Ankerclips

Die erforderliche raumseitige Dampfsperre kann bei Konstruktionen mit tragenden Profilkassetten mit Hilfe von Dichtungsbändern erreicht werden. Bei Unterkonstruktionen aus Trapezprofilen ist in der Regel eine durchlaufende Dampfsperre aus Bitumen- oder Kunststoffbahnen erforderlich (Bild **1**.235).

Für Firste, Traufen, Ortgänge usw. werden zu den Profilkassetten passende Formteile und Zahnleisten geliefert (vgl. Bild **1**.236 c und d). Profilkassetten können für Sonderformen von Dächern werkseitig auch gekrümmt hergestellt werden.

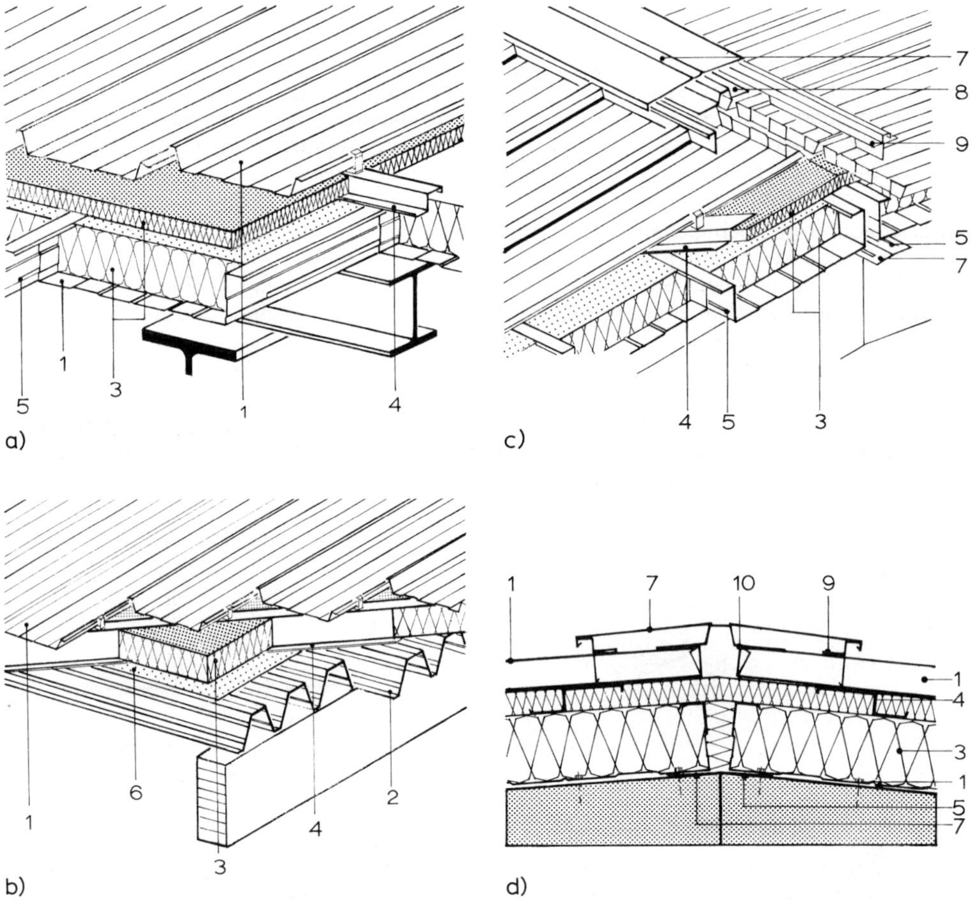

1.236 a) Deckung mit Profilblechkassetten auf Tragschale aus Profilblechkassetten, Tragschalen und Deckprofile verlaufen in gleicher Richtung

b) Profilblechkassetten auf Tragschale aus Profilblechkassetten, Tragschalen und Deckprofile verlaufen quer zueinander: Halteprofile unter 45° verlegt

c) Profilblechkassetten auf Tragschale aus Trapezblechen, Halteprofile unter 45° verlegt

d) Detail Firstausbildung

1 Profilblechkassette
2 Trapezblech
3 Wärmedämmung
4 Halteprofil
5 Dichtungsband
6 Dampfsperre
7 Firstprofil
8 Unterbauprofil
9 Zahnleiste
10 Falz-Umschlag

1.5.10 Dachpappedeckungen[1])

Dachpappedeckungen sind nicht zu verwechseln mit Dachabdichtungen, die ebenfalls auf Holzschalungen ausgeführt werden können (Anschn. 2.5.3). Sie kommen in Frage für leichte, mit Holz geschalte, geneigte Dachflächen. Dachpappedeckungen erfordern jedoch einen recht hohen Arbeitsaufwand bei der Herstellung und bei der Unterhaltung und sind daher heute weitgehend durch andere Konstruktionen (z. B. Wellplatten u. ä.) verdrängt worden.

Verwendete Materialien:

— Bitumen-Dachbahnen (DIN 52 128) 500 g/m² oder 333 g/m².
— Glasvlies-Bitumen-Dachbahnen (DIN 51 143) – V13

Benötigt werden ferner:

— Voranstrichmittel (kalt, vor punktförmiger oder vollflächiger Aufklebung der Dachhaut auf Beton anzuwenden)
— Bitumen-Klebemassen (für Kalt- bzw. Warmanstrich), z.B. geblasenes Bitumen 85/25
— Bitumen-Anstrichmasse (auch farbig)
— Deckaufstrichmittel kalt bzw. heiß zu verarbeiten.

Allgemein gelten DIN 18 338 und folgende Regeln:

1. Die Mindestdachneigung nicht vollflächig aufgeklebter Dächer ist 5°. (Unter 5° geneigte Flächen werden nicht gedeckt, sondern abgedichtet, s. Abschn. 2)

   Bei Dachneigungen über 30° müssen für vollflächig aufgeklebte Dächer Klebemassen mit hohem Erweichungspunkt verwendet werden. Für nicht vollflächig aufgeklebte Dächer ist die Dachneigung nach oben unbegrenzt.
2. Deckungen sind mindestens zweilagig auszuführen.
3. Die Überdeckung der Bahnen jeder Lage an den Nähten und Stößen muß versetzt angeordnet werden und beträgt $\geqq$ 8 cm.

   Die Lagen sind versetzt bei zweilagiger Deckung 50 cm, dreilagiger Deckung 33 $^1/_3$ cm, vierlagiger Deckung 25 cm.
4. Holzschalung unter Pappdächern muß gesund, trocken, trittfest, fugendicht und ohne vorstehende Fugenkanten sein. Gespundete Schalung ist vorzuziehen. Kehlen sind durch Dreikantleisten auszufüllen.

   Betondielen müssen nach dem Verlegen eine ebene Oberfläche ohne scharfe Kanten bilden, unterschiedliche Plattendicken sind mit Mörtel auszugleichen. Die Fugen zwischen den Dielen müssen voll vermörtelt sein.
5. Die Nagelung der Bahnen muß folgendermaßen vorgenommen werden:

   Bei Deckung auf Holzschalung parallel zur Traufe (Dachneigung < 8°) wird die erste Lage der Dachbahnen am oberen Rand nur geheftet, am unteren Rand mit Nagelabständen von 15 cm genagelt. Die weiteren Lagen werden vollflächig geklebt und am oberen Rand alle 25 cm genagelt.

   Bei Deckung senkrecht zur Traufe (Dachneigung > 8°) wird die erste Lage am oberen Rand durch versetzte Nagelung mit etwa 50 mm Nagelabstand gegen Abgleiten gesichert.

[1]) Die Bezeichnung „Dachpappe" ist ersetzt durch die Benennung „Dachbahn", findet sich aber immer noch im Sprachgebrauch.

Die weiteren Lagen werden vollflächig geklebt und am oberen Rand alle 10 cm, an der überdeckten Längskante alle 30 cm genagelt.

Die Nagelabstände an Traufen und Giebelkanten betragen in jedem Falle 4 cm.

Beim Verlegen der Dachhaut auf Holzschalung sind mindestens die ersten beiden Lagen unmittelbar nacheinander aufzubringen. Falls das nicht möglich ist, wird auf die erste Lage ein heißflüssiger Deckaufstrich aufgebracht. Als erste Lage ist eine einseitig grobbestreute Dachbahn zu verwenden und mit der grobbestreuten Seite nach unten zu verlegen, um ein Festkleben der ersten Lage auf der Schalung zu verhindern.

6. Klebe- und Deckaufstriche müssen überall satt die Fläche bedecken. Loses Bestreuungsmaterial muß dort, wo geklebt wird, sauber entfernt werden.
7. Bei Verlegen mehrlagiger Deckungen mit verschieden schweren Rohfilzpappeeinlagen wird in der Regel die Dachpappe mit der leichtesten Rohfilzpappeeinlage als untere Lage verarbeitet.
8. Schutz von Sonnenbestrahlung der Dächer und damit höhere Lebensdauer bietet die Bekiesung. Bei Dachneigungen bis zu 10° kann Perlkies (Ø 3 bis 5 mm) in Warm- oder Kalt-Klebeaufstriche, dicht und gleichmäßig deckend, auf die Dachflächen aufgewalzt werden. Bei steilen Dächern empfiehlt sich die Verwendung von fabrikfertigen naturbestreuten Dachbahnen.
9. Auf der fertig gedeckten Dachfläche dürfen keine schweren Lasten transportiert oder gelagert werden.

In Bild **1**.237 ist die Ausführung von Detailpunkten schematisch dargestellt.

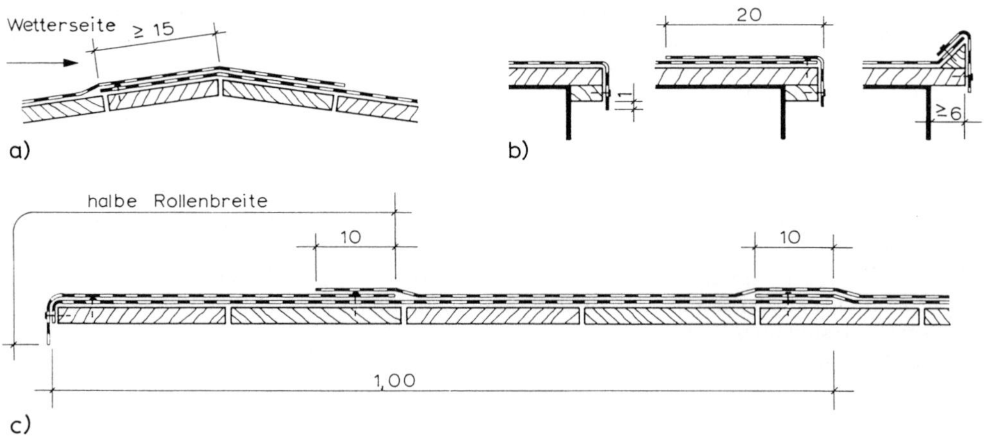

1.237 Pappdächer
a) First
b) Ortgangausführungen
c) Traufe

Schwach geneigte oder flache Dächer brauchen 15 bis 20 Jahre lang keine besondere Pflege, wenn sie als sogenanntes Kiespreßdach ausgeführt werden (d. h. mit dünner, aber dichtliegender reiner Perlkiesschicht auf sattdeckend aufgebrachter bituminöser Kieseinbettmasse).

Im übrigen sind die Dächer je nach Lage und Beanspruchung nach etwa 5 Jahren mit Anstrichen auf Bitumenbasis nachzubehandeln.

1.5.11 Geneigte Dächer mit Begrünung[1])

Begrünungen werden vor allem aus ökologischen und aus gestalterischen Gründen auch bei geneigten Dächern ausgeführt. Sie gelten im allgemeinen bauaufsichtlich zwar als „harte Bedachung" im Sinne des Brandschutzes, doch müssen die teilweise unterschiedlichen Vorschriften der jeweiligen Landesbauordnungen beachtet werden.

Auf geneigten Dächern kommt allein wegen der begrenzten Tragfähigkeit der oberen Schale nur ein relativ leichter Schichtenaufbau mit 5 bis 10 cm dicken Erdschichten in Frage. Als Bepflanzung geeignet sind dafür naturnahe Vegetationen aus Gräsern, Moosen, Sedum-Arten (Dachwurz) oder geeigneten flachwurzelnden Kräutern (sog. „extensive Begrünungen"). Diese können sich auch den extremen Standortbedingungen auf geneigten Dächern anpassen und unter einem minimalen Pflegeaufwand gedeihen bzw. sich regenerieren.

Begrünungen sind grundsätzlich für alle Dachformen (Bild **1**.1) möglich. Es sind zwar schon Dächer bis zu 45° Neigung mit besonderen Sicherungen gegen Abrutschen der Vegetationsschicht begrünt worden [10], doch sollten im allgemeinen Neigungen von etwa 30° nicht überschritten werden. Neben anderen Problemen ergibt sich bei größeren Dachneigungen eine zu schnelle Ableitung von Oberflächenwasser und eine oft nicht ausreichende Speicherung von Niederschlagswasser.

Die Begrünung mit dem gesamten dafür erforderlichen Schichtenaufbau bildet innerhalb der gesamten Dachkonstruktion eine zusätzliche Wärmedämmung. Bei einem Dachaufbau mit hinterlüfteter Wärmedämmung (Bild **1**.238a) wird dieser Effekt abgemindert. Für ein einwandfreies Funktionieren der Hinterlüftung ist außerdem ein hoher konstruktiver Aufwand (Lüftungsfrist usw.) erforderlich. So werden begrünte Dächer meistens im Zusammenhang mit nicht hinterlüfteten Wärmedämmungen (s. auch Abschn. 1.8.2) ausgeführt, wie in den Bildern **1**.238b und **1**.240 gezeigt. Dabei können sowohl mehrlagig geklebte konventionelle

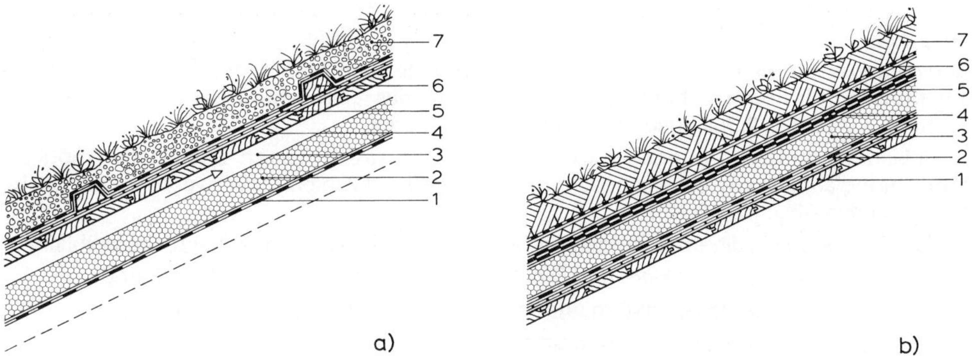

1.238 Gründach, Abrutschsicherungen

a) mit Schubschwellen
1 Dampfsperre
2 Wärmedämmung
3 Hinterlüftung
4 NF-Schalung
5 Kunststoffabdichtung (wurzelfest) auf Trennlage
6 Schubschwelle
7 extensive Begrünung (einschichtiger Aufbau)

b) mit Krallenmatte
1 NF-Schalung
2 Dampfsperre auf Trennlage
3 Wärmedämmung
4 Dachabdichtung, wurzelfest
5 Filtermatte
6 geotextile Krallenmatte kombiniert mit Filtervlies
7 extensive Begrünung (zweischichtiger Aufbau)

---

[1]) Begrünungen werden vor allem auf nicht belüfteten Flachdächern in Massivkonstruktion (s. Abschn. 2.4.4) ausgeführt.

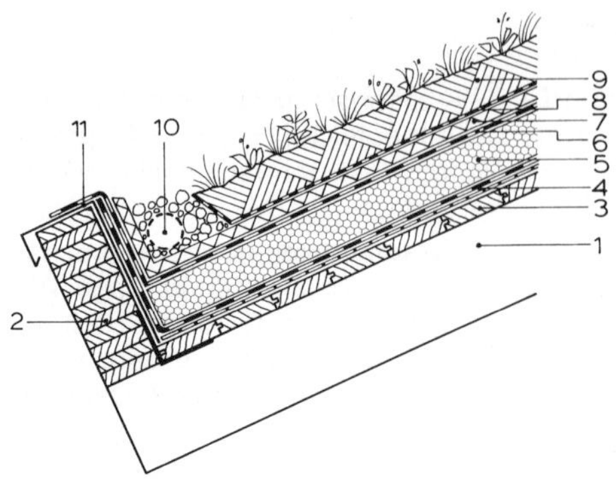

1.239 Gründach, Aufbau nach dem Warmdachprinzip; Traufe mit Entwässerung
1 Sparren
2 Rand-(Abfang-)träger, gehalten durch Stahlwinkel
3 NF-Schalung
4 Dampfsperre auf Trennlage
5 Wärmedämmung
6 Kunststoffabdichtung, wurzelfest
7 Filterschicht
8 Filtervlies
9 extensive Begrünung
10 Dränrohr Ø 50 in Kiesbett
11 kunststoffbeschichtetes Abdeckblech, Dachabdichtung aufgeschweißt

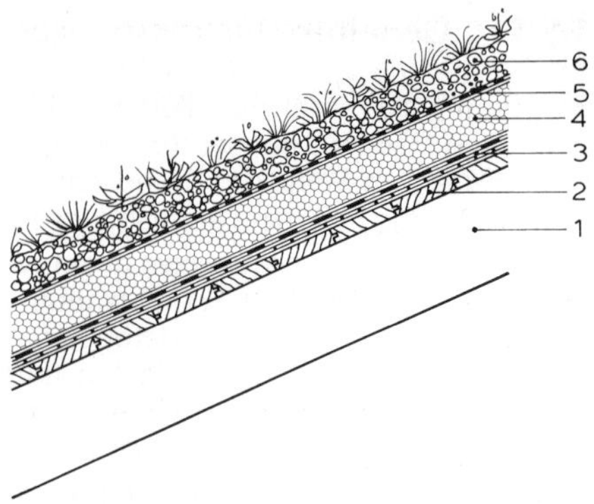

1.240 Gründach, Aufbau nach dem Umkehrdachprinzip
1 Sparren
2 NF-Schalung
3 Kunststoffabdichtung (wurzelfest) auf Trennlage
4 Wärmedämmung (extrud. PS-Hartschaum; Roofmate o. ä.)
5 Filtervlies
6 extensive Begrünung (einschichtiger Aufbau)

Abdichtungssysteme mit Dampfsperre (Bild **1**.239) als auch Abdichtungen mit lose verlegten Kunststoffdichtungsbahnen nach dem Prinzip des „Umkehrdaches" wie bei Flachdächern (s. Abschn. 2.3.2) ausgeführt werden (Bild **1**.240).

Grundsätzlich sind Begrünungen nur auf wurzelfest abgedichteten Dachflächen möglich (Abdichtung ähnlich wie bei Flachdächern nach Abschnitt 2, nicht zu verwechseln mit Dachdeckung nach Abschn. 1.5.10!).

Für Begrünungen ist allgemein folgender Schichtenaufbau (von unten nach oben) üblich:
— Abdichtung (wurzelfeste Dach- und Dichtungsbahnen, wasserundurchlässiger Beton)
— Schutzlage (Schutzvliese, -platten und -bahnen, ggf. auch Dränelemente)
— Dränung (Schüttstoffe, Dränmatten und -platten)
— Filterschicht (Vliese)
— Vegetationsschicht (Boden- und Schüttstoffgemische, Substratplatten)

Die Zusammensetzung der Vegetationsschicht ist abhängig von der gewählten Bepflanzung. Sie kann aus einer Mischung von Nährboden mit Schüttstoffen bestehen, die Niederschlagswasser gleichzeitig ausreichend speichern und ggf. ableiten kann (1schichtiger Aufbau, s. Bilder **1**.238 a und **1**.240). Wenn aus dem Nährbodengemisch Feinstoffe ausgeschwemmt werden können, ist ein mehrschichtiger Aufbau erforderlich mit einer gesonderten Filterschicht (Bild **1**.238 b und **1**.239).

Für geneigte Dächer ist besonders zu beachten:

Bei Dachneigungen bis ca. 20° sind bei geeigneter Zusammensetzung der Vegetationsschicht und der übrigen Schichten keine besonderen Maßnahmen gegen Abrutschen der Schichten notwendig.

Bei größeren Dachneigungen oder schweren Begrünungsschichten müssen Stützschwellen oder -profile ggf. mit besonderem statischen Nachweis vorgesehen werden. Sie sind mit der Unterkonstruktion kippsicher fest zu verankern und sehr sorgfältig einzudichten (Bild **1**.238 a). Einfacher ist die Anwendung von verrottungsfesten geotextilen Krall-Vliesmatten, die entweder beiderseits gleich weit über die Firste von Satteldächern hinweggeführt oder (z. B. bei Pultdächern u. ä.) oben auf der Dachhaut mit zusätzlichen Eindichtungen fixiert werden (Bild **1**.238 b).

An den Traufen wird Überschußwasser aus Niederschlägen in druckfesten Dränrohren gesammelt und abgeleitet. Die Dränrohre werden in Kiespackungen eingebettet, über die das Filtervlies bis zum Traufenabschluß hinweggeführt ist (Bild **1**.240).

Die sonstigen allgemeinen Anforderungen an begrünte Dächer sind in Abschn. 2.4.4 näher behandelt.

1.6 Dachrinnen und Regenfallrohre

1.6.1 Allgemeines

An geneigten Dächern sind in der Regel Dachrinnen erforderlich. Nur bei sehr niedrigen Traufen und bei weiten Dachüberständen kann bei einfachen Gebäuden auf Dachrinnen verzichtet werden, wenn durch ablaufendes Niederschlagwasser keine Schäden im Sockelbereich zu befürchten sind.

Dachrinnen werden in den meisten Fällen als vorgehängte Rinnen am Traufengesims ausgeführt (Bilder **1**.254 und **1**.255). Wenn ein Bauwerk direkt auf einer Grundstücksgrenze steht, darf eine erforderliche Dachrinne in der Regel nicht über die Außenflucht hinwegreichen und muß dann als „Standrinne“ ausgeführt werden (Bild **1**.259).

Dachrinnen und die erforderlichen Regenfallrohre beeinflussen die formale Planung von Traufen und Fassaden erheblich und wurden an historischen Gebäuden daher vielfach bewußt als Gestaltungsmittel eingesetzt.

Bei langen Traufen mit freihängenden Dachrinnen sind die sich aus dem erforderlichen Rinnengefälle ergebenden Höhenunterschiede bei der Gestaltung der Gesimse zu berücksichtigen. Eine Aufteilung in kürzere Rinnenabschnitte bedingt eine entsprechend größere Anzahl von Regenfallrohren (s. Abschn. 1.6.5).

Die angedeutete formale Problematik führt bei vielen Planungen zu Lösungen, bei denen die Dachrinnen verdeckt hinter Traufengesimsen eingebaut werden (Bilder **1**.256 bis **1**.258). Dabei ist aber zu bedenken, daß es – abgesehen vom erheblich teureren konstruktiven Aufwand – leicht zu folgenschweren Bauschäden an Gesimsen und im Fassadenbereich kommen kann, wenn durch Verschmutzungen (z. B. Laub) der Regenwasserablauf unterbunden wird. (Frei hängende Rinnen laufen in solchen Fällen einfach über. Dadurch können Störungen viel schneller erkannt und beseitigt werden!)

An Dachrinnen zur Entwässerung von Dachflächen, die mit Bitumenbaustoffen eingedeckt sind, wurden in den letzten Jahren oft starke Korrosionserscheinungen beobachtet. Als Ursache wurden in der Hauptsache chemische Umwandlungen auf nicht oder nicht ausreichend gegen Bewitterung geschützten Bitumenflächen erkannt.

Bei nicht durch Beschieferung o. ä. geschützten Bitumendachflächen bilden sich unter dem Einfluß der Bewitterung in Verbindung mit der Luftverschmutzung insbesondere durch Schwefeldioxid Polycarbonsäuren, die Metalle angreifen und in relativ kurzer Zeit bis zur Zerstörung korrodieren können. Im Zweifelsfall sollten alle erforderlichen Metalleinfassungen, -anschlüsse, -Dachrinnen usw. entweder bitumenkorrosionsfest ausgeführt (Kupfer oder V2A-Stahl), oder durch Bitumen- oder Kunststofflacke dauerhaft gegen Korrosion geschützt werden.

1.6.2 Bemessung

Die Dachrinnen und Regenfallrohre aller Art sind in DIN 18 460, DIN 18 461 und DIN 18 469 in ihren Begriffen, Maßen und Eigenschaften genormt.[1])

Dachrinnen sind als halbrunde (Bild **1**.244) und kastenförmige (Bild **1**.245) Hängedachrinnen mit den dazugehörigen Rinnenhaltern genormt (s. Abschn. 1.6.3). Daneben gibt es Sonderformen wie z. B. verdeckte Dachrinnen, auch als „Standrinnen" bezeichnet (Bild **1**.256 bis **1**.258).

Regenfallrohre sind als kreisförmige und quadratische Regenfallrohre genormt (Tabelle **1**.263).

Die Bemessung der Regenfallrohrleitungen und die Zuordnung der entsprechenden Dachrinnengrößen ist nach DIN 18 460 Abschn. 4 abhängig von der „Bemessungsregenspende", der Dachgrundfläche und dem Abflußbeiwert.

Mit Bemessungsregenspende wird die Regenmenge (in l) bezeichnet, mit der maximal je Sekunde/Hektar gerechnet werden muß. Sie ist in der Regel mit $r = 300$ l/(s · ha) anzunehmen. Abweichend hiervon können in Abstimmung mit den örtlichen Behörden geringere oder (für Gebiete mit starken Niederschlagshöhen) höhere Werte in Frage kommen (DIN 1986-2, Abschn. 7.1.1).

Zur Ermittlung des Regenwasserabflusses als Grundlage für die Dimensionierung der Regenwasserleitungen innerhalb und außerhalb von Gebäuden ist der Abflußbeiwert ψ gemäß der Tabelle **1**.241 (Auszug aus DIN 1986-2) zu berücksichtigen. Bemessungsgrundlagen sind die Tabellen **1**.242 und **1**.243.

Der Abfluß von einer Niederschlagsfläche ist nach der folgenden Gleichung zu ermitteln.

$$\dot{V}_r = \psi \times A \times \frac{r_{T(n)}}{10\,000} \quad \text{in l/s}$$

Hierin bedeuten:
$\dot{V}_r$ Regenwasserabfluß in l/s;
A angeschlossene Niederschlagsfläche in m²;
$r_{T(n)}$ Bemessungsregenspende in l/(s · ha);
ψ Abflußbeiwert nach Tabelle **1**.241.

Tabelle **1**.241 Abflußbeiwerte ψ zur Ermittlung des Regenwasserabflusses $\dot{V}_r$ (DIN 1986-2, Tab. 16, Auszug)

Art der Flächen	Abflußbeiwert ψ
Wasserundurchlässige Flächen, z.B.	
— Dachflächen > 3° Neigung	1,0
— Betonflächen	1,0
— Rampen	1,0
— befestigte Flächen mit Fugendichtung	1,0
— Schwarzdecken	1,0
— Pflaster mit Fugenverguß	1,0
— Dachflächen ≤ 3° Neigung	0,8
— Kiesdächer	0,5
— begrünte Dachflächen[1])	
— für Intensivbegrünungen	0,3
— für Extensivbegrünungen ab 10 cm Aufbaudicke	0,3
— für Extensivbegrünungen unter 10 cm Aufbaudicke	0,5

[1]) Neben der deutschen Normung gilt für Einteilungen, Bezeichnungen, Formen, Maße, Kennzeichnungen und Werkstoffanforderungen die europäische Norm DIN EN 612. Die darin festgelegten Abmessungen für Rinnen und Fallrohre entsprechen weitgehend der deutschen Normung, von der daher im Folgenden ausgegangen wird.
Bei der Ausführung in der Baupraxis ist jedoch im Einzelfall die Anwendung der jeweiligen Normen zu vereinbaren.

Tabelle **1**.242 Anschließbare Niederschlagsflächen an Regenfalleitungen und Regenwasseranschlußleitungen bei Mindestgefälle (I_{min} = 1,0 cm/m, h/d_i = 0,7) (DIN 1986-2 Tab. 17)

DN	Höchst-zul.	r = 300 l/(s × ha)			r = 400 l/(s × ha)		
		ψ = 1,0	ψ = 0,8	ψ = 0,5	ψ = 1,0	ψ = 0,8	ψ = 0,5
	V_r in l/s	A in m²	A in m²	A in m²	A in m²	A in m²	A in m²
50	0,7	24	30	48	18	23	36
60*)	1,2	40	49	79	30	37	59
70	1,8	60	75	120	45	56	90
80*)	2,6	86	107	171	64	80	129
100	4,7	156	195	312	117	146	234
118**)	7,3	242	303	485	182	227	364
120*)	7,6	253	317	507	190	238	380
125	8,5	283	353	565	212	265	424
150	13,8	459	574	918	344	431	689
200	29,6	986	1 233	1 972	740	924	1 479

*) Maße nach DIN 18 460
Für Regenfalleitungen aus Blech liegen den Werten der Tabelle trichterförmige Einläufe (Stutzen) zugrunde.
**) Entspricht DN 125 nach DIN 19535, DIN 19 538, DIN V 19560 und DIN V 19561

Tabelle **1**.243 Bemessung der Regenfalleitung mit rundem Querschnitt und Zuordnung der halbrunden und kastenförmigen Dachrinnen aus PVC hart (DIN 18 461, Tabelle 2, s. auch DIN 8062)

anzuschließende Dachgrundfläche bei max. Regenspende r = 300 l/(s × ha)[1]	Regenwasserabfluß[2] $Q_{r\,zul}$	Regenfalleitung			zugeordnete Dachrinne		
		Außendurchmesser	Nennmaß	Querschnitt	halbrund Nenngröße[3]	halbrund Rinnenquerschnitt	kastenförmig Rinnenquerschnitt
in m²	in l/s	in mm	in mm	in cm²		in cm²	in cm²
20	0,6	50	50	17	80	34	22
37	1,1	63	63	28	80	34	34
57	1,7	75	70	38	100	53	53
97	2,9	90	90	56	125	73	73
170	5,1	110	100	86	150	101	100
243	7,3	125	125	113	180	137	137
483	14,5	160	150	188	250	245	225

1) Ist die örtliche Regenspende größer als 300 l/(s · ha), muß mit den entsprechenden Werten gerechnet werden (s. Beispiel)
2) Die angegebenen Werte resultieren aus trichterförmigen Einläufen
3) Nenngröße entspricht der lichten Weite in mm

Berechnungsbeispiel

Es wird zunächst der Regenwasserabfluß $\dot{V}_r$ ermittelt (DIN 1986-2, Abschn. 7.1):

Örtliche Regenspende	$r_{T(n)}$	= 300 l/(s × ha)
Dachgrundfläche	A	= 12,5 m x 17,5 = 220 m²
Dachneigung		= 15°
Abflußbeiwert	ψ	= 1,0
Regenwasserabfluß	$\dot{V}_r$	= 220/10 000 × 300 × 1,0 = 6,6 l/s

Nach Tabelle **1**.242 gewählt für $\dot{V}_r$ = 7,3 l/s:

Regenfallrohr mit Nennmaß DN 118 mm.

1.6.3 Werkstoffe

Nach DIN 18 461 sind für Dachrinnen und Fallrohre Werkstoffe aus Metall zu verwenden:

- Zink: Legiertes Zink (Titanzink), bandgewalzt, D-Znbd nach DIN 17 770-1
  Verwendbares Halbzeug nach DIN 17 770-2
- Aluminium: AlMn1 F14 oder AlMg1 F15 nach DIN 1745-1 (nach Wahl des Herstellers)
  Verwendbares Halbzeug: Bleche und Bänder nach DIN 1783
- Kupfer: SF-Cu nach DIN 1787 und CuZn 0.5 nach DIN 17 666 in Festigkeit F24 nach DIN 17 670-1
- Stahl: Verwendbares Halbzeug: Bänder und Bleche nach DIN 17 650, St02 Z 275 nach DIN 17 162-1
  Nichtrostender Stahl nach DIN 17 441; Werkstoffnummer 1.4301 oder 1.4401

Nach DIN EN 612 bestehen für Dachrinnen und Fallrohre aus Metall folgende Werkstoffanforderungen:

- Titanzink nach prEN 988
- Aluminium oder Aluminiumlegierungen der Serien 1000, 3000, 5000 oder 6000 nach EN 573-3 in Blechen nach EN 485-1 (ausgenommen Legierungen mit einem Magnesiumgehalt von mehr als 3 % oder einem Kupfergehalt von mehr als 0,3 %.
- Kupferblech Cu-DHP (Werkstoffnummer CW024A) und CuZn 0,5 (Werkstoffnummer CW) 119C nach prEN 1172
- Schmelztauchveredeltes Stahlblech (Stahlblech mit Zinküberzug) DX51D+Z, DX51 + ZA, DX51D + AZ) nach EN 10215
- Schmelztauchveredeltes Stahlblech mit organischer Beschichtung (Trägermaterial Schmelztauchveredeltes Stahlblech wie vor) mit Mindest-Nenndicke von 25 µm bei Bandbeschichtung und 60 µm bei Stückbeschichtung
- Nichtrostendes Stahlblech X 3 CrTi 17 (Werkstoffnummer 1.4510), X 6 CrNi 19 10 (Werkstoffnummer 1.4301), X CrNiMo 17 12 2 (Werkstoffnummer 1.4401).

1.6.4 Hängedachrinnen

Hängedachrinnen von halbrundem oder kastenförmigem Querschnitt (Bild **1**.244 und **1**.245) aus Metall sind hinsichtlich Abmessungen und Material gemäß DIN 18 461 genormt. Die Abmessungen von Kunststoffdachrinnen aus PVC hart entsprechen dieser Normung, während die Materialanforderungen und -prüfungen durch DIN 18 469 geregelt sind.

Hängedachrinnen aus Metall oder Kunststoff haben an der vorderen Längsseite einen Wulst, an der hinteren Längsseite eine nach innen gerichtete Umkantung (Wasserfalz).

Die an der Gesimsseite liegende Rinnenoberkante liegt höher als die Oberkante des vorderen Rinnenwulstes, damit etwa überlaufendes Wasser nicht an der Wandseite herabläuft. Der hintere Rinnenrand kann auch mit einem auf der Dachschalung aufliegenden Vordeckstreifen (Rinneneinhang) verfalzt werden. Die Dachhaut darf nur so weit in die Rinne hineinragen, daß kein Wasser über den vorderen Rinnenrand hinwegschießt. Dagegen soll bei steilen Dächern abrutschender Schnee möglichst **nicht** in der Rinne hängen bleiben.

Die Abmessungen von Hängedachrinnen aus Metall sind in DIN 18 461 Tab. 1 (**1**.246) für halbrunde und in Tab. 4 (**1**.247) für kastenförmige Querschnitte festgelegt.

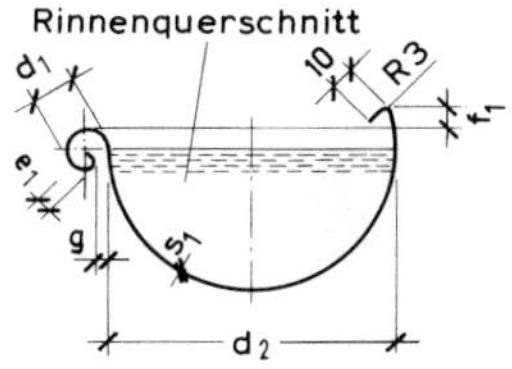

1.244 Halbrunde Hängedachrinne (H)

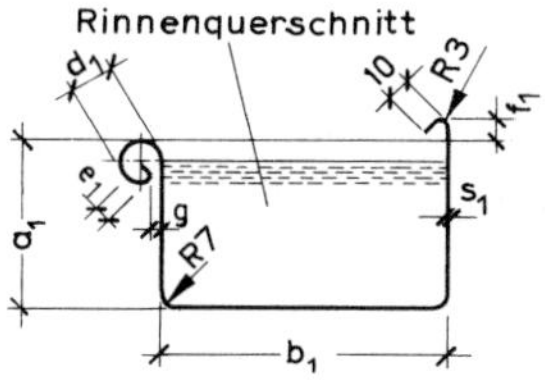

1.245 Kastenförmige Hängedachrinne (K)

Tabelle **1**.246 Abmessungen von **H**albrunden Hängedachrinnen (H) DIN 18 461

Nenngröße	Zuschnitt-breite[1]) +1 −2	d_1 ±1	d_2 +2 0	e_1 +2 −1	f_1 min.	g +1 0	Nenndicke s_1 Al	Cu	St	Zn	nr.St.
200 (10teilig)	200	16	80	5	8	5	0,70	0,60	0,60	0,65	0,50
250 (8teilig)	250	18	105	7	10	5	0,70	0,60	0,60	0,65	0,50
280 (7teilig)	280	18	127	7	11	6	0,70	0,60	0,60	0,70	0,50
333 (6teilig)	333	20	153	9	11	6	0,70	0,60	0,60	0,70	0,50
400	400	22	192	9	11	6	0,80	0,70	0,70	0,70	0,60
500	500	22	250	9	21	6	0,80	0,70	0,70	0,80	0,60

[1]) Die Zuschnittbreiten sind auf eine Blechtafel von 1000 x 2000 mm bezogen. Dementsprechend sind in der Baupraxis statt der Nennmaße auch die Teilungsmaße des Zuschnittes als Kennzeichnung der Rinnenquerschnitte verbreitert (s. Zusätze in Spalte 1).

Beispiel für die Bezeichnung einer halbrunden Dachrinne (H) von 333 mm Zuschnittbreite aus Kupfer: Dachrinne DIN 18 461 – H 333 – Cu

Tabelle **1**.247 Abmessungen von **K**astenförmigen Hängedachrinnen (K) DIN 18 461

Nenn-größe	Zuschnitt-breite +1 −2	a^1 ±1	b_1 0 −1	d_1 ±1	e_1 +2 −1	f_1 min.	g +1 0	Nenndicke s_1 Al	Cu	St	Zn	nr.St.
200	200	42	70	16	5	8	5	0,70	0,60	0,60	0,65	0,50
250	250	55	85	18	7	10	5	0,70	0,60	0,60	0,65	0,50
333	333	75	120	20	9	10	6	0,70	0,60	0,60	0,70	0,50
400	400	90	150	22	9	10	6	0,80	0,70	0,70	0,70	0,60
500	500	110	200	22	9	20	6	0,80	0,70	0,70	0,80	0,60

Werkstoffe wie in Tab. **1**.246

Beispiel für die Bezeichnung einer kastenförmigen Dachrinne (K) von 400 mm Zuschnittbreite aus St. 02 Z 275 (St): Dachrinne DIN 18 461 – K400 – St

Die Rinnenlängen sind bei Zuschnitten < 500 mm auf höchstens 15 m, bei Zuschnitten > 500 mm auf höchstens 10 m zu begrenzen. Für Abstände zu Ecken oder Festpunkten gelten die halben Längen. Sind größere Längen erforderlich, müssen die Rinnen in einzelne Abschnitte aufgeteilt und mit Schiebestücken (Bild **1**.248) ausgestattet werden. Die Rinnen sind mit einem Gefälle von mindestens 1 mm/m zu verlegen.

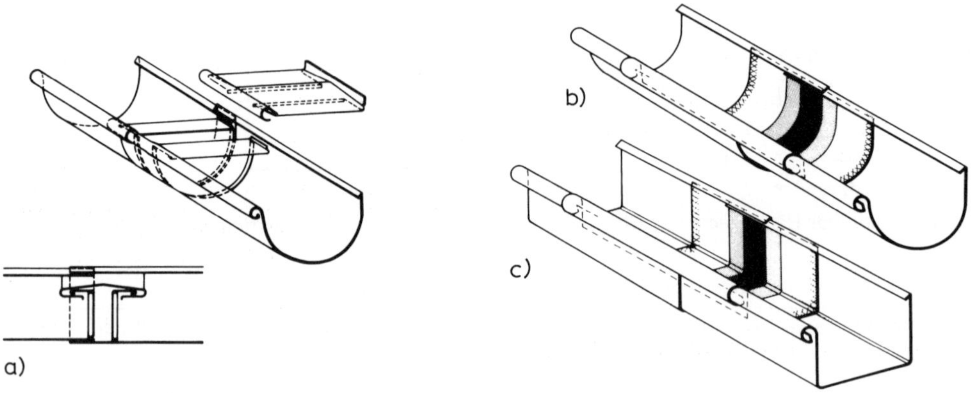

1.248 Hängedachrinnen, Dehnungsausgleich [41]
a) Schiebestoß am oberen Gefällepunkt (jeder Rinnenteil hat am Zusammenstoß einen besonderen Rinnenboden)
b) RHEINZINK-Dilations-Dachrinne, halbrund
c) RHEINZINK-Dilations-Dachrinne, kastenförmig

Hängedachrinnen werden von Rinnenhaltern aus rostgeschütztem Material getragen. Sie werden (4 bis 8 mm dick und 25 bis 40 mm breit) in Abständen von 80 bis 90 cm auf die Dachlatten bzw. auf die Schalung geschraubt. Die Rinne wird am Rinnenhalter durch Federn (25 mm breite, über die Rinnenwülste gebogene Blechstreifen) befestigt, ohne in ihrer Längs- oder Querbewegung behindert zu werden (s. Bild **1**.249 und **1**.250). Die Bemessung der Rinnenhalter richtet sich nach klimatischen und örtlichen Anforderungen.

Die Rinnenhalter-Abstände sind nach Tabelle **1**.251 zu wählen.

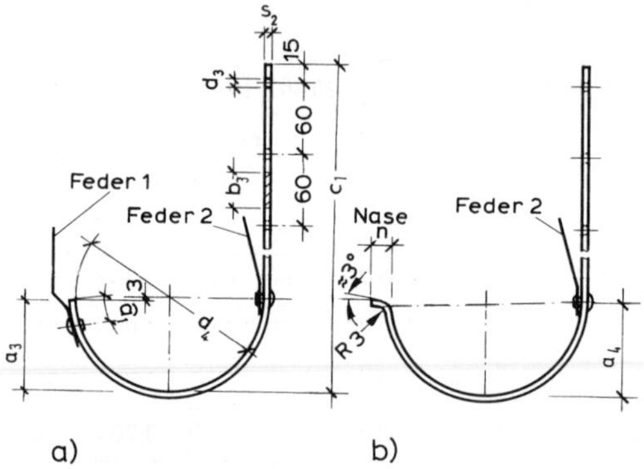

1.249 Rinnenhalter für halbrunde Hängedachrinnen
a) Form FFH mit zwei Federn
b) Form NFH mit Nase und Feder (Maße wie bei a)

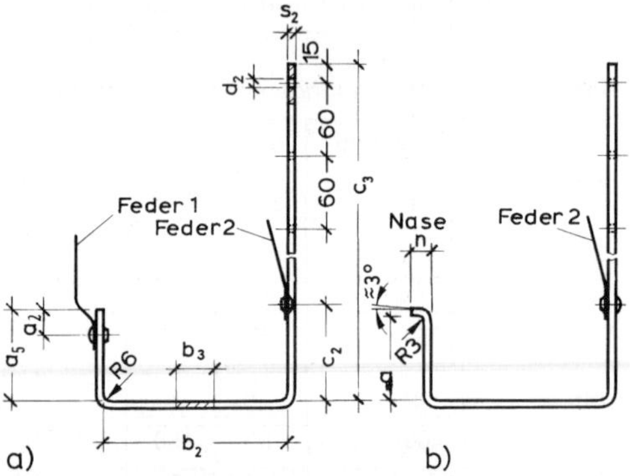

1.250 Rinnenhalter für kastenförmige Hängedachrinnen
a) Form FFH mit zwei Federn
b) Form NFH mit Nase und Federn (Maße wie linkes Bild)

Beispiel Bezeichnung eines Rinnenhalters Form FFH für kreisförmige Dachrinnen Nenngröße 333 mm von c_1 = 300 mm und b_3 x s_2 = 30 mm x 5 mm aus USt 37-2 (St) oder StW22 (St); feuerverzinkt (V):

Halter DIN 18 461 – FFH 333 – 300 – 30 x 5 – StV

Beispiel Bezeichnung eines Rinnenhalters Form FFK für kastenförmige Dachrinnen Nenngröße 333 mm von c_3 = 300 mm und b_3 x s_2 = 30 mm x 5 mm aus SF-Cu F24 (Cu):

Halter DIN 18 461 – FFK 333 – 300 – 30 x 5 – Cu

Tabelle **1**.251 Rinnenhalter für halbrunde und kastenförmige Dachrinnen, Beanspruchung

Rinnenhalterabstand ± 40 mm	normale Beanspruchung Reihe	hohe Beanspruchung schneereiche Gebiete[1] Reihe
700	1	3
800	2	4
900	3	–

[1] Bei extremen Beanspruchungen sollte der Einsatz von Schneefanggittern und eine Verringerung der Rinnenhalterabstände vorgesehen werden. Zusätzlich können auch Spreizen angebracht werden. DIN 1055-5 ist zu beachten.

Abmessungen und die bei der Montage zu beachtenden Bestimmungen gemäß DIN 18 461 sind aus den Tabellen **1**.252 und **1**.253 zu entnehmen.

Tabelle **1**.252 Rinnenhalter für halbrunde Dachrinnen, Maße

Halbrunde Dachrinnen Nenngröße	c_1 ± 3	Maße für steigende Beanspruchung b_3 x s_2 Reihe[1] 1	2	3	4	d_3 ± 1	d_4 $^{+2}_{0}$	a_1[3] ± 1	a_3[4] ± 1	a_4 ± 1	n ± 1
200	230	25 x 4	25 x 4	25 x 4	–	2)	80	18	37	40	12
	270										
250	280	25 x 4	30 x 4	25 x 6	–		105	20	50	53	14
	330										
	410	25 x 4	–	–	–						
	500										
280	290	30 x 4	30 x 5	25 x 6	25 x 8		127	20	61	64	14
	350										
	390	30 x 4	–	–	–						
	480										
333	300	30 x 5	40 x 5	25 x 6	30 x 8		153	20	74	77	14
	370										
	450	30 x 5	–	–	–						
400	340	30 x 5	40 x 5	25 x 8	30 x 8		192	20	93	96	14
	430										
	410	30 x 5	–	–	–						
500	375	40 x 5	40 x 5	30 x 8	30 x 8		250	20	122	125	14
	515										

[1] s. Tabelle **1**.253

[2] d_3 = 6 mm bei $s_2 \leqq 5$ mm; d_3 = 7 mm bei $s_2 > 5$ mm

[3] 5 mm kürzer bei s_2 = 6 mm und 8 mm

[4] 8 mm kürzer bei s_2 = 6 mm und 8 mm

Tabelle **1**.253 Rinnenhalter für kastenförmige Dachrinnen, Maße

Kastenförmige Dachrinnen	c_3	Maße für steigende Beanspruchung $b_3 \times s_2$				d_2	b_2	a_2 3)	a_5 4)	a_6	c_2	n
		Reihe 1)										
Nenngröße	± 3	1	2	3	4	± 1	$^{+2}_{0}$	± 1	± 1	± 1	± 1	± 1
200	230 270	25 x 4	25 x 4	25 x 4	–	70	18	31	34	34	12	
250	280 330	25 x 4	30 x 4	25 x 6	–		85	20	44	47	46	14
333	300 370	30 x 5	40 x 5	25 x 6	25 x 8	2)	120	20	62	65	65	14
400	330 420	30 x 5	40 x 5	25 x 8	30 x 8		150	20	77	80	79	14
500	350 490	40 x 5	40 x 5	30 x 8	30 x 8		200	20	97	100	99	14

1) s. Tabelle **1**.251
2) $d_3 = 6$ mm bei $s_2 \leq 5$ mm; $d_3 = 7$ mm bei $s_2 > 5$ mm
3) 5 mm kürzer bei $s_2 = 6$ mm und 8 mm
4) 8 mm kürzer bei $s_2 = 6$ mm und 8 mm

Für die Werkstoffe der Rinnenhalter ist zu beachten:

Für Dachrinnen aus legiertem Zink (Titanzink) und aus verzinktem Stahlblech sind Rinnenhalter aus feuerverzinktem Bandstahl, für Dachrinnen aus Kupfer sind Rinnenhalter aus Flachkupfer oder aus kupferummanteltem Bandstahl (feuerverzinkt), und für Dachrinnen aus Aluminium sind Rinnenhalter aus Aluminiumband oder feuerverzinktem Bandstahl zu verwenden.

Mit den Regenfallrohren werden die Hängerinnen durch angelötete Blechstutzen verbunden, die in das Fallrohr eingeschoben werden (s. Abschn. 1.6.5).

Bild **1**.254 a zeigt eine Hängedachrinne mit ihren Einzelheiten im Zusammenhang mit einem Dachgesims.

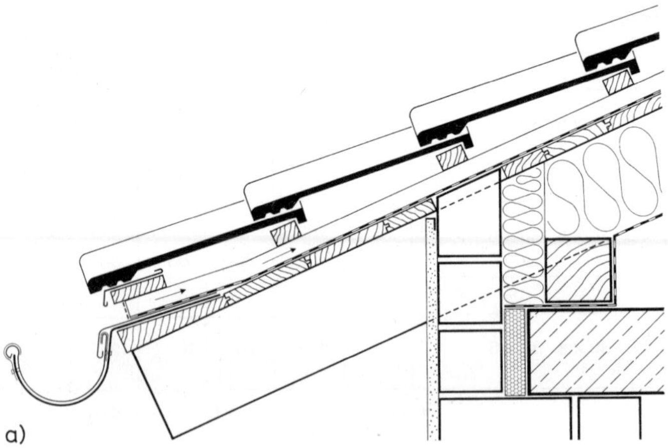

a)

1.254
Halbrunde Hängedachrinne an Sparrengesims
a) Traufenübergang mit Keilbohle

Die Rinnenhalter sind hier auf einer abschließenden Keilbohle befestigt.

In diesem Beispiel ist die Unterspannbahn nicht hinterlüftet (Sparren-Volldämmung, s. Abschn. 1.8.2). Sprühwasser und Schmelzwasser von Flugschnee wird mit in die Regenrinne abgeleitet. Der Übergang zur Dachrinne wird durch ein Einlaufblech gebildet. Die Lufteintrittsöffnung für die Hinterlüftung der Dachdeckung oberhalb der Unterspannbahn werden vor der Konterlattung durch ein Gitterband oder durch Kunststoff-Stachelbänder gesichert (Vögel, Marder!).

Statt der zwar verbreiteten jedoch etwas aufwendigen Ausführung mit Keilbohle wird heute vielfach bei Dachneigungen ab etwa 30° für Eindeckungen mit Dachziegeln oder Dachsteinen am Traufenabschluß eine Lösung bevorzugt wie in Bild **1**.124b gezeigt.

Die Konterlattung wird dabei an der Traufe unterbrochen und die Unterspannbahn über eine normale Endlatte bis zur Dachrinne geführt. Den Abschluß der unteren Deckreihe, die Zuluftöffnungen und den erforderlichen Höhenausgleich bilden spezielle gelochte Kunststoff- oder Aluminiumprofile.

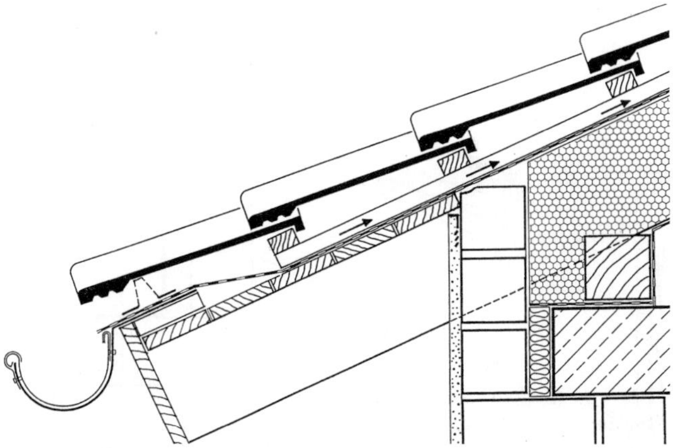

1.254
Halbrunde Hängedachrinne an Sparrengesims
b) Traufenabschluß mit Kunststoff-Profil

b)

Die Hinterlüftung sowie die Ableitung von Sprüh- und Flugschnee-Schmelzwasser können im Winter durch Schnee- und Eisbarrieren behindert werden, die sich bei schneereichen wechselnden Wetterlagen an den Traufen bilden können. Größere Sicherheit bietet für solche Fälle die in Bild **1**.255 gezeigte Gesimsausbildung. Die dort vorhandene Unterdeckung

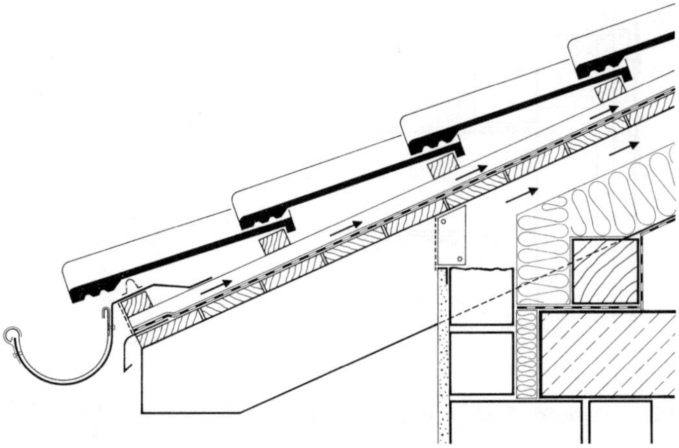

1.255
Halbrunde Hängedachrinne an Sparrengesims; Unterdeckung mit freiem Auslauf

bzw. Unterspannbahn wird nicht über die Rinne entwässert. Anfallendes Sprüh- oder Schmelzwasser tropft frei über einen Blechstreifen ab. Die Sparrenzwischenräume sind oberhalb der Wärmedämmung über Zuströmgitter belüftet.

1.6.5 Dachrinnen – Sonderformen

Verdeckt eingebaute Traufenrinnen

Aus formalen Gründen werden Dachrinnen oft verdeckt hinter Gesimsen eingebaut (s. Abschn. 1.6.1). Dies stellt immer eine sorgfältig zu planende, kostenträchtige und schadensanfällige Lösung dar, weil bei Verstopfung der Abläufe oder der Rinnen durch Laub o. ä.

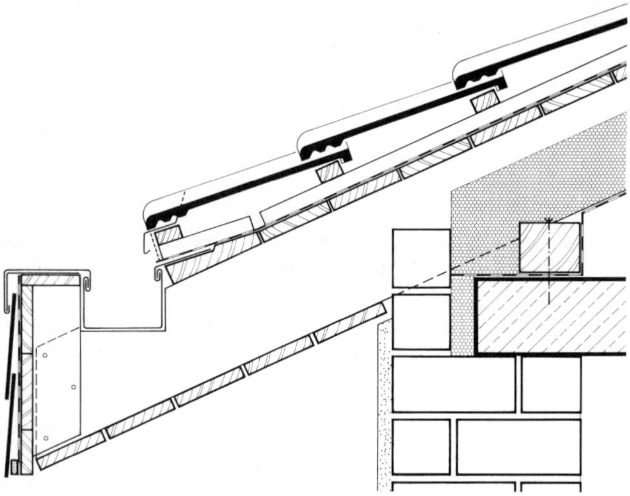

1.256 Verdeckte Rinne als Kastenrinne in Sparrenausschnitten

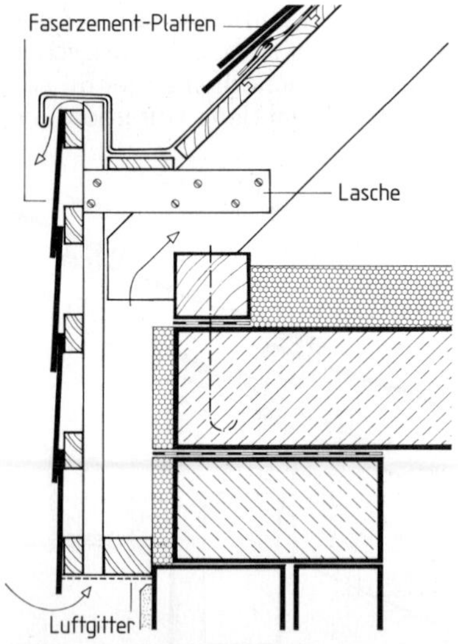

1.257 Verdeckte Dachrinne (Standrinne)

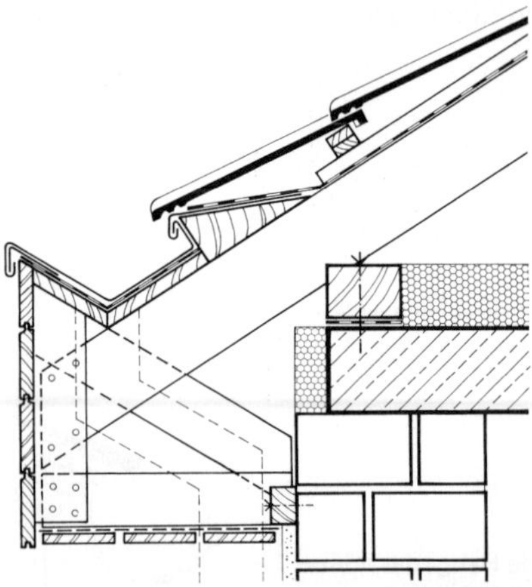

1.258 Verdeckte Dachrinne aus abgekanteten Blechprofilen

oder bei Undichtigkeiten der Rinnen beträchtliche Bauschäden an Gesimsen oder im Fassadenbereich die Folge sein können.

Eine in dieser Hinsicht am ehesten vertretbare Lösung stellt die in Bild **1**.256 gezeigte Ausführung dar. Sie ist jedoch nur möglich, wo hohe Sparrenprofile die erforderlichen Einschnitte für die Rinne erlauben, oder es müssen die Sparrenenden durch unten angefügte Hölzer in der Höhe ergänzt werden. Das Überlaufen der Rinne infolge von Verunreinigungen kann von außen erkannt werden, und es kann allenfalls zu Schäden am Gesims kommen.

Bild **1**.257 zeigt eine Kastenrinne in Verbindung mit einer Faserzementplattendeckung und einem Traufengesims aus Faserzementplatten auf einer Holzunterkonstruktion. Die kastenartig geformte Rinne bildet gleichzeitig die obere Abdeckung des Traufengesimses. Die Rinnenoberkante unter der Dachhaut muß bei derartigen Rinnenkonstruktionen immer höher liegen als die Vorderkante des Gesimses. Das Traufengesims ist so ausgebildet, daß gleichzeitig die Belüftung der Dachkonstruktion und die Hinterlüftung der Holzteile innerhalb des Traufengesimses möglich ist.

Eine Ausführung wie in Bild **1**.258 mit einer speziell angefertigten kehlenförmigen Rinne ermöglicht an den Traufenenden freie Ausläufe als Wasserspeier, die im gezeigten Beispiel bei einem eingeschossigen Haus zur Einleitung des Regenwassers in Gartenteiche dienen.

Standrinnen

Standrinnen (als Halbrund- oder Kastenrinnen) werden bei Bauten ausgeführt, bei denen die Rinne vor dem Hauptgesims nicht in Erscheinung treten soll bzw. bei Grenzwänden nicht überstehen darf.

Standrinnen erfordern eine zweite Entwässerungsebene zum Schutz des Gebäuderandes und zur Ableitung von Rinnenwasser, das aus möglichen – meistens schwer zu beobachtenden – Undichtigkeiten herrührt (Bild **1**.259).

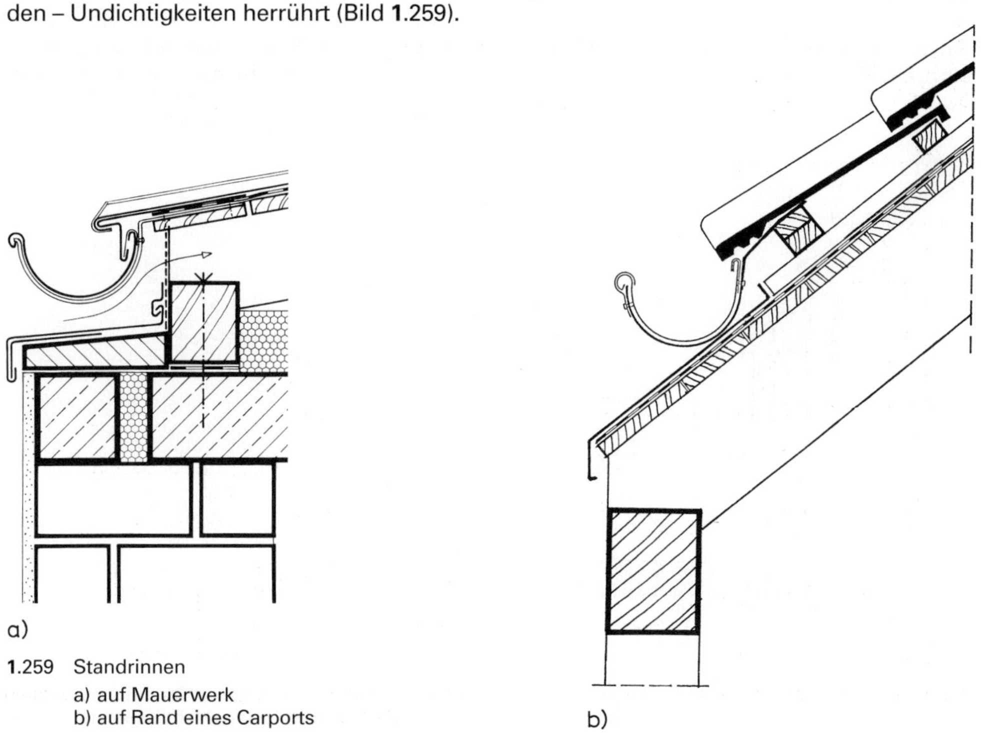

a)

b)

1.259 Standrinnen
a) auf Mauerwerk
b) auf Rand eines Carports

Innenliegende Dachrinnen

Bei Satteldachflächen zwischen giebelständigen Reihenhäusern und wenn bei zusammengesetzten Dachflächen eine Ausführung von Kehlrinnen (Bild **1**.169) nicht möglich ist, sind innenliegende Dachrinnen nicht zu vermeiden.

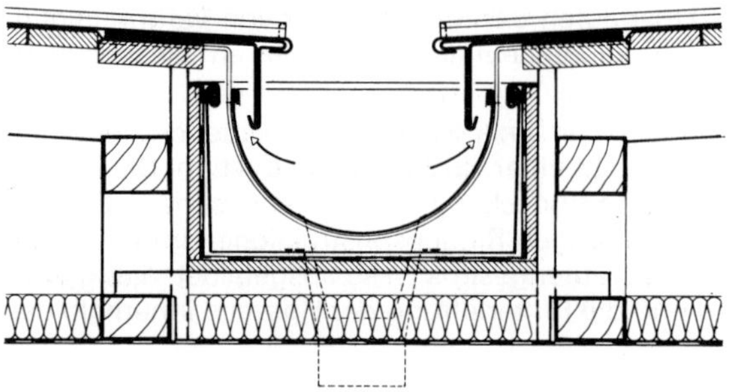

1.260
Innenliegende Dachrinne, halbrund mit Sicherheitsrinne

Sie müssen in jedem Fall sehr reichlich dimensioniert werden, allein um eine einwandfreie Ausführung nicht durch zu kleine Bewegungsmöglichkeiten bereits bei der Herstellung zu gefährden. Die Funktion innenliegender Rinnen wird außerdem durch Verschmutzung und hereingefallene Fremdkörper (Kinderbälle!) immer wieder gefährdet. Für jeden Entwässerungsabschnitt sind daher zur Sicherheit mindestens 2 Fallrohre vorzusehen. In schneereichen Gegenden sollte außerdem eine thermostatgesteuerte Rinnenheizung eingebaut werden. Im übrigen ist eine regelmäßige Wartung unbedingt erforderlich. Sie wird erleichtert, wenn die Rinnen begehbar ausgeführt sind.

Das Gefälle sollte mindestens 5% betragen. Bei innenliegenden Rinnen in großen Dachflächen ist zu der darunterliegenden Wärmedämmung ein Abstand von mindestens 30 cm einzuhalten, damit die Hinterlüftung der Dachflächen gewährleistet bleibt.

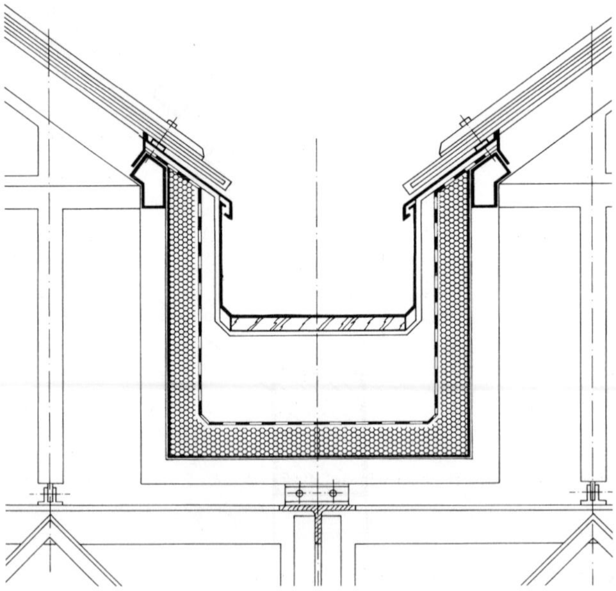

1.261
Innenliegende Dachrinne zwischen verglasten Dachflächen; begehbar

Undichtigkeiten werden bei innenliegenden Rinnen meistens erst dann bemerkt, wenn bereits Folgeschäden eintreten. Eine Ausführung mit „Sicherheitsrinne" (Bild **1**.260) ermöglicht ein frühzeitiges Erkennen von Undichtigkeiten, wenn der Auslauf der zusätzlichen unteren Wasserführung in Form eines Wasserspeiers an einer Außenwand so angeordnet wird, daß er oft im Blickfeld liegt.

Die untere Abdichtungsebene ist über zusätzliche Regenfallrohre bzw. mit Hilfe von Etageneinläufen (vgl. Flachdachentwässerungen Abschn. 2.6.2) zu entwässern.

Eine begehbare (Innenbreite > 25 cm) Rinne mit Sicherheitsrinne in wärmegedämmter Ausführung zeigt Bild **1**.261 in Verbindung mit verglasten Dachflächen. Die auf einer Stahl-Unterkonstruktion aufliegende Blechschale, in der die Sicherheitsrinne mit der Wärmedämmung aufliegt, wirkt in diesem Falle als Dampfsperre.

Im übrigen sollten besonders bei kleineren innenliegenden Rinnen Halbrund-Querschnitte bevorzugt werden. Durch die Krümmung der Rinnenfläche sind sie gegen Verformungen und damit auch gegen Undichtigkeiten wesentlich stabiler.

1.6.6 Regenfallrohre

Regenfallrohre sind je nach Dimension der Dachrinnen in Abständen von höchstens 12 m, mindestens aber für jeden einzelnen Rinnenabschnitt notwendig. Diese eigentlich selbstverständliche Forderung wird aber bei den heute weit verbreiteten komplizierten „Dachlandschaften" vielfach nicht schon bei der Entwurfsplanung beachtet, und es kommt dann später zu den oft abenteuerlichsten „Lösungen" für die Anordnung und Ausführung der Regenfallrohre. Die Lage und Anzahl der erforderlichen Regenfallrohre muß folglich bereits im Anfangsstadium jeder Dach- und Fassadenplanung berücksichtigt werden.

Regenfallrohre sind genormt nach DIN 18 461 Abschn. 4 bzw. DIN EN 612. Die Abmessungen können der folgenden Tabelle **1**.262 aus dieser Norm entnommen werden.

Tabelle **1**.262 Maße kreisförmiger Regenfallrohre (KR)

Nenngröße nach DIN 18 461	Durchmesser d_i ± 1	Al	Cu	Nenndicke s_1 St	Zn	nr.Stahl	Rohrquerschnitt in cm²
60	60	0,70	0,60	0,60	0,60	0,50	28
80	80	0,70	0,60	0,60	0,65	0,50	50
100	100	0,70	0,60	0,60	0,65	0,50	79
120	120	0,70	0,70	0,70	0,70	0,60	113
150	150	0,70	0,70	0,70	0,70	0,60	177

Bei der Herstellung werden Regenfallrohre gelötet (L), geschweißt (S) oder gefalzt (F).

Für die Werkstoffe der Regenfallrohre gelten die gleichen Bestimmungen wie für Dachrinnen.

Beispiel Bezeichnung eines kreisförmigen Regenfallrohres (KR) mit Nenngröße 100 mm aus Zn, gelötet (L):

Fallrohr DIN 18 461 – KR 100 – Zn – L

Für quadratische Fallrohre gilt Tabelle **1**.263 (Tabelle 9 in DIN 18 461)

Tabelle **1**.263 Quadratische Regenfallrohre, Maße

Nenngröße	Seitenlänge b_i ± 1		Nenndicke s_1			
		Al	Cu	St	Zn	nr.St
60	60	0,70	0,60	0,60	0,65	0,50
80	80	0,70	0,60	0,60	0,65	0,50
100	100	0,70	0,70	0 70	0,70	0,50
120	120	0,70	0,70	0,70	0,80	0,60

Rechteckige Regenfallrohre (RR) sind in den Abmessungen nicht genormt. Bei der Dimensionierung muß die kleinste Seite den Wert des Durchmessers der entsprechenden kreisförmigen Regenfallrohre nach DIN 18460 aufweisen.

An den Verbindungsstellen müssen die Fallrohre mind. 50 mm ineinandergreifen.

Regenfallrohre für außenliegende Rinnen werden in der Regel durch Rohrschellen nach DIN 18461 an der Hauswand befestigt. Der Abstand der Fallrohre von der Wand soll dabei mind. 2 cm betragen, der Abstand der Rohrschellen untereinander soll bei einem Rohrdurchmesser bis zu 100 mm nicht über 3 m, bei größeren Rohrdurchmessern nicht über 2 m sein (Bild **1**.264).

Rohrnähte sollten an der Vorderseite oder seitlich liegen, damit bei nicht rechtzeitig erkannten Undichtigkeiten keine Schäden am Bauwerk entstehen.

Zwischen Hängedachrinnen und Fallrohr muß bei ausladenden Gesimsen meist ein konisches Verbindungsstück eingeschaltet werden, das so wenig wie möglich auffallen sollte (Bild **1**.265). Bei Stand- oder Kastenrinnen kann das Wasser auch unmittelbar senkrecht aus der Rinne über Fallrohre in Wandschlitzen abgeleitet werden.

Es gibt jedoch auch nach DIN 18461 genormte Rinnenablaufstutzen, Schrägrohre für den Übergang von Dachrinnen und Fallrohren sowie Rohrbogen.

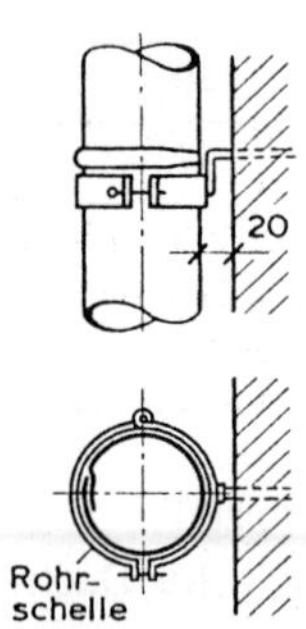

1.264
Befestigung des Fallrohrs an der Hauswand.
Breite der Rohrschelle 30 mm; Länge des Dorns mind. 120 mm (DIN E 18461 Abschn. 4.3)

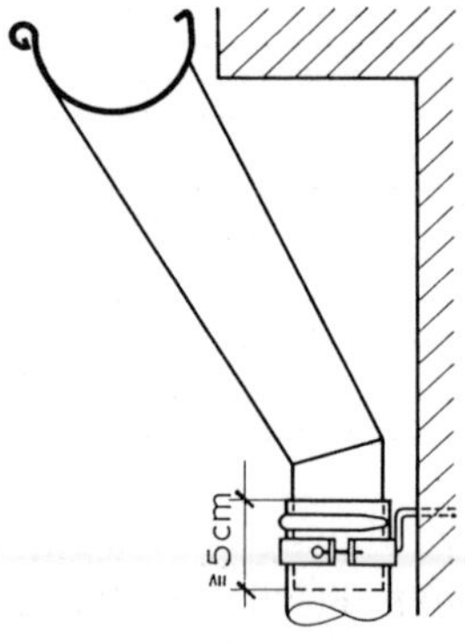

1.265
Verbindungsstück zwischen Dachrinne und Fallrohr, lose in das Fallrohr eingesteckt, das hier mit einem Rohrwulst auf der Rohrschelle hängt

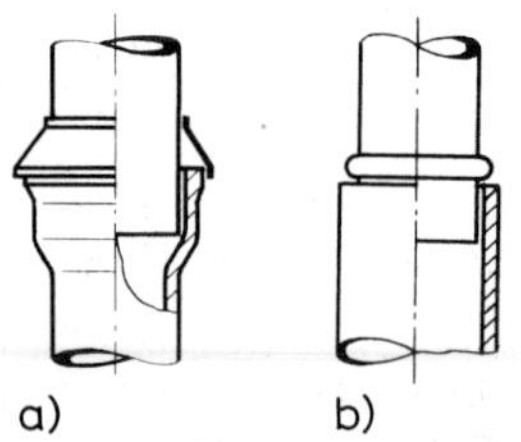

1.266
Standrohrübergang
a) Einführung in Gußrohr mit Muffe
b) Einführung in Gußrohr ohne Muffe

Bei gefällelosen Rinnen wird die Rinne am Übergang zwischen Rinne und Fallrohr zu einem Rinnenkasten verbreitert, um das Überlaufen des aus zwei entgegengesetzten Richtungen einfließenden Wassers bei Sturzregen zu vermeiden. Lage und Form des Rinnenkastens werden von der Architektur des Bauwerks bestimmt.

Anschluß der Fallrohre

In der Regel war bisher meistens in den Landesbauordnungen oder Bausatzungen der Gemeinden der Anschluß aller Regenfallrohre an das öffentliche Abwassernetz vorgeschrieben.

Heute wird dagegen vielfach gefordert, das anfallende Regenwasser in Grünflächen versickern zu lassen oder es über Versickerungsschächte in das Grundwasser einzuleiten. Das Regenwasser wird vielfach auch in Zisternen für die Gartenbewässerung oder aber für die „Grauwasser"-Versorgung (z. B. Toilettenspülung) gesammelt.

Die Fallrohre werden an Grundleitungen über gußeiserne „Standrohre" mit den Abwasserleitungen verbunden. Die Standrohre sollen mechanische Beschädigungen der dünnwandigen Regenfallrohre verhindern und werden daher je nach der zu erwartenden Beanspruchung 30 bis 100 cm über den Geländeanschnitt hochgeführt. Die obere Abschlußhöhe wird am besten mit dem Gebäudesockel abgestimmt.

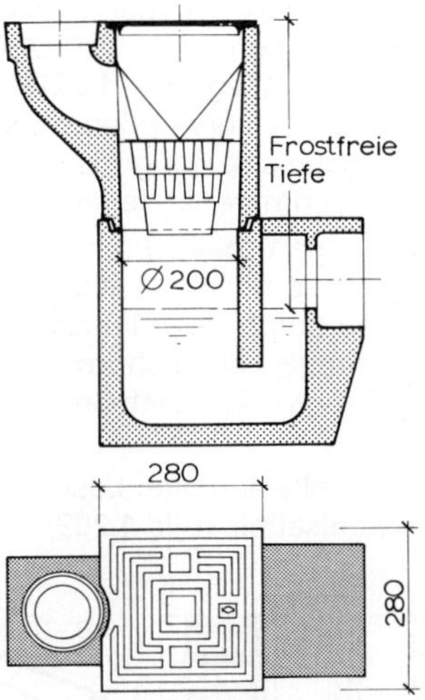

1.267
Regenrohrablauf aus Betonfertigteilen mit Geruchsverschluß

Der Übergang zwischen Regenfallrohr und Standrohr kann durch einen angelöteten Übergangsring gebildet werden (Bild **1**.266 a). Damit wird zwar der Austritt von Kanalgasen und die damit meistens verbundene Verschmutzung der Übergangsstelle unterbunden, doch ist diese Lösung formal wenig befriedigend. Der in Bild **1**.266 b gezeigte muffenlose Übergang, bei dem die Anschlußstelle lediglich mit einem aufgelöteten Wulstring abgedeckt wird, ist deshalb besser in Verbindung mit einem Regenrohrsand- und Laubfang mit Geruchsverschluß auszuführen (Bild **1**.267).

Innenliegende Regenfallrohre. Innenliegende Dachräben und innenliegende Standrinnen (s. Bilder **1**.261 und **1**.262) sollten am besten immer über außenliegende Regenfallrohre an den Gebäuderändern entwässert werden. Wo dies nicht möglich ist, müssen innenliegende Regenfallrohre vorgesehen werden, deren Lage natürlich die Grundrißplanung beeinflußt. Beim Anschluß an das Kanalnetz sind besonders im Hinblick auf Rückstaugefahren die Bestimmungen von DIN 1986 zu beachten.

Wegen der Gefahr der Kondensatbildung müssen die Fallrohre bis mind. 1 m unterhalb des Regenwasserzulaufes durch eine ausreichende Wärmedämmung mit äußerer Aluminiumfolienhülle als Dampfsperre geschützt werden. Auch die Rinnen sind wenn nötig durch Wärmedämmungen gegen Kondensatbildung an der Unterseite zu schützen (vgl. Bild **1**.262).

Vorhandene Sicherheitsrinnen oder -abdichtungen müssen durch Etagenabläufe mit an die Regenfallrohre angeschlossen werden (vgl. Bild **2**.61 in Abschn. 2.6.2). Wenn irgend möglich, sollte durch Notüberläufe einer Rückstaubildung infolge von Verunreinigungen – z. B. durch Laub – innerhalb der meistens völlig unbeaufsichtigten Dachräben wegen der oft beträchtlichen Folgeschäden vorgebeugt werden.

1.7 Dachzubehör und Anschlüsse an Dachdeckungen

1.7.1 Schornstein- und Wandanschlüsse

Schornsteine müssen durch Zinkblech- oder Bleikragen („Verwahrung") in die Dachhaut so eingebunden werden, daß Bewegungen zwischen Schornsteinmauerwerk und Dach möglich sind. Eine früher verbreitete Schornstein-„Einfassung" zeigt Bild **1**.268. Ein Walzbleikragen stellt den beweglichen Übergang zwischen Dachhaut und Kaminkopf her. Der obere Anschluß wird durch einen Zinkblech-Überhangstreifen („Kappleiste", s. auch Abschn. 1.5.9.2, Bild **1**.221) gebildet (vgl. Bild **1**.222). Während früher die Einfassung oft stufenförmig in die Fugen der meistens verwendeten Kaminkopf-Verklinkerung eingelassen wurde, verwendet man jetzt meistens kostengünstigere gerade Kappleisten, die mit Klebebändern und dauerelastischem Fugenmaterial gegen das Mauerwerk abgedichtet werden.

Schornsteinköpfe wurden meistens mit Klinker-Sichtmauerwerk ausgeführt. Durch Verarbeitungsfehler kommt es in vielen Fällen zu Bauschäden durch Schlagregenwasser, das hinter den Einfassungen durch das Mauerwerk der Schornsteinköpfe eindringt. Deshalb sind hinterlüftete Bekleidungen der Schornsteinköpfe aus Faserzementplatten, Schiefer, Metall oder durch vorgefertigte Komplettelemente nahezu zur Standardausführung geworden (s. Abschn. 3.1.4).

Sehr spitze Schornsteinkehlen oder besonders breite Schornsteine erfordern die Anordnung eines ableitenden Kehlsattels (Bild **1**.269).

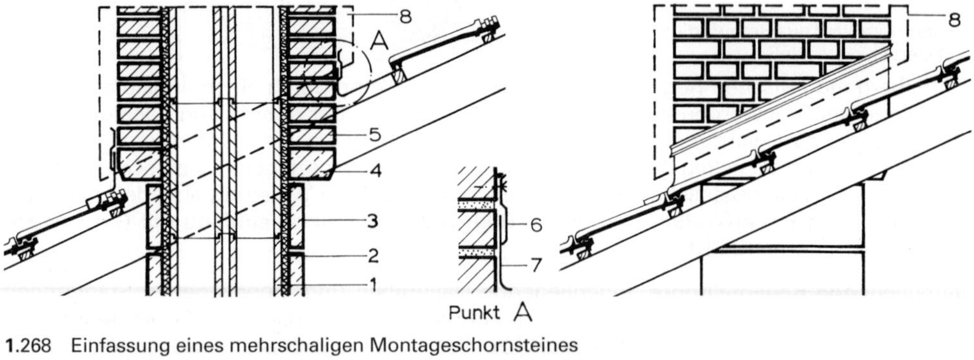

1.268 Einfassung eines mehrschaligen Montageschornsteines

1 Schamotte-Innenrohr
2 Wärmdämmung ≧ 25 mm
3 Ummantelung aus Formsteinen
4 Beton-Kragstein für Schornsteinkopfmauerwerk
5 Schornsteinkopf, gemauert (oder Formsteine)
6 Kappleiste mit dauerelastischer Eindichtung
7 Walzblei-Einfassung (dem Fugenschnitt folgend oder in schräg eingeschnittenem Schlitz)
8 hinterlüftete Bekleidung

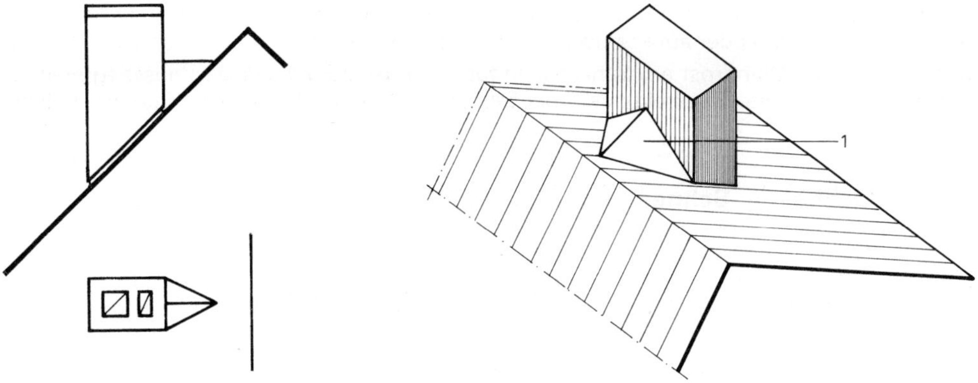

1.269 Schema der Überdachung einer spitzen Schornsteinkehle
1 Kehlsattel („Eselsrücken")

Dachanschlüsse an andere, senkrecht an die Dachfläche grenzende Wandflächen werden in gleicher Weise wie Schornsteineinfassungen hergestellt (s. auch Bilder **1**.167 und **1**.168).

Bei größeren Längen von Dachrandanschlüssen müssen temperaturbedingte Längenänderungen berücksichtigt werden. Die früher üblichen Schiebestöße werden wegen des großen handwerklichen Arbeitsaufwandes heute meistens durch spezielle eingelötete Schiebestücke ersetzt (vgl. Bild **1**.248 c).

1.7.2 Standroste

Unmittelbar hinter oder neben Schornsteinen sind für die Reinigungsarbeiten und ggf. auch als Laufweg des Schornsteinfegers Standroste anzuordnen. Diese Standroste bestehen aus

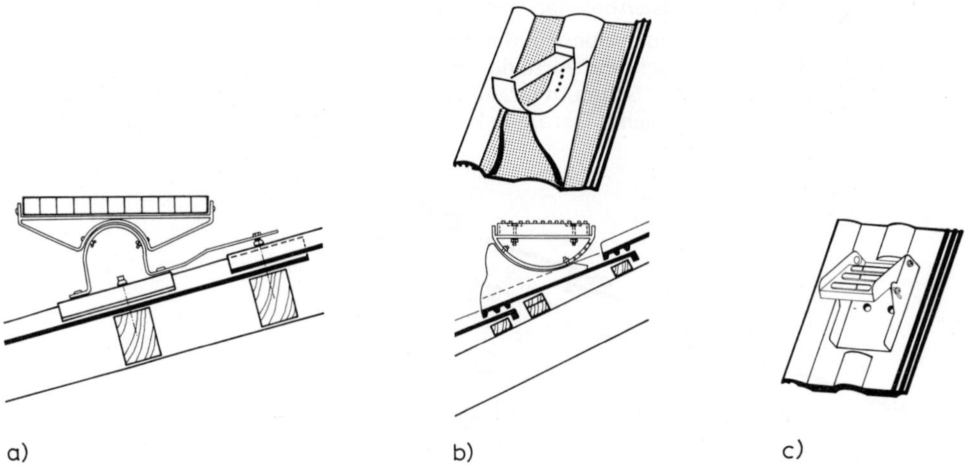

1.270 Standroste
a) auf verstellbaren Konsolen
b) Standroststein
c) Standon-Trittstein (Fa. Klöber)

feuerverzinkten Stahlrosten. Standroste werden auf verstellbaren, in die Dachdeckung eingehängten Konsolen oder auf Formsteinen montiert (Bild **1**.270).

Der Zugang zum Standrost am Schornstein führt – in der Regel aus Dachausstiegfenstern neben dem Schornstein – direkt oder über treppenartig angeordnete kurze Standroste bzw. Trittkonsolen (Bild **1**.270 c).

1.7.3 Dachhaken, Schneefanggitter und Gesimsdämmung

Bei sehr glatten Dachdeckungen wie Schiefer- oder Faserzement-Platteneindeckungen und auf steilen Dächern werden Dachhaken vorgesehen, die das Einhängen von Dachdeckerleitern, leichten Arbeitsgerüsten und Sicherheitsleinen für Reparaturarbeiten erleichtern, ohne daß teure Gesamteinrüstungen des Bauwerkes nötig werden (Bild **1**.271 a).

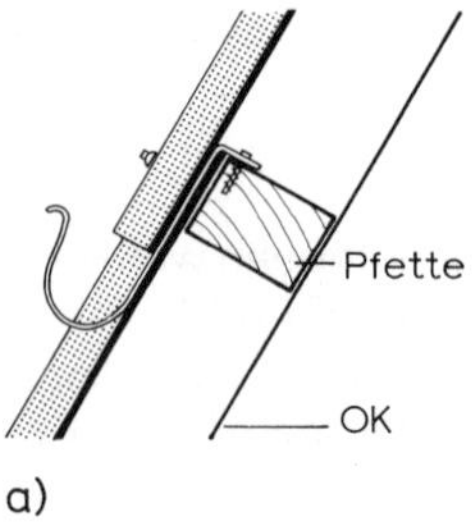

a)

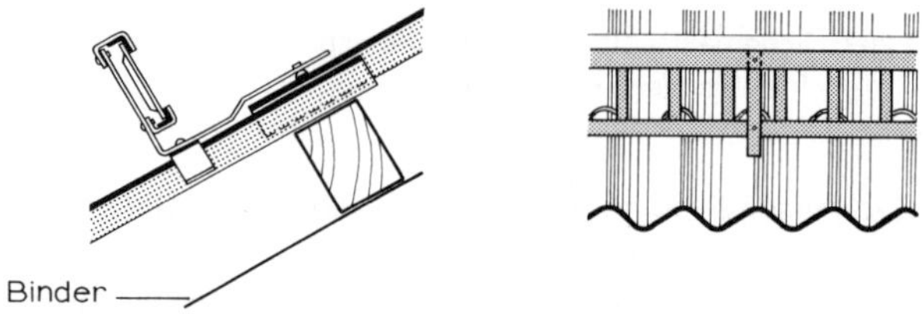

b)

1.271 Dachhaken a) und Schneefanggitter, b) auf Wellplatten-Eindeckung

Wenn Dachflächen mit größerer Neigung als etwa 30° Verkehrsflächen (Bürgersteige, Wege im Grundstück, Hauseingänge) zugewandt sind, werden Sicherungen gegen das Herabfallen von Schneemassen, Eis oder auch gelöstem Dachdeckungsmaterial verlangt. Es müssen daher Schneefanggitter (Bild **1**.271 b) oder Schneefangbalken am Traufenrand vorgesehen werden (in sehr schneereichen Gegenden auch in mehreren Reihen hintereinander in der gesamten Dachfläche), um das Abgleiten von „Dachlawinen" zu verhindern.

Insbesondere bei großen Traufenüberständen kann an der Fassade aufsteigende Warmluft im Winter den Schnee am Dachrand vorzeitig zum Schmelzen bringen. Die mit Schnee oder Eis gefüllte Dachrinne läßt das Schmelzwasser überfließen, und es kann zur Bildung großer, beim Herabfallen sehr gefährlicher Eiszapfen kommen. Dazu kommt, daß die sich bildende

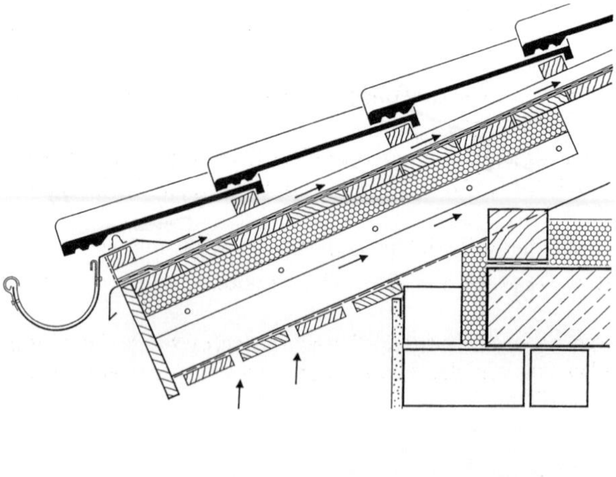

1.272
Traufengesims mit Wärmedämmung
(Dach mit Unterdach, Dachraum nicht ausgebaut)

Eisbarriere in Verbindung mit verharschtem Schnee oberhalb der Traufe zu Rückstau von Schmelzwasser führen kann, das schließlich in den Dachraum überfließt.

Diesen Gefahren kann durch Wärmedämmung der Gesimse meistens begegnet werden. Rückstauwasser kann über diffusionsoffene, gut hinterlüftete Spannfolien abgeleitet werden (Bild **1**.272).

1.7.4 Sanitärentlüftungen und Antennendurchgänge

Für das Einbinden von Durchgängen von Sanitär-Entlüftungen, Antennen und ähnlichen die Dachhaut durchdringenden Bauteilen werden heute fast durchweg Kunststoff-Formteile – passend zu allen gängigen Dachdeckungsarten – verwendet, deren schwenkbare Oberteile das Anpassen an jede Dachneigung ermöglichen (Bild **1**.273).

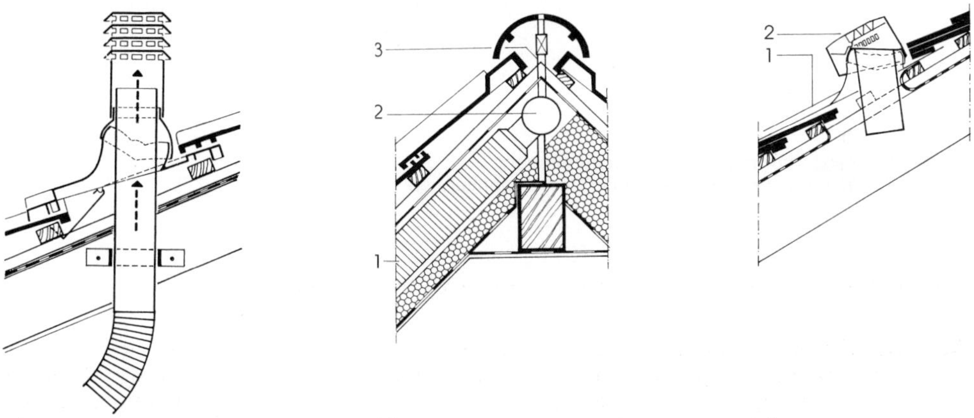

a) b) c)

1.273 a) Kunststoff-Entlüfter-Formteil für Falzpfannen und Betondachsteine
b) Sanitärentlüftung über Trockenfirst SITAsalü®)
1 Sanitärleitung (Flexschlauch)
2 Spezial-Lüfterelement
3 Stömungsregulator
c) Sani-Lüfter (Braas)
1 Durchgangsplatte (Formstein oder Universalplatte für alle Deckungsarten)
2 Sani-Lüfter-Haube (auch mit zusätzl. Wetterkappe)

Außer den in Bild **1**.273a gezeigten Lüfteraufsätzen können auch spezielle Lüfter-Formteile (vgl. Bild **1**.170) verwendet werden (Bild **1**.273b).

Für Dacheindeckungen mit mörtelfrei verlegten Firststeinen sind Entlüftungssysteme auf dem Markt, bei denen der Druckausgleich für die Sanitärleitungen durch spezielle Endstücke im Luftraum des Firstes erfolgt (Bild **1**.273c).

Die Sanitärleitungen werden mit Hilfe von flexiblen Übergangsrohren angeschlossen.

Für Antennendurchgänge und ähnliche Dachdurchbrüche gibt es spezielle Formteile (Bild **1**.274a).

Beim Einbau aller Formteile sind oberhalb der erforderlichen Ausschnitte in die Unterspannbahnen Ablaufschlaufen einzubauen, die das Eindringen von ablaufendem Sprüh- oder Kondenswasser verhindern (Bild **1**.274b).

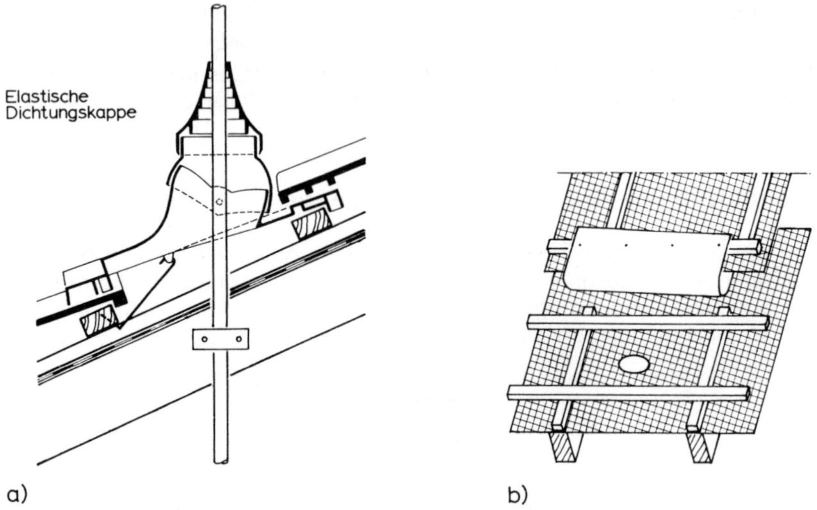

1.274 a) Kunststoffformteil für Antennendurchgang
b) Sicherung von Durchbrüchen in Unterspannbahnen

1.8 Ausbau von Dachräumen

1.8.1 Allgemeines

Dachräume unter geneigten Dachflächen werden heute zur besseren wirtschaftlichen Ausnutzung des umbauten Raumes, aber auch wegen des gestalterischen Reizes der sich aus der Dachform ergebenden Räume in der Regel zum Wohnen genutzt. Der Ausbau von Dachräumen wird zur Schaffung zusätzlichen Wohnraumes vom Gesetzgeber durch die Lockerung bisheriger Bauvorschriften besonders gefördert. Die Dachflächen werden damit – bis auf eventuelle geringe Restflächen im Traufen- und Firstbereich – zu Raum-Außenflächen und müssen dementsprechend allen Anforderungen an Wärme-, Feuchtigkeits-, Schall- und Brandschutz genügen.

Dachdeckungen geneigter Dächer sind in der Regel ohne zusätzliche Maßnahmen nicht absolut wasser- und winddicht. Insbesondere bei starker Windbelastung kann Sprühwasser und Flugschnee durch die Deckfugen der Dachdeckung eindringen. Auch durch Rückstau (z. B. durch Eisbarrieren im Traufenbereich) muß unter extremen Witterungsbedingungen vorübergehend mit eindringendem Wasser gerechnet werden.

Der durch die hohen Anforderungen der 3. Wärmeschutzverordnung (1995) nötige Einbau sehr dicker Wärmeschutzschichten und die Verwendung immer hochwertigerer Ausbauelemente bedingen neue bauphysikalische und konstruktive Überlegungen für Dächer über ausgebauten Dachräumen.

1.8.2 Wärmeschutz

Die Wärmedämmung von ausgebauten Dachgeschossen muß den gesamten genutzten Dachquerschnitt umschließen (Bild **1**.275). Schließen die Wärmedämmungen dabei an seitliche Abmauerungen von Dachzwickeln an, müssen auch die dahinter liegenden Deckenflächen einen geeigneten ausreichenden Wärmeschutz erhalten (Bild **1**.275 c).

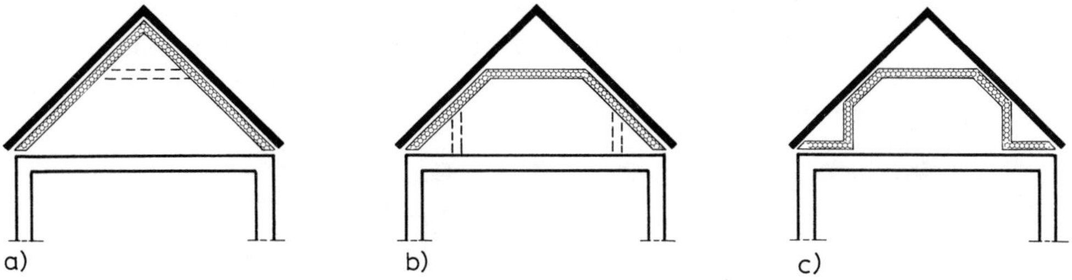

1.275 Wärmedämmung von Dachräumen
a) Dachraum voll wärmegedämmt
b) Dachraum bis Kehlbalken- oder Zangenhöhe wärmegedämmt
c) Wärmedämmung bei seitlich offenen Dachräumen

Der erforderliche Wärmeschutz ist nach DIN 4108 in Verbindung mit der 3. Wärmeschutzverordnung (1995) zu dimensionieren (s. Abschnitt 15.5 in Teil 1 dieses Werkes). Danach ist als maximaler Wärmedurchlaßkoeffizient für Neubauten zugelassen $k_D \geq 0{,}22$ W/(m² K), für Altbauten bei erstmaligem Einbau und bei Erneuerung von Bauteilen $k_D \geq 0{,}30$ W/(m² K).

Damit sind Dämmstoffdicken je nach Wärmeleitfähigkeitsgruppe des Dämmstoffes (020 bis 045) von 180 bis 220 mm bei Neubauten und von 120 bis 160 mm bei Altbauten erforderlich.[2])

Tabelle **1**.276 Wärmedämmstoffe

Dämmstoff	Wärmeleitfähigkeitsgruppen WLG	Wärmeleitfähigkeit W/(m² K)
Mineralwolle[1])	0,45	0,045
Mineralfaser und PS-Hartschaum	040	0,040
PS-Hartschaum	035	0,035
PUR-Hartschaum	030	0,030
PUR-Hartschaum	025	0,025
PUR-Hartschaum	020	0,020
ferner Kork, Holzwolle-Leichtbauplatten, Naturfaserplatten, Papierplatten, Schüttdämmstoffe.		

[1]) Mineralwolle wird aus Glasrohstoffen oder Gesteinen unter Zusatz von Kunstharzen als Binder und Ölen hergestellt.
In letzter Zeit wurden Mineralfasererzeugnisse wegen möglicher gesundheitlicher Gefahren bei der Verarbeitung kritisch betrachtet. Nach den bisherigen Untersuchungen gelten die in den Wärmedämmstoffen enthaltenen Mineralfasern (anders als z. B. Asbestfasern) wegen ihrer anderen Materialeigenschaften und Abmessungen als „nicht atembar". Eine besondere Krebsgefährdung ist bisher nicht nachgewiesen. Dennoch haben die Hersteller Erzeugnisse mit verbesserter Biolöslichkeit und mit Hinweis auf einen speziellen „Kanzerogenitäts-Index" (KI) auf den Markt gebracht.
Der entstehende Staub kann bei der Verarbeitung und dem Einbau zu starken Reizungen der Augen, der Atemwege und der Haut führen, die allerdings in der Regel rasch abklingen. Es sollte daher beim Arbeiten mit Mineralwolle-Erzeugnissen, insbesondere beim Ausbau von alten Mineralfaserdämmungen, für gute Lüftung an den Arbeitsplätzen gesorgt werden. Sinnvoll sind Feinstoff-Atemmasken, Schutzbrillen und evtl. das Auftragen von Schutzcremes (s. Broschüre: Umgang mit Mineralwolle-Dämmstoffen; Hrsg.: Fachvereinigung der Mineralfaserindustrie sowie Arbeitsgemeinschaft der Bau-Berufsgemeinschaften, ferner auch Abschn. 15.8.1 in Teil 1 des Werkes).

[2]) Bezüglich der Dickenangaben für Mineralfaser-Dämmstoffe ist zu beachten, daß die Angaben unter einem definierten Flächendruck gemäß DIN-Prüfanordnung festgelegt werden und das Material im Einbauzustand eine Dicke von + 20 % bis 30 % annehmen kann.

Es können alle Wärmedämmstoffe verwendet werden, die mindestens die Brandschutz-Anforderungen der Baustoffklasse B 2 (normal entflammbar) erfüllen.

Einen Überblick über die wichtigsten Dämmstoffe und ihre Wärmeleit- bzw. Dämmeigenschaften gibt Tabelle **1**.276).

Die Wärmedämmungen können eingebaut werden

— zwischen den Sparren mit hinterlüfteter Unterspannbahn (Bild **1**.277 a)

— unter und zwischen den Sparren (Bild **1**.277 b)

— zwischen den Sparren ohne Hinterlüftung der Unterspannbahn (Vollsparrendämmung, Bild **1**.277 c).

— über den Sparren (Bild **1**.277 d).

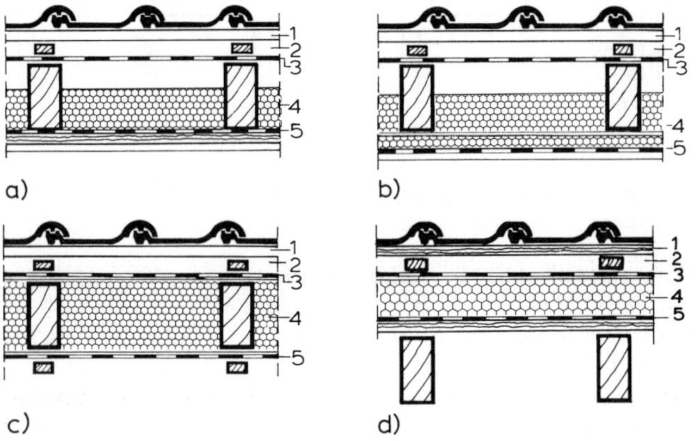

1.277
Einbau von Wärmedämmungen

a) zwischen den Sparren mit Luftraum
b) zwischen und unter den Sparren mit Luftraum
c) Zwischen den Sparren, Vollsparrendämmung
d) auf den Sparren aufliegend (auf Vollschalung oder als freitragende Dämmelemente)

1 Lattung
2 Konterlattung
3 Unterspannbahn
4 Wärmedämmung
5 Dampfsperre

Die meisten Dämmstoffe können in Standardbreiten von z. B. 60 cm geliefert werden, d. h. im Maß üblicher Sparrenabstände. Bereits bei der Rohbauplanung ausgebauter Dachräume sollte daher für die Sparrenabstände nicht ein Achsmaß, sondern das Maß für den lichten Abstand der Sparren festgelegt werden.

Für einen dichten Einbau sind wegen ihrer leichteren Verformbarkeit besonders die faserförmigen Materialien gut geeignet. Mineralwolleplatten sind auch in Form von Keilen lieferbar, die sich gegeneinander verschoben auch bei differierenden Rohbaumaßen bei geringem Verschnitt leicht einbauen lassen.

Schaumstoffplatten sind in flexiblen oder stauchbaren Lieferformen auf dem Markt.

Die Wärmedämmungen müssen gegenüber den Sparren und untereinander absolut dicht gestoßen eingebaut werden. Wegen der unvermeidlichen Rohbauungenauigkeiten, durch Verformung der Sparren u. a. ist dies jedoch nur bei sehr sorgfältiger Ausführung zu erreichen.

Auch die oberen Abschlußflächen von Zwischen- oder Giebelwänden müssen zur Vermeidung von Wärmebrücken sorgfältig gedämmt werden.

Fugen zwischen Streichsparren und Giebelwändenräume müssen sorgfältig ausgestopft oder ausgeschäumt werden.

In allen Fällen ist die Wärmdämmung mindestens durch eine Unterspannbahn gegen Sprühwasser und Flugschnee zu schützen (s. Abschn. 1.8.3). Raumseitig ist eine dicht schließende Dampfsperre erforderlich (s. Abschn. 1.8.4).

Bei den wärmegedämmten Dächern werden unterschieden:

— belüftete Konstruktionen (Bild **1**.278 a)

— nicht belüftete Konstruktionen (Bild **1**.278 b).

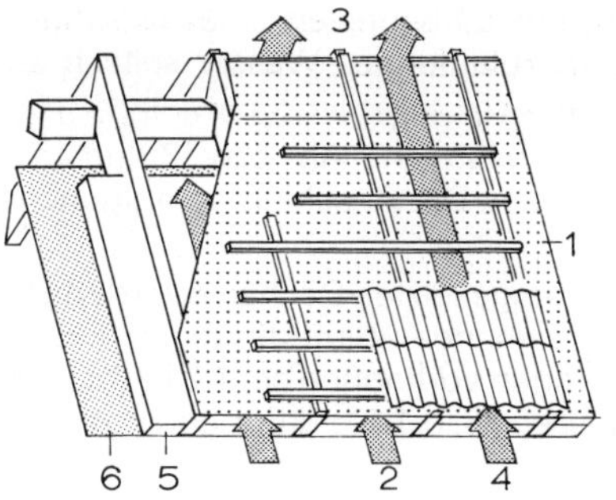

a)

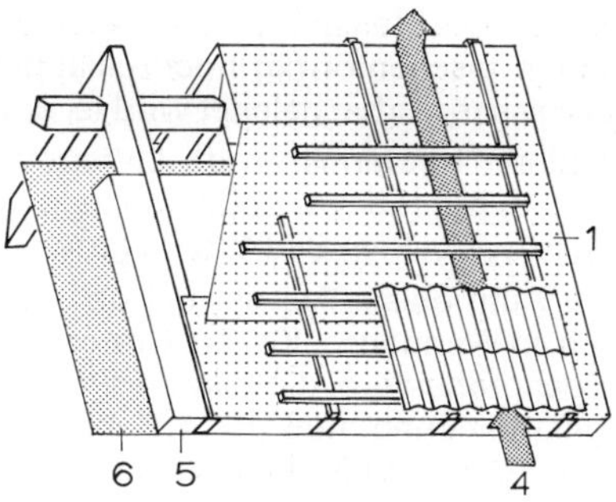

b)

1.278 Wärmegedämmte Dachkonstruktionen
a) Wärmedämmung ohne Hinterlüftung
b) Wärmedämmung mit Hinterlüftung
1 Unterspannbahn
2 Lüftung zwischen Unterspannbahn und Wärmedämmung
3 Lüftungsspalt am First
4 Hinterlüftung der Dachdeckung
5 Wärmedämmung
6 Luftdichtheitsschicht/Dampfsperre

Der belüftete Konstruktionsaufbau ist durch eine Belüftungsebene zwischen Wärmedämmung und Unterspannbahn gekennzeichnet.

In beiden Konstruktionsarten ist eine Belüftungsebene zwischen der Dachdeckung und der Unterspannbahn erforderlich.

Durch die damit mögliche Luftströmung zwischen Trauflinie und First wird eine Wärmeableitung im Sommer erreicht.

In dieser Ebene wird vor allem aber Sprühwasser, geschmolzener Flugschnee, durch kleinere Schäden oder Fehlen der Dachdeckung eingedrungenes Regenwasser sowie Tauwasser, das durch Reif- und Kondensatbildung innerhalb des Belüftungsraumes entstehen kann, abgeleitet.

Es muß in jedem Fall dafür gesorgt werden, daß der Luftstrom innerhalb der Dachkonstruktion nicht durch Wechsel, Dachfenster, Dachgauben, Schornsteine und ähnliche Hindernisse unterbrochen wird. Bei derartigen Durchdringungen der Lüftungsquerschnitte muß durch Konterlattungen oder vergleichbare Maßnahmen eine Umlenkung der Luftströmung ermöglicht werden (Bild **1**.279).

1.279
Umlenkung des Luftstromes an Hindernissen [29]
1 durchgehende Konterlatte
2 unterbrochene Konterlatte
3 Unterspannbahn, taschenartig umgelegt (Ablenkung von evtl. ablaufendem Sprühwasser)
4 Belüfter oberhalb der Tasche

Oberhalb von Dachfenstern, Schornsteinen oder sonstigen Einbauteilen sind die Unterspannbahnen taschenförmig hochzuklappen, damit etwa ablaufendes Wasser seitlich an den Hindernissen vorbei geleitet wird (s. auch Bild **1**.274 b).

Vor oder hinter Hindernissen im Luftstrom können auch zusätzliche Ab- bzw. Zuluftströmungen – z. B. mit Hilfe von Lüftersteinen – eingebaut werden. Der Anschluß an aufgehende Wände ist wie z. B. in Bild **1**.225 c gezeigt auszuführen.

Besondere Aufmerksamkeit ist bei der Planung zusammengesetzter Dächer erforderlich, damit auch an Wandanschlüssen, Graten, Pulten usw. ausreichende Abluftöffnungen und an Kehlen, Dachgräben o. ä. die erforderlichen Zuströmöffnungen vorhanden sind. Durch zweilagige Konstruktionen muß ggf. z. B. bei Schifteranschlüssen (BIld **1**.51) dafür gesorgt werden, daß keine Hindernisse für den Luftstrom entstehen.

Eine Mittelstellung zwischen Unterspannbahnen und den nachfolgend beschriebenen Unterdächern nehmen speziell ausgerüstete Gipskartonplatten mit einem s_d-Wert von 0,1 m ein. Sie können als relativ windsichere Noteindeckung für einen Zeitraum bis zu zwei Monaten dienen.

Konstruktionskriterien. Lange Zeit wurden die belüfteten Konstruktionen für wärmegedämmte Dächer als nahezu standardmäßige Ausführung vorgezogen. Es kommt bei ihnen jedoch immer wieder zu erheblichen Schäden, die vor allem bedingt sind durch ungenügend dimensionierte oder durch aufgequollene Wärmedämmungen eingeengte Lüftungsquerschnitte sowie durch fehlerhafte Dampfsperren.

Bei Schadensanalysen wurde festgestellt, daß durch Luftströmungen infolge von undichten Raumabschlüssen so erhebliche Feuchtigkeitsmengen in die Gesamtkonstruktion transportiert werden, daß sie weit mehr als ein Tausendfaches (!) von Feuchtigkeitseinträgen durch Dampfdiffusion ausmachen können.

Die bisher üblichen Unterspannbahnen behindern außerdem trotz normalerweise ausreichender Dampfdurchlässigkeit bei solch möglichen extremen Feuchtigkeitsverhältnissen das Austrocknen zu stark. Auf Dauer wird dadurch die Wärmedämmung bis zu weitgehendem Funktionsverlust durchnäßt, und es werden an den hölzernen Konstruktionsteilen trotz Imprägnierung schwere Schäden verursacht.

Die Bauindustrie hat daher für den Einsatz bei ausgebauten Dachgeschossen in der zurückliegenden Zeit Unterspannmaterialien mit sehr geringem Diffusionswiderstand und sogar mit einer gewissen vorübergehenden Speicherungsfähigkeit für Feuchtigkeit auf den Markt gebracht.

Es muß jedoch bei der Gesamtkonstruktion wesentlich mehr Aufmerksamkeit auf die absolute Luftdichtigkeit gegenüber der Raumluft gerichtet werden. Dies fand Niederschlag in der Vornorm DIN V 4108-7 (11.1996): Luftdichtheit von Bauteilen und Anschlüssen.

Die weitere Entwicklung wird in besonderem Maße beeinflußt durch die nach der 3. Wärmeschutzverordnung erforderlichen großen Dämmstoffdicken. Sie bedingen bei den immer noch überwiegenden Zwischensparrendämmungen (Bild **1**.277 a und b) außerordentlich hohe Sparrenquerschnitte, wenn oberhalb der Wärmedämmung die zu fordernde Mindesthöhe von 5 cm für einen Belüftungsraum gewährleistet werden soll.

Im Zusammenhang mit Dachausbauten entsprechen die erforderlichen Sparrenhöhen meistens den nötigen Dämmstoffhöhen, so daß sich nahezu zwangsläufig eine Konstruktion mit Sparrenvolldämmung gemäß Bild **1**.277 c ergibt.

In belüfteten wärmegedämmten Dachkonstruktionen ist eine Gefährdung der Sparren durch Schadinsekten nicht auszuschließen. Bei diffusionsäquivalenten Luftschichtdicken üblicher Unterspannbahnen von $s_d > 1$ m und damit einer relativ geringen Dampfdurchlässigkeit ist infolge von Holzrestfeuchte, durch Leckagen in der Dachhaut und durch Kondensatbildung eine Schädigung durch Pilzbefall möglich. Es ist daher eine Holzschutzbehandlung entsprechend der Gefährdungsklasse GK 2 (DIN 68 800-3) erforderlich.

In nicht belüfteten Konstruktionen mit Sparrenvolldämmung kann dagegen die Gefährdungsklasse 0 angenommen und auf einen chemischen Holzschutz verzichtet werden (s. Abschn. 1.8.7.1).

Für alle wärmegedämmten Konstruktionen, insbesondere jedoch bei Sparrenvolldämmung, ist eine einwandfreie Luftdichtung bzw. Dampfsperre zwischen Innenraum und Wärmedämmung und gegenüber allen angrenzenden Bauteilen unbedingte Voraussetzung (s. Abschn. 1.8.4).

Auf Grund dieser Kriterien dürfte sich ähnlich der Entwicklung bei Flachdächern (s. Abschn. 2) ein künftiger Trend zu nur noch nicht belüfteten wärmegedämmten Konstruktionen beim Ausbau von Dachräumen ergeben.

1.8.3 Unterdeckungen

Unterspannbahnen. Unterspannbahnen sind feinperforierte, wasserdampfdurchlässige, schwer entflammbare Kunststoff-Gitterfolien oder diffusionsoffene sonstige Kunststoffbahnen. Zur Verbesserung des sommerlichen Wärmeschutzes können sie auch zur Wärmereflektion mit Aluminiumbedampfung ausgestattet sein. Unterspannbahnen („Flatterfolien") werden mit 10 cm Stoßüberdeckung schlaff quer zur Sparrenrichtung gespannt und genagelt bzw. geheftet.

Wenn ein späterer Dachausbau nicht in Frage kommt, dienen Unterspannbahnen bei Eindeckungen mit einfacher Lattung, d. h. ohne Konterlattung, häufig bis zur Fertigstellung der Dachdeckung als vorläufige Dachhaut. Sie werden dann – entgegen den Verlegerichtlinien – oft straff über die Sparren gespannt. Fast alle Unterspannbahnen schrumpfen aber mit der Zeit, so daß sie auch bei sachgemäßem leicht durchhängendem Einbau (Bild **1**.280 a) später straff gespannt sind. Wenn Sprüh- oder Schmelzwasser auf den Unterspannbahnen abläuft, staut es sich dann an den Dachlatten und insbesondere an den Befestigungspunkten auf den Sparren. Es kommt zu Fäulnis an Dachlatten und Sparren. Eine derartige Ausführung ist daher bedenklich.

In Verbindung mit Unterspannbahnen oder Unterdeckungen sollten deshalb Dachdeckungen grundsätzlich auf Konterlattung ausgeführt werden (Bild **1**.280 b).

1.280 Einbau von Unterspannbahnen
a) Einbau über den Sparren, einfache Lattung (bedenkliche Lösung!)
b) Einbau mit Konterlattung

Unterdach. Muß – insbesondere bei wenig geneigten Dächern – mit starken Beanspruchungen durch Sprühwasser oder Flugschnee gerechnet werden, ist ein Unterdach (auch als „Unterdichtung" bezeichnet) vorzusehen (Bild **1**.281). Dazu wird als Regelausführung auf einer 24 mm dicken Nut-Feder Schalung eine Abdichtung aufgebracht, die bestehen kann aus

- 2 Lagen Bitumendachbahnen V13 (1. Lage genagelt, 2. Lage vollflächig geklebt),
- 1 Lage Bitumenschweißbahn (Stöße verdeckt genagelt),
- 1 Lage Kunststoff-Dichtungsbahn auf Trennlage (verdeckt genagelt bzw. auf aufgenagelte Folienbleche geschweißt.

Im Prinzip stellen Unterdächer somit eine funktionsfähige Dachhaut dar. Die darüber liegende Dachdeckung gewährleistet also vor allem den Bewitterungsschutz für das Unterdach und schützt zusätzlich gegen Wärmeeinstrahlung.

Die Dachdeckung über Unterdächern wird auf sorgfältig imprägnierten Konterlattungen ausgeführt (eine zusätzliche Einbindung der Konterlattung in die Abdichtung ist wegen der erhöhten Fäulnisgefahr durch eingeschlossene Restfeuchtigkeit nicht ratsam).

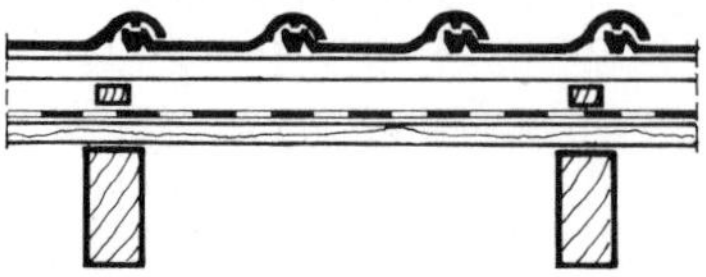

1.281 Unterdach

Bei Unterdächern muß durch ausreichende Hinterlüftung sichergestellt sein, daß sie nicht innerhalb des gesamten Dachaufbaues wie falsch angeordnete Dampfsperren wirksam werden.

Es sind daher unterhalb des Unterdaches ausreichende Zu- und Abluftquerschnitte vorzusehen.

Bei Satteldächern mit hinterlüfteter Wärmedämmung (Bild **1**.278 a) ist am First ein ca. 10 cm breiter Streifen als Abluftöffnung im Unterdach offen zu belassen.

Bei allen Konstruktionen ist grundsätzlich eine entsprechend der gewählten Unterdeckung berechnete und dimensionierte, überall dicht schließende Dampfsperre erforderlich.

1.8.4 Dampfsperren und Luftdichtheit

Zur Verhinderung von Wasserdampfdiffusion und Kondensatbildung innerhalb der Dachkonstruktion ist unterhalb der Wärmedämmung nach DIN 4108-3[1]) eine Dampfsperre vorzusehen, die den nachfolgenden Anforderungen entspricht:

Dachneigung $\geqq 10°$

Dampfsperrwert S_D (diffusionsäquivalente Luftschichtdicke)[2]) der unterhalb des belüfteten Raumes angeordneten Bauteilschichten:

$S_D \geqq$ 2 m bei Sparrenlänge $\leqq$ 10 m
$S_D \geqq$ 5 m bei Sparrenlänge $\leqq$ 15 m
$S_D \geqq$ 10 m bei Sparrenlänge > 15 m.

Dachneigung $\leqq 10°$

Dampfsperrwert S_D der Bauteilschichten unterhalb des Lüftungsquerschnittes:

$S_D \geqq$ 10 m unabhängig von der Sparrenlänge.

Darüber hinaus muß jeder Luftaustausch zwischen Innenraum und Hohlräumen in der Dachkonstruktion verhindert werden. Durch Luftströmungen infolge von undichten Raumabschlüssen werden so erhebliche Feuchtigkeitsmengen in die Gesamtkonstruktion transportiert, daß sie ein Vielfaches von Feuchtigkeitseinträgen durch Dampfdiffusion ausmachen können (vgl. Abschn. 1.8.2).

[1]) z. Zt. in Neubearbeitung (E DIN 4108-3/A1, 11.1995)

[2]) Die diffusionsäquivalente Luftschichtdicke s_d ist ein Maß für den Widerstand, den ein Material gegen Wasserdampfdurchgang aufweist. Es wird errechnet: $s_d = \mu \times s$ [m]
μ = materialspezifische Wasserdampf-Diffusionszahl (μ von Luft = 1);
s = Materialdicke in mm

Diese Forderung kann z. B. durch eine dicht gestoßene, erforderlichenfalls mit Klebestreifen gedichtete 0,2 mm dicke PVC-Folie auf der Raumseite erfüllt werden. Sie darf durch Installationen, Schornsteine usw. nicht ohne besondere Maßnahmen zur Dichtung der Anschlüsse unterbrochen werden.

In DIN V 4108-7 sind für Stöße bzw. Überlappungen der Folien und für Bauteilanschlüsse genaue Hinweise enthalten, die in Bild **1**.282 in einigen Beispielen auszugsweise wiedergegeben werden.

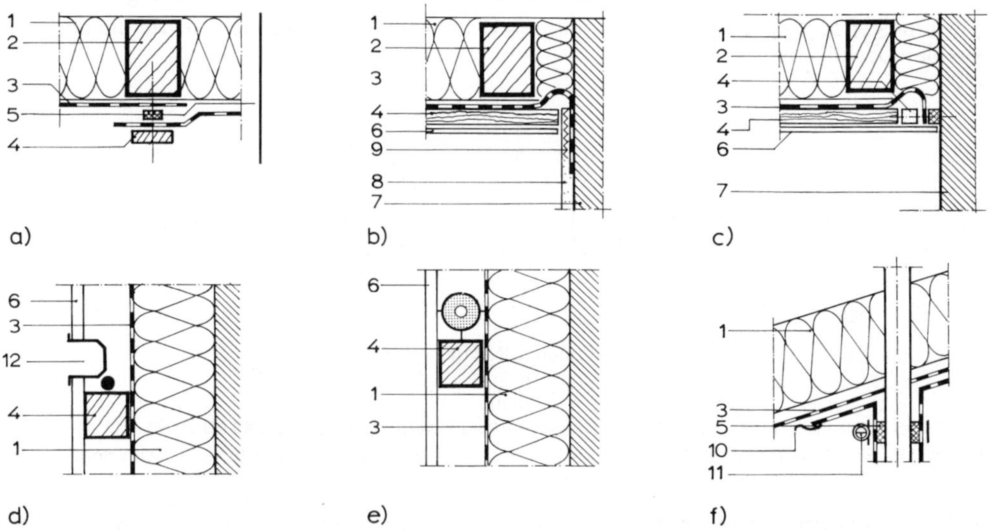

1.282 Luftdichtheitsschicht: Anschlüsse, Überlappungen, Durchdringungen (DIN V 4108-7)
a) Überlappung
b) Anschluß an geputztes Mauerwerk oder Beton
c) Anschluß an Sichtmauerwerk oder Beton
d) Einbau von Elektroinstallationen
e) Einbau von Rohrinstallationen
f) Anschluß bei senkrechten Rohrdurchführungen

1 Wärmedämmung
2 Sparren
3 Luftdichtheitsschicht
4 Anpreßlatte/Latte
5 Dichtband oder komprimierbares Butyl-Kautschukband
6 Raumseitige Bekleidung
7 Mauerwerk oder Beton
8 Innenputz
9 Rippenstreckmetall oder Putzabschlußprofil
10 Klebeband
11 Schelle
12 Hohlraumdose

1.8.5 Schallschutz[1])

Art und Umfang erforderlicher Schallschutzmaßnahmen für die Außenflächen ausgebauter Dachgeschosse richten sich nach dem zu erwartenden Außenlärmpegel gemäß DIN 18005 (z. B. verkehrsreiche Straßen o. ä.).

In der Umgebung von Flughäfen ist das Gesetz zum Schutz gegen Fluglärm in Verbindung mit der Verordnung über bauliche Schallschutzanforderungen zu beachten. Darin sind 2 Schutzzonen festgelegt (Schutzzone 1: resultierender Schallschutz der Außenbauteile $R'_w = 50$ dB, Schutzzone 2: $R'_w = 45$ dB).

[1]) s. Abschn. 15.6 in Teil 1 des Werkes

Voraussetzung für guten Luftschallschutz sind bei Dachkonstruktionen
- möglichst dichte, schwere Dachdeckungen (z. B. Faserzementplatten auf Nut-Feder-Schalung, Falzziegel, Betondachsteine o. ä.),
- die Verwendung weicher Dämmstoffe wie z. B. Mineralwolleerzeugnisse,
- dichte, mehrlagige Innenschalen z. B. aus Gipskartonplatten (Nut-Feder-Schalungen sind wesentlich weniger schallschützend),
- Vermeidung von Schallbrücken insbesondere durch schlechte Fugendichtungen,

Dachfenster sollten annähernd die gleichen Schalldämmwerte aufweisen wie die angrenzenden Dachflächen.

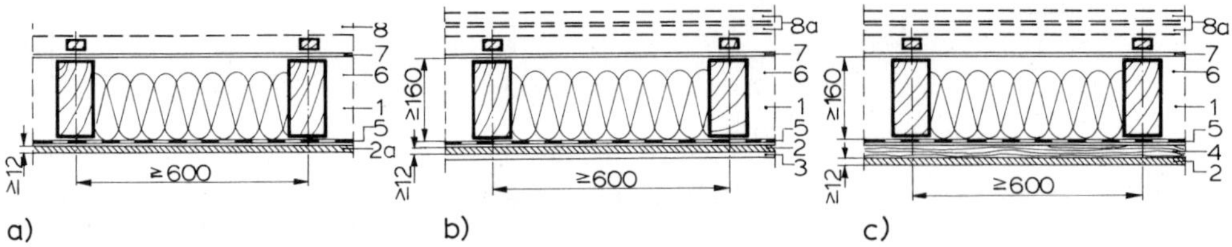

1.283 Luftschallschutz von Dachkonstruktionen (DIN 4109 Bbl. 1)
a) Dach mit üblicher Dachdeckung, $R'_{w,R}$ 35 dB
b) Dachdeckung auf Unterdeckung, $R'_{w,R}$ 40 dB
c) Dachdeckung auf Unterdeckung, Unterdecke auf Konterlattung, $R'_{w,R}$ 45 dB 35 dB

1 Faserdämmstoff nach DIN 18 165-1, längenbezogener Strömungswiderstand $\Xi \geqq 5$ kN · s/m⁴
2 Spanplatten oder Gipskartonplatten
2a Spanplatten oder Gipskartonplatten ohne/mit Zwischenlattung
2b Raumspundschalung mit Nut und Feder, 24 mm
3 Zusätzliche Bekleidung aus Holz, Spanplatten oder Gipskartonplatten mit $m' \geqq 6$ kg/m²
4 Zwischenlattung
5 Dampfsperre, bei zweilagiger raumseitiger Bekleidung kann die Dampfsperre auch zwischen den Bekleidungen angeordnet werden
6 Hohlraum belüftet/nicht belüftet
7 Unterspannplatten oder ähnliches, z. B. harte Holzfaserplatten nach DIN 68 754-1 mit $d \geqq 3$ mm
8 Dachdeckung auf Querlattung und erforderlichenfalls Konterlattung
8a Wie 8, jedoch mit Anforderungen an die Dichtheit (z. B. Faserzementplatten auf Rauhspund ≧ 20 mm, Falzdachziegel nach DIN 456 bzw. Betondachsteine nach DIN 1115, nicht verfalzte Dachziegel bzw. Dachsteine in Mörtelbettung)

Mit den in Bild **1**.283 (DIN 4103 Bbl. 1) gezeigten Konstruktionen kann bei Außenlärmpegeln bis etwa 75 dB der erforderliche Schallschutz ohne Nachweis erreicht werden. Bei davon abweichenden Konstruktionen ist – ebenso wie für Decken unter nicht ausgebauten Dachgeschossen – ein entsprechender Nachweis zu führen. Der Schallschutz der Dachdeckung wird dabei mit 10 dB angesetzt.

Besondere Schallschutzmaßnahmen sind bei ausgebauten Dachgeschossen an Wohnungstrennwänden notwendig. Es besteht die Gefahr der flankierenden Schallübertragung über Sparren und Wärmedämmung, wenn Bauteile über die Trennwände hinweggeführt werden. Dies gilt z. B. für die Dachlattung oder steife, geschlossenporige Wärmedämmplatten. Auch innen sichtbar bleibenden Sparren können zu Schallübertragungen beitragen.

Wärmedämmungen sollen zumindest in den ersten angrenzenden Sparrenfeldern aus Mineralwollematerial bestehen. Die Dachinnenschale ist mehrschichtig auszuführen. Beidseitig der Trennwand sollten wenigstens zwei Sparrenfelder ein Unterdach (s. Abschn. 1.8.3) haben. Dachlatten sind über der Trennwand zu unterbrechen (Bild **1**.284).

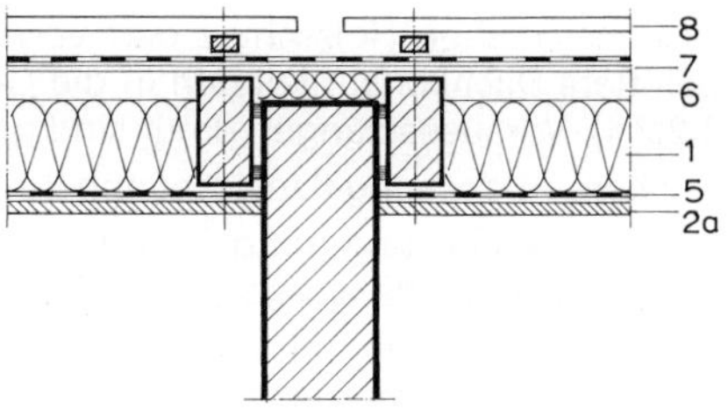

1.284 Schallschutz an Wohnungstrennwänden (Legende s. Bild 1.283, Wandanschlüsse s. Bild 1.282)

1.8.6 Brandschutz

Für ausgebaute Dachgeschosse gelten grundsätzlich die gleichen Anforderungen wie für Wohnungen in normalen Geschossen. Es ist jedoch zu beachten, daß Dachgeschosse bei Bränden Sonderfälle für die Brandbekämpfung bilden.

So ist z. B. die Einwirkung von Löschwasser begrenzt, weil die Dachflächen weitgehend wasserdicht sind. Hohlräume innerhalb der Konstruktion aber auch nicht ausgebaute Dachraumteile in Dachschrägen u. ä. begünstigen die Brand- und Rauchausbreitung und erschweren die Brandbekämpfung.

In vielen Fällen sind die Rettungswege bei Dachgeschossen unübersichtlicher als in Normalgeschossen, und die Rettung eingeschlossener Personen ist über die geneigten Dachflächen schwieriger.

Die Anforderungen an den baulichen Brandschutz bei ausgebauten Dachgeschossen sind in den einzelnen Bundesländern unterschiedlich. Allgemein gilt:

— Für Wärmedämmungen dürfen nur die Baustoffe der Brennbarkeitsklasse B 2 (DIN 4102) verwendet werden.
— Wohnungstrennwände innerhalb ausgebauter Dachgeschosse müssen feuerbeständig (F 90, Brennbarkeitsklasse A) hergestellt werden.
— Räume, ihre Zugänge und die dazugehörigen Nebenräume müssen durch mindestens feuerhemmende Bauteile gegen nicht ausgebaute Dachräume abgeschlossen sein.

Die darüber hinaus in den Bauordnungen einzelner Bundesländer enthaltenen Einzelvorschriften sind genau zu beachten. Vor allem jedoch sollten bei der Planung möglichst übersichtliche Rettungswege vorgesehen werden. Bei größeren Objekten ist eine Abstimmung mit den Brandschutzbehörden dringend anzuraten.

1.8.7 Ausführungsarten

1.8.7.1 Nicht belüftete Dachkonstruktionen

Nicht hinterlüftete Wärmedämmungen mit Sparrenvolldämmung (Bild **1**.277 c und **1**.278 b) sind besonders dadurch wirtschaftlich, daß bei der statischen Bemessung niedrige, der heute nötigen großen Dämmstoffdicke entsprechende Sparrenquerschnitte gewählt werden können.

Nur unter der Voraussetzung, daß die Unterseite gegenüber den Innenräumen anderweitig luftdicht abgeschlossen ist (s. Abschn. 1.8.4) und die obere Abdeckung durch Unterspannbahnen eine diffusionsäquivalente Luftschichtdicke von s_d < 0,02 m hat, kann auf eine Dampfsperre verzichtet werden, wenn ein Nachweis nach DIN 4108-3 geführt wird.[1])

---

[1]) s_d-Wert siehe Fußnote S. 186.

Auf chemischen Holzschutz darf verzichtet werden, denn nach DIN 68800-2 dürfen nicht belüftete Dachkonstruktionen in die Gefährdungsklasse 0 eingeordnet werden (s. Abschn. 1.2.2.4). Voraussetzungen dafür sind u. a.:

— obere Abdeckung (Unterspannbahnen) mit $s_d < 0{,}2$ m
— obere Abdeckung mit offener Brettschalung, Brettbreite < 100 mm, Fugenbreite > 5 mm und aufliegende wasserableitende Schicht mit $s_d < 0{,}02$ m
— obere Abdeckung mit $s_d < 0{,}2$ m, Dachdeckung oberhalb der Konterlattung und des belüfteten Hohlraumes: Brettschalung mit Zwischenlage und Deckungen aus Blechen oder Schiefer.

Zu beachten ist jedoch ggf. der Holzschutz von Dachsparren in überstehenden Traufgesimsen.

1.8.7.2 Aufliegende Wärmedämmung

Aufliegende Wärmedämmung (Bild **1**.278 d) aus großformatigen vorgefertigten Elementen werden vorteilhaft in Neubauten mit möglichst einfach gestalteten Satteldachflächen eingesetzt, besonders wenn die Sparren innen sichtbar bleiben sollen. In solchen Fällen bestehen die Sparren und sonstige Konstruktionsteile aus Holz, in der Regel aus vollkantigen, gehobelten Vollhölzern oder aus Brettschichtholz.

Bei der Planung ist eine Ausführung nach der schematischen Darstellung in Bild **1**.275 a zu bevorzugen. Alle größeren Durchdringungen durch Gauben usw. sollten möglichst vermieden werden. Zur Vermeidung von Wärmebrücken an den Übergängen sind für liegende Dachfenster spezielle PUR-Übergangsprofile auf dem Markt.

Besondere Aufmerksamkeit erfordert der Übergang zwischen der Dachdämmung und den Außenwänden. Die Details sind je nach Lage der Fußpfetten so festzulegen, daß keine Schwachpunkte entstehen. Gute Voraussetzungen für die Vermeidung von Wärmebrücken sind gegeben, wenn die Außenwände mit außenliegender Wärmedämmung („Thermohaut") ausgeführt werden (Bild **1**.285).

Auch beim nachträglichen Ausbau von Dachgeschossen mit gleichzeitiger Sanierung der Dachdeckung können aufliegende Wärmedämmungen vor allem unter dem Aspekt möglichst kurzer Ausführungszeiten günstig eingesetzt werden.

Vorgefertigte aufliegende Dämmelemente werden in vielfältiger Form auf dem Markt angeboten. Sie haben in der Regel Nut-Feder-Verbindungen oder Überfalzungen, raumseitige Dampfsperren und vielfach sogar vormontierte Dachlattungen (Bild **1**.285).

Die Wärmedämmung besteht bei den meisten Fabrikaten aus PUR-Schaum. Verbundelemente (auch aus Mineralwolle) haben auf der Innenseite fertig behandelte oder tapezierfähige Deckschichten z. B. aus Sperrholz oder Gipskartonplatten.

Aufliegende Wärmedämm-Elemente werden meistens parallel zur Traufe montiert. Die vielfach übliche Befestigung auf den Sparren mit Hilfe von Latten, die jeweils auf die Sparren geschraubt werden, bildet gleichzeitig die erforderlichen Belüftungsquerschnitte.

Die Dämmelemente werden entweder auf innen ggf. sichtbare Vollschalungen mit Luftdichtheitsschicht bzw. Dampfsperre verlegt (Bild **1**.285 a) oder als komplett vorgefertigte Bauelemente direkt auf die Sparren (Bild **1**.285 b und c).

Auch Kombinationen aufliegender Wärmedämmelemente mit Sparren bzw. Pfetten sind auf dem Markt (Bild **1**.286). Bei allerdings relativ hohen Materialkosten der Elemente lassen sich erhebliche Lohnkosteneinsparungen bei der Verlegung erzielen. Zu beachten sind jedoch die zusätzlichen Aufwendungen für die erforderlichen Randbohlen an der Traufe und für höhere Ortganggesimse.

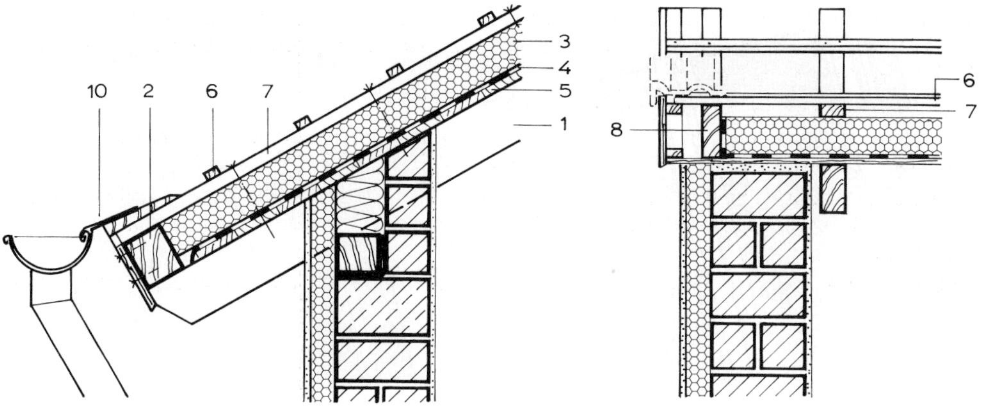

a)

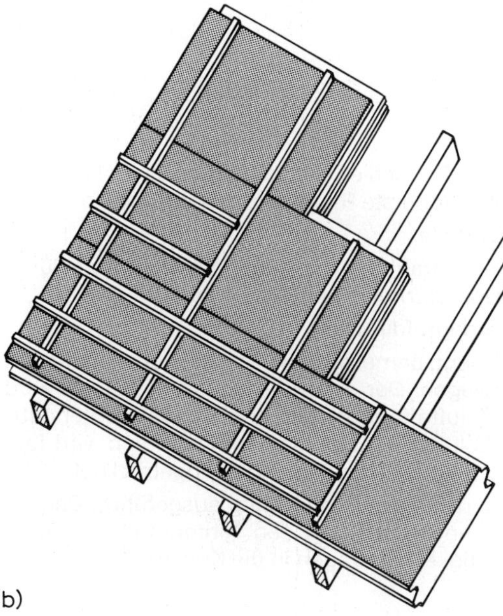

b)

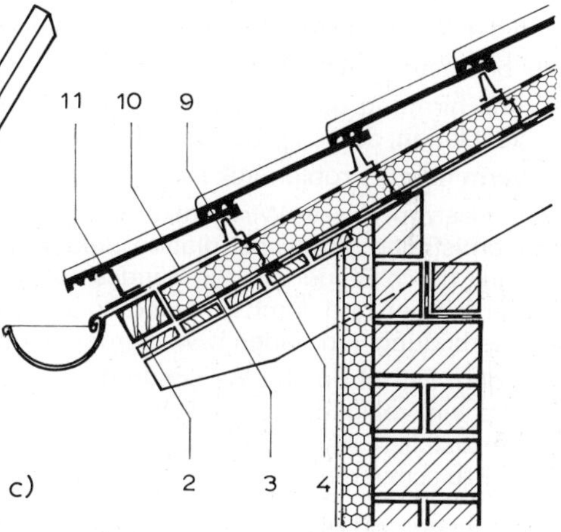

c)

1.285 Aufliegende Wärmedämmungen

a) Styropor-Dämmplatten auf Schalung (Quer- und Längsschnitt)
b) freitragende NF-Elemente aus PU-Schaum
c) freitragende Elemente mit verzinkten Verbindern und Lochprofilen als Dachlatten (DLW)

1 Sparren
2 Abfangträger
3 Wärmedämmelement
4 Dampfsperre
5 Schalung
6 Lattung
7 Konterlattung
8 Ortgang-Randbohle
9 verzinktes Lochprofil („Dachlatte")
10 Traufblech
11 gelochtes Abschlußprofil

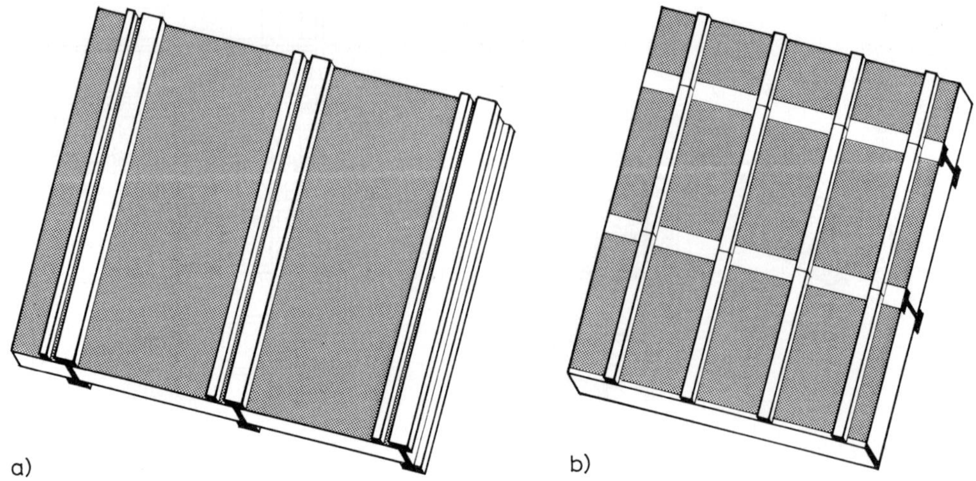

1.286 Aufliegendes Wärmedämm-Element (Kombination mit I-Träger als Sparren oder Pfetten, System UNIDEK SLS)
a) Auflagerung auf bauseitigen Pfetten
b) Auflagerung auf bauseitigen Bindern

1.8.7.3 Belüftete Dachkonstruktionen

Bei den belüfteten Konstruktionen (Bild **1**.278 a und b) ist die Dachhaut durch einen Luftraum von den wärmegedämmten Raumabschlußteilen (oberste Raumdecke) getrennt.

Bei belüfteten Dachkonstruktionen gelten als Vorteile:

— Abschirmung gegen unerwünschte Wärmeeinstrahlung mit guter Wärmeabfuhr durch Ventilation; damit verbunden geringere Temperaturbelastung der Dachhaut.

— Verminderte Problematik hinsichtlich Wasserdampfdiffusion.

Voraussetzung für die Wirksamkeit sind ausreichend bemessene Belüftungsquerschnitte mit hindernisfreien, möglichst glatten Belüftungswegen. Der erforderliche Luftaustausch wird bewirkt durch Staudruck des Windes auf die Zuluftöffnungen (an den Traufen), unterstützt durch Auftrieb und durch Sogwirkung an den Abluftöffnungen (am First). Dadurch wird Tauwasserbildung vermieden bzw. werden geringfügig Tauwassermengen abgetrocknet.

In jedem Fall ist durch eine richtig dimensionierte und sehr sorgfältig ausgeführte Dampfsperre ein völlig dichter Abschluß zwischen Innenraum und den Hinterlüftungsräumen sicherzustellen. Andernfalls kommt es zu Feuchtigkeitseinträgen in die Konstruktion, die auf Dauer zu schweren Bauschäden führen.

Lüftungsquerschnitte. Für die Dimensionierung der Lüftungsquerschnitte belüfteter Dachkonstruktionen enthält DIN 4108-3 Vorschriften:

Dachneigung > 10°

— Lüftungsquerschnitt an den Traufen mind. 2‰ der zugehörigen geneigten Dachfläche, mindestens 200 cm^2 je Traufe.

— Lüftungsöffnung am First mind. 0,5‰ der gesamten geneigten Dachfläche.

— Lüftungsquerschnitt innerhalb des Dachbereiches mind. 200 cm^2 je m belüfteter Strecke senkrecht zur Strömungsrichtung.

— Freie Höhe des Lüftungsquerschnittes mindestens 2 cm.

Dachneigung ≦ 10°

— Lüftungsquerschnitt an zwei gegenüberliegenden Traufen mindestens je 2‰ der gesamten Dachgrundrißfläche.
— Höhe des freien Lüftungsquerschnittes innerhalb des Dachbereiches über der Dämmschicht mindestens 5 cm.

Dachneigung, Dachform und Querschnittsform des Bauwerkes können die Durchlüftung der Dachkonstruktion wesentlich beeinflussen. Steilere Dachneigungen begünstigen die Luftströmung innerhalb der Konstruktion, während komplizierte Grundrißformen, Hindernisse im Luftstrom und insbesondere geringe Dachneigung in Verbindung mit windgeschützter Lage eines Gebäudes die Wirksamkeit einer Belüftung stark beeinträchtigen können (Bild **1**.287).

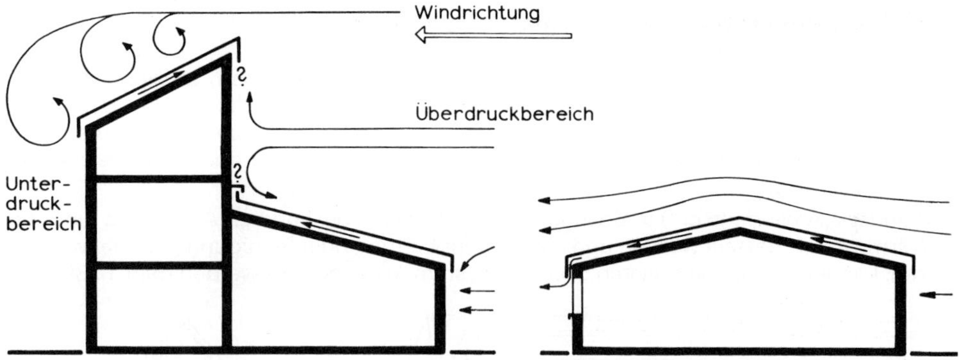

1.287 Einfluß der Windrichtung und der Dachform auf die Wirksamkeit von Belüftungen

Es muß auch beachtet werden, daß Wärmedämmungen aus Faserdämmstoffen nachträglich um bis zu 30% aufquellen können und dadurch die geplanten Lüftungsquerschnitte eventuell kaum noch vorhanden sind. Es sollten daher nur die Anwendungstypen W und WD eingeplant werden.

Im übrigen muß in jedem Fall dafür gesorgt werden, daß der Luftstrom innerhalb der Dachkonstruktion nicht durch Wechsel, Dachfenster, Dachgauben, Schornsteine und ähnliche Hindernisse unterbrochen wird. Bei derartigen Durchdringungen der Lüftungsquerschnitte muß durch Konterlattungen oder vergleichbare Maßnahmen eine Umlenkung der Luftströmung ermöglicht werden (vgl. Bild **1**.279).

1.8.8 Innenflächen

Beim Ausbau von Dachgeschossen sind Raumbegrenzungsflächen nötig, die zur Gewährleistung eines angenehmen Wohnklimas vorübergehend Feuchtigkeit speichern können. Dafür sind Bekleidungen aus Gipskartonplatten sehr gut geeignet. Es ist aber zu berücksichtigen, daß die Balken des Dachstuhles durch das Schwinden des Holzes, durch Setzung, eventuell auch durch wechselnde Belastung (Winddruck und -sog, Schneelast) keine starren Ebenen bilden. Es muß immer mit geringfügigen Bewegungen und Formänderungen gerechnet werden.

Bei großflächigen Ausbauelementen (z. B. Gipskartonplatten) besteht daher besonders in Neubauten immer – auch bei sorgfältigem und vorschriftsmäßigem Einbau – die Gefahr der Rißbildung an den Plattenstößen und insbesondere an den Anschlüssen zu den Wandflächen.

Dieser Nachteil besteht nicht, wenn Schalungen aus Profilbrettern, Paneelen oder sonstigen kleinformatigen Materialien verwendet werden. Um unvermeidliche Ungenauigkeiten gegenüber den Giebel- und sonstigen Umfassungswänden besser ausgleichen zu können, werden dabei Wandanschlüsse am besten mit mindestens 2 cm breiten Schattennuten ausgeführt.

Auf die sorgfältige Ausführung aller Anschlüsse der Luftdichtheits-Folien bzw. der Dampfsperre ist besonders zu achten (s. Bild **1**.282). Die dabei einsetzbaren Anpreßlatten (Bild **1**.282 a) können als Unterkonstruktion für Deckenbekleidungen verwendet werden.

1.9 Dachfenster und Dachgauben

1.9.1 Flächenverglasungen (verglaste Dachflächen)[1]

Belichtungsflächen können in einfacher Weise mit durchscheinendem Deckungsmaterial geschaffen werden wie Falzpfannen aus Glas oder Acrylglas und Welldrahtglas- oder Wellkunststoffplatten. Derartige Belichtungen kommen jedoch nur für nicht ausgebaute Dachräume oder untergeordnete Räume in Frage, da die Gefahr der Kondenswasserbildung besonders groß ist.

Lichtbänder („Atelierfenster") in Dachflächen, an die keine besonderen Ansprüche hinsichtlich Wärmeschutz gestellt werden und die nicht für Lüftung oder Reinigung geöffnet werden müssen, können mit fest verglasten Sprossensystemen ausgeführt werden (Bild **1**.288).

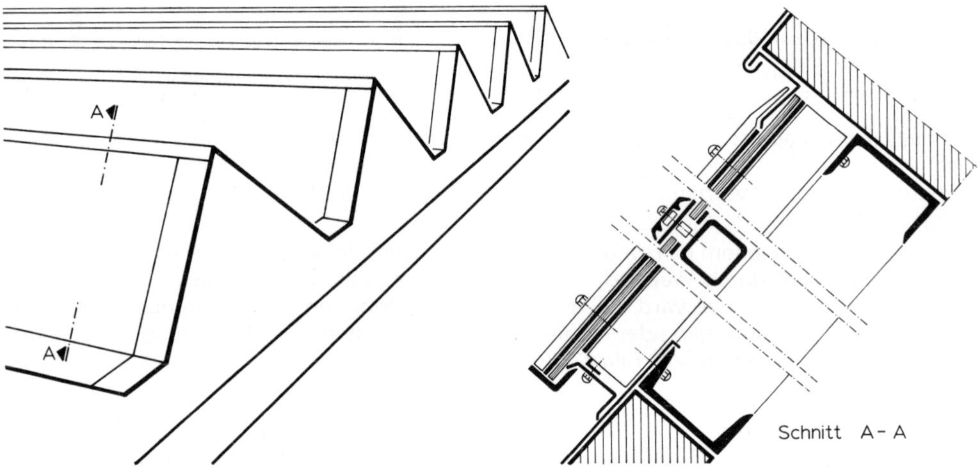

1.288 Verglasung von Fensterflächen einer Shedhalle

Derartige Glasbausysteme, die besonders auch im Industriebau eingesetzt werden, bestehen aus Sprossenprofilen (hergestellt aus verzinktem Stahlblech, Walzstahl oder Aluminium). Zwischen ihnen werden Sicherheits- oder Gußdrahtglasscheiben in Einfach- oder Doppelverglasung oder Isolierverglasung mit Quetschdichtungen, ferner auch Stegdoppelplatten durch Verschraubung montiert (Bild **1**.289). In den meisten Landesbauordnungen ist für Oberlichtverglasungen („Überkopfverglasung") raumseitig splitterbindendes Glas (bzw. Verbundsicherheitsglas VSG) vorgeschrieben.

[1] s. auch Abschn. 5.4.5

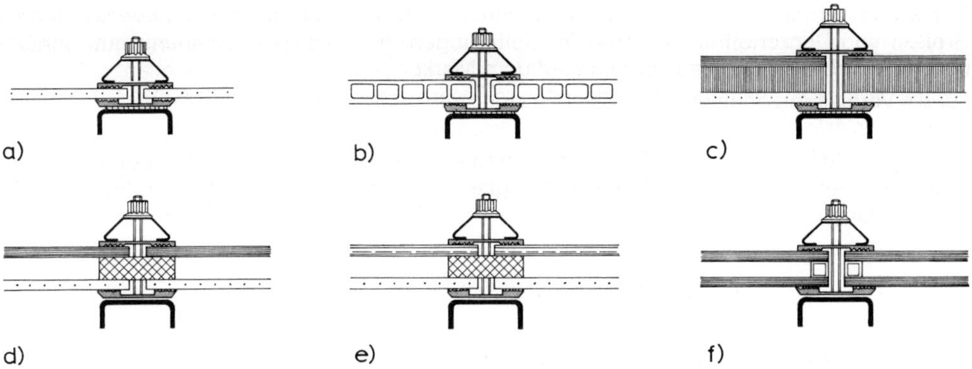

1.289 Industrieverglasungen (Eberspächer)

a) Einfachverglasung (Drahtglas oder Sicherheitsglas)
b) Verglasung mit Steg-Doppelplatte
c) Lichtstreuende Doppelverglasung, bestehend aus Gußglas, lichtstreuender Kapillarplatte und Drahtglas („Ovalux")
d) Doppelverglasung
e) Wärmedämmende Doppelverglasung, bestehend aus Steg-Doppelplatte und Drahtglas
f) Isolierverglasung (raumseitig Sicherheitsverglasung)

Mit Hilfe zusätzlicher Übergangsprofile aus abgekanteten Blechen sind Übergänge und der Anschluß an alle anderen Bauteile möglich.

Die Dachneigung verglaster Flächen sollte bei Flächen ohne Querstöße mindestens 10° betragen. Sind Querstöße mit Sprossenprofilen unvermeidlich, sollte zur Vermeidung von Stauwasser eine Mindestneigung von 30° vorgesehen werden.

Übergänge zwischen verschiedenen Verglasungsflächen werden durch speziell geformte Dichtungsprofile, im übrigen durch Kombinationen mit abgekanteten Blechwinkeln oder Mehrschichtplatten gebildet (Bild **1**.290).

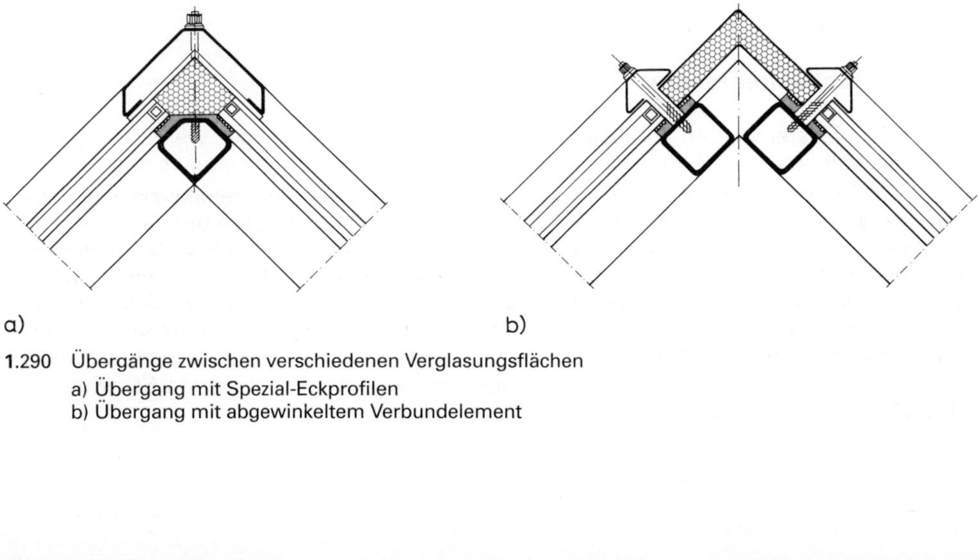

1.290 Übergänge zwischen verschiedenen Verglasungsflächen

a) Übergang mit Spezial-Eckprofilen
b) Übergang mit abgewinkeltem Verbundelement

Neben standardisierten Belichtungselementen wie z. B. Pyramidenkuppeln für verschiedene Größen von Deckenöffnungen sind für Belüftungen, Rauchabzüge, Sonnenschutzeinrichtungen usw. besondere Bauelemente auf dem Markt.

Für die Verglasung geneigter Dachflächen sind Isoliergläser mit Stufenfalz gut geeignet, weil dadurch an erforderlichen Stößen Quersprossen vermieden werden können.

Bei den in Bild **1**.291 dargestellten Ausschnitten einer verglasten Dachfläche über einer Ausstellungshalle sind ca. 30 cm breite Stufenglasflächen fest und auch schwenkbar als Lüftungsöffnungen eingebaut.

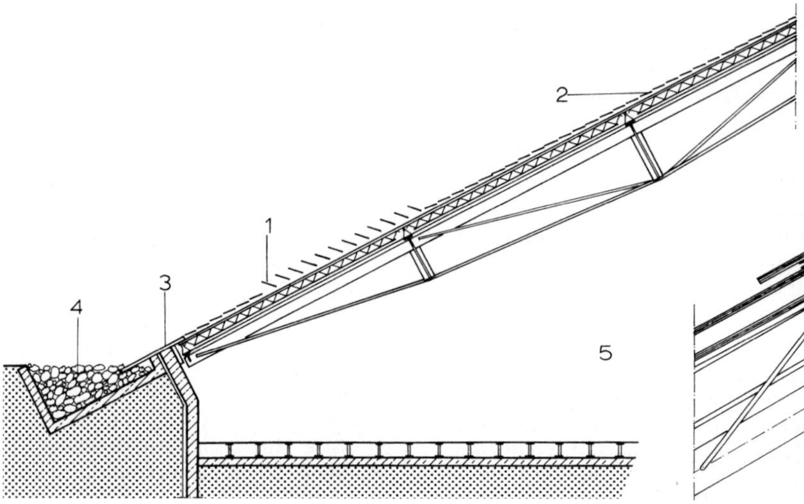

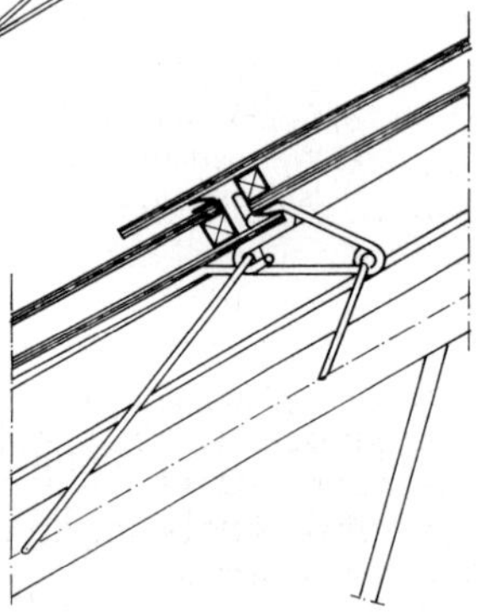

1.291 Großflächige Glasdachkonstruktion mit Isolierglas (Klemt Feinbau, München)
a) Schnitt (Ausschnitt)
b) Detail Stoß in der Festverglasung
1 Glasdach, Lamellen zu öffnen)
2 Festverglasung
3 Stahl-Sandwichelement
4 Entwässerungsgraben
5 Ausstellungsraum

1.9.2 Dachflächenfenster

Dachflächenfenster werden für ausgebaute Dachgeschosse verwendet, wenn Dachgauben oder Dachaufbauten durch Bausatzungen nicht zulässig oder zu kostenaufwendig sind.

Dachflächenfenster werden in verschiedenen, auf die üblichen Sparrenabstände (vgl. Bild **1**.297) und Dachneigungen von Holzdächern abgestimmten Formaten und Öffnungsarten geliefert (Bild **1**.292). Zu praktisch allen Dachdeckungsarten gibt es passende Eindeckrahmen, so daß Dachflächenfenster im Zuge der Dachdeckerarbeiten vom Dachdecker mit eingebaut werden können (Bild **1**.293). Fast alle Fabrikate bestehen aus Kombinationen von Holz und Aluminiumprofilen. Für die Reinigung der Dachflächenfenster sind Schwingflügel am günstigsten, die jedoch geöffnet störend im Innenraum sind und den Durchblick behindern. Dachflächenfenster weisen daher heute meist eine Kombination von Schwing- und Klappbeschlägen auf (**1**.292 b).

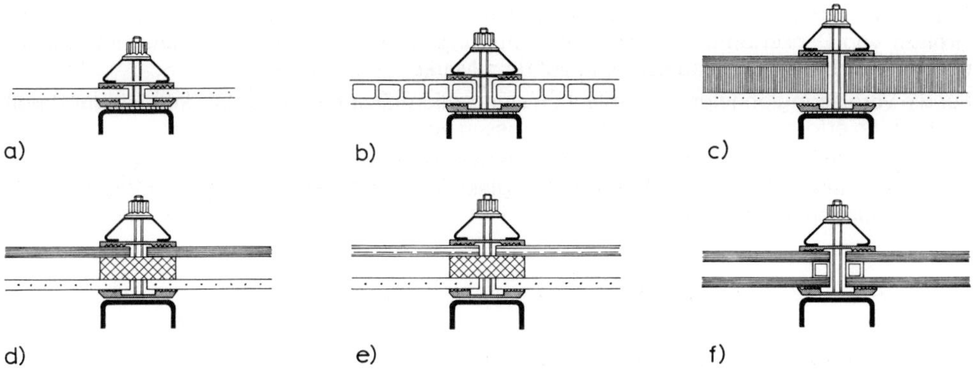

1.289 Industrieverglasungen (Eberspächer)
a) Einfachverglasung (Drahtglas oder Sicherheitsglas)
b) Verglasung mit Steg-Doppelplatte
c) Lichtstreuende Doppelverglasung, bestehend aus Gußglas, lichtstreuender Kapillarplatte und Drahtglas („Ovalux")
d) Doppelverglasung
e) Wärmedämmende Doppelverglasung, bestehend aus Steg-Doppelplatte und Drahtglas
f) Isolierverglasung (raumseitig Sicherheitsverglasung)

Mit Hilfe zusätzlicher Übergangsprofile aus abgekanteten Blechen sind Übergänge und der Anschluß an alle anderen Bauteile möglich.

Die Dachneigung verglaster Flächen sollte bei Flächen ohne Querstöße mindestens 10° betragen. Sind Querstöße mit Sprossenprofilen unvermeidlich, sollte zur Vermeidung von Stauwasser eine Mindestneigung von 30° vorgesehen werden.

Übergänge zwischen verschiedenen Verglasungsflächen werden durch speziell geformte Dichtungsprofile, im übrigen durch Kombinationen mit abgekanteten Blechwinkeln oder Mehrschichtplatten gebildet (Bild **1**.290).

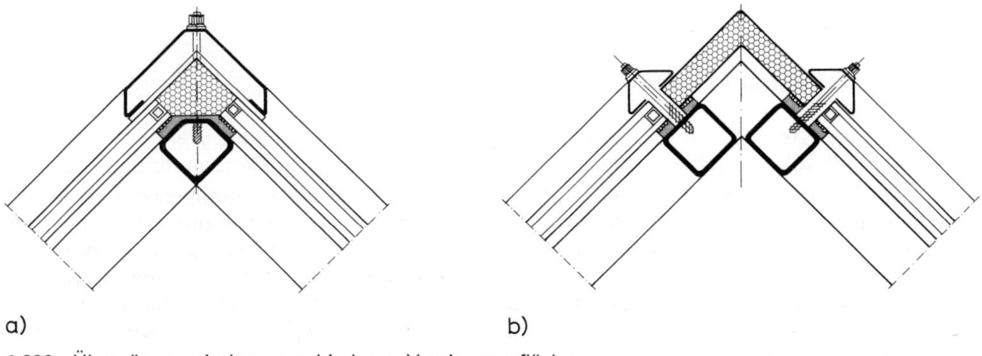

1.290 Übergänge zwischen verschiedenen Verglasungsflächen
a) Übergang mit Spezial-Eckprofilen
b) Übergang mit abgewinkeltem Verbundelement

Neben standardisierten Belichtungselementen wie z. B. Pyramidenkuppeln für verschiedene Größen von Deckenöffnungen sind für Belüftungen, Rauchabzüge, Sonnenschutzeinrichtungen usw. besondere Bauelemente auf dem Markt.

Für die Verglasung geneigter Dachflächen sind Isoliergläser mit Stufenfalz gut geeignet, weil dadurch an erforderlichen Stößen Quersprossen vermieden werden können.

Bei den in Bild **1**.291 dargestellten Ausschnitten einer verglasten Dachfläche über einer Ausstellungshalle sind ca. 30 cm breite Stufenglasflächen fest und auch schwenkbar als Lüftungsöffnungen eingebaut.

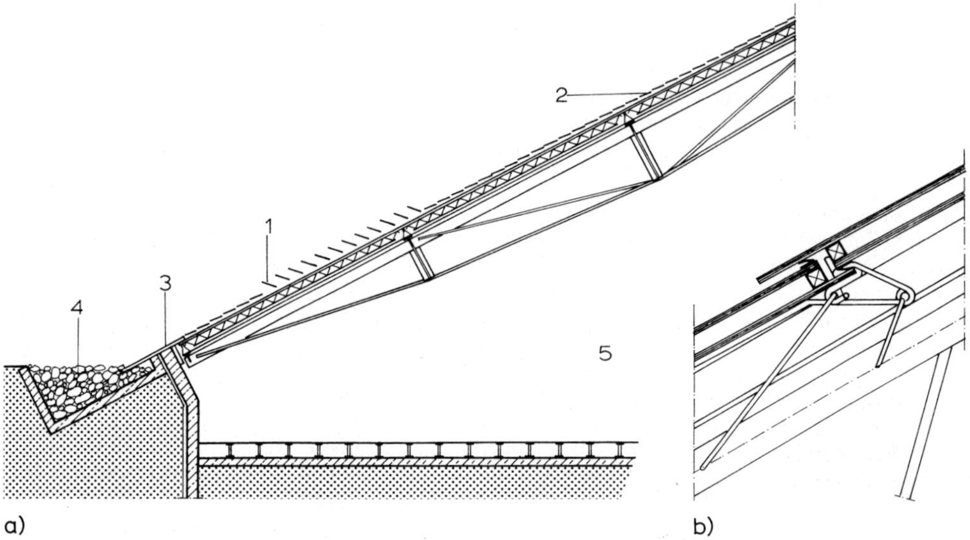

1.291 Großflächige Glasdachkonstruktion mit Isolierglas (Klemt Feinbau, München)
a) Schnitt (Ausschnitt)
b) Detail Stoß in der Festverglasung
1 Glasdach, Lamellen zu öffnen)
2 Festverglasung
3 Stahl-Sandwichelement
4 Entwässerungsgraben
5 Ausstellungsraum

1.9.2 Dachflächenfenster

Dachflächenfenster werden für ausgebaute Dachgeschosse verwendet, wenn Dachgauben oder Dachaufbauten durch Bausatzungen nicht zulässig oder zu kostenaufwendig sind.

Dachflächenfenster werden in verschiedenen, auf die üblichen Sparrenabstände (vgl. Bild **1**.297) und Dachneigungen von Holzdächern abgestimmten Formaten und Öffnungsarten geliefert (Bild **1**.292). Zu praktisch allen Dachdeckungsarten gibt es passende Eindeckrahmen, so daß Dachflächenfenster im Zuge der Dachdeckerarbeiten vom Dachdecker mit eingebaut werden können (Bild **1**.293). Fast alle Fabrikate bestehen aus Kombinationen von Holz und Aluminiumprofilen. Für die Reinigung der Dachflächenfenster sind Schwingflügel am günstigsten, die jedoch geöffnet störend im Innenraum sind und den Durchblick behindern. Dachflächenfenster weisen daher heute meist eine Kombination von Schwing- und Klappbeschlägen auf (**1**.292 b).

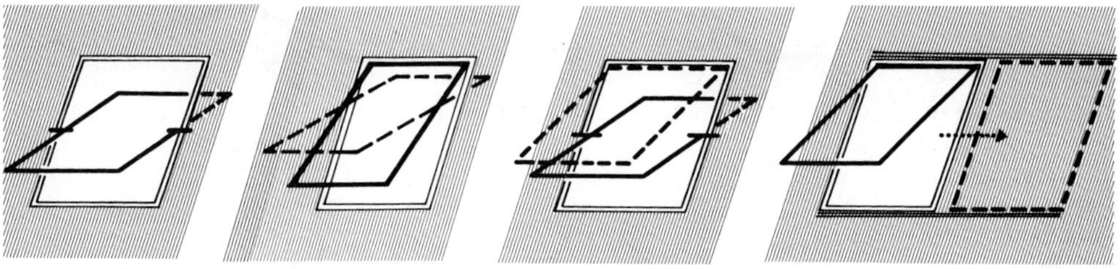

a) b) c) d)

1.292 Öffnungsarten von Dachflächenfenstern
a) Schwing-Fenster
b) Klapp-Schwing-Fenster
c) Schwing- und Klapp-Fenster
d) Klapp-Schiebe-Fenster

Isolierverglasung, Dauerlüftungen, Sonnenschutz-Jalousetten oder -Markisen, Verdunklungsrollos und Insektengitter als Zusatzausstattung machen aus Dachflächenfenstern nahezu perfekte Bauelemente.

Bei der Planung von Dachflächenfenstern muß in der Regel der freie Zugang zum Fenster berücksichtigt werden, d. h. daß die Oberkante des Fensters bei mindestens 1,90 m liegen muß. Wenn ein Ausblick auch im Sitzen gewünscht wird, ist eine Brüstungshöhe von etwa 85 cm erforderlich. Je nach Dachneigung ergeben sich daraus die Höhenmaße für die Dachflächenfenster (Bild **1**.294). Da aus technischen Gründen die Höhe von Dachfenstern auf etwa 1,60 m begrenzt ist, kann eine Anordnung von zwei Dachflächenfenstern übereinander oder eine Kombination mit senkrechten Fensterflächen in Frage kommen (Bild **1**.295). Mit Hilfe besonderer Kombinations-Eindeckrahmen können mehrere einzelne Dachflächenfenster auch ohne Auswechslung der Sparren nebeneinander eingebaut und zu Fensterbändern kombiniert werden.

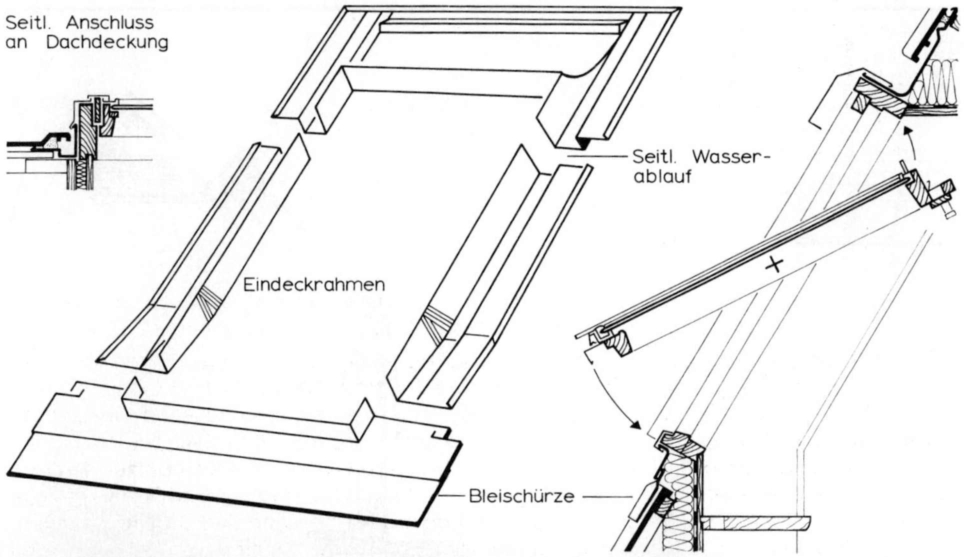

1.293 Dachflächenfenster (Schnitte und Eindeckrahmen System VELUX)

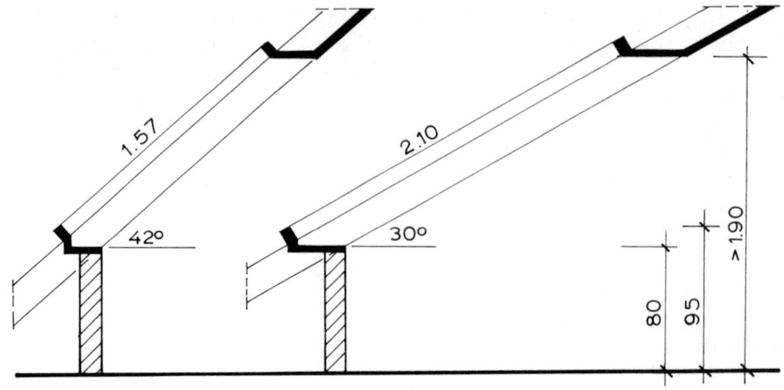

1.294 Einbauhöhen von Dachflächenfenstern bei unterschiedlicher Dachneigung

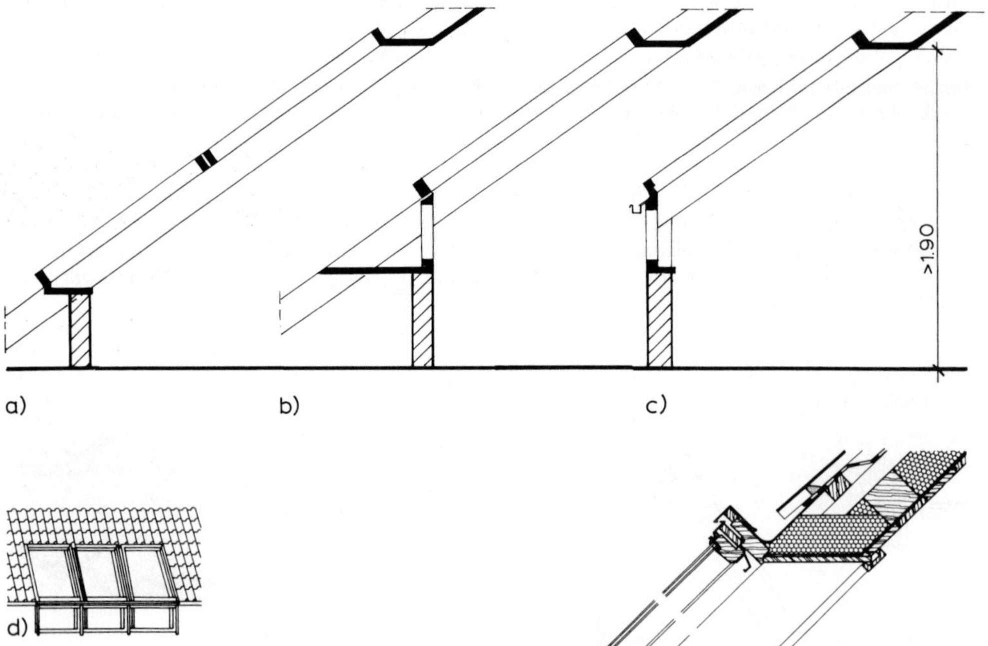

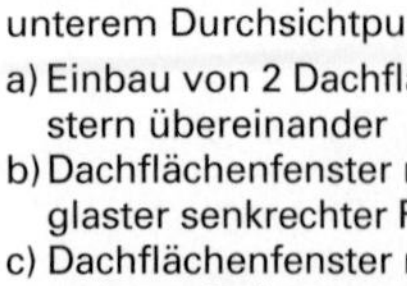

1.295
Dachflächenfenster mit niedrigem unterem Durchsichtpunkt

a) Einbau von 2 Dachflächenfenstern übereinander
b) Dachflächenfenster mit fest verglaster senkrechter Fläche
c) Dachflächenfenster mit senkrechtem Brüstungsanschluß (VELUX)
d) Ansicht zu c)
e) Schnitt zu c)

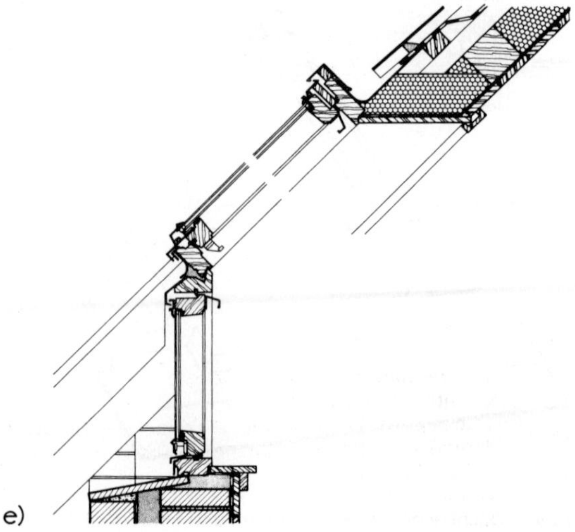

Im übrigen sind auch für den Einbau von Dachflächenfenstern die Vorschriften der Landesbauordnungen zu beachten. So muß die Fensterfläche bei Wohnräumen mindestens $\frac{1}{8}$ der Grundfläche betragen. Wenn die Fenster mehr als 4% der den Raum begrenzenden Dachfläche einnehmen, sind sie im Wärmeschutznachweis besonders zu berücksichtigen (s. Abschn. 15 in Teil 1 dieses Werkes). Sie müssen von Brandwänden einen Mindestabstand von 1,25 m haben. Bei giebelständigen Reihenhäusern muß der Abstand von der Grenzlinie an der Traufe mindestens 2,00 m betragen.

Beim Einbau ist unbedingt darauf zu achten, daß die Belüftungsquerschnitte der Dachkonstruktion nicht unterbrochen werden. Unterspannbahnen sind oberhalb der Dachflächenfenster so umzuschlagen, daß ablaufendes Wasser an den Öffnungen vorbeigeleitet wird (vgl. Abschn. 1.8.2, Bild **1**.279). Die raumseitige Dampfsperre muß sorgfältig an die Fensterrahmen angeschlossen werden, und alle Fugen in der Wärmedämmung sind voll auszustopfen oder auszuschäumen.

1.9.3 Dachgauben

Dachgauben (auch „Gaupen") und Dachaufbauten werden nicht nur zur Belichtung und Belüftung von Dachräumen eingesetzt, sondern sind darüber hinaus wieder als architektonisches Gestaltungsmittel sehr beliebt. Größe, Form und Anordnung müssen daher sowohl den Anforderungen der Innenräume als auch der Gliederung der Dachflächen und der gestalterischen Qualität des ganzen Gebäudes genügen. Vielfach wird leider versucht, durch

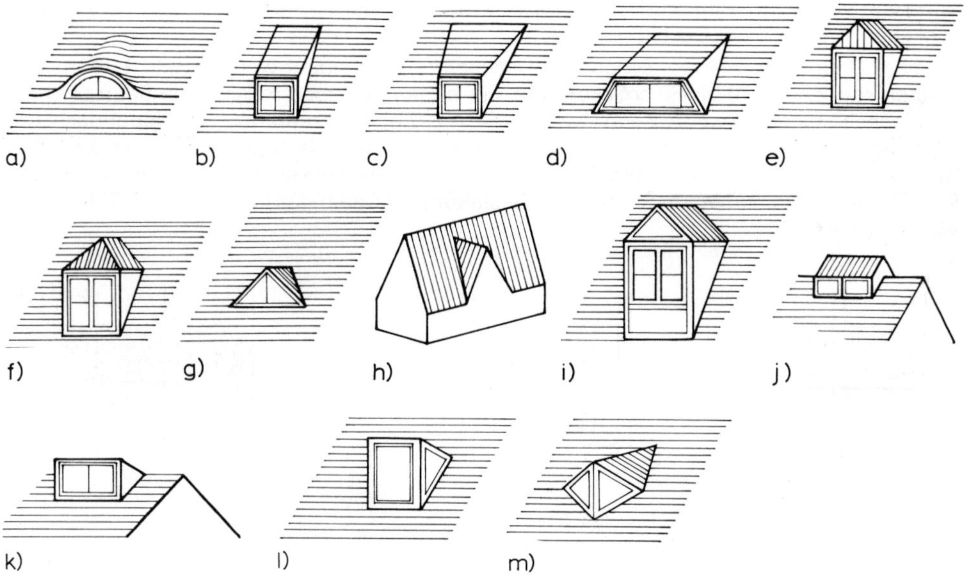

1.296 Gaubenformen

a) Fledermausgaube (Ochsenauge)
b) Schleppgaube mit geraden Wangen
c) Schleppgaube mit schrägen Wangen
d) Schleppgaube mit liegenden Wangen
e) Giebelgaube
f) Walmgaube
g) Dreiecksgaube
h) Zwerchgiebel
i) Fenstererker
j) Dachreiter
k) Dachaufbau
l) Gaube mit verglasten Wangen
m) Dreiecksgaube mit winkelförmiger Fensterfront

übergroße und schlecht gestaltete Gauben Dachgeschosse unter Umgehung einschränkender Bestimmungen fast wie Vollgeschosse zu nutzen. Oft sind daher in Bausatzungen bzw. Bebauungsplänen Verbote oder enge Bestimmungen für Gauben enthalten.

Für die gestalterische und konstruktive Ausführung von Gauben gibt es zahlreiche Möglichkeiten:

— **Fledermausgauben**, bei denen die Dachhaut nur leicht angehoben erscheint, im übrigen aber nicht unterbrochen wird, kommen für Reet-, Schindel-, Biberschwanz- und Schieferdeckung in Frage, Bild **1**.296 a.
— **Schleppdachgauben**, über die das steilere Hauptdach mit geringerer Neigung „abgeschleppt" wird. Die dreieckförmigen Seitenflächen (Gaubenbacken bzw. Gaubenwangen) liegen parallel zu den Sparren (Bild **1**.296 b) oder können schräg anlaufen (Bild **1**.296 c und d),
— **Dachhäuschen** als Giebel- oder Walmgauben (Bild **1**.296 e und f),
— **Dreiecksgauben** (Bild **1**.296 g).

In weiterem Sinn können auch Zwerchgiebel (Bild **1**.296 h), Fenstererker (Bild **1**.296 i), Dachreiter (Bild **1**.296 j) und die vielfältigen Formen von Dachaufbauten, wie z. B. in Bild **1**.296 k gezeigt, in diesem Rahmen genannt werden.

Zu diesen Grundtypen sind vielfache Varianten möglich. So können die Seitenflächen (Wangen) von Schleppgauben, Dachhäuschen und Dachaufbauten verglast ausgeführt werden. Die Fensterfronten können winkelförmige Grundrißformen haben, so daß sich reizvolle Ausschnitte an die Dachhaut und an den Gaubenwänden ergeben usw. (Bild **1**.296 l und m).

Während die Höhenlage der Gauben durch Brüstungsmaß und die mindestens nötige Innenhöhe von ca. 2,00 m vorgegeben ist, richtet sich die Breite technisch nach den Einbaumöglichkeiten innerhalb der Dachkonstruktion.

Kleinere Gauben können zwischen den Dachsparren eingebaut werden (Bild **1**.297 a) und können somit etwa 70 bis 80 cm breit sein. Für breitere Gauben müssen die Sparren „ausgewechselt" werden (vgl. Abschn. 1.2.3.1; Bild **1**.297 b). Während dies bei Pfettendachkonstruktionen in den Dachfeldern zwischen den Bindern technisch problemlos ist, kann bei Sparrendächern meistens nur ein Sparren ausgewechselt werden. Es können in beiden Fällen aber auch durchlaufende Sparren als Gestaltungselement des Innenraumes einbezogen werden (Bild **1**.297 c).

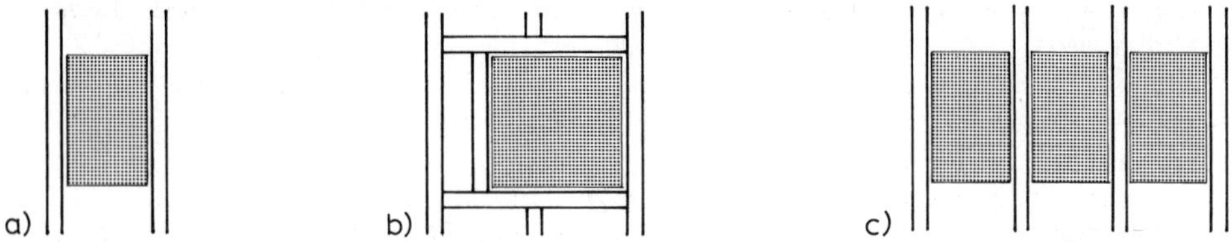

1.297 Einbau von Gauben
a) Zwischen den Sparren, Einzelgaube
b) Gaube in ausgewechseltem Sparrenfeld
c) Gaubenreihung bei durchlaufenden Sparren

Die Schleppsparren von Schleppgauben liegen auf den Hauptsparren bzw. auf Wechseln – eventuell auch auf den Mittelpfetten – auf. Bei Fledermausgauben, Dachhäuschen u. ä. wird der Dachübergang durch Bohlenschiftung gebildet (s. Bild **1**.61).

Die Vorderseite aller Dachfensteraufbauten bildet ein Kantholz- oder Bohlenrahmen (Gaubenstock), der in Brüstungshöhe auf die Sparren oder unmittelbar auf die Geschoßdecke aufgesetzt wird. Das obere Rahmenholz trägt die Gaubensparren oder das Gaubendach. An den

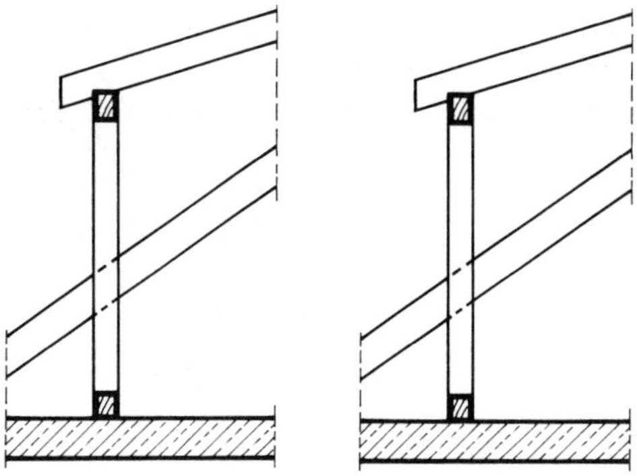

1.298 Ständer- und Rahmenkonstruktion für Gauben-Stirnseiten

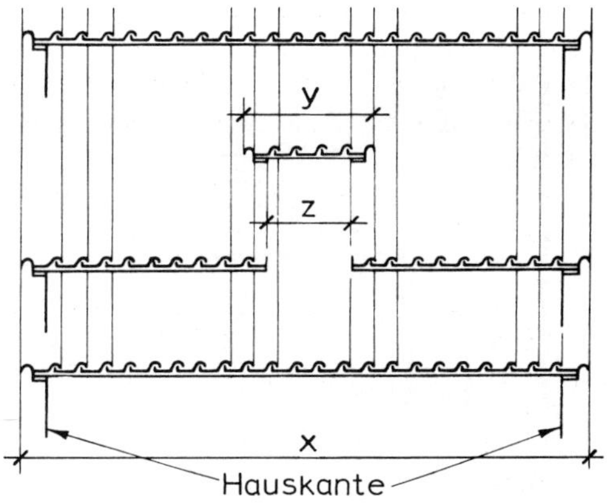

1.299 Ermittlung der Gaubenbreite aus den Dachziegelmaßen
x Länge der Firstlinie
y Gaubendachbreite
z Gaubenbreite
(s. auch Bild 1.300 Vorderansicht)

seitlichen Rahmenpfosten werden bei Schleppgaube und Dachhäuschen die Gaubenwangen befestigt (Bild **1**.298).

Bei kleinformatigen Materialien wie Schiefer oder Biberschwänzen werden die Übergänge zwischen Dach- und Gaubenflächen am besten als gedeckte Kehlen ausgeführt (s. Bild **1**.179 und **1**.180). Möglich ist aber auch der Anschluß mit Hilfe von unterlegten Blechstreifen (vgl. Bild **1**.182).

Bei Deckungen mit Dachziegeln oder Dachsteinen wird die Gaubenbreite von der Deckbreite des verwendeten Dachdeckungsmaterials bestimmt. Die Gaubendachbreite *y* muß z. B. ein Vielfaches der Pfannendeckbreite zuzüglich der Breite der rechten und linken Ortgangziegel sein (Bild **1**.299). Für die Gesamttraufänge *x* gilt das Entsprechende. Die Ziegelreihen laufen von der Schleppdachtraufe bis zum Dachfirst durch. Das Maß *z* zwischen den Außenkanten der Gaubenwangen ergibt sich unter Berücksichtigung der Maße der Seitenanschlußziegel.

Bei Dachhäuschen, bei kleinen oder komplizierten Gaubendachflächen ist die Eindeckung – auch der Wangen – meistens nur mit Metall ausführbar (s. Abschn. 1.5.9.2).

Für die Entwässerung von Gaubendächern insbesondere von Schleppgauben müssen Vorkehrungen getroffen werden, wenn oberhalb der Gauben größere Dachflächen liegen. In diesem Fall muß an der Stirnseite eine entsprechend dimensionierte Regenrinne vorgesehen werden, deren Ablauf meistens seitlich auf die Dachfläche geführt wird. Bei den anderen Glaubenarten wird das Regenwasser seitlich an der Gaube vorbeigeleitet. Das kann jedoch – besonders bei Vereisung im Winter – leicht zu Rückstau in den Kehlanschlüssen führen. Diese müssen daher ausreichend unter die angrenzenden Dachflächen geführt sein und die erforderlichen Querschnitte haben (vgl. Bild **1**.301).

Bild **1**.300 zeigt eine kleine Schleppdachgaube, die mit Hohlpfannen in Vorschnittdeckung gedeckt ist. Der linke Rand des Gaubendaches ist mit Doppelkrempziegeln gedeckt. Die Gaubenwangen sind doppelt geschalt. Die Kehle zwischen Gaube und Dachflächen ist in alter Handwerkstechnik mit Nockenblechen (Schichtstücken) ausgebildet, die schuppenartig in die Dachdeckung eingebunden und hinter die Schalung der Gaubenwangen hochgeführt werden. Eine Gaube mit verglasten Wangen und Metalleindeckung zeigt Bild **1**.301.

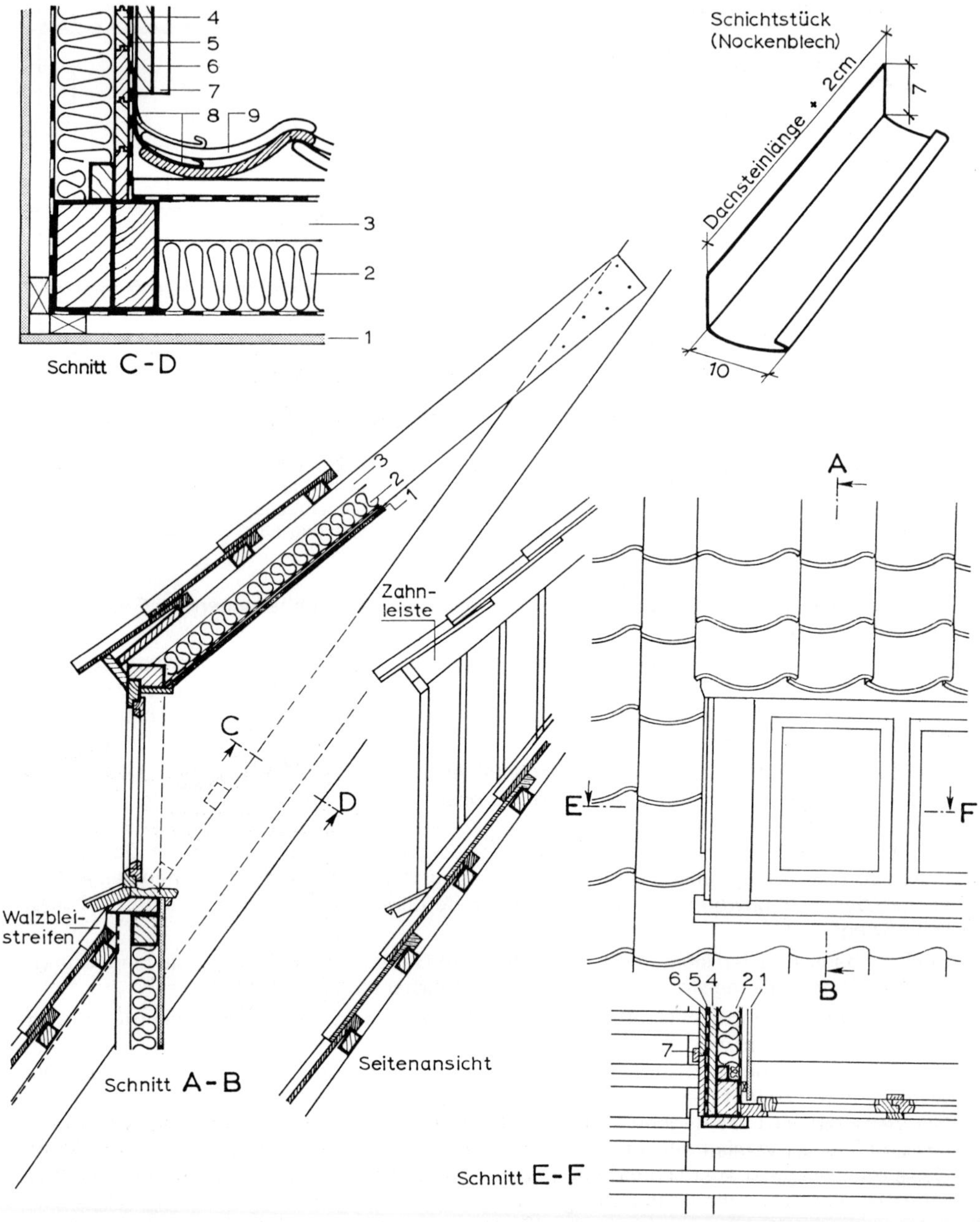

1.300 Schleppdachgaube mit Hohlpfannendeckung

1 Gipskartonplatte
2 Wärmedämmung mit raumseitiger Dampfsperre, 12 cm
3 Luftschicht
4 Schalung
5 Bitumen-Dachbahn V13
6 Außenschalung
7 Eckleiste
8 Schichtstück (Nockenblech)
9 Hohlpfanne

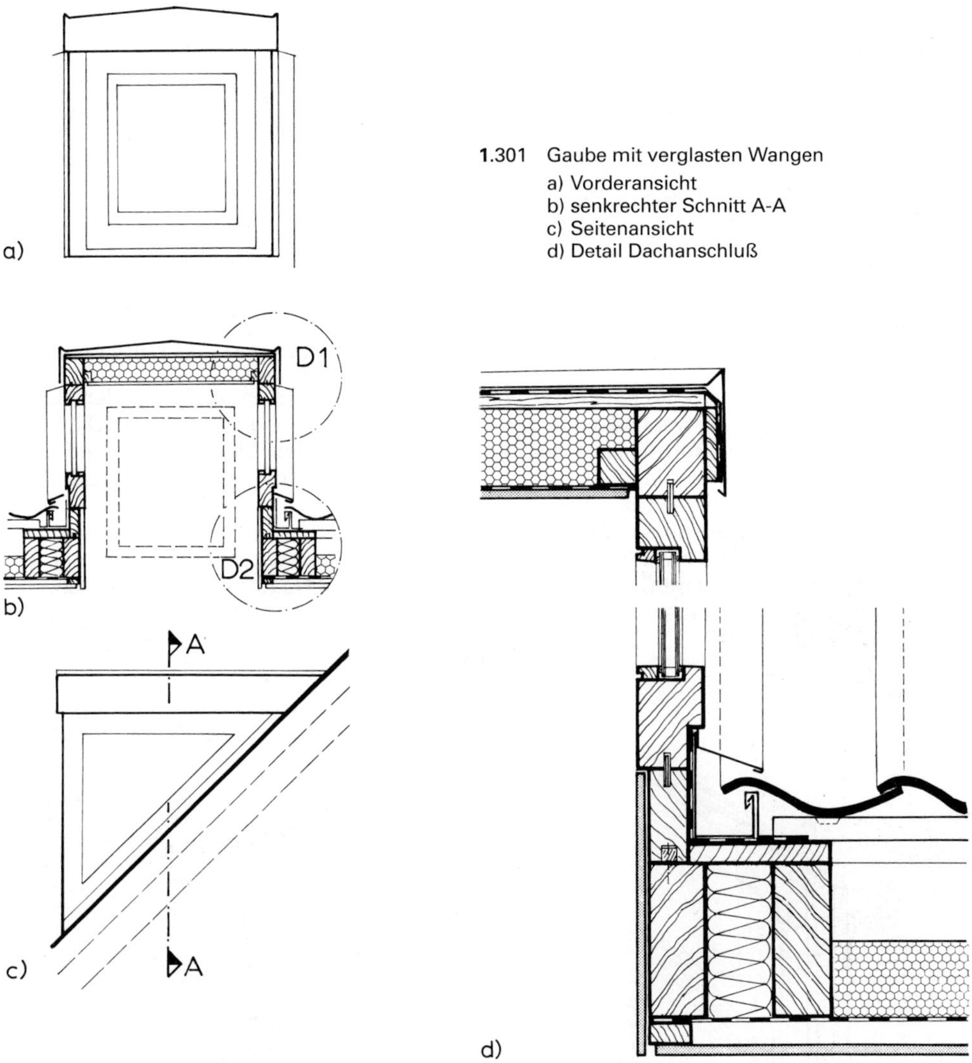

1.301 Gaube mit verglasten Wangen
a) Vorderansicht
b) senkrechter Schnitt A-A
c) Seitenansicht
d) Detail Dachanschluß

Fledermausgauben mit gutem Übergang zur Dachfläche sind verhältnismäßig breit und für kleinere Dächer kaum verwendbar. Die maximale Rahmenhöhe *h* ergibt sich aus der für die Deckung zulässigen Mindestneigung des Gaubendaches und der Gesamthöhe des Hauptdaches (zwischen dem oberen Gaubenansatz und Hauptdachfirst muß eine hinreichend breite Fläche verbleiben). Die halbe Gaubenbreite beträgt ca. 2,5 bis 3 *h* (Bild **1**.302). Die Radien der seitlichen Bögen können größer sein als der des mittleren Bogens (*r*). Der kleinste Radius sollte bei Dachziegeldeckung mindestens 5 Dachziegelbreiten betragen. Die Spur des Gaubenkörpers auf der Hauptdachfläche ist leicht zu ermitteln (Kurve *ABC*).

Die Stirnseite der Fledermausgaube wird am besten durch eine aus zwei Brettern zusammengesetzte Stirnbohle gebildet, damit ein doppelter Anschlag für das Fenster entsteht.

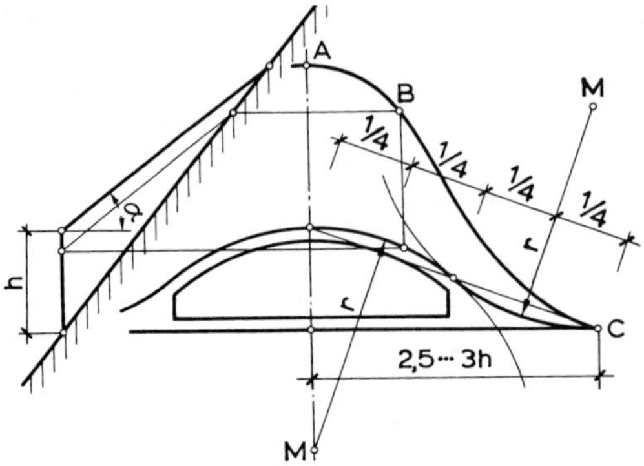

1.302
Form der Stirnseite einer Fledermausgaube

Auf die Stirnbohle können Bohlensparren aufgeklaut werden, die entweder auf den Hauptdachsparren bzw. Sparrenwechseln oder auf einer Kehlbohle endigen (Bild **1**.303). Die Dachlatten werden dann bügelförmig über die Gaubensparren gebogen. Meist werden die Fledermausgauben aber auch bei Ziegeldeckung ganz eingeschalt und die Latten auf die Schalung aufgenagelt. Die Dachlatten, die bei senkrecht stehender Stirnbohle in zwei Ebenen gekrümmt sind (der Abstand der Gaubenlatten ist kleiner als der der Hauptdachlatten), werden über der Gaube aus zwei übereinander zu nagelnden Leisten 1,5/5 cm gebildet. Die unterste Dachsteinschicht muß an den Flanken der Gaube mit Nägeln befestigt werden. Alle Vorderkanten der Dachsteine einer Schicht liegen über Hauptdach und Gaube in einer Ebene parallel zur Traufenwand.

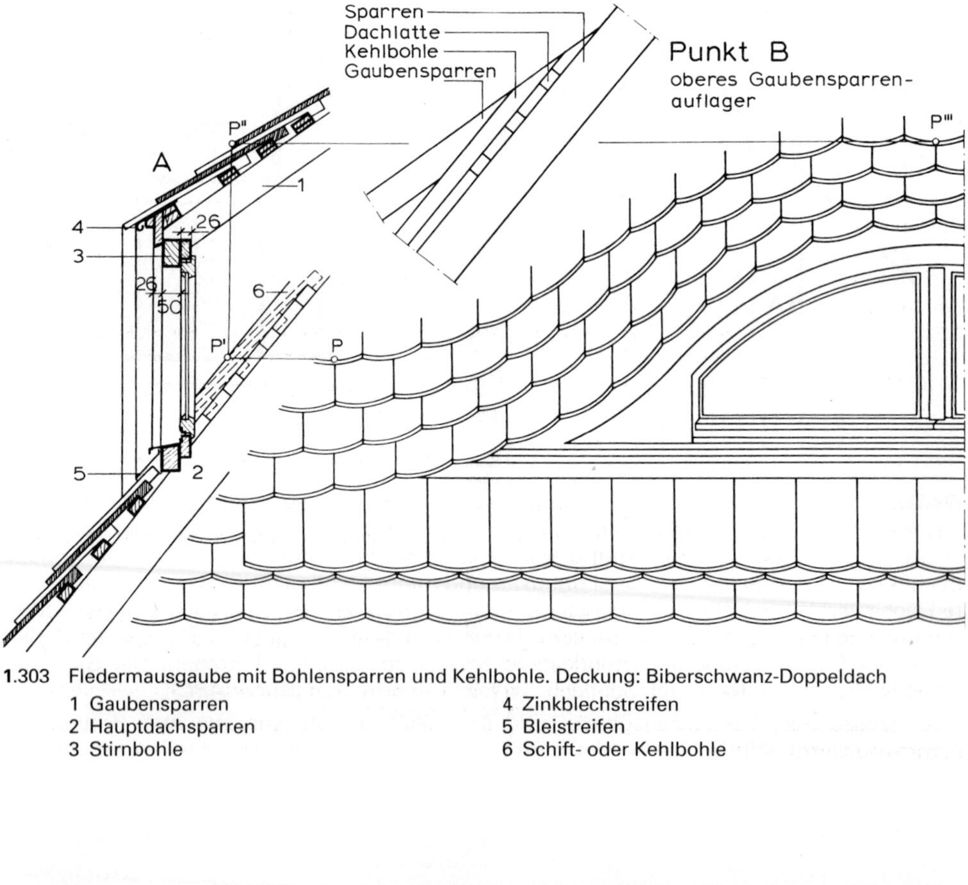

1.303 Fledermausgaube mit Bohlensparren und Kehlbohle. Deckung: Biberschwanz-Doppeldach

1 Gaubensparren
2 Hauptdachsparren
3 Stirnbohle
4 Zinkblechstreifen
5 Bleistreifen
6 Schift- oder Kehlbohle

Gauben erfordern in Planung und Bauausführung die sorgfältige Abstimmung aufwendiger Arbeiten mehrerer Gewerke. Es liegt daher nahe, diesen komplizierten Bauteil industriell vorgefertigt herzustellen. Die Gestaltung muß bei vorgefertigten Gauben nicht unbedingt zurückstehen, denn auch kleinere Serien können nach individuellen Entwürfen wirtschaftlich hergestellt werden. Beispiele für vollständig vorgefertigte Gauben, die komplett mit allen Anschlußteilen geliefert in die entsprechende Dachaussparung eingesetzt werden, zeigt Bild **1**.304.

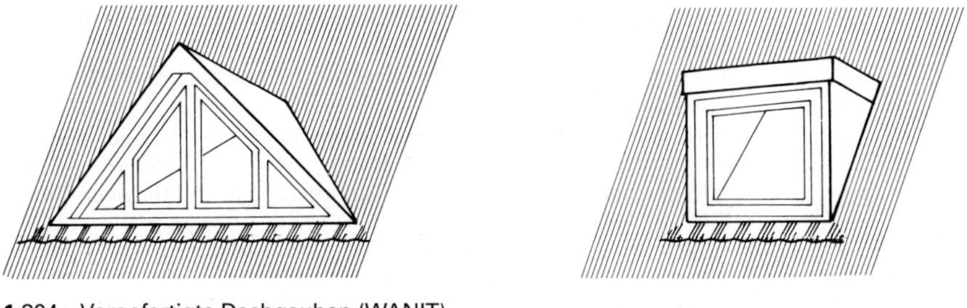

1.304 Vorgefertigte Dachgauben (WANIT)

1.10 Normen

Norm	Ausgabedatum	Titel
DIN 456	8.76	Dachziegel; Anforderungen, Prüfung, Überwachung
E DIN 456/A1	12.89	–; Änderung A1
DIN 1052-1	4.88	Holzbauwerke; Berechnung und Ausführung
DIN 1052-1/A1	10.96	–; Änderung A1
DIN 1052-2	4.88	–; mechanische Verbindungen
DIN 1052-2/A1	10.96	–; Änderung A1
DIN 1055-1	7.78	Lastannahmen für Bauten; Lagerstoffe, Baustoffe und Bauteile
DIN 1055-3	6.71	–; Verkehrslasten
DIN 1055-4	8.86	Lastannahmen für Bauten; Verkehrslasten
DIN 1055-4/A1	6.87	Windlasten nicht schwingungsanfälliger Bauteile
DIN 1055-5	6.75	–; Verkehrslast, Schneelast und Eislast
DIN 1101	11.89	Holzwolle-Leichtbauplatten und Mehrschicht-Leichtbauplatten als Dämmstoffe für das Bauwesen; Anforderungen, Prüfung
DIN 1102	11.89	Holzwolle-Leichtbauplatten und Mehrschicht-Leichtbauplatten nach DIN 1101 als Dämmstoffe für das Bauwesen; Verwendung, Verarbeitung
DIN 1751	6.73	Bleche und Blechstreifen aus Kupfer und Kupfer-Knetlegierungen, kaltgewalzt; Maße
DIN 1791	6.73	–; kaltgewalzt; Maße
DIN 1986-1	6.88	Entwässerungsanlagen für Gebäude und Grundstücke; Technische Bestimmungen für den Bau
E DIN 1986-1/A1	6.95	–; Änderung A1
DIN 1986-2	3.95	–; Ermittlung der Nennweiten von Abwasser- und Lüftungsleitungen
DIN 1986-2 Bbl 1	3.95	–; Ermittlung der Nennweiten von Abwasser- und Lüftungsleitungen; Berechnungsbeispiele
DIN 4070-1	1.58	Nadelholz; Querschnittsmaße und statische Werte für Schnittholz, Vorratskantholz und Dachlatten

Fortsetzung s. nächste Seite

Normen, Fortsetzung

Norm	Ausgabe-datum	Titel
DIN 4070-2	10.63	–; Querschnittsmaße und statische Werte, Dimensions- und Listenware
DIN 4071-1	4.77	Ungehobelte Bretter und Bohlen aus Nadelholz; Maße
DIN 4073-1	4.77	Gehobelte Bretter und Bohlen aus Nadelholz; Maße
DIN 4074-1	9.89	Sortierung von Nadelholz nach der Tragfähigkeit; Nadelschnittholz
DIN 4074-2	12.58	Bauholz für Holzbauteile; Gütebedingungen für Baurundholz (Nadelholz)
DIN 4108 Bbl	4.82	Wärmeschutz im Hochbau; Inhaltsverzeichnisse, Stichwortverzeichnis
DIN 4108-1	8.81	–; Größen und Einheiten
DIN 4108-2	8.81	–; Wärmedämmung und Wärmespeicherung; Anforderungen und Hinweise für Planung und Ausführung
DIN 4108-3	8.81	–; Klimabedingter Feuchteschutz; Anforderungen und Hinweise für Planung und Ausführung
DIN 4108-4	11.91	–; Wärme- und feuchteschutztechnische Kennwerte
DIN 4108-5	8.81	–; Berechnungsverfahren
DIN V 4108-7	11.96	–; Luftdichtheit von Bauteilen und Anschlüssen, Planungs- und Ausführungsempfehlungen sowie -beispiele
DIN 17 441	7.85	Nichtrostende Stähle; Technische Lieferbedingungen für kaltgewalzte Bänder und Spaltbänder sowie daraus geschnittene Bleche (teilweise ersetzt durch DIN EN 10 088-2)
DIN 17 611	6.85	Anodisch oxidiertes Halbzeug aus Aluminium und Aluminium-Knetlegierungen mit Schichtdicken von mindesens 10 µm; Technische Lieferbedingungen
DIN 17 640-1	1.86	Bleilegierungen; Legierungen für allgemeine Verwendung
DIN 17 640-2	1.86	Bleilegierungen; Legierungen für Kabelmäntel
DIN 17 670-1	12.83	Bleche und Bänder aus Kupfer und Kupfer-Knetlegierungen; Eigenschaften
DIN 17 670-2	6.69	–; Technische Lieferbedingungen
DIN 18 159-1	12.91	Schaumkunststoffe als Ortschäume im Bauwesen, Polyurethan-Ortschaum für die Wärme- und Kältedämmung, Anwendung
DIN 18 161-1	12.76	Korkerzeugnisse als Dämmstoffe für das Bauwesen; Dämmstoffe für die Wärmedämmung
DIN 18 164-1	8.92	Schaumkunststoffe als Dämmstoffe für das Bauwesen; Dämmstoffe für die Wärmedämmung
DIN 18 165-1	7.91	Faserdämmstoffe für das Bauwesen; Dämmstoffe für die Wärmedämmung
DIN 18 174	1.81	Schaumglas als Dämmstoff für das Bauwesen; Dämmstoffe für die Wärmedämmung
DIN 18 334	6.96	VOB Verdingungsordnung für Bauleistungen Teil C: Allg. techn. Vorschriften; Zimmer- und Holzbauarbeiten
DIN 18 338	6.96	–; Dachdeckungs- und Dachabdichtungsarbeiten
DIN 18 339	6.96	–; Klempnerarbeiten
DIN 18 384	12.92	–; Blitzschutzanlagen
DIN 18 460	5.89	Regenfalleitungen außerhalb von Gebäuden und Dachrinnen; Begriffe, Bemessungsgrundlagen
DIN 18 530	3.87	Massive Deckenkonstruktionen; Planung und Ausführung
DIN 18 807-1	6.87	Trapezprofile im Hochbau; Stahltrapezprofile; Allgemeine Anforderungen, Ermittlung der Tragfähigkeitswerte durch Berechnung
DIN 18 807-2	6.87	–; Stahltrapezprofile; Durchführung und Auswertung von Tragfähigkeitsversuchen
DIN 18 807-3	6.87	–; Stahltrapezprofile; Festigkeitsnachweis und konstruktive Ausbildung

Fortsetzung s. nächste Seite

Normen, Fortsetzung

Norm	Ausgabe-datum	Titel
DIN 50 976	5.89	Korrosionsschutz; Durch Feuerverzinken auf Einzelteile aufgebrachte Überzüge; Anforderungen und Prüfung
DIN 68 140	10.71	Holzverbindungen; Keilzinkverbindungen als Längsverbindung
DIN 68 256	4.76	Gütemerkmale von Schnittholz; Begriffe (teilweise ersetzt durch DIN EN 844-3)
DIN 68 365	11.57	Bauholz für Zimmerarbeiten; Gütebedingungen
DIN 68 705-2	7.81	Sperrholz; Sperrholz für allgemeine Zwecke (teilweise ersetzt durch DIN EN 635-1)
DIN 68 705-3	12.81	Sperrholz; Bau- und Furniersperrholz
DIN 68 705-4	12.81	Sperrholz; Bau-Stabsperrholz, Bau-Stäbchensperrholz
DIN 68 705-5	10.80	Sperrzholz; Bau-Furniersperrholz aus Buche
DIN 68 705-5 Bbl 1	10.80	Bau-Furniersperrholz aus Buche; Zusammenhänge zwischen Plattenaufbau, elastischen Eigenschaften und Festigkeiten
DIN 68 800-1	5.74	Holzschutz im Hochbau; Allgemeines
DIN 68 800-2	5.96	Holzschutz – Teil 2: Vorbeugende bauliche Maßnahmen
DIN 68 800-3	4.90	Holzschutz; Vorbeugender chemischer Holzschutz (teilweise ersetzt durch DIN EN 335-1, DIN EN 335-2, DIN EN 350-1, DIN EN 350-2, DIN EN 460)
DIN 68 800-4	11.92	Holzschutz; Bekämpfungsmaßnahmen gegen holzzerstörende Pilze und Insekten
DIN 68 800-5	5.78	Holzschutz im Hochbau; Vorbeugender chemischer Schutz von Holzwerkstoffen
E DIN 68 800-5	1.90	Holzschutz; Vorbeugender chemischer Schutz von Holzwerkstoffen
DIN EN 335-2	10.92	Dauerhaftigkeit von Holz und Holzprodukten; Definitionen der Gefährdungsklassen für den biologischen Befall; Teil 2: Anwendung bei Vollholz; Deutsche Fassung EN 335-2:1992
DIN EN 336	4.96	Bauholz für tragende Zwecke – Nadelholz und Pappelholz – Maße, zulässige Abweichungen; Deutsche Fassung EN 336:1995
DIN EN 338	7.96	Bauholz für tragende Zwecke – Festigkeitsklassen; Deutsche Fassung EN 338:1995
DIN EN 350-1	10.94	Dauerhaftigkeit von Holz und Holzprodukten – Natürliche Dauerhaftigkeit von Vollholz – Teil 1: Grundsätze für die Prüfung und Klassifikation der natürlichen Dauerhaftigkeit von Holz; Deutsche Fassung EN 350-1: 1994
DIN EN 384	7.96	Bauholz für tragende Zwecke – Bestimmung charakteristischer Festigkeits-, Steifigkeits- und Rohdichtewerte; Deutsche Fassung EN 384: 1995
DIN EN 385	7.96	Keilzinkenverbindung in Bauholz – Leistungs- und Mindestanforderungen an die Herstellung; Deutsche Fassung EN 385:1995
DIN EN 386	7.96	Brettschichtholz – Leistungs- und Mindestanforderungen an die Herstellung; Deutsche Fassung EN 386:1995
E DIN EN 387	11.90	Brettschichtholz; Herstellungsanforderungen für Universal-Keilzinkenverbindungen; Deutsche Fassung prEN 387:1990
DIN EN 390	3.95	Brettschichtholz – Maße – Grenzabmaße; Deutsche Fassung EN 390:1994
DIN EN 391	4.96	Brettschichtholz; Delaminierungsprüfung von Leimfugen; Deutsche Fassung EN 391:1995
DIN EN 392	4.96	Brettschichtholz; Scherprüfung der Leimfugen; Deutsche Fassung EN 392:1995
DIN EN 490	5.94	Dach- und Formsteine aus Beton; Produktanforderungen; Deutsche Fassung EN 490:1994

Fortsetzung s. nächste Seite

Normen, Fortsetzung

Norm	Ausgabe-datum	Titel
DIN EN 491	5.94	Dach- und Formsteine aus Beton; Prüfverfahren; Deutsche Fassung EN 491:1994
DIN EN 492	8.95	Faserzement-Dachplatten und dazugehörige Formteile für Dächer – Produktspezifikation und Prüfverfahren (enthält Änderung AC1: 1995); Deutsche Fassung EN 492:1994 + AC1:1995
DIN EN 494	8.95	Faserzement-Wellplatten und dazugehörige Formteile für Dächer – Produktspezifikation und Prüfverfahren (enthält Änderung AC1:1995); Deutsche Fassung EN 494:1994 + AC1:1995
DIN EN 501	11.94	Dacheindeckungsprodukte aus Metallblech – Festlegung für vollflächig unterstützte Bedachungselemente aus Zinkblech; Deutsche Fassung EN 501:1994
DIN EN 518	7.96	Bauholz für tragende Zwecke; Sortierung; Anforderungen an Normen über visuelle Sortierung nach der Festigkeit; Deutsche Fassung EN 518:1995
DIN EN 519	7.96	Bauholz für tragende Zwecke; Sortierung; Anforderungen an maschinell nach der Festigkeit sortiertes Bauholz und an Sortiermaschinen; Deutsche Fassung EN 519:1995
DIN EN 607	8.95	Hängedachrinnen und Zubehörteile aus PVC-U – Begriffe, Anforderungen und Prüfung; Deutsche Fassung EN 607:1995
DIN EN 612	5.96	Hängedachrinnen und Regenfallrohre aus Metallblech; Begriffe, Einteilung, Anforderungen; Deutsche Fassung prEN 612:1991
DIN EN 789	7.96	Holzbauwerke, Prüfverfahren; Bestimmung der mechanischen Eigenschaften von Holzwerkstoffen: Deutsche Fassung EN 789:1995
DIN EN 988	8.96	Zink und Zinklegierungen – Anforderungen an gewalzte Flacherzeugungen für das Bauwesen; Deutsche Fassung EN 988:1996
DIN EN 1058	4.96	Holzwerkstoffe; Bestimmung der charakteristischen Werte der mechanischen Eigenschaften und der Rohdichte; Deutsche Fassung EN 1058:1995
E DIN EN 1059	6.93	Holzbauwerke; Anforderungen an die Herstellung von vorgefertigten Fachwerkträgern mit Nagelplatten; Deutsche Fassung prEN 1059:1993
DIN EN 1072	8.95	Sperrholz – Beschreibung der Biegeeigenschaften von Bau-Sperrholz: Deutsche Fassung EN 1072:1995
DIN EN 1462	6.97	Rinnenhalter für Hängedachrinnen – Anforderungen und Prüfung; Deutsche Fassung EN 1462:1997
DIN V ENV 1995-1-1	6.94	Eurocode 5: Entwurf, Berechnung und Bemessung von Holzbauwerken; Teil 1-1: Allgemeine Bemessungsregeln, Bemessungsregeln für den Hochbau; Deutsche Fassung ENV 1995-1-1:1993

1.11 Literatur

[1] Arbeitsgemeinschaft Holz e.V.: Informationsdienst Holz, Druckschriften. Düsseldorf 1986–1991

[2] Balkowski, F. D.: Das geneigte Dach. In: DBZ 6/80

[3] Bau-Berufsgenossenschaft: Technische Regeln für Gefahrenstoffe, TRGS 519 – Asbest, Ausgabe 3.1995

[4] Becker, K. H.: Ziegeldeckungen auf Türmen. In: Das Bauhandwerk 9.91

[5] Bertsche: Der Verpreßdübel. In: bauen mit holz 5/88

[6] Betschart, A. P.: Konstruieren mit Gußwerkstoffen. In: DAB 1.93

[7] Braas Dachsysteme GmbH (Hrsg.): Handbuch geneigte Dächer; 1994/1996

[8] Danisch, W.: Was ist im Holzschutz heute Stand der Technik? In: bauen mit holz 5/87

[9] Doppler, C.: Ausbau geneigter Dächer. In: DAB 2/85

[10] Drefahl, J.: Steildachbegrünung, Verfahren und Anwendung. In: DBZ 4/1991

[11] Entwicklungsinstitut für Gießerei- und Bautechnik: Informationsdienst Guß, Stuttgart 1989

[12] Ertel, H.: Schallschutz beim Steildachausbau. In: DAB 6/1995
[13] Fachregeln des Dachdeckerhandwerks
–: Fachregel für Dachdeckungen mit Dachziegeln und Dachsteinen, 1996
[14] –: Regeln für Deckungen mit Schiefer, Teile 1 (1994) und 2 (1995)
[15] –: Regeln für Dachdeckungen mit Faserzement Teile 1–3 (1992/1993)
[16] –: Regeln für Deckungen mit Holzschindeln (1986)
[17] –: Regeln für Deckungen mit Bitumenschindeln (1991)
[18] –: Regeln für Deckungen mit Reet und Stroh (1985)
[19] –: Richtlinien für die Planung und Ausführung von Dächern mit Abdichtungen (Flachdachrichtlinien). Köln 1991
[20] Forschungsgesellschaft Landschaftsentwicklung Landschaftsbau e.V.: Dachdeckungsbitumen. In: Werkstoffe und Korrosion. 31/1980
[21] Geyer, C.: Einschalige Dachkonstruktionen mit Kupfer. In: DBZ 11/1993
[22] Gockel, H.: Chemischer Holzschutz – Weltanschauung oder technische Notwendigkeit? In: DBZ 9/85
[23] Goetze, H.: Die Wärmeschutzverordnung und das geneigte Dach. In: Kunststoffe im Bau 1/84
[24] Grasnick, A. (Hrsg.) u. A.: Der schadenfreie Hochbau, Bd. 1–4. Köln–Braunsfeld 1986
[25] v. Halasz, R.: Holzbautaschenbuch, Berlin – München – Düsseldorf 1986
[26] Hauser, G. und Stiegel, H.: Wärmebrücken-Atlas für den Holzbau, Wiesbaden 1992
[27] –: Wärmebrücken-Atlas für den Mauerwerksbau. Wiesbaden 1990
[28] Häußermann, P.: Verbindungen im Holzbau; Vergleich von Zimmermanns- und Ingenieurverbindungen. In: Das Bauhandwerk 7/88
[29] Informationsdienst für neuzeitliches Bauen: d-extrakt, Arbeitshefte 1–15
[30] Jablonka, D.: Sperren in Bauphysik und Praxis des Schrägdaches. In: Bonn 1985–1990
[31] Kern, A.: Steildach ohne Hinterlüftung. In: DBZ 1/91
[32] Künzel, H. und Großkinsky, T.: Neue Erkenntnisse, Vorteile diffusionsoffener, unbelüfteter Satteldachkonstruktionen. In: Das Dachdeckerhandwerk 14/1992
[33] Leiße, B.: Holzschutzmittel im Einsatz; Nutzen, Risiken. Wiesbaden 1991
[34] Luley, H.: Das geneigte Massivdach. In: Beton- und Fertigteil-Jahrbuch. Wiesbaden 1992
[35] Mannes, W.: Dachkonstruktionen in Holz. Stuttgart 1981
[36] Mayer, J. und Battran, L.: Brandschutz im ausgebauten Dachgeschoß. In: DAB 4 und 10/1996
[37] Moser, K.: Entwicklungstendenzen im modernen Holzbau. In: DBZ 5/94
[38] Müller, K.: Holzschutzpraxis. Wiesbaden 1991
[39] Pohl, R.: Metalldeckungen auch als Warmdächer eine sichere Sache. In: DBZ 3/1993
[40] Reimann, G.: Vorbeugender Holzschutz. In: DAB 9/86
[41] Rheinzink: Anwendung im Hochbau. Datteln 1988, Oberursel 1990
[42] Scharte, N.: Dachgeschoß-Modernisierung und -Ausbau. Bauphysikalische Aspekte. In: DBZ 12/96
[43] –: Wärme- und Feuchteschutz von Dächern. In: BmK 1/91
[44] Scheidemantel, H.: Bauholz in der Ausschreibung. In: DAB 11/89
[45] Schmid, J. und Seewald, F.: Ein Dachflächenfenster. In: DAB 10/86
[46] Schulze, H.: Holzbau: Wände, Decken, Dächer. 2. Aufl. Stuttgart 1998
[47] Schunk, E., Finke, T., Jenisch, R., Oster, H. J.: Dachatlas (Geneigte Dächer). München 1991
[48] Sieber, H. G.: Das Grüne Dach. In: DBZ 4/91. Dachgeschosse. In: BmK 3/90
[49] Steinhöfel, H.-J.: Flachdächer. Köln 1992
[50] Venter, E.: Handwerkliche Metallbedachung. In: db 8/1994
[51] Wagner, H.: Luftdichtigkeit und Feuchteschutz beim Steildach mit Dämmung zwischen den Sparren. In: DBZ 12/89
[52] Weber, H.: Das Porenbeton Handbuch. Wiesbaden 1991. Modernisierungspraxis 8/91
[53] Westhoff, K.: Flächen- und Raumtragwerke. In: Das Bauhandwerk 8/87
[54] –: Hallentragwerke in Holz. In: Das Bauhandwerk 6/88
[55] Wesche, K.: Baustoffe, Bd. 1 Grundlagen. Wiesbaden 1996
[56] Zimmermann, G.: Dächer mit Dachdeckungen über ausgebautem Dachgeschoß; feuchte- und wärmetechnische Gesichtspunkte. In: DAB 12/82
[57] ZVSHK Fachregeln, Klempner: Richtlinien für die Ausführung von Metalldächern, Außenwandbekleidungen und Bauklempner-Arbeiten; Fachregeln des Klempner-Handwerkes 1991

–: Unterbelüftete wärmegedämmte Metalldächer in Klempner-Technik; Ausführung, Besonderheiten; Ergänzung der „Richtlinien für die Ausführung von Metalldächern, Außenwandbekleidungen und Bauklempner-Arbeiten", (E) 1992

–: Belüftete und unbelüftete Metalldächer aus industriell vorgefertigten Klemmfalz-Profilen; Ergänzung der „Richtlinien für die Ausführung von Metalldächern, Außenwandbekleidungen und Bauklempner-Arbeiten", (E) 1992

–: Unbelüftete wärmegedämmte Metalldächer in Klempner-Technik; Ausführung, Besonderheiten; Ergänzung der „Richtlinien für die Ausführung von Metalldächern, Außenwandbekleidungen und Bauklempner-Arbeiten", (E) 1992

2 Flachdächer

2.1 Allgemeines

Dachflächen mit einer geringeren Neigung als 5° werden als Flachdächer bezeichnet und erhalten anstelle einer Dachdeckung eine Dachabdichtung. Abgedichtete Dächer sind in der Regel mit Gefälle auszuführen, denn fast alle gefällelosen Dächer haben sich als nicht dauerhaft haltbar erwiesen. Dachabdichtungen können auch für besonders beanspruchte Stellen flachgeneigter Dächer mit Neigungen zwischen 5 und 25° in Frage kommen. Sie sind grundsätzlich für alle Dachformen möglich und werden so besonders auch für Sonderformen wie Faltwerke, Hängedächer oder kuppelartige Dächer eingesetzt.

Gegenüber geneigten Dächern mit Dachdeckungen haben Flachdächer mit Abdichtungen eine Reihe von Vorteilen wie:

- Geringes Eigengewicht der Dachhaut,
- Erweiterte Nutzungsmöglichkeit (z. B. Dachterrassen, begrünte Flächen, Parkdecks, Aufstellung und leichte Zugänglichkeit für technische Aggregate),
- Belichtungsmöglichkeit für innenliegende Räume,
- Gestalterische Freiheit z. B. auch bei späterer Erweiterung.

Stahlbetonmassivplatten, Profilbleche oder Stahlbetontragwerke sind in vielen Fällen gleichzeitig raumabschließende obere Decke und Bestandteil einer Flachdachkonstruktion. Abgedichtete Flachdachflächen können jedoch auch auf flachgeneigten Holzdachkonstruktionen aufliegen.

Wenn Flachdächer unmittelbar über Wohn- und Nutzräumen liegen, hängt es in erster Linie vom bauphysikalisch richtigen Aufbau des Flachdaches ab, ob es auf die Dauer den erheblichen Beanspruchungen durch verschiedene Außen- und Innentemperaturen, sowie aus Niederschlägen und Wasserdampfdiffusion ausreichend Widerstand leisten und im Zusammenhang mit den übrigen Teilen des Bauwerkes das verlangte Raumklima gewährleisten kann. Wegen ihrer engen gegenseitigen Abhängigkeit müssen daher Dachtragwerk und Aufbau der Dachabdichtung immer gemeinsam betrachtet werden.

Beanspruchungen

Bei der Planung von Flachdächern sind die vielfachen besonderen Beanspruchungen zu berücksichtigen, denen die Oberfläche und die gesamte Flachdachkonstruktion zusätzlich zu den üblichen Witterungsbeanspruchungen ausgesetzt sind:

Feuchtigkeit

Feuchtigkeit, die in Baustoffe der Unterkonstruktion oder in die Schichten des Flachdachaufbaues, z. B. während der Bauzeit oder infolge eines falschen Flachdachaufbaues, eindringen kann.

Temperaturbelastungen

Thermisch hoch beansprucht sind Dachabdichtungen, die der Witterungseinwirkung unmittelbar ausgesetzt sind, also ohne Schutzschichten verlegt sind.

Thermisch mäßig beansprucht sind Dachdichtungen, die durch Oberflächenschutz oder durch Nutzschichten keinen hohen Aufheizungen und keinen schnellen Temperaturveränderungen ausgesetzt sind [17].

Temperaturbelastungen entstehen durch

- Temperaturwechsel von –20 bis +80 °C zwischen Tag/Nacht bzw. Sommer/Winter,
- gleichzeitig mögliche Temperaturgegensätze zwischen besonnten und verschatteten, evtl. sogar vereisten Flächen,

— Temperaturschocks z. B. bei Hagel nach starker Sonneneinstrahlung,
— Hitzestau in ungeschützten Abdichtungsschichten auf der darunterliegenden Wärmedämmung (damit verbunden u. U. Materialschwund bzw. Verwerfungen in Schaumstoff-Wärmedämmungen).
— Temperaturbedingte Längenänderungen insbesondere der Unterkonstruktion.

Mechanische Einwirkungen

Mechanisch hoch beansprucht sind Dachabdichtungen, die flächigen Spannungen, Bewegungen, Schwingungen oder hohen Punktlasten ausgesetzt sind. Dies ist z. B. bei einer Anordnung über Dämmschichten, über beweglichen Unterlagen, unter begehbaren oder befahrbaren Belägen sowie unter Dachbegrünungen der Fall.

Mechanisch mäßig beansprucht sind Dachabdichtungen, die nicht genutzt werden und die auf einer flächig stabilen, festen Deckunterlage verlegt sind [17].

Mechanische Einwirkungen können sich ergeben aus
— Durchbiegung der Unterkonstruktion, die kritisch auch u. U. innerhalb der statisch zulässigen Grenzen sein kann,
— Schwingungen und Vibrationen insbesondere bei Leichtkonstruktionen (kritisch besonders an starren Dachanschlüssen und Durchdringungen wie z. B. Schächten und Schornsteinen),
— Gebäudebewegungen an Trennfugen, evtl. auch bei Rißbildung infolge nicht ausreichend vorgesehener Fugen,
— Verformungen oder Unterkonstruktion infolge unterschiedlicher Setzungen, infolge von Schwind- oder Quellvorgängen u. ä.,
— Oberflächenbeschaffenheit der Unterkonstruktion,
— Durch Baustellen- und Reparaturbetrieb.

Umweltbelastungen

— Korrosionsgefährdung der Abdichtungen durch Schmutzablagerung infolge nicht ausreichender Dachentwässerung (fehlendes Gefälle oder falsche Anordnung der Dachabläufe), verbunden mit Mikroben-, Algen- und Pflanzenwuchs,
— Chemische Belastung durch auf der Baustelle verwendete Lösungsmittel, Weichmacher, Kleber, Farben, Lacke sowie chemisch verunreinigtes Niederschlagswasser,
— Fotochemische Einflüsse in Verbindung mit Immissionen, UV-Einstrahlung und Ozonbildung.

Bei der Planung muß auch die spätere einwandfreie Ausführung aller Arbeiten unter Baustellenbedingungen berücksichtigt werden. Kritische Anschlußpunkte müssen gut zugänglich sein. Durch genügend Abstand an anderen Problempunkten müssen die Voraussetzungen für einwandfreie Arbeit geschaffen sein (z. B. soll zwischen Dachrändern bzw. Wandanschlüssen und Durchdringungen für Regenabläufe, Sanitärentlüftungen u. ä. ein Mindestabstand von 50 cm eingeplant sein).

2.1.1 **Bauarten** (Bauphysikalischer Aufbau)

Flachdächer können nach zwei bauphysikalisch unterschiedlichen Konstruktionsarten ausgebildet werden als:
— einschaliges, nicht belüftetes Flachdach, früher auch als „Warmdach" bezeichnet (Bild **2**.1),
— zweischaliges belüftetes Flachdach, früher auch als „Kaltdach" bezeichnet (Bild **2**.2).

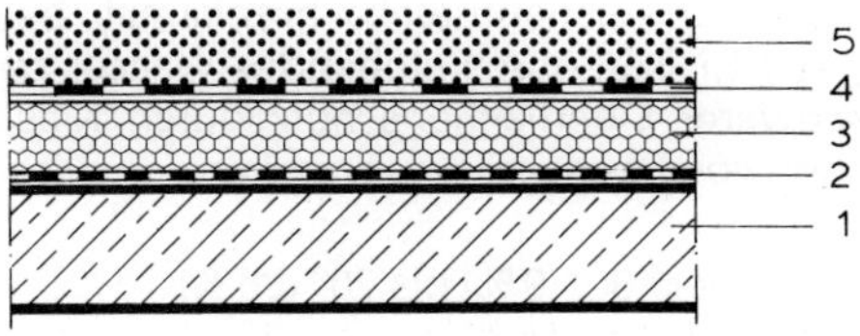

2.1 Einschaliges, nicht belüftetes Flachdach („Warmdach"), schematische Darstellung

1 Unterkonstruktion (Massivplatte)
2 Dampfsperre
3 Wärmedämmung
4 Dachabdichtung
5 Oberflächenschutz

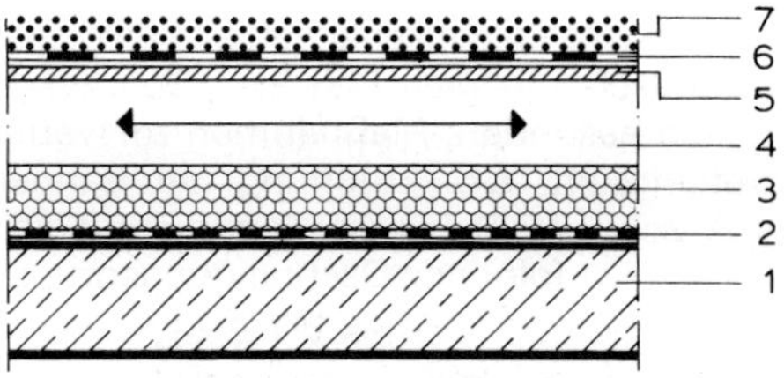

2.2 Zweischaliges, belüftetes Flachdach („Kaltdach"), schematische Darstellung

1 Unterkonstruktion (Massivplatte) auch Leichtplattenkonstruktionen
2 leichte Dampfsperre (vgl. Abschn. 2.2.4 und 2.3.1)
3 Wärmedämmung
4 Belüftungsraum
5 Dachschale auf Unterkonstruktion
6 Dachabdichtung
7 Oberflächenschutz

Die Bezeichnungen „Warmdach" bzw. „Kaltdach" kennzeichnen den Unterschied der bauphysikalischen Systeme nur unzureichend, sind jedoch weit verbreitet. Sie können wie folgt erklärt werden:

— Beim nicht belüfteten Flachdach, dem sogenannten „Warmdach", bildet die wärmegedämmte, tragende Konstruktion mit der Dachabdichtung ein Verbundelement, das – je nach äußeren Verhältnissen und Schichtenaufbau – als Ganzes mehr oder weniger stark gemeinsam erwärmt wird.
— Beim belüfteten Flachdach, dem sogenannten „Kaltdach", sind wärmegedämmter Raumabschluß und die Dachhaut mit ihrer Tragekonstruktion durch einen („kalten") Luftraum getrennt. Die Dachschale mit der Dachabdichtung liegt also bei niedrigen Außentemperaturen im kalten Bereich.

2.1.2 Nutzung (s. Abschn. 2.4)

Bei Flachdächern werden unterschieden:

— Nicht genutzte Flachdachflächen (nur zu Wartungsarbeiten begehbar),
— Genutzte Flachdachflächen (Aufenthalt von Personen, Fahrzeugverkehr),
— Begrünte Flachdachflächen.

Bei den Oberflächen ist wenigstens mit Begehung zu Wartungsarbeiten, in vielen Fällen aber auch mit einer speziellen Nutzung zu rechnen.

2.1.3 Dachneigung

Flachdachflächen mit Abdichtung sollen ein Mindestgefälle von 2 % haben. Dabei ist aber zu berücksichtigen, daß es infolge von zulässigen Ebenheitstoleranzen in der Unterkonstruktion, Durchbiegung der tragenden Bauteile und infolge von Überlappungen und Verstärkungen in den Abdichtungen zu Behinderungen des Wasserablaufes und zu Pfützenbildungen kommen kann, wenn nicht mindestens 5 % (3°) als Mindestgefälle geplant werden.

Gefällelose Flachdächer (auch Teilbereiche von Flachdächern mit Gefälle) werden in den Flachdachrichtlinien [17] als „Sonderkonstruktionen" für Ausnahmefälle bezeichnet, bei denen besondere Maßnahmen zur Verminderung der Risiken durch stehendes Wasser zu treffen sind (z. B. Erhöhung der Bahnendicke, schwerer Oberflächenschutz durch Kies, s. Abschn. 2.2.1). Für die Planung und die Konstruktion von Dachabdichtungen werden nach DIN 18531 folgende Dachneigungsgruppen unterschieden:

I:	bis 3° (5%)	III:	über 5° (9%) bis 20° (36%)
II:	über 3° (5%) bis 5° (9%)	IV:	über 20° (36%)

2.1.4 Wärmeschutz [1)]

Wärmeschutzmaßnahmen bei Flachdächern müssen umfassen:

— Ausreichende Wärmedämmung des Bauwerkes gem. DIN 4108 (mit Ergänzungen durch Wärmeschutzverordnung) mit rechnerischem Nachweis.

— Wärmeschutz der Konstruktion zur Vermeidung von schädlichen temperaturbedingten Spannungen und Bewegungen sowie von Wärmebrücken,

— Berücksichtigung von Wärmespeicherung.

Der erforderliche Wärmeschutz von Bauteilen ist in DIN 4108-2 und in der 3. Wärmeschutzverordnung festgelegt. Für Flachdächer wird ein Wärmedurchgangskoeffizient *k* von höchstens 0,22 W/(m^2 K) gefordert. Dieser Wert gilt nur für kleinere Gebäude bis zu 2 Vollgeschossen und mit nicht mehr als 3 Wohneinheiten. Bei größeren Bauwerken ist der Nachweis des Heizwärmebedarfes zu führen. Mit Rücksicht auf das Wärmespeichervermögen ist der Wärmeschutz zu erhöhen, wenn die Konstruktionsteile von Flachdächern unterhalb der Wärmedämmung eine Masse von weniger als 300 kg/m^2 haben (s. DIN 4108-2 Abschn. 5 Tab. 2). Im Hinblick auf Energieeinsparung sind die Anforderungen der Wärmeschutzverordnung teilweise erheblich höher als in DIN 4108. Danach muß bei Flachdächern von einer Dämmstoffdicke von über 100 mm (Wärmeleitfähigkeit 0,04 W/(m K) ausgegangen werden.

In jedem Falle ist jedoch der rechnerische Nachweis für ausreichenden Wärme- und Tauwasserschutz zu führen (s. Abschn. 15.5.7 in Teil 1 dieses Werkes).[2)]

Bei extremen Anforderungen, z. B. mehr als 75% relativer Feuchtigkeit (und 20 °C Innentemperatur), sind besondere Lüftungs- und Heizungsmaßnahmen meist billiger und zuverlässiger als die Verstärkung der Wärmedämmung.

Wärmedämmstoffe (s. Abschn. 2.2.2) müssen in jedem Fall trocken eingebracht werden. Wenn sie zwischen Dampfsperre und Dachhaut eingeschlossen sind, können sie später kaum völlig austrocknen.

Werden abgehängte Decken unter einschaligen Flachdächern vorgesehen, muß unbedingt dafür gesorgt werden, daß durch Hinterlüftung auch oberhalb der Abhängung die für die Dimensionierung der Wärmedämmung zu Grunde gelegten Raumtemperaturen herrschen. Eingeschlossene Luftschichten über abgehängten Decken wirken sonst als zusätzliche Wärmedämmung. Dadurch kann in der Gesamtkonstruktion die Taupunktgrenze so verlagert werden, daß es an der Unterseite der Dachschale zur Kondensatbildung kommt.

Auf keinen Fall darf ohne Nachweis ein wärmedämmendes Material vollflächig an der Deckenunterseite aufgebracht werden. Diese zusätzliche Wärmedämmung kann die Lage der Taupunktgrenze so beeinflussen, daß Kondensatbildung innerhalb der Konstruktion möglich wird, wenn nicht auch gleichzeitig die Wärmedämmung oberhalb der Dampfsperre verstärkt wird. Ein rechnerischer Nachweis des ausreichenden Tauwasserschutzes ist in derartigen Fällen erforderlich.

---

1) s. auch Abschn. 15.5 in Teil 1 dieses Werkes

2) Dampfsperren s. Abschn. 2.2.4 und 2.3.1

2.1.5 Feuchtigkeitsschutz (Tauwasserschutz)

Richtig angeordnete und dimensionierte Dampfsperren und bei zweischaligen, belüfteten Flachdachkonstruktionen (Abschn. 2.5) ggf. ausreichende Durchlüftung müssen die Wasserdampfdiffusion so begrenzen, daß schädliche Tauwasserbildung verhindert wird (s. Abschn. 2.2.4 und 2.3.1).

2.1.6 Brandschutz

Flachdächer müssen widerstandsfähig gegen Flugfeuer sein. Sie müssen dazu den Bestimmungen von DIN 4102-7 genügen bzw. entsprechend einer in DIN 4102-4 zugelassenen Bauart ausgeführt sein. Die Forderung hinsichtlich Sicherheit gegen Flugfeuer gilt in jedem Fall als erbracht, wenn die Dachhaut mit einer mindestens 5 cm dicken Kiesschicht abgedeckt ist (Körnung 16/32). Besondere Brandschutzmaßnahmen sind für großflächige Flachdächer auf Trapezblechkonstruktionen (s. Abschn. 2.3.3) erforderlich.

2.1.7 Oberflächenschutz

Ständiger Wechsel von Feuchtigkeit und Trockenheit, Temperaturdifferenzen zwischen winterlichen Temperaturen bis zu etwa 80 °C bei Sonneneinstrahlung im Sommer, insbesondere auch die Einwirkung des ultravioletten Anteils der Sonneneinstrahlung beanspruchen ungeschützte Flachdachabdichtungen sehr stark. Ein Oberflächenschutz ist daher immer vorzusehen. Bereits eine helle Einfärbung von Kunststoff-Dachdichtungsbahnen, dauerhafter aber Beschichtungen mit Feinsplitt, Perlkies oder Aluminiumpulver bewirken eine erhebliche Reflexion des Sonnenlichtes und setzen damit die Erwärmung der Dachhaut herab. Es können ferner zusätzliche Schutzfolien auf die Dachhaut aufgebracht werden. Unterschieden wird:

Leichter Oberflächenschutz

Bei Abdichtungen mit Bitumenbahnen muß die oberste Lage aus Polymerbitumenbahnen bestehen. Elastomerbitumenbahnen (PYE) müssen, Plastomerbitumenbahnen (PYP) können mit Splitt, Granulat sonstigen Beschichtungen bedeckt sein (Kieseinpressung, Besandung oder Anstriche mit Heißbitumen sind ungeeignet).

Schwerer Oberflächenschutz

Er besteht in der Regel aus einer losen Kiesschüttung (Körnung 15 bis 30 mm, Mindest-Schütthöhe 5 cm), unter der sich meistens nur wenig schwankende Feuchtigkeitsverhältnisse einstellen.

Kiesschüttungen müssen in windreichen Gegenden und bei Gefahr von Wirbelbildung durch Dachaufbauten (z. B. größere Schornsteine, Aufzugsschächte) gesichert werden. Da die Verwendung von Kieseinbettmassen nicht bei jeder Dachabdichtungsart möglich ist, kann die Schüttung durch aufgesprühte Kunstharze befestigt werden, die die obere Kiesschicht binden. Die Ausbildung einer Dachrandaufkantung (Attika), die die Dachoberfläche um mindestens 30 cm überragt, ist bei höheren Gebäuden zweckmäßig (s. jedoch Abschn. 2.1.11).

Übernimmt der Oberflächenschutz gleichzeitig die Sicherung gegen Wind- und Sogkräfte, ist die Dicke der Kiesschüttung entsprechend statisch nachzuweisen.

Als Schwerer Oberflächenschutz kommen weiterhin begehbare Beläge aus Beton-Gehwegplatten, Verbundsteinen u. ä., verlegt auf Schutzlagen, sowie Terrassenbeläge, befahrbare Beläge und Begrünungen in Betracht.

Die UV-Beständigkeit neu entwickelter Kunststoff-Dachdichtungsbahnen ist in letzter Zeit so verbessert worden, daß bei leichten Dachkonstruktionen auch eine Verlegung ohne zusätzliche Schutzschichten möglich ist.

2.1.8 Windbeanspruchung

Der gesamte Flachdachaufbau muß gegen Abheben durch Windbeanspruchung, dabei insbesondere durch Sogwirkung, entsprechend DIN 1055-4 gesichert werden.

Die Sicherung kann erfolgen durch

— Auflast

— Verkleben

— mechanische Befestigung.

Unterschieden werden Sicherungen im Innen-, Rand- und Eckbereich. Die Definition der Bereiche für Bauwerke bis 20 m Höhe zeigt Bild **2**.3.

Einen Überblick über handwerkliche Ausführungen von Windsicherung bei geschlossenen Bauwerken1) gibt Tabelle **2**.4 [17].

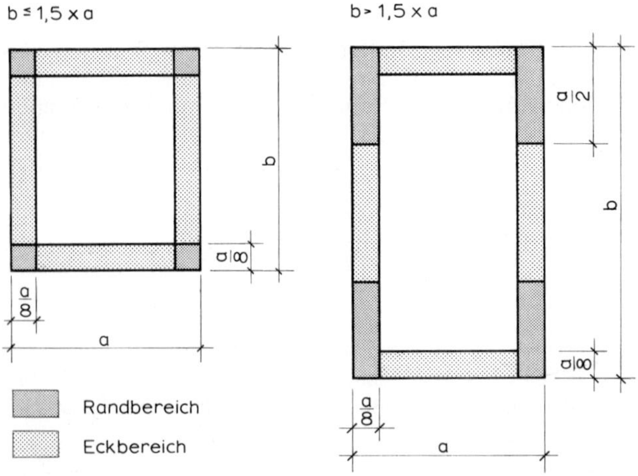

2.3
Definition der Randbereiche (vereinfachte Flächeneinteilung; bis 20 m Gebäudehöhe)

Sicherung durch Auflast. Lose verlegte Dachabdichtungen werden durch Auflasten (nur bei Dachneigungsgruppe I) gesichert. Sie besteht in der Regel aus ungebrochenem Kies, Körnung 16/32, Schütthöhe mindestens 5 cm. Auflasten können auch aus Betonplatten, Beton-Verbundpflaster o. ä. bestehen. Bei Dachhöhen über 20 m müssen im Rand- und Eckenbereich Platten, Pflaster o. ä. die Kiesschüttung zusätzlich gegen Windeinwirkung schützen. Das Gewicht der Auflasten ist Tabelle **2**.5 zu entnehmen.

Sicherung durch Verkleben. Dachabdichtungen mit Bitumenbahnen müssen (z. B. über Loch-Glasvlies-Bitumenbahnen) mindestens zu 10% in gleichmäßiger Verteilung mit der Unterlage verklebt sein. Bei punktförmiger Verklebung sind ca. 4 tellergroße Klebeflächen/m² erforderlich. Profilblechkonstruktionen müssen zusätzlich im Randbereich (Breite des Randbereiches = $b/8$ der Dachrandbreite) mit mindestens 3 mechanischen Befestigungselementen je m² gesichert werden.

1) Baukörper mit offenen Deckunterlagen, die an einer oder mehreren Stellen offen sind, oder geöffnet werden können, gelten als nicht geschlossen. Ein Einzelnachweis nach DIN 1055-4 ist erforderlich.

Tabelle **2.4** Wind-/Sog-Sicherung: Ausführungsbeispiele für geschlossene Gebäude bis 20 m

	Befestigungsart	Innenbereich	Randbereich	Eckbereich
ohne Auflast	Heißverklebung	10% der Fläche	20% der Fläche	40% der Fläche
	Kaltverklebung (Adhäsivkleber 4 cm breite Streifen)	2 Streifen/m²	3 Streifen/m²	4 Streifen/m²
	Nagelung			
	Reihenabstand	90 cm	30 cm	30 cm
	Nagelabstand	10 cm	10 cm	5 cm
	Befestigungselemente (Betriebsfestigkeit 0,4 kN/Stück)	3 Stück/m²	6 Stück/m²	9 Stück/m²
mit Auflast	Kiesschüttung in Kombination mit	5 cm Kiesschüttung in Kombination mit		
	a) Heißverklebung	–	10% der Fläche	20% der Fläche
	b) Kaltverklebung (Adhäsivkleber 4 cm breite Streifen)	–	2 Streifen/m²	3 Streifen/m²
	c) Nageln			
	Reihenabstand	–	45 cm	45 cm
	Nagelabstand	–	10 cm	5 cm
	d) Befestigungselemente (Betriebsfestigkeit 0,4 kN/Stück)	–	4 Stück/m²	7 Stück/m²

Tabelle **2.5** Sicherung durch Auflast

nach Flachdachrichtlinien [17]

Höhe der Dachtraufe über Gelände in m	Auflast Innenbereich in kg/m²	Auflast Randbereich in kg/m²	Auflast Eckbereich in kg/m²
bis 8	45	130	225
über 8 bis 20	75	210	360
über 20	Einzelnachweis		

nach DIN 18531

Höhe der Dachfläche über Gelände in m	Auflast Innenbereich in kg/m²	Auflast Randbereich mit Befestigung am Dachrand in kg/m²	Auflast Randbereich ohne Befestigung am Dachrand in kg/m²
bis 8	40	80	120
über 8 bis 20	65	130	190
über 20	80	160	260

Sicherung durch mechanische Befestigung. Bei geeignetem Untergrund (z.B. Profilblech, Holz) darf die Lagersicherheit durch Tellerdübel, Spreizdübel, Holzschrauben oder selbstbohrende Schrauben mit Haltetellern, auch mit Breitkopfnägeln punktweise mit mindestens 3 Befestigungen/m² hergestellt werden. Auch Linienbefestigungen (im Überdeckungsbereich) mit durchlaufenden Metallbändern sind möglich.

Auf Stahltrapezprofilen soll der Abstand der Befestigungen auf gleichen Obergurten mindestens 20 cm betragen.

Auf Holz oder Holzwerkstoffen sind 1 m breite Dachbahnen an den Stößen mit verzinkten Breitkopfstiften mit Nagelabständen nach Tab. **2.4** zu nageln.

Randhölzer. Zur Befestigung von Randhölzern an Dachrändern und Deckenöffnungen, die als Auflager von Dachrandprofilen o. ä. dienen, sind in Tabelle **2**.6 [17] bewährte Praxisbeispiele aufgeführt.

Tabelle **2**.6 Befestigung von Randhölzern

Befestigungsart	Gebäudehöhe über Gelände	bis 8 m	über 8 m bis 20 m	über 20 m
	Befestigungs-mittel	Abstand der Befestigung in m	Abstand der Befestigung in m	
Holz auf Beton	verzinkte Schrauben Ø 7 mm mit Dübel	1,00	0,66	
Holz auf Poren-beton	verzinkte Schrauben Ø 7 mm mit Spezialdübel	0,90	0,50	
Holz auf Profilblech	verzinkte Blechschrauben Ø 4,2 mm	0,50	0,33	
Holz auf Vollholz	verzinkte Holzschrauben Ø 6 mm	0,80	0,50	Einzel-nachweis

2.1.9 Entwässerung

Flachdächer sind grundsätzlich mit mindestens 2% Gefälle (s. Abschn. 2.1.3) und in der Regel mit innenliegender Entwässerung zu planen. Die Entwässerung über außenliegende Dachrinnen sollte nur bei geneigten Dächern mit Abdichtung und in Ausnahmefällen ausgeführt werden. Bei Abdichtungen mit bitumenhaltigen Baustoffen ist die besondere Korrosionsgefahr an den Dachrinnen zu beachten (s. Abschn. 1.6.1).

Eine gefällelose Flachdachausführung wäre nur dann problemlos, wenn wirklich ebene und absolut horizontale Flächen der Unterkonstruktion zur Verfügung stehen. Das ist jedoch in der Praxis durch unvermeidliche Ungenauigkeiten bei der Ausführung und wegen des Durchhängens der Flächen nicht zu gewährleisten (Bild 2.7 b). Sie gelten daher als „Sonderkonstruktionen" und bedürfen besonderer Sorgfalt bei der Ausführung.

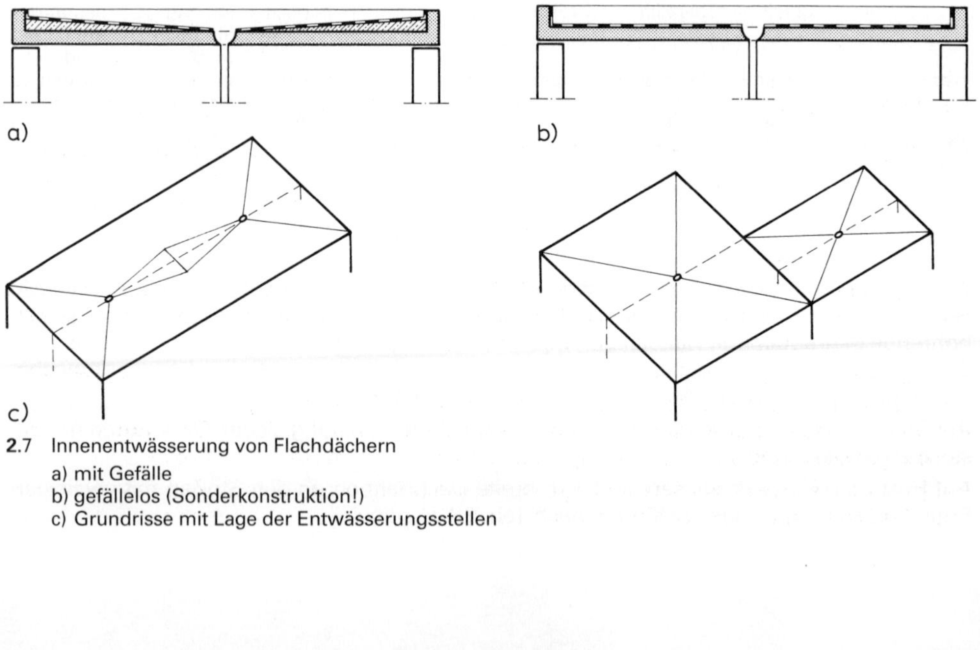

2.7 Innenentwässerung von Flachdächern
a) mit Gefälle
b) gefällelos (Sonderkonstruktion!)
c) Grundrisse mit Lage der Entwässerungsstellen

Auf Massivplatten wird daher in der Regel ein Gefällebeton mit flachen Kehlen zu den Dachabläufen aufgebracht (Bild **2**.7 b und c).

Insbesondere bei Leichtkonstruktionen wird vielfach auf den Gefälleausgleich verzichtet und die gesamte Decke im Gefälle verlegt. Eine waagerechte Untersicht wird dabei nötigenfalls durch einwandfrei hinterlüftete, untergehängte Putzdecken o. ä. erreicht (s. auch Abschn. 2.2.5).

Jede Flachdachhälfte sollte durch mindestens 2 Regenabläufe entwässert werden. Bei komplizierten Dachgrundrissen ergibt sich jedoch meistens eine größere Anzahl von Abläufen, deren Lage abhängig ist vom Grundriß der darunterliegenden Räume und den je nach Einzelfall gegebenen Möglichkeiten der Gefällebildung (vgl. Bild **2**.7 c).

Um das Überfließen von Regen- und Schmelzwasser auch unter ungünstigsten Verhältnissen auszuschließen, müssen die Dachabdichtungen an den Abschlüssen hochgezogen werden (s. Abschn. 2.10).

Innenliegende Regenabläufe müssen mindestens 50 cm von Dachrändern, Wandanschlüssen oder anderen Durchdringungen (Lichtkuppeln, Sanitärbelüftungen usw.) entfernt sein, um eine einwandfreie Ausführung der Eindichtung zu gewährleisten.

Im übrigen muß sichergestellt sein, daß auch im ungünstigsten Fall Wasser allenfalls über die Dachränder nach außen abfließt und nicht in angrenzende aufgehende Bauteile eindringt. Aus diesem Grund ist es sehr zweckmäßig, Notüberläufe in Form von Wasserspeiern einzuplanen. Dadurch wird auch eine Überlastung der Dachflächen durch Stauwasser vermieden.

2.1.10 Anschlüsse an aufgehende Bauteile

Für Anschlüsse an aufgehenden Bauteilen (auch an Fenster- und Terrassentüren und an Attika-Anschlüsse) sind bei der Planung folgende Mindesthöhen zu beachten:

— Flachdachneigung bis 5° mindestens 15 cm
— Flachdachneigung über 5° mindestens 10 cm

über Oberkante Oberflächenschutz bzw. Kiesschüttung oder von Nutzschichten. In schneereichen Gebieten sind diese Werte gegebenenfalls jedoch zu erhöhen.

Die Flächen, an denen die Abdichtungen hochzuführen sind, müssen eben und frei von Fugen, Betonnestern u. ä. sein. Falls erforderlich, ist ein Ausgleichsputz herzustellen.

Wandanschlüsse. Anschlüsse können starr (durch Klebung) oder beweglich (mit lose verlegten Kunststoff-Dichtungsbahnen) hergestellt werden. Starre Anchlüsse mit Klemmschienen u. ä. sollen nicht über Bauteile hinweggehen, die statisch voneinander – z. B. durch Bewegungsfugen – getrennt sind. Hier sind Fugenprofile zu verwenden, die Bewegungen zulassen und an den Trennstellen besonders abgedichtet sind.

Die hochgezogenen Abdichtungen einschließlich Trennlage und ggf. Dampfsperre werden mit aufgedübelten Klemmschienen befestigt (Bild **2**.8). Kunststoff-Dichtungsbahnen können auch auf Verbundbleche geschweißt oder geklebt werden (**2**.9).

Die oberen Abschlüsse sollten vor allem durch konstruktive Vorkehrungen geschützt werden. Ausreichend tiefe Rücksprünge in den Anschlußwänden (Bild **2**.8 c) oder Überdeckungen durch Fassadenbekleidungen sind wesentlich sicherer als Abschlüsse durch Fugendichtungsmassen (Bild **2**.8 c und d; vgl. auch Abschn. 9.5.3 in Teil 1 des Werkes).

Bei genutzten Flächen sind die hochgezogenen Abdichtungen durch entsprechende konstruktive Maßnahmen gegen mechanische Beschädigungen zu schützen (Bild **2**.8 d).

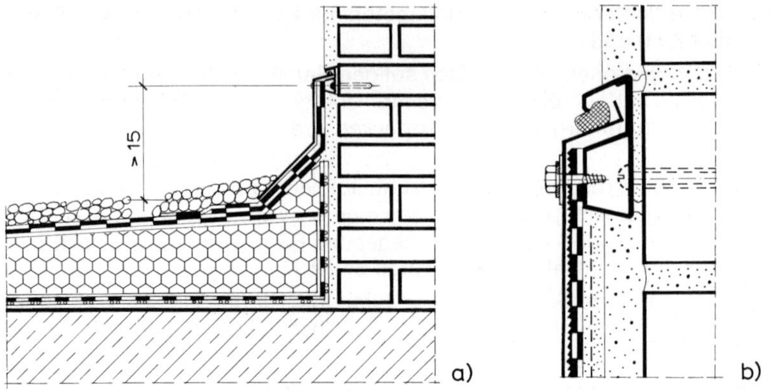

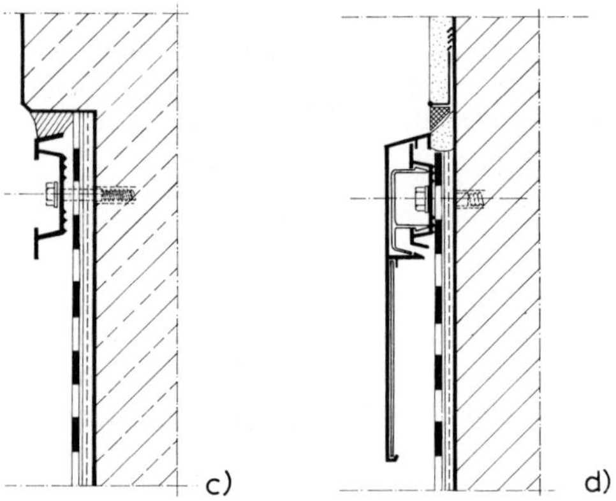

2.8
Wandanschluß
a) Schnitt
b) Detail oberer Abschluß
c) Klemmschiene (alwitra),
d) Anschlußsicherung bei genutzter Oberfläche (alwitra)

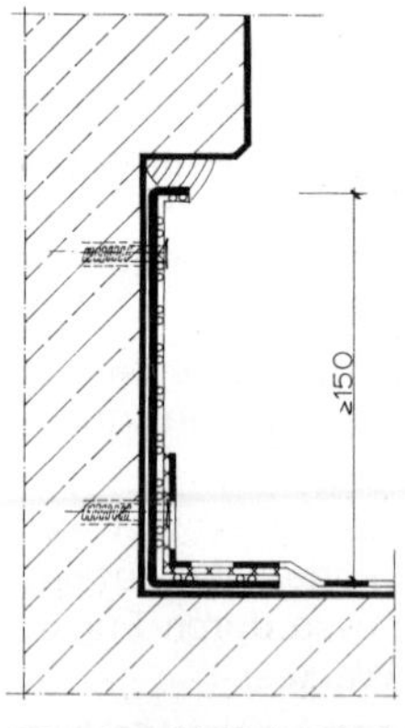

2.9 Anschluß durch Schweißung auf beschichtetes Anschlußblech

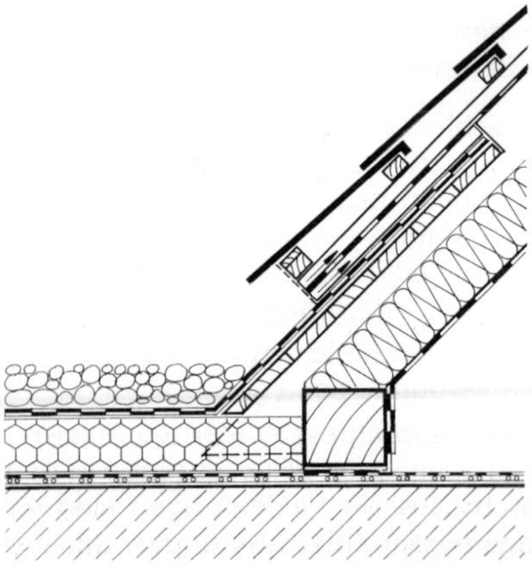

2.10 Flachdachanschluß an belüftetes Steildach

Anschlüsse an geneigte Dachflächen sind mindestens bis über die Höhen der Flachdachränder zu führen, damit im Falle des Versagens der Dachentwässerung kein Stauwasser in die empfindliche Steildachkonstruktion eindringen kann und allenfalls nach außen überfließen kann. Die nötigen Belüftungsöffnungen (vgl. Abschn. 1.8.2) sind zu berücksichtigen (Bild **2**.10).

Anschlüsse an Durchdringungen z. B. von Dachabläufen Sanitärrohren, Antennendurchgängen u. ä. können zwar mit Hilfe von Klebeflanschen hergestellt werden, doch sind derartige Eindichtungen auch bei sorgfältiger Ausführung ziemlich schadensanfällig. Besser sind Anschlüsse mit Dichtungsmanschetten oder Klemmflanschen (s. Abschn. 2.6.3).

Ausbildung von Ecken. Wenn Abdichtungen gegenüber angrenzenden Bauteilen hochgezogen werden müssen, stellen die dabei entstehenden unvermeidlichen Ecken besondere Schwachpunkte dar. Bei der Ausführung muß an diesen Stellen sehr sorgfältig gearbeitet werden. Die anstoßenden hochgezogenen Abdichtungsbahnen erhalten zunächst besonders zugeschnittene Überlappungen (Bild **2**.11 a). Zusätzlich werden die Eckpunkte mit herzförmig zugeschnittenen oder teilweise auch als Formteil lieferbaren Abschlüssen überklebt (Bild **2**.11 b).

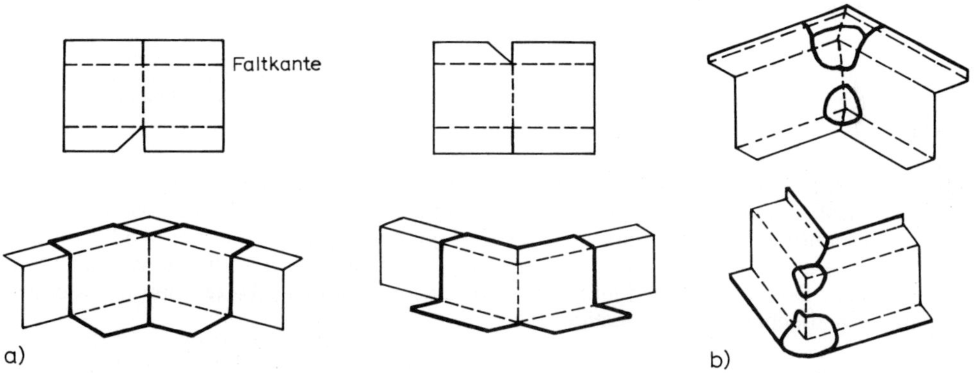

2.11 Eckausbildung von Abdichtungen
a) Zuschnitt der Anschluß-Dachbahnen (Innen- bzw. Außenecke)
b) Abschluß der Eckpunkte mit vorgefertigten Abdeckstücken Innen- bzw. Außenecken (BRAAS-Rhenofol)

Anschlüsse an Türen. Besonders kritische Anschlußpunkte stellen die Übergänge von Abdichtungen zu Balkon- oder Terrassentüren dar.

Wenn die Abdichtungen den o. g. Forderungen gemäß mindestens 15 cm über die Entwässerungsebene (in der Regel die Oberfläche der äußeren Bodenbeläge) hochgezogen werden, ergeben sich zwischen Außen- und Innenbodenflächen so große Höhendifferenzen, daß entweder die Konstruktionsflächen auf unterschiedlichen Höhen liegen müssen oder Stufen (Bild **2**.12) unvermeidlich sind (Bild **2**.13). Dies kann aber wegen der Nutzung der außenliegenden Flächen (Kinderwagen, Rollstühle usw.) oft nicht akzeptiert werden. Ausnahmsweise ist an diesen Stellen deshalb eine Anschlußhöhe von wenigstens 5 cm zwischen der Oberkante der Beläge und dem oberen Ende der Abdichtung vorzusehen und außerdem sicherzustellen, daß vor den Türen durch ständig wirksame Entwässerung der Außenflächen ein Wasserstau an den Abdichtungsanschlüssen – auch bei Schneematsch – ausgeschlossen werden kann (Bild **2**.10; vgl. auch Abschn. 9.5.3 in Teil 1 des Werkes).

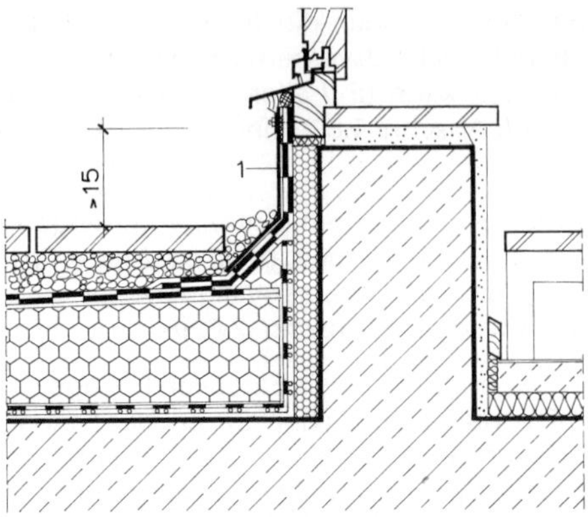

2.12 Abdichtungsanschluß an Terrassen- oder Balkontüren: Bei 15 cm Abdichtungesaufkantung Stufen innen unvermeidlich

1 Abdeckblech

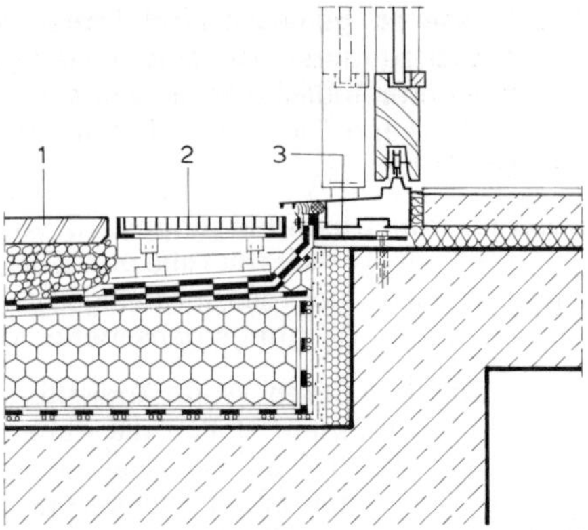

2.13 Abdichtungsanschluß an Terrassen- oder Balkontür: Erforderliche Höhendifferenz des Abdichtungsanschlusses durch vorgelagerten Gitterrost abgemindert

1 großformatige Platten, lose in Kies verlegt
2 Gitterrost mit Aufständerung
3 L-Stahl als Abdichtungsauflage (Abdichtungsanschluß mit Lochband und Versiegelung)

Die oberen Anschlüsse von Wetterschenkeln oder Anschlußprofilen der Türen sollen die Abdichtungsabschlüsse mindestens 3 cm in der Höhe überdecken. Außerdem ist durch konstante Maßnahmen eine mechanische Beschädigung der hochgezogenen Abdichtungen auszuschließen. Die Abdichtungen müssen sorgfältig hinter etwa vorhandenen Rolladenschienen oder Deckleisten hochgeführt werden und sind an den Türrahmen mit Klemmschienen o. ä. mechanisch zu befestigen.

2.1.11 Flachdachränder

An den Rändern von Flachdächern enden außer der Unterkonstruktion alle Schichten der Abdichtung und Wärmedämmung mit völlig verschiedenartigen Materialien, die wiederum unterschiedlichen Beanspruchungen und Anforderungen ausgesetzt sind:

— Temperatureinflüsse. Unterkonstruktion, Dachabdichtung und Randabschlußteile haben verschiedene thermisch bedingte Form- und Längenänderungen.

— mechanische Beanspruchungen. Von allen Schichten des Dachaufbaus muß insbesondere die Dachabdichtung am Rand zuverlässig gegen Wasser- und Eisdruck, gegen den Druck von Kiesschüttungen und gegen Beschädigungen bei Bau- und Wartungsarbeiten geschützt sein. Außerdem muß ausreichender Schutz gegen die Auswirkung von Windkräften gewährleistet sein.

— materialbedingte Beanspruchungen. Längenänderungen der Randprofile müssen so ausgleichbar sein, daß weder am Übergang zur Abdichtung noch an Innen- oder Außenecken des Dachrandes Undichtigkeiten oder Verformungen entstehen. Gewisse Kunststoff-Dichtungsbahnen neigen bei der Alterung zum Schwinden. Die daraus entstehenden Zugspannungen müssen von der Randkonstruktion aufgenommen werden können.

— Bauwerkstoleranzen. Randkonstruktionen müssen die problemlose Anpassung an unvermeidliche Bauwerksungenauigkeiten in der Fluchtrichtung, in Höhen und ggf. auch Neigung ermöglichen.

— Belüftung. Flachdachränder von zweischaligen Dächern müssen ausreichende Belüftungsquerschnitte haben, die genügend gegen Schlagregen sowie gegen Kleintiere, Vögel und Insekten gesichert sind.

Dachüberstände sind bei den meisten Flachdächern, insbesondere bei mehrgeschossigen Gebäuden konstruktiv nicht zu begründen und nur als Gestaltungsmittel zu betrachten. Ausladende Gesimse von massiven Flachdächern erfordern zusätzliche Wärmeschutzmaßnahmen. Zur Vermeidung von Wärmebrücken müssen auskragende Stahlbetonplatten entweder ganz mit zusätzlichen Wärmedämmungen umhüllt werden (Bild **2**.14 a), oder es muß – bei Ausführung in Sichtbeton – die Wärmedämmung nach innen an die Unterseite der Platten verlegt werden. Damit wird jedoch der bauphysikalische Schichtenaufbau des Flachdaches unklar (vgl. Abschn. 2.1.4) und der statische Querschnitt der Platten geschwächt. Außerdem sind besondere Vorkehrungen gegen Risse im Stahlbetongesims infolge unterschiedlicher thermischer Beanspruchungen an Ober- und Unterseite zu treffen (Bild **2**.14 b). Flachdachränder werden daher in der Regel ohne größere Gesimse gebildet.

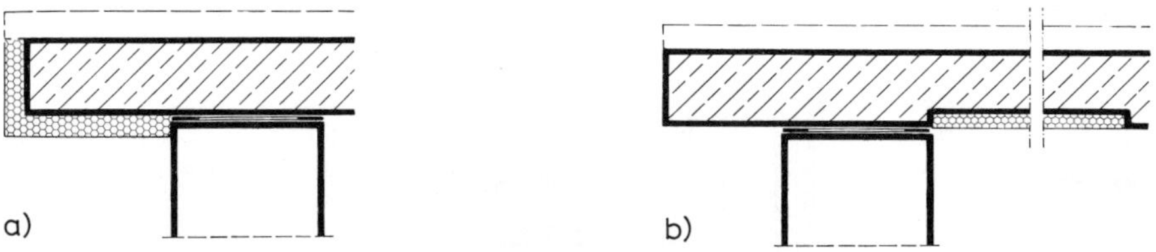

2.14 Wärmeschutz von auskragenden Flachdächern (Abdichtung usw. nicht eingezeichnet)
a) Flachdachgesims mit Wärmeschutz außen
b) Flachdachgesims mit Wärmeschutz innen (bedenkliche Ausführung!)

Bei allen Flachdachkonstruktionen bildet die Trennlinie zwischen Dachplatte und Auflager gleichzeitig eine Material- und Bewegungsfuge. Infolge Durchbiegung können sich außerdem die Auflagerenden von weit gespannten Massivplatten insbesondere an den Ecken hochbiegen (Bild **2**.15). Das kann durch Aufkantung der Deckenplatten zu einer umlaufenden „Attika" weitgehend verhindert werden (Bild **2**.16). Wird die Attika als statisch wirksamer Überzug ausgebildet, sind raumhohe Öffnungen in den Außenwänden möglich.

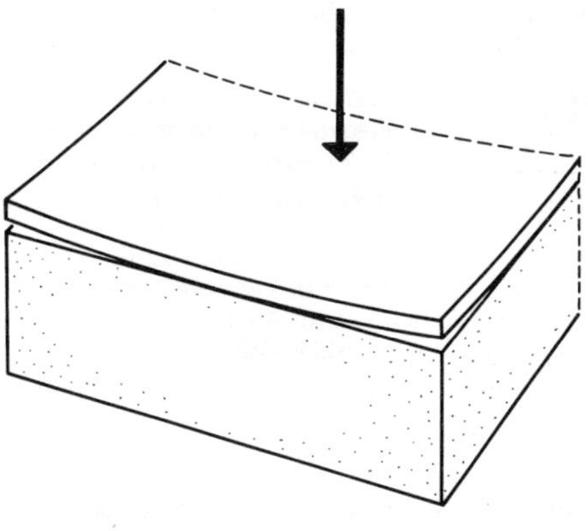

2.15 Hochbiegen von Plattenecken infolge Durchbiegung

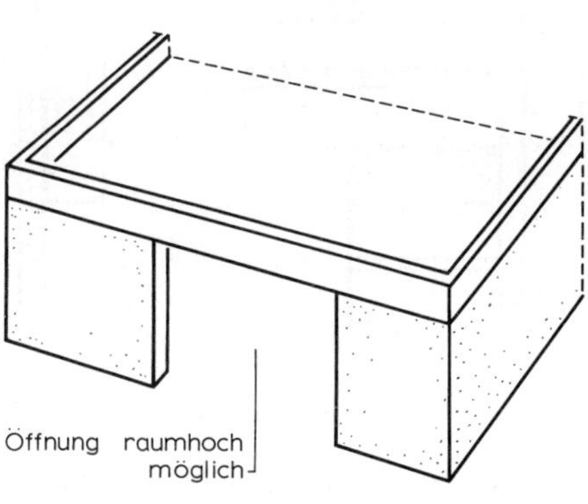

2.16 Flachdach-Aufkantung („Attika")

Vielfach werden Attika-Konstruktionen lediglich aus formalen Gründen gewählt, um dahinterliegende Schräganschnitte von Gefälleschichten zu verbergen. Es ist aber zu bedenken, daß Aufkantungen von Flachdachrändern mit hochgezogenen Abdichtungen meistens recht schadensanfällig sind. Insbesondere die an der Innenseite hochgezogenen Abdichtungen sind bei hohen Attiken schwierig gegen UV-Strahlung und mechanische Beschädigungen zu schützen. Bei niedrigen Aufkantungen kann eine Kiesschüttung an den Rändern verstärkt werden (Bild **2**.17 b und c), doch besteht dann leicht die Gefahr, daß bei Sturm Kieskörner über den Dachrand geweht werden.

Auflager. Damit durch material- und temperaturbedingte Längenänderungen oder lastabhängige Formänderungen größerer Stahlbetonmassivplatten keine Beanspruchungen von Flachdächern auf die Auflagerwände übertragen werden, sind die Auflager mit Hilfe von Gleitlagern oder Gleit-Kipp-Lagern zu bilden (s. Abschn. 2.3.2). Je nach statischen Erfordernissen sind als Auflager Ringanker vorzusehen (vgl. Abschn. 6.2.1.1 in Teil 1 dieses Werkes). In jedem Fall sind die Auflagerfugen vor allem in den Außenwänden konstruktiv und gestalterisch zu berücksichtigen. Sie werden in der Regel durch entsprechende Gesims- oder Fassadenverblendungen abgedeckt (Bild **2**.17).

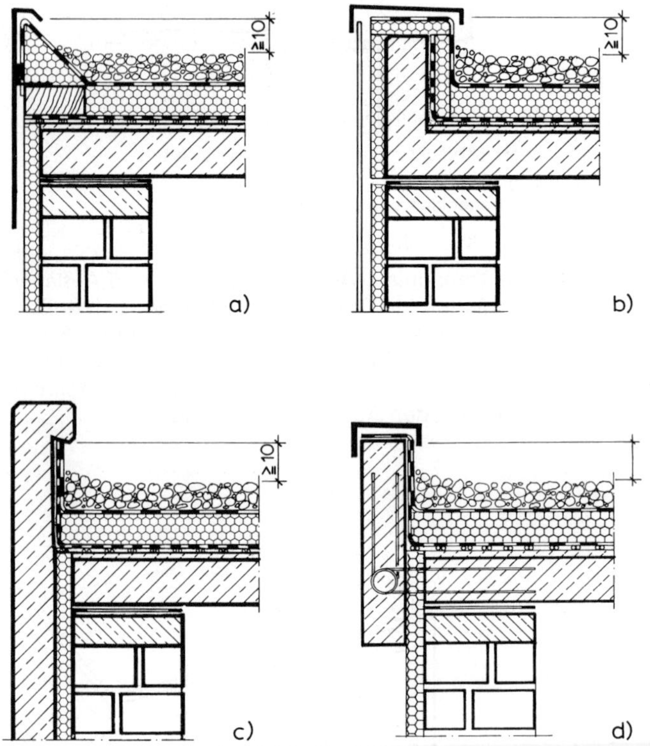

2.17
Flachdachränder (schematisch); Auflager s. Bild **2**.26
a) Flachdach mit Randprofil
b) Flachdach mit Attika
c) Anschluß der Dichtungen mit Hinterschneidung
d) Attika-Anschluß mit IsoKort® (SCHÖCK)

Dachrandabschlußprofile bilden den Übergang zwischen Dachabdichtungen und Dachrändern. Dabei sind direkt eingeklebte Blechverwahrungen als Flachdachabschlüsse ungeeignet. Es steht für diese Aufgabe eine große Zahl von Spezial-Profilsystemen aus Leichtmetall-

Strangpreßprofilen sowie aus Blech- und Faserzement-Profilen in den verschiedensten Formen auf dem Markt zur Verfügung.

In den Flachdachrichtlinien ist für Dachrandabschlußprofile vorgeschrieben:

— Die Oberflächen der Abdichtungen bzw. der Kiesschüttungen müssen bei Dachneigungen bis 5° mindestens 10 cm, bei größeren Dachneigungen um mindestens 5 cm überragt werden.

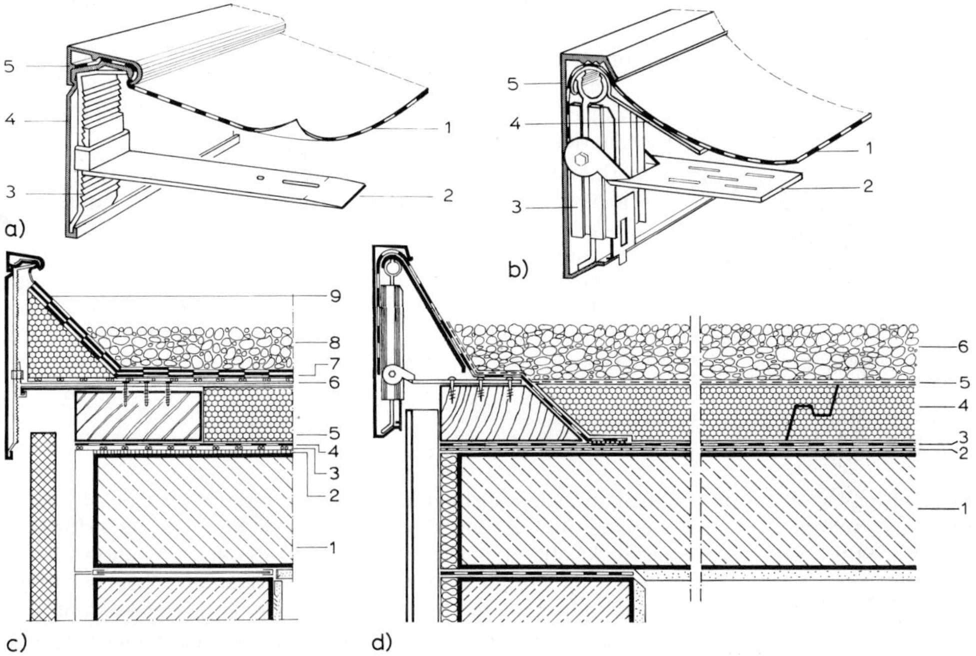

2.18 Dachrandabschlußprofile und Einbaubeispiele

a) In Fluchtrichtung und Höhe justierbar (ALWITRA)

1 Anschluß-Dichtungsbahn, zugfest eingespannt
2 Halteprofil, auf Unterkonstruktion aufgeschraubt, in Fluchtrichtung justierbar
3 Halteprofil, durch Zahnleiste mit Klemmring werkzeugfrei justierbar
4 Deckprofil, gleichzeitig Auflager für Anschlußbahn, längs verschiebbar
5 Oberes Deck- und Klemmprofil, längs verschiebbar

b) In Fluchtrichtung, Höhe und Neigung justierbar (JOBA)

1 Anschluß-Dichtungsbahn, zugfest eingespannt
2 Halteprofil, auf Unterkonstruktion aufgeschraubt, in Fluchtrichtung justierbar
3 Halteprofil, in Höhe und Neigung justierbar
4 Auflagerprofil für Anschlußbahn
5 Deckprofil, aufgeklemmt; längs verschiebbar

c) Flachdachrand bei Abdichtung mit Bitumenbahnen (vgl. Bild **2**.28 a)

1 Stahlbeton
2 Voranstrich
3 Glasvliesbitumenlochbahn (unt. Dampfdruckausgleichsschicht)
4 Dampfsperre
5 Polystyrol-Hartschaum
6 Glasvliesbitumenlochbahn (obere Dampfdruckausgleichsschicht)
7 3lagige Bitumenbahnabdichtung
8 Kiesschüttung
9 Abschlußprofil

d) Flachdachrand bei Umkehrdach (vgl. Bilder **2**.28 c und **2**.30)

1 Stahlbeton
2 Trennlage (geschäumtes Polyäthylen)
3 Flachdachfolie
4 extrudierte Polystyrolplatten (z. B. Roofmate)
5 Filtervlies
6 Kiesschüttung

- Die Überlappung der oberen Abschlüsse von Putz oder Bekleidungen muß mindestens betragen: Bei Gebäudehöhen
  - bis 8 m > 5 cm
  - über 8 bis 20 m > 8 cm
  - über 20 m > 10 cm.
- Der Überstand der Tropfkanten vor den zu schützenden Bauteilen soll mindestens 2 cm betragen.

Die Halterungen der Abschlußprofile werden am besten auf aufgedübelten Randbohlen aus Holz montiert (Befestigung s. Abschn. 2.1.8, Tab. 2.6). Die Montage wird sehr erleichtert, wenn die Profilkonstruktion ein möglichst einfaches Ausgleichen von unvermeidlichen Rohbauungenauigkeiten in der Höhe, in der Neigung und in der Fluchtrichtung erlaubt.

Den Übergang zu bituminösen Dachabdichtungen bilden Polymerbitumenbahnen oder Kunststoff-Anschlußbahnen, die je nach Profilsystem auf unterschiedliche Weise zugfest eingeklemmt werden bzw. in die Abdichtungsränder eingeklebt werden. Kunststoff-Dachabdichtungen können direkt an die meisten Profilsysteme angeschlossen werden. Die äußeren, den wechselnden Temperatureinflüssen ausgesetzten Teile der Dachrandabschlüsse müssen Längenänderungen zulassen, ohne daß diese sich auf die Anschlußbahnen übertragen können. Für Innen- und Außenecken stehen bei allen Herstellern entsprechende Formteile zur Verfügung. In Bild **2**.18 sind 2 Beispiele für derartige Profile gezeigt.

2.1.12 Arbeitsablauf an der Baustelle

Abdichtungsarbeiten mit Heißklebemassen dürfen bei Außentemperaturen unter +4 °C und bei regnerischem Wetter nicht ausgeführt werden. Abdichtungen mit Kunststoffen erfordern in dieser Hinsicht zwar weniger Rücksicht, doch ist zu bedenken, daß bei ungünstiger Witterung die Qualität derartiger Arbeiten, die immer mit größter Sorgfalt ausgeführt werden müssen, beeinträchtigt wird. Daraus folgt für die Planung der Konstruktion und der Ausführung:

- Möglichst witterungsunabhängige Arbeitsabfolgen mit Einsatz entsprechender Materialien,
- Einplanung funktionstüchtiger Zwischenlösungen bei unvermeidbaren Arbeitsunterbrechungen.

2.1.13 Wartung und Pflege

Das bei Laien weit verbreitete Vorurteil, Flachdächer seien gegenüber geneigten Dächern auch bei einwandfreier Ausführung wesentlich schadensanfälliger, beruht fast immer auf Schäden, die durch völlige jahrelange Vernachlässigung bedingt sind. Weil sich bei den oft nicht einsehbaren Flachdachflächen Schäden erst wesentlich später und dann meistens sehr folgenschwer zeigen, muß gegenüber den Auftraggebern klargestellt sein:

Flachdächer erfordern zu ihrer Erhaltung und zur Verlängerung ihrer Lebensdauer – wie jedes andere Dach auch – regelmäßige Wartung und Pflege.

Dazu gehört je nach Lage des Objektes und den dadurch gegebenen Umweltbedingungen und je nach Oberflächenschutz der Flachdachflächen eine mehr oder weniger häufige Begehung und die Überprüfung durch eine Fachfirma (Wartungsvertrag) insbesondere aller Bauwerksanschlüsse, Dachdurchdringungen und Entwässerungseinrichtungen. Vor allem aber ist das regelmäßige Entfernen von Laub, Verschmutzungen und Bewuchs erforderlich, um korrosionsfördernder Humusbildung und der Verstopfung von Abflüssen vorzubeugen.

Alle erkannten Schäden müssen unverzüglich fachmännisch beseitigt werden.

2.2 Baustoffe

2.2.1 Abdichtungen

Bitumen-Dachbahnen sind für Dachabdichtungen mit verschiedenen Trägereinlagen (Polyestervlies 200T oder 250B DIN 18192, Textilglasgewebe DIN 18191, Jutegewebe mit flächenbezogener Masse von > 300 g/m², Aluminiumbänder DIN 1745-1 und Kupferbänder DIN 17670-1) genormt als

— **Bitumenbahnen** (Trägereinlagen mit beidseitigen Bitumen-Deckschichten),

— **Polymerbitumenbahnen** (Elastomer- PYE und Plastomerbitumenbahnen PYP).

Vorteile von Elastomerbitumenbahnen PYE sind:

— geringe Temperaturempfindlichkeit
— gute Standfestigkeit bei schroffen Temperaturwechseln
— hohe Rückstellkraft nach kurzzeitiger punktförmiger Belastung (auch bei niedrigen Temperaturen)
— hohe Perforationssicherheit
— lange Lebensdauer und Witterungsbeständigkeit
— gute Verklebbarkeit

Vorteile von Plastomerbitumenbahnen PYP (in der Regel als Schweißbahnen) sind:

— hohe Temperaturbeständigkeit
— plastisches Verhalten mit hoher Flächenstabilität
— Witterungsbeständigkeit in Verbindung mit Kälteflexibilität [8]

Die verschiedenen genormten Lieferformen zeigt Tabelle **2**.19.

Tabelle **2**.19 Genormte Bitumenbahnen [17]

Trägereinlage	Bitumen-Dachbahnen DIN 52143	Bitumen-Dachdichtungsbahnen DIN 52130	Bitumen-Schweißbahnen DIN 52131	Polymerbitumen-Dachdichtungsbahnen DIN 52132	Polymer-Bitumen-Schweißbahnen DIN 52133
Glasgewebe	–	G 200 DD	G 200 S4 G 200 S5	PYE-G 200 DD	PYE-G 200 S4 PYP-G 200 S4 PYE-G 200 S5 PYP-G 200 S5
Polyesterfaservlies	–	PV 200 DD	PV 200 S5	PYE-PV 200 DD	PYE-PV 200 S5 PYP-PV 200 S5
Glasvlies*	V13*	–	V60 S4*	–	–

* Nur als zusätzliche Lagen, als Dach a b d i c h t u n g nicht geeignet.

Hinweis Zur Bildung der Normbezeichnung werden in Normen für Bitumen- bzw. Polymerbitumen-Dachbahnen, Dachdichtungsbahnen oder Schweißbahnen folgende Kurzzeichen verwendet:

G Glasgewebe
PV Polyestervlies
V Glasvlies
PYE Polymerbitumen, modifiziert mit thermoplastischen Elastomeren
PYP Polymerbitumen, modifiziert mit thermoplastischen Kunststoffen
200 Flächengewicht der Trägereinlage, z. B. 200 g/m² (nicht V 13)
DD Dachdichtungsbahn
S4/S5 Schweißbahn mit 4 bzw. 5 mm Dicke

PYE-	**PV 200**	**S 5**
Polymerbitumen (**e**lastomer-modifiziert)	Trägereinlage **P**olyester**v**lies **200** g/m²	**S**chweißbahn **5** mm dick

2.20 Beispiel: Kennzeichen einer Polymer-Bitumenschweißbahn, 5 mm dick

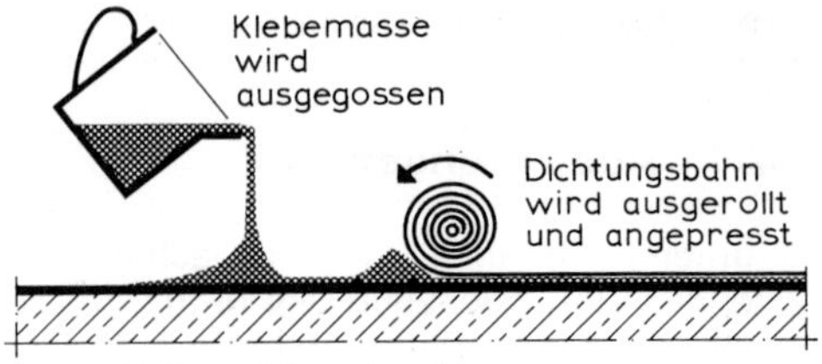

2.21 Gieß- und Einrollverfahren

In Bild **2**.20 ist ein Beispiel für die Kennzeichnung einer Polymerbitumenschweißbahn von 5 mm Dicke mit Polyestervlies-Trägereinlage gegeben.

Bitumendichtungsbahnen werden mehrlagig mit 8 cm Stoßüberdeckung in parallelen Bahnen mit Versatz verlegt und vollflächig miteinander verklebt. Zur Verklebung sind zugelassen:

— Gießverfahren
— Schweißverfahren
— Bürstenstreichverfahren
— Kaltverklebung

Eine hohlraumfreie Verklebung ist unter Baustellenbedingungen am besten durch das Gieß- und Einrollverfahren erreichbar, bei dem die Dichtungsbahn in vorher reichlich aufgegossene ungefüllte Bitumenklebemasse so eingerollt wird, daß in ganzer Bahnenbreite ein Klebemassenwulst entsteht (Bild **2**.21).

Beim Schweißverfahren werden die Bitumen-Schweißbahnen an der Unterseite mit dem Flächenbrenner erhitzt, die zu verklebenden Bitumenschichten angeschmolzen und die Bahnen unter leichtem Andruck eingerollt.

Kaltverklebung kommt für spezielle, werkseitig mit einer Kaltklebemasse versehene Bitumenbahnen nach Vorschrift der Hersteller in Frage.

Kunststoff- und Kautschuk-Dichtungsbahnen werden für einlagige Dachabdichtungen aus den verschiedensten Materialien geliefert als:

— trägerlose Dachbahnen
— mit innenliegendem Gewebe verstärkt
— mit Einlagen aus Glasvlies
— unterseitig kaschiert mit Kunststoffvlies

Kunststoffdichtungsbahnen werden einlagig und in der Regel lose auf Schutzschichten aus Kunststoffvlies o. ä. verlegt. Eine Trennschicht z. B. aus Rohglasvlies von 120 g/m² ist überall dort vorzusehen, wo Dachabdichtungen aus Kunststoffbahnen mit anderen Schichten nicht verträglich sind.

Kunststoffdachbahnen werden mit 4 cm Stoßüberdeckung miteinander je nach Herstellervorschrift verbunden durch:

— Quellschweißen
— Warmgasschweißen
— Hochfrequenzschweißung
— Heizkeilschweißung
— Dichtungs- bzw. Abdeckbänder
— selbstklebende Randstreifen

Einen Überblick gibt Tabelle **2**.21.

Tabelle **2**.22 Genormte Kunststoff- und Kautschukbahnen

DIN Norm	Titel Dachbahn	 Dichtungsbahn[1]	Bezeichnung	Nenndicke[2] mindestens
7864-1	Elastomer-Bahnen für Abdichtungen		z. B. EPDM, CR, IIR	1,2 mm
16729	Kunststoff-Dachbahnen und Kunststoff-Dichtungsbahnen aus Ethylencopolymerisat-Bitumen		ECB	1,5 mm
16730	Kunststoff-Dachbahnen – aus weichmacherhaltigem Polyvinylchlorid, nicht bitumenverträglich		PVC-P-NB	1,2 mm
16731	Kunststoff-Dachbahnen – aus Polyisobutylen, einseitig kaschiert		PIB	2,5 mm
16734	Kunststoff-Dachbahnen – aus weichmacherhaltigem Polyvinylchlorid mit Verstärkung aus synthetischen Fasern, nicht bitumenverträglich		PVC-P-NB-V-PW	1,2 mm
16735	Kunststoff-Dachbahnen – aus weichmacherhaltigem Polyvinylchlorid mit einer Glasvlieseinlage, nicht bitumenverträglich		PVC-P-NB-E-GV	1,2 mm
16736	Kunststoff-Dachbahnen und Kunststoff-Dichtungsbahnen aus chloriertem Polyethylen, einseitig kaschiert		PE-C-K-PV	1,2 mm
16737	Kunststoff-Dachbahnen und Kunststoff-Dichtungsbahnen aus chloriertem Polyethylen mit einer Gewebeeinlage		PE-C-E-PW	1,2 mm
16935	–	Kunststoff-Dichtungsbahnen aus Polyisobutylen	PIB	1,5 mm
16937	–	Kunststoff-Dichtungsbahnen aus weichmacherhaltigem Polyvinylchlorid, bitumenverträglich	PVC-P-BV	1,2 mm
16938	–	Kunststoff-Dichtungsbahnen aus weichmacherhaltigem Polyvinylchlorid, nicht bitumenverträglich	PVC-P-NB	1,2 mm

[1]) Genormt zum Einsatz bei Bauwerksabdichtungen (Dachabdichtungen unter genutzten Flächen)
[2]) Zum Teil einschließlich evtl. Kaschierung

Hinweis Zur Bildung der Normbezeichnung werden in Normen für Kunststoff-Dach- und/oder -Dichtungsbahnen folgende Kurzzeichen verwendet:

K kaschiert	E Einlage	NB nicht bitumenverträglich	PV Polyestervlies	GW Glasgewebe
V verstärkt	BV bitumenverträglich	GV Glasvlies	PPV Polypropylenvlies	PW Polyestergewebe

Lose verlegte Dachbahnen können – auch mit allen erforderlichen Randausbildungen – werkseitig in großen Planen vorgefertigt werden, so daß in Verbindung mit geeigneten, geschlossenporigen Hartschaum-Dämmplatten (z. B. BASF-Styrodur oder DOW-Roofmate) Verlegearbeiten auf allen Unterkonstruktionen auch bei Witterungsverhältnissen erfolgen können, bei denen das Herstellen heißgeklebter bituminöser Dachdichtungen unmöglich wäre.

Lose verlegte Dachbahnen werden vielfach nur durch eine Kiesschüttung beschwert (Windsicherung s. Abschn. 2.1.8). Diese soll die Dachfolie gegen Abheben durch Windsog sichern und bildet gleichzeitig einen hervorragenden Schutz gegen ultraviolette Strahlung. Nach den ergänzenden Bestimmungen zu DIN 1055-4 Abschn. 2.1.3 sind Abdichtungssysteme, bei denen die Abdichtungsfolie ohne Befestigung mit der darunterliegenden Unterkonstruktion und nur unter Berücksichtigung loser Kiesschüttung die anzusetzenden Sogkräfte aufnehmen soll, nicht zulässig.

In ergänzenden Richtlinien der Bauaufsichtsbehörden sind jedoch derartige Dachabdichtungen zugelassen, wenn besondere Bestimmungen für die Randbefestigung der lose verlegten Abdichtungsbahnen als Sicherung gegen Windsog beachtet werden. Außerdem bestehen Richtlinien für die Ausführung des Oberflächenschutzes gegen Windsog (lose Grobkiesschüttung, Kiesschüttung mit Verklebung, Beton-Plattenbelag), wobei die Größe der Dachfläche und ihre Höhe über Gelände zu berücksichtigen sind.

Bei modernen Kunststoff-Dichtungsbahnen ist ein besonderer Oberflächenschutz nicht erforderlich. Deshalb können lose verlegte Dachbahnen auch bahnenweise an den Längsstößen durch Tellerdübel oder durch streifenweise Verklebung auf der Tragschale fixiert werden.

Dachabdichtungen mit Dachneigung < 2 % sind Sonderkonstruktionen, die 2lagig mit Polymerbitumenbahnen nach DIN 52 132 der 52 133 oder 3lagig auszubilden sind. Bei einer 3lagigen Dachabdichtung muß die Oberlage aus einer Polymerbitumenbahn nach DIN 52 132 oder 52 133 und einer weiteren Lage aus Bitumenbahnen nach DIN 52 130 oder 52 131 mit Trägereinlage aus Polyestervlies oder Glasgewebe bestehen.

Für die 3. Lage können auch Bahnen mit einer Glasvliesträgereinlage verwendet werden. Ein schwerer Oberflächenschutz (z. B. Kies, s. Abschn. 2.1.7) sollte vorgesehen werden.

Dachabdichtungen für genutzte Dachflächen (s. Abschn. 2.4) müssen den erhöhten Anforderungen entsprechen, die bei Nutzung durch Personen- oder Fahrverkehr oder durch Begrünung entstehen.

Sie müssen mit mindestens 1,5 % Gefälle unter Beachtung von DIN 18 195 (Bauwerksabdichtungen) ausgeführt werden und dauernd wirksame Schutzschichten gegen mechanische Beschädigungen erhalten. Beim statischen Nachweis ist sicherzustellen, daß die Abdichtungen keine Kräfte parallel zur Abdichtungsebene übertragen können.

2.2.2 Wärmedämmstoffe

Für Wärmedämmungen zweischaliger Dächer können Wärmedämmstoffe der Anwendungstype W verwendet werden.

Für einschalige, nicht belüftete Flachdächer sind Dämmstoffe der Anwendungstype WD (druckbeansprucht) vorzusehen.

Eine Zusammenstellung der für die Wärmedämmung in Frage kommenden Baustoffe gibt Tabelle **2**.23 [17].

Für Umkehrdächer (s. Abschn. 2.3.2) dürfen nur geschlossenporige Polystyrol-Extruder-Hartschaumplatten verwendet werden (z. B. DOW-Roofmate und BASF-Styrodur).

Wärmedämmplatten werden im allgemeinen einlagig dicht gestoßen oder mit Haken- oder Stufenfalz (s. Bild **2**.31 und **2**.32) verlegt. Hartschaumplatten sollen bei verklebtem Schichtenaufbau nicht größer als 0,625 x 1,200 m sein.

Tabelle **2**.23 Wärmedämmstoffe für Dächer
Mögliche Anwendungstypen, Rohdichten und Baustoffklassen nach DIN 4102 „Brandverhalten von Baustoffen und Bauteilen" von Wärmedämmstoffen

	Wärmedämmstoff nach DIN	Mögliche Baustoffklassen	Verwendung im Bauwerk					
			Nicht druckbelastet z. B. belüftete Dächer		druckbelastet			
					z. B. unter druckverteilenden Böden (ohne Trittschallanforderung) und in unbelüfteten Dächern unter der Dachhaut		Erhöhte Druckbelastbarkeit für Sondereinsatzgebiete, z. B. Parkdecks	
			Typkurzzeichen	Mindestrohdichte in kg/m³	Typkurzzeichen	Mindestrohdichte in kg/m³	Typkurzzeichen	Mindestrohdichte in kg/m³
DIN 18161 „Korkerzeugnisse als Dämmstoffe für das Bauwesen"	Backkork BK	B 1, B 2	WD	80	WD	80	WDS	120
	Imprägnierter Kork IK	B 1, B 2	WD	120	WD	120	WDS	200
DIN 18164 „Schaumkunststoffe als Dämmstoff für das Bauwesen"	Phenolhartschaum PF	B 2	W WD WS	30 35 35	WD	35	WS	35
	Polystyrol-Partikelschaum PS	B 1	W WD WS	15 20 30	WD	20	WS	30
	Polystyrol-Extruderschaum PS	B 1	W WD WS	25 25 30	WD	25	WS	30
	Polyurethan-Hartschaum PUR	B 1, B 2	W WD WS	30 30 30	WD	30	WS	30
DIN 18165 „Faserdämmstoffe für das Bauwesen"	Min	A 1, A 2 B 1, B 2	W WL WD WV		WD			
DIN 18174 „Schaumglas als Dämmstoff für das Bauwesen"	SG	A 1, A 2, B 1, B 2	WDS WDH	100 bis 150 100 bis 150	WDS WDH	100 bis 150 100 bis 150	WDS WDH	100 bis 150 100 bis 150

Hierin bedeuten:

Baustoffklasse	Bauaufsichtliche Benennung
A	nichtbrennbare Baustoffe
A1	
A2	
B	brennbare Baustoffe
B1	schwerentflammbare Baustoffe
B2	normalentflammbare Baustoffe
B3	leichtentflammbare Baustoffe

W Wärmedämmstoffe, nicht druckbelastet, z. B. in Wänden und belüfteten Dächern

WL Wärmedämmstoffe, nicht druckbelastet, z. B. für Dämmungen zwischen Sparren- und Balkenlagen

WV Wärmedämmstoffe, beanspruchbar auf Abreiß- und Schwerbeanspruchung, z. B. für angesetzte Vorsatzschalen ohne Unterkonstruktion

WD Wärmedämmstoffe, druckbelastet, z. B. unter druckverteilenden Böden (ohne Trittschallanforderung) und in unbelüfteten Dächern unter der Dachhaut

WS Wärmedämmstoffe, mit erhöhter Belastbarkeit für Sondereinsatzgebiete, z. B. Parkdecks

WDS Wärmedämmstoffe, z. B. in Wänden und belüfteten Dächern, auch druckbelastbar, unter druckverteilenden Böden ohne Anforderungen an die Trittschalldämmung, in unbelüfteten Dächern unter der Dachhaut und Parkdecks

WDH Wärmedämmstoffe mit erhöhter Druckbelastbarkeit unter druckverteilenden Böden, z. B. Parkdecks für LKW, Feuerwehrfahrzeuge

Dämmstoffe, die nicht durch Normen erfaßt werden:
Dämmplatten aus expandierten Mineralien;
gebundene Schüttungen aus expandierten bituminierten Mineralien.

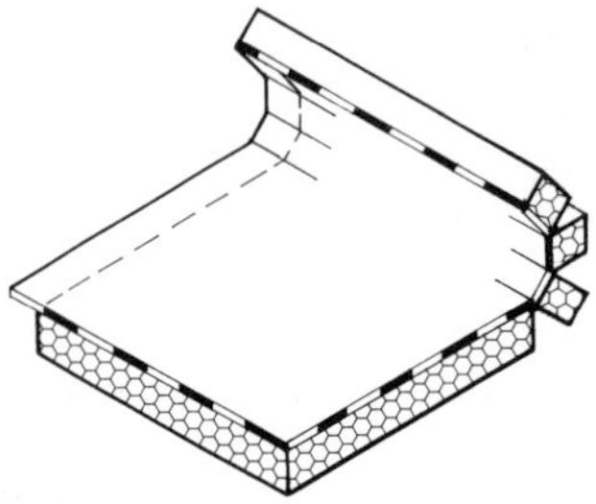

2.24 Rollbahn aus kaschiertem PS-Schaum

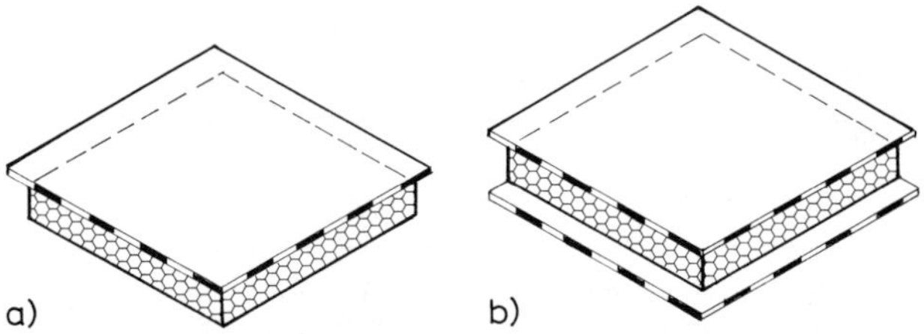

2.25 Kaschierte PS-Schaumplatten (auch als Gefälleplatten)
a) oberseitig kaschiert
b) beidseitig kaschiert

Die aus den sehr hohen Wärmeschutzanforderungen an Flachdächer resultierenden großen Dämmstoffdicken sind nicht für alle Materialarten problemlos. Es wurden z. B. Schwindvorgänge und Verwerfungen beobachtet, die bei fest aufgeklebten Dachdichtungen zu schweren Schäden führten. Es empfiehlt sich daher, bei Schaumstoffplatten eine 2lagige Verlegung, bei der die obere Schicht aus Rollbahnen besteht (Bild **2**.24).

Wärmedämmplatten aus PS-Schaum werden auch als Gefälleplatten hergestellt und mit 1- oder 2seitiger Kaschierung aus Bitumenbahnen (Bild **2**.25). Wenn die Kaschierung aus mindestens 3 m langen Dachdichtungsbahnen besteht, kann sie als 1. Lage einer mindestens 3lagigen Abdichtung verwendet werden. Dabei müssen die Nähte sorgfältig verklebt werden.

2.2.3 Dampfdruckausgleichsschicht

Werden Flachdachabdichtungen auf Stahlbetonflächen fest aufgeklebt, muß Restfeuchtigkeit aus dem Beton in Dampfform abgeführt werden können. Insbesondere, wenn bei unsicheren Witterungsverhältnissen ein völlig trockener Einbau der Wärmedämmungen nicht gewährleistet werden kann, ist auch eine obere Dampfdruckausgleichsschicht unter vollflächig aufgeklebten Abdichtungsschichten vorzusehen.

Als Regelausführung gilt dafür die streifen- oder punktförmige Verklebung der Abdichtungsschichten bzw. der Dampfsperre.

Eine punktförmige Verklebung mit dem Untergrund kann erzielt werden, wenn eine Trennlage aus einer an der Unterseite grob besandeten Bitumen-Lochbahn verwendet wird. Der Dampfdruckausgleich erfolgt über die durch die Grobbesandung bewirkten Hohlschichten zwischen den Verklebungspunkten (s. auch Abschn. 2.3.1).

Bei lose verlegten Dampfsperren oder Dichtungsbahnen sind Dampfdruckausgleichsschichten nicht erforderlich.

2.2.4 Dampfsperren

Als Dampfsperren auf Bitumen-Basis sind geeignet:

- Bitumenschweißbahnen mindestens 4 mm dick, mit Glasvlies- und Metallbandeinlage 0,1 Typenbezeichnung V 60 S 4 + AL 01
- Dampfsperrbahnen mit Metallbandeinlage, Typenbezeichnung AL 01, CU 01
- Bitumenschweißbahn nach DIN 52 131, 5 oder 4 mm dick, Typenbezeichnung G 200 S 5, G 200 S 4, J 300 S 5, J 300 S 4, V 60 S 4
- Bitumendachdichtungsbahnen nach DIN 52 130, Typenbezeichnung G 200 DD, J 300 DD
- Glasvlies-Bitumendachbahnen nach DIN 52 143 Typenbezeichnung V 13

Außerdem können als Dampfsperren fast alle Kunststoff-Dichtungsbahnen (s. Abschn. 2.2.1) verwendet werden, doch ist der jeweilige materialspezifische Systemaufbau zu berücksichtigen.

Bei Schaumglas-Platten reicht im allgemeinen allein die vollflächig aufgetretene Bitumenklebemasse in Verbindung mit sorgfältigem Bitumen-Fugenverguß als Dampfsperre aus.

Der Sperrwert einer Dampfsperrschicht $s_d = \mu \cdot s$ ergibt sich aus der werkstoffspezifischen Wasserdampf-Diffusionswiderstandszahl μ mal der Dicke des Werkstoffes s (in m). An Ort und Stelle aufgebrachte Klebeschichten bleiben bei der Bemessung unberücksichtigt (s. DIN 4108-3 „Wärmeschutz im Hochbau; Klimabedingter Feuchteschutz; Anforderungen und Hinweise für Planung und Ausführung").

Beim Einbau einer Dampfsperre mit einem Sperrwert („diffusionsäquivalente Luftschichtdicke") von mindestens 100 m in Verbindung mit einer nach DIN 4108-3 ausreichend bemessenen Dämmschicht ist die Dachkonstruktion von nicht klimatisierten Wohn- und Bürogebäuden ohne besonderen Nachweis ausreichend gegen Tauwasser geschützt [17].

Bei raumklimatisch höher beanspruchten Räumen (z. B. bei Schwimmbädern und bei klimatisierten Räumen besteht die Dampfsperre in der Regel aus Dachdichtungsbahnen mit Metallbandeinlagen und ist nach DIN 4108-5 bauphysikalisch zu dimensionieren.

2.2.5 Gefälleschichten

Gefälleschichten aus wärmedämmendem Material, die u n t e r h a l b der Dampfsperre angeordnet werden, können die Taupunktgrenze innerhalb der Gesamtkonstruktion erheblich beeinflussen. Für den Gefälleausgleich auf Massivdecken sind daher Leichtbetone auch wegen ihres hohen Wassergehalts (> 200 l/m³) und der langsamen Wasserabgabe ungeeignet. Außerdem bilden sie eine ungleichmäßig dicke, auf der warmen Seite der Dampfsperre unerwünschte Wärmedämmung.

Der Gefälleausgleich liegt bauphysikalisch richtig unmittelbar über der Stahlbetonplatte.

Bewährt haben sich Gefälleausgleichsschichten aus Normalbeton. In Frage kommen auch Gefälleausgleiche aus Bitumensplitt (Steinsplitt mit Bitumenemulsion), die nach Regenfällen während der Bauausführung schnell austrocknen. Den Porenverschluß dieser im Gefälle abgezogenen und gewalzten Schicht bildet bituminierter Sand.

Auch keilförmige Wärme-Dämmplatten können den Gefälleausgleich bilden (Bild **2**.27 a). Dabei muß die dünnste Stelle vollen Wärmeschutz bieten.

2.2.6 Voranstrich

Auf Stahlbeton- und Porenbetonflächen ist bei geklebtem Dachabdichtungsaufbau zur Staubbindung und zum Porenverschluß ein Voranstrich auf Bitumenbasis erforderlich. Verzinkte Stahlprofilbleche benötigen einen Korrosionsschutzanstrich. Auf kunststoffbeschichteten Stahlprofilblechen ist nur bei Abdichtungen mit Bitumenschweißbahnen ein Voranstrich als Haftvermittler erforderlich.

2.3 Nicht belüftete Flachdächer mit nicht genutzter Oberfläche

2.3.1 Allgemeines

Wie aus der Prinzipskizze (Bild **2**.1) zu erkennen, haben nicht belüftete Flachdächer („Warmdächer") in der dort gezeigten, noch verbreiteten herkömmlichen Bauart einen komplizierten, aus vielen Schichten bestehenden Aufbau mit entsprechend bei der Herstellung genau abzustimmenden Arbeitsabläufen. Ungenügende Kenntnis der bauphysikalischen Zusammenhänge, häufige Verarbeitungsfehler und daraus resultierende Bauschäden haben lange Zeit Vorurteile gegen den Einsatz einschaliger Flachdachkonstruktionen bewirkt. Die Weiterentwicklung von Dichtungs- und Wärmedämmaterial und neue Verlegetechniken haben jedoch zu so zuverlässigen Konstruktionen geführt, daß einschaligen Flachdächern in der Regel heute der Vorzug gegeben wird.

Für den Aufbau mehrschichtiger Bauteile, also auch von Flachdachkonstruktionen, gilt als bauphysikalische Grundregel:

— Der Wärmedurchlaßwiderstand der Gesamtkonstruktion soll von der warmen Seite zur kalten Seite hin zunehmen.

— Der Wasserdampf-Diffusionswiderstand soll von der warmen Seite zur kalten Seite hin abnehmen.

Flachdachkonstruktionen, bei denen die abdichtende Dachhaut über der Wärmedämmung liegt, haben prinzipiell einen bauphysikalisch kritischen Schichtaufbau, der die Wasserdampfdiffusion behindert. Wenn Wasserdampf bedingt durch das Dampfdruckgefälle zwischen erwärmter Innen- und kühlerer Außenluft in die Konstruktion eindringt, würde er bei Unterschreiten der Taupunktgrenze kondensieren. Die damit verbundene Durchfeuchtung der Wärmedämmung setzt dann deren Dämmeigenschaft ständig herab und beschleunigt damit den Vorgang der Tauwasserbildung. Auf der – warmen – Innenseite der Konstruktion muß daher eine Dampfsperre so angeordnet werden, daß das Eindringen von Wasserdampf unterbunden wird. Die durch Berechnung bestimmte Taupunktgrenze muß auf jeden Fall oberhalb (bzw. auf der kalten Seite) der Dampfsperre liegen. Der Diffusionswiderstand ergibt sich aus dem materialspezifischen Diffusionswiderstandsfaktor μ x Materialdicke d als „diffusionsäquivalente Luftschichtdicke s_d", ausgedruckt in m.

Für den erforderlichen Diffusionswiderstand (bzw. die diffusionsäquivalente Luftschichtdicke) von Dampfsperren sind in DIN 4108-3 Abschn. 3.2.3.2 Hinweise enthalten.

Ob ein Schichtenaufbau die Forderungen des Feuchtigkeitsschutzes erfüllt, läßt sich durch eine Diffusionsberechnung nach DIN 4108-5 überprüfen.

In den „Umkehrdächern" (s. S. 239 und Bild **2**.29 c und d, **2**.31, **2**.32) ist die Dachabdichtung gleichzeitig auch Dampfsperre.

Bei einem Dachaufbau aus miteinander dicht verklebten Schichten besteht immer die Gefahr, daß zwischen massiven tragenden Schalen und Dampfsperre oder zwischen Dampfsperre und Dachhaut Restfeuchtigkeit eingeschlossen wird.

Dampfdruck-Ausgleichsschichten sollen ein Entspannen entstehenden Dampfdruckes und langfristig auch ein Abführen von Restfeuchtigkeit ermöglichen.

Sie werden bei geklebten Dachabdichtungen angeordnet als Ausgleichs- und Trennschicht zwischen Unterkonstruktion (z. B. Massivdecke) und Dampfsperre und ggf. als obere Dampfdruckausgleichsschicht zwischen Wärmedämmung und Dachabdichtung (Bild **2**.26).

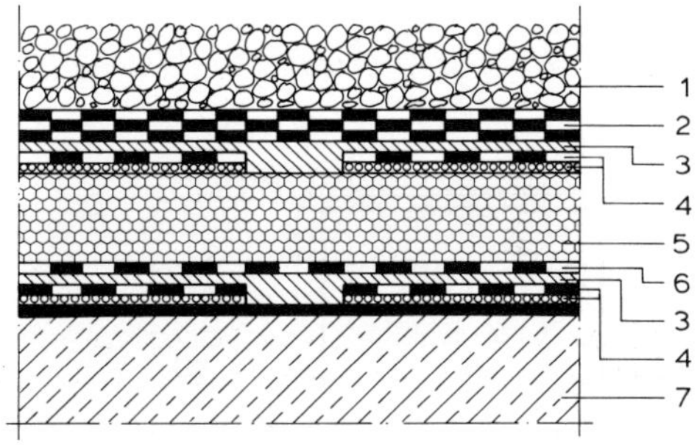

2.26
Dampfdruckausgleichsschicht (schematisch)
1 Massivdecke (mit Voranstrich)
2 Dampfdruckausgleichsschicht, Glasvlieslochbahn, unterseitig grob besandet
3 Bitumenklebemasse
4 Dampfsperre
5 Wärmedämmung
6 3lagige bituminöse Abdichtung (Klebeschichten nicht besonders dargestellt) auf Glasvlieslochbahn (obere Dampfdruckausgleichsschicht, vgl. 2)
7 Kiesschüttung (Körnung 16/32)

Bei großflächigen Flachdächern kann die Funktion von Dampfdruckausgleichsschichten durch Flachdach-Entlüfter unterstützt werden. Die damit verbundenen Unterbrechungen in der Dachhaut, auch Kondensatbildung an den Belüfterwandungen stellen jedoch oft Schadensquellen dar.

2.3.2 Flachdachabdichtungen auf Stahlbetonplatten

Auflager. Besonders bei mehrgeschossigen Gebäuden bildet vielfach eine Stahlbetondecke über dem obersten Geschoß den Raumabschluß mit ebener Untersicht und gleichzeitig das Tragwerk für ein Flachdach. Die gleiche stoffliche Beschaffenheit über den gesamten Querschnitt hinweg ermöglicht – besser als bei Decken z. B. mit Hohlkörpern – die Übersicht über die Vorgänge, die sich bei der Dampfdiffusion im Inneren der Massivdachkonstruktion abspielen. Der bei Stahlbetonplatten unvermeidlichen Längenänderung durch Kriechen und Schwinden sowie durch Temperatureinflüsse und die Biegeverformung muß durch Ausbildung von Gleitlagern begegnet werden.

Gemauerte Wände als Deckenplattenauflager müssen durch Ringanker gegen Abreißen der oberen Schichten bei Dehnungsbewegungen der Deckenplatte gesichert werden. Die Gleitschichten sind so herzustellen, daß die Gleitflächen unter Druck nicht miteinander verkleben.

Geeignet sind doppelte Lagen kräftiger Kunststoff-Folien, die lose auf die völlig eben hergestellte Oberfläche der Ringanker aufgelegt werden. Eine Randabklebung zwischen beiden Folien läßt Gleitbewegungen zu, verhindert aber das Eindringen von Betonschlämme während des Betonierens, wodurch die Reibung zwischen beiden Folien erhöht werden würde (Bild **2**.27 a).

Bei Biegeverformung der Deckenplatten können durch die damit verbundene Verdrehung am Auflager Zwängungen an den Wandkanten entstehen. Sie lassen sich vermindern, wenn man als Auflager der Decke nur das mittlere Wanddrittel berücksichtigt und durch Schaumstoffstreifen an den Rändern eine gewisse Verdrehbarkeit des Auflagers gewährleistet. Bei Spannweiten über etwa 6 m ist darüber hinaus die Auflagerung auf Butylkautschukstreifen ratsam („Gleit-Kipp-Lager", Bild **2**.27 b). Die durch das Gleitlager gebildete Fuge wird bei geputzten Bauteilen innen durch Einputzprofile ausgebildet. Die äußere Abdeckung der Gleitfuge ist bei der Gesimsgestaltung zu berücksichtigen.

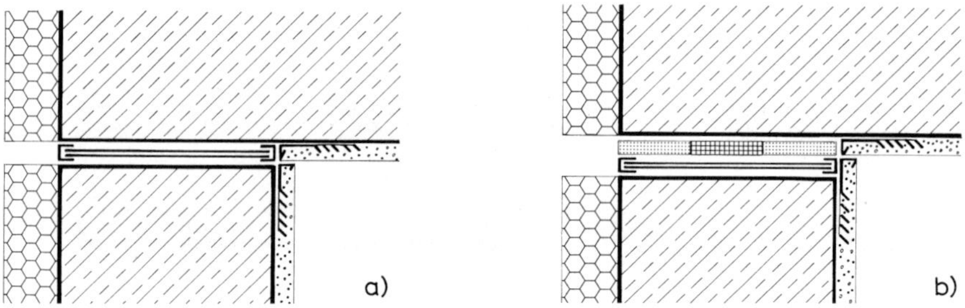

2.27 Auflagerung von Stahlbeton-Dachplatten (schematisch)
a) Gleitlager
b) Gleit-Kipp-Lager

Fugen. Wenn bei großen Stahlbetonflächen B e w e g u n g s f u g e n erforderlich sind, müssen sie in a l l e n Schichten des Flachdachaufbaues (s. u.) berücksichtigt werden. Die Fugenbreite beträgt in der Regel 2 cm (bei Ausführung im Sommer 1,5 cm, im Winter 2,5 cm).

Bei Fugenbreiten bis 2 cm können lose verlegte Kunststoffbahnen einfach über die Fugen hinweggeführt werden. Größere Fugen müssen mit einem einseitig fixierten Schleppstreifen aus kunststoffbeschichtetem Blech, Faserzementplatten u. ä. überdeckt werden, wobei sorgfältig darauf geachtet werden muß, daß durch vorstehende Befestigungen oder scharfe Kanten keine Beschädigung der Dichtungsbahnen möglich ist.

An den Bewegungsfugen sind die Abdichtungen aus der wasserführenden Ebene herauszuheben. Durch Dämmstoffkeile sind Hochpunkte zu bilden. Die auf diese Weise durch die Bewegungsfugen gebildeten Dachflächen sind unabhängig voneinander zu entwässern.

Die Ausbildung von Fugen zeigt Bild **2**.28.

Abdichtung. Für die Abdichtung einschaliger Flachdächer auf Massivplatten haben sich als Bauarten herausgebildet:

— Flachdächer mit geklebter Bitumenabdichtung (Bild **2**.29 a)
— Flachdächer mit lose verlegten Kunststoffbahnen (Bild **2**.29 b)
— Umkehrdächer (Bild **2**.29 c) mit der Abwandlung zum „Duo-Dach" (Bild **2**.29 d)

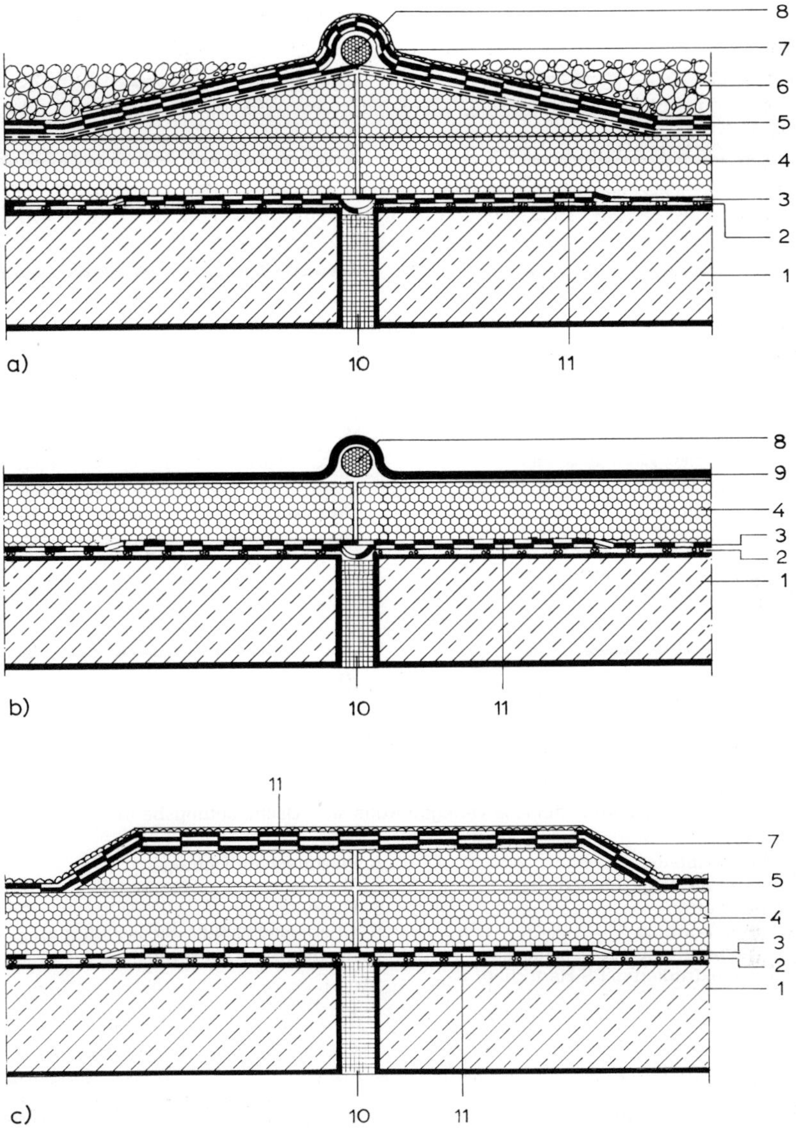

2.28 Bewegungsfugen

a) mehrlagige Abdichtung aus Polymerbahnen, mit Schlaufe durchlaufend; schwerer Oberflächenschutz (Kiesschüttung)

b) einlagige Abdichtung aus Kunststoff-Dichtungsbahn, mit Schlaufe durchlaufend

c) mehrlagige Abdichtung aus Polymerbahnen mit leichtem Oberflächenschutz (Besplittung)

1 Stahlbetondecke
2 Dampfdruckausgleichsschicht
3 Dampfsperre
4 Wärmedämmung
5 mehrlagige Abdichtung
6 schwerer Oberflächenschutz (Kiesschüttung 16/32)
7 Dehnungsschlaufe, Polymerbahnen mit hoher Reißfestigkeit, Flexibilität und Standfestigkeit
8 Schaumstoffwulst
9 Kunststoff-Dachdichtungsbahn
10 Fugenausfüllung
11 Fugenüberbrückung (Trennstreifen)

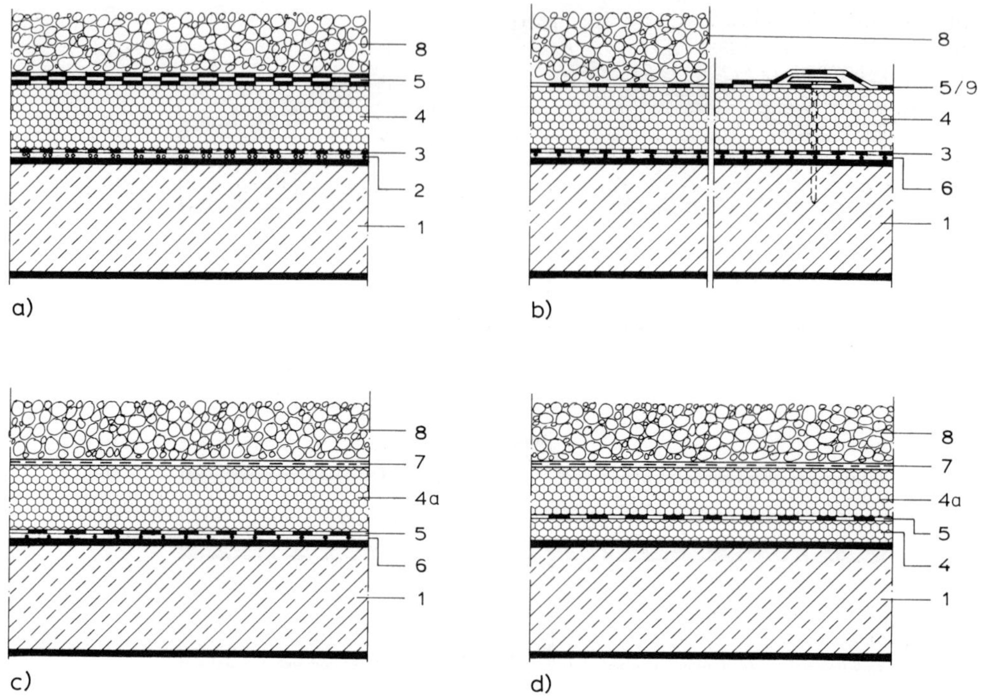

2.29 Bauarten für einschalige Flachdachabdichtungen
a) geklebte 3lagige Abdichtung mit Bitumendachbahnen
b) lose verlegte Kunststoff-Dachdichtungsbahnen
c) Umkehrdach, Abdichtung auf lose verlegter Kunststoff-Dachdichtungsbahn
d) DUO-Dach

1 Stahlbetonplatte
2 Dampfdruckausgleichsschicht
3 Dampfsperre
4 Wärmedämmung
4a Wärmedämmung aus geschlossenporigen extrudierten PS-Hartschaumplatten
5 Flachdachabdichtung
6 Trennlage
7 Filtervlies
8 Oberflächenschutz (Kiesschüttung)
9 mechanische Fixierung

Geklebte bituminöse Abdichtung (Bild **2**.28 a und c, **2**.29 a) haben sich bei einwandfreier Ausführung seit langem bewährt und werden an vielen Stellen immer noch neueren Ausführungen vorgezogen. Der wesentliche Vorteil besteht durch die bei mehrlagiger Ausführung größeren Sicherheit gegen Undichtigkeiten und mechanische Beschädigungen vor allem während der Bauzeit. Andererseits sind die zahlreichen, mit großer Sorgfalt und handwerklichem Können auszuführenden Arbeitsgänge, die außerdem nur bei trockener Witterung und bei Temperaturen über +4 °C ausgeführt werden dürfen, von Nachteil. Eventuelle Schadensstellen lassen sich in mehrlagigen verklebten Abdichtungen fast unmöglich lokalisieren, weil eindringendes Wasser in den verschiedenen Schichten vielfältige Wege nehmen kann. Eine Reparatur ist dann vielfach nur mit Abtragen des gesamten Abdichtungsaufbaues möglich, oder es muß über der schadhaften Abdichtung ein „Umkehrdach" (s. S. 239 f.) ausgeführt werden.

Lose verlegte Abdichtungen aus Kunststoffbahnen können nahezu witterungsunabhängig verlegt werden, vor allem, wenn für kleinere Flächen komplett vorgefertigte Planen verwendet werden.

Die Dichtungsbahnen sind durch mechanische Fixierung, durch streifenweise Verklebung oder durch Auflasten (Kiesschüttung, Begrünung, Nutzschichten usw.) zu sichern. Verschiedene Ausführungsmöglichkeiten für die Fixierung in den Randbereichen (insbesondere für PVC-Dachdichtungsbahnen wegen ihres alterungsbedingten Schrumpfens) sind in Bild **2**.30 dargestellt.

Verschiedene Anwendungsformen für lose verlegte Dachdichtungsbahnen aus Kunststoffen zeigen die Bilder **2**.29 b bis d.

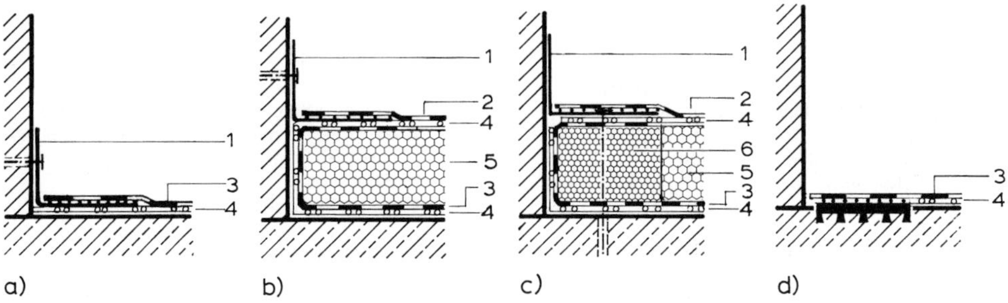

2.30 Randfixierung von Kunststoff-Dachbahnen (Prinzipskizzen)
a) Fixierung einer Dampfsperre
b) Fixierung von Dampfsperre und Dachbahn an senkrechter Fläche
c) Fixierung von Dampfsperre und Dachbahn an waagerechter Fläche
d) Fixierung einer Dampfsperre auf einbetoniertem Kunststoffprofil

1 Beschichtetes Anschlußblech
2 Dachbahn
3 Dampfsperre
4 Trennschicht
5 Wärmedämmung
6 extrudierter PS Hartschaum

Umkehrdächer (auch IRMA-Dach, aus „**I**nsulated **R**oof **M**embrane **A**ssembly" sinngemäß übersetzt: „wärmegedämmte Dachhaut", Bild **2**.31) entstanden aus der Überlegung, daß die Dampfsperre bereits eine hochwertige Dachabdichtung darstellt und beim üblichen Warmdachaufbau die obere Dichtungsschicht nur die Aufgabe hat, die Wärmedämmung zu schützen.

Nachdem in Form von extrudiertem, expandiertem Polystyrol-Hartschaum (z. B. DOW-Roofmate und BASF-Styrodur) ein Dämmstoff mit gleichmäßigem, geschlossenem Porenaufbau zur Verfügung steht, der kein Wasser aufnimmt, nicht quillt und schrumpft, ist es daher möglich, die Dachdichtung u n t e r der Wärmedämmung unmittelbar auf der Unterkonstruktion aufzubringen.

Die Abdichtung kann aus allen üblichen Dachbahnen hergestellt werden. Am vorteilhaftesten ist jedoch meistens die Ausführung mit lose verlegten Kunststoff-Dachdichtungsbahnen. Entweder werden dabei Dichtungsbahnen mit aufkaschierter Schutz- und Trennlage verwendet, oder es ist als Schutz gegen mechanische Beschädigungen während der Verlegungsarbeiten eine Trennschicht vorzusehen (z. B. geschäumte PE-Folie o. ä.).

Die dicht gestoßenen einlagig lose verlegten Wärmedämmplatten müssen gegen Verschieben noch während der Herstellungsarbeiten und der damit verbundenen Gefahr der Bildung von Wärmebrücken unbedingt gesichert werden. Das geschieht am zuverlässigsten durch Verwendung von Dämmplatten mit Stufenfalz, besser mit Hakenfalz (Bild **2**.31 bzw. **2**.32). Gegen UV-Strahlung, mechanische Beschädigung und Aufschwimmen wird die Wärmedämmung durch eine Kiesschüttung geschützt, die etwa genauso dick sein sollte wie die Dämmplatten.

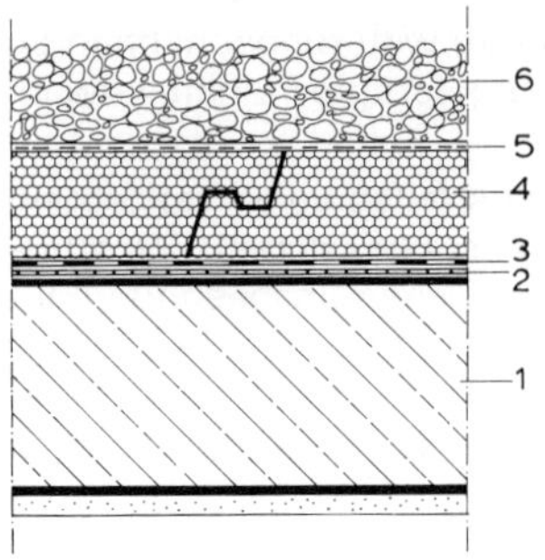

2.31 Umkehrdach
1 Stahlbeton
2 Trennlage (geschäumtes Polyäthylen)
3 Kunststoffdichtungsbahn, lose verlegt
4 extrudierter geschlossenporiger PS-Hartschaum, Hakenfalzplatten
5 Filtervlies
6 Kiesschüttung

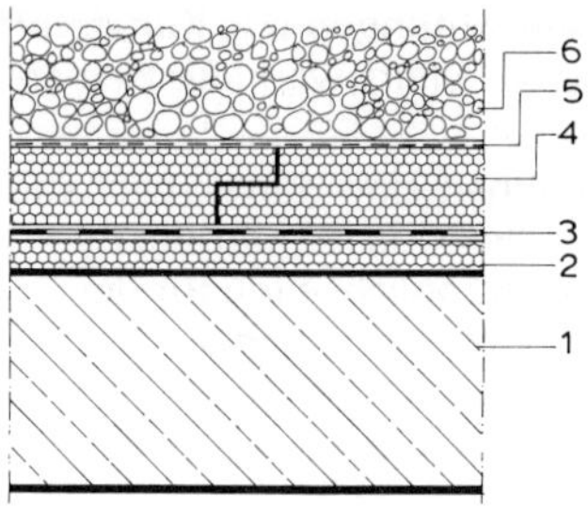

2.32 DUO-Dach (Fa. Reinhold & Mahla)
1 Stahlbeton
2 PS-Hartschaum
3 Kunststoffdichtungsbahn, lose verlegt
4 extrudierter geschlossenporiger PS-Hartschaum, Stufenfalzplatten
5 Filtervlies
6 Kiesschüttung

Bei Umkehrdächern wird angenommen, daß die Wirkung der oberhalb der Abdichtung liegenden Wärmedämmung durch unterströmendes Niederschlagswasser beeinträchtigt wird. Bei langjähriger Beobachtung hat sich aber gezeigt, daß kleine Hohlräume unter der Wärmedämmung und an Stoßfugen der Platten derart mit Feinsand zugeschwemmt werden, daß ein Unterströmen und damit eine Minderung der Wärmedämmung praktisch nicht eintritt. In der allgemeinen bauaufsichtlichen Zulassung für Umkehrdächer (1978) ist jedoch festgelegt, daß der erforderliche Wärmedurchlaßwiderstand der Wärmedämmschichten oberhalb der Abdichtung bei Umkehrdächern um 10 % gegenüber den Anforderungen der DIN 4108 erhöht werden muß.

Zum Schutz gegen Windsog sind – abhängig von der Gebäudehöhe – die in Tabelle **2**.5, Abschn. 2.1.8, genannten Auflasten, mindestens aber eine Kiesschüttung von 5 cm Dicke (Körnung 16/32), gefordert.

Entscheidende Vorteile des Umkehrdaches sind:

— Die Dacharbeiten lassen sich selbst bei Regen und leichtem Frost ausführen.
— Die Dampfsperre entfällt; bei Loseverlegung der Abdichtungsbahn werden die ohnehin umstrittenen Dampfdruck-Ausgleichsschichten überflüssig.
— Die Dachflächen können abschnittsweise fertiggestellt und unmittelbar darauf als Montage- oder Lagerflächen benutzt werden.
— Ausführungsfehler bzw. Schadensstellen lassen sich relativ leicht lokalisieren. Kiesschüttungen und Wärmedämmung lassen sich auf einfache Weise abtragen und nach der Reparatur wiederverwenden.

DUO-Dächer (Firma Rheinhold & Mahla) stellen eine Kombination von herkömmlichem und umgekehrtem Dachaufbau dar. Dabei werden die Vorteile beider Systeme ausgenutzt. So liegt die Dachabdichtung wie beim Umkehrdach im warmen Bereich unter der Wärmedämmung, ist aber noch zusätzlich durch die Einbettung zwischen der unteren und oberen Dämmschicht vor mechanischen Beschädigungen geschützt. Bei vorübergehendem Unterströmen der oberen Wärmedämmung durch Regenwasser bleibt der volle Dämmwert der unteren Dämmschicht erhalten. Dieser sollte einen Anhaltswert von 20 % der gesamten Wärmedämmung nicht überschreiten.

Flachdächer mit Wärmedämmung aus Schaumglasplatten. Wenn die Wärmedämmung aus dampfdichten Schaumglasplatten nach DIN 18 174 besteht, kann in der Regel auf eine besondere Dampfsperre verzichtet werden. Bei der Verlegung werden die Schaumglasplatten in die Bitumenheißklebemasse (4 kg/m²) „eingeschwommen", so daß auch die Fugen mit Klebemasse voll verfüllt sind. Die damit überall durchgehende Bitumenschicht hat in diesem Falle ausreichende Dampfsperrenwirkung (Bild **2**.33).

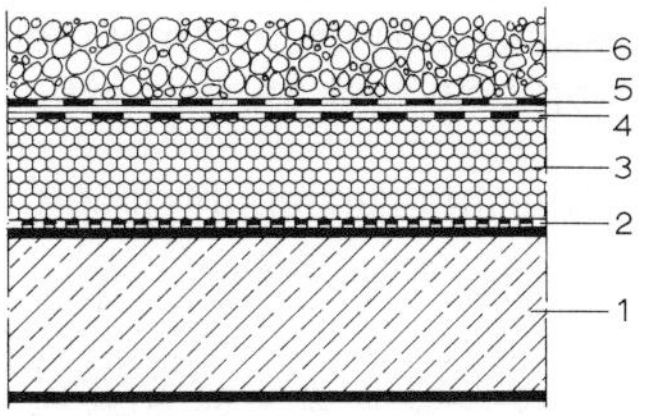

2.33
Flachdach mit Wärmedämmung aus Schaumglas (Vedag Kompaktdach)

1 Stahlbetonplatte
2 Voranstrich und Heißbitumen-Klebemasse
3 Schaumglas
4 Elastomerbitumen-Unterlagsbahn (Vedastar® V3E) in Heißbitumen-Klebemasse
5 Elastomerbitumen-Schweißbahn (Vedatop® S5)
6 Oberflächenschutz (Kiesschüttung)

2.3.3 Flachdachabdichtungen auf Trapezblechkonstruktionen

Flachdachkonstruktionen aus Trapezprofilen sind seit 1.1. 91 allgemein bauaufsichtlich eingeführt. Sie müssen nach DIN 18807 und den „Richtlinien für die Montage von Stahlprofilblechen für Dach- und Deckenkonstruktionen" des Industrieverbandes zur Förderung des Bauens mit Stahlblech e.V. ausgeführt werden.

Die Mindestdicke der Trapezbleche ist mit 0,75 mm vorgeschrieben, doch sollten 0,88 mm dicke Bleche als Regelausführung betrachtet werden.

Die Trapezbleche müssen Korrosionsschutz mindestens nach DIN 17 162-2 haben. In DIN 18807 sind darüber hinaus entsprechend der zu erwartenden Beanspruchung besondere Korrosionsschutzklassen mit zusätzlichen Maßnahmen festgelegt.

Besonders zu beachten ist:

— Trapezblechdächer müssen im Gegensatz zu fast allen anderen Flachdachkonstruktionen als elastische Flächen betrachtet werden, die insbesondere durch Winddruck oder -sog, durch Druckwellen vorbeifliegender Flugzeuge usw. laufend wechselnden Biegebeanspruchungen ausgesetzt sind. Die Abdichtungen müssen diesen Beanspruchungen folgen können und dürfen daher nur mit dafür geeigneten flexiblen Materialien ausgeführt werden.

— Die Durchbiegung der Stahltrapezprofile sollte $^1/_{500}$ der Einzelspannweiten nicht überschreiten. Kritisch sind Dachneigungen unter 2°, weil dann immer infolge von Durchbiegungen mit Wassersackbildung gerechnet werden muß.

Besondere Aufmerksamkeit ist der Planung der Entwässerung zu widmen. Bei Trapezblechdächern sollten außenliegende Dachrinnen unbedingt vermieden werden. Innenliegende Regenwasserabläufe müssen an den Tiefpunkten der Dachflächen liegen, die sich infolge der unvermeidlichen Durchbiegungen der Trapezblechflächen in der Regel in den Feldmitten ergeben. Dort sind jedoch die Abläufe wegen der unterhalb der Dachflächen erforderlichen Regenwasserleitungen in hallenartigen Bauwerken vielfach sehr störend. Bei eben verlegten Trapezprofilflächen läßt sich ausreichendes Gefälle durch die Verwendung von Wärmedämmungen aus PS-Hartschaum mit Gefälle-Elementen erzielen.

Wenn es formal möglich ist (Untersichten, Dachrandanschlüsse), wird jedoch die einfachste Lösung des Gefälleproblems dadurch erreicht, daß die gesamte Dachfläche in Teilflächen mit entsprechendem Gefälle zu geeigneten Entwässerungspunkten errichtet wird. Die besten Lösungen müssen je nach Einzelfall gefunden werden, und es lassen sich hier keine allgemeinen Empfehlungen geben.

Die frühere Auffassung, daß bei bauphysikalisch normal beanspruchten wärmegedämmten Trapezblechdächern auf eine Dampfsperre verzichtet werden kann, ist nach vielen Schadensfällen nicht mehr haltbar. Eine Dimensionierung der erforderlichen Dampfsperre ist jedoch nicht nach DIN 4108-5 möglich, weil der Einfluß der Längs- und Querstöße der an sich dampfdichten Profilbleche nicht erfaßbar ist. Der Nachweis ist deshalb nach dem speziell entwickelten IFBS-Berechnungsformblatt für Dampfdiffusion zu führen.[1])

Die Dachhaut kann in herkömmlichen Klebeverfahren oder mit selbstklebenden Dachdichtungsbahnen hergestellt werden (Bild **2**.34 a und b). Jedoch setzt sich auch hier die lose Verlegung von Folien immer mehr durch. Lose verlegte Kunststoffdichtungsbahnen werden auf Trapezblechen an den Längsstößen durch Tellerdübel punktweise mit mindestens 3 Befestigungen/m (Bild **2**.34 c) durch aufgedübelte Fixierbänder oder durch streifenförmig aufgebrachte Verklebung fixiert.

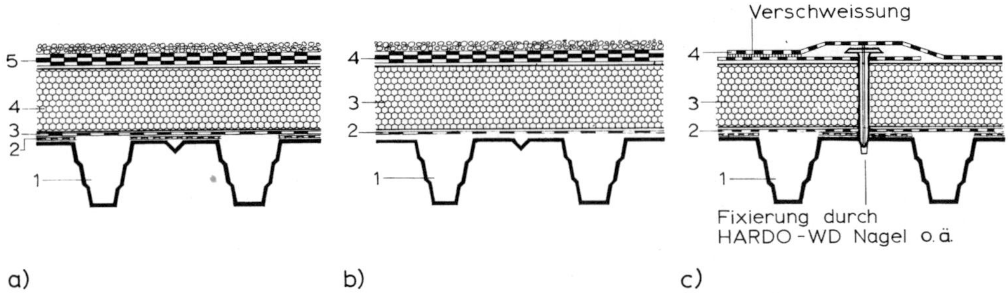

2.34 Flachdachabdichtungen auf Trapezprofildächern (Ausführungsbeispiele)

a) konventioneller Aufbau

1 Trapezblech, korrosionsgeschützt
2 Voranstrich auf den oberen Profilstegen
3 Dampfsperre
4 Wärmedämmung
5 3lagige Abdichtung mit Feinsplitt-Oberflächenschutz

b) Ausführung mit Elastomerbitumenbahnen (Vedag)

1 Trapezblech, korrosionsgeschützt
2 Elastomerbitumen-Dampfsperre, selbstklebend (Vedagard® Al-V4e)
3 Wärmedämmung, z. B. PS-Hartschaum DIN 18164-1, (Vedapor® mit Elastomerbitumenbahn kaschiert (1. Abdichtungslage), mit Klebestreifen aufgeklebt (Vedatex® adhäsiv)
4 Elastomerbitumen-Schweißbahn mit Feinsplittoberfläche (Vedatop® S5, vollflächig aufgeschweißt)

c) Ausführung mit lose verlegten Kunststoff-Dichtungsbahnen (Rhepanol®)

1 Trapezblech, korrosionsgeschützt
2 Dampfsperre fk
3 Klappdämmbahn PS 20 SE mit großformatigen Einzelsegmenten kaschiert mit Bitumenbahn (vgl. Bild 2.24), mechanisch befestigt mit Tellerdübeln
4 Abdichtungsbahn (Rhepanol® fk) auf Klebestreifen mit selbstklebenden Rändern

Die Anzahl der Befestigungen muß für die verschiedenen Bereiche der Dachfläche (s. Bild **2**.3) mindestens betragen:

— Innenbereich: 4 Stück/m^2
— Randbereich: 6 Stück/m^2
— Eckbereich: 8 Stück/m^2

Ebenso können die Dichtungsbahnen linear mit Metallprofilen oder -bändern befestigt werden. Die jeweils nachfolgend aufgeschweißte bzw. aufgeklebte Dichtungsbahn überdeckt die Fixierungen.

[1]) IFBS: Industrieverband zur Förderung des Bauens mit Stahlblech e.V., Düsseldorf

Ein Beispiel für die Ausführung mechanischer Befestigungen bei lose verlegten Kunststoff-Dichtungsbahnen zeigt Bild **2**.35.

Im übrigen sind die Sicherungen gegen Windbeanspruchung nach Abschnitt 2.1.8 auszuführen.

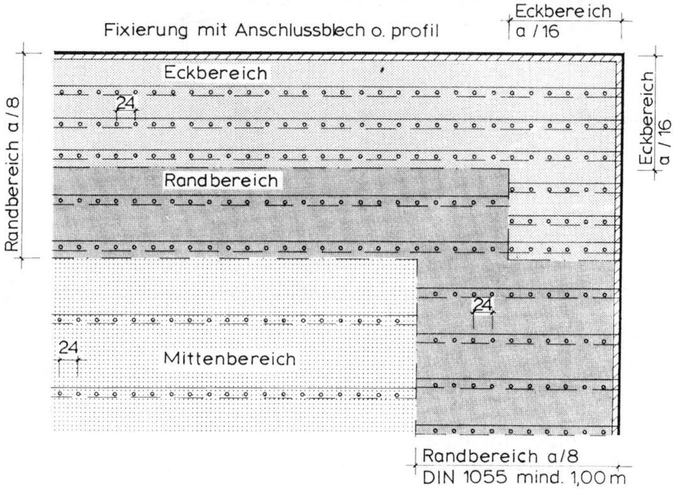

2.35
Mechanische Fixierung von Dachbahnen (Beispiel: Kunststoffbahnen [2])

Die Wärmedämmung wird bei lose verlegten Dachabdichtungen gemeinsam mit diesen durch die punkt- oder linienförmige Fixierung gegen Abheben gesichert.

Für Verklebungen sind heiße Bitumenklebemassen nur bedingt geeignet. In den Flachdachrichtlinien [17] wird für Wärmedämmungen die Verklebung mit Kaltklebemassen empfohlen, ggf. in Verbindung mit zusätzlichen mechanischen Befestigungen im Randbereich.

Am Dachrand und an Durchdringungen ist das Einströmen von Außenluft durch Verschluß der Hohlräume mit Sickenfüllern zu verhindern, die für alle gängigen Trapezprofile lieferbar sind.

Dächer aus Trapezprofilen sind relativ brandempfindlich. Im Brandfall kommt es bei starker Erhitzung der Dachunterseite durch Hitzeübertragung oft zu rascher Brandausweitung auf die Wärmedämmung und die Abdichtungen. Die Trapezbleche verlieren durch Verformungen ihre Tragfähigkeit, und es kann zu schlagartigem Einsturz kommen. Für Trapezdächer kann durch Bekleidungen der Unterseiten mit Brandschutzplatten eine verbesserte Feuerwiderstandsfähigkeit erreicht werden (s. Abschn. 15.7 in Teil 1 des Werkes und DIN 4102). Außerdem kann durch spezielle Brandschutzeinlagen mit Kühleffekten in die Hohlräume der Trapezflächen eine Verbesserung des Brandverhaltens erreicht werden.

2.3.4 Flachdachabdichtung auf Poren- und Leichtbetonplatten

Porenbetonplatten als Tragwerk einschaliger Flachdachkonstruktionen sind hinsichtlich der wärmetechnischen Bemessung ein Sonderfall. Bei den aus statischen Gründen erforderlichen Dimensionen stellen Porenbetonplatten eine gute Wärmedämmung dar. Würde man ähnlich wie bei Stahlbetondecken eine obere Wärmedämmung anordnen und so bemessen, daß der Taupunkt oberhalb der Dampfsperre liegt, müßten überdimensional dicke Wärmedämmschichten verwendet werden.

Untersuchungen haben ergeben, daß bei einschaligen Flachdachkonstruktionen mit Porenbetonplatten gemäß Bild **2**.36 unter der Voraussetzung mittlerer Raumtemperaturen von

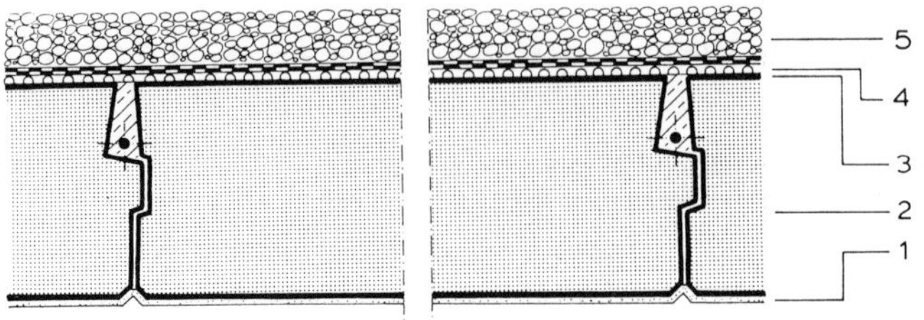

2.36
Flachdachabdichtung auf Porenbetonplatten
1 Glättputz und Anstrich
2 Porenbeton-Dachplatten
3 Bitumen-Voranstrich
4 Dampfdruck-Ausgleichsschicht: Glasvlies-Lochpappe
5 Dachhaut mit Schutzschicht: Kiesschüttung 15/30

20 °C bei 65% relativer Luftfeuchtigkeit zwar innerhalb der Porenbetonplatten Wasserdampfkondensat auftritt, sich jedoch im Jahresmittel durch kontinuierliche Rücktrocknung zum Innenraum hin keine bedenklichen Feuchtigkeitskonzentrationen ergeben.

Da diese Voraussetzungen jedoch nicht immer gegeben sind und Porenbetonplatten allein die geforderten Mindestanforderungen an den Wärmeschutz nicht erfüllen können, müssen ggf. mit bauphysikalischen auf den Einzelfall abgestimmten Berechnungen eine zusätzliche Wärmedämmung und die zweckmäßige Anordnung einer Dampfsperre bestimmt werden.

Lose verlegte Kunststoffdichtungsbahnen werden auf Porenbetonplatten mechanisch (ähnlich wie in Bild **2**.35) oder durch Voranstrich und streifenförmigen Kleberauftrag fixiert.

2.3.5 Sperrbetondächer[1)]

Bei dem heutigen Stand der Betontechnologie ist es ohne große Schwierigkeiten möglich, wasserundurchlässige Stahlbetonplatten herzustellen. Daher lag der Gedanke nahe, derartige „Sperrbeton"-Platten als Tragkonstruktion und zugleich als Dachabdichtung auszubilden.

Die erforderliche Wärmedämmung liegt bei Sperrbetondächern in der Regel an der Unterseite der Platten. Da demzufolge die tragende Platte großen Temperaturänderungen ausgesetzt ist und deshalb verhältnismäßig großen Längenänderungen unterworfen wird, können Sperrbetondächer nur mit einwandfrei funktionierenden Gleitlagern (s. Abschn. 2.3.2) ausgeführt werden. Meistens werden die Temperatureinwirkungen auf die Sperrbeton-Platte durch eine Kiesschüttung herabgesetzt.

Eingehende Untersuchungen der Hersteller verweisen darauf, daß an Sperrbetondächern bei Verwendung geeigneter Wärmedämm-Materialien (z. B. Styroporplatten, Hartschaumplatten) zwar unter extremen Bedingungen besonders in der Randzone zwischen Dämmmaterial und Stahlbetonplatte Kondensatbildung auftritt, bisher jedoch noch keine Bauschäden beobachtet seien. Nicht problemlos ist jedoch die einwandfreie Eindichtung unvermeidbarer Durchbrüche durch die Dachkonstruktion wie z. B. von Entlüftungsrohren, Belichtungsöffnungen o. ä. (Bild **2**.37).

Um die thermische Beanspruchung von Sperrbetondächern zu vermeiden, werden nach dem Prinzip des Umkehrdaches (s. S. 239) auch aufliegende Wärmedämmungen aus extrudiertem PS-Schaum mit Auflast durch Kiesschüttung verwendet (Bild **2**.38). Hierbei machen aber die nötigen konstruktiven Aufwendungen zur Vermeidung von Wärmebrücken die konstruktiv sehr einfach scheinenden Sperrbetondächer vielfach unwirtschaftlich.

[1)] In der Betontechnologie wird die Bezeichnung „Sperrbeton" für wasserundurchlässigen Beton nicht angewendet, ist aber im Zusammenhang mit Dächern verbreitet.

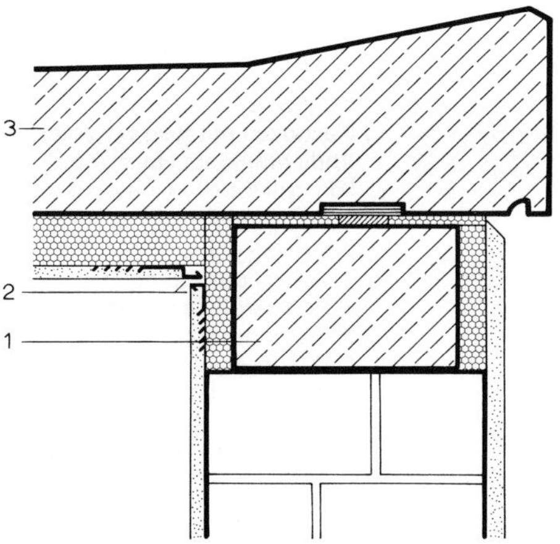

2.37 Flachdach aus wasserundurchlässigem Beton (System Woermann)
1 Ringbalken mit Gleitkipplager
2 Dehnfugenprofil
3 wasserundurchlässiger Beton

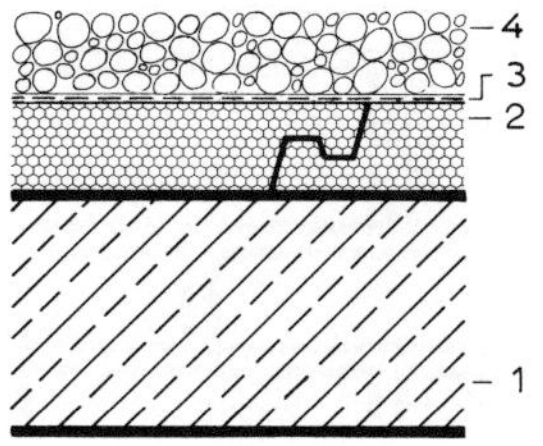

2.38 Flachdach aus wasserundurchlässigem Beton mit aufliegender Wärmedämmung
1 wasserundurchlässiger Beton
2 extrudierte Polystyrol-Hakenfalz-Hartschaumplatten (z. B. ROOFMATE)
3 Filtervlies
4 Kiesschüttung

2.3.6 Nicht belüftete Flachdachabdichtungen auf Holzkonstruktionen

Flachdachabdichtungen können auch auf Unterkonstruktionen aus Holz oder Holzwerkstoffen ausgeführt werden. Für die Bemessung von Dachschalungen ist DIN 1052-1 (Holzbauwerke; Berechnung und Ausführung) zu beachten. Grundsätzlich sollen jedoch Holzunterkonstruktionen eine Mindestdicke von 22 mm (bei Vollholz Nenndicke 24 mm) haben, wenn Nagelungen vorgesehen werden.

Als Unterkonstruktion kommen in Frage:

Schalungen aus gehobeltem Vollholz

Sortierklasse S 10 oder MS 10 (DIN 4074), Brettbreiten 80 bis 160 mm

Schalungen aus Holzwerkstoffen

— Spanplatten nach DIN 68763, Typ V 100 G
— Sperrholz nach DIN 68705, Typ BF 100 G oder Typ BFU - BU 100 G.

Die Platten sollen eine max. Kantenlänge von 2,50 m haben. Die Platten werden im Verband verlegt (keine Kreuzstöße; keine freie, nicht unterstützte Tragstöße). Längenänderungen sind durch mindestens 2 mm breite Fugen (2 mm/lfd. m Plattenlänge) zu berücksichtigen, die durch Schleppstreifen oder Trennlagen abzudecken sind. An freien, nicht unterstützten Plattenrändern (Plattenränder quer zur Spannrichtung) müssen die Platten Nut-Feder-Verbindungen haben.

Die Dachflächen müssen eine Mindestdachneigung von 2 % aufweisen, um Wassersackbildungen zu vermeiden.

Falls schädigende Einflüsse von Holzschutzmitteln oder Bindemitteln der Holzwerkstoffe nicht mit Sicherheit ausgeschlossen werden können, sind Trennlagen vorzusehen.

Ein Ausführungsbeispiel mit lose verlegter Abdichtung aus Kunststoffbahnen zeigt Bild **2.39**.

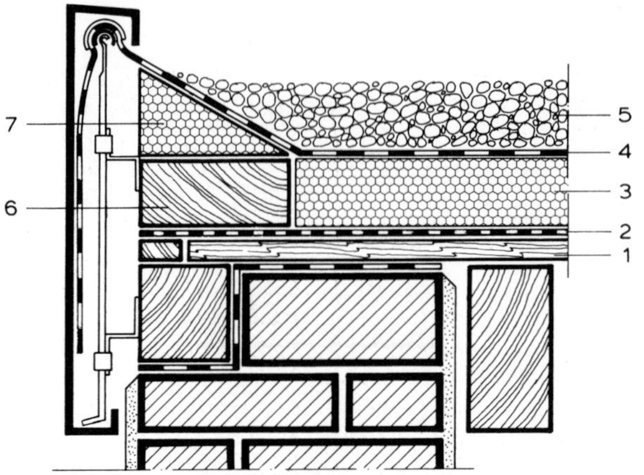

2.39
Flachdach mit lose verlegter Abdichtung auf Holz-Unterkonstruktion
1 Spanplatte
2 Dampfsperre
3 Wärmedämmung
4 Kunststoff-Dachbahn
5 Kiesschüttung
6 Randbohle (auch Fixierung der Dampfsperre)
7 Randkeil
8 Dachrandprofil mit Klemmprofil für Dachbahn (schematisch)

Bei geklebten, mehrlagigen Abdichtungen besteht die unterste Lage aus Bahnen mit hoher mechanischer Festigkeit (s. Abschn. 2.2.1), die mit verzinkten Breitkopfstiften auf die Unterlage genagelt wird (Nagelung und Reihenabstände s. Tab. **2**.4).

Im übrigen wird der Schichtenaufbau wie auf Massivplatten ausgeführt.

2.4 Nicht belüftete Flachdächer mit genutzter Oberfläche

2.4.1 Allgemeines

Vielfach besteht die Notwendigkeit, Flachdachflächen von ganzen Bauwerken oder Bauwerksteilen nutzbar zu machen.

Für die Abdichtungen ist dabei schwerer Oberflächenschutz (s. Abschn. 2.1.7) erforderlich. Man unterscheidet:

— begehbare Flachdächer
— befahrbare Flachdächer
— begrünte Flachdächer

Flachdächer mit genutzten Oberflächen werden fast ausschließlich als einschalige Konstruktion ausgeführt. Ihr bauphysikalischer Aufbau gleicht den Flachdächern mit nichtgenutzter Oberfläche, doch muß – je nach Beanspruchung – für die Wärmedämmung entsprechend druckfestes Material verwendet werden, und es müssen besondere Vorkehrungen für den Schutz der Abdichtungen getroffen werden. Insbesondere muß dafür gesorgt werden, daß sich weder mechanische Beanspruchungen noch Spannungen aus thermischer Belastung der Nutzflächen auf die Abdichtungen übertragen können.

Wärmedämmstoffe müssen erhöhte Druckbelastbarkeit haben (Anwendungstyp WS-WDS, s. Tab. **2**.23).

Bei der Ausführung sind neben den Flachdachrichtlinien und Normen für Flachdächer auch die Normen über Bauwerksabdichtung (DIN 4122 und 18 195) zu beachten.

2.4.2 Begehbare Flachdächer[1])

Bei Belägen von begehbaren Flachdächern muß die kraftschlüssige Verbindung mit der Abdichtung durch Trennlagen verhindert werden. Auf den abgedichteten Flächen werden die Gehbeläge vielfach aus frostfesten keramischen Platten ausgeführt. Kleinformatige Platten werden in bewehrtem, mindestens 4 cm dickem Mörtelbett auf Noppenplatten oder auf einer wasserdurchlässigen Schicht aus Einkornbeton (s. Abschnitt 9.5 in Teil 1 des Werkes) verlegt. Diese Dränschicht ist an die Entwässerung anzuschließen. Zwischen Dränschicht und Abdichtung sind zwei lose verlegte PE-Folien o. ä. als Trennschicht zu verlegen.

Da in Plattenbelägen jedoch erhebliche temperaturbedingte Längenänderungen vorkommen können, müssen in Abständen von höchstens 2 m Fugen angeordnet werden, die auch das Mörtelbett durchschneiden und mit einem elastischen Material (z. B. Bitumenverguß) verfüllt werden. Fugen müssen ebenso an allen Randanschlüssen vorhanden sein. Außerdem muß die Abdichtung bereits das notwendige Gefälle aufweisen. Der Gefälleausgleich darf nicht durch das Mörtelbett erfolgen. Zwischen Mörtelbett und Dachabdichtung ist eine Gleitschicht (z. B. PE-Folie) vorzusehen (Bild **2**.40).

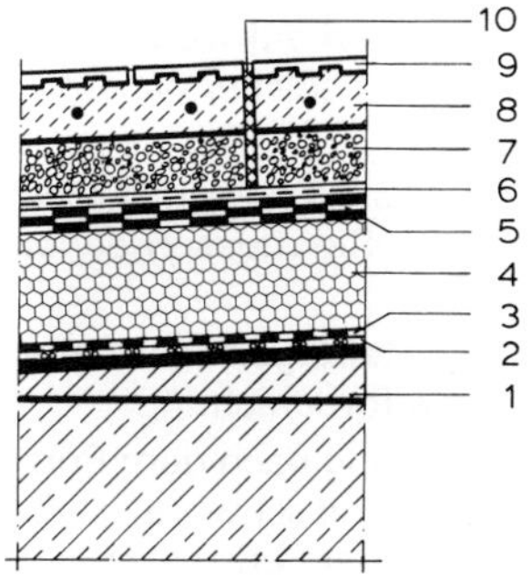

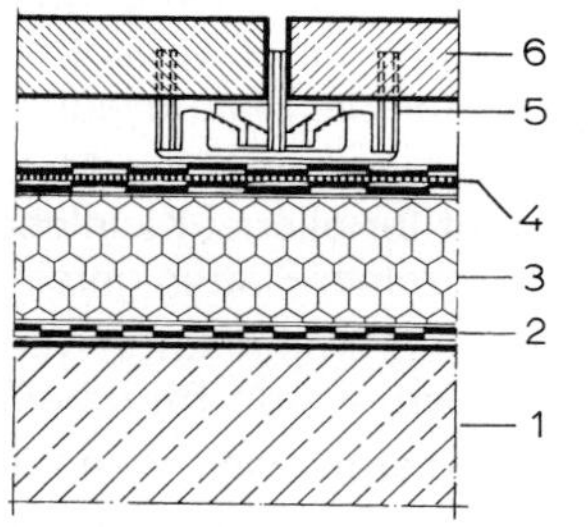

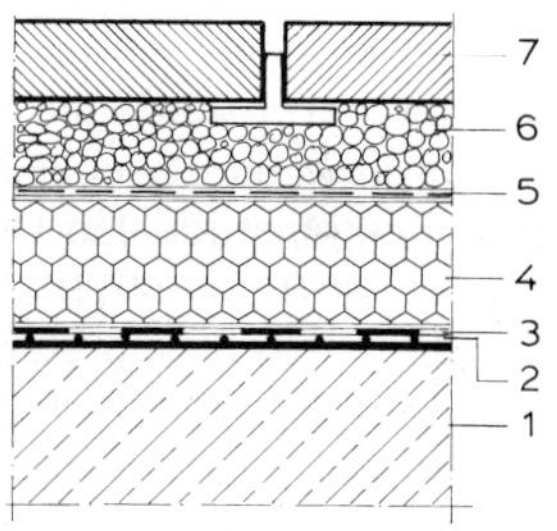

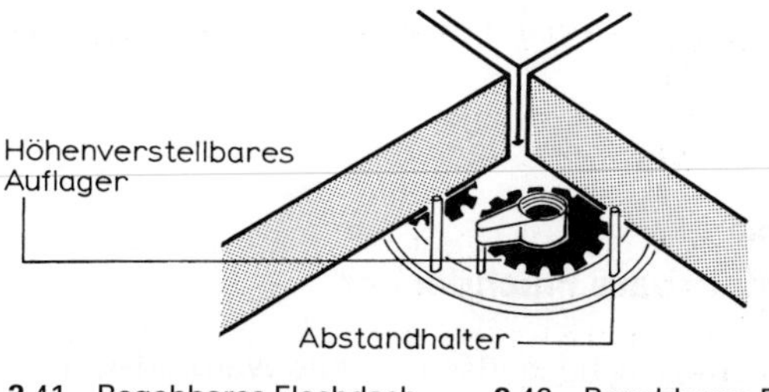

2.40 Begehbares Flachdach, Belag aus kleinformatigen frostfesten keramischen Platten in Mörtelbett

1 Massivdecke mit Gefälle
2 Dampfdruckausgleich (Lochbahn)
3 Dampfsperre
4 Wärmedämmung
5 3lagige bituminöse Abdichtung
6 Trennlage (PE-Folie, 2lagig)
7 Einkornbeton
8 bewehrter Verlegemörtel ≦ 4 cm
9 Spaltplatten
10 Trennfuge, oben mit dauerelastischer Abdichtung (*e* ca. 2 m / ≦ 4 m²)

2.41 Begehbares Flachdach, Platten auf höhenverstellbaren Stelzlagern

1 Massivplatte
2 Dampfsperre
3 Wärmedämmung
4 Abdichtung auf Dampfdruckausgleichsschicht mit oberer Schutzlage
5 Stelzlager (ALWITRA)
6 5 cm Betonplatten

2.42 Begehbares Flachdach mit lose verlegten Platten (Prinzip des „Umkehrdaches")

1 Stahlbeton
2 Trennlage
3 Abdichtung
4 extrudierter PS-Hartschaum
5 Filtervlies
6 Kiesschüttung, Körnung 6/9
7 Beton- oder Natursteinplatten mit Fugenkreuzen

---
[1]) s. Abschn. 9.5 in Teil 1 des Werkes

Wenn bei kleineren Flachdachflächen eine Außenentwässerung mit vorgehängter Rinne nicht zu vermeiden ist, bergen solche Konstruktionen viele Fehlerquellen. Einer Innenentwässerung ist der Vorzug zu geben. Dabei muß darauf geachtet werden, daß die Wandabschlüsse der Dachabdichtung 15 cm, in jedem Falle aber so weit hochgezogen werden, daß bei Rückstau infolge verstopfter Abflüsse allenfalls ein Überfließen des Wassers nach außen über einen Notüberlauf (Wasserspeier) möglich ist.

Bei größeren begehbaren Flächen können die Schwierigkeiten eines kompakten Gehbelages in Mörtelbett vermieden werden, wenn mindestens 4 cm dicke großformatige Natur- oder Kunststeinplatten lose mit punktförmiger Auflagerung auf vorgefertigten „Stelzlagern" verlegt werden. Die aus Eigengewicht der Platten und Nutzlast (gem. DIN 1055 für Terrassen 5 kN/m^2) bedingten Punktlasten von Stelzlagern müssen durch entsprechend große Auflagerflächen übertragen werden. Als Wärmedämmung ist ein nicht zusammendrückbares Material (Hartschaum, Foamglas) zu verwenden. Sonst können die Stelzlager die Abdichtung allmählich „durchstanzen".

Stelzlager, die in der Höhe justierbar sind, erleichtern die Verlegearbeiten und ermöglichen die bei derartigen Ausführungen fast immer nötigen Nacharbeiten, wenn einzelne Platten sich senken (Bild **2**.41).

Aufstelzungen können auch erreicht werden, wenn großformatige Platten auf Kunststoffsäckchen, gefüllt mit feuchtem Zementmörtel, verlegt werden. Bei einem solchen Verlegeverfahren ist nachträgliches Ausrichten der Platten jedoch aufwendig.

Zu berücksichtigen ist, daß die Hohlräume unter den Platten mit der Zeit stark verschmutzen und einen fast idealen Unterschlupf für allerlei Kleinlebewesen bieten. Sie müssen daher immer wieder durch Aufnehmen einzelner Platten gereinigt werden.

Bei der Verwendung steifer Wärmedämmplatten in Verbindung mit Stelzlagern sind ggf. besondere Maßnahmen zur Verhinderung von Trittschallübertragung erforderlich.

Der wohl einfachste Terrassenaufbau ergibt sich, wenn die Dachabdichtung nach dem Prinzip des „umgekehrten Flachdaches" (vgl. Abschn. 2.3.2) ausgeführt wird und schwere, großformatige Platten lose in mindestens 5 cm dicke Schüttungen aus Splitt oder Perlkies verlegt werden (Bild **2**.42).

2.4.3 Befahrbare Flachdächer

Auf befahrbaren Flachdachflächen ohne Wärmedämmung (z. B. in offenen Parkdecks) haben die Abdichtungen nur die Aufgabe, die tragende Konstruktion gegen Regen und Schmelzwasser (meistens auch in Verbindung mit Auftausalzen) zu schützen. Alle Oberflächen sollen ein Mindestgefälle von 1% aufweisen. Die Fahrbahnbeläge können z. B. aus großformatigen bewehrten Stahlbetonflächen von ca. 5 m^2 Einzelfläche bestehen. Die Abdichtungen müssen gegenüber der Fahrbahnkonstruktion durch mehrlagige Gleit- bzw. Trennschichten geschützt werden.

Bei befahrbaren wärmegedämmten Flachdächern dürfen nur druckfeste Wärmedämmstoffe der Anwendungstypen WD oder WDS (s. Tab. **2**.23) verwendet werden.

Befahrbare Dächer nach dem Prinzip des Umkehrdaches (s. Abschn. 2.3.2) können mit Fahrbahnbelägen aus Pflasterungen oder Verbundpflaster ausgeführt werden. Dabei sollten mindestens 8 cm dicke Steine (bei Schwerverkehr 10 cm dick) verlegt werden (Bild **2**.43). Durch ausreichende Filterschichten ist zu verhindern, daß der Verlegesand oder der Sand der Verfugungen in die Dränschicht des Umkehrdaches ausgewaschen werden kann. Sonst besteht die Gefahr, daß sich Pflasterungen infolge von Walk- und Horizontalbeanspruchungen (durch Anfahren oder Abbremsen) verschieben [18].

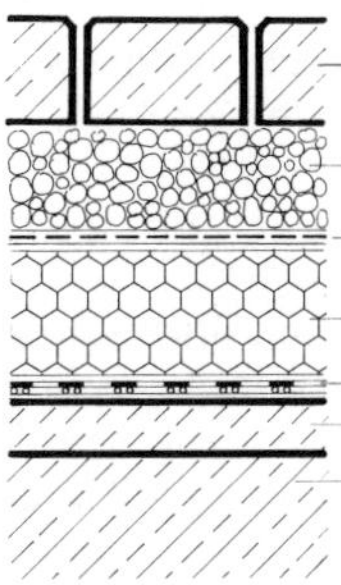

2.43
Befahrbare Flachdachabdichtung (Umkehrdach) für leichte Fahrzeuge, Verbundpflaster

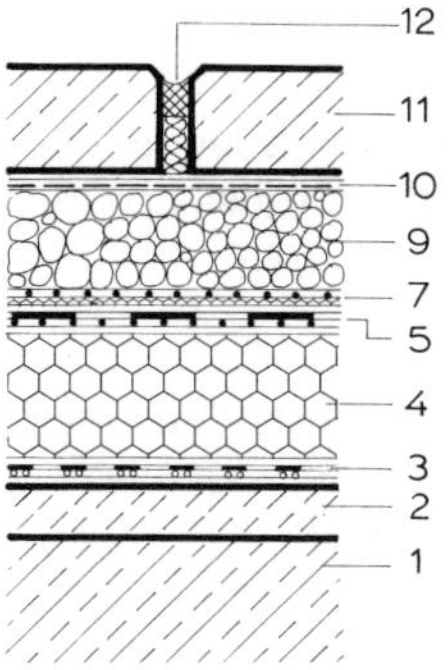

2.44
Befahrbare Flachdachabdichtung, Fahrbahn aus bewehrten Betonplatten auf Filterschicht

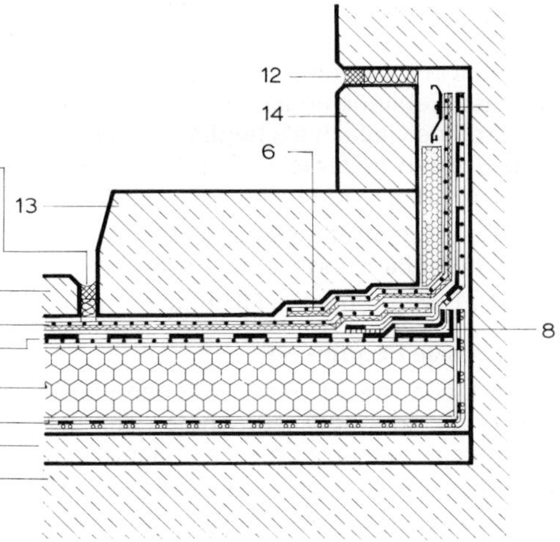

2.45
Befahrbare Flachdachabdichtung, Fahrbahn aus Stahlbetonplatten; Abdichtung mit Kunststoff-Dichtungsbahnen

1 Stahlbeton
2 Gefällebeton
3 Dampfsperre auf Dampfdruckausgleichsschicht bzw. Kunststoff-Dachabdichtung auf Trennlage
4 Wärmedämmung WD oder WDS
5 Flachdachabdichtung (mehrlagige Bitumenabdichtung oder 1lagige Kunststoff-Dichtungsbahn auf Trennlage)
6 Anschlußbahn
7 doppellagige Trenn- bzw. Gleitschicht
8 Fixierungswinkel
9 Kies- bzw. Splittschüttung
10 Filtervlies
11 Stahlbeton-Fahrbahn bzw. Pflaster
12 Trenn- und Dehnungsfuge mit Dichtung
13 Schrammbord
14 Vormauerung

Befahrbare Flachdächer werden bei schwereren Beanspruchungen durch spezielle Beläge und mit oberer Abdichtung ausgeführt.

Die Fahrbahnen werden dabei aus Stahlbetonplatten in Ortbeton mit Einzelfeldgrößen von etwa 0,80 x 0,80 m bis etwa 2,50 x 2,50 m gebildet. Sie liegen auf Filterschichten aus Einkornbeton oder Splitt- bzw. Kiesschichten (Bild **2**.44) oder mit doppelten Trennlagen unmittelbar auf der Abdichtung (Bild **2**.45). Die Fugen werden mit Spezialprofilen oder durch Vergußmassen geschlossen.

Bei schweren Belastungen durch Fahrzeuge bis etwa 30 t Gesamtgewicht werden die Abdichtungen bzw. die Wärmedämmungen durch Stahlbeton-Druckverteilungsplatten geschützt.

Zu beachten ist, daß sich – je nach Konstruktionsart bzw. anzunehmender Belastung – erhebliche Aufbauhöhen bis insgesamt etwa 35 cm ergeben können, zusätzlich erhöht durch die erforderlichen Gefälleschichten.

In allen Fällen sind die Abdichtungen mindestens 15 cm an Wandanschlüssen o. ä. hochzuziehen und durch hochgezogene Schutzstreifen, Schrammborde usw. zu schützen (vgl. Bild **2**.45).

2.4.4 Begrünte Flachdächer

Flachdächer niedriger Gebäudeteile, die unterhalb von Aufenthaltsräumen benachbarter höherer Gebäude liegen, bilden einen wenig erfreulichen monotonen Anblick und werden neuerdings vielfach als bepflanzte Flächen gestaltet. Aber auch um innerhalb großflächiger Bebauungen zusätzliche, Stadtklima und Wasserhaushalt verbessernde Vegetationsflächen zu schaffen, gewinnen begrünte Flachdächer immer mehr an Bedeutung.

Wenn auf künstlichen Vegetationsflächen Pflanzen auf Dauer gedeihen sollen, müssen dazu je nach Bepflanzungs- und Nutzungsart besondere Voraussetzungen geschaffen werden.

Bei der Begrünung von Flachdächern wird unterschieden:

— **Intensive Begrünung**

  in einfacher Form bestehend aus bodenbedeckenden Gräsern, Stauden und Gehölzen, die geringe Ansprüche an den den Aufbau der Vegetationsschicht, die Wasser- und Nährstoffversorgung und an den Pflegeaufwand stellen,

  in aufwendiger Form mit Bepflanzungen, die nur durch ständige Pflege erhalten werden können, aus Stauden, Gehölzen, einzelnen Bäumen und Rasenflächen, eingebaut mit besonderer gärtnerischer Gestaltung, z. B. mit Höhendifferenzierungen, Wasserbecken, Rankgerüsten usw.

— **Extensive Begrünung**

  mit naturnah angelegten Pflanzungen aus Moosen, Flechten, Sukkulenten, Gräsern, die für die extremen Standortbedingungen auf einer Dachfläche besonders geeignet sind. Extensiv begrünte Flächen haben eine natürliche Bestandsumbildung bei minimalem Pflegeaufwand und erfordern nur wenige Kontrollen innerhalb eines Jahres.

Hinsichtlich des Brandschutzes gelten intensiv begrünte Flachdächer als „Harte Bedachung", extensiv begrünte Flachdächer jedoch nur unter bestimmten Voraussetzungen (Substratschicht mind. 3 cm dick und mit höchstens 20% organischen Bestandteilen; Brandabschnitte < 40 m bei großen Flächen; Schutzstreifen 0,50 m breit aus Grobkies oder Platten vor Dachöffnungen oder Öffnungen).

Begrünungen sind vorwiegend auf schwach geneigten Flächen (Mindestneigung 2%) sinnvoll, weil mit zunehmendem Gefälle eine zu starke Ableitung des Oberflächenwassers nur durch aufwendigen Schichtenaufbau ausgeglichen werden kann (s. auch Abschn. 1.5.11, Begrünung geneigter Dächer). Begrünungen sollten daher auf Flächen – auch bei Teilflächen – mit einer Höchstneigung von allenfalls 30° ausgeführt werden.

Begrünbar sind vorwiegend nicht belüftete Dächer mit Wärmedämmung. Bei belüfteten Flachdächern (s. Abschn. 2.5) wird die Begrünung durch die in der Regel geringe Tragfähigkeit der oberen Schale stark eingeschränkt.

Die Vegetationsflächen können als „schwerer Oberflächenschutz" üblicher Flachdachkonstruktionen betrachtet werden. Im übrigen sind alle in Abschn. 2.1 genannten Bedingungen für den Aufbau von Flachdächern zu beachten. Darüber hinaus muß das Folgende berücksichtigt werden:

— Die verwendeten Dachabdichtungen müssen gegen mechanische Beschädigungen bei Pflanz- und Pflegearbeiten und gegen Durchwurzelung geschützt werden. Sie dürfen nicht durch biologische Einwirkungen, Mikroorganismen und im Wasser gelöste Stoffe geschädigt werden.

— Da Beschädigungen der Abdichtungen niemals völlig ausgeschlossen werden können, sollte der Flachdachaufbau (Dampfsperre, Wärmedämmung, Abdichtung) in voneinander abgeschotteten Teilabschnitten ausgeführt werden.

— Gegenüber Wandanschlüssen, Dachöffnungen und sonstigen Dachaufkantungen sind 0,50 m breite unbepflanzte Schutzstreifen zu belassen, die mit Kiesschüttungen oder Plattenbelägen abgedeckt werden.
— Für den gesamten Dachaufbau ist das für begrünte Dächer spezielle Wasserdampfdiffusionsverhalten bauphysikalisch zu überprüfen (s. Abschn. 15.5.6 in Teil 1 des Werkes).
— Neben den Lasten des Dachaufbaues, von schweren Einzelpflanzen, Wasserbecken usw. müssen ggf. die von hohen Pflanzen herrührenden besonderen Windlasten statisch erfaßt werden.
— Begehbare Dachflächen müssen Umwehrungen für Besucher bzw. Absturzsicherungen für Unterhaltungsarbeiten erhalten.
— Die Entwässerung von Vegetationsflächen (Ableitung von Oberflächen- und Überschußwasser in den Schichten) muß entsprechend DIN 1986 geplant werden. Dabei sind als Abflußbeiwerte anzunehmen:
  — für Intensivbegrünungen und Extensivbegrünungen ab 10 cm Aufbauhöhe $\psi = 0{,}3$,
  — für Extensivbegrünungen unter 10 cm Aufbauhöhe $\psi = 0{,}5$ (vgl. Abschn. 1.6.2).
— Zuleitungen für die fast immer erforderliche ggf. automatische Zusatzbewässerung sind einzuplanen.
— Wasserbecken innerhalb intensiver Begrünungen sind für sich gesondert abzudichten.

Der Schichtenaufbau begrünter Flachdächer ist in der Regel wie in Bild **2**.46 gezeigt auszuführen:

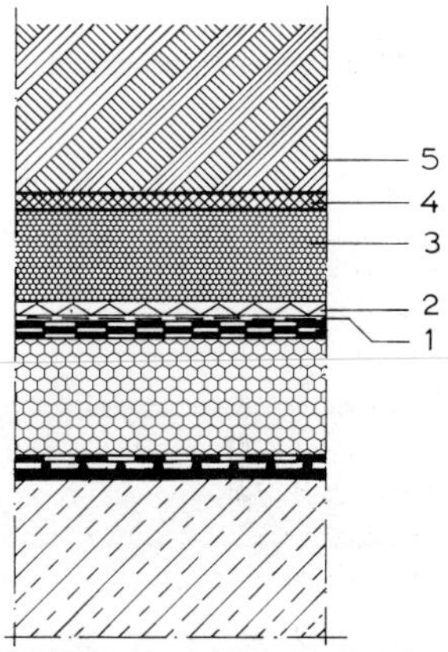

2.46
Flachdach mit Begrünung, Regelaufbau oberhalb der Abdichtung
1 Schutzschicht gegen mechanische Beschädigungen (Schutzvliese, Schutzplatten- oder Bahnen, Dränschichten des Bodenaufbaues)
2 Schutzschicht gegen Durchwurzelungen (bei geeignetem Material durch die Dachabdichtung selbst gebildet, sonst spezielle Wurzelschutzbahnen oder Beschichtungen)
3 Entwässerungs- und Dränageschicht (Schüttstoffe aus Kies, Splitt, Lava, Bims; Dränmatten und -platten aus Kunststoff- oder Schaumstofferzeugnissen; Dränelemente aus Kunststoff, Drän- und Substratplatten)
4 Filterschicht (Vliese aus Geotextilien)
5 Vegetationsschicht (Zusammensetzung und Dicke abhängig von der Art der Begrünung, s. Tabelle **2**.47)

Aufbauend auf den beschriebenen Grundsätzen für die Ausführung begrünter Dachflächen wurden von darauf spezialisierten Fachunternehmen eine große Zahl von Sonderkonstruktionen für Dächer aller Begrünungsarten entwickelt. Dabei werden fast immer speziell auf die verschiedenen Bepflanzungsmöglichkeiten abgestimmte Bodensubstrate eingesetzt. Durch Kunststoff-Formteile werden Regenwasserspeicher gebildet, der Abfluß von überschüssigem Niederschlagswasser reguliert, die Verankerung der Pflanzenwurzeln in den der Vegetationsschicht verbessert, das Abrutschen der Begrünungen von geneigten Dachflächen verhindert usw.

Aus der großen Zahl derartiger Begrünungssysteme werden nachfolgend einige Beispiele gezeigt (Bilder **2**.47 bis **2**.50).

Einen Anhalt für die jeweils erforderlichen Schichtdicken gibt Tabelle **2**.51

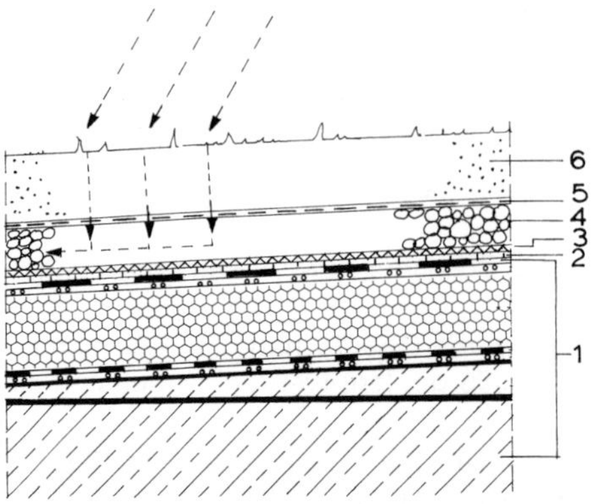

2.47 Begrüntes Flachdach für extensive, nicht wartungsbedürftige Begrünung mit niedrigem Schichtenaufbau; Dränschicht aus Kies oder Blähbeton

1 Stahlbetonplatte mit Flachdachaufbau auf Gefällebeton (vgl. Abschn. 2.3.2)
2 Wurzelschutzbahn (PVC weich)
3 Schutzmatte (d = 10 mm)
4 Dränschicht
5 Filtervlies
6 Vegetationsschicht (Humus oder Erdsubstrat)

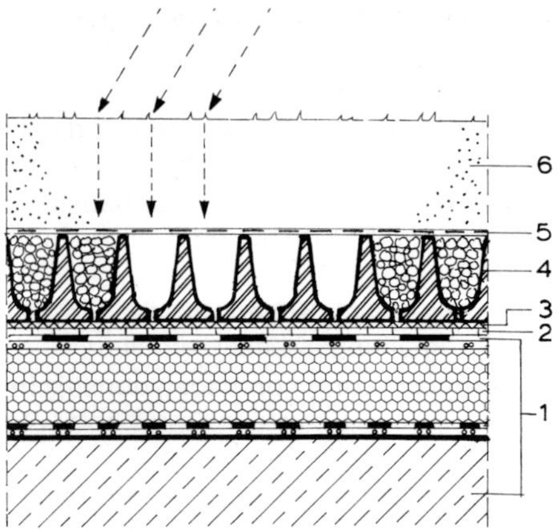

2.48 Begrüntes Flachdach für extensive Begrünung; Aufbau mit Kunststoff-Systemplatten (Novoflor X)

1 Stahlbeton mit Flachdachaufbau (vgl. Abschn. 2.3.2)
2 Wurzelschutzbahn
3 Sickerkanal
4 Schaumstoff-Tragkörper mit Wasserspeicher
5 Wurzelverankerungsgewebe
6 Bodensubstrat

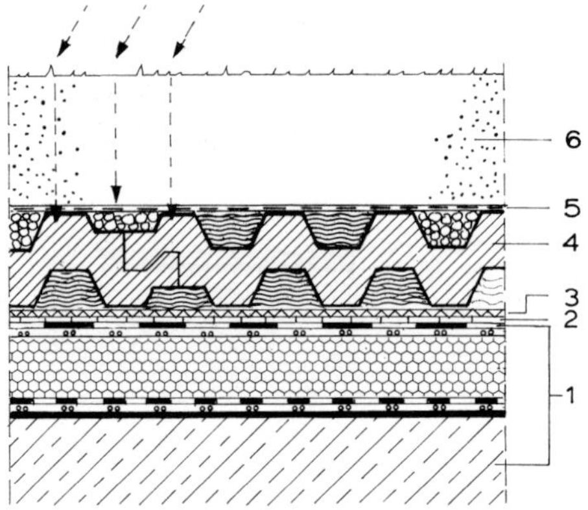

2.49 Begrüntes Flachdach für intensive Begrünung, Dränschicht aus Kies oder Blähton (ZinCo)

1 Stahlbetonplatte mit Flachdachaufbau (vgl. Abschn.2.3.2)
2 Wurzelschutzmatte
3 Speichermatte
4 Schaumstoff-Dränkörper mit Filterschicht
5 Filtervlies
6 Vegetationsschicht (Gärtnererde)

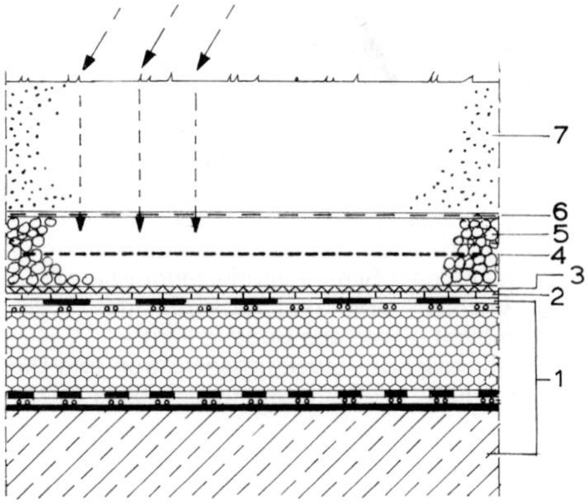

2.50 Begrüntes Flachdach für intensive Begrünung, Dränschicht aus Kies oder Blähton (Optima)

1 Stahlbetonplatte mit Flachdachaufbau (vgl. Abschn. 2.3.2)
2 Trennlage
3 Wurzelschutzbahn
4 Verwurzelungsgewebe
5 Optima-Dränschicht mit Regenwasserspeicher
6 Filtermatte
7 Dauererde

Tabelle **2**.51 Regelschichtdicken bei verschiedenen Begrünungsarten [4], Auszug

Begrünungsart	Dicke der Vegetationsschicht in cm	Gesamtdicke des Begrünungsaufbaus in cm bei 2 cm Dränmatte	bei 4 cm Schüttstoff*)
Extensivbegrünungen, geringer Pflegeaufwand, ohne zusätzliche Bewässerung			
bei Flachdächern:			
Moos-Sedum-Begrünung	2 bis 5	4 bis 7	6 bis 9
Sedum-Moos-Kraut-Begrünungen	5 bis 8	7 bis 10	9 bis 12
Sedum-Gras-Kraut-Begrünungen	8 bis 12	10 bis 14	12 bis 16
Gras-Kraut-Begrünungen (Trockenrasen)	≧ 15	≧ 17	≧ 19
Einfache Intensivbegrünungen, mittlerer Pflegeaufwand, periodische Bewässerung			
bei Flachdächern:			
Gras-Kraut-Begrünungen (Grasdach, Magerwiese)	≧ 8	≧ 10	≧ 12
Wildstauden-Gehölz-Begrünungen	≧ 8	≧ 10	≧ 12
Gehölz-Stauden-Begrünungen	≧ 10	≧ 12	≧ 14
Gehölz-Begrünungen	≧ 15	≧ 17	≧ 19

Begrünungsart	Dicke der Vegetationsschicht in cm	Dicke der Dränschicht in cm	Gesamtdicke des Begrünungsaufbaus in cm
Aufwendige Intensivbegrünungen, hoher Pflegeaufwand, regelmäßige Bewässerung			
Rasen	≧ 8	≧ 2	≧ 10
niedrige Stauden-Gehölz-Begrünungen	≧ 8	≧ 2	≧ 10
mittelhohe Stauden-Gehölz-Begrünungen	≧ 15	≧ 10	≧ 20
höhere Stauden-Gehölz-Begrünungen	≧ 25	≧ 10	≧ 35
Strauchpflanzungen	≧ 35	≧ 15	≧ 50
Baumpflanzungen	≧ 65	≧ 35	≧ 100

*) Bei 2 bis 3 % Dachgefälle; ab 3 % Dachgefälle kann die Schichtdicke auf 3 cm reduziert werden.

2.5 Zweischalige, belüftete Flachdachkonstruktionen (Kaltdächer)

2.5.1 Allgemeines

Ein Vorteil des „Kaltdaches" wurde lange darin gesehen, daß auch bei fehlender oder fehlerhafter Dampfsperre weniger Schäden durch Wasserdampfkondensation innerhalb der Gesamtkonstruktion zu befürchten seien, wenn die Durchlüftung des Dachraumes einwandfrei ist. In der Praxis erweist es sich jedoch, daß mehrere Faktoren sehr oft die vorgesehene Durchlüftung der Konstruktion nicht ausreichend wirksam werden lassen (Bild **2**.52). Die häufigsten Schadensquellen sind:

1. Zu geringe Höhe des Luftraumes, daher zu wenig Strömungsgefälle (Bild **2**.52 a).
2. Nicht ausreichend bemessene oder verstopfte Zu- und Abluftöffnungen (Bild **2**.52 b).
3. Wärmebrücken und Hindernisse im Luftraum, die durch Wirbelbildung den Luftstrom behindern oder ihn sogar in Teilbereichen wie bei Überzügen oder Wechseln völlig unterbinden (Bild **2**.52 c).
4. Ungünstige Grundrißformen oder Gebäudequerschnitte (Bild **2**.52 d und auch Bild **1**.279).
5. Windgeschützte Lage des Bauwerkes.
6. Fehlerhafte bzw. unzureichende Dampfsperren.
   Es hat sich gezeigt, daß der Feuchtigkeitseintrag durch Undichtigkeiten in der Dampfsperre weitaus höher ist als durch Wasserdampfdiffusion. Grundlegende Voraussetzung für das Funktionieren des „Kaltdach"-Prinzips bei Flachdächern ist daher eine absolut luftdicht abschließende Dampfsperre von s_d > 10 m an der Unterseite der Wärmedämmung (s. Abschn. 1.8.4, Detailausführung Bild **1**.282).

Kaltdachkonstruktionen sollten deshalb nur dann gewählt werden, wenn die genannten Probleme einwandfrei gelöst werden können.

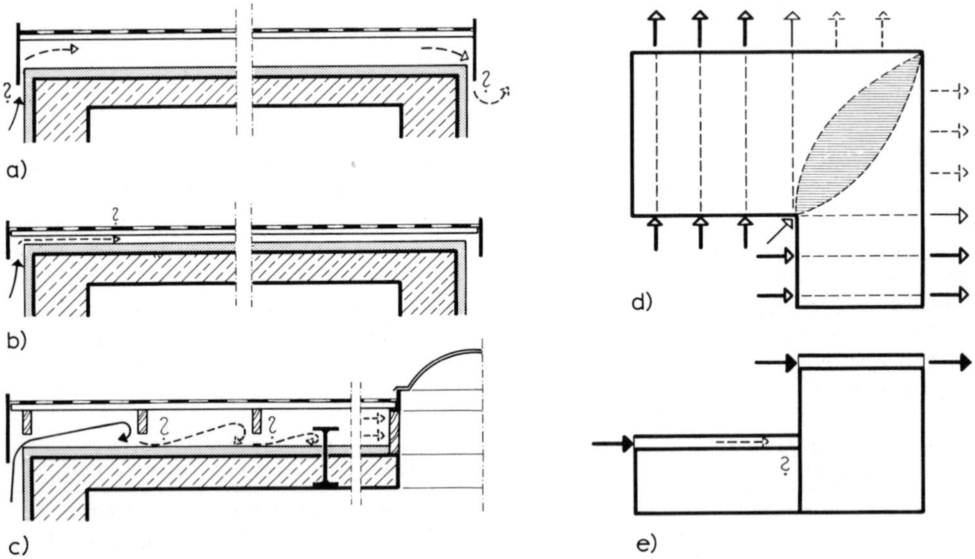

2.52 Schadensquellen an zweischaligen Flachdächern
a) Belüftungsquerschnitt zu klein
b) fehlendes Gefälle
c) Hindernisse für die Durchlüftung und Wärmebrücken durch Stahlüberzug und an Lichtkuppel
d) ungünstige Grundrißform, schlecht belüftete Bereiche
e) problematischer Gebäudequerschnitt

Nach DIN 4108-3 müssen bei durchlüfteten Flachdächern (≥ 10°) an mindestens zwei gegenüberliegenden Traufen Belüftungsöffnungen angeordnet sein, die mindestens 2‰ der gesamten Dachgrundrißfläche betragen. Die Luftschlitze müssen umlaufend mindestens 2 cm breit sein. Die Höhe des freien Lüftungsquerschnittes muß in jedem Fall (d. h. auch bei Berücksichtigung von Ungenauigkeiten beim Einbau oder nach eventuellem Aufquellen von Wärmedämmungen) die in Tabelle **2**.53 enthaltenen Werte erreichen.

Tabelle **2**.53 Belüftete Dächer nach DIN 4108[1])

Dachneigung	Sparrenlänge	Dampfsperre (geforderte diffusionsäquivalente Luftschichtdicke)[3])	Dachbereich (Lüftungshöhe)	Mindestlüftungsquerschnitt[2]) Traufe	First/Grat
< 10°	≦ 10 m[4])	≧ 10 m	≧ 5 cm[5])	≧ 2‰ der gesamten[6]) Dachgrundrißfläche an mindestens zwei gegenüberliegenden Traufen	
≧ 10°	≦ 10 m ≦ 10 m > 15 m	≧ 2 m ≧ 5 m ≧ 10 m	≧ 200 cm²/m und ≧ 2 cm	≧ 2‰ der zugehörigen Dachfläche an zwei gegenüberliegenden Traufen und ≧ 200 cm²/m	≧ 0,5% der gesamten geneigten Dachfläche

1) Bei nichtklimatisierten Wohn- und Bürogebäuden sowie vergleichbar genutzten Gebäuden.
2) Baustellenbedingte Ungenauigkeiten, Maßtoleranzen, Querschnittseinengungen, Lüftungsgitter u. ä. sind mit ihrem Einfluß auf die Lüftungsquerschnitte bei der Planung zu berücksichtigen.
3) Die diffusionsäquivalente Luftschichtdicke s_d läßt sich hierbei errechnen aus $s_d = \mu \cdot s$.
μ ist die Wasserdampfdiffusions-Widerstandszahl, s ist die Schichtdicke in Meter.
Angaben über den Wasserdampfdiffusions-Widerstand sind gegebenenfalls beim Hersteller zu erfragen.
4) Ist der Lüftungsweg länger als 10 m, sind besondere Maßnahmen erforderlich.
5) Mindestwert nach Norm. Insbesondere bei flachen Dächern werden mindestens 15 cm empfohlen.
6) Empfohlen wird ein freier Lüftungsquerschnitt von mindestens 200 cm²/m.

Ist der Lüftungsweg (Abstand Zuluft- und Abluftöffnung) länger als 10 m, sind besondere Maßnahmen erforderlich (z. B. Erhöhung des freien Luftraumes, Zwangsentlüftung).

Wenn die Flachdachkonstruktion aus Trägern mit Vollquerschnitten besteht, sollten die Lufträume der einzelnen Felder durch Konterlattung oder querliegende Pfettenlagen unter der Dachschale miteinander verbunden werden.

Eine einwandfreie Durchlüftung von Dachkonstruktionen ist nur dann sicherzustellen, wenn die Dachflächen zwischen Lufteintritt und -austritt ein Gefälle aufweisen. In gefällelosen oder nur wenig geneigten Flachdächern wird jedoch auch bei einer empfohlenen Mindest-Luftraumhöhe von 15 cm bei Luftstille kaum gewährleistet werden können, daß in die Konstruktion diffundierter Wasserdampf vollständig abgeleitet wird.

Rohrdurchführungen, Entlüftungsschächte u. ä. müssen im Luftraum zweischaliger Flachdachkonstruktionen sorgfältig wärmegeschützt werden, da sonst an ihnen Kondenswasser auftreten kann.

Für Dachhaut, Oberflächenschutz und Randausbildung kommen für zweischalige, belüftete Flachdachkonstruktionen die gleichen Materialien in Betracht, wie sie unter Abschn. 2.2 aufgeführt sind. Als Wärmedämmung dienen auch hier alle Dämm-Matten und -Platten aus Mineralfasern und Schaumstoffen. Wenn z. B. aus Kostengründen verschiedenartige Wärmedämm-Materialien eingesetzt werden, soll grundsätzlich festes, weniger wasserdampfdurchlässiges Material (z. B. Hartschaumplatten) an der Unterseite der Konstruktion angeordnet werden.

2.5.2 Zweischalige Flachdachkonstruktionen über Stahlbetondecken

Stahlbetondecken als Bestandteil zweischaliger Flachdachkonstruktionen bilden gleichzeitig statisches Tragwerk, ausgleichende Wärme-Speichermasse und auch eine für normale Beanspruchungen ausreichende Dampfsperre. Bild **2**.54 zeigt eine übliche Konstruktion. Für größere Flachdachflächen können binderartige Holzkonstruktionen so ausgebildet werden, daß der Luftraum über der Wärmedämmung zur Kontrolle der Dachschale bekriechbar ist.

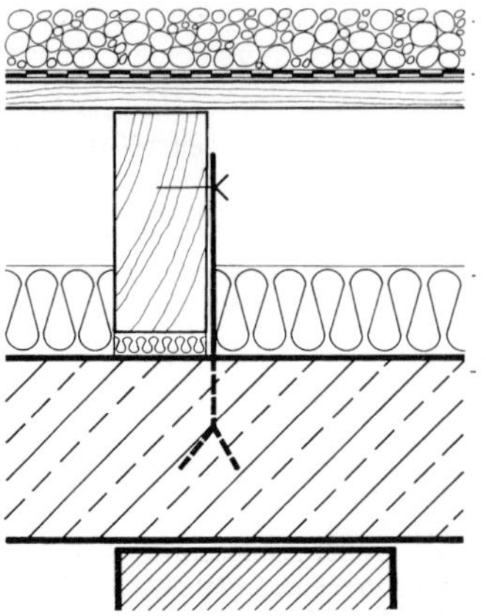

2.54
Zweischaliges belüftetes Flachdach in Verbindung mit Stahlbetondecke (einlagige Ausführung der Unterkonstruktion nur bei freistehenden Bauwerken; sonst zweilagige Ausführung der Trägerlagen, vgl. Abschn. 2.5.1)

1 Stahlbetondecke
2 Wärmedämmung
3 Querlüftung
4 Dachhaut
5 Kiesschüttung

Als tragende Schale für die Dachhaut werden Holzschalungen oder Spanplatten mit Nut-Feder-Verbindung verwendet.

2.5.3 Zweischalige, belüftete Flachdach-Leichtkonstruktionen

Die Kombination zweier leichter Schalen – Abdichtung mit leichter Tragschicht und raumseitige Unterdecke – mit Holzbalken als Tragwerk stellt eine technisch einfache und billige Konstruktion für belüftete Flachdächer dar (Bild **2**.55).

Es muß aber auf die in Abschn. 2.5.1 dargelegte Problematik derartiger Konstruktionen verwiesen werden.

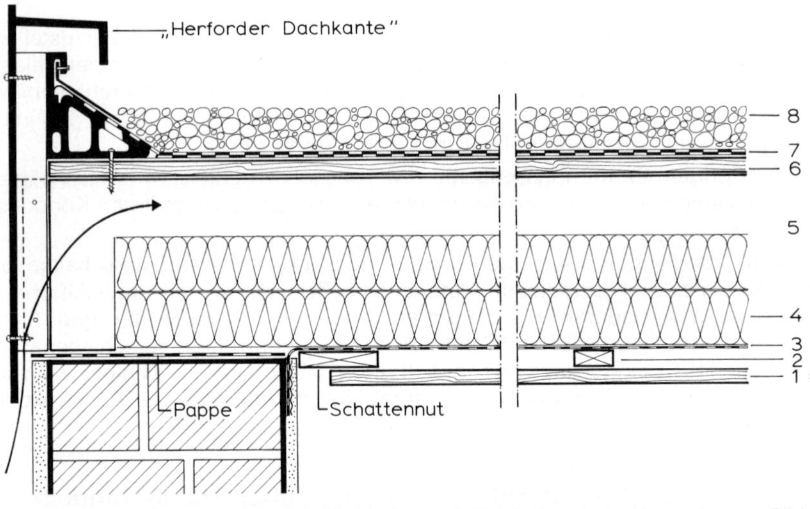

2.55 Zweischaliges belüftetes Flachdach in Verbindung mit Holzbalkendecke (Anmerkung s. Bild **2**.54)

1 Deckenbekleidung (z. B. NF-Schalung)
2 Konterlattung, dazwischen auch untere Wärmedämmung möglich
3 Dampfsperre (Wandanschluß usw. s. Bild 1.282)
4 Wärmedämmplatte, 2-lagig verlegt
5 Trägerlage mit Gefälle (sonst obere Schalung auf Gefällekeilen)
6 Dachschalung
7 Dachabdichtung (z. B. lose verlegte Kunststoffdichtungsbahn auf Trennlage)
8 Kiesschüttung

2.5.4 Vorgefertigte zweischalige, durchlüftete Flachdachkonstruktionen

Insbesondere über Stahlbetondecken erfordern zweischalige, belüftete Flachdachkonstruktionen bei handwerklicher Ausführung mehrere, oft von verschiedenen Unternehmern auszuführende witterungsabhängige Arbeitsgänge. Durch Vorfertigung von Dachschalen- und Auflagerelementen können diese Nachteile verringert werden (Bild **2**.56 und **2**.57).

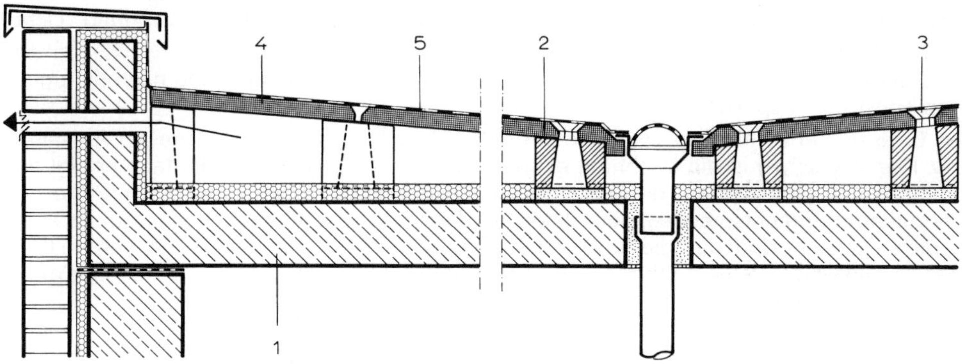

2.56 Vorgefertigtes zweischaliges Flachdach (System ERTEX)
1 Stahlbetonplatte mit Wärmedämmung
2 Dämmplatte auf Gefällestein
3 durchgehende Vergußöffnung
4 Leichtbetonplatte
5 Flachdachabdichtung

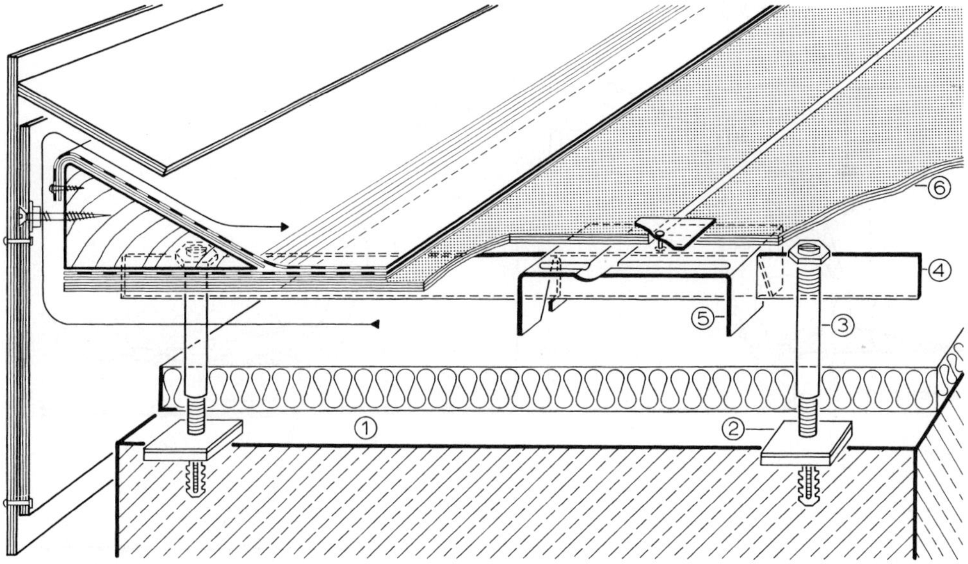

2.57 Vorgefertigtes zweischaliges Flachdach (System FUCHS)
1 Stahlbetonrohdecke mit Wärmedämmung
2 Druckplatte mit Korkunterlage
3 Teleskop-Stütze mit Nylondübel
4 Flachstahlpfette
5 Auflagerschuh mit Vierfeldplatte
6 Faserzement-Tafeln

2.6 Flachdachzubehör

2.6.1 Lichtkuppeln

Ein Vorteil von Gebäuden mit Flachdächern besteht darin, daß bei eingeschossigen Bauten bzw. in den Obergeschossen innenliegende oder sehr tiefe Räume durch Dachöffnungen leicht belüftet und belichtet werden können. Belichtungsöffnungen in Flachdächern werden am einfachsten mit Acrylglas-Bauelementen ausgeführt, für die sich die Bezeichnung „Lichtkuppel" durchgesetzt hat.

Lichtkuppeln werden von verschiedenen Herstellern, jedoch fast durchweg nach dem gleichen Konstruktionsprinzip, hergestellt.

Das Basiselement bildet ein wärmegedämmter „Aufsetzkranz", der mit breiten Aufstand- bzw. Klebeflanschen in die Dachhaut eingebunden werden kann. Die Montage erfolgt auf imprägnierten Holzrahmen, die bei einschaligen Flachdachkonstruktionen der Dicke der Wärmedämmung entsprechen, oder direkt auf dem Tragwerk. Vorteilhaft sind Aufsatzkränze, die so geformt sind, daß die Auflagerrahmen auf der Innenseite abgedeckt werden (Bild **2**.58). Im übrigen sind die Rohbauöffnungen so zu bemessen, daß ggf. Leibungsfutter montiert werden können.

Die eigentliche Belichtungsfläche besteht aus doppelschaligen Acrylglaskuppeln. Lichtkuppeln werden fest geschlossen oder mit manuell oder elektrisch fernbedienten Öffnungseinrichtungen (auch mit Fernbedienung als Rauchabzug z. B. in Treppenhäusern), mit Gebläseentlüftungen, Verdunkelungseinrichtungen und als Dachausstieg geliefert (Bild **2**.58 links).

Mehrere Lichtkuppeln können mit Hilfe spezieller Eindeckrahmen zu Belichtungsgruppen zusammengefaßt werden. Es sind auch bandartige Acrylglaskonstruktionen als Belichtungsbänder auf dem Markt, die ähnlich wie Lichtkuppeln eingebaut werden.

Wenn sehr große Belichtungsöffnungen erforderlich sind, können diese aus satteldach- oder pyramidenförmigen Konstruktionen mit Flächenverglasungen gebildet werden (s. Abschn. 1.9.1).

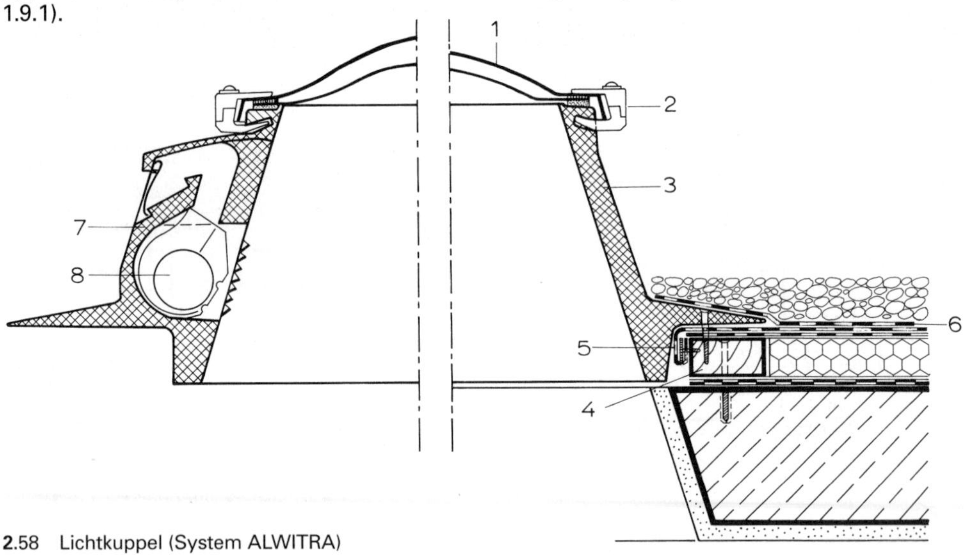

2.58 Lichtkuppel (System ALWITRA)

1 zweischalige Acrylglas-Kuppel
2 Sicherungsklemme
3 wärmegedämmter Aufsatzkranz
4 Randbohle
5 Fixierung der Dachabdichtung
6 Dachabdichtung
7 Aufsetzkranz mit Lüftungsgebläse
8 Gebläse

2.6.2 Entwässerung[1])

Die für Flachdächer grundsätzlich zu bevorzugende Innenentwässerung (vgl. Abschn. 2.1) erfordert Entwässerungselemente, die in die Dachhaut eingebunden werden und Niederschlagswasser auf möglichst kurzen Wegen ableiten. Die Herstellung ebener Dachflächen ist in der Praxis kaum zu verwirklichen. Muldenbildungen mit unvermeidlicher Schlammablagerung können zu Schäden besonders an freiliegenden Dachabdichtungen (ohne Kiesschüttung) führen. Ein leichtes Gefälle mit flacher Kehlenbildung zu den Ablaufstellen hin ist daher überall erforderlich. Das Gefälle wird durch Gefälle-Estrich auf der Rohdecke oder bei mehrschichtigem Dichtungsaufbau auch durch keilförmig geschnittene Wärmedämmplatten erreicht (vgl. Abschn. 2.2.5).

Die erforderlichen Querschnitte der Abflußleitungen sind gemäß DIN 1986-2 zu ermitteln (vgl. Abschn. 1.6.2).

Entwässerungsleitungen sollen möglichst senkrecht geführt werden, doch können besondere örtliche Verhältnisse den Einbau abgewinkelter Entwässerungsgullys notwendig machen. Da alle Entwässerungsöffnungen Wärmebrücken in der Dachkonstruktion darstellen, sind Dachgullys grundsätzlich in wärmegedämmter Ausführung zu verwenden und an Fallrohre anzuschließen, die bis mindestens 1 m unterhalb der Wärmedämmung der Dachfläche wärmegedämmt werden. In schneereichen Gebieten kann eine eingebaute elektrische Beheizung der Gullys dafür sorgen, daß der Einlauf eisfrei bleibt. Je nach Ausbildung der Dachoberfläche werden Dachgullys mit Sieben oder Kiesfangkörben kombiniert (Bild **2**.59 und **2**.60).

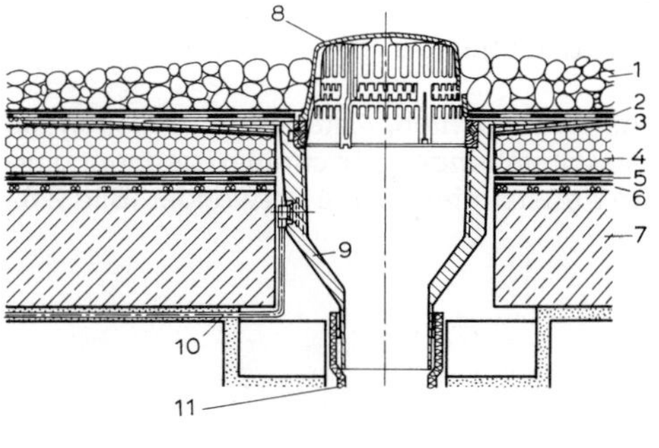

2.59 Flachdachgully mit senkrechtem Einlauf
1 Kiesschüttung
2 Dachabdichtung
3 Anschlußfolie
4 Wärmedämmung
5 Dampfsperre
6 Dampfdruckausgleichsschicht
7 Stahlbetondecke
8 Kiesfangkorb
9 wärmegedämmter und beheizbarer Einlauftrichter
10 Heizkabel (24 V)
11 wärmegedämmtes Abflußrohr

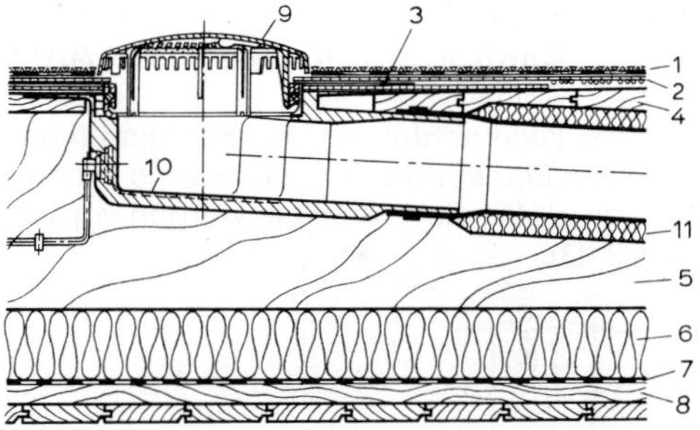

2.60 Flachdachgully in abgewinkelter Bauart für zweischalige belüftete Flachdächer
1 Dachabdichtungen mit Reflexionsschicht
2 zweite Lage der Dachabdichtung
3 Anschlußfolie
4 Nut-Feder-Schalung
5 Dachbalken
6 Wärmedämmung
7 Dampfbremse
8 Schalung auf Konterlattung
9 Laubfangkorb
10 wärmegedämmter und beheizter Einlauftrichter
11 wärmegedämmtes Abflußrohr

[1]) s. auch Abschn. 2.1.9

Kunststoffdachbahnen werden mit Klemmringen an die Abläufe angeschlossen (Bild **2**.61 a). Die meisten Dachabläufe (auch sonstige Zubehörteile wie z. B. in Bild **2**.62 und **2**.63) werden mit werkseitig angebrachten Einbaumanschetten geliefert, die in bituminöse Abdichtungen eingeklebt werden oder auf die Kunststoffabdichtungen aufgeschweißt werden (Bild **2**.61 b).

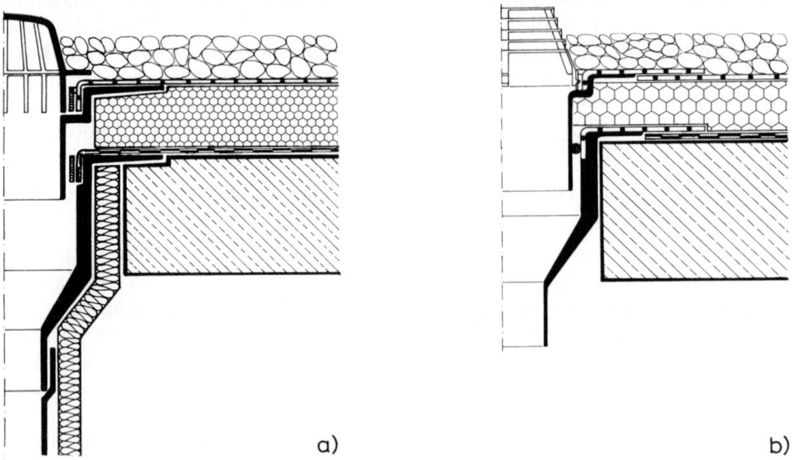

2.61 Eindichtung von Dachabläufen [17]
a) Anschluß mit Klemmring, hochpolymere Dachbahnen lose verlegt
b) Dachgully mit eingeschäumter Manschette, auf hochpolymere, lose verlegte Dachbahnen aufgeschweißt

2.6.3 Sanitärentlüftungen und Antennendurchgänge

Für das Hindurchführen von Sanitärentlüftungen, Luftschächten, Antennen u. ä. gelten die gleichen Einbauforderungen, wie sie in den beiden vorstehenden Abschnitten genannt wurden. Auch für diese Bauteile werden vorgefertigte Kunststoffelemente verwendet (Bild **2**.62 und **2**.63).

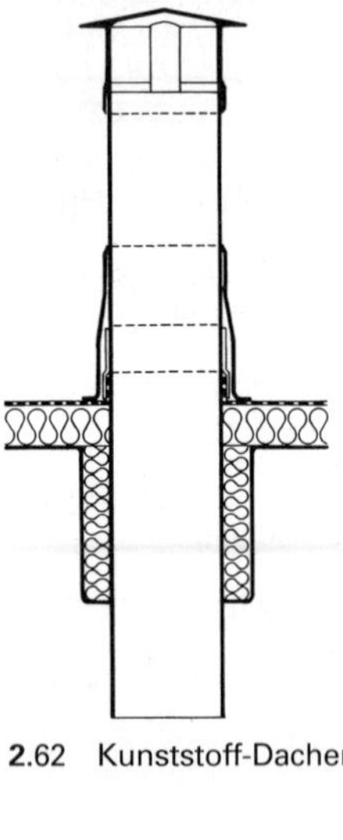

2.62 Kunststoff-Dachentlüfter

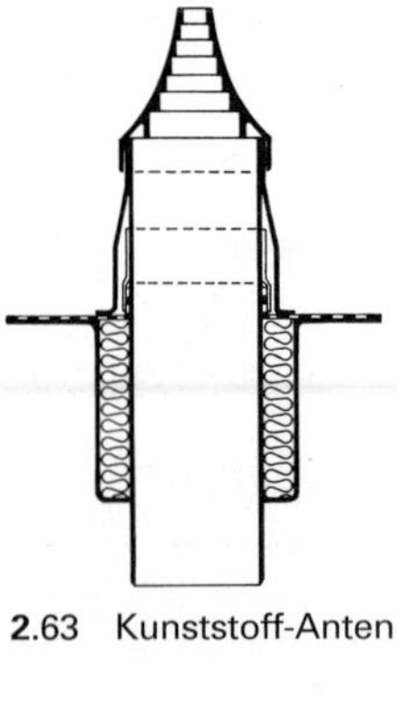

2.63 Kunststoff-Antennendurchführung (BRAAS)

2.7 Normen

Norm	Ausgabe-datum	Titel
DIN 1052-1	4.88	Holzbauwerke; Berechnung und Ausführung
DIN 1052-1/A1	10.96	–; –; Änderung A1
DIN 1052-2	4.88	–; Bestimmungen für Dübelverbindungen besonderer Bauart
DIN 1052-2/A1	10.96	–; –; Änderung A1
DIN 1055-1	7.78	Lastannahmen für Bauten; Lagerstoffe, Baustoffe und Bauteile
DIN 1055-3	6.71	–; Verkehrslasten
DIN 1055-4	8.86	–; Verkehrslasten, Windlasten nicht schwingungsanfälliger Bauteile
DIN 1055-4/A1	6.87	–; –; Änderung A1
DIN 1055-5	6.75	–; Verkehrslast, Schneelast und Eislast
DIN 1055-5/A1	4.94	–; –; Änderung A1
DIN 1986-1	6.88	Entwässerungsanlagen für Gebäude und Grundstücke; Technische Bestimmungen für den Bau
E DIN 1986-1/A1	6.95	
DIN 1986-2	3.95	Ermittlung der Nennweiten von Abwasser- und Lüftungsleitungen
DIN 1986-2 Bbl 1	3.95	
DIN 1986-4	11.94	–; Verwendungsbereiche von Abwasserrohren und -formstücken verschiedener Werkstoffe
DIN 4108-1	8.81	Wärmeschutz im Hochbau; Größen und Einheiten
DIN 4108-2	8.81	–; Wärmedämmung und Wärmespeicherung; Anforderungen und Hinweise für Planung und Ausführung
DIN 4108-3	8.81	–; Klimabedingter Feuchteschutz; Anforderungen und Hinweise für Planung und Ausführung
DIN 4108-4	11.91	–; Wärme- und feuchteschutztechnische Kennwerte
E DIN 4108-4	11.95	
DIN 4108-5	8.81	–; Berechnungsverfahren
DIN 7864-1	4.84	Elastomer-Bahnen für Abdichtungen; Anforderungen, Prüfung
DIN 16726	12.86	Kunststoff-Dachbahnen, Kunststoff-Dichtungsbahnen; Prüfungen
DIN 16729	9.84	Kunststoff-Dachbahnen und Kunststoff-Dichtungsbahnen aus Ethylen-copolymerisat-Bitumen (ECB); Anforderungen
DIN 16730	12.86	Kunststoff-Dachbahnen aus weichmacherhaltigem Polyvinylchlorid (PVC-P), nicht bitumenverträglich; Anforderungen
DIN 16731	12.86	Kunststoff-Dachbahnen aus Polyisobuthylen (PIB), einseitig kaschiert; Anforderungen
DIN 16734	12.86	Kunststoff-Dachbahnen aus weichmacherhaltigem Polyvinylchlorid (PVC-P) mit Verstärkung aus synthetischen Fasern, nicht bitumenverträglich; Anforderungen
DIN 16735	12.86	Kunststoff-Dachbahnen aus weichmacherhaltigem Polyvinylchlorid (PVC-P) mit einer Glasvlieseinlage, nicht bitumenverträglich; Anforderungen
DIN 16736	12.86	Kunststoff-Dachbahnen und Kunststoff-Dichtungsbahnen aus chloriertem Polyethylen (PE-C), einseitig kaschiert; Anforderungen
DIN 16737	12.86	Kunststoff-Dachbahnen und Kunststoff-Dichtungsbahnen aus chloriertem Polyethylen (PE-C), mit einer Gewebeeinlage; Anforderungen
DIN 16935	12.86	Kunststoff-Dichtungsbahnen aus Polyisobuthylen (PIB); Anforderungen
DIN 16937	12.86	Kunststoff-Dichtungsbahnen aus weichmacherhaltigem Polyvinylchlorid (PVC-P), bitumenverträglich; Anforderungen

Fortsetzung s. nächste Seite

Normen, Fortsetzung

Norm	Ausgabedatum	Titel
DIN 16938	12.86	Kunststoff-Dichtungsbahnen aus weichmacherhaltigem Polyvinylchlorid (PVC-P), nicht bitumenverträglich; Anforderungen
DIN 18161-1	12.76	Korkerzeugnisse als Dämmstoffe für das Bauwesen; Dämmstoffe für die Wärmedämmung
DIN 18164-1	8.92	Schaumkunststoffe als Dämmstoffe für das Bauwesen; Dämmstoffe für die Wärmedämmung
DIN 18165-1	7.91	Faserdämmstoffe für das Bauwesen; Dämmstoffe für die Wärmedämmung
DIN 18174	1.81	Schaumglas als Dämmstoff für das Bauwesen; Dämmstoffe für die Wärmedämmung
DIN 18190-4	10.92	Dichtungsbahnen für Bauwerksabdichtungen; Dichtungsbahnen mit Metallbandeinlage; Begriff, Bezeichnung, Anforderungen
DIN 18195-1	8.83	Bauwerksabdichtungen; Allgemeines, Begriffe
DIN 18195-2	8.83	–; Stoffe
DIN 18195-3	8.83	–; Verarbeitung der Stoffe
DIN 18195-4	8.83	–; Abdichtungen gegen Bodenfeuchtigkeit; Bemessung und Ausführung
DIN 18195-5	2.84	–; Abdichtungen gegen nichtdrückendes Wasser; Bemessung und Ausführung
DIN 18195-6	8.83	–; Abdichtungen gegen von außen drückendes Wasser; Bemessung und Ausführung
DIN 18195-8	8.83	–; Abdichtungen über Bewegungsfugen
DIN 18195-9	8.83	–; Durchdringungen, Übergänge, Abschlüsse
DIN 18195-10	8.83	–; Schutzschichten und Schutzmaßnahmen
E DIN 18195-1	12.96	Bauwerksabdichtungen mit bahnenförmigen Werkstoffen; Definitionen, Allgemeines
E DIN 18195-2	12.96	–; Stoffe
E DIN 18195-3	12.96	–; Verarbeitung der Stoffe
E DIN 18195-4	12.96	–; Abdichtungen gegen Bodenfeuchtigkeit; Bemessung und Ausführung
E DIN 18195-5	12.96	–; Abdichtungen gegen nicht drückendes Wasser; Bemessung und Ausführung
E DIN 18195-6	12.96	–; Abdichtungen gegen von außen drückendes Wasser; Bemessung und Ausführung
DIN 18334	5.98	VOB Verdingungsordnung für Bauleistungen Teil C: Allg. techn. Vertragsbedingungen für Bauleistungen (ATV); Zimmer- und Holzbauarbeiten
DIN 18338	5.98	–; Dachdeckungs- und Dachabdichtungsarbeiten
DIN 18339	5.98	–; Klempnerarbeiten
DIN 18384	12.92	–; Blitzschutzanlagen
DIN 18460	5.89	Regenfalleitungen außerhalb von Gebäuden und Dachrinnen; Begriffe, Bemessungsgrundlagen
DIN 18530	3.87	Massive Deckenkonstruktionen; Planung und Ausführung
DIN 18531	9.91	Dachabdichtungen; Begriffe, Anforderungen, Planungsgrundsätze
DIN 18807-1	6.87	Trapezprofile im Hochbau; Stahltrapezprofile; Allgemeine Anforderungen, Ermittlung der Tragfähigkeitswerte durch Berechnung
DIN 50976	5.89	Korrosionsschutz; Feuerverzinken von Einzelteilen (Stückverzinken); Anforderungen und Prüfung
DIN 52117	3.77	Rohfilzpappe; Begriff, Bezeichnung, Anforderungen
DIN 52123	8.85	Prüfung von Bitumen- und Polymerbitumenbahnen
DIN 52130	11.95	Bitumen-Dachdichtungsbahnen; Begriffe, Bezeichnung, Anforderungen

Normen, Fortsetzung

Norm	Ausgabe-datum	Titel
DIN 52 131	11.95	Bitumen-Schweißbahnen; Begriffe, Bezeichnung, Anforderungen
DIN 52 132	5.96	Polymerbitumen-Dachdichtungsbahnen; Begriffe, Bezeichnung, Anforderungen
DIN 52 133	11.95	Polymerbitumen-Schweißbahnen; Begriffe, Bezeichnung, Anforderungen
DIN 52 141	12.80	Glasvlies als Einlage für Dach- und Dichtungsbahnen; Begriff, Bezeichnung, Anforderungen
DIN 52 143	8.85	Glasvlies-Bitumendachbahnen; Begriffe, Bezeichnung, Anforderungen
DIN 68 365	11.57	Bauholz für Zimmerarbeiten; Gütebedingungen
DIN EN 988	8.96	Zink und Zinklegierungen – Anforderungen an gewalzte Flacherzeugnisse für das Bauwesen. Deutsche Fassung EN 988: 1996
E DIN EN 1873	6.95	Vorgefertigte Zubehörteile für Dacheindeckungen – Lichtkuppeln aus Kunststoff mit Aufsetzkränzen

2.8 Literatur

[1] Arbeitsgemeinschaft Holz e.V.: Informationsdienst Holz, Druckschriften. Düsseldorf 1991–1997

[2] Braas Flachdachhandbuch für Planung und Ausführung. Frankfurt/Main 1995

[3] Düsdieker, W.: Ökologische Dachnutzung, Planungsgrundlagen für begrünte Dächer. In: DBZ 11/1987

[4] Forschungsgesellschaft Landesentwicklung Landschaftsbau. Richtlinien für die Planung, Ausführung und Pflege von Dachbegrünungen. Bonn 1990

[5] Götze, H.: Das Gründach: Anmerkungen aus der Sachverständigenpraxis. In: das bauzentrum 8/96

[6] Heinemann, H. D.: Stahltrapezprofile nach DIN 18807. In: BmK 6/93

[7] Hoffmann, O.: Handbuch für begrünte Dächer. Stuttgart 1987

[8] Industrieverband Bitumen-Dach- und Dichtungsbahnen e.V.: abc der Bitumenbahnen, Technische Regeln. Frankfurt/Main 1991

[9] Krolkiewicz, H.-J.: Planungskriterien zur Dachbegrünung. In: Dicht 4/91

[10] Künzel, H.: Zum heutigen Stand der Erkenntnisse über das UK-Dach. In: Bauphysik 1/1995

[11] Liesecke, H. J.: Grundlagen der Dachbegrünung. Richtlinien für die Planung und Ausführung von Dächern mit Abdichtungen. Köln 1991

[12] Lohmeyer, G.: Flachdächer – einfach und sicher aus Beton ohne besondere Dichtungsschicht. Düsseldorf 1993

[13] Merkel, H.: Langzeitverhalten von extrudierten Polystyrol-Hartschaumstoffen im Umkehrdach. In: DAB 9/96

[14] Steinhöfel, H.-J.: Flachdächer. Bedenkliche, mögliche, empfohlene Details in Regel- und Sonderfällen. Köln 1992

[15] Technischer Arbeitskreis Kunststoff- und Kautschukbahnen für Dach- und Bauwerksabdichtungen: Werkstoffblätter. Darmstadt 1990

[16] Wirtschaftsverband der deutschen Kautschukindustrie e.V.: Leitfaden für Elastomerbahnen und -planen aus Synthesekautschuk. Frankfurt/Main 1984

[17] Zentralverband des Deutschen Dachdeckerhandwerkes: Richtlinien für die Planung und Ausführung von Dächern mit Abdichtungen (Flachdachrichtlinien). Köln 1991

[18] Zimmermann, G.: Betonverbundstein-Pflasterdecke auf Umkehrdach; Verformung des Pflasters. In: DAB 1/90

[19] –: Durchwurzelungsschutz und Schutz vor mechanischen Beschädigungen. In: DBZ 3/88

[20] ZVSHK Fachregeln, Klempner: Richtlinien für die Ausführung von Metalldächern, Außenwandbekleidungen und Bauklempner-Arbeiten; Fachregeln des Klempner-Handwerkes 1991

[21] –: Unbelüftete wärmegedämmte Metalldächer in Klempner-Technik; Ausführung, Besonderheiten; Ergänzung der „Richtlinien für die Ausführung von Metalldächern, Außenwandbekleidungen und Bauklempner-Arbeiten", (E) 1992

[22] –: Belüftete und unbelüftete Metalldächer aus industriell vorgefertigten Klemmfalz-Profilen; Ergänzung der „Richtlinien für die Ausführung von Metalldächern, Außenwandbekleidungen und Bauklempner-Arbeiten", (E) 1992

[23] –: Unbelüftete wärmegedämmte Metalldächer in Klempner-Technik; Ausführung, Besonderheiten; Ergänzung der „Richtlinien für die Ausführung von Metalldächern, Außenwandbekleidungen und Bauklempner-Arbeiten", (E) 1992

3 Schornsteine (Kamine) und Lüftungsschächte

3.1 Allgemeines

Schornsteine (für Feuerstätten mit festen Brennstoffen) und Abgasanlagen (für Feuerstätten mit flüssigen oder gasförmigen Brennstoffen) sollen Verbrennungsgase so über Dach abführen, daß Luftverunreinigungen durch Schadstoffe wie Ruß, Kohlenmonoxyd oder Zersetzungsprodukte von Öl auf ein Mindestmaß beschränkt bleiben. Durch heiße Abgase dürfen weder die Schornsteine selbst noch angrenzende Bauteile gefährdet werden.

Die beim Verbrennungsvorgang entstehenden heißen Abgase haben ein geringeres spezifisches Gewicht als die umgebende Außenluft. Sie erhalten dadurch nach dem Archimedischen Prinzip einen Auftrieb mit einer Strömungsgeschwindigkeit, die abhängig ist von

— Temperaturdifferenz zwischen Abgas- und entsprechender Außenluftsäule,

— Höhe der Luftsäulen,

— Frischluftzustrom zur Feuerungsanlage,

— Strömungs- und Reibungswiderständen in Feuerungsraum und Schornstein,

— Abkühlung der Abgase innerhalb des Schornsteins.

Mit der Abgassäule muß eine entsprechende Zuluftsäule nach dem Prinzip der „kommunizierenden Röhren" einen Kreislauf bilden können (Bild **3**.1).

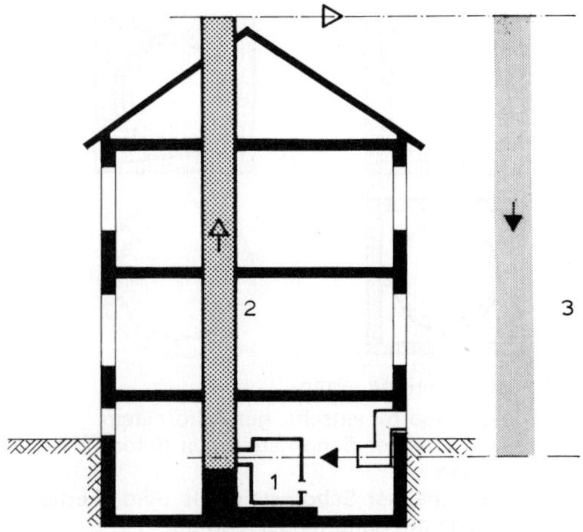

3.1
Funktionsschema eines Schornsteines
1 Feuerstätte
2 Abgassäule („warm, leicht") mit Auftrieb
3 äquivalente Außenluftsäule („kühler, schwerer")

Richtig dimensionierte Schornsteine funktionieren bei den jeweils betriebsbedingten Abgastemperaturen nach diesem Prinzip mit natürlichen Druckunterschieden.

Bei ihrem Weg durch den Schornstein kühlen sich die Verbrennungsgase ab. Der in ihnen enthaltene Wasserdampf kann dabei insbesondere in der Nähe der oberen Mündung kondensieren. Bei hohen Abgastemperaturen kommt es bei vorübergehender Kondensatbildung an den Innenwänden des Schornsteinkopfes in der Regel zu keinen Schäden.

Moderne Feuerstätten bzw. Wärmeerzeuger haben jedoch zur besserer Energieausnutzung heute meistens Abgastemperaturen von nur etwa 150 °C, bei Niedertemperaturkesseln mit extremer Energienutzung („Brennwertkessel") sogar von nur 40 bis 60 °C. Bei modernen Heizungssteuerungen können außerdem Programmschaltungen die Wirtschaftlichkeit der

Anlage durch längere Betriebspausen erhöhen. Die Abkühlung der Kessel wird dabei außerdem durch Abgasklappen in den Verbindungsstücken zwischen Kessel und Schornstein begrenzt. Dadurch kommt es zu verstärkter Auskühlung innerhalb des Schornsteines und besonders bei gasgefeuerten Heizanlagen zu erheblicher Kondensatbildung (Taupunktberechnung nach DIN 4705-1). Die Schornsteinwandungen müssen deshalb ohne Schaden vorübergehend Feuchtigkeit speichern können oder aus feuchtigskeitsunempfindlichen Baustoffen bestehen.

Aus allem folgt daher, daß Schornsteine sich aus den ursprünglichen einfachen Bauformen zu stark spezialisierten Bauelementen entwickelt haben, die sorgfältig in Verbindung mit der gesamten Heizanlage geplant werden müssen (Bild **3**.2).

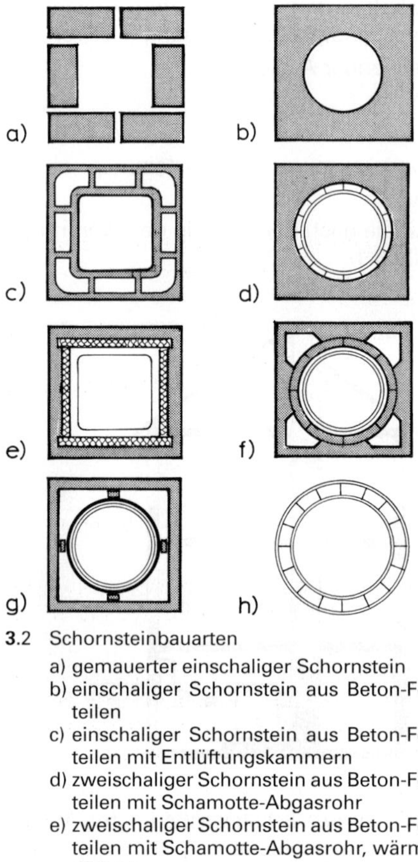

3.2 Schornsteinbauarten
a) gemauerter einschaliger Schornstein
b) einschaliger Schornstein aus Beton-Fertigteilen
c) einschaliger Schornstein aus Beton-Fertigteilen mit Entlüftungskammern
d) zweischaliger Schornstein aus Beton-Fertigteilen mit Schamotte-Abgasrohr
e) zweischaliger Schornstein aus Beton-Fertigteilen mit Schamotte-Abgasrohr, wärmegedämmt
f) zweischaliger Schornstein aus Beton-Fertigteilen mit feuchtigkeits-unempfindlichem Abgasrohr und Wärmedämmung
g) Spezialschornstein für Gasfeuerungen mit feuchtigkeits-unempfindlichem Abgasrohr und mit Zuluftrückführung
h) Stahlschornstein mit Abgasrohr aus Edelstahl, Wärmedämmung und Außenhülle aus Edelstahlblech

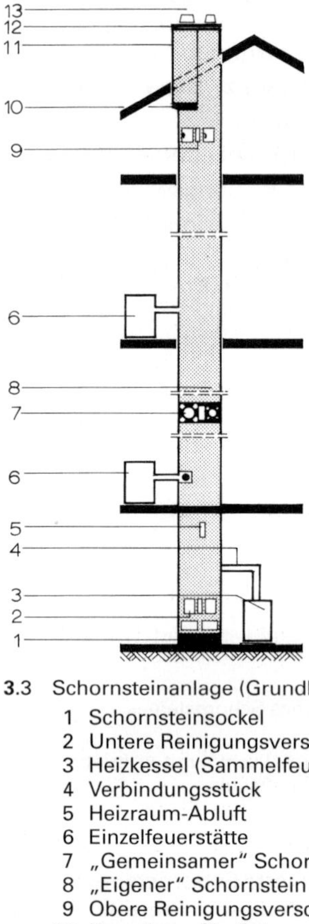

3.3 Schornsteinanlage (Grundbegriffe)
1 Schornsteinsockel
2 Untere Reinigungsverschlüsse (Putztüren)
3 Heizkessel (Sammelfeuerstätte)
4 Verbindungsstück
5 Heizraum-Abluft
6 Einzelfeuerstätte
7 „Gemeinsamer" Schornstein
8 „Eigener" Schornstein
9 Obere Reinigungsverschlüsse
10 Kragplatte für Schornsteinkopfummantelung
11 Schornsteinkopf (mit Ummantelung und Einfassung)
12 Abdeckplatte
13 Schornsteinmündung

Bei der Planung von Schornsteinen und bei der Bestimmung des Querschnittes sind zu beachten:

— Abgasart (Art der Brennstoffe)
— Nennwärmeleistung in kW, Abgasmassestrom und Zugbedarf
— Abgastemperatur (thermische Beanspruchung des Schornsteinmaterials)
— Betriebsart (z. B. gleichmäßiger Dauerbetrieb oder Intervallbetrieb)
— Lage (Festlegung innerhalb des Gebäudegrundrisses, Beeinflussung der Abgasführung durch Dachform, benachbarte Gebäude u. ä.)
— Zuluft
— Überwachung und Reinigung

Eine Heiz- bzw. Feuerungsanlage besteht grundsätzlich aus Heizkessel (bzw. Feuerstätte), Verbindungsstück und Schornstein (Abgasleitung). Die weiteren Grundbegriffe sind Bild **3**.3 zu entnehmen.

3.2 Allgemeine Bauvorschriften

3.2.1 Vorschriften und Normen

Grundlage für die Bauvorschriften von Schornsteinen und Abgaseinrichtungen sind die Bestimmungen der Landesbauordnungen, das Bundesimmissionsschutzgesetz und die Technischen Anleitungen zur Reinhaltung der Luft (TA Luft).

Einbau und Konstruktion von Schornsteinen sind in DIN 18160, DIN 18147, künftig DIN EN 1443 und in den Landesbauordnungen durch verschiedene Einzelvorschriften geregelt. Sie können im Rahmen dieser Abhandlung nur in den wichtigsten Teilen erwähnt werden.

3.2.2 Baustoffe

Schornsteine sind aus feuerbeständigen Baustoffen so herzustellen, daß angrenzende tragende Bauteile nicht mehr als 50 °C erwärmt werden.

Bei den für Hausheizungen in Betracht kommenden Abgastemperaturen ist in der Regel keine Erhitzung von Schornsteinbauteilen zu befürchten, die für angrenzende Bauteile kritisch werden könnte.

Wenn jedoch Abgasrückstände (z. B. Ruß) in Brand geraten oder wenn diese vom Schornsteinfeger beim „Ausbrennen" absichtlich in Brand gesetzt werden, können außerordentlich hohe Temperaturen an den Schornsteinaußenflächen entstehen. Brennbare Bauteile müssen daher bestimmte Abstände von den Schornsteinen haben (s. Abschn. 3.2.4).

Schornsteine müssen bereits ohne Oberflächenbehandlung (z. B. Putz) gasdicht sein.

Bei großen Querschnitten insbesondere von hohen Schornsteinen kann es durch Unregelmäßigkeiten bei der Verbrennung zu Verpuffungen mit erheblichen Explosionsschlägen kommen. Schornsteinwandungen müssen daher so beschaffen sein, daß sie auch derartigen Beanspruchungen gewachsen sind.

Die oberhalb des Daches liegenden Schornsteinteile müssen frostbeständig sein.

3.2.3 Schornsteinhöhe

Die Schornsteinhöhe wird im allgemeinen von der Gebäudehöhe bestimmt, wenn nicht freistehende Schornsteinanlagen (s. Bilder **3**.24 bis **3**.27) eine unabhängige Höhe ermöglichen.

Die wirksame Schornsteinhöhe (Abstand Feuerungsebene–Schornsteinmündung) beträgt nach DIN 18160 mindestens 4 m. Geringere Höhen sind bei speziellen Feuerungsanlagen bzw. bei Nachweis nach DIN 4705-1 und -3 möglich.

3.2.4 Abstände von anderen Bauteilen

Die Schornsteinmündung ist für geneigte Dächer möglichst am First vorzusehen und muß die höchste Dachkante bei Dachneigungen von mehr als 20° um mindestens 40 cm, bei Weichdächern (mit Stroh- oder Reetdeckung) mindestens um 80 cm überragen.

Von Dachflächen, die weniger als 20° geneigt sind, müssen Schornsteinmündungen einen Abstand von mindestens 1 m haben. Wenn Dächer eine allseitig geschlossene Brüstung von mehr als 50 cm Höhe haben (z. B. Attika von Flachdächern), muß die Schornsteinmündung 1 m über der Oberkante der Brüstung liegen. Bei Flachdächern ist in derartigen Brüstungen durch Öffnungen o. ä. dafür zu sorgen, daß gefährliche Abgasansammlungen über der Dachfläche ausgeschlossen werden.

Bei zusammengesetzten Baukörpern müssen die Schornsteinmündungen in der Regel im höchsten Bauwerk liegen. Dachaufbauten, deren Abstand kleiner als das 1,5fache der Schornsteinhöhe ist, müssen von Schornsteinen um mindestens 1 m überragt werden. Gleiches gilt für den Abstand von Bauteilen oder Bekleidungen aus brennbaren Baustoffen (Bild **3**.4).

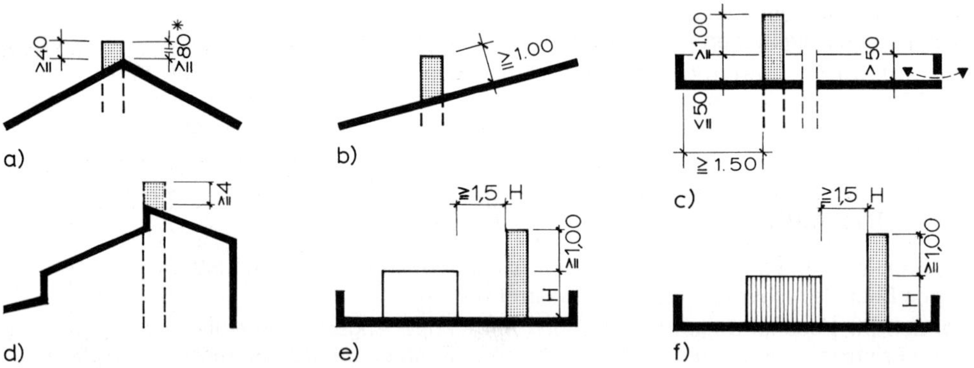

3.4 Abstände von Schornsteinmündungen
a) Dachneigung > 20° (* bei weicher Bedachung)
b) Dachneigung < 20°
c) Flachdächer mit allseitig geschlossener Aufkantung
d) zusammengesetzte Baukörper
e) Abstand von Dachaufbauten
f) Abstand von Bauteilen aus brennbaren Baustoffen

Von Fenstern und Balkonen müssen Schornsteinmündungen einen ausreichend großen Abstand haben, der Belästigungen durch Abgase ausschließt.

Häufige Sturmschäden an frei über Dachflächen stehenden Schornsteinen haben in letzter Zeit andererseits auch zu Höhenbegrenzungen geführt. Diese sind abhängig von der Bauart und der Einbauhöhe über Gelände. Bei Schornsteinen aus Formsteinen werden sie zum Bestandteil der amtlichen Einzelzulassungen. Danach dürfen ummauerte Schornsteine – gemessen in der Schornsteinachse – geneigte Dachflächen oder Flachdachflächen etwa 1,40 bis 1,90 m und verputzte oder verschieferte Schornsteine teilweise nur etwa 0,60 m bis höchstens 1,50 m überragen.

Nach DIN 18160, Abschn. 7.3 müssen die Außenflächen von Schornsteinen ≧ 5 cm von Bauteilen aus brennbaren oder schwerentflammbaren Baustoffen (z. B. Konstruktionshölzern) entfernt bleiben.

Bauteile aus nichtbrennbaren Baustoffen dürfen an Schornstein-Außenflächen unmittelbar anstoßen. Von nicht im Verband gemauerten (Formteil-)Schornsteinen müssen sie ≧ 2 cm entfernt bleiben.

Zwischenräume in den Deckendurchbrüchen sind dicht mit nicht brennbaren und ausreichend wärmedämmenden Baustoffen auszumauern oder auszufüllen (Bild **3**.5). Die Höhenänderung der Schornsteine darf dadurch aber nicht behindert werden. Die notwendige Aussteifung muß wirksam bleiben.

3.5
Deckendurchführung von Schornsteinen
a) Schnitt durch Schornstein und Holzbalkendecke, Hinterfüllung mit nichtbrennbarer Mineralwolle oder Beton
b) Schornsteinführung durch Stahlbetondecke; nicht brennbare Dämmplatte in senkrechter Fuge

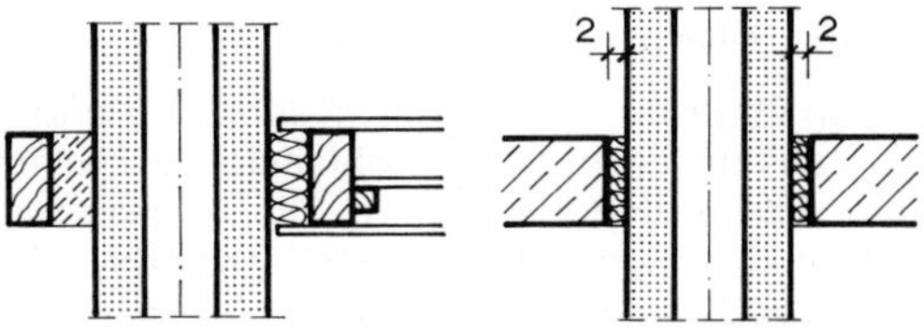

Von Einbauten wie leichten Trennwänden oder Einbauschränken aus brennbaren Bauteilen oder -stoffen müssen Mindestabstände von 5 cm eingehalten werden. Wenn die Abstandsräume verschlossen werden sollen, müssen unten und oben Belüftungsöffnungen vorgesehen werden (Bild **3**.6 a).

Rauchrohrdurchführungen ohne Wärmeisolierung müssen einen Mindestabstand von 20 cm gegenüber brennbaren Bauteilen haben (Bild **3**.6 b).

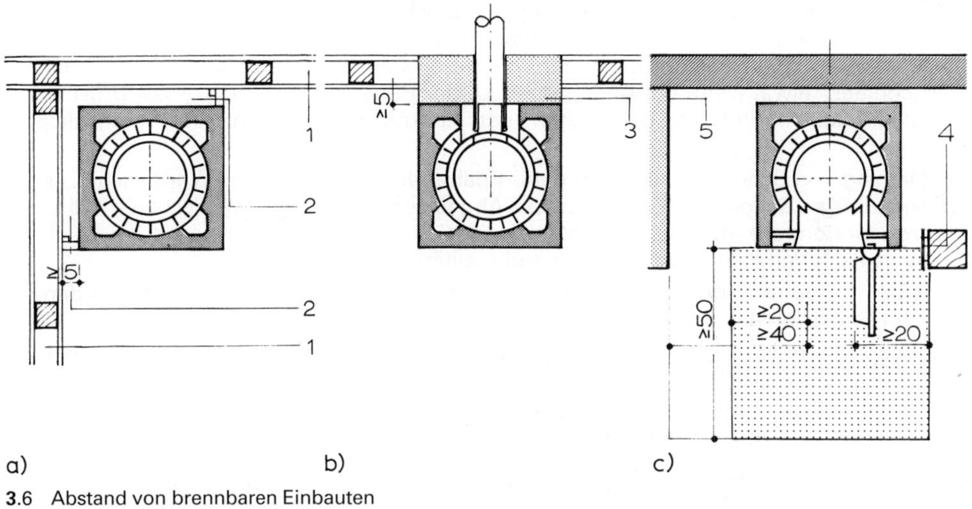

3.6 Abstand von brennbaren Einbauten
a) Abstand von leichten brennbaren Trennwänden und Einbauten
b) Abstände von Rauchrohrdurchführungen
c) Abstände von Reinigungsöffnungen

1 Trennwand, brennbare Baustoffe
2 Belüftungsöffnungen oben und unten
3 Wandteil aus nichtbrennbaren Baustoffen
4 Brennbarer Baustoff mit Schutz gegen Wärmestrahlung
5 Einbauschrank o.ä.
6 Fußbodenbereich aus nichtbrennbaren Baustoffen

Zwischen Reinigungsöffnungen und brennbaren Bauteilen (auch bei oberen Reinigungsöffnungen in Dachräumen) muß ein Mindestabstand von 50 cm eingehalten werden. Er kann auf 20 cm abgemindert werden, wenn die brennbaren Bauteile einen besonderen Schutz gegen Wärmestrahlung erhalten. Vor den Reinigungsöffnungen muß eine Fußbodenfläche von mindestens 50/50 cm aus nichtbrennbaren Baustoffen vorhanden sein (Bild **3**.6 c).

Nichttragende Bauteile aus brennbaren oder schwerentflammbaren Baustoffen (z. B. Fußböden, Fußleisten, Dachlatten) können – ausgenommen bei dünnwandigen und Stahlschornsteinen – mit kleinen Flächen an frei zugänglichen Stellen unmittelbar an die Schornstein-Außenfläche herangeführt werden.

3.2.5 Wärmeschutz

In den Abgasen der üblichen Brennstoffe sind neben Stickstoff aus der Verbrennungsluft und Ruß aus unverbranntem Kohlenstoff vor allem Kohlendioxyd (CO_2), Schwefeldioxyd (SO_2) und Wasser (H_2O) enthalten. Die Abgase von 1 kg Heizöl enthalten etwa 1,5 kg Wasserdampf, die Abgase von 1 m^3 Heizgas etwa 1,5 kg Wasserdampf.

Wenn sich die Rauchgase auf ihrem Weg durch den Schornstein abkühlen, kommt es bei Temperaturen von 40 bis 45 °C zur Kondensatbildung, und das als Dampf im Rauchgas enthaltene Wasser schlägt sich vor allem im Bereich des Schornsteinkopfes nieder. Bei dem üblichen intermittierenden Betrieb der Heizungsanlagen kann der Schornstein nur bei ausreichender Durchlüftung austrocknen.

Bei Neuanlagen sollten daher grundsätzlich feuchtigkeitsunempfindliche Systeme (FU) verwendet werden.

Besonders bei Ölheizungen verbindet sich im Laufe der Zeit die sich ansammelnde Feuchtigkeit mit den SO_2-Anteilen der Abgase zu schwefliger Säure, die die Baustoffe des Schornsteines angreift und allmählich durchdringt. Es kommt zur „Versottung" des Schornsteines, Diese Gefahr besteht besonders bei falsch bemessenen zu großen Schornsteinquerschnitten (etwa, wenn bei Änderungen an der Heizungsanlage z. B. – bei Umstellung von Öl- auf Gasfeuerung – die Überprüfung der Schornsteindimensionierung vernachlässigt wird).

Zur Planung von Schornsteinanlagen gehört daher die Festlegung des Wärmeschutzes für Schornstein und Schornsteinkopf, damit die Abgastemperatur möglichst nicht die kritischen Grenzen zur Kondensatbildung erreicht (etwa 50 °C für Wasserdampf, etwa 100 bis 130 °C für Säuren je nach Verbrennung und Brennstoffqualität).

Nach DIN 18160 müssen alle in Gebäuden verwendete Schornsteine in 3 Wärmedämmgruppen eingeordnet werden:

Gruppe I: Wärmedurchlaßwiderstand > 0,65 m^2 K/W (entsprechende Werte erreichen die meisten mehrschaligen Schornsteinsysteme)

Gruppe II: Wärmedurchlaßwiderstand 0,22 bis 0,64 m^2 K/W (z. B. isolierte Edelstahlschornsteine ohne Ummauerung)

Gruppe III: Wärmedurchlaßwiderstand < 0,21 m^2 K/W (gemauerte und einschalige Formsteinschornsteine).

Vorgefertigte Schornsteinsysteme müssen durch amtliche Prüfgutachten entsprechend beurteilt sein.

Bei der Auswahl des Schornsteines ist zu beachten, daß Schornsteine der Gruppe I immer erforderlich sind

— bei dicht schließenden Abgas- Absperrvorrichtungen sowie bei Öl- und bei Gas-Gebläsefeuerungen,
— bei außen am Gebäude liegenden Schornsteinen,

— bei Schornsteinen für Sonderfeuerstätten wie z. B. Abfallverbrennungsanlagen,
— bei Schlankheiten des Schornsteines > 100 (z. B. Schornsteininnenmaß 14 cm, Schornsteinhöhe > 14 m).

Wangen von Schornsteinen für Feuerstätten, die regelmäßig ganzjährig betrieben werden, müssen gegenüber Aufenthaltsräumen einen Wärmedurchlaßwiderstand haben, der mindestens der Wärmedurchlaßwiderstandsgruppe II entspricht. Dies gilt nicht, wenn die angeschlossenen Feuerstätten ganzjährig nur zur Warmwasserbereitung für nicht mehr als eine Wohnung betrieben werden.

Die Oberflächen tragender Wände, Pfeiler und Stützen aus Beton oder Stahlbeton dürfen nicht auf mehr als 50 °C erwärmt werden können. Im übrigen muß durch rechnerischen Nachweis gemäß DIN 4705 nachgewiesen werden, daß auf der Schornsteininnenseite die Oberflächentemperatur an der Mündung unterhalb der Wasserdampf-Taupunkttemperatur liegt.

Die früher üblichen gemauerten einschaligen Schornsteine (Bild **3**.2 a) sowie ein- oder zweischalige Schornsteine aus Formsteinen (Bild **3**.2 b und c) kommen somit nur noch für Einzel-Ofenheizungen, offene Kamine o. ä. in Betracht.

Moderne mehrschalige Systeme (Bild **3**.2 d bis f) bestehen in der Regel aus einem Schamotte-Innenrohr (auch mit Spezialbeschichtungen und Innenglasur), Wärmedämmschichten aus nicht brennbaren Mineralwolleplatten (auch Vermiculite o. ä. als Dämmörtel oder Verfüllung) und aus Leichtbeton-Mantelsteinen, die gleichzeitig auch Lüftungskanäle enthalten können.

Schornsteine für Heizungsanlagen mit niedrigen Abgastemperaturen werden mit hinterlüfteten Abgasrohren ausgeführt (s. Abschn. 3.3.3).

3.2.6 Standsicherheit

Schornsteine müssen auf tragfähigem Baugrund mit entsprechenden Fundamenten gegründet oder auf feuerbeständigen Bauteilen aufgesetzt sein. Für dünnwandige Abgasschornsteine genügt eine Unterstützung aus nicht brennbaren Baustoffen. Müssen Schornsteine oder Feuerungsanlagen mit hohen zu erwartenden Temperaturbelastungen auf bindigen Böden gegründet werden, muß durch Wärmedämmung ein Austrocknen und die damit verbundene Volumenverringerung des Untergrundes verhindert werden, weil es sonst zu erheblichen Setzungen der Fundamente kommen kann.

Im übrigen müssen Schornsteine eine Sohle (Sockel) haben, ausgenommen bei nur vorübergehend genutzten Feuerstätten (< 10 kW, bestimmten leichten Gasfeuerstätten und bei allseitig freistehenden offenen Kaminen (DIN 18 160 Abschn. 6.4).

Umfassungsbauteile von Schornsteinen (Schornsteinwangen) dürfen durch andere Bauteile wie Decken, Unterzüge und Stürze nicht belastet werden.

Schornsteine dürfen in tragende oder aussteifende Wände nur dann eingreifen, wenn dadurch die statische Wirksamkeit dieser Wände nicht beeinträchtigt wird.

In Dachräumen sind freistehende Schornsteine je nach Bauart ausreichend auszusteifen (in der Regel in Abständen von höchstens 3 m). Dabei dürfen auch Bauteile aus brennbaren Bauteilen (z. B. Teile der Dachkonstruktion) herangezogen worden, wenn die erforderlichen Abstände eingehalten werden.

Die über die Dachfläche hinausragenden Schornsteinteile (Schornsteinköpfe) müssen insbesondere den einwirkenden Winddruck- und -sogkräften standhalten können. Die Kippsicherheit des Schornsteinkopfes muß in der Regel allein durch sein Eigengewicht bewirkt werden und ist bei größeren Schornsteinhöhen statisch zu ermitteln. Für Schornsteine aus Fertigelementen können die erforderlichen Nachweise anhand von Tabellen der Hersteller geführt werden.

3.2.7 Querschnitte

Der lichte Schornstein-Querschnitt ist rund, quadratisch oder – nicht so günstig – rechteckig (*a*:*b*< 1:1,5). Der Mindestquerschnitt ist 100 cm² für Schornsteine aus Formsteinen und 140 cm² bei gemauerten Schornsteinen. Die kleinste Seitenlänge rechteckiger Querschnitte muß 10 cm betragen.

Bei der Dimensionierung gilt als Grundregel, daß die Schornsteine möglichst immer voll ausgelastet sein sollen, da auf diese Weise am besten der Kondensatbildung entgegengewirkt wird.

Für Regelfälle kann der erforderliche Schornstein-Querschnitt je nach Schornstein- bzw. Feuerstättenart bauaufsichtlich geprüften Tabellen oder Diagrammen der Hersteller von vorgefertigten Schornsteinen entnommen werden (Bild **3**.5). Im übrigen ist er rechnerisch nach DIN 4705-1 und -3 zu ermitteln.

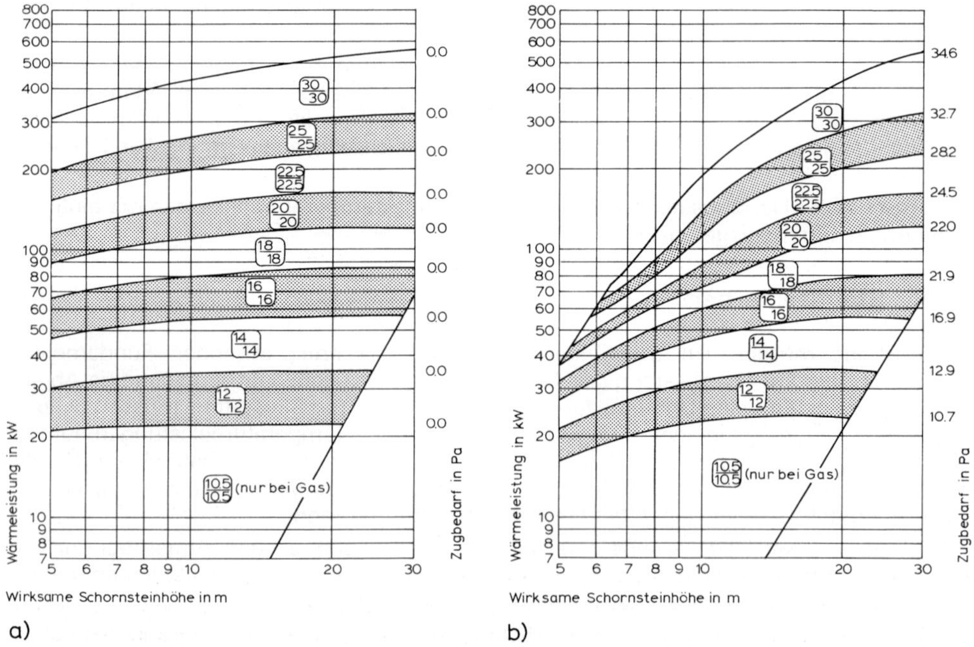

3.7 Beispiele für Nomogramme zur Ermittlung von Schornsteinquerschnitte (PLEWA Isomit 90)
a) Kessel ohne Zugbedarf (Überdruckfeuerung) für Heizöl EL oder Erdgas, Abgastemperatur 80 °C
b) Kessel mit Zugbedarf für Heizöl EL oder Erdgas, Abgastemperatur 160 °C

Die Schornsteine sind ohne Querschnittsänderungen senkrecht hochzuführen. Ein „Ziehen" (bis zu 60 °C gegen die Waagerechte) ist ohne Querschnittsänderung nur einmal zulässig. Bei Schornsteinen aus Formstücken nach DIN 18 150 dürfen für die Knickstellen nur besonders geformte Winkelstücke verwendet werden.

Bei geringfügigem Verziehen brauchen Schornsteine nicht besonders abgestützt zu werden. Bei größeren Verziehungen muß eine Abstützung auf nichtbrennbare tragende Bauteile vorgesehen werden (Bild **3**.8).

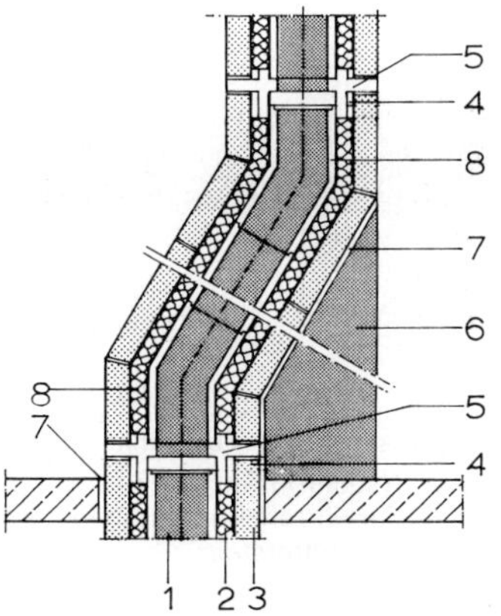

3.8
Unterstützung eines gezogenen Schornsteins (Lastabtragung auf ggf. besonders dimensioniertem Deckenteil)
1 Rauchrohr
2 Wärmedämmung
3 Mantelstein
4 Auflagenplatte mit Dehnstutzen (Dehnfuge 3 mm/stgdm, mind. 30 mm, Überdeckung > 20 mm)
5 Zwischenbauteil mit Dehnungstutzen
6 Untermauerung
7 Trennschicht
8 Rauchrohr-Formteil

Wenn irgend möglich, sollte das Verziehen von Schornsteinen jedoch vermieden werden, denn abgesehen vom baulichen Mehraufwand wird die Schornsteinleistung verringert, der Rußansatz begünstigt und die Brandgefahr erhöht.

3.2.8 Anschluß von Feuerstätten

An einen eigenen Schornstein ist anzuschließen (DIN 18160):

— jede Feuerstätte mit einer Nennwärmeleistung von mehr als 20 kW, bei Gasfeuerstätten von mehr als 30 kW,
— jede Feuerstätte in Gebäuden mit mehr als 5 Vollgeschossen,
— jeder offene Kamin oder andere offene Feuerstätte,
— jede Feuerstätte mit Gebläsebrenner,
— jede Feuerstätte, der die Verbrennungsluft durch dichte Leitungen so zugeführt wird, daß ihr Feuerraum gegenüber dem Aufstellraum dicht ist,
— jede Feuerstätte in Aufstellräumen mit ständig offener Verbindung zum Freien,
— Sonderfeuerstätten gemäß DIN 18160, Abschn. 5.3.6.

An einen gemeinsamen Schornstein dürfen angeschlossen werden:

— bis drei Feuerstätten für feste oder flüssige Brennstoffe mit einer Nennwärmeleistung von je höchstens 20 kW oder bis drei Gasfeuerstätten mit einer Nennwärmeleistung von je höchstens 30 kW (vgl. DIN 18160, Abschn. 5.3.2).

Gasfeuerstätten dürfen nicht an Schornsteine mit Feuerstätten für feste oder flüssige Brennstoffe angeschlossen werden (Ausnahme DIN 18160-1, Abschn. 5.3.2).

Verbindungsstücke. Anschlüsse von Feuerungsstellen sind mit möglichst kurzen (max. $\frac{1}{4}$ der wirksamen Schornsteinhöhe) Verbindungsstücken mit möglichst wenig Umlenkungen an den Schornstein anzuschließen. Im allgemeinen sind die Verbindungsstücke zum Schornstein hin steigend zu planen. Bei Feuerstätten mit Gebläsebrennern können sie aber auch fallend ausgeführt werden, wenn keine wesentlichen Druckverluste im Abgasstrom eintreten (Einzelheiten s. DIN 18160-2, Abschn. 4.2.2 f).

Die Verbindungsstücke sind – möglichst mit Hilfe besonderer Formstücke so in die Abgasrohre einzuführen, daß sie keinesfalls in diese hineinragen. Zwischenräume sind mit nicht brennbaren Materialien sorgfältig abzudichten. Dabei ist darauf zu achten, daß durch Zwischenräume die Übertragung von Körperschall (Brennergeräusche) auf den Schornstein ver-

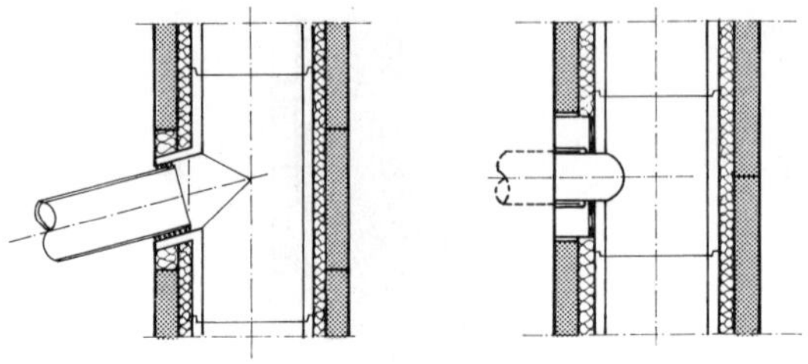

a) b)

3.9 Rauchrohranschluß mit Formteilen (Schiedel)
a) normaler Rauchrohranschluß
b) Anschluß für Einzelfeuerstätten in den Geschossen mit Rauchrohrfutterstein

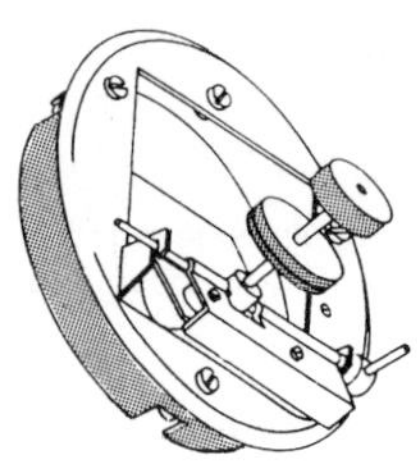

3.10 Zugbegrenzer (selbsttätige Nebenlufteinrichtung, Schiedel)

mieden wird. Für feuchteunempfindliche Schornsteine (s. Abschn. 3.2.3) sind spezielle, kondensatdichte Verbindungsstücke zu verwenden.

Stemmarbeiten aller Art sind an Schornsteinen nicht zulässig!

Müssen ausnahmsweise nachträglich Anschlußarbeiten ausgeführt werden, dürfen die erforderlichen Aussparungen nur durch Bohren oder mit Hilfe von Trennscheiben o. ä. hergestellt werden.

Nebenlufteinrichtungen. Richtig bemessene Schornsteine bedürfen keiner besonderen Regelungseinrichtungen für die Abgasableitung oder Durchlüftung. Bei Schornsteinen, die nach Umbaumaßnahmen an der Heizung überdimensioniert sind oder die eine nicht ausreichende Wärmedämmung aufweisen, können Nebenzugseinrichtungen bzw. Zugbegrenzer (Zulassung nach DIN 4795) zu gleichmäßigerem Schornsteinzug und zur Verringerung der Kondensatbildung beitragen (Bild **3**.10). Zugbegrenzer arbeiten entweder selbsttätig oder mit Zwangssteuerung während der Betriebsunterbrechungen der Kessel.

3.2.9 Wartungseinrichtungen

Zur Reinigung müssen Schornsteine an der Rauchrohrsohle mindestens 20 cm unter dem letzten Feuerstättenanschluß und – wenn eine Reinigung von der Mündung aus nicht vorgesehen werden kann – im Dachraum mindestens 10 cm x 18 cm große, dicht verschließbare, wärmegedämmte Reinigungsöffnungen mit bauaufsichtlichem Prüfzeichen haben.

Reinigungsöffnungen sind in Räumen mit erhöhter Brandgefahr nicht zulässig (Garagen zählen nicht dazu!) und dürfen nicht in Wohn- oder Schlafräumen, Lagerräumen für Lebensmittel oder Ställen liegen.

Die Reinigungsöffnungen müssen mindestens 20 cm unterhalb des tiefsten Feuerstättenanschlusses liegen.

Für die heute fast ausschließlich verwendeten mehrschaligen Schornsteine sind komplette Formteile für die Reinigungsöffnungen auf dem Markt (Bild **3**.11 b), die mit Kondensatfängen bzw. -ableitungen (auch mit Neutralisierungskammer) kombiniert sein können (Bild **3**.11 c).

Für die Reinigung vom Schornsteinkopf aus muß ein entsprechender, sicherer Zugang mit einer mindestens 42 cm x 52 cm großen, seitlich zu öffnenden Ausstiegsklappe in der Dachfläche vorhanden sein.

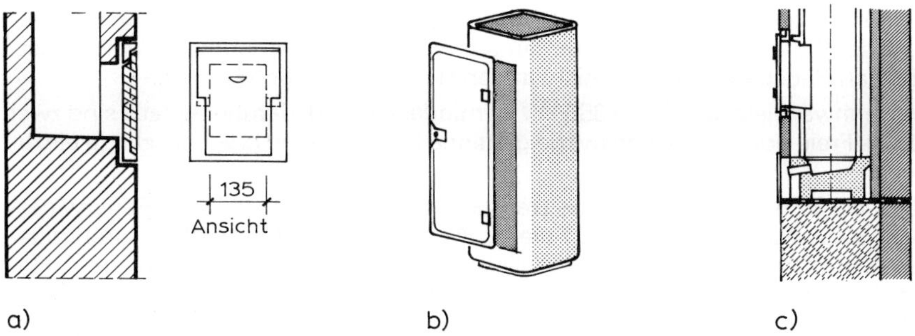

3.11 Reinigungsöffnungen
a) Reinigungsöffnung für einschaligen Schornstein
b) Formteil (Plewa)
c) Reinigungsöffnung kombiniert mit Kondensatfang (Schiedel)

Wenn die Austrittsöffnung höher als 80 cm über dem Fußboden des Zuganges liegt, ist eine unverschiebbare Leiter vorzusehen.

Befindet sich der Schornsteinkopf nicht unmittelbar neben der Austrittsöffnung, müssen auf Dächern mit Neigungen über 20° Trittstufen mit Gitterrosten angebracht werden (s. Abschn. 1.7).

Auf Dächern mit Neigungen über 20° oder mit nicht begehbaren Dachdeckungen (z. B. auch Wellfaserzementplatten) sind sicher begehbare Standroste neben den Schornsteinen (mindestens 25 x 40 cm) oder auch Laufstege gemäß DIN 18160-5 notwendig (s. auch Bild **1**.271). Sie müssen mindestens 25 cm breit sein und unterhalb des Firstes liegen. Auf Dächern mit einer Neigung von mehr als 60° oder wenn sie mehr als 2,00 m über Dach- oder sonstigen Flächen liegen, müssen sie auf mindestens einer Seite Geländer haben. Bei Höhenunterschieden von mehr als 80 cm sind Leitern oder Steigeisen vorzusehen (Steigeisen an Schornsteinen sind unzulässig).

Antennen, Freileitungen u. ä. dürfen den Zugang zum Schornstein und die Arbeit des Schornsteinfegers nicht behindern. Von elektrischen Freileitungen (> 1000 V) ist ein Sicherheitsabstand von > 1,00 m einzuhalten.

Im übrigen sollten alle Maßnahmen rechtzeitig mit dem zuständigen Schornsteinfegermeister abgestimmt werden.

3.2.10 Heizräume

Zusammen mit den Schornsteinen sind in der Regel auch die Heizräume zu planen.

Für Feuerungsanlagen mit Gesamtwärmeleistungen von mehr als 50 kW sind besondere Heizungsräume erforderlich, für die es in den verschiedenen Landesbauordnungen eine Reihe von untereinander abweichenden Bestimmungen gibt. Die nachfolgenden auszugsweisen Angaben aus der Hessischen Bauordnung können daher nur als Anhalt dienen.

— Heizräume müssen einen Rauminhalt von mindestens 8 m^3 und eine lichte Höhe von mindestens 2 m haben. Allerdings ergibt sich die lichte Höhe von Heizräumen meistens aus der Notwendigkeit, unter erforderlichen oft in mehreren Lagen vorzusehenden Heizungsleitungen noch die notwendige Durchgangshöhe zu erreichen.

— Heizräume dürfen nicht unmittelbar mit Treppenräumen „notwendiger" Treppen (s. Abschn. 4) oder mit Aufenthaltsräumen in Verbindung stehen. Bei Feuerstätten für feste

Brennstoffe dürfen Heizräume nicht oberhalb des Erdgeschosses liegen. Werden Heizräume für gas- oder ölgefeuerte Feuerstätten an anderer Stelle untergebracht, muß sichergestellt sein, daß Rauch oder Abgase nicht in den Heizraum dringen können.

- Bis zu einer Nennwärmeleistung von 350 kW ist mindestens ein, darüber hinaus sind zwei unmittelbar ins Freie oder in Rettungswege gehende Notausgänge bzw. -ausstiege einzuplanen.
- Alle Wände, Decken und Stützen von Heizräumen müssen feuerbeständig (Feuerwiderstandsklasse F90; s. Abschn. 15.6 in Teil 1 dieses Werkes) ausgeführt werden. Türen müssen in Fluchtrichtung aufschlagen, selbstschließend sein und, sofern nicht höhere Auflagen seitens der Bauaufsicht gemacht werden, mindestens der Feuerwiderstandsklasse T60 entsprechen.
- Leitungen aller Art (nur aus nichtbrennbaren Baustoffen) dürfen durch Wände und Decken von Heizräumen nur mit besonderen Vorkehrungen gegen Brandübertragung hindurchgeführt werden.
- Heizräume müssen mit unverschließbaren Be- und Entlüftungsöffnungen ausgestattet sein. Deren freier Mindestquerschnitt muß 300 cm^2 (+2,5 cm^2/1 kW der über 50 kW hinausgehenden Gesamtnennwärmeleistung) betragen. Spezielle Bauvorschriften betreffen Lüftungseinrichtungen mit Ventilatoren. Gegen die Körperschallübertragung von Brennergeräuschen sind die Kessel auf Betonplatten zu montieren, die auf der Bodenplatte des Gebäudes bzw. die Fundamente weich federnd gelagert sind.
- Brenner und Brennstoff-Fördereinrichtungen müssen durch außerhalb des Heizraumes liegende Schalter oder Absperreinrichtungen im Gefahrenfall abschaltbar sein.

Auch für die Brennstofflagerung gelten besondere Vorschriften.

Heizöl darf in Mengen bis 5000 l innerhalb des Heizraumes, bis 100 000 l nur in besonderen Lagerräumen mit feuerfesten Decken, Wänden und Türen gelagert werden. Es müssen entweder öldichte Auffangwannen vorgesehen werden oder doppelwandige Lagerbehälter mit Leckwarnanlagen eingebaut werden. Auf jeden Fall muß sichergestellt sein, daß Heizöl nicht in das Grundwasser oder in Entwässerungsanlagen geraten kann.

3.3 Schornsteinbauarten

3.3.1 Allgemeines

Aus Rationalisierungsgründen und weil die Schornsteinanlagen wesentlich stärker belastet sind, werden fast nur noch Schornsteine aus hochbeanspruchbaren, vorgefertigten Formsteinen gebaut.

Schornsteine aus Formsteinen werden ohne Verband neben tragenden oder nichttragenden Wänden errichtet und in der Regel durch die Geschoßdecken ausgesteift. Je nach Fabrikat sind Richtungsänderungen entweder überhaupt nicht oder nur für größere Querschnitte und in Gebäuden mit nicht mehr als 5 Geschossen zugelassen. Dabei sind besondere Formstücke einzusetzen (s. Bild **3**.8). Es müssen für den Anschluß der Feuerstätten, für Reinigungsöffnungen u. ä. Formteile verwendet werden.

Formstein-Schornsteine werden hergestellt mit rundem, quadratischem oder rechteckigem Rauchrohrquerschnitt, letztere mit ausgerundeten Ecken.

Insbesondere im Geschoßwohnungsbau werden zur Rationalisierung geschoßhohe Fertigelemente mit im übrigen gleichem konstruktivem Aufbau verwendet.

3.3.2 Einschalige Schornsteine aus Formteilen

Einschalige Formsteine bestehen meistens aus Ziegelsplittbeton und werden in verschiedenen Kombinationen von Rauchrohren und Entlüftungsschächten mit muffenartigen Querfugen als Einzeltrommeln mit vermörtelten Stoßfugen (MG II) aufgebaut (Bild **3**.12).

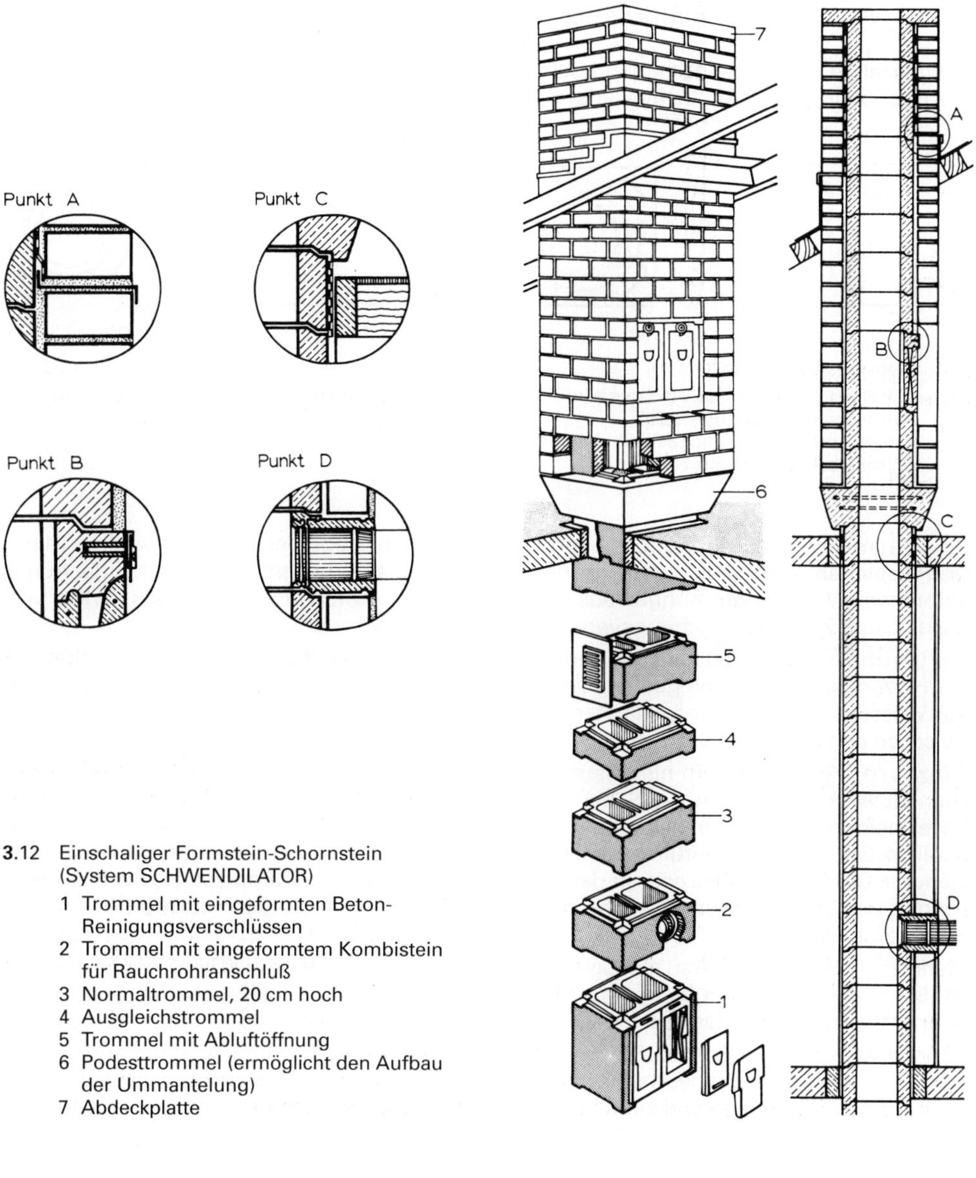

3.12 Einschaliger Formstein-Schornstein (System SCHWENDILATOR)

1 Trommel mit eingeformten Beton-Reinigungsverschlüssen
2 Trommel mit eingeformtem Kombistein für Rauchrohranschluß
3 Normaltrommel, 20 cm hoch
4 Ausgleichstrommel
5 Trommel mit Abluftöffnung
6 Podesttrommel (ermöglicht den Aufbau der Ummantelung)
7 Abdeckplatte

Die Rauchgastemperatur muß bei einschaligen Schornsteinen zur Vermeidung unzulässiger Kondensatbildung und der damit verbundenen Versottungsgefahr mindestens 190 °C betragen und darf 400 °C nicht überschreiten. In offenen Dachräumen, in Kalträumen und im Freien über Dach ist eine zusätzliche Wärmedämmung erforderlich.

Einen besseren Wärmeschutz bieten einschalige Hausschornsteine aus Leichtbeton (DIN 18150-1) mit zusätzlichen Luftkammern (Bild **3**.2 c).

Die relativ kostengünstigen einschaligen Schornsteine kommen heute fast nur noch für offene Kamine, Kachelofenheizungen o. ä. in Frage.

3.3.3 Mehrschalige Schornsteine aus Formteilen

Mehrschalige Schornsteine haben hochhitzebeständige und chemikalienfeste Abgasrohre aus Leichtbeton, Schamotte, glasierter Schamotte oder Edelstahl (Bild **3**.13).

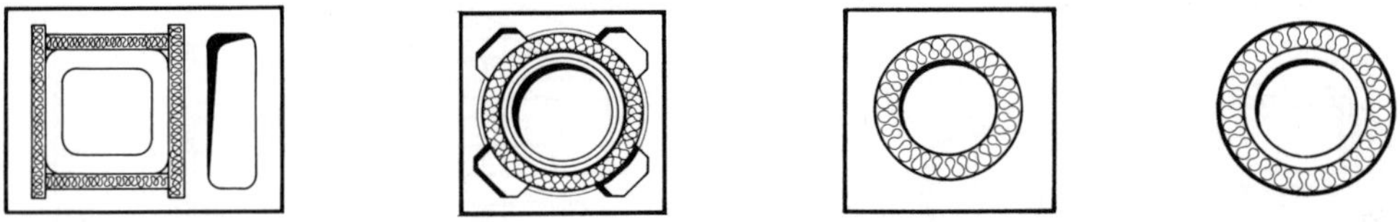

a) b) c) d)

3.13 Mehrschalige Schornsteine
a) Isolierschornstein PLEWA-Isomit (mit Abluftschacht kombiniert)
b) Isolierschornstein (ERLUS)
c) Isolierschornstein mit Edelstahl-Innenrohr
d) Isolierschornstein aus Stahl

Die Wärmedämmung besteht aus hochtemperaturbeständigen, nichtbrennbaren Mineralwolleplatten. Wegen der schwer kontrollierbaren Ausführungsmängel werden die früher verbreiteten Wärmedämmungen aus erdfeucht eingebrachten Mischungen aus Perlite, Vermiculite und Zement (Mischungsverhältnis 12 : 1) nur noch wenig ausgeführt.

Die Ummantelung besteht aus Formsteinen, in die auch Lüftungszüge für die Entlüftung der Heizungsräume mit eingeformt sein können. Die Mantelsteine müssen einen niedrigeren Wasserdampfdiffusionswiderstand haben als die Innenrohre, damit Kondensatausfall zwischen den Schichten vermieden wird.

Abgasrohre. Bei extrem niedrigen Abgastemperaturen um ca. 40 °C ist auch bei ausreichender Wärmedämmung der Schornsteine Kondensatbildung in den Abgasrohren nahezu unvermeidlich. Damit keine Durchfeuchtungsschäden entstehen, sind feuchtigkeitsunempfindliche Schamotte-Innenrohre mit besonderer Zulassung oder glasierte Innenrohre zu verwenden. Die Glasur bildet zwar in der Regel eine ausreichende Dampfsperre, doch sind bei einigen Herstellern sicherheitshalber zusätzliche Hinterlüftungen der Rauchrohre vorgesehen (Bild **3**.15).

Mehrschalige Schornsteine mit Leichtbeton-Innenrohrformstücken (DIN 18147 und DIN 18150) sind nur geeignet für Feuerstätten für feste und gasförmige Brennstoffe mit Abgastemperaturen von mindestens 190 °C.

Kondensat wird in speziellen Sammlern am Boden des Schornsteines aufgefangen. Das Kondensat wird in geschlossene Sammelbehälter aus Kunststoff geleitet und von Fall zu Fall entsorgt. Der Kondensatfang kann über einen Geruchsverschluß an die Abwasserleitungen angeschlossen werden, sofern nicht örtliche Bestimmungen dem entgegenstehen. Es sollte in diesen Fällen z. B. durch unmittelbar in der Nähe liegende Strangentlüftung des Kanalnetzes jedoch sichergestellt werden, daß über den Geruchsverschluß (Austrocknungsgefahr!) keine Kanalgase in den Schornstein gelangen.

Anfallendes Kondensat kann bei Gasfeuerstätten bis 200 kW Nennleistung unter Berücksichtigung der örtlichen Abwassersatzungen meistens in das Abwassernetz eingeleitet werden. Falls das nicht möglich ist, muß es ebenso wie Kondensat aus Ölfeuerungsanlagen in geschlossenen Behältern aufgefangen, regelmäßig neutralisiert und vorschriftsmäßig entsorgt werden [9].

Mehrschalige Schornsteine aus Fertigteilen werden in der Regel stufenweise aus Rauchrohr, Wärmedämmung und Schalenstein errichtet.

Die Formstücke sind mit Mörtel MG II gasdicht zu vermauern und so zu versetzen, daß die außenliegende Falzaufkantung nach oben weist, damit Kondensat oder Schlagregenwasser nicht in die Wärmedämmschicht eindringen kann (Bild **3**.14).

Bei den Rauchrohren ist säurefester Fugenkitt zu verwenden.

In Schornsteingruppen müssen die Stoßfugen der Rauchrohre gegeneinander versetzt sein.

Beispiele für vorgefertigte mehrschalige Schornsteine zeigen die Bilder **3**.14 und **3**.15.

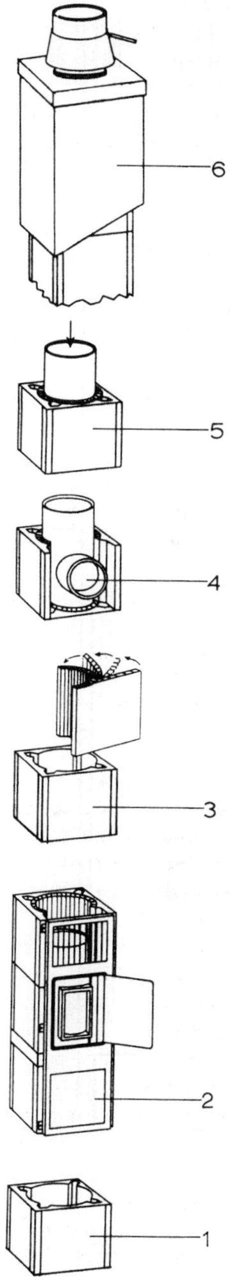

3.14
Montage-Schema für den Aufbau eines Isolier-Schornsteines mit Hinterlüftung (nach Unterlagen der Fa. Schiedel)

1 Einbau des Sockelformsteines (bzw. Mauern oder Betonieren des Sockels)
2 Einbau des Schornsteinfußes (Fertigelement mit Kondensatfang und ggf. Neutralisierungseinsatz, mit Reinigungstür und Zustromöffnung für Hinterlüftung)
3 je nach Höhe des Rauchrohranschlusses: Einbau von Normal-Mantelsteinen, Zuschnitt, Biegen und Einsetzen der vorgefertigten Wärmedämmung, Einsetzen des Schamotte-Abgasrohres (Stoßfugen in Spezialkit)
4 Einbau des Formteiles für den Rauchrohranschluß wie vor
5 weiterer Schornsteinaufbau wie bei 3
6 Aufsetzen der Schornsteinabdeckung mit Abströmrohrsatz (ggf. Anschluß des Blitzableiters), Schornsteinkopf mit Bekleidung oder Fertigteilen (s. Abschn. 3.4)

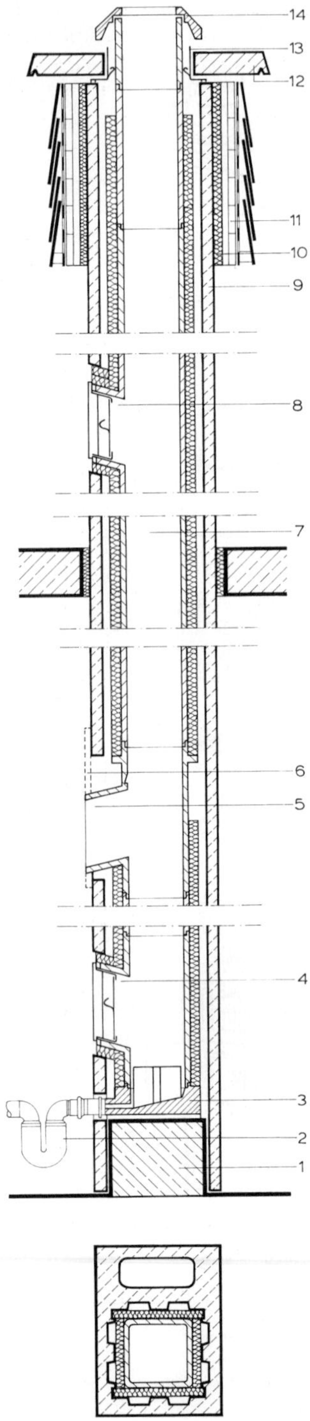

3.15
Mehrschaliger Schornstein mit hinterlüfteter Wärmedämmung (PLEWA isomit 90)

a) Schnitt, b) Grundriß mit seitlichem Abluftschacht

1 Betonsockel
2 Kondensatablauf mit Geruchsverschluß an Abwasserkanal angeschlossen
3 Kondensatsammler
4 Reinigungs-Formstück
5 Formstück für Feuerstättenanschluß (innen Kondensat-Umlenkrille)
6 Lufteintrittsöffnung mit Gitter
7 Abgasrohr (glasierte Schamottenrohre) mit Wärmedämmung
8 Revisions-Formstück (im Dachgeschoß; falls erforderlich)
9 Mantel-Formstein
10 Zusätzliche Wärmedämmung des Schornsteinkopfes
11 Verschieferung o. ä. auf hinterlüfteter Schalung
12 Beton-Abdeckplatte
13 Edelstahlblech-Kragen mit Haltekrallen für das Abgas-Endrohr (Abluftauslaß)
14 Abschlußhaube

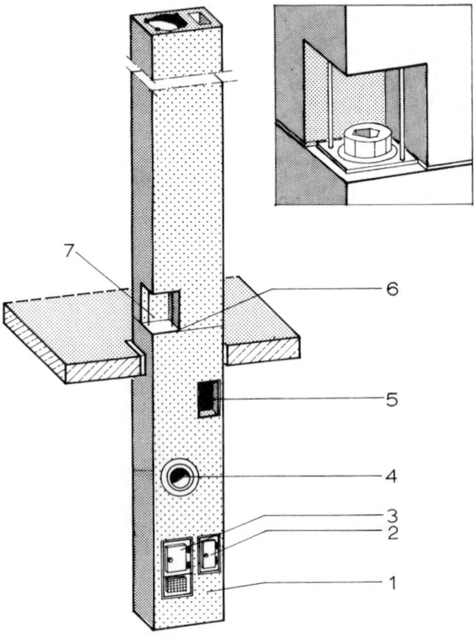

3.16 Geschoßhohe Schornstein-Elemente (z. B. Einzügig mit Hinterlüftung und Lüftungsschacht, Schiedel EGH)

1 Fußteil mit Sockel, Zuluft, Kondensatablauf
2 Putztür
3 Revisionstür
4 Rauchrohranschluß
5 Heizraum-Abluftöffnung
6 Elementfuge (oberhalb Geschoßdecke)
7 Biegesteife Verbindung

Für Brennwert- oder Niedertemperatur-Feuerstätten mit Abgastemperaturen bis 160 °C gibt es Schornsteinsysteme mit Nennweiten ab 8 cm bis 25 cm ∅, die aus überdruckdichten, feuchtigkeitssicheren keramischen Abgasrohren mit speziellen Muffendichtungen und aus Beton-Mantelsteinen bestehen. Die Innenrohre werden mit Abstandhaltern in den Mantelsteinen gehalten. Die plangeschliffenen Mantelsteine mit Außenabmessungen ab 22/22 cm können mit Dünnbettmörtel versetzt werden.

Derartige Schornsteine können raumluftunabhängig und für zusätzliche Energieeinsparung im Gegenstrombetrieb (Wärmetauscher) eingesetzt werden (Bild **3**.17).

In ähnlicher Weise können Schornstein-Innenrohre aus Edelstahl verwendet werden, die sich auch besonders für den nachträglichen Einbau in vorhandene alte Schornsteine oder Schächte eignen (Bild **3**.18).

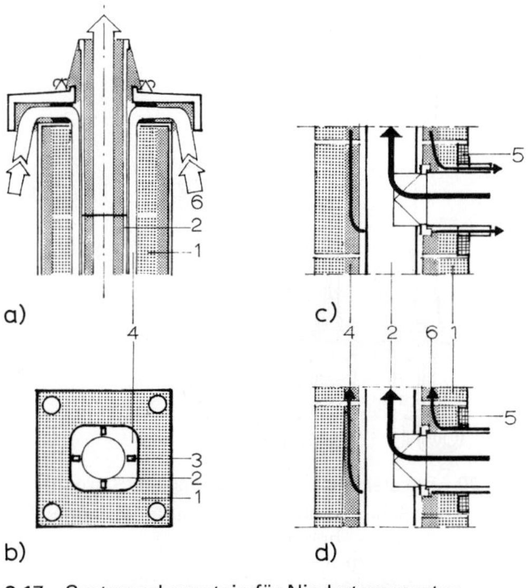

3.17 Systemschornstein für Niedertemperaturtechnik (Schiedel Vario)
a) Schornsteinkopf
b) Grundriß
c) Abgasanschluß für Gleichstrombetrieb (gesonderte Zuluftzuführung zum Heizraum)
d) Raumluftunabhängige Zuluft-Zuführung über den Schornsteinkopf

1 Mantelstein
2 keramisches Innenrohr
3 Abstandhalter an Stoßmanschetten
4 Hinterlüftungs- bzw. Zuluftraum
5 Spezial-Anschlußeinsatz
6 Zuluft

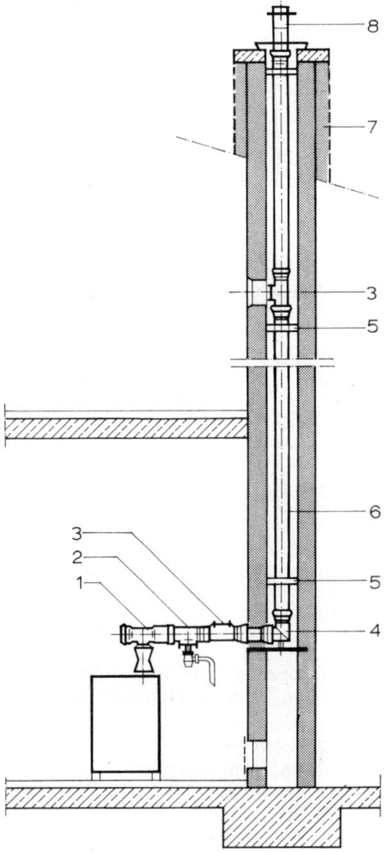

3.18 Schornstein mit Abgasrohren aus Edelstahl (LORO)

1 Kesselanschluß mit Revisionsstück
2 Kondensatablauf
3 Revisionsstück
4 Stützbogen mit Auflageschiene
5 Abstandhalter
6 Edelstahl-Muffenrohr
7 Schornsteinkopf
8 Abdeckkranz und Abströmaufsatz mit Windschutz

Für nachträglichen Einbau und auch für den Betrieb nachträglich eingebauter Feuerstätten (z. B. offene Kamine) sind doppelwandige Elementsysteme aus Edelstahl gut geeignet, die in Schächten oder Nischen und auch frei vor Außenwänden montiert werden können (Bild **3**.19).

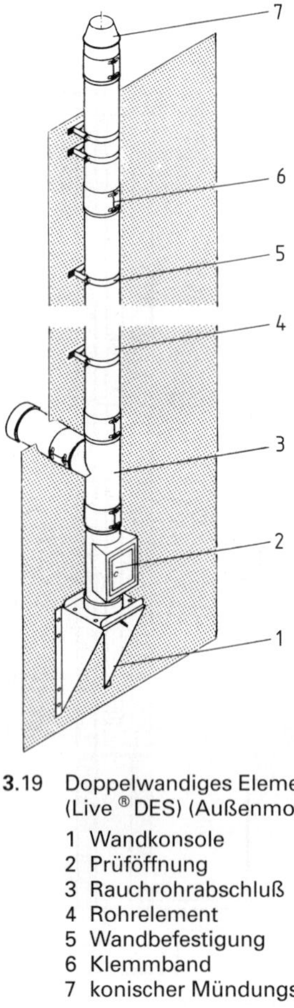

3.19 Doppelwandiges Elementschornsteinsystem (Live ® DES) (Außenmontage am Gebäude)
1 Wandkonsole
2 Prüföffnung
3 Rauchrohrabschluß
4 Rohrelement
5 Wandbefestigung
6 Klemmband
7 konischer Mündungsabschluß

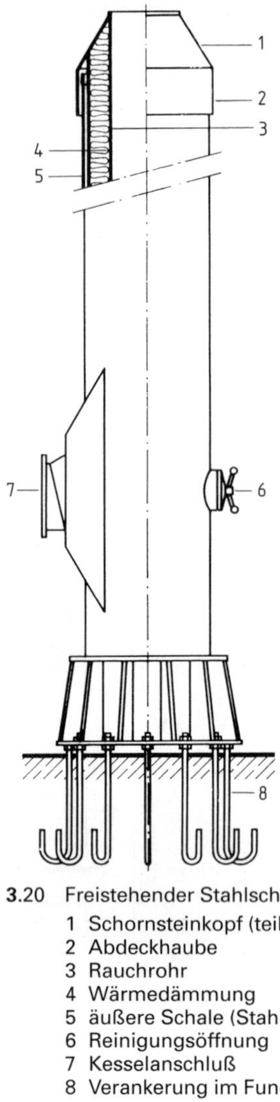

3.20 Freistehender Stahlschornstein (Sempar)
1 Schornsteinkopf (teilw. aufgeschnitten)
2 Abdeckhaube
3 Rauchrohr
4 Wärmedämmung
5 äußere Schale (Stahlrohr)
6 Reinigungsöffnung
7 Kesselanschluß
8 Verankerung im Fundament

3.3.4 Vorgefertigte freistehende Schornsteine

Vollständig vorgefertigte freistehende Schornsteine auch mit großen Höhen werden hauptsächlich aus Stahlrohren hergestellt. Bei ihnen besteht das Rauchrohr aus korrosions- und säurefestem Stahl, das äußere Mantelrohr aus korrosionsbeständigem oder beschichtetem Stahlrohr (Bild **3**.20).

Derartige Schornsteine können einzeln oder mit mehreren Abgasrohren auf verschiedene Weise frei stehend oder im Zusammenhang mit Gebäuden errichtet werden (Bild **3**.20 bis **3**.22).

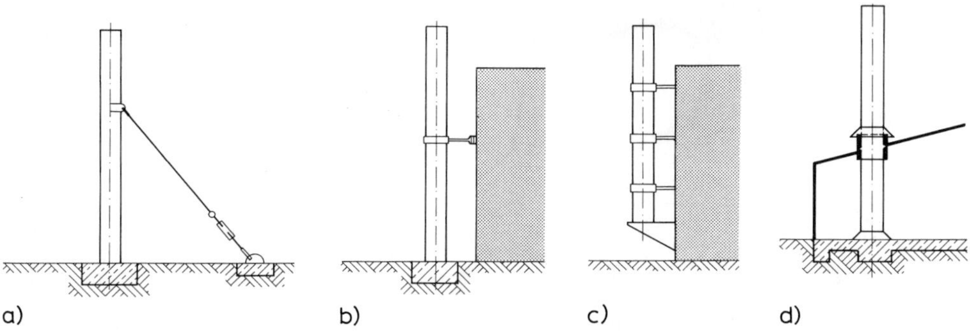

3.21 Statische Systeme für Stahlschornsteine
a) Freistehend auf Stahlbetonfundament verschraubt (auch mit zusätzlicher Abspannungen)
b) Freistehend auf Fundament mit Verankerung an Gebäude
c) Auf Konsole mit Verankerungen an Gebäude
d) Auf Fundament oder Bodenplatte innerhalb eines Gebäudes, Aussteifung durch entsprechend dimensionierte Gebäudeteile

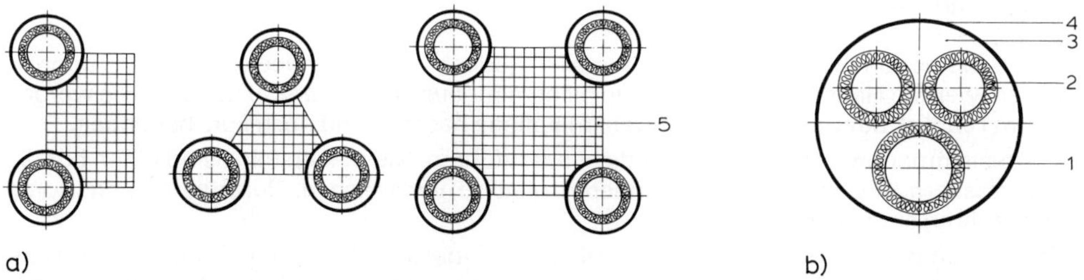

3.22 Kombinationsmöglichkeiten für freistehende Stahlschornsteine
a) Kombinationen von Einzelschornsteinen
b) Zusammenfassung verschiedener Abgasrohre zu einem Schornstein
1 Edelstahl-Abgasrohr
2 Wärmedämmung
3 Luftraum
4 Edelstahl-Außenhülle
5 Aussteifungs- und Wartungsrost

Auch sehr hohe oder hoch beanspruchte frei stehende Schornsteine mit großen Querschnitten können in Montagebauweise hergestellt werden. Bei derartigen Schornsteinen muß die besondere thermische Beanspruchung durch mehrlagige Wärmedämmung, durch Alufolien als zusätzlicher Abstrahlungsschutz und durch Leichtbetonmantelsteine mit zusätzlichem Wärmeschutz berücksichtigt werden (Bild **3**.23). Die Hohlräume der Mantelsteine nehmen bei derartigen frei stehenden Schornsteinen die erforderliche, bei der Montage fortlaufend einbetonierte Stahlbewehrung auf.

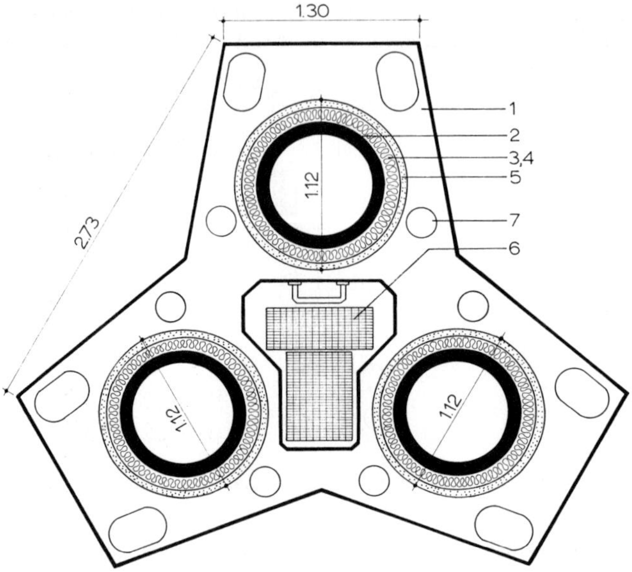

3.23
Frei stehender Hochleistungsschornstein (System Dr.-Ing. Richter).
Höhe der einzelnen Formstücke: 1 m

1 Mantelformstück (Stahlbetonfertigteil)
2 hitzebeständige, innendrucksichere Abgasrohre
3 Mineralwolle, bis 750 °C temperaturbeständig auf Drahtgewebe
4 Mineralwolle, bis 250 °C temperaturbeständig auf Alufolie
5 Leca-Einkorn-Isolierbeton
6 begehbarer Kontrollschacht
7 örtlicher Betonverguß mit Bewehrung

3.3.5 Gemauerte Schornsteine

Wegen des hohen Arbeitsaufwandes, vor allem jedoch wegen der heutigen hohen Anforderungen, werden Hausschornsteine heute nicht mehr aus Mauerwerk ausgeführt. Sie werden hier im Hinblick auf Sanierung oder Denkmalpflege nachfolgend noch kurz behandelt.

Schornsteinmauerwerk ist unbedingt dicht auszuführen. Die Mauersteine sind innen bündig zu vermauern, die Fugen sind im Inneren glatt zu verstreichen. Putzauskleidungen von Rauchrohren sind nicht zulässig.

Die Wangen gemauerter Schornsteine müssen mindestens 11,5 cm, bei mehr als 400 cm^2 Querschnitt 24 cm dick sein. Stark beanspruchte Schornsteinwangen aus Mauersteinen, insbesondere freiliegende Wangen in Außenwänden, müssen mindestens 24 cm dick sein. Sie sollten zusätzlich durch Dämmschichten vor Abkühlung geschützt werden. Wangen dürfen nicht durch Schlitze, Dübel, Anker, Mauerhaken usw. geschwächt oder sonst unzulässig beansprucht werden. „Zungen" (Zwischenwände zwischen den Rauchrohren) müssen mindestens 11,5 cm dick sein.

Schornsteine aus Mauersteinen dürfen mit Wänden nur aus den gleichen Baustoffen gleichzeitig im Verband hochgeführt werden.

Für den Mauerverband der Schornsteine gelten folgende Regeln:

1. Alle Zungen müssen in die Wangen eingebunden werden.
2. Durchgehende Stoßfugen von einem Schornstein zum anderen und Gesamtstoßfugen eines Schornsteins sind auf die kleinste Anzahl zu beschränken.
3. Es sind möglichst viele ganze Steine zu verwenden; abfallende Viertelsteine sind außen in das Wangenmauerwerk einzufügen.

Bild **3**.24 zeigt einen Schornsteinverband, bei dem die abfallenden Viertelsteine mit verwendet worden sind. Liegen die Schornsteine in einem Mauerzusammenstoß, so sind die Verbandregeln für den Maueranschluß zu beachten (Bild **3**.25).

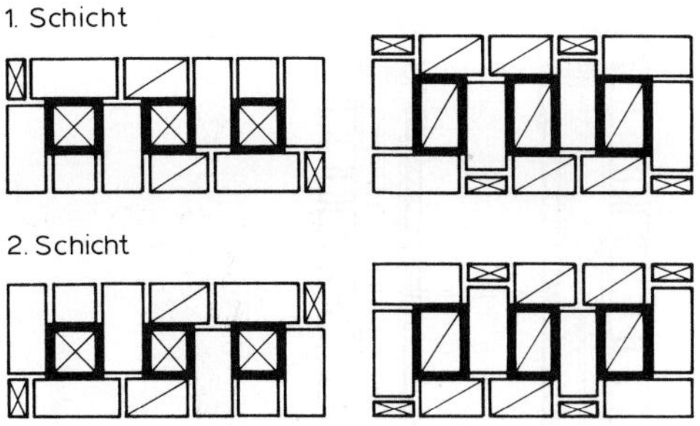

3.24 Gemauerte frei stehende Schornsteine

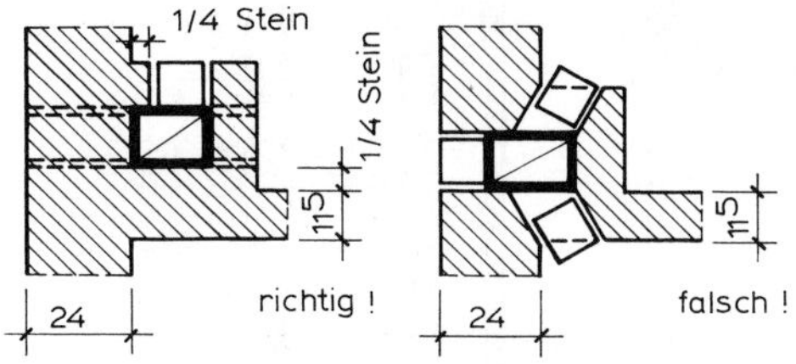

3.25 Schornsteingruppe am Maueranschluß. Die an der Ecke liegenden Viertelsteine sind besonders sorgfältig zu vermauern

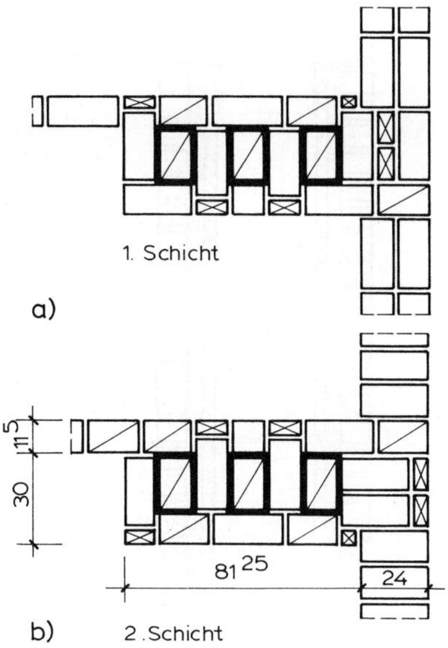

3.26 Schornsteinrohr in Mauerecke
a) ungeschwächter Maueranschluß, bequeme Ofenanschlüsse
b) Maueranschluß durch Rauchrohr geschwächt, schlecht sitzende Rohrfutter

Bei der Anordnung von Schornsteinrohren in den Ecken sich kreuzender Mauern dürfen tragende Mauern nicht geschwächt werden. Es ist zweckmäßig, die Schornsteinrohre mind. $^1/_4$ Stein vor die durchgehende Wand zu setzen, um einfache, rechtwinklige Rauchrohranschlüsse zu ermöglichen (Bild **3**.26).

3.4 Schornsteinkopf [1)]

Der Schornsteinkopf muß gegen Wärmeverlust, aber auch gegen Witterungseinflüsse, insbesondere gegen Schlagregen, geschützt werden.

Für die Oberflächen von Schornsteinköpfen enthält DIN 18 160-1 (Abschn. 9.2 und 10.4) eine Reihe von Bestimmungen.

So darf die Wasseraufnahmefähigkeit der Baustoffe nicht mehr als 20% der Masse betragen, und das Eindringen von Niederschlagwasser muß durch Ummantelungen, Putz oder Bekleidungen verhindert werden.

Bis zu einem Abstand von 1 m von der Schornsteinmündung dürfen nur Baustoffe der Brennbarkeitsklasse A 1 und A 2 DIN 4 102-1 (s. Abschn. 15.7 in Teil 1 des Werkes) verwendet werden.

Für Ummantelungen kommen in Betracht Mauersteine (z. B. Klinker jed. keine Lochsteine), Platten oder Schindeln aus Schiefer oder Faserzement, Zink- und Kupferblech. Wenn die

1) Höhen s. Bild 3.4

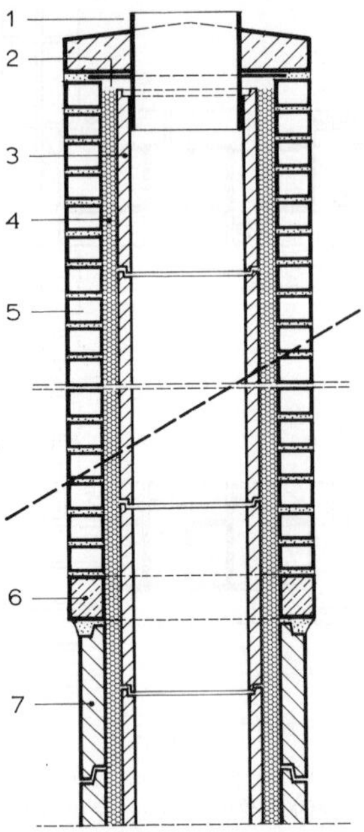

3.27 Ausführung eines Kaminkopfes mit angemauerter Bekleidung (Dachanschluß nicht eingezeichnet)
1 Kaminkopfabdeckung mit Dehnfugenblech (Dehnfugenblech auch bündig mit OK-Abdeckung möglich)
2 Dehnfuge
3 Schamotte-Rauchrohr (auch mit Innenglasur)
4 Wärmedämmung
5 Ummantelung mit sorgfältig verfugtem Klinkermauerwerk (nur Vollsteine!)
6 Kragplatte
7 Mantel-Formsteine

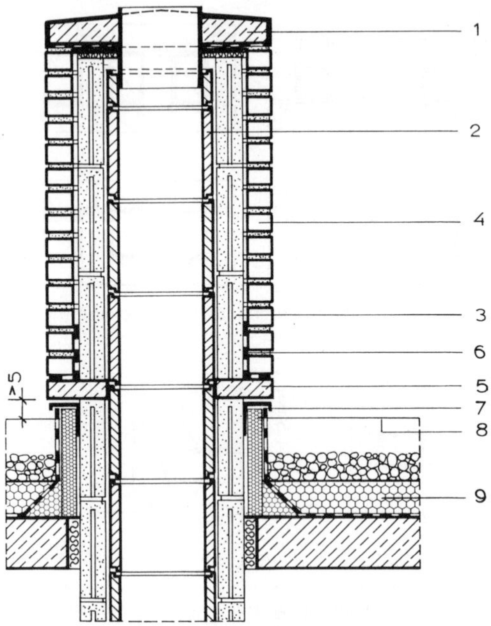

3.28 Schornsteinkopf in Flachdachfläche
1 Kaminkopf-Abdeckung mit Dehnfugenblech und Dichtungsschicht
2 Schamotte-Rauchrohr
3 Mantelsteine, wärmedämmend
4 Ummantelung mit Vollsteinen
5 Kragplatte
6 Abdichtung
7 Flachdachabdichtung mit Wandanschlußprofil
8 OK-Randprofil
9 Flachdachaufbau (Umkehrdach)

Unterkonstruktion dicht mit mineralischen Baustoffen abgedeckt ist, dürfen dafür Holzlatten u. ä. verwendet werden.

Bei der immer noch verbreiteten handwerklichen Ausführung wird eine Vorsatzschale aus sorgfältig verfugten Vormauersteinen (VMz) oder Klinkern (KMz) auf einer unterhalb der Dachhaut eingebauten Formsteinplatte aufgemauert (s. Bild **3**.27 und **3**.28).

Den Übergang zur Dachdeckung bildet eine „Einfassung" aus Zinkblech oder Walzblei, die mit einer dauerelastisch eingedichteten Übergangsleiste („Kappleiste") am Kaminkopf angeschlossen wird.

Kappleisten wurden früher treppenförmig in die Lager- bzw. Stoßfugen von gemauerten Kaminkopfbekleidungen eingebunden. Wegen des hohen Arbeitsaufwandes und auch wegen der Schadensanfälligkeit (Aufplatzen der erforderlichen Lötnähte) werden heute gradlinig verlaufende Kappleistenprofile verwendet, die auf komprimierbare Bitumendichtungen gedübelt und an der Oberkante dauerelastisch eingedichtet werden (Bild **3**.29).

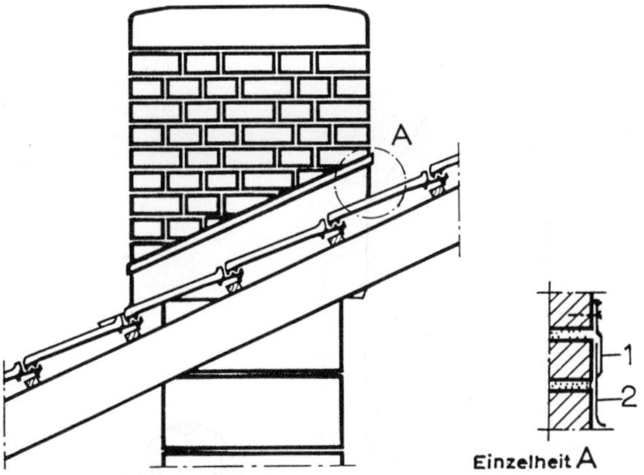

3.29
Konventionelle Kamineinfassung
1 Walzblei-Einfassung
2 Kappleiste auf Bitumendichtungsband aufgedübelt, oben mit dauerelastischer Eindichtung

Derartige Einfassungen werden jedoch leicht über offene oder gerissene Verfugungen (insbesondere, wenn für eine angemauerte Bekleidung gelochte Klinker verwendet wurden) von Nässe hinterwandert. Bei der heute meistens gegebenen intensiven Nutzung des Dachraumes kommt es dadurch oft zu erheblichen Schäden an den angrenzenden Bauteilen.

Sicherer wenn auch kostenaufwendiger ist es, die Schornsteinköpfe mit einer hinterlüfteten Bekleidung aus Kupferblech oder mit Verschieferung auszuführen, oder die Bekleidung wird als Fertigteil über die Einfassung gestülpt (Bild **3**.30).

Ein konventionell hergestellter Kaminkopf wird oben abgedeckt mit einer mindestens 8 cm dicken Ortbeton- oder Fertigteilplatte, die bündig mit den Außenflächen abschließen soll. Überstände verursachen Luftwirbel und können zu Stauungen im Abgasstrom führen.

Auch bei sorgfältiger Ausführung entsteht insbesondere zwischen großen betonierten Schornsteinabdeckungen und dem Mauerwerk des Schornsteinkopfes leicht ein Riß durch temperaturbedingte Längenänderungen und durch Schüsselung der Platte. Hier kann Schlagregenwasser eindringen und leicht seinen Weg bis zur Wärmedämmung des Schornsteinkopfes finden. Es empfiehlt sich daher, vor dem Betonieren den fertig gemauerten Schornsteinkopf oben zunächst mit einer Dichtungsschlämme zu behandeln. Auch eine abdichtende Zwischenlage mit einer Bitumen-Dachdichtungsbahn kann einen sicheren Übergang bis zum Dehnfugenblech bilden.

Die Fuge zwischen Kaminkopfmauerwerk und Abdeckplatte ist dauerelastisch abzudichten.

Die Innenrohre aus Schamotte o. ä. der heute fast ausschließlich verwendeten Schornsteine aus Formteilen haben infolge der Erwärmung durch die Abgase eine Längenänderung von etwa 1 mm/m. Diese werden Längenveränderungen unterhalb der oberen Schornsteinabdeckung durch Dehnfugenbleche aus korrosionsfestem Stahl (Bild **3**.27 und **3**.28) oder Formteile ausgeglichen (Bild **3**.31).

Schornsteine für niedrige Abgastemperaturen haben in der Regel hinterlüftete Abgasrohre bzw. Wärmedämmungen. Bei derartigen Schornsteinen werden die Innenrohre mit Endhauben, die über die obere Schornsteinabdeckung hinausgezogen (Bild **3**.31 und **3**.15).

Bei größeren Rauchrohrquerschnitten kann Vorsorge gegen Niederschlagwasser erforderlich werden, durch Abdeckungen aus korrosionsbeständigen Materialien in mindestens 20 cm Höhe über der Rauchrohrmündung. Sie müssen abklappbar oder so ausgeführt werden, daß sie die Arbeit des Schornsteinfegers nicht behindern. Derartige Abdeckungen kön-

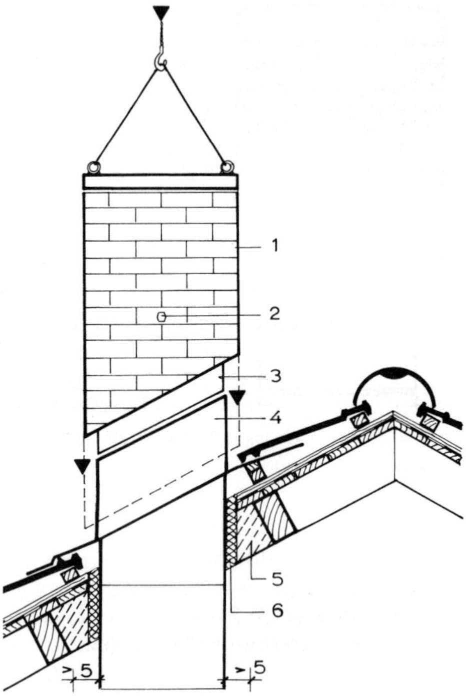

3.30 Vorgefertigter Schornsteinkopf (SCHIEDEL)
1 vorgefertigter Schornsteinkopf aus Faserbeton mit Verklinkerung
2 Fixierschraube
3 Formteil-Schornstein
4 Zinkblech-Verwahrung
5 Sparrenfeld zwischen den Wechseln ausbetoniert
6 Dämmplatte 2 cm

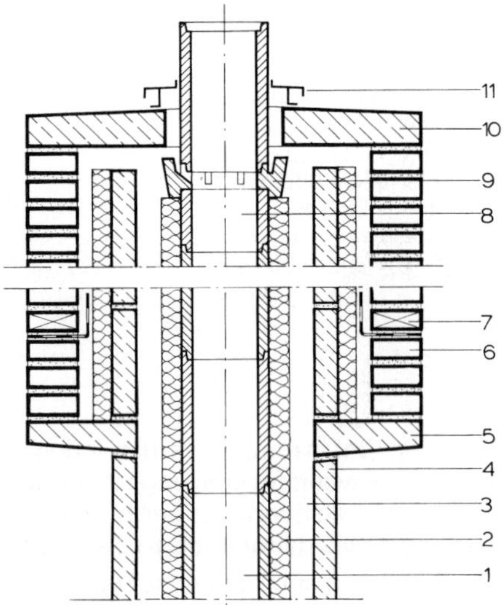

3.31 Schornsteinkopf für hinterlüftete Wärmedämmung (KA-BE)
1 Abgasrohr
2 Wärmedämmung mit Hinterlüftung
3 Hinterlüftung
4 Formsteinmantelrohr mit zusätzlicher Wärmedämmung am Schornsteinkopf
5 Kragenstein für Schornsteinkopf
6 Außenschale: Mauerwerk aus frostbeständigen Vollsteinen
7 umlaufende Abdichtung (oberhalb der Einfassung) mit offenen Stoßfugen
8 Paßstück
9 Mündungs-Formteil mit Auffangrinne
10 Beton-Abdeckplatte
11 Stahlblechkragen mit Abluftschlitz

nen durch die von ihnen bewirkte Querschnittsänderung des Abgasstromes zur Erhöhung der Strömungsgeschwindigkeit beitragen („Meidinger Scheibe").

Derartige Scheiben stehen jedoch im Widerspruch zu den auch in DIN 18 160-1 enthaltenen Forderungen, Abgase aus Schornsteinen zur Verminderung der Immissionsbelastung der Umgebung so hoch wie möglich ins Freie führen. Sie sind für Schornsteine mit feuchtigkeitsgeschützten Abgasrohren für Niedertemperaturbetrieb nicht erforderlich.

Gemauerte Schornsteinköpfe bilden wegen der vielen sorgfältig aufeinander abzustimmenden Arbeitsvorgänge, die auch noch meistens von verschiedenen Auftragnehmern auszuführen sind, und wegen der hohen Beanspruchungen andererseits bereits bei geringfügigen Ausführungsmängel sehr oft ärgerliche Schadensquellen.

Für moderne Montageschornsteine gibt es daher vorgefertigte Schornsteinköpfe.

3.5 Schornsteinsanierung

Ältere gemauerte Schornsteine, bei denen durch Abnutzung der inneren Wandungen oder der Ausfugungen die Gasdichtigkeit nicht mehr ausreichend gegeben ist, oder Schornsteine, deren Querschnitt geänderten Heizungsanlagen anzupassen ist, müssen deshalb nicht unbedingt vollständig erneuert werden. Zur Sanierung bzw. zur Querschnittsverringerung kommen verschiedene Verfahren in Frage.

— **Auskleidung mit Spezialbeton.** Bei gleichzeitigem Einbringen des Betons in das vorhandene, vorher gereinigte Rauchrohr werden Rüttelflaschen, deren Durchmesser dem geplanten neuen Querschnitt entspricht, allmählich hochgezogen (Bild **3**.32 a).

— **Einbau neuer Abgas-Rohrsysteme.** Insbesondere bei der Modernisierung von Heizungsanlage bzw. Wechsel der Brennstoffart (z. B. auf Gas) müssen die Querschnitte der vorhandenen Schornsteine meistens erheblich verringert werden. Außerdem muß bei derartigen Umbauten der höhere Kondensatanfall berücksichtigt werden. In Frage kommen Rohrsysteme aus korrosionsfestem Stahl (Bild **3**.32 b), Schamotterohren oder neuerdings auch aus feuerfestem Glas mit Edelstahl-Verbindern.

— **Auskleidung mit neuen Formteilen.** Für gerade, allenfalls nur geringfügig gezogene Schornsteine kommen starre oder flexible Edelstahlrohre sowie Schamotterohre mit oder ohne Innenglasur in Frage (Bild **3**.32 c).

Ob eine Wärmedämmung nötig ist, muß im Einzelfall geklärt werden. Sie kann aus überschobenen Mineralwollehülsen, bei einigen Systemen auch aus Schüttungen von Dämmstoffen bestehen. Meistens werden die Rohre jedoch ohne zusätzliche Wärmedämmung eingebaut, und der verbleibende Hohlraum wird hinterlüftet.

Vielfach wird es bei Sanierungen erforderlich sein, die Schornsteinköpfe vollständig zu erneuern. Dann sollten Lösungen ähnlich wie in Bild **3**.31 gezeigt oder Fertigteil-Schornsteinköpfe (Bild **3**.30) vorgezogen werden.

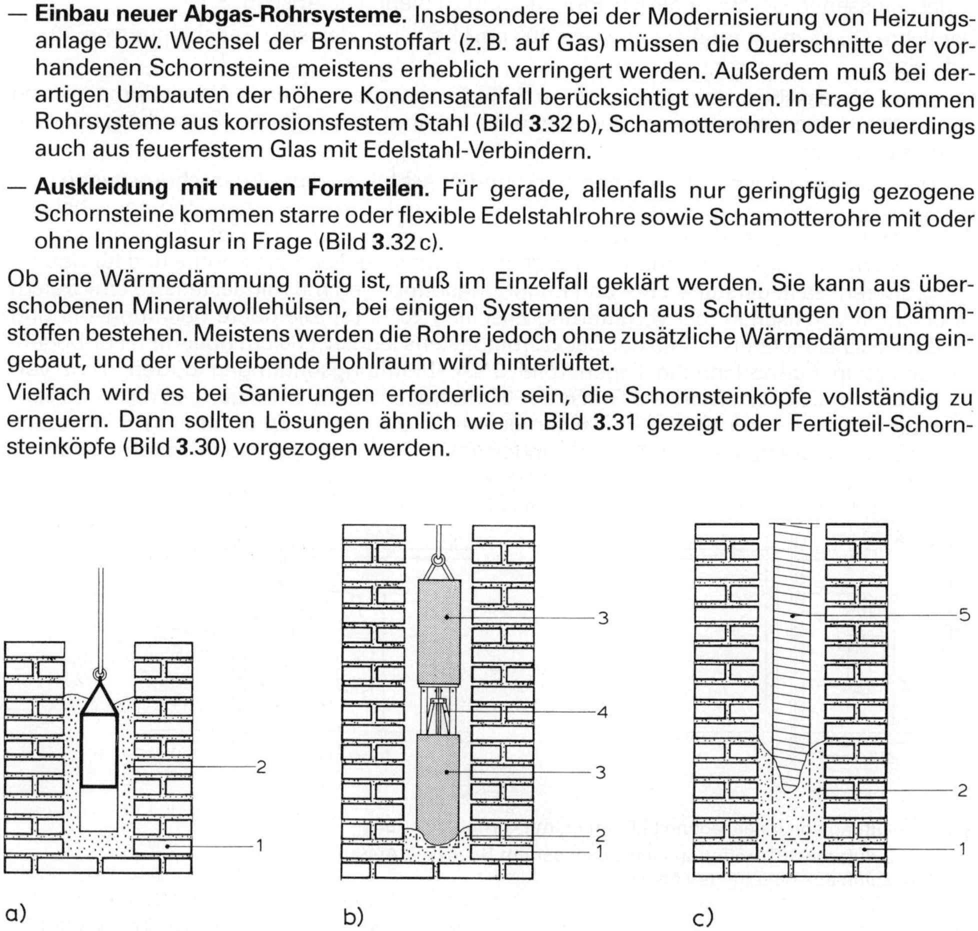

3.32 Sanierungssysteme
a) Auskleidung mit Spezialmörtel
b) Einbau von Schamotte-Formrohren
c) Einbau von flexiblen Edelstahlrohren

1 Vorhandenes Schornsteinmauerwerk
2 Mörtel
3 Schamotterohr
4 Hebe- und Ausrichtvorrichtung
5 flexibles Edelstahlrohr

3.6 Abgasschornsteine

Nach den „Technischen Vorschriften und Richtlinien für die Einrichtung und Unterhaltung von Niederdruckgasanlagen in Gebäuden und Grundstücken DVGW-TVR-Gas" sind für Gasgeräte (z. B. Haushaltsgasherde, Kleinwasserheizer) keine besonderen Abgasanlagen erforderlich.

Größere Gasfeuerstätten, wie z. B. Warmwasser-Durchlauferhitzer für Bäder oder „Thermen" als Heizgeräte für Etagen- oder Zentralheizungen, müssen an Abgasschornsteine angeschlossen werden.

Abgasschornsteine sind nach DIN 18 160-1 in Abhängigkeit von der Nennwärmeleistung der angeschlossenen Geräte zu dimensionieren und zu planen (s. Abschn. 3.1.1).

Der lichte Querschnitt muß mindestens 100 cm^2 bei einer kleinsten Seitenlänge von 10 cm aufweisen.

An einen Abgasschornstein dürfen bis zu 3 Gasfeuerstätten mit einer Nennwärmeleistung von je 30 kW angeschlossen werden, wenn die Verbrennungsluft den Aufstellungsräumen entnommen wird.

Bei allen Gasfeuerstätten ist zwischen Gerät und Anschluß an den Abgasschornsteinen eine Strömungssicherung einzubauen, die bei Sauerstoffmangel oder Störungen bei der Gasverbrennung gefährliche Anreicherungen von unverbranntem Gas, Kohlenmonoxyd oder Kohlendioxydgas verhindert. Außerdem sind für innenliegende Räume und für Räume mit größeren Gasfeuerstätten Be- und Entlüftungsöffnungen mit mindestens 75 cm^2 freiem Querschnitt vorzusehen (bei Vergitterung Zuschlag 20%) [3]. Die obere Belüftungsöffnung muß möglichst dicht unterhalb der Decke, mindestens jedoch 1,80 cm über dem Fußboden, die untere in Fußbodennähe liegen (Bild **3**.33). Belüftungsöffnungen dürfen nicht verschließbar sein. Die erforderliche Größe der Öffnungen richtet sich im übrigen nach den Landesbauordnungen und beträgt im allgemeinen für die untere Zuluftöffnung mindestens 50%, für die obere Belüftungsöffnung mindestens 25% des vorhandenen Schornsteinquerschnitts.

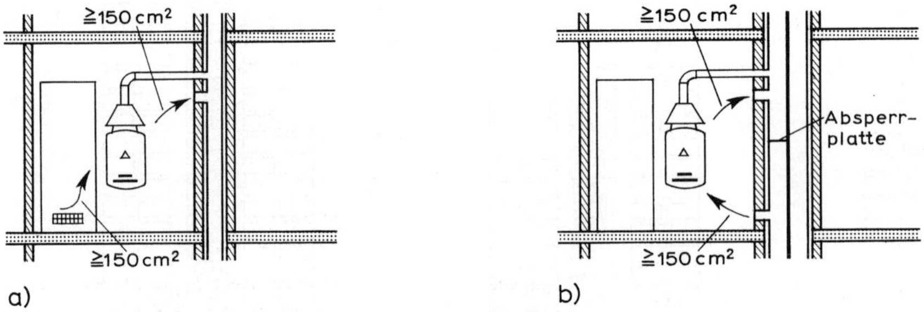

3.33 Belüftung von innenliegenden Räumen mit Gasfeuerstätten
a) Zuluft durch Türöffnung aus benachbartem Raum mit Außenfenster
b) Zuluft aus Belüftungsschacht

Bei der Verbrennung von Erd- oder Stadtgas fällt neben den übrigen Abgasen eine beträchtliche Menge von Wasserdampf an (ca. 800 g/m^3 des verbrannten Gases). Auch bei gutem Wärmeschutz kommt es daher zu erheblicher Kondensatbildung. Die Abgasschornsteine müssen daher aus wasserundurchlässigen Materialien (z. B. Faserzementrohre, Edelstahlrohre, glasierte oder feuchtigkeitsunempfindliche Schamotterohre) bestehen. Am unteren Ende der Abgasschornsteine sind Kondensatsammler vorzusehen (Bild **3**.34) oder das Kondensat ist in die Hausentwässerung einzuleiten (s. Abschn. 3.3.3).

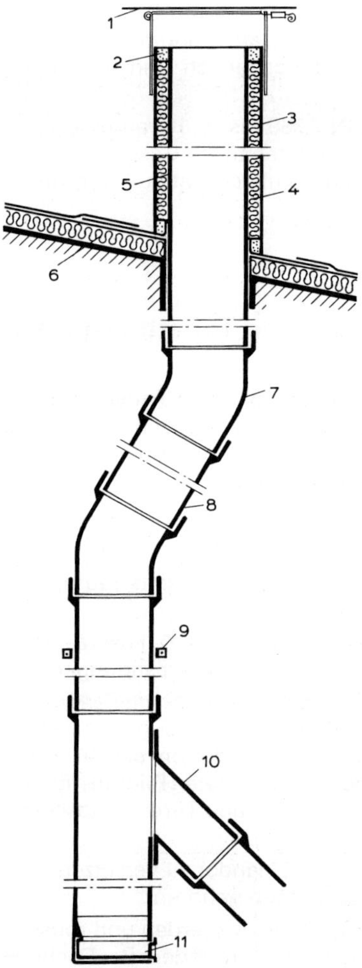

3.34 Abgasschornstein aus Faserzementrohr (Fulgurit)

1 Meidinger Scheibe (aufklappbar)
2 dauerelastische Abdichtung
3 Stulprohr aus Faserzement
4 Wärmedämmung
5 Einfassung aus Zinkblech, in Dachhaut eingeklebt bzw. eingedichtet
6 Wärmedämmung und Dampfsperre aus Stahlbetonplatte
7 Bogen-Formstück
8 gezogener Schacht, feuerfest zu unterstützen
9 Rohrschelle
10 aufgeschraubter Anschlußstutzen (Formteil)
11 Schwitzwasserschale, herausziehbar

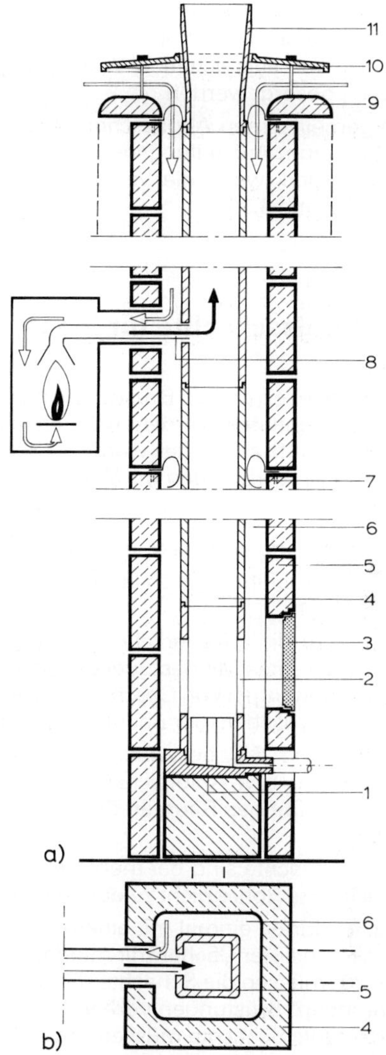

3.35 Abgas-Sammelschacht für raumluftunabhängige Gasfeuerstätten (PLEWA)

a) Schnitt, b) Grundriß

1 Kondensatablauf
2 Überströmöffnung
3 Kontrolltür
4 glasierte Schamotte-Innenschale
5 Mantelstein
6 Zuluftschacht
7 Abstandhalter
8 Feuerstättenanschluß mit Zuluftführung (schematisch)
9 Betonabdeckung (Kaminkopfbekl.)
10 Abdeckplatte
11 Venturi-Aufsatz

Zu beachten ist, daß bei winterlichen Außentemperaturen in den oberen Bereichen von Abgasschornsteinen mit erheblicher Vereisungsgefahr bei Kondensatbildung zu rechnen ist. Es muß also für ausreichende Wärmedämmung im Mündungsbereich und in offenen Dachräumen gesorgt werden.

An einen gemeinsamen Abgasschornstein dürfen nach DIN 3368 bis zu 10 raumluftunabhängige (d. h. zum Aufstellungsraum hin völlig dicht) gebläseunterstützte Gasgeräte angeschlossen werden, wenn die Verbrennungsluft besonderen Zuluftschächten entnommen wird (Bild **3**.35 und **3**.36).

3.7 Lüftungsschächte für innenliegende Bäder und Toilettenräume

Können innenliegende Bäder und Toilettenräume nicht durch Fenster ausreichend be- und entlüftet werden, muß Frischluft durch Schächte und Kanäle in die Räume geleitet und Abluft abgeleitet werden. Die notwendige Luftströmung wird durch thermischen Auftrieb in Verbindung mit Winddruck bzw. -sog oder mechanisch durch Ventilatoren bewirkt.

Lüftungseinrichtungen ohne Ventilatoren

Richtlinien zur Ausführung von Lüftungseinrichtungen für innenliegende Sanitärräume enthält DIN 18017-1.

Danach müssen die erforderlichen Lüftungsschächte glattwandig sein (z. B. Faserzementrohr) und sollen einen Mindestquerschnitt von 140 cm^2 haben. Um Schallbelästigungen und Geruchsübertragungen von Geschoß zu Geschoß zu verhindern, ist für jeden Raum ein eigener Schacht vorzusehen, der über Dach zu führen ist (Bild **3**.35).

Wenn Bäder und WC derselben Wohnung nebeneinanderliegen, dürfen sie an einen gemeinsamen Zu- bzw. Abluftschacht angeschlossen werden. Die belüfteten Räume müssen gegenüber den übrigen Räumen der Wohnung durch dicht schließende Türen abgeschlossen werden.

Die Lüftungsschächte sind bei mehreren Geschossen so gegeneinander zu versetzen, daß zwei benachbarte Rohre nicht zu aufeinanderfolgenden Geschossen gehören.

Die Schächte dürfen einmal mit einem Winkel von max. 60° verzogen werden und müssen in Firstnähe geneigter Dächer mit mindestens 40 cm Dachüberstand münden. Bei Dachneigungen < 20° müssen die Schächte die Dachfläche um mindestens 1 m überragen. Sind an den Dachrändern Brüstungen vorhanden („Attika"), müssen diese mindestens 50 cm überragt werden. Alle Schächte müssen Revisionsöffnungen haben.

Am unteren Ende sind die Schächte mit einem ins Freie mündenden Zuluftkanal zu verbinden, der auch zwei einander gegenüberliegende Öffnungen haben kann. Auch andere dichte Zuluftleitungen zur Außenwand können zugelassen werden.

Der Querschnitt des Zuluftkanals muß mindestens 80% der Summe aller angeschlossenen Schachtquerschnitte betragen. Es sind runde und Rechteckquerschnitte (kleinste Kantenlänge > 90 mm) mit einem Mindestquerschnitt von 150 cm^2 zugelassen. Die Außenöffnungen sind so zu vergittern (Maschenweite > 10 x 10 mm), daß der erforderliche Mindestquerschnitt erhalten bleibt.

Zuluftöffnungen in den Räumen müssen einen freien Mindestquerschnitt von 150 cm^2 haben. Sie sind in Bodennähe anzuordnen und müssen mit regelbaren Verschlüssen ausgestattet sein, mit denen Zugerscheinungen ausgeschlossen werden können.

Abluftöffnungen müssen bei einem Mindestquerschnitt von 150 cm^2 möglichst nahe unter der Decke angeordnet sein.

Derartige Lüftungssysteme reichen unter normalen klimatischen Verhältnissen im allgemeinen zwar aus und sind praktisch wartungsfrei. Sie erfordern jedoch bei mehrgeschossigen Bauten einen hohen Platzbedarf und sind nur schwer gegen Schallübertragung ausreichend zu sichern.

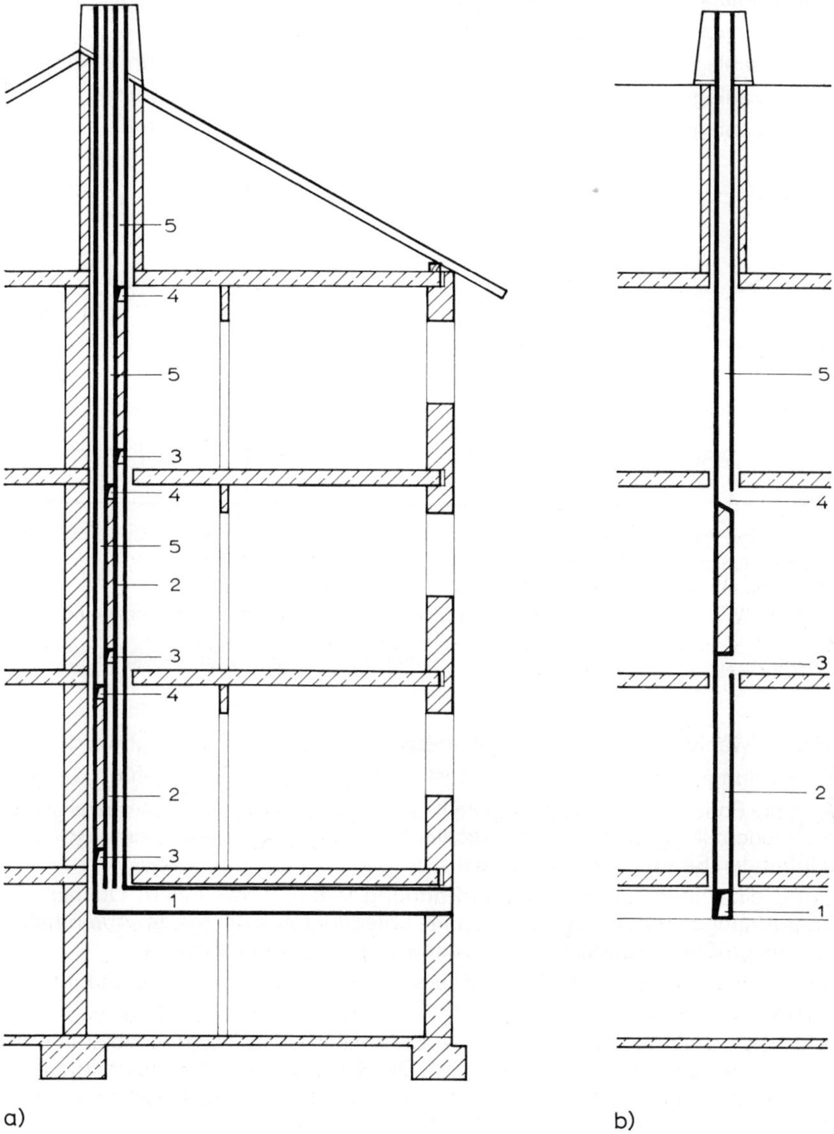

3.36 Einzelschachtanlage (DIN 18017-1)
a) Querschnitt b) Längsschnitt
1 Zuluftkanal
2 Zuluftschacht
3 Zuluftöffnung
4 Abluftöffnung
5 Abluftschacht

Lüftungseinrichtungen mit Ventilatoren

Für Belüftungssysteme mit einzelnen oder zentralen Ventilatoren sind nähere Bestimmungen in DIN 18017-3 enthalten, die nachstehend auszugsweise wiedergegeben werden.

Unterschieden werden

- Einzelentlüftungsanlagen mit eigenen Abluftschächten (Bild **3**.37 a),
- Einzelentlüftungsanlagen mit gemeinsamer Abluftleitung (Bild **3**.37 b),
- Zentralentlüftungsanlagen mit nur gemeinsam veränderlichem Gesamtvolumenstrom,
- Zentralentlüftungsanlagen mit wohnungsweise veränderlichen Volumenströmen,
- Zentralentlüftungsanlagen mit unveränderlichen Volumenströmen (Bild **3**.37 c).

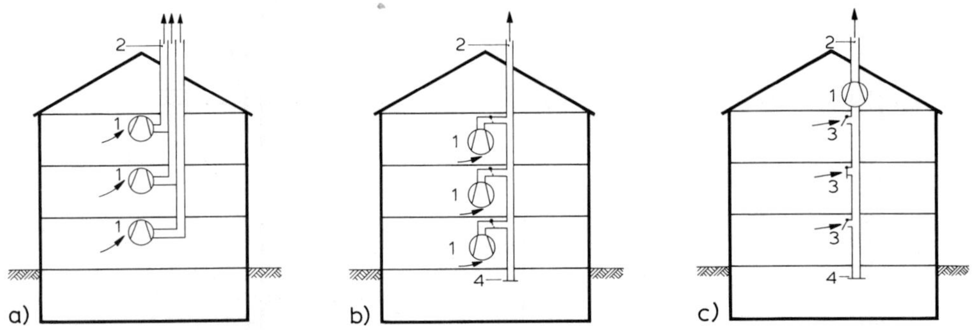

3.37 Lüftungsanlagen mit Ventilatoren
a) Einzelentlüftung mit eigenen Entlüftungsleitungen
b) Einzelentlüftung mit gemeinsamer Abluftleitung
c) Zentralentlüftung
1 Ventilator
2 Abluftleitung
3 Zustromöffnung (nicht regelbar) bzw. einstellbare Ventile
4 Reinigungsöffnung und Kondensatfang

Die Anlagen können wahlweise für folgende Mindestvolumenströme ausgelegt werden:

- 40 m³/h: Dieser Volumenstrom muß über mindestens 12 Stunden je Tag abgeführt werden.
- 60 m³/h: Wenn die Entlüftungen völlig abgestellt werden können, muß sichergestellt werden, daß nach jedem Ausschalten durch Nachlaufen des Gerätes mindestens 5 m³ Luft aus dem zu lüftenden Raum abgeführt werden.

Jeder Raum muß eine unverschließbare Zuluftöffnung von 150 cm² freiem Querschnitt haben. Die Abluftöffnungen müssen möglichst nahe unter der Decke liegen. Im Aufenthaltsbereich sollen keine größeren Luftgeschwindigkeiten als 0,2 m/s entstehen.

Zentralentlüftungsanlagen sind so zu bauen und zu betreiben, daß Gerüche oder Staub nicht von Wohnung zu Wohnung oder in andere Räume übertragen werden können.

Die Vermeidung von Schallübertragungen ist bei Sammelschachtanlagen problematisch, und DIN 18 017-3 enthält dazu auch keine Angaben. Die Hersteller von Sammelentlüftungsanlagen versuchen auf verschiedene Weise das Problem der Übertragung von Luftschall durch spezielle Schallschutzmaßnahmen an den Einströmöffnungen zu lösen. Körperschallübertragung ist durch Maßnahmen nach DIN 4 109 zu verhindern.

Die benötigten Einzel- oder Sammel-Abluftschächte entsprechen im wesentlichen den Anforderungen, die für Anlagen ohne Ventilatoren gelten.

Der wichtigste Vorteil von Lüftungsanlagen mit Ventilatoren ist, daß sie mit flächensparenden Sammelschächten betrieben werden können.

3.8 Normen

Norm	Ausgabe-Datum	Titel
DIN 4133	11.91	Schornsteine aus Stahl
DIN 4705-1	10.93	Feuerungstechnische Berechnung von Schornsteinabmessungen; Begriffe, ausführliches Berechnungsverfahren
DIN 4705-2	9.79	Berechnung von Schornsteinabmessungen; Näherungsverfahren für einfache belegte Schornsteine
DIN 4705-3	7.84	Berechnung von Schornsteinabmessungen; Näherungsverfahren für mehrfach belegte Schornsteine
DIN 4705-10	12.84	Berechnung von Schornsteinabmessungen; Näherungsverfahren für einfach belegte Schornsteine; Ausführungsart III a für Abgastemperaturen T_e = 140 °C, 190 °C und 240 °C, Ausführungsart I, II und III und III a für Abgastemperatur T_e = 80 °C
DIN 18 147-1	2.87	Baustoffe und Bauteile für dreischalige Hausschornsteine; Beschreibung, Prüfung und Registrierung von Schornsteinsystemen
DIN 18 147-2	11.82	Baustoffe und Bauteile für dreischalige Hausschornsteine; Formenstücke aus Leichtbeton für die Außenschale; Anforderungen und Prüfungen
DIN 18 147-3	11.82	Baustoffe und Bauteile für dreischalige Hausschornsteine; Formstücke aus Leichtbeton für die Innenschale; Anforderungen und Prüfungen
DIN 18 147-4	11.82	Baustoffe und Bauteile für dreischalige Hausschornsteine; Formstücke aus Schamotte für die Innenschale; Anforderungen und Prüfungen
DIN 18 147-5	2.87	Baustoffe und Bauteile für dreischalige Hausschornsteine; Dämmstoffe; Anforderungen und Prüfungen
DIN 18 150-1	9.79	Baustoffe und Bauteile für Hausschornsteine; Formstücke aus Leichtbeton, Einschalige Schornsteine, Anforderungen
DIN 18 150-2	2.87	Baustoffe und Bauteile für Hausschornsteine; Formstücke aus Leichtbeton; Einschalige Schornsteine; Prüfung und Überwachung
DIN 18 160-1	2.87	Hausschornsteine; Anforderungen, Planung und Ausführung
DIN 18 160-2	5.89	Hausschornsteine; Verbindungsstücke; Anforderungen, Planung und Ausführung
DIN 18 160-5	4.81	Hausschornsteine; Einrichtungen für Schornsteinfegerarbeiten
DIN 18 160-6	7.82	Hausschornsteine; Prüfbedingungen und Beurteilungskriterien für Prüfungen an Prüfschornsteinen
DIN 18 379	5.98	VOB Verdingungsordnung für Bauleistungen; Teil C: Allgemeine Technische Vertragsbestimmungen (ATV) für Bauleistungen; Raumlufttechnische Anlagen
DIN 18 380	5.98	Verdingungsordnung für Bauleistungen: Teil C: Allgemeine technische Vertragsbestimmungen (ATV) für Bauleistungen; Heizanlagen und zentrale Wassererwärmungsanlagen
E DIN EN 1 443	7.94	Schornsteine; Allgemeine Anforderungen; Deutsche Fassung prEN 1443: 1994
		Ferner: Technische Vorschriften und Richtlinien für die Einrichtung und Unterhaltung von Niederdruckgasanlagen in Gebäuden und Grundstücken DVGW-TVR-Gas
E DIN EN 12 391-1	7.96	Schornsteine – Ausführungsbestimmungen für Metallschornsteine und Innenrohre – Teil 1: Systemschornsteine; dt. Fassung prEN 12391-1: 1996
E DIN EN 12391-2	7.96	– –; Teil 2: Innenrohrerneuerung; dt. Fassung prEN 12391-2: 1996
E DIN EN 12391-3	7.96	– –; Teil 3: Montageschornsteine; dt. Fassung prEN 12391-3: 1996

3.9 Literatur

[1] Dreesen, H. W.: Schornsteinsysteme für heute und morgen. In: DBZ 2/1993
[2] –: Moderne Abgasführung. In: DBZ 5/1995
[3] DVGW-Arbeitsblätter, Technische Regeln für Gas-Installationen u. a. 1986–1996
[4] Fischer, E., Schoppenhauer, G.: Hausschornsteine. Wiesbaden/Berlin 1996
[5] Isomit Schornsteinelemente GmbH & Co. KG: PLEWA Schornsteintechnik und Abgassysteme. Polch 1996
[6] Schiedel GmbH & Co.: Schornsteintechnik. München 1996
[7] Werner, J.: Wohnungslüftung. In: das bauzentrum 5/1994
[8] Hausladen, G. (1994): Handbuch der Schornsteintechnik, 3. Aufl.
[9] Abwassertechnische Vereinigung e.V., Hennef: ATV Arbeitsblatt A 251 (1998)

4 Treppen

4.1 Allgemeines

4.1.1 Begriffe

Treppen verbinden verschiedene Ebenen von Bauwerken als Geschoßtreppen oder Ausgleichstreppen.

Die Grundrisse und Ausführungsformen der Treppen sind vielfältig, da Treppen meistens nicht nur ihrem eigentlichen Zweck, sondern darüber hinaus auch der Gestaltung von Bauwerken und Räumen dienen.

Unterschieden werden notwendige Treppen, d.h. Treppen, die nach behördlichen Vorschriften vorhanden sein müssen und an deren Dimensionierungen und Bauausführung in der Regel besondere Anforderungen gestellt werden. Nicht notwendige Treppen können zusätzlich vorhanden sein und gegebenenfalls auch der Hauptnutzung dienen.

In Gebäuden mit mehr als zwei Vollgeschossen[1]) müssen Geschoßtreppen in der Regel in einem abgeschlossenen Treppenhaus liegen.

Eine Folge von mehr als drei Stufen bildet einen Treppenlauf. Die Form einer Treppe wird durch die Anzahl der Treppenläufe nur annähernd gekennzeichnet. Zur genaueren Bestimmung gehören Angaben über die Lage der Läufe, Anzahl und Form der Stufen sowie Form, Lage und Anzahl von Podesten, die als Treppenabsätze Anfang oder Ende eines Treppenlaufes Teile der Geschoßdecken sind oder als Zwischenpodest zwischen zwei Treppenläufen liegen (Bild **4**.1).

Treppenstufen werden in der Regel mit einem Schritt begangen. Die Bezeichnung der Stufenteile zeigt Bild **4**.2. Die erste Stufe eines Treppenlaufes wird als Antritt-, die letzte Stufe als Austrittstufe bezeichnet. die Lauflinie kennzeichnet bei der Darstellung von Treppen im Grundriß den Weg eines Benutzers im üblichen Gehbereich. Bei Treppen mit geraden Läufen liegt die Lauflinie im allgemeinen in der Mitte der nutzbaren Treppenlaufbreite bzw. innerhalb des „Gehbereiches“. Die Definition des Gehbereiches ist auch für gewendelte Treppen, für Treppen mit teilweise gewendelten Läufen und für Treppen mit verschiedenen nutzbaren Laufbreiten in DIN 18065 enthalten (Bilder **4**.3 und **4**.19).

In Bauzeichnungen wird bei Treppen (auch bei Rampen) die Vorderkante der Antrittstufe mit einem Punkt (DIN 18064), einem Kreis oder einem Doppelstrich gekennzeichnet und die Vorderkante der Austrittstufe mit einem Pfeil. Dabei wird durch den Pfeil die Richtung angegeben, in der die Treppe ansteigt.[2])

Die tragenden Teile der Treppe, die zugleich den Treppenlauf seitlich begrenzen, werden Treppenwangen genannt. Treppenholme tragen oder unterstützen die Stufen paarweise oder einzeln von unten. Als Treppenspindel wird der tragende Kern von Spindeltreppen bezeichnet (Bild **4**.1 l).

Die Bezeichnung der Treppenteile zeigt Bild **4**.3.

Treppenstufen können ausgeführt werden als Blockstufen, Plattenstufen, Keilstufen oder Winkelstufen (Bild **4**.4). Sie werden im allgemeinen auf Unterkonstruktionen (Platten, Wangen, Holme) aufgelegt, auf verschiedene Weise aufgehängt oder in Seitenwänden auskragend eingespannt. Sie sollen eine Unterschneidung von mindestens 3 cm aufweisen (vgl. Bild **4**.2).

---

[1]) „Vollgeschoß“: Definition jeweils in den Landesbauordnungen

[2]) In Geländedarstellungen o.ä. weisen abweichend hiervon die Pfeile in Gefällerichtung, d.h. nach unten!

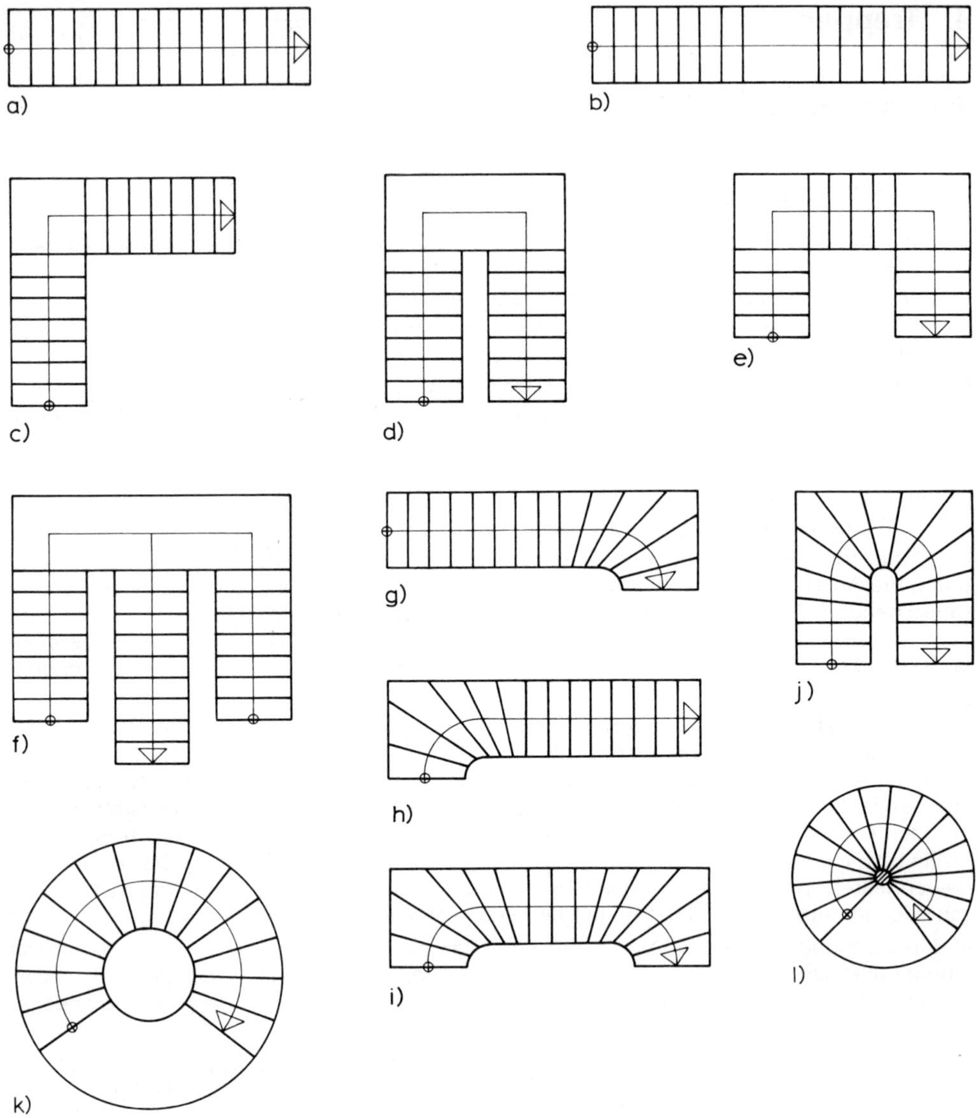

4.1 Treppengrundrisse (schematische Darstellung nach DIN 18064)

a) einläufige gerade Treppe
b) zweiläufige gerade Treppe mit Zwischenpodest
c) zweiläufige gewinkelte Treppe mit Zwischenpodest
d) zweiläufige gegenläufige Treppe mit Zwischenpodest (dargestellt als „Rechtstreppe")
e) dreiläufige zweimal abgewinkelte Treppe mit Zwischenpodesten
f) dreiläufige gegenläufige Treppe mit Zwischenpodest
g) einläufige, im Austritt viertelgewendelte Treppe
h) einläufige, im Antritt viertelgewendelte Treppe
i) einläufige, zweimal viertelgewendelte Treppe
j) einläufige, halbgewendelte Treppe (dargestellt als „Rechtstreppe")
k) Wendeltreppe (Treppe mit Treppenauge)
l) Spindeltreppe (Treppe mit Treppenspindel)

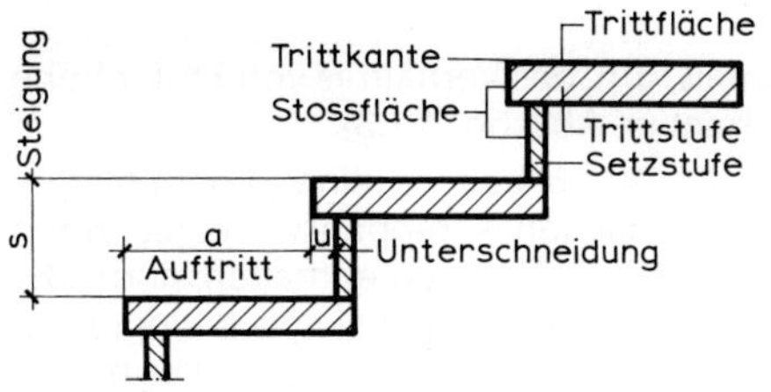

4.2 Bezeichnung von Stufenteilen

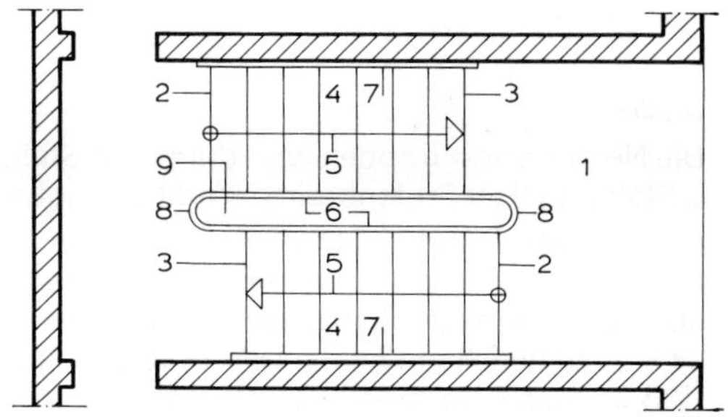

4.3 Bezeichnung von Treppenteilen

1 Podest
2 Antrittstufe
3 Austrittstufe
4 Treppenlauf
5 Lauflinie
6 innere Treppenwangen
7 äußere Treppenwange
8 Krümmung
9 Treppenauge

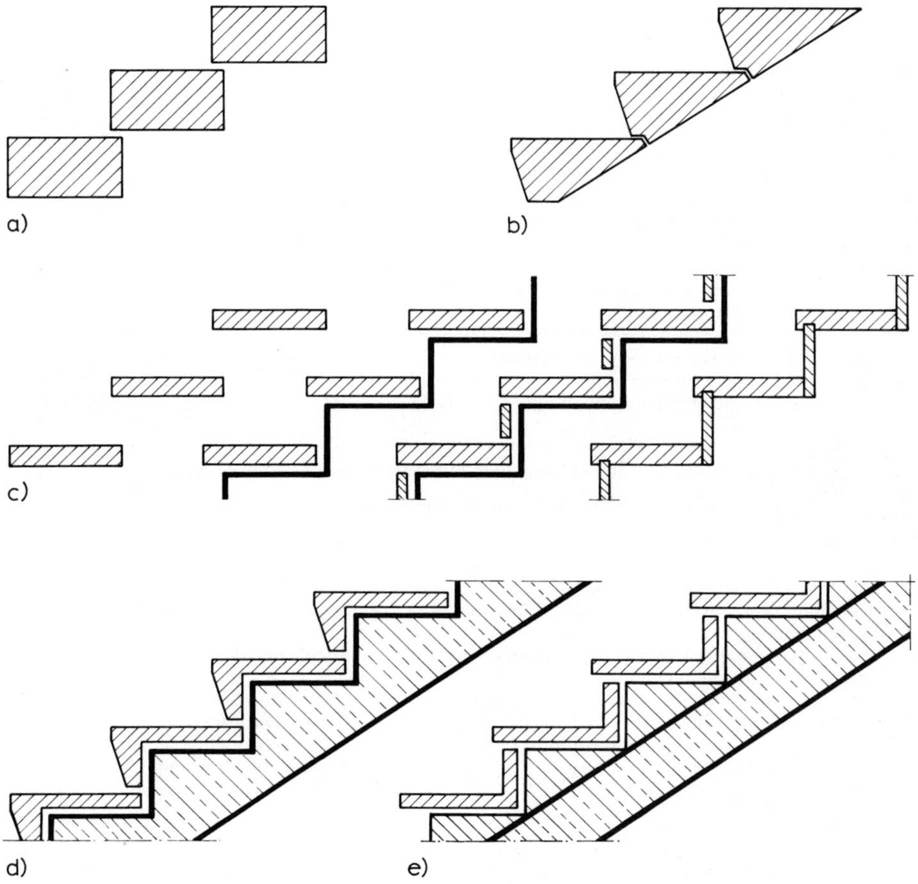

4.4 Stufenarten (DIN 18 064)

a) Blockstufen, b) Keilstufen, c) Plattenstufen, d) Winkelstufen, e) L-Stufen

4.1.2 Vorschriften[1]

Maße

Die Neigung von Treppen wird durch das Steigungsmaß, d. h. das Verhältnis von Stufenhöhe („Steigung") zu Stufenbreite („Auftritt") gekennzeichnet (s. Abschn. 4.1.3).

Für die sonstigen Hauptmaße von Treppen sind in DIN 18065[2] allgemeine Regeln festgelegt[3]. Sie weichen jedoch teilweise von den – unterschiedlichen – Treppenbau-Vorschriften ab, die in den Durchführungsverordnungen der Landesbauordnungen enthalten sind[4]. Es ist also zu beachten, ob die DIN 18065 im jeweiligen Bundesland bauaufsichtlich eingeführt ist oder ob die Bestimmungen der Landesbauordnung beachtet werden müssen. Die maßlichen Mindestanforderungen an Treppen sind in Tabelle **4**.5 enthalten bzw. aus den Bildern **4**.6 und **4**.7 ersichtlich.

Tabelle **4**.5 Maßliche Anforderungen (DIN 18065)

Gebäudeart		Treppenart	Nutzbare Treppenlaufbreite mindestens	Steigung s[2]	Auftritt a[3]
Wohngebäude mit nicht mehr als zwei Wohnungen[1]	Baurechtlich notwendige Treppen	Treppen, die zu Aufenthaltsräumen führen	80	17 ± 3	28^{+9}_{-5}
		Kellertreppen und Bodentreppen, die nicht zu Aufenthaltsräumen führen	80	≤ 21	≥ 21
	Baurechtlich nicht notwendige (zusätzliche) Treppen		50	≤ 21	≥ 21
Baurechtlich nicht notwendige (zusätzliche) Treppen innerhalb geschlossener Wohnungen			50	keine Festlegungen	
Sonstige Gebäude	Baurechtlich notwendige Treppen		100	17^{+2}_{-3}	28^{+9}_{-2}
	Baurechtlich nicht notwendige (zusätzliche) Treppen		50	≤ 21	≥ 21

1) schließt auch Maisonetten-Wohnungen in Gebäuden mit mehr als zwei Wohnungen ein.
2) aber nicht < 14 cm
3) aber nicht > 37 cm
(2) und 3): Festlegung des Steigungsverhältnisses s/a)

---

1) Vorschriften für Geländer s. Abschn. 4.3.1

2) z. Zt. in Neubearbeitung. In E DIN 18065 (06.1997) ist eine Präzisierung verschiedener Begriffsbestimmungen vorgesehen.

3) Sondervorschriften für Treppen sind enthalten in der bundeseinheitlichen Arbeitsstättenverordnung sowie in den unterschiedlichen Landesrichtlinien für
— Versammlungsstätten (Versammlungsstättenverordnung)
— Geschäftshäuser (Geschäftshausverordnung)
— Krankenhäuser (Krankenhausbauverordnung)
— Gaststätten (Gaststättenbauverordnung)
— Garagen (Garagenverordnung)
— Schulbauten (Schulbaurichtlinien)
— Hochhäuser (Hochhausrichtlinien).

4) In der DVO zur Hess. Landesbauordnung ist z. B. eine Treppenmindestbreite von 80 cm gefordert und ein Steigungsverhältnis von mindestens 19/26 cm.

Wenn mit der Anwesenheit von Kindern gerechnet werden muß, wird in einigen Landesbauordnungen bei Treppen ohne Setzstufen eine lichte Weite von weniger als 12 cm zwischen den Trittstufen gefordert.

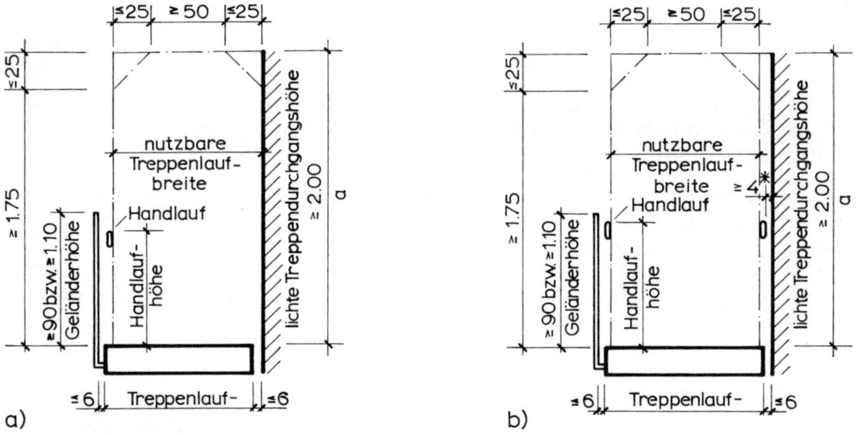

4.6 Treppen-Lichtraumprofil; Maße, Benennungen (DIN 18065)
a) ohne Wandhandlauf
b) mit Wandhandlauf

Die nach Tabelle **4**.5 möglichen Mindestmaße müssen bei der Planung kritisch bewertet werden. Es ist bestimmt nicht überall möglich, an Kellertreppen oder an Treppen, die nicht zu Aufenthaltsräumen führen, so geringe Sicherheitsanforderungen zu stellen, wie sie aus einem möglichen Stufenauftritt von nur 21 cm resultieren. Auch der geforderte Mindestabstand von Wandhandläufen mit nur 4 cm ist äußerst knapp und dürfte bei rauhen Wandoberflächen leicht zu Verletzungen führen.

Podestflächen sind am An- bzw. Austritt von Treppenläufen sowie bei längeren Treppenläufen nach mehr als 16 Steigungen (DIN 18065: 18 Steigungen) erforderlich.

Treppenpodeste sollen eine Tiefe haben, die mindestens der Laufbreite entspricht, besser

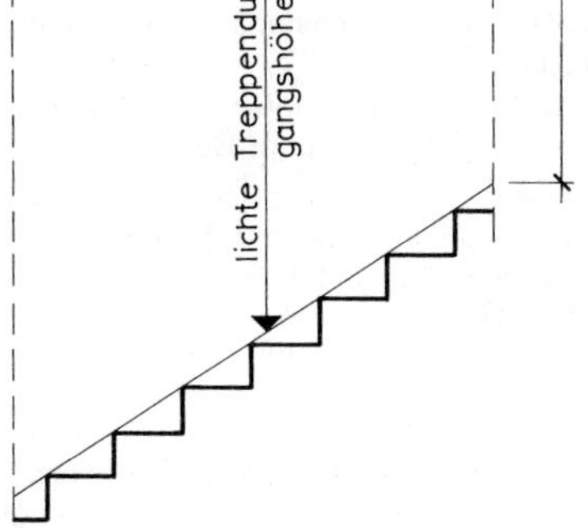

4.7 Durchgangshöhe („Kopfhöhe")

jedoch mit einem Zuschlag von 10 bis 15% zur Laufbreite bemessen wird. Sie müssen so beschaffen sein, daß sie die Benutzung der Treppen auch in den üblicherweise zu erwartenden Ausnahmefällen gefahrlos ermöglichen (im Wohnungsbau z. B. Möbeltransport, Transport von Krankenwagen usw.).

Podestflächen im Zuge von langen Treppenläufen (Zwischenpodeste) sind auf die Schrittlänge bzw. das Schrittmaß der Treppe abzustimmen (vgl. Abschn. 4.1.3).

Beispiel Steigungsverhältnis der Treppe $18^5/27$ cm
Schrittmaß $S = a + 2\,s = 27 + 2 \times 18{,}5 = 64$ cm
Podestlänge $= S + a = 64 + 27 = 91$ cm

In den Gehbereich von Podestflächen notwendiger Treppen dürfen keine Türen aufschlagen. Die Podestfläche ist nötigenfalls entsprechend zu vergrößern.

Brandschutz

Treppen. Im Brandfall sind Treppen die einzigen Fluchtwege zum Verlassen oberer Geschosse. Es muß daher sichergestellt sein, daß Treppen je nach Menge der darauf voraussichtlich angewiesenen Benutzer in ausreichender Zahl und Abmessung vorhanden sind und aus nicht zu großer Entfernung sicher erreicht werden können.

Selbstverständlich dürfen die Fluchtwege über Treppenhäuser im Brandfall nicht durch Rauch oder Brandeinwirkung unpassierbar werden. Begrenzungswände und -decken, Zugänge und die Konstruktion der Treppen selbst müssen daher im Hinblick auf sichere Benutzbarkeit im Brandfall geplant und ausgeführt werden.

Die brandschutztechnischen Anforderungen an Treppen und Treppenhäuser richten sich nach der Gebäudeklasse[1]). Als planerische und konstruktive Brandschutzmaßnahmen (s. auch Abschn. 15.6 in Teil 1 des Werkes) sind vor allem zu beachten:

— Jedes nicht zu ebener Erde liegende Geschoß muß über mindestens eine Treppe erreichbar sein („notwendige Treppe"). Weitere Treppen können gefordert werden, wenn sonst die Rettung von Menschen gefährdet wäre. Einschiebbare Treppen oder Rolltreppen sind

---

1) Beispiel: Landesbauordnung Hessen, Auszug aus § 2(2), Gebäudeklassen.

Gebäudeklasse A
Freistehende Wohnhäuser u. ä. mit höchstens 2 Wohnungen, höchstens 2 Geschosse, freistehende landwirtschaftliche Betriebsgebäude o. ä. bis 250 m².

Gebäudeklasse B
Wohngebäude u. ä. mit höchstens 3 Wohnungen, oberste Geschoßfläche höchstens 5,85 m über Gelände.

Gebäudeklasse C
Sonstige Gebäude, die nicht unter die Gebäudeklasse A fallen, oberste Geschoßfläche bei Aufenthaltsräumen höchstens 5,85 m über Gelände.

Gebäudeklasse D
Wohngebäude u. ä. mit höchstens 6 Wohnungen, oberste Geschoßfläche höchstens 7 m über Gelände.

Gebäudeklasse E
Sonstige Gebäude, die nicht unter die Gebäudeklassen A bis D fallen, oberste Geschoßfläche bei Aufenthaltsräumen höchstens 7 m über Gelände.

Gebäudeklasse F
Sonstige Gebäude, die nicht unter die Gebäudeklassen A bis E fallen, oberste Geschoßfläche bei Aufenthaltsräumen höchstens 14 m über Gelände.

Gebäudeklasse G
Sonstige Gebäude, die nicht unter die Gebäudeklasse A bis F fallen, oberste Geschoßfläche bei Aufenthaltsräumen höchstens 22 m über Gelände.

Hochhäuser
Gebäude, bei denen der Fußboden eines Geschosses, in dem Aufenthaltsräume liegen oder möglich sind, mehr als 22 m über Geländeoberfläche liegt.

als notwendige Treppen nicht zulässig. Sie dürfen lediglich als zusätzliche Treppen bzw. als Zugang zu Dachräumen ohne Aufenthaltsräume oder sonstigen Räumen dienen, die keine Aufenthaltsräume sind.

— Keine besonderen brandschutztechnische Anforderungen werden an Treppen der Gebäudeklassen A, B und D gestellt.

— In Gebäuden der Gebäudeklasse D und E müssen die tragenden Teile notwendiger Treppen aus nichtbrennbaren Baustoffen (Baustoffklasse A) bestehen oder mindestens in feuerhemmender Bauart F 30-B ausgeführt werden (bei Gebäuden der Gebäudeklasse F und G: F 90-A)[1]).

— Von jedem zum dauernden Aufenthalt von Menschen bestimmten Raum muß eine Treppe auf höchstens 35 m Entfernung (gemessen von Mitte Raum) erreichbar sein.

— Die Laufbreite von Treppen für Verkaufs-, Ausstellungs-, Versammlungs- und ähnlichen Räumen soll betragen:

Bei Nutzflächen

bis 100 m^2	1,10 m
bis 250 m^2	1,30 m
bis 500 m^2	1,65 m
bis 1000 m^2	1,80 m
über 1000 m^2	2,10 m

Treppenräume

— Jede notwendige Treppe muß in einem eigenen Treppenraum an einer Außenwand liegen (je Geschoß ein öffenbares Fenster von mindestens 0,60 x 0,90 m) und einen sicheren Ausgang ins Freie haben.

— In Treppenräumen dürfen keine brennbaren Baustoffe verwendet werden (ausgenommen Gebäudeklassen A, B und D).

— Die Wände von Treppenräumen notwendiger Treppen sind auszuführen:
  — Gebäudeklassen A, B und D mindestens feuerhemmend (F30-B),
  — Gebäudeklassen C und E mindestens feuerhemmend aus nichtbrennbaren Baustoffen (F30-A) oder feuerbeständig (F90-B)
  — Gebäudeklassen F und G in der Bauart von Brandwänden

— Öffnungen zum Kellergeschoß, zu Dachräumen, Läden usw. müssen in der Regel Abschlüsse mindestens der Feuerwiderstandsklasse T30 haben.

---

[1]) Begriffe nach DIN 4 102

Brennbarkeitsklassen von Baustoffen:
A nichtbrennbare Baustoffe
  A1 – ohne organische Bestandteile
  A2 – mit organischen Bestandteilen
B brennbare Baustoffe
  B1 – schwerentflammbare Baustoffe
  B2 – normalentflammbare Baustoffe
  B3 – leichtentflammbare Baustoffe

Feuerwiderstandsklassen von Bauteilen:
F 30 Feuerwiderstandsdauer 30 Min.
F 60 Feuerwiderstandsdauer 60 Min.
F 90 Feuerwiderstandsdauer 90 Min.
F120 Feuerwiderstandsbauer 120 Min.
F180 Feuerwiderstandsdauer 180 Min.

Der Feuerwiderstandsklasse F30 entsprechen ohne besonderen Nachweis Treppen aus Sandstein, Mauerwerk, Beton, Stahlbeton (mind. 10 cm dick) oder Eichenholz oder Treppen, die als Stahlsteindecken konstruiert sind, wenn sie unterhalb mind. 1,5 cm dick auf Putzträgern geputzt oder gleichwertig bekleidet sind.

Der Feuerwiderstandsklasse F90 bzw. F120 entsprechen Treppen, wenn sie nicht brennbar sind, unter dem Einfluß des Brandes und Löschwassers ihre Tragfähigkeit oder ihr Gefüge nicht wesentlich ändern und den Durchgang des Feuers während einer Prüfzeit von 90 Min. bzw. 120 Min. verhindern (gefordert für Gebäude mit mehr als 5 Vollgeschossen und für Hochhäuser). Im besonderen gelten als feuerbeständig Treppen aus Mauerwerk (mind. 10 cm dick oder aus mind. 10 cm dicken Stahlbetonfertigteilen mit 1,5 cm dickem Putz auf der Unterseite. Treppenstufen aus Natursteinen gelten als nicht feuerbeständig.

— Besondere Vorschriften gelten für übereinanderliegende Kellerräume. Sie müssen z. B. je zwei getrennte Ausgänge haben, von denen einer unmittelbar ins Freie führt. Zu beachten ist, daß gemeinsame Schächte für übereinanderliegende Kellergeschosse nicht zulässig sind.

Hochhäuser fallen unter besondere Brandschutzverordnungen.

— In ihnen müssen mindestens zwei voneinander getrennte Treppenhäuser (Mindest-Laufbreite 1,25 m) vorhanden sein, die über Dach miteinander als Fluchtwege verbunden werden können, oder es muß ein Sicherheitstreppenhaus vorhanden sein (Zugang nur über im Freien liegende Balkone, Laubengänge oder offene Podestflächen).

  In notwendigen Treppen von Hochhäusern sind gewendelte Stufen nicht zulässig. Für die Treppenlaufbreiten in Sicherheitstreppenhäusern können folgende Werte als Anhalt dienen:

  Für Fluchtwege von

bis zu 100 Personen	1,10 m
bis zu 250 Personen	1,65 m
über 250 Personen	2,10 m

Altbauten. In vielen mehrgeschossigen Altbauten sind Treppen in Holzbauweisen anzutreffen, die den jetzigen Vorschriften in keiner Weise entsprechen. Ein Austausch ist meistens technisch und finanziell sehr aufwendig. Untersuchungen haben ergeben, daß nachträgliche Brandschutzmaßnahmen, wie z. B. Bekleidungen der Treppenuntersichten mit Brandschutzplatten, wenig wirksam sind, wenn Brände in den Treppenhäusern entstehen oder von den Wohnungen aus übergreifen.

Der vorbeugende Brandschutz sollte in solchen Fällen vor allem darin bestehen, daß alle nicht unbedingt erforderlichen brennbaren Einbauten beseitigt werden und jede Ablagerungen brennbarer Stoffe unterbleibt. Vor allem sollten Wohnungsabschlußtüren nicht nur „dicht schließend" sein, wie in den Brandschutzbestimmungen gefordert, sondern sollten einschließlich etwa vorhandener Verglasungen, von Oberlichten o. ä. mindestens den Anforderungen der Feuerwiderstandsklasse T 30 entsprechen [s. Abschn. 6.7].

Schallschutz

Die allgemeinen Anforderungen an den Trittschallschutz von Treppen sind in DIN 4109 Bbl. 2 festgelegt, jedoch nicht überall als Technische Baubestimmung bauaufsichtlich eingeführt. Für die Festlegung der je nach Komforterwartungen nötigen Werte für den Schallschutz sind in der VDI-Richtlinie 4100 Schallschutzstufen festgelegt. Danach können die erforderlichen Maßnahmen für den Luft- und Trittschallschutz festgelegt und nachgewiesen werden.

Bei der Planung sollten Treppen und Treppenhäuser möglichst an untergeordnete Räume angrenzen und dadurch insbesondere von den besonders zu schützenden Bereichen wie z. B. Schlafräumen getrennt sein. Bei besonders hohen Anforderungen kann eine zweischalige Ausführung der Treppenhauswände in Frage kommen.

Im übrigen richten sich die Schallschutzmaßnahmen bei Treppen in erster Linie gegen die Übertragung von Trittschall.

Für weniger beanspruchte Treppen in Gebäuden der Gebäudeklasse A, B und D kann durch verschleißarme und gut zu reinigende Textilbeläge (z. B. hochwertige Nadelfilze) ein wirksamer Trittschallschutz erreicht werden.

Allein wegen der Brandschutzauflagen ist sonst in den meisten Fällen die Übertragung von Trittschall nur durch die konstruktive Trennung von Treppen und Umfassungswänden bzw. benachbarten Decken zu vermeiden.

Bei Stahlkonstruktionen u. ä. kann die Trittschallübertragung durch pendelnde Aufhängungen mit elastischen Abstützungen gegenüber den benachbarten Bauteilen verhindert werden.

Stahlbetonkonstruktionen sind in erster Linie durch elastische Auflager und Fugen von den Umfassungswänden bzw. angrenzenden Decken zu trennen.

Grundsätzlich kommen folgende Maßnahmen für den Schallschutz in Betracht:

— elastische Auflagerung der Treppenpodeste und -läufe bei gleichzeitiger Trennung von den angrenzenden Wänden durch offene oder elastisch abgeschlossene Fugen,
— Einbau von schwimmendem Estrich auf den Podesten (mit Trennfugen an Wohnungsabschlüssen) sowie von schwimmend aufgelagerten Stufenelementen,
— Verwendung weichfedernder Podest- und Stufenbeläge, soweit im Rahmen brandschutztechnischer Vorschriften möglich,
— elastische Trennplatten zwischen Treppenläufen und angrenzenden Wänden.

Die grundsätzlich gegebenen Möglichkeiten für die elastische Auflagerung von Massivtreppen zeigt Bild **4**.8.

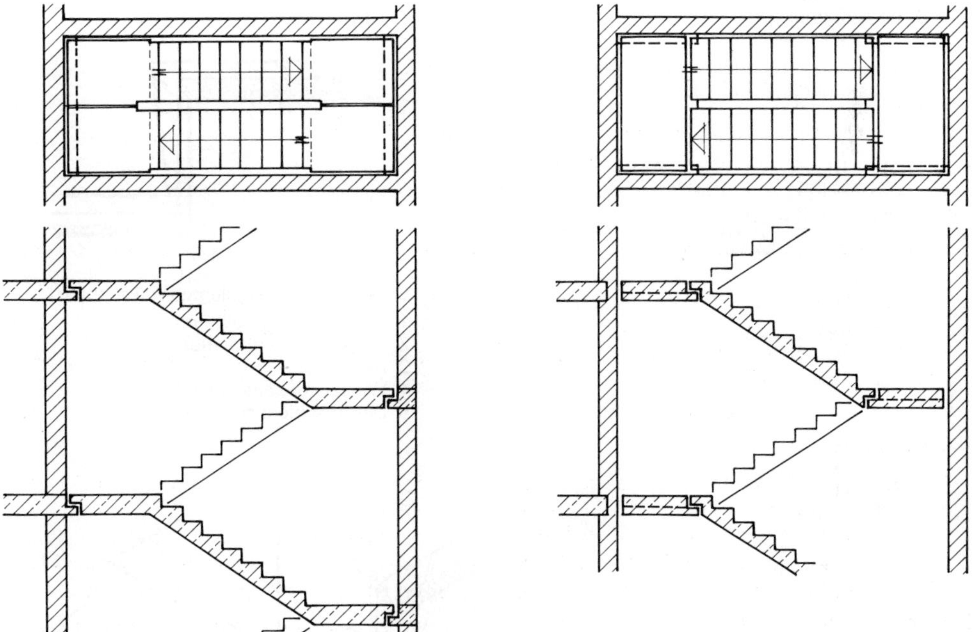

4.8 Elastische Auflagerung von Massivtreppen
a) Längsgespannte Lauf- und Podestplatten, auf Konsolen elastisch aufgelagert
b) Podeste quergespannt und elastisch aufgelagert (vgl. Bild **4**.10) oder mit schwimmendem Estrich; Laufplatten auf Podesten elastisch aufgelagert (vgl. Bild **4**.9)

Durchlaufende Auflager an den Rändern von Podest- oder Laufplatten sowie von Treppenholmen sind wie in Bild **4**.9 gezeigt möglich. Daneben ist die Ausbildung von „Auflager-Klauen" mit Hilfe vorgefertigter zweischaliger etwa 50 cm breiter Auflagerkästen möglich. Sie werden in die tragenden Treppenhauswände mit eingemauert oder -betoniert und nehmen die klauenförmigen Treppenauflager auf (Bild **4**.10).

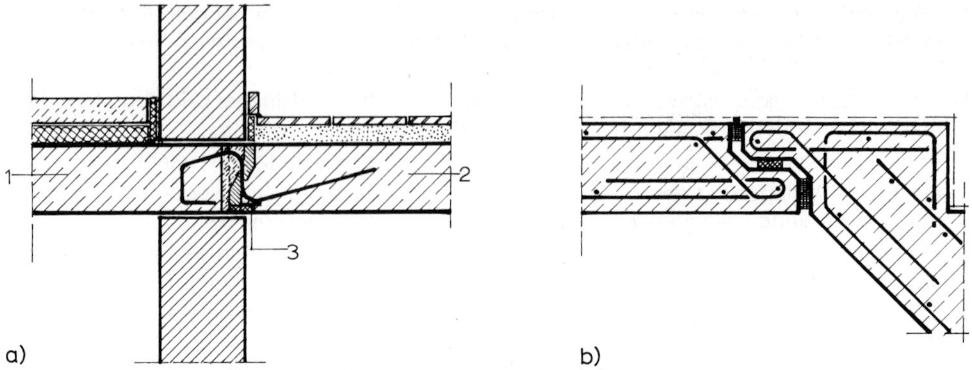

4.9 Schalltechnische Trennung der Auflager bei Stahlbetontreppen

a) Trennung von Decke und Podest durch tragendes Verbindungselement (Schöck Tronsole V®). Nichttragende Anschlüsse mit Spezial-Trennplatten (z. B. Schöck Fugenplatte PL)

1 Deckenplatte
2 Podestplatte
3 Schöck Tronsole V®

b) Trennung von Podest und Laufplatte (Elastomerlager MEA TLA®)

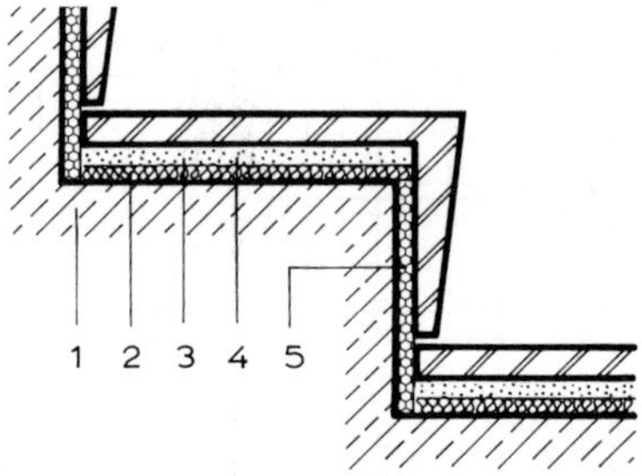

4.11 Schwimmend aufgelegte Winkelstufen

1 Treppenlauf Stahlbeton
2 Trittschalldämmplatten
3 Mörtelbett
4 Winkelstufe aus Werkstein
5 Dämmschicht aus Polystyrol

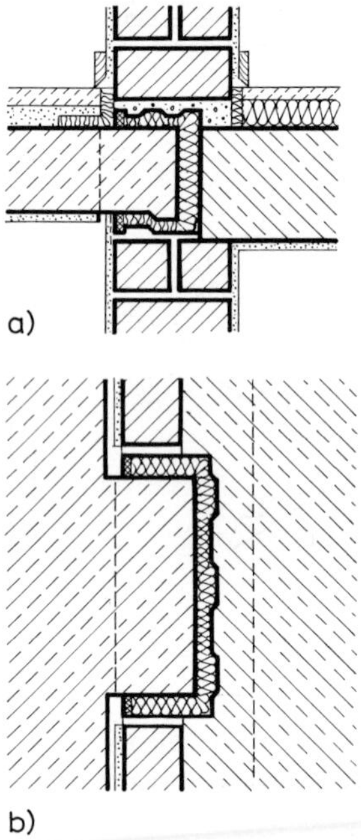

4.10 Auflager-„Klaue" für Podest- und Laufplatten (Reson DG®)

a) senkrechter Schnitt
b) waagerechter Schnitt durch die Auflager-Klaue

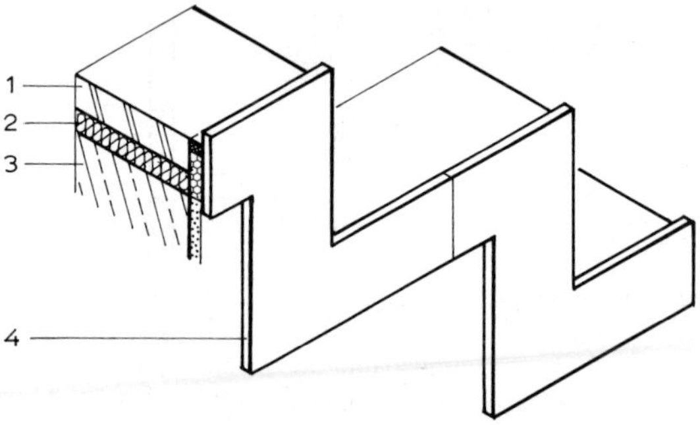

4.12 Seitliche Abdeckung schwimmend aufgelagerter Treppenstufen

1 Stufenbelag
2 Dämmschicht
3 Rohtreppe
4 Randprofil aus Stahlblech

Schwimmend aufgelagerte Winkelstufen aus Werkstein zeigt Bild **4**.11. Bei einer solchen Stufenausbildung müssen die seitlichen Auflagerfugen durch Abdeckprofile geschlossen werden, die keine Schallbrücken bilden dürfen und elastisch angeschlossen werden (Bild **4**.12). Werden Tritt- und Setzstufen getrennt ausgeführt und schwimmend verlegt, sind die Fugen zwischen den Werksteinen sorgfältig von überquellendem Verlegemörtel und Verunreinigungen freizuhalten und durch Schaumstoffbänder (z. B. Compriband) oder elastische Abdichtungen zu schließen (Bild **4**.13). Derartige Konstruktionen sollten nur für frei gespannte Treppenläufe ohne Wandanschlüsse ausgeführt werden. Sonst sind auch alle Wandanschlüsse elastisch zu trennen und abzudichten.

Aus den Wänden auskragende Stufen sind nur in Verbindung mit schalltechnisch getrennten Auflagerwänden möglich.

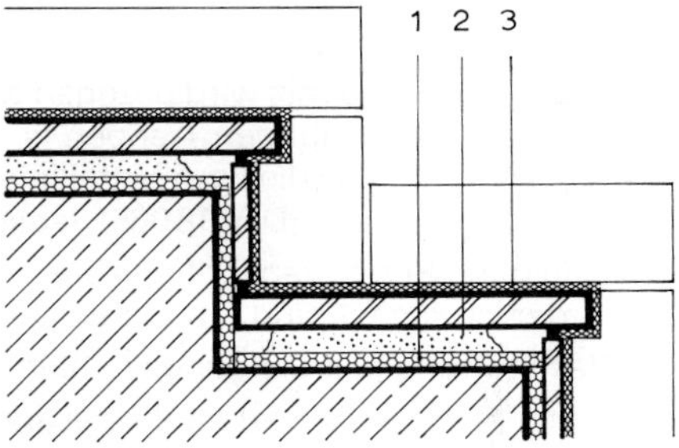

4.13
Schwimmende Verlegung getrennter Tritt- und Setzstufen
1 Trittschalldämmung (z. B. Schaumstoff-Platten)
2 Verlegemörtel
3 Schaumstoffband

4.1.3 Planung

Ob eine Treppe bequem und unfallsicher zu begehen ist, hängt hauptsächlich von ihrem Neigungswinkel ab (Bild **4**.14).

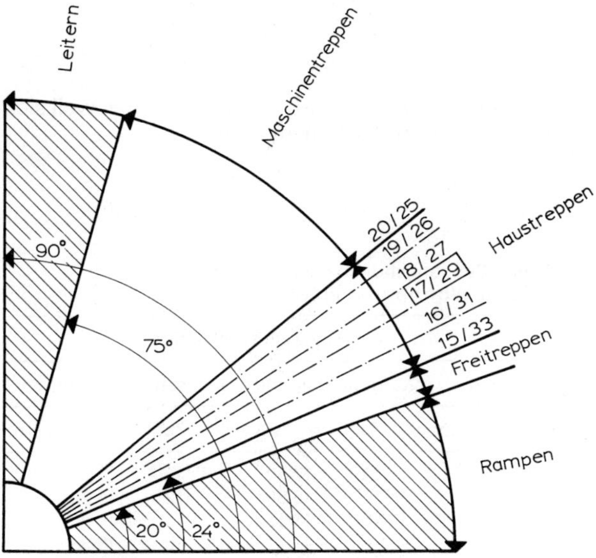

4.14 Treppenneigungen (nach E. Neufert, Bauentwurfslehre)

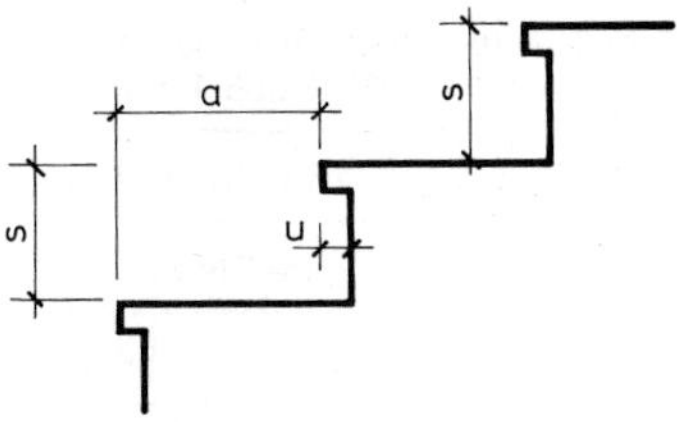

4.15 Steigungsverhältnis: Bezeichnungen
s = Steigungshöhe, *a* = Auftrittbreite (*u* = Unterschneidung)

Der Neigungswinkel von Treppen wird als Verhältniszahl von Steigungshöhe *s* und Auftrittsbreite *a* ausgedrückt (Bild **4**.15).

Die Festlegung des Steigungsverhältnisses von Treppen geht von der mittleren Schrittlänge des erwachsenen Menschen aus, die 59 bis 65 cm beträgt. Diese ist allerdings auch abhängig von der Neigung der begangenen Fläche.

Die angemessenen Steigungsmaße haben sich für Treppen der verschiedenen Beanspruchungen in langer Erfahrung ergeben und betragen für

— Treppen im Freien etwa 14 cm
— Treppen in Versammlungsräumen, Theatern u. ä. etwa 16 cm
— Treppen in Schulen und öffentlichen Gebäuden 16 bis 17 cm
— Treppen in Wohnhäusern 17 bis 19 cm
— Nebentreppen bis 20 cm

Das Steigungsverhältnis wird bezogen auf die „Lauflinie". Es darf sich im Verlauf einer Treppe – auch bei mehrläufigen Treppen (s. Bild **4**.1 b bis f) nicht ändern. Bei geraden Treppenläufen ist die Lauflinie die Lauf-Mittellinie. Bei gewendelten und Spindeltreppen soll die Lauflinie im „Gehbereich" (DIN 18065) liegen (DIN 18065, s. Bild **4**.19).

Treppen ohne Setzstufen („offene Treppen") sowie Treppen mit Auftritten ≤ 26 cm – gemessen in der Lauflinie – sind um mindestens 3 cm zu unterschneiden (s. Bild **4**.15).

Zur Bestimmung des Steigungsverhältnisses werden verschiedene Formeln verwendet.

Die Schrittmaßformel ist die bekannteste Grundlage für Steigungsverhältnisse

$a + 2\,s = 63$ cm (nach DIN 18065: 59 bis 65 cm)

Daraus ergibt sich z. B. für Wohnungstreppen das als sehr günstig empfundene Steigungsverhältnis von 17/29 cm.

Die Bequemlichkeitsformel

$a - s = 12$ cm

ergibt Steigungsverhältnisse, die beim Treppensteigen den geringsten Kraftaufwand erfordern sollen, berücksichtigt jedoch nicht das Schrittmaß.

Die Sicherheitsformel

$a + s = 46$ cm + 1 cm

berücksichtigt besonders die Verhältnisse beim Herabsteigen auf einer Treppe, weil sich bei ihrer Anwendung immer ausreichend große Auftrittflächen ergeben.

Tabelle **4**.16 Geschoßhöhen mit Steigungszahl und Steigungshöhen nach DIN 4174 (DIN 18065-1 enthält die Hauptmaße für Wohnhaustreppen)

Geschoßhöhe	zweiläufige Treppen				einläufige und dreiläufige Treppen			
	gute Steigung		steile Steigung		gute Steigung		steile Steigung	
in m	Zahl	Höhe in cm	Zahl	Höhe in cm	Zahl	Höhe in cm	Zahl	Höhe in cm
2,25	–	–	12	18,75	13	17,30	–	–
2,50	14	17,85	–	–	15	16,66	13	19,23
2,625	–	–	14	18,72	15	17,47	–	–
2,75	16	17,20	14	19,64	–	–	15	18,33
3,00	18	16,66	16	18,75	17	17,64	–	–

Allen Formeln ist gemeinsam, daß sie nur zu Überprüfung ermittelter, aus Geschoß, oder Podesthöhen resultierender Steigungsverhältnisse dienen.

Die Abhängigkeit von Geschoßhöhen und Steigungen zeigt Tabelle **4**.16.

Als Ausführungstoleranzen sind nach DIN 18065 ± 0,5 cm für Auftritts- bzw. Steigungsmaß zugelassen sowie ± 1,5 cm für die Antrittshöhe vorgefertigter Treppen. Insbesondere die letztere Toleranz ist wohl eindeutig zu groß und sollte bei der Auftragsvergabe ausdrücklich ausgeschlossen werden.

Aus der Wahl des Steigungsverhältnisses ergeben sich Stufenzahl und Lauflänge und damit der Flächenbedarf einer Treppe mit den erforderlichen Podesten. Wenn einläufige Treppen über mehrere Geschosse führen, muß neben den Podestflächen auch der Flächenbedarf für den Weg jeweils zwischen Austritt- und Antrittpodest berücksichtigt werden (Bild **4**.17).

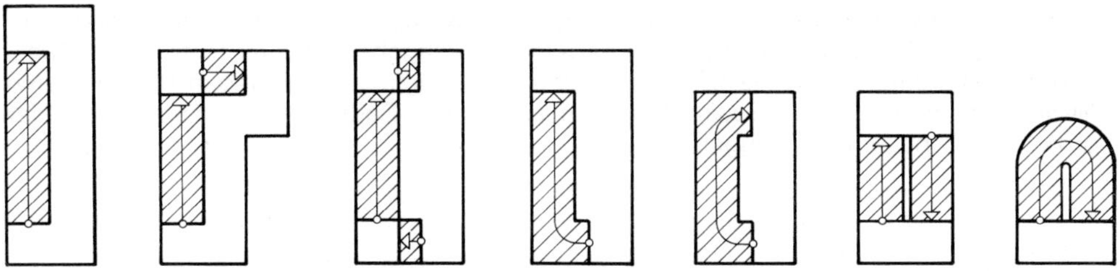

4.17 Vergleich des Flächenbedarfs verschiedener Treppenarten (vgl. Bild **4**.1)

Beispiel für die Ermittlung der Auftrittbreite und der Lauflänge einer Wohnhaustreppe

Die Geschoßhöhe (Entfernung von Oberfläche Fußboden bis Oberfläche Fußboden) wird durch die geschätzte Stufenzahl so geteilt, daß sich eine Steigung von etwa 18 cm ergibt:

Empfohlen wird für	Steigung *s*	Auftritt *a*
Schulen	14 bis 16	45 – *s*
Theater, Kinos, Saalbauten	15 bis 17	47 – *s*
Verwaltungsgebäude	16 bis 17	46 – *s*
Wohnhäuser	16 bis 18	46 – *s*
gewerbliche Bauten	17 bis 18	46 – *s*
Freitreppen	14 bis 16	47 – *s*
Bodentreppen	18 bis 20	45 – *s*
Kellertreppen	18 bis 19	45 – *s*

2,75 (Geschoßhöhe) : 16 = 17,20 cm Steigung

Nach der Schrittmaßformel (s. S. 308) ist die Auftrittbreite

$a = 63 - 2 \cdot 17{,}2 = 28{,}6$ cm

gewählt 29 cm

Die Treppe soll zweiläufig angelegt werden. Jeder Lauf erhält dann 8 Steigungen. Da die Austrittstufe jeweils im Podest liegt, ist jeder Lauf nur 7 Auftritte lang; also:

Lauflänge = (Anzahl der Steigungen – 1) x Auftrittbreite = 7 · 29 cm = 2,03 m

Bei der Gestaltung von Treppen ist die Abmessung der tragenden Bauteile zu berücksichtigen, die von Belastung, Spannweite und Bauart abhängig ist. Außerdem ist bereits bei der konstruktiven Planung auch die Gestaltung der erforderlichen Geländer zu berücksichtigen. Die aus der Konstruktion der Treppe resultierenden geometrischen Gegebenheiten besonders am Übergang zwischen verschiedenen Treppenläufen und zu den Podestanschlüssen erfordern große Aufmerksamkeit bei der Gestaltung (s. auch Abschn. 4.3).

Diese Überlegungen gelten sinngemäß für alle mehrläufigen Treppenbauarten.

Treppen mit geradem Lauf sind zwar am bequemsten zu begehen; sie erfordern jedoch viel Raum für Lauflänge einschließlich Podestlänge.

Bei mehrläufigen Treppen, insbesondere bei Podesttreppen, sollte der Anschluß von Laufplatten, Wangen oder Holmen an die Podeste gestalterisch einwandfrei gelöst werden.

Die dabei auftretenden Probleme lassen sich am einfachsten am Beispiel einer Stahlbetontreppe erläutern:

Angestrebt wird aus gestalterischen Gründen, jedoch auch zur Erleichterung der Einschalarbeiten, daß die Unterseiten der Laufplatten am Podest in einer durchlaufenden Linie anschließen (Bild **4**.18 a). Das ist zu erreichen, wenn die Dicke *d* der Podestplatte in Abhängigkeit vom Anschnitt der Laufplatte gewählt wird, d. h. in der Regel dicker als statisch erforderlich, andernfalls ergeben sich am Anschnitt häßliche Zwickel (Bild **4**.18 b).

Wenn die Vorderkanten von Austritt- und Antrittstufen am Podest im Grundriß in einer Linie liegen, ergibt sich für den inneren Handlauf am Treppenauge ein Höhenversprung (Bild **4**.18 b). Er kann bei entsprechend breitem Treppenauge mit einem Übergangskrümmling gestaltet werden, oder die Handläufe müssen – unter Einschränkung des Podestraumes – bis zum Schnittpunkt *S* (Bild **4**.18 a und b) weitergeführt werden. Es ist daher oft günstiger, im Grundriß den Antritt bzw. Austritt nicht auf einer durchgehenden Linie festzulegen. Dabei ergibt sich allerdings durch die erforderliche Verschiebung bei gleich langen Treppenläufen eine entsprechend größere Gesamtlänge für zweiläufige Podesttreppen. Die Dicke *d* der Podestplatte kann jedoch geringer sein.

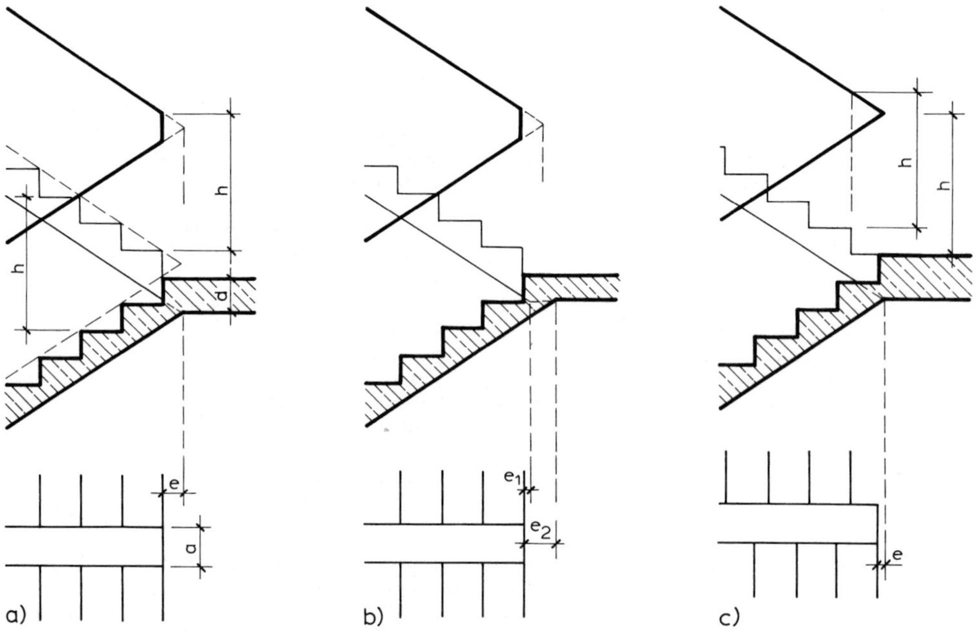

4.18 Beziehung zwischen Podestdicke, Handlaufführung und Podestanschluß

a) Laufplattenunterseiten schließen in einer Linie an das Podest an: Höhenversprung im Handlauf

b) Stufenvorderkanten von Aus- und Antritt im Grundriß auf einer Linie: Bei einem Treppenlauf Knick in der Untersicht; Höhenversprung im Handlauf

c) Laufplattenunterseiten schließen in einer Linie an das Podest an, jedoch liegen Aus- und Antritt im Grundriß nicht auf einer Linie: Handlaufübergang ohne Höhenversprung

Durch Wendelung eines Teils der Stufen kann in der Grundfläche Raum gespart werden (vgl. Bild **4**.17). Die Treppe büßt dabei jedoch einen Teil der Bequemlichkeit und Sicherheit ein, den ein gradliniger Treppenlauf bietet. Die Nachteile teilweise (halb- oder viertel-)gewendelter Treppen könnten durch allmähliches Umformen der rechteckigen Stufen in keilförmige Stufen (Verziehen) vermindert werden.

Folgende Forderungen sind zu berücksichtigen:

— An keiner Stelle der Stufe soll die Auftrittbreite weniger als 10 cm betragen (die normale Auftrittbreite ist auf der Lauflinie abzutragen).

— Um ein allmähliches Überleiten des geraden in den gewendelten Laufteil zu gewährleisten, müssen möglichst viele Stufen verzogen werden.

— Die Lauflinie muß stetig und ohne Knickpunkte sowie mit einem Mindestradius von 30 cm innerhalb des Gehbereiches verlaufen (Bild **4**.19). Die Breite des Gehbereiches beträgt $^2/_{10}$ der Laufbreite bei einem Abstand von $^4/_{10}$ der Laufbreite vom Innenrand der Treppe.

Die Stufen können einfach im Grundriß oder auch, genauer, in Grundriß und Aufriß verzogen werden. Beide zeichnerischen Verfahren werden hier am Beispiel der viertelgewendelten, die erste auch an der halbgewendelten Treppe gezeigt (Bilder **4**.20 bis **4**.22).

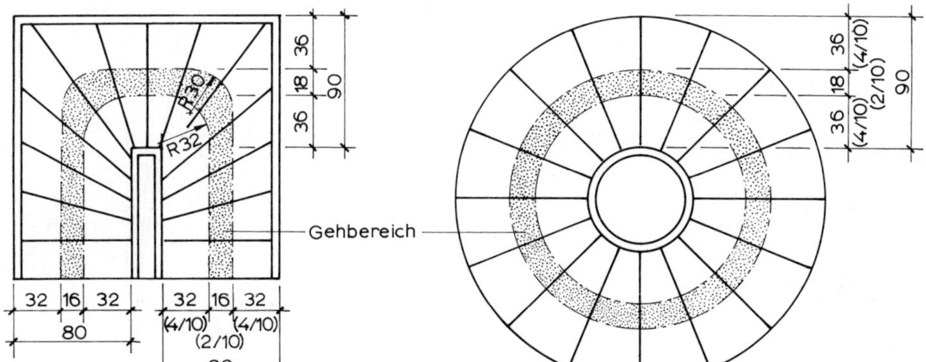

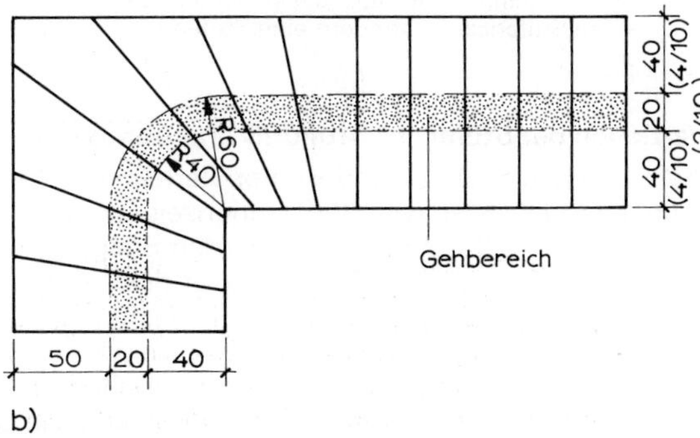

4.19
Gehbereiche (DIN 18065)

a) gewendelter Lauf
b) viertelgewendelter Lauf
c) Wendeltreppe

Verziehen der Stufen im Grundriß (Bild **4**.20 und **4**.21)

Beispiel Laufbreite, Treppenhausbreite und Lauflänge (Steigungsverhältnis) liegen fest. Die mittlere Auftrittbreite wird für die geraden wie für die gewendelten Stufen auf der Lauflinie abgetragen.

Die Stufen 3 bis 16 sollen verzogen werden. Eine Stufenkante soll in der Achse des Wangenzwischenraums liegen. Die geringste Auftrittbreite von 10 cm sollen die Stufen 9 und 10 haben. Die Verlängerungen ihrer Stufenvorderkanten schneiden sich in *A*. Punkt *B* liegt auf der Linie der ersten bzw. letzten geraden Stufe.

Der Halbkreis um *B* mit *A* – *B* wird in 6 gleiche Teile geteilt, da zwischen Stufenkante 17 bzw. 3 und 9 sechs Stufen liegen. Die Fußpunkte der Lote von den Teilpunkten des Halbkreises auf *A* – *B* werden mit den Teilpunkten auf der Lauflinie verbunden.

In Bild **4**.21 ist ein anderes Verfahren für eine viertelgewendelte Treppe dargestellt. Die Eckstufe wird an der schmalsten Stelle mind. 10 cm breit angenommen. Die letzte und erste gerade Stufe an der Ecke ergeben mit ihren Verlängerungen das Achsensystem, auf dem beide verlängerte Eckstufenkanten das Maß für die Stufenkantenfluchtpunkte abschneiden (*x* und *y*).

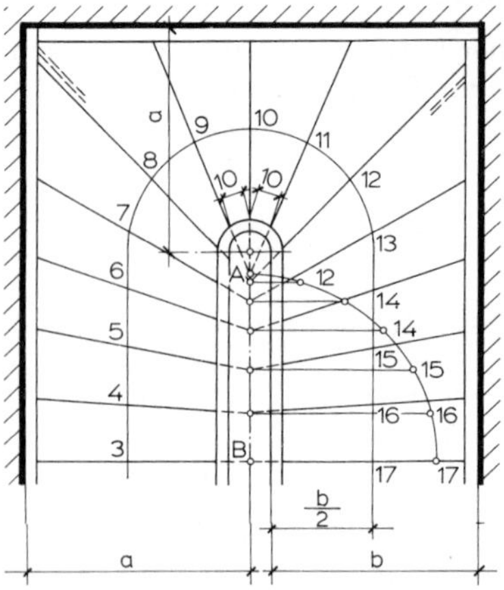

4.20 Verziehen im Grundriß. Halbgewendelte Treppe. Dieselbe Kontruktion kann angewendet werden, wenn auf die Treppenachse keine Stufenkante, sondern eine Stufenmitte trifft

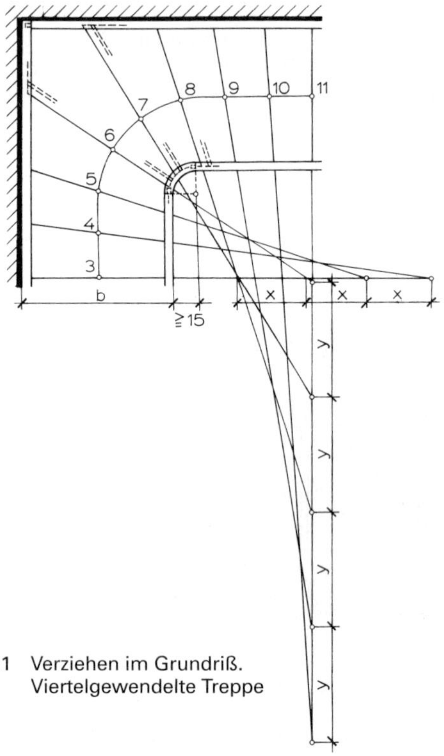

4.21 Verziehen im Grundriß. Viertelgewendelte Treppe

Verziehen der Stufen im Grundriß und Aufriß (Bild **4**.22)

Zwischen den Stufen 2 und 9 einer viertelgewendelten Treppe sollen 6 Wendelstufen angeordnet werden. Man wickelt die Innenseite der Freiwange ab und zeichnet die erste und letzte gerade Stufe (Kante 2 und 9) mit den Steigungslinien 1 bis 2 und 9 bis 12 usw. Dann verbindet man Punkt 2 und 9 und ersetzt diese gerade Linie durch eine aus zwei Kreisbögen zusammengesetzte geschwungene Linie, in die die Steigungslinien 1 bis 2 und 9 bis 12 als Tangenten übergehen. Zu diesem Zwecke wird die Linie 2 bis 9 halbiert. Für jede Hälfte wird die Mittelsenkrechte gezeichnet und zum Schnitt mit den zu den Steigungslinien in den Punkten 2 und 9 errichteten Senkrechten gebracht. Die Schnittpunkte m und m_1 sind die Mittelpunkte für die beiden von 2 nach 9 zu zeichnenden Bogenlinien. Diese doppelte Bogenlinie schneidet die Stufenhöhen an der Vorderkante der Stufen. Dadurch ergeben sich die Auftrittsbreiten, die in den Grundriß übertragen werden. Das Verfahren ist unverändert für halbgewendelte Treppen anwendbar.

Beim Verziehen von Treppen ist der davon abhängigen Gestaltung der erforderlichen Handläufe Aufmerksamkeit zu widmen. Zu beachten ist, daß sich wegen der sehr ungleichen Auftrittsbreiten an den Treppenaußenseiten ein entsprechender Verlauf des Handlaufes ergibt, der zu Knickpunkten an den Raumecken führt. Eine Ausrundung des Treppengrundrisses (vgl. Bild **4.**17) ergibt günstigere Voraussetzungen für die Gestaltung des Handlaufes.

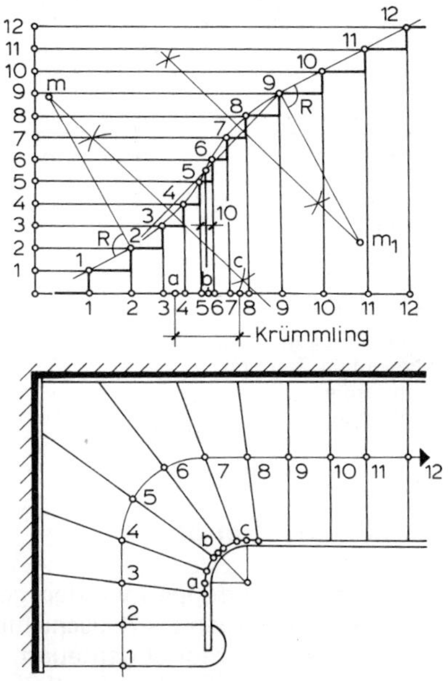

4.22
Verziehen im Aufriß und Grundriß
(Abwicklungsmethode)

4.2 Treppenbauarten

Die Bauarten moderner Treppen beruhen zu einem großen Teil auf den handwerklichen Techniken für die Ausführung von Holztreppen. Die folgenden Grundtypen des Treppenbaues werden unterschieden (Bild **4.**23):

— Wangentreppen (a)
— aufgesattelte Treppen (b)
— Holmtreppen (c)
— Kragtreppen (d)
— Spindeltreppen (e)
— Bolzentreppen (f)
— wangenfreie Treppen mit aufgehängten Stufen (g)
— Stahlbeton-Massivtreppen (h).

Der Baustoff kennzeichnet Treppenbauarten nur unvollkommen. Vielfach bestehen in Mischkonstruktionen aus gestalterischen oder statischen Gründen tragende Bauteile, Stufen oder Geländer aus unterschiedlichem Material. Bei nicht notwendigen bzw. bei Treppen, an die keine Brandschutzanforderungen gestellt werden müssen, eröffnet z. B. die Verwendung von Kunststoffen über die gezeigten Standardlösungen hinaus zahlreiche technische und gestalterische Möglichkeiten (vgl. auch Abschn. 4.2.6).

Eine Einteilung nach Treppenbaustoffen versucht daher lediglich, den Überblick über das sehr vielfältige und umfangreiche Sachgebiet zu erleichtern.

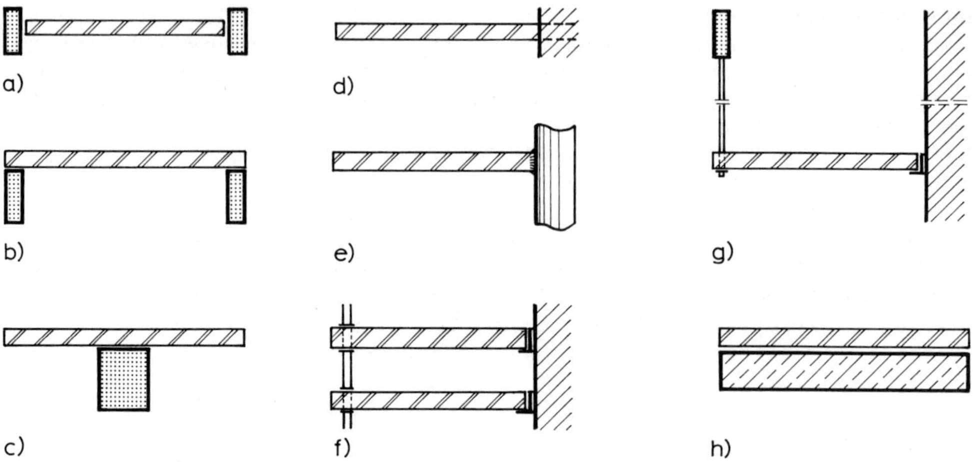

4.23 Treppenbauarten
a) Wangentreppen
b) aufgesattelte Treppen
c) Holmtreppe
d) Kragtreppe
e) Spindeltreppe
f) Bolzentreppe
g) wangenfreie Treppe mit aufgehängten Stufen
h) Stahlbeton-Massivtreppe

4.2.1 Gemauerte Treppen

Einfache Frei- und Innentreppen werden gelegentlich noch aus Mauerziegeln hergestellt. Die einzelnen Stufen werden als Rollschichten aus Vormauerziegeln oder Hochbauklinkern (DIN 105) mit Kalkzementmörtel gemauert. Bei Freitreppen liegt die unterste Stufe auf einem Fundament, dessen Sohle in frostfreie Tiefe reicht. Die übrigen Stufen ruhen auf einer gestampften Magerbetonschicht (Bild **4**.24). Die Stufen haben leichtes Gefälle nach vorn, damit das Wasser schnell abläuft.

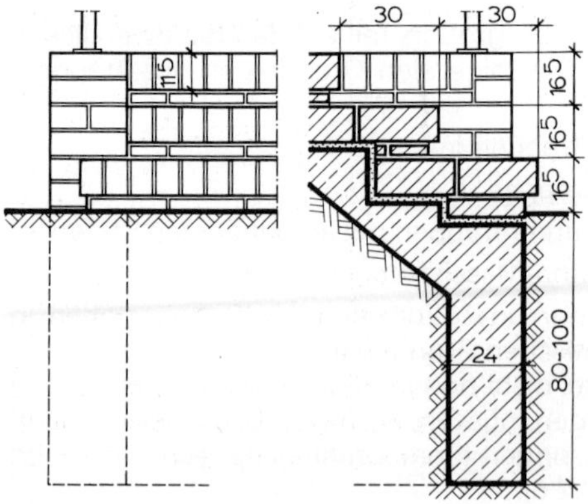

4.24 Gemauerte Freitreppe

4.2.2 Werksteintreppen

Geschoßtreppen mit frei aufliegenden Stufen aus Naturwerkstein, wie sie in älteren Gebäuden noch vorkommen, gelten als nicht feuerbeständig. Ihre Verwendung für notwendige Treppen ist daher heute nur eingeschränkt zulässig (vgl. Abschn. 4.1.2). Es ist aber möglich, Naturwerksteinstufen mit Bewehrungseinlagen zu versehen, die in Längsbohrungen eingebracht und verpreßt werden. Derartige Werksteinstufen sind dann ähnlich wie Stahlbeton-Werkstein zu betrachten.

Für außen liegende Freitreppen eignen sich besonders wetterbeständige Steine geringer Abnutzbarkeit: Granit, Basalt, harte Sandsteine. Die Stufen erhalten rechteckigen Querschnitt oder nur sparsame Profilierung der Vorderfläche. Bei nach zwei oder drei Seiten abgestuften Freitreppen sollen die Längsstufen mit den kürzeren Seitenstufen so zusammenstoßen, daß die Stoßfugen nicht in der Vorderansicht erscheinen. Die Stufen sind frostsicher zu gründen und sorgfältig miteinander zu verklammern bzw. zu verdübeln.

Bei Freitreppen mit seitlichem Geländerabschluß (Bild **4**.25) werden die Stufenenden durch Wangenmauern unterstützt. Unter der untersten Stufe ist außerdem in der ganzen Länge eine (nicht tragende) Frostschutzschürze erforderlich.

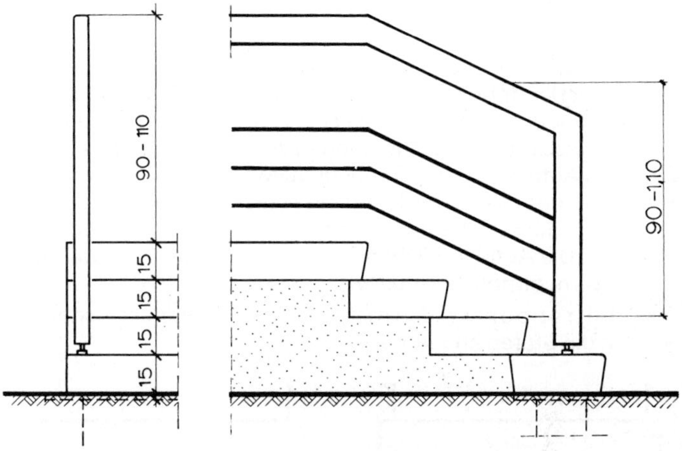

4.25
Freitreppe mit Werksteinstufen. Die Stufen liegen auf gemauerten Wangen (Grundriß und Ansichten)

Außenliegende Differenztreppen an Gebäudeeingängen sind schwierig einwandfrei zu gründen, weil die nötigen Fundamente in der Regel im Verfüllbereich des früheren Arbeitsraumes liegen.

Bei nicht zu großer Stufenzahl werden derartige Außentreppen daher am besten mit Stahlbetonlaufplatten ausgeführt, die aus der Kellerdecke auskragen. Wegen des erforderlichen Wärmeschutzes werden die Unterseiten der Kellerdecken ohnehin sehr oft mit anbetonierten Dämmplatten ausgeführt, so daß sich bei einer derartigen Ausführung der Außentreppen keine Wärmebrückenprobleme ergeben.

Die Laufplatten oder Tragkonstruktionen längerer äußerer Differenztreppen werden thermisch getrennt auf dem Gebäudesockel aufgelegt. Die Außenkante liegt auf kurzen frostsicheren Streifenfundamenten oder kurzen Bohrpfählen (Bild **4**.26).

Werksteinstufen können auf Stahlbetonwangen (vgl. Bild **4**.26 und **4**.27) oder Stahlwangen bzw. -holme oder auf entsprechende Untermauerungen aufgelegt werden. Sie können auch in gemauerte oder betonierte Treppenhauswände eingespannt werden. In jedem Fall ist ein Standsicherheitsnachweis erforderlich.

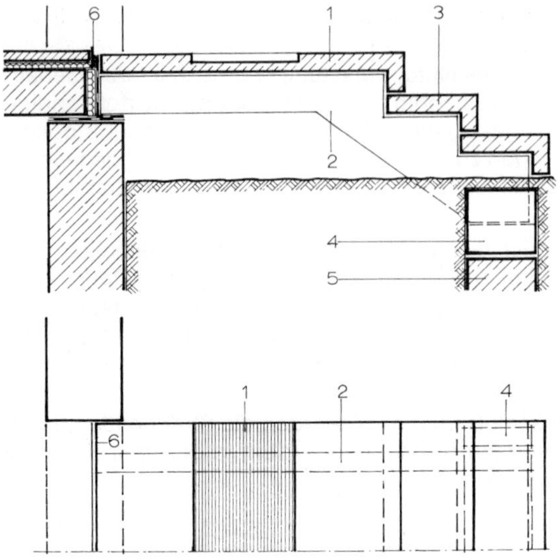

4.26
Hauseingangstreppe

1 Betonwerkstein-Podestplatte mit Aussparung für durchlaufenden Fußrost
2 Stahlbetonwange (oben eingemauert, unten auf Sockelstück gelagert)
3 Betonwerksteinwinkelstufen
4 Sockelstück
5 Fundament
6 Anschlagschiene mit dauerelastischer Abdichtung außen und innen

Bei auskragenden Stufen aus Werkstein beträgt bei Stufenlängen bis etwa 1,20 m die Einbindtiefe jeder dritten oder vierten Stufe 25 cm, bei den übrigen 12 cm. Alle Stufen größerer Freilänge binden mindestens 25 cm ein. Die Stufen werden erst nach Fertigstellung des Rohbaues versetzt, um Beschädigungen zu vermeiden; die erforderlichen Aussparungen müssen beim Aufmauern der Treppenhauswände angelegt werden. Beim Versetzen werden die Stufen mit dem freien Ende auf ein schräg liegendes, durch Stiele gestütztes Kantholz aufgelegt. Mit Rücksicht auf das Setzen der Stufen ist dieser Abstützung geringe Überhöhung zu geben. Die Auflagerflächen in der Wand müssen einwandfrei verkeilt und die Fugen restlos mit Zementmörtel verfüllt werden.

W e n d e l t r e p p e n werden meist als Spindeltreppen ausgeführt. Die Spindel wird gemauert oder an die Stufen angearbeitet.

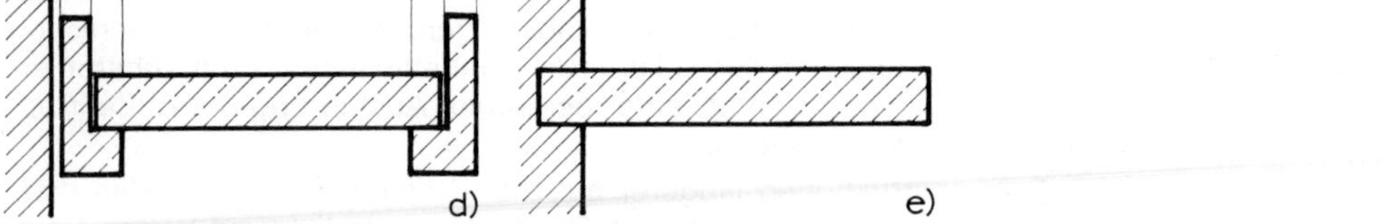

4.27 Stufen aus Stahlbetonfertigteilen oder aus Werkstein
a) beiderseits auf Treppenhauswände aufgelegt (Schachttreppe)
b) auf Treppenhauswand und Stahlbetonwange aufgelegt
c) beiderseits auf Stahlbetonwangen aufgelegt
d) beiderseits in Stahlbetonwangen aus Fertigteilen eingehängt
e) einseitig in Treppenhauswand eingespannt

Bei Spindeltreppen mit gemauerter Spindel wird die Spindel als Ziegelpfeiler voll oder bei größerem Durchmesser auch hohl gemauert. Der Stufenquerschnitt ist meist rechteckig. Die Auflagertiefe beträgt 12 cm (Bild **4**.28).

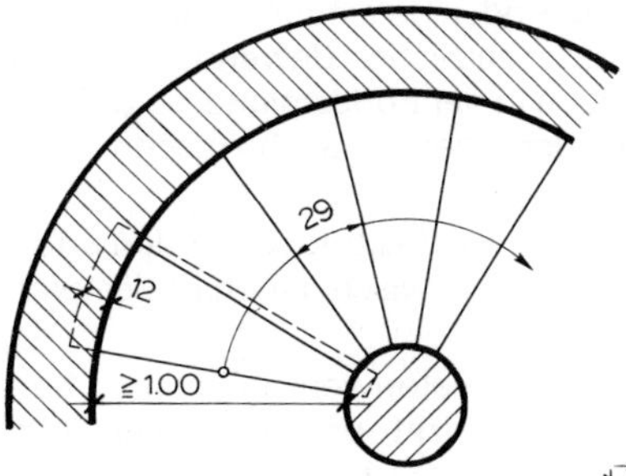

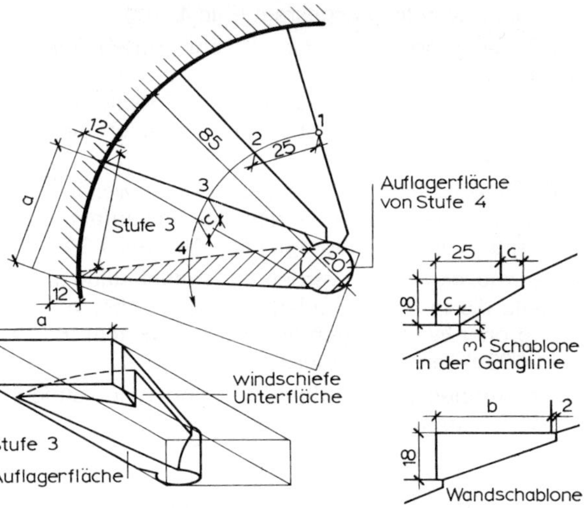

4.28 Wendeltreppe mit gemauerter Spindel

4.29 Wendeltreppe mit an die Stufen gearbeiteter Spindel

Bei Spindeltreppen aus Werkstein mit an die Stufen angearbeiteter Spindel legen sich die Stufen der ganzen Länge nach und außerdem mit dem zylindrischen Spindelansatz aufeinander (Spindeldurchmesser 15 bis 20 cm). In der Spindel werden die Stufen durch starke verzinkte Stahldübel verbunden. Die Stufenvorderfläche tritt gegen die Spindelfläche etwas zurück oder geht tangential in diese über. In Bild **4**.29 setzen sich die Stufen stumpf aufeinander. Die Stufen können auch mit Falz aufeinandergesetzt werden. Die Laufunterfläche bildet dann eine glatte Schraubenfläche.

4.2.3 Stahlbetontreppen

Die weitaus meisten Geschoßtreppen werden aus Stahlbeton in Ortbeton oder aus Fertigteilen hergestellt.

Einläufige oder zweiläufige Treppen mit Podest werden am häufigsten ausgeführt, doch erlaubt das Konstruieren mit Stahlbeton auch die mannigfaltigsten Sonderformen.

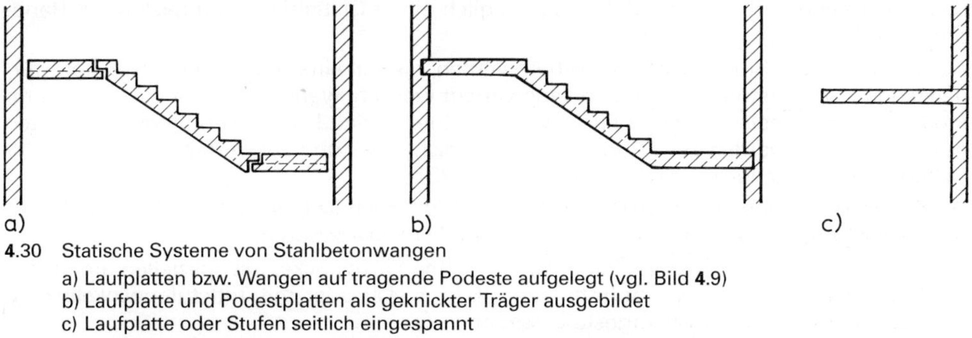

a) b) c)

4.30 Statische Systeme von Stahlbetonwangen

a) Laufplatten bzw. Wangen auf tragende Podeste aufgelegt (vgl. Bild **4**.9)
b) Laufplatte und Podestplatten als geknickter Träger ausgebildet
c) Laufplatte oder Stufen seitlich eingespannt

In statischer Hinsicht sind die Laufplatten, Wangen oder Holme der meisten Stahlbetontreppen entweder als Einfeldträger, die auf den Podesträndern aufgelagert sind (Bild **4**.30 a) oder als geknickte Träger (Bild **4**.30 b) zu betrachten. Seltener sind Laufplatten oder Podeste aus Stahlbetonwänden ausgekragt (Bild **4**.30 c).

Bei Podesttreppen sind nur bei sehr großen Abmessungen oder Belastungen gesonderte Auflagerträger am Podestrand erforderlich. In Form ggf. zusätzlicher Bewehrungen verschwinden die statisch erforderlichen Podestbalken meistens in der Podestplatte, so daß die Unterflächen von Laufplatten und Podesten ineinander übergehen (s. auch Abschn. 4.1.3 und Bild **4**.18).

In Bild **4**.32 ist als Beispiel eine einfache, zweiläufige Stahlbetonpodesttreppe mit den erforderlichen Bewehrungen dargestellt. Die Laufplatten spannen sich zwischen den Podestplatten (Trittschalldämmung ggf. nach Abschn. 4.1.2).

In den meisten Fällen werden die Stufenbeläge aus Natur- oder Betonwerksteinplatten hergestellt, die in Mörtel verlegt werden. Dabei können getrennte Tritt- und Setzstufen (Bild **4**.31 a) oder Winkelstufen aus Betonwerkstein (Bild **4**.31 b und c) mit Kantenschutzprofilen (Bild **4**.33 c) verwendet werden.

Ferner können vorgefertigte Block- oder Hohlstufen auf glatte Stahlbetonlaufplatten ohne Rohstufen aufgelegt werden (Bild **4**.31 d).

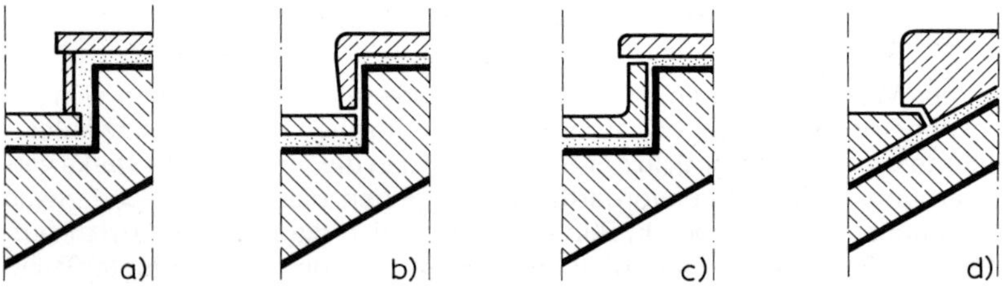

4.31 Stufenbeläge aus Beton- oder Naturwerkstein
a) Plattenstufen mit Tritt- und Setzstufe
b) Winkelstufen
c) L-Stufen
d) Keilstufen

Einfache Treppen erhalten als Gehbelag lediglich einen Glattstrich – am besten mit Randprofilen (Bild **4**.33 a).

Auf vorgefertigten Stufen oder auf Ortbetonstufen, die mit einem Glattstrich versehen werden, können Kunststoff- oder Textilbeläge verlegt werden, wenn nicht Brandschutzbestimmungen entgegenstehen. Die Beläge werden durchlaufend um die Stufenvorderkanten geklebt, oder es werden zur Minderung des Verschleißes und zur Verbesserung der Trittsicherheit Kantenschutzprofile verwendet (Bild **4**.33 b).

Bei Stufenbelägen aus Betonwerkstein sind als Kantenschutz einbetonierte Kunststoff-Eckprofile (Bild **4**.33 c) oder Trittzschutzrippen (Bild **4**.33 d) zweckmäßig.

Stufenbeläge aus keramischen Platten können ohne Formstücke, mit speziellen am vorderen Rand geriffelten Treppen-Auftrittplatten (Bild **4**.34 a) oder mit Trittstufenwinkeln bzw. Schenkelplatten (Bild **4**.34 b) hergestellt werden.

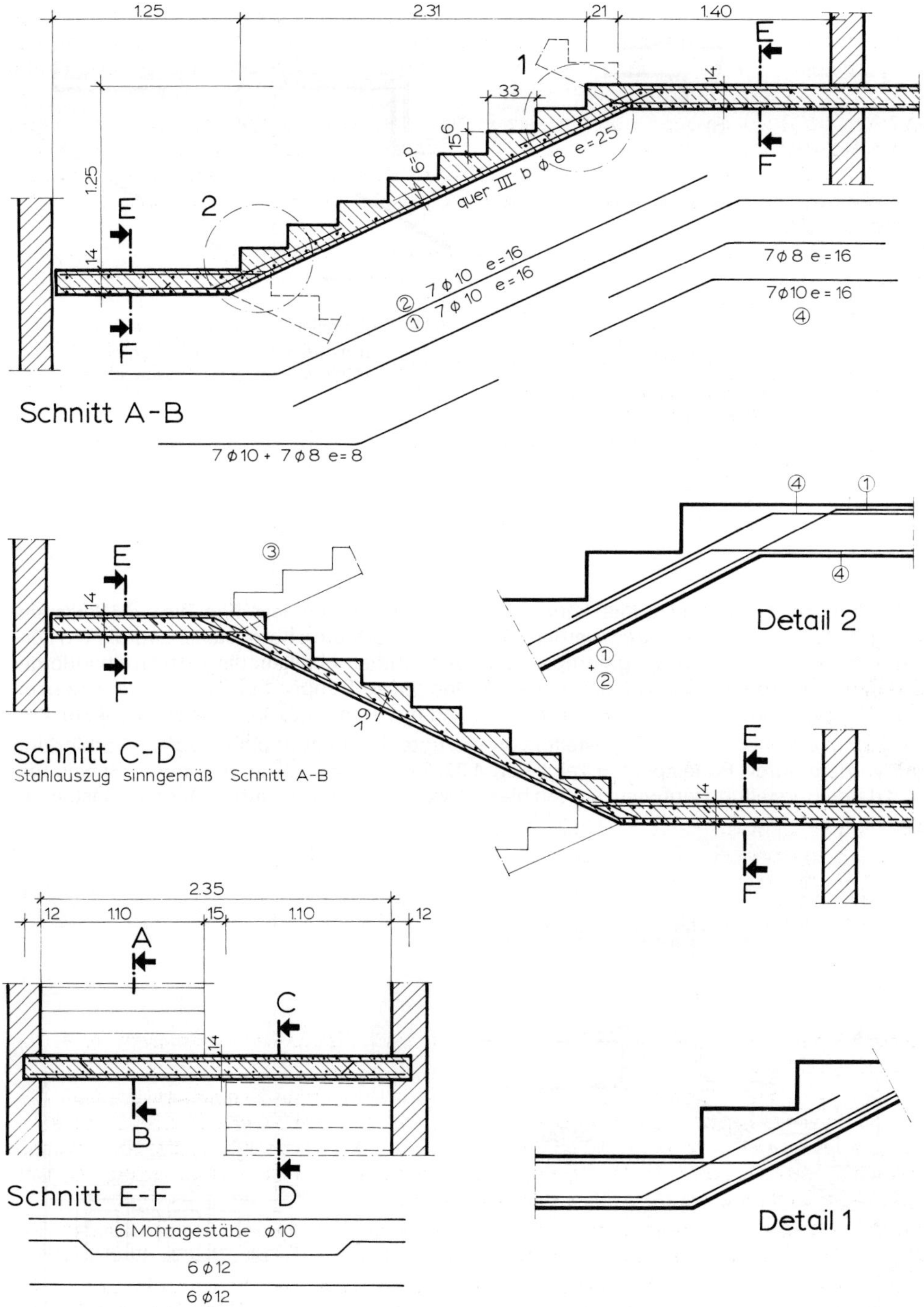

4.32 Zweiläufige Stahlbetontreppe (berechnet von Prüfingenieur Dr.-Ing. G. Raczat, Hagen)

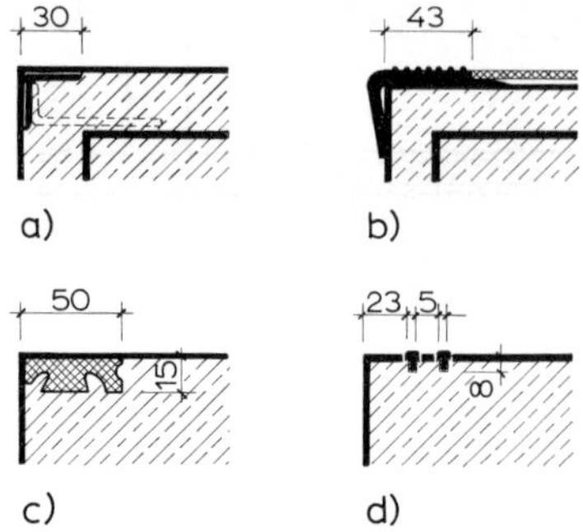

4.33 Kantenschutzprofile

a) Vorstoßschiene aus Metall für Beton-Rohstufen mit Glattstrich
b) Kunststoff-Stufenkanten mit Rippen (Mipolan) für Bahnenbeläge oder Textilbeläge
c) Kantenschutz aus Kunststoff für vorgefertigte Stufen (bei Herstellung der Stufe eingesetzt)
d) Rutschsicherung aus Kunststoffrippen (in gefräste Rillen geklebt)

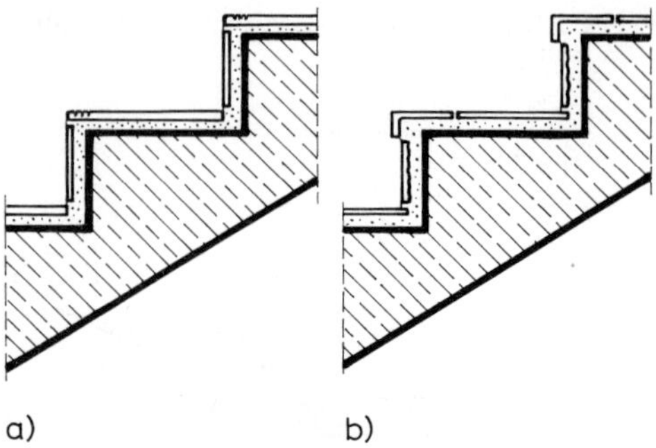

4.34 Stufenbeläge aus keramischen Platten

a) Trittstufenplatten mit Sicherheitsrillen
b) Trittstufenwinkel (Schenkelplatten)

Vorgefertigte Stahlbetontreppen können aus einzelnen Stufen bestehen, die wie Werksteinstufen verlegt bzw. eingespannt werden (Bild **4**.27). In Ortbeton hergestellte Laufplatten können ersetzt werden durch vorgefertigte schmale Stahlbetonbalken, die nebeneinandergelegt den Lauf ergeben (Bild **4**.35). Ebenso werden ganze Treppenläufe auch in gewendelten Ausführungen und mit Podesten vorgefertigt und mit dem Baukran versetzt (Bild **4**.36).

Nach dem gleichen Prinzip hergestellte vorgefertigte Stahlbetontreppenläufe in Verbindung mit vorgefertigten Podestplatten zeigt Bild **4**.37. Einem wesentlichen höheren Schalungs- und damit Herstellungsaufwand stehen hier Gewichtseinsparung und elegantere Gestaltung gegenüber.

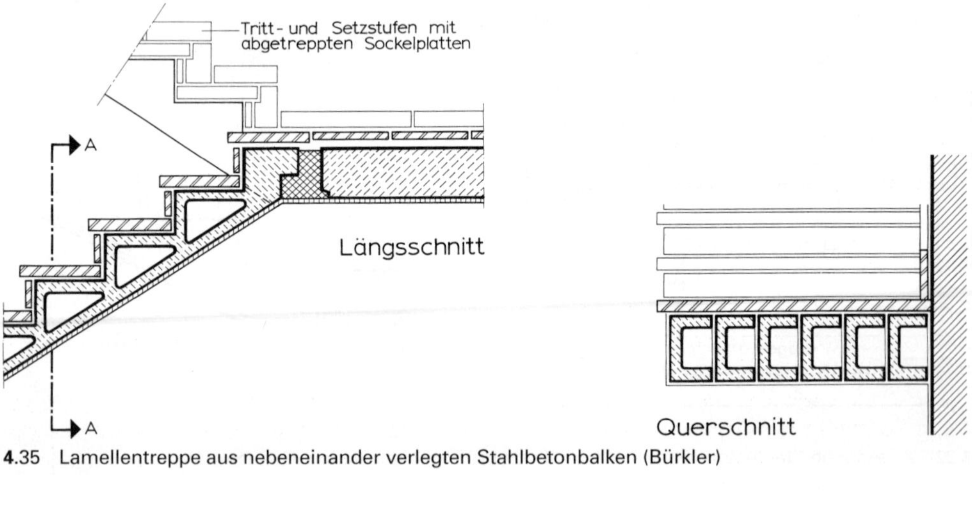

4.35 Lamellentreppe aus nebeneinander verlegten Stahlbetonbalken (Bürkler)

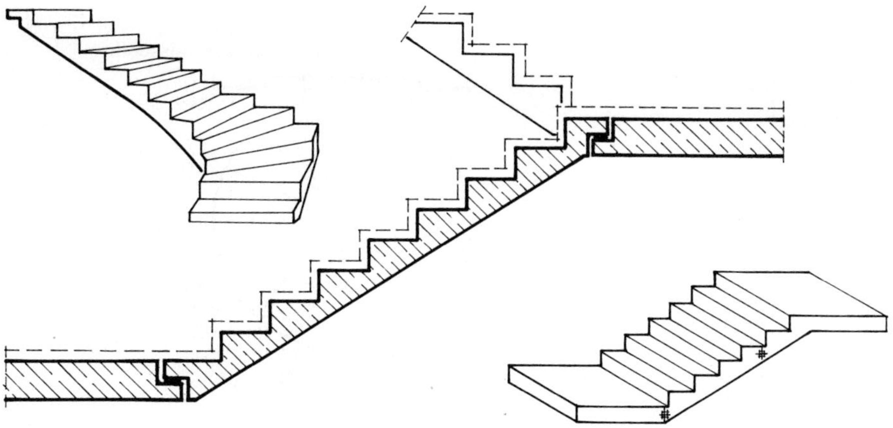

4.36 Vorgefertigte Stahlbeton-Treppenläufe (Dennert)

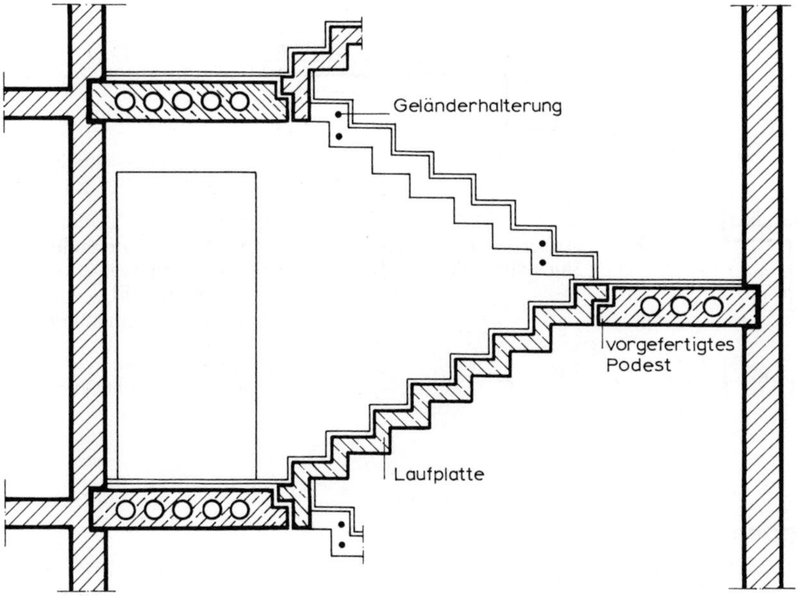

4.37 Vorgefertigte Treppenläufe aus Stahlbeton

Besonders für Außentreppen (z. B. auch für Nottreppen) werden vielfach vorgefertigte freitragende Stahlbeton-Spindeltreppen verwendet (Bild **4**.38).

Wenn Außentreppen schnee- und eisfrei gehalten werden müssen, können vorgefertigte Stufenelemente mit unterseitiger Wärmedämmung und eingearbeiteten elektrischen Heizelementen eingebaut werden (Bild **4**.39).

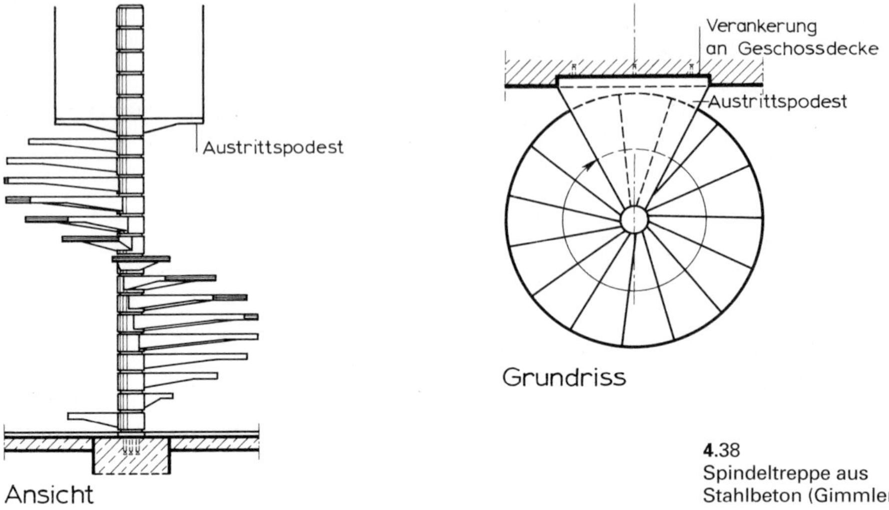

4.38
Spindeltreppe aus Stahlbeton (Gimmler)

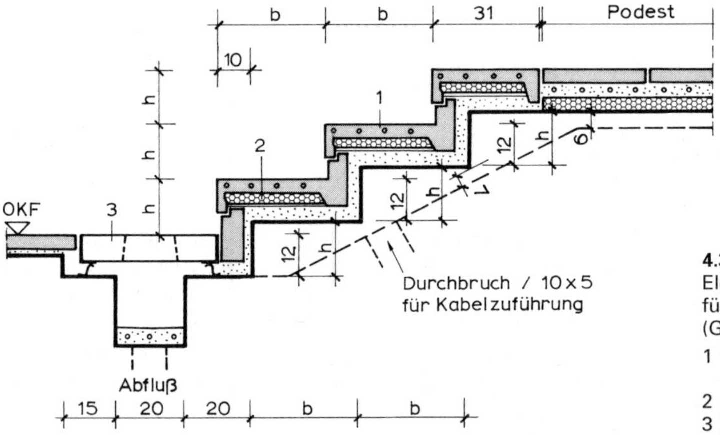

4.39
Elektrisch beheizte Stufen für Außentreppen (Granitherm DPB)

1 Betonwerkstein mit Heizelement
2 Wärmedämmung
3 Abflußrinne mit Gitterrost

4.2.4 Holztreppen

Allgemeines

Holztreppen sind nach den Bestimmungen der Bauordnungen in den meisten Bundesländern nur in Gebäuden mit bis zu zwei Vollgeschossen zugelassen (Gebäudeklassen A, B und D, s. Abschn. 4.1.2). Die Feuerwiderstandsfähigkeit kann nur bedingt durch Bekleidungen oder durch Beachtung von Mindestquerschnitten gemäß DIN 4102 erhöht werden.

Als Material für Holztreppen wird vorzugsweise Massivholz verwendet, und zwar für tragende Teile Nadelhölzer und Eichenholz, für Trittstufen und Handläufe auch Rotbuche, Ahorn, Esche und ausländische Harthölzer. Für breitflächige Teile sind Kernbohlen zu verwenden. Im übrigen ist das Holz so einzubauen, daß mögliche Krümmungen der Belastung entgegenwirken (Bild **4**.40).

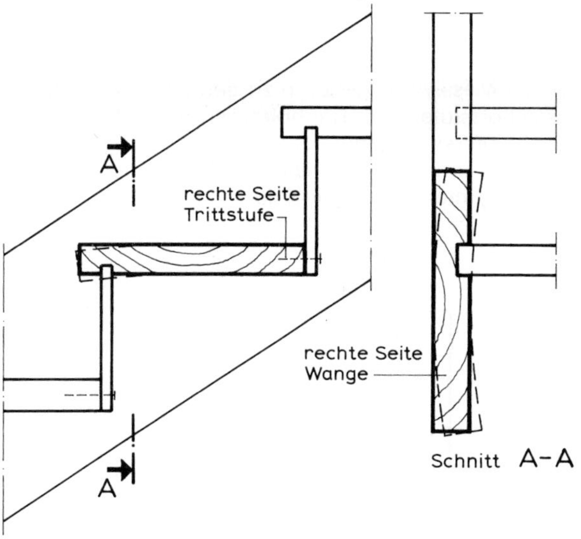

4.40 Einbau von Massivhölzern in Holztreppen

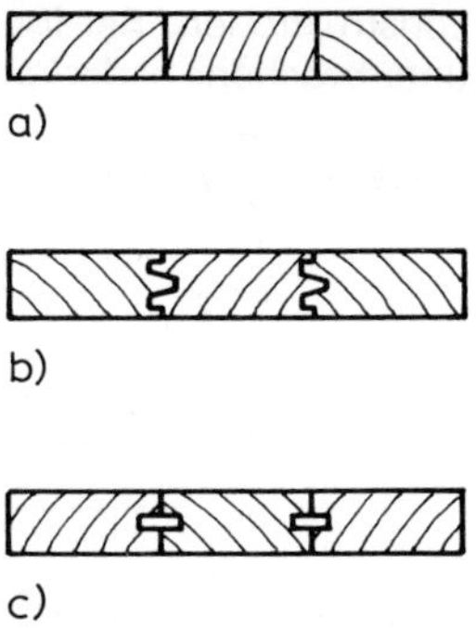

4.41
Verleimung von Massivhölzern
a) Stumpfe Verleimung
b) Keilzinken-Verleimung
c) Feder-Verleimung

Wangen, Blockstufen und dicke Trittstufen können auch aus verleimten Massivhölzern (Verleimung auch mit Keilzinken oder Sperrholzfeder, Bild **4**.41) hergestellt werden, aus Sperrholz (DIN 68705) oder aus brettschichtverleimten Hölzern. Für Setzstufen kommen auch Spanplatten (DIN 68763) in Frage.

Wangen und Holme sind bei gradläufigen Holz- oder auch Stahltreppen entweder unten beweglich aufgelagert und oben aufgehängt (Bild **4**.42 a) oder unten aufgestützt und gegen Horizontalschub gesichert und oben beweglich angelehnt (Bild **4**.42 b). Die Wangen bzw. Holme sind also ähnlich wie eine Leiter gegen den oberen Podestrand gesetzt.

Die Holme werden am Podestrand mit Stahllaschen befestigt. Wangen oder Holme können auf den fertigen Fußboden aufgesetzt werden. In der Lagerfuge ist ein Filzstreifen als Gleitschicht und zur Schalldämpfung einzulegen.

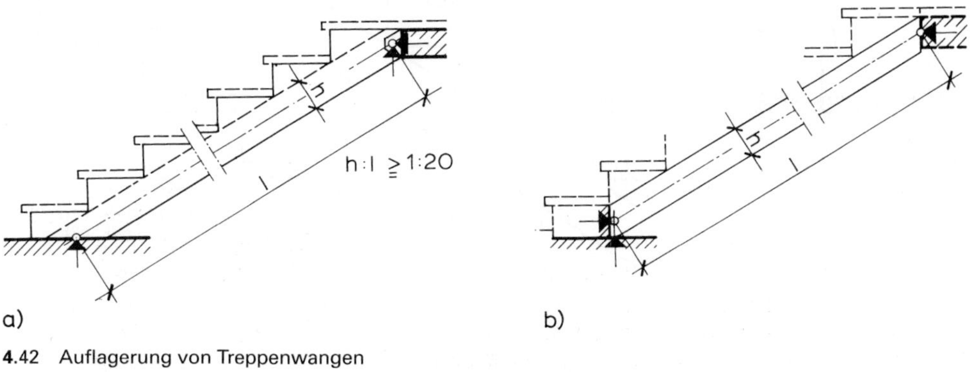

4.42 Auflagerung von Treppenwangen

a) unten bewegliches Auflager; oben eingehängt an Podest- oder Deckenrand
b) unten Widerlager (z. B. durch Blockstufe), oben angelehnt an Treppenpodest oder Deckenrand

Bauarten

Hinsichtlich der Bauart unterscheidet man bei Holztreppen:

Blocktreppen. Blocktreppen mit Stufen aus Massivholz gehören zu den ältesten Treppenkonstruktionen. Bei ihnen werden Massivholzstufen auf Tragholme so aufgedübelt, daß unterbrochene oder auch geschlossene Untersichtflächen entstehen. Derartige Stufen reißen jedoch leicht. Durch Verwendung von brettschichtverleimten Stufen werden aber Blocktreppen heute wieder für die Ausführung interessant (Bild **4**.43).

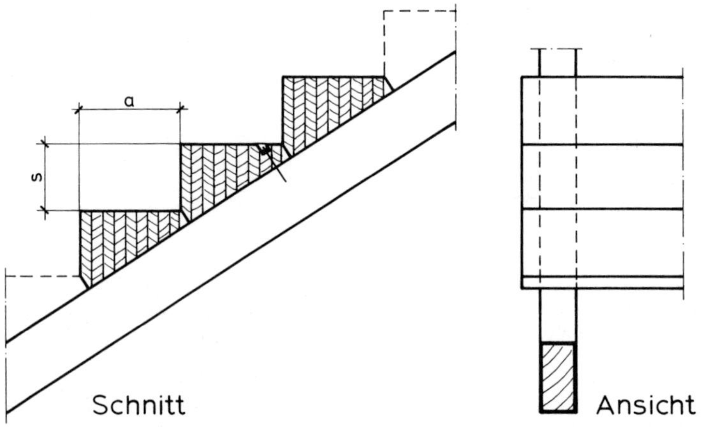

4.43 Blocktreppe (Stufen in Brettschichtverleimung)

Aufgesattelte Treppen. Bei aufgesattelten Holztreppen werden die Wangenoberkanten abgestuft ausgeschnitten (Bild **4**.44 a), oder die Trittstufen werden auf die Wangen mit Hilfe von Zwischenstücken aufgesetzt oder „aufgesattelt" (Bild **4**.44 b). Bei einer Ausführung nach Bild **4**.44 c kann die Höhe des Holmes optisch verringert werden.

Aufgesattelte Treppen bieten der Gestaltung weiten Spielraum. Daß die Wangen auf schmale Tragholme reduziert werden können, kommt der Absicht entgegen, die Treppenläufe so leicht wie möglich erscheinen zu lassen und die Schatten werfenden Teile des Treppenkörpers auf ein Mindestmaß zu beschränken. In der Regel wird daher auf Setzstufen verzichtet.

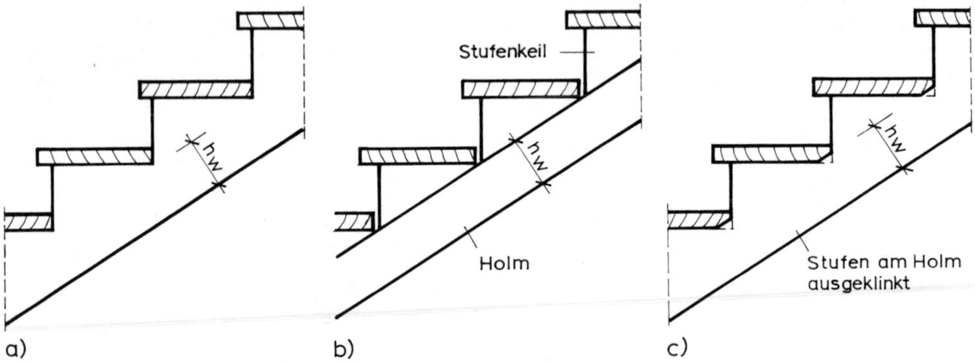

4.44 Aufgesattelte Treppe, Ausbildung der Tragholme

a) Stufenauflager aus dem Tragholm ausgeschnitten
b) Tragholm mit Rechteckprofil, Stufenkeile aufgesetzt
c) Tragholm für Stufenlager ausgeschnitten, Stufen am Holm ausgeklinkt

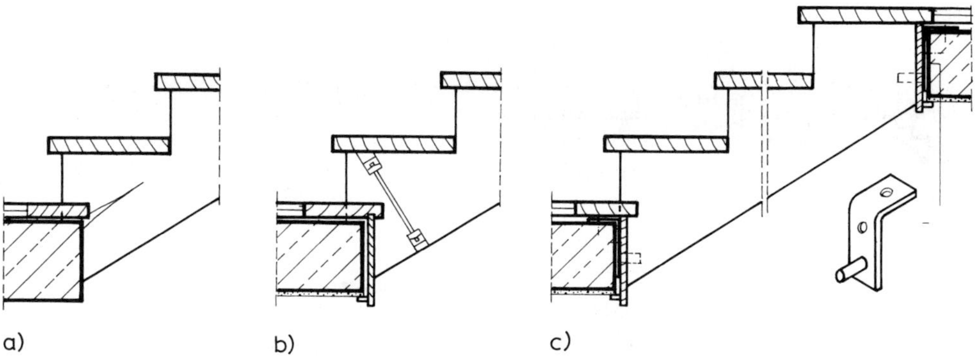

4.45 Auflager von Treppenwangen bzw. -holmen
a) Rißgefahr am Holmauflager
b) Bolzensicherung gegen Rißgefahr
c) Holmauflager mit Tragbolzen

Die Wangen oder Holme bestehen entweder aus einfachen gehobelten Bohlen oder aus Brettschichtträgern. Die Außenflächen der Träger können mit Edelhölzern furniert, gebeizt oder gestrichen werden. Für gebogene Treppen werden Holme aus Sperrholz verleimt.

Der Anschluß der Holme am Podestrand soll so erfolgen, daß die Aufklauung möglichst keine Kräfte übertragen muß, weil die Gefahr des Einreißens besteht (Bild **4**.45 a). Durchgeschraubte Bolzen können als Abhilfe dienen (Bild **4**.45 b). Besser ist der Anschluß durch Hängewinkel mit Tragbolzen (Bild **4**.45 c). Für die Bemessung von Tragholmen aufgesattelter Treppen geben die Tabellen **4**.46 und **4**.47 einen Anhalt.

Die Lage der Holme unter den Stufen ist bei aufgesattelten Treppen von der Treppenbreite unabhängig. Die Trittstufen kragen in ihrer Längsrichtung mehr oder weniger weit aus.

Die Trittstufen sind 4 bis 7 cm dicke Bohlen oder verleimte Platten (stäbchenverleimte Platten mit Umleimern oder Furnierplatten mit sichtbaren Schnittflächen oder brettschichtverleimte Platten). Die Befestigung der Stufen auf den Holmen ist weitgehend eine Frage der Gestaltung. Im einfachsten Falle werden die Trittstufen auf die oben ausgeschnittenen Wangen aufgeschraubt oder aufgedübelt und verleimt. Werden keine ausgeschnittenen Wangen, sondern oberseitig glatte Holme verwendet, so werden dreieckige oder trapezförmige Bohlenstücke aufgesetzt oder angeblattet (geschraubt, verdübelt, geleimt), die die Trittstufen tragen. Für die Dimensionierung von Trittstufen sind in Tabelle **4**.48 auf der Grundlage von DIN 1 055 Richtwerte gegeben [7].

Tabelle **4**.46 Tragholmhöhen h_w in cm für Tragholme aus Bauschnittholz [7]

Stützweite	Treppenhöhe	Treppenlaufbreite											
		b = 0,80 m				b = 1,00 m				b = 1,20 m			
		Breite b_w in cm				Breite b_w in cm				Breite b_w in cm			
l in m	h in m	5,5	8,5	10,5	12,5	5,5	8,5	10,5	12,5	5,5	8,5	10,5	12,5
1,50	≦ 1,50	10,5	9,5	8,5		10,5	9,5	8,5		11	10	9	
2,00	≦ 2,00	13,5	11,5	10,5		14	12	11		14,5	12,5	12	
2,50	≦ 2,50	17	14	13	12,5	17,5	15	14	13	18,5	16	14,5	14
3,00	≦ 3,00		16,5	15,5	15		18	16,5	15,5		19	17,5	16,5
3,50	≦ 3,00		19	18	17		20	19	18		21,5	20	19
4,00	≦ 3,00		21,5	20	19		22,5	21	20		24	22,5	21
4,50	≦ 3,00		24	22	21		25	23,5	22		26,5	25	23,5

Tabelle **4**.47 Tragholmhöhen h_w in cm für Tragholme aus Brettschichtholz [7]

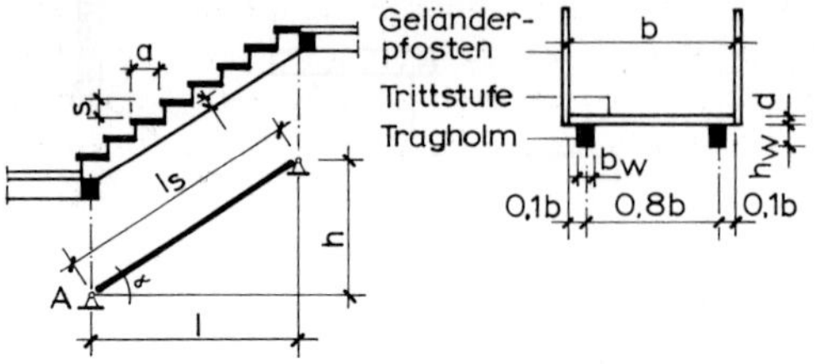

Stützweite	Treppenhöhe	Treppenlaufbreite b = 0,80 m				b = 1,00 m				b = 1,20 m			
		Breite b_w in cm				Breite b_w in cm				Breite b_w in cm			
l in m	h in m	5,5	8,5	10,5	12,5	5,5	8,5	10,5	12,5	5,5	8,5	10,5	12,5
1,50	≦ 1,50	10,5	9,5	8,5		10,5	9,5	8,5		10,5	9,5	8,5	
2,00	≦ 2,00	13	11	10,5		13,5	11,5	11		14	12	11,5	
2,50	≦ 2,50	16	13,5	12,5	12	16,5	14,5	13,5	12,5	17,5	15	14	13,5
3,00	≦ 3,00		16	15	14,5		17	16	15		18	17	16
3,50	≦ 3,00		18,5	17,5	16,5		19,5	18,5	17,5		20,5	19,5	18,5
4,00	≦ 3,00		21	19,5	18,5		22	20,5	19,5		23	21,5	20,5
4,50	≦ 3,00		23	21,5	20,5		24,5	22,5	21,5		25,5	24	22,5

Tabelle **4**.48 Trittstufen für Wangentreppen und für aufgesattelte Treppen, empfohlene Dicken d [mm]

	Stützweite l	0,80 m		0,90 m		1,00 m		1,10 m		1,20 m	
	Stufenbreite b	240	300	240	300	240	300	240	300	240	300
Nadelholz Güteklasse II nach DIN 4 074, z. B. Fichte, Kiefer, Lärche oder Tanne. Rohholzdicken = 45, 50, 55 u. 60 mm	empfohlene Dicke	40	40	45	45	45	45	50	50	55	55
Eiche oder Buche, mittlere Güte (Hartholz) Rohholzdicken = 45, 50, 55 u. 60 mm	empfohlene Dicke	40	40	45	45	45	45	50	50	55	55
Bau-Furnierplatten (BFU) nach DIN 68 705, Blatt 3	empfohlene Dicke	40	40	45	45	45	45	50	50	55	55
Verbundstufen BTI/BFU: Mittellage = Bau-Tischlerplatten Decklagen = Bau-Furnierplatten	Gesamtdicke	46	46	46	46	48	48	50	50	54	54
Verbundstufen BTI, furniert: Mittellage = Bau-Tischlerplatten Decklagen = Hartholzfurniere oder BFU	Gesamtdicke	48	44	50	48	52	50	54	52	56	54
Verbundstufen Spanpl./BFU: Mittellage = Holzspanplatten Decklagen = Bau-Furnierplatten	Gesamtdicke	46	46	48	46	50	48	54	50	58	54
Verbundstufen Spanpl./Spanpl.: Mittellage = Holzspanplatten Decklagen = Holzspanplatten	Gesamtdicke	58	54	64	58	70	64	70	70	76	70

Einholmtreppen sind eine Variante der aufgesattelten Treppen. Die Stufen werden auf dem in der Regel in der Mitte liegenden Holm versenkt aufgeschraubt oder aufgedübelt (Bild **4**.49) und bei großen Treppenbreiten auch durch Stützkonsolen bzw. Setzstufen gegen Durchbiegung und Abkippen gesichert. In Bild **4**.50 ist eine Einholmtreppe gezeigt, bei der die Stufen durch Geländerstäbe gehalten werden, die in diesem Falle am Randbalken des Treppenloches aufgehängt sind.

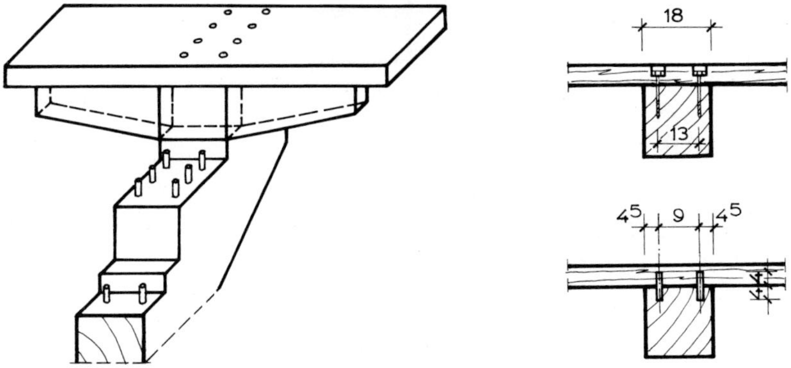

4.49 Stufenbefestigung bei Einholmtreppen

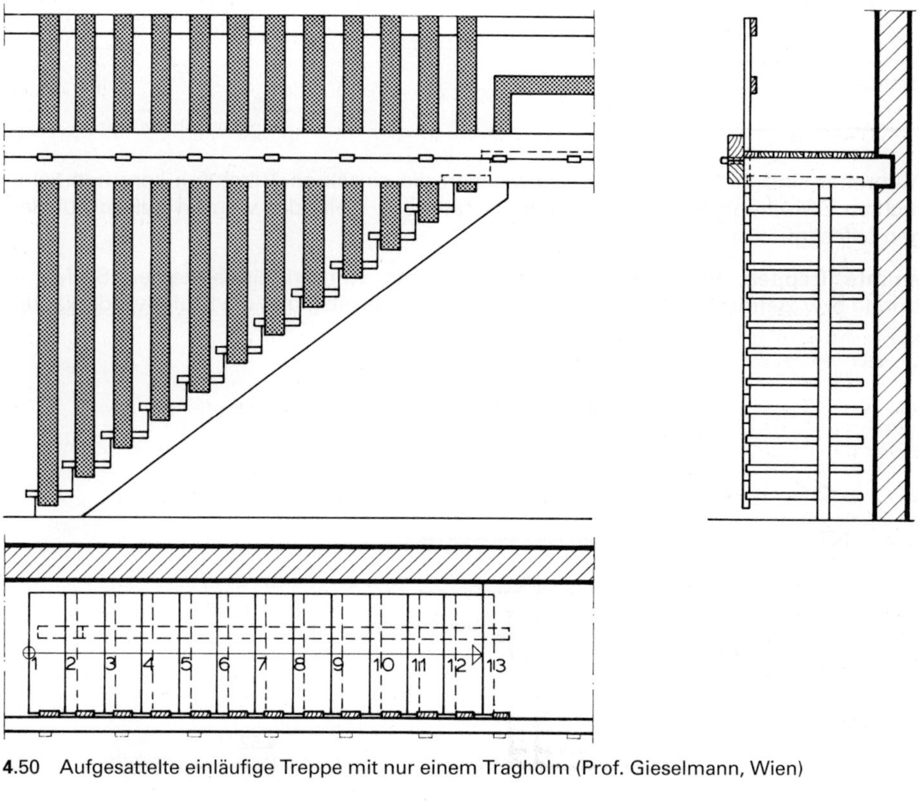

4.50 Aufgesattelte einläufige Treppe mit nur einem Tragholm (Prof. Gieselmann, Wien)

Eingeschobene Treppen. Bei dieser Konstruktion werden zwischen 5 bis 6 cm dicke, etwa 25 cm breite Wangen die 4 cm dicken Trittstufen „auf Grat" eingeschoben (Bild **4**.51). Die beiden Wangen werden durch 2 bis 3 lange Schraubenbolzen miteinander verbunden. Die Wangen werden mit Stahllaschen auf den Decken oder Podesten gehalten.

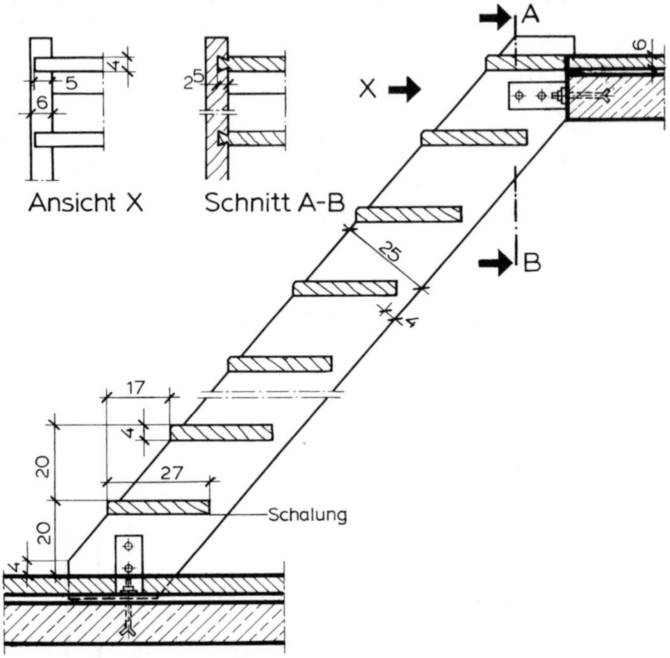

4.51
Eingeschobene Treppe

Die Trittbretter sind 25 bis 30 cm breit. Zwischen die einzelnen Trittstufen kommen keine senkrechten Zwischenbretter (Futterstufen, Setzstufen), Geländer werden außen auf den Wangen befestigt.

Gestemmte Treppen. Bei den gestemmten Treppen werden die einzelnen Stufen in gestemmte bzw. gefräste Nutungen der Wangen so eingesetzt, daß die Stufenvorderkanten

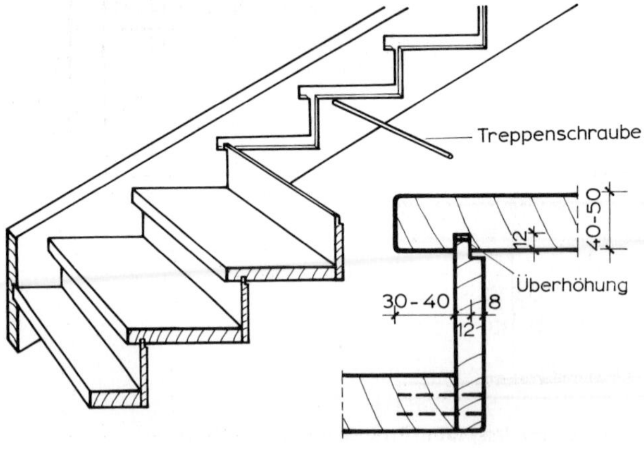

4.52
Gestemmte Treppe

3 bis 4 cm von der Wangenoberkante entfernt liegen (Bild **4**.52). Die Stufen bestehen aus dem 4 bis 5 cm dicken Trittbrett (Trittstufe) und dem 2 cm dicken Futterbrett (Setzstufe).

Die Trittstufe (Kernseite nach oben), die etwa 4 cm über die Setzstufe vorsteht, wird einfach profiliert und kann mit einem Kantenschutz aus Kunststoff ausgestattet werden. Die Setzstufe wird mit dem oberen Ende in die obere Trittstufe eingenutet, das untere Ende wird an die Rückseite der unteren Trittstufe genagelt oder geschraubt. Gemeinsam mit den Wangen bilden sie ein räumliches Tragwerk.

Vor dem Befestigen der Futterstufe werden die obere und untere Trittstufe mit einem Hebel oder mit Keilen auseinandergespreizt, damit die Stufen unter Vorspannung stehen und beim Begehen weder in den Nutungen noch in der Nagelung knarren (Bild **4**.53). Noch sicherer wird das Knarren verhindert, wenn die gespannte, am oberen Rand flachsegmentbogenförmig geschnittene Setzstufe nur mit dem Scheitelpunkt an die darüberliegende Trittstufe gepreßt ist.

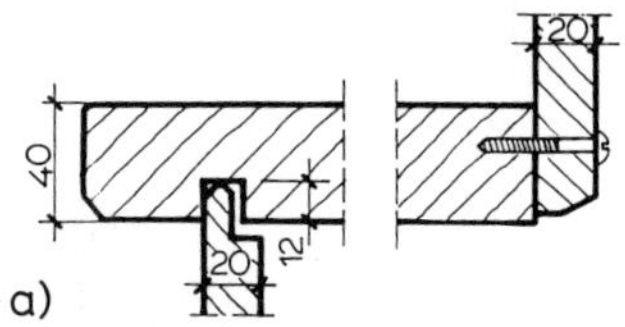

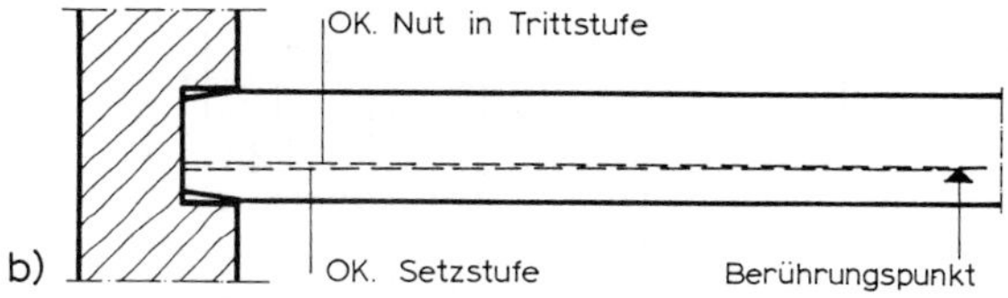

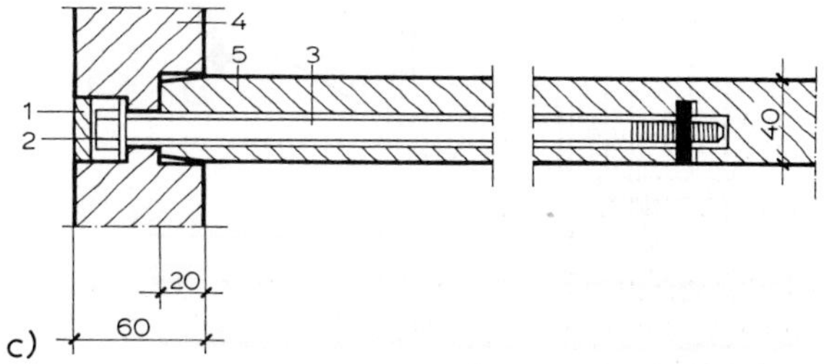

4.53
Gestemmte Treppe
a) Querschnitt durch Tritt- und Setzstufe
b) Längsschnitt durch Trittstufe und Wange, Einsetzen der segmentbogenförmig gehobelten Setzstufen
c) Längsschnitt durch Trittstufe mit Treppenschraube
1 Holzscheibe
2 Schraubenkopf bzw. Mutter mit Unterlegscheibe
3 Schraubenbolzen
4 Treppenwange
5 Trittstufe

Die Wangen sind – je nach Lauflänge 4,2 bis 6,2 cm breit. Sowohl über der Vorderkante der Trittstufe als auch unter der Hinterkante soll, senkrecht zur Steigungslinie gemessen, 4 bis 5 cm Holz stehenbleiben. Daraus bestimmt sich die Wangenhöhe h_w. Für die Bemessung der Wangen gibt Tabelle **4**.54 einen Anhaltspunkt. Beide Wangen werden in Abständen von 4 bis 5 Stufen durch lange Schraubenbolzen (∅ 12 bis 16 mm) zusammengehalten.

Tabelle **4**.54 Treppenwangen für gestemmte und halbgestemmte Treppen [7]

Wangenhöhen h_w in cm
für gerade Treppen
bis 1,20 m Laufweite

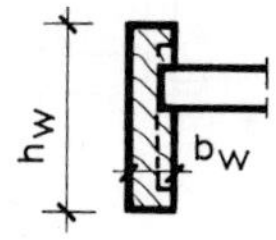

Stützweite	Wangenbreite b_w		
l in m	4,2 cm	5,2 cm	6,2 cm
bis 3,25	28	28	28
3,50	30	28	28
3,75	–	28	28
4,00	–	30	28
4,25	–	32	30
4,50	–	34	32

Die Schraubenbolzen liegen entweder unmittelbar unter einer Trittstufe, oder sie werden 25 bis 35 cm tief in Längsbohrungen der Trittstufe gesteckt und von den äußeren Wangenflächen her angezogen (Bild **4**.53 c).

Die Antrittstufe (unterste Stufe), die im allgemeinen auf der Massivdecke aufliegt, wird als Blockstufe hergestellt. Die Blockstufe wird gegen Verschieben durch Bolzenanker gesichert. In die Wandwange wird die Blockstufe 2 cm tief eingelassen, die Innenwange faßt mit einer Klaue auf die Antrittstufe und greift mit einem Zapfen in den auf der Blockstufe stehenden Antrittspfosten. Mit einer Pfostenschraube wird die Wange fest in den Pfosten hineingezogen (Bild **4**.55).

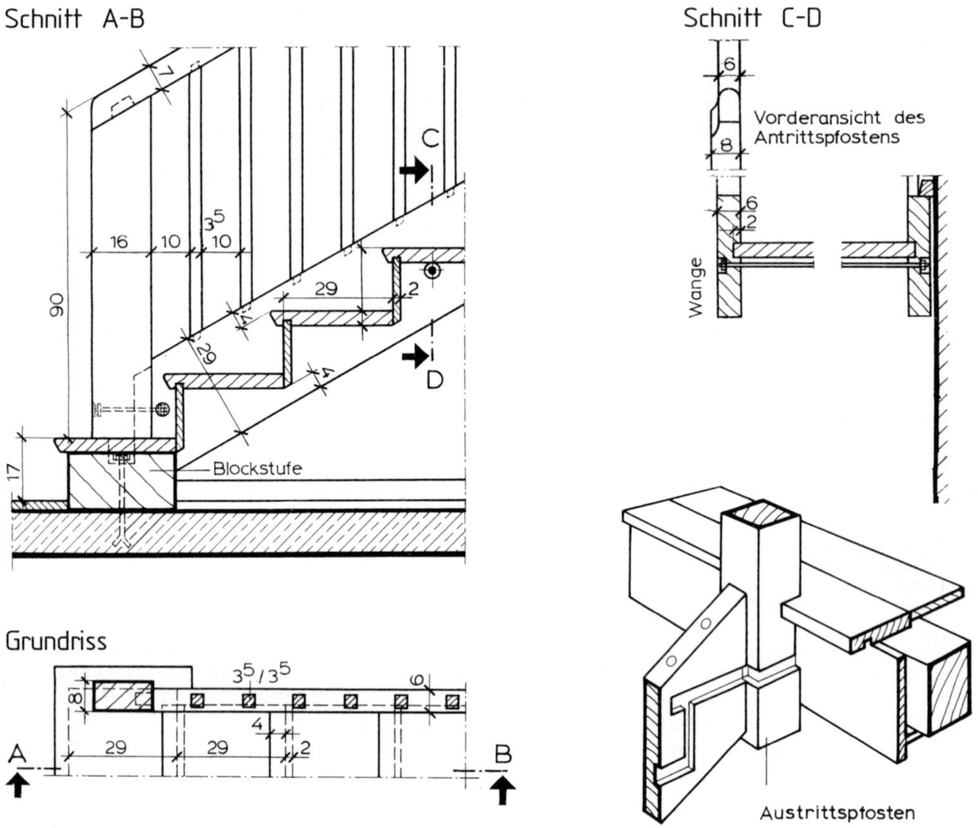

4.55 Gestemmte Treppe

Ein Antrittspfosten kann bei Holztreppen die Wange aufnehmen und gleichzeitig den Anfang des Geländers bilden. Er besteht aus einer 6 bis 8 cm dicken Bohle und ist an der Breitseite der Wange oder am Kopf der Blockstufe mit Dübeln oder Bolzen befestigt.

Die Wangen können am Podestrand frei enden oder wie in Bild **4**.56 gezeigt durch ein Übergangsstück entsprechend der Geländerausführung miteinander verbunden werden.

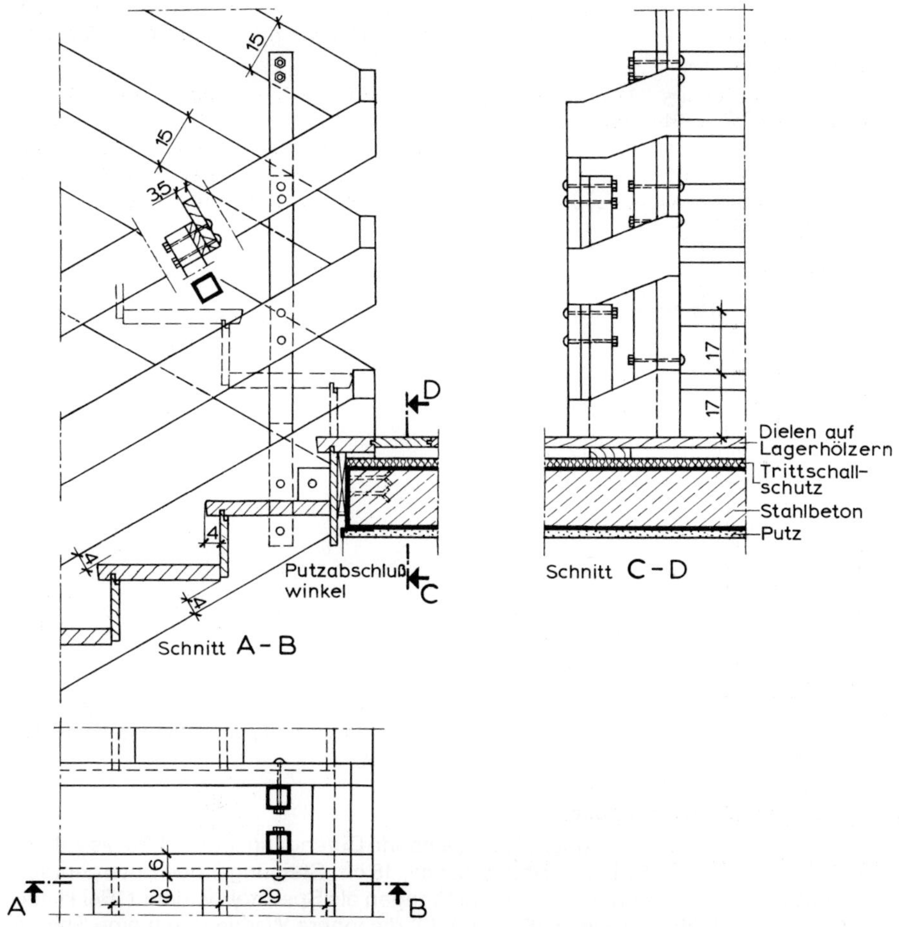

4.56 Wangenauflager am Zwischenpodest einer zweiläufigen Geschoßtreppe mit Stahllasche (Geländer an Stahlrohrpfosten)

Handwerklich aufwendig ist die früher allgemein übliche Ausführung mit „Krümmling“, einem spiralförmigen Übergangsstück zwischen den Treppenwangen und insbesondere dann auch zwischen den damit wesentlich benutzerfreundlicheren Handläufen (Bild **4**.57).

Die Wangen werden in den Krümmling eingezapft. Das Krümmlingsstück wird gegen den Podestrand gelehnt und durch Dübel oder Bolzenlaschen gesichert.

Die Zwischenpodeste zweiläufiger Holztreppen werden als Holzbalkenkonstruktionen ausgeführt oder bestehen aus Stahlbeton. Die Wangen der Treppenläufe werden auf den Podestrand aufgeklaut und durch einbetonierte Laschen oder Stahlwinkel mit Dollen gesichert (Bilder **4**.45 c, **4**.51 und **4**.56), oder sie enden im Austrittspfosten (Bild **4**.55).

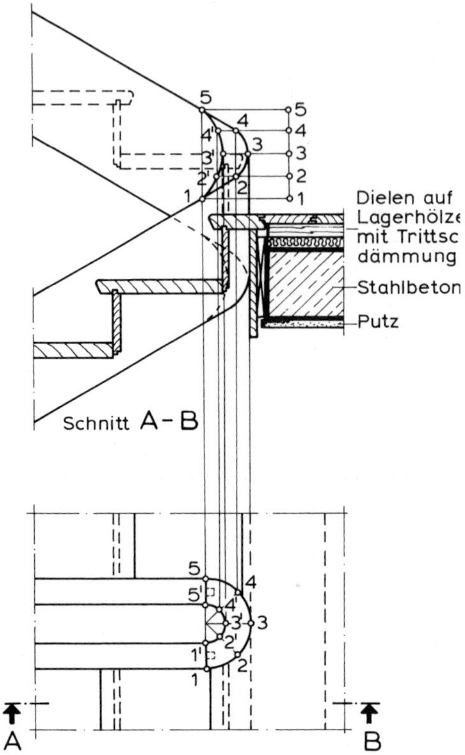

4.57
Wangenauflager einer zweiläufigen Geschoßtreppe mit Wangenkrümmling

Ausführung gewendelter Holztreppen

Bei Wendeltreppen müssen, um überall ausreichende Durchgangshöhe (1,85 bis 2,00 m) zu behalten, in einem Umlauf 11 bis 12 Stufen bei ca. 18 cm Steigungshöhe untergebracht werden. Für größere Wendeltreppen werden die Wangen als Sperrholz verleimt. Bei kleineren Wendeltreppen wird (ähnlich Bild **4**.28 bzw. **4**.29) die innere Wange durch eine Spindel ersetzt, in die die Trittstufen und die Futterstufen eingestemmt werden.

Der Durchmesser der Spindel (oder des Treppenauges) hängt vom Steigungsverhältnis ab, wenn die geringste Auftrittbreite festgelegt ist. Die Holzspindeln können aus langen Bohlen verleimt und im ganzen abgedreht oder in einzelnen Teilen hergestellt werden, die ausgebohrt und über ein Stahlrohr geschoben und in der Spindelachse durch eine Schraube zusammengepreßt werden.

Mit Hilfe der Leimtechnik sind auch weitgeschwungene Holztreppen ausführbar. Abstützung der ausschwingenden Wangen durch Stahlstützen auf den Podesten oder Aufhängung an Stahlprofilen sind möglich.

Bei halb- oder viertelgewendelten Treppen werden die Wandwangen an den Ecken gezinkt. Soweit Wendelstufen anschneiden, ist die Form der Wange besonders zu ermitteln (Bild **4**.58a und b). Die Wandwangen werden durch starke Flach- oder Profilstähle mit der Treppenhauswand verbunden.

Die Innenwange besteht aus geraden Wangenstücken und dem Krümmling. Die geraden Wangen werden mit dem Krümmling durch Doppelzapfen und Schraubenbolzen, die entweder senkrecht zur Wangenrichtung oder in der Wangenrichtung angeordnet werden, verbunden (Bild **4**.58c). Der Stoß darf nicht mit einer Setzstufe zusammenfallen.

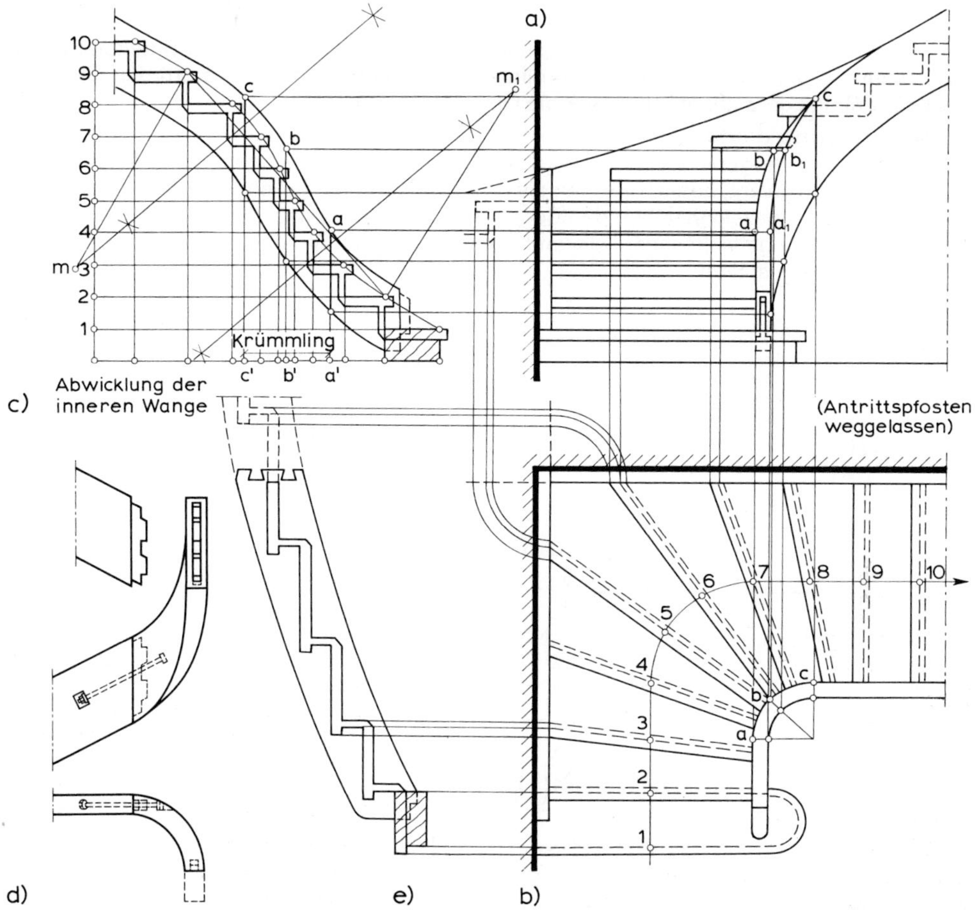

4.58 Viertelgewendelte Treppe (zimmermannsgemäßes Konstruieren)
a) Ansicht
b) Grundriß
c) Abwicklung der Innenwange
d) Verbindung von Wange und Krümmling
e) Wandwange

Austragen des Krümmlings

Im Hinblick auf die immer stärkere Rückbesinnung auf alte handwerkliche Techniken wird nachfolgend die zeichnerische Vorbereitung zur Herstellung von Krümmlingen erläutert.

Krümmlinge werden durch zwei lotrechte Stirnflächen (mit den Zapfenlöchern), zwei Zylinderflächen und eine obere und untere Schraubenfläche begrenzt.

Bei Krümmlingen mit kleinem Radius können die Holzfasern lotrecht, bei größerem Radius sollen sie der besseren Tragfähigkeit wegen in der Richtung der Wangenneigung verlaufen. Das Holz für den Krümmling wird meist aus Bohlen zusammengeleimt.

Die Herstellung des Krümmlings kann auf verschiedene Weise erfolgen, erfordert immer aber eine sorgfältige Arbeit mit großem handwerklichem Geschick.

Krümmling mit lotrechter Faserrichtung

Die Abwicklung der äußeren Krümmlingsfläche mit den beim Verziehen ermittelten Stufenausschnitten ergibt die Höhe des Krümmlingsholzes (h in Bild **4**.59), das um den Grundriß des Krümmlings gezeichnete Rechteck die Querschnittsfläche.

Vor Herstellung des Krümmlings wird der Grundriß auf den Hirnflächen vorgerissen und der Hohlzylinder hergerichtet. Dann wird die Abwicklungsschablone auf die Außenfläche des Krümmlings gelegt, danach werden die obere und untere Begrenzungslinie und die Stufenausschnitte aufgezeichnet. Von den Begrenzungslinien aus wird das Holz winkelrecht zur äußeren Krümmlingsfläche weggestemmt. Alsdann sind die Stufen auszustemmen und die Zapfenlöcher herzustellen.

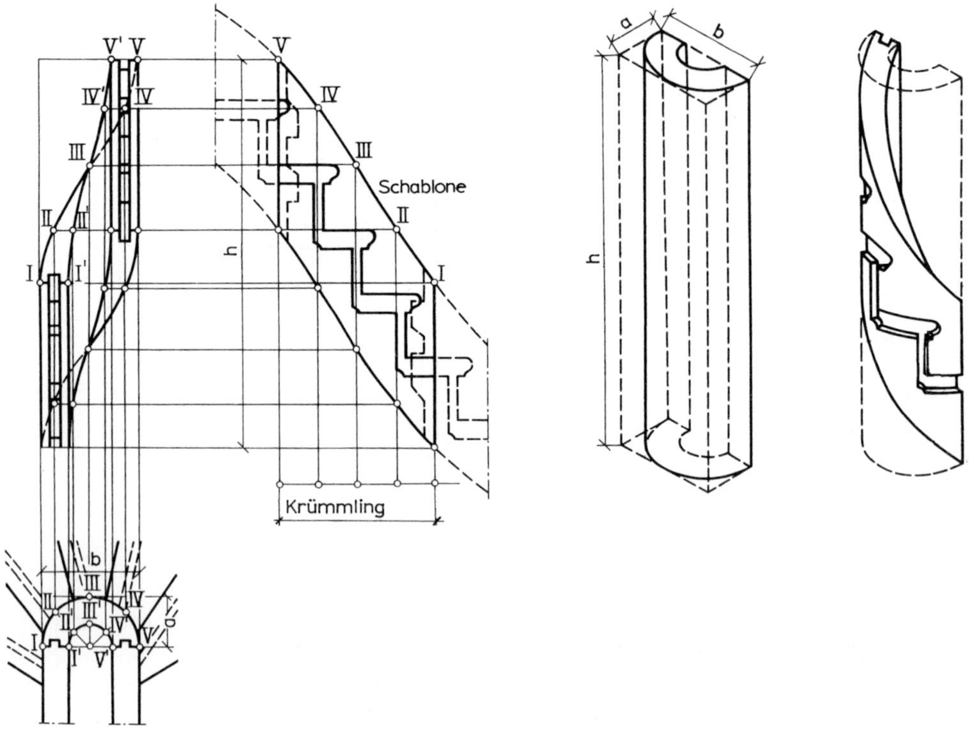

4.59 Krümmling mit Achse parallel zur Faserrichtung

Krümmling mit zur Wangenrichtung parallelen Holzfasern

Bild **4**.60 zeigt die Austragung des Krümmlings für die in Bild **4**.58 dargestellte Treppe. Durch Abwicklung der äußeren Krümmlingsfläche mit den Stufenausschnitten ist der Aufriß des Krümmlings zu entwickeln.

Um die Länge und Breite des Krümmlingsholzes zu finden, zeichnet man um den Aufriß ein Rechteck, dessen Langseiten durch die äußersten Punkte des Aufrisses gehen. Die oberen und unteren Eckpunkte c und a dieses Rechtecks liegen auf den Verlängerungen der senkrechten Begrenzungskanten der äußeren Krümmlingsfläche.

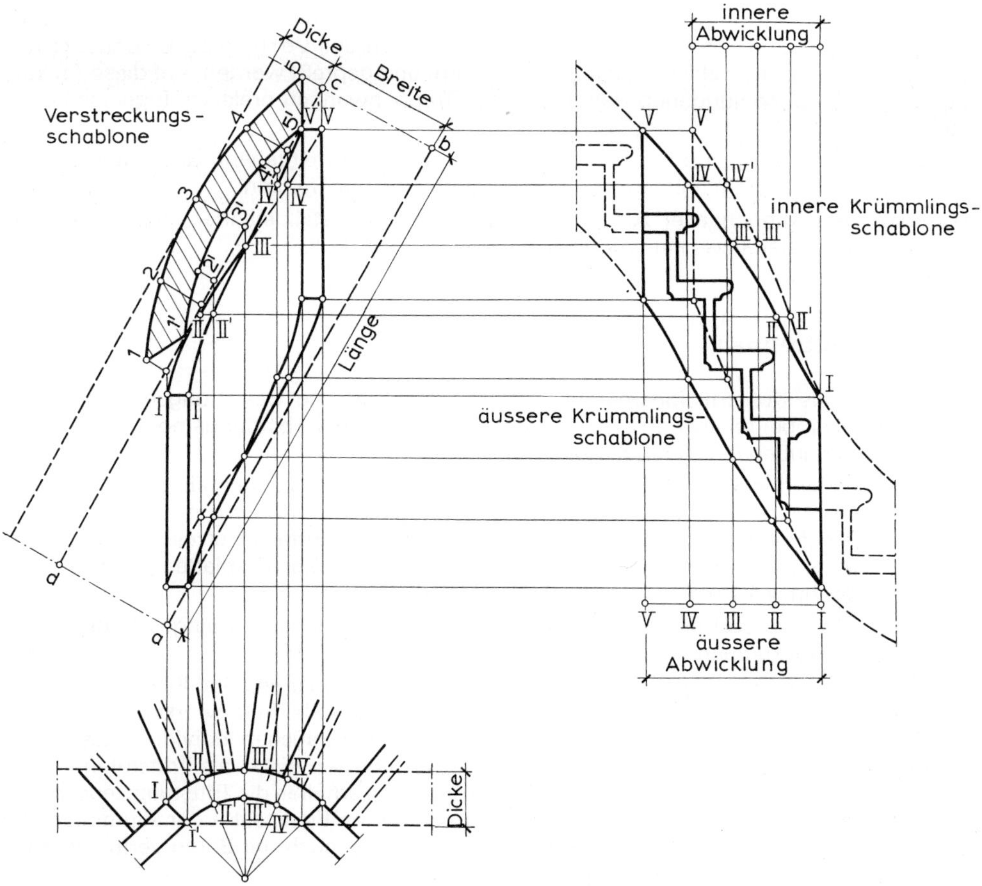

4.60 Krümmling mit zur Wangenrichtung parallelen Holzfasern

- Die Länge des Krümmlingsholzes ist gleich der Rechteckseite *a b*
- Die Breite des Krümmlingsholzes ist gleich der Rechteckseite *b c*
- Die Dicke des Krümmlingsholzes ist gleich dem Abstand der im Grundriß durch Punkt I' und III gezogenen Parallelen.

Für die Herstellung des Krümmlings sind noch die Verstreckungsschablonen, das sind die Schnittflächen des Hohlzylinders mit der oberen und unteren Fläche des Krümmlingsholzes, erforderlich. Man denkt sich die obere Holzfläche in die Aufrißebene umgeklappt und bestimmt die Schablone mit Hilfe von Grund- und Aufriß. Die einzelnen Punkte werden bis zur Holzkante *c d* hochgeführt und in den gefundenen Punkten die entsprechenden Abstände aus dem Grundriß aufgetragen. Vor der Herstellung sind auf der oberen und unteren Fläche des Krümmlingsholzes die Verstreckungsschablonen aufzuzeichnen. Durch die „Lotrisse" der Punkte I' und V' werden Sägeschnitte geführt, die die Stirnflächen des Krümmlings ergeben. Dann wird der Hohlzylinder ausgearbeitet, die äußere und innere Schablone auf den Zylinderflächen aufgerissen und das überflüssige Holz nach den oberen und unteren Begrenzungslinien weggestemmt.

Diese alten Arten, Krümmlinge aus dem vollen Holz herauszuarbeiten, werden heute meistens ersetzt durch die Herstellung von Krümmlingen aus verleimten Furnierblättern, die Schicht auf Schicht miteinander verleimt und gepreßt werden. Auf diese Art können auch alle geschwungenen Handläufe oder Treppenwangen praktisch fugenlos hergestellt werden.

Form und Befestigung von Pfosten und Geländer sind weitgehend Gestaltungsprobleme und nicht unbedingt abhängig von der Konstruktion der Treppen.

Materialkombinationen aller Art (z. B. Holztreppen mit Metallgeländer, Holzwangen bei Stahlbetonpodesten usw.) sind möglich (s. Abschn. 4.3).

4.2.5 Stahltreppen

Stahl bietet als Konstruktionsmaterial für Treppen vielfältige Gestaltungsmöglichkeiten. Hohe Festigkeit bei relativ geringem Gewicht und einfache Verbindungsmöglichkeit durch Schweißen erlauben feingliedrige Konstruktionen.

Stahltreppen sind vielfach Bestandteil von Stahlskelettbauten, können aber auch mit allen anderen Bauweisen kombiniert werden. In Geschoßbauten erfordern notwendige Stahltreppen besondere Vorkehrungen hinsichtlich des baulichen Brandschutzes. Tragende Wangen und Holme müssen durch Betonummantelung oder Feuerschutzplatten geschützt werden (vgl. Abschn. 4.1.2 und 15.6 in Teil 1 dieses Werkes.

Die Konstruktionsgrundsätze für Stahltreppen sind ähnlich denen für eingeschobene oder aufgesattelte Holztreppen.

Die Treppenwangen bestehen aus Profilstahl, Hohlprofilen oder aus Stahlblech. Die Stufen können je nach Brandschutzanforderungen aus Holz, Natur- oder Betonwerkstein und sogar aus Glas oder Acrylglas bestehen. Abgekantete Stahlbleche, auch in individuell gestalteten Hohlkastenprofilen, können in den verschiedensten Formen direkt als Trittstufen dienen (strukturierte Bleche wie z. B. „Tränenblech"). In der Regel erhalten die Trittstufen jedoch Auflagen aus Naturstein, keramischen Belägen, strukturierten Edelstahl- oder Aluminiumblechen, Gummi-Noppenplatten usw. (Bild **4**.61). Sie können auch mit Beton verfüllt werden (Bild **4**.62).

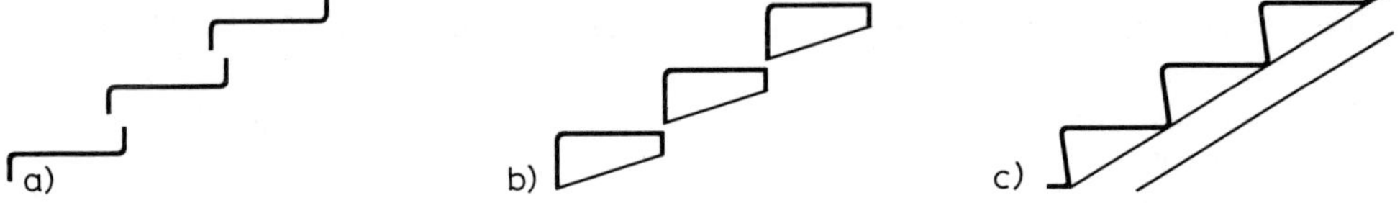

4.61 Formen von Stahlblechstufen
a) abgekantete ebene Profile
b) Hohlkastenprofile
c) Stufenband

Für Stahltreppen mit eingeschobenen Stufen und für eine Stahltreppe mit aufgesattelten Stufen sind in Bild **4**.63 a bis d schematische Beispiele gezeigt.

Die meisten Stahltreppen werden ohne Setzstufen ausgeführt. Die Trittstufen werden deshalb möglichst weit übereinandergeschoben, um den Durchblick zu vermindern und um das Gefühl der Sicherheit beim Begehen zu erhöhen.

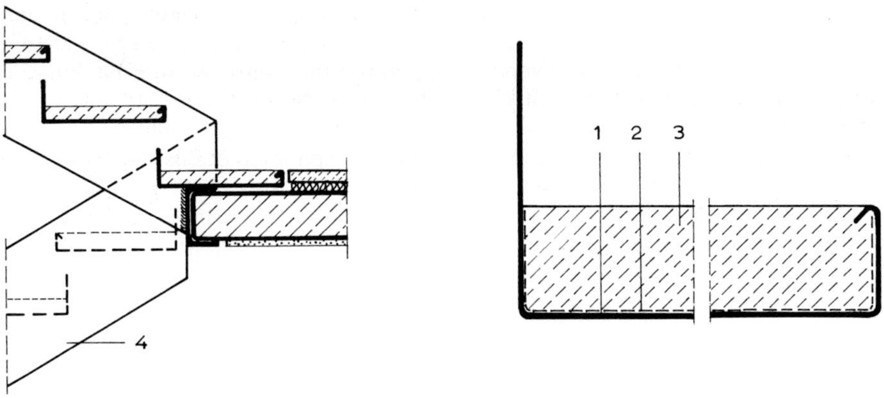

4.62 Stahltreppe mit Stufen aus abgekantetem Stahlblech mit Betonfüllung
1 Stahlblech abgekantet (2 mm)
2 Bitumenanstrich
3 Beton, geglättet
4 Stahlblech-Wange nach statischer Berechnung

Für besondere Anforderungen sind im übrigen die gestalterischen Möglichkeiten für die Ausbildung von Wangen und Stufen außerordentlich vielfältig. Die nachfolgend gezeigten Ausführungsbeispiele können daher nur einen Ausschnitt bilden, und es muß im übrigen auf Spezialliteratur verwiesen werden.

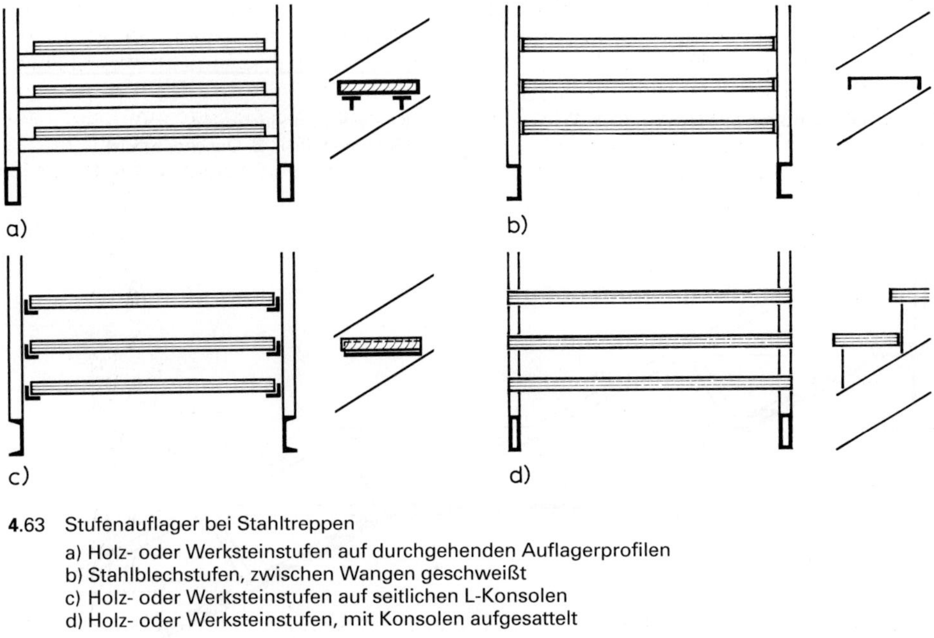

4.63 Stufenauflager bei Stahltreppen
a) Holz- oder Werksteinstufen auf durchgehenden Auflagerprofilen
b) Stahlblechstufen, zwischen Wangen geschweißt
c) Holz- oder Werksteinstufen auf seitlichen L-Konsolen
d) Holz- oder Werksteinstufen, mit Konsolen aufgesattelt

Aus Hohlprofilen können z. B. gewinkelte Tragholme zusammengeschweißt werden, die bei längeren Treppenläufen von durchgehenden Geländerstäben unterstützt oder an Stahlseilen bzw. Stahlprofilen aufgehängt werden (Bild **4**.64).

Treppenholme können mit den Geländern auch gemeinsam tragende Gitterträger bilden (Bild **4**.65).

Bei den folgenden Beispielen für Zweiwangentreppen hat die kleine 60 cm breite Treppe innerhalb einer Wohnung (Bild **4**.66) seitliche Wangen aus 8 mm dickem Stahlblech mit dazwischengeschweißten Trittstufen aus 5 mm dickem strukturiertem Stahlblech.

Das Geländer besteht aus Stahlrohren mit Füllungen aus gespannten Stahlseilen.

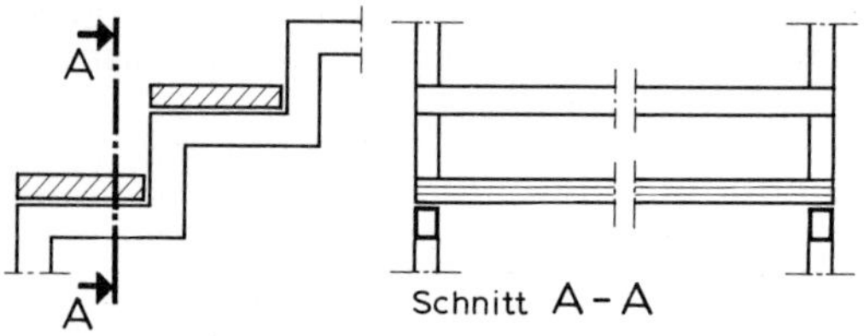

4.64 Winkel-Tragholme aus Hohlprofilen

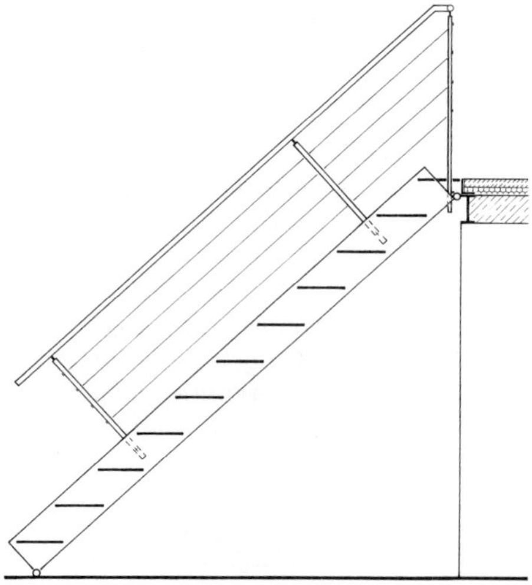

4.66 Kleine Wohnhaustreppe (Architekt: Prof. B. Duscha, Erfurt)

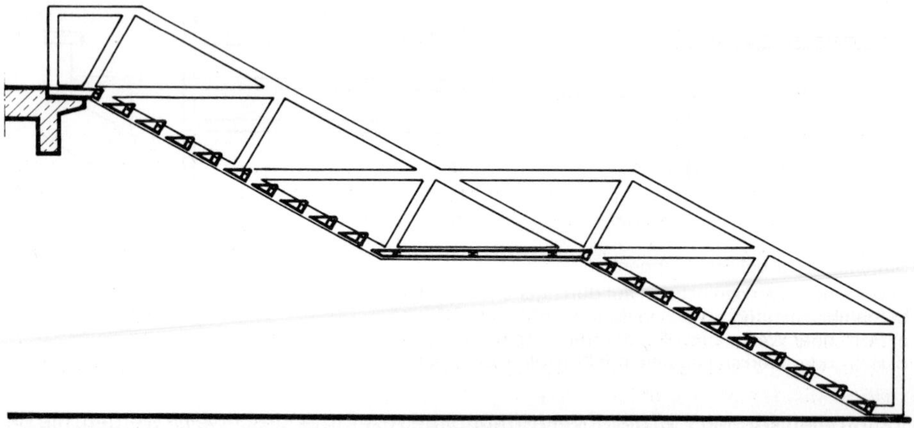

4.65 Einläufige Treppe mit Gittertragwerk aus Vierkantstahlrohr, das gleichzeitig Stufenauflager und Geländer bildet [3]

Die in Bild **4**.67 mit den wichtigsten Details dargestellte einläufige Treppe für eine Schule hat tragende Wangen aus großen Stahlrechteckrohren auf Auflagerböcken. Zwischen die Wangen sind Stufenträger aus verstärkten [-Profilen eingeschweißt. Die Trittstufen bestehen aus verleimten Eichen-Holzblockstufen, die mit den Stufenträgern verschraubt sind. Das Geländer ist aus Stahlrohrprofilen konstruiert. Es hat einen zweiten hölzernen Handlauf für Kinder.

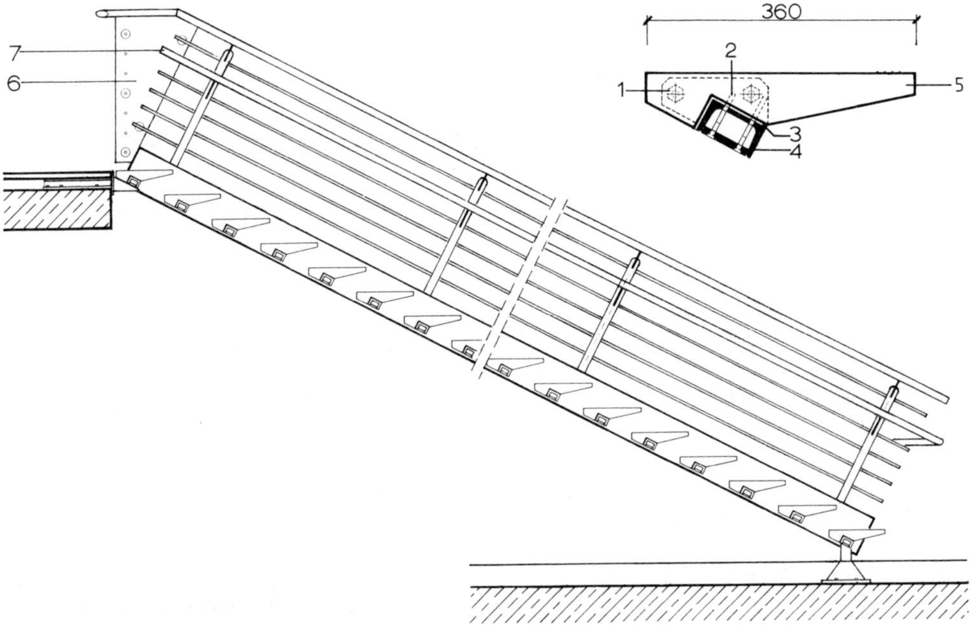

4.67 Zweiwangen-Stahltreppe mit Holzblockstufen (Architekt: Prof. R. Scholl, Stuttgart)
1 Befestigungsschrauben
2 Holzschrauben
3 Neopren-Einlage
4 Profilkombination (U 80 + Flachstahl)
5 verleimte Holzblockstufe, Eiche
6 Stahlblech
7 Holzhandläufe, mit Konsolen an den Stahlrohr-Geländerstützen

In Stahlbauweise lassen sich auch Einholmtreppen mit mittig oder nur an einer Stufenseite liegenden Trageprofilen gestalten. Bei der nach diesem Bauprinzip gestalteten Treppe in Bild **4**.68 sind kastenförmige Winkelstufen aus Vierkantstahlrohren mit Stahlblechumhüllung als Kragstufen an einen schweren Profilstahl-Tragholm geschweißt.

Die Einholm-Bauweise ist auch gut geeignet für Wendeltreppen mit Stahlblechwangen (Bild **4**.69).

Spindeltreppen in Stahlbauweise haben in der Regel eine zentrale Stahlrohrspindel, an die die Stufen- bzw. Geländerträger aus Profilstahl, Stahlrohren oder abgekanteten Blechen radial angeschweißt werden (schematische Darstellung in Bild **4**.70). Auch hier gibt es zahlreiche Möglichkeiten individueller Gestaltungen.

Treppen mit geraden Läufen und Spindeltreppen ohne besondere gestalterischen Anforderungen, wie z. B. Treppen im Industriebau und Nottreppen, können aus baukastenmäßig kombinierbaren Stahlbausystemen zusammengebaut werden (Bild **4**.71).

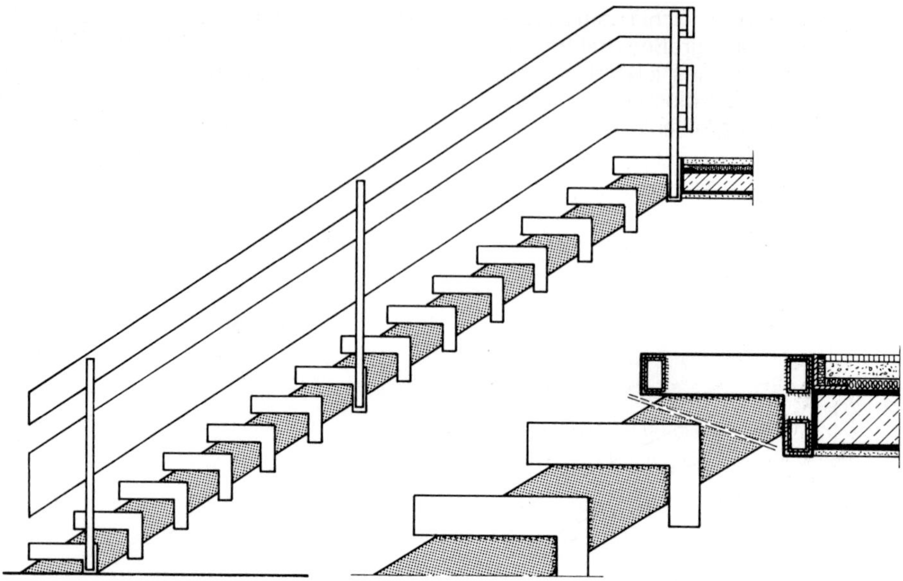

4.68 Einholmtreppe mit seitlich angeschweißten auskragenden Winkelstufen [3]

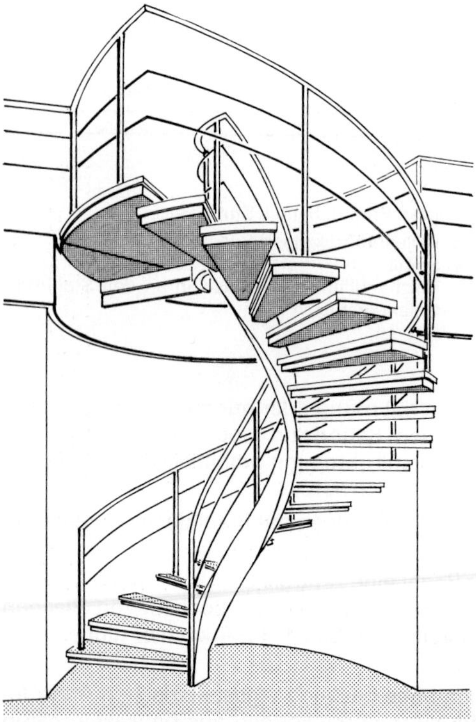

4.69 Einholm-Wendeltreppe (Spreng GmbH, Schwäbisch Hall)

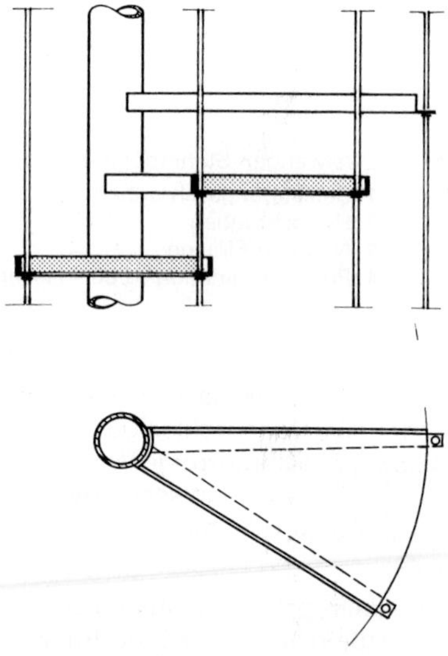

4.70 Stahlspindeltreppe mit angeschweißten Winkelkonsolen und Holz- oder Werksteinstufen (Ausschnitt der Seitenansicht und Einzelstufe)

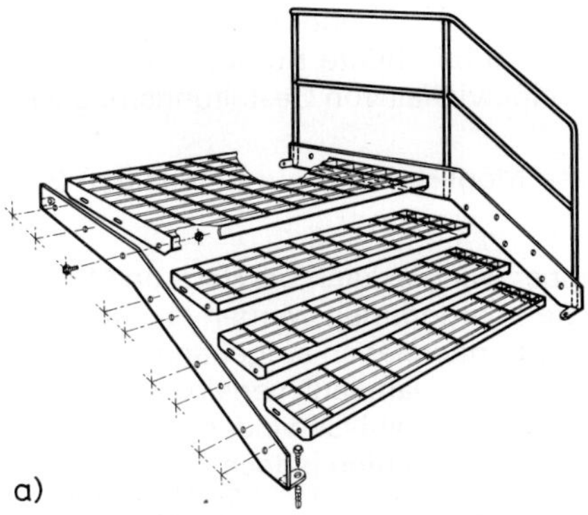

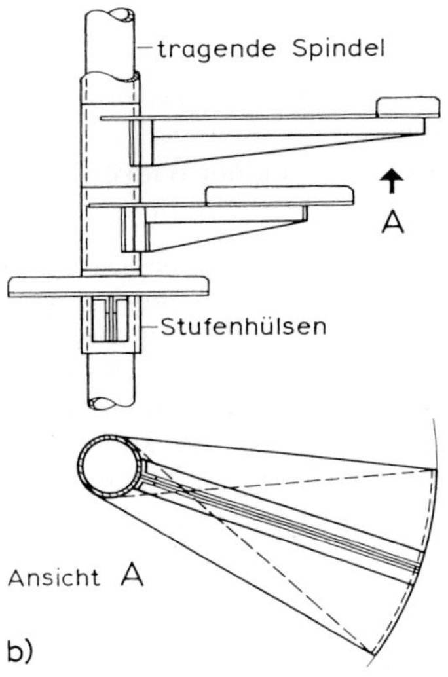

4.71 a) gerade Montagetreppe mit Gitterrost-Stufen (Weland)
b) Spindeltreppe; die vorgefertigten Riffelblechstufen mit Unterkonstruktion werden auf die tragende Stahlrohrspindel geschoben und je nach Steigungsverhältnis fixiert.

4.2.6 Sonderformen

Wie bereits einleitend erwähnt, ist eine Einteilung der Treppenbauarten nach verwendeten Baustoffen problematisch. Aber auch die in den vorangegangenen Abschnitten genannten Konstruktionsformen stellen nur die grundsätzlichen Möglichkeiten zur Gestaltung von Trep-

4.72 Wangenfreie Holztreppe (System Bucher)
1 Stufe (Massivholz, verleimt)
2 Tragstab
3 Handlauf (Tragholm)
4 Wandauflager

pen dar. Während in historischen Bauwerken zahlreiche Varianten und Sonderformen von Treppen aus Naturwerkstein oder Holz vorkommen, erlauben heute Kombinationen von Stahl, Stahlbeton, verleimten Hölzern und Kunststoffe eine Vielfalt von Gestaltungsmöglichkeiten.

Im Rahmen einer Baukonstruktionslehre können diese Möglichkeiten nur in wenigen Beispielen gezeigt werden.

Wangenfreie Treppen. Die tragende Funktion der Treppenwangen kann bei Holz- und Stahltreppen durch entsprechend dimensionierte Handläufe übernommen werden (s. auch Bild **4**.68). Beim System Bucher werden die Stufen an den Geländerstäben aufgehängt und miteinander verbunden. Die hölzernen Geländerstäbe sind im Handlauf verleimt oder verschraubt und enthalten bei größeren Treppen durchgehende Stahl-Gewindestäbe. Es sind freistehende Konstruktionen möglich. In der Regel werden die Stufen jedoch an der Wandseite auf Traganker aufgelegt (Bild **4**.72).

In ähnlicher Weise werden die Stufen bei dem in Bild **4**.73 gezeigten Treppensystemen getragen. Hier sind Stahl- oder Holzstäbe einzeln oder meistens gitterartig zusammengefaßt am oberen Rand des Treppenloches befestigt und dienen als Stufenauflager und gleichzeitig zur Montage des Handlaufes. An der Wandseite liegen die Stufen auf Tragankern wie in Bild **4**.72 gezeigt oder auf Montagewangen, bei denen durch eingefräste Montageschienen das Aus-

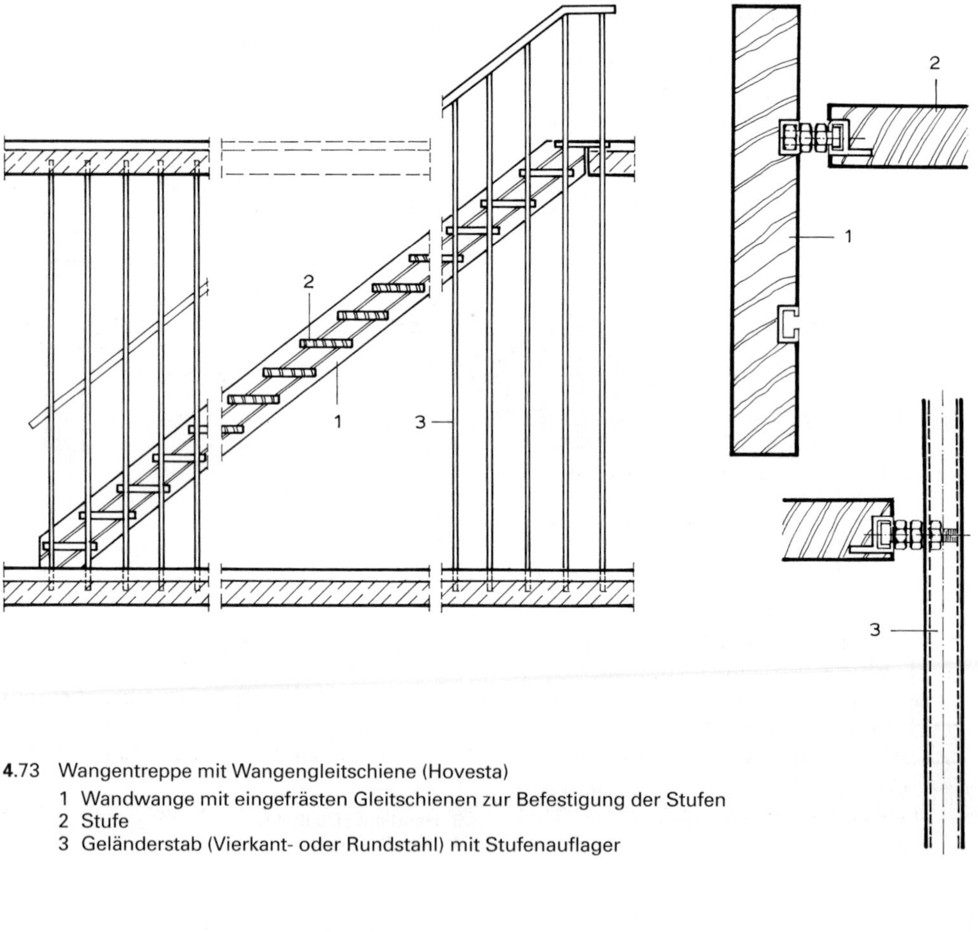

4.73 Wangentreppe mit Wangengleitschiene (Hovesta)
1 Wandwange mit eingefrästen Gleitschienen zur Befestigung der Stufen
2 Stufe
3 Geländerstab (Vierkant- oder Rundstahl) mit Stufenauflager

richten der Stufen auch bei komplizierten Treppengrundrissen und -formen sehr erleichtert wird.

Bei der in Bild **4**.74 dargestellten wangenfreien Treppe wird die Tragekonstruktion aus der Kombination zwischen einem Edelstahl-Vollprofil und der Geländerfüllung aus 12 mm dickem Verbundsicherheitsglas gebildet. Die Podeste werden an Stahlrohren in den Treppenaugen zusätzlich abgestützt. Die Stufen bestehen aus 33 mm dickem teilvorgespanntem 3fach-Verbundsicherheitsglas, das auf der Lauffläche mit einem rutschfesten Farbsiebdruck beschichtet ist.

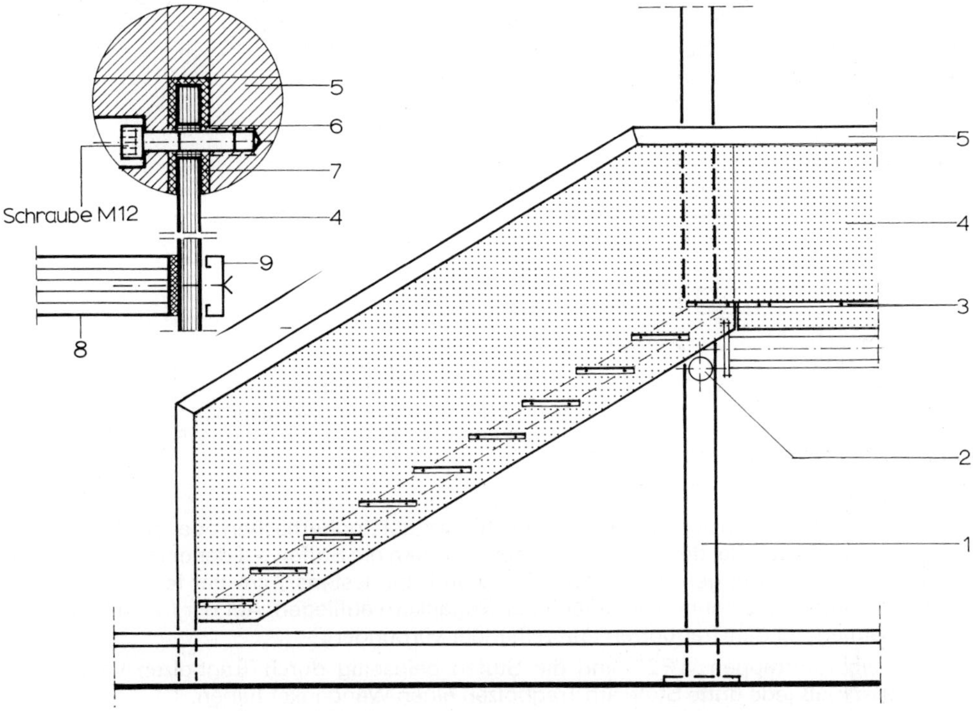

4.74 Wangenfreie Treppen in Edelstahl-Glaskonstruktion (Architekten: Art & Design, Flein/Talheim)

1 Stahlrohrstütze
2 Stahlrohr-Trageprofil, am Podest mit Stütze und Wangen verschraubt
3 Treppenstufen und Podest aus VSG 33 mm, mit den Wangen verschraubt
4 Wangen aus VSG 12 mm
5 Edelstahl-Rundprofil, Ø 100 mm
6 Neoprene-Hülse
7 Neoprene-Einlage
8 Stufe VSG 33 mm
9 Edelstahl-Profil, mit Stufen und Wange verschraubt

Tragbolzentreppen wurden in verschiedenen Bauarten auf der Grundlage von Typzulassungen gebaut. Diese Konstruktionsart ist jedoch auch mit DIN 18069 genormt. Für alle Einzelheiten, Bauteile und Bauarten sind darin einheitliche Bezeichnungen vorgesehen. Es wird nicht nur weitgehend auf die ohnehin in diesem Bereich gültigen Normen hingewiesen, sondern z. B. auch gefordert, daß die Arbeiten „mit geeignetem Werkzeug auszuführen" sind (Abschn. 7.2.5)!

Unterschieden werden „Einbolzentreppen WE 1" und „Zweibolzentreppen WF 2" (Bild **4**.75 a).

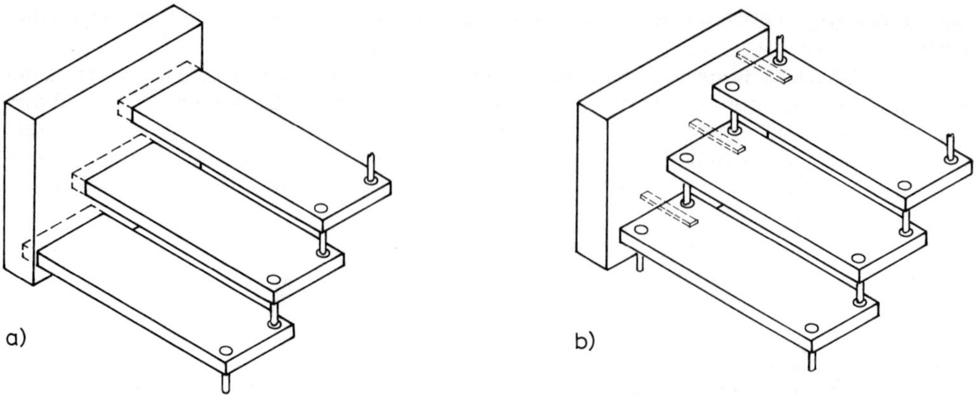

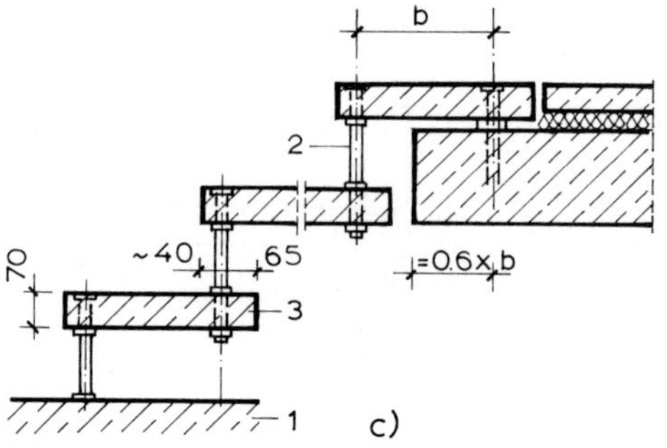

4.75
Tragbolzentreppen
a) Einbolzentreppe WE 1
b) Zweibolzentreppe WF 2
c) Schnitt

Die Trittstufen bestehen aus Betonwerkstein mit Natursteinoberflächen oder aus Holz in Verbundkonstruktionen. Bei den Einbolzentreppen werden die Stufen auf der einen Seite in entsprechende Aussparungen der Treppenhauswand mindestens 7 cm tief fest mit Zementmörtel eingebaut. Sie können aber auch auf Tragankern aufliegen. Auf der freien Seite werden die Stufen mit den Tragbolzen untereinander verbunden.

Bei „Zweibolzentreppen WF 2" sind die Stufen beidseitig durch Tragbolzen verbunden. Außerdem muß jede dritte Stufe am Tragbolzen einen Wandanker haben.

Die Geländerstäbe werden bei den meisten Anbietern in Verlängerungen der Tragbolzen aufgeschraubt (Bild **4**.75).

Steiltreppen. Eine Sonderform hinsichtlich der Funktion stellen die Steiltreppen (sog. „Sambatreppen") dar. Sie ermöglichen auf engstem Raum den Zugang zu allerdings nur untergeordneten Räumen und erfordern besondere Gewöhnung (Bild **4**.76).

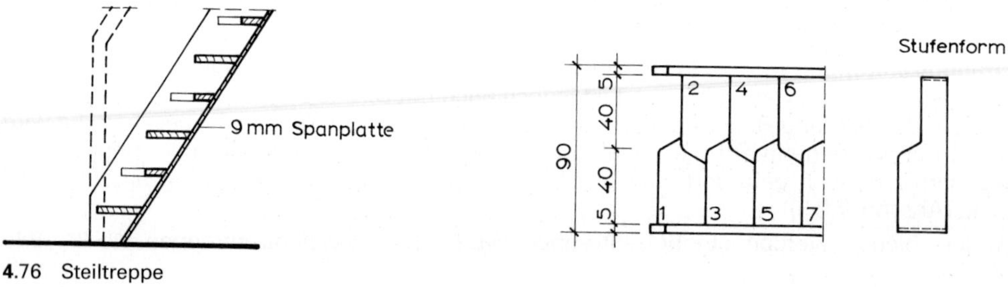

4.76 Steiltreppe

Kelleraußentreppen, insbesondere ohne Überdachung, sind schadensanfällige Gebäudeteile, wenn sie nicht sorgfältig geplant und ausgeführt werden. Wegen des unvermeidlichen baulichen Aufwandes sieht man vielfach von Kelleraußentreppen ab, doch sind sie als „notwendige Treppen" z. B. bei mehreren Kellergeschossen manchmal nicht zu vermeiden (s. Abschn. 4.1.1).

Kelleraußentreppen erfordern in der Regel eine dreiseitige Umfassungswand, die an den Hauptbaukörper anschließt und bis etwa 15 cm über das anschließende Gelände reicht.

Die Stahlbetonplatten der Kellertreppen werden in der Regel direkt auf das Erdreich betoniert. Fast immer sind diese Arbeiten und die erforderlichen Gründungen im aufgefüllten Arbeitsraum des Gebäudes auszuführen. Es besteht deshalb immer auch bei sorgfältiger Verdichtung erhöhte Setzungsgefahr.

Die Fundamente von Kelleraußentreppen sind überall, d. h. auch im Bereich des Kellerzuganges, in frostfreier Tiefe auszuführen. Bei der vielfach üblichen Ausführung mit abgetreppten Streifenfundamenten (Bild **4**.77) besteht die Gefahr, daß die gesamte Kelleraußentreppe an den Anschlußfugen zum Gebäude infolge unterschiedlicher Setzungen abreißt.

Setzungen werden vermieden und die Abdichtungsarbeiten werden vereinfacht und sind kontrollierbar auszuführen, wenn für das Kellergeschoß und die Umfassungswände der Kelleraußentreppe ein gemeinsames Stahlbeton-Plattenfundament vorgesehen wird (Bild **4**.78).

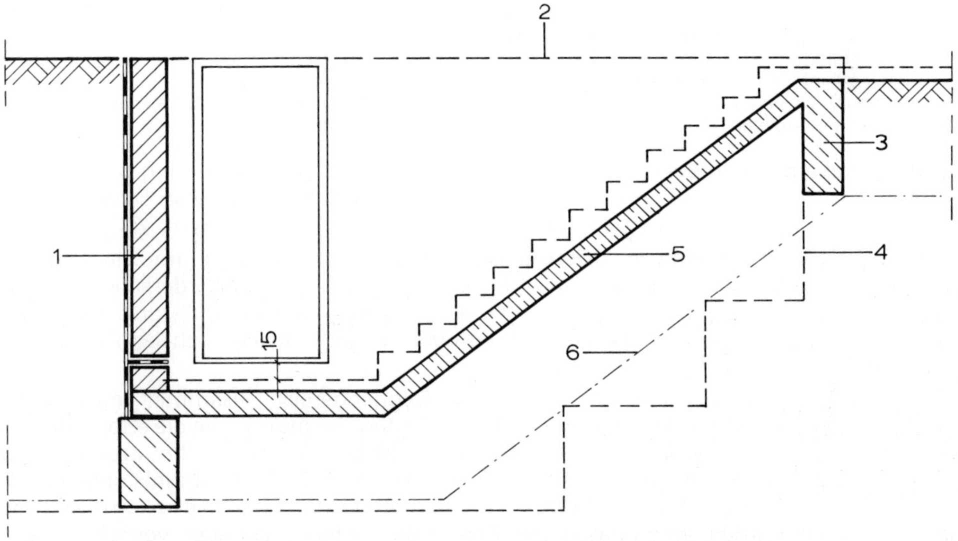

4.77 Kelleraußentreppe in konventioneller Ausführung (Entwässerung nicht eingezeichnet)

1 Umfassungsmauerwerk mit Abdichtung gegen Bodenfeuchtigkeit
2 Oberkante der äußeren Umfassungsmauer (Geländer nicht eingezeichnet)
3 Fundament am Treppenaustritt (Frostschutzschürze)
4 abgetrepptes Fundament für äußere Umfassungsmauer
5 Stahlbetonlaufplatte mit aufbetonierten Stufen
6 Frostgrenze (> 80 cm)

Abdichtungen gegen Bodenfeuchtigkeit bzw. gegen nicht drückendes Wasser müssen mindestens mit besonderen rißüberbrückenden Einlagen ausgeführt werden. Die äußeren senkrechten Wandabdichtungen des Gebäudes müssen am Anschluß der Treppe bis zur Oberkante der fertigen Stufen hochgeführt werden. Die Stufenabschlüsse müssen von oben sorgfältig gegen das Eindringen von Niederschlagswasser gesichert werden. An den abgetreppten Fundamenten sind Abdichtungen auf den innenliegenden Zwickeln der Umfassungswände kaum möglich.

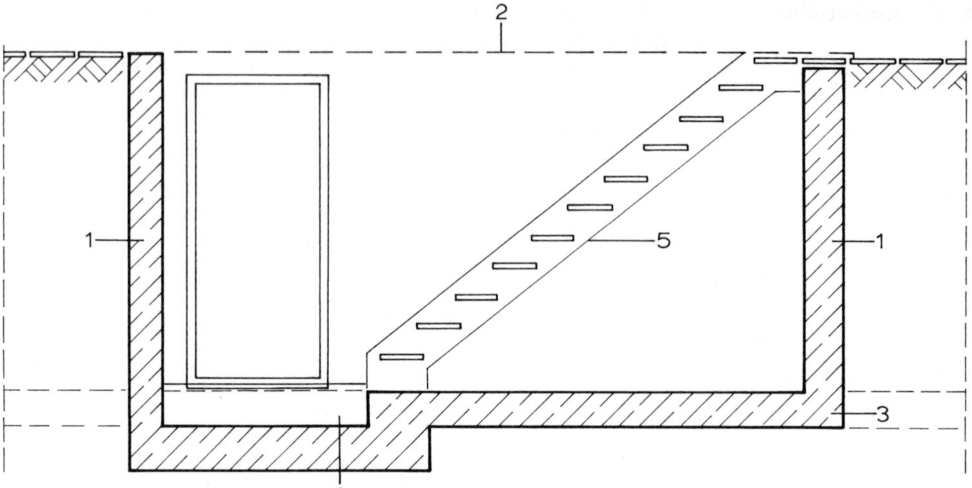

4.78 Kelleraußentreppe, Umfassungswände auf gemeinsamer Stahlbetonplatte mit dem Gesamtbauwerk

1 Umfassungswand (wasserundurchlässiger Beton)
2 Oberkante der äußeren Umfassungsmauer (Geländer nicht eingezeichnet)
3 Stahlbetonplatte
4 Auffangwanne für Niederschlagswasser mit Gitterrost-Abdeckung (Entwässerung nicht eingezeichnet)
5 freitragende Treppe (z. B. Stahlkonstruktion mit Gitterroststufen)

Derartige Kelleraußentreppen bleiben nur bei sehr sorgfältiger Ausführung und nur bei geringer Beanspruchung durch Bodenfeuchtigkeit und Niederschlagswasser schadensfrei.

Treppenläufe bestehen in Kelleraußentreppen mit schachtartigen Umfassungswänden am besten aus freitragenden korrosionsgeschützten Stahlkonstruktionen mit Gitterroststufen. Dadurch bleiben die Umfassungswände insbesondere bei etwa erforderlichen Abdichtungen gegen drückendes Wasser von innen kontrollierbar. Zur Erleichterung von Reinigungsarbeiten können die Treppen im ganzen oder in Teilbereichen hochklappbar ausgeführt werden.

Niederschlagswasser, das sich im unteren Treppenbereich ansammelt, muß in die Kanalisation abgeleitet werden. Wegen der Gefahr des Einfrierens müssen die erforderlichen Geruchsverschlüsse dabei innerhalb des Gebäudes liegen. Durch Verschmutzungen und z. B. durch Laub werden die meistens wenig kontrollierten Abläufe leicht funktionsunfähig, und es kann bei heftigen Niederschlägen zur Überflutung der Türschwelle kommen. Das kann verhindert werden, wenn das untere Podest der Kelleraußentreppe vertieft und mit einer Gitterrostabdeckung ausgeführt wird. Dadurch wird der Wasserablauf besser geschützt, und ein Stauraum für Niederschlagswasser gebildet (vgl. Bild **4**.78).

Außentüren zur Kelleraußentreppe müssen nach außen hin mit einer 15 cm hohen Schwelle geplant werden (vgl. DIN 18195). Kelleraußentüren sind erfahrungsgemäß durch Einbrüche besonders gefährdet und müssen dementsprechend gut gesichert werden. Sie können (z. B. durch Wagenheber, die gegen die Umfassungswand gestützt werden) leicht gewaltsam nach innen gedrückt werden. Das kann verhindert werden, wenn die Türen nach außen aufschlagen. Dabei ist eine entsprechende Vergrößerung des äußeren Treppenbereiches erforderlich.

Wärmedämmungen (z. B. außenliegende „Perimeterdämmungen“) von Kellergeschossen sind in Verbindung mit Kelleraußentreppen schwierig auszuführen. Nur mit erheblichem Aufwand lassen sich Wärmebrücken vollständig ausschließen. Es muß im Einzelfall entschieden werden, welche Kompromisse eventuell möglich sind.

4.3 Geländer

4.3.1 Vorschriften[1])

Alle Treppen mit mehr als 3 Stufen müssen mit Geländern versehen sein.

Treppengeländer müssen – über der Stufenvorderkante gemessen – mindestens 90 cm, bei Treppen mit mehr als 12 m Absturzhöhe und an der Innenseite von Wendeltreppen mindestens 1,10 m hoch sein.

An Podesträndern müssen Geländer bei Absturzhöhen bis zu 12 m eine Höhe von mindestens 0,90 m und bei Absturzhöhen über 12 m mindestens 1,10 m hoch sein.

In Gebäuden, in denen in der Regel mit der Anwesenheit von Kindern zu rechnen ist, dürfen Öffnungen in Geländern bei Absturzhöhen von mehr als 1,50 m nicht breiter als 12 cm sein. Durch offene Zwickel zwischen Stufen und Geländern darf sich ein Würfel von 12 cm Kantenlänge nicht hindurchschieben lassen. Ein waagerechter Zwischenraum zwischen Geländer und der zu sichernden Fläche darf nicht größer als 4 cm sein.

Geländer sind so auszubilden, daß Kindern das Überklettern erschwert ist.

Treppen bis 1,50 m Breite müssen mindestens auf einer Seite, Treppen bis 2,50 m Breite auf beiden Seiten Geländer bzw. Handläufe aufweisen. Breitere Treppen sind durch in den Läufen frei stehende Geländer zu unterteilen.

Beim Verziehen von Treppen ist der davon abhängigen Gestaltung der erforderlichen Handläufe Aufmerksamkeit zu widmen. Zu beachten ist, daß sich wegen der sehr ungleichen Auftrittsbreiten an den Treppenaußenseiten ein entsprechender Verlauf des Handlaufes ergibt, der zu Knickpunkten an den Raumecken führt. Eine Ausrundung des Treppengrundrisses (vgl. Bild **4**.17) ergibt günstigere Voraussetzungen für die Gestaltung des Handlaufes.

Handläufe sollen so beschaffen sein, daß sie sich nach Form und Material gut umgreifen lassen. Eine Breite von 40 bis 60 mm wird als angenehm empfunden. Die heute aus formalen Gründen vielfach verwendeten Rechteckprofile und Handlaufbohlen lassen sich oft nicht ausreichend umfassen und bieten den Benutzern wenig Sicherheit.

Handläufe können an Wendelungen von Treppenläufen oder bei mehrläufigen Treppen mit Krümmlingen (vgl. Bild **4**.57) oder mit geraden Übergangsstücken (vgl. Bild **4**.56) miteinander verbunden werden, oder sie laufen am Austritt frei aus. An keiner Stelle soll der Benutzer durch irgendwelche Einengungen, Befestigungsteile u. ä. genötigt sein, den Handlauf loszulassen. Wandhandläufe sollen zur Wand einen lichten Abstand von mindestens 6 cm haben.

4.3.2 Ausführung

Handlauf, Stützen und Ausfachung der Geländerfelder bilden die Grundelemente von Geländern und sind ein wesentliches Gestaltungsmittel für die Treppen und für den Innenausbau.

Für Handläufe werden verwendet (Bild **4**.79)

— profilierte Vollhölzer, verleimte Bohlen, gepreßte Holzwerkstoffe u. ä.,

— Metallprofile und -rohre,

— Flachstahl mit Metall- oder Holzauflagen oder mit Kunststoffüberzügen,

— Kunststoffprofile.

---

[1]) s. auch Abschn. 4.1.2

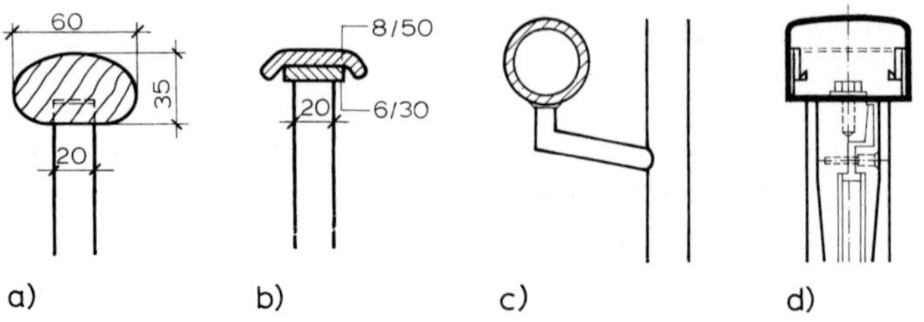

4.79 Handläufe

a) Handlauf und Geländerstäbe aus Hartholz
b) Geländerstäbe aus Stahlprofilen, Handlauf Flachstahl mit Messingprofil-Auflage
c) Geländertragstäbe aus Stahlrohr, Handlauf aus Stahlrohr Ø 40 auf Konsolen
d) Geländersystem aus Leichtmetall (Hueck)

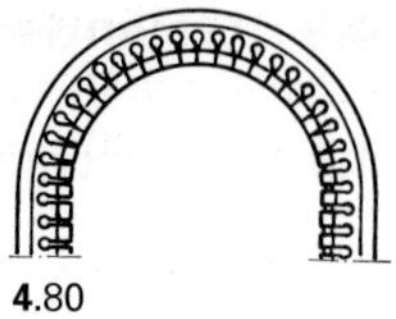

4.80
Bogen-Formteil für Flachstahl-Handläufe (Innendurchmesser > 180 mm)

Rundungen von Flachstahlhandlaufkonstruktionen werden mit sägezahnartig ausgeschnittenen vorgefertigten Sonderprofilen ausgeführt, die sich auch kalt leicht verformen lassen (Bild **4**.80).

Durch Handläufe mit unter- oder rückseitig angeordneten durchlaufenden Beleuchtungskörpern kann eine gleichmäßige, von störenden Schlagschatten freie Ausleuchtung der Treppenläufe erzielt werden.

Verschiedene Gestaltungsmöglichkeiten für Geländer sind im Zusammenhang mit den Treppenkonstruktionen gezeigt (Bilder **4**.18, **4**.50, **4**.55, **4**.56. **4**.66, **4**.67, **4**.68, **4**.72 und **4**.74).

Es gibt für Geländer eine solche Fülle von Konstruktions- und Gestaltungsmöglichkeiten, daß der Rahmen einer Baukonstruktionslehre zu deren Darstellung gesprengt würde.

Im folgenden sind daher lediglich schematisch oder zur Übersicht einige Lösungsmöglichkeiten gezeigt.

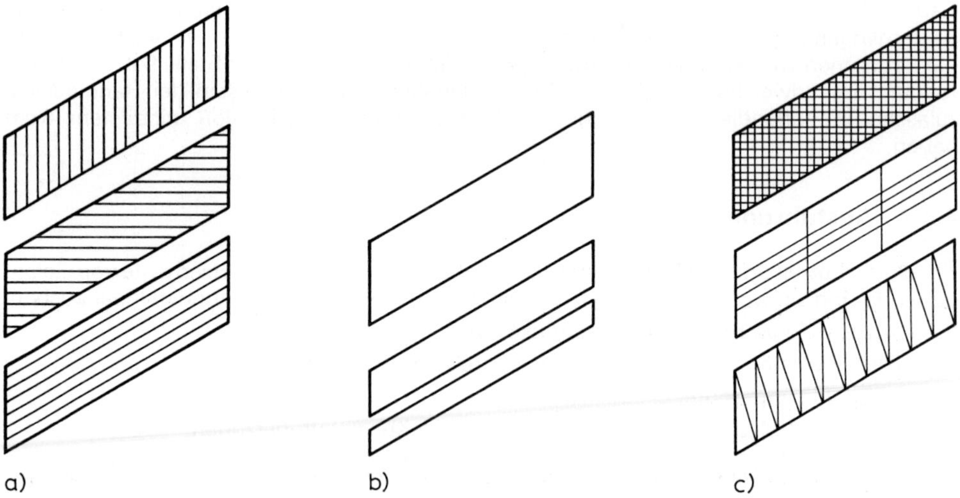

4.81 Geländerfelder

a) Felder mit Stäben, Rohren o. ä.
b) Felder aus transparenten oder geschlossenen Tafeln
c) Felder mit Gittern oder Verspannungen

Für die Geländerfelder kommen in Frage:

— Holz- oder Metallstäbe oder -profile, Drähte, Rohre u. ä., senkrecht, horizontal oder parallel zum Handlauf (Bild **4**.81 a),
— geschlossene oder transparente Tafeln aus Sperrholz, Spanplatten, Metall, Draht- oder Verbundsicherheitsglas, Acrylglas o. ä. (Bild **4**.81 b),
— Geflechte oder Verspannungen aus Draht, Baustahlgewebe, Seilen u. ä. (Bild **4**.81 c).

Für die Befestigung der Geländerstäbe und Tragstäbe bestehen folgende grundsätzliche Möglichkeiten:

— auf oder zwischen den Stufen (Bild **4**.82 a und b),
— seitlich an den Laufplatten (Bild **4**.82 c),
— auf oder seitlich an den Wangen (Bild **4**.82 d),
— an Kragarmen (Bild **4**.82 e),
— zwischen Fußboden und Decke (Bild **4**.82 f).

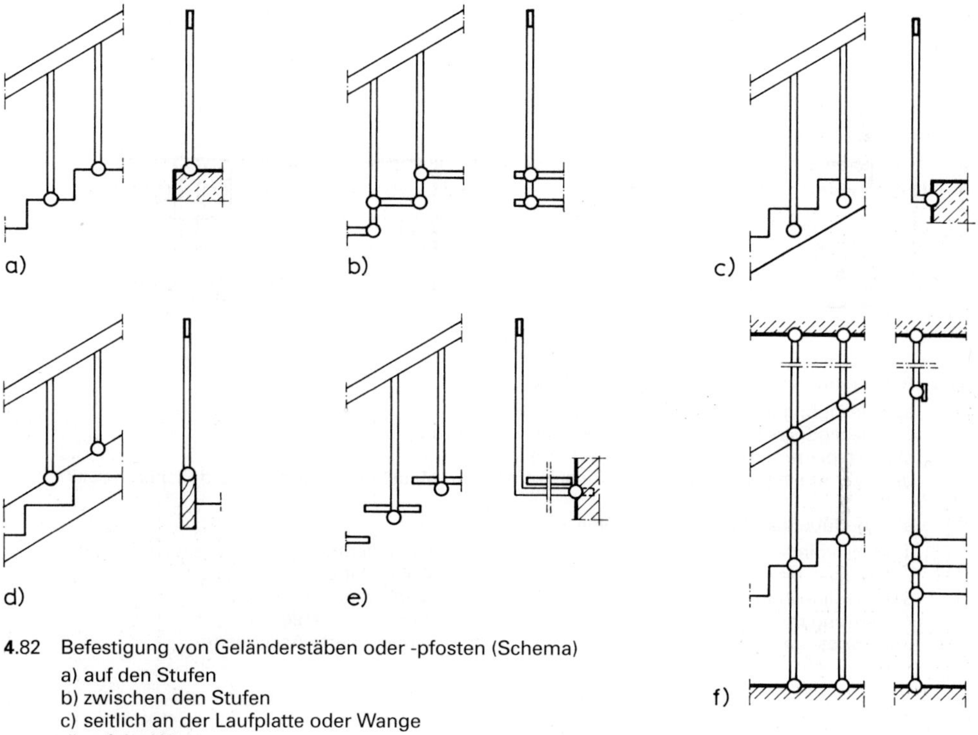

4.82 Befestigung von Geländerstäben oder -pfosten (Schema)
a) auf den Stufen
b) zwischen den Stufen
c) seitlich an der Laufplatte oder Wange
d) auf der Wange
e) an Kragarm
f) zwischen Geschoßdecken oder Podesten

Füll- oder Tragstäbe aus Holz werden meistens in entsprechende Bohrungen der Holzwangen eingelassen oder seitlich an die Wangen geschraubt.

Metallstützen oder -stäbe werden in entsprechenden Bohrungen von fertig verlegten Werksteinstufen eingesetzt oder mit Schnellbindern vergossen. Die Anschlußstelle wird mit einer Kunststoff- oder Metallrosette abgedeckt (Bild **4**.82 a).

An Stahlbetonlaufplatten oder -wangen werden Metallstützen mit Ankerplatten aufgedübelt oder auf vorher miteinbetonierte Ankerplatten geschweißt (Bild **4**.83 b).

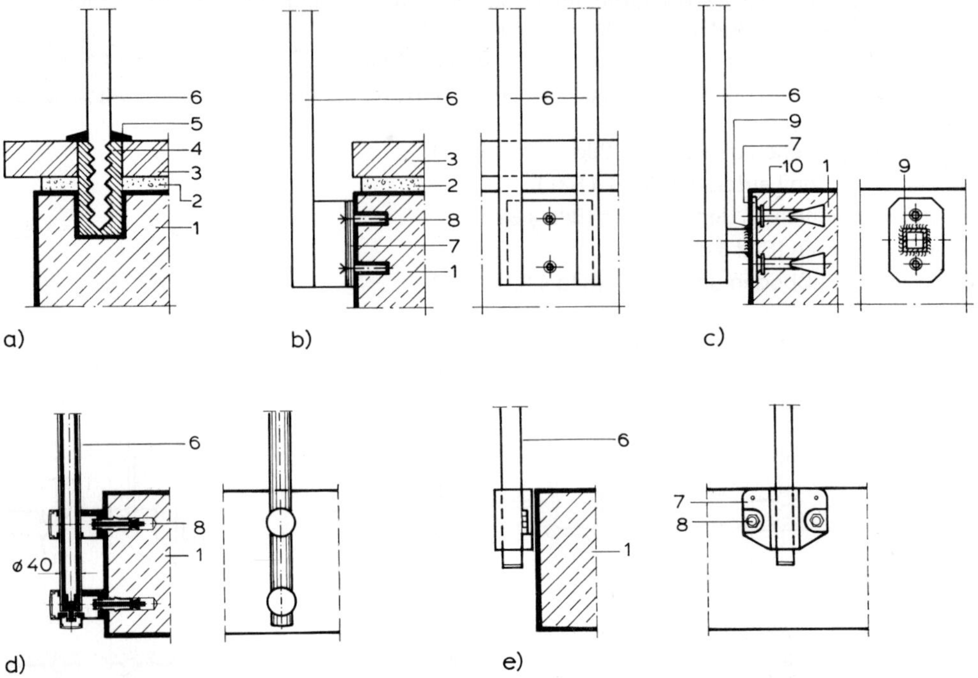

4.83 Befestigung von Geländerpfosten (Details)
a) Befestigung in gebohrten Werksteinstufen
b) Befestigung seitlich an Laufplatten oder Massivwangen
c) Ankerplatte zum Einbetonieren (WH 70)
d) eingedübelter Schraubbolzen, Kunststoffrohr mit Metall-Führungshülse und Sicherungsstift, (HEWI)
e) angedübeltes Aluminium-Formteil

1 Massivplatte
2 Verlegemörtel
3 Werksteinstufe
4 Bohrung mit Verguß
5 Deckrosette
6 Geländerstab
7 Ankerplatte
8 Dübelverschraubung
9 Anschweißstelle
10 einbetonierte Ankerplatte

Bei Stahltreppen werden im allgemeinen Metallstützen oder -stäbe verwendet, die an die Wangen angeschweißt oder angeschraubt werden.

Bei aufgesattelten Treppen können die Geländerstäbe nur in die Trittstufen eingesetzt werden, wenn diese dick genug sind und nicht zu weit auskragen. Wenn Setzstufen verwendet werden, können diese seitlich mit einem Überstand so gestaltet werden, daß Geländerstäbe bzw. -pfosten befestigt werden können. Meistens werden jedoch abgewinkelte Stahlprofile unterhalb der Trittstufen seitlich am Holm montiert (Bild **4**.84 c).

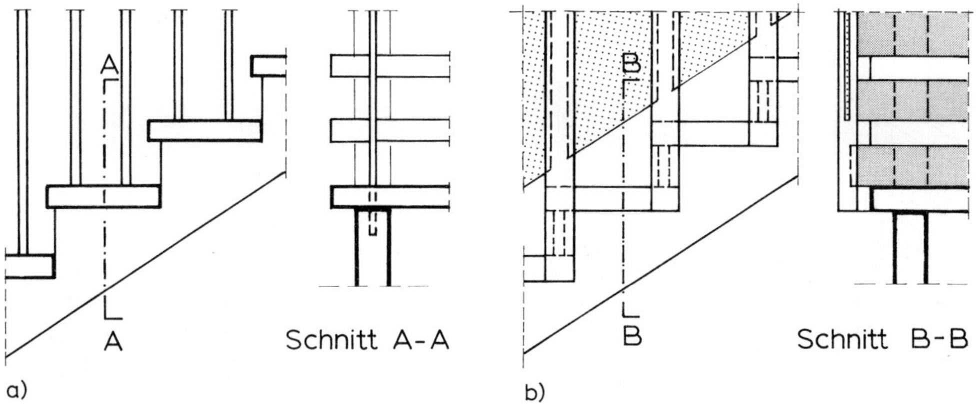

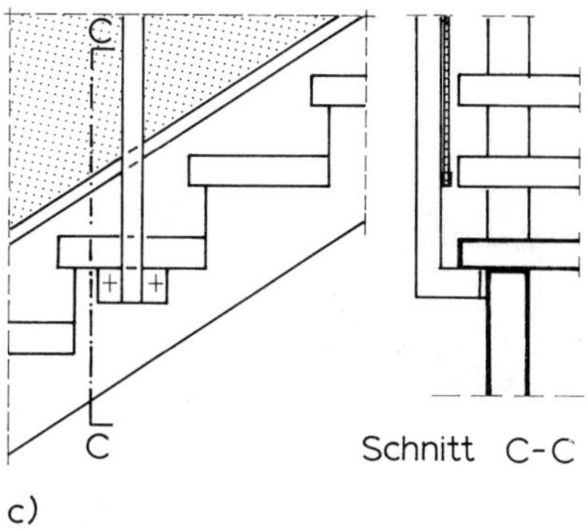

4.84
Geländer an aufgesattelten Treppen
a) Geländerstäbe in Trittstufen und Tragholm eingesetzt
b) Geländerpfosten an Setzstufen befestigt, Füllungen Acrylglas
c) Stahlpfosten abgewinkelt, am Holm befestigt; Geländerfeld z. B. Sicherheitsglas in Rahmen

Der Anfang und der obere Abschluß von Geländern kann durch besonders gestaltete Pfosten gebildet werden (Bild **4**.55 und **4**.67). In historischen Beispielen diente insbesondere der Anfangs- bzw. Antrittpfosten neben seinem technischen Zweck vielfach als dekoratives Element.

Es sind verschiedene vorgefertigte Geländersysteme auf dem Markt. Sie bestehen aus baukastenartig kombinierbaren Stützen- bzw. Handlaufteilen und VSG-Füllungen, die je nach Treppenmaß durch besondere werkseitig hergestellte Paßstücke ergänzt und an der Baustelle zusammengebaut werden. In den Bildern **4**.85 und **4**.86 sind Beispiele für Ausführungen mit verstärkten Kunststoff- oder Metallrohren gezeigt.

Bei einigen Systemen werden spezielle Formteile zur Anpassung an die jeweilige Handlaufneigung weitgehend vermieden, indem die Verbindungen zwischen Geländerstützen und Handläufen bzw. Füllstäben gelenkig ausgebildet sind.

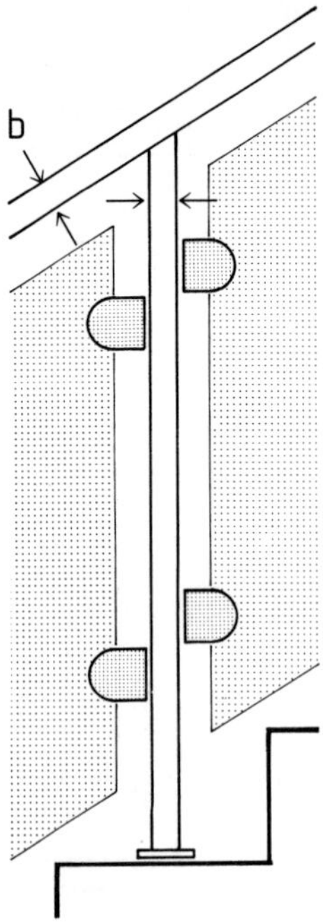

a)

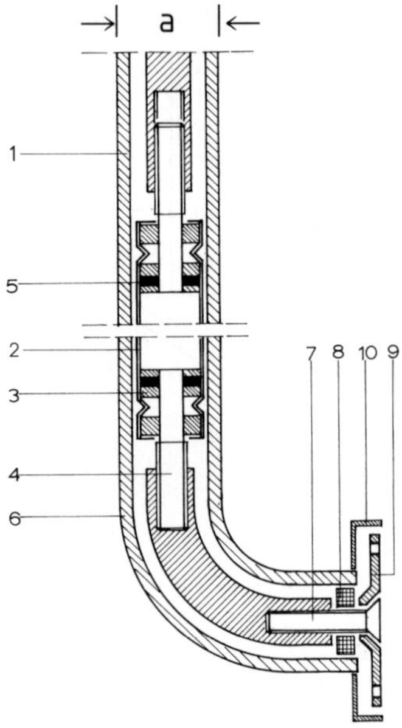

b)

4.85
Vorgefertigtes Treppengeländer aus Nylonrohren mit Stahlrohrkern (HEWI®)

a) Treppengeländer mit VSG-Füllungen, auf Stufen befestigt)
b) System-Details

1 Nylonrohr 40 x 5 mm
2 Stahlrohr 30 x 2 mm
3 Stahlfüllstück
4 Feingewindebolzen M 12 x 1
5 Zylinderstift
6 Nylonbogen 40 x 5 mm
7 Schraube M 12
8 Zentrierstück
9 Stahl-Unterteil für Boden- oder Wandbefestigung
10 Deckrosette

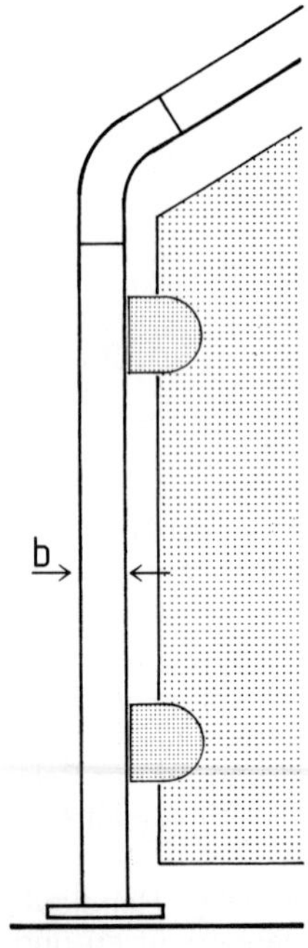

a)

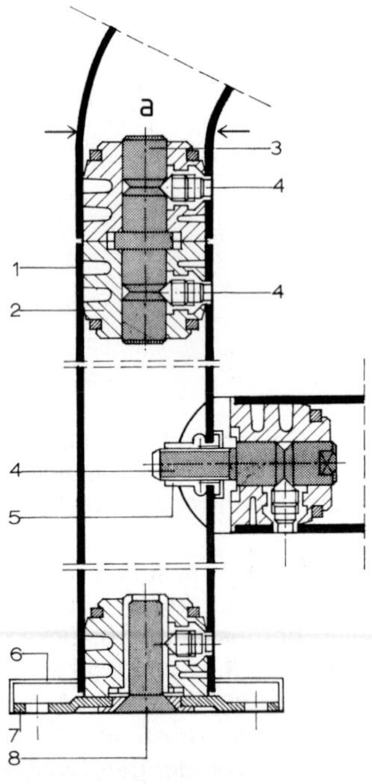

b)

4.86
Vorgefertigtes Treppengeländer aus Edelstahl- oder Aluminiumrohren (OGRO®)

1 Edelstahl- bzw. Aluminiumrohr 40 mm
2 eingeschobenes Klemmstück
3 Paß- und Verbindungsbolzen
4 Klemmschrauben
5 Quetschdübel
6 Deckrosette
7 Stahl-Unterteil für Boden- oder Wandbefestigung
8 Montageschraube M 12

4.4 Normen

Norm	Ausgabe-Datum	Titel
DIN 4102-1	5.81	Brandverhalten von Baustoffen und Bauteilen;
DIN 4102-4	3.94	–; Zusammenstellung und Anwendung klassifizierter Baustoffe, Bauteile und Sonderbauteile
E DIN 4570	1.97	Bodentreppen
DIN 18 064	11.79	Treppen; Begriffe
DIN 18 065	7.84	Gebäudetreppen, Hauptmaße
DIN 18 069	11.85	Tragbolzentreppen für Wohngebäude; Bemessung und Ausführung

4.5 Literatur

[1] Bähr, M., Lutz, E.: Trittschallschutz von Treppen-Anforderungen, Nachweise, Lösungen. In: DAB 11/1996
[2] Beratungsstelle für Stahlverwendung: Merkblätter Treppenbau. Düsseldorf.
[3] Deutscher Stahlbauverband: Stahlbau Arbeitshilfen. Köln 1982
[4] Engelmann, F.: Treppen in Holz, Karlsruhe 1991
[5] Ertl, H.: Schallschutz nach DIN 4 109. Anforderungen an Treppen. In: BmK 1/1990
[6] Hartisch, K.: Treppen in Stahl, Holz und Beton. Stuttgart 1993
[7] Informationsdienst Holz: Merkblätter der Arbeitsgemeinschaft Holz e.V., Düsseldorf 1997
[8] Kotthoff, I.: Sicherheit bei Holztreppen, In: BBauBl. 7/1995
[9] Mannes, W.: Die Treppe. Zeitgemäße Beispiele in Holz, Stein und Stahl. Stuttgart: DVA 1994
[10] –: Der handwerkliche Treppenbau. Stuttgart 1996
[11] –: Schöne Treppen. Stuttgart 1992
[12] Müller, H. und D.: Transparente Treppen. In: DBZ 8/1990
[13] Pracht, K.: Treppen. Stuttgart 1986
[14] Reitmayer, U.: Holztreppen in handwerklicher Konstruktion. Stuttgart 1994
[15] Ruth-Hausmann, C.-R.: Treppen in der Architektur. Stuttgart 1993

5 Fenster[1])

5.1 Allgemeines

Fenster beeinflussen durch Form, Gliederung und Größe, durch Lage, Anordnung und Baustoff entscheidend Fassadengestaltung, Baukörper und Innenraum. Beim Fensterbau sind Fragen der Gestaltung, der Konstruktion, der Fertigungstechnik und der Wirtschaftlichkeit (bei Herstellung und Benutzung) besonders eng miteinander verflochten, so daß jeweils die für den besonderen Fall günstigsten Lösungen gefunden werden müssen.

Wesentlich ist neben der Belichtung die psychologische Bedeutung des Tageslichtes für das Wohlbefinden des Menschen in Wohn- und Arbeitsräumen. Der Wechsel von Helligkeit und Dunkel und der Witterung, Besonnung und Verschattung, insbesondere aber auch der Kontakt mit der Umwelt durch ausreichenden Ausblick sind wichtig. Von Nachteil ist es, wenn durch gegenüberliegende Verbauung oder wegen ungünstiger Lage der Fenster (z. B. in Raumecken, hohe Brüstungen) das Blickfeld und insbesondere der sichtbare Himmelsausschnitt eingeschränkt sind.

Durch eine große Zahl von Vorschriften und Normungen sind Fenster zu einem komplizierten, komplexen Bauteil geworden, dessen konstruktive Einzelheiten bei fast allen Ausführungsarten weitgehend durch den Hersteller festgelegt werden müssen.

Durch den Planer sind die allgemeinen Anforderungen für den jeweiligen Einzelfall zu definieren und Lage, Größe und gestalterische Einzelheiten der Fenster festzulegen. Insbesondere müssen durch ihn alle Details für den Einbau koordiniert werden.

Bauaufsichtliche Vorschriften. Mindestanforderungen an Fenster bzw. an die Belichtung von Räumen durch Tageslicht sind in den Landesbauordnungen festgelegt. So wird z. B. in der Hessischen Bauordnung u. a. gefordert:

— Alle Aufenthaltsräume müssen durch senkrecht stehende und unmittelbar ins Freie führende Fenster ausreichend Tageslicht erhalten und belüftet werden können („notwendige Fenster").

— Das Rohbaumaß solcher Fensteröffnungen muß mindestens $1/_{10}$ der Raumgrundfläche betragen. Geneigte Fenster und Oberlichter können zugelassen werden, wenn wegen des Brandschutzes keine Bedenken bestehen. Wenn die dahinter liegenden Fenster ausreichend Tageslicht erhalten und die Lüftung ausreicht, sind vor notwendigen Fenstern auch Loggien und verglaste Vorbauten zulässig.

— Aufenthaltsräume, deren Benutzung kein Tageslicht erfordert sowie Verkaufsräume, Gaststätten, Behandlungsräume. Sport und Spielräume, Werkstätten u. ä. sind auch ohne ausreichende Belichtung mit Tageslicht zulässig. Es ist jedoch die Arbeitsstättenverordnung zu beachten.

— Öffnungen von Fenstern, die auch als Rettungswege im Brandfall dienen, müssen mindestens 0,90 x 1,20 m groß sein.

— Fenster müssen gefahrlos gereinigt werden können. Wenn dies nicht von innen oder vom Erdboden aus möglich ist, müssen dafür besondere Vorkehrungen getroffen werden.

— Fensterbrüstungen müssen (ausgenommen in Erdgeschossen) mindestens 0,80 m, bei einer Absturzhöhe von mehr als 12 m jedoch mindestens 0,90 m hoch sein (gemessen ab OK Fußboden bis Fensterbank o. ä.; feststehende Fensterrahmen sind nicht in die erforderliche Höhe mit einzubeziehen). Geringere Brüstungshöhen sind zulässig, wenn durch Geländer u. ä. die erforderlichen Mindesthöhen eingehalten werden. Die geforderte Brü-

---

[1]) Industrieverglasungen s. Abschn. 1.9.1

stungshöhen dürften bei hochgelegenen Fenstern besonders von großgewachsenen Menschen als recht niedrig empfunden werden. Der Planer sollte daher die Brüstungsmaße nicht überall nach den Mindestanforderungen wählen.

Planung. Die Lage von Fenstern innerhalb des Grundrisses wird vielfach durch die Fassadengestaltung des Gebäudes vorgegeben. Sie sollte bei der Gesamtplanung jedoch genauso von der jeweiligen Raumgestaltung aus betrachtet werden. Ähnlich wie bei der Planung von Türen (vgl. Abschn. 6.1, Bild **6**.1) ist die Nutzung und Einrichtung des Raumes zu berücksichtigen. Der freie Ausblick von den voraussichtlich häufigsten Aufenthaltsbereichen ist ebenso zu beachten wie der Durchblick in benachbarte Innen- und Außenbereiche vom Hauptzugang des Raumes aus.

Die Größe der Fenster ist von vielen Faktoren abhängig. Die Anforderungen hinsichtlich des Mindest-Tageslichtquotienten (DIN 5034-4) sind abhängig von der Verbauung (Lage zu gegenüberliegenden Bauwerken), von der Größe der Verglasungsfläche, der Lichtdurchlässigkeit und Reflexion der Verglasung sowie der Lage des Fensters zur Himmelsrichtung. Die Breite des Fensters bzw. die Summe aller Fensterbreiten soll mindestens 55% der Raumbreite betragen.

Im allgemeinen werden in den meisten Fällen diese Kriterien bei den üblichen Fensterabmessungen auch ohne besonderen Nachweis erfüllt.

Bauphysikalisch betrachtet sind die Fenster Teile der Außenwände. Mit diesen gemeinsam müssen für das Bauwerk die Anforderungen an den Wärme- und Schallschutz erfüllt werden.

Großflächige Fenster können aus gestalterischer Sicht erwünscht sein, doch muß in Kauf genommen werden, daß bei ihnen die Aufwendungen zum Schutz gegen Außenlärm allein wegen des unvermeidlich größeren Fugenanteiles überproportional wachsen.

Die Anforderungen an den Wärmeschutz sind entsprechend der Wärmeschutzverordnung (s. Abschn. 5.2.3 und Abschn. 15.5 in Teil 1 des Werkes) zu erfüllen. Solare Wärmegewinne werden dabei rechnerisch erfaßt. Die unerwünschte Raumaufheizung bei großen Fensterflächen durch Sonneneinstrahlung und der Wärmeverlust in den Nachtstunden sind den meisten Fällen nur durch zusätzliche Maßnahmen (Sonnenschutzeinrichtungen bzw. temporärer Wärmeschutz z.B. durch dichtschließende Klapp- oder Rolläden) in den nötigen Grenzen zu halten.

Dabei ist insbesondere die Lage der Fenster zur Himmelsrichtung ausschlaggebend. Nordfenster sind in unserer geographischen Breite in dieser Hinsicht unproblematisch. Durch Westfenster erhalten Räume besonders viel Strahlungsenergie und müssen daher in der Regel einen Sonnenschutz haben, der jedoch wegen des flachen Einfallswinkels der Sonnenstrahlen schwierig zu gewährleisten ist. Bei Ostfenstern ist die Erwärmung wegen der morgendlichen Kühle weniger lästig. Südfenster werden bedingt durch den großen Einfallswinkel der Sonnenstrahlen im Sommer (mittags ca. 60°) relativ wenig aufgeheizt und auch einfache Sonnenschutzeinrichtungen können sehr wirksam sein. Die größere Einstrahlung im Winter kann bei Südfenstern sogar erwünscht sein. Ein damit verbundener passiver Energiegewinn muß jedoch im Hinblick auf die oft nicht vorhandene Speicherungsfähigkeit innerhalb der Räume relativiert werden.

Die Kosten für Fenster müssen in diesem Zusammenhang ebenfalls betrachtet werden. Sie betragen etwa das Vierfache der Wandbaukosten und sind darüber hinaus sehr abhängig von den Öffnungseinrichtungen und der Einbauart. Je nach Ausführung betragen die Kosten der Verglasung etwa 25% der Gesamtherstellungskosten der Fenster. Im Zusammenhang mit der Fensterplanung sind auch die Kosten des Rohbaues zu betrachten. Raumhohe Fenster können durch Wegfall der Stürze (vor allem von Stürzen mit Rolladenkästen) und von Brüstungen (insbesondere durch die Vermeidung von in jedem Falle aufwendigen Heizkörpernischen, s. Abschn. 5.8.2) kostenmindernd sein.

Rolläden können mit wesentlich geringerem Aufwand und ohne die vielfach gegebene Problematik von Wärmebrücken im Zusammenhang mit den Fenstern oder an den Fassaden von außen angebracht werden (s. Bild **5**.143). Beim Wegfall von Brüstungen muß die geeignete Aufstellung erforderlicher Heizkörper bedacht werden.

5.1.1 Bezeichnungen und Bauarten

Allgemeine Regelungen von Begriffen, Bezeichnungen und Maßangaben für Fenster und Fenstertüren enthält DIN EN 12519. Die wichtigsten Festlegungen für die Darstellung in Bauzeichnungen zeigt Bild **5**.1.

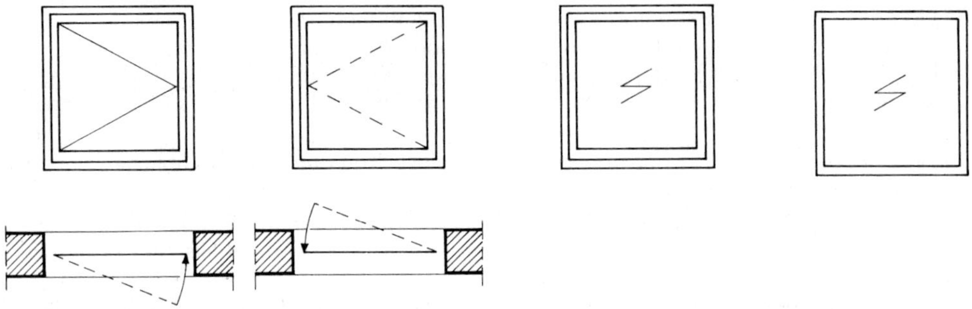

a) b) c) d)

5.1 Darstellung der Bewegungsrichtung bzw. Öffnungsart von Fenstern (DIN EN 12519)
a) Drehflügel: Die Bewegung des Flügels in Richtung des Benutzers (d.h. von der Bandseite her gesehen) wird in der Ansicht mit durchgehenden Linien symbolisiert
b) Drehflügel: Die Bewegung des Flügels weg vom Benutzer (d.h. von der Außenseite her gesehen) wird in der Ansicht mit gestrichelten Linien symbolisiert
c) Fixiertes, nicht öffenbares Fenster
d) Fixverglasung

Bei der Beschreibung von Fenstern muß für Dreh- und Drehkippflügel klargestellt sein, ob das Fenster „rechts" oder „links" angeschlagen ist.

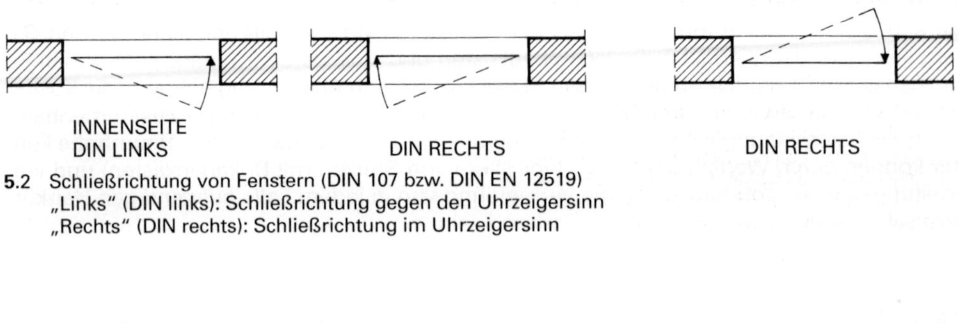

5.2 Schließrichtung von Fenstern (DIN 107 bzw. DIN EN 12519)
„Links" (DIN links): Schließrichtung gegen den Uhrzeigersinn
„Rechts" (DIN rechts): Schließrichtung im Uhrzeigersinn

Nach DIN 107 (Bezeichnung mit links oder rechts im Bauwesen) und DIN EN 12519 wird bezeichnet:

— „DIN rechts": Flügel zur Ansichtsseite öffnend mit Bändern auf der rechten Seite (nach DIN: „Man sieht auf das Band").
— „DIN links": ... mit Bändern auf der linken Seite.

Auf Zeichnungen ist ferner zur Vermeidung von Irrtümern deutlich klarzustellen, ob die Fenster von außen oder innen dargestellt sind (Bild **5**.2).

Fenster können in Form von Einzelfenstern, Fensterbändern, Fensterwänden und Fenster-Tür-Elementen hergestellt werden. Sie bestehen gewöhnlich aus dem verglasten Fensterflügel und einem fest eingesetzten Fensterrahmen (Stock, Blendrahmen oder Zarge).

Man unterscheidet nach:

— **Einbauart** im Rohbau:

Wandöffnungen können mit innerem Anschlag, mit äußerem Anschlag oder ohne Anschlag (DIN 18050, s. Bild **5**.3a–c) angelegt werden. Jede dieser Formen hat Vor- und Nachteile:

— **Fensterleibungen ohne Anschlag** sind im Rohbau am einfachsten herzustellen. Schmale Zargenprofile sind möglich. Die Bauwerksanschlüsse und die Eindichtung erfordern hier aber besonders sorgfältige Arbeit. Bei größerer Beanspruchung durch Schlagregen und Winddruck bzw. -sog sind anschlaglose Fensterleibungen daher problematisch. Als Einbauhilfen können Anschlagwinkel aus Metall (Bild **5**.3b) oder Einbauzargen (Bild **5**.3c) dienen.

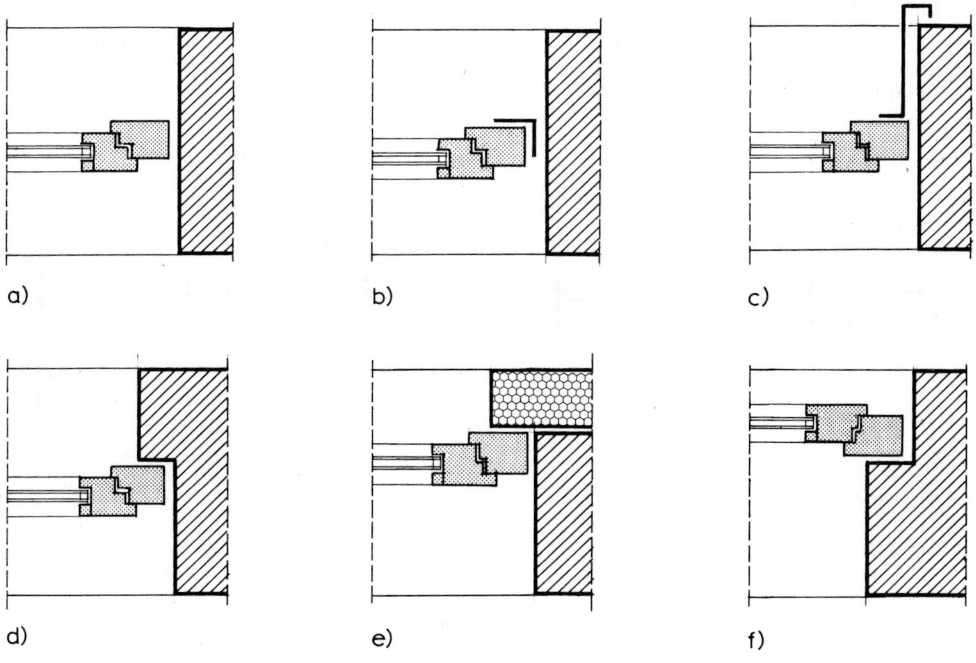

5.3 Einbau von Fenstern (schematisch, Abdichtungen nicht eingezeichnet)
a) Fensterleibung ohne Anschlag
b) Einbau mit Anschlagswinkel aus Metall
c) Einbauzargen aus Stahlblech (Röder-Sturoka®)
d) Fensterleibung mit Anschlag innen
e) Einbau in Verbindung mit außenliegender Wärmedämmung („Thermohaut")
f) Fensterleibung mit Anschlag außen

- **Leibungen mit innerem Anschlag** erfordern zusätzlichen Aufwand bei der Ausführung der Außenwände. Gemauerte Anschläge sind wegen der Steinformate entweder mit 12,5 cm Tiefe vorgegeben, oder es müssen besondere Anschlagsteine verwendet werden (Bild **5**.3d). Bei Fassaden mit äußerer Wärmedämmung ist der Einbau mit Anschlag vorteilhaft (Bild **5**.3e).

  Die Fenster sind wegen der mehr oder weniger großen äußeren Leibungstiefe relativ gut gegen Witterungsbeanspruchung geschützt. Die erforderliche Verbreiterung der Zargen (Blendrahmen) ergibt entsprechend breite Innenansichtsflächen, doch sind hier besonders gute Voraussetzungen für den Einbau von Leibungsdämmungen (s. u.) und für dichte Bauwerksanschlüsse gegeben. Der Fenstereinbau ist in der Regel nur von innen her möglich.
- **Leibungen mit äußerem Anschlag** entstanden baugeschichtlich vor allem in den sturmreichen nordeuropäischen Küstengebieten. Der Winddruck preßt das gesamte Fenster – und auch die hier damals meistens nach außen aufschlagenden Fensterflügel – vorteilhaft auf die Dichtungen bzw. in die Falze. Heute werden Fenster mit äußerem Anschlag vorwiegend dort ausgeführt, wo große und schwere Fensterelemente mit Hebezeugen von außen eingebaut werden müssen (Bild **5**.3f).

- **Art des Baustoffes:**

  Holzfenster (DIN 68360 wird künftig weitgehend ersetzt durch DIN EN 942),

  Aluminiumfenster,

  Kunststoff-Fenster,

  Stahlfenster

sowie Fenster aus Kombinationen dieser Stoffe,

  z. B. Aluminium-Holz-Fenster.

- **Bauart:** Einfachfenster, Doppelfenster, Verbundfenster, Kastenfenster (Bild **5**.4).

  Bei Verbund- und Kastenfenstern sind zur Verbesserung des Schall- und Wärmeschutzes auch Kombinationen aus einem äußeren Flügel mit Einfachverglasung und einem Innenflügel mit Isolierverglasung möglich.

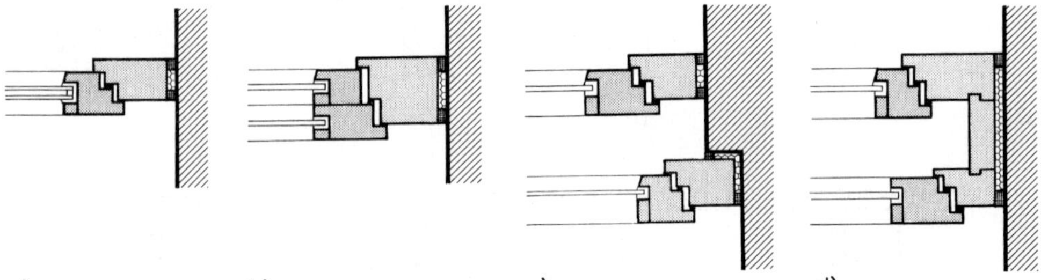

a) b) c) d)

5.4 Fensterbauarten
a) Einfachfenster
b) Verbundfenster
c) Doppelfenster
d) Kastenfenster

- **Öffnungsmöglichkeit:**

  Flügel zum Öffnen, feststehende Flügel, Festverglasungen (Verglasung direkt im Blendrahmen).

- **Öffnungs- bzw. Flügelarten:**

  (Bild **5**.5).

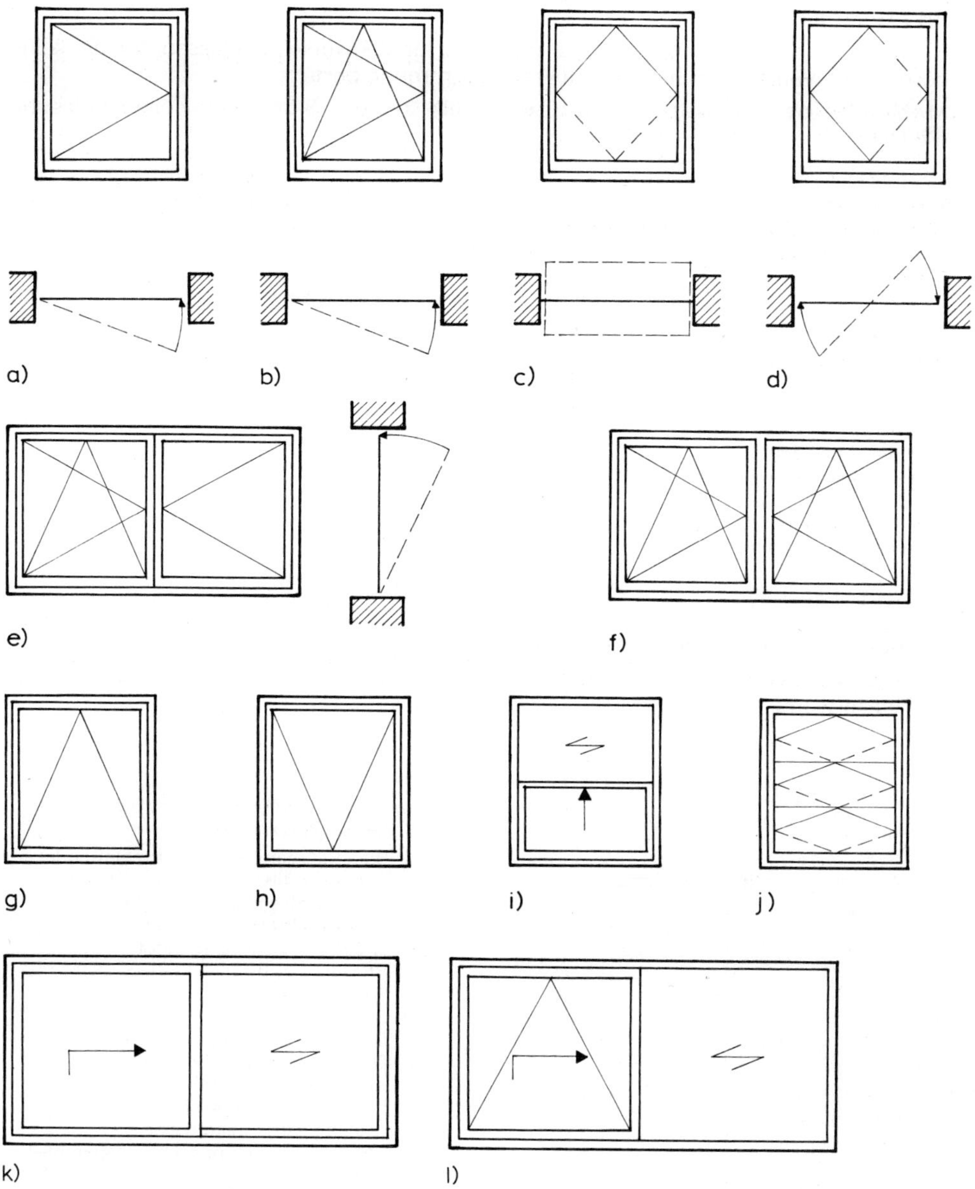

5.5 Bezeichnung von Fenstern nach Öffnungs- und Flügelarten; Auszug aus DIN EN 12519 (Ansichten: Innenseite; Grundrisse: Außenseite oben; Schnitt: Außenseite links)

a) Drehflügel
b) Drehkippflügel
c) Schwingflügel
d) Wendeflügel
e) zweiflügliges Fenster mit einem Drehkipp- und einem Drehflügel
f) zweiflügliges Fenster mit festem Mittelpfosten; zwei Drehkippflügel
g) Kippflügel
h) Klappflügel
i) Vertikalschiebefenster, oberer Teil fest verglast
j) Lamellenfenster (horizontal)
k) Hebeschiebefenster
l) Hebeschiebekippfenster

- **Art der Verglasung:**
  Einscheibenverglasung (EV) ist nur noch für Bauwerke zugelassen, für die keine besonderen Vorschriften hinsichtlich Wärmedämmung bestehen,
  Mehrscheiben-Isolierverglasung (IV) als 2- oder 3-Scheiben-Isolierverglasung (Bild **5**.6),
  Doppelverglasung (DV),
  Verglasung mit Sondergläsern, z.B. Sonnenschutzgläser, Wärmeschutzgläser, Schallschutzgläser, Sicherheitsgläser.

a) b) c) d)

5.6 Verglasungsarten
a) Einscheibenverglasung (EV)
b) 2-Scheiben-Isolierverglasung (IV)
c) 3-Scheiben-Isolierverglasung (IV)
d) Doppelverglasung (DV)

Bezeichnung von Einzelteilen der Fenster

Die Bezeichnung von Grundelementen bei Fensterkonstruktionen zeigt Bild **5**.7 am Beispiel einer Fensterwand.

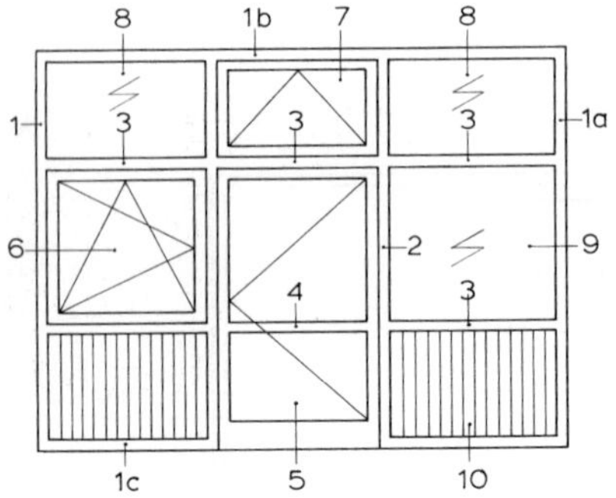

5.7 Elemente einer Fensterkonstruktion (Schema nach DIN 68 121-1)
1 Blendrahmen (ggf. mit Anschluß- oder Abdeckprofilen)
  a) aufrechtes Blendrahmenholz
  b) oberes Blendrahmenholz
  c) unteres Blendrahmenholz
2 Pfosten (Setzholz)
3 Riegel (Kämpfer)
4 Sprosse
5 Drehflügelfenstertür
6 Drehkippflügelfenster
7 Kippflügel (Oberlicht)
8 festverglastes Oberlicht
9 festverglaste Fensterfläche
10 Fensterbrüstung mit nichttransparenter Ausfachung

Außer den in Bild **5**.7 genannten Bauteilen kommen noch in Frage:

- Einbauzargen (in die Rohbauöffnung eingebaute Montagerahmen, in die das komplette Fenster nach Fertigstellung von Putzarbeiten eingesetzt wird (s. Bild **5**.3 b und c),
- Glashalteleisten (leichte Profilleisten zur Befestigung von Verglasungen) (s. Bild **5**.43 ff.),
- Wetterschutzschienen (Zusatzprofile am unteren Blendrahmen, um das anfallende Wasser über die untere Fuge zwischen Flügel und Blendrahmen abzuleiten) (s. Bild **5**.87),

— Fensterbänke (äußere Abdeckung der Brüstung oder des Rohbauanschlusses, meistens aus Aluminium, Kunst- oder Naturstein; innen als Abdeckung über Heizkörpernischen u. ä., aus Natur- oder Kunststein, Holz oder kunststoffbeschichteten Holzspanplatten (z. B. Werzalit) (s. Bild **5**.29 ff.), ferner
— Zusatzprofile wie z. B. Rolladenführungen, Abdeck- und Anschlußprofile.

Die Entscheidung über die Fensterbauart beeinflussen:

— **formale Anforderungen** (z. B. Größe, Format, Flächenaufteilung, Farbe bzw. Oberflächenbehandlung)
— **funktionale Anforderungen** (z. B. Öffnungsart, Lüftungsbedarf, Sonnenschutz, Bedienungskomfort)
— **technisch-konstruktive Anforderungen** (allgemeine Sicherheit wie z. B. Brüstungs- und Absturzhöhen, Fehlbedienungssicherheit, Fugen- und Schlagregendichtigkeit, Wärmeschutz)
— **Sonderanforderungen** (z. B. Brandschutz, Schallschutz, Einbruchschutz). Als Einbauhilfen kommen für Leibungen ohne Anschlag in Frage

5.2 Anforderungen an Fenster

Fenster sind heute fast überall hochentwickelte Bauelemente mit sehr hohen Ansprüchen an Materialien und Ausführungsqualität.

Für Fenster und Fenstertüren, Rahmen von Fenstern und Fenstertüren, für Rolladenkästen und Mehrscheiben-Isoliergläser gibt es auf der Grundlage des Bauproduktengesetzes Richtlinien für Qualitätsanforderungen (Bauregellisten). Die Bauprodukte sind ab 1. 1. 1996 entsprechend zu kennzeichnen (vgl. Abschn. 2.2.4 in Teil 1 des Werkes). Die Produkte müssen ein Übereinstimmungszeichen (z. B. in Form von Aufklebern) aufweisen, in dem die Übereinstimmung der Produkteigenschaften mit den festgelegten technischen Regeln bzw. einschlägigen Normen je nach Prüfungsverfahren durch den Hersteller oder eine amtlich zugelassenen Prüfstelle bestätigt ist (Bild **5**.8).

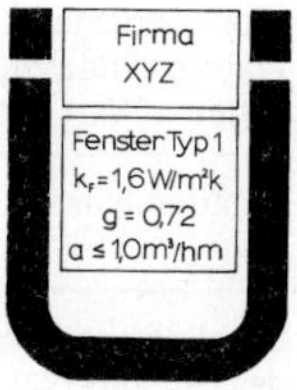

5.8
Übereinstimmungszeichen
Beispiel:
Es handelt sich um ein Fenster gemäß Bauregelliste A Teil 1 lfd. Nr. 8.5, Typ 1; Rahmengruppe 1 (vgl. Abschn. 5.2.3); Mehrscheibenisolierglas mit einem k_V-Wert von 1,6 W/(m²K) und einem g-Wert von 0,72.
Das Fenster hat eine umlaufende Dichtung. Gemäß DIN 4108-4 ist der Fugendurchlaßkoeffizient a < 1,0m³/hm (vgl. Abschn. 5.2.1)

Zur Überwachung von Herstellung und Einbau von Fenstern haben sich viele Herstellerfirmen von Fenstern und Fenstertüren aus den verschiedenen Baustoffarten zu RAL-Gütegemeinschaften zusammengeschlossen.

An der Vereinheitlichung der nationalen Bestimmungen für die verschiedenen Anforderungen an Fenster (z. B. Luftdurchlässigkeit, Schlagregendichtheit, Schall- und Wärmeschutz, Brandschutz usw.) und an entsprechenden Klassifizierungen für unterschiedliche Beanspruchungen wird z. Zt. im Europäischen Komitee für Normung (CEN) gearbeitet. Bis zu den angestrebten einheitlichen Festlegungen sind die in den nachfolgenden Abschnitten behandelten deutschen Bestimmungen anzuwenden.

Tabelle **5.9** Matrix zur Festlegung der auszuschreibenden Leistungen (Institut für Fenstertechnik Rosenheim)[1])

Allgemein technische Anforderungen	Kurzzeichen	steigende Anforderungen (0 keine Anf. – 7 höchste Anf.) 0	1	2	3	4	5	6	7	Einheit	Normen und Richtlinien
Windlasten	w		0,6	0,96	1,32					kN/m²	DIN 1 055
Horizontallast	H		0,5	1,0						kN/m	DIN 1 055
Vertikallasten	V		0,5							kN/m	DIN 18 056
Schlagregendichtheit	BG		A 150	B 300	C 600	D				Pa	DIN 18 055
Fugendurchlässigkeit	BG		A 150	B 300	C 600	D				Pa	DIN 18 055
Wärmeschutz des Fensters	k_F		>2,2	2,1–2,2	1,9–2,0	1,7–1,8	1,5–1,6	1,3–1,4	≤1,2	W/(m²K)	WVO
genauer Wert (≤)**						1,75					
Gesamtenergiedurchlaßgrad (Wärmegewinne)	g		<0,2	0,20–0,35	0,36–0,50	0,51–0,60	0,61–0,70	0,71–0,80	>0,8		WVO DIN 67 507
genauer Wert (≥)**							0,65				
Rahmenmaterialgruppe	RG		3 ≥4,5	2.3 ≤4,5	2.2 ≤3,5	2.1 ≤2,8	1 ≤2,0			W/(m²K)	DIN 4 108
Wärmeschutz der Verglasung	k_V		>3,0	2,0–3,0	1,7–1,9	1,4–1,6	1,2–1,3	1,0–1,1	<1,0	W/(m²K)	DIN 4 108
genauer Wert (≤)**											
Gesamtenergiedurchlaßgrad (Sommerlicher Wärmeschutz)	g_F		>0,8	0,71–0,80	0,61–0,70	0,51–0,60	0,36–0,50	0,20–0,35	<0,2		WVO DIN 4 108
genauer Wert (≤)**											
Lichtdurchlässigkeit	τ		≤0,3	≤0,4	≤0,5	≤0,6	≤0,7	≤0,8	>0,8		DIN 67 507
Schalldämm-Maß des Fensters*	$R_{w,R}$		30–34	35–36	37–39	40–41	42–44	45–49	≥50	dB	DIN 4 109
genauer Wert (≥)**											
Einbruchhemmung	EF		0	1	2	3					DIN V 18 054

* Die angegebenen Zahlenwerte beziehen sich auf die Lärmpegelbereiche gemäß DIN 4 109 Tabelle 8. Der $R_{w,R}$-Wert der Fenster muß für die Aufenthaltsräume so festgelegt werden, daß der in der Tabelle geforderte $R'_{w,res}$ für das Gesamtbauteil erreicht wird.

** Genaue Werte aus der Ausschreibung, falls die Einteilung in die Gruppen nicht ausreichend genau ist.

——— Anforderung

········ Angebot

[1]) Eine Matrix mit Berücksichtigung europäischer Festlegungen ist in Vorbereitung

Es muß festgehalten werden, daß es bei der augenblicklichen raschen Entwicklung bei der Definition von Anforderungen und von Gesetzen, Verordnungen und Richtlinien für Auftraggeber und ausschreibende Stellen sehr schwer ist, den jeweils aktuellen Stand zu berücksichtigen.

Bei der Planung und Ausschreibung und der Vergabe sollten daher neben den Bestimmungen der Verdingungsordnung für Bauleistungen (VOB) auch die „Zusätzlichen Technischen Vorschriften zur Ausschreibung" des Institutes für Fenstertechnik, Rosenheim (ift), sowie die Leistungsnachweise der Hersteller, hrsg. vom Verband der Fenster- und Fassadenhersteller [22] bis [24], beachtet werden.

Als Hilfsmittel dabei kann die vom ift entwickelte Matrix zur Festlegung der auszuschreibenden Leistungen bzw. Qualitätsanforderungen dienen (Tabelle **5**.9).

5.2.1 Fugendurchlässigkeit[1])

Während Rahmen und Verglasung kleinerer Fenster in niedrigen, einfachen Gebäuden nach Erfahrungsregeln dimensioniert werden können, müssen für die Bemessung größerer Fenster insbesondere in den oberen Geschossen von hohen Gebäuden genaue Berechnungen zugrunde gelegt werden. Dadurch muß gewährleistet werden, daß die Fugendurchlässigkeit innerhalb zulässiger Grenzen bleibt und die Verglasung durch Staudruck nicht zerstört werden kann. Unabhängig vom Rahmenmaterial werden in DIN 18055 für die Bemessung und die Anforderungen hinsichtlich Fugendurchlässigkeit und die Schlagregendichtheit vier Beanspruchungsgruppen festgelegt. Bestimmt wird die Einordnung in eine der Gruppen durch die Windbelastung in Abhängigkeit von Standort, Lage, Höhe und Form des Gebäudes, ferner von der Einbauart des Fensters und der Fassadenausbildung (s. Tabelle **5**.10).

Über Undichtigkeiten in den Fugen zwischen Flügel- und Blendrahmen eines Fensters erfolgt ein mehr oder weniger großer Luftaustausch, der in gewissen Grenzen zwar zur erforderlichen Lufterneuerung eines Raumes beitragen, andererseits aber zu erheblichen Wärmeverlusten führen kann. Außerdem besteht eine enge Abhängigkeit zwischen der Fugendurchlässigkeit und der Schalldurchlässigkeit eines Fensters (vgl. Abschn. 5.2.4). In der Wärmeschutzverordnung (Anlage 4, Tab. 1) und in DIN 4108-4 wird gefordert, daß der Fugendurchlaßkoeffizient für Fenster den Wert

$$2{,}0 \cdot \frac{m^3}{h \cdot m\,(da\,Pa)^{2/3}}$$

(Beanspruchungsgruppe A nach DIN 18055) nicht überschreitet.

Tabelle **5**.10 Beanspruchungsgruppen (DIN 18055)

Beanspruchungsgruppen[1])	A	B	C	D[3])
Staudruck in kN/m²	bis 0,18	bis 0,37	bis 0,66	
Prüfdruck in Pa entspricht etwa einer Windgeschwindigkeit bei	bis 150	bis 300	bis 600	
Windstärke[2])	bis 7	bis 9	bis 11	Sonderregelung
Gebäudehöhe in m	bis 8	bis 20	bis 100	

[1]) Die Beanspruchungsgruppe ist im Leistungsvergleich anzugeben.
[2]) Nach der Beaufort-Skala.
[3]) A ohne, B–D mit Falzdichtung. In die Beanspruchungsgruppe D sind Fenster einzustufen, bei denen mit außergewöhnlicher Beanspruchung zu rechnen ist. Anforderungen sind im Einzelfall anzugeben.

[1]) E DIN EN 12210 und 12211 (2.1996): Widerstandsfähigkeit bei Wind z. Zt. in Überarbeitung.

Für Gebäude mit mehr als zwei Vollgeschossen darf der Wert von

$$1{,}0 \cdot \frac{m^3}{h \cdot m\ (da\ Pa)^{2/3}}$$

(Beanspruchungsgruppe B–D) nicht überschritten werden.

Einen Fugendurchlaßkoeffizienten von $2{,}0 \geqq a > 1{,}0$ haben Holzfenster (auch Doppelfenster) mit Profilen nach DIN 68 121 – Holzfenster-Profile – ohne Dichtung.

Mit allen Fensterkonstruktionen (bei Holzfenstern mit Profilen nach DIN 68 121) mit alterungsbeständiger, weichfedernder, leicht auswechselbarer Dichtung kann ein Fugendurchlaßkoeffizient von $a \leq 1{,}0$ erreicht werden.

Für die Bewertung der Fugendurchlässigkeit eines Fensters gilt die längenbezogene Fugendurchlässigkeit V_l. Sie wird an Musterfenstern im Prüflabor gemessen und darf die in DIN 18 055 festgesetzten Bereiche nicht überschreiten.

V_l gibt den auf die Fugenlänge bezogenen Luftaustausch zwischen Flügel- und Blendrahmen je Zeiteinheit unter dem Einfluß der am Fenster vorhandenen Luftdruckdifferenz an.

Es ist nicht zweckmäßig, eine noch geringere Fugendurchlässigkeit anzustreben (außer bei Räumen mit Klimaanlagen).

Zu beachten ist, daß die bei der Prüfung festgestellten Mittelwerte für die Fugendurchlässigkeit lediglich für ein – meistens besonders sorgfältig hergestelltes – Musterfenster und für den Neuzustand gelten und allein nicht als Bewertungsmaßstab für alle anderen mit gleichen Konstruktionsmerkmalen gebauten Fenster ausreichen.

Allein durch laufende Gütekontrolle bei der Herstellung kann gewährleistet werden, daß Fenster auch den in Prüfzeugnissen belegten Eigenschaften entsprechen.

Weiterhin ist festzuhalten, daß für die Fugendichtigkeit und damit für den Schall- und Wärmeschutz eines Fensters auch die richtige Ausbildung der Anschlüsse an das Bauwerk entscheidend ist (s. Abschn. 5.3).

5.2.2 Schlagregendichtheit[1])

Schlagregendichtheit ist (nach DIN 18 055) der Schutz, den ein Fenster bei gegebener Windstärke, Regenmenge und Beanspruchungsdauer gegen das Eindringen von Wasser in das Innere des Gebäudes bietet. In die Rahmenkonstruktion eingedrungenes Wasser muß so abgeführt werden, daß keine Schäden am Fenster auftreten können und daß nirgends Wasser aus der Rahmenkonstruktion in den Baukörper eindringt. Die Einordnung der Fenster in die Beanspruchungsgruppe A bis D (s. Abschn. 5.2.1) hinsichtlich ihrer Schlagregensicherheit erfolgt auf Grund genormter Prüfungen an Musterfenstern.

Die Schlagregendichtheit ist abhängig von

— Ausbildung der Falze zwischen Blend- und Flügelrahmen,
— Art und Lage der Falzdichtungen,
— Entwässerung des Falzraumes (Entwässerungsöffnungen mind. 5 x 20 mm, Abstand < 30 cm),
— Druckausgleich zwischen Außenluft und Falzraum.

Bevorzugt werden Fensterbauarten, bei denen Schlagregen- und Winddichtung in verschiedenen Ebenen mit mindestens 15 mm Abstand liegen (2-stufige Systeme).

1) E DIN EN 12 207-1 und -2: Schlagregendichtheit – Anforderungen – Einteilung (2.1996) wird teilweise DIN 18 055 ersetzen.

Dichtungen. Um die Anforderungen an Fugendichtigkeit und Schlagregendichtheit nach DIN 18055 zu erfüllen, müssen alle Fenster – ausgenommen solche der niedrigsten Beanspruchungsgruppe A – elastische Fugendichtungen haben. Fugendichtungen bestehen meistens aus EPDM oder speziell eingestellten PVC-Kunststoff-Profilen. Sie müssen ausreichende Rückstelleigenschaften haben, hochelastisch und alterungsbeständig sein. Alle Dichtungen müssen so eingebaut sein, daß sie leicht ausgewechselt werden können.

Dichtungsprofile müssen vor Anstrichmitteln, die Öl- oder Nitrobestandteile enthalten, geschützt werden, um eine vorzeitige Alterung zu vermeiden.

5.2.3 Wärmeschutz[1)]

Ziel der ab 1. 1. 1995 gültigen Wärmeschutzverordnung ist, durch die Schaffung eines Niedrig-Energiehaus-Standards eine weitere Senkung des Energiebedarfes von Gebäuden und damit eine erneute deutliche Senkung von CO_2-Emissionen zu erreichen.

Die Energiegewinne durch Sonneneinstrahlung und interne Wärmequellen werden bei den dafür erforderlichen Maßnahmen berücksichtigt.

Unterschieden werden drei Anwendungsbereiche:

- Neubauten mit normaler Innentemperatur (vereinfachte Nachweisverfahren für Gebäude mit nicht mehr als 2 Vollgeschossen und nicht mehr als drei Wohneinheiten)
- Neubauten mit niedriger Innentemperatur
- Veränderungen an bestehenden Gebäuden.

Bei den rechnerischen Nachweisen des Wärmeschutzes wird eine Energiebilanz für das Gebäude aufgestellt. Die ermittelten Wärmeverluste durch Transmission und Lüftung, vermindert um die Wärmegewinne durch Sonneneinstrahlung (nur bei Fenstern mit einem Verglasungsanteil von > 60% und anrechenbar, wenn die Fensterfläche bis zu $^2/_3$ der gesamten Wandfläche beträgt) sowie ggf. durch interne Wärmequellen dürfen festgelegte Grenzwerte nicht überschreiten.

Die Anforderungen an die Fenster sind entsprechend diesem Nachweis festzulegen, bei dem je nach Anwendungsbereich viele Kombinationen möglich sind.

Der gemittelte *k*-Wert aus den berechneten Einzelwerten für Wände, Kellerdecken, Dach und Fenster muß kleiner als 0,7 sein ($k_{m,F\,eq} < 0{,}7$ W/(m²K)).

Wenn in einem bestehenden Bauwerk einzelne Fenster (< 10 m²) ersetzt werden, ist bei ihnen $k_F < 1{,}8$ W/(m²K) einzuhalten.

Bei dem Wärmeschutznachweis werden die Fenster als Einheit betrachtet. Für die Verglasung werden keine besonderen Anforderungen definiert. Neben dem Transmissionswärmeverlust (*k*-Wert) werden je nach angewendetem Berechnungsverfahren die solaren Wärmegewinne berücksichtigt. Der Gesamtenergiedurchlaß der Verglasung wird dabei durch den *g*-Wert definiert. Er gibt an, welcher Anteil der auftreffenden Strahlungsenergie durch die Verglasung in den dahinterliegenden Raum gelangt (s. auch Abschn. 5.3).

Die Rechenwerte für den Wärmedurchgangskoeffizienten der Fenster sind abhängig von den Rahmenbauarten und sind Tabelle **5**.11 (DIN 4108-4) zu entnehmen.

Rahmenmaterialgruppen

Gruppe 1: Fenster mit Rahmen aus Holz, Kunststoff und Holzkombinationen (z. B. Holzrahmen mit Aluminiumbekleidung) ohne besonderen Nachweis bzw. wenn der Wärmedurchgangskoeffizient des Rahmens mit $k_R \leqq 2{,}0$ W/(m² · K) durch Prüfzeugnis nachgewiesen ist.

Gruppe 2.1: Fenster mit Rahmen aus wärmegedämmten Metallprofilen, wenn der Wärmedurchgangskoeffizient des Rahmens mit $2{,}0 < k_R \leqq 2{,}8$ W/(m² · K) auf Grund von Prüfzeugnissen nachgewiesen ist.

---

1) s. auch Abschn. 15.5.7 in Teil 1 des Werkes.

Gruppe 2.2: Fenster mit Rahmen aus wärmegedämmten Metallprofilen, wenn der Wärmedurchgangskoeffizient des Rahmens mit 2,8 < $k_R \leqq$ 3,5 W/(m² · K) auf Grund von Prüfzeugnissen nachgewiesen ist.

Gruppe 2.3: Fenster mit Rahmen aus wärmegedämmten Metallprofilen, wenn der Wärmedurchgangskoeffizient des Rahmens mit < 3,5 $k_R \leqq$ 4,5 W/(m² · K) auf Grund von Prüfzeugnissen nachgewiesen ist.

Gruppe 3: Fenster mit Rahmen aus Stahl und Aluminium sowie wärmegedämmten Metallprofilen, die nicht in die Rahmenmaterialgruppen 2.1 bis 2.3 eingestuft werden können, ohne besonderen Nachweis.

Nichttransparente Ausfachungen von Fensterwänden müssen den Anforderungen an leichte Bauteile nach DIN 4 108-2 entsprechen. Für Rahmen dürfen in diesen Bereichen nur Materialien der Gruppen 1, 2.1 oder 2.2 verwendet werden.

Tabelle **5**.11 Rechenwerte der Wärmedurchgangskoeffizienten für Verglasungen (k_V) und für Fenster und Fenstertüren einschließlich Rahmen (k_F) nach DIN 4108-4

Spalte 1		2	3	4	5	6	7
	Beschreibung der Verglasung	Verglasung[1]) k_V	Fenster und Fenstertüren einschließlich Rahmen k_F für Rahmenmaterialgruppe in W/(m² · K)[2])				
		in W/(m² · K)	1	2.1	2.2	2.3	3[3])
1	**Unter Verwendung von Normalglas**						
1.1	Einfachverglasung	5.8	5.2				
1.2	Isolierglas mit ≧ 6 bis ≦ 8 mm Luftzwischenraum	3,4	2,9	3,2	3,3	3,6[4])	4,1[4])
1.3	Isolierglas mit > 8 bis ≦ 10 mm Luftzwischenraum	3,2	2,8	3,0	3,2	3,4	4,0[4])
1.4	Isolierglas mit > 10 bis ≦ 16 mm Luftzwischenraum	3,0	2,6	2,9	3,1	3,3	3,8[4])
1.5	Isolierglas mit zweimal ≧ 6 bis ≦ 8 mm Luftzwischenraum	2,4	2,2	2,5	2,6	2,9	3,4
1.6	Isolierglas mit zweimal > 8 bis ≦ 10 mm Luftzwischenraum	2,2	2,1	2,3	2,5	2,7	3,3
1.7	Isolierglas mit zweimal > 10 bis ≦ 16 mm Luftzwischenraum	2,1	2,0	2,3	2,4	2,7	3,2
1.8	Doppelverglasung mit 20 bis 100 mm Scheibenabstand	2,8	2,5	2,7	2,9	3,2	3,7[4])
1.9	Doppelverglasung aus Einfachglas und Isolierglas (Luftzwischenraum 10 bis 16 mm) mit 20 bis 100 mm Scheibenabstand	2,0	1,9	2,2	2,4	2,6	3,1
1.10	Doppelverglasung aus zwei Isolierglaseinheiten (Luftzwischenraum 10 bis 16 mm) mit 20 bis 100 mm Scheibenabstand	1,4	1,5	1,8	1,9	2,2	2,7

Fortsetzung und Fußnoten s. nächste Seite

Tabelle **5.**11, Fortsetzung

Spalte 1		2	3	4	5	6	7
	Beschreibung der Verglasung	Verglasung[1] k_V in W/(m² · K)	Fenster und Fenstertüren einschließlich Rahmen k_F für Rahmenmaterialgruppe in W/(m² · K)[2]				
			1	2.1	2.2	2.3	3[3]
2	**Unter Verwendung von Sondergläsern**						
2.1	Die Wärmedurchgangskoeffizienten k_V für Sondergläser werden aufgrund von Prüfzeugnissen hierfür anerkannter Prüfanstalten festgelegt (siehe Abschnitt 1 mit Fußnote 2)	3,0	2,6	2,9	3,1	3,3	3,8[4]
2.2		2,9	2,5	2,8	3,0	3,2	3,8[4]
2.3		2,8	2,5	2,7	2,9	3,2	3,7[4]
2.4		2,7	2,4	2,7	2,9	3,1	3,6[4]
2.5		2,6	2,3	2,6	2,8	3,0	3,6[4]
2.6		2,5	2,3	2,5	2,7	3,0	3,5
2.7		2,4	2,2	2,5	2,6	2,9	3,4
2.8		2,3	2,1	2,4	2,6	2,8	3,4
2.9		2,2	2,1	2,3	2,5	2,7	3,3
2.10		2,1	2,0	2,3	2,4	2,7	3,2
2.11		2,0	1,9	2,2	2,4	2,6	3,1
2.12		1,9	1,8	2,1	2,3	2,5	3,1

[1] Bei Fenstern mit einem Rahmenanteil von nicht mehr als 5% (z. B. Schaufensteranlagen) kann für den Wärmedurchgangskoeffizienten k_F der Wärmedurchgangskoeffizient k_V der Verglasung gesetzt werden.
[2] Rahmenmaterialgruppen s. S. 365.
[3] Bei Verglasungen mit einem Rahmenanteil ≤ 15% dürfen in der Rahmenmaterialgruppe 3 (Spalte 7, ausgenommen Zeile 1.1) die k_F-Werte um 0,5 W/(m² · K) herabgesetzt werden.
[4] Aufgrund bisheriger Regelungen darf bei diesen Werten bis auf weiteres mit k_F = 3,5 W/(m² · K) gerechnet werden.

5.2.4 Schallschutz

Hinsichtlich des Schallschutzes erfordern Fenster im Vergleich zu anderen raumbildenden Bauteilen meistens die sorgfältigsten Maßnahmen. Diese haben als Grundlage die DIN 4109 mit Beiblättern sowie die VDI-Richtlinien 2719, Schalldämmung von Fenstern und deren Zusatzeinrichtungen.

Gegen Geräuscheinwirkung von außen müssen Fenster eine ausreichende Luftschall-Dämmwirkung haben, für die die Fugendichtigkeit (vgl. Abschn. 5.2.1), Dicke, Abstand und Einbauart der Glasscheiben sowie die Anschlüsse der Fenster an das Bauwerk (vgl. Abschn. 5.3) neben dem Schall-Einfallwinkel von Einfluß sind. Während übliche Zweischeiben-Isolierverglasungen ohne zusätzliche Maßnahmen wegen des relativ dünnen eingeschlossenen Luftpolsters und der damit verbundenen Resonanzerscheinungen keine entscheidende Verbesserung der Schall-Dämmwirkung ergeben, kann bei größerem Scheibenabstand und verschieden dicken Scheiben von Isolier- oder Doppelverglasungen eine deutliche Verbes-

Tabelle **5**.12 Ausführungsbeispiele für Dreh-, Kipp- und Drehkipp-Fenster(-Türen) und Fensterverglasungen mit bewerteten Schalldämm-Maßen $R_{w,R}$ von 25 dB bis 45 dB (Rechenwerte) (Tab. 40 aus DIN 4109 Bbl. 1, s. auch VDI-Richtlinie)

Anforderungen an die Ausführung der Konstruktion verschiedener Fensterarten

$R_{w,R}$	Konstruktionsmerkmale	Einfachfenster[1]) mit Isolierverglasung[2])	Verbundfenster[1]) mit 2 Einfachscheiben	Verbundfenster[1]) mit 1 Einfachscheibe und 1 Isolierglasscheibe	Kastenfenster[1]) [3]) mit 2 Einfach- bzw. 1 Einfach- und 1 Isolierglasscheibe
in dB		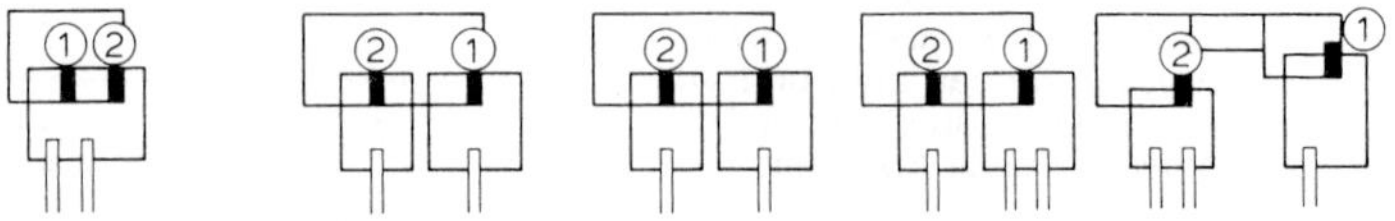			
25	Gesamtglasdicken	≧ 6 mm	≧ 6 mm	keine	–
	Scheibenzwischenraum	≧ 8 mm	keine	keine	–
	$R_{w,R}$ Verglasung	≧ 27 dB	–	–	–
	Falzdichtung	nicht erforderlich	nicht erforderlich	nicht erforderlich	nicht erforderlich
30	Gesamtglasdicken	≧ 6 mm	≧ 6 mm	keine	–
	Scheibenzwischenraum	≧ 12 mm	≧ 30 mm	≧ 30 mm	–
	$R_{w,R}$ Verglasung	≧ 30 dB	–	–	–
	Falzdichtung	① erforderlich	① erforderlich	① erforderlich	nicht erforderlich
32	Gesamtglasdicken	≧ 8 mm	≧ 8 mm	≧ 4 mm + 4/12/4	–
	Scheibenzwischenraum	≧ 12 mm	≧ 30 mm	≧ 30 mm	–
	$R_{w,R}$ Verglasung	≧ 32 dB	–	–	–
	Falzdichtung	① erforderlich	① erforderlich	① erforderlich	① erforderlich
35	Gesamtglasdicken	≧ 10 mm	≧ 8 mm	≧ 6 mm + 4/12/4	–
	Scheibenzwischenraum	≧ 16 mm	≧ 40 mm	≧ 40 mm	–
	$R_{w,R}$ Verglasung	≧ 35 dB	–	–	–
	Falzdichtung	① erforderlich	① erforderlich	① erforderlich	① erforderlich
37	Gesamtglasdicken	–	≧ 10 mm	≧ 6 mm + 6/12/4	≧ 8 mm bzw. ≧ 4 mm + 4/12/4
	Scheibenzwischenraum	–	≧ 40 mm	≧ 40 mm	≧ 100 mm
	$R_{w,R}$ Verglasung	≧ 37 dB	–	–	–
	Falzdichtung	① erforderlich	① erforderlich	① erforderlich	① erforderlich
40	Gesamtglasdicken	–	≧ 14 mm	≧ 8 mm + 6/12/4[4])	≧ 8 mm bzw. ≧ 6 mm + 4/12/4
	Scheibenzwischenraum	–	≧ 50 mm	≧ 50 mm	≧ 100 mm
	$R_{w,R}$ Verglasung	≧ 42 dB	–	–	–
	Falzdichtung	① + ②[4]) erforderlich	① + ②[4]) erforderlich	① + ②[4]) erforderlich	① + ②[4]) erforderlich

Fortsetzung s. nächste Seite

Tabelle **5**.12, Fortsetzung

Anforderungen an die Ausführung der Konstruktion verschiedener Fensterarten

$R_{w,R}$	Konstruktionsmerkmale	Einfachfenster[1]) mit Isolierverglasung[2])	Verbundfenster[1]) mit 2 Einfachscheiben	Verbundfenster[1]) mit 1 Einfachscheibe und 1 Isolierglasscheibe	Kastenfenster[1]) [3]) mit 2 Einfach- bzw. 1 Einfach- und 1 Isolierglasscheibe
in dB		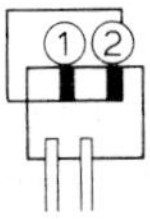	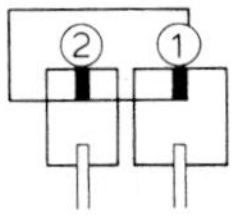	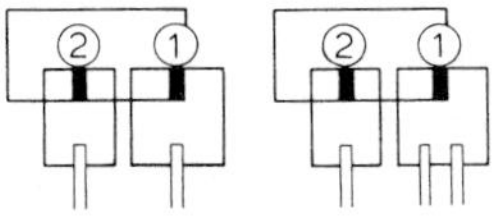	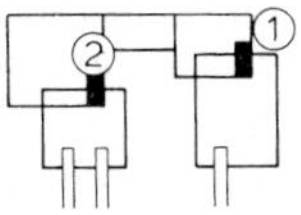
42	Gesamtglasdicken	–	≧ 16 mm	≧ 8 mm + 8/12/4	≧ 10 mm bzw. ≧ 8 mm + 4/12/4
	Scheibenzwischenraum	–	≧ 50 mm	≧ 50 mm	≧ 100 mm
	$R_{w,R}$ Verglasung	≧ 45 dB	–	–	–
	Falzdichtung	① + ②[4]) erforderlich	① + ②[4]) erforderlich	① + ②[4]) erforderlich	① + ②[4]) erforderlich
45	Gesamtglasdicken	–	≧ 18 mm	≧ 8 mm + 8/12/4	≧ 12 mm bzw. ≧ 8 mm + 6/12/4
	Scheibenzwischenraum	–	≧ 60 mm	≧ 60 mm	≧ 100 mm
	$R_{w,R}$ Verglasung	–	–	–	–
	Falzdichtung	–	① + ②[4]) erforderlich	① + ②[4]) erforderlich	① + ②[4]) erforderlich
≧ 48		Allgemein gültige Angaben sind nicht möglich; Nachweis nur über Eignungsprüfungen nach DIN 52 210			

[1]) Sämtliche Flügel müssen bei Holzfenstern mindestens Doppelfalze, bei Metall- und Kunststoff-Fenstern mindestens zwei wirksame Anschläge haben. Erforderliche Falzdichtungen müssen umlaufend, ohne Unterbrechung angebracht sein; sie müssen weichfedernd, dauerelastisch, alterungsbeständig und leicht auswechselbar sein.

[2]) Das Isolierglas muß mit einer dauerhaften, im eingebauten Zustand erkennbaren Kennzeichnung versehen sein, aus der das bewertete Schalldämm-Maß $R_{w,R}$ und das Herstellwerk zu entnehmen sind.

[3]) Eine schallabsorbierende Leibung ist sinnvoll, da sie durch Alterung der Falzdichtung entstehende Fugenundichtigkeiten teilweise ausgleichen kann.

[4]) Werte gelten nur, wenn keine zusätzlichen Maßnahmen zur Belüftung des Scheibenzwischenraumes getroffen werden.

serung erzielt werden. Erheblichen Einfluß auf die Schalldämmung von Fenstern hat jedoch die Fugendichtigkeit, wenn auch bisher zwischen Fugendurchlaßkoeffizient (vgl. Abschn. 5.2.1) und erreichter Schalldämmung keine Relationen festgelegt sind.

Neben der Fugendichtigkeit zwischen Flügel- und Blendrahmen ist auch auf dichte, mit dauerelastischem Material ausgefüllte Fugen zwischen Blendrahmen und Bauwerk zu achten. Gute Verankerung am Bauwerk in Verbindung mit guten Verriegelungssystemen verbessert weiterhin den Schalldämmwert von Fenstern (s. Abschn. 5.3).

Die besten Ergebnisse können erzielt werden bei Doppelfenstern mit getrennten Blendrahmen, mit Kastenfenstern und besonders solchen Kastenfenstern, bei denen die Kastenleibung mit schallschluckendem Material bekleidet ist. In jedem Fall ist jedoch die Gesamtdicke der verwendeten Scheiben (8 bis 12 mm) sowie der Scheibenabstand (≧ 150 mm bei Kastenfenstern) von Einfluß.

Die mit den verschiedenen Fensterbauarten erreichbaren Dämmwerte gegen Luftschall (bewertete Schalldämm-Maße) gelten ohne besonderen Nachweis als erfüllt, wenn die Ausführung den jeweiligen Angaben von Tabelle **5**.12 entspricht (nur für einflüglige Fenster oder mehrflüglige Fenster mit festen Pfosten sowie mit größten Einzelscheiben bis 3 m^2; Dimensionierungen nach DIN 68 121).

Für Fenster mit Einzelscheiben über 3 m^2 ist das bewertete Schalldämm-Maß um jeweils 2 dB abzumindern.

Für abweichende Bauarten ist die Eignung durch anerkannte amtliche Prüfzeugnisse zu belegen.

Bei der Auswahl ist zunächst der vorhandene „maßgebliche Außenlärmpegel" zu definieren. Das kann erfolgen anhand von

— Lärmschutzkarten bzw. durch für den betreffenden Standort vorgegebene Verwaltungsvorschriften (Immissionswerte gemäß TA Lärm in den Bebauungsplänen),
— Messungen,
— Ermittlung aus Nomogrammen in DIN 4109 Abschn. 5.5.6 oder
— durch Berechnung nach DIN 18 005-1.

Bei der Festlegung der erforderlichen Schallschutzmaßnahmen werden nicht nur die Anforderungen an die Fenster, sondern auch an die gesamte Außenwand – unter Berücksichtigung der Flankenübertragung – sowie die Proportionen der zu schützenden Räume mit einbezogen. Die geforderten Mindestanforderungen können dabei Mittelwerte aus hohen Schallschutzeigenschaften der Außenwände und den naturgemäß weniger guten Werten der Fenster sein.

Tabelle **5**.13 Anforderungen an die Luftschalldämmung von Außenbauteilen (DIN 4109 Tab. 8)

Zeile	Lärmpegelbereich	„Maßgeblicher Außenlärmpegel"	Raumarten		
			Bettenräume in Krankenanstalten und Sanatorien	Aufenthaltsräume in Wohnungen, Übernachtungsräume in Beherbergungsstätten, Unterrichtsräume und ähnliches	Büroräume[1]) und ähnliches
		in dB (A)	erf. $R'_{w,res}$ des Außenbauteils in dB		
1	I	bis 55	35	30	–
2	II	56 bis 60	35	30	30
3	III	61 bis 65	40	35	30
4	IV	66 bis 70	45	40	35
5	V	71 bis 75	50	45	40
6	VI	76 bis 80	2)	50	45
7	VII	> 80	2)	2)	50

1) An Außenbauteile von Räumen, bei denen der eindringende Außenlärm aufgrund der in den Räumen ausgeübten Tätigkeiten nur einen untergeordneten Beitrag zum Innenraumpegel leistet, werden keine Anforderungen gestellt.

2) Die Anforderungen sind hier aufgrund der örtlichen Gegebenheiten festzulegen.

Tabelle **5**.14 Erforderliche Schalldämm-Maße erf. $R'_{w,res}$ von Kombinationen von Außenwänden und Fenstern (Tab. 10 DIN 4109)

Zeile	erf. $R'_{w,res}$ in dB nach Tabelle **5**.12	Schalldämm-Maße für Wand/Fenster in ...dB/...dB bei folgenden Fensterflächenanteilen in %					
		10%	20%	30%	40%	50%	60%
1	30	30/25	30/25	35/25	35/25	50/25	30/30
2	35	35/30 40/25	35/30	35/32 40/30	40/30	40/32 50/30	45/32
3	40	40/32 45/30	40/35	45/35	45/35	40/37 60/35	40/37
4	45	45/37 50/35	45/40 50/37	50/40	50/40	50/42 60/40	60/42
5	50	55/40	55/42	55/45	55/45	60/45	–

Diese Tabelle gilt nur für Wohngebäude mit üblicher Raumhöhe von etwa 2,5 m und Raumtiefe von etwa 4,5 m oder mehr, unter Berücksichtigung der Anforderungen an das resultierende Schalldämm-Maß erf. $R'_{w,res}$ des Außenbauteiles nach Tabelle **5**.13 und der Korrektur von –2 dB nach Tabelle **5**.15, Zeile 2.

Mindestanforderungen für Räume in Wohngebäuden mit Raumhöhen von etwa 2,50 m, Raumtiefen von etwa 4,50 m oder mehr und von einem Fensterflächenanteil von 10 bis 60% sind in Tabelle **5**.13 aufgeführt.

Das „resultierende Schalldämm-Maß" für Wand-Fenster-Kombinationen in Abhängigkeit der Flächenanteile pro Raum ist Tabelle **5**.14 zu entnehmen.

Vor der Festlegung sind jedoch noch Korrekturwerte von –3 bis +5 dB gemäß Tabelle **5**.15 bei Abweichungen z. B. von der o. g. Raumgeometrie zu berücksichtigen.

Tabelle **5**.15 Korrekturwerte für das Gesamtschalldämmaß in Abhängigkeit vom Verhältnis $S_{(W+F)}/S_G$ (Tab. 9 DIN 4109)

$S_{(W+F)}/S_G$	Korrektur
2,5	+5
2,0	+4
1,6	+3
1,3	+2
1,0	+1
0,8	0
0,6	–1
0,5	–2
0,4	–3

Beispiel

Gesucht wird das erforderliche resultierende Schalldämmaß einer Außenwand einschließlich Fenster für einen Wohnraum (maßgeblicher Außenlärmpegel: 72 dB(A); vgl. Tab. **5**.13)

Raumbreite: 4,00 m
Raumtiefe: 3,00 m
Raumhöhe: 2,50 m
Grundfläche: $S_G = 12\ m^2$
Gesamtfläche des Außenbauteils: $S_{(W+F)} = 10\ m^2$

Die Ermittlung des Korrekturwertes ergibt hier einen Wert von 0 dB.

Aus Tabelle **5**.14 ergibt sich erf. $R_{w,res} = 45$ dB

Eine genaue Wiedergabe aller im übrigen vorgegebenen Berechnungsverfahren würde den Rahmen dieser Ausführungen sprengen (vgl. auch Abschn. 15.6.3.3 in Teil 1 des Werkes sowie [10]).

Festzuhalten ist, daß sich die Schalldämmqualität von Wandbauteilen und auch von Fenstern gut ermitteln und planen läßt. Mit entscheidend für das Ergebnis sind immer die Schalldämmeigenschaften der Anschlußfugen. Sie können zwar labormäßig festgestellt und verglichen werden, doch sind die Unwägbarkeiten bei der Bauausführung kaum erfaßbar. Kleine Ausführungsfehler können die theoretischen Schalldämmwerte ($R_{ST,w}$) von Fugen ganz erheblich verschlechtern. Bei ordnungsgemäßer Fugenausbildung (s. Abschn. 5.3) können Fugenschalldämmaße von 50 dB erreicht werden. Sie reichen für Bauteile mit bewertetem Schalldämmaß R_w von ca. 40 dB aus [19].

5.3 Bauwerksanschlüsse

5.3.1 Allgemeines

Vom richtigen Einbau in der Wandöffnung hängt in großem Maße nicht nur die Funktionstüchtigkeit und Lebenserwartung der Fenster selbst ab, sondern auch die Vermeidung schwerwiegender Bauschäden an den seitlich, unten und oben angrenzenden Bauteilen.

Maßungenauigkeiten des Rohbaues (auch bei Einhaltung der nach DIN 18202 zulässigen Toleranzen, s. auch Abschn. 2.5 in Teil 1 des Werkes), nachträgliche Verformungen angrenzender Bauteile (Durchbiegung von Stürzen und Decken, Kriechen und Schwinden von Betonbauteilen usw.), insbesondere schließlich die zu berücksichtigenden temperatur- und materialbedingten Längenänderungen von Fensterteilen erschweren diese Aufgabe.

Die Anschlußfugen werden äußerlich beansprucht durch Schlagregen und der damit auch verbundenen Durchfeuchtung angrenzender Bauteile sowie durch Winddruck und -sog mit den dadurch bewirkten Durchbiegungen der Fensterelemente.

Auch das Gewicht schwerer Fensterflügel in geöffnetem Zustand muß beim Einbau der Fenster berücksichtigt werden.

Die erhöhten Anforderungen an den Wärmeschutz mit dem Ziel einer möglichst großen Energieeinsparung haben zu Gebäuden mit weitgehend luftdichter Außenhaut geführt. Damit ergeben sich gegenüber den früher üblichen Bauweisen erheblich kompliziertere bauphysikalische Beanspruchungen auch für Bauwerksfugen und damit auch für die Anschlüsse von Fenstern.

Die Fenster-Anschlußfugen werden in erhöhtem Maße durch unterschiedliches Außen- und Innenklima beansprucht. Die relative Luftfeuchte in Aufenthaltsräumen resultiert aus Feuchtigkeitsabgabe von Menschen, Tieren und Pflanzen, Wasserdampfentwicklung in Bädern und Küchen und Bau-Restfeuchte. Undichtigkeiten in den Anschlußfugen führen zum Transport dieser Luftfeuchte, und es kann je nach Temperaturverhältnissen im Anschlußbereich und innerhalb der Fugen zu Tauwasserausfall kommen.

Außenwände und Fenster einschließlich der Anschlußfugen müssen als Gesamtsystem betrachtet werden. In DIN V 4108-7 sind daher Planungshinweise auch für die Abdichtung der Fugen zwischen Fensterrahmen und Außenwänden enthalten.

Die Belastungen, die auf Fenster und den Anschlußbereich einwirken, können in drei Ebenen betrachtet werden:

— äußere Wetterschutzebene (Regenschutz und schadensfreie Ableitung von eingedrungenem Niederschlagwasser
— mittlerer Funktionsbereich (insbesondere dauerhafter Schall- und Wärmeschutz sowie Luftdichtheit und auch Dampfdruckausgleich aus den Glasfalzen)
— innere Trennung von Raum- und Außenklima (Ununterbrochene, raumseitig luftdichte Trennebene; Oberflächentemperatur über der Taupunkttemperatur) [13].

5.3.2 Einbauebene

Bei einer Raumtemperatur von z. B. 20 °C; einer Außentemperatur von –15 °C und einer relativen Raumluftfeuchte von 50% liegt die Taupunkttemperatur bei + 9,3 °C. Um Kondensatbildung zu vermeiden, muß in diesem typischen Beispiel also dafür gesorgt werden, daß an den Fenstern, insbesondere auch im Bereich der Bauwerksanschlüsse Oberflächentemperaturen von + 10 °C nicht unterschritten werden.

Je nach ermittelter Taupunkttemperatur (in diesem Beispiel für +10 °C) muß die Isothermenlinie für + 10 °C ununterbrochen innerhalb der Wände bzw. der Fensterkonstruktion verlaufen (Bild **5**.16 a).

Bei homogenem Außenwandmaterial ist mit Tauwasserbildung in der Fensterleibung zu rechnen, wenn die Fenster zu weit außen eingebaut werden (Bild **5**.16 b). Ein derartiger Fenstereinbau ist daher nur möglich, wenn die Außenwände durch eine zusätzliche Wärmedämmung geschützt sind (Bild **5**.16 c).

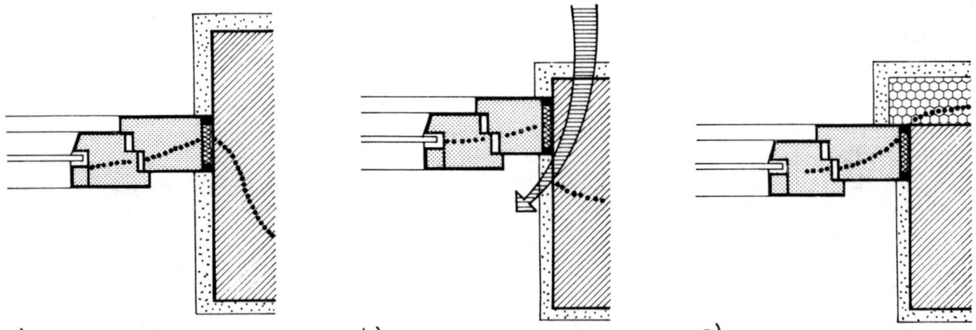

a) b) c)

5.16 Einbauebenen

a) Einbau im mittleren Wandbereich: Keine Tauwassergefahr an der Leibung
b) Einbau im äußeren Wandbereich: Tauwassergefahr an der Leibung (10 °C-Isotherme berührt den inneren Anschlußbereich)
c) Einbau bei äußerer Wärmedämmung

5.3.3 Befestigung

Die Fenster müssen in die Rohbauöffnungen so eingebaut werden, daß ihr Eigengewicht und alle einwirkenden äußeren Kräfte (Wind- und Verkehrslasten) sicher auf das Bauwerk übertragen werden.

Das Eigengewicht wird durch Tragklötze aufgenommen. Durch zusätzliche Distanzklötze werden die Fenster beim Einbau ausgerichtet. Die Verklotzungen sind so auf die Rahmenbreite abzustimmen, daß die später ausgeführten Abdichtungen nicht beeinträchtigt werden (Bild **5**.17).

Die Blendrahmen der Fenster müssen spannungsfrei und so eingebaut werden, daß temperaturbedingte Bewegungen und Formänderungen benachbarter Bauteile zu keinen Zwängungen oder Belastungen führen können. Sonst sind Funktionsstörungen die Folge, und es kann sogar zu Aufwölbungen der Blendrahmen kommen. Die Verbindungen zum Bauwerk müssen also federnd oder verschiebbar sein. Bewegungen dürfen auch nicht durch Putz oder sonstige angrenzende Bauteile verhindert werden. Allenfalls sehr kleine Fenster dürfen starr eingebaut werden (Bild **5**.18).

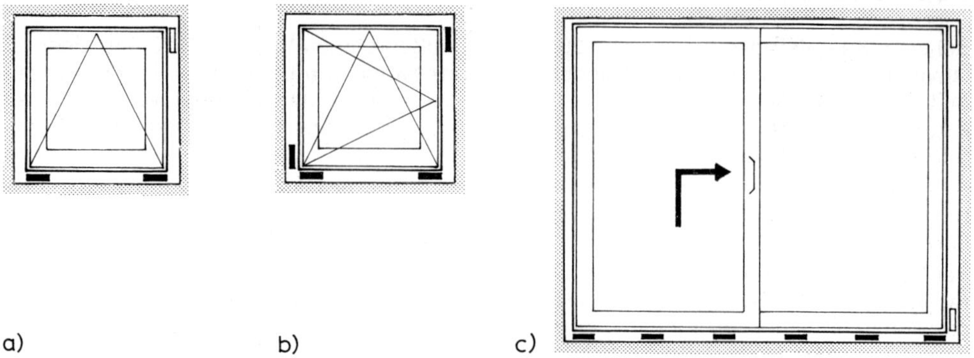

5.17 Einbau von Fenstern: Anordnung von Trag- und Distanzklötzen
a) Kippfenster
b) Drehkippfenster
c) Hebe-Schiebtür

Nach dem Ausrichten sind die Fenster mit dem Bauwerk sicher zu verankern. Die je nach Rahmenmaterial unterschiedlichen temperaturbedingten Längenänderungen der Rahmen erfordern unterschiedliche Abstände der Verankerungspunkte (die temperaturbedingten Längenausdehnungen von Kunststoffprofilen betragen z. B. je nach Rahmenmaterial 0,8 bis 2,4 mm/m je Fuge). Sie können Bild **5**.19 entnommen werden [42].

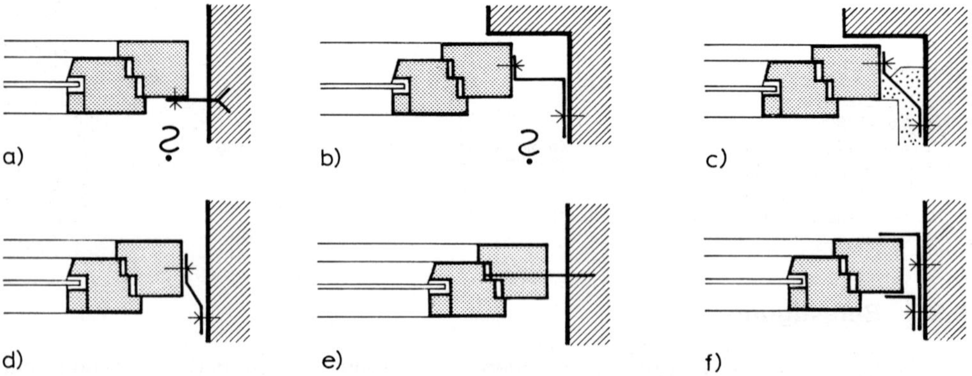

5.18 Befestigung von Blendrahmen (schematische Darstellung)
a) starre Verbindung (Maueranker) – schlechte Ausführung!
b) starre Verbindung durch Winkel – falsche Ausführung!
c) Dehnungsbehinderung durch falschen Beiputz
d) Befestigung mit Bandeisen, federndes Element
e) verschiebbarer Anschluß mit Steckdübel als gleitende Verbindung
f) verschiebbarer Anschluß durch U-förmige Zarge

Die Verankerungsmittel werden je nach Belastung, Verankerungsmöglichkeit in der Fensterleibung und Rahmenbauart gewählt. In Frage kommen u. a. Durchsteck-Rahmendübel und Ankerlaschen. Ankerlaschen sollten nicht durch Nagelung am Rohbau befestigt werden. Für die Befestigung von Kunststoff- und Metallrahmen sind verschiedene spezielle Arten von Tragankern auf dem Markt. Schwere Fensterelemente können mit Hilfe von Ankerschienen befestigt werden (Bild **5**.20).

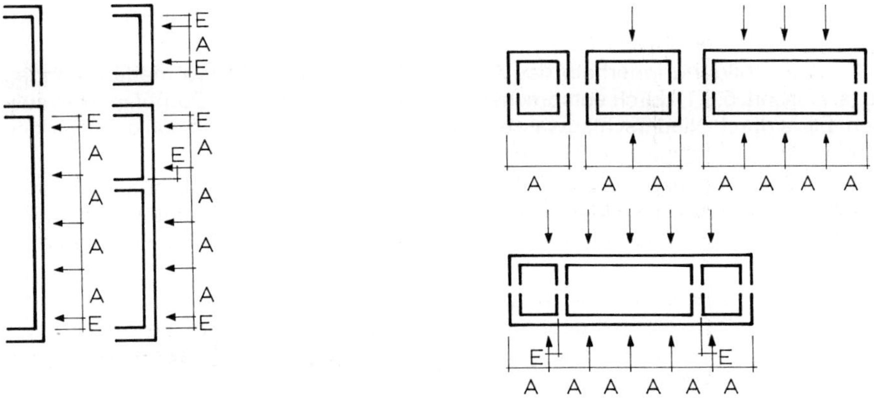

a) b)

5.19 Befestigungsabstände von Ankern [ ]

a) bei senkrechten Blendrahmen, b) bei waagerechten Blendrahmen

A: Ankerabstände
bei Aluminiumfenstern max. 800 mm
bei Holzfenstern max. 800 mm
bei Kunststoff-Fenstern max. 700 mm

B: Abstand der Anker von der Innenecke 100 bis 150 mm
bei Pfosten und Riegeln von der Innenseite des Profils 100 bis 150 mm

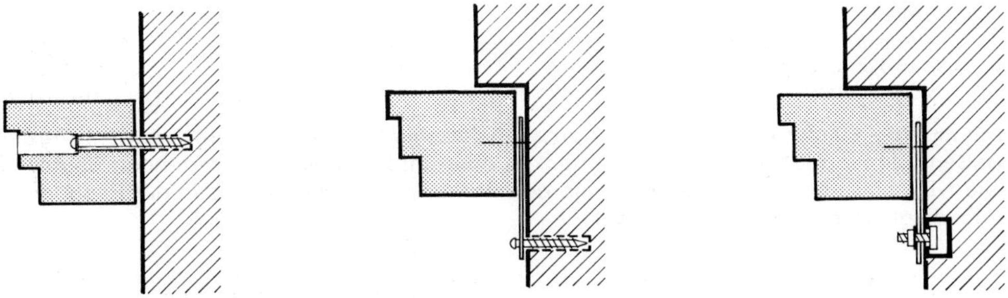

a) b) c)

5.20 Befestigungsarten

a) Befestigung mit Durchsteckdübelschraube
b) Befestigung mit Ankerlasche (auch: Schlauder, Bankeisen)
c) Befestigung mit Ankerschiene

Montageschaum darf nur in Verbindung mit Verankerungen verwendet werden. Er muß so eingebracht werden, daß die Fenster beim Aufquellen keine Verspannungen oder Verformungen erleiden. Für die spätere Ausführung von Abdichtungen mit Dichtstoffen (s. unten) ist der Kantenbereich des Rahmens durch Abklebungen zu schützen.

5.3.4 Fugendämmung und Abdichtung

Fugendämmung. Aus wärme- und schallschutztechnischen Gründen ist eine umlaufende Verfüllung zwischen Rohbau und Fensterrahmen erforderlich. Dafür in Frage kommt sorgfältiges Ausstopfen mit loser Mineralwolle oder mit Naturprodukten wie Sisal, Jute, Wolle, Flachs, mit Schaumstoff-Füllbändern oder das Einbringen von Ortschaum (Bild **5**.21).

Abdichtungen. Die Anschlußfugen zwischen Fenstern und Fensterleibungen sind nach DIN 4108-2 luft- und winddicht zu verschließen.

Dabei ist Kondensatbildung innerhalb des Anschlußraumes bzw. der wärmedämmenden Verfüllung (s. Abschn. 5.3.1) durch entsprechenden Fugenanschluß bzw. Dampfsperren auszuschließen. Etwa durch Niederschlagwasser eingedrungene Feuchtigkeit soll dabei jedoch schadensfrei nach außen abgeleitet werden können.

Die Abdichtungen müssen daher wie bei allen mehrschichtigen Bauteilen so aufgebaut sein, daß der Wasserdampfdiffusionswiderstand der einzelnen Schichten von innen nach außen abnimmt, d. h. sie müssen in der Regel auf der Raumseite dampfdichter ausgeführt sein als auf der Außenseite.

Für die Praxis bedeutet dies, daß die Anschlüsse zwischen Fenster und Leibung an der Außenseite wasserableitend gegen Schlagregen und an der Innenseite abdichtend ausgeführt werden müssen. Eine „Dreiflankenhaftung" ist nicht zulässig und ist ggf. durch eingelegte Trennfolien zu verhindern (Bild **5**.21).

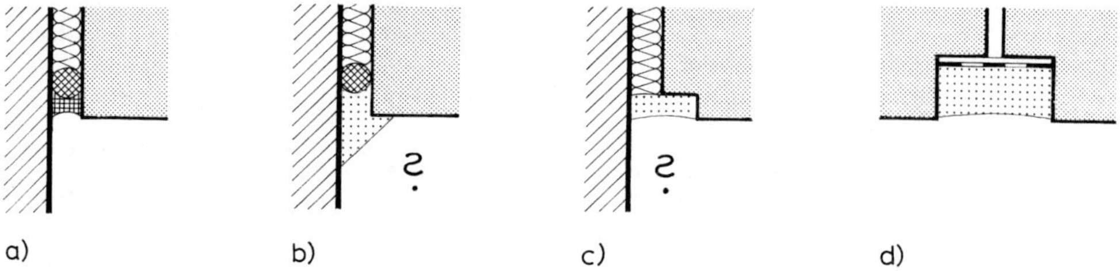

5.21 Ausführung von Fugenabdichtungen
- a) Breite/Tiefe-Verhältnis von Fugenabdichtungen
- b) und c) falsche Fugenausführungen mit „Dreiflankenhaftung"
- d) Verbindungsfuge, hinterlegt mit Trennfolie

Die innere Abdichtung muß rundum an allen Anschlußfugen ausgeführt werden. An der Außenseite ist unterhalb von Fensterbänken oder ähnlichen wasserableitenden Bauteilen wie z. B. seitlichen Anschlußprofilen ein besonderer zusätzlicher Schutz in der Regel nicht unbedingt erforderlich (Bild **5**.22 [42]).

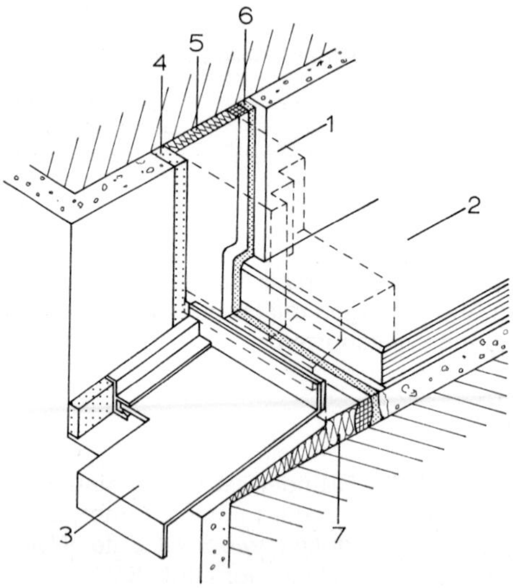

5.22 Verlauf der Abdichtungsebenen (innenseitig umlaufend; außen nur seitlich; auch nur mit vorkomprimiertem Dichtband) [42]

1 Fensterblendrahmen
2 innere Brüstungsabdeckung
3 äußere Brüstungsabdeckung
4 äußere Abdichtung
5 Fugendämmung
6 innere Abdichtung
7 Hinterfüllung der äußeren Brüstungsabdeckung (z.B. Mineralwolle)

Die Auswahl der erforderlichen Abdichtungsmöglichkeiten ist abhängig vom Rahmenmaterial der Fenster und der Beschaffenheit der Fensterleibung.

Zur Abdichtung kommen in Frage:

- Dichtstoffe (Silicon, Polysulfid, Polyurethan, Polyether SMP, Acryldispersion)
- Imprägnierte Dichtungsbänder aus Schaumkunststoff (vorkomprimiert)
- Dichtprofile (u. a. aus EPDM) mit entsprechendem Anpreßdruck oder mit Verklebungen
- Bauabdichtungsbahnen (z. B. selbstklebende Bitumenfolien, Folien oder Bänder aus EPDM, PVC weich, PIB).

Die genaue Einhaltung bestimmter Fugenbreiten zwischen Fensterrahmen und Rohbauöffnungen ist unter Baustellenbedingungen in der Praxis schwer zu erreichen und eigentlich nur im Fertigteilbau oder mit Hilfe von Einbauzargen möglich.

Die erforderliche Mindestfugenbreite ist abhängig vom Rahmenmaterial und von der Elementlänge.

Bei der Ausführung mit vorkomprimierten Dichtungsbändern beträgt die Mindestfugenbreite zwischen 6 und 10 mm. Fugen mit Abdichtungen aus Dichtstoffen müssen zwischen 10 und 20 mm breit sein (maximal 30 mm bei Rahmen aus dunklem PVC hart) [42].

Bei Abdichtungen mit Dichtstoffen ist ein Tiefen/Breitenverhältnis der eingespritzten Dichtstoffmasse von $t = 0{,}5 \times b$ ($t > 6$ mm) einzuhalten.

Dichtstoffe müssen folgende Grundanforderungen erfüllen:

- standfest
- gut haftend (ggf. in Verbindung mit Primer)
- wechsellastbeständig bei Temperaturschwankungen und mechanischen Belastungen
- klebefreie Oberfläche im Gebrauchszustand
- Verträglichkeit mit angrenzenden üblichen Baustoffen und Metallen.

Einen Überblick für die Einsatzmöglichkeiten der verschiedenen Dichtstoffe geben die Tabellen **5**.23 und **5**.24 [31].

Tabelle **5**.23 Eignung und Bezeichnung von Dichtstoffen (D)

Für die Außen- und Innenanwendung geeignet				**Nur für die Innenanwendung geeignet**			
D	Außen	Innen	Zusatzanforderungen Abschn. 4.3	**D RS**	Außen	Innen	Zusatzanforderungen Abschn. 4.3
1	ja	ja	Ha	**1 RS**	nein	ja	Hi
2	ja	ja	Ha; N	**2 RS**	nein	ja	Hi; N
3	ja	ja	Ha; A1; A2	**3 RS**	nein	ja	Hi; A1; A2
4	ja	ja	Ha; N; A1; A2	**4 RS**	nein	ja	Hi; N; A1; A2
5	ja	ja	La	**5 RS**	nein	ja	Li
6	ja	ja	La; N	**6 RS**	nein	ja	Li; N
7	ja	ja	La; A1; A2	**7 RS**	nein	ja	Li; A1; A2
8	ja	ja	La, N; A1; A2	**8 RS**	nein	ja	Li, N; A1; A2

Tabelle **5**.24 Anwendung von Dichtstoffen (Zuordnung Tabellen **5**.23)

<table>
<tr><td colspan="4" rowspan="4">Sind die Dichtstoffe nur raumseitig verwendbar, so sind diese mit der Kennzeichnung **„RS“** zu ergänzen z. B.: D1RS</td><td colspan="10">Fensterrahmenwerkstoffe</td></tr>
<tr><td colspan="2">Kunststoff</td><td colspan="3">Aluminium</td><td colspan="3">Metall</td><td colspan="2">Holz</td></tr>
<tr><td>F 1.1</td><td>F 1.2</td><td>F 2.1</td><td>F 2.2</td><td>F 2.3</td><td>F 3.1</td><td>F 3.2</td><td>F 3.3</td><td>F 4.1</td><td>F 4.2</td></tr>
<tr><td>PVC hart</td><td>foliert</td><td>preßblank</td><td>anodisch oxidiert</td><td>farbbeschichtet</td><td>Kupfer</td><td>Stahl, verzinkt</td><td>Stahl, farbbeschichtet</td><td>Beschichtung lösemittelhaltig</td><td>Beschichtung wasserverbünnbar</td></tr>
<tr><td rowspan="4">Putz</td><td>A 1.1</td><td colspan="2">Putzmörtelgruppe I</td><td colspan="3" rowspan="4">D5</td><td colspan="7" rowspan="4">D7</td></tr>
<tr><td>A 1.2</td><td colspan="2">Wärmedämmputz</td></tr>
<tr><td>A 1.3</td><td colspan="2">Gipsputz innen</td></tr>
<tr><td>A 1.4</td><td colspan="2">Kunststoffputz</td></tr>
<tr><td>WDVS</td><td>A 2.1</td><td colspan="2">Wärmedämm-Verbundsystem</td><td colspan="3">D5</td><td colspan="7">D7</td></tr>
<tr><td rowspan="3">Beton</td><td>A 3.1</td><td colspan="2">Porenbeton</td><td colspan="3" rowspan="2">D5</td><td colspan="7" rowspan="2">D7</td></tr>
<tr><td>A 3.2</td><td colspan="2">Leichtbeton</td></tr>
<tr><td>A 3.3</td><td colspan="2">Beton</td><td colspan="10">D3</td></tr>
<tr><td rowspan="4">Mauerstein</td><td>A 4.1</td><td colspan="2">Vormauerziegel (Klinker)</td><td colspan="7" rowspan="4">D1</td><td rowspan="4">D7</td><td colspan="2" rowspan="4">D3</td></tr>
<tr><td>A 4.2</td><td colspan="2">Kalksandstein</td></tr>
<tr><td>A 4.3</td><td colspan="2">Hochhohlziegel</td></tr>
<tr><td>A 4.4</td><td colspan="2">Keramikklinker</td></tr>
<tr><td rowspan="6">Naturwerkstein</td><td>A 5.1</td><td>grobkristallin</td><td>Travertin</td><td colspan="7" rowspan="6">D2</td><td colspan="3" rowspan="6">D4</td></tr>
<tr><td>A 5.2</td><td></td><td>Nagelfluh</td></tr>
<tr><td>A 5.3</td><td>mittelkristallin</td><td>Kalkstein</td></tr>
<tr><td>A 5.4</td><td>feinkristallin</td><td>Marmor</td></tr>
<tr><td>A 5.5</td><td></td><td>Granit</td></tr>
<tr><td>A 5.6</td><td></td><td>Quarz</td></tr>
<tr><td rowspan="6">Metall</td><td>A 6.1</td><td colspan="2">Kupfer</td><td colspan="7" rowspan="6">D1</td><td colspan="3" rowspan="6">D3</td></tr>
<tr><td>A 6.2</td><td colspan="2">Zinkblech</td></tr>
<tr><td>A 6.3</td><td rowspan="2">Aluminium</td><td>preßblank</td></tr>
<tr><td>A 6.4</td><td>anodisch oxidiert</td></tr>
<tr><td>A 6.5</td><td colspan="2">Stahl</td></tr>
<tr><td>A 6.6</td><td colspan="2">Blei</td></tr>
<tr><td rowspan="3">Sonstiges</td><td>A 7.1</td><td colspan="2">Holz</td><td colspan="10">D3</td></tr>
<tr><td>A 7.2</td><td colspan="2">Kunststoff</td><td colspan="7">D1</td><td colspan="3">D3</td></tr>
<tr><td>A 8.0</td><td colspan="2">Beschichtungen[1]</td><td colspan="10">Abstimmung mit dem Dichtstoffhersteller notwendig</td></tr>
</table>

[1] Unter Beschichtungen von Außenwandsystemen sind alle Beschichtungssysteme wie z. B. Anstriche, Einbrennlacke und Folien zu verstehen, die auf die Oberfläche aufgebracht werden, z. B. beschichteter Beton oder Kalksandstein.
Bei beschichteten und im nachhinein beschichteten Oberflächen sowie bei gealterten Oberflächen muß eine Beratung durch den Dichtstoffhersteller erfolgen.

Darüber bestehen Klassifikationen zusätzlicher Anforderungen für

- Dehnspannungen (**L** = low, max. 0,20 N/mm² bei 25% Dehnung und **H** = high; max. 30 N/mm² bei 25% Dehnung)
- Außen und Innenanwendung (**La** und **Ha** bzw. **Li** und **Hi**),
- Verträglichkeit mit Natursteinen (**N**),
- Anstrichverträglichkeit (**A1** bis **A3**).

Dichtstoffe die nur raumseitig verwendbar sind, tragen die Kennzeichnung **RS**.

Einige Beispiele für die Abdichtung von seitlichen Bauanschlußfugen mit vorkomprimierten Dichtbändern und mit Dichtstoffen bzw. mit Bauabdichtungsbahnen sind in den Bildern **5**.25 und **5**.26 gezeigt. Die oberen Anschlüsse an Stürze werden in gleicher Weise ausgeführt (Abdichtungen bei Rolladenkästen s. Abschn. 5.8.2).

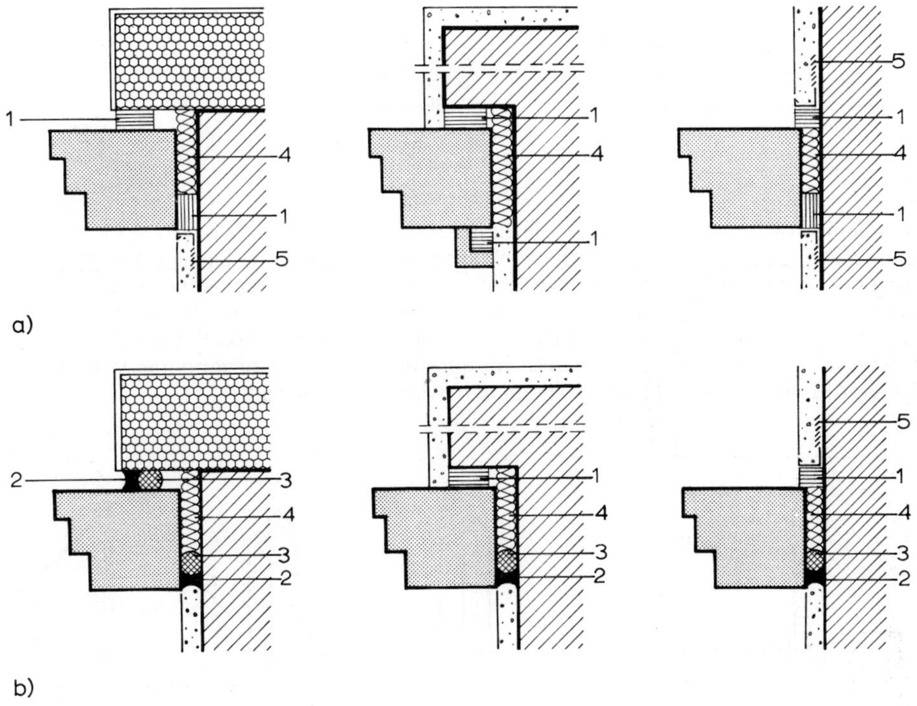

5.25 Abdichtungen von Fugen zwischen Fensterrahmen und Bauwerk
a) Abdichtungen mit vorkomprimiertem Dichtband
b) Abdichtungen mit Dichtstoffen

1 vorkomprimiertes Dichtband
2 elastischer Dichtstoff
3 Hinterfüllmaterial
4 Fugenfüllung (Wärmedämmung)
5 Putzanschlußwinkel

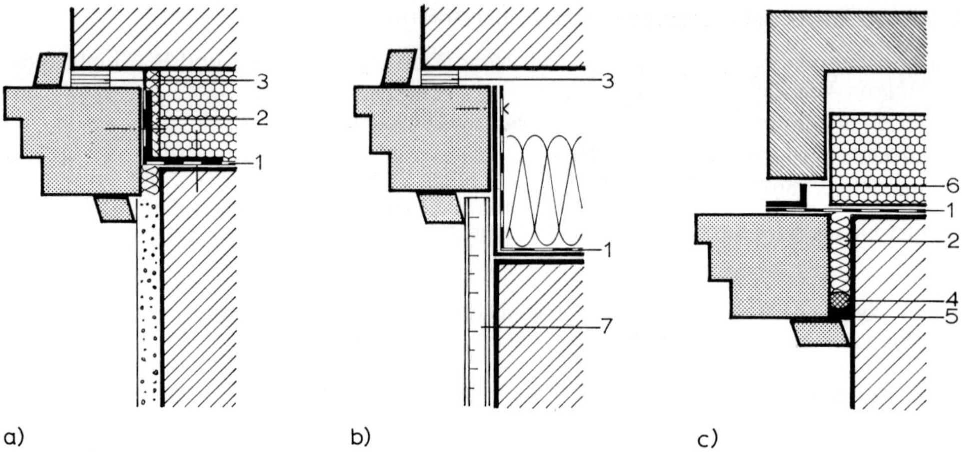

5.26 Abdichtung mit Folien

a) Abdichtung bei zweischaligem Mauerwerk mit Kerndämmung
b) Abdichtung bei zweischaligem Mauerwerk mit hinterlüfteter Wärmedämmung
c) Abdichtung bei hinterlüfteter Formteilfassade

1 Abdichtungsfolie
2 Fugendämmung
3 vorkomprimiertes Dichtungsband
4 Schaumstoff-Hinterfüllung
5 Dichtungsmasse
6 Folien-Fixierung
7 Gipskartonplatte

Putzanschlüsse bilden an den Fensteranschlüssen immer wieder sowohl innen wie auch außen Ausführungsprobleme. Die Putzanschlüsse sollen selbstverständlich rechtwinklig zur Fensterebene und exakt parallel und gleichmäßig breit zu den Rahmenkanten verlaufen. Die empfindlichen Fensterprofile und -scheiben müssen außerdem sorgfältig gegen Verschmutzungen geschützt werden. Das kann durch die Verwendung von Putzanschlußprofilen erreicht werden, die mit zusätzlichen Dichtungsstreifen oder mit besonderen Vorkehrungen für die Anbringung von Schutzfolien auf dem Markt sind (Bild 5.27).

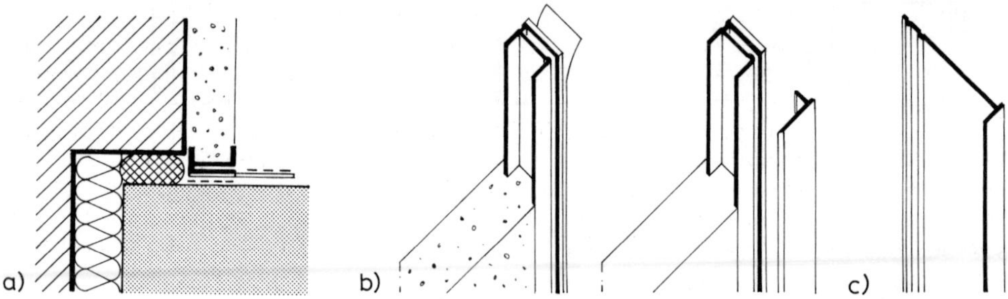

5.27 Putzanschlußprofile (Protektor)

a) Selbstklebendes Putzanschlußprofil mit seitlichem Schutzstreifen zum Aufkleben von Schutzfolien. Nach Beendigung der Arbeiten wird der Schutzstreifen entfernt.
b) Verschluß der Klemmfuge durch Zusatzprofil
c) einschiebbare Klemmleiste für spätere Renovierungsarbeiten

5.3.5 Brüstungsanschlüsse

Wenn die Fenster nicht Bestandteil einer vorgehängten Fassade sind (Bild **5**.28 a; vgl. auch Abschn. 6.7 in Teil 1 dieses Werkes), schließen sie unten an eine gemauerte (Bild **5**.28 b) oder aus Fertigteilen (Bild **5**.28 c) hergestellte Brüstung an. Bei Fensterelementen, die bis auf den Fußboden herabreichen, muß der Abschluß am Rand der Geschoßdecken, ggf. der Übergang zu Terrassen oder Balkon (s. Abschn. 9.5 in Teil 1 des Werkes) und der Anschluß des Fußbodens innen bei der Planung besonders berücksichtigt werden (Bild **5**.28 d).

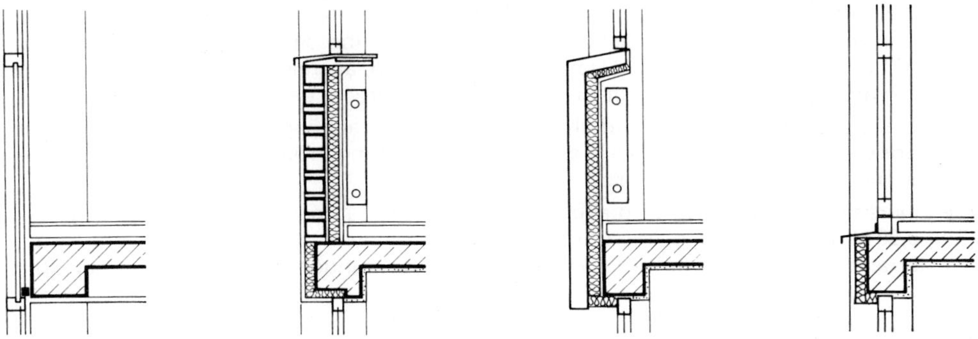

5.28 Brüstungsanschlüsse
a) Vorhangfassade
b) gemauerte Brüstung mit Heizkörpernische
c) Fertigteil-Brüstung mit Heizkörpernische
d) Fenstertür oder raumhohes Fensterelement

Fensterbrüstungen dienen nicht nur als Absturzsicherung, sondern werden meistens auch zur Anbringung von Heizflächen genutzt. Die Anordnung von Heizflächen unter den Fenstern ist heizungstechnisch am günstigsten. Fenster sind innerhalb von Außenwänden die stärksten Abkühlungsflächen. Der durch Heizkörper an der Fensterbrüstung erzeugte Warmluftstrom wirkt der Kondensatbildung an Fensterscheiben und Fensterleibungen entgegen und läßt Zugluft bzw. beim Lüften eindringende Kaltluft erwärmt in den Raum strömen. Innere Fensterbänke, die als Ablageflächen erwünscht sind oder die Heizkörper optisch verkleiden sollen, dürfen daher den notwendigen Luftstrom nicht behindern.

Heizkörpernischen unterhalb der Fenster sollen den an der Innenseite flächenbündigen Einbau von Heizkörpern ermöglichen. Sie bedingen in jedem Falle eine statische Schwächung und eine wärmetechnische Schwachstelle für die Außenwand. Durch zusätzliche Wärmedämmschichten auf der Innenseite läßt sich zwar ein entsprechender Wärmeschutz wie für die übrigen Wandflächen erreichen, doch muß durch die Ausführung von bewehrtem Mauerwerk o. ä. der Rißbildung an den Anschlußstellen entgegengewirkt werden (vgl. Abschn. 6.2.5 in Teil 1 des Werkes). Es muß ferner gewährleistet werden, daß durch Heizkörperkonsolen oder Auflagerkonsolen für Innen-Fensterbänke keine Wärmebrücken entstehen.

Wegen der Komplizierung der Bauarbeiten sollte daher nach Möglichkeit auf die Ausführung von Heizkörpernischen verzichtet werden.

Werden Heizkörper vor Fensterflächen angeordnet, wird beim erforderlichen Wärmeschutz zwischen transparenten und nichttransparenten Ausfachungsflächen unterschieden.

Beträgt der Anteil von nichttransparenten Ausfachungsflächen weniger als 50% der Gesamtfläche des Fensters, muß deren Wärmedurchgangskoeffizient $k_B \leq 1{,}39$ W/(m²K) sein.

Bei transparenten Ausfachungsflächen darf ein k_F-Wert von 1,5 W/(m²K) nicht überschritten werden.

Zur Verringerung der Wärmeverluste müssen geeignete nicht demontierbare oder integrierte Abdeckungen zwischen Heizkörperrückseite und Fensterfläche vorgesehen werden.

Im übrigen müssen die Anforderungen an den Brandschutz (DIN 4 102) und Schallschutz für Außenbauteile (DIN 4 109) erfüllt werden.

Die innere Brüstungsabdeckung oder die Abdeckung von Heizkörpernischen wird meistens mit Natur- oder Kunststeinfensterbänken ausgeführt, die im Mörtelbett oder auf Konsolen verlegt werden, oder sie bestehen aus kunststoffbeschichteten Holz-Preßstoffprofilen. Mit durchgehenden Luftschlitzen oder angesetzten, ausreichend bemessenen Gitterprofilen wird ggf. für den Warmluft-Durchlaß von Heizkörpern gesorgt.

Der Anschluß an den unteren Blendrahmen der Fenster ist abhängig von dessen Materialart. Meistens werden die Fensterbänke in entsprechende Nutungen eingeschoben oder bei Holzfenstern unter Ausfälzungen gesetzt.

Die innere Fugenabdichtung wird auch zwischen Fensterrahmen und Brüstung ausgeführt (Bild **5**.29 a). Sonst muß die Anschlußfuge zwischen innerer Brüstungsabdeckungen und Fensterrahmen mit Anschluß an die seitlichen Abdichtungen abgedichtet werden (Bild **5**.29 b).

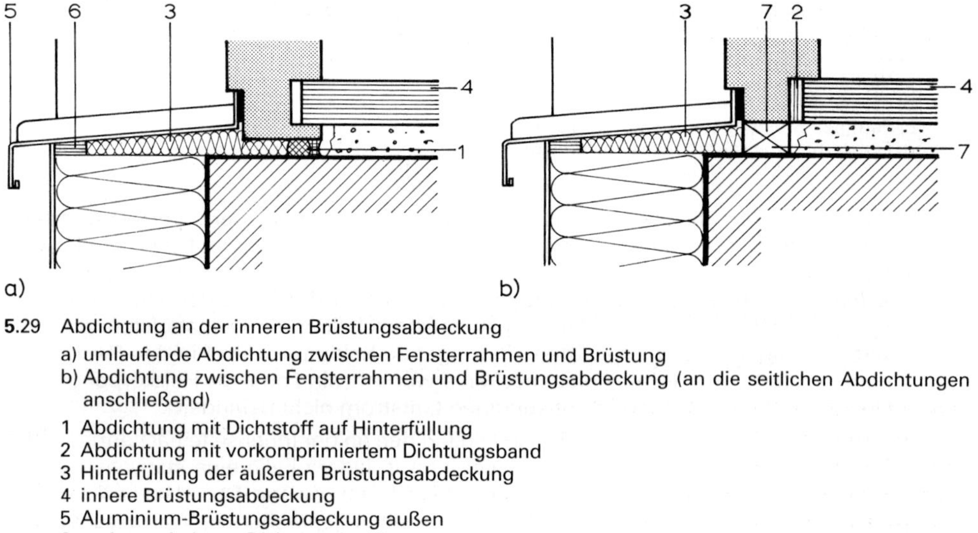

5.29 Abdichtung an der inneren Brüstungsabdeckung
a) umlaufende Abdichtung zwischen Fensterrahmen und Brüstung
b) Abdichtung zwischen Fensterrahmen und Brüstungsabdeckung (an die seitlichen Abdichtungen anschließend)
1 Abdichtung mit Dichtstoff auf Hinterfüllung
2 Abdichtung mit vorkomprimiertem Dichtungsband
3 Hinterfüllung der äußeren Brüstungsabdeckung
4 innere Brüstungsabdeckung
5 Aluminium-Brüstungsabdeckung außen
6 vorkomprimiertes Dichtungsband
7 Tragklotz

Äußere Brüstungsabdeckungen (Fensterbänke) können aus Klinkerplatten, Spaltplatten, aus Rollschichten mit frostbeständigen Mauersteinen bzw. Formsteinen (Bild **5**.30 a und b), aus Natur- bzw. Betonwerksteinen (Bild **5**.30 c) oder mit Zink- oder Kupferblech in handwerklicher Ausführung hergestellt werden.

Gemauerte Brüstungsabdeckungen sollten in jedem Fall auf seitlich hochgezogenen Abdichtungsbahnen ausgeführt werden. Der Leibungsanschluß ist wasserdicht mit Dichtungsstoff herzustellen.

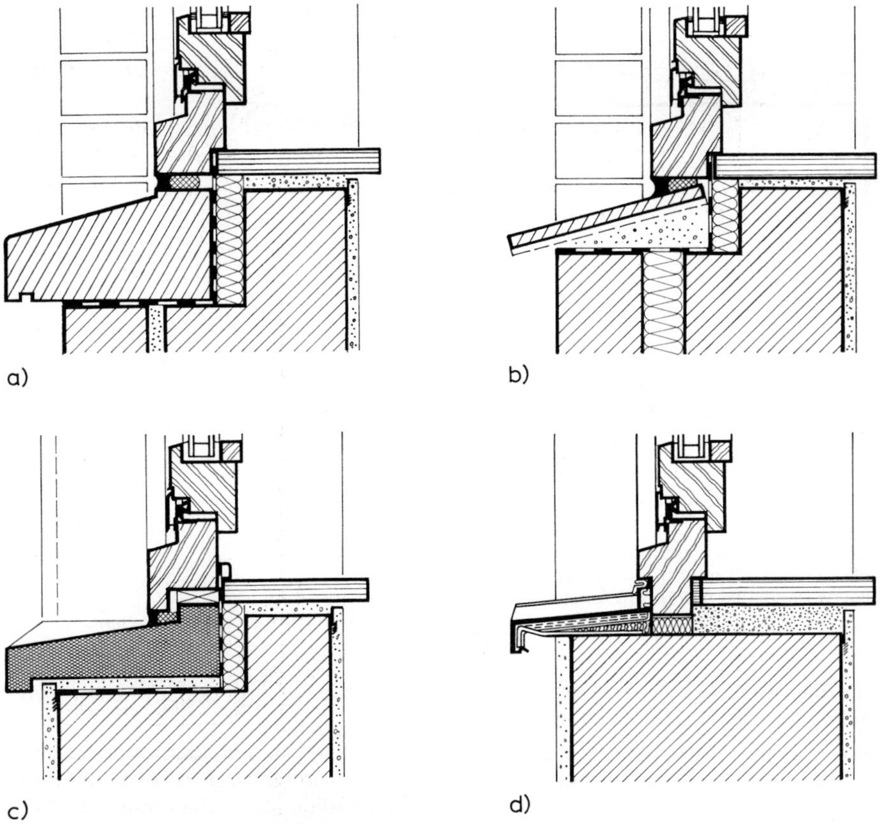

5.30 Brüstungsabdeckungen (Außenfensterbänke)
a) gemauerte Rollschicht mit Abdichtung
b) Spaltplatten oder Formplatten mit Abdichtung
c) Natur- oder Betonwerkstein (Abdichtung bei Längsstößen und bei wasserdurchlässigem Material)
d) Aluminium-Fensterbank; Mittelhalterung für nachträgliche Montage

Aus Kostengründen werden die Brüstungsabdeckungen meistens mit Aluminiumfensterbänken ausgeführt. Sie werden mit Dichtungsbändern oder -profilen auf die Blendrahmen aufgeschraubt (Bild 5.31).

Die Oberflächen können technisch oder farbig eloxiert sein. Derartige Oberflächen sind jedoch gegen Verschmutzung durch Putz oder Mörtel sehr empfindlich und müssen bis zum Abschluß der Bauarbeiten durch abziehbare Schutzfolien geschützt werden. Weniger empfindlich, nötigenfalls ausbesserbar und in allen Farben ausführbar sind Oberflächenbeschichtungen (s. Abschn. 5.5.4.2).

Die Profile haben seitliche Abschlüsse durch aufgesteckte bzw. aufgeklemmte Wandanschluß-Formteile, an denen der Außenputz der Fensterleibungen anschließt. Die seitlichen Anschlüsse an gemauerte Fensterleibungen oder Anschlüsse an Beton werden mit Dichtstoff oder vorkomprimierten Dichtungsbändern abgedichtet.

Je nach Lage zur Himmelsrichtung müssen die temperaturbedingten Längenänderungen von Aluminiumfensterbänken berücksichtigt werden. Ab etwa 2,50 m Länge sind Schiebestöße vorzusehen.

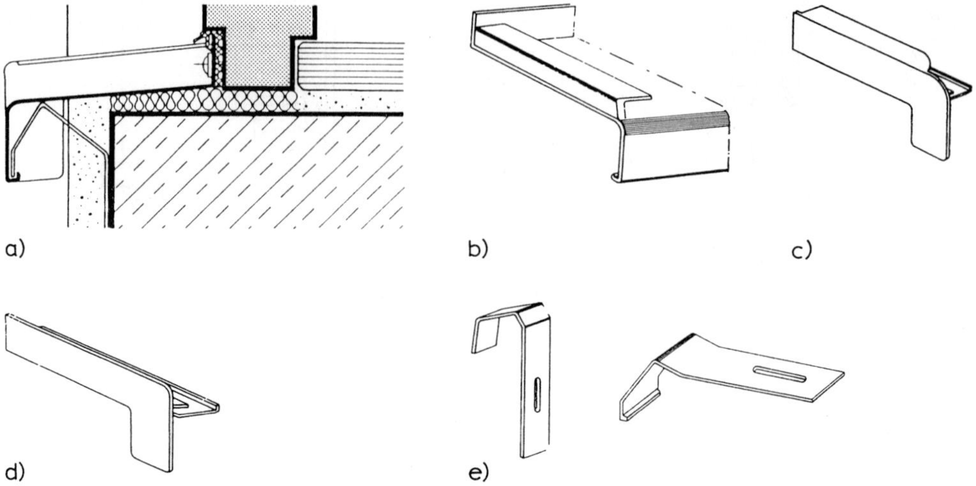

5.31 Leichtmetall-Außenfensterbank (BUG)
a) Schnitt
b) Angeformte Randaufkantung
c) Seitliche Randaufkantung zum Aufstecken für Putzanschluß
d) Seitliche Randaufkantung zum Aufstecken für Sichtmauerwerk
e) Sicherung gegen Abheben durch Winddruck für Putz- und für Sichtmauerwerkfassaden

Bei mehr als 150 mm Tiefe müssen Metall-Außenfensterbänke Sicherungen im Abstand von etwa 90 cm gegen Abheben durch Windkräfte haben.

Alle äußeren Fensterbänke sollen mindestens 30 mm, besser 40 mm weit überstehende Tropfkanten haben. Bei nicht ausreichenden Überständen kommt es u. U. in Verbindung mit fehlerhaften seitlichen Leibungsanschlüssen wegen der ständigen Durchfeuchtung der Fensterbrüstungen zu Schäden und Schmutzablagerungen an der Fassade.

Zu beachten ist auch, daß von Kupferblechen grüne Oxydationsrückstände auf die darunterliegenden Bauteile gelangen. Hier empfiehlt sich ein Überstand von 50 mm.

Fassadenverschmutzungen können als Planungs- und Ausführungsmangel geltend gemacht werden!

Der Raum zwischen der Fensterbank und dem Brüstungsmauerwerk wird mit loser Mineralwolle ausgestopft oder ausgeschäumt. Bei Ausführung der Brüstungen in Sichtmauerwerk wird die äußere Fuge am besten durch vorkomprimierte Dichtungsbänder geschlossen.

5.4 Verglasungen

5.4.1 Glasarten und Lieferformen

Glas wird aus einem Gemenge von ca. 60% Quarzsand (SiO_2), ca. 20% Soda (Na_2CO_3) oder Glaubersalz (Na_2SO_4), ca. 10% Kalkstein ($CaCO_3$) und ca. 10% Dolomit ($CaCO_3 MgCO_3$) geschmolzen. Durch Metalloxyde kann das Glasgemisch gefärbt oder getrübt werden.

Bei den für die Verglasung in Frage kommenden Flachglasarten werden einfache Gläser teilweise noch im Ziehverfahren hergestellt: Die geschmolzene Glasmasse wird in breiten Bändern aus der Schmelzwanne auf Tafeln gezogen und abgekühlt.

Das Ziehverfahren ist heute fast vollständig vom Floatverfahren abgelöst. Dabei wird die Glasschmelze auf ein beheiztes Zinnbad ausgebreitet und schwimmt („floatet") auf dem schwereren Zinn. Das geschmolzene Glas wird langsam gekühlt und dabei auf die beabsichtigte Dicke gestreckt.

Die immer noch anzutreffenden Glasbezeichnungen auf Grund der inzwischen zurückgezogenen DIN-Normen sind durch die neuen Bezeichnungen entsprechend der europäischen Normung ersetzt.

Zu Tabelle **5**.32 sind die früheren und die jetzt zu beachtenden Bezeichnungen gegenübergestellt.

Tabelle **5**.32 Gegenüberstellung von Glasbezeichnungen

Alte Bezeichnung	Neue Bezeichnung
DIN 1249-3 (2.80) **„Spiegelglas"**	DIN EN 572-2 (1.95) **„Floatglas"**
„Drahtspiegelglas	DIN EN 572-3 (1.95) **„Poliertes Drahtglas"**
DIN 1249-1 (8.91) **„Fensterglas"**	DIN EN 572-4 (1.95) **„Gezogenes Flachglas"**
DIN 1249-4 (8.91) **„Ornamentglas"**	DIN EN 572-5 (1.95) **„Gußglas"**
DIN 1249-4 (8.91) **„Drahtornamentglas"**	DIN EN 572-6 (1.95) **„Drahtglas"**

Unterschieden werden folgende Lieferformen bzw. Qualitäten:

Normales Floatglas (3 bis 19 mm dick),

Spiegelglas: verwendet für Mehrscheiben-Isoliergläser, Wärmeschutzgläser, Sonnenschutzgläser sowie für Schallschutzglas, Sicherheitsglas, Drahtspiegelglas (6 mm dick mit Drahtnetzeinlage, Maschenweite 12,7/12,7 cm) und Brandschutzglas,

Gußglas: Ornamentglas in 4,6 oder 8 mm Dicke, Drahtglas (Drahtnetzeinlage mit Maschenweite 12,7/12,7 cm), Drahtornamentglas (an einer oder beiden Oberflächen ornamentiert).

Funktionsgläser (Sondergläser), hergestellt auf der Basis von Spiegelglasqualitäten für die verschiedensten Einsatzgebiete, u. a. für

— Gläser mit Sicherheitseigenschaften gegenüber mechanischen Belastungen (angriffhemmende Gläser).

Einscheiben-Sicherheitsglas (ESG) besteht aus Floatglas, Spiegelglas, Spiegelrohglas oder Sonnenschutzglas, das durch Wärmebehandlung vorgespannt wird, nachdem es in die benötigte Größe und Form geschnitten und an den erforderlichen Stellen gegebenenfalls durchbohrt worden ist. Das vorgespannte oder teilvorgespannte Glas kann nicht mehr bearbeitet werden. Bei gewaltsamer Zerstörung zerfällt es in kleine Krümel und nicht in gefährliche Glassplitter. Infolge der Vorspannung ist es wesentlich biegefester als Normalglas, außerdem besitzt es eine hohe Temperaturwechselbeständigkeit. Einscheiben-Sicherheitsgläser werden für besonders beanspruchte Verglasungen (z. B. Verglasung von Turnhallen und Sportstätten), insbesondere aber für Ganzglas-Türanlagen, Treppengeländer u. ä. verwendet.

Verbund-Sicherheitsgläser (VSG, bei großer Dicke auch als Panzerglas bezeichnet) bestehen aus 2 oder mehreren Glasscheiben, die durch hochelastische Kunststoff- oder Gießharz-Zwischenschichten zusammengeklebt sind. Verbund-Sicherheitsgläser lassen sich durch Schneiden, Bohren usw. bearbeiten. Bei Zerstörung entstehen keine losen, scharfkantigen Glassplitter. Die Formbeständigkeit (Resttragfähigkeit) hängt von der innenliegenden Kunststoff-Folie ab. In Verbund-Sicherheitsglas können Schleifen aus Feinsilberdraht eingelegt werden, die bei Beschädigung über elektrische Meldeanlagen Einbruchalarm auslösen (Widerstandsklassen usw. s. Abschn. 5.9).

Sicherheitsgläser – auch in mehrschichtigen Ausführungen – können auch Bestandteil von Isolierverglasungen sein.

Verbund-Sicherheitsgläser mit Gießharzverbund, besonders wenn sie aus Glasscheiben unterschiedlicher Dicke bestehen, werden auch für sehr wirksame Schallschutzverglasungen eingesetzt.

- Gläser mit Sicherheitseigenschaft gegenüber erhöhten thermischen Belastungen (Brandschutz)

  Brandschutzgläser werden mit oder ohne Drahtnetzeinlagen, mit höher liegendem Schmelzpunkt oder als mehrscheibige Verglasungen mit Spezialzwischenlagen hergestellt. Sie können auf Grund besonderer Zulassungsbescheide im Zusammenhang mit entsprechenden Fenster- und Türkonstruktionen für Feuerwiderstandsklassen bis F 90 verwendet werden (s. Abschn. 15.6 in Teil 1 des Werkes).

- Gläser mit besonderen lichttechnischen Eigenschaften werden hergestellt z. B. als stark streuende, reflektierende, reflexarme, IR- und UV-absorbierende Gläser (Sonnenschutzglas).

- Wärmeschutzgläser.

  Durch spezielle Beschichtungen wird der Gesamtenergiedurchlaß, die Lichttransmission oder der Wärmedurchgangskoeffizient derartiger Gläser beeinflußt.

Für besondere Verglasungen kommen weiter in Frage

- mundgeblasenes Glas als Echtantikglas, Antikglas, Butzenglas usw.
- sonstige Gläser wie z. B. Farbglas, Opakglas usw.

Mehrscheiben-Isolierglas

Für die Verglasung von Fenstern in Aufenthaltsräumen kommen wegen der erhöhten Anforderungen an den Wärmeschutz heute nur noch Mehrscheiben-Isoliergläser in Frage.

Sie bestehen aus 2 oder 3 mit 8 bis 24 mm Abstand (Scheibenzwischenraum SZR) hintereinanderliegenden Scheiben, die luftdicht miteinander verbunden sind (Bild **5**.33).

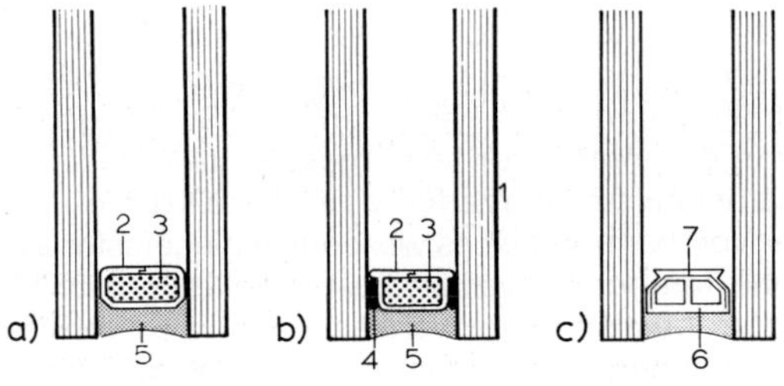

5.33
Zweischeiben-Isolierglas
a) einfach gedichteter Randverbund
b) doppelt gedichteter Randverbund
c) thermisch verbesserter Randverbund (Thermix®)
1 Spiegelglas
2 Abstandhalter (auch farbig lieferbar)
3 Trockenmittel
4 Dichtung
5 Versiegelung
6 Kunststoff
7 Edelstahl

Der Scheibenzwischenraum ist mit getrockneter Luft, mit Edelgasen (Argon, Krypton oder Xenon) oder bei Schallschutzgläsern mit Schwergasen (z. B. Schwefelhexafluorid SF_6) gefüllt.

Der Randverbund der Isolierglasscheiben besteht aus einem Metallprofil als Abstandhalter, das mit feuchtigkeitsabsorbierenden Stoffen gefüllt sein kann, und einer einschichtigen oder heute meistens zweischichtigen Abdichtung (Bild **5**.33). Die Außenkante wird mit Dichtungsmassen aus Thiokol, Silikon oder Polyurethan geschützt.

Wenn die Scheibenkanten vor Licht-, insbesondere UV-Einwirkung geschützt werden müssen (z. B. bei Stufengläsern oder structural-glazing s. Abschn. 8.5 in Teil 1 des Werkes) sind Silikon-Abdichtungen vorzuziehen.

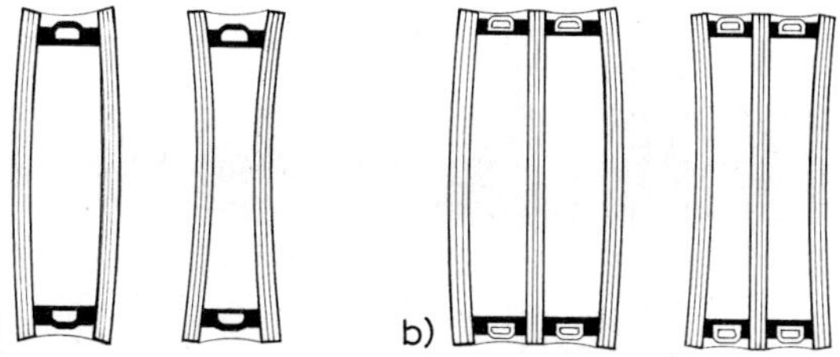

5.34
„Isolierglaseffekt" (schematisch)
a) bei Zweischeiben-Isolierglas
b) bei Dreischeiben-Isolierglas

Das Gas im Scheibenzwischenraum steht unter dem Druck der bei der Produktion herrschte. Werden Mehrscheibenisoliergläser nach dem Einbau anderen Temperaturen und anderem Luftdruck ausgesetzt, kommt es durch Ausdehnung oder Volumenminderung der eingeschlossenen Luft zu Verformungen der Scheiben („Isolierglaseffekt", Bild **5**.34), der bei 3fach-Scheiben besonders ausgeprägt sein kann. Bei großen Scheibenformaten ist dieser Effekt – abgesehen von optischer Verzerrung der Durchsicht in extremen Fällen – unbedenklich und muß als normal betrachtet werden.

Problematisch kann dieser Effekt jedoch bei kleinformatigen Isolierglasscheiben werden (z. B. für Sprossenfenster, s. Abschn. 5.4.4) oder bei schmalen, langen Formaten. Weil sich solche Scheiben den Druckschwankungen nur schlecht anpassen können, kommt es oft zu Glasbruch.

Neben den Standardausführungen mit 2 oder 3 Scheiben, Scheibendicken von 4 bis 8 mm, Scheibenzwischenraum 6 bis 16 mm, werden Mehrscheiben-Isoliergläser in verschiedenen Spezialausführungen erzeugt:

— Wärmeschutzgläser werden mit farbneutraler Beschichtung aus Edelmetallen hergestellt. Sie haben als Zweifach-Isolierglas bei einer Scheibendicke von 4 mm eine Gesamt-Dicke zwischen 18 und 24 mm mit einem Scheibenzwischenraum (SZR) von 10 bis 16 mm. Dreifach-Isolierglasscheiben haben einen SZR von ca. 8 mm und sind etwa 28 mm dick.

  Der erzielbare *k*-Wert liegt bei normalen Isoliergläsern zwischen 1,8 und 3,0 W/(m^{2}K), bei hochwertigen Dämmgläsern jedoch zwischen 1,1 und 1,9 W/(m^{2}K). Der Energiedurchlaßwert *g* liegt je nach Fabrikat etwa zwischen 45 und 75%.

  Wärmeschutzgläser vermindern somit den Wärmedurchgang erheblich. Andererseits ist nach den Forderungen der Wärmeschutzverordnung bei winterlichen Verhältnissen der Wärmegewinn durch Sonneneinstrahlung anzustreben (s. Abschn. 5.2.3). Es ergibt sich somit bei den Anforderungen an Wärmeschutzgläser ein Zielkonflikt.

  Es wurden daher Verglasungen mit niedrigen *k*-Werten und hohen *g*-Werten entwickelt. Mit ihnen ist es möglich, einerseits Wärmeverluste zu minimieren, andererseits jedoch auch bei winterlichen Verhältnissen durch Ausnutzung von Sonneneinstrahlung Wärmegewinne zu erzielen.

— Sonnenschutzverglasungen werden mit Spezialgläsern oder edelmetallbeschichteten Gläsern mit besonderer Reflexionswirkung insbesondere gegen UV- und Infrarotstrahlung ausgeführt. In der Regel sind zusätzliche Beschattungen durch Sonnenschutzeinrichtungen vorzusehen (s. Abschn. 5.8).

  Sonnenreflexionsgläser als wärme- und schallschützende Gläser haben oft besondere, gestalterisch effektive spiegelnde Oberflächen.

  Sonnenschutzgläser haben bei hoher Lichttransmission und guter Wärmedämmung (*k*-Wert bei 0,7 W/(m^{2}K)) einen niedrigen Energiedurchlaßgrad (*g*-Wert bis ca. 20 %). Die Wirkungsweise von Wärme- bzw. Sonnenschutzverglasungen sind in Bild **5**.35 veranschaulicht.

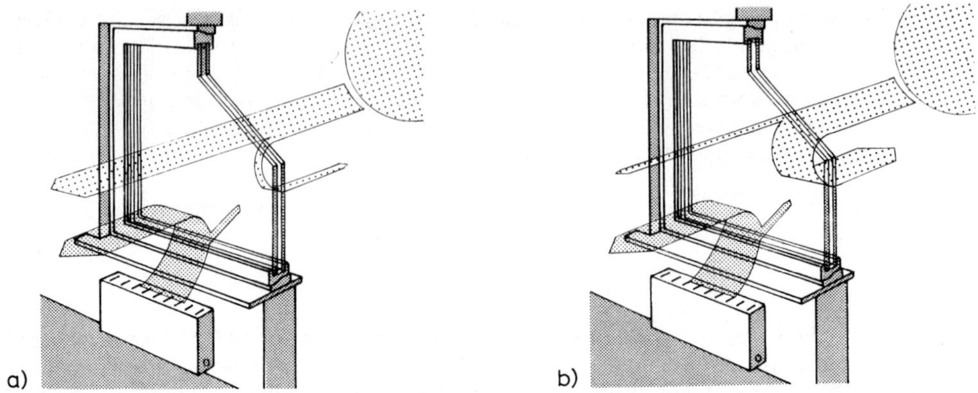

5.35 Funktionsverglasungen
a) Wärmedämm-Isolierglas (isolar neutralux®): sehr gute Wärmedämmung, hoher Energiedurchlaß, hohe Lichttransmission
b) Sonnenschutz-Isolierglas (isolar solarlux®): hohe Lichttransmission, niedriger Energiedurchlaß, sehr gute Wärmedämmung

— Schallschutzverglasungen. Die Dicke der Scheiben wird im Massenverhältnis auf die jeweiligen Anforderungen abgestimmt; Scheibenzwischenraum 12 bis 24 mm, Schallschutzklassen 3 bis 5 (VDI 2719), 37 bis 45 dB. Dabei werden oft Scheiben unterschiedlicher Dicke (6 bis 12 mm) oder auch Kombinationen mit Verbundsicherheitsgläsern verwendet.

Zur Verbesserung des Wärmeschutzes kann eine Scheibe mit einer Edelmetallbeschichtung versehen werden.

Der Scheibenzwischenraum hat in der Regel eine Spezialgasfüllung (Argon, SF_6). Bei besonderen Anforderungen z. B. an den Sonnenschutz sind auch Kombinationen mit anderen Funktionsgläsern möglich (Bild **5**.36).

Zu beachten ist, daß bei Schallschutzmaßnahmen die Verwendung von Schallschutzgläsern nur eine Teillösung ist und die Wirksamkeit der getroffenen Maßnahmen nur im Zusammenhang mit einer entsprechenden Fensterkonstruktion und bei sachgerechtem Bauwerksanschluß erzielt werden kann (s. Abschn. 5.2.4).

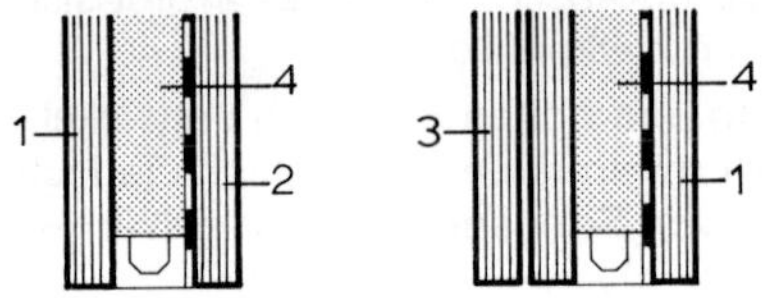

5.36
Schallschutzverglasung
1 Floatglas
2 Floatglas mit Wärmeschutz-Edelmetallbedampfung
3 Laminit-Verbundsicherheitsglas
4 Spezialfüllung (Argon, SF 6)

— Brandschutzglas. Bei Brandschutzverglasungen (DIN 4103-13) müssen die verwendeten Gläser immer im Zusammenhang mit den Umrahmungen betrachtet werden. Die Angebote der verschiedenen Hersteller haben in der Regel spezielle Zulassungen amtlicher Prüfstellen.

Unterschieden werden F- und G-Verglasungen (s. Abschn. 15.7 in Teil 1 des Werkes).

Brandschutzgläser für G-Verglasungen (G 30) können hergestellt werden als spezielle Einscheiben- (ESG) oder als Verbundsicherheitsgläser (VSG) aus vorgespanntem Kalknatronglas ohne oder mit Drahtgeflechteinlage. Aus dem gleichen Material sind auch Isolierglasscheiben verfügbar.

Für F-Verglasungen gibt es Isoliergläser aus Kalknatronglas mit einer Gel-Zwischenfüllung aus wasserhaltigen Salzlösungen (Gesamtdicke 36 bis 71 mm). Im Brandfall verdampft das Wasser, und das Gel bildet einen opaken Hitzeschutz. Andere F-Gläser bestehen aus mehrschichtigen Verbundgläsern aus Kalknatronglas mit Zwischenlagen aus Alkalisilikat, das im Brandfall zu einer zähen, festen Masse aufschäumt. Mit festen Verglasungen ohne öffenbare Fenster können Feuerwiderstandsklassen bis F 90 erreicht werden (Bild **5**.37).

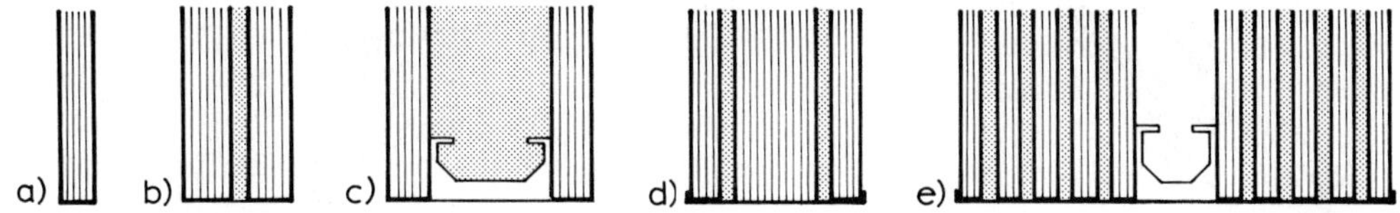

5.37 Brandschutzgläser

a) Einfachglas (vorgespanntes Kalknatronglas), G 30, PYRAN®
b) Verbundsicherheitsglas (Kalknatronglas), G 30, FIRESTAR®
c) Isolierglas (vorgespanntes Kalknatronglas, Sekurit), je nach Dicke F 30 bis F 90, CONTRAFLAMM®
d) Spezial-Verbundsicherheitsglas, je nach Dicke F 30 bis F 90, PROMAGLAS®
e) Isolierglas mit Spezial-VSG-Scheiben, F 90, PYROSTOP®

— Einbruchhemmende Verglasungen in den Widerstandsklassen A bis D sowie Sonder-Gläser für Bank- und Postschalter (DIN 52 290 und s. Abschn. 5.9 und Bild **5**.38). Sie können mit Alarmanlagen kombiniert werden.
— Lichtstreuverglasungen. Hierbei werden die Scheibenzwischenräume mit lichtstreuenden Kapillareinlagen ausgefüllt.
— Sichtschutzgläser werden auch mit Rasterdekoren bedruckt.

In Verbundscheiben können Schichten mit Flüssigkristallen eingebettet werden. Durch Anlegen einer Spannung kann die Verglasung transparent oder milchig undurchsichtig gemacht werden.

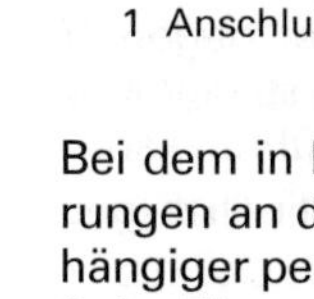

5.38 Sicherheitsglas (VEGLA - Alarm-SEKURIT® ASR-Typ A)

1 Anschluß für Alarmauslösung

5.39 Lichtlenkendes Isolierglas: Lichtlenkung abhängig vom Sonnenstand (OKALUX Okasolar®)

Bei dem in Bild **5**.39 gezeigten Isolierglas sind lichtlenkende Lamellen je nach Anforderungen an der Anwendungsstelle fest eingebaut. Damit ist ein jahres- oder tageszeitabhängiger permanenter Sonnenschutz möglich, und die Scheiben können auch als Passiv-Solar-Element dienen.

— Schaufensterverglasungen werden mit entspiegelten Einfach- oder Isolierglasscheiben ausgeführt.

Bei fast allen Ausführungen sind Kombinationen mit Drahtgläsern, Ornamentgläsern und Sicherheitsgläsern (z. B. für Überkopfverglasungen) möglich.

Für den Einbau in Schrägverglasungen u. ä. werden Mehrscheiben-Isoliergläser auch mit falzartiger Randausbildung geliefert (Stufengläser, Bild **5**.40). Spezial-Randverklebungen sind gegen Sonneneinwirkung beständig.

5.40 Stufengläser

Sonderformen. Alle Isolierglasscheiben werden unter Berücksichtigung von Toleranzen, Falzmaßen der zu verglasenden Öffnungen und der erforderlichen Falztiefen auch in Sonderformen („Modellscheiben"), z. B. mit trapezförmigen oder halbkreisförmigen Zuschnitten und auch in gekrümmten Formen geliefert (vgl. Bild **5**.49). Sie können an der Baustelle auf keinen Fall in irgendwelcher Weise nachgearbeitet werden.

Bei gekrümmten Scheiben sind besondere Vorschriften der Hersteller für Falzabmessungen und Verklotzung zu beachten.

Qualitätsprüfung. Für die Beurteilung der visuellen Qualität von Mehrscheiben-Isolierglas aus Spiegelglas bestehen ausführliche Richtlinien des Bundesinnungsverbandes des Glaserhandwerkes, Hadamar. Darin ist festgelegt, in welchem Umfang und in welchen Scheibenbereichen Glasfehler (kleine Einschüsse, Blasen, Kratzer) noch zugelassen sind.

Keine Reklamationsgründe bei Isolierglasscheiben sind

Interferenzerscheinungen (Streifen in den Spektralfarben, hervorgerufen durch Planparallelität von Scheiben),

Doppelscheibeneffekte (Spiegelungen und Verzerrungen durch prinzipbedingte Durchbiegungen der Scheiben infolge von Temperatur- oder Druckänderungen),

Anisotropien (Irisationserscheinungen wie leichte Wolken oder Ringe an Einscheibensicherheitsgläsern,

Kondensatbildung auf den Außenflächen [10].

Lagerung und Schutz vor dem Einbau. Isolierglasscheiben dürfen nur stehend auf Unterlagen gelagert werden, die gewährleisten, daß keine Beschädigungen entstehen. Beim Transport muß darauf geachtet werden, daß keine Verwindungen auftreten.

Müssen Glasscheiben auf der Baustelle gelagert werden, so sind sie in einem trockenen, regelmäßig belüfteten Raum hochkant und mit Luftzwischenraum aufzustellen. Staub mit Nässe schadet der Glasoberfläche. Auf dem Transport entstehen zuweilen Scheuerflecken durch Aneinanderreiben feuchter Glasflächen. Sie lassen sich durch zwischen die Scheiben gelegtes Papier vermeiden.

Ist eine vorübergehende Lagerung im Freien unvermeidlich, sind die Scheiben gegen Wärmeeinstrahlung zu schützen. Insbesondere bei Glaspaketen kommt es oft zu starker Erwärmung, die zum Bruch insbesondere von Ornament- und Drahtglasscheiben führen kann.

Zu beachten ist auch, daß der Randverbund von Isolierglasscheiben empfindlich gegen UV-Strahlung ist.

Bei Arbeiten mit Trennscheiben, Schweißbrennern und Sandstrahlgeräten müssen gelagerte und eingebaute Scheiben sorgfältig gegen nicht reparierbare Oberflächenschäden durch Funkenflug o. ä. geschützt werden.

5.4.2 Bemessung der Glasscheiben

Bei der Fenster- und Türverglasung ist die Scheibendicke von der Scheibengröße abhängig sowie von der Lage der verglasten Außenfläche über Gelände (Windlast s. DIN 1055-4 und DIN 18056).

Neuere Forschungsergebnisse haben gezeigt, daß bei der Belastung von vertikal eingebauten Isoliergläsern (z. B. durch Winddruck) durch den luftdichten Zwischenraum zwischen Außen- und Innenscheibe ein Koppelungseffekt bewirkt wird. Dadurch übertragen sich Belastungen auf beide Scheiben, und die Scheiben wirken statisch als Gesamtsystem. Bei der Scheibendimensionierung kann von dieser Voraussetzung jedoch nur bei gleich dicker Innen- und Außenscheibe ausgegangen werden oder wenn sich die Belastung einer dünneren Außenscheibe auf eine dickere Innenscheibe abstützen kann (z. B. bei dem typischen Aufbau von Schallschutzgläsern).

Für besondere Belastungsfälle sind genaue statische Berechnungen nötig. Die Glasindustrie gibt für normal beanspruchte und vertikal eingebaute Verglasungen mit Isolierglasscheiben Empfehlungen in Form von Dimensionierungs-Diagrammen (Bild **5**.41)[1]).

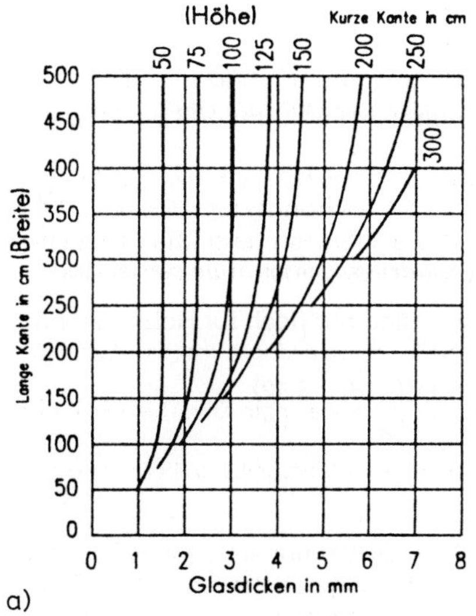

a)

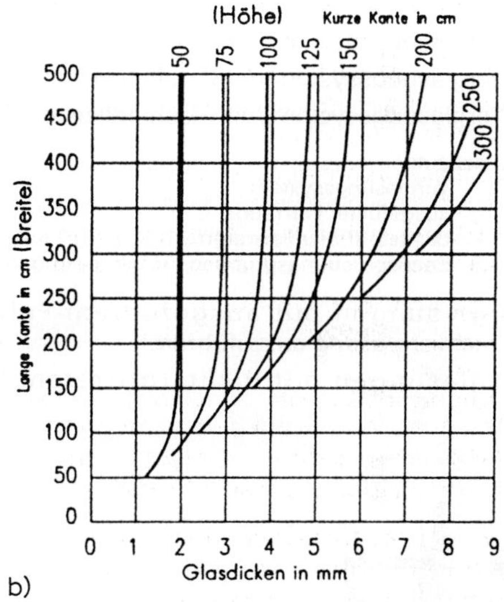

b)

5.41 Bestimmung der Glasdicken von Isolierglasscheiben bei senkrechtem Einbau (beide Glasscheiben der Isolierglaseinheit müssen in der Dicke dem abgelesenen Wert entsprechen) [6][1])

a) Einbauhöhe ≤ 8,00 m (Windlast 0,75 kN/m² bzw. 750 Pa)

b) Einbauhöhe < 20,00 m (Windlast 1,2 kN/m² bzw. 1200 Pa)

Für Schrägverglasungen (Überkopfverglasungen), die durch Wind, Schnee und Eigengewicht belastet werden, sind besondere statische Nachweise erforderlich.[1])

Eine Behandlung der speziellen Dimensionierungsverfahren würde den Rahmen dieses Werkes sprengen, und es muß auf die von allen Glasherstellern gegebenen Berechnungshilfen verwiesen werden.

[1]) Neue Richtlinien des Deutschen Institutes für Bautechnik sind z. Zt. in Arbeit.

5.4.3 Einbau von Verglasungen

Über die Ausführung von Verglasungsarbeiten enthalten die Verdingungsordnung für Bauleistungen in Teil C (DIN 18361) und DIN 18545 besondere Bestimmungen.

Außerdem geben die ständig überarbeiteten Schriften des Institutes des Glaserhandwerks Richtlinien, z. B. über Glas-Abdichtungsmaterialien, Klotzungen, Ganzglaskonstruktionen mit Glaszementverbindungen usw.

Unterschieden werden

— Verglasungen mit Dichtstoffen
— Verglasungen mit Dichtprofilen
— Verglasungen mit Dichtprofilen und elastischen Dichtstoffen.

5.4.3.1 Verglasungssysteme

Die Ausführung von Glasfalzen, der Einbau von Verglasungen und die Ausführungsmöglichkeiten für die Abdichtung zwischen Verglasung und Rahmen („Verglasungssysteme") sind in DIN 18545 geregelt.

Es werden unterschieden

— Verglasungssystem mit ausgefülltem Falzraum (Va1)
— Verglasungssystem mit Glashalteleisten und ausgefülltem Falzraum (Va2 bis Va5)
— Verglasungssystem mit Glashalteleisten und dichtstofffreiem Falzraum (Vf3 bis Vf5).

Hier bedeuten:

V	Verglasungssystem
a	ausgefüllter Falzraum
f	dichtstofffreier Falzraum
1 bis 5	Beanspruchungsgruppen für Verglasung von Fenstern, Fensterwänden und Türen (s. Tab. **5**.54).

Verglasungen mit ausgefülltem Falzraum (Va) sind nur noch für Holzfenster mit Einfachverglasung auszuführen.[1)]

Verglasungen mit dichtstofffreiem Falzraum (Vf) (Bild **5**.42).

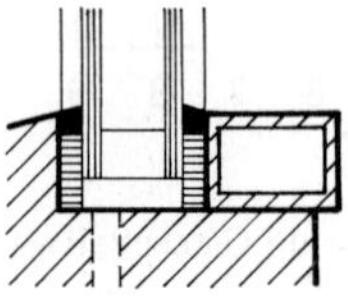

5.42
Verglasung mit dichtstofffreiem Falzraum

Die Verglasung mit dichtstofffreiem Falzraum ist Standardausführung für die Verglasung von Metall- und Kunststoff-Fenstern.

Auch Holzfenster mit Isolierverglasung werden heute fast nur noch mit dichtstofffreiem Falzraum ausgeführt.

---

1) Lufteinschlüsse in Falzraumfüllungen führten in Verbindung mit Undichtigkeiten der Verglasung zu Feuchtigkeitsanreicherung im Falzraum und zu Bedindungen, die Ursache für Schäden am Randverbund von Isolierglasscheiben waren.

Die Verglasung von Holzfenstern mit dichtstofffreiem Falzraum kann ausgeführt werden
— mit Vorlegebändern und Dichtstoff (Bild **5**.43 a)
— mit Kombinationen aus Vorlegebändern und Dichtstoff mit Dichtprofilen (Bild **5**.43 b)
— mit Dichtstoff ohne Vorlegebänder (Bild **5**.43 c)
— mit Dichtprofilen.

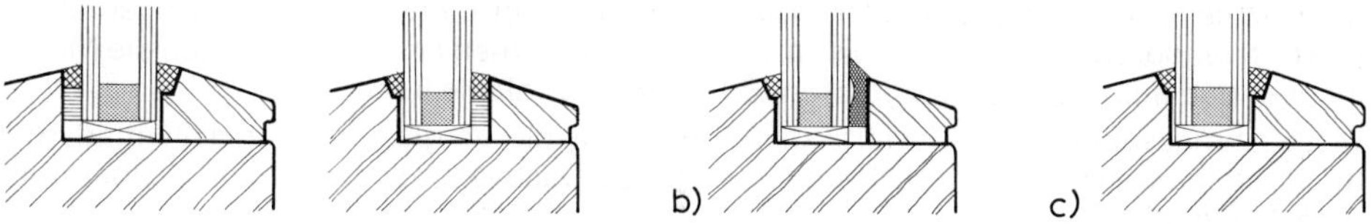

5.43 Verglasung von Holzfenstern mit dichtstofffreiem Falzraum (Dampfdruckausgleich nicht dargestellt)
a) mit Vorlegeband (außen oder innen) und Dichtstoff (Versiegelung)
b) mit Versiegelung außen; innen mit Dichtungsprofil
c) ohne Vorlegebänder mit Versiegelung (vergrößerte Nuten für Dichtstoff) [ ]

Die Abdichtung zwischen Scheibe und Rahmen bei Verglasungen mit oder ohne Vorlegebändern wird in der Praxis vielfach auch als „Versiegelung" bezeichnet.

Die verbesserten Fertigungstechniken der Fenster, durch die eine außerordentlich ebene Falzebene erreicht werden kann, erlauben es neuerdings bei der Verglasung mit normalen Isoliergläsern auf Vorlegebänder zu verzichten. Diese Verglasungsart ist jedoch auf Scheibengrößen bis 6 m² mit Kantenlängen bis zu 3 m beschränkt und nicht zugelassen für Schaufenster, Brandschutzverglasungen und ähnliche Sonderverglasungen.

Im übrigen müssen vor dem Verglasen alle Glasfalze, insbesondere in den Ecken, ganz eben und sauber sein, damit die Scheiben nicht durch Pressungen an den Ecken und Kanten beschädigt werden und die Scheiben fachgerecht verklotzt werden können.

5.4.3.2 Konstruktive Einzelheiten

Glasfalze. Die Falzhöhe *h* muß mindestens betragen bei einer größten Scheibenseite

bis 350 cm:	18 mm
über 350 cm:	20 mm

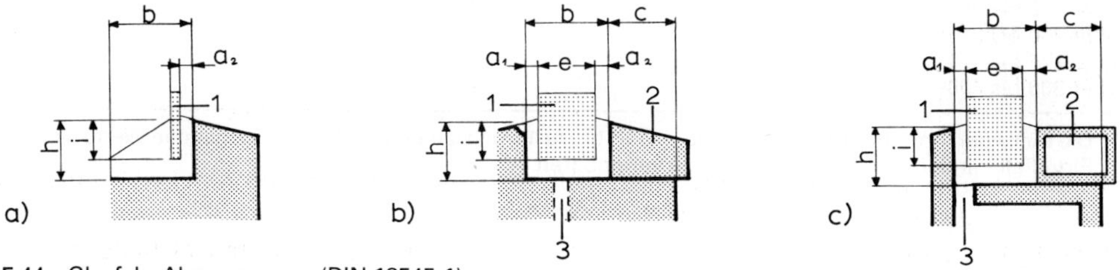

5.44 Glasfalz, Abmessungen (DIN 18545-1)
a) Verglasung in Holzrahmen mit freier Dichtstoff-Fase
b) Verglasung in Holzrahmen mit Glashalteleisten (Falzoberkante außen angefast oder auch ohne Anfasung)
c) Verglasung in Kunststoff- oder Metallrahmen mit Glashaltleisten

1 Verglasung
2 Glashalteleiste
3 Dampfdruck-Ausgleichsöffnung

a_1 äußere Dichtstoffdicke
a_2 innere Dichtstoffdicke
b Glasfalzbreite
c Auflagebreite für Glasleiste

e Dicke der Verglasung
h Glasfalzhöhe
i Glaseinstand

Bei kleinen Scheiben bis 50 cm Kantenlänge kann die Glasfalzhöhe auf 14 mm reduziert werden. In jedem Fall muß die Randverklebung von Isolierglasscheiben vor Sonneneinstrahlung geschützt bleiben.

Der Glaseinstand *i* soll $2/3$ der Glasfalzhöhe, jedoch nicht mehr als 20 mm betragen. Er soll bei Sonnenschutz-Isolierverglasungen und bei Schrägverglasungen auf $\leq$ 15 mm beschränkt werden [35].

Die Falzbreite richtet sich nach der Dicke der Verglasungseinheiten, die bei Isolierglasscheiben mit mindestens 16 mm und bis ca. 28 mm anzunehmen ist. Hinzu kommen die Maße der inneren und äußeren Dichtstoffdicken (Bild **5**.44 und Tabelle **5**.45).

Diese Abmessungen der Glasfalze gelten nicht für die Verglasung von Hallenbädern und für Sonderverglasungen (z. B. Brandschutz- und Dachverglasungen, einbruchhemmende Verglasungen).

Dichtstoff-Vorlagen

Die Dicke der Dichtstoff-Vorlage variiert zwischen 3 und 6 mm.

Das Maß *a* für die innere und äußere Dichtstoffvorlage ist Tabelle **5**.45 zu entnehmen.

Die äußeren Ränder zwischen Scheibe und Rahmen werden mit Dichtstoffen geschlossen. Diese Abdichtung bei Verglasungen wird in der Praxis vielfach auch als „Versiegelung" bezeichnet.

Beim Einkleben der Vorlagebänder muß sorgfältig darauf geachtet werden, daß ein Versiegelungsquerschnitt von mindestens 3 x 5 mm verbleibt.

Tabelle **5**.45 Mindestdicken der Dichtstoffvorlagen a_1 und a_2 nach DIN 18545-1 (s. Bild **5**.44)

Längste Seite der Verglasungseinheit	Werkstoff des Rahmens				
	Holz	Kunststoff, Oberfläche		Metall, Oberfläche	
		hell	dunkel	hell	dunkel
in cm	a_1 und $a_2$¹) in mm				
bis 150	3	4	4	3	3
über 150 bis 200	3	5	5	4	4
über 200 bis 250	4	5	6	4	5
über 250 bis 275	4	–	–	5	5
über 275 bis 300	4	–	–	5	–
über 300 bis 400	5	–	–	–	–

¹) Die Dicke der inneren Dichtstoffvorlage a_2 darf bis zu 1 mm kleiner sein. Nicht angegebene Werte sind im Einzelfall mit dem Dichtstoffhersteller zu vereinbaren.

Dampfdruckausgleich

Durch Öffnungen zwischen Falzraum und Außenluft muß für Dampfdruckausgleich und für die Abführung von Tauwasser gesorgt werden (Bild **5**.46). Öffnungen zum Dampfdruckausgleich sind in Vorkammern zu führen und dürfen nicht direkt Winddruck ausgesetzt werden. Wenn das bei Festverglasungen nicht möglich ist, sind Abdeckkappen vor den Öffnungen anzubringen mit höchstens 60 cm Abstand. Auf keinen Fall soll der Dampfdruckausgleich zum Innenraum möglich sein, da sonst mit überhöhtem Schwitzwasseranfall im Falzraum gerechnet werden muß.

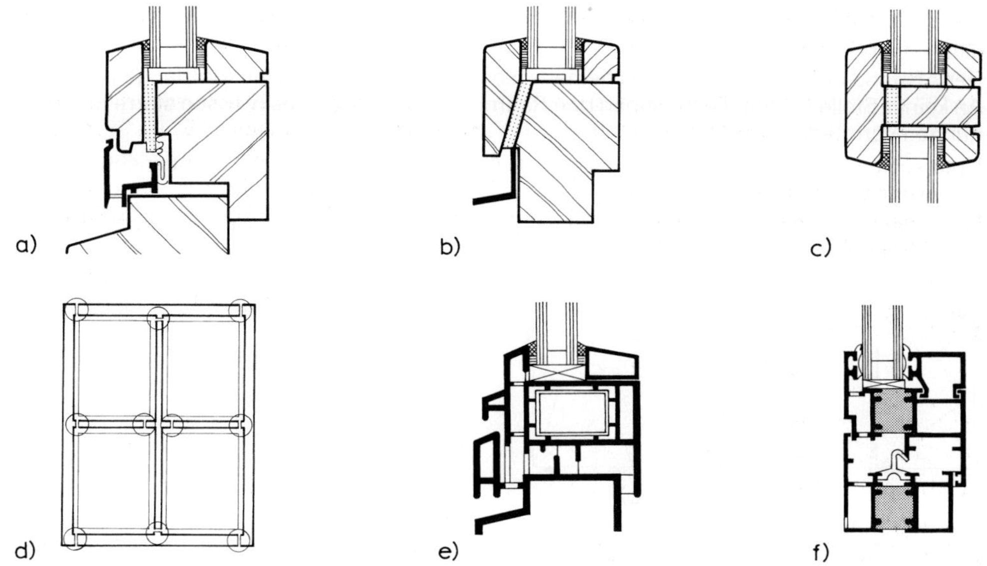

5.46 Möglichkeiten des Dampfdruckausgleiches
a) Fensterflügel aus Holz
b) Festverglasung, Holzfenster
c) Sprossenfenster aus Holz
d) Kunststoff-Fenster
e) Leichtmetallfenster
f) Lage der Ausgleichsöffnungen bei Sprossenfenstern

Glashalteleisten müssen in der Regel an der Innenseite angeordnet werden. Wenn das in Ausnahmefällen nicht möglich ist, müssen sie zusätzlich zum Rahmen hin abgedichtet werden. Die Glasleisten müssen abnehmbar sein und in Höchstabständen von 35 cm geschraubt oder genagelt bzw. durch Klemmverbindungen o. ä. gesichert sein.

Die Auflagebreite muß bei Holzausführung mindestens 14 mm betragen (bei vorgebohrter Befestigung auch 12 mm Auflagerbreite zugelassen).

Glashalteleisten aus Holz müssen ebenso wie der Falzgrund vor dem Verglasen ausreichend korrosionsgeschützt sein bzw. bei Holzfenstern durch Voranstriche geschützt sein, die mit den Dichtstoffen verträglich sind.

Verklotzung

Fensterflügel erhalten ihre Steifigkeit (Diagonalaussteifung) erst in Verbindung mit der Verglasung (Bild **5**.47). Auch zur einwandfreien Abtragung des Glasgewichtes auf den Rahmen müssen daher die Scheiben „verklotzt" werden. In den Zwischenraum zwischen Scheibe und Falzbett (vgl. Bild **5**.44, Maße *h* bis *g*) werden mindestens 100 mm lange Klötzchen aus Hartholz, Hartgummi oder Neoprene eingeschoben, die 2 mm breiter als die Dicke der Schei-

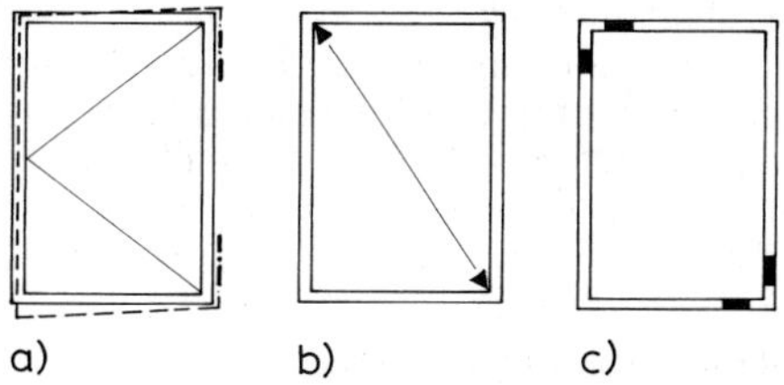

5.47
Verklotzungsprinzip
a) Verformung eines unverglasten Fensterflügels
b) erforderliche Druckdiagonale
c) Lage der erforderlichen Verklotzungen

ben sein müssen. Bei besonders großflächigen bzw. schweren Isolierscheiben ist die Klotzlänge zu vergrößern.

Der Abstand der Klötze von den Scheibenecken muß mindestens eine Klotzlänge betragen. An keiner Stelle dürfen die Scheiben den Rahmen berühren, und es müssen starre Einspannungen vermieden werden.

Unterschieden werden Tragklötze (Scheiben-Auflager) und Distanzklötze (Ausrichtung und Sicherung gegen Verschieben).

Die Verklotzung richtet sich im Einzelfall nach der Funktionsart der Fensterflügel und ist nach dem in Bild **5**.44 dargestellten Prinzip vorzunehmen (Bild **5**.48).

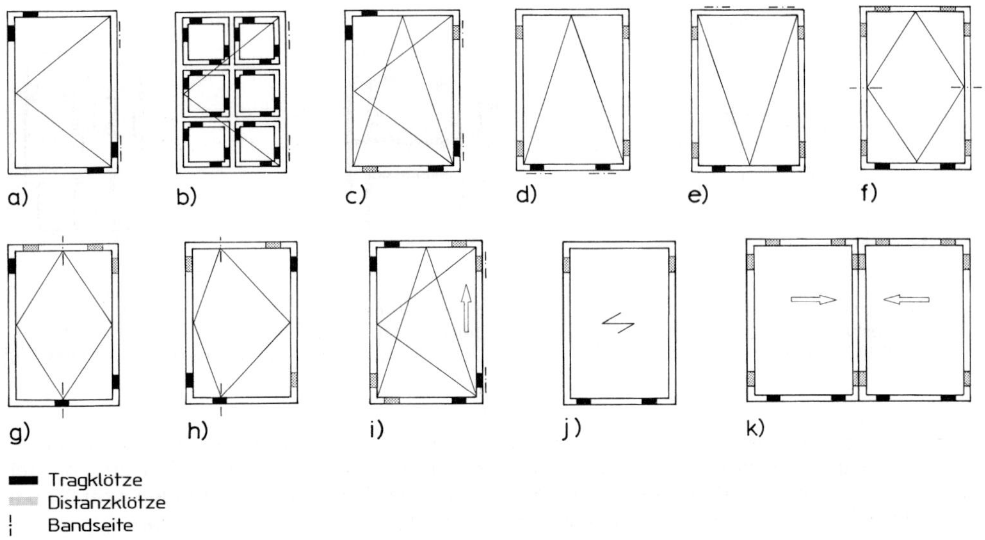

5.48 Verklotzen von Fensterscheiben
- a) Drehflügel
- b) Drehflügel mit Sprossen
- c) Drehkippflügel
- d) Kippflügel
- e) Klappflügel
- f) Schwingflügel
- g) Wendeflügel, mittig
- h) Wendeflügel, außermittig
- i) Hebe-Drehkipp-Flügel
- j) feststehende Verglasung
- k) Horizontal-Schiebefenster

Für die Verklotzung von Modellscheiben sind in Bild **5**.49 einige Beispiele gegeben [22].

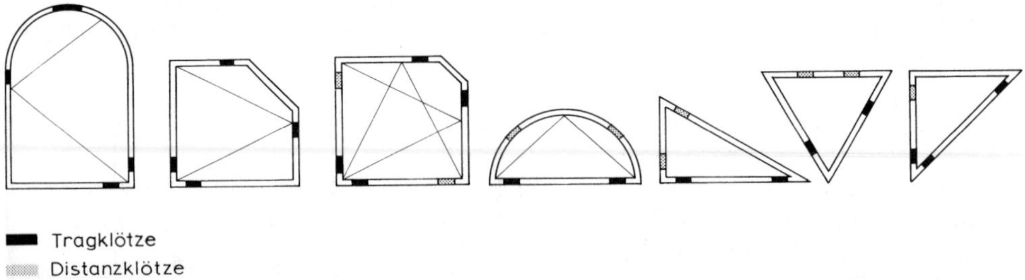

5.49 Verklotzung von Modellscheiben

Die Verklotzung darf den Dampfdruckausgleich und Wasserableitungen aus dem Falzraum nicht behindern. Bei glattem Falzgrund müssen bei dichtstofffreiem Falzgrund daher Klotzbrücken verwendet werden. Stege und Nuten sind in ähnlicher Weise stabil zu überbrücken (Bild **5**.50). Die Klötze müssen verkantungsfrei und vollflächig auf Scheibe und Falzgrund aufliegen.

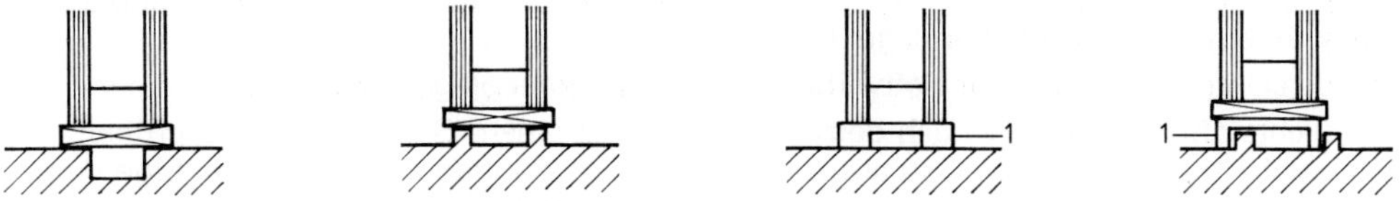

5.50 Verklotzung bei dichtstofffreiem Falzraum (Falzraumentlüftung nicht eingezeichnet)
1 Klotzbrücken

Einige häufig anzutreffende Verklotzungsfehler zeigt Bild **5**.51. Bei Schrägverglasungen muß der Falzgrund senkrecht zur Verglasungsebene liegen, damit eine einwandfreie Verklotzung möglich ist (Bild **5**.52).

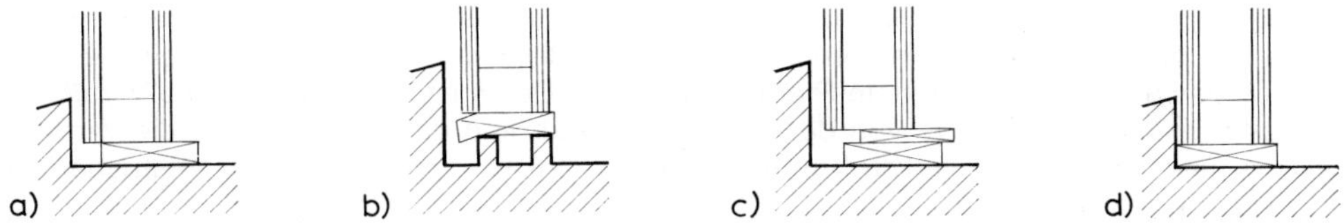

5.51 Verklotzungsfehler
a) Scheibe sitzt nicht voll auf
b) Klotzmaterial ungeeignet für Scheibengewicht
c) falsches Falzraummaß durch „Klotzstapel" ausgeglichen
d) Klotzung behindert Falzbelüftung bzw. -entwässerung

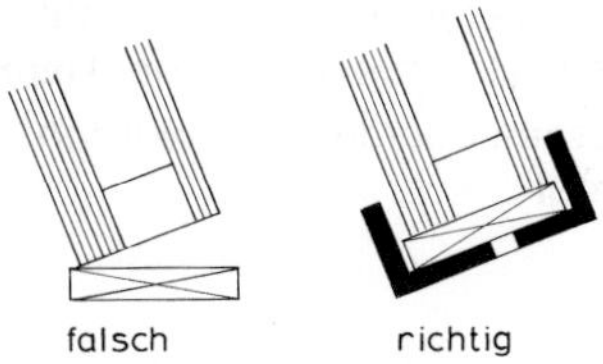

5.52
Verklotzung bei Schrägverglasungen

Bei gekrümmten Scheiben sind besondere Vorschriften der Hersteller für Verklotzung zu beachten.

Dichtstoffe[1])

Die äußeren Ränder zwischen Scheibe und Rahmen werden bei Isolierverglasungen mit Dichtstoffen geschlossen. Diese Abdichtung bei Verglasungen wird in der Praxis vielfach auch als „Versiegelung" bezeichnet.

Ferner gibt es erhärtende Dichtstoffe und plastisch bleibende Dichtstoffe (Spezialkitte), deren Verwendung für Sonderfälle in Frage kommen kann. Sie müssen überstrichen werden, und sie müssen entsprechend anstrichverträglich sein.

[1]) s. auch Abschn. 5.3.4

Die Hersteller von Dichtstoffen ordnen ihre Produkte eigenverantwortlich entsprechend DIN 18545-2 je nach Beanspruchbarkeit in die Dichtstoffgruppen A–E (Tabelle **5**.55).

Alle Dichtstoffe und Dichtprofile müssen im Sinne der DIN 52460 (Prüfung von Materialien für Fugen im Hochbau; Begriffe) verträglich sein.

Unbehandeltes oder nur grundiertes Holz bietet keinen geeigneten Haftgrund für Versiegelungen. Holzfenster dürfen daher erst nach dem ersten Zwischenanstrich verglast werden, der alle Verglasungsfalze überall gut decken muß.

Je nach Untergrund muß zur Haftverbesserung ein Primer eingesetzt werden.

Die Dichtstoffoberfläche ist nach dem Einbringen mit einem Gleitmittel zu besprühen und mit einem Kunststoffspachtel so abzuziehen, daß eine hohlraumfreie gleichmäßige Verfüllung der Versiegelungsfuge gewährleistet ist. Der Dichtstoff darf dabei nicht auf das Rahmenholz verschmiert werden, weil sonst die einwandfreie Ausführung von Schluß- oder Erneuerungsanstrichen unmöglich werden kann.

Die Dichtstoffe werden insbesondere an der Außenseite durch Bewitterung, Temperaturänderungen, Winddruck und – bei Holzfenstern – durch Quellen und Schwinden des Rahmenholzes beansprucht.

Besondere Beanspruchungen bestehen darüber hinaus bei Fenstern in Räumen mit Klimaanlagen, Feuchträumen (Schwimmbäder), Blumenfenstern u. ä.

Die dauerhafte Funktion der Glasabdichtung ist daher nur dann gesichert, wenn innerhalb der nach Tabelle **5**.55 zu wählenden Dichtstofftypen der Verarbeiter aufgrund seiner Erfahrungen das am besten geeignete Produkt auswählt. Dabei ist insbesondere die Verarbeitbarkeit (abhängig besonders von der Temperatur während der Einbringung), die Verträglichkeit mit dem Rahmenwerkstoff und die Verträglichkeit mit vorhandenen Anstrichen zu berücksichtigen.

Für die Verglasung von Mehrscheiben-Isoliergläsern dürfen in Ausnahmefällen nicht aushärtende formbare Dichtstoffe verwendet werden. Sie müssen blasenfrei und unter den vom Hersteller festgelegten Temperaturbedingungen eingebracht werden. In der Regel wird jedoch die Verglasung mit dichtstofffreiem Falzraum ausgeführt.

Für eine Verglasung mit formbaren erhärtenden Dichtstoffen kommt der jahrhundertelang bewährte billige Glaserkitt (15% Leinöl und 85% mineralische Füllstoffe, z. B. Kreide) heute nur noch für kleinere Holzfenster mit geringer Beanspruchung mit Einfachverglasung in untergeordneten Räumen und in der Denkmalpflege in Frage.

Verkittungen müssen überstrichen werden. Die dennoch mögliche Rißbildung muß in Kauf genommen werden.

Dichtprofile

Aluminium-Fenster und Kunststoff-Fenster werden in der Regel mit Dichtprofilen aus Neoprene (Polychloroprene), EPDM, PVC weich oder Silikon verglast. Sie werden in die Rahmenprofile eingerollt oder eingeschoben und beziehen den erforderlichen Anpreßdruck entweder aus dem Profil-Eigendruck oder aus einstellbaren Druckelementen in den Glasleisten (Bild **5**.53).

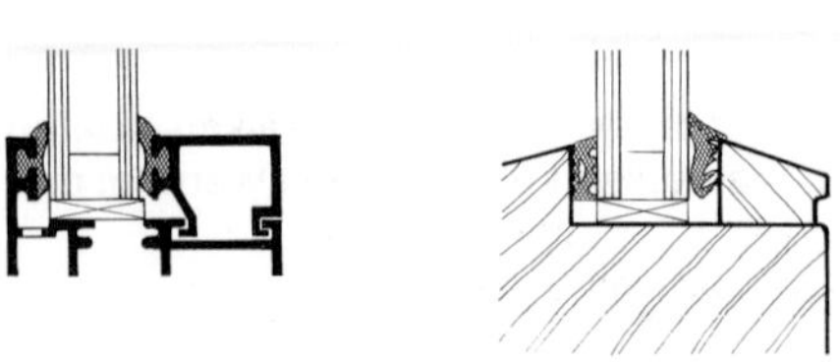

5.53 Verglasung mit Dichtprofilen

Dichtprofile müssen auf das Fenstersystem abgestimmt sein und die Dickentoleranzen der Scheiben aufnehmen können. An den Ecken sind die Profile dicht auf Gehrung zu verbinden (z. B. durch Verklebung oder Vulkanisation). Vorgefertigte Eck-Formstücke erleichtern die Ausführung.

Bei Holzfenstern muß durch entsprechende Profilgestaltung dafür gesorgt werden, daß feuchtigkeits- und wuchsbedingte Verformungen der Rahmenhölzer, insbesondere Quell- und Schwindbewegungen senkrecht zur Scheibenebene, nicht zu Undichtigkeiten zwischen Rahmen und Dichtprofil führen können.

Die Dichtprofile müssen gegen Verschiebungen im Falz einwandfrei gesichert werden. Dazu werden ähnlich wie bei Leichtmetall- oder Kunststoff-Fenstern kleine Nutungen oder Hinterfräsungen in den Falzebenen hergestellt oder die Profile werden einseitig eingeklebt. In jedem Fall ist äußerst sorgfältige Arbeit erforderlich. Die Eckstöße der Dichtprofile müssen unbedingt dicht sein. Sie werden bei Elastomerprofilen durch Vulkanisierung verbunden. Bei anderen Materialien werden auch Keilschnitte ausgeführt, bei denen die Dichtlippen an den Knickstellen der Ecken nicht durchtrennt werden.

Im übrigen muß sichergestellt sein, daß die Dichtprofile ohne Überdehnung und mit dem erforderlichen Anpreßdruck eingebaut werden.

Wenn regelmäßigere Wartungsanstriche unterbleiben oder wenn die Schichtdicke insbesondere bei lasierenden Anstrichen zu gering ist, werden Dichtungsprofile leicht von Feuchtigkeit unterwandert. Es kann deshalb zu folgenschweren Schäden in den Glasfalzen kommen.

5.4.3.3 Auswahl des Verglasungssystems

Beanspruchungsgruppen

Die Auswahl der geeigneten Verglasungsbauart erfolgt auf Grund der Beanspruchungen, denen die Fenster ausgesetzt sind, aus

— Winddruck und -sog, abhängig von der Gebäudehöhe (erforderliche Glasdicke s. Abschn. 5.4.2)
— Scheibengrößen (Kantenlänge, Rahmenmaterial, Dichtstoffvorlage)
— Einwirkung von der Raumseite (Feuchtigkeit, mechanische Beanspruchungen)
— Öffnungsart.

Für die Auswahl der geeigneten Konstruktion gibt die Tabelle **5**.54 und das Institut für Fenstertechnik e.V., Rosenheim, Empfehlungen.

Beispiel zur Anwendung von Tab. 5.54

Für einen 13 m hohen Verwaltungsbau sind dunkelgrüne Aluminiumfenster mit Mehrscheibenisolierglas vorgesehen. Es handelt sich um Drehkippfenster. Die größte Flügelabmessung beträgt 1,20 m x 1,65 m.

1. Öffnungsart:	Drehkipp	→ BG 1
2. Belastung von der Raumseite (normal oder erhöht):	normal	→ BG 1
3. Beanspruchung aus		
— Rahmenmaterial:	Aluminium	
— Farbe:	dunkel	→ BG 4
— Dichtstoffvorlage (gewählt):	5 mm	
— Kantenlänge:	1,65 m	
Höchste ermittelte Beanspruchungsgruppe:		→ BG 4
Erforderliche BG: Verglasung entsprechend Verglasungstabelle IFT:		→ BG 4
Gewähltes Verglasungssystem: Verglasungssystem DIN 18545		→ Vf 4
Geeigneter Dichtstoff zur Versiegelung: Dichtstoff DIN 18545 gemäß Tabelle **5**.55		→ D

Tabelle **5**.54 Beanspruchungsgruppen zur Verglasung von Fenstern (DIN 18 545-3)

Beanspruchungsgruppen		1	2	3	4	5
Verglasungssysteme nach DIN 18 545-3 Schematische Darstellung		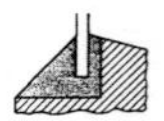	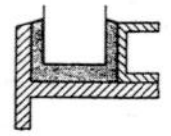	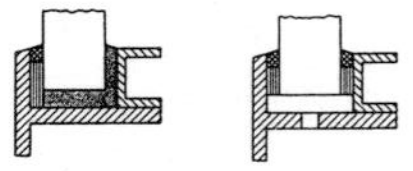	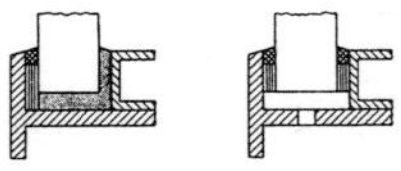	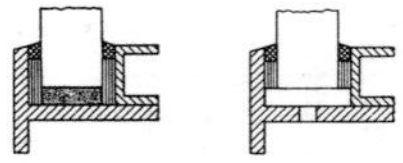
Kurzzeichen		Va1	Va2	Va3 Vf3	Va4 Vf4	Va5 Vf5
Beanspruchung aus						
Bedienung		**Zuordnung über die Öffnungsart**				
		Festverglasung, Drehfenster, Drehkippfenster				
				Schwingfenster, Hebefenster und Fenster mit vergleichbarer Beanspruchung		
Umgebungseinwirkung		**Zuordnung über Einwirkung von der Raumseite**				
					Feuchtigkeit	
					Mechanische Beschädigung	
Scheibengröße		**Zuordnung über Rahmenmaterial, Kantenlänge und Dichtstoffvorlage**				
Rahmenmaterial	Dichtstoffvorlage					
Aluminium Aluminium-Holz Stahl	3 mm		Farbton hell	Kantenlänge bis 0,80 m	bis 1,00 m	bis 1,50 m
			dunkel	bis 0,80 m	bis 1,00 m	bis 1,50 m
	4 mm		hell	bis 1,50 m	bis 2,00 m	bis 2,50 m
			dunkel	bis 1,25 m	bis 1,50 m	bis 2,00 m
	5 mm		hell	bis 1,75 m	bis 2,25 m	bis 3,00 m
			dunkel	bis 1,50 m	bis 2,00 m	bis 2,75 m
Holz	3 mm	Kantenlänge bis 0,80 m	bis 1,00 m	bis 1,50 m	bis 1,75 m	bis 2,00 m
	4 mm			bis 1,75 m	bis 2,50 m	bis 3,00 m
	5 mm			bis 2,00 m	bis 3,00 m	bis 4,00 m
Kunststoff	4 mm		Farbton hell	Kantenlänge bis 0,80 m	bis 1,00 m	bis 1,50 m
			dunkel	bis 0,80 m	bis 1,00 m	bis 1,50 m
	5 mm		hell	bis 1,50 m	bis 2,00 m	bis 2,50 m
			dunkel	bis 1,25 m	bis 1,50 m	bis 2,00 m
	6 mm					
			dunkel	bis 1,50 m	bis 2,00 m	bis 2,50 m
Scheibengröße		**Belastung der Glasauflage in Abhängigkeit der Gebäudehöhe**				
Gebäudehöhe	Lastannahme	Scheibengröße bis 0,5 m²	bis 0,8 m²	bis 1,8 m²	bis 6,0 m²	bis 9,0 m²
8 m	0,60 kN/m²	Belastung bis 0,16 N/mm	bis 0,22 N/mm	bis 0,35 N/mm	bis 0,70 N/mm	bis 0,90 N/mm
20 m	0,96 kN/m²	bis 0,25 N/mm	bis 0,35 N/mm	bis 0,55 N/mm	bis 1,10 N/mm	bis 1,40 N/mm
100 m	1,32 kN/m²	bis 0,35 N/mm	bis 0,50 N/mm	bis 0,75 N/mm	bis 1,50 N/mm	bis 1,90 N/mm

Tabelle **5**.55 Verglasungssysteme (DIN 18545-3)

Beanspruchungsgruppe		1	2	3	4	5
Verglasungssysteme mit ausgefülltem Falzraum[1])						
Kurzbezeichnung		Va 1	Va 2	Va 3	Va 4	Va 5
Schematische Darstellung		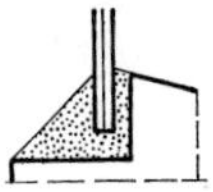	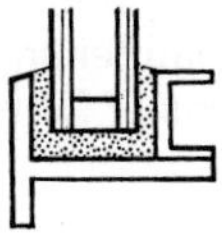	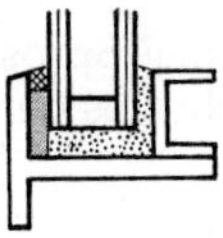	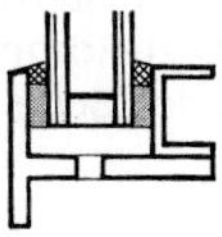	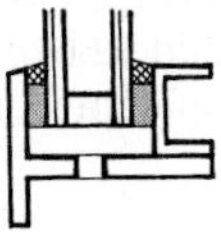
Dichtstoff-gruppe nach DIN 18545-2 für	Falzraum	A[1])	B	B	B	B
	Versiegelung	–	–	C	D	E
Verglasungssysteme mit dichtstofffreiem Falzraum						
Kurzbezeichnung				Vf 3	Vf 4	Vf 5
Schematische Darstellung				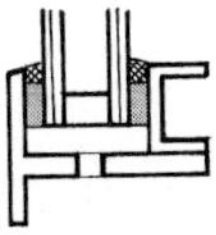	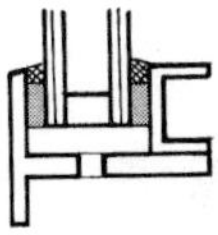	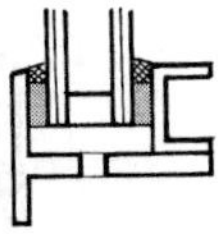
Dichtstoff-gruppe nach DIN 18545 Teil 2	für Falzraum			–	–	–
	für Versiegelung			C	D	E

Erläuterung: ☐ Dichtstoff des Falzraumes ☐ Dichtstoff der Versiegelung ☐ Vorlegeband

[1]) Für das Verglasungssystem Va 1 dürfen auch Dichtstoffe der Gruppe 8 eingesetzt werden, wenn sie von den Herstellern dafür empfohlen werden.

V Verglasungssystem
a ausgefüllter Falzraum
f dichtstofffreier Falzraum
1 bis 5 Beanspruchungsgruppen für die Verglasung von Fenstern

Bezeichnung

Verglasungssysteme sind mit den Kurzzeichen entsprechend Tabelle **5**.54 und **5**.55 zu bezeichnen.

Beispiel Bezeichnung eines Verglasungssystems (V) mit dichtstofffreiem Falzraum (f) für die Beanspruchungsgruppe 3:

Verglasungssystem DIN 18545 – Vf3

5.4.4 Verglasung von Sprossenfenstern

Neben der Problematik kleinformatiger Mehrscheiben-Isoliergläser (vgl. Abschn. 5.3.1) ergeben sich für Sprossenfenster auch gestalterische Schwierigkeiten, denn die heute erforderlichen Falztiefen (s. Bild **5**.44) ergeben recht klobige Sprossenabmessungen. Sie können allenfalls durch Profilierungen optisch etwas gemildert werden (Bild **5**.56 a). Bei Leichtmetall- und Kunststoff-Fenstern beträgt die Sprossenbreite bei allen Systemen sogar ca. 70 mm (Bild **5**.56 b). Hinzu kommt, daß Sprossenaufteilungen in der Regel zu einer erheblichen Verschlechterung des Schallschutzes der Fenster führen.

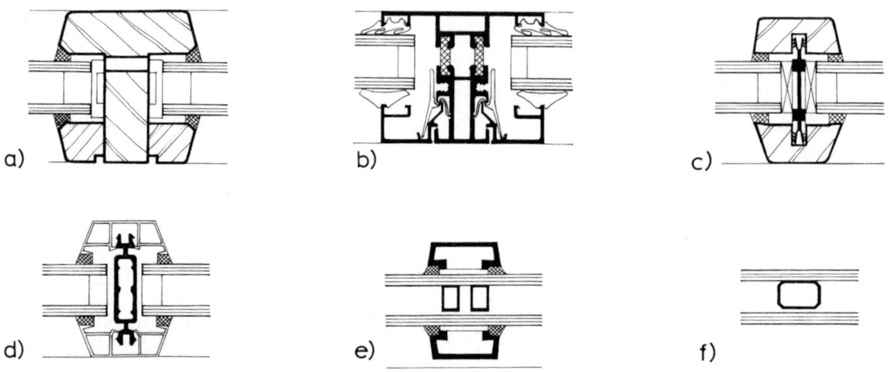

5.56 Sprossen
a) Holzsprosse, b) Leichtmetallsprosse, c) Holzsprosse mit Leichtmetallsteg, d) Kunststoffsprosse mit Aluminiumsteg, e) imitierte aufgeklebte Sprosse („Wiener Sprosse"), f) imitierte eingebaute Sprosse

Aus allen diesen Gründen wird auf verschiedene Weise versucht, die Sprossen zwar optisch in Erscheinung treten zu lassen, sie jedoch technisch anders auszuführen.

Eine Verringerung der Sprossenbreite ist bei Holz- und Kunststoff-Fenstern möglich, wenn Leichtmetallstege die Glashalteprofile verbinden (Bild **5**.56c und d). Der optische Eindruck von Sprossenfenstern kann auch annähernd erreicht werden, wenn bei durchlaufender Verglasung die Sprossenprofile lediglich vorgesetzt werden (Bild **5**.56e) oder bei der Fabrikation der Verglasung zwischen die Scheiben gesetzt werden (Bild **5**.56f). Derartige Imitationen sind jedoch nicht nur gestalterisch, sondern auch bauphysikalisch fragwürdig.

Insbesondere, wenn Sonnen- oder Wärmeschutzgläser verwendet werden, kommt es durch unterschiedliche Erwärmung der Scheiben in der Fläche bzw. im abgeschatteten Sprossenbereich zu Spannungen in den Gläsern, die oft zum Bruch führen. Abhilfe ist allenfalls durch Erhöhung der Glasdicken oder durch Verwendung vorgespannter Gläser möglich.

5.4.5 Schrägverglasungen (Überkopfverglasungen)

Für Eingangsüberdachungen, Pergolen, besonders aber für die in letzter Zeit in überaus vielfältigen Formen (z. B. wie in Bild **5**.57) gebauten Glasarchitekturen für Erker, Glasvorbauten, Dachaufbauten und Wintergärten mit fest verglasten geneigten Dachflächen werden besondere Anforderungen an die Glaskonstruktion gestellt.

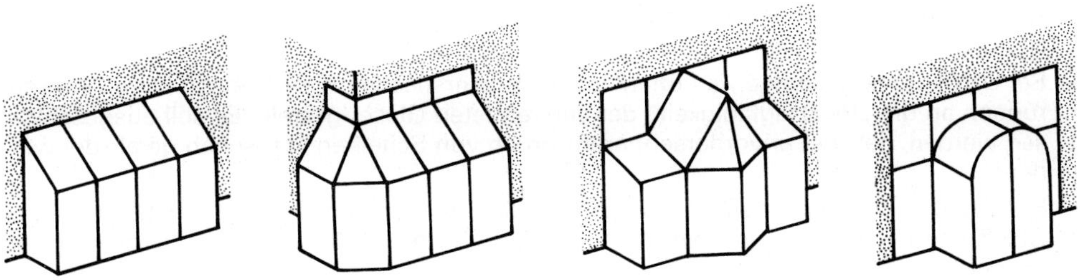

5.57 Erker und Glasvorbauten

Bei Wintergärten und Glaserkern werden unterschieden:
- unbeheizte Vorbauten (die passive Nutzung der Sonnenenergie ist vorrangig; die gebildeten Räume sind für Pflanzungen oder als Wohnräume nur bedingt geeignet),

  Durch die Nutzung der Sonnenenergie für Heizung im Winter und für Brauchwasserbereitung im Sommer wurden an Vergleichsobjekten von Einfamilienhäusern nach Berechnungen und Messungen verschiedener Autoren Energieeinsparungen bis 15% erzielt. Für die vielfältigen Problemstellungen auf diesem Gebiet – allein für Fragen der Be- und Entlüftung und der Regelung von Sonneneinstrahlung und Beschattung – muß allerdings auf Spezialliteratur verwiesen werden.

- beheizte Vorbauten (die gebildeten Räume sollen ganzjährig als Wohnraum u. ä. genutzt werden; sie müssen den Anforderungen der Wärmeschutzverordnung und DIN 4 108 hinsichtlich des winterlichen und sommerlichen Wärmeschutzes entsprechen).

Konstruktiv sind bei Schrägverglasungen („Überkopfverglasungen") zusätzlich zu den Anforderungen an senkrechte Verglasungen und Fenster besondere Beanspruchungen zu berücksichtigen, insbesondere, wenn derartige Konstruktionen an öffentliche Verkehrsflächen angrenzen.

Die Bestimmungen für Überkopfverglasungen wurden in den Technischen Regeln für die Verwendung von linienförmig gelagerten „Überkopfverglasungen" (Institut für Fenstertechnik, Rosenheim) zusammengefaßt und weitgehend von den Bundesländern als bauaufsichtlich zu beachtende Technische Bestimmung eingeführt [33].

Die bauaufsichtlich zu beachtenden Vorschriften sind in den einzelnen Bundesländern nicht einheitlich.

In der Regel wird verlangt:
- Die Vorschriften für Wände, Decken und Dächer sind sinngemäß hinsichtlich Standfestigkeit und Brandschutz zu beachten.

  Somit sind Berechnungen zur Standsicherheit der Konstruktionen und der Verglasung auf der Grundlage von DIN 1 055 erforderlich. Es wird nach den bisherigen Erfahrungen empfohlen, mit Hinblick auf die Verglasung mit Mehrscheiben-Isoliergläsern dabei Durchbiegungen von höchstens $1/_{300}$ der Spannweiten bei Konstruktionsteilen und 8 mm bei den Verglasungen anzustreben.
- Für Arbeiten, die von Dächern auszuführen sind (z. B. Reparaturen an den Verglasungen) müssen sicher benutzbare Vorrichtungen angebracht sein.
- Verglaste Flächen müssen gegen das Betreten von angrenzenden Dachterrassen o. ä. durch Umwehrungen gesichert sein.
- Niederschlagwasser muß so abgeleitet werden, daß benachbarte Bauteile nicht durchfeuchtet werden.

— An öffentlichen Verkehrsflächen und über Ausgängen können Sicherungen gegen das Herabfallen von Eis, Schnee oder Glasstücken verlangt werden.

— Bei Überkopfverglasungen an öffentlichen Verkehrsflächen werden besondere Anforderungen an die „Resttragfähigkeit" der verwendeten Gläser gestellt. Es soll ausgeschlossen werden, daß bei unvorhersehbarem Bruch von Scheiben Menschen gefährdet werden.

Für Überkopfverglasungen im privaten Bereich werden für einzelne Fenster mit einer Glasfläche bis zu 2 m² und einer Einbauhöhe von bis zu 3,50 m bauaufsichtlich keine besonderen Anforderungen an die verwendeten Glassorten gestellt. Die Beurteilung von Risiken obliegt dem Planer bzw. Auftraggeber.

Für Wintergärten, Erker und Anbauten an Aufenthaltsräumen kommen nur Mehrscheiben-Isolierverglasungen in Frage, die auf speziell für Schrägverglasungen entwickelten Kunststoff- oder Aluminiumprofilsystemen eingebaut werden. Holzkonstruktionen sind nur dann problemos, wenn keine Querriegel in den schräg verglasten Flächen nötig sind.

Für die Verglasung kann verwendet werden:

Verbundsicherheitsglas (VSG) aus Spiegelglas, PVB-Folien als Zwischenschicht für Stützweiten bis 1,20 m bei zweiseitiger Auflagerung ohne bes. Nachweis oder Gießharz mit Nachweis,

Verbundsicherheitsglas (VSG) aus teilvorgespanntem Sicherheitsglas (TVG). Dieses ist jedoch z. Zt. noch nicht als geregeltes Bauprodukt eingestuft und muß für den Einzelfall bauaufsichtlich zugelassen werden,

Drahtglas (für Verglasungen mit Stützweiten bis zu 0,70 m),

Acryl-Stegplatten für Eingangsüberdachungen o. ä.

Scheiben aus Einscheibensicherheitsglas (ESG) dürfen nicht für Überkopfverglasungen verwendet werden.

Die Verglasung erfolgt in der Regel mit Dichtprofilen und dichtstofffreien Falzräumen.

Grundsätzlich ist bei der Planung von geschlossenen Vorbauten, Wintergärten usw. der Scheibeneinbau von außen zu berücksichtigen, da die schweren und empfindlichen Isolierglasscheiben kaum einwandfrei über Kopf montiert werden können.

Besonderes Augenmerk muß dem Dampfdruckausgleich und der Entwässerung der Falze gewidmet werden, damit der empfindliche Glasverbund der Isoliergläser keinesfalls ständig

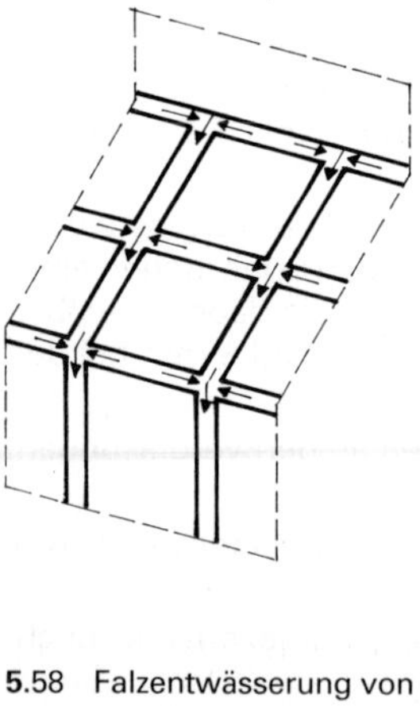

5.58 Falzentwässerung von Schrägverglasungen

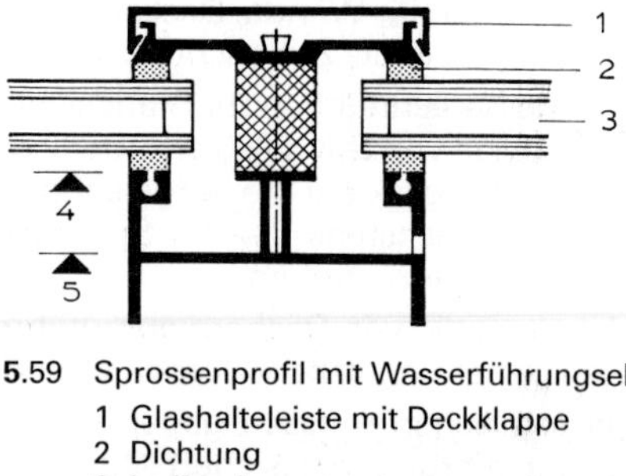

5.59 Sprossenprofil mit Wasserführungsebene
1 Glashalteleiste mit Deckklappe
2 Dichtung
3 Isolierglas
4 Dichtungsebene
5 Wasserebene

der Feuchtigkeit ausgesetzt wird. Die Falzräume von Querriegeln und Pfosten müssen dabei ein zusammenhängendes Entwässerungssystem bilden (Bild **5**.58). Wichtig ist dabei, daß durch entsprechend geformte Profile die Dichtungsebene von der Entwässerungsebene getrennt ist (Bild **5**.59). Jede – auf Dauer fast unvermeidliche – kleine Undichtigkeit zwischen Scheibe und Dichtprofil führt sonst zum Wassereinbruch in den Innenraum.

Nach Möglichkeit sollten die Felder von Schrägverglasungen ohne Querriegel bzw. ohne Glasstöße ausgeführt werden. Wenn das wegen der Größe der Baukörper nicht möglich ist oder wenn sich zu lange und schmale – bauphysikalisch problematische (vgl. Abschn. 5.2) – Glasformate ergeben, können Glasstöße mit Stufenglas ausgeführt werden. (Bild **5**.40). Es müssen die seit einiger Zeit auf dem Markt befindlichen Spezial-Isoliergläser mit UV-beständigem Randverbund verwendet werden.

Schrägverglasungen sollten mindestens 10° geneigt sein, damit ablaufendes Niederschlagswasser sicher abgeleitet wird und auch am unteren Rand oder an Scheibenstößen über Profilvorsprünge abläuft.

Die Übergänge abgewinkelter schräg verglaster Flächen können bei kleineren Erkern ohne Dachrinnen ausgeführt werden (s. Punkt c und f in Bild **5**.62). Durch Profilüberstände sollte jedoch dafür gesorgt werden, daß das von Schrägflächen ablaufende Wasser möglichst weit vor den senkrechten Verglasungsflächen abtropft. Sonst sind starke Verschmutzungen unvermeidbar.

Dachrinnen (Dimensionierung und Ausführung nach DIN 18 460, 18 461 und 18 469, Abschn. 1.6) sind oft formal störend, konstruktiv aber unbedingt ratsam. Eine Ausführung mit Dachrinne für einen großen Wintergarten zeigt Bild **5**.60.

Die seitlichen Anschlüsse an die Fassade werden ähnlich wie bei Fenstern ausgeführt.

Für den oberen Wandanschluß werden vorteilhaft verstellbare Anschlußsysteme montiert (Bild **5**.61).

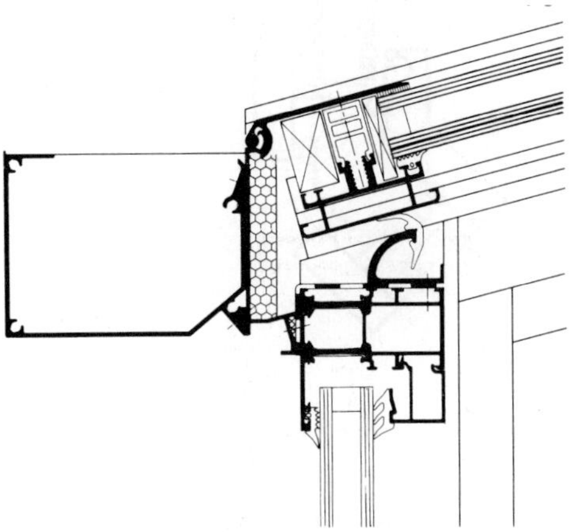

5.60 Traufdetail mit Regenrinne für Wintergarten (Schrägverglasung hier mit nicht wärmegedämmten Leichtmetallprofilen), WICONA, WICTEC 60

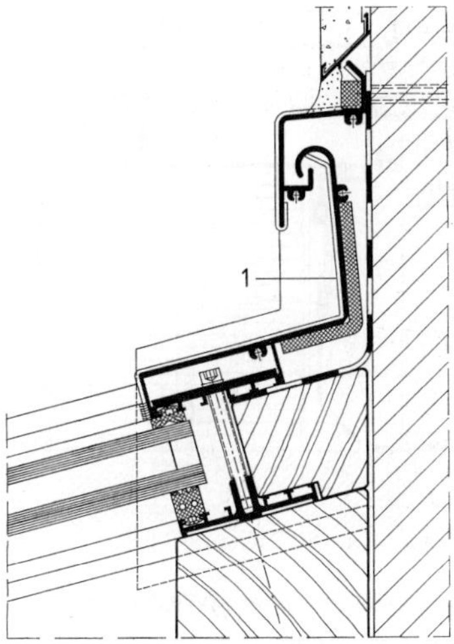

5.61 Verstellbares Wandanschlußsystem für Wintergärten o.ä. (Bug Alutechnik GmbH)

1 Anschlußprofil mit Knickfase zur Angleichung an gegebene Neigung

In Bild **5**.62 sind Gesamtschnitte für Erkeranlagen mit wärmegedämmten Aluminium-Profilen gezeigt.

In Punkt a und b ist ein Querriegel und der untere Abschluß für eine Ausführung mit nicht verglastem, wärmegedämmtem Brüstungsfeld dargestellt.

An den Knickpunkten werden verstellbare Profile verwendet (Punkt f in Bild **5**.62).

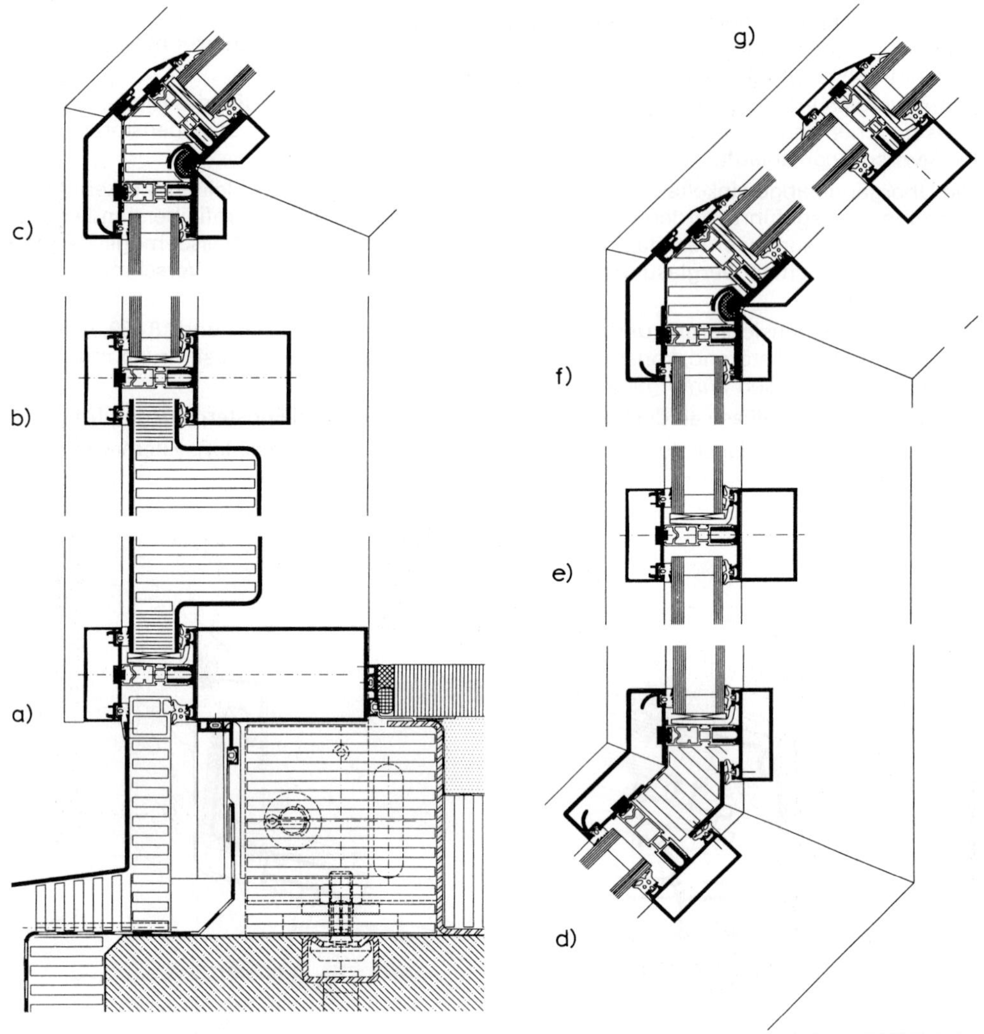

5.62 Schrägverglasungssystem (WICONA®)
a) Brüstungsanschluß
b) Brüstungsfeld mit Querriegel
c) und d) Knickpunkte, Ausbildung mit verschweißten Profilen
e) Querriegel
f) Knickpunkt, Ausbildung mit verstellbaren Profilen
g) Quersprosse

Eine aussteifende Quersprosse kann wie in Punkt e ausgeführt werden. Für Sprossen, die größere liegende Glasflächen unterteilen, ist in Punkt g ein Beispiel gezeigt.

Die wichtigsten Details für die Ausführung eines Wintergarten-Anbaues in Holzkonstruktion enthält Bild **5**.63.

In der Regel erfordern verglaste Vorbauten einen Sonnenschutz. Innenliegende Sonnenschutzeinrichtungen sind zwar weniger aufwendig, aber nicht sehr wirksam. Sonnenschutzgläser (beschichtete Gläser) reichen für beheizte Vorbauten nicht aus. Sie müssen durch zusätzliche – am besten außenliegende – Sonnenschutzeinrichtungen ergänzt werden. Ihre Wirkung wird durch Hinterlüftung wesentlich verbessert.

Außenliegende Sonnenschutzeinrichtungen sollten durch automatische Steuerungen nicht nur eine zu starke Sonneneinstrahlung verhindern, sondern auch bei drohendem Sturm, Regen oder Hagel wieder eingefahren werden.

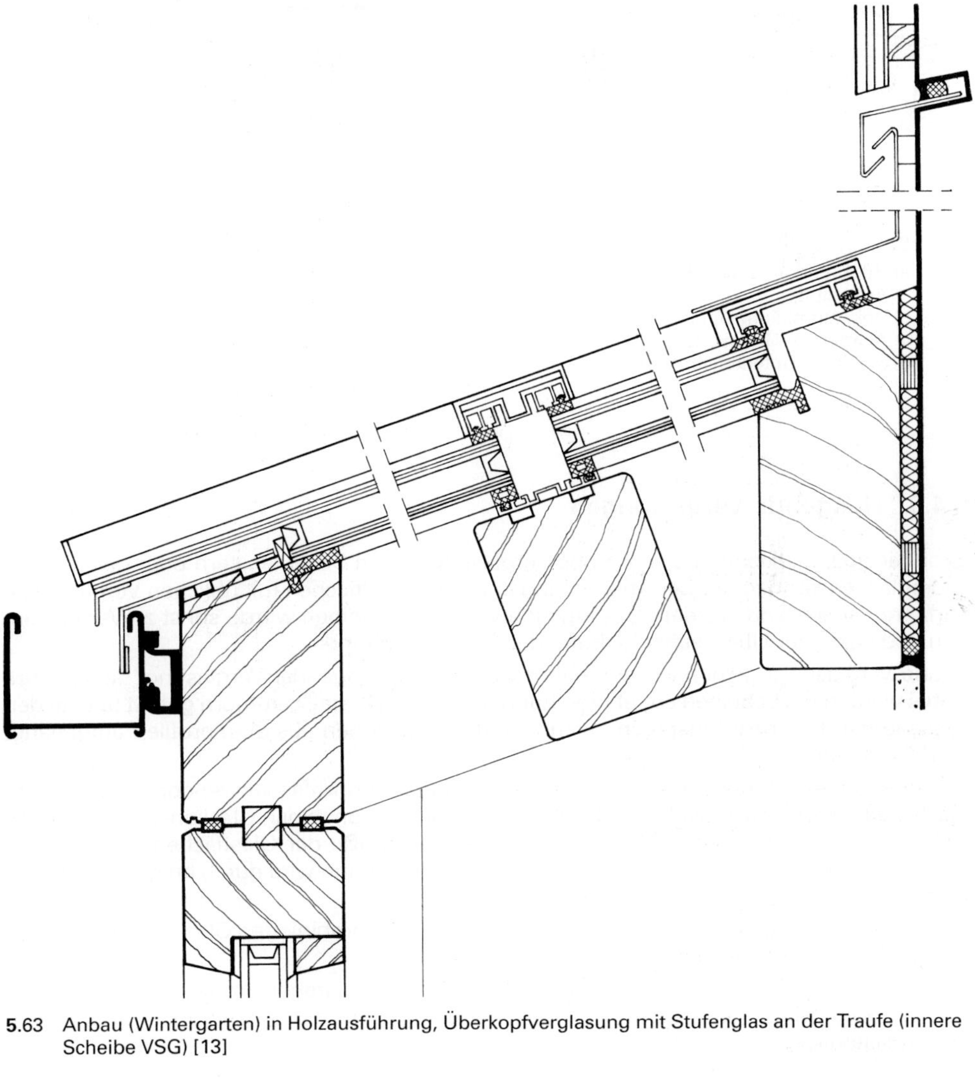

5.63 Anbau (Wintergarten) in Holzausführung, Überkopfverglasung mit Stufenglas an der Traufe (innere Scheibe VSG) [13]

Geschlossene Glasvorbauten müssen gut lüftbar sein. Die Lüftung kann durch automatisch gesteuerte Ventilatoren, aber auch auf natürliche Weise durch Druckunterschiede und thermischen Auftrieb bewirkt werden. Eine natürliche Entlüftung ist um so wirksamer, je größer der Höhenunterschied zwischen Zustrom- und Abluftöffnungen ist. Der Querschnitt von Abluftöffnungen sollte mindestens $1/6$ der Grundfläche betragen. Die Entlüftungsöffnungen sollen dabei etwa $1/3$ größer sein als die Zuluftöffnungen.

Konstruktionen, an die keine besonderen Anforderungen hinsichtlich des Wärmeschutzes gestellt werden müssen, wie z. B. Vordächer u. ä., können mit Einfachverglasung oder Lichtbauplatten (Stegplatten) auf Walz-, Voll- oder Hohlprofilen aus Holz, Stahl oder Aluminium ausgeführt werden (Bild **5**.64). Es sind aber vorsorglich Kondensatfangrinnen vorzusehen.

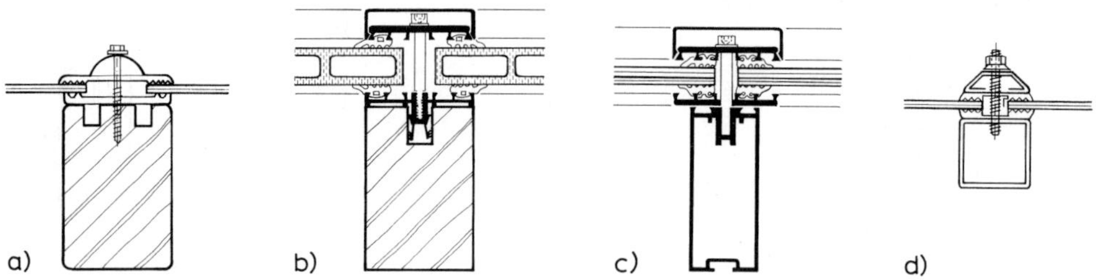

5.64 Schrägverglasung mit Einfachverglasung
a) Holzunterkonstruktion; Verglasung aufgelegt auf Kunststoffprofil (Nutungen mit Verbindung zur Außenluft)
b) Holz-Aluminium-Unterkonstruktion mit Lichtbauplatten (Stegplatten)
c) Aluminium-Unterkonstruktion (BUG)
d) Stahlrohr-Unterkonstruktion

5.4.6 Hängende Verglasungen

Großflächige, insbesondere sehr hohe Verglasungen von Schaufenstern oder ganzen Fassadenflächen können nur bei Unterteilung in kleinere Teilflächen mit üblichen Verglasungsverfahren ausgeführt werden. Das Eigengewicht der Scheiben würde sonst zu Verformungen und damit zur Überbeanspruchung der Dichtungen führen.

Große Verglasungsflächen werden daher vielfach in „hängender Verglasung" ausgeführt. Dabei werden die Scheiben am oberen Rand mit starken Metallklammern gefaßt und an den Fassadenrändern bzw. entsprechenden Unterkonstruktionen aus Stahlprofilen aufgehängt (Bild **5**.65 a und b).

Für senkrechte Unterteilungen können übliche Aluminiumprofile verwendet werden. Technisch besteht aber auch die Möglichkeit zur Ausführung von reinen Glaskonstruktionen. Mit Hilfe moderner Klebemittel können die senkrechten Stöße der Glasflächen bei kleineren Scheiben lediglich elastisch verklebt werden. Die Aussteifung wird durch aufgeklebte Stabilisierungsstreifen aus Glas bewirkt (Bild **5**.65 c).

Bei sehr hohen Glaselementen muß die Aussteifung mit kombinierten Glas-Metall-Sprossen ausgeführt werden (Bild **5**.65 d).

Am unteren Rand werden die hängenden Glasflächen in nutartigen Profilen so eingedichtet, daß Vertikalbewegungen (z. B. infolge von Durchhängungen der Deckenränder oder Riegel) ausgeglichen werden können.

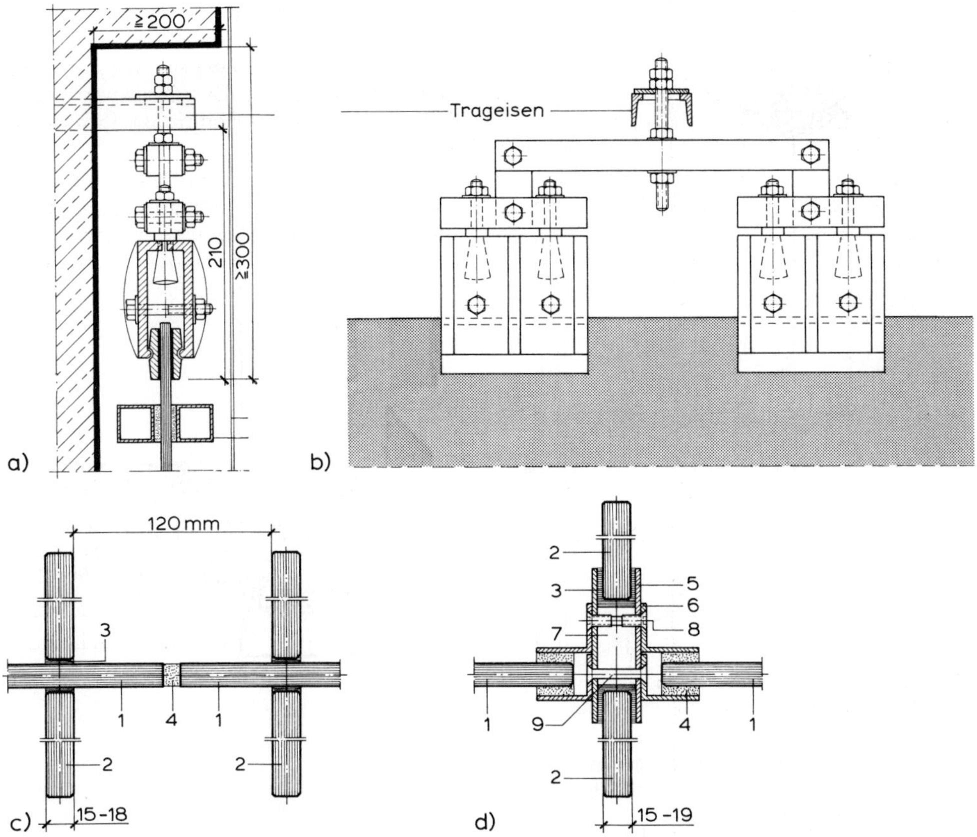

5.65 Aussteifung hängender Verglasung

a) und b) Hängende Verglasung (patentierte Ausführung Fa. Glasbau H. Hahn, Frankfurt/Main)
c) Vierfach-Glasstabilisierung (DBP)
d) kombinierte Glas-Metall-Sprosse (DBP und ausländisches Patent)

1 Hauptscheibe
2 Glasstabilisierung
3 Glaszement
4 weiche Abdichtung
5 Edelstahlprofil
6 Edelstahl-L-Profil
7 Stahlprofil
8 Verschraubung
9 Niet

5.4.7 Fenster-Fassadensysteme

Große Lichtöffnungen oder vollständige Fassaden mit fest verglasten geschlossenen Flächen und mit Fenster- bzw. Türöffnungen können mit speziellen Fassadensystemen aus wärmegedämmten Aluminium- oder Stahlprofilen konstruiert werden.

Hierfür bieten die verschiedenen Hersteller geschlossene Systeme an, die in der Regel Pfosten-Riegel-Konstruktionen sind (vgl. Abschn. 5.7.4 in Teil 1 des Werkes).

Als Beispiel für derartige Fenster-Fassadensysteme können Ausschnitte einer Pfosten-Riegel-Konstruktion aus wärmegedämmten Stahlprofilen dienen (Bild **5**.66; s. auch Bild **5**.116).

Für dieses umfangreiche Gebiet muß jedoch auf weitere Firmeninformationen und Spezialliteratur verwiesen werden.

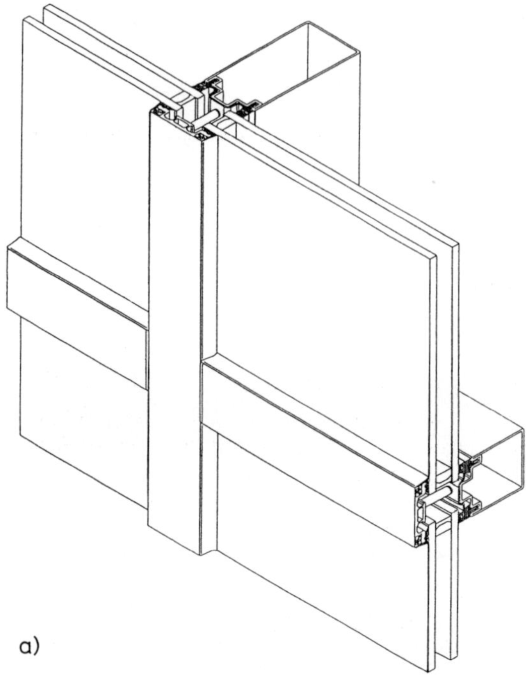

a)

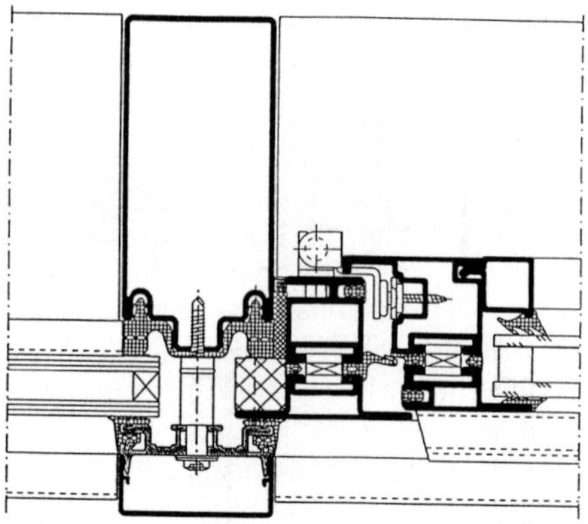

c)

5.66
Fenster-Fassadensystem aus wärmegedämmten Stahlprofilen (RP-Technik Mannesmann, RP-ISO-hermetic 60)

a) Pfosten-Riegel-Kreuzung
b) vereinfachte isometrische Darstellung
c) Pfosten mit Fensteranschluß

1 Pfosten
2 Glashalte-Spezialteil
3 Deckleistenprofile

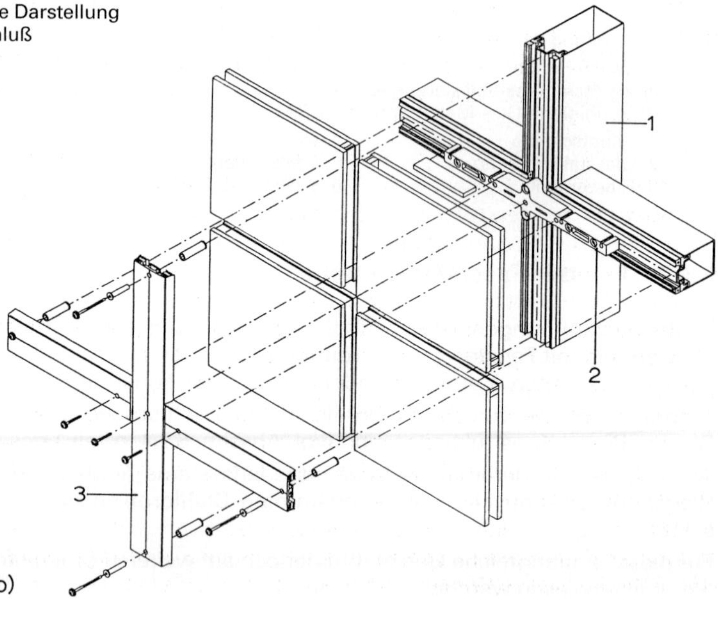

b)

5.5 Beschläge

5.5.1 Allgemeines

Für die Ausführung von Beschlagarbeiten ist DIN 18357 (VOB Teil C) maßgebend, doch werden dort nur allgemeine Hinweise gegeben.

So müssen z. B.

Fensterbeschläge so beschaffen sein, daß sich Fenster in geschlossenem Zustand nicht von außen öffnen lassen,

Scheren von Kipp- oder Klappflügeln aushängbar sein,

Eckscharniere u. ä. und Öffnungsbremsen nachstellbar sein,

Schwingflügel um 180° drehbar sein usw.

Fensterflügel dürfen auch bei Fehlbedienung nicht herausfallen können.

Im übrigen müssen alle Beschläge so beschaffen sein, daß auch bei nicht sachgemäßer Bedienung Gefahren ausgeschlossen sind. So müssen z. B. Drehkipp-Beschläge gegen Fehlbedienung mit möglichem Herausfallen des Flügels gesichert sein. Schiebetürbeschläge für schwere Flügel sollen kurz vor der Schließstellung blockieren. Schwingflügel sollen Sicherung gegen völliges Umschlagen z. B. durch Winddruck aufweisen.

Bedienungsgriffe müssen in günstiger Greifhöhe liegen. Für Rollstuhlbenutzer soll sie nicht höher als 1,05 m liegen.

Ebenso ist auf den Mindestabstand zwischen äußerster Flügelrahmenkante und innerer Leibung zu achten. Er beträgt je nach Beschlag 25 bis 50 mm.

Güteanforderungen an Fenstergriffe regeln RAL-Prüfbestimmungen [43].

Selbstverständlich müssen alle Beschläge nicht nur der gewünschten Funktion, Größe und Beanspruchung eines Fensters entsprechen, sondern auch der gewählten Fensterbauart hinsichtlich des Baustoffes (Holz-, Holz-Aluminium-, Aluminium-, Kunststoff- oder Stahlfenster).

In fast allen Fällen muß unterschieden werden zwischen Beschlägen, die „aufliegend", d. h. äußerlich sichtbar auf Flügel- oder Blendrahmen montiert werden, und solchen, die ganz oder teilweise „verdeckt", d. h. innerhalb von Ausfräsungen im Falzbereich von Holzfenstern oder in Hohlräumen von Kunststoff- oder Metallprofilen eingebaut werden.

Die Wahl des Beschlages ist in erster Linie abhängig von Fenstergröße (Gewicht), Beanspruchung und Zweck.

Die Wahl des Beschlages ist rechtzeitig zu treffen, weil die Dimensionen der Rahmenteile und die Beschläge aufeinander abgestimmt werden müssen.

Die Auswahl der Beschlagfabrikate ist im übrigen auch abhängig von den bei den Fensterherstellern jeweils vorhandenen Spezialwerkzeugen, Einbaulehren usw. und daher oft nur bedingt vom Planer zu treffen.

Bei der außerordentlichen Vielfalt der auf dem Markt befindlichen Fensterbeschläge können im Rahmen dieses Buches nur einige allgemein geltende Grundsätze für die Auswahl und die Bau- und Funktionsarten gemacht werden.

Die Kosten setzen sich aus Beschlagspreis und Einbaukosten zusammen. Der Beschlagspreis wird nicht zuletzt davon mitbestimmt, ob viele Einzelelemente auf Lager gehalten werden müssen oder ob der Beschlagsmechanismus aus einigen wenigen montagefertigen Bauteilen, die sich beim Anschlagen leicht an die vorhandenen Rahmengrößen anpassen lassen, zusammensetzbar ist.

Alle Beschläge werden ständig weiterentwickelt im Hinblick auf verbesserte bzw. erleichterte Einbaumöglichkeiten, verbesserten Einbruchschutz, leichtere Bedienbarkeit. Es würde den Rahmen dieses Werkes sprengen, hier einen auch nur einigermaßen ausreichenden

Überblick mit dem jeweilig aktuellsten Entwicklungsstand zu geben. Die nachfolgenden Darstellungen sollen vielmehr die Grundformen von Beschlägen deutlich machen.

Konstruktionsmerkmale der Beschläge werden in diesem Abschnitt – weil leichter verständlich – überwiegend für Holzfenster dargestellt. Sie gelten sinngemäß aber auch für Fenster aus anderen Materialien.

5.5.2 Fensterbänder

Die bewegliche Verbindung der Fensterflügel mit dem Blendrahmen (Stock) wird bei Dreh- und Kippfenstern durch die „Bänder“ gebildet. Dafür werden heute überwiegend Einbohrbänder verwendet, für deren Zapfen mit Hilfe von Anschlaglehren Bohrungen in das Flügelholz hergestellt werden. Die Zapfen werden bei Holzfenstern direkt, bei Metall- und Kunststoffprofilen in eingelassene Hülsen eingeschraubt und ggf. durch Stifte gesichert (Bild **5**.67 und Bild **5**.68). Durch Heraus- oder Hereindrehen der Bandteile können jederzeit – auch nachträglich – Justierungen vorgenommen werden. Derartige Bänder gibt es in den verschiedensten Ausführungen, für schwere Flügel z. B. mit mehreren Zapfen, mit Nylon- oder Kugellager, für Montagen bei beengten Platzverhältnissen auch mit losem Stift.

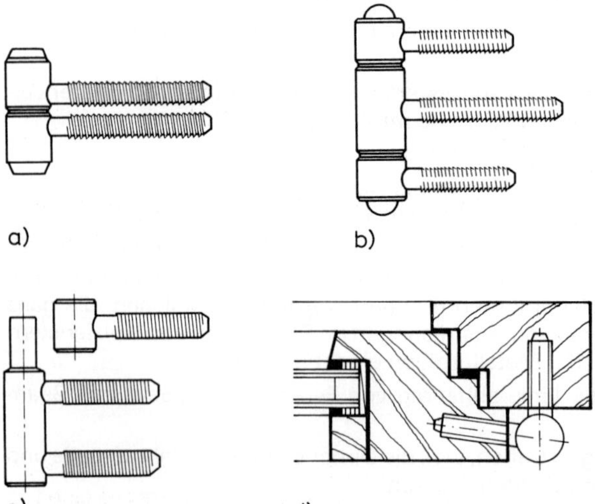

5.67 Einbohrbänder
a) Normalband für Fensterflügel, b) Band mit losem Stift,
c) Band mit zweilappigem Tragteil,
d) Schnitt durch die Fensterrahmen

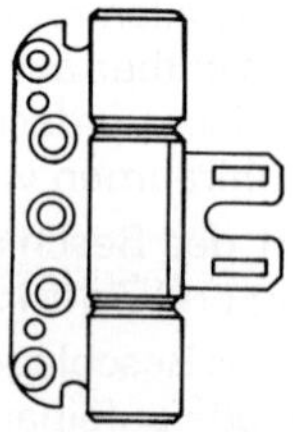

5.68 Einfräsband (HEWI)

Die noch in Altbauten anzutreffenden Fitschbänder oder Fischbänder (französisch la fiche = Türband), deren Bandlappen in Flügel- bzw. Blendrahmen „eingestemmt“ oder mit Spezialsägen eingelassen wurden, werden nur noch im Rahmen der Denkmalpflege verwendet (Bild **5**.69).

Für größere Fenster und -fenstertüren werden besonders in Verbindung mit Boden-Türschließern auch Zapfenbänder verschiedener Bauart verwendet. Bild **5**.70 zeigt den typischen Aufbau derartiger Bänder, die mit exzentrischen Justierbuchsen nachstellbar sind.

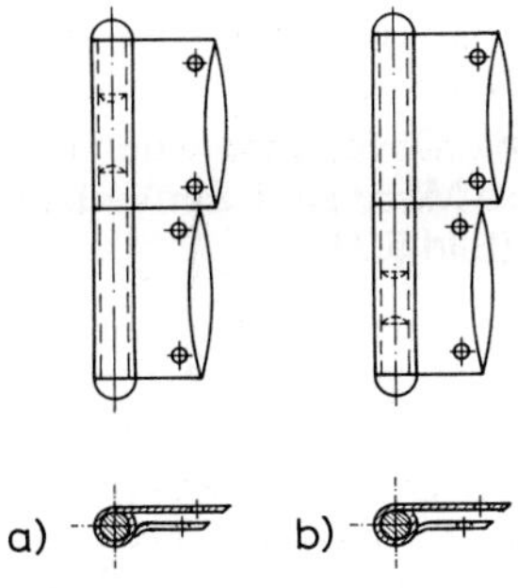

5.69 Einstemmbänder (dargestellt sind Linksbänder, Rechtsbänder spiegelbildlich)
a) mit festem Stift
b) mit losem Stift, rechts und links verwendbar

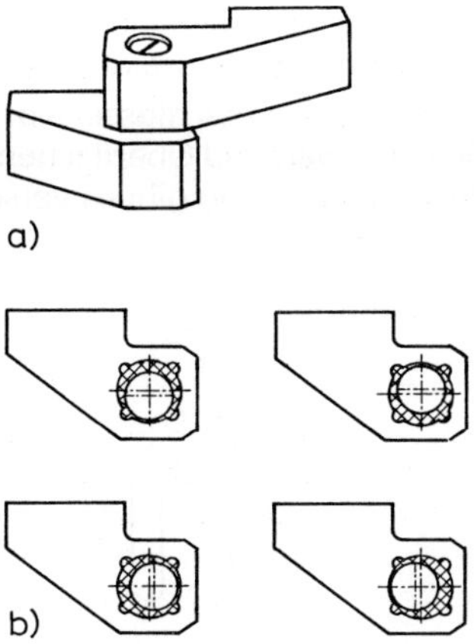

5.70 Zapfenband (Prinzip)
a) isometrische Darstellung
b) Justierachse, in 4 Stellungen einsetzbar

Die früher häufig verwendeten Hebetürbeschläge werden heute nicht mehr ausgeführt. Die erforderlichen Hubbewegungen beanspruchen die Falzdichtungen zu stark. Der erforderliche obere Falzraum kann außerdem nicht ausreichend winddicht gemacht werden, und Hebefenster bzw. -türen sind besonders einbruchgefährdet.

Fenstertüren werden daher – mit entsprechend verstärkter Dimensionierung – heute meistens wie Fenster konstruiert.

5.5.3 Fensterverschlüsse

Zu unterscheiden sind einfache Verschlüsse für Dreh- und Kippfenster und solche für Drehkipp-, Wende-, Schwing-, Hebe-Schiebefenster u. ä. In der ersten Gruppe handelt es sich um Fenster mit Drehung des ganzen Flügels um eine Achse nach innen oder nach außen bei normaler Beanspruchung durch Fenstergewicht und Windlasten. Fensterbeschläge der zweiten Gruppe ermöglichen Bewegungen in mehr als einer Richtung (z. B. Drehen und Kippen oder Heben und Schieben). Alle Funktionen, wie z. B. den Flügel im Blendrahmen beweglich zu lagern und zu verriegeln, müssen dabei u. U. an derselben Stelle des Rahmens ausgeübt oder mit demselben Griff ausgelöst werden („Einhandbedienung"). Die Entwicklung dieser fast ausnahmslos durch Patente geschützten Beschläge, deren Formen kaum noch überschaubar sind, macht ständig Fortschritte.

Der erhöhten Beanspruchung durch Eigengewicht und Windlast entsprechend, werden bei Gestaltung neuer Fensterbeschläge allseitige Verriegelung, allseitige Dichtung, verdeckte Anbringung, Betriebssicherheit, gute Form und angemessener Preis angestrebt.

Besonders wichtig ist aber auch, daß die Beschläge in den genormten Fensterprofilen möglichst allseitig gleichartige Fräsungen bzw. Aussparungen erfordern, einfach und rationell angeschlagen und ggf. für Reparaturen leicht austauschbar sind.

Im übrigen haben sich, von seltenen Sonderfällen abgesehen, die äußeren Formen, nicht aber die Grundfunktionen der einzelnen Beschlagelemente verändert.

Betätigt werden die Fensterverschlüsse in der Regel mit Drehgriffen („Olive"), die in den verschiedensten Gestaltungen und Oberflächenbehandlungen auf dem Markt sind. Zur Verbesserung der Einbruchshemmung gibt es verschließbare Drehgriffe (Bild **5**.71).

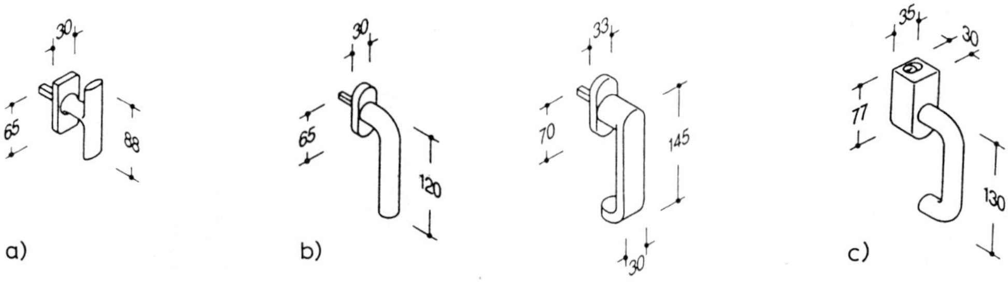

5.71 Fensteroliven (HEWI)
a) einfache Olive für kleinere Fenster
b) Oliven („Halbolive") geeignet für Fenster mit Drehkippbeschlägen
c) verschließbare Olive

5.5.3.1 Einreiberverschlüsse

Sie werden für kleine einflügelige Fenster und ebensolche Fenster mit festem Mittelpfosten verwendet. Bei Einreiberverschlüssen dreht sich die Zunge des Einreibers in das Schließblech in der Falzkante des Blendrahmens oder Pfostens (Bild **5**.72). Von dem Anzug, der hier in diesem einfachen Falle durch die oben konische Schlitzverbreitung im Schließblech bewirkt wird, hängt das Dichtschließen der Fuge im Rahmenüberschlag ab.

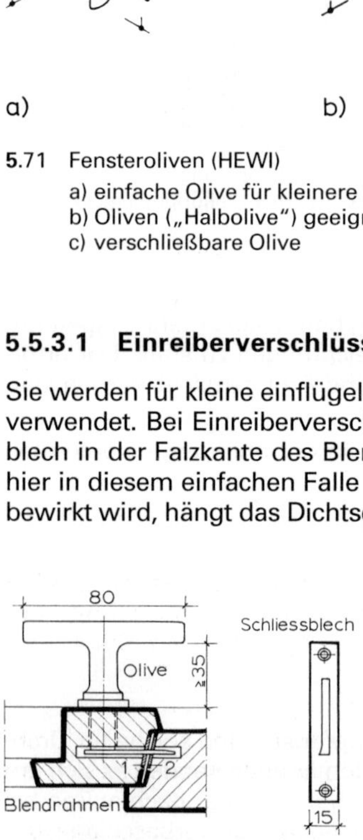

5.72 Einreiberverschluß
1 Führungsblech
2 Schließblech

5.5.3.2 Einlaßgetriebe

Einlaßgetriebe mit Stangenverschlüssen (Bild **5**.73) wurden für zweiflüglige Fenster ohne feststehende Pfosten verwendet. Sie verriegeln das Fenster an 3 Stellen, und zwar greifen die Riegelstangen oben und unten in Keilkloben oder in Rollkloben (Bild **5**.74) und in der Mitte mit Zungen in Schließbleche. Der Getriebekasten ist in das Flügelholz eingelassen, die Verschlußstangen in die darüber geschraubte Schlagleiste. Beim Drehen des Griffes greift die mit dem Dorn vernietete Zunge durch den Ausschnitt der Stulpschiene und zieht den Flügel etwas zusammen; gleichzeitig werden die Gelenkstücke verschoben. Dadurch werden die angeschlossenen Riegelstangen nach oben und unten gedrückt. Einlaßgetriebe sind heute durch Kantengetriebe ersetzt.

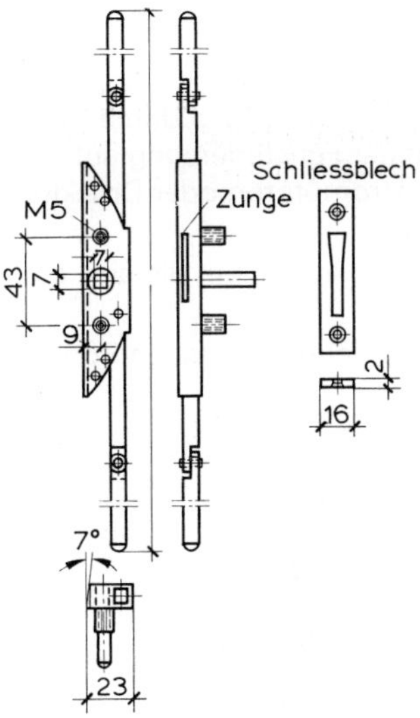

5.73 Einlaßgetriebe

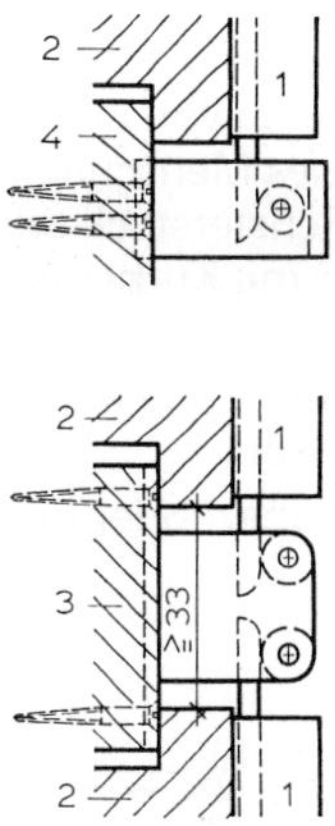

5.74 Roll- (a) und Doppelrollkloben (b)
1 Schlagleiste
2 Flügelholz
3 Riegel
4 Blendrahmen

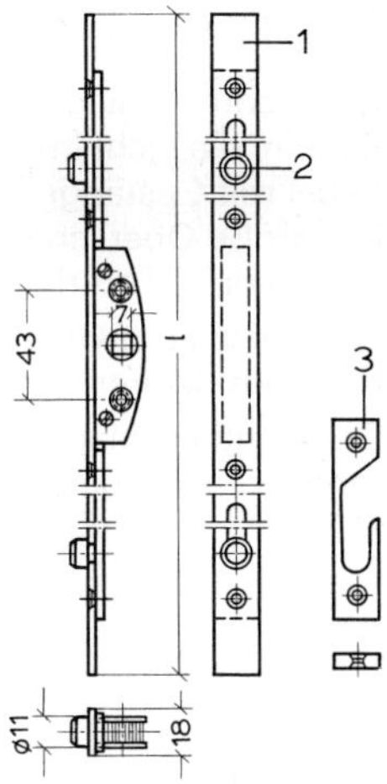

5.75 Kantengetriebe

5.5.3.3 Kantengetriebe

Fast alle modernen Fensterbeschläge sind als Kantengetriebe konstruiert. Sie werden bei Holzfenstern in genormte oder speziell gefräste Nutungen eingebaut. Bei Kunststoff- und Metallfenstern haben die Flügel- und Rahmenprofile Aussparungen für den Einbau der Beschläge, die zwischen den Herstellern abgestimmt bzw. genormt sind.

Kantengetriebe haben Riegelstangen über die ganze Höhe des Fensterflügels. Die Riegelstangen tragen 2 bis 4 Rollzapfen, die durch schlitzartige Ausschnitte der Stulpschiene reichen und in entsprechend geformte, in die Falzkante des Blendrahmens eingelassene Schließbleche greifen (Bild **5**.75).

Die Sicherung der Fensterflügel gegen gewaltsames Aufhebeln von außen können pilzförmige Verriegelungszapfen erheblich verbessern.

5.5.4 Funktionsbeschläge

Die nachfolgend in Beispielen für Holzfenster beschriebenen Beschlagsysteme sind für die verschiedenen speziellen Öffnungsarten (s. Bild **5**.3) der Fenster konstruiert und enthalten in der Regel neben den entsprechenden Beschlagsteilen auch die nötigen speziellen Bänder und Verschlüsse.

5.5.4.1 Oberlichtbeschläge

Oberlichtbeschläge dienen zum Öffnen von ein- oder auswärtsgehenden Kipp- oder Klappflügeln, die nicht im Griffbereich eines Menschen liegen. Die Betätigung erfolgt durch Handhebel mit Gestänge, das auf dem Fensterstock oder seitlich auf der Fensterleibung aufliegt. Für große Oberlichte gibt es Öffner mit Kurbelgetriebe, mit Elektromotoren oder Druckluft- und Hydraulikantriebe.

Zusätzlich zum Oberlichtbeschlag müssen Fangscheren vorgesehen werden, die sich zum Reinigen der Fenster aushängen lassen.

Oberlichtbeschläge sind auch für trapez- oder dreieckförmige Flügel und sonstige Sonderformen einsetzbar.

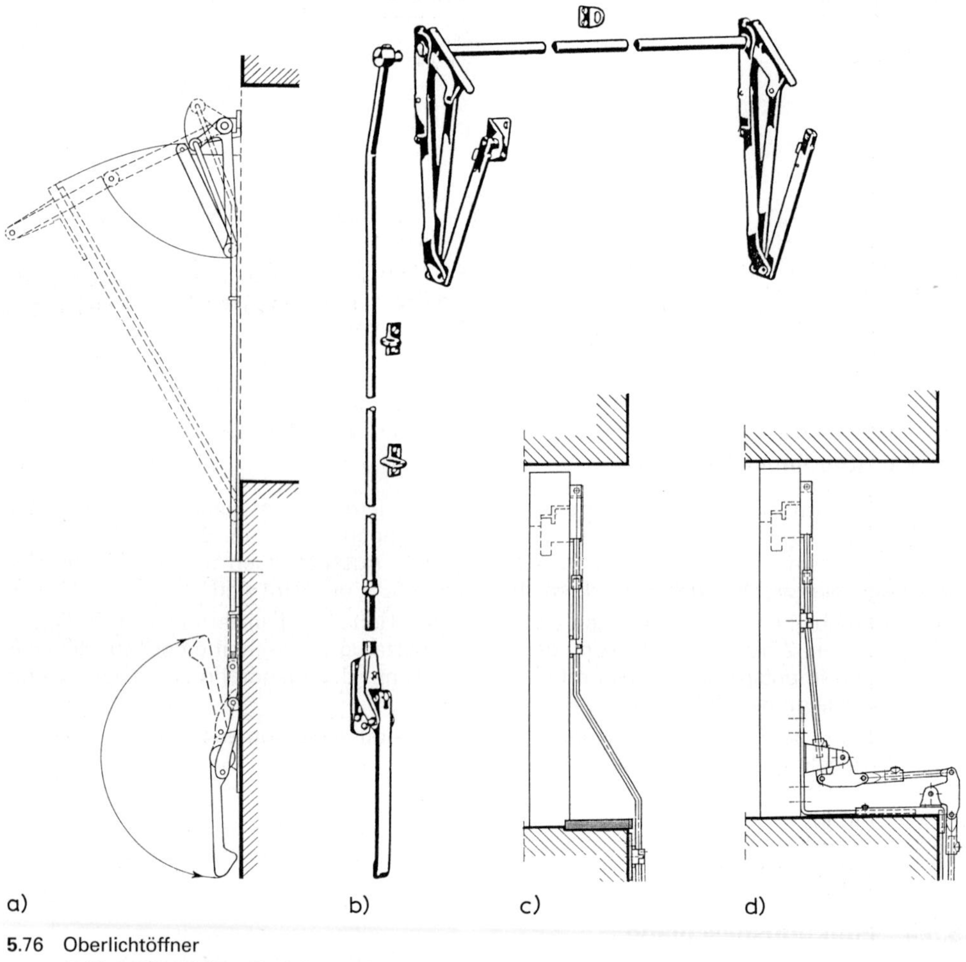

a) b) c) d)

5.76 Oberlichtöffner

a) Klappflügelöffner, Funktionsweise
b) Kippflügelschlag, räumliche Darstellung eines aufliegenden Oberlichtbeschlages (HAUTAU Zentrik 15®)
c) Kippflügelbetätigung mit gekröpftem Gestänge
d) Kippflügelbetätigung mit Umlenk-Antrieb (Gretsch-Unitas Ventus®)

Möglich ist die Ausbildung von Oberlichtfenstern auch als horizontal miteinander gekoppelten Flügeln (Gruppenoberlichtfenster). Anlagen dieser Art werden in der Regel pneumatisch oder elektrisch angetrieben.

Die Gestänge können auf dem Fensterstock aufliegen oder verdeckt eingebaut werden.

Für das Getriebe bzw. als Bedienungsraum muß 4 bis 4,5 cm Breite zwischen Flügelkante und Leibung vorhanden sein.

Nicht immer ist es möglich, Fenster mit Klapp- oder Kippflügeln bündig mit den Innenwandflächen einzubauen, so daß die Betätigungsgestänge glatt aufliegen können (Bild **5**.76 a). Bei Leibungstiefen bis etwa 100 mm können abgekröpfte Gestänge verwendet werden (Bild **5**.76 c). Bei größeren Differenzen sind Winkel-Umlenkungen einzusetzen (Bild **5**.76 d). Liegen die zu betätigenden Flügel in großer Höhe oder sind sie sonst schwierig durch mechanische Einrichtungen zu betätigen, kommen Antriebe mit Elektromotoren oder Druckluft- und Hydrauliksysteme in Frage. Die Richtlinien für kraftbetriebene Türen und Tore müssen dabei beachtet werden.

5.5.4.2 Drehkipp-Beschläge

Vor allem in Wohnräumen werden Drehkippfenster verwendet, die zur Lüftung nach innen gekippt werden können.

In der Regel werden Beschläge mit Einhandverschluß eingebaut (Drehen, Kippen und Schließen des Fensters mit demselben Handhebel). Die über den Handhebel ausgeübten Zug- oder Druckkräfte müssen an drei Fensterecken um je 90° umgelenkt werden, um mit Hilfe von Treibstangen je nach Hebelstellung Rollzapfen oder Drehlager oder beides zu bewegen. Die Eckumlenkung wird durch Stahlbänder bewerkstelligt, in welche die Treibstangen jeweils eingehängt sind. Auf diese Weise ist es möglich, die waagerechten Rahmenteile in der Mitte nochmals zu verriegeln.

Drehkippbeschläge können auch in innen flächenbündig ausgeführte Fenster und völlig verdeckt eingebaut werden, so daß allein der Betätigungsgriff sichtbar bleibt (Bild **5**.77).

Die Ausstellschere hält den gekippten Fensterflügel des Flügelrahmens fest, so daß eine zugfreie Dauerlüftung möglich ist.

Getriebe, Treibstangen, Ausstellschere und Eckumlenkungen liegen im Rahmen (Bild **5**.78).

Alle Drehkippbeschläge müssen Sicherungen gegen Fehlbedienung haben, die verhindern, daß die Flügel herausfallen können. Die meisten Beschläge weisen auch Sicherungen auf, die verhindern, daß Flügel in Kippstellung von außen bedient und geöffnet werden können.

Bei sehr breiten Flügeln sind Beschläge günstiger, in denen die Bedienungsfunktionen (Öffnen durch Kippen bzw. Öffnen durch Drehen) getrennt sind.

a)
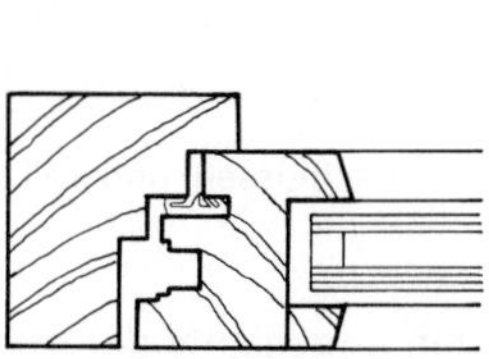

b)
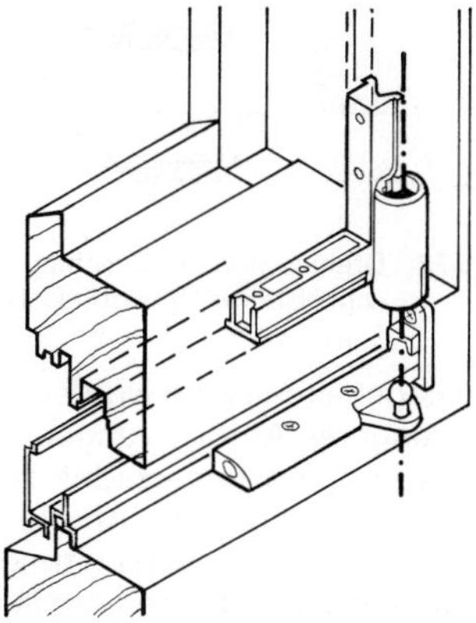

5.77 Drehkippbeschlag für innen flächenbündig liegende Rahmen und vollständig verdeckten Einbau (GU Contura®)

a) Schnitt durch Rahmenprofile

b) isometrische Darstellung: unteres im Falz eingebautes Drehlager mit Kugelkopf

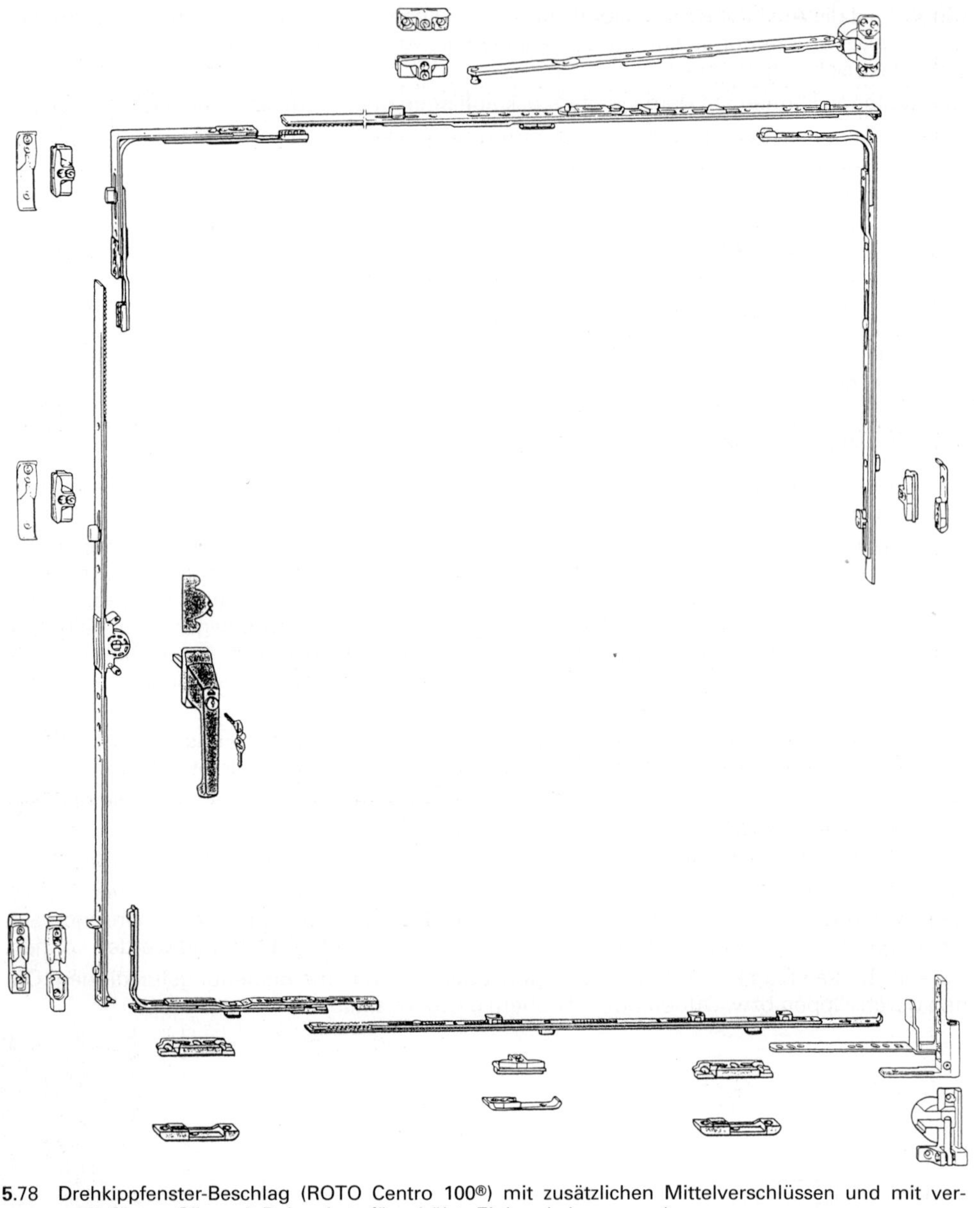

5.78 Drehkippfenster-Beschlag (ROTO Centro 100®) mit zusätzlichen Mittelverschlüssen und mit verschließbarer Olive mit Bohrschutz für erhöhte Einbruchshemmung)

Festgehalten sollte werden, daß der Einbau von Drehkippbeschlägen angesichts der immer strengeren Anforderungen an den Wärmeschutz (s. Abschn. 5.2.3) und an die Fugendichtigkeit von Fenstern bis hin zu der Forderung nach Einbau spezieller wärmesparender Lüftungseinrichtungen (Abschn. 5.10) eigentlich widersinnig ist. Die Benutzer werden verleitet, ihre sehr subjektiven Lüftungsanforderungen oder sogar die Regelung der Raumtemperatur durch mehr oder weniger langes Beibehalten der Kippstellung der Fenster zu erreichen.

5.5.4.3 Schwingflügelbeschläge

Schwingflügelfenster lassen ein schnelles und bequemes Öffnen auch großer Fensterflächen zu (Flügelgewicht ≦ 350 kg). Das Drehlager ermöglicht eine Drehung um 180°, so daß die Außenfläche der Scheiben leicht von innen aus zu reinigen ist. Die Drehung wird in jeder Stellung gebremst und in der Endstellung durch Falzscheren begrenzt. Sie können durch Schlüssel entsichert werden, wenn der Flügel zum Reinigen um 180° umgeschlagen werden soll.

Verriegelt werden Schwingflügel durch umlaufende Kantengetriebe ähnlich wie bei Drehkippfenstern (vgl. Bild **5**.78). Mit der Verriegelungsnocke des Hebelgriffes kann der Flügel im unteren Blendrahmen zur Spaltlüftung gesichert werden.

Besonderes konstruktives Merkmal von Schwingflügelfenstern sind die in den Schnitten erkennbaren seitlichen senkrechten Falzleisten, die auf der einen Seite des Drehlagers am Flügelrahmen, auf der anderen Seite am Blendrahmen (Stock) eingebaut werden.

Die Belastung der Flügelrahmen ist infolge der mittigen Aufhängung der Schwingflügel bei großen Flügelabmessungen statisch günstiger als beim Drehflügel; daher sind bei gleicher Rahmendicke größere Flügelmaße möglich.

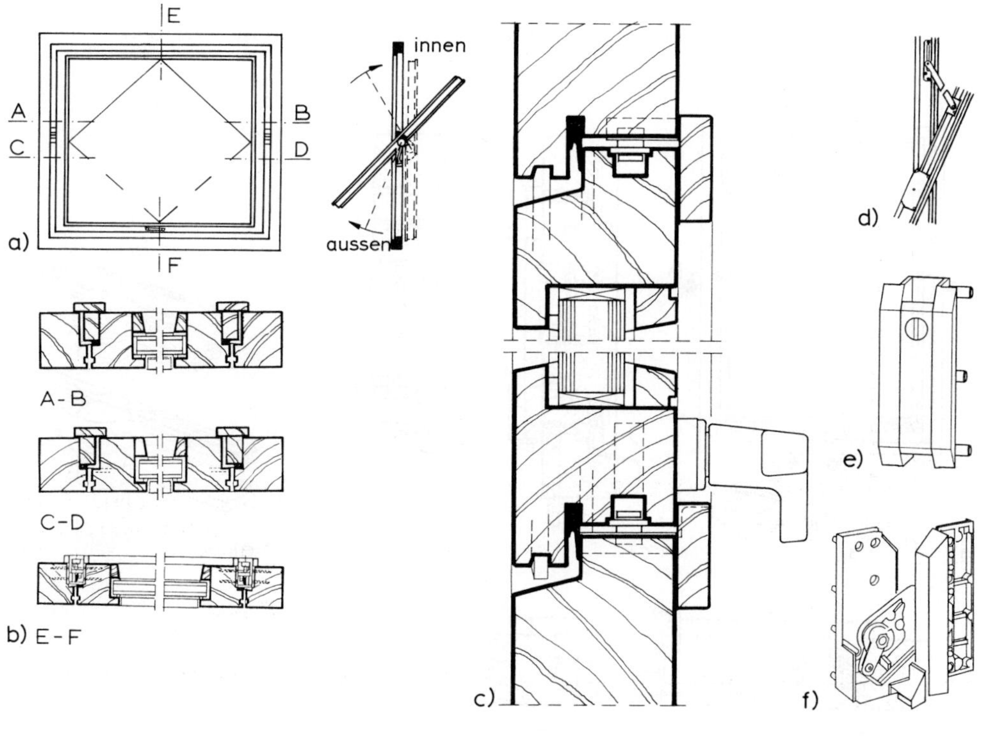

5.79 Schwingflügelbeschlag (Gretsch Unitas 5 B0, 7 B0, 10)

a) Ansicht von innen mit Schnittschema
b) Schnitte, A–B oberhalb Drehachse, C–D unterhalb Drehachse, E–F im Lagerbereich
c) senkrechter Schnitt
d) Falzschere
e) Drehlager, geschlossenes Fenster
f) Drehlager in 180°-Stellung

Bei der Bemessung der senkrechten Flügelrahmenteile muß sichergestellt sein, daß die Flügel in geöffnetem Zustand nicht durchhängen, weil dadurch Isolierglasscheiben beschädigt werden können.

Nachteilig bei allen Schwingflügelfenstern ist, daß die auf der sonnenbestrahlten Hauswand entstehende warme Luftströmung unter dem teilweise geöffneten Flügel in den Raum geleitet wird (ebenso wie der Straßenlärm oder Geräusche aus daruntergelegenen Räumen) und daß sie in geöffnetem Zustand nur sehr bedingt Aussichtsfenster sind.

Einzelheiten eines Schwingflügelbeschlages zeigt Bild **5**.79.

5.5.4.4 Wendeflügelfenster-Beschläge

Große und schwere Fensterflügel mit hohen stehenden Rechteckformaten können als Wendeflügel ausgebildet werden. Die Drechachse kann mittig und auch außermittig liegen.

Bei dieser Öffnungsart werden die senkrechten Flügelrahmenteile nicht auf Biegung beansprucht. Wendeflügelfenster haben Falzleisten in den oberen und unteren Anschlüssen an den Blendrahmen, die auf der einen Seite des Drehlagers am Flügelrahmen, auf der anderen Seite am Blendrahmen (Stock) eingebaut werden.

Die Verriegelung der Flügel erfolgt ähnlich wie bei Drehkippfenstern durch umlaufende Kantengetriebe (vgl. Bild **5**.77).

Die wichtigsten konstruktiven Einzelheiten können Bild **5**.80 entnommen werden.

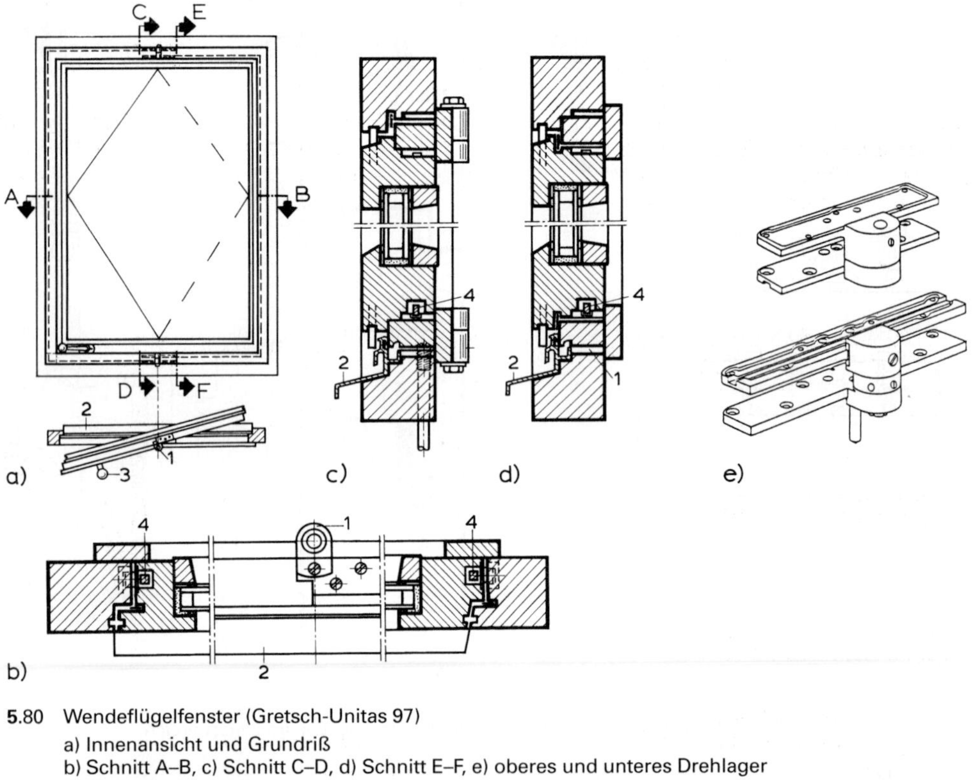

5.80 Wendeflügelfenster (Gretsch-Unitas 97)

a) Innenansicht und Grundriß

b) Schnitt A–B, c) Schnitt C–D, d) Schnitt E–F, e) oberes und unteres Drehlager

1 Drehlager
2 Regenschutzschiene mit Dichtung
3 Drehgriff
4 Verriegelungsgestänge

Wendeflügelfenster können mit Schleifdichtungen so konstruiert werden, daß sie sich um 180° drehen lassen, daß die Innenseite nach außen weist, aber bündig im Rahmen liegt. Auf diesen „Karussellfenstern" können Jalousettenanlagen so angebracht werden, daß sie innenliegend wettergeschützt – insbesondere sturmsicher – als Sichtschutz und außenliegend als sehr wirksamer Sonnenschutz dienen.

5.5.4.5 Schiebefensterbeschläge

Schiebefensterflügel können senkrecht oder waagerecht verschoben werden, um große Öffnungen für Lüftung und ungestörte Aussicht freizugeben. Der besondere Vorteil aller Schiebefenster besteht darin, daß die geöffneten Fensterflügel nicht in den Raum hineinstehen.

Vertikalschiebefenster werden in zwei übereinanderstehende Flügel geteilt. Die die Öffnung querteilenden Flügelrahmen sollten so hoch über dem Fußboden liegen, daß sie weder dem im Raum Sitzenden noch dem dort Stehenden die Aussicht versperren.

Oberer und unterer Flügel eines Vertikalschiebefensters werden untereinander als Gegengewichte ausgenutzt.

Vertikalschiebeflügel, die in zwei Ebenen hintereinander liegen, können mit einfacheren Beschlägen geführt werden (schematische Darstellung in Bild **5**.81 a und b). Moderne Beschlagsgarnituren ermöglichen es, die Schiebeflügel in geschlossenem Zustand in einer Ebene anzuordnen. Zum Öffnen wird der untere Flügel zunächst in Kippstellung gebracht und dann nach oben geschoben (Bild **5**.81 c bis d).

Für die Seilzugführung der Flügel wird ein kastenartiger Raum im oberen Blendrahmen derartiger Vertikalschiebefenster benötigt.

Auf eine Darstellung der aufwendigen Beschlagsgarnituren für Vertikalschiebefenster muß verzichtet und auf Herstellerunterlagen verwiesen werden.

Besteht bei ebenerdigen Bauten die Forderung, große Fenstertüröffnungen vollständig und ohne verbleibende Schwellen zu schaffen (z. B. große Terrassenfenster mit Durchfahrtmöglichkeit für Rollstühle, Servierwagen u. ä.), bilden vertikal versenkbare Elemente eine zwar sehr aufwendige, aber optimale Lösung.

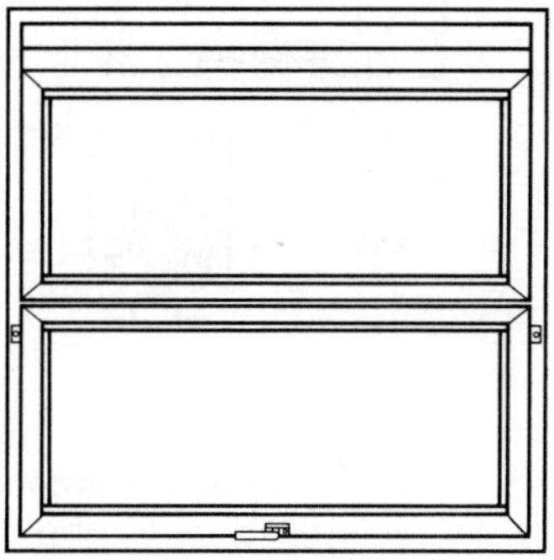

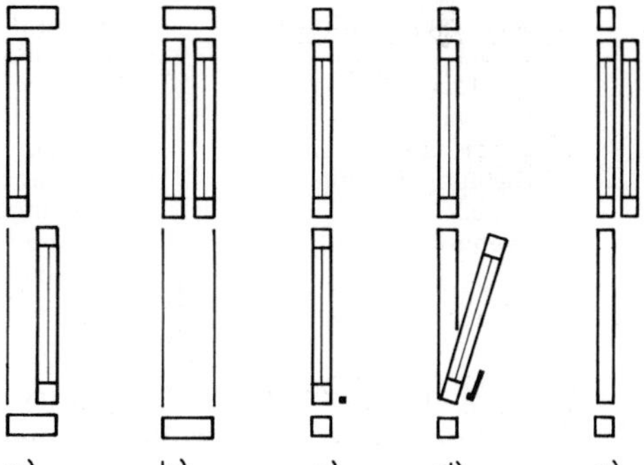

5.81 Vertikalschiebefenster
Schiebeflügel in 2 Ebenen:
a) geschlossen
b) geöffnet

Schiebefensterflügel in 1 Ebene:
c) geschlossen
d) in Kippstellung
e) geöffnet

a)
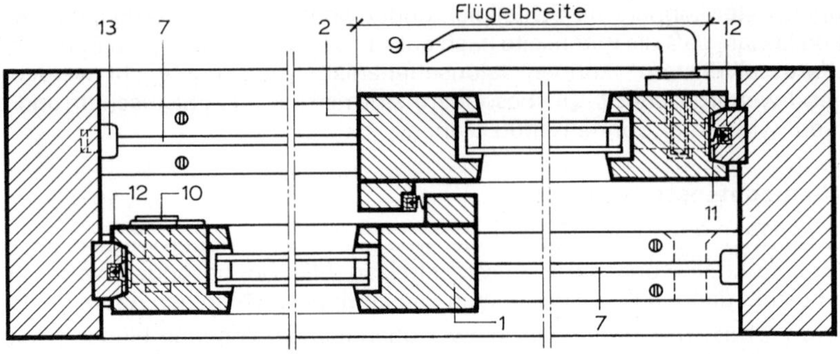

b)
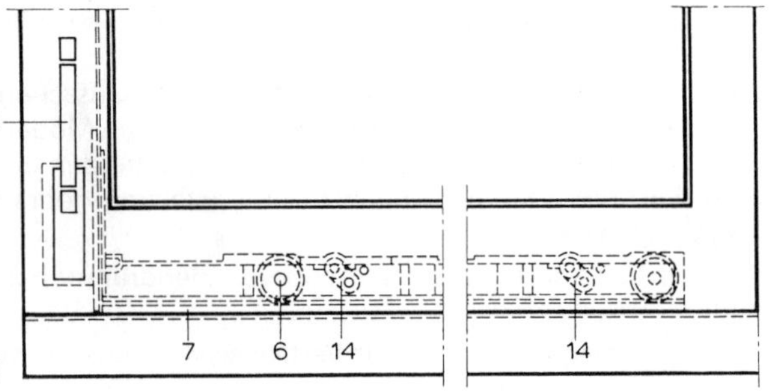

5.82 Horizontal-Schiebefenster in Holzzarge (mit Hebeschiebefensterbeschlag von Gretsch-Unitas GmbH, Ditzingen)

a) Horizontalschnitt
b) schematische Darstellung der Laufwagenanordnung mit Hebevorrichtung
c) Vertikalschnitt (Flügeldicke ≧ 50 mm)

1 äußerer Flügel
2 innerer Flügel
3 äußere Falzleiste, mit Zarge verdübelt
4 Führung mit verriegeltem Flügel
5 Dichtung
6 Laufwagen
7 Laufschiene
8 Dichtung der untersten Fuge
9 Drehgriff
10 Deckrosette für einsteckbare Handkurbel
11 Vertikalfugendichtung
12 Lippendichtung der Vertikalfuge
13 Gummipuffer
14 Schwinglasche, deren oberes Lager den Flügel um 5 mm anhebt
15 Leichtmetall-Rohrschwelle mit aufgestecktem, wärmedämmendem Kunststoffprofil

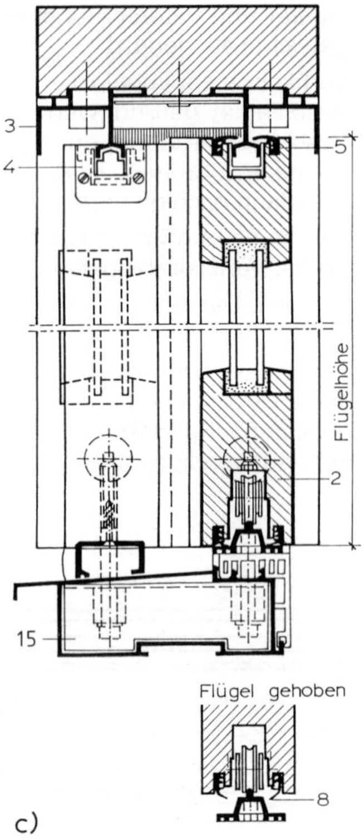

c)

Die – ggf. durch besondere Tragkonstruktionen unterstützten – Fensterelemente werden durch entsprechende Deckenschlitze in speziell geplante Teile des Untergeschosses abgesenkt. Neben den komplizierten, motorgetriebenen Bewegungs- und Führungselementen erfordern auch die bauseitigen Vorkehrungen (z. B. Entwässerungs-, Revisions- und Reparatureinrichtungen) einen erheblichen Kostenaufwand. Derartige Lösungen kommen daher nur für Ausnahmefälle in Frage.

In der Regel beschränkt man sich bei sehr großen Fensterfronten auf eine lediglich teilweise Öffnungsmöglichkeit durch horizontal verschiebliche Fenster- bzw. Fenstertürelemente.

Horizontalschiebefenster haben Flügel, die sich hintereinander oder seitlich hinter feststehende Flügel oder in Mauerschlitze schieben lassen, so daß die gesamte Fensteröffnung frei wird. Die Flügel ruhen bei kleineren Fenstern auf Kunststoffgleitern, sonst auf Rollen. Die Dichtung der Flügel untereinander und gegen den Blendrahmen wird durch Schleif- oder Preßdichtungen bewirkt.

Türhohe Horizontalschiebefenster, z. B. als großflächige Terrassen- oder Balkonfenster werden als Hebeschiebefenster ausgebildet. Bei ihnen ruhen die beweglichen Flügel auf Rollenwagen, die in den unteren Flügelrahmen eingelassen sind und auf Edelstahlschienen laufen. Für den inneren Flügel wird mit einer Handkurbel beim Öffnen die Verriegelung des Fensters gelöst und im Rollenwagen der Flügel gleichzeitig so angehoben, daß sich die Anpreßdichtungen unten und oben lösen. Dann kann der Flügel seitlich bewegt werden. Der andere Flügel ist meistens feststehend oder kann nur mit einer einsteckbaren Handkurbel geöffnet werden. Der untere Rahmenteil von Holz-Hebeschiebefenstern wird von Aluminiumrohrschwellen in wärmegedämmter Ausführung oder mit rückseitig aufgesteckten Kunststoff-Wärmedämmprofilen gebildet. Auf der Rohrschwelle sind die Laufschienen aufgelagert (Bild **5**.82).

Insbesondere Fenstertüren werden vielfach mit Kipp-Schiebebeschlägen ausgeführt. Mit ihnen kann ein Flügel zur Lüftung gekippt werden. Der Beschlag ermöglicht es jedoch auch, den Flügel parallel abzustellen und seitlich zu verschieben. Es sind vielfache Kombinationsmöglichkeiten mit normal öffenbaren Fensterflügeln oder feststehenden Verglasungsflächen möglich. Auch können derartige Kipp-Schiebeflügel vor seitliche Wandflächen geschoben werden (Bild **5**.83).

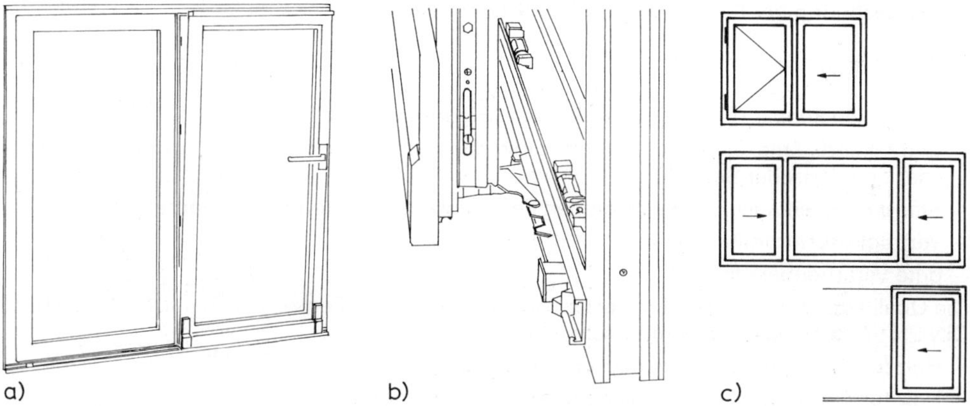

5.83 Kipp-Schiebebeschlag (HAUTAU HKS 150 Z®)
a) Innenansicht eines Fensters mit Kipp-Schiebebeschlägen
b) unterer Flügel ausgestellt zum Verschieben
c) Beispiele für Kombinationsmöglichkeiten

5.6 Ausführungsarten und Konstruktionsbeispiele

5.6.1 Allgemeines

Wenn man von Sonderanforderungen absieht – wie z. B. besonders große Abmessungen oder extreme Beanspruchungen (z. B. Fenster für Hallenbäder) – können im Fensterbau fast alle Aufgaben mit jeder Baustoffgruppe gelöst werden. Die in den Abschn. 5.1 bis 5.4 behandelten allgemeinen Anforderungen an Fenster und die daraus resultierenden konstruktiven Grundsätze gelten sinngemäß für Fenster aus allen in Frage kommenden Fensterbaustoffen.

Es kann nicht Aufgabe dieses Werkes sein, einen vollständigen Überblick über alle Konstruktions- und Gestaltungsmöglichkeiten im Fensterbau zu geben. In den nachfolgenden Abschnitten werden daher nur die besonderen Konstruktionsbedingungen und -anforderungen an die jeweiligen Fensterbaustoffe behandelt und einige typische Ausführungsbeispiele gezeigt.

5.6.2 Holzfenster

5.6.2.1 Allgemeines

Erfahrungen mit Holzfenstern sind Jahrhunderte alt. Rahmenquerschnitte und Holzverarbeitung wurden ständig den neuen Anforderungen – insbesondere an Wärme- und Schallschutz – angepaßt. Dadurch werden sich die Holzfenster wegen der vielen guten Eigenschaften des Holzes auch weiter behaupten.

Für die Herstellung sind insbesondere DIN 18355, DIN 18361 und DIN 68121 zu beachten.

Grundsätzlich ist die Herstellung aller Fensterbauarten und Einbauarten in Holzbauweise möglich (Bilder **5**.3 bis **5**.5).

Bei der Bezeichnung werden unterschieden

EV Einfachfenster und -fenstertüren mit Einscheibenglas
IV Einfachfenster und -fenstertüren mit Mehrscheiben-Isolierglas
DV Verbundfenster und -fenstertüren mit Einscheiben- und/oder Mehrscheiben-Isolierglas

Die Bezeichnung der Einzelteile ist in Bild **5**.7 dargestellt.

5.6.2.2 Holz

Holz für den Fensterbau muß die folgenden Eigenschaften aufweisen:

— Widerstandsfähigkeit gegen äußere Einwirkungen, insbesondere gegen Befall pflanzlicher und tierischer Schädlinge
— Standfestigkeit auch bei wechselnden Feuchtigkeits- und Temperaturverhältnissen
— Verträglichkeit mit Anstrichen
— gute Verarbeitbarkeit.

Die Qualitätsanforderungen für Hölzer zur Herstellung von Fenstern sind in DIN 68360 bzw. DIN EN 942 festgelegt. Man unterscheidet:

— Holz für Außenanwendung, deckend zu behandeln
— Holz für Außenanwendung, nicht deckend zu behandeln.

Die Merkmale gelten für das fertige Teil.

Der Feuchtigkeitsgehalt des Holzes darf 15% – bezogen auf das Darrgewicht – nicht überschreiten.

Nach den von der Gütegemeinschaft für Holzfenster e. V. herausgegebenen Richtlinien sind u. a. die in Tabelle **5**.84 aufgeführten Holzarten für den Fensterbau geeignet.

Zur Schonung der durch Raubbau bedrohten tropischen Regenwälder wurden in manchen Bundesländern bei öffentlichen Bauten Verwendungsverbote für tropische Hölzer erlassen. Es muß jedoch berücksichtigt werden, daß nur ein recht kleiner Anteil (geschätzt ca. 5%) derartiger Hölzer für den Fensterbau verwendet wird, während nahezu die gesamte übrige Waldfläche durch Brandrodungen oder ungeeignete Verwendungen verloren geht. Andererseits gibt es auch große Bemühungen für einen forstwirtschaftlich geregelten Anbau, und die Einnahmen aus Holzexport bedeuten für die Ursprungsländer eine sehr wichtige Einnahmequelle für die Entwicklung ihrer eigenen Wirtschaft. Ein Verwendungsverbot für tropische Hölzer im Fensterbau läßt sich daher nicht aufrecht erhalten.

Tabelle **5**.84 Auszug aus der Liste der bewährten Holzarten

Holzart	Kurzzeichen DIN 4076	Botanischer Name	Wuchsgebiet	Farbe	Mindestrohdichte g/cm³ bei 15% Holzfeuchte	Holzarttypische Eigenart	Dimensionsstabilität	Feuchteangleichgeschwindigkeit	Anstrichgruppe i.f.t. – Tabelle	Resistenz DIN 68364	Verfügbarkeit	Eignung für Fensterbau
Nadelholz												
Douglasie Oregone Pine Douglas fir	DGA	Pseudotsuga menziesii	westliches Nordamerika	Kern gelb bis rotbraun Splint weiß	0,35	harzhaltig	gut	groß	I	3	gut	2
Fichte Rottanne	FI	Picea abies	Europa	gelblich bis rötlich weiß	0,35		gut	groß	II	4	gut	2
Hemlock Western Hemlock	HEM	Tsuga hetero phylla	nordwestl. Nordamerika	weißlich grau bis hell graubraun	0,35	etwas spröde	gut	groß	II	3	gut	2–3
Laubholz												
Afzelia Doussie	AFZ	Afzelia pachyloba	Afrika	Splint grau Kern gelblich bis hellbraun, später rötlich braun	0,45	sehr widerstandsfähig, Inhaltsstoffe	sehr gut	sehr gering	III	1	gering	1–2
Eiche Sommereiche Stieleiche Traubeneiche	EI	Quercus robur L. Quercus petraea	Europa	Splint grau, Kern graugelb bis hellbraun u. dunkelbraun	0,45	Gerbsäure führt bei Eisenkontakt zu Dunkelfärbung z. Zt. nicht lamell.	mittel	gering	III	2	massiv gering	1–2
Framire Black Afarra Emeri, Idigbo Freme	FRA	Terminalia ivorensis	Elfenbeinküste, Ghana, Sierra Leone	Kern grün blaßgelb bis hellbraun, nachdunkelnd	0,45	Gerbsäure führt bei Eisenkontakt zu Dunkelfärbung	gut	groß	III		gering	2
Sipo Mahagoni Utile Sipo	MAU	Entandrophragma utile	Westafrika	Splint rötlichgrau, Kern rötlichbraun bis braunviolett	0,45	widerstandsfähig Inhaltsstoffe	gut	sehr gering	III	2		2
White Seraya Uratmata	SEW	Parashorea plicata	Südostasien	Splint hellgrau, Kern gelb bis blaßrosa	0,45	widerstandsfähig, Inhaltsstoffe	gut	gering	III		gut	3
Niangon	NIA	Tarrietia utilis	Westafrika	Splint rötlichgrau, Kern hell bis dunkelrotbraun	0,45	harzhaltig, Inhaltsstoffe	gut bis mittel	sehr gering	III	2–3	gering	2

Ferner gelten als geeignet: Hemlock, Pitch Pine, Carolina Pine sowie Wenge, Kambala (Iroko) und Sapeli-Mahagoni.

Für Fenster werden wieder zunehmend einheimische bzw. europäische Nadelhölzer wie Kiefern-, Fichten- und Hemlockholz verwendet. Dieses Holz enthält aber mehr oder weniger viel Äste, die vielfach nicht gewünscht werden. Technisch ist gegen Äste jedoch nichts einzuwenden, solange sie den Gebrauchswert der Fenster und den Anstrich nicht beeinträchtigen.

Von den einheimischen Hölzern wird für die Fensterherstellung am meisten Kiefernholz verwendet. Es ist besonders haltbar wegen seines relativ hohen Harzgehaltes. Voraussetzung ist aber, daß Splintholz nicht an Stellen eingebaut wird, an denen besonders hohe Feuchtigkeitseinwirkung erwartet werden muß (z. B. untere Rahmenhölzer, Glasfalze). Bei dunklen Anstrichen tritt bei Sonneneinstrahlung Harz aus.

Die Rohdichte soll bei Nadelhölzern 0,35 g/cm³ und für Laubhölzer 0,45 g/cm³ (Obergrenze 0,8 g/cm³) nicht unterschreiten, weil sonst der sichere Sitz von Beschlägen nicht zu gewährleisten ist.

Ferner kommt die Verwendung von lamelliertem Holz in Frage. Lamellierte Holzfensterprofile („Kanteln") bestehen aus 3 miteinander verleimten Lamellen (Bild **5**.85).

5.85
Lamellierte Holzfensterprofile

Zu beachten ist dabei:

- Leimfugen dürfen nicht direkt der Bewitterung ausgesetzt sein
- Querschnitte müssen symmetrisch aufgebaut sein
- bei der Verarbeitung müssen enge Feuchtigkeitstoleranzen für die zu verleimenden Hölzer eingehalten werden (13% ± 2%).

Lamellierte Kanteln sollen nur aus Produktionen kommen, bei denen eine ständige Güteüberwachung gewährleistet ist.

Zur Verbesserung der Wärmeschutzeigenschaften von Fensterrahmen wurden Holz-Laminat-Profile entwickelt. Bei ihnen bestehen die äußeren Schalen aus streichfähigem Nadelholz und der Kern aus recyceltem PU-Hartschaum (Ultraline HPH 2®).

5.6.2.3 Zubehör

Falzdichtungen

Die in der Regel notwendigen Falzdichtungen müssen umlaufend in einer Ebene eingebaut und in den Ecken dicht miteinander verbunden sein (Bild **5**.86). Über die Wasserkammer der Wetterschutzschiene muß ein Druckausgleich möglich sein. Falzdichtungen müssen leicht auswechselbar und mit den üblichen Anstrichen verträglich sein.

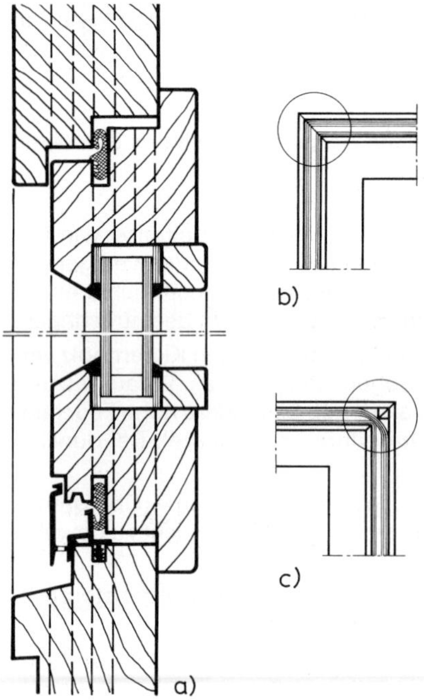

5.86 Falzdichtungen
a) senkrechter Schnitt
b) Ecke geklebt oder geschweißt
c) schlechte Ausführung: Profil im Falz herumgezogen

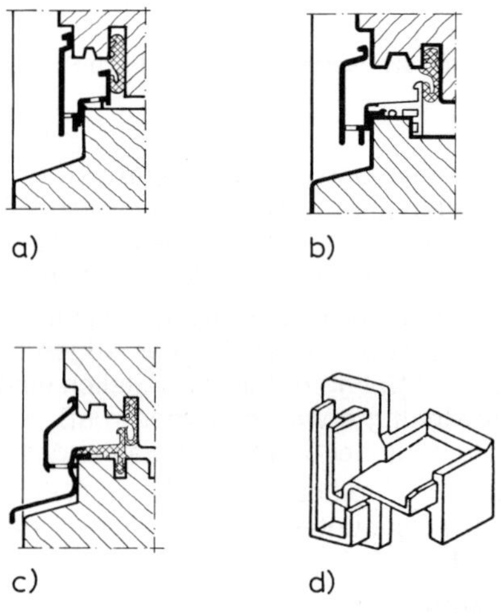

5.87 Wetterschutzschienen (BUG)
a) Wetterschutzschiene, Normalausführung
b) mit Wärmedämmung
c) mit Abdeckung des Blendrahmens
d) Endkappe für c)

Bei Holzfenstern werden die unteren Blendrahmen mit Regenschutzschienen kombiniert. Diese bilden den Anschlag für die Mitteldichtung und leiten das aus den seitlichen Falzen ablaufende Schlagregenwasser ab. Sie wirken außerdem als zusätzliche Winddichtung (Bild **5**.87). Regenschutzschienen werden für alle vorkommenden Falzmaße und in verschiedenen Oberflächenbehandlungen hergestellt. Sie werden auf den unteren Blendrahmen aufgeschraubt oder in entsprechend gefräste Nute eingesetzt. Die Regenschutzschienen können mit einer Abdeckung der besonders witterungsbeanspruchten äußeren Blendrahmenteile kombiniert sein.

Der Abstand zwischen den beiden Anschlägen der Regenschutzschienen sollte mindestens 15 mm betragen.

An den Innenseiten der Regenschutzschienen kann sich insbesondere bei Feuchträumen Kondensat bilden. Es gibt daher auch wärmegedämmte Profile (Bild **5**.87 b und Bild **5**.89).

Regenschutzschienen müssen seitlich gegen die senkrechten Blendrahmenteile durch Dichtstoff sorgfältig abgedichtet werden, damit kein Wasser in die Fensterecken dringen kann. Besser sind jedoch Profilabschlüsse mit Endkappen. Die modernen Herstellungsverfahren für Kunststoff-Formteile erlauben für alle Profile auch die kompliziertesten Ausführungen.

Wasseraustrittsöffnungen (Querschnitt ≧ 4/20 mm) müssen durch eine Tropfnase vor direktem Windanfall geschützt liegen. Der Abstand von der Unterkante der Tropfnase bis zur Ablauffläche des Blendrahmens muß mindestens 10 mm betragen.

Der Anstrich der unteren Rahmenteile ist bei Holzfenstern in besonderem Maße der Bewitterung ausgesetzt und bedarf ständiger Kontrolle bzw. Erneuerung, damit die Versiegelung der Scheiben nicht durch Feuchtigkeit hinterwandert werden kann. Hier können Aluminium-Abdeckprofile abhelfen, die den Flügelrahmen abdecken. Unbedingt notwendig ist dabei ein einwandfreier, versiegelter Anschluß an die senkrechten Rahmenprofile und an die Verglasung, damit Feuchtigkeitsanreicherung unter den Abdeckprofilen ausgeschlossen bleibt (Bild **5**.88 und Bild **5**.87 c).

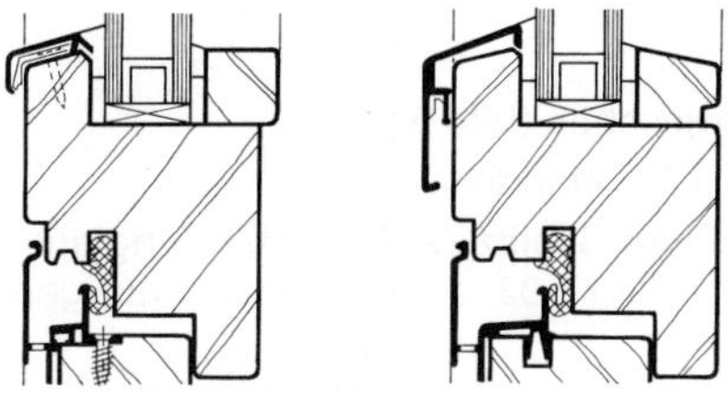

a) b)

5.88 Flügelabdeckprofile (BUG)
a) Teilabdeckung, b) Vollabdeckung

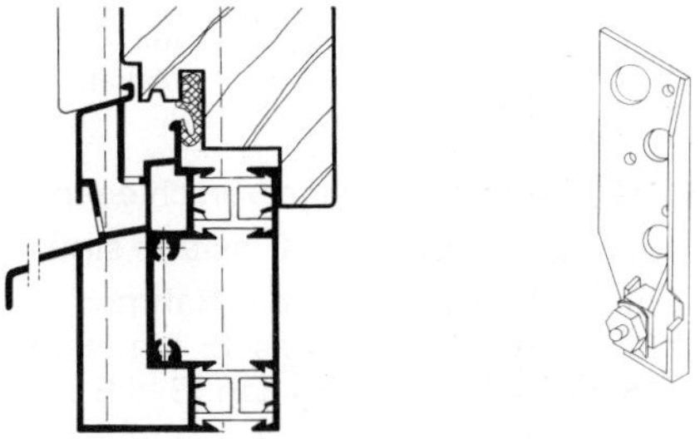

a) b)

5.89 Untere Blendrahmen für Fenstertüren
a) wärmegedämmtes zweischaliges Profil
b) seitliche Verbindungslasche

Fenstertüren müssen mit den unteren Blendrahmen außen an die erforderlichen Abdichtungen und innen an die Fußbodenkonstruktionen anschließen (s. Abschn. 9.5 in Teil 1 des Werkes).

Bereits geringfügige Ausführungsfehler können zur Zerstörung des Rahmens durch Fäulnis führen. Deshalb können die unteren Blendrahmen mit Metallprofilen ausgeführt werden. Diese Rahmenteile gibt es in wärmegedämmter Ausführung mit Anschlußflächen für die in der Regel erforderlichen Abdichtungen (Bild **5**.89).

5.6.2.3 Holzfensterprofile

Die Profilierung aller horizontal verlaufenden Fensterteile wie Flügel- und Blendrahmen, Riegel und Sprossen sind mit einer Neigung von mindestens 15° auszuführen, damit Regenwasser – ggf. auch bei gekippten Flügeln – rasch abfließt.

Profilkanten sind nach DIN 68 121-2 sorgfältig abzurunden (Radius mindestens 2 mm), weil der durch Anstriche gebildete Schutzfilm an scharfen Kanten geschwächt wird und dort zuerst Oberflächenschäden entstehen können (Bild **5**.90).

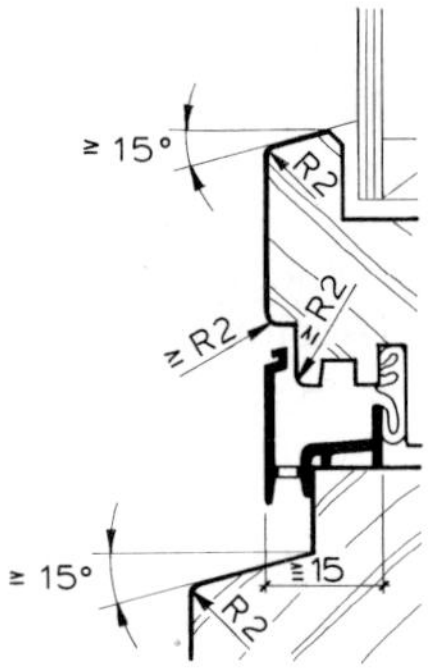

5.90 Wasserabführung; Kantenrundung

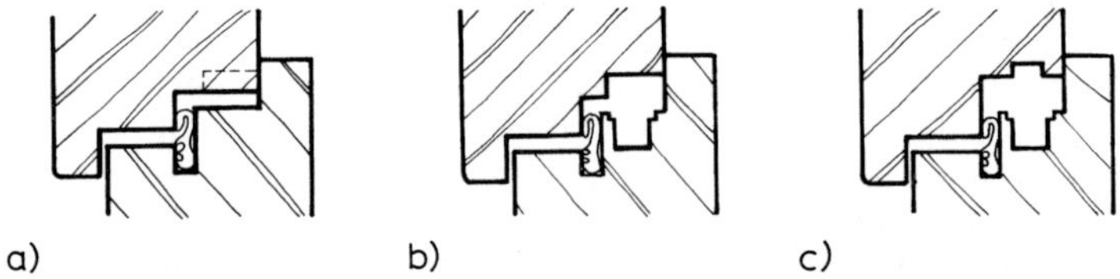

5.91 Möglichkeiten der Falzausbildung (oberer Flügel-/Rahmenanschluß)

a) Falzausbildung mit 4 mm Spiel: Ausführung für eingelassene Schließplatten zur Aufnahme der verdeckten Schere im oberen Bereich des Fensters

b) Eurofalz mit 11 mm Spiel: Ausführung mit vergrößerter Falzluft zur Aufnahme und zum Aufschrauben der Schließplatten

c) Euronut mit 11 mm Spiel: Ausführung mit vergrößerter Falzluft, mit Führungsnut zur Aufnahme und zum Aufschrauben der Schließplatten

Bei der Falzausbildung sind verschiedene Varianten vorgesehen (Bild **5**.91).

Die Anforderungen an die Glasfalze sind in Abschnitt 5.4.3 behandelt.

Die Eckverbindungen der Rahmen sind in der Regel als Schlitz/Zapfenverbindung auszuführen. Für Holzdicken bis 45 mm sind Einfachzapfen (Bild **5**.92) zugelassen, im übrigen sind Doppelzapfen vorzusehen (Bild **5**.93).

Die äußere Wange von Zapfen darf nicht dicker als 16 mm sein. Alle Zapfenverbindungen müssen völlig dicht und mit gut ausreichendem Leimauftrag hergestellt werden.

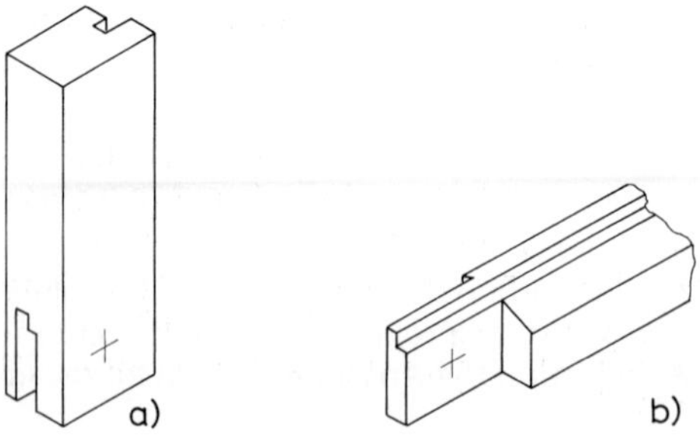

5.92
Eckverbindungen mit Einfachzapfen (Blendrahmen)

a) aufrechtes Blendrahmenholz

b) unteres Blendrahmenholz

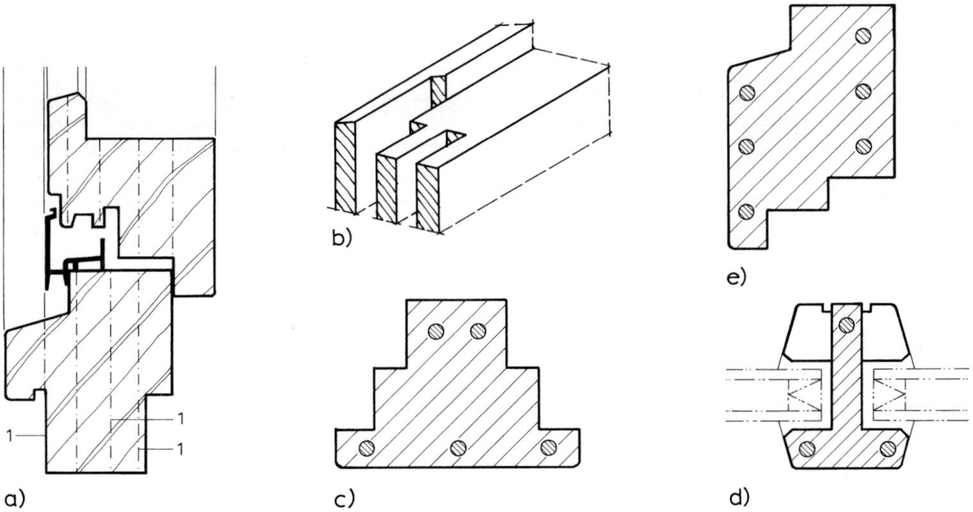

5.93 Eckverbindungen
a) Doppelzapfen, Schnitt (1 Schnittebenen der Doppelzapfen)
b) Doppelzapfen, räumliche Darstellung
c) Verdübelung; Dübelbild für Riegelanschluß
d) Dübelbild für Pfostenanschluß
e) Dübelbild für Sprossenanschluß

Neben Zapfenverbindungen sind auch Dübelverbindungen zugelassen. Vorteilhaft ist eine möglichst große Zahl von Dübeln an den Anschlußstellen.

Zapfenanordnungen für Riegel, Pfosten und Sprossen sowie Dübelverbindungen zeigt Bild **5**.93.

Für andere Rahmenverbindungen wie z. B. Keilzinken ist vom Hersteller ein Eignungsnachweis zu fordern.

Fensterprofile für die Herstellung von nach innen aufgehenden Dreh-, Drehkipp- und Kippfenstern sind in DIN 68 121-1 für Doppel- und Isolierverglasungen festgelegt (Tabellen **5**.94 und **5**.95). Beispiele zeigen die Bilder **5**.96 bis **5**.99.

Die Breite der Fensterhölzer nach DIN 68 121-1 wurde so gewählt, daß die Querschnitte auch hochkant aus Bohlen mit handelsüblichen Abmessungen geschnitten werden können. Die Maße sind Mindestmaße.

Mehrflügelige Fenster können ohne Mittelpfosten (Bild **5**.96 f), mit festem Mittelpfosten (Bild **5**.96 g) oder durch Kombination mehrerer Einzelfenster gebildet werden (Bild **5**.96 h und i).

Bei Fenstertüren und auch bei fest verglasten Fensterelementen ist zur Verbesserung des Spritzwasserschutzes für die unteren Glasfälze und als Schutz der Verglasungen gegen mechanische Beschädigungen vielfach eine Verbreiterung der unteren Blendrahmen- bzw. Flügelprofile nötig. Dafür werden gefälzte Profilkombinationen wie in Bild **5**.96 c verwendet. Wichtig ist, daß an den Stoßstellen keine zu engen Fugen entstehen, in denen das Auftragen von Anstrichen problematisch wird und in denen sich Schlagregenwasser stauen kann. Die Fugen sind insbesondere im Eckbereich abzudichten (Bild **5**.97).

Tabelle **5**.94 Profile für Einfachfenster mit Isolierverglasung (DIN 68 121-1)

Kurzzeichen des Profils	Mindestdicke*) des Profils	Nenndicke
IV 56	55	56
IV 63	62	63
IV 68	66	68
IV 78	76	78
IV 92	90	92

*) Mindestdicke (= unteres Grenzmaß)

Tabelle **5**.95 Profile für Verbundfenster (DIN 68 121-1)

Kurzzeichen des Profils	Außenflügel		Innenflügel	
	Mindest-dicke*)	Nenn-dicke	Mindest-dicke*)	Nenn-dicke
DV 44/78-32	42	44	30	32
DV 44/78-44	42	44	42	44
DV 56/78-36	54	56	34	36

*) Mindestdicke (= unteres Grenzmaß)

a)

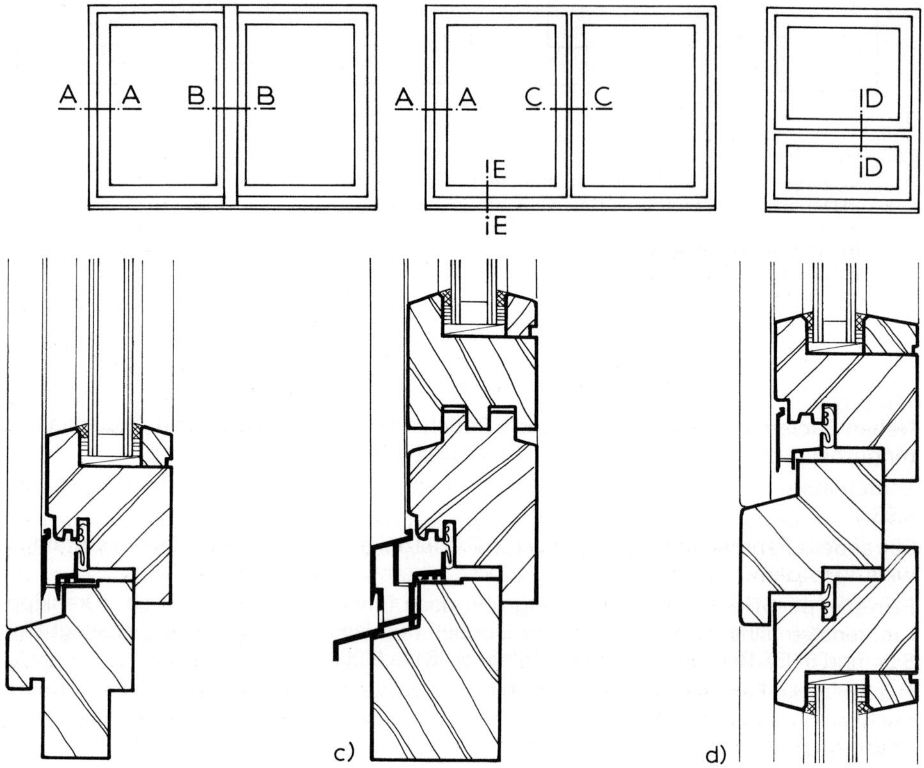

b) c) d)

5.96 Profile für Einfachfenster mit Isolierverglasung (DIN 68 121-1), Fortsetzung s. nächste Seite
a) Übersichten
b) Schnitt E–E, Normalausführung
c) Schnitt E–E, verstärkter unterer Flügelrahmen für schwere Flügel oder Fenstertüren
d) Schnitt D–D, Fenster mit Riegel (Kämpfer)
e) Schnitt A–A (Bauwerksanschlüsse s. Abschn. 5.3)
f) Schnitt C–C, zweiflügliges Fenster ohne Mittelpfosten
g) Schnitt B–B, zweiflügliges Fenster mit Mittelpfosten
h) Mittelpfosten-Verstärkung für sehr hohe Fenster
i) Koppelung von Einzelfenstern zu Fensterbändern
(Fugenversiegelung bei zusammengesetzten Profilen s. Bild **5**.97)

Bild **5**.96, Fortsetzung

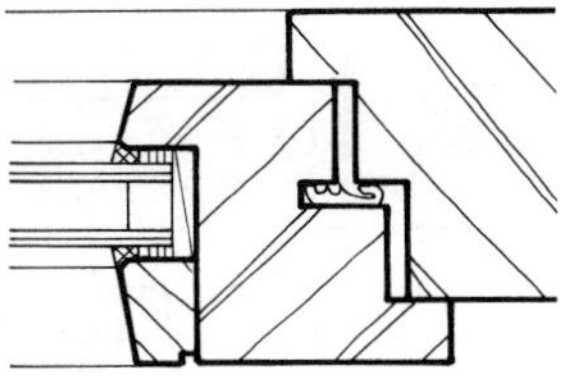

e)

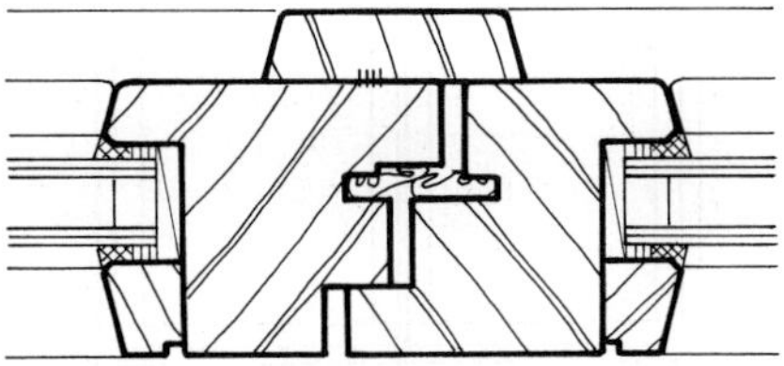

f)

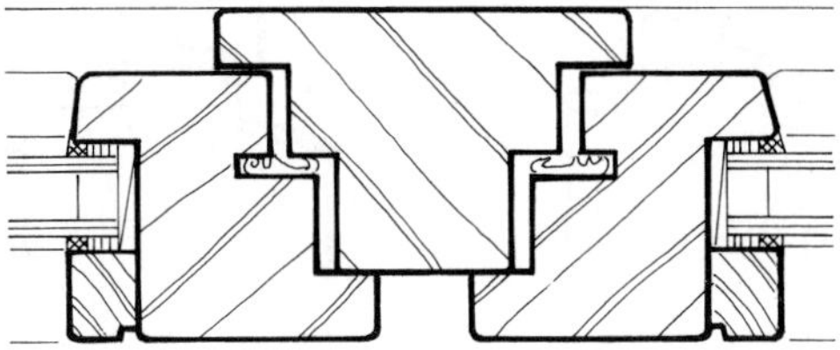

g)

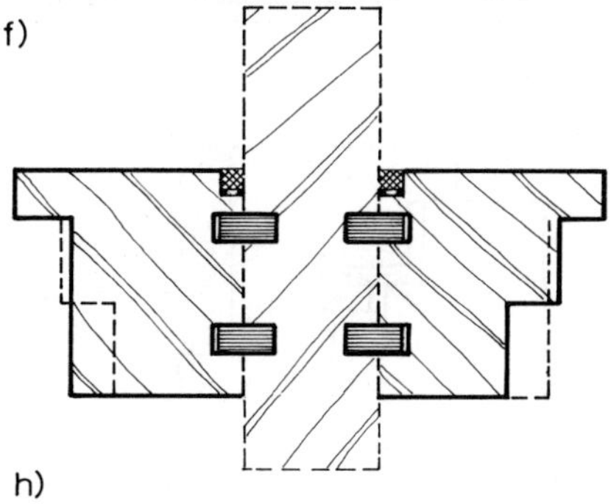

h)

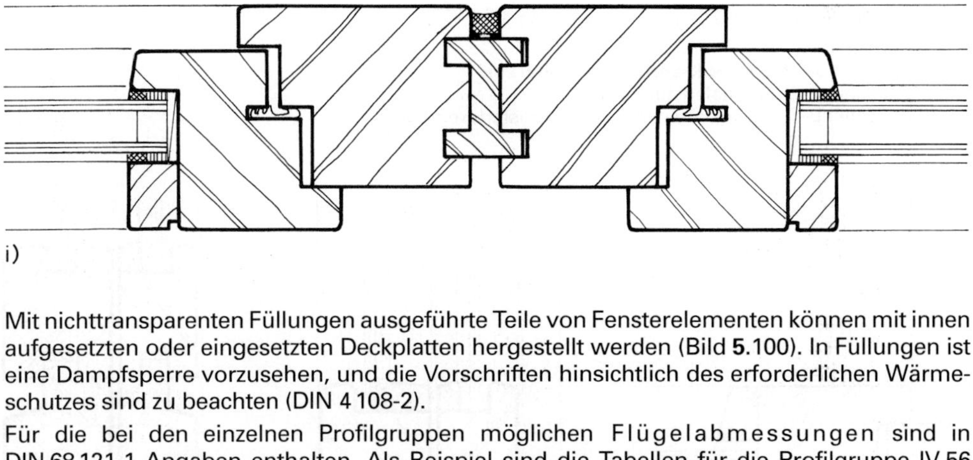

i)

Mit nichttransparenten Füllungen ausgeführte Teile von Fensterelementen können mit innen aufgesetzten oder eingesetzten Deckplatten hergestellt werden (Bild **5**.100). In Füllungen ist eine Dampfsperre vorzusehen, und die Vorschriften hinsichtlich des erforderlichen Wärmeschutzes sind zu beachten (DIN 4108-2).

Für die bei den einzelnen Profilgruppen möglichen Flügelabmessungen sind in DIN 68121-1 Angaben enthalten. Als Beispiel sind die Tabellen für die Profilgruppe IV 56 – Flügelholzbreite 78 und 92 mm – gezeigt. (Tabellen **5**.101 und **5**.102).

Bei den Öffnungsarten Dreh- und Drehkipp sind die jeweils größeren Flügelbreiten durch die Beanspruchungsgruppen nach DIN 18055 begrenzt.

Bei einer Flügelbreite ab 1100 mm ist eine Zusatzverriegelung erforderlich.

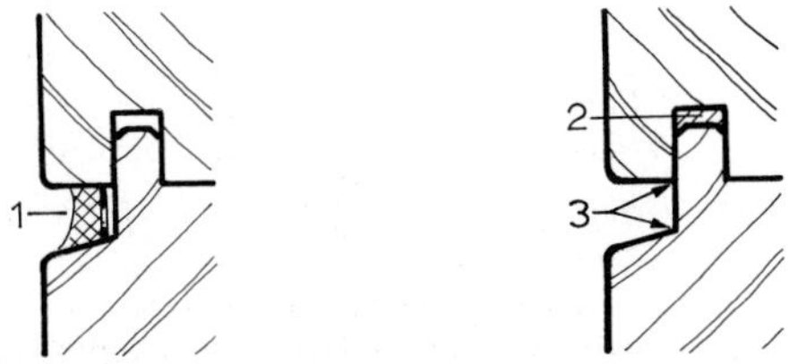

5.97
Fugenabdichtung bei zusammengesetzten Profilen

1 Abdichtung der Längsfuge außen mit Hinterlegung (keine „Dreiflankenhaftung"!)
2 Abdichtung der Längsfuge innen durch vorkomprimiertes Dichtungsband
3 Abdichtungen im Eckbereich (Versiegelungsmasse)

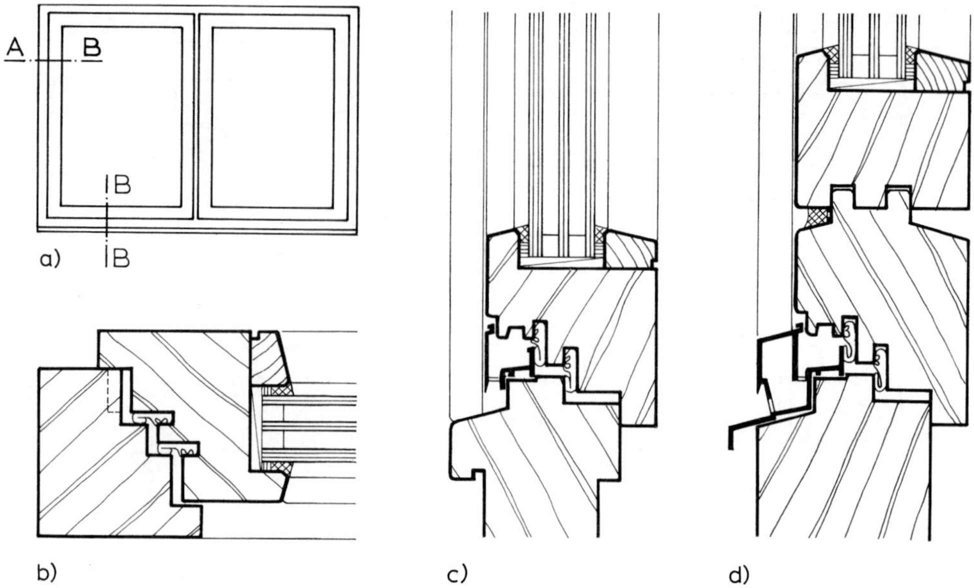

5.98 Schallschutzfenster IV 78 nach DIN 68 121-1
a) Übersicht
b) Schnitt A–A (Bauwerksanschluß s. Bild **5**.20)
c) Schnitt B–B, Normalausführung
d) Schnitt B–B, Profilkombinationen für Fenstertüren o. ä.

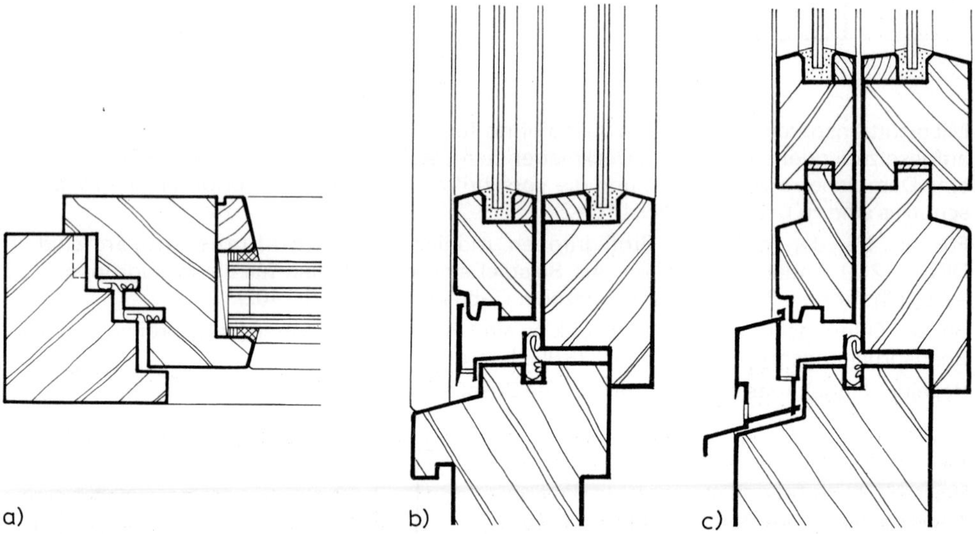

5.99 Verbundfenster DV 44/78-32 nach DIN 68 121-1 (Übersicht s. Bild **5**.97)
a) Schnitt A–A
b) Schnitt B–B, Normalausführung
c) Schnitt B–B, Profilkombinationen für Fenstertüren o. ä.

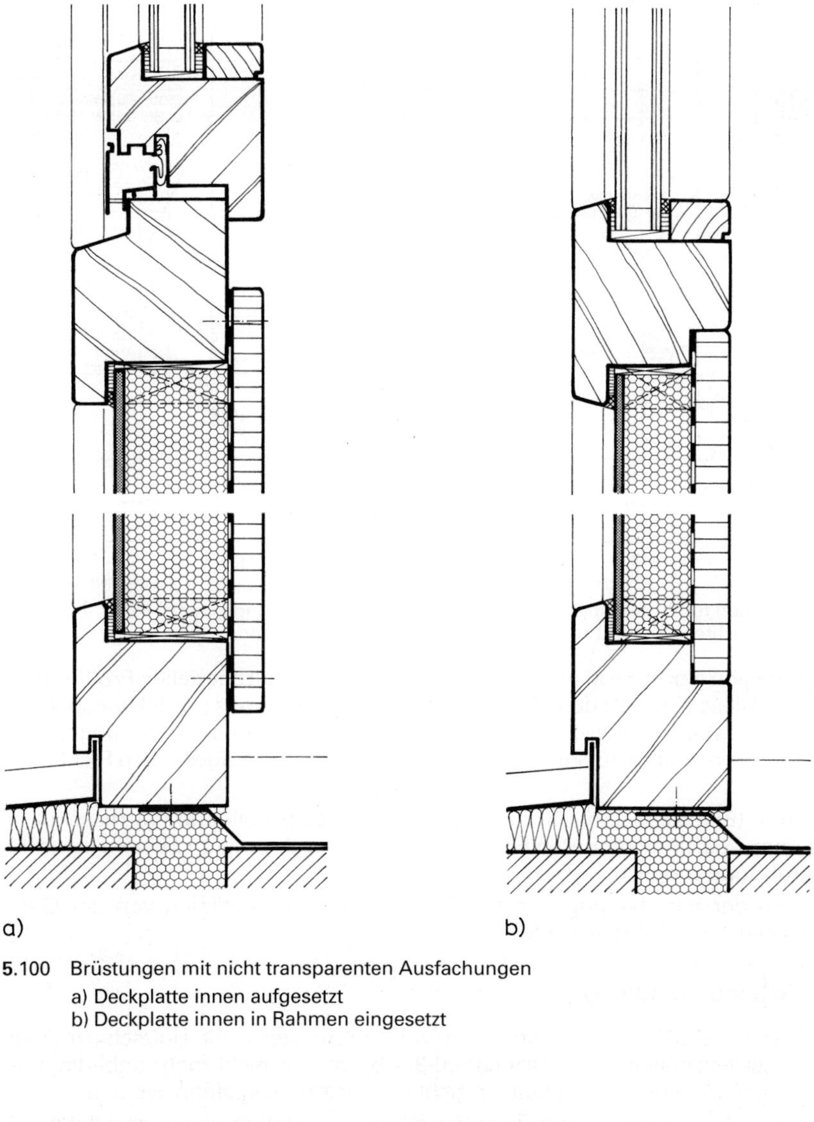

a) b)

5.100 Brüstungen mit nicht transparenten Ausfachungen
a) Deckplatte innen aufgesetzt
b) Deckplatte innen in Rahmen eingesetzt

Bei Flügelhöhen ab 1100 mm ist eine Zusatzverriegelung und ab 2000 mm sind zwei Zusatzverriegelungen erforderlich.

Bei Kippflügeln ab 2000 mm Flügelbreite sind zwei zusätzliche Verriegelungen erforderlich, falls vom Beschlaghersteller nichts anderes vorgegeben ist.

Flügel, die nur gelegentlich zum Drehen benutzt werden und wesentlich breiter als hoch sind, können gefertigt werden, wenn ihre Maße dem besonders gekennzeichneten Bereich entsprechen.

Bei der Festlegung der Anwendungsbereiche ist ein Glasgewicht von 25 kg/m^2 zugrunde gelegt. Beim Einsatz größerer Glasgewichte, z. B. bei Schallschutzglas, muß die Tragfähigkeit und die Befestigung der Beschläge für die höhere Beanspruchung nachgewiesen werden.

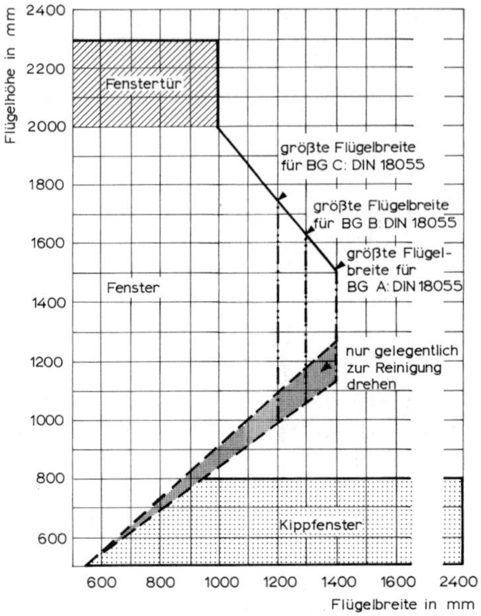

5.101 Flügelabmessungen für Profilgruppe IV 56/78 (Flügelholzbreite 78 mm)

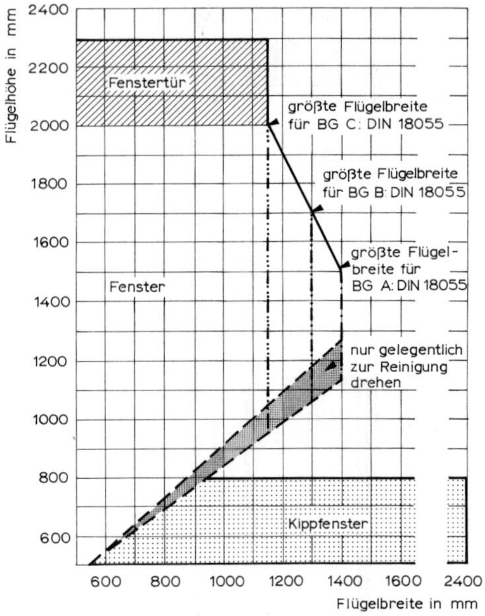

5.102 Flügelabmessungen für IV 56/92, (Flügelholzbreite 92 mm)

Außer mit den gezeigten Norm-Profilen können Holzfenster auch mit speziellen Profilformen ausgeführt werden. Diese sind von den verschiedensten Herstellern aus produktionsbedingten Gründen oder für spezielle Beschläge, teilweise mit speziellen Eckverbindungen und unter Beachtung der vom Institut für Fenstertechnik Rosenheim e.V. aufgestellten Richtlinien hergestellt.

Bei Verbundfenstern (Bild **5**.99) sind z. B. zur Verbesserung des Schall- und Wärmeschutzes auch Kombinationen aus einem äußeren Flügel mit Einfachverglasung und einem Innenflügel mit Isolierverglasung möglich.

Für die Beurteilung der Verarbeitung von Holzfenstern gibt es Richtlinien von der Gütegemeinschaft Holzfenster e.V., Frankfurt/M.

5.6.2.4 Oberflächenbehandlung

Die früher allgemein geforderte Imprägnierung von Holzfenstern mit Holzschutzmitteln gegen Pilz- und Insektenbefall ist nach DIN 68800-3, Abschn. 12, nicht mehr unbedingt erforderlich und sollte nur bei besonders beanspruchten Fenstern ausgeführt werden.

Zu beachten ist, daß Holzschutzbehandlungen auch der Vorbeugung gegen den Befall mit Bläuepilz dienen, der zwar die Haltbarkeit von Fensterhölzern zunächst nicht direkt beeinflußt, aber immer zu Anstrichschäden führt [21].

Schutzimprägnierungen werden am besten im Tauchverfahren aufgebracht. Sie müssen auf jeden Fall verträglich mit nachfolgenden lasierenden oder deckenden Anstrichen sein. Für die Oberflächenbehandlung von Holzfenstern werden daher von vielen Herstellern sogenannte „Anstrichsysteme" angeboten, bei denen die verschiedenen notwendigen Anstriche besonders aufeinander abgestimmt sind (s. Abschn. 5.6.2.4).

Für die Oberflächenbehandlung der fertigen Fenster stehen filmbildende, deckende Anstrichmittel oder lasierende, sogenannte „offenporige" kombinierte Anstrich- und Holzschutzmittel zur Verfügung.

In Anlehnung an DIN 18363 (VOB Teil C, Anstricharbeiten), an die Empfehlungen des Instituts für Fenstertechnik e.V., Rosenheim[1]), sowie des Arbeitsausschusses Anstrich und Holzschutz ordnen die Anstrichmittelhersteller ihre Anstrichsysteme einschließlich Holzschutz in eigener Verantwortung in die Anstrichgruppen A bis C ein unter Beachtung der Holzarten (I bis III) und des Farbtones (1 bis 7).

Einteilung der Holzarten

Holzart I:

— harzhaltige Nadelhölzer, z. B. Kiefer, Oregon Pine, Pitch Pine, Lärche[2])

Holzart II:

— harzarme Nadelhölzer, z. B. Fichte, Redwood

Holzart III:

— Laubhölzer, z. B. Sipo, Dark Red Meranti, Teak, Afzelia, Eiche

Farbtongruppen von Anstrichen

Farbton: Lasuranstriche

— hell: farblos bis hell getönt (für Anwendung im Freiluftklima nicht geeignet)

— mittel: mittelbraun bis mittelrot

— dunkel: dunkelbraun bis anthrazit

Farbton: Deckende Anstriche

— hell: weiß bis chromgelb, z. B. elfenbein RAL 1014, lichtgrau RAL 7035, maisgelb RAL 1006

— mittel: chromgelb bis blaulila, z. B. gelborange RAL 2000, feuerrot RAL 3000, lichtblau RAL 5012

— dunkel: blaulila bis anthrazit, z. B. silbergrau RAL 7001, lehmbraun RAL 8003, moosgrün RAL 6005

Lasierende Anstriche müssen eine Trockenschichtdicke von mindestens 60 µm, deckende Anstriche eine solche von mindestens 100 µm aufweisen. Farblose Lasuren bieten dem Holz keinen ausreichenden Schutz gegen UV-Strahlung und sind daher für Außenanstriche nicht zu verwenden. Besser sind mittlere und dunkle Lasurtöne.

Vor dem Einbau sollen Holzfenster eine durch Tauchen oder Spritzen aufgebrachte Grundierung und einen Zwischenanstrich von ca. 30 µm Schichtdicke erhalten. Diese sollten jedoch nicht farblos sein, da sonst bis zur endgültigen Oberflächenbehandlung bereits eine Vergrauung eintreten kann, die vor dem Schlußstrich abgeschliffen werden müßte.

Anhand der vom Institut für Fenstertechnik e.V., Rosenheim, herausgegebenen Tab. **5**.103 ist – unter Berücksichtigung der zu erwartenden klimatischen Beanspruchung – die Möglichkeit gegeben, die geeignete Anstrichgruppe auszuwählen.

Zur Festlegung der Anstrichgruppe müssen bekannt sein:

— Erstanstrich – E – oder Renovierungsanstrich – R –

— Holzart

— Klimabeanspruchung

— Farbton

— Lasuranstrich oder deckender Anstrich

Bei der Ausführung von Renovierungsanstrichen R ist zu unterscheiden zwischen Überholungsanstrich RÜ und Erneuerungsanstrich RE. Bei Überholungsanstrich darf der Altanstrich nur geringe Anstrichschäden aufweisen und muß als Anstrichträger geeignet sein. Ist der alte Anstrich zerstört, müssen die Anstrichreste entfernt und eine tragfähige Holzoberfläche wiederhergestellt werden. Die Einschränkung bei Nadelholz und dunklem Anstrich ist zu beachten.

---

1) Z. Zt. in Neubearbeitung

2) Bei mittleren bis dunklen Farbtönen muß mit Beeinträchtigung des Anstriches durch Harzaustritt gerechnet werden.

Tabelle 5.103 Anstrichgruppen für Fenster und Außentüren (Institut für Fenstertechnik e.V., Rosenheim)[1])

Oberflächenschutz			Lasuranstrich			Deckender Anstrich		
Holzartengruppe			I	II	III	I	II	III
Beanspruchung	Farbton							
Außenraumklima (indirekte Bewitterung)	ohne Einschränkung	1	A	A	A	C	C	C
Freiluftklima bei normaler direkter Bewitterung	hell	2				C	C	C
	mittel	3	B	B	B	C	C	C
	dunkel	4	B	B	B	C	C	C
Freiluftklima bei extremer direkter Bewitterung	hell	5				C	C	C
	mittel	6		B	B	C	C	C
	dunkel	7		B	B		C	C

Erstanstrich: E Renovieranstrich: R Überholungsanstrich: RÜ Erneuerungsanstrich: RE

Ergibt sich eine Anstrichgruppe in einem weißen Feld, so gelten die Empfehlungen mit der Einschränkung, daß durch Harzfluß und/oder Rißbildungen im Holz und in den Rahmenverbindungen eine Beeinträchtigung der Oberfläche und des Anstriches auftreten kann (s. auch DIN 68360 Teil 1).

Anwendungsbeispiel: Für ein Wohngebäude mit 3 Geschossen in exponierter Hanglage ist der Einbau von Holzfenstern aus Fichte vorgesehen. Es muß mit direkter Sonneneinstrahlung und starker Schlagregenbelastung gerechnet werden. Die Fenster sollen mit dunklem Anstrich behandelt werden.

1. Ausführung:	Erstanstrich	→ E
2. Holzart:	Fichte	→ Holzartengruppe II
3. a Klima	Exponierte Hanglage mit direkter Sonneneinstrahlung und starker Schlagregenbelastung	→ Zeile 7
b Farbton	Dunkel	
4. Art des Anstriches:	Deckend	→ Gruppe C

Erforderliche Anstrichgruppe: Anstrich entsprechend Anstrichgruppentabelle IFT: **C 7 / II–E**

[1]) Z. Zt. in Neubearbeitung

5.6.3 Aluminium-Holz-Fenster

In Aluminium-Holz-Fenstern ergänzen sich die guten Eigenschaften von Holz- und von Aluminiumfenstern. Während der Werkstoff Holz mit die besten Eigenschaften hinsichtlich der Wärmedämmung bei Fenstern hat und problemlos den tragenden Teil einer – nicht zu großen – Fensterkonstruktion bilden kann, bildet die äußere Aluminiumschale einen hervorragenden Schutz gegen Witterungseinflüsse. Aluminium-Holz-Fenster sind gegenüber wärmegedämmten Aluminiumfenstern durchaus konkurrenzfähig. Holz-Aluminium-Fenster werden daher besonders bei solchen Objekten verwendet, wo bei bestem Wärmeschutz eine pflege- und unterhaltungsarme Außenschale und innen der im Wohnungsbau oft gewünschte Materialcharakter des Holzes bevorzugt wird.

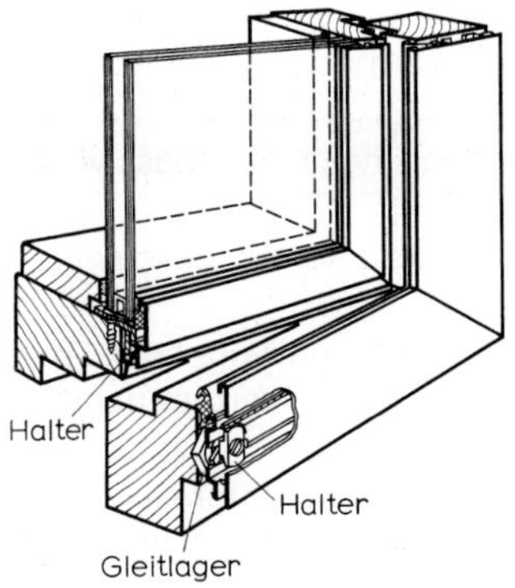

5.104 Aluminium-Holz-Fenster, Befestigung der Aluminiumbreite

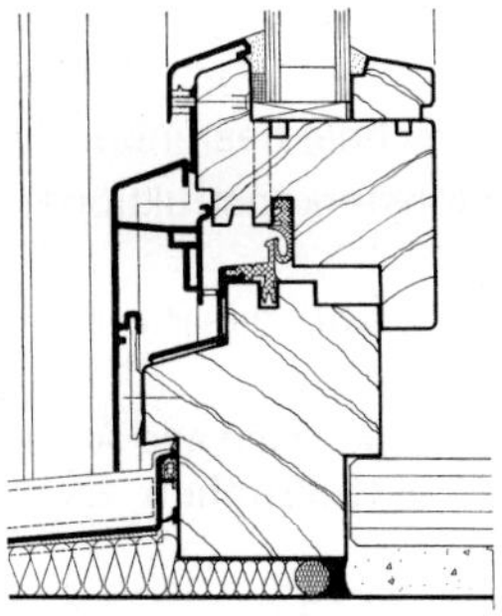

5.105 Aluminium-Holz-Fenster unter Verwendung von Holzprofilen nach DIN 681212 (BUG Holz Plus®)

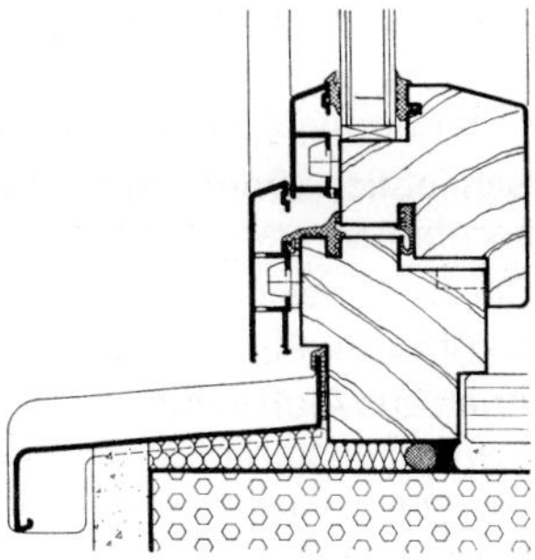

5.106 Aluminium-Holz-Fenster mit äußerem Glasfalzanschlag aus Aluminium (aluvogt®)

Die Aluminiumprofile müssen auf der Holzkonstruktion so aufliegen, daß eine Hinterlüftung (mindestens 7 mm Luftzwischenraum) möglich ist. Damit sich unter Temperatureinfluß die Aluminiumteile gegenüber den Holzteilen frei bewegen können, sind verschiebbare Laschenverbindungen zwischen beiden Bauteilen erforderlich (Bild **5**.104).

Es sind verschiedene Konstruktionsarten möglich.

So können die äußeren Aluminiumschalen auf Holzprofile nach DIN 68121 evtl. sogar nachträglich aufgesetzt werden (Bild **5**.105).

Bei anderen Systemen bilden die Aluminiumprofile die äußere Glasfalzebene und werden mit Anschlagdichtungen kombiniert (Bild **5**.106). Wegen der auftretenden temperaturbedingten Längenänderungen zwischen Holz- und Aluminiumprofilen werden in diesen Konstruktionen die Glasscheiben mit Dichtungsprofilen eingebaut.

Andere Hersteller liefern Aluminium-Holz-Fenster mit speziellen auf ihr System abgestimmten Holzprofilen (Bild **5**.107).

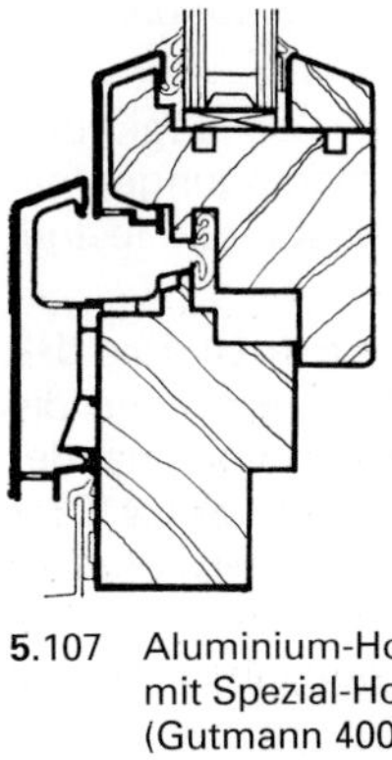

5.107 Aluminium-Holz-Fenster mit Spezial-Holzprofilen (Gutmann 4000®)

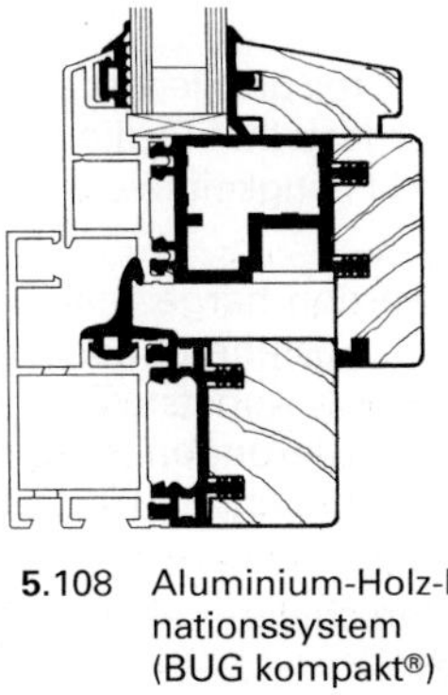

5.108 Aluminium-Holz-Kombinationssystem (BUG kompakt®)

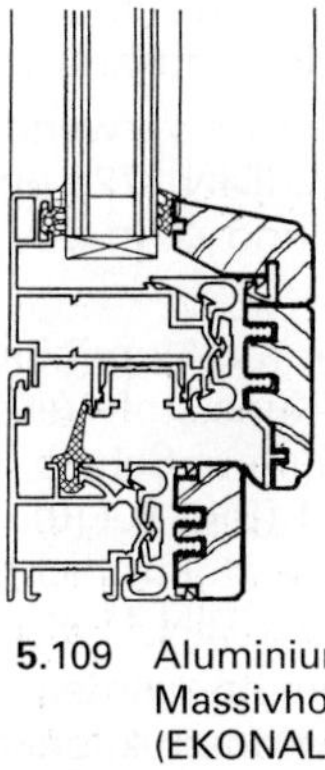

5.109 Aluminium-Fenster mit Massivholz-Innenschale (EKONAL®)

Zu den Aluminium-Holzkonstruktionen können auch Fenstersysteme gerechnet werden, die aus einem Verbund von äußerer Aluminiumaußenschale, wärmedämmenden Zwischenprofilen und innerer Massivholzschale bestehen (Bild **5**.108).

Schließlich können auch Aluminiumfensterkonstruktionen mit Innenschalen aus Massivholz kombiniert werden (Bild **5**.109).

Bei den meisten Aluminiumsystemen sind die Profile an den Ecken stumpf geschweißt (s. Abschn. Aluminiumfenster).

Auch aus Aluminium-Holz-Systemen lassen sich alle Arten von ein- und mehrflügeligen Fenstern, Fensterkombinationen und geschoßhohen Elementen auch als Verbundfenster zusammenbauen.

Die Güteanforderungen müssen im übrigen denen von Holz- bzw. Aluminiumfenstern entsprechen, sowie der „Richtlinie für Anforderungen und Prüfung des Verbundes zwischen Aluminium- und Holzprofilen von Aluminium-Holz-Fenstern RAL-RG 424/2".

5.6.4 Aluminium-Fenster

5.6.4.1 Allgemeines

Als Baustoff für Fenster und Fassaden hat Aluminium eine außerordentliche Bedeutung gewonnen. Aluminiumkonstruktionen zeichnen sich aus durch

— dekoratives Aussehen bei vielfältiger Möglichkeit der Oberflächenbehandlung,
— Anspruchslosigkeit in Unterhaltung und Pflege bei sehr hoher Lebensdauer,
— große Herstellungsgenauigkeit der Profile und damit verbunden sehr geringe Toleranzen sorgfältig gefertigter Konstruktionen (z. B. hohe Fugendichtigkeit),
— gute Bearbeitbarkeit,
— geringes Gewicht.

Aus diesen Eigenschaften ergibt sich die große Wirtschaftlichkeit von Aluminiumkonstruktionen im Fensterbau, obwohl die Investitionskosten gegenüber Fenstern gleicher Größe aus anderen Materialien zunächst höher liegen.

Im allgemeinen werden Aluminiumfenster aus Halbzeugen hergestellt, die von verschiedenen Herstellern als Profilsysteme, teilweise ergänzt durch passendes Zubehör wie Bänder, Beschläge, Dichtungen, Rolladenführungen usw. angeboten werden. Der Fensterhersteller wird anhand von speziellen Profilisten, Kombinationsvorschlägen, Statik- und Bemessungstabellen sowie von entsprechenden Bauanleitungen in die Lage versetzt, Fenster für den speziellen Bedarfsfall zusammenzubauen.

Die für die Fenster verwendeten Strangpreßprofile werden überwiegend aus der Legierung AlMgSi0,5F22 (DIN 1725 und 1748) hergestellt. Für die technischen Lieferbedingungen gilt DIN 17615-1 und -3. In DIN 4113-1 sind Festigkeitswerte und zulässige Belastungen festgelegt.

Profilsysteme für Aluminiumfenster werden hergestellt als wärmegedämmte Profile (Aluminium-Kunststoff-Verbundprofile), bestehend aus Strangpreßprofilen, bei denen die innere und äußere Schale thermisch durch Kunststoffstege oder Hartschaum voneinander getrennt sind (Bild **5**.110). Für die Anforderungen an den Wärmeschutz gilt DIN 4108-4 (s. Abschn. 5.2.3). Für nichttransparente Füllungen (Paneele) gelten die Anforderungen an leichte Bauteile (DIN 4108-2).

Die Profilsysteme werden formal unterschieden als flächenbündige, flächenversetzte und „integrierte" Konstruktionen (Bild **5**.111).

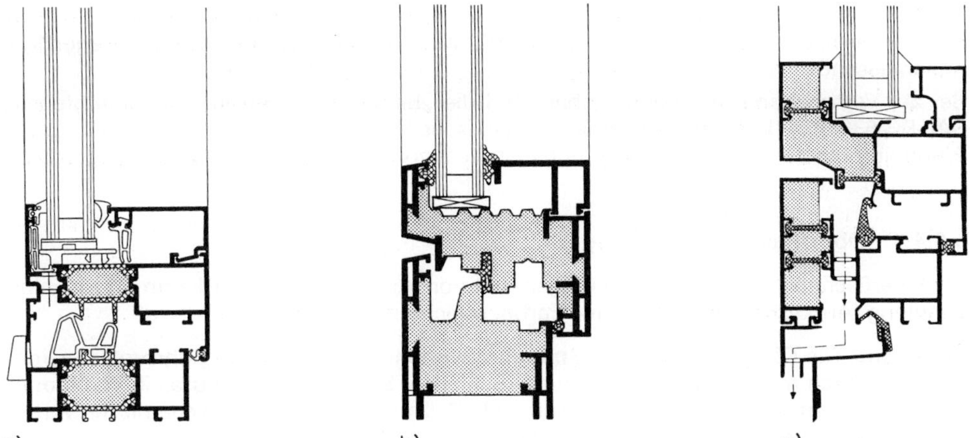

a) b) c)

5.110 Wärmegedämmte Aluminiumprofile
a) thermische Trennung durch Kunststoffstege mit Schaumstoff (Rahmengruppe 1, Beanspruchungsgruppe 2; Brökelmann Conform RG®)
b) thermische Trennung durch Kunststoffkern (PURAL®-Sandwichprofil)
c) wärmegedämmte Verbundkonstruktion: Außenprofile mit Schaumstoffeinlagen (FWB, Serie WG 80 und WG 200)

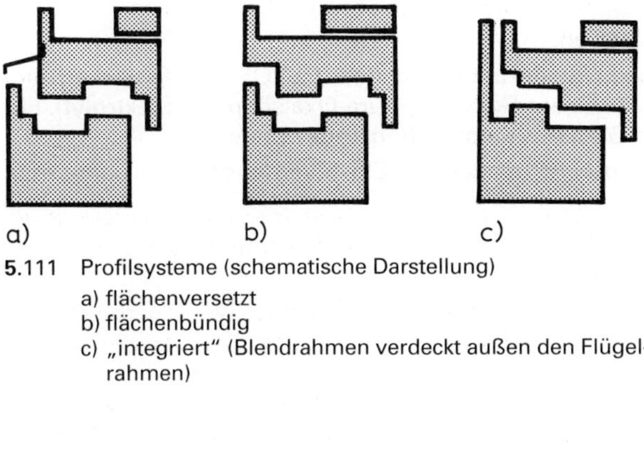

a) b) c)

5.111 Profilsysteme (schematische Darstellung)
a) flächenversetzt
b) flächenbündig
c) „integriert" (Blendrahmen verdeckt außen den Flügelrahmen)

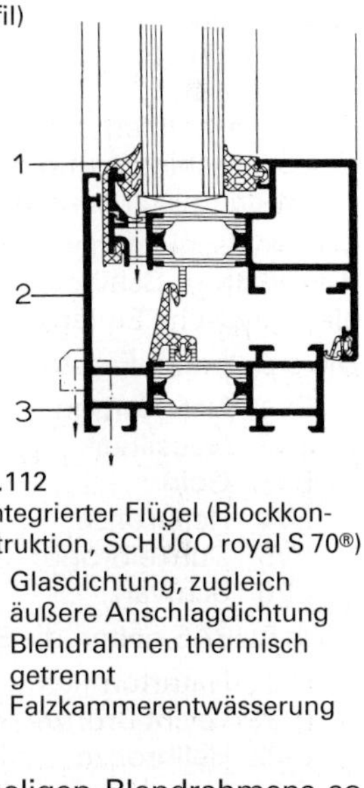

5.112
Integrierter Flügel (Blockkonstruktion, SCHÜCO royal S 70®)
1 Glasdichtung, zugleich äußere Anschlagdichtung
2 Blendrahmen thermisch getrennt
3 Falzkammerentwässerung

Bei „integrierten" Systemen ist der Außenanschlag des zweischaligen Blendrahmens so breit, daß der Flügelrahmen dahinter angeordnet werden kann (Bild **5**.112). Die Glasdichtung kann dabei zugleich die äußere Anschlagdichtung sein und die Wärmebrücke unterbrechen.

Mit allen Systemen lassen sich die in Abschn. 5.1 beschriebenen Fensterbauarten herstellen sowie Sonderkonstruktionen wie Schallschutzfenster, einbruchhemmende Fenster und großflächige Schaufensterverglasungen.

Auch bei Aluminiumfenstern müssen die Profilsysteme eine Trennung von Wind- und Regensperre (s. Abschn. 5.3.1) ermöglichen. Die Falze müssen den in Abschn. 5.4.3.2 genannten Anforderungen entsprechen.

Bauwerksanschlüsse sind nach den in Abschn. 5.3.4 erläuterten Grundsätzen auszuführen.

Alle Stahlteile von Unterkonstruktionen, Einbauzargen, Befestigungsmitteln sind zu verzinken. Nur Teile, die nach dem Einbau zugänglich bleiben, dürfen auf andere Weise gegen Korrosion geschützt werden.

Bei der Verarbeitung und beim Einbau sind die „Einbaurichtlinien für Aluminiumfenster RAL-RG 636/1" zu beachten. Allgemeine Technische Vorschriften für die Ausschreibung von Aluminiumfenstern hat das Institut für Fenstertechnik e.V. Rosenheim herausgegeben [22].

5.6.4.2 Oberflächenbehandlung

Als Oberflächenschutz und Gestaltungsmittel von Aluminiumprofilen kommen Eloxalbehandlung (Anodische Oxydation) und Farbbeschichtungen in Frage.

Eloxierung. Die Oberflächen der im Strangpreßverfahren hergestellten Rohrprofile werden zunächst durch mechanische Bearbeitung (Schleifen, Bürsten, Polieren u. a.) in Verbindung mit chemischen Verfahren (Reinigen, Entfetten, Beizen) oder allein durch chemische Verfahren (Beizen, Anodisation u. a.) vorbehandelt.

Das spätere Aussehen der fertig behandelten Profile ist abhängig durch die Art der gewählten Vorbehandlung nach DIN 17611:

E0 ohne oberflächenabtragende Vorbehandlung
E1 geschliffen
E2 gebürstet
E3 poliert
E4 geschliffen und gebürstet
E5 geschliffen und poliert
E6 chemisch behandelt in Spezialbeizen.

Die Oxydschichten werden bei farblosen Eloxierungen mit dem GS-/GSX-Verfahren erzeugt (Gleichstrom-Schwefelsäure bzw. Gleichstrom-Schwefelsäure-Oxalsäure als Elektrolyt). Für elektrolytische Einfärbungen wird die GS-/GSX-Anodisation angewendet.

Die erzielbaren Farbtöne werden nach den Richtlinien des Eloxalverbandes bezeichnet mit

EV1 Naturfarben
EV2 Neusilber
EV3 Gold
EV4 Hellbronze
EV5 Dunkelbronze
EV6 Schwarz.

Nach EURAS gelten die Bezeichnungen

C-0 Naturton
C-31 Leicht Bronze
C-32 Hellbronze
C-33 Mittelbronze
C-34 Dunkelbronze
C-25 Schwarz.

In allen Fällen beträgt die Mindest-Schichtdicke 20 μm.

Für die Beurteilung des Oberflächenaussehens sind in DIN 17611 besondere Regeln enthalten. Es sollten jedoch vor der Ausführung anhand von Mustern alle Qualitätsanforderungen festgelegt werden.

Eloxierte Aluminiumflächen sind sehr empfindlich gegen mechanische Beschädigungen, insbesondere aber gegen die Einwirkung von Kalk- oder Zementmörtel, Farben und verschiedene am Bau verwendete Lösungsmittel. Die Profile müssen daher – am besten durch selbstklebende Kunststoff-Folien – sorgfältig geschützt werden.

Farbbeschichtungen. Während bei Eloxierung nur wenige Farbtöne erzielt werden können, sind durch Beschichtungen mit Kunststoffen alle gewünschten Farbgebungen möglich. Farbbeschichtungen sind unempfindlich gegen Verschmutzungen durch Kalk und Zement und weitgehend korrosionsbeständig. Man unterscheidet lösungsmittelfreie Beschichtungen („Pulverbeschichtung") und Farbauftrag durch lösungsmittelhaltige Lackierungen („Naßlackierung"). Vor der Beschichtung werden die Rohprofile nach DIN 50939 und nach RAL RG 631 ähnlich wie bei der Eloxierung vorbehandelt.

Naßbeschichtungen werden mit Zweikomponentensystemen (Lack + Härter) mit Polyurethanlacken (auch als DD- oder PUR-Lack bezeichnet) durch Spritzauftrag ausgeführt. Derartige Beschichtungen können ggf. leicht ausgebessert werden. Die Schichtdicke beträgt 50 bis 80 μm.

Pulverbeschichtungen (EPS) entstehen durch Trockenauftrag von Polyester- oder Polyurethanharzen, die anschließend bei Temperaturen von 160 bis 200 °C verschmolzen und ausgehärtet werden. Die Schichtdicke beträgt mindestens 60 μm.

Für die Ausführung sind Richtlinien von der GBS International – Gütegemeinschaft für die Stückbeschichtung von Bauteilen aufgestellt.

5.6.4.3 Konstruktion

Bei den Bauwerksanschlüssen (s. Abschn. 5.3) von Aluminiumfenstern muß die im Vergleich zu Fenstern aus Holz oder Stahl größere Längenänderung infolge von Temperatureinflüssen beachtet werden. Es sind ausreichend bemessene Bewegungsfugen nicht nur zwischen Aluminiumkonstruktion und Bauwerk bzw. Verankerung mit dem Bauwerk, sondern auch innerhalb von größeren Fenster- und Fassadenelementen einzuplanen.

Beim Zusammenbau der Fenster werden die Profile zunächst in der notwendigen Länge zugeschnitten, die notwendigen Aussparungen für Beschläge, Griffe, Verbindungsteile, Entwässerung usw. durch Fräsen, Stanzen oder Bohren hergestellt und alle Teile sorgfältig entgratet und gereinigt.

Die Eckverbindungen der Blend- und Flügelrahmen werden auf verschiedene Weise mechanisch hergestellt oder stumpf geschweißt.

Bei mechanischer Eckverbindung werden Spezialeckwinkel in die Hohlprofile der Rahmen eingeschoben und dort eingestanzt bzw. eingepreßt oder durch verdeckt angeordnete Schrauben, Bolzen oder Keilstifte fixiert. Zusätzlich werden derartige Eckverbindungen fast immer mit kaltaushärtenden Zweikomponenten-Metallklebern geklebt und gleichzeitig abgedichtet. Derartige Verbindungen können für Profile hergestellt werden, die bereits eine fertige Oberflächenbehandlung aufweisen.

Eckverbindungen durch Abbrenn-Stumpfschweißung werden für nicht vorbehandelte Profile angewendet. Nach dem Entfernen der Schweißgrate und mechanischer Nacharbeit erfolgt die Oberflächenbehandlung in besonderen Arbeitsgängen.

Dichtungen werden als Mitteldichtungen und Aufschlagdichtungen in verschiedenen Kombinationen je nach Profilsystem und Anforderungen an die Fenster verwendet. Bei integrierten Flügeln bilden das Verglasungsprofil gleichzeitig Mittel- bzw. Anschlagdichtung.

Mitteldichtungen werden in den Blend- oder Flügelrahmen allseitig in einer Ebene umlaufend eingebaut und liegen dabei außerhalb der Witterungszone. In den Rahmenecken werden die Dichtungsprofile verklebt bzw. verschweißt.

Die Lage der verschiedenen Beanspruchungs- bzw. Dichtungsebenen bei Aluminiumfensterprofilen sind in Bild **5**.113 erläutert.

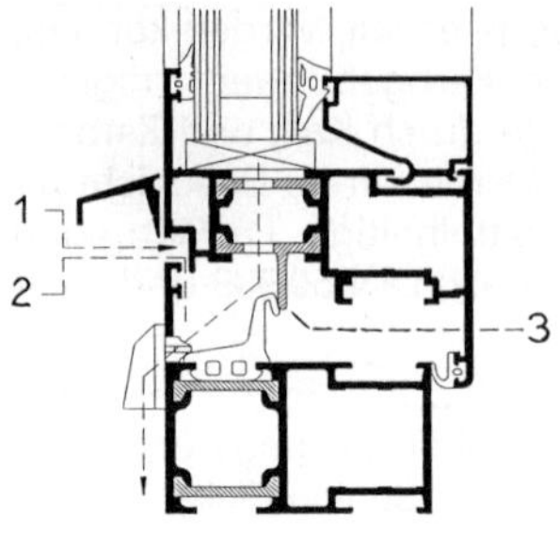

5.113 Beanspruchungs- bzw. Dichtungsebenen bei Aluminiumfensterprofilen
1 Ebene der Regensperren
2 Druckausgleichsebene
3 Windsperr-Ebene

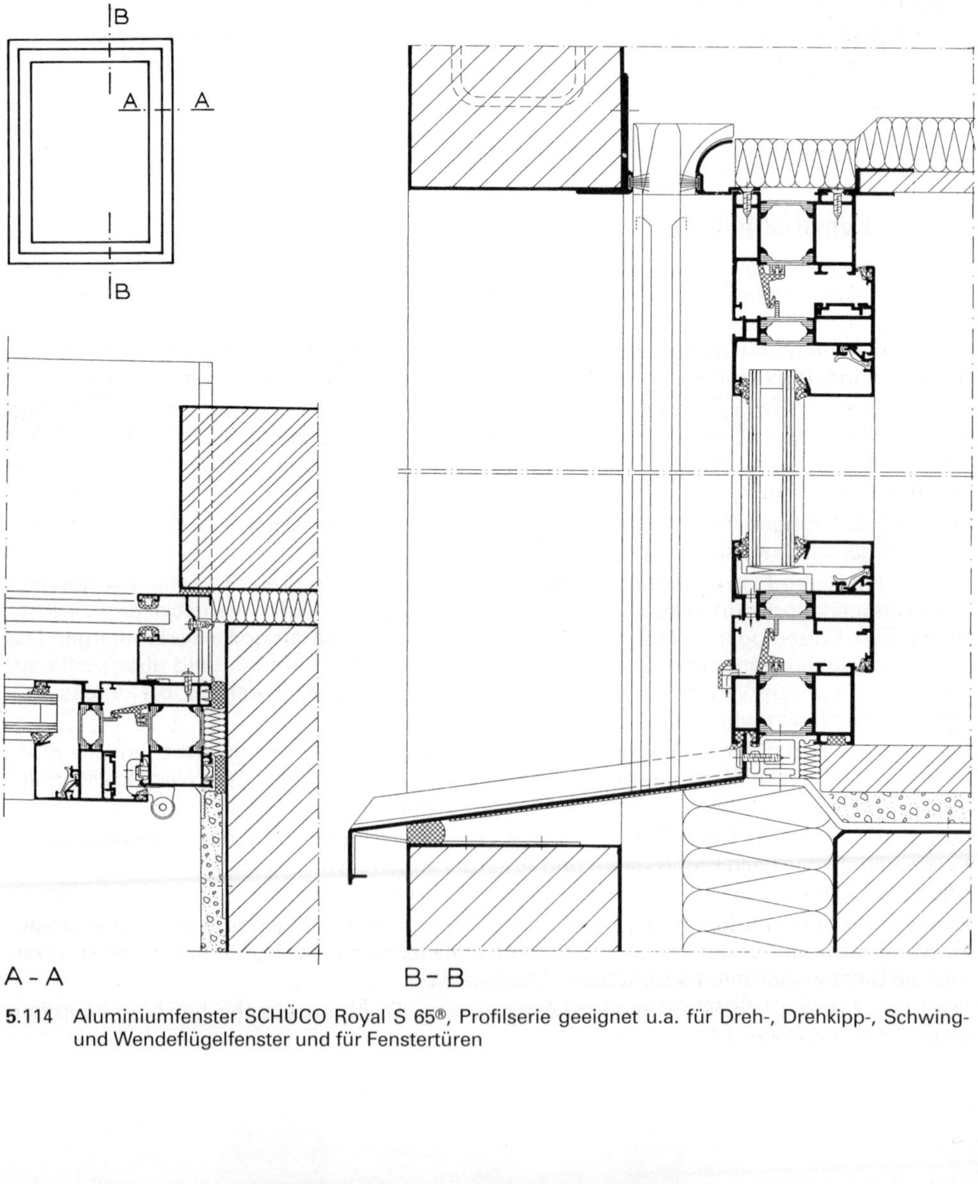

5.114 Aluminiumfenster SCHÜCO Royal S 65®, Profilserie geeignet u.a. für Dreh-, Drehkipp-, Schwing- und Wendeflügelfenster und für Fenstertüren

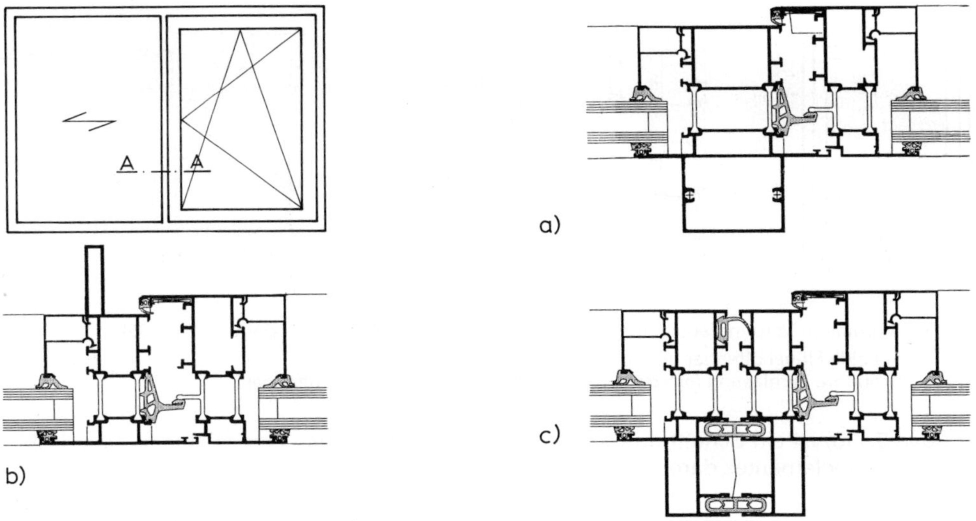

5.115 Aluminiumprofile für großformatige Fenster oder Fenstertüren (WICONA wicline 70®)
a) mit Verstärkung nach außen
b) mit Verstärkung nach innen
c) geteilt mit Dehnfuge

Aus der großen Fülle von Profilsystemen der zahlreichen Hersteller und der möglichen Konstruktionen sind nachfolgend einige Beispiele dargestellt.

In Bild **5**.114 ist eine typische Aluminiumfenster- bzw. Fenstertürkonstruktion mit normal großen Flügelabmessungen und mit Anschluß an einen Rolladenkasten gezeigt. Große Flügel- oder Scheibenabmessungen können je nach gestalterischen Absichten innen- oder außenliegende Verstärkungen (Bild **5**.115 a und b) und besonders bei langen Fensterbändern auch Trenn- bzw. Dehnungsfugen erfordern (Bild **5**.115 c).

Für vollständig verglaste große Fassaden sind Pfosten-Riegelkonstruktionen in den verschiedensten Ausführungen auf dem Markt, in die festverglaste Flächen oder öffenbare Fensterflügel integriert werden können (Bild **5**.116).

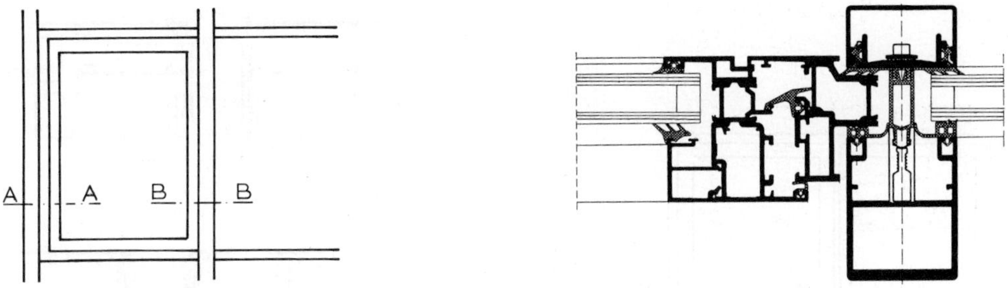

5.116 Drehkippfenster, integriert in Fassadenkonstruktion (EKONAL R)

Für Fenster mit besonders guten Schalldämmeigenschaften stehen Verbundkonstruktionen zur Verfügung, die in der Regel mit Spezialverglasungen ausgeführt werden (s. Abschn. 5.4.1). Bei mehrschaligen Fassaden (s. Abschn. 6.7.5 in Teil 1 des Werkes) werden die äußeren Verglasungen vielfach feststehend ausgeführt, und der innere Flügel ist nur zur Reinigung öffenbar (Bild **5**.117).

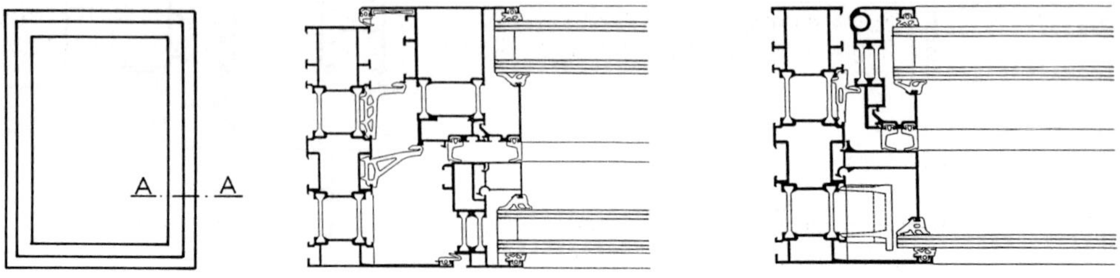

a) b)

5.117 Aluminium-Verbundfenster mit Blendrahmen-Bautiefe 125 mm (WICONA wicline 125)
a) beide Flügel öffenbar und mit Schallschutzverglasung
b) äußere Verglasung feststehend, innerer Flügel zur Reinigung öffenbar

In (Bild **5**.118) ist ein Schnitt durch den seitlichen Blendrahmen eines Schiebe- bzw. Hebeschiebetürenelementes dargestellt.

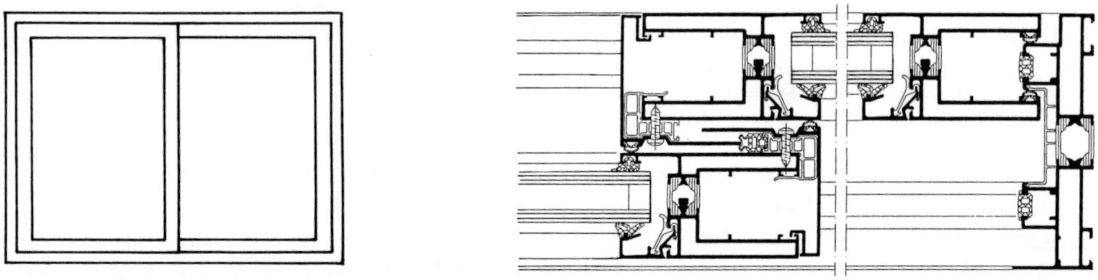

5.118 Schiebe- bzw. Hebeschiebetür mit Blendrahmen-Bautiefe 120 mm (SCHÜCO royal S 120®)

Insbesondere bei Fenstertüren bilden beim Schließen von schweren Flügeln die recht scharfen Profilkanten eine Gefahrenquelle. Für den Einsatz z. B. in Kindergärten gibt es deshalb Spezialprofile, bei denen breite Anschläge aus Kunststofflippen die Verletzungsgefahr erheblich vermindern (Bild **5**.119).

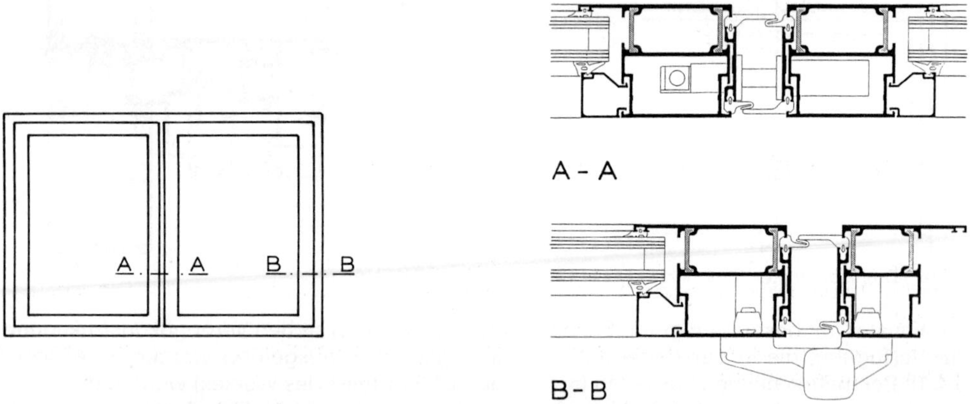

5.119 Aluminiumtürenprofile mit Fingerschutz (Hartmann SYSTHERM 62®)

Schaufenster werden heute fast durchweg mit Standardprofilen hergestellt, wie sie auch für übliche fest verglaste Fensterflächen verwendet werden. Zur Erleichterung des Einbaus großer Scheiben liegen die Falze mit den Glashalteleisten hier jedoch in der Regel auf der Außenseite.

5.6.5 Stahlfenster

Für untergeordnete Räume und im Industriebau können Stahlfenster aus T- oder ⅃-Stahl oder warm gewalzten Sonderprofilen hergestellt werden.

Für Stahlfenster werden heute jedoch fast überall Hohlprofile verwendet, die im Kaltwalzverfahren aus hochwertigem Bandstahl erzeugt werden. Sie haben einen hohe Biege- und Torsionsfestigkeit.

Einfache Rohrprofile kommen nur für untergeordnete Räume in Frage und dort, wo auf Wärmeschutz verzichtet werden kann (Bild **5**.120).

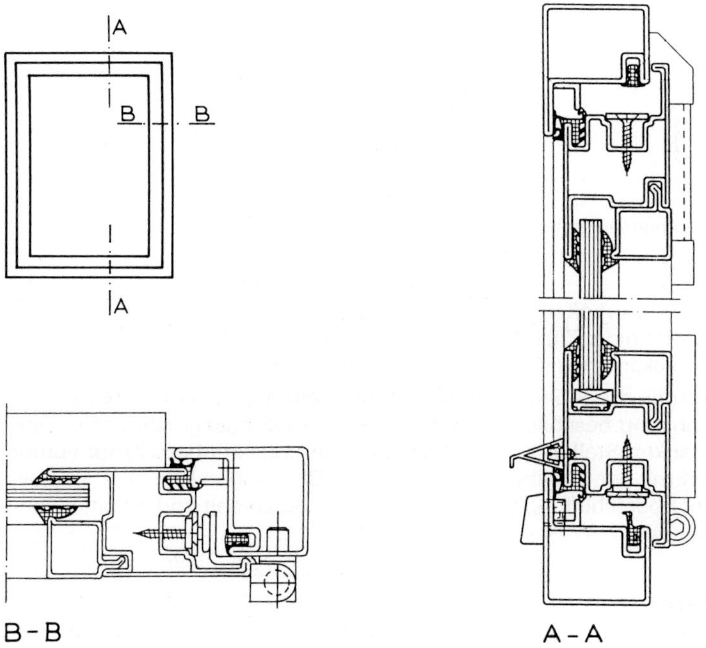

5.120 Fenster aus einfachen Stahlrohrprofilen (Mannesmann RP hermetic 40®)

Für wärmegedämmte Fenster- und Türkonstruktionen werden Profilrohrsysteme mit thermischer Trennung oder mit zusätzlich eingearbeiteten Wärmeschutzprofilen verwendet (Bild **5**.121).

Für Fassadenkonstruktionen stehen eine große Zahl von Sonderprofilen – auch gebogene Rohre – zur Verfügung.

Zum Rostschutz werden Profilstahlrohre in der Regel werkseitig galvanisch verzinkt oder walzblank geliefert.

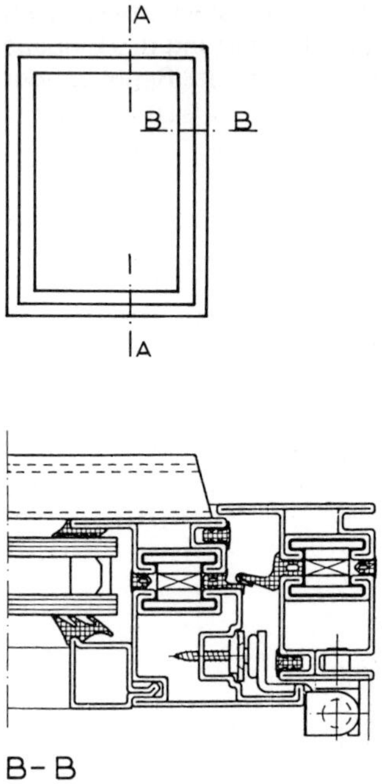

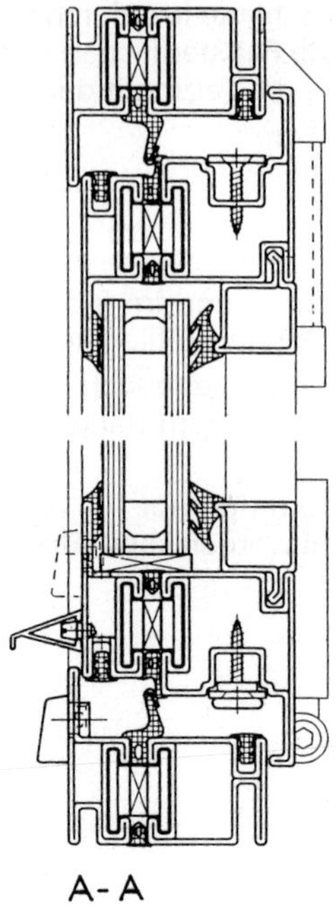

5.121 Fenster aus thermisch getrennten Stahlrohrprofilen (Mannesmann RP ISO hermetic 60-5®)

Nicht verzinkte Konstruktionen erhalten nach der Reinigung bzw. Entrostung eine Rostschutzbehandlung mit Bleimennige, Zinkstaubbeschichtung o. ä., einen oder mehrere Zwischenanstriche und einen Deckanstrich (Gesamtdicke 100 µm).

Rahmenkonstruktionen werden durch Stumpfschweißung zusammengefügt. Dabei wird an den Schnittstellen die Verzinkung beschädigt und muß sachgemäß nachgebessert werden. Dazu wird auf die metallblanken Stellen Verzinkungsausbesserungslot überschmolzen und das noch flüssige Lot sofort mit der Stahlbürste eingerieben. Die fertigen Konstruktionsteile werden anschließend leicht überschliffen, mit Spezialreinigern behandelt und erhalten dann Haftanstrich und Decklackierung.

5.6.6 Kunststoff-Fenster

5.6.6.1 Allgemeines

Nach langjähriger Weiterentwicklung der Ausgangsstoffe und Verarbeitungstechnik haben Kunststoff-Fenster einen sehr großen Marktanteil erreicht.

Als Rahmenmaterial dient nahezu ausschließlich schlagzähes PVC (Polyvinylchlorid). Die dafür notwendigen Rohstoffe sind Ethylen aus Erdöl oder Erdgas und Chlor, das aus Steinsalz gewonnen wird.

Das als Granulat oder Pulver hergestellte Ausgangsmaterial PVC läßt sich leicht modifizieren, durch Zusatz von Weichmachern plastifizieren und bei Temperaturen um 200 °C formen und verarbeiten.

Die für den Fensterbau entwickelten Profile werden durch Extrudieren hergestellt und können mit den für die Holzbearbeitung üblichen Werkzeugen leicht bearbeitet werden.

Kunststoffprofile können in sehr großer Formenvielfalt für praktisch alle Einsatzbereiche hergestellt werden. Die Lebenserwartung von Kunststoff-Fenstern ist derjenigen von Fenstern aus anderem Rahmenmaterial vergleichbar. Ein wichtiger Aspekt ist, daß sich das Rahmenmaterial von Kunststoff-Fenstern gut aufarbeiten und wiederverwenden läßt. Auch in der sogenannten „Ökobilanz" halten Kunststoff-Fenster den Vergleich mit den anderen Rahmenmaterialien gut aus.

Dennoch bestehen gegen die Verwendung von Kunststoff-Fenstern vielfach emotionale Vorbehalte. Sie werden u. a. damit begründet, daß das PVC-Rahmenmaterial im Brandfall giftige, schleimhautreizende Substanzen (HCl-Gas) freisetze. Das PVC-Rahmenmaterial ist jedoch schwer entflammbar. Durch Energiezufuhr aus anderen Brandquellen entflammte PVC-Profile erlöschen, sobald diese Energiezufuhr nicht mehr erfolgt. Zu bedenken ist auch, daß die geringe Masse von Fensterrahmen – auch gegenüber anderen am Bau verwendeten Kunststoffen – nur sehr wenig an Brandverläufen beteiligt ist.

Weiter wurde geltend gemacht, daß die im Material mit etwa 4% enthaltenen Schwermetall-Stabilisatoren (Pb und Cd) giftig sind. Derartige Stabilisatoren können jedoch nur während der Produktion der Halbzeuge in Feinstaubform in den menschlichen Körper gelangen. Durch gekapselte Produktionsanlagen und neuerdings durch Entwicklung anderer Stabilisatoren (Ca und Zn) sind derartige Argumentationen kaum noch haltbar [44].

Die Güteanforderungen und Prüfbestimmungen für Kunststoff-Fenster sind in der RAL-Richtlinie RAL-GZ 716/1 (1994) festgelegt.

Unterschieden werden Fensterprofile aus

- Polyvinylchlorid (PVC-U) mit weißen Oberflächen (Bilder **5**.122 und **5**.123),
- hartem PUR-Integralschaum (Bild **5**.124),
- Coextrudiertem PVC-U und PMMA (Polymethylacrylat in verschiedenen Farben),
- Coextrudiertem PVC-U und PMMA mit vollmassivem duroplastartigem Kernmaterial, verstärkt mit Glasfaserstäben (Bild **5**.125),
- Verbund von PVC-Hartschaum und Aluminium-Armierung mit Beschichtungen,
- PVC-U mit Beschichtungen,
- PVC-U mit Folien kaschiert.

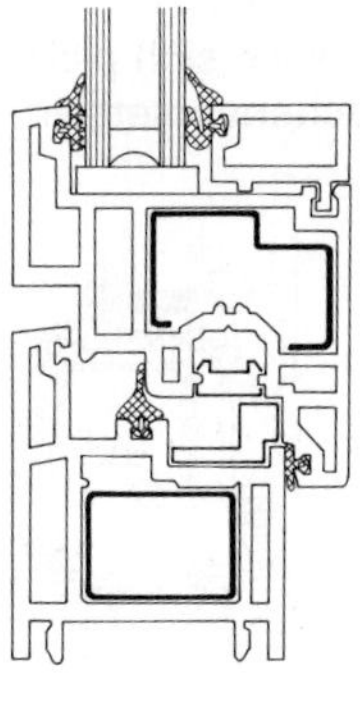

5.122
Kunststoff-Fenster aus Mehrkammer-Hohlprofilen kombiniert mit verzinkten Stahlprofilen

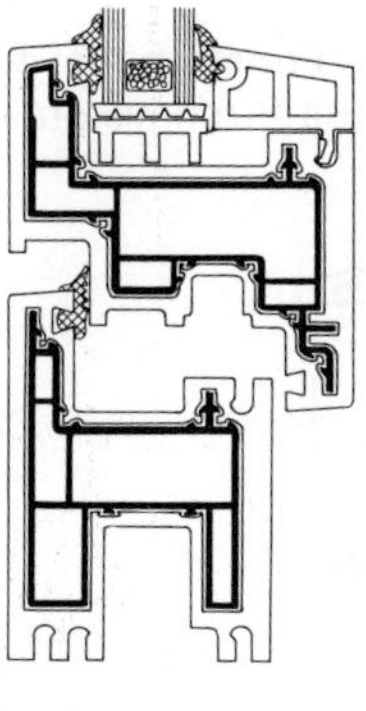

5.123
Kunststoff-Fenster aus umschäumtem Aluminium-Innenprofil (Kömmerling Combidur AV)

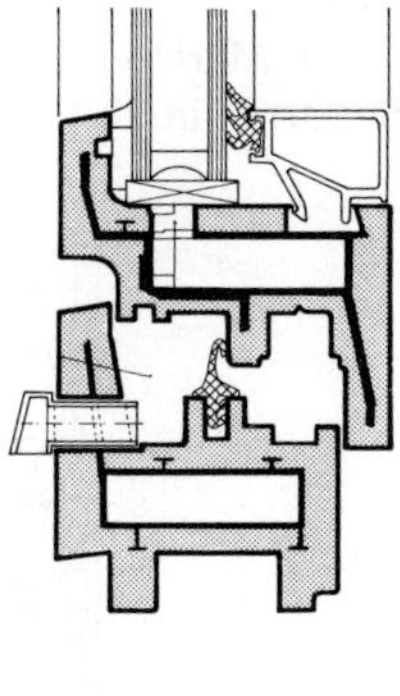

5.124
Hartschaumfenster mit integrierten Aluminium-Hohlprofilen

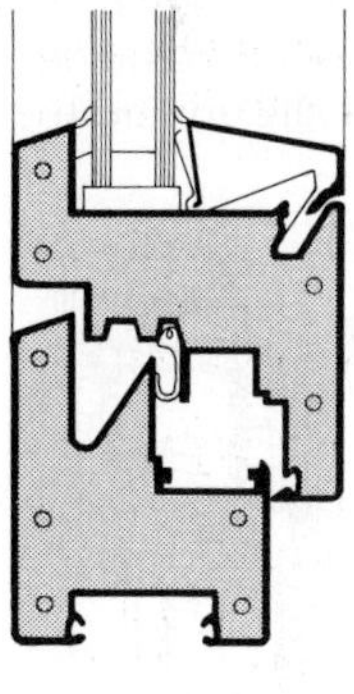

5.125
Kunststoff-Fenster aus ausgeschäumten Vollprofilen (SCHOCK)

Bei den weitaus am meisten verwendeten Profilen aus Polyvinylchlorid (PVC-U) mit weißen Oberflächen müssen die weichmacherfreien Formmassen mindestens folgenden Eigenschaften entsprechen:

DIN 7748-1 – PVC-U, EDLP, 076-25-23 (Pulver) oder
DIN 7748-1 – PVC-U, EGLP, 076-25-23 (Granulat).

U = weichmacherfrei
E = Extrusionsmasse
D = Pulver
G = Granulat
076 = Vicat-Erweichungstemperatur
25 = Kerbschlagzähigkeit DIN 53453
23 = E-Modul DIN 53457

Der Einsatz von Regenerat und/oder Recyclat von Fenstern aus PVC-U ist zulässig, wenn die der Witterung ausgesetzten Oberflächen durch Coextrudierung mit PVC-Frischmaterial (Schichtdicke > 0,5 mm) abgedeckt sind und die recycelten Formmassen frei von Weichmachern, Fremdkörpern und Verunreinigung sind.

Die Wanddicke von „Hauptprofilen" muß bei den Sichtflächen mindestens 3 mm und bei den Stegen 2,5 bis 2,7 mm betragen (RAL-GZ 716/1, Abschn. 2.3.2).

Alle Hauptprofile (Blendrahmen-, Flügel- und Pfostenprofile) müssen fortlaufend im Abstand von ca. 1 m mit dem Herstellerzeichen, Prüfzeichen mit Registriernummer und Herstellungszeitraum gekennzeichnet sein.

(Als „Nebenprofile" werden Glashalteleisten, Wetterschenkel usw. bezeichnet.)

Die notwendige Steifigkeit von Rahmen, die nur aus Kunststoff bestehen, wird durch Unterteilung der Hohlprofile in kleine, oft zusätzlich noch durch Rippen gegliederte Hohlräume erreicht. Trotzdem sind die Flügelmaße dieser Fenster auf kleinere Formate beschränkt.

Bei größeren Fensterflächen reicht die Festigkeit des Kunststoffs allein nicht aus, um Eigengewicht und Windlast einwandfrei über Beschläge und Verschlüsse in die tragenden Bauteile abzuleiten. Um die erforderliche Verwindungssteifigkeit zu erreichen, enthalten daher in der Regel alle Kunststoff-Fenster Verstärkungen aus Stahl- oder Aluminium-Profilen.

Bei dem in Bild **5**.124 gezeigten Fenstersystem ist in ein Kunststoff-Vollprofil ein Leichtmetall-Hohlprofil integriert, das dem Fenster eine hohe Stabilität verleiht.

Die in Bild **5**.125 als Beispiel gezeigten Fensterprofile haben einen mit Glasfasersträngen verstärkten tragenden Kern.

Mit den verschiedenen auf dem Markt vorhandenen Fensterbausystemen lassen sich praktisch alle vorkommenden Bauarten ausführen. Es gibt Profilsysteme mit flächenversetzten,

a)
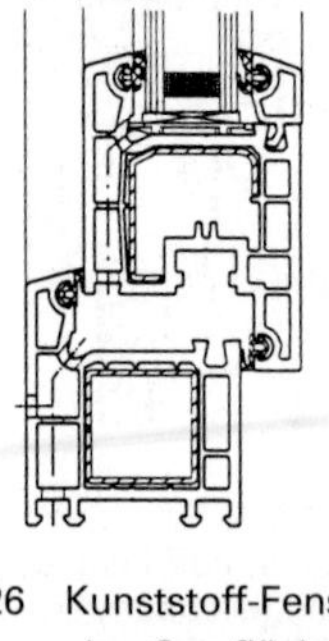

b)
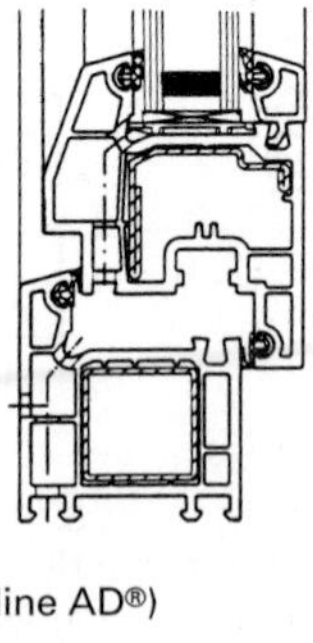

c)
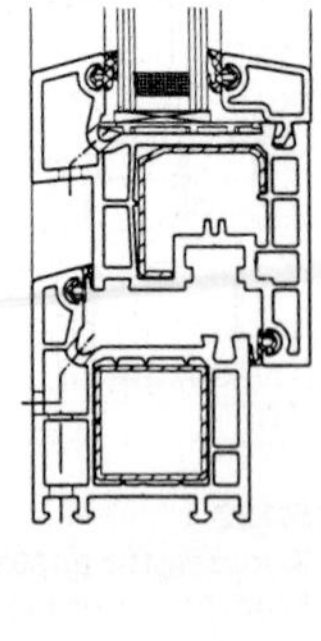

5.126 Kunststoff-Fenstersysteme (VEKA Softline AD®)

a) außen flächenversetzt
b) außen halbflächenversetzt
c) außen flächenbündig

halb flächenversetzten oder außen bündigen Flügel/Blendrahmenebenen (Bild **5**.126) sowie Kombinationen für Verbund- und Kastenfenster (Bild **5**.127).

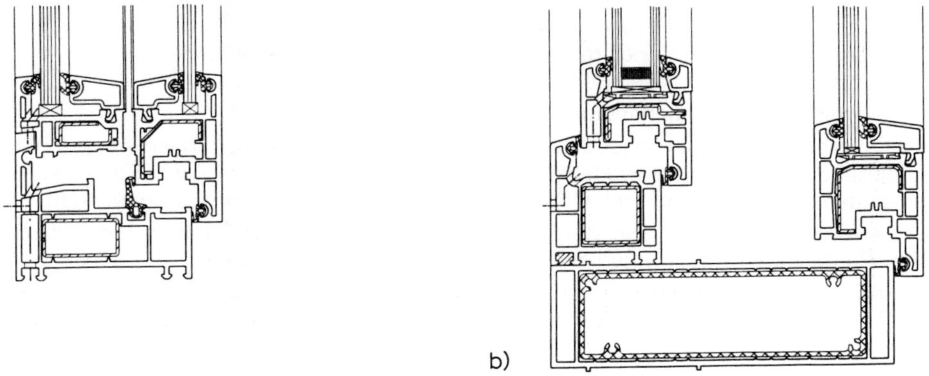

a) b)

5.127 Kunststoff-Fensterkombinationen (VEKA®)
a) Verbundfenster
b) Kastenfenster

Alle Profilsysteme haben elastische Falz- oder Mitteldichtungen und erhalten eine Verglasung mit Dichtungsprofilen. Es ist auch möglich, die Glasscheiben zwischen Dichtungsprofile einzusetzen, die zusätzlich eine Versiegelung erhalten.

Die Anforderungen an Glasfalze und Dichtungen sowie an den Einbau von Kunststoff-Fenstern entsprechen den in den Abschnitten 5.2, 5.3 und 5.4.3 behandelten Grundsätzen.

5.6.6.2 Oberflächen

Die UV-Beständigkeit farbiger Oberflächen ist gegenüber früheren Jahren erheblich verbessert worden.

Die Farbgestaltung von PVC-Profilen ist auf verschiedene Weise möglich.

Homogen durchgefärbte Profile haben sich als problematisch erwiesen und werden allenfalls in wenigen Standardtönen angeboten. Fast alle farbigen Profile werden daher mit Kaschierungen hergestellt. Diese können durch Coextrudierung mit farbigen PMMA-Granulaten erfolgen. Wirtschaftlicher in der Herstellung sind jedoch Beschichtungen mit PMMA-Folien. Hierbei sind hinsichtlich der Farben und der Oberflächenstrukturierung sehr viele Möglichkeiten gegeben. So werden paradoxerweise Oberflächen mit den verschiedensten Holzimitaten angeboten. Bei Farbbehandlungen sind unterschiedliche Außen- und Innenflächen möglich oder unterschiedliche Farben für Blend- bzw. Flügelrahmen.

Ein besonderes Argument für den Einsatz von Kunststoff-Fenstern ist, daß diese gegenüber Holzfenstern keine Anstriche und keine laufende Anstricherneuerung brauchen. Es werden dennoch Farben angeboten, mit denen nach einer entsprechenden Grundierung das Lackieren von Kunststoff-Fenstern in allen Abtönungen und sogar in Lasierungen möglich ist.

In jedem Falle sollte beachtet werden, daß bei der Farbgestaltung der weiße Grundstoff der Fenster in seinen bewährten Eigenschaften meistens ungünstig beeinflußt wird.

So können dunkle Farbtöne bei Sonneneinstrahlung eine Erwärmung von bis zu 80 °C bewirken. Die dadurch erheblich größeren Materialdehnungen müssen beim Einbau der Fenster selbstverständlich berücksichtigt werden. Bei fehlendem Temperaturausgleich zwischen Außen- und Innenfläche kann es außerdem – nicht nur bei Kunststoff-Fenstern – zu Problemen der Formbeständigkeit kommen.

5.6.6.3 Konstruktion

Eckverbindungen und Profilanschlüsse werden entsprechend den RAL Güte- und Prüfbestimmungen bei Profilen ohne Oberflächenbehandlung im Preß-Stumpf-Schweißverfahren hergestellt. Die dabei entstehenden Schweißwulste werden manuell entfernt und sauber beigearbeitet oder maschinell mit betonten Nuten ausgeführt (Nuttiefen *b/t* max. 4/3 mm). Alle scharfen Kanten müssen gebrochen werden.

Profile mit Oberflächenbehandlung werden geklebt.

Die innerhalb der Profile liegenden Stahl- oder Aluminium-Verstärkungen werden mit Hilfe eingeschobener Formteile verklebt oder verschraubt. Zur Vermeidung von Kontaktkorrosion sind Edelstahl- oder bei geringen Belastungen Aluminiumschrauben zu verwenden.

Die erforderlichen Beschläge werden in die dafür von allen Herstellern berücksichtigten durchlaufenden Aussparungen der Profile eingeschoben.

Beim Einbau an der Baustelle sind die temperaturabhängigen Längenänderungen der Kunststoffprofile zu beachten (Tabelle **5**.128). Als Befestigungsmittel dienen federnde Maueranker oder Steckdübel (Bild **5**.129, Verankerungsabstände s. Bild **5**.19). Für Fensterbänder, Ecklösungen usw. gibt es passend zu allen wichtigen Profilsystemen die entsprechenden Kunststoff-Sonderformteile.

Tabelle **5**.128 Temperaturbedingte Längenänderung je Fuge in Abhängigkeit des Rahmenmaterials (RAL GZ 716/A)

Werkstoff der Fensterprofile	Temperaturbedingte Längenänderung je Fuge [mm/m]	Werkstoff der Fensterprofile	Temperaturbedingte Längenänderung je Fuge [mm/m]
PVC hart (weiß), (Abschnitt I Teil 1)	1,6	PVC hart und PMMA (farbig koextrudiert), (Abschnitt I Teil 3)	2,4
Harter PUR-Integralschaumstoff (Abschnitt I Teil 2)	1,0	PVC hart und PMMA (koextruiert mit vollmassivem, duroplastartigem Kernmaterial, verstärkt mit Glasfaserstäben (Abschnitt I Teil 4)	0,8

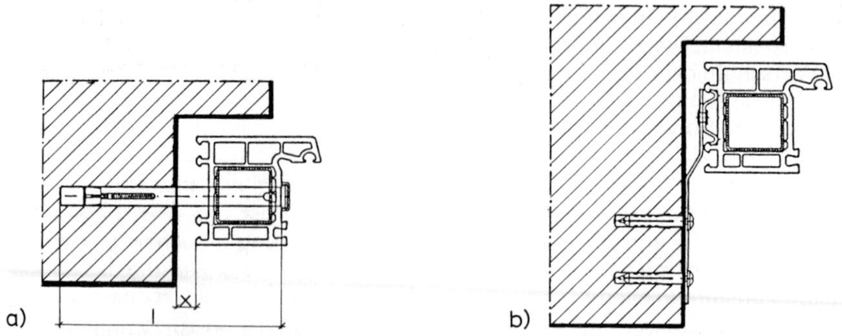

5.129 Befestigung von Kunststoff-Fenstern
a) Dübel mit Durchsteckmontage
b) federnder Stahlblechanker

Als Beispiele für die große Zahl der möglichen Konstruktion von Kunststoff-Fenstern sind Horizontal- und Vertikalschnitte für ein zweiflügeliges Fenster (Bild **5**.130) und für eine Hebeschiebetür gezeigt (Bild **5**.132).

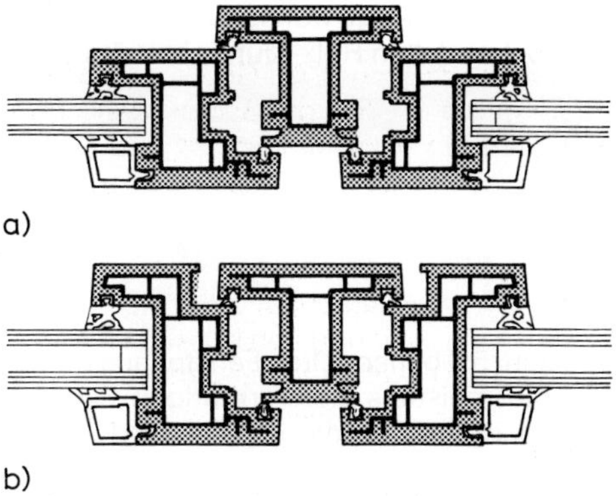

5.130 Kunststoff-Fenster (Kömmerling, Combidur VK)
a) flächenversetzte Ausführung
b) flächenbündige Ausführung

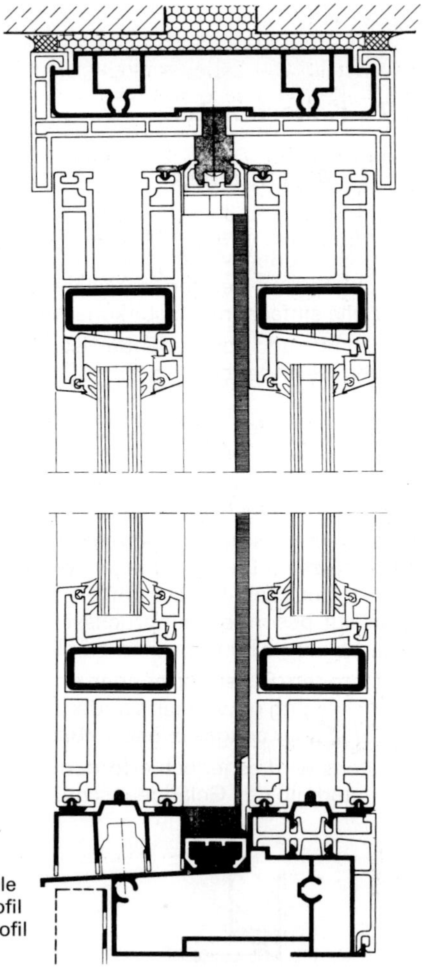

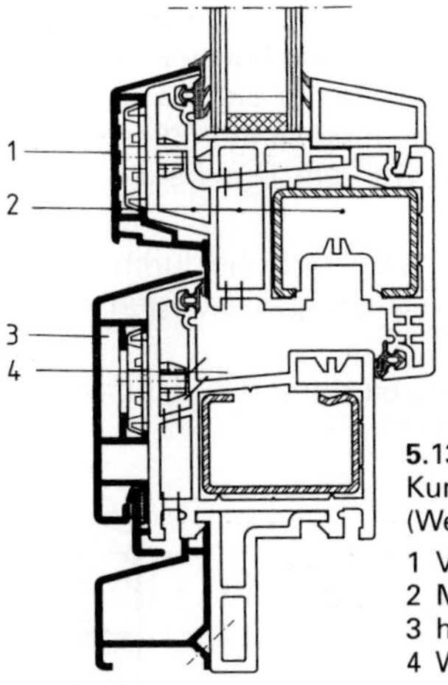

5.131
Kunststoff-Aluminium-Fenster (Weru AK 29®)
1 Vorgesetzte Aluminiumschale
2 Mehrkammer-Kunststoff-Profil
3 hinterlüftetes Aluminium-Profil
4 Wassersammelkammer

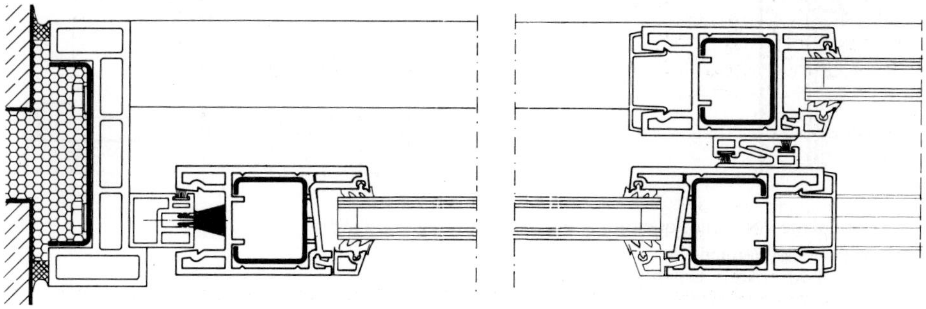

5.132 Kunststoff-Hebeschiebetür (Kömmerling, Eurodur®)

In Bild **5**.131 ist ein Beispiel für die Kombination von Aluminium- und Kunststoff-Profilen. Das System stellt eine Alternative zu den in Abschn. 5.6.3 behandelten Holz-Aluminium-Fenstern dar.

5.7 Kellerfenster

5.7.1 Allgemeines

In Kellergeschossen können grundsätzlich die in Abschn. 5.6 behandelten Fenster aus Kunststoff, Holz oder Metallen verwendet werden. Für die meistens kleinformatigen Fensteröffnungen und bei den in Kellern geringeren Anforderungen an die Fenster sind jedoch spezielle einfachere Fensterkonstruktionen üblich.

Bei der Planung von Gebäuden ist mit der Festlegung der Höhenlage gegenüber den angrenzenden Geländeoberflächen die Entscheidung für die mögliche Lage von Kellerfenstern verbunden.
Bei freistehenden Gebäuden ergibt sich der in der Regel, bedingt durch den erforderlichen Spritzwasserschutz (s. Abschn. 15.2 in Teil 1 des Werkes), eine Sockelhöhe von etwa 50 cm. Dabei verbleibt für Fensteröffnungen oberhalb des angrenzenden Geländes eine verfügbare Höhe von lediglich ca. 20 cm (Bild **5**.133 a).

Wenn keine besonderen Anforderungen an die Raumbelichtung bestehen und wenn besondere Stürze für Deckenauflager verzichtbar sind, kann in solchen Fällen der Einbau einfacher Fenster aus Stahl-Winkelprofilen oder von Glasbausteinen ausreichend sein. In diesem Fall kann auf besondere Einbruchssicherungen verzichtet werden, weil ein Durchstieg durch derart niedrige Fenster nicht möglich ist.

Sind größere Fensteröffnungen erforderlich, kann die erforderliche Sockelhöhe durch Geländeabtreppung gewonnen werden, doch ist dies vielfach durch Gestaltungssatzungen eingeschränkt oder ausgeschlossen (Bild **5**.133 b).

Meistens wird es jedoch erforderlich sein, die Kellerfenster in Verbindung mit Lichtschächten unterhalb des Geländeanschnittes anzuordnen (Bild **5**.133 c).

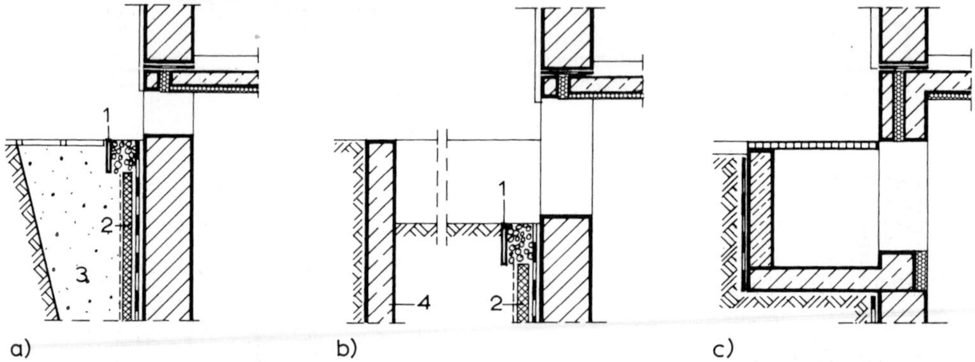

5.133 Höhenlage von Kellerfenstern
a) im Sockelbereich
b) in abgesenktem Geländebereich
c) in Lichtschacht (schematisch)

1 Traufstreifen (vgl. Bilder **15**.12 u. **15**.19 in Teil 1 des Werkes)
2 Abdichtung mit Sickerschicht
3 verfüllter Arbeitsraum
4 Stützwand

5.7.2 Lichtschächte

Lichtschächte werden in konventioneller, gemauerter oder betonierter Ausführung (Bild **5**.134) wegen des hohen Arbeitsaufwandes fast nur noch dort hergestellt, wo große Abmessungen oder statische Anforderungen (z. B. wegen notwendiger Befahrbarkeit oder wegen großer Tiefenlage) dies erfordern.

Bei konventionellen Lichtschächten bleibt fast immer die einwandfreie Ausführung der äußeren Wandabdichtungen unterhalb der auskragenden Auflager wegen der schlechten Zugänglichkeit problematisch. Außerdem ist unterhalb größerer Lichtschächte die einwandfreie Verfüllung und Verdichtung des Arbeitsraumes kaum zu gewährleisten.

Es ist deshalb oft günstiger, die Lichtschächte aus Betonfertigteilen aufzusetzen (Bild **5**.135) oder nicht auskragend auszuführen, sondern – ggf. zusammengefaßt für mehrere Fenster – im Bereich der Kellersohle auf einem eigenen Fundament zu gründen (Bild **5**.136). Zu beachten ist, daß jedoch wegen des ungünstigen Lichteinfallswinkels bei tiefen Lichtschächten keine besonders gute Raumbelichtung erwartet werden darf.

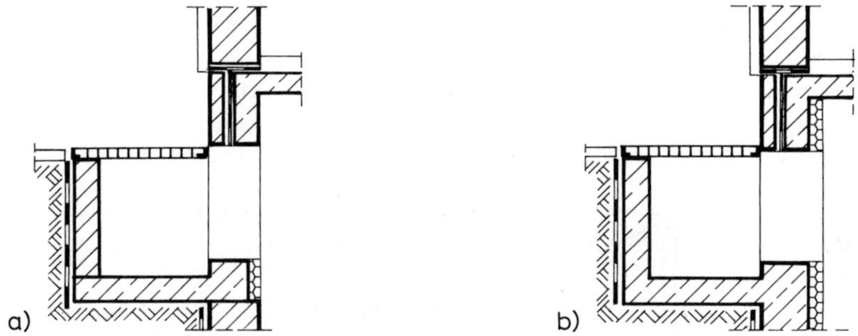

5.134 Konventionell hergestellte Lichtschächte
a) Bodenplatte in Außenmauer auskragend eingespannt, Umfassung gemauert
b) Lichtschacht aus Stahlbeton (Ortbeton)

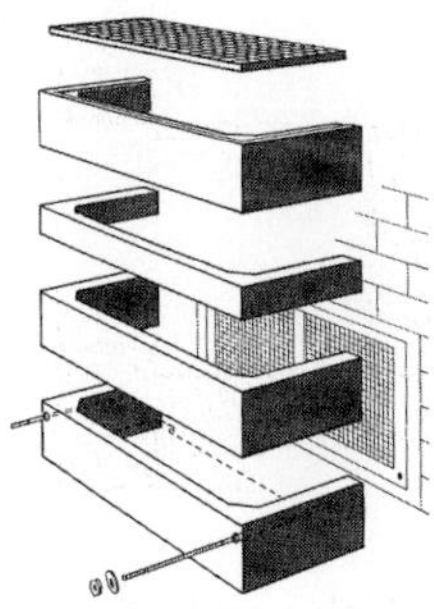

5.135 Lichtschacht aus vorgefertigten Stahlbetonteilen (Betonsteinwerk Heibges, Moers)

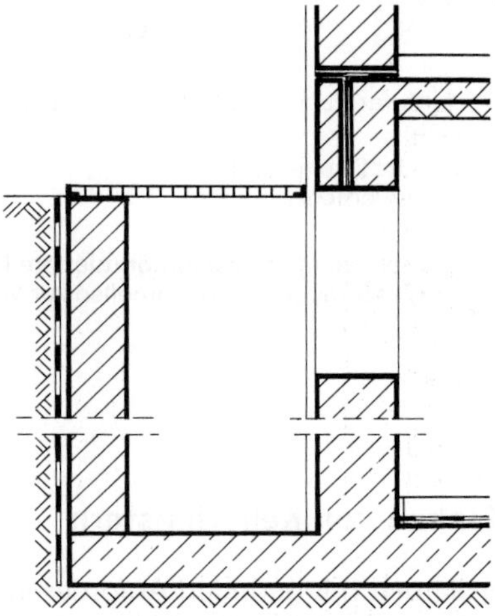

5.136 Großer Lichtschacht (z.B. für mehrere nebeneinanderliegende Fenster) auf eigenem Fundament (in Verbindung mit Fundamentplatte des Gebäudes)

Für kleinere Kellerfenster werden heute fast ausschließlich vorgefertigte Lichtschächte aus glasfaserverstärktem Kunststoff (GFK) oder aus Polypropylen (PP) verwendet. Derartige Kunststoff-Lichtschächte gibt es in Sonderausführungen sogar für Fenster von bis zu 2,00 m Breite und bis zu 1,50 m Höhe. Durch Aufsatz-Elemente können nötigenfalls Höhenangleichungen bei besonders tief angeordneten Fenstern vorgenommen werden.

Entwässerungsabläufe und passende Gitterrostabdeckungen mit Abhebesicherungen gehören bei allen Herstellern zum Lieferumfang.

Die Kunststoff-Lichtschächte werden nach Ausführung der äußeren Wandabdichtungen mit Zwischenlagen aus vorkomprimierten Dichtungsbändern auf die Kellerwände aufgedübelt.

Durch die abgerundete Formgebung wird die einwandfreie Verfüllung und Verdichtung des Arbeitsraumes erleichtert. Die glatten Oberflächen können gut gereinigt werden, und die helle Farbe der Lichtschächte begünstigt die Belichtung der Kellerräume (Bild **5**.137).

Besondere Aufmerksamkeit und sorgfältige Detaillierung ist bei allen Lichtschächten zur Vermeidung von Wärmebrücken erforderlich, wenn die Kellerwände außenliegende Wärmedämmungen („Perimeterdämmung") erhalten. Auch wenn die äußeren Wärmedämmschichten von Bauwerkssockeln und darüberliegenden Wandflächen unterschiedlich dick sind, können sich am oberen Abschluß der Lichtschächte Probleme ergeben. Die Hersteller vorgefertigter Lichtschächte bieten dafür verschiedene Lösungsmöglichkeiten mit speziellen Aufsatzkränzen, Abstandshaltern oder gekürzten Lichtschachtrosten an.

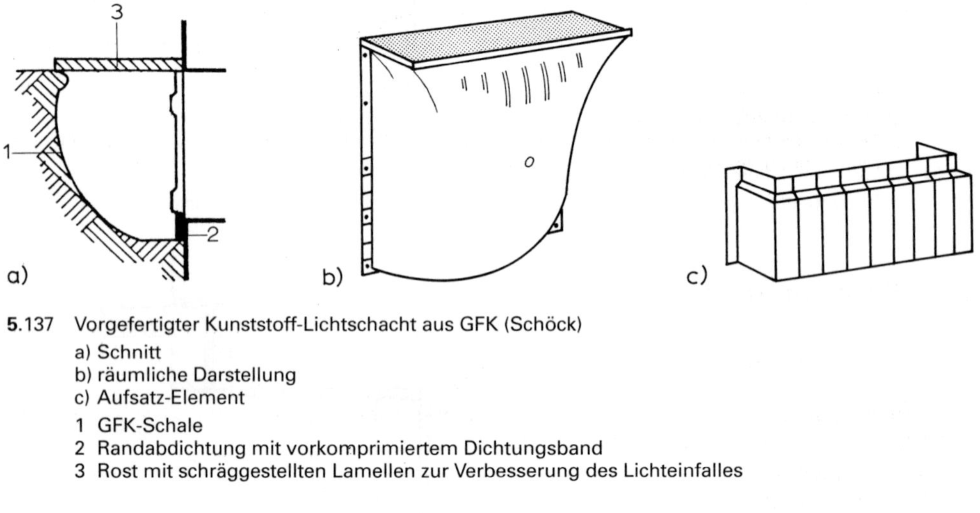

5.137 Vorgefertigter Kunststoff-Lichtschacht aus GFK (Schöck)
a) Schnitt
b) räumliche Darstellung
c) Aufsatz-Element
1 GFK-Schale
2 Randabdichtung mit vorkomprimiertem Dichtungsband
3 Rost mit schräggestellten Lamellen zur Verbesserung des Lichteinfalles

5.7.3 Einbau von Kellerfenstern

Bei Kellerräumen mit geringen Anforderungen an die Nutzung sind einfach verglaste ein- oder zweiflüglige Stahlfenster üblich. Zusätzliche Gitterblechflügel dienen der Einbruchshemmung und als „Mäuseschutz" (Bild **5**.138).

Für Keller mit erhöhten Nutzungsansprüchen gibt es spezielle einfach konstruierte Kippflügelfenster oder Drehkippfenster aus Holz oder Kunststoff.

5.138 Einfache Stahlkellerfenster, 1- oder 2-flüglig

Zur Rationalisierung der Rohbau- und Einbauarbeiten werden derartige Kellerfenster komplett mit Einbauzargen geliefert und können beim Aufmauern der Kelleraußenwände mit eingebaut werden. Für Kelleraußenwände aus Stahlbeton werden die Fenster in Schutzfolien und mit später leicht herausnehmbaren Aussteifungen geliefert (Bild **5**.139).

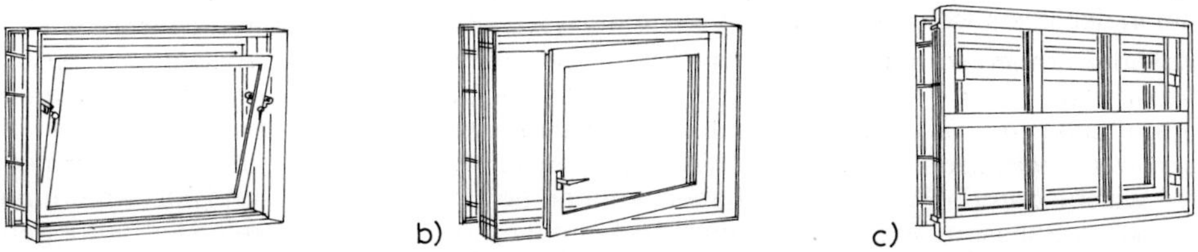

5.139 Kunststoff-Kellerfenster für Kellerräume mit erhöhten Nutzungsanforderungen, kombiniert mit Einbauzargen
a) Kippflügelfenster
b) Drehkippflügelfenster
c) Einbauelement für Stahlbetonwände mit Fenster in Schutzfolie und Einbauzarge mit Aussteifung (Einbaurahmen als „verlorene Schalung")

5.8 Sonnenschutz

5.8.1 Allgemeines

Sonnenschutzmaßnahmen sollen ganze Fassadenflächen oder einzelne Räume vor sommerlicher Überhitzung schützen.[1)]

Sie sind besonders wirksam, wenn sie vor den Fassadenflächen und mit Hinterlüftung angeordnet werden.

Geringer ist die Wirkung von Sonnenschutzmaßnahmen innerhalb von Fassadenteilen bzw. von Verglasungen, weil dadurch die Wärmetransmission nicht vollständig vermieden werden kann. Moderne Sonnenschutzgläser (s. Abschn. 5.3) reflektieren unerwünschte Einstrahlung, verhindern jedoch nicht vollständig den Energiegewinn bei winterlichen Verhältnissen.

Den geringsten Effekt haben Sonnenschutzmaßnahmen hinter Verglasungsflächen, die durch Umwandlung einfallender UV-Strahlung in Wärme einen Treibhauseffekt erzeugen. Dies kann durch reflektierende Materialien und geringe Abstände zu den Glasflächen nur wenig abgemindert werden.

1) s. auch Abschn. 6.7.5 (Doppelfassaden und Intelligente Fassaden) in Teil 1 des Werkes.

Im Hinblick auf den sommerlichen Wärmeschutz werden in DIN 4108-2 Abschn. 7 Empfehlungen für Gebäude ohne raumlufttechnische Anlagen gegeben. Durch geeignete Sonnenschutzeinrichtungen kann die Aufheizung der Räume bei einer Folge heißer Sommertage erheblich herabgesetzt werden.

Die meisten Sonnenschutzmaßnahmen können gleichzeitig auch als Sichtschutz unerwünschten Einblick in Räume verhindern.

5.8.2 Rolläden

Allgemeines

In vielen Gegenden zählen Rolläden zum üblichen Sonnen- und Sichtschutz. Sie dienen zur Verbesserung des Wärmeschutzes der Nacht, zur Verbesserung des Schallschutzes und je nach Bauart auch als Einbruchschutz.

Die technischen Anforderungen an Rolladen sind in DIN 18073 und DIN 18358 enthalten, ferner in den Technischen Richtlinien des Bundesverbandes Rolladen + Sonnenschutz e.V.

Rolladen tragen in geschlossenem Zustand bei winterlichen Verhältnissen erheblich zur Verminderung des Wärmeverlustes von Fenstern bei. Die Wärmedämmwirkung ist am günstigsten bei einem Abstand von ca. 40 mm zwischen Rolladen und Fenster. Dicht schließende Rolladen mit ausgeschäumten Kunststoffprofilen und mit Führungsschienen, die weichfedernde PVC-Einlagen haben, können den Wärmeschutz von Fenstern um mehr als 50% verbessern. Bisher bestehen jedoch auf diesem Gebiet noch keine Festlegungen.

Der zeitweilige Schallschutz von Fenstern kann ebenfalls durch Rolladen verbessert werden. Messungen haben bei einem Mindestabstand von 100 mm zwischen Rolladen und Fenster eine Verbesserung des Schallschutzes von bis zu 10 dB ergeben, wenn außer den für optimalen Wärmeschutz genannten Maßnahmen dafür gesorgt wird, daß ein möglichst dichter oberer Abschluß entsteht.

Für den Schallschutz von Rolladenkästen sind in DIN 4109, Bbl. 1, genaue Hinweise gegeben. Sie gelten für Rolladenkästen mit einem bewerteten Schallschutzmaß von 25 bis 40 dB. Zur Erfüllung der erforderlichen Schalldämmung sind dabei für die zu verwendenden Materialien, für die Ausbildung von Anschluß- und Elementfugen sowie für die äußeren Durchlaßschlitze genaue Vorschriften aufgestellt. So sind z. B. die Innenflächen ggf. mit schallschluckendem Material auszukleiden, und die Schalldämmeigenschaften der Begrenzungsflächen sind ggf. durch Blech- oder sonstige gewichtsteigernde Auflagen zu verbessern.

Einbruchshemmend sind Rolladen nur dann, wenn sie in dafür geeigneter besonderer Konstruktionsart ausgeführt werden. Nach DIN 18073 gelten Rolladen als einbruchshemmend, wenn doppelwandige Aluminiumprofile mit mindestens 1 mm oder einwandige Aluminiumprofile mit mindestens 2 mm Materialdicke verwendet werden. Die Endleisten müssen gegen Herausziehen gesichert sein, und die Rolladen dürfen sich nicht hochschieben lassen. Außerdem müssen mindestens 40 mm breite Führungsschienen verwendet werden, die gegen Heraushebeln und Demontage gesichert sind. Derartige Rolladen sind natürlich sehr kostenaufwendig.

Der Bundesverband Rolladen und Sonnenschutz hat für einbruchshemmende Rolladenausführungen daher differenzierende Widerstandsklassen ER 1 bis ER 6 aufgestellt. Während Rolläden der Widerstandsklasse ER 1 praktisch keinen manuellen Einbruchsschutz bieten, muß in der Widerstandsklasse ER 6 z. B. ein Rolladen dem Angriff mit einem starken Winkelschleifer mindestens 20 Minuten standhalten.

Als Sicherung gegen Hochdrücken von manuell betätigten Rolladen sind am wirkungsvollsten einfache Verriegelungsbolzen, die durch den Fensterrahmen hindurch in entsprechende Aussparungen der Rolladenstäbe eingreifen oder seitliche Einreiber an den Rolladenstäben, die in die Rolladenschienen greifen. Die automatisch wirkenden Klemm- oder Scharniersicherungen in den Führungsschienen sind meistens nicht besonders wirksam oder lassen sich verhältnismäßig leicht außer Funktion setzen.

Dagegen bieten Sicherungsfedern, die in die oberste Rolladenleiste eingesetzt werden, guten Schutz gegen das Hochschieben der Rolladen von außen.

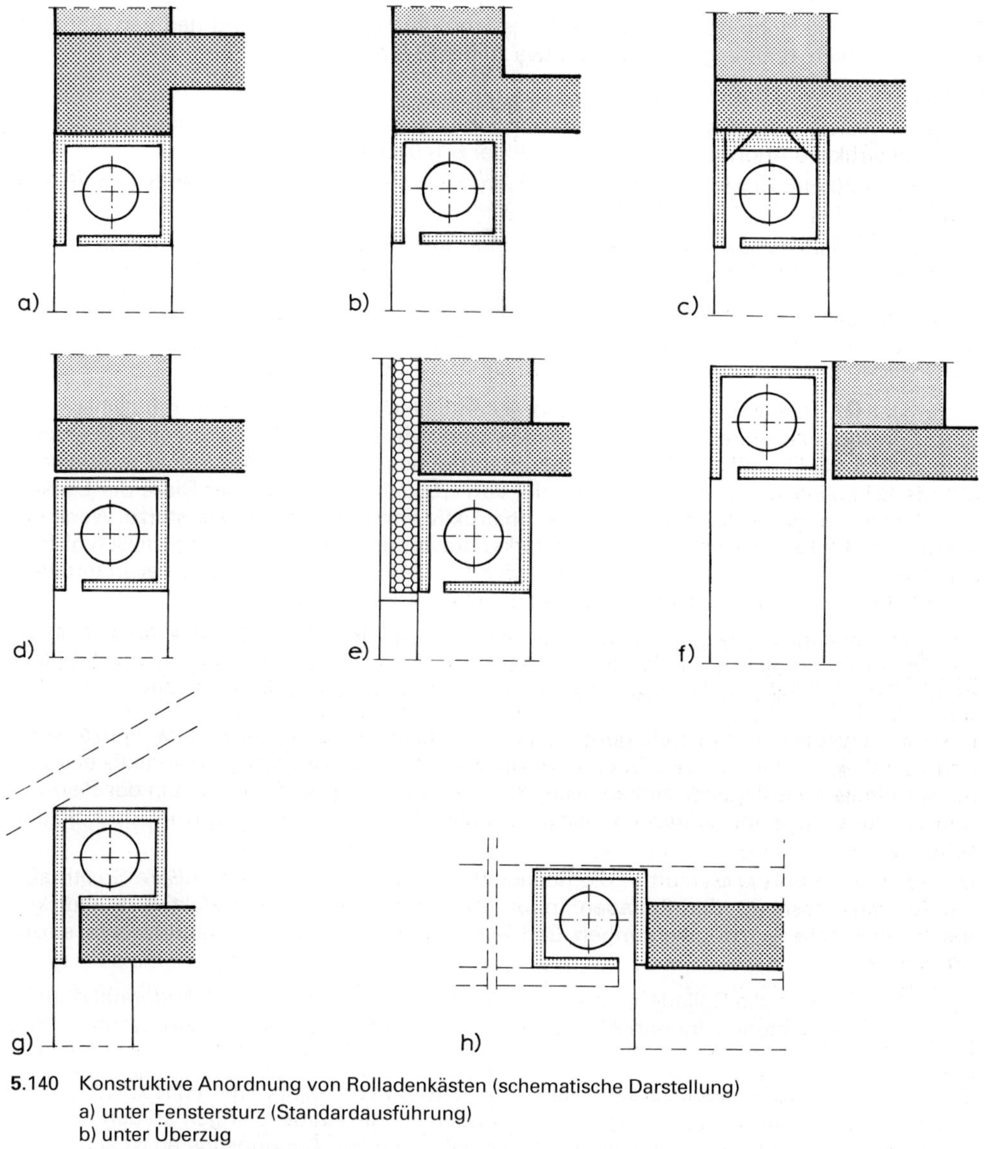

5.140 Konstruktive Anordnung von Rolladenkästen (schematische Darstellung)
a) unter Fenstersturz (Standardausführung)
b) unter Überzug
c) tragender Rolladenkasten
d) unter der Decke mit tragendem Deckenrand (Aufbau-Rolladenkasten)
e) Aufbau-Rolladenkasten bei Fassade mit äußerer Wärmedämmung
f) vor der Fassade (Vorbau-Rolladenkasten)
g) oberhalb der Decke (z.B. in Dachraum)
h) in angrenzendem Bauteil, z.B. im Freiraum unter einem Vordach

Einbau

Beim Einbau von Rolläden (auch bei Rollgittern) müssen zur Aufnahme der hochgezogenen, aufgewickelten Rolladenballen („Panzer") in Rolladenkästen, für die seitlichen Führungen und die Bedienungseinrichtungen die erforderlichen Vorkehrungen bereits im Rohbau getroffen werden.

Die erforderliche Höhe der Rolladenkästen ist von der Fensterhöhe und den verwendeten Rolladenprofilen abhängig und beträgt etwa 20 bis 25 cm.

Unterschieden wird der Einbau mit

— Rolladenkästen, die zusammen mit dem Rohbau erstellt werden. Dabei sind verschiedene konstruktive Anordnungen möglich (Bilder **5**.140 a bis c),
— Aufbau-Rolladenkästen, die mit dem Fenster eine konstruktive Einheit bilden (Bilder **5**.140 d und e),
— Vorbau-Rolladenkästen, die außen am Fensterrahmen oder an der Fassade montiert werden (Bilder **5**.140 f bis h).

Zur bestmöglichen Ausleuchtung mit Tageslicht sollte in Aufenthaltsräumen die Oberkante der Fenster möglichst hoch liegen. Bei der Planung muß daher der zusätzliche Platzbedarf der Rolladen oberhalb des Fensters berücksichtigt werden.

Wenn statisch möglich, ist in Wohn- und Aufenthaltsräumen der Einbau möglichst dicht unter der Decke anzustreben. Bei dem meistens erforderlichen Einbau unter einem Fenstersturz (Bild **5**.140 a) ergibt sich bei üblichen Raumhöhen von 2,50 m und einer mindestens erforderlichen Fenster- bzw. Fenstertürhöhe von z. B. 2,13^5 m je nach der Dicke der Decken eine relativ geringe restliche Höhe für die konstruktiv erforderlichen Fensterstürze. Wenn die Abtragung von Lasten nicht durch einen stärker bewehrten Deckenrand möglich ist (vgl. Bild **5**.140 d), kann die Sturzhöhe im Einzelfall durch Verwendung von Profilstahl verringert werden oder die Stürze werden als Überzüge ausgebildet (Bild **5**.140 b).

Bei größeren Fensteröffnungen können auch tragende Rolladenkästen in Frage kommen (Bild **5**.140 c). Sie werden in Standardbemessungen oder speziell nach gegebenen statischen Verhältnissen unter Verwendung verschweißter Stahlbleche hergestellt.

Die unterschiedlichen Baustoffeigenschaften von Rolladenkasten, Decke bzw. Fenstersturz und Außenwandmaterial sind bauphysikalisch nicht unproblematisch. Innerhalb des Außenwandbereiches liegende Rolladenkästen bilden nur bei größter Sorgfalt in der Planung und Ausführung keine kritischen Schwachstellen hinsichtlich des Wärme- und Schallschutzes.

Das Eindringen von Außenluft in die Rolladenkästen ist durch geringe äußere Spaltmaße am Durchgangsschlitz der Rolläden (max. 10 mm größer als die effektive Stabdicke), durch zusätzliche Bürstendichtungen und evtl. durch pendelnde Abschlußprofile einzuschränken.

Außerdem können die Rolladenpanzer in geschlossenem Zustand durch Federaufhängungen gegen abdichtende Innenbekleidungen des Rolladenkastens gedrückt werden (Bild **5**.141).

Die erforderlichen Revisionsdeckel sollten möglichst außen liegen. Wenn das z. B. in mehrgeschossigen Gebäuden nicht möglich ist, müssen sie die Anforderungen an den Wärmeschutz erfüllen, insbesondere an allen Fugen dicht schließen. Am günstigsten ist aus dieser Sicht der Einbau von Rolladenkästen, die mit dem Fenster eine konstruktive Einheit bilden (Aufbau-Rolladenkästen, Bilder **5**.140 d und e).

Weitere Einbaumöglichkeiten für Rolladen mit Elektroantrieb z. B. im Dachraum oder in Vordächern o. ä. sind in den Abbildungen **5**.140 g und h gezeigt.

Rolladenkästen, die zusammen mit dem Rohbau erstellt werden, sind fast nur noch als komplett vorgefertigte Rolladenkästen mit genau festgelegten Wärme- und Schallschutzeigenschaften üblich. Sie haben in der Regel eine Bauhöhe von etwa 25 bis 30 cm und Breiten von 24 bis 36⁵ cm.

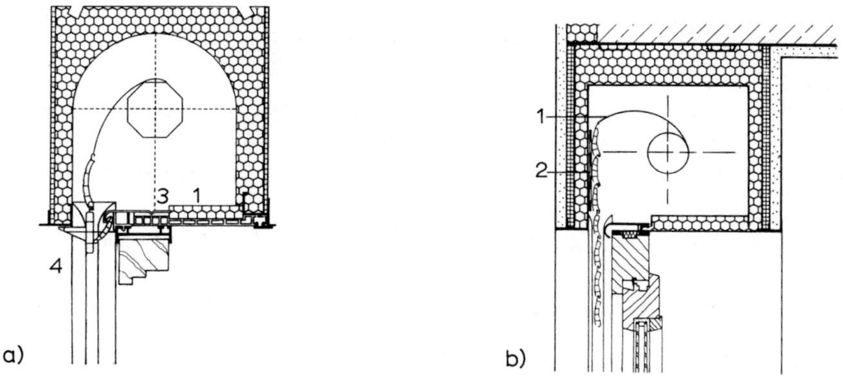

5.141 Vorgefertigter Rolladenkasten (Beck & Heun, RKS)

1 Hohlkammer-Deckel (bewa)
2 Dichtung durch Klipsleiste
3 Anschlußprofil, Fensteranschlußdichtung mit Klebebändern
4 Dichtungswippe (System BEWA)

Als Beispiele sind in Bild **5**.141 einer der in vielen Varianten angebotenen vorgefertigten Rolladenkästen und ein tragender Rolladenkasten gezeigt (Bild **5**.142).

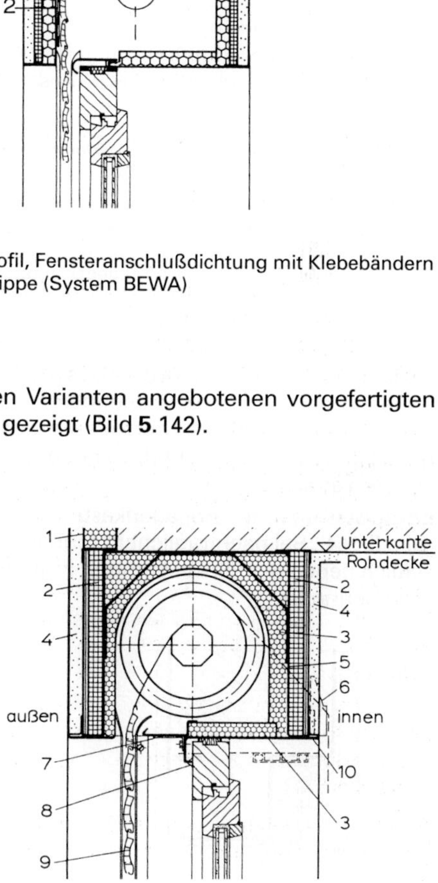

5.142
Tragender Rolladenkasten (STUROKA®)

1 Betondecke mit Wärmedämmung am Rand
2 Wärmedämmung mit Putzträger
3 Wärmedämmung innen, Styropor hart, schwer entflammbar
4 Putz
5 tragender Stahlmantel, verzinkt
6 Gurtleiter
7 Montageklappe
8 Fensteranschlagprofil mit Dichtung
9 Kunststoffrolladen
10 Putzabzugleiste

Aufbau-Rolladenkästen sind in verschiedenen Systemen auf dem Markt. Kunststoff-Hohlprofile, die mit Wärmedämmstoffen ergänzt werden, bilden mit den Fenstern in der Regel eine konstruktive Einheit. Derartige baukastenmäßig zusammensetzbare Rolladenkästen sind komplett mit Seitenteilen, Rolladenwalzen und Bedienungs- und Revisionseinrichtungen (ggf. mit elektrischem Antrieb) ausgestattet (Bild **5**.143).

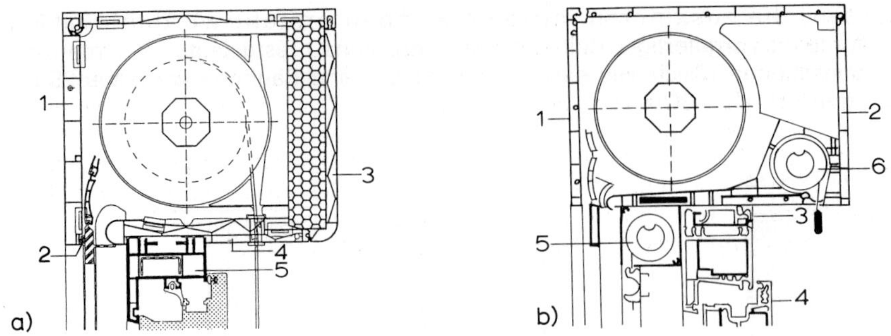

5.143 Aufbau-Rolladenkästen

a) Aufbau-Rolladenkasten Brügmann Komplett-System 160

1 Hohlkammerprofil als äußere Abschlußplatte
2 Bürstendichtung
3 Revisionsklappe (Wärmegedämmtes Hohlkammerprofil mit Klipsverschluß)
4 Fensteranschlußprofil (Fensteranschlußdichtung mit Klebebändern)
5 Kunststoff-Fenster (VEKA)

b) Aufbau-Kombinationsrolladenkasten Kömmerling RolaPlus

1 Hohlkammerprofil als äußere Abschlußplatte
2 Revisionsklappe (Wärmegedämmtes Hohlkammerprofil mit Klipsverschluß)
3 Fensteranschlußprofil
4 Kunststoff-Fenster
5 Insektengitter
6 Sicht- und innerer Sonnenschutz

Außenliegende Rolladenkästen vermeiden die Nachteile der ein- und aufgebauten Bauarten und können ein besonderes Gestaltungsmittel sein. Sie werden vor dem Fenstersturz an der Fassade, in Sturzaussparungen oder direkt an Fenstern mit verbreitertem oberem Rahmenprofil montiert. Die Führungsschienen liegen in der Fensterleibung oder auch auf der Fassadenfläche.

Bei außenliegenden Rolladenkästen entfallen alle Probleme des Wärme- und Schallschutzes (Bild 5.144). Bei nachträglichem Einbau können die Führungsschienen auf der Fassade auch seitlich neben der Fensteröffnung montiert werden, wenn die verfügbare Blendrahmenbreite zu gering ist.

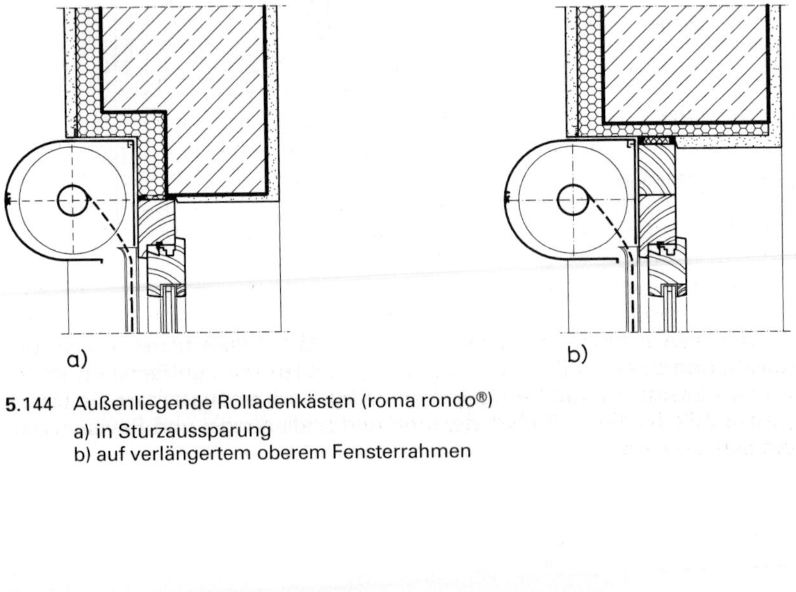

5.144 Außenliegende Rolladenkästen (roma rondo®)

a) in Sturzaussparung
b) auf verlängertem oberem Fensterrahmen

Rolladen für Sonderformen von Fenstern, z.B. für Fenster mit schrägen oder dachförmigen Stürzen können mit außenliegenden Rolladenkästen vor der Brüstung bzw. bei großen Fensteranlagen außen vor waagerechten Fensterriegeln ausgeführt werden. Die speziell hergestellten Rolladenpanzer werden über Umlenkrollen mit seitlichen oder mittigen Seilführungen nach oben gezogen. Die Führungsschienen haben bei derartigen Rolläden besondere Bürsten- oder Gleitdichtungen. Dennoch ist bei hochgezogenen geschlossenen Rolläden das Eindringen von Schlagregenwasser in den nach oben offenen Rolladenkasten nicht völlig zu verhindern. Die Rolladenkästen müssen daher ausreichende Wasserablauföffnungen haben und zur Wartung gut zugänglich sein (Bild **5**.145).

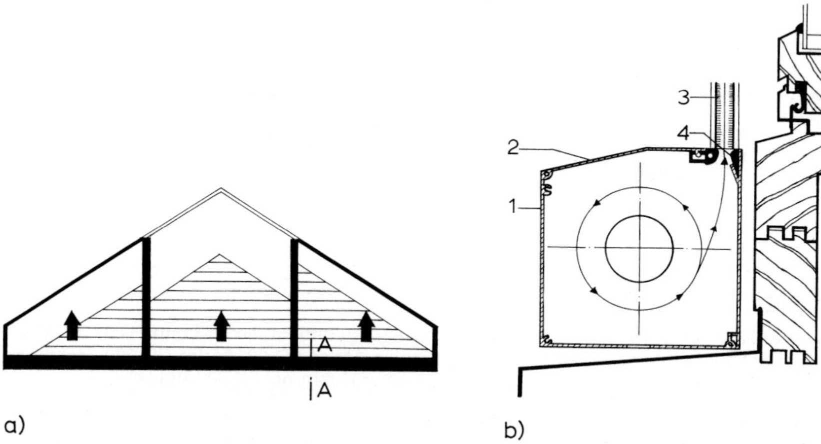

5.145 Außenliegender Rolladen für Fenster-Sonderformen (der Rolladen wird mit Umlenkrollen hochgezogen)

a) Beispiel für die Anwendung
b) Schnitt A–A

1 Leichtmetall-Rolladenkasten mit Bodenentwässerung, mit Abstandhaltern vor verbreitertem unterem Blendrahmen montiert)
2 Revisionsklappe
3 Führungsschiene mit Bürstendichtung
4 Einlauftrichter

Rolladenprofile und Zubehör

Die Rolladen („Rolladenpanzer") werden heute überwiegend aus Kunststoffhohlprofilen in den verschiedensten Formen mit Deckbreiten von 25 bis 60 mm hergestellt. Die Profile haben eine Standarddicke von 14 mm für Öffnungen bis etwa 4 m² mit Breiten bis etwa 2,50 m. Bei größeren Flächen ergibt sich die Gefahr der Ausbeulung des geschlossenen Rolladens. Wenn auch die Farbbeständigkeit von Kunststoffen ständig verbessert wurde, sollte hellen Einfärbungen der Vorzug gegeben werden.

Für große Öffnungsbreiten werden Kunststoffprofile (Bild **5**.146a) verwendet, die zur Erhöhung der Stabilität ausgeschäumt sein können. Aluminium-Profile werden rollengeformt mit Polyurethan-Ausschäumung hergestellt. Die Oberflächen haben farbige Dickschicht-Einbrennlackierungen oder Folienbeschichtungen (Bild **5**.146b). Für höhere Sicherheitsansprüche kommen stranggepreßte Ein- oder Mehrkammer-Hohlprofile in Frage (Bild **5**.146c) oder Stahlprofile (Bild **5**.145d). Leichtmetall-Profile werden lackiert, folienbeschichtet oder technisch eloxiert geliefert.

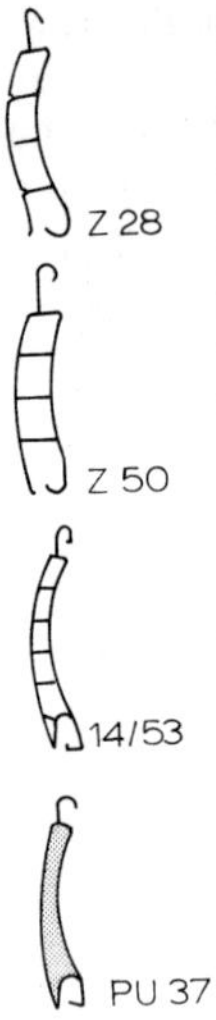

a)

Z 28
Rolladenstab (Altbaurenovierung; Altbausanierung, Fertigelemente)

Maximal-Breite
bei Fensterhöhen von 1,40 m bis etwa 1,6 m

Ballendurchmesser
bei 42 mm ∅ Walze:

Rolladen-höhe in cm	Ballen-∅ in cm
100	10,5
120	11,5
140	12,0
160	12,8
200	14,0
220	15,0

b)

Z 50
Rolladenstab für universelle Verwendung, auch für beengte Platzverhältnisse

Maximal-Breite
bei Fensterhöhen von 1,40 m unverstärkt bis etwa 2,5 m mit Metallverstärkung bis etwa 2,5 m

Ballendurchmesser
bei 60 mm ∅ Walze:

Rolladen-höhe in cm	Ballen-∅ in cm
100	16,0
120	17,0
140	18,0
160	18,0
200	20,0
220	21,5

c) 

d) 

e) 

CD 90
Aluminium-Profile

Maximal-Breite
bei Fensterhöhen von1,40 m bis etwa 2,50 m

Ballendurchmesser
bei 40 mm ∅ Walze:

Rolladen-höhe in cm	Ballen-∅ in cm
100	11,0
120	11,5
140	12,0
160	13,0
200	14,5
220	15,0

5.146 Rolladenprofile
a) Kunststoff-Rolladenprofile z. B. Z 28 und Z 50 (Kömmerling) und Profile 4/53 und PU 37 (ROMA)
b) Aluminium-Rolladenprofile z. B. ausgeschäumte Profile Alulac CD 90, Alulac CD 200, Hohlkammerprofil CD 40/S mit Verstärkungseinlage, Zweikammer-Hohlprofil CD 60 (Alulux®)
c) Stranggepreßtes Aluminium-Vollprofil
d) rollgeformter Rolladenstab aus Stahlblech bzw. V2A-Stahl
e) Holzrolladen, Verbindung mit verz. Drahtklammern (dargestellt in auseinandergezogenem Zustand); Schlußleisten aus Hartholz

Bei Kunststoff- und Metallrolladen sind Steckprofile am meisten verbreitet (Bild **5**.146a und b). Bei allen diesen Verbindungen sitzen die Stäbe dicht aufeinander, wenn der Rolladen vollständig herabgelassen ist. Wird der Aufzuggurt angezogen, so entstehen schmale Lichtschlitze durch Lochstreifen in den Anschlußstegen. Wenn z. B. bei nachträglichem Einbau nur wenig Platz zur Verfügung steht, werden – ebenso wie für Rolltore – nicht ausziehbare Stabprofile verwendet, die bei geringeren Ballendurchmessern in herabgelassenem Zustand dicht geschlossene Rolladenflächen ergeben.

Holzrolladen werden wieder zunehmend eingesetzt, nachdem durch lasierende Anstriche das früher gegebene Problem des Oberflächenschutzes mit der bei Lackfarben sehr aufwendigen Erneuerung der Anstriche gelöst ist. Neben den genormten Stabprofilen wurden in letzter Zeit konkave, raumsparende Profile ähnlich den Kunststoffprofilen entwickelt. Rolladenprofile aus Holz werden durch gegeneinander verschiebliche, ineinandergreifende Draht- oder Blechkammern aus rostgeschütztem Stahl miteinander verbunden (Bild **5**.146e).

Die Tabellen im Bild **5**.146 geben einen Anhalt für die bei gegebener Fensterhöhe entstehenden „Ballen"-Durchmesser (vollständig aufgewickelter Rolladen) und die damit nötigen Abmessungen der Rolladenkästen.

Die Rolladenwalzen müssen entsprechend dem Rolladengewicht so dimensioniert sein, daß die Durchbiegung > $1/_{500}$ der Fensterbreite ist. Die früher üblichen einfachen Gabellager sind heute meistens durch Kugellager abgelöst.

Die Rolladen werden seitlich in Laufschienen aus Leichtmetallprofilen geführt – zur Geräuschdämmung bei Windanfall auch mit innenliegenden Kunststoff-Führungen –, die bei Holzfenstern auf ausgeschnittenen Beiholzleisten, bei Kunststoff- oder Metallfenstern auf entsprechenden Zusatzprofilen befestigt werden. Die Laufschienen müssen so weit vor der Fensterebene liegen, daß die Rolladen auch bei einer gewissen zu berücksichtigenden Durchbiegung an allen Teilen des Fensters einwandfrei vorbeigleiten können (Bild **5**.147).

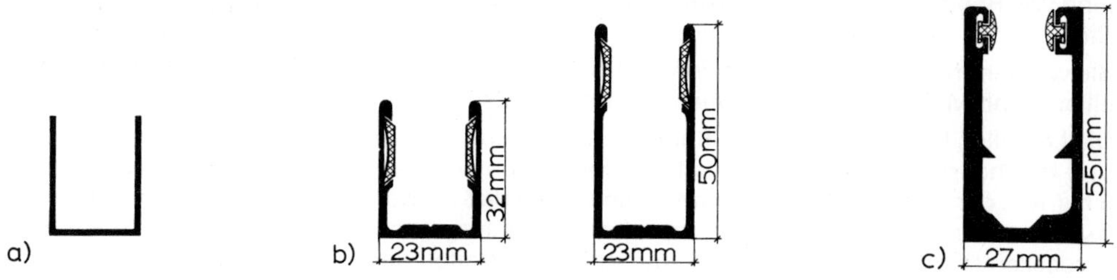

5.147 Laufschienen

a) einfache Aluminiumschiene für Kunststoff- oder Holzprofile; 20/20 mm; bei großen Breiten: 30/20 mm
b) Aluminiumschienen mit geräuschdämmenden Profilen oder Bürstenkedern
c) Sicherheitsschiene (Alulux)

Antriebe. Bewegt werden kleinere Rolladen mit Hilfe von 18 bis 23 mm breiten Flachgurten, die über die Gurtscheibe laufend die Rolladenwalze drehen. Der Zuggurt läuft von der Gurtscheibe, die auf der Achse der Rolladenwalze sitzt, durch einen Schlitz des Rolladenkastenbodens oder der Rückwand des Rolladenkastens auf einen Gurtroller, der durch Federkraft den Gurt einrollt und in einem Mauerkasten (Einlaßroller) in der Leibung oder in der Wand untergebracht ist. Mit Hilfe des selbstsperrenden Gurtrollers kann der Rolladen in jeder Stellung festgehalten werden (Bild **5**.148).

Statt der Zuggurte werden für schwere Rolladen Stahldrahtseile verwendet, die in Kunststoffleitrohren unter Putz verlegt werden können. Das Seil – an allen Umlenkstellen (bis 30°) durch Nylontüllen geschützt – wird mit einer Handwinde in einem kleinen, neben der Fensterleibung eingeputzten Windenkasten aufgerollt. Zur Bedienungserleichterung können Rolladen – insbesondere bei großen Abmessungen – durch programmierbare Elektromotoren bewegt werden. Derartige Elektroantriebe bestehen aus Rohrmotoren (eingebaut in die hohlen Gurtwalzen) ober bei schweren Rolltoren aus seitlich eingebauten Getriebemotoren. Für kleinere Rolladen kommen auch programmierbare Gurtwicklerantriebe in Frage (Bild **5**.148 e).

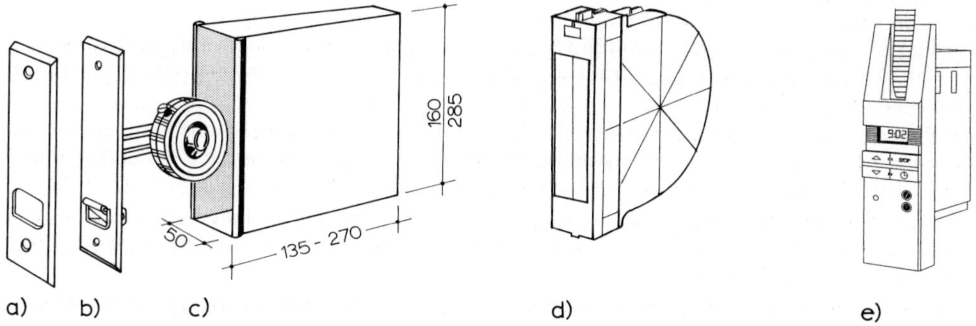

5.148 Gurtwickler mit Mauerkasten und Abdeckung

a) Kunststoff-Abdeckung, b) Gurtwickler, c) Mauerkasten aus Blech für große Antriebe u. ä., d) Mauerkasten aus Kunststoff (vordere Abdeckung zum Herausbrechen), e) Gurtwickler-System mit programmierbarem Motorantrieb

5.8.3 Jalousetten (Raffstores)

Jalousetten aus dünnen, hell lackierten Leichtmetallamellen dienen zum Schutz vor übermäßiger Sonnen- oder Lichteinstrahlung und – in Sonderausführungen – auch zur Abdunklung von Räumen. Jalousetten ermöglichen in herabgelassenem Zustand, bei waagerechter Stellung der im Querschnitt leicht gewölbten Lamellen, eine angenehme Raumbelichtung.

Sie werden mit Zugbändern aus Polyesterschnüren oder Seilen aus rostfreiem Stahl manuell oder mit Motorantrieben zu einem flachen Stapel zusammen- und hochgezogen.

Die Lamellen halten nur die unmittelbare Sonneneinstrahlung, kaum aber das Tageslicht ab und behindern nur wenig den Ausblick. Sie lassen sich auf ein geringes Maß (Pakethöhe 6 bis 10% der Jalousiehöhe) zusammenziehen, so daß sie bei 35 mm breiten Lamellen sogar zwischen den Scheiben eines Verbundfensters untergebracht werden können. Allerdings verdecken sie hier – hochgezogen – immer einen Streifen der Fensterfläche.

Jalousettenanlagen als Sonnenschutz sind außen vor den Fenstern anzubringen, weil nur so die auftreffende Wärmestrahlung wieder an die Außenluft abgestrahlt wird. Sie können mit Verkleidungsblenden vor den Fenstern, frei vor Fassaden oder hinter Fassadenschürzen eingebaut werden (Bild **5**.149).

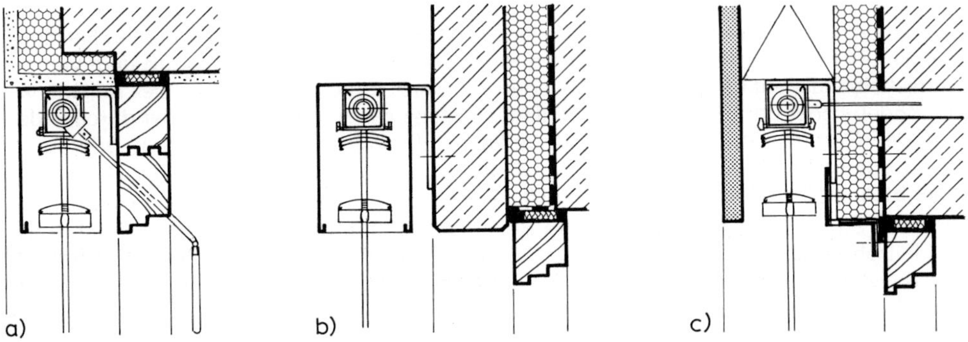

5.149 Einbau von Außenjalousetten
a) Anbringung am Fenster
b) Anbringung vor der Fassade
c) Anbringung hinter vorgehängter Fassade

Außenliegende Jalousetten müssen mit einer ausreichenden Windsicherung ausgestattet sein. Je nach Flächengröße und Windbeanspruchung sind Führungen in Form von kunststoffummantelten Spanndrähten (Bild **5**.150 a) oder Führungsschienen (Bild **5**.150 b) vorzusehen. Dadurch soll auch die Geräuschentwicklung bei Windeinwirkung nach Möglichkeit herabgesetzt werden.

Größere Jalousettenanlagen müssen an Gebäuden, bei denen eine dauernde Aufsicht nicht gewährleistet ist, durch Windüberwachungsanlagen gesichert werden, die bei aufkommendem Sturm die Jalousetten automatisch hochziehen.

Bei dem in Bild **5**.151 dargestellten Kunststoff-Aluminium-Verbundfenster ist eine Jalousette wittererungsgeschützt zwischen dem tragenden Kunststoff-Flügel und einer zusätzlichen äußeren Schallschutzverglasung eingebaut.

Eine Alternative für Sicht- und Sonnenschutz bieten Isolierglasjalousien. Bei ihnen sind regelbare Jalousien innerhalb von Isolierglasscheiben mit 22 mm Luftzwischenraum eingebaut.

Auch transparente oder nicht durchsichtige Folien, die mit Motorantrieb verfahren werden können, lassen sich als Sicht- und Wärmeschutz in Isolierglasscheiben einbauen (Bild **5**.152).

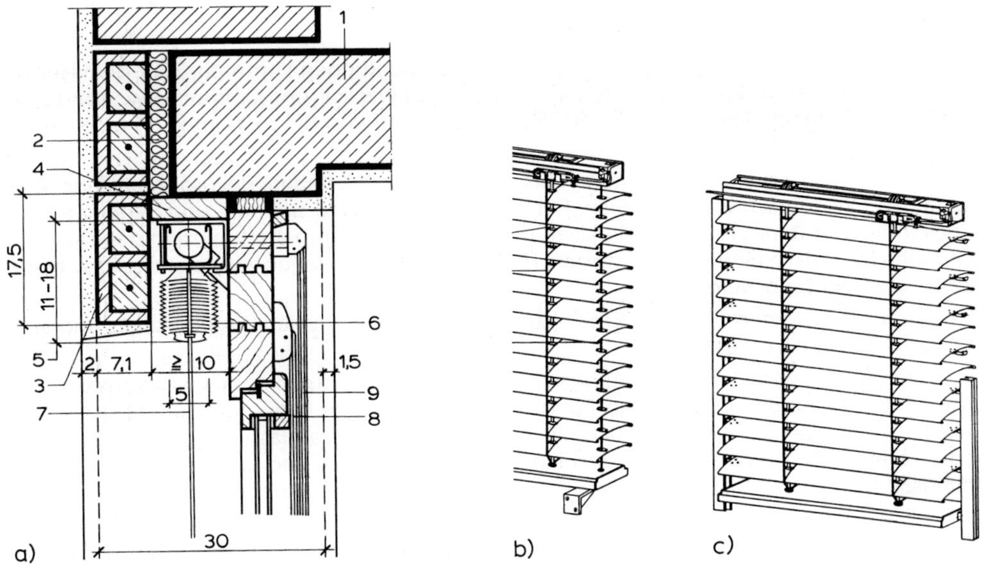

5.150 Außenjalousette
a) Schnitt
b) Windsicherung mit Spanndraht (WAREMA)
c) Windsicherung mit Führungsschiene

1 Stahlbetondecke
2 Wärmedämmung
3 vorgefertigter Flachziegelsturz als Jalousieblende
4 angedübeltes Brett zur Jalousienbefestigung
5 Pakethöhe = 50 mm breiter Lamellenstapel mit Ober- und Unterschiene
6 Leitkordel (Terylene)
7 Windsicherung (Nylonspanndraht)
8 Zugband
9 Wendeschnüre zum Verstellen der Lamellenneigung

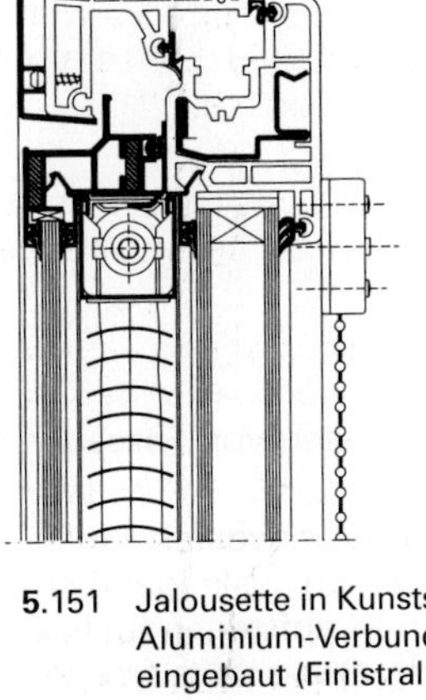

5.151 Jalousette in Kunststoff-Aluminium-Verbundfenster eingebaut (Finistral KAB®)

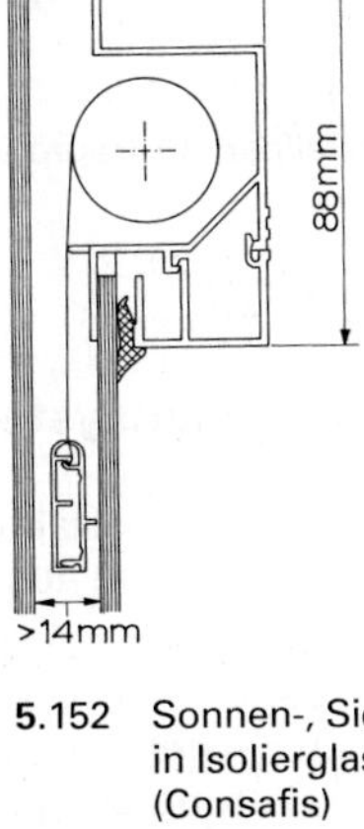

5.152 Sonnen-, Sicht- oder Wärmeschutz in Isolierglasscheibe integriert (Consafis)

5.8.4 Markisen

Als sehr wirksame außenliegende Sonnenschutzeinrichtungen kommen Stoff-Markisen in Frage. Die Bespannungsstoffe bestehen meistens aus wasser- und schmutzabweisend ausgerüsteten farbigen Acrylgeweben. Bei Standardbreiten von bis zu 12 m kann eine Ausladung von etwa 3,50 m erreicht werden.

Markisen müssen eine Sturmsicherheit bis zur Windstärke 5 haben. Bei größerer Windbelastung sind Windwächter einzubauen. Für große Anlagen sind Sonnen- und Regenwächter notwendig, mit deren Hilfe die Markisen gegebenenfalls automatisch einzeln oder auch in Gruppen motorisch eingefahren werden. Fast alle Markisenanlagen werden mit Sicherheits- bzw. TÜV-Prüfung geliefert.

Unterschieden werden Fallmarkisen für überwiegend vertikalen Sonnenschutz und ausfahrbare Tragrohrmarkisen.

Bei Fallmarkisen wird der Bespannungsstoff beim Absenken durch das Gewicht des unteren Abschlußprofiles, das in seitlichen Führungen läuft, in seine Lage gebracht. Fallmarkisen können auch über abgewinkelte Bauteile (z. B. bei Überkopfverglasungen) geführt werden oder können ganz oder teilweise ausgestellt werden. Antrieb und aufgewickelter Bespannungsstoff liegen in hülsenförmigen Schutzkästen aus Aluminium, teilweise auch aus Acrylglas (Bild **5**.153 a).

Tragrohr-Markisen haben schwere freitragende Tragrohre, die mit den Hülsen bzw. Schutzkästen für die eingerollte Bespannung kombiniert sind. Sie werden an den Außenwänden oder an Deckenrändern verankert (Bild **5**.153 b). Die Bespannung wird mit Hilfe von Gelenkarmen ausgefahren, die unter Federspannung stehen.

Der Antrieb der Markisen erfolgt bei kleineren Abmessungen manuell, bei größeren Anlagen oder höheren Komfortanforderungen durch Walzenmotoren.

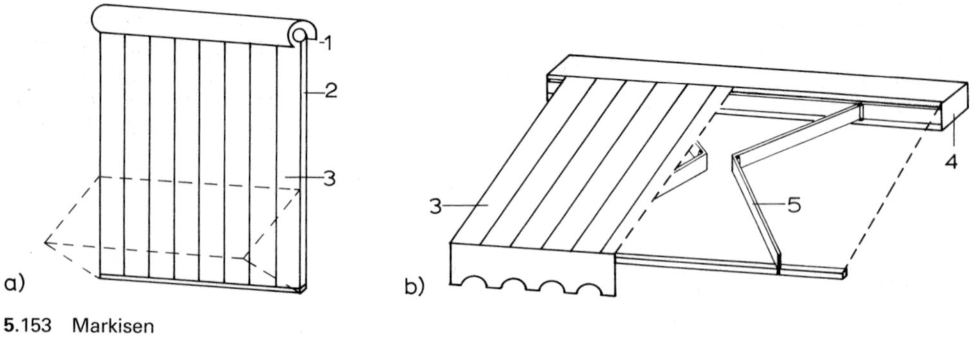

5.153 Markisen

a) Fallmarkise (auch ausstellbar), b) Tragrohrmarkise

1 Schutzkasten bzw. -hülse
2 Seitenführung
3 Bespannungsstoff („Behang")
4 Tragrohr und Schutzkasten
5 Gelenkarme

5.8.5 Außenliegende Lamellensysteme

Guten Schutz gegen steile Sonneneinstrahlung insbesondere an Südseiten von Fassaden bieten außenliegende Lamellensysteme aus Leichtmetall.

Zur Planung sind je nach Anforderungen die jeweiligen genauen Sonnenstandsdaten abhängig von der geographischen Lage zu berücksichtigen. Die Systeme werden auskragend am Gebäude montiert und können bei entsprechender Dimensionierung mit Laufstegen zur Fassadenwartung, ggf. sogar für Rettungswege kombiniert werden. Die Sonnenschutzlamellen können starr eingebaut werden oder schwenkbar mit motorischer Steuerung zur Anpassung an die jeweils optimale Beschattungsposition (Bild **5**.154 a).

Für flach einfallendes Sonnenlicht aus östlichen oder westlichen Richtungen ist vertikale Lamellenanordnung zweckmäßig (Bild **5**.154 b).

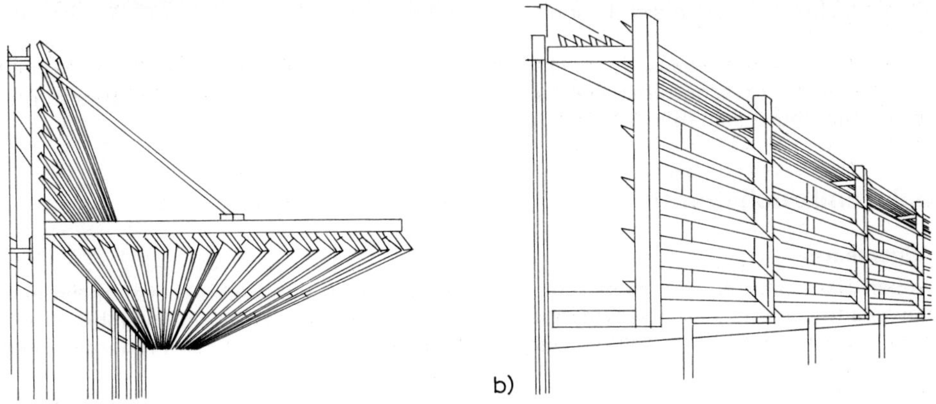

a) b)

5.154 Außenliegende Lamellen-Systeme (COLT International)
a) Horizontal auskragende Lamellenkonstruktion (Unisunr®)
b) Vertikales Sonnenschutzsystem mit steuerbaren Lamellen (Solarfin®)

5.8.6 Fensterläden und Schiebeläden

Als Sonnenschutz, zum Schutz gegen Einblick und auch zur Einbruchshemmung werden Klapp- oder Schiebefensterläden ausgeführt. Sie werden als Holz-, Kunststoff- oder Leichtmetall-Läden hergestellt und bestehen aus Rahmen mit vollflächigen Füllungen oder aus eingeschobenen, schräggestellten Leisten, die die Lüftung und einen gewissen Lichtdurchfall erlauben. Sein Drehlager hat der Klappladen an Stützkloben (bzw. Plattenstützkloben) die am Fensterrahmen angeschraubt oder im Mauerwerk befestigt werden können.

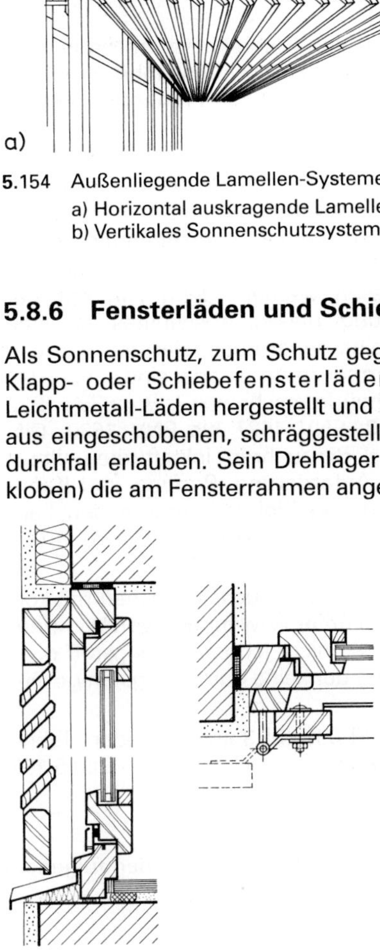

5.155 Klappladen

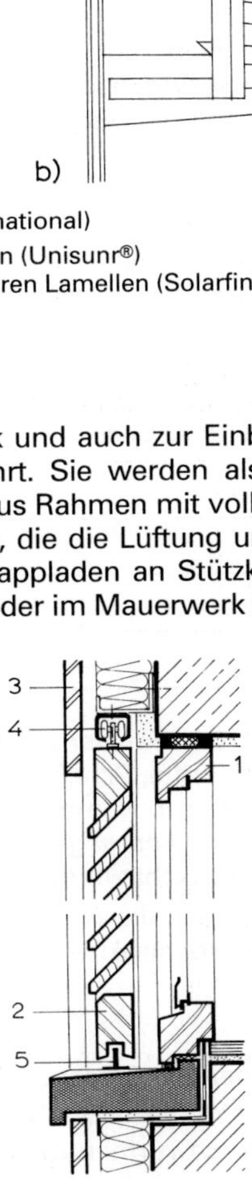

5.156 Schiebeladen
1 Blendrahmen
2 Schiebeladen
3 Gesimsverbretterung
4 Laufwerk
5 Führungsschiene mit Verriegelung

Im geschlossenen Zustand wird der Laden oben und unten durch Schubriegel festgestellt (Bild **5**.155).

Dichte Klappläden können eine Verbesserung des temporären Wärmeschutzes im Fensterbereich bewirken, wenn sie an der Leibung oder dem Fensterrahmen anschließen.

Schiebeläden eignen sich besonders zur Einbruchshemmung für große Fensteröffnungen, wenn Klappläden wegen zu großer Flügelgewichte nicht in Frage kommen. Die obere Führung muß vor der Fassade durch Schutzkästen oder übergreifende Fassadenbekleidungen oder bei eingeschossigen Gebäuden durch einen entsprechenden Dachvorsprung witterungsgeschützt sein (Bild **5**.156).

5.9 Einbruchshemmung

Allgemeines

Neben Haustüren stellen leicht zugängliche Fenster den von Einbrechern am häufigsten gewählten Zugang dar. Es muß festgestellt werden, daß es einen absoluten Einbruchsschutz allenfalls mit unverhältnismäßig großem Aufwand geben könnte. Die Bestrebungen der Einbruchshemmung gehen deshalb bei Fenstern und Fenstertüren dahin, gegen gewaltsames Eindringen einen je nach Erfordernissen mehr oder weniger langen hemmenden Widerstand zu gewährleisten. Begriffe, Anforderungen usw. sind in verschiedenen Bestimmungen für einbruchhemmende Fenster festgelegt (s. Abschn. 6.8.5).

Tabelle **5**.157 Anforderungen an die Verglasung (DIN V 18 054)[1)]

Fenster Widerstandsklasse	Widerstandsklasse der Verglasung nach DIN 52 290-3 oder -4
EF 0	A 3
EF 1	B 1
EF 2	B 2
EF 3	B 3

Es kann in diesem Rahmen nur auf die wichtigsten Festlegungen und Baugrundsätze hingewiesen werden, denn zur Zeit der Bearbeitung dieses Abschnittes ist eine ganze Reihe neuer nationaler und europäischer Normen in Arbeit oder sind soeben als erste Entwürfe erschienen (z.B. pr. EN 1522 und 1523; ENV 1627 bis ENV 1630; DIN V 18103[1)]). Bis zu ihrem Inkrafttreten gilt für Begriffe, Anforderung, Prüfung und Kennzeichnung von Einbruchhemmenden Fenstern weiterhin die Vornorm DIN V 18 054 (12.1991).

Als einbruchhemmend werden Fenster bezeichnet, wenn sie Einbruchsversuchen mit körperlicher Gewalt (z. B. durch Tritte, Schulterstoß) und auch unter Anwendung von Werkzeugen (Brecheisen, Spaten, Bohrer, Hammer, Steinwurf usw., nicht jedoch Sprengstoff o. ä.) eine bestimmte Widerstandszeit entgegensetzen, während der keine durchgangsfähige Öffnung (> ca. 250 x 400 mm) erreicht werden kann.

Je nach Sicherungsgrad werden die Widerstandsklassen EF 0 bis EF 3 unterschieden (Tabelle **5**.157). Die erforderlichen konstruktiven Maßnahmen erstrecken sich auf die in Bild **5**.158 dargestellten Bereiche.

Verglasung

Bei der Verglasung sind spezielle Gläser zu verwenden. Nach DIN 52 290 werden folgende Widerstandsklassen für die Verglasung unterschieden:

— Widerstandsklasse A (Durchwurfhemmung, Tab. **5**.160)

— Widerstandsklasse B (Durchbruchhemmung, Tab. **5**.161)

— Widerstandsklasse C (Durchschußhemmung)

[1)] E DIN 18103 9.1997 als Ersatz für bisherige nationale Normen, künftig gültig für Fenster, Türen und zusätzliche Abschlüsse

Die Prüfung durch Beschuß mit verschiedenen Waffen unter genormten Bedingungen führt zur Einordnung in Widerstandsklassen C 1 bis C 5.

(SF: kein Durchschuß, splitterfrei; SA: kein Durchschuß, jedoch Splitterabgang)

— Widerstandsklasse D (Sprengwirkungshemmung)

Nach genormten Prüfverfahren Einordnung in die Widerstandsklasse D 1 bis D 3.

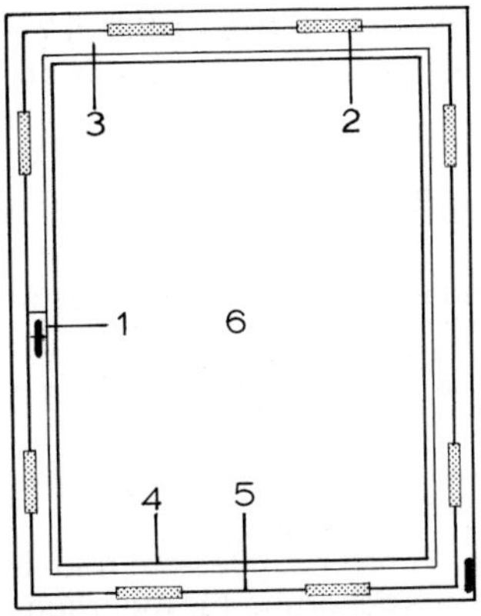

5.158 Konstruktionsmerkmale einbruchhemmender Fenster
1 abschließbarer Fenstergriff mit definierten Anforderungen zum Schutz des Getriebes und mit Sicherung gegen Aufbohren
2 verstärkte Beschläge
3 verstärkte Rahmenkonstruktion
4 verstärkte Glashalteleiste
5 einbruchhemmend wirksame Falzausbildung
6 Verglasung nach DIN 52290

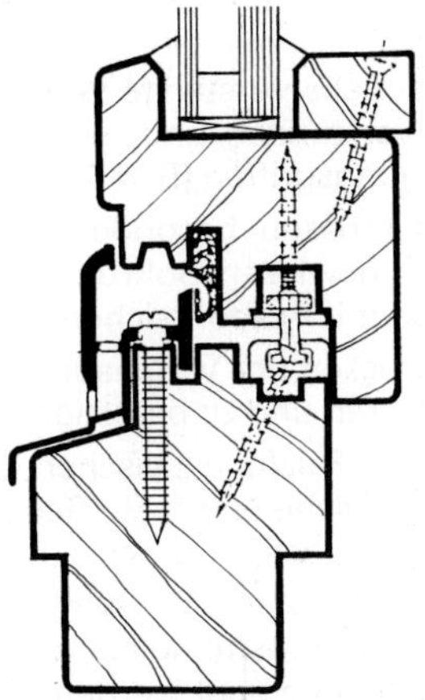

5.159 Einbruchhemmendes Fenster: Unterer Blend- und Flügelrahmenanschluß mit verstärkter Regenschutzschiene
1 Regenschutzschiene (Materialdicke 3 mm)
2 verlängerte Befestigungsschrauben
3 Verglasung mit VSG-Glas und breite Glashalteleisten

Tabelle **5**.160 Durchwurfhemmende Verglasungen

Widerstandsklasse	Kugelfallhöhe[1])	Anwendungsbeispiele
A1	3,5 m	Ein- und Mehrfamilienhäuser in Wohnsiedlungen
A2	6,5 m	abseits gelegene Häuser
A3	9,5 m	exklusive Wohnhäuser, Ferien- und Wochenendhäuser

[1]) Kugelfallprüfung: 4 kg schwere Metallkugel ∅ 100 mm darf aus der jeweiligen Entfernung die Scheibe nicht durchschlagen

[2]) Prüfung mit Axtmaschine: 2 kg schwere, geschliffene Axt darf bei Schlagenergie von 300 Nm und Schlaggeschwindigkeit von 11 bis 12,5 m/s mit der jeweiligen Anzahl von Schlägen keine Öffnung von 400 x 400 mm herausschlagen

Tabelle **5**.161 Durchbruchhemmende Verglasungen

Widerstandsklasse	Anzahl Axtschläge[2])	Anwendungsbeispiele
B1	30 bis 50	exklusive Wohnhäuser mit wertvollem Inventar, Teilbereiche von Kaufhäusern, Fotofachgeschäfte, Phono- und Videofachgeschäfte, Apotheken, EDV-Anlagen
B2	51 bis 70	Antiquitätengeschäfte, Museen, Kunsthallen, psychiatrische Anstalten
B3	> 70	Pelzgeschäfte, Kürschner, Juweliere, Energiezentralen, Strafvollzugsanstalten

Konstruktive Maßnahmen

Einbruchhemmende Fenster können in beliebigen Konstruktionen und Materialarten hergestellt werden.

Sie müssen so beschaffen sein, daß an den Falzen zwischen Flügel und Blendrahmen ein Eingriff mit Werkzeugen erschwert wird. Die Falztiefe und -breite müssen auf die erhöhten Anforderungen an die Steifigkeit der Rahmen und die Anbringung von Verriegelungsteilen abgestimmt sein.

In der Regel sind spezielle verstärkte Verriegelungsbeschläge erforderlich (s. z. B. Bild **5**.77) in Verbindung mit verstärkten und besonders montierten Fensterbändern sowie mit abschließbaren Betätigungsgriffen (Bild **5**.71).

Die Verriegelungen müssen besondere Sicherungen aufweisen gegen das Öffnen von außen mit Hilfe von gewissen Bohrungen. Für verschließbare Betätigungsgriffe müssen hochwertige Zylinder mit Aufbohrsicherung verwendet werden.

Gegen das Herausdrücken der Verglasung sind die innenliegenden Glashalteleisten ausreichend zu dimensionieren und zu befestigen (Bild **5**.159).

Der Schutz der unteren Falzfuge zwischen Blend- und Flügelrahmen wird verbessert durch verstärkte Regenschutzschienen bzw. Regenschutzschienen mit Blendrahmenabdeckung. Die möglichst langen Befestigungsschrauben sollten zum Schutz gegen gewaltsames Herausreißen in leicht versetzten Richtungen eingedreht werden (Bild **5**.159).

Für einbruchhemmende Fenster sollten einflüglige Fenster oder Fenster mit festem Mittelpfosten (vgl. Bild **5**.3f) bevorzugt werden. Kritisch ist die Einbruchssicherung für mehrflüglige Fensterelemente, Oberlichter und Hebeflügelkonstruktionen. Letztere sind auch deshalb fast völlig vom Markt verschwunden, obwohl sie immer noch in vielen Publikationen in Verbindung mit Bauwerksanschlüssen, Abdichtungen usw. gezeigt werden.

Bauwerksanschluß

Unbedingt erforderlich sind für einbruchhemmende Fenster besondere Bauwerksanschlüsse, bei denen das Herausbrechen kompletter Fenster allenfalls unter größter Gewaltanwendung möglich wäre. Übliche Befestigungen der Blendrahmen mit Bankeisen in Verbindung mit loser Hinterfüllung aus Mineralwolle reichen dafür nicht aus. Möglichst tief in das Bauwerk eingreifende Falzschrauben und Hinterfüllung mit Montageschaum bieten dagegen recht guten Schutz.

Für den Einbau sind genaue Montageanweisungen zu geben und zu überwachen. Immer müssen Sicherungen gegen Einbruch nicht nur für die Fenster allein, sondern im Zusammenhang mit allen anderen Außenbauteilen geplant werden.

Bei der Gebäudeplanung sollte bei besonders gefährdeten Fenster- und Türöffnungen (z. B. Kelleraußentüren) darauf geachtet werden, daß in der Nähe keine den Fenstern gegenüberliegende Ansatzflächen vorhanden sind, die das Eindrücken, z. B. mit Hilfe von Wagenhebern, Hebeln u. ä. erleichtern.

Hochwertige einbruchhemmende Fenster werden an einbetonierten Stahlprofilen verschraubt. Die in Bild **5**.162 dargestellten schweren Aluminium-Fenster weisen außen dicke Zusatzprofile auf und sind durchschußhemmend verglast.

Es bedarf kaum der Erwähnung, daß derartige Fenster sehr kostenaufwendig sind. Es sollten deshalb auch Rollgitter und feste Gitter als Schutzmaßnahmen in Erwägung gezogen werden. Sie bieten bei entsprechender Ausführung nicht nur sehr guten Schutz, sondern wirken auch abschreckend. Außerdem werden dadurch oft sehr hohe Kosten für die Reparatur von meistens erheblichen Schäden an einbruchshemmenden Fenstern nach vergeblichen Einbruchsversuchen vermieden. (s. Abschn. 5.8.2).

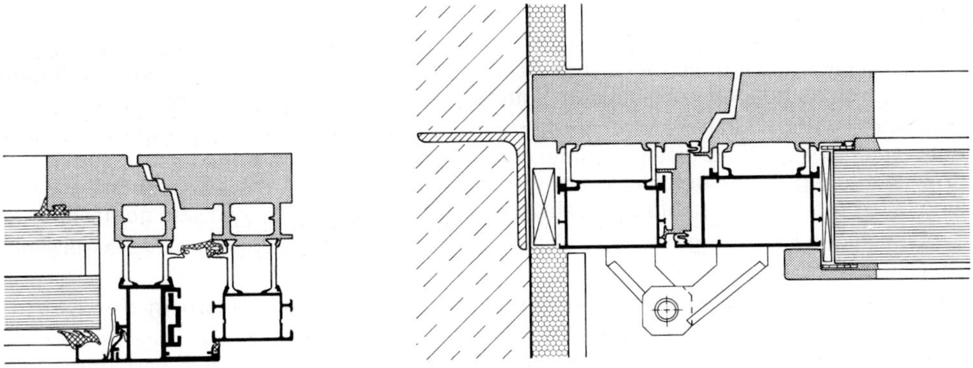

a) b)

5.162 Einbruchhemmende Fenster (Widerstandsklasse C)
a) einbruchhemmendes Fenster mit durchschußhemmender Isolierverglasung (SCHÜCO Iskotherm 78)
b) einbruchhemmende Fenstertür mit durchschußhemmender Verglasung C4/E3 (Hartmann)

Ebenso ist zu prüfen, ob als zusätzliche Maßnahme oder zur Kostenminderung statt einbruchhemmender Fenster hoher Widerstandsklassen der Einbau von Alarmanlagen in Frage kommt. Bei ihnen wird durch Erschütterungsmelder an den Fensterflügeln oder -rahmen oder durch Drahteinlagen in der Sicherheitsverglasung (s. Bild **5**.38) Alarm ausgelöst. Bei besonders gefährdeten Objekten kann der Alarm unmittelbar automatisch an Polizei oder Sicherheitsdienste weitergeleitet werden.

Prüfung und Kennzeichnung

Die Einordnung von kompletten einbruchhemmenden Fenstern und von Sicherheitsgläsern in die Widerstandsklassen erfolgt nach einer Eignungsprüfung (Erstprüfung) durch dafür anerkannte Institute (z. B. Institut für Fenstertechnik, Rosenheim). Die Produktion muß einer laufenden werkseigenen Überwachung und periodischer Fremdkontrolle durch eine nach DIN CERTO anerkannte Prüfstelle unterliegen.

Geprüfte Fenster werden gekennzeichnet z. B. mit

Fenster DIN 18 054 – EF 2 – B 2

(Einbruchhemmendes Fenster der Widerstandsklasse E 2 mit durchbruchhemmender Verglasung nach DIN 52 290-3 der Widerstandsklasse B 2.)

Wenn besonders hohe Ansprüche an den Einbruchsschutz gestellt werden, ist der konstruktive und finanzielle Aufwand für entsprechende Fenster sehr erheblich.

Besteht Unsicherheit über die am besten zu treffenden Maßnahmen, sollte sich der Planer der an vielen Orten vorhandenen Beratungsstellen der Kriminalpolizei bedienen.

5.10 Lüftungseinrichtungen

Nach DIN 4 108-2 Abschn. 5.2.4 wird aus Gründen der Hygiene, zur Begrenzung der Luftfeuchtigkeit und ggf. auch zur Zuführung von Verbrennungsluft ein ausreichender Luftwechsel gefordert. Bei Gebäuden mit hohem Wärmeschutz und mit modernen dichten Fenstern und einwandfreien Bauwerksanschlüssen (s. Abschn. 1.8.4 und 5.3) findet allenfalls ein sehr geringer natürlicher Luftaustausch statt. Bei geschlossenen Fenstern kommt es daher bei einer Luftwechselrate von weniger als 0,8 pro Stunde in normal temperierten Aufenthaltsräumen rasch zu einer kritischen Erhöhung der Luftfeuchtigkeit und zu der Gefahr von Kondensatbildung an unvermeidlichen Schwachstellen der Wärmedämmung (z. B. Raumecken, Fensterleibungen, schlecht durchlüftete Bereiche z. B. hinter Möbeln).

Die ständig, zuletzt durch die Wärmeschutzverordnung 1995, erhöhten Anforderungen und Aufwendungen zur Energieeinsparung durch Wärmedämmung und durch Luftdichtheit bzw. sehr geringe Fugendurchlässigkeit werden von den Benutzern sehr oft durch Dauerlüftung (z. B. durch ständig geöffnete Drehkippfenster!) weitgehend unwirksam gemacht.

Die berechtigte Forderung nach ausreichendem Luftwechsel ist ohne zusätzliche Maßnahmen nicht zu erfüllen.

Wenn man vom Einbau von Klimaanlagen absieht, wird jedoch der Planung der Raumlüftung zur Zeit noch wenig Aufmerksamkeit gewidmet.

Es ist eine Reihe von regelbaren Lüftungseinrichtungen (teilweise auch in Verbindung mit hoher Schalldämmung) auf dem Markt. Sie können in Fensterrahmen oder in Außenwänden eingebaut werden. Mit ihnen kann bei richtiger Dimensionierung ein geregelter ausreichender Luftwechsel für Aufenthaltsräume sichergestellt werden, ohne daß es zu unverhältnismäßig großen Wärmeverlusten kommt.

Ein zugfreier Luftaustausch kann durch besondere Spaltlüftungsbeschläge erreicht werden. Mit ihnen wird der Öffnungswinkel des Fensterflügels in Dreh- und Kippstellung so begrenzt, daß die umlaufenden Falzdichtungen nicht mehr überall anliegen und ein umlaufender Lüftungsspalt entsteht.

Der Luftaustausch kann ohne Öffnung der Fenster auch durch regelbare Spaltlüfter ereicht werden, die in den oberen und unteren entsprechend dimensionierten Flügelrahmen eingebaut werden (Bild **5**.163).

Ähnlich wirkende regelbare Spaltlüfter gibt es für den Einbau in der Verglasungsebene der Fensterflügel. Bei dem gezeigten Beispiel mit einer drehbaren Regulier- und Dichtungswalze wird das Lüfterelement in den oberen Glasfalz eingesetzt und hat auf seiner Unterseite eine Profilierung zur Aufnahme von Isolierverglasungen (Bild **5**.164).

Manche Benutzer moderner Fenster haben allerdings das Problem der zu dicht schließenden Fenster durch Herausnehmen z. B. der oberen Falzdichtungen technisch weniger aufwendig gelöst!

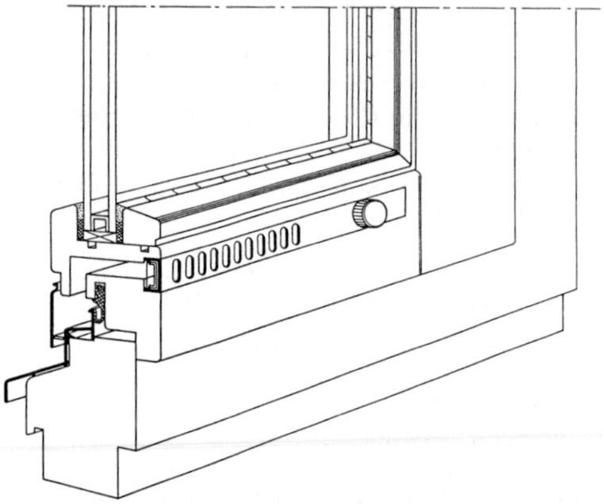

5.163 Spaltlüfter für den Einbau in Flügelrahmen (BUG-Lüftung®)

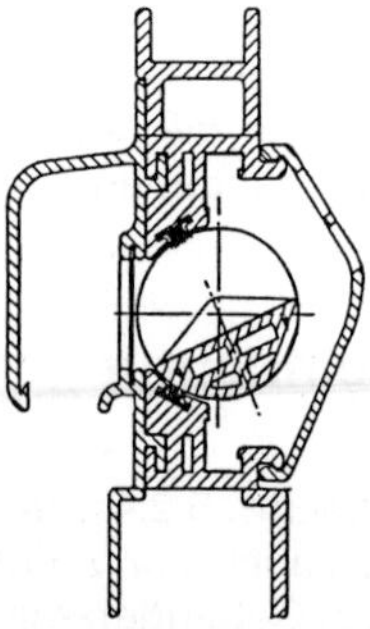

5.164 Spaltlüfter für den Einbau in der Verglasungsebene (Lüftomatic LR 6®)

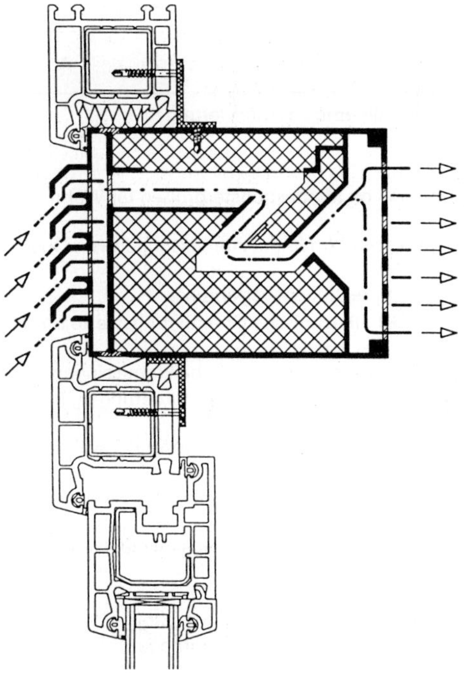

Hohe Komfortansprüche können ohne übermäßige Wärmeverluste durch programmierbare Lüfter erfüllt werden, die unabhängig von den Fenstern in Außenwände eingebaut werden (Bild **5**.166).

Alle Lüftungselemente sind genau auf den notwendigen Bedarf abzustimmen und müssen in geschlossenem Zustand die gleichen Fugendurchlaßkoeffizienten wie die Fenster aufweisen.

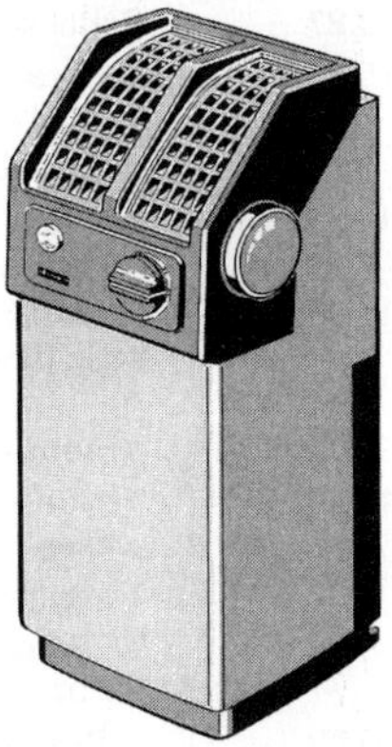

5.165 Schalldämmendes Lüftungselement (VEKA / GU Unitas Schalldämmlüfter®)

5.166 Lüftungsgerät mit motorischer Zuluft (Eberspächer Flüsterlüfter F®)

5.11 Normen

Norm		Ausgabe-Datum	Titel
DIN 107		4.74	Bezeichnung mit links und rechts im Bauwesen
DIN 1052-1		4.88	Holzbauwerke; Berechnung und Ausführung
DIN 1055-4		8.86	Lastannahmen für Bauten; Verkehrslasten, Windlasten bei nicht schwingungsanfälligen Bauwerken
DIN 1249-11		9.86	–; Glaskanten, Begriff, Kantenformen und Ausführung
DIN 4108-1		8.81	Wärmeschutz im Hochbau; Größen und Einheiten
DIN 4108-2		8.81	–; Wärmedämmung und Wärmespeicherung; Anforderungen und Hinweise für Planung und Ausführung
DIN 4108-3		8.81	–; Klimabedingter Feuchteschutz; Anforderungen und Hinweise für Planung und Ausführung
DIN 4108-4		11.91	–; Wärme- und feuchteschutztechnische Kennwerte
DIN 4108-5		8.81	Wärmeschutz im Hochbau; Berechnungsverfahren
DIN 4109		11.89	Schallschutz im Hochbau; Anforderungen und Nachweise
DIN 4109	Bbl 1	11.89	–; Ausführungsbeispiele und Rechenverfahren
DIN 4109	Bbl 2	11.89	–; Hinweise für Planung und Ausführung; Vorschläge für einen erhöhten Schallschutz; Empfehlungen für den Schallschutz im eigenen Wohn- oder Arbeitsbereich

Fortsetzung s. nächste Seite

Normen, Fortsetzung

Norm	Ausgabe-Datum	Titel
DIN 5034-1	2.83	Tageslicht in Innenräumen; Allgemeine Anforderungen
DIN 5034-2	2.85	–; Grundlagen
DIN 5034-3	9.94	–; Berechnung
DIN 5034-4	9.94	–; Vereinfachte Bestimmung von Mindestfenstergrößen für Wohnräume
DIN 5034-6	6.95	–; Vereinfachte Bestimmung zweckmäßiger Abmessungen von Oberlichtöffnungen in Dachflächen
DIN 18005-1	5.87	Schallschutz im Städtebau; Berechnungsverfahren
DIN 18005-1 Bbl 1	5.87	–; Berechnungsverfahren; Schalltechnische Orientierungswerte für die städtebauliche Planung
DIN 18005-2	9.91	–; Lärmkarten; Kartenmäßige Darstellung von Schallimmissionen
DIN V 18054	12.91	Fenster; Einbruchhemmende Fenster; Begriffe, Anforderungen, Prüfungen und Kennzeichnung
DIN 18055	10.81	Fenster; Fugendurchlässigkeit, Schlagregendichtheit und mechanische Beanspruchung, Anforderungen und Prüfung
DIN 18057	8.91	Betonfenster; Betonrahmenfenster, Betonfensterflächen; Bemessung, Anforderungen, Prüfung
DIN 18073	11.90	Rollabschlüsse, Sonnenschutz- und Verdunkelungsanlagen im Bauwesen; Begriffe, Anforderungen
DIN 18202	4.97	Toleranzen im Hochbau, Bauwerke
DIN 18355	5.98	VOB Verdingungsordnung für Bauleistungen Teil C: Allgem. Techn. Vertragsbedingungen für Bauleistungen: Tischlerarbeiten
DIN 18357	5.98	–; Beschlagarbeiten
DIN 18358	6.96	–; Rolladenarbeiten
DIN 18361	6.96	–; Verglasungsarbeiten
DIN 18545-1	2.92	Abdichten von Verglasungen mit Dichtstoffen, Anforderungen an Glasfalze
DIN 18545-2	3.95	–; Dichtstoffe; Bezeichnung, Anforderungen, Prüfung
DIN 18545-3	2.92	–; Verglasungssysteme
DIN 52175	1.75	Holzschutz; Begriff, Grundlagen
DIN 52290-1[1)]	11.88	Angriffhemmende Verglasungen; Begriffe
DIN 52290-2	11.88	–; Prüfung auf durchschußhemmende Eigenschaft und Klasseneinteilung
DIN 52290-3	6.84	–; Prüfung auf durchbruchhemmende Eigenschaft gegen Angriff mit schneidfähigem Schlagwerkzeug und Klasseneinteilung
DIN 52290-4	11.88	–; Prüfung auf durchwurfhemmende Eigenschaften und Klasseneinteilung
DIN 52290-5	12.87	–; Prüfung auf sprengwirkungshemmende Eigenschaft und Klasseneinteilung
DIN 52293	12.87	Prüfung von Glas; Prüfung der Gasdichtheit von gasgefülltem Mehrscheiben-Isolierglas
DIN V 52293-2	11.88	–; Prüfung der Gasdichtheit von gasgefülltem Mehrscheiben-Isolierglas, Bestimmung des Gasverlustes mittels Gaschromatographie und Wärmeleitfähigkeitsdetektor
DIN 52294	11.88	Prüfung von Glas; Bestimmung der Beladung von Trocknungsmitteln in Mehrscheiben-Isolierglas
DIN 52303-1	8.84	Prüfverfahren für Flachglas im Bauwesen; Bestimmung der Biegefestigkeit; Prüfung bei zweiseitiger Auflagerung

1) Die hier aufgeführten DIN- und DIN EN-Normen stellen lediglich einen Auszug der z.Zt. erschienenen bzw. in Vorbereitung befindlichen Normen auf diesem Gebiet dar.

Fortsetzung s. nächste Seite

Normen, Fortsetzung

Norm	Ausgabe-Datum	Titel
DIN 52 303-2	3.83	Prüfung von Glas; Bestimmung der Biegefestigkeit; Prüfung von Profilbauglas
DIN 52 337	9.85	Prüfverfahren für Flachglas im Bauwesen; Pendelschlagversuche
DIN 52 338	9.85	Prüfverfahren für Flachglas im Bauwesen; Kugelfallversuch für Verbundglas
DIN 52 344	5.84	Prüfung von Glas; Klimawechselprüfung an Mehrscheiben-Isolierglas
DIN 52 345	12.87	Prüfung von Glas; Bestimmung der Taupunkttemperatur an Mehrscheiben-Isolierglas; Prüfung im Laboratorium
DIN 52 349	8.77	Prüfung von Glas; Bruchstruktur von Glas für bauliche Anlagen
DIN 52 619-2	2.85	Wärmeschutztechnische Prüfungen; Bestimmung des Wärmedurchlaßwiderstandes und Wärmedurchgangskoeffizienten von Fenstern; Messung an der Verglasung
DIN 68 121-1	9.93	Holzprofile für Fenster und Fenstertüren; Maße, Qualitätsanforderungen
DIN 68 121-2	6.90	–; Allgemeine Grundsätze
DIN EN 42	1.81	Prüfverfahren für Fenster; Prüfung der Fugendurchlässigkeit
DIN EN 77	1.81	–; Prüfung der Widerstandsfähigkeit bei Wind
DIN EN 78	1.81	–; Form des Prüfberichtes
DIN EN 85	1.81	Prüfverfahren an Türen; Prüfung von Türblättern gegen harten Stoß
DIN EN 86	1.81	Prüfverfahren für Fenster; Prüfung der Schlagregendichtheit unter statischem Druck
DIN EN 107	2.82	–; Mechanische Prüfungen
DIN EN 572-1[1])	1.95	Glas im Bauwesen – Basiserzeugnisse aus Kalk-Natronglas – Definitionen und allgemeine physikalische und mechanische Eigenschaften; Deutsche Fassung EN 572-1: 1994
DIN EN 572-2	1.95	–; Floatglas; Deutsche Fassung EN 572-2: 1994
DIN EN 572-3	1.95	–; Poliertes Drahtglas; Deutsche Fassung EN 572-3: 1994
DIN EN 572-4	1.95	–; Gezogenes Flachglas; Deutsche Fassung EN 572-4: 1994
DIN EN 572-5	1.95	–; Ornamentglas; Deutsche Fassung EN 572-5: 1994
DIN EN 572-6	1.95	–; Drahtornamentglas; Deutsche Fassung EN 572-6: 1994
DIN EN 572-7	1.95	–; Profilbauglas mit oder ohne Drahteinlage; Deutsche Fassung EN 572-2: 1994
DIN EN 942	6.96	Holz in Tischlerarbeiten – Allgemeine Sortierung nach der Holzqualität; Deutsche Fassung EN 942: 1996
E DIN EN 1051	9.93	Glassteine und Betongläser; Deutsche Fassung prEN 1 051: 1993
E DIN EN 1063	7.93	Spezifikation für angriffhemmende Verglasungen; Durchschußhemmende Verglasungen; Klasseneinteilung und Prüfverfahren; Deutsche Fassung prEN 1 063: 1993
E DIN EN 1096-1	8.93	Beschichtetes Glas für das Bauwesen; Teil 1: Merkmale und Eigenschaften; Deutsche Fassung prEN 1 096-1: 1993
E DIN EN 1279-1	9.95	Glas im Bauwesen – Mehrscheiben-Isolierglas – Teil 1: Allgemeines und Maßtoleranzen; Deutsche Fassung prEN 1 279-1: 1995
E DIN EN 1863	6.95	Glas im Bauwesen – Teilvorgespanntes Glas; Deutsche Fassung prEN 1 863: 1995
E DIN EN 12 150	2.96	Glas im Bauwesen – Thermisch vorgespanntes Einscheiben-Sicherheitsglas; Deutsche Fassung prEN 12 150: 1995
E DIN EN 12 488	10.96	Glas am Bau – Verglasungsrichtlinien – Verglasungssysteme und Anforderungen für die Verglasung; Deutsche Fassung prEN 12 488: 1996
E DIN EN 12 207-1	2.96	Fugenluftdurchlässigkeit – Anforderungen; Einteilung: Fenster und Türen; Deutsche Fassung prEN 12 207-1: 1995

Fortsetzung s. nächste Seite

Normen, Fortsetzung

Norm	Ausgabe-Datum	Titel
E DIN EN 12 208-1	2.96	Schlagregendichtheit – Anforderung; Einteilung: Fenster und Türen; Deutsche Fassung prEN 12 208-1: 1995
E DIN EN 12 210	2.96	Widerstandsfähigkeit bei Wind – Einteilung – Fenster und Türen; Deutsche Fassung prEN 12 210: 1995
E DIN EN 12 211	2.96	Widerstandsfähigkeit bei Wind – Prüfung – Fenster und Türen; Deutsche Fassung prEN 12 211: 1995
E DIN EN 12 365-1 – 4	6.96	Baubeschläge – Dichtungen und Dichtungsprofile für Fenster, Türen und andere Abschlüsse sowie vorgehängte Fassaden
E DIN EN 12 400	7.97	Fenster und Türen – Mechanische Beanspruchung – Anforderungen und Einteilung; Deutsche Fassung prEN 12 400: 1996
E DIN EN ISO 14 439	4.95	Glas im Bauwesen – Anforderungen für die Verglasung – Verglasungsklötze (ISO/DIS 14 439: 1995); Deutsche Fassung prEN ISO 14 439: 1995
E DIN EN ISO 14 440	1.95	Glas im Bauwesen – Spezifikation für angriffhemmende Verglasungen – Sprengwirkungshemmende Verglasungen; Klasseneinteilung und Prüfverfahren (ISO/DIS 14 440: 1994); Deutsche Fassung prEN ISO 14 440: 1994
Ferner ist zu beachten:		VDI-Richtlinie 2719 „Schalldämmung von Fenstern"

5.12 Literatur

[1] Baubeschlag Taschenbuch. Duisburg 1997

[2] Barth, E.: Kunststoff-Fenster aus ökologischer Sicht. In: BmK 2/1995

[3] Brey, P.: Sonnenfalle ohne Schrecken; Dachsysteme und Anschlüsse mit Holz-Aluminium-Konstruktionen. In: BM 6/1994

[4] Carstensen, H.-P.: Fensterbau – denkmal- und funktionsgerecht. In: BM 3/1996

[5] Estrich, J.: Holzfenster. Konstruktion und Verarbeitung bestimmen die Eignung. In: Bauhandwerk 6/1996

[6] Flachglas AG: Das Glas-Handbuch 1996. Gelsenkirchen-Rotthausen 1996

[7] Froelich, F.: Anforderungen an Lichtöffnungen: Energiesparende Fenster- und Außentürkonstruktionen. In: IBK Fachveröff. 179, 1994

[8] Gäbler, J.: Langzeitverhalten von PVC-Fenstern. In: Das Bauzentrum 9/1995

[9] Gerner, M., Gärtner, D.: Historische Fenster. Entwicklung, Technik, Denkmalpflege. Stuttgart 1996

[10] Gläser, H. J.: Funktions-Isoliergläser, Moderne Verglasungen für Fenster und Fassaden. Schorndorf 1992

[11] Holler, G.: Randverbund in der Diskussion. In: BM 10/1996

[12] Industrieverband Dichtstoffe e.V.; IVD-Merkblatt Nr. 9 Düsseldorf 1997

[13] Informationsdienst Holz: Holz-Glaskonstruktionen und Holz-Wintergärten. Düsseldorf 1996

[14] –: Holzbauhandbuch. Ausgaben 1994–1997

[15] Informationszentrum Fenster Türen Fassaden e.V., Rosenheim: Schalldämmung von Fugen. ifz info 4/96

[16] –: Fenster für Gebäude mit weniger Energie – aber wie? ifz info 4/94

[17] –: Bauregelliste und Ü-Zeichen, ifz info 1/96

[18] –: Instandhaltung von Fenstern und Türen. ifz info 3/96

[19] –: Schalldämmung von Fugen. ifz info 4/96

[20] –: Füllungen für Fenster und Fensterwände. ifz info 2/96

[21] Institut des Glaserhandwerkes für Verglasungstechnik und Fensterbau Hadamar, Technische Richtlinien des Glaserhandwerkes: Dichtstoffe für Verglasungen und Anschlußfugen. 1993

[22] –: Klotzungsrichtlinien für ebene Glasscheiben. 1989

[23] –: Richtlinien für den Bau und die Verglasung von Metallrahmen-Schaufenstern und gleichartigen Konstruktionen. 1994

[24] –: Verglasen mit Isolierglas. 1992

[25] –: Verglasen mit Dichtprofilen. 1987

[26] –: Überkopfverglasungen. 1988

[27] –: Glas im Bauwesen. 1994

[28 Institut für Fenstertechnik e.V., Rosenheim: Zusätzliche Vorschriften zur Ausschreibung von Aluminiumfenstern

[29] –: Zusätzliche Vorschriften zur Ausschreibung von Aluminium-Holzfenstern

[30] –: Zusätzliche Vorschriften zur Ausschreibung von Kunststoff-Fenstern aus PVC hart/weiß

[31] –: Dichtstoffe in der Anschlußfuge für Fenster und Außentüren; Grundlagen für Planung und Ausführung. Merkblatt Nr. 9. 2.1997

[32] –: Richtlinie: Verglasung von Holzfenstern ohne Vorlegeband 9/1983

[33] –: Überkopf-Verglasungen. ift-forum 1/1997

[34] –: Sonderhefte „Wärmeschutz" Teile 1 und 2. ift-forum 1/1994 und 1/1995

[35] Interpane Glasindustrie GmbH.: Gestalten mit Glas. Lauenförde 1994

[36] Hepp, B.: Brandschutzverglasungen; Spezialgläser – Ihre Wirkungsweise und Anwendung in Bauteilen. In: glasforum 1/1996

[37] Klein, W.: Schäden an Fenstern (Hrsg. G. Zimmermann). Stuttgart 1994

[38] Koch, S.: Schalldämmung von Fenstern in Labor und Praxis. In: Glasforum 3/1994

[39] –: Schalldämmung von Isolierglasscheiben im Kontext neuer Regelwerke, In: IBP-Mitteilungen 22/1995

[40] Lukas, G.: Baurechtliche Verfahren für Glaskonstruktionen. In: DAB 10/1993

[41] Petzold, A., Marusch, H., Schramm, B.: Der Baustoff Glas. Schorndorf 1990

[42] RAL-Gütegemeinschaften Fenster- und Haustüren: Leitfaden zur Montage. Der Einbau von Fenstern, Fassaden und Haustüren. Frankfurt/M. 1995

[43] –: Güteanforderungen an Fenstergriffe, Velbert 1989

[44] Reichstadt, H. U.: Kunststoff-Fenster. Bieter und Bewertung: Worauf man achten sollte. Schorndorf 1995

[45] Schmid, J.: Fensteranschlüsse an Baukörper – bauphysikalisch und konstruktiv richtig gelöst. In: IBK Fachveröff. 177, 1994

[46] –: Einbau von Fenstern. In: DAB 3/1994

[47] –: Montage von Fenstern, Stand der Technik. Institut für Fenstertechnik Rosenheim 1997

[48] Schmid, J., Jehl, W., Taute, H.: Anschlußausbildung bei Holzfenstern. In: DAB 6/97

[49] Schmid, J., Kolitz, K., Taute, H.: Holzfenster. In: DAB 3/1996

[50] Schmid, J., Kolitz, K.: Die Ausschreibung von Fenstern unter besonderer Berücksichtigung der Wärmeschutzverordnung. In: DBZ 5/1995

[51] –, –: Holzfenster. In: DAB 12/1995

[52] Siebel, L.: Bemessung von Fenstern aus bauphysikalischer Sicht. In: DBZ 10/1993

[53] Zimmermann, G.: Schmutzwasserfahnen und andere Fassadenschäden infolge fehlender Tropfkanten. In: arconis 2/1996

6 Türen

6.1 Allgemeines

Türen trennen und verbinden Außen- und Innenraum sowie Räume mit unterschiedlicher Nutzung. Dementsprechend unterscheidet man Außentüren, Innentüren und Sondertüren[1]). Von der jeweiligen Zweckbestimmung werden Lage, Größe, Form, Material, Oberflächenbehandlung und Konstruktion des Türblattes, die Art der Rahmenausbildung und die Eignung der Beschläge beeinflußt. Daneben sind jedoch immer auch gestalterische und wirtschaftliche Gesichtspunkte zu beachten. Außen- und Innentüren gibt es in einer Vielzahl von Formen und Materialien. Sie werden aus Holz und Holzwerkstoffen. Aluminium und Stahl, Kunststoff und Glas – in Einzel- oder Serienfertigung – hergestellt.

Außentüren

Außentüren sind meist integrierter Bestandteil einer Hauseingangsanlage, die Zweck und Bedeutung des Gebäudes erkennen lassen soll. Wesentliche Bestandteile sind Vordach, Türnische oder Windfang, Hausnummer- und Namensschild, Klingel, Sprech- und Briefkastenanlage sowie Beleuchtung und Schuhabstreifer. Sie bestimmen – zusammen mit den Fenstern – weitgehend das äußere Erscheinungsbild eines Gebäudes und müssen daher neben technischen immer auch formalen Ansprüchen gerecht werden.

Außentüren bilden im Wohn- und Objektbereich die Nahtstelle zwischen Innen und Außen (Tabelle **6**.1). Sie trennen somit Zonen mit unterschiedlichen, meist gegensätzlichen Bedingungen. Daraus resultierend müssen Außentüren

— allen Witterungseinflüssen und klimatischen Beanspruchungen standhalten,
— eine hohe mechanische Festigkeit gegen Stoß und Verformungsstabilität bei Differenzklima aufweisen,
— einen ausreichenden Wärme-, Schall- und Feuchteschutz erbringen,
— durch den Einbau von Boden- und Falzdichtungsprofilen möglichst fugendicht schließen sowie
— mit einbruchhemmenden Bändern, Garnituren und Schlössern ausgerüstet sein.

Innentüren

Innentüren trennen und verbinden Räume mit unterschiedlicher Nutzung und Gestaltung im Wohn- und Objektbereich (Tabelle **6**.1). Sie sind Öffnung und Abschluß zugleich. Zweck und Anspruch der Räumlichkeiten bestimmen auch hier weitgehend Form, Materialwahl und Konstruktion der vielfältig gestaltbaren Elemente. Die wesentlichen Grundanforderungen an normale Innentüren sind

— Dauerfunktionstauglichkeit,
— Widerstandsfähigkeit bei mechanischer Beanspruchung,
— Verformungsstabilität bei klimatischer Beanspruchung,
— ausreichender Mindestschallschutz und Fugendichtheit,
— Einbruchhemmung, insbesondere bei Wohnungseingangstüren.

Sonderanforderungen, wie sie nachstehend und in Abschn. 6.8, Sondertüren, näher erläutert sind, können je nach Zweckbestimmung hinzukommen. Vgl. hierzu auch Tabelle **6**.2.

---

[1]) Unter der Bezeichnung „Tür" versteht man allgemein das komplette Türelement, bestehend aus dem Türblatt und einem fest mit der Wand verbundenen Türrahmen (auch Türzarge genannt).

Tabelle **6**.1 Einteilung und Benennung von Türen im Bauwesen

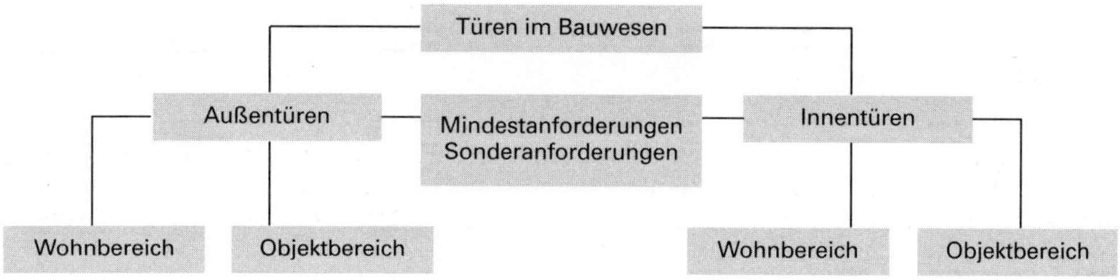

z. B. Wohnhaustüren Laubeneingangs-türen Kellerausgangs-türen	z. B. Ladentüren Warenhaus-türen Funktionstüren	z. B. Einbruchschutz Brandschutz Schallschutz u. a. m.	z. B. Wohnungsein-gangstüren Wohnraumtüren Badezimmertüren	z. B. Hotelzimmertüren Krankenzimmer-türen Sondertüren

Sondertüren

An Außen- und Innentürelemente können je nach Zweckbestimmung noch weitere Sonderanforderungen gestellt werden, die über die allgemeine Funktionstauglichkeit einer Tür hinausgehen (Tabelle **6**.2). Diese erhöhten Anforderungen sind sowohl ihrer Art als auch ihrem Umfang nach im jeweiligen Leistungsverzeichnis eindeutig zu definieren. Vgl. hierzu insbesondere Abschn. 6.8

Tabelle **6**.2 Technische Mindest- und Sonderanforderungen, die je nach Zweckbestimmung an Außen-, Innen- und Sondertüren gestellt werden können.

Mindestanforderungen		Sonderanforderungen	
Außen- und Innentüren	**Nur Außentüren**	**Sondertüren**	
Funktionssicherheit Mechanische Festigkeit Verformungsstabilität Fugendichtheit Schallschutz Einbruchhemmung	Wärmeschutz Schlagregendicht-heit Bewitterungsfähig-keit	Brandschutz Rauchschutz Strahlenschutz Beschlußfestigkeit	erhöhter Wärmeschutz erhöhter Schallschutz erhöhter Feuchteschutz erhöhter Einbruchschutz u. a. m.

6.2 Einteilung und Benennung: Überblick

Einteilung nach dem Verwendungszweck

Stellvertretend für eine Vielzahl von Möglichkeiten sollen hier nur einige Einsatzbereiche erwähnt werden.

- Außentüren: Wohnhaustüren, Warenhaustüren, Gaststätten- und Hoteleingangstüren
- Innentüren: Wohnungseingangstüren, Windfangtüren, Wohn- und Badezimmertüren
- Repräsentationstüren: Konzertsaal- und Konferenzraumtüren, Kirchen- und Rathaustüren
- Objekttüren: Büroraumtüren, Hotelzimmertüren, Krankenhaus- und Schulzimmertüren
- Schutztüren: Schallschutztüren, Feuerschutztüren, Einbruch- und Beschußhemmende Türen u.a.m.

Einteilung nach der Bewegungsrichtung

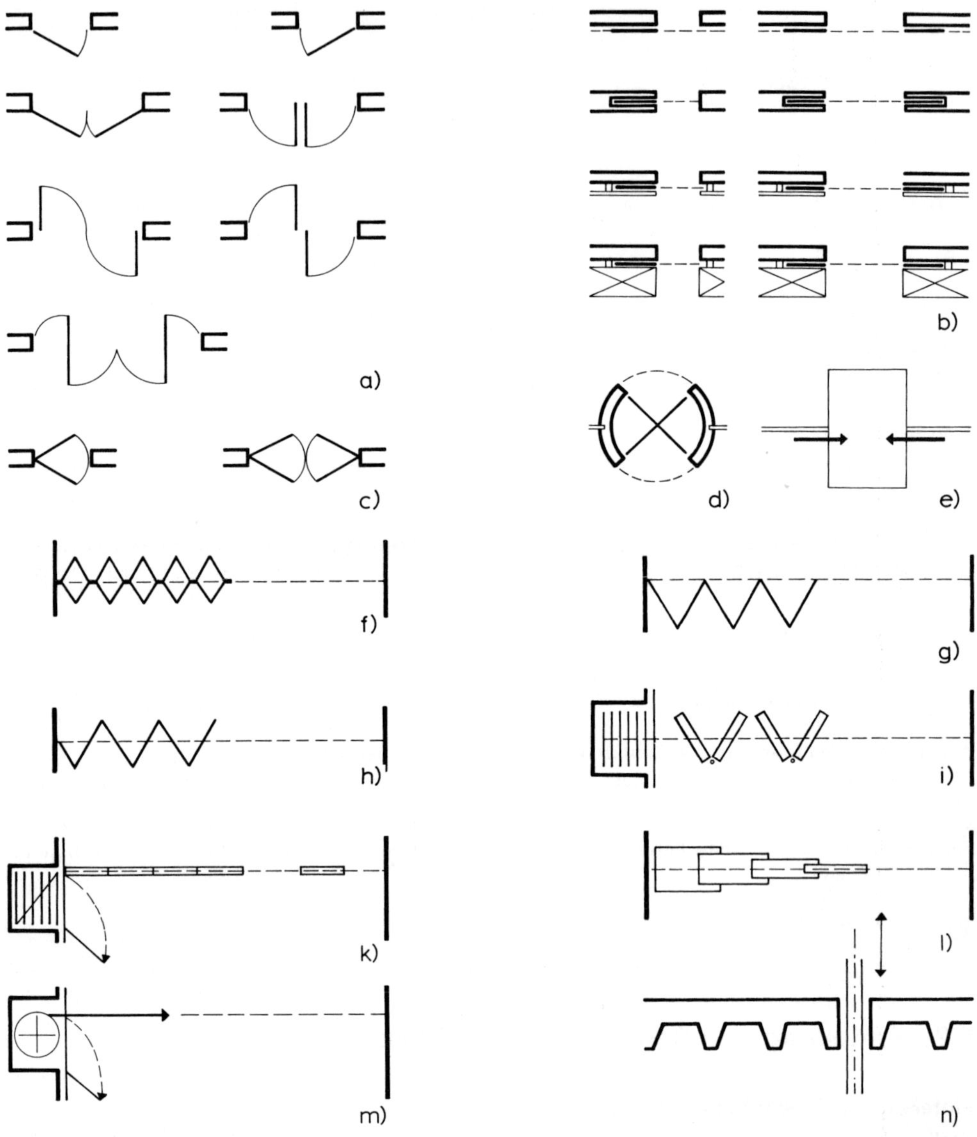

6.3 Einteilung nach der Bewegungsrichtung

a) Drehflügeltüren (ein- und zweiflügelig), b) Schiebetüren (ein- und zweiflügelig), c) Pendeltüren (ein- und zweiflügelig), d) Drehkreuztür, e) automatische Schiebetür (ein- und zweiflügelig), f) Harmonikatür, bzw. Harmonikawand (Metallscherengerüst beidseitig mit Kunstleder oder Holzlamellen bekleidet), g) Falttür bzw. Faltwand, seitlich geführt (Holzlamellen mit Scharnieren verbunden), h) Falttür bzw. Faltwand, mittig geführt (mit einem halben Flügel beginnend), i) Paarwand (aus beweglichen Plattenpaaren), k) Bewegliche Trennwand aus Einzelelementen (auch Element- oder Schiebewand genannt), l) Teleskopwand, m) Rollwand, vertikal oder horizontal angeordnet (ein- oder zweischalig), n) Hub- und Versenkwand

Einteilung nach der Türrahmenausbildung

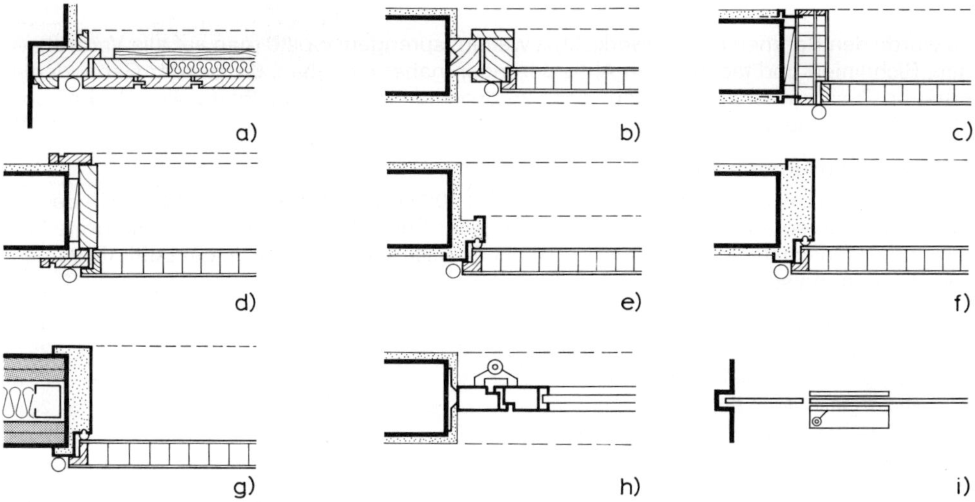

6.4 Einteilung nach der Türrahmenausbildung (nur Drehflügeltüren)

a) Blendrahmentür (Holz), b) Blockrahmentür (Holz), c) Zargenrahmentür (Holz), d) Futterrahmen mit Bekleidungen (Holz), e) Stahlzargentür: Eckzarge, f) Stahlzargentür: Umfassungszarge, g) Stahlzargentür: Umfassungszarge für Plattenwände, h) Metallrahmentür, i) Ganzglastür (rahmenloser Einbau)

Einteilung nach der Türblattausbildung

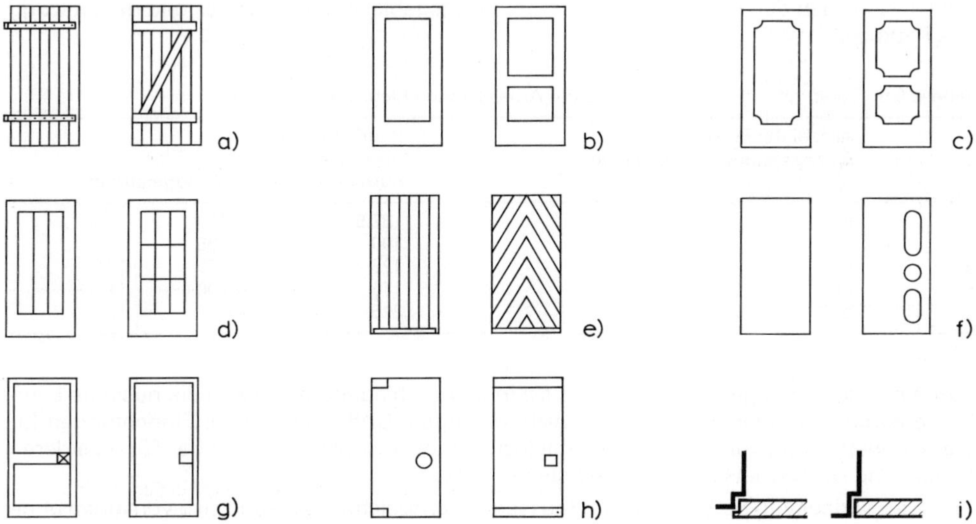

6.5 Einteilung nach der Türblattausbildung

a) Latten- oder Brettertüren, b) Rahmentüren mit Glasfüllungen, c) Rahmentüren mit Holzfüllungen, d) Sprossentüren mit Glasfüllungen, e) aufgedoppelte Türen (Außentüren), f) glatte Sperrtüren (ggf. mit Sehschlitzen), g) Metallrahmentüren mit Füllungen aller Art, h) Ganzglastüren, i) Falztüren oder Stumpftüren

6.3 Planungshinweise

Es würde den Rahmen dieses Werkes bei weitem sprengen, wollte man auf alle Verordnungen, Richtlinien und technischen Anforderungen näher eingehen, die bei der Gebäudeplanung im Zusammenhang mit den Türen zu beachten sind. Beispielhaft sollen deshalb nur einige Aspekte genannt und kurz erläutert werden.

Arbeitsstättenverordnung

Nach der Arbeitstätten-Richtlinie (ASR 10/1) müssen die Türen und Tore in begehbaren Räumen so angeordnet sein, daß von jeder Stelle des Raumes eine bestimmte Entfernung zum nächstgelegenen Ausgang nicht überschritten wird. Die in der Luftlinie gemessene Entfernung soll höchstens betragen:

a) in Räumen, ausgenommen Räume nach b) bis f)	35 m
b) in brandgefährdeten Räumen ohne Sprinklerung	25 m
c) in brandgefährdeten Räumen mit Sprinklerung	35 m
d) in giftstoffgefährdeten Räumen	20 m
e) in explosionsgefährdeten Räumen, ausgenommen Räume nach f)	20 m
f) in explosivstoffgefährdeten Räumen	10 m

Die Ausgänge müssen unmittelbar ins Freie oder in Flure oder Treppenräume – die Rettungswege im Sinne des Bauordnungsrechts der Länder sind – oder in andere Brandabschnitte führen. Sofern diese Voraussetzungen nicht vorliegen, rechnen die Entfernungen – gemessen in der Luftlinie – bis zum nächstgelegenen Ausgang, der unmittelbar ins Freie oder in einen Rettungsweg führt.

Die Zahl der Türen richtet sich nach der Zahl der Personen und der Lage der Arbeitsplätze im Raum. Dabei sind die vorgenannten höchstzulässigen Entfernungen und die nach Tabelle **6**.6 erforderlichen Türabmessungen zu berücksichtigen. Die Abmessungen der Türen richten sich nach der Zahl der Personen im Einzugsgebiet des Ausganges und der Nutzung des Raumes.

Tabelle **6**.6 Türabmessungen. Auszug aus der Arbeitsstätten-Richtlinie (ASR 10/1)

	Anzahl der Personen im Einzugsgebiet des Ausganges		Baurichtmaße (cm) bei Gefahrengrad normal	brandgefährdet
1	bis	5	87,5	100
2	bis	20	100	125
3	bis	100	125	150
4	bis	250	175	200
5	bis	400	225	–

Türen müssen so angebracht sein, daß sie in aufgeschlagenem Zustand die nutzbare Laufbreite vorbeiführender Verkehrswege nicht einengen. Griffe und andere Einrichtungen für die Handbetätigung von Türen dürfen mit festen oder beweglichen Teilen der Tür oder deren Umgebung keine Quetsch- oder Scherstellen bilden.

Türen im Verlauf von Rettungswegen müssen gekennzeichnet sein und sich von innen ohne fremde Hilfsmittel jederzeit leicht öffnen lassen, solange sich Personen in der Arbeitsstätte befinden.

Nach der Arbeitsstätten-Richtlinie (ASR 10/5) müssen lichtdurchlässige Türflächen bruchsicher sein, ausgenommen Türfüllungen im oberen Drittel von Türen. Lichtdurchlässige Flächen im Verlauf von Verkehrsflächen müssen aus Sicherheitsglas (Verbundsicherheitsglas, Einscheibensicherheitsglas) nach DIN 18361 oder einem Kunststoff mit vergleichbaren Sicherheitseigenschaften bestehen. Türen, deren Fläche zu mehr als der Hälfte aus bruchsicherem, durchsichtigem Werkstoff besteht, müssen auf beiden Seiten in etwa 1 m Höhe eine über die Türbreite verlaufende Handleiste haben.

Ganzglastüren müssen in Augenhöhe so gekennzeichnet sein, daß sie deutlich wahrgenommen werden können. Für größere Glasflächen können Schutzmaßnahmen zur Sicherung des Verkehrs verlangt werden.

Barrierefreies Bauen

Arbeitsstätten, öffentlich zugängliche Gebäude (DIN 18024-2) und Wohnungen (DIN 18025-1 bis -2) sind so zu planen, zu bauen und einzurichten, daß sie auch von Rollstuhlbenutzern, Blinden, Sehbehinderten, Gehörlosen, Hörgeschädigten, Menschen mit sonstigen Behinderungen, älteren Menschen, Kindern und klein- oder großwüchsigen Menschen – von fremder Hilfe weitgehend unabhängig – barrierefrei erreicht und genutzt werden können.

Türabmessungen. Türen müssen eine lichte Breite von mind. 90 cm aufweisen und sollten eine lichte Höhe von mind. 210 cm haben. (Baurichtmaße von Türöffnungen s. Bild **6**.20). Türen von Sanitätsräumen, Toiletten, Dusch- und Umkleidekabinen dürfen nicht nach innen schlagen. Große Glasflächen müssen kontrastreich gekennzeichnet und bruchsicher sein, Hauseingangstüren, Brandschutztüren und Garagentore kraftbetätigt zu öffnen und zu schließen sein.

Untere Türanschläge und Türschwellen sind grundsätzlich zu vermeiden. Soweit sie technisch unbedingt erforderlich sind, dürfen sie nicht höher als **20 mm** sein.

Bewegungsflächen vor handbetätigten Türen und vor Fahrschachttüren sind nach DIN 18025-1 zu bemessen (Bild **6**.7a bis c).

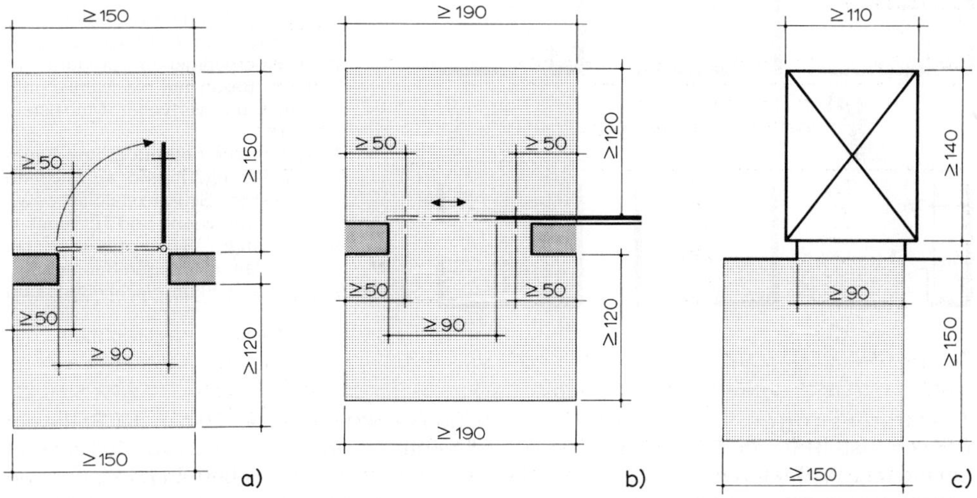

6.7 Bewegungsflächen vor handbetätigten Türen und vor Fahrschachttüren nach DIN 18025-1 (alle Maße in cm)

a) Bewegungsfläche vor Drehflügeltüren

b) Bewegungsfläche vor Schiebetüren

c) Bewegungsfläche vor Fahrschachttüren (mit den lichten Maßen des Aufzugfahrkorbes)

Wohnungsbau

Raumöffnungen – Türen wie Fenster – beeinflussen immer auch die Gebrauchstauglichkeit eines Raumes. Innentüren sollten daher nie ohne Bezug zu ihrer Umgebung geplant werden. Immer müssen die davor-, daneben- und dahinterliegenden Bereiche in die Überlegungen miteinbezogen werden. Bereits bei der Planung sind die spätere Möblierung des Raumes und die Aufschlagrichtung des Türflügels zu berücksichtigen.

Türöffnungen sind so zu bemessen und grundrißlich derart anzuordnen, daß der ungehinderte Transport von Möbeln, Geräten u. ä. gewährleistet ist und möglichst viel Möbelstellfläche in einem Raum erhalten bleibt. Wird die Türöffnung von der Raumecke abgerückt, dann ist der Abstand zwischen Trennwand und Türleibung so festzulegen, daß ein Möbelstück oder Einbauschrank hinter dem aufgeschlagenen Türflügel angeordnet werden kann. Im einzelnen sind bei der Planung zu beachten (Bild **6**.8):

— Nutzungszweck, Dimension und grundrißlicher Zuschnitt der zu erschließenden Räumlichkeit,
— Lage, Anordnung und Größe des Türelementes unter Berücksichtigung weiterer Raumöffnungen sowie natürlicher und künstlicher Lichtquellen,
— Verteilung der Ruhe- und Verkehrszonen im Raum und der damit zusammenhängenden Mobiliaranordnung,
— Aufschlagrichtung des Türflügels im Hinblick auf Raumerschließung, Raumerlebnis und Wegeführung,
— Betonung oder nahezu unsichtbare Einbindung des Türelementes in die Wandfläche bzw. Wandbekleidung durch entsprechende Materialfestlegung, Farbgebung, Detailausbildung und Beschlagwahl.

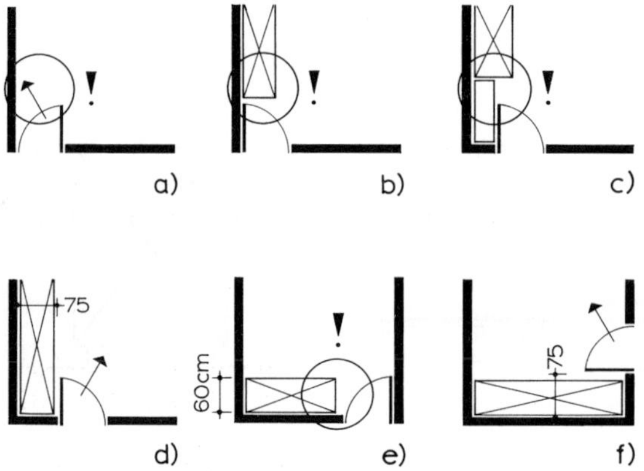

6.8
Türanordnung und Aufschlagrichtung von Türflügeln
a) falsche Raumerschließung: einengend, Raum nicht überschaubar
b), c) unbefriedigende Türanordnungen in Bezug auf die Möblierung, Verlust an wertvoller Möbelstellfläche
d) richtige Türanordnung: zum Raum und Licht hinführend, ausreichend bemessene Schrankstellfläche zwischen Trennwand und Türflügel
e) ungünstige Türanordnung bei schmalen und langen Räumen
f) günstigere Raumerschließung und bessere Ausnützung der Möbelstellfläche im Vergleich zu e)

Türabmessungen. Normal begangene, einflügelige Innentüren weisen in der Breite ein Baurichtmaß (BR) von 87,5 cm, vielbegangene Innentüren ein Baurichtmaß von 100 cm und einflügelige Außentüren (Haustüren) ein BR von 112,5 cm auf; bei Nebentüren kommt man üblicherweise mit einem BR von 75 cm aus.

Die Höhe von einflügeligen Innentüren ist in DIN 18100 mit Baurichtmaßen von 200 cm bzw. 212,5 cm festgelegt (Bild **6**.20). Die lichte Durchgangshöhe von Haustüren ist im allgemeinen größer als die der Innentüren. Raumverbindende, zweiflügelige Türelemente sollten aus gestalterischen Gründen sogar ohne Sturz, d.h. in voller Raumhöhe ausgeführt werden.

Hauseingangs- und Wohnungseingangstüren schlagen in der Regel nach innen auf. Eingangstüren von öffentlichen Gebäuden und Räumen, in denen sich regelmäßig viele Menschen aufhalten (z. B. Verwaltungsbauten, Hotels, Kinos, Schulen, Theater u. a.) müssen immer nach außen aufschlagen (Fluchtrichtung). Die jeweiligen Landesbauordnungen und Richtlinien sind bei der Planung zu beachten.

6.4 Allgemeine Anforderungen

Türen zählen zu den durch Gebrauch am meisten beanspruchten Bauteilen. Sie haben eine ganze Reihe von Anforderungen zu erfüllen, die je nach Bauaufgabe und Verwendungszweck der Räume bzw. Gebäudeteile von unterschiedlicher Wichtigkeit sein können. Ausgehend von den jeweiligen funktionellen und nutzungsbedingten Ansprüchen sind die entsprechenden Prioritäten immer wieder neu zu setzen, um so unnötige Forderungen auszuschließen und die Baukosten niedrig zu halten. Auf folgende Anforderungen (Hauptgruppen) wird nachstehend näher eingegangen:

— Schallschutz
— Wärmeschutz
— Feuchteschutz
— Maßkoordination
— Montagetechnik

Weitere Anforderungen, wie beispielsweise Feuer-, Rauch-, Strahlen- und Einbruchschutz werden in Abschn. 6.8, Sondertüren, im einzelnen erläutert.

6.4.1 Schallschutz von Türen

Aufgrund der zunehmenden Belästigung durch störenden Lärm im Außenbereich (Verkehrslärm) und der gestiegenen Erwartungen im Innenbereich (Schutz vor Geräuschen aus Treppenräumen, Vertraulichkeit von Gesprächen in Praxen o.ä.) wurden die Anforderungen an die Schalldämmung von Außen- und Innentüren deutlich erhöht.

6.4.1.1 Anforderungen an die Schalldämmung von Türen

DIN 4109 (Ausg. 09.89) sieht erstmals verbindliche (Mindest-)Anforderungen an die Luftschalldämmung von Türen gegen Schallübertragung aus einem fremden Wohn- oder Arbeitsbereich vor.

In Tabelle **6**.9 sind die entsprechenden Werte für verschiedene Einsatzbereiche zusammenfassend dargestellt. Die erforderlichen Schalldämmwerte beziehen sich allein auf das **betriebsfertige Türelement** – bestehend aus Zarge, Türblatt, Beschlägen und den notwendigen Dichtungen – unter Ausschluß der Schallübertragung über flankierende Bauteile wie Fußboden, Wand und Decke. Die kennzeichnende Größe für die Luftschalldämmung eines betriebsfertigen Türelementes ist dementsprechend das bewertete Schalldämm-Maß $\boldsymbol{R}_{\mathrm{w}}$.

Vorschläge für erhöhten Schallschutz von Türen (z.B. in besonders anspruchsvollen Wohnungs- oder Hotelbauten) sowie Empfehlungen zum Schutz gegen Schallübertragung aus dem eigenen Wohn- oder Arbeitsbereich sind dem Beiblatt 2 zu DIN 4109 zu entnehmen. Die Verbindlichkeit dieser Vorschläge muß in jedem Einzelfall vertraglich vereinbart werden.

Tabelle **6**.9 Erforderliche (Mindest-)Luftschalldämmung von Türen zum Schutz gegen Schallübertragung aus einem fremden Wohn- oder Arbeitsbereich (Auszug aus DIN 4109 Tab. 3)

Zeile		Bauteile	Anforderungen erf. R_w¹) in dB	Anforderungen einschl. Vorhaltemaß (+ 5 dB) R_w¹) in dB
1	Geschoßhäuser mit Wohnungen und Arbeitsräumen	Türen, die von Hausfluren oder Treppenräumen in Flure und Dielen von Wohnungen und Wohnheimen oder von Arbeitsräumen führen	27	32
2		Türen, die von Hausfluren oder Treppenräumen unmittelbar in Aufenthaltsräume – außer Flure und Dielen – von Wohnungen führen	37	42
3	Beherbergungsstätten	Türen zwischen Fluren und Übernachtungsräumen	32	37
4	Krankenanstalten, Sanatorien	Türen zwischen – Untersuchungs- bzw. Sprechzimmern, – Fluren und Untersuchungs- bzw. Sprechzimmern	37	42
5		Türen zwischen – Fluren und Krankenräumen, – Operations- bzw. Behandlungsräumen – Fluren und Operations- bzw. Behandlungsräumen	32	37
6	Schulen und vergleichbare Unterrichtsbauten	Türen zwischen Unterrichtsräumen und ähnlichen Räumen und Fluren	32	37

¹) Bei Türen gilt statt R'_w der Wert R_w

Prüfung der Schalldämmung von Türen

Bei der Beurteilung der Luftschalldämmung von Türen wird vielfach vom labormäßig ermittelten Schalldämm-Maß eines allein im Prüfstand gemessenen Türblattes ausgegangen. Dies führt in der Praxis zu übertriebenen Erwartungen an die Schalldämmeigenschaften betriebsfertig eingebauter Türelemente, da bauübliche Schallnebenwege die schalldämmende Wirkung eines Bauteiles vermindern. Um die Problematik der Übertragung von Laborwerten auf die reale Situation am Bau besser zu verstehen, sollen die wichtigsten Prüfmethoden im folgenden kurz erläutert werden (Bild **6**.10):

Laborprüfungen

— **Prüfung des Türblattes allein**, eingekittet in einem Prüfstand (Bild **6**.10 a). Hierbei wird der Schall ausschließlich durch das zu prüfende Bauteil übertragen. Eine Schallübertragung über flankierende Bauteile oder sonstige Nebenwege ist ausgeschlossen. Das dabei gewonnene Schalldämm-Maß ist nur für den Türenkonstrukteur (Herstellerwerk) von Bedeutung. Ein Prüfzeugnis, das nur den Schalldämmwert eines Türblattes wiedergibt, hat für den Planer bzw. die ausschreibende Stelle keine Aussagekraft.

— **Prüfung des betriebsfertig eingebauten Türelementes**, funktionsgerecht eingebaut in einen Prüfstand (Bild **6**.10 b). Das Türelement besteht aus Zarge, Türblatt, Beschlägen und den notwendigen Dichtungen. Der Schall wird ausschließlich über das in betriebsfertigen

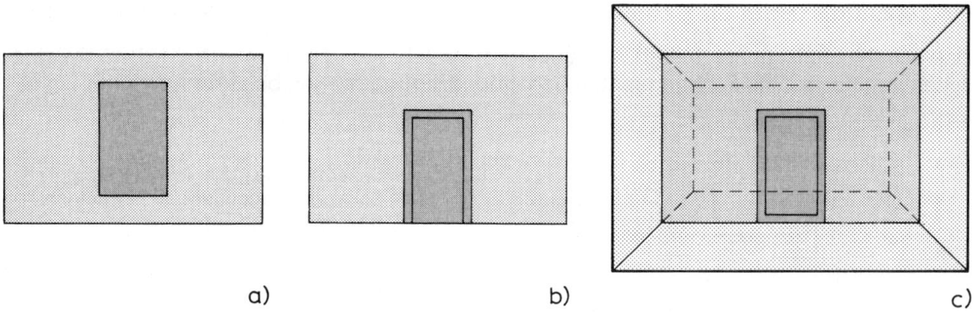

6.10 Schematische Darstellung von Prüf- und Einbaubedingungen bei Türen

a) Türblatt allein, eingekittet in einen Prüfstand, **ohne** Schallübertragung über flankierende Bauteile oder sonstige Nebenwege

b) Betriebsfertiges Türelement, eingebaut in einen Prüfstand, mit seinen funktions- und konstruktionsbedingten Schallnebenwegen, jedoch **ohne** Schallübertragung über flankierende Bauteile (wie Fußboden, Wand und Decke)
Bewertetes Schalldämm-Maß R_w
Bewertetes Schalldämm-Maß $R_{w,P}$, als Resultat einer Eignungsprüfung in einem Prüfstand

c) Betriebsfertig eingebautes Türelement im realen Bau, **mit** Schallübertragung über flankierende Bauteile und sonstige Nebenwege
Bewertetes Schalldämm-Maß R'_w

Zustand eingebaute Türelement übertragen – mit seinen funktions- und konstruktionsbedingten Schallnebenwegen – jedoch unter Ausschluß der Schallübertragung über flankierende Bauteile wie Fußboden, Wand und Decke. Das dabei ermittelte **Labor-Schalldämm-Maß R_w** ist für den Planer bzw. die ausschreibende Stelle von größter Wichtigkeit. Auch in den Prüfzeugnissen der meisten (soliden) Türenhersteller werden die Schalldämmwerte für betriebsfertige Türelemente DIN-gemäß mit dem bewerteten Schalldämm-Maß $R_{w,P}$ angegeben.

Vorhaltemaß. Da der Türenhersteller auf das bauliche Umfeld – in das die Türelemente später einmal eingebaut werden – keinen Einfluß hat, werden diese, wie geschildert, in Prüfständen ohne Schallübertragung über flankierende Bauteile geprüft. Das Ergebnis einer solchen Messung ist jedoch meist besser als am realen Bau, da Schallnebenwege die schalldämmende Wirkung eines Bauteiles vermindern. Daher hat man das sogenannte Vorhaltemaß eingeführt. Das Vorhaltemaß beträgt bei Türen **5 dB**. Es soll den möglichen Unterschied zwischen den Prüfobjekten im Prüfstand und den tatsächlichen Verhältnissen am Bau sowie eventuelle Streuungen der Eigenschaften der geprüften Konstruktion berücksichtigen. Das Vorhaltemaß ist jedoch nicht gedacht zum Ausgleich für grobe Planungs- und Montagefehler.

Beispiel: Soll gemäß der Tabelle **6**.9 auf der Baustelle ein Schalldämm-Maß R'_w von 27 dB erreicht werden, muß ein geprüftes Türelement mit einem Schalldämm-Maß von $R_{w,P}$ = 32 dB ausgesucht und eingesetzt werden.

Güteprüfungen am realen Bau (objektbezogene Prüfung)

— **Prüfung des betriebsfertig eingebauten Türelementes im realen Bau** (Bild **6**.10c). Beim funktionsfähigen Türelement am Bau wird der Schall sowohl über die funktions- und konstruktionsbedingten Nebenwege als auch über die flankierenden Bauteile übertragen. Das ermittelte **Schalldämm-Maß R'_w**, fällt dabei oftmals deutlich schlechter aus als der labormäßig ermittelte $R_{w,P}$-Wert. Vgl. hierzu auch Abschn. 6.4.1.2, Einflüsse auf die Schalldämmung betriebsfertig eingebauter Türelemente.

6.4.1.2 Einflüsse auf die Schalldämmung betriebsfertig eingebauter Türen

Das schalltechnische Verhalten betriebsfertig eingebauter Türelemente wird im wesentlichen von den in Bild **6**.11 genannten Schallübertragungswegen bestimmt.

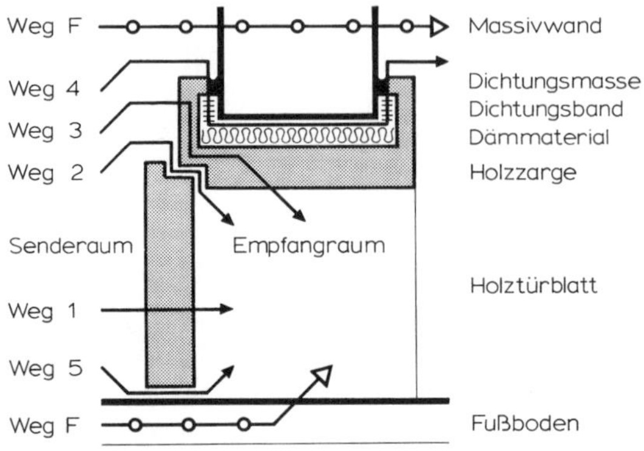

6.11
Schematische Darstellung möglicher Schallübertragungswege bei betriebsfertig eingebauten Türelementen
Weg 1: über das Türblatt mit Türbeschlägen
Weg 2: über die Falzdichtung
Weg 3: über die Zarge (Holz- oder Metallzarge)
Weg 4: über die Anschlußfuge Zarge/Wand
Weg 5: über die Bodendichtung
Weg F: Schallübertragung über flankierende Bauteile wie Fußboden, Wand und Decke. Vgl. hierzu auch Bild **15**.73 im Teil 1 dieses Werkes.

Schalldämmung von Türblättern

Die Schalldämmung eines Türblattes wird maßgeblich von seinem Aufbau und Flächengewicht bestimmt. Grundsätzlich unterscheidet man zwischen einschaligen Konstruktionen – die einschichtig oder mehrschichtig ausgebildet sein können – und zweischaligen Türblattkonstruktionen.

Einschalige Türblattkonstruktionen. Bei einschalig ausgebildeten Türblättern hängt das bewertete Schalldämm-Maß R_w von der flächenbezogenen Masse und der Biegesteifigkeit der einzelnen Schichten ab. Wie Tabelle **6**.12 verdeutlicht, kann die Schalldämmung derartiger Türblätter einmal durch die Erhöhung des Türblattgewichtes (z.B. Einlagen aus homogenen Vollspanplatten, Stabsperrholzplatten, Röhrenspanplatten), zum anderen durch mehrschichtige Platteneinlagen – die untereinander nur geringfügig mechanisch gekoppelt sind – verbessert werden. Immerhin sind mit einschichtig aufgebauten Türblättern Schalldämmwerte bis etwa 34 dB, mit mehrschichtigen, 40 mm dicken Türblättern bis etwa 40 dB erreichbar.

Mehrschalige Türblattkonstruktionen. Mehrschalig ausgebildete Türblätter aus Holz oder Metall erbringen in der Regel bessere Schalldämmwerte als einschalige Konstruktionen (Tabelle **6**.13). Die beiden äußeren Deckplatten sollten ein möglichst hohes Flächengewicht aufweisen (z.B. Stahlblech oder mehrfach verleimte Furnierholzplatten, ggf. mit Bleiblechbeschwerung auf der Innenseite), gleichzeitig jedoch möglichst dünn und (biege)weich sein und ein Minimum an starrer Verbindung miteinander haben. Außerdem sollte der Schalenabstand möglichst groß und der Hohlraum mit möglichst biegeweichen Einlagen (z.B. schallabsorbierende Mineralwolleplatten, Weichfaserplatten o.ä.) gefüllt sein. Mit diesen mehrschaligen Türblattkonstruktionen können bewertete Schalldämm-Maße R_w bis nahezu 48 dB erreicht werden. Aus der Addition der vorgenannten Einzelschichten ergeben sich unter Umständen jedoch auch Türblattdicken zwischen 65 und 90 mm.

Da schalltechnische Anforderungen **nicht** an das Türblatt allein, sondern immer an das betriebsfertig eingebaute Türelement gestellt werden, können diese Werte – wie in Abschn. 6.4.1.1 näher erläutert – nur als allgemeine Orientierung dienen.

Konstruktionsbeispiele s. Abschn. 6.6.2, Türblattkonstruktionen aus Holz und Holzwerkstoffen, Abschn. 6.7.2, Türblattkonstruktionen aus Metall sowie Abschn. 6.8.3, Schallschutztüren.

Tabelle **6**.12 Schalldämm-Maße R_w von einschalig ausgebildeten Türblattkonstruktionen [3]

Türblattaufbau		Türblattdicke in mm	Flächengewicht in kg/m²	Schalldämm-Maß R_w in dB (ca. Werte)
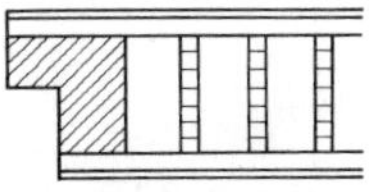 Hohlraumtürblatt	mit Stegeinlage	40	12,3	27
 Homogenes Türblatt	mit Röhrenspaneinlage	40	15,4	32
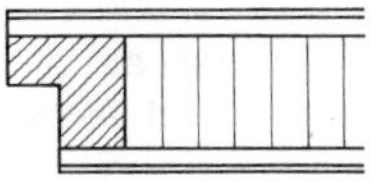 Homogenes Türblatt (einschichtig)	mit Vollspaneinlage	40	24,6	34
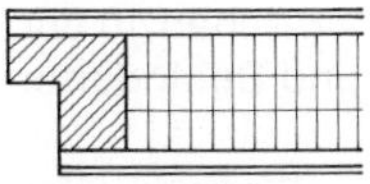 Sandwichkonstruktion (mehrschichtig)	mit Einlagen aus mehreren Spanplatten			
	– 2 Dreischichtplatten	42	18.0	29
	– 3 Strangpreßplatten (punktverleimt)	41	26,0	39
	– 3 Strangpreßplatten (genagelt)	40	26,0	40
	– 5 Strangpreßplatten (genagelt)	68	33,0	41

Tabelle **6**.13 Schalldämm-Maße R_w von mehrschalig ausgebildeten Türblattkonstruktionen [4], [5]

Türblattaufbau		Türblatt-dicke in mm	Flächen-gewicht in kg/m²	Schalldämm-Maß R_w in dB (ca. Werte)
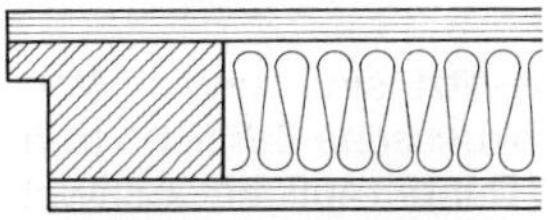	mit Furnierplatten und Mineralwolle	60	20	35
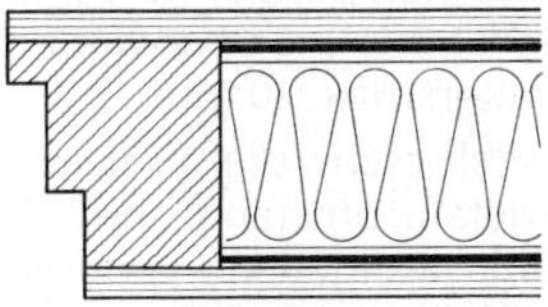	mit Furnierplatten, Bleiblech und Mineralwolle	85	46	45
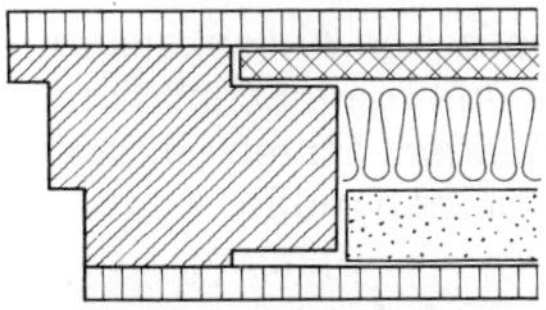	mit Spanplatten, Promatectplatte, Mineralwolle und Weichfaserplatte	85	64	44

Falz- und Bodendichtungen

Türdichtungen mindern die Schallübertragung (auch Lüftungs- und Wärmeverluste), dämpfen die Schließgeräusche, verhindern die Zugluft, ggf. auch das Durchdringen von Rauch (Rauchschutztüren) und schirmen Innenräume gegen Staub, Nässe und Kälte von außen ab. Man unterscheidet (Bild **6**.11)

— Falzdichtungen (Dichtung zwischen Türblatt und Zarge) sowie

— Bodendichtungen (Dichtung zwischen Türblatt und Bodenbelag).

Bei der Bewertung der Einflüsse auf die Schalldämmung betriebsfertig eingebauter Türelemente stehen die Falz- und Bodendichtungen mit an erster Stelle. Die Schalldämmung des Türblattes und die der Türdichtungen bestimmen im wesentlichen das resultierende Schalldämm-Maß einer Türanlage. Entscheidend dabei ist, daß Falzdichtung und Bodendichtung in einer Ebene liegen, d. h. der Versatz zwischen Boden- und Falzdichtung möglichst klein gehalten wird.

Falzdichtung. Die dreiseitig umlaufende Falzdichtung muß so beschaffen sein, daß sie die zulässigen Verformungen des Türblattes – hervorgerufen durch Verarbeitungs- und Werkstofftoleranzen, hygrothermisch bedingte Abweichungen usw. – auszugleichen vermag und bei geschlossener Tür in ihrer gesamten Länge an der Türzarge bzw. Türblattoberfläche dicht anliegt. Die Einfederungstiefe (Wirkungsbereich) der Dichtung sollte mind. 3 mm – besser 5 mm – betragen und die aufzubringende Schließkraft (bei normalen Türen zwischen 10 und 25 N/m) so bemessen sein, daß sie auch von Kindern, älteren Menschen und Behinderten erbracht werden kann.

Untersuchungen ergaben, daß Lippendichtungen aufgrund ihres größeren Einfederungsweges bei gleichzeitig minimalem Kraftaufwand für Falzdichtungen geeigneter sind als konventionelle Kammerprofile (Schlauchdichtung). Zwischenzeitlich haben jedoch Mehrkammerdichtungen mit neu entwickelten Ausformungen und Materialkombinationen zu einer wesentlichen Weiterentwicklung der Dichtungstechnologie geführt. Vgl. hierzu Abschn. 6.5.4 sowie Bild **6**.66.

Bodendichtung. Die Dichtung der Fuge zwischen Türblatt und Bodenbelag ist bis heute noch nicht in allen Teilen zufriedenstellend gelöst, obwohl gerade Undichtigkeiten in diesem Bereich sich am nachteiligsten auf die Luftschalldämmung von Türelementen auswirken. Abdichtungsmöglichkeiten ergeben sich im wesentlichen durch Auflauf-, Absenk-, Magnet- und Schwellendichtungen. Bei hohen schallschutztechnischen Anforderungen können auch Doppel- bzw. Kombinationsanordnungen notwendig werden.

Außentüren, die den Witterungseinflüssen unmittelbar ausgesetzt sind sowie Wohnungseingangstüren, die häufig unterschiedliche klimatische und akustische Bereiche trennen, sollten immer an eine Anschlagschwelle stoßen (Bild **6**.69). Dabei muß der Schwellenüberstand jedoch so niedrig wie möglich gehalten werden (zwischen 10 und 15 mm), damit auch Rollstuhlfahrer dieses Hindernis ohne allzu große Kraftanstrengung überwinden können (zulässige Höchstabmessung bei behindertengerechten Bauten max. 20 mm).

Bei Innentüren wird in der Regel auf Schwellendichtungen (Anschlagschwellen) verzichtet, da sie beim Durchgang als störend empfunden werden (Stolpergefahr, umständliche Reinigung), in Anbetracht der meist zentralbeheizten Räume ihren Sinn weitgehend verloren haben und auch ästhetisch nicht befriedigen.

Bodendichtungen in Form von Auflaufdichtungen oder vollautomatischen Absenkdichtungen werden überall dort eingebaut, wo schwellenlose Übergänge und hohe Schalldämmwerte gefordert sind. Bei beiden Dichtungsarten ist auf einen sorgfältigen dichten Einbau zu achten, da sonst mit erheblichen Schalldämmverlusten gerechnet werden muß.

Konstruktionsbeispiele von Falz- und Bodendichtungen s. Abschn. 6.5.4, Türdichtungen.

Baulich bedingte Schallübertragung

Beim betriebsfertig eingebauten Türelement finden baulich bedingte Schallübertragungen einmal über die flankierenden Bauteile (Fußboden, Wand und Decke), zum anderen über die konstruktionsbedingte Anschlußfuge zwischen Türzarge und Wandleibung statt (Bild **6**.11).

Anschlußfuge zwischen Türzarge und Wandleibung. Um den Schallnebenweg über diese Anschlußfuge möglichst weitgehend zu unterbinden, muß der Hohlraum bei Holztürzargen sowohl mit Fugenfüllmaterial gedämmt als auch mit spritzbaren Dichtstoffen bzw. vorkomprimierten Dichtbändern zusätzlich noch umlaufend abgedichtet werden. Da in der Baupraxis eine vollsatte Hinterfüllung der Zarge mit PU-Montageschaum bzw. Mineralwolle (vor allem in den Ecken) kaum erreichbar ist, kommt der sorgfältigen Abdichtung zwischen Zarge und Wandleibung oder Türbekleidung und Wandfläche große Bedeutung zu. Bei Stahlzargen im Massivbau ist der Fugenhohlraum satt mit Zementmörtel zu hinterfüllen, bei Metallzargen in leichten Trennwänden dicht mit Montageschaum oder Mineralwolle auszustopfen und ebenfalls abzudichten. Für Sondertürzargen (Schutztüren) gelten besondere Anforderungen, wie sie in Abschn. 6.8 im einzelnen erläutert sind.

Schallübertragung über flankierende Bauteile. Auf die Bedeutung der Schallübertragung über angrenzende Bauteile wird in Abschn. 6.4.1.1 sowie Abschn. 15.6.3 in Teil 1 dieses Werkes näher eingegangen. Vgl. hierzu auch Bild **6**.10.

Konstruktionsbeispiele über die Ausbildung von Trennfugen in schwimmendem Estrich und bei Bodenbelägen unter automatischen Absenkdichtungen s. Abschn. 6.5.4.2.

6.4.1.3 Anforderungen an die Schalldämmung von Wänden mit Türen

In DIN 4109 Tab. 3 werden auch Anforderungen an die Luftschalldämmung von Treppenhauswänden, Wänden zwischen Fluren und Krankenräumen, Übernachtungsräumen u. ä. genannt. Derartige Bauteile sind häufig aus Flächenteilen unterschiedlicher Schalldämmung – beispielsweise Wand mit Türelement – zusammengesetzt. Die Dämmwirkung einer Tür ist jedoch in den meisten Fällen geringer als die der umgebenden Wand, so daß das resultierende Schalldämm-Maß R'_w der Gesamtwand dadurch im allgemeinen wesentlich gesenkt wird. Dies gilt vor allem dann, wenn es sich um schwere Trennwände handelt.

Der Schalldämmwert der Wand soll nach DIN 4109 immer höher sein als der des Türelementes. Gemäß Tabelle 3 dieser Norm gilt daher für Wände mit Türen – beispielsweise in Geschoßhäusern mit Wohnungen und Arbeitsräumen – die Anforderung:

erf. R'_w (Wand) = erf. R_w (Tür) + 15 dB.

In dem angenommenen Beispiel ist der erforderliche Schalldämmwert der Tür (erf. R_w) Tabelle **6**.9, Zeile 1 oder Zeile 2, zu entnehmen und ein Zuschlag von 15 dB hinzuzurechnen.

Das Schalldämm-Maß einer Wand einschließlich der Tür kann gemäß DIN 4109 auch rechnerisch oder mit Hilfe eines Diagramms ermittelt werden. Einzelheiten hierzu s. Abschn. 15.6.3 in Teil 1 dieses Werkes.

6.4.2 Wärmeschutz von Türen

Nach den Vorgaben der dritten Wärmeschutzverordnung (1.1.1995) sind Außentüren bei der Berechnung des Jahres-Heizwärmebedarfs eines Gebäudes zu berücksichtigen. Dazu zählen Hauseingangstüren sowie Balkon- und Terrassentüren. Das Problem des Wärmeschutzes tritt jedoch auch bei Wohnungseingangstüren vermehrt auf, wenn diese beispielsweise an unbeheizte Treppenhäuser angrenzen. Obwohl in DIN 4108 und in der Wärmeschutzverordnung für solche Türen (noch) keine Anforderungen festgelegt sind, sollte im Interesse der Benutzer (Energieeinsparung) und auch hinsichtlich der Dauerfunktionstüchtigkeit des Türblattes (Temperatur- und Feuchtigkeitsgefälle) der k_T-Wert derartiger Türen – ebenso wie bei den übrigen Außentüren – 2,0 W/(m²K) betragen. Wärmeverluste entstehen bei den Türen – ähnlich wie bei den Fenstern – durch (Bild **6**.14)

— **Transmissionswärmeverlust** (Wärmedurchgangskoeffizient ***k***) über Rahmen, Türblatt und ggf. Verglasung

— **Lüftungswärmeverlust** (Fugendurchlaßkoeffizient ***a***) über Undichtigkeit der Fugen zwischen Bauwerk und Rahmen, Rahmen und Türblatt sowie ggf. Türblattrahmen und Verglasung.

Wärmedurchgangskoeffizient von Außentüren

Ohne besonderen Nachweis darf nach DIN 4701-2 für Außentürelemente aus Holz, Holzwerkstoff und Kunststoff ein *k*-Wert (Wärmedurchgangskoeffizient) von 3,0 W/(m²K) und für wärmegedämmte Metalltürelemente ein *k*-Wert von 4,0 W/(m²K) angenommen werden. Die Ermittlung des Wärmedurchgangs über Fenster und Türen (Rechenmethoden) erfolgt zukünftig gemäß DIN EN 30077.

— **Rahmentüren** (Rahmentürblatt). Bei Rahmentüren mit einem Glasanteil von mehr als 50% gelten die Werte für Fenster. Wie Tabelle **5**.11 verdeutlicht, werden in diesem Fall die Rahmenprofile gemäß DIN 4108-4 verschiedenen Rahmenmaterialgruppen mit jeweils unterschiedlichen k_R-Dämmwerten zugeordnet. Einzelheiten hierzu s. Abschn. 5.2.3, Anforderungen an Fenster sowie Abschn. 6.7.2, Wärmegedämmte Metallprofilkonstruktionen.

— **Hohlraumtüren** (Hohlraumtürblatt). Bei Außentüren mit mehrschichtig oder mehrschalig aufgebauten Türblättern (Sandwich- und Hohlraum-Türblattkonstruktionen) wird der Zwischenraum zur Verbesserung der Wärmedämmung mit hochwertigem Dämmaterial vollflächig dicht ausgelegt. Damit bei Außentüren aus Holz und Holzwerkstoffen keine Durchfeuchtung (Tauwasserbildung) innerhalb der Konstruktion auftreten kann, muß das Dämmmaterial auf der Innenseite (Warmseite) mit einer Dampfbremse (PE-Folie) oder Dampfsperre (Aluminiumblech) abgedeckt werden. Beispiele wärmegedämmter Außentüren s. Abschn. 6.6.2.3 und Abschn. 6.6.2.4.

— **Isolierglas**. Die aktuelle Wärmeschutzverordnung macht den Einsatz von Standard-Isolierglas (z. B. 4 mm Glas – 12 mm SZR – 4 mm Glas) mit einem k_V-Wert von höchstens 3,0 W/(m²K) obligatorisch. Von der Glasindustrie wurden jedoch in den letzten Jahren sog. Wärmeschutzgläser entwickelt, die einen Wärmeschutzkoeffizienten $k_V \leq 1{,}3$ W/(m²K) erreichen. Dieser sehr niedrige Wert wird durch eine Edelmetallbeschichtung (Silber, Gold) einer Scheibenoberfläche im Scheibenzwischenraum und durch zusätzliche Füllung des SZR mit einem Edelgas (Argon, Krypton, Xenon) erzielt. Wird die Edelmetall-Beschichtung sogar zweimal in einem Dreifach-Isolierglas aufgebracht, sind extrem kleine k_V-Werte von etwa 0,8 W/(m²K) erreichbar. Weitere Einzelheiten hierzu s. Abschn. 5.2.3.

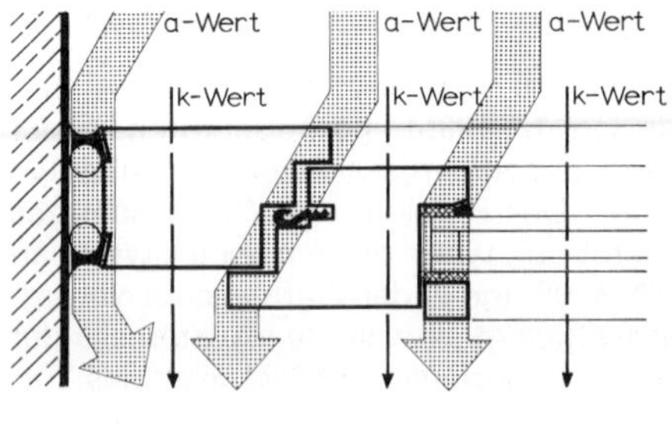

6.14 Schematische Darstellung: Wärmeverluste bei Außentüren und Fenstern.
Transmissionswärmeverlust: *k*-Wert
Lüftungswärmeverlust: *a*-Wert

Fugendurchlaßkoeffizient von Außentüren

Anforderungen an die Fugendichtheit von Außentüren zur Begrenzung von Wärmeverlusten sind auch in der dritten Wärmeschutzverordnung gestellt. Auf einen ausreichenden Luftwechsel ist jedoch immer aus Gründen der Hygiene, der Begrenzung der Luftfeuchte sowie ggf. der Zuführung von Verbrennungsluft (Feuerstätten) zu achten.

— **Fugendichtheit zwischen Türblatt und Rahmen**. Bei Gebäuden ohne mechanisch betriebene Lüftungsanlagen (z. B. Wohnbauten) darf der Fugendurchlaßkoeffizient (*a*-Wert) zwischen Türblatt und Rahmen 2,0 und bei Gebäuden mit mechanischen Lüftungsanlagen (z. B. Büro- und Verwaltungsbauten) 1,0 $m^3/(m \cdot h \cdot Pa^{2/3})$ betragen. Im ersten Fall entspricht die Anforderung der Beanspruchungsgruppe A (Gebäude bis zu zwei Vollgeschossen), im zweiten Fall der Beanspruchungsgruppe B und C (Gebäude mit mehr als zwei Vollgeschossen) nach DIN 18055. Die Bestimmung der Fugendurchlässigkeit (Prüfverfahren) von vollständig zusammengebauten Fenstern und Türen aller Materialien erfolgt zukünftig gemäß DIN EN 1026.

— **Türdichtungen** (Falz- und Bodendichtungen) begrenzen bei Außentüren den Wärmeverlust über die funktionsbedingte Fuge. Die Anordnung der Dichtungen muß so erfolgen, daß eine umlaufende Dichtungsebene ohne Unterbrechung, auch im Bereich der Bodenschwelle, möglich ist. Dies bedingt jedoch immer auch eine korrekte Einstellung der Beschläge. Einzelheiten über Türdichtungen und Türbeschläge s. Abschn. 6.5.3 und Abschn. 6.5.4.

— **Bauwerkanschluß**. Die Anschlußfuge zwischen Blendrahmen und Baukörper (z. B. Mauerwerk) wird in der aktuellen Wärmeschutzverordnung nicht weiter behandelt. Es gilt nur die allgemeine Forderung, daß diese Fugen in der wärmeübertragenden Umfassungsfläche entsprechend dem Stand der Technik dauerhaft luftundurchlässig abgedichtet sein müssen. Die Einbaulage des Türelementes ist demnach auf das Wandsystem und die Wandbaustoffe abzustimmen. Außerdem muß die Bauanschlußfuge sorgfältig mit Dämmaterial ausgefüllt (Wärme- und Schalldämmung) sowie schlagregendicht und windundurchlässig mit spritzbarem Dichtstoff oder/und vorkomprimiertem Dichtband verschlossen werden. Dabei ist insbesondere darauf zuachten, daß keine Wärmebrücke entsteht (Folge: Tauwasserbildung auf der Innenseite) und die Anschlußfuge auf der Raum-Innenseite diffusionsdichter ausgebildet ist als auf der Außenseite. Damit ist gewährleistet, daß etwaig eingedrungene Feuchte wieder schadenfrei nach außen entweichen kann. S. hierzu auch Abschn. 5.3.4 sowie Abschn. 6.4.5, Bauwerkanschlüsse von Türen.

6.4.3 Feuchteschutz von Türen

Luft besitzt die Fähigkeit, Feuchtigkeit in Form von Wasserdampf aufzunehmen. Dabei ist das Aufnahmevermögen von der Lufttemperatur abhängig: Warme Luft kann mehr Feuchtigkeit speichern als kalte Luft (relative Luftfeuchte). Kühlt sich warme Luft jedoch so weit ab, daß die maximale Luftfeuchte (Sättigungsgrenze) erreicht wird, so scheidet sie bei weiterer Abkühlung Wasserdampf auf kalten Gegenständen in Form von Tauwasser aus (Taupunkttemperatur, Tauwasserniederschlag s. Abschn. 15.5.6 in Teil 1 dieses Werkes). Feuchteschutz und Wärmeschutz sind demnach eng miteinander verbunden, da Feuchteschäden an Bauteilen und Bauelementen oftmals Folge ungenügender Wärmedämmung sind. Außerdem wird die Wärmedämmfähigkeit von Baustoffen ganz wesentlich vom jeweiligen Feuchtegehalt beeinflußt.

Türblattverformungen

Wenn ein Türelement Bereiche mit unterschiedlichen Klimaten trennt, dann wirken auf die beiden Oberflächen des Türblattes unterschiedliche Temperaturen und unterschiedliche

Luftfeuchtigkeiten ein. Dieses Differenzklima führt in der Regel zu einer Verformung des Türblattes. Größe und Art der Verformung hängen von den physikalischen Eigenschaften der eingesetzten Werkstoffe und von der Konstruktion bzw. dem Aufbau des jeweiligen Türblattes ab. Verformungen werden verursacht (Bild **6**.15)

— **bei Metallen und Kunststoffen** durch temperaturbedingte Änderungen der Abmessungen (thermische Verformung). Beachtenswert ist, daß der Wärmedehnungskoeffizient von Aluminium etwa doppelt so hoch ist wie derjenige von Stahl oder nichtmetallisch-organischen Baustoffen.
— **bei Holz und Holzwerkstoffen** sowohl durch temperaturbedingte als auch feuchtebedingte Änderungen der Abmessungen (hygrothermische Verformung). Der Feuchtedehnungskoeffizient (Quellmaß) liegt bei Massivholz im Bereich von 0,01 % bis 0,20 % je nach Faserrichtung. Bei Holzwerkstoffen ist er weitgehend unabhängig von der Richtung und beträgt etwa 0,2 %. Weitere Einzelheiten sind der Spezialliteratur [6], [7] zu entnehmen.

Die Ursache einer Verformung am Türblatt ist immer ein Spannungsausgleich. Er kann sich in Form einer gleichmäßigen Durchbiegung (Längskrümmung, Querkrümmung) oder Verwindung (spiralförmige Verdrehung) eines Türblattes darstellen (Bild **6**.16). Als Grenzwert für die zulässige Abweichung eines Türblattes von der Türblattebene wird allgemein ein Abmaß von **maximal 4 mm** (besser 3,5 mm) angesehen, sofern auch die weitergehenden Anforderungen wie allgemeine Funktionsfähigkeit, Dichtschluß, Schallschutz, Wärmeschutz, Rauchschutz usw. im verformten Zustand erfüllt werden. Zahlreiche Prüfverfahren (Prüfnormen) über Verformungen von Türblättern sind in Abschn. 6.10, Normenverzeichnis, angeführt.

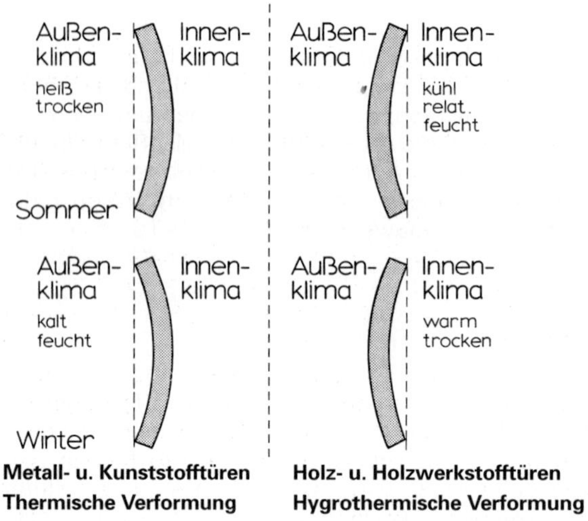

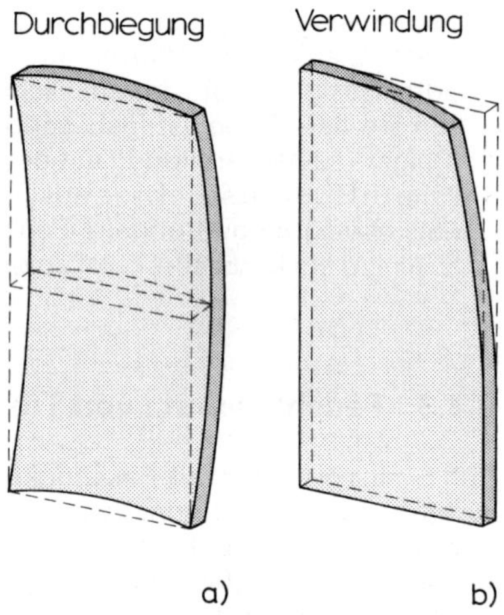

6.15 Schematische Darstellung des Verformungsverhaltens von Türen im Differenzklima (bei Klimadifferenzen)

6.16
Schematische Darstellung von klimabedingten Türblattverformungen

a) Durchbiegung (Längskrümmung in Richtung der Höhe des Türblattes, Querkrümmung in Richtung der Breite des Türblattes)
b) Verwindung (Spiralförmige Verdrehung in der Ebene des Türblattes)

Verformungen von Türblättern aus Holz und Holzwerkstoffen lassen sich beispielsweise deutlich reduzieren durch

- geeignete Materialwahl (quell- und schwindarme Werkstoffe, verringerte Feuchteaufnahme über die Türblattflächen) sowie
- funktionsgerechte Türblattkonstruktionen (Erhöhung der Türblattdicke bzw. der Friesdicke bei Hohlraumtürblättern, Einbau von metallischen Stabilisatoren, Anbringung von Vorsatzschalen u.a.).

Bild **6**.17 zeigt einige Möglichkeiten der Verformungsbehinderung durch metallische Aussteifungen. Diese Stabilisatoren (Armierungen) in Form von Aluminiumblechen oder Stahlrohrprofilen müssen jeweils kraftschlüssig mit den Deckplatten und Rahmenhölzern verklebt werden.

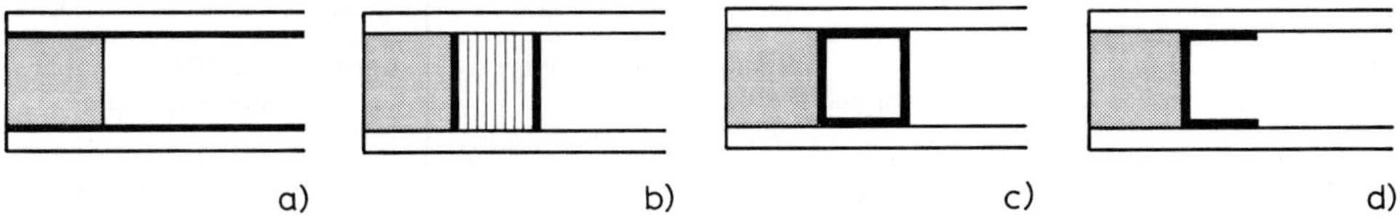

6.17 Schematische Darstellung von metallischen Türblattaussteifungen durch Aluminiumbleche und Stahlrohrprofile. Vgl. hierzu auch Bild **6**.84.
a) Aluminiumbleche vollflächig aufgeklebt (Sandwichkonstruktion)
b) Aluminium-Stabilisatoren in Furniersperrholz eingeklebt
c) ▯-Stahlrohrprofil kraftschlüssig verbunden
d) [-Stahlprofil kraftschlüssig verbunden

Türblattkonstruktionen aus Holz und Holzwerkstoffen. Hinsichtlich des Türblattaufbaues wird grundsaätzlich zwischen symmetrisch und asymmetrisch aufgebauten Konstruktionen unterschieden.

- **Ein symmetrisch aufgebautes Türblatt** besteht beispielsweise aus einer Mittellage mit darauf beidseitig angeordneten, jeweils gleichartigen Deckplatten und Decklagen (z.B. Sperrtüren nach DIN 68706). Ein derartiges Türblatt bleibt bei hygrothermischer Beanspruchung nur dann weitgehend verformungsfrei, wenn es in jeder Beziehung symmetrisch aufgebaut und gefertigt wurde (beidseitig gleiche Plattenart und Plattenqualität, Verleimungsart, Oberflächenbehandlung usw.). Nachträglich **einseitig** aufgeleimte Platten, Leisten, Furniere, Schichtstoffplatten sowie einseitig aufgetragener deckender Anstrich führen nahezu immer zu Verformungen des Türblattes.
- **Bei asymmetrisch aufgebauten Türblättern** ist die Mittellage einseitig beplankt bzw. beschichtet. Da sich derartige Türblattkonstruktionen in der Regel bereits bei geringer Klimaänderung deformieren, ist ihr Einsatz problematisch und auf Sonderfälle beschränkt. Eine gewisse Ausnahme bilden Türblätter, die einen umlaufenden Stahlrahmen zur Aussteifung auf Höhe der Mittellage aufweisen (Bild **6**.84). Dieser muß dann allerdings so dimensioniert sein, daß er die während des Verformungsvorganges auftretenden Spannungen aufnehmen kann, ohne daß er sich wesentlich verwindet. Ein solcher Rahmen kann sich jedoch nachteilig auf den Wärme- und Schallschutz eines Türblattes auswirken. Weitere Einzelheiten hierzu s. Abschn. 6.6.2.3, Aufgedoppelte Türen.

Innentüren (Sperrtüren)

Je nach Einsatzort und Nutzung sind Innentüren unterschiedlichen klimatischen und mechanischen Beanspruchungen ausgesetzt. Entsprechende Anforderungen und Klassifizierungen für Innentürblätter aus Holz und Holzwerkstoffen – Sperrtüren nach DIN 68706 – sind in den Güte- und Prüfbedingungen RAL-RG 426 [2] festgelegt. Vgl. hierzu auch Bild **6**.88.

Hygrothermische Beanspruchung. Bei Türelementen aus Holz und Holzwerkstoffen lassen sich klimabedingte Verformungen wegen der hygroskopischen Eigenschaften der Materialien nicht vermeiden. Eine hygrothermische Beanspruchung ist dann gegeben, wenn ein Türblatt auf beiden Seiten unterschiedlichen Klimaten oder beidseits gleichen Klimaten – aber sehr trockenem oder feuchtem Klima – ausgesetzt ist (z. B. Wohnungsabschlußtüren). Nähere Angaben hierzu sind den Prüfnormen DIN EN 43 sowie DIN EN 79 zu entnehmen.

Tabelle **6**.18 Einsatzempfehlungen für Innentüren aus Holz und Holzwerkstoffen (Sperrtüren nach DIN 68706-1). Auszug aus RAL-RG 426, Güte- und Prüfbestimmungen für Innentürblätter [2]

Einsatzstelle	**Hygrothermische Beanspruchung**			**Mechanische Beanspruchung**		
	I	**II**	**III**	**N**	**M**	**S**
	normale Klimabeanspruchung warme Seite: 23 °C, 30 % RLF* kalte Seite: 18 °C, 50 % RLF*	**mittlere** Klimabeanspruchung warme Seite: 23 °C, 30 % RLF* kalte Seite 13 °C, 65 % RLF*	**hohe** Klimabeanspruchung warme Seite: 23 °C, 30 % RLF* kalte Seite 3 °C, 80 % RLF*	**normale** Beanspruchung	**mittlere** Beanspruchung	**hohe** Beanspruchung
Wohnungsinnentüren zum: Wohnzimmer	•			•		
Eßzimmer	•			•		
Arbeitszimmer	•			•		
Schlafzimmer	•			•		
Kinderzimmer	•			•		
Küche	•			•		
Bad1)	•			•		
WC1)	•			•		
Abstellraum1)	•			•		
Wohnungsabschlußtür		•2)	•2)			•
Türen zu nicht ausgebauten Dachgeschossen			•	•		
Kellerabgangstüren		•		•		
Gewerbliche und sonstige Räume:						
Büroräume	•				•	
Schulräume	•					•
Kindergärten	•					•
Krankenhäuser	•					•
Hotelzimmer	•				•3)	•3)
Kasernen	•					•
Laborräume	•					•
Kantinen		•				•
Eingänge von Praxen, öffentlichen Verwaltungen		•2)	•2)		•	

* relative Luftfeuchtigkeit

1) In Bereichen mit langfristig höherer Luftfeuchtigkeit (z. B. immer offenstehendes Fenster) werden Türen der Klimakategorie II empfohlen.

2) Bei beheizten Hausfluren/Treppenhäusern genügt i. d. R. Klimaklasse II, bei nicht beheizten Hausfluren bzw. Treppenhäusern empfiehlt sich dringend Klimaklasse III.

3) Auswahl unter Berücksichtigung der zu erwartenden mechanischen Beanspruchung.

Nicht berücksichtigt wurden Türen, die starken Feuchtigkeitsbelastungen ausgesetzt werden, z. B. Türen in Bädern oder Toiletten von Hotels und Schulen. Hierfür werden spezielle Feuchtraumtüren angeboten.

Mechanische Beanspruchung. Die mechanische Beanspruchung von Türen erfolgt durch äußere, sich zumeist wiederholende Einwirkungen (z. B. harte und weiche Stöße, Erschütterungen durch extremes Zuschlagen bei Zugwind). Je nach Einsatzbereich ergeben sich drei Beanspruchungsgruppen, nämlich normale Beanspruchung (Wohnbauten), mittlere Beanspruchung (Büro- und Verwaltungsbauten) sowie starke Beanspruchung (Schulen, Krankenhäuser usw.). Die mechanische Widerstandsfähigkeit der Türblätter wird unter anderem geprüft nach DIN EN 129, DIN EN 130 sowie DIN EN 85 und DIN EN 162. Weitere Prüfnormen s. Abschn. 6.10, Normenverzeichnis.

Wie aus Tabelle **6**.18 zu ersehen ist, werden Sperrtüren in drei **Klimaklassen** I, II und III sowie in drei mechanische **Beanspruchungsgruppen** N, M und S eingeteilt und klassifiziert. Diese Einsatzempfehlungen sollen die Auswahl geeigneter Türblätter für den jeweiligen Verwendungsort erleichtern und eine Arbeitshilfe bei der Erstellung von Leistungsverzeichnissen sein. Vgl hierzu auch Abschn. 6.6.2.4, Sperrtüren sowie [8], [9].

Außentüren

Außentüren bilden die Nahtstelle zwischen Außen- und Innenbereich. Als Trennungsebene liegen sie zwischen zwei Klimazonen (Außenklima – Innenklima), deren Einwirkung sich im jahreszeitlichen Rythmus (Winter – Sommer) ständig ändert. Außentüren (Haustüren) schließen in der Regel Flure und Vorräume nach außen hin ab. Immer häufiger grenzen jedoch Wohn- und Aufenthaltszonen an den Außenbereich an (offene Grundrißgestaltung), so daß die Hauseingangstür (Laubengangtür) zunehmend einer hohen hygrothermischen Beanspruchung ausgesetzt ist.

Technische Anforderungen an Haustüren sind in den Güte- und Prüfbestimmungen RAL-GZ 996 [1] im einzelnen festgeschrieben. Diese gelten für Aluminium-, Holz- und Kunststoffhaustüren. Auch ausführliche Montagerichtlinien sind Bestandteil dieser RAL-Gütesicherung. Vgl. hierzu auch Abschn. 6.6.2.3 und Abschn. 6.7.2. Auf die weiterführende Spezialliteratur [10], [11] wird verwiesen.

Bild 6.19 zeigt eine hochwertige Türblattkonstruktion aus Holzwerkstoffen. Das dargestellte Haustürblatt, lieferbar in den Dicken 45, 55 und 70 mm, besteht aus einem umlaufenden Hartholzrahmen mit eingeleimten Stabilisatoren (Alu-Streifen) an den Längsseiten. Sie dienen zur Verstärkung des Rahmenbereiches, der Erhöhung des Stehvermögens des Türblattes und der Ausreißfestigkeit der Beschläge (Einbruchschutz). Die schall- und wärmedämmende Einlage setzt sich aus offenporigem PU-Hartschaum und Spanplatten zusammen (Sandwichkonstruktion). In die 5-fach verleimten Furnierholz-Deckplatten sind jeweils dünne Aluminium-Einlagen vollflächig eingearbeitet. Diese Schicht dient als Dampfsperre, bewirkt einen Temperaturausgleich und gewährleistet ein gutes Stehvermögen des gesamten Türblattes.

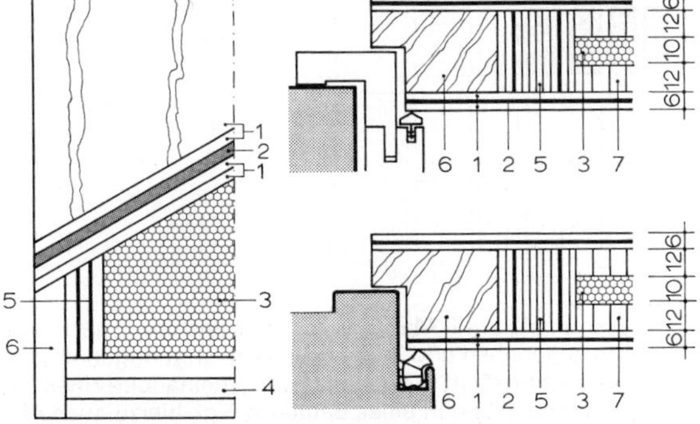

6.19
Konstruktionsbeispiel eines wärme- und schalldämmenden Haustürblattes mit eingeleimten Alu-Stabilisatoren an den Längsseiten und vollflächig aufgebrachten Aluminium-Einlagen in den beiden Deckplatten

1 Holzfurniere (Furniersperrholzplatte)
2 Aluminium-Einlage (Dampfsperre)
3 PU-Hartschaumeinlage
4 dreifaches unteres Rahmenholz
5 Stabilisatoren (zwei Alu-Blechstreifen in Furnierlagen eingeklebt)
6 umlaufender Hartholzrahmen
7 Holzspanplatte

WESTAG & GETALIT, Rheda-Wiedenbrück

6.4.4 Geometrische und maßliche Festlegung

Vereinbarungen über Maßordnungen, Toleranzen und Fügungsprinzipien sind wichtige Voraussetzungen für die Planung und Ausführung von Bauwerken sowie für die Planung und Herstellung von Bauteilen, Bauelementen und Halbzeugen. Sie bestimmen auch weitgehend den Grad der Zusammenfügbarkeit und Austauschbarkeit industriell hergestellter Bauelemente sowie deren Verwendbarkeit in Bauwerken mit unterschiedlicher Zweckbestimmung. Im Bauwesen wird derzeit mit zwei Ordnungssystemen gearbeitet.

- **Maßordnung im Hochbau (DIN 4172).** Die Maßordnung fügt „maßgenormte" Bauwerksteile und Bauteile (z. B. aus Ziegelsteinen) additiv aneinander. Vom Einzelteil zum Bauwerk. Diese Norm führte bereits 1955 zu einer wesentlichen Vereinheitlichung der Maße im Bauwesen (Oktameterordnung: 125 mm = Achtelmeter).
- **Modulordnung im Bauwesen (DIN 18000).** Die Modulordnung beinhaltet in erster Linie Angaben zu einer Entwurfs- und Konstruktionssystematik unter Zugrundelegung eines Koordinationssystems als Hilfsmittel für Planung und Ausführung im Bauwesen. Mit diesem Koordinationssystem – das aus rechtwinkelig zueinander angeordneten, im Raum sich kreuzenden, theoretischen Ebenen besteht – können Bauwerke, Bauteile und Bauelemente koordiniert werden, um ihre Lage und/oder Größe zu bestimmen. Das Abstandsmaß dieser Koordinationsebenen ist das Koordinationsmaß; es ist in der Regel ein Vielfaches eines Moduls (Grundmodul 100 mm). Diese Methode der maßlichen Abstimmung ist material-, herstellungs- und ausführungsneutral. Einzelheiten hierzu s. Abschn. 2.3 und Abschn. 2.4, Teil 1 dieses Werkes.

6.4.4.1 Genormte Wandöffnungen für Türen

Vorzugsmaße für Wandöffnungen, in die Türelemente eingebaut werden sollen, sind in DIN 18100 festgelegt.; sie sind aus der Maßordnung im Hochbau (DIN 4172) abgeleitet. DIN 18100 gilt sowohl für Mauerwerksbauten mit den üblichen Fugenbreiten als auch für Bauarten ohne Fugen (z. B. Betonwände, Gipsdielen- oder Ständerwerkwände). Entsprechende Maße für Wandöffnungen für Türen sind Bild **6.20** zu entnehmen.

Nach DIN 4172 werden die Nennmaße[1]) (Sollmaße der Bauteile) aus den Baurichtmaßen[2]) abgeleitet. Bei Bauarten ohne Fugen entsprechen die Nennmaße den Baurichtmaßen, bei

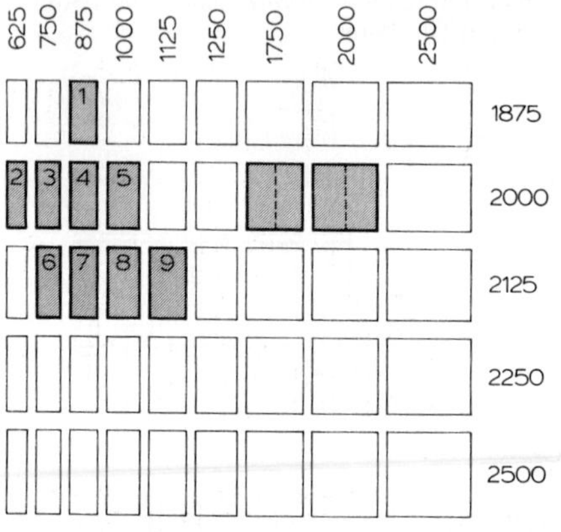

6.20
Baurichtmaße für Wandöffnungen für Türen nach DIN 18100 (Maße aus DIN 4172 abgeleitet)

Dick umrandete Felder: Vorzugsgrößen

7 Für die mit einer Ziffer gekennzeichneten Größen werden in DIN 18101 genaue Maße für Zargen und Türblätter angegeben; die Zahl entspricht der jeweiligen Zeilennummer in Tabelle **6.26** (Auszug aus DIN 18101)

Wandöffnungen dieser Vorzugsgrößen sind in der Regel zweiflügelig. Sind in Ausnahmefällen andere Größen erforderlich, so sollen deren Baurichtmaße ganzzahlige Vielfache von 125 mm (gemäß DIN 4172) sein.

---

1) Das **Nennmaß** ist ein Maß, das zur Kennzeichnung von Größe, Gestalt und Lage eines Bauteiles oder Bauwerkes angegeben und in Zeichnungen eingetragen wird.

2) Das **Baurichtmaß** (BR) entsteht beim Aneinanderreihen der Bauteile als Maß von Mitte Fuge bis Mitte Fuge an beiden Enden eines Bauteiles. Vgl. hierzu auch Abschn. 2.3, Teil 1 dieses Werkes.

Bauarten mit Fugen ist das Nennmaß der Öffnungen um den Fugenanteil größer. Beim Mauerwerksbau (NF-Steine) beträgt die Fugenbreite üblicherweise 10 mm. Daraus ergibt sich:
— Baurichtmaß + 10 mm = Nennmaß der Wandöffnungsbreite.
— Baurichtmaß + 5 mm = Nennmaß der Wandöffnungshöhe.

Beispiel **Baurichtmaße für Wandöffnungen nach Bild 6.20:**
875 mm für die Breite, 2000 mm für die Höhe.

Tatsächliche Nennmaße (Eintrag in die Ausführungszeichnung):
Bei Bauarten ohne Fugen 875 x 2000 mm. Bei Bauart mit Fugen 885 x 2005 mm.

Die Nennmaße für die Wandöffnungs**höhe** beziehen sich immer auf die planmäßige Lage der Oberfläche des fertigen Fußbodens (waagerechte Bezugsebene), die in der Sollage 1000 mm unter dem Meterriß liegt (Höhenmarkierung an der Wand). Angaben über die jeweilige Sollage von **OFF** (Oberfläche Fertigfußboden) und **OFR** (Oberfläche Rohdecke) sind in die Ausführungszeichnungen einzutragen.

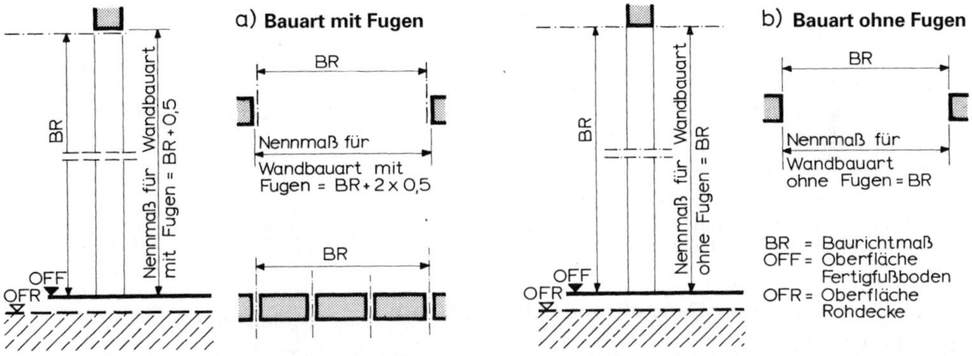

6.21 Ableitung der Nennmaße aus den Baurichtmaßen bei Bauarten mit Fugen und Bauarten ohne Fugen entsprechend DIN 4172 (Maße in cm)

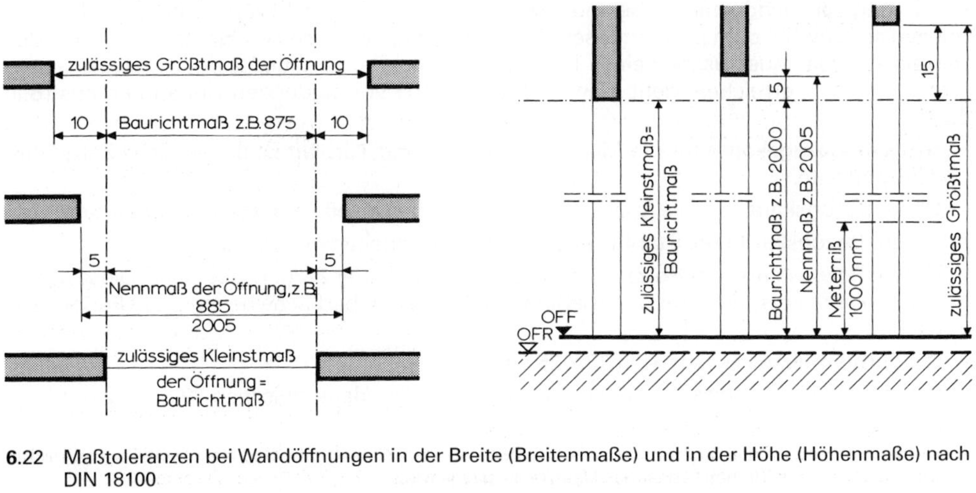

6.22 Maßtoleranzen bei Wandöffnungen in der Breite (Breitenmaße) und in der Höhe (Höhenmaße) nach DIN 18100

In welcher Weise Baurichtmaße und Nennmaße in Abhängigkeit zueinander stehen, zeigt Bild **6**.21. Die nach DIN 18100 zulässigen Maßtoleranzen[1]) sind Bild **6**.22 zu entnehmen. Maßbezeichnungen und wichtige Fachbegriffe werden in Bild **6**.23 beispielhaft an einem Innentürelement aus Holz und Holzwerkstoffen dargestellt. Vgl. hierzu auch Tabelle **6**.26 (Kennbuchstaben A bis H).

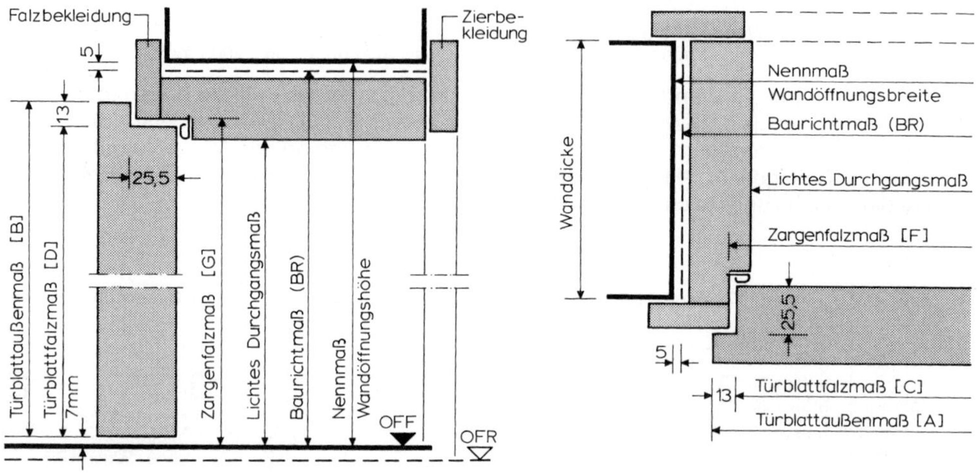

6.23 Maßbezeichnungen und Fachbegriffe beispielhaft dargestellt an einem Innentürelement aus Holz und Holzwerkstoffen. Vgl. hierzu auch Tab. **6**.26 (Kennbuchstaben A bis H)

6.4.4.2 Türblattgrößen, Bandsitz und Schloßsitz

Die gegenseitige maßliche Abhängigkeit zwischen Türblatt und Türzarge sowie die Lage der Türbänder und des Türschlosses (Bandsitz und Schloßsitz) regelt DIN 18101. Diese Norm gilt werkstoffunabhängig für einflügelige gefälzte Türen, so wie sie üblicherweise im Wohnungsbau vorkommen. Sie gilt **nicht** für Sondertüren, wie beispielsweise Feuerschutztüren, Rauchschutztüren, Einbruchhemmende Türen, Wohnungsabschlußtüren u. a. Die Festlegung der wichtigsten Maße und ihrer Lage zu bestimmten Bezugskanten oder Bezugsebenen soll sowohl dem problemlosen Zusammenbau der einzelnen Bauteile einer Tür dienen als auch das Austauschen eines Türblattes in einer Zarge ohne Nacharbeiten sicherstellen. Um dies zu erreichen, geht man nach DIN 18101 von folgenden Annahmen aus (Bild **6**.24):

- **Seitliche Bezugskante** für die Maße an Türzarge und Türblatt ist der seitliche Zargenfalz der Bandseite.
- **Obere Bezugskante** für die Maße an Türzarge und Türblatt ist der obere Zargenfalz.
- **Untere Bezugskante bei Stahltüren** ist die Fußbodeneinstandsmarkierung.
- **Untere Bezugskante bei Holzzargen** ist die Unterkante der Zargenseitenteile. Diese untere Bezugskante entspricht der planmäßigen Sollage der Oberfläche des fertigen Fußbodens (OFF).
- **Die Türblattfalzmaße** betragen 13 x 25,5 mm.
- **Die übliche Türblattdicke** liegt bei 40 mm (je nach Decklage zwischen 39 und 42 mm).

[1]) Die **Maßtoleranz** ist die Differenz zwischen Größtmaß und Kleinstmaß. Das Größtmaß ist das größte zulässige Maß, das Kleinstmaß ist das kleinste zulässige Maß.

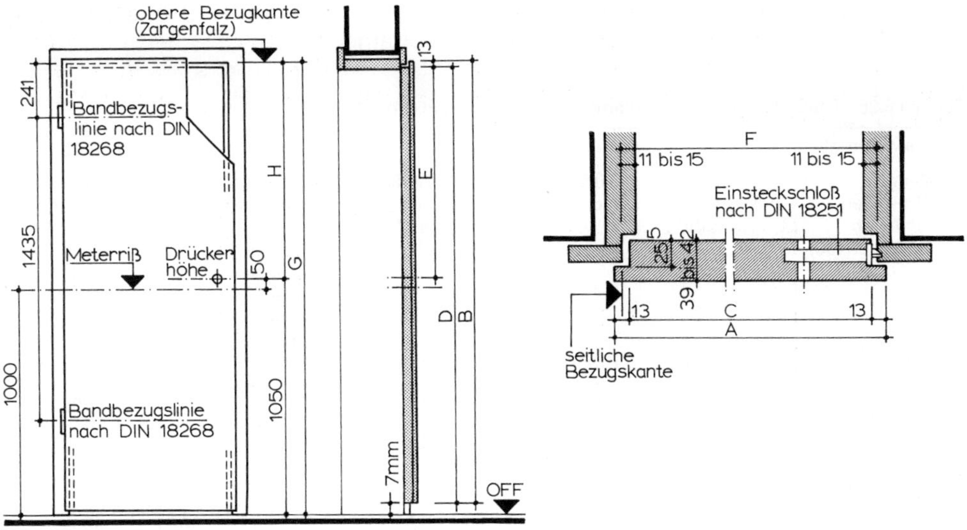

6.24 Darstellung der wichtigsten Maße und Bezugskanten für gefälzte Türblätter und Türzargen sowie Band- und Schloßsitz nach DIN 18 101.

Die entsprechenden Einzelmaße sind Tabelle **6.26** zu entnehmen. Vgl. hierzu auch Bild **6.20**, Baurichtmaße für genormte Wandöffnungen.

Bandbezugslinie

Die Bandbezugslinie (Bild **6.24**) ist eine gedachte Linie bei einem Türband, deren Abstand vom oberen Zargenfalz – als obere Bezugskante – die Höhenlage der Türbänder festlegt. In DIN 18268, Türbänder, ist festgehalten, daß die Hersteller von Türbändern in ihren Katalogen alle erforderlichen Anschlußmaße anzugeben haben, damit die Einbaulage eindeutig erkennbar wird. Erst diese exakte Festlegung der Bandbezugslinien ermöglicht das Zusammenspiel von Türzargen, Türbändern und Türblättern und erlaubt eine rationelle Fertigung und Montage industriell oder handwerklich hergestellter Türelemente. Einige Bänder mit den ihnen zugeordneten Bezugslinien sind in Bild **6.25** gezeigt.

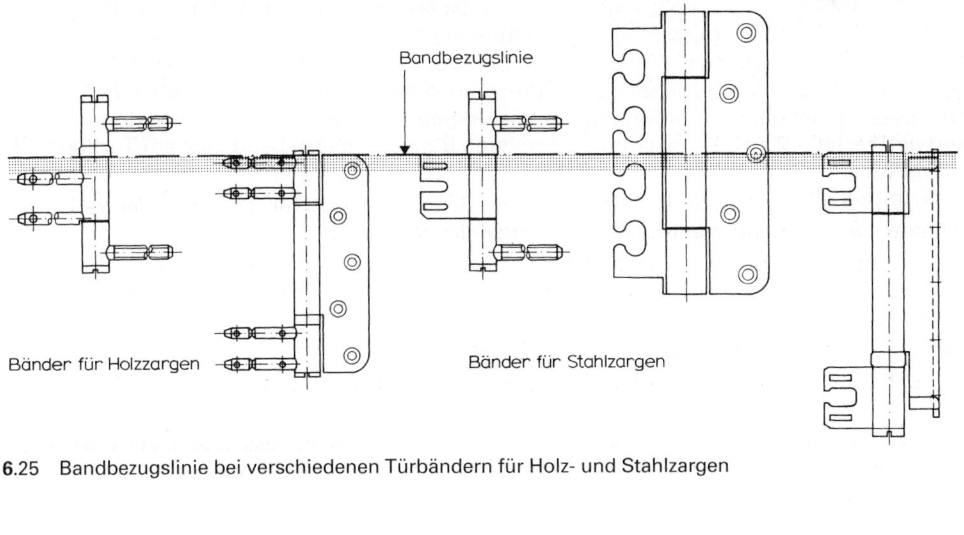

6.25 Bandbezugslinie bei verschiedenen Türbändern für Holz- und Stahlzargen

Die wesentlichen Maße für gefälzte Türblätter und Türzargen nach DIN 18101 enthält Tabelle **6**.26. Vgl. hierzu auch Tabelle **6**.93, Maße von Stahlzargen.

Tabelle **6**.26 Maße für gefälzte Türblätter und Türzargen in mm (Auszug aus DIN 18101 Tab.1)

	Baurichtmaße		Maße am Türblatt					Maße an der Türzarge		
	Wandöffnungen für Türen (s. DIN 18100)		Türblattaußenmaße („Typmaße")		Türblattfalzmaße Nennmaße		Oberkante Türfalz bis Mitte Schloßnuß	lichte Zargenbreite im Falz (seitliche Bezugskante auf der Bandseite)	lichte Zargenhöhe im Falz (obere Bezugskante)	obere Bezugskante bis Unterkante Fallenloch (Schließblech)
	Breite	Höhe	Breite *A*	Höhe *B*	Breite *C*	Höhe *D*	Höhe *E*	Breite *F*	Höhe *G*	Höhe *H*
1	875	1875	860	1860	834	1847	804	841	1858	808
2	625	2000	610	1985	584	1972	929	591	1983	933
3	750	2000	735	1985	709	1972	929	716	1983	933
4	875	2000	860	1985	834	1972	929	841	1983	933
5	1000	2000	985	1985	959	1972	929	966	1983	933
6	750	2125	735	2110	709	2097	1054	716	2108	1058
7	875	2125	860	2110	834	2097	1054	841	2108	1058
8	1000	2125	985	2110	959	2097	1054	966	2108	1058
9	1125	2125	1110	2110	1084	2097	1054	1091	2108	1058

6.4.4.3 Links- und Rechtsbezeichnung bei Türen

Türen, Zargen, Bänder, Schlösser und Garnituren sind nach DIN 107 mit DIN-LINKS oder DIN-RECHTS zu bezeichnen (Bild **6**.27).

Drehflügeltüren. Drehflügeltüren sind an einer Längskante an der Zarge angeschlagen. Als Regel für die Bezeichnung gilt, daß Türen von derjenigen Seite betrachtet werden, nach der die Flügel aufschlagen (Anschlagseite). Liegen die Bänder links vom Betrachter, so handelt es sich um eine Linkstür mit den dazugehörigen Links-Schlössern, Links-Bändern, Links-Garnituren. Liegen die Türbänder auf der rechten Seite, so handelt es sich um eine Rechtstür. Diese Regel gilt sowohl für gefälzte wie ungefälzte Türen. Zur Unterscheidung von linken und rechten Bändern ist immer dasjenige Bandteil maßgebend, das am Türflügel befestigt wird.

Gemäß ISO R-1226 erfolgt die Festlegung der Schließrichtung für Rechtsbänder im Uhrzeigersinn, für Linksbänder entgegen dem Uhrzeigersinn.

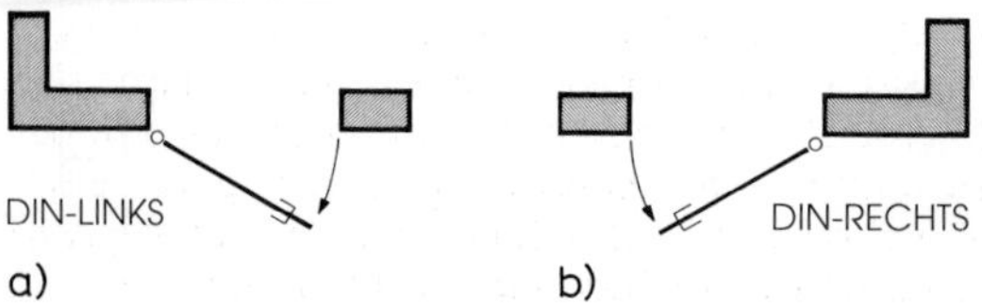

6.27
Links- und Rechtsbezeichnung von Türen nach DIN 107
a) Linkstür (linkes Band, linkes Schloß usw.)
b) Rechtstür (rechtes Band, rechtes Schloß usw.)

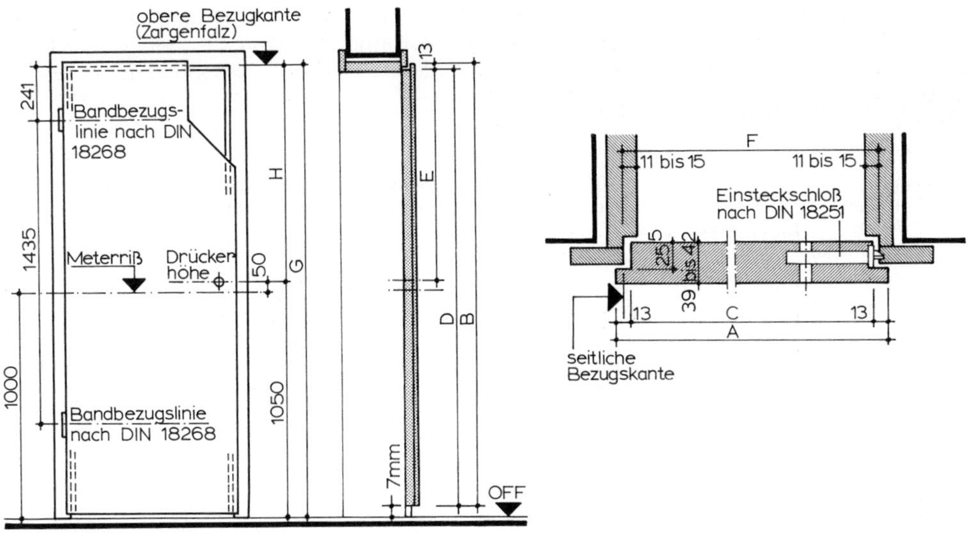

6.24 Darstellung der wichtigsten Maße und Bezugskanten für gefälzte Türblätter und Türzargen sowie Band- und Schloßsitz nach DIN 18 101.

Die entsprechenden Einzelmaße sind Tabelle **6**.26 zu entnehmen. Vgl. hierzu auch Bild **6**.20, Baurichtmaße für genormte Wandöffnungen.

Bandbezugslinie

Die Bandbezugslinie (Bild **6**.24) ist eine gedachte Linie bei einem Türband, deren Abstand vom oberen Zargenfalz – als obere Bezugskante – die Höhenlage der Türbänder festlegt. In DIN 18268, Türbänder, ist festgehalten, daß die Hersteller von Türbändern in ihren Katalogen alle erforderlichen Anschlußmaße anzugeben haben, damit die Einbaulage eindeutig erkennbar wird. Erst diese exakte Festlegung der Bandbezugslinien ermöglicht das Zusammenspiel von Türzargen, Türbändern und Türblättern und erlaubt eine rationelle Fertigung und Montage industriell oder handwerklich hergestellter Türelemente. Einige Bänder mit den ihnen zugeordneten Bezugslinien sind in Bild **6**.25 gezeigt.

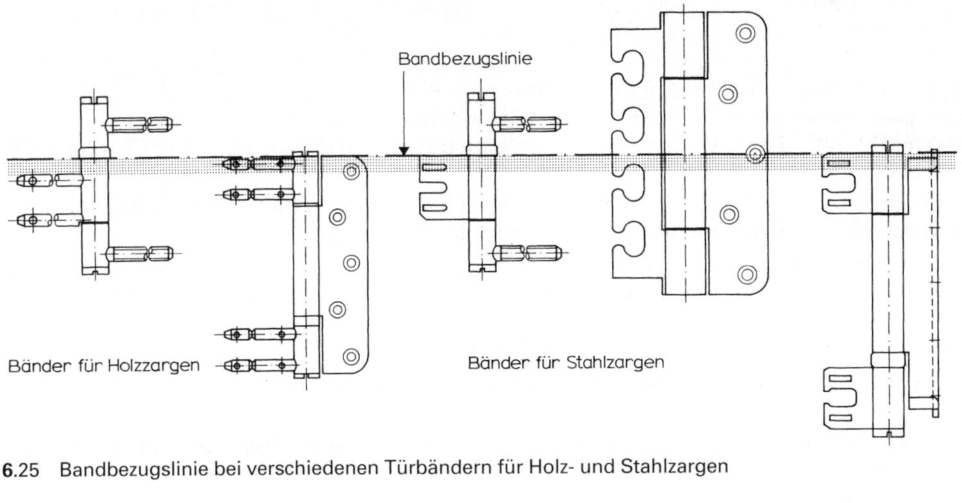

6.25 Bandbezugslinie bei verschiedenen Türbändern für Holz- und Stahlzargen

Die wesentlichen Maße für gefälzte Türblätter und Türzargen nach DIN 18101 enthält Tabelle **6**.26. Vgl. hierzu auch Tabelle **6**.93, Maße von Stahlzargen.

Tabelle **6**.26 Maße für gefälzte Türblätter und Türzargen in mm (Auszug aus DIN 18101 Tab.1)

	Baurichtmaße		Maße am Türblatt					Maße an der Türzarge		
	Wandöffnungen für Türen (s. DIN 18100)		Türblattaußenmaße („Typmaße")		Türblattfalzmaße Nennmaße		Oberkante Türfalz bis Mitte Schloßnuß	lichte Zargenbreite im Falz (seitliche Bezugskante auf der Bandseite)	lichte Zargenhöhe im Falz (obere Bezugskante)	obere Bezugskante bis Unterkante Fallenloch (Schließblech)
	Breite	Höhe	Breite *A*	Höhe *B*	Breite *C*	Höhe *D*	Höhe *E*	Breite *F*	Höhe *G*	Höhe *H*
1	875	1875	860	1860	834	1847	804	841	1858	808
2	625	2000	610	1985	584	1972	929	591	1983	933
3	750	2000	735	1985	709	1972	929	716	1983	933
4	875	2000	860	1985	834	1972	929	841	1983	933
5	1000	2000	985	1985	959	1972	929	966	1983	933
6	750	2125	735	2110	709	2097	1054	716	2108	1058
7	875	2125	860	2110	834	2097	1054	841	2108	1058
8	1000	2125	985	2110	959	2097	1054	966	2108	1058
9	1125	2125	1110	2110	1084	2097	1054	1091	2108	1058

6.4.4.3 Links- und Rechtsbezeichnung bei Türen

Türen, Zargen, Bänder, Schlösser und Garnituren sind nach DIN 107 mit DIN-LINKS oder DIN-RECHTS zu bezeichnen (Bild **6**.27).

Drehflügeltüren. Drehflügeltüren sind an einer Längskante an der Zarge angeschlagen. Als Regel für die Bezeichnung gilt, daß Türen von derjenigen Seite betrachtet werden, nach der die Flügel aufschlagen (Anschlagseite). Liegen die Bänder links vom Betrachter, so handelt es sich um eine L i n k s t ü r mit den dazugehörigen Links-Schlössern, Links-Bändern, Links-Garnituren. Liegen die Türbänder auf der rechten Seite, so handelt es sich um eine R e c h t s t ü r. Diese Regel gilt sowohl für gefälzte wie ungefälzte Türen. Zur Unterscheidung von linken und rechten B ä n d e r n ist immer dasjenige Bandteil maßgebend, das am Türflügel befestigt wird.

Gemäß ISO R-1226 erfolgt die Festlegung der Schließrichtung für Rechtsbänder im Uhrzeigersinn, für Linksbänder entgegen dem Uhrzeigersinn.

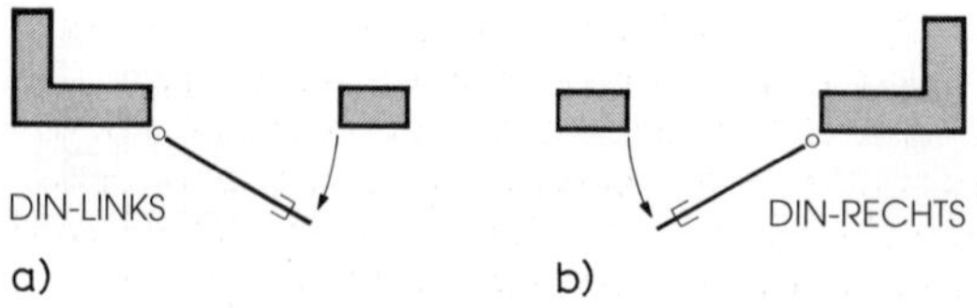

6.27
Links- und Rechtsbezeichnung von Türen nach DIN 107
a) Linkstür (linkes Band, linkes Schloß usw.)
b) Rechtstür (rechtes Band, rechtes Schloß usw.)

Schiebetüren. Schiebetüren werden in der Regel an einem Laufwerk aufgehängt und in ihrer ganzen Breite seitlich verschoben. Eine Linksschiebetür schlägt beim Verschließen vom Standort des Betrachters aus gesehen links an. Eine Rechtsschiebetür schlägt beim Verschließen vom Standort des Betrachters aus gesehen rechts an. Der Standort des Betrachters befindet sich im Raum. Bei gleichberechtigten Räumen ist der Standort anzugeben.

6.4.5 Bauwerkanschlüsse von Türen

An Außentüren, Innentüren und Sondertüren (Schutztüren) werden sehr unterschiedliche Anforderungen hinsichtlich der Ausbildung ihres Anschlusses an den Baukörper gestellt. So muß die Bauanschlußfuge bei Außentüren schlagregendicht und luftundurchlässig sein, um unkontrollierte Schall- und Luftnebenwege sowie Wärmeverluste zu vermeiden. Bei normalen Innentüren wird vor allem auf eine preiswerte und problemlose, gleichzeitig jedoch sichere Befestigungsart geachtet. Die bauphysikalischen und montagetechnischen Anforderungen bei Schutztüren sind überwiegend von ihrem späteren Nutzungszweck bestimmt.

6.4.5.1 Bauwerkanschluß von Außentüren

Bauphysikalische Anforderungen. Wie Bild **6**.28 verdeutlicht, muß die Anschlußfuge zwischen Türrahmen und Baukörper einerseits bauwerk- und bauteilbedingte Bewegungen (Zug-, Druck-, Scherkräfte) aufnehmen, andererseits jedoch auch klima- und umweltbedingten Anforderungen (Wärme-, Schall- und Wetterschutz) gerecht werden. Aus diesen unterschiedlichen Einwirkungen lassen sich drei Funktionsebenen [12], [13] hinsichtlich des konstruktiven Aufbaues der Anschlußfuge ableiten.

— **Raumseitiger Abschluß** (Ebene 1 in Bild **6**.28). Der raumseitige Abschluß – die Trennebene zwischen Raum- und Außenklima – muß so ausgebildet werden, daß innerhalb der Anschlußfuge schädigende Tauwasserbildung durch Wasserdampf-Diffusion oder sonstige Feuchtemitführung aus dem Baukörper verhindert wird. Diese Forderung wird erfüllt, indem die raumseitige Fuge mittels spritzbarer Dichtstoffe oder/und vorkomprimierter Dichtbänder als Dampfbremse (und zugleich Luftsperre) ausgebildet wird. Zu beachten ist, daß diese Trennebene zwischen Raumklima und Außenklima dampfdiffusionsdichter beschaffen sein muß als der gegenüberliegende witterungsseitige Abschluß (Dampfdruckgefälle von innen nach außen).

— **Hohlraumdämmung** (Bereich 2 in Bild **6**.28). Dieser Funktionsbereich erfüllt vorwiegend wärmedämmende und schalldämmende Aufgaben. Das Wärme- und Feuchteverhalten der Anschlußfuge wird durch Außen- und Innenklimate bestimmt. Eine Wärmedämmung im Fugenhohlraum aus PU-Montageschaum oder Mineralwolle erhöht die Fugentemperatur. Ohne ausreichende Dämmung der Fuge wäre mit einer Unterschreitung der Taupunkttemperatur an der inneren Oberfläche zu rechnen, so daß Tauwasser im Anschlußbereich entstehen könnte. Bei erhöhten Anforderungen an den Schallschutz reicht die Dämmung der Fuge als alleinige Maßnahme ebenfalls nicht aus; auch in diesem Fall ist eine erhöhte Dichtigkeit der Anschlußfuge durch spritzbare Dichtstoffe noch zusätzlich zu schaffen.

— **Witterungsseitiger Abschluß** (Ebene 3 in Bild **6**.28). Die Wetterschutzebene schützt die Fuge vor Witterungseinwirkungen von außen (Regen- und Windsperre). Sie verhindert weitgehend den Eintritt von Regenwasser (Schlagregen) und führt eingedrungenes Wassser wieder kontrolliert nach außen ab. Zugleich muß sichergestellt sein, daß eventuell von der Raumseite eindiffundierende Feuchte nach außen entweichen kann. Bei der sog. einstufigen Abdichtung – die Witterungseinflüssen ohne Schutz unmittelbar ausgesetzt ist – wird die Regen- und Windsperre mittels spritzbarem Dichtstoff oder/und Dichtbändern erreicht.

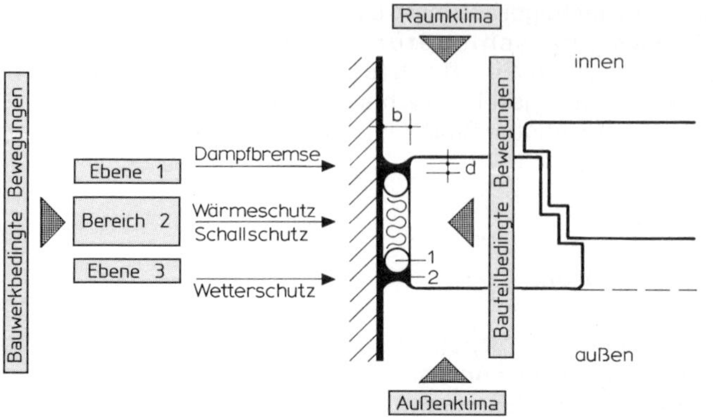

6.28
Schematische Darstellung möglicher Einwirkungen auf die Anschlußfuge zwischen Türrahmen und Baukörper sowie Fugendimensionierung bei spritzbaren Dichtstoffen.
Faustformel nach [12]: $d = 0{,}5 \times b$
1 Spritzbarer Dichtstoff
2 Hinterfüllmaterial
b = Dichtstoffbreite
d = Dichtstoffdicke

Soweit möglich, sollte jedoch einer zweistufigen Abdichtung – bei der Regen und Windsperre voneinander getrennt sind (Schutz der Fuge durch zusätzliche Abdeckprofile) – der Vorzug gegeben werden. Vgl. hierzu auch Abschn. 5.3, Bauwerkanschlüsse von Fenstern.

Montagetechnische Anforderungen. Wandöffnungen für Außentüren können mit Außenanschlag (Sonderfall), mit Innenanschlag oder ohne Anschlag (stumpfer Anschlag) ausgebildet sein. Beim Innenanschlag sitzt der Türrahmen in einem raumseitigen Mauerfalz, dessen Breite zwischen 50 und 62,5 mm liegen soll. Leibungen ohne Anschlag werden jedoch immer häufiger angewendet, da sie im Rohbau am einfachsten herzustellen sind. Vgl. hierzu Abschn. 5.3.3.

Aus Gründen des Wärmeschutzes sollte das Türelement bei einschaliger, monolithischer Außenwand im mittleren Leibungsbereich, bei zweischaligen Außenwandsystemen mit Kerndämmung auf der Ebene der Dämmschicht eingebaut werden. Wird auf das Bauwerk eine außenliegende Wärmedämmung (z.B. Wärmedämm-Verbundsystem) aufgebracht, so ist diese in jedem Fall an den Leibungs- und Sturzflächen bis zum Türrahmen fortzuführen und an diesem dicht anzuschließen (größere Rahmenfriesbreite vorsehen). S. hierzu Bild **8**.35 in Abschn. 8.11.4.

— **Türrahmenbefestigung.** Türen müssen lot-, winkel- und fluchtgerecht eingebaut werden. Ihre Ausrichtung und Fixierung in der Wandöffnung erfolgt zunächst mit Distanzklötzen, Keilen o. ä.; nach der endgültigen Befestigung des Türrahmens werden diese in der Regel wieder entfernt. Die Befestigung selbst muß alle auf das Außentürelement einwirkenden Kräfte – wie beispielsweise Eigenlast, Windlast und Verkehrslast (DIN 1055) – sicher in den Baukörper ableiten. Für Sondertüren (Schutztüren) gelten besondere Anforderungen.

  Bei der Auswahl der Befestigungsmittel sind das jeweilige Außenwandsystem, die vorgegebene bauliche Situation (Altbau/Neubau), der Rahmenwerkstoff und die Belastungsgrößen zu berücksichtigen. Als Befestigungselement werden Rahmendübel (Durchsteckdübel), federnde Laschen bzw. Schlaudern, Ankerschienen, Eindrehanker u. ä. verwendet (Bild **5**.18). Diese müssen korrosionsgeschützt sein oder aus nicht rostendem Metall bestehen. Starre Befestigungen (z. B. Mauerpratzen) sind wegen der im Außenbereich zu erwartenden bauwerk- und bauteilbedingten Bewegungen zu vermeiden.

  Der Abstand zwischen den einzelnen Befestigungspunkten darf bei Kunststofftüren 70 cm, bei Aluminium- und Holztüren 80 cm nicht überschreiten. Außentüren werden üblicherweise an mindestens drei Punkten je Rahmenfriesseite befestigt, und zwar jeweils in Höhe der Bänder bzw. des Schlosses. Breitere oder doppelflügelige Türelemente sind auch am Türsturz zu arretieren.

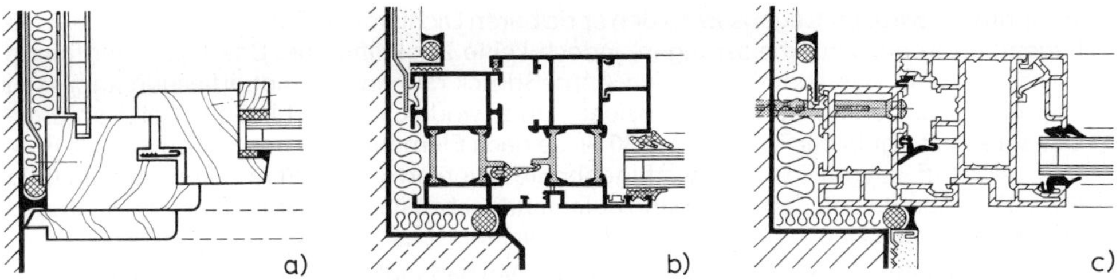

6.29 Konstruktionsbeispiele: Türrahmenanschlüsse am Bauwerk
a) Stumpfer Anschlag: Blendrahmen aus Holz mit Federanker an Sichtbetonwand befestigt
b) Innenanschlag: Wärmegedämmte Alu-Profile mit Klemmfederanker
c) Innenanschlag: Kunststoff-Rahmenprofile mit Rohrdübel (Spreizdübel)

Montageschaum darf bei Außentüren als alleiniges Befestigungsmittel nicht eingesetzt werden; die Befestigung muß immer mechanisch erfolgen. Angaben über die Befestigung von Holzwerkstoffzargen von Innentüren s. Abschn. 6.4.5.2, von Stahlzargen s. Abschn. 6.7.1.1. Auf die von den RAL-Gütegemeinschaften herausgegebenen Montagerichtlinien [1], [12] wird verwiesen.

Fugenabdichtung. Das einzusetzende Dichtsystem ist im wesentlichen auf die jeweiligen bauphysikalischen Anforderungen, die zu erwartenden temperatur- und feuchtebedingten Bewegungen sowie auf die vorgegebene bauliche Situation (Außenwandbeschaffenheit, Materialverträglichkeit usw.) abzustimmen. Als Dichtsystem bieten sich spritzbare Dichtstoffe, vorkomprimierte Dichtbänder und Bauabdichtungsbahnen an. Je nach Anforderung können diese Verfahren auch sinnvoll kombiniert werden.

— **Abdichtung mit spritzbaren Dichtstoffen.** Eine wichtige Eigenschaft dieser Dichtstoffe ist ihr elastisches Verhalten (Bewegungsaufnahmefähigkeit). Es ist von der Art des eingesetzten Materiales und der Dicke des Dichtstoffes abhängig und wird in Prozent angegeben (angenommene Dauerdehnfähigkeit bis max. 25 %). Abgesehen von Sonderfällen und sofern vom Hersteller keine abweichenden Angaben gemacht werden, gilt generell für den Fugenquerschnitt, daß die Dichtstoffdicke ***d*** der halben Fugenbreite ***b*** entsprechen soll ($d = 0{,}5 \times b$) [12]. Bild **6**.28. Dabei ist je nach Elementlänge und Rahmenwerkstoff von einer Fugenbreite von etwa 10 bis 15 (20) mm auszugehen.

  Um die vorgenannten Forderungen einhalten zu können, muß ein nichtsaugendes, geschlossenzelliges Hinterfüllmaterial (Polyethylen-Rundschnur) in die Anschlußfuge eingebracht werden. Es begrenzt die Eindringtiefe des Dichtstoffes und verhindert, daß dieser am Fugengrund anklebt (Folge: erhöhte Abrißgefahr). Die Hinterfüllung dient demnach nicht der Einsparung von Dichtstoff. Anwendung und Qualität der Dichtungsmassen sind in DIN 18540 festgelegt. Einzelheiten über das elastische Verhalten (Rückstellvermögen) von Dichtstoffen sind den JVD-Merkblättern [14] zu entnehmen.

  Die Fugendichtstoffe werden in plastischem Zustand in die Fugen eingebracht, binden dort ab und dichten die Fugen durch ihre Haftung an den Fugenflanken (Adhäsion). Mit sog. Primern (chemische Haftbrücke) kann die Haftfähigkeit entscheidend verbessert werden. Zu beachten ist, daß spritzbare Dichtstoffe – verwendet werden vor allem Silikon-Dichtstoffe – nur bei trockener Witterung und Temperaturen über 5° C verarbeitet werden dürfen. Die Verarbeitungsrichtlinien der Dichtstoffhersteller [15] sind einzuhalten.

— **Abdichtung mit vorkomprimierten Dichtbändern.** Dichtbänder bestehen aus Polyurethan-Weichschaumstoff, der mit wasserabstoßendem und flammhemmend eingestelltem Kunstharz imprägniert und werkseitig auf die jeweiligen Einsatzbereiche vorkomprimiert wird. Im Gegensatz zu den spritzbaren Dichtstoffen üben Dichtbänder auf die Fugenflanken nur Druckbelastungen, jedoch keine Zugkräfte aus. Das vorkomprimierte Dichtband kann sich somit durch den Anpreßdruck rauhen Fugenoberflächen anpassen und die Fuge dadurch schlagregensicher und winddicht verschließen. Der Kompressionsgrad beträgt in der Regel 20 bis 30 %. Je nach Elementlänge und verwendetem Rahmenwerkstoff ist von einer Mindestfugenbreite ***b*** von etwa 8 bis10 mm auszugehen (Bild **6**.28). Fugenbreite und Banddicke sind aufeinander abzustimmen; je stärker das Dichtband komprimiert oder/und je breiter es ist, desto dichter ist es.

Vorkomprimierte Dichtbänder können ohne Vorbehandlung der Fugenflanken, witterungsunabhängig und somit auch bei feuchtem Untergrund und niederen Außentemperaturen verarbeitet werden. Aufgrund des relativ hohen Anpreßdruckes erbringen sie auch hohe Schalldämmwerte. Der geringe Diffusionswiderstand der imprägnierten Schaumstoffbänder läßt eingedrungene Feuchtigkeit besser austrocknen und verhindert eine Tauwasserbildung im Innenraum der Fuge. Die Verarbeitungsrichtlinien der Hersteller [15] sind einzuhalten.

6.4.5.2 Bauwerkanschluß von Innentüren

Bei dem fest mit dem Baukörper verankerten Teil der Innentür unterscheidet man im wesentlichen zwischen Türrahmen aus Massivholz (Blend- und Blockrahmen) und Türzargen aus Holzwerkstoffen, Stahlblech und Aluminium. Türrahmen bzw. Türzargen können entweder vor Einbringen des Estrichs, vor Aufbringen des Bodenbelages auf die Estrichkonstruktion oder nach Fertigstellung der Nutzschicht eingebaut werden. Jede der drei Möglichkeiten weist Vor- und Nachteile auf, die von Fall zu Fall abzuklären sind.

Bauphysikalische Anforderungen im Zusammenhang mit dem Bauwerkanschluß werden an Innentüren vor allem hinsichtlich des Schallschutzes gestellt. Vgl. hierzu Abschn. 6.4.1. Dabei ist insbesondere darauf zu achten, daß die Anschlußfuge zwischen Türleibung und Holztürzarge nicht nur sorgfältig gedämmt – wie zuvor beschrieben –, sondern auch noch mit spritzbaren Dichtstoffen umlaufend abgedichtet werden muß. Bei Stahlzargen im Massivbau ist der Fugenhohlraum satt mit Zementmörtel zu hinterfüllen, bei Metallzargen in leichten Trennwänden dicht mit Mineralwolle auszustopfen und ebenfalls abzudichten. Für Sondertüren (Schutztüren) gelten besondere Anforderungen, wie sie in Abschn. 6.8 erläutert sind.

Montagetechnische Anforderungen für die Befestigung von Innentürzargen aus Holzwerkstoffen. Während die Einzelteile seriell hergestellter Holzwerkstoffzargen erst an der Baustelle zusammengesetzt und verleimt werden, erfolgt der Zusammenbau handwerklich gefertigter Holzzargen (meist Sonderanfertigungen) bereits weitgehend in der Werkstatt.

Auch Innentürzargen werden üblicherweise an mindestens drei Punkten je Futterseite befestigt, und zwar jeweils in Höhe der Bänder bzw. des Schlosses. Breitere oder doppelflügelige Türelemente sind auch am Türsturz zu arretieren. Nach Angaben der Türhersteller kann die Montage von Holzwerkstoffzargen bei einem Raumklima von 20° C und 50 % relativer Luftfeuchte erfolgen; zu hohe Baufeuchte führt zu Dimensionsänderungen, Quellungen und Verformungen der Zargen. Wand- und Deckenputzarbeiten sowie Estricharbeiten sollten daher vor dem Holzzargeneinbau möglichst weitgehend abgeschlossen sein. Grundsätzlich unterscheidet man sichtbare und unsichtbare Befestigungsarten, wobei die Montage von Holzwerkstoffzargen fast nur noch verdeckt erfolgt. Im einzelnen sind zu nennen:

Sichtbare Befestigungsarten

— **Nageltechnik.** Das sichtbare Nageln ist die einfachste Methode, eine Holzzarge in der Wandöffnung zu befestigen. Wie Bild **6**.30 zeigt, müssen bei dieser heute kaum mehr gebräuchlichen Einbauart nagelbare Dübelsteine in die Leibung der Maueröffnung eingesetzt sein. Nach der Montage werden die in das Futterteil der Holzzarge schräg eingeschlagenen Stahlnägel versenkt und ausgekittet (Bild **6**.73 a). Einfache, preisgünstige, nur noch beim Einbau von gestrichenen Türen im Zuge der Altbausanierung verwendete Befestigungsart. Nachteil: Die Nagelstellen zeichnen sich in der Regel in der Anstrichfläche ab.

— **Schraubtechnik.** Beim sichtbaren Schrauben wird die Holzwerkstoffzarge mit Spreizdübeln (Durchsteckdübeln) an der Mauerleibung befestigt. Die Schraubenköpfe bleiben entweder sichtbar (Linsenkopfschrauben) oder auf entsprechend ausgebildeten Schraubenköpfen werden sichtbare Kunststoff-Abdeckkappen aufgesteckt. Einfache, preisgünstige und dauerhafte Befestigungsart für weniger anspruchsvollen Innenausbau.

Unsichtbare Befestigungsarten

— **Schäumtechnik.** Diese Montageart ist derzeit die rationellste und preisgünstigste Methode, Holzwerkstoffzargen ohne großen zeitlichen Aufwand fest einzubauen. Um eine dauerhafte Verbindung zwischen Mauerleibung und Türzarge zu erreichen, müssen die Befestigungsstellen frei von Staub und sonstigem losen Material sein. Aus Gründen der Wirtschaftlichkeit sollte der Abstand zwischen Leibung und Zarge nicht größer als 20 mm sein; gegebenenfalls ist ein Distanzbrett (Holzplättchen) einzukleben. Als Befestigungsmittel bieten sich Ein- oder Zweikomponenten-Montageschaum an:

Einkomponenten-Polyurethan-Schaum (1K-PU-Schaum). Bei diesem Schaum findet die Aushärtung durch Reaktion mit der in der Luft und in den Bauwerkstoffen vorhandenen Feuchtigkeit statt. Entscheidend für die Schaumqualität und den Verlauf der Reaktion sind Temperatur (Dosentemperatur von 20 bis 25° C), relative Luftfeuchte (mind. 50 %) und Feuchte der Kontaktmaterialien. Um die Reaktion des Schaumes zu verstärken, muß das Mauerwerk ggf. noch angefeuchtet werden. Die Aushärtung des Schaumes ist in der Regel über Nacht abgeschlossen.

Zweikomponenten-Polyurethan-Schaum (2K-PU-Schaum). Dieses Befestigungsmittel setzt sich aus zwei Komponenten, dem Schaum (Komponente A) und dem Härter (Komponente B) zusammen. Bei unterschiedlichen Systemen findet die Zusammenführung der beiden Komponenten und damit die Auslösung der Reaktion entweder erst unmittelbar nach Austritt aus der Dose oder durch Mischen innerhalb der Kartusche statt. Nach Inbetriebnahme der Kartuschen oder Aerosoldosen muß der Inhalt innerhalb von 5 bis 10 Minuten verarbeitet sein. Abstellen und Wiederinbetriebnahme ist bei diesen Systemen nicht möglich. Dies führt in der Praxis oft zu erheblichen Problemen, so daß zwischenzeitlich Kartuschen angeboten werden, deren Inhalt zur Montage von nur einer Türzarge reicht. Der eingebrachte Schaum härtet unabhängig von Luft- und Werkstofffeuchte innerhalb von 20 bis 30 Minuten vollständig aus.

— Zargeneinbau mit Montageschaum. Die einzubauende Zarge ist lot-, winkel- und fluchtgerecht sowie in der Höhe genau passend (Meterrißmarkierung beachten) auszurichten und zu verkeilen. Der Spalt zwischen Holzzarge und Leibung wird anschließend an drei Punkten je Futterseite – in Höhe von Bändern und Schloß – mit druckfesten Unterlagen (Holzplättchen) ausgefüttert. Um den bei der Expansion des Schaumes entstehenden Druck auffangen zu können, werden in gleicher Höhe aussteifende Spreizen eingesetzt (Bild **6**.30 b). Nach dem Einschäumen beginnt der punkt- oder streifenweise aufgebrachte Schaum sich nach allen Seiten auszudehnen (auf etwa das Zwei- bis Dreifache seines Austrittvolumens), wodurch es zu einer innigen Verbindung von Wandleibung und Türzarge kommt.

Marktübliche Montageschäume sind nur für Türgewichte bis etwa 40 kg geeignet, sofern die Anschlußfuge zwischen Zarge und Leibung an mindestens drei Punkten auf jeder Seite satt ausgeschäumt wird. Türblätter mit höheren Gewichten erfordern einen größeren Schaumanteil; ab 60 kg Türgewicht muß die Zarge vollflächig hinterschäumt und noch zusätzlich mit einer mechanischen Befestigung arretiert werden. Für Sondertüren (Schutztüren) gelten besondere Anforderungen. Vgl. hierzu Abschn. 6.8. Weitere Einzelheiten sind der Spezialliteratur [16] zu entnehmen.

Montageschäume, die umweltschädigende Treibmittel – wie Fluorchlor-Kohlenwasserstoffe (FCKW) oder auch teilhalogenierte Fluorchlor-Kohlenwasserstoffe (H-FCKW) – enthalten, sollten aus Gründen des Umweltschutzes (Abbau der Ozonschicht) und im Interesse der Verarbeiter (Gefahr durch leicht entzündliche, giftige Gase) nicht mehr eingesetzt werden. Leere PU-Schaumdosen müssen außerdem als Sondermüll entsorgt werden, da es aus technischen Gründen nicht möglich ist, sie vollkommen zu entleeren und immer noch Treibmittelreste in den Behältern verbleiben. Es wird darauf verwiesen, daß es zwischenzeitlich Polyurethanschaumsysteme für die Montagetechnik gibt, die weder FCKW noch andere schädliche Treibgase beinhalten.

— **Mechanische Befestigungstechniken.** Zur unsichtbaren mechanischen Befestigung von Holzwerkstoffzargen sind eine Vielzahl verschiedenartiger Befestigungsbeschläge auf dem Markt (Bandeisen, Hessenkrallen, Schraubanker, Mauerklammern u. a. m.). Meist werden sie nur noch regional oder für ganz bestimmte Zwecke eingesetzt, da für ihre Montage längere Einbauzeiten und teilweise hohe Materialkosten zu veranschlagen sind. Ferner benötigen sie – je nach Beschlagart – ein um 20 bis 25 mm größeres Wandöffnungsmaß, als nach DIN 18100 üblich ist. Außerdem müssen die Zargen bereits sehr frühzeitig, vor dem Putzen und Tapezieren, eingebaut sein; als Befestigungsmittel bei Sichtmauerwerk und Sichtbeton-Wandflächen sind sie ebenfalls ungeeignet.

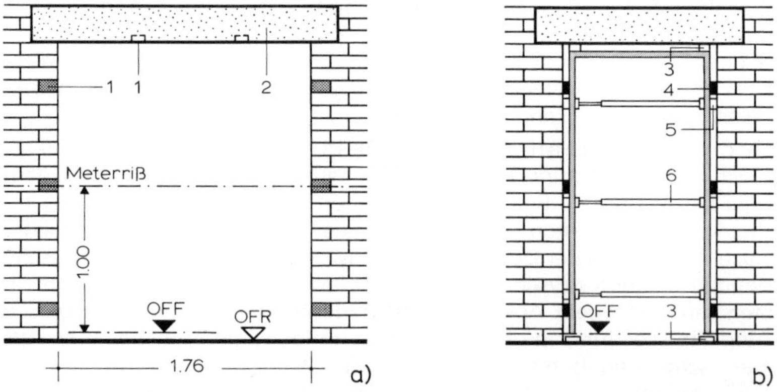

6.30 Schematische Darstellung einiger Befestigungstechniken von Holztürzargen in Wandöffnungen

a) Nagelbare Dübelsteine in Wand und Betonsturz eingelassen. Nicht mehr gebräuchliche Befestigungsart, hinsichtlich der Altbausanierung jedoch noch von gewissem Interesse.

b) Unsichtbare Befestigung durch punktweises Einschäumen von Holzwerkstoffzargen in Wandöffnungen. Die Keile und aussteifenden Spreizen werden nach dem Aushärten des Schaumes wieder entfernt.

1 nagelbare Dübelsteine
2 Betonsturz
3 Holzkeile
4 Befestigungspunkte (Schäumstellen)
5 Holzplättchen (druckfeste Unterlagen)
6 aussteifende Spreizen

Tellerankerbeschläge. Eine Ausnahme bilden die Tellerankerbeschläge. Sie bestehen aus einem Spreizdübel, einer Kreuzschlitzschraube (zugleich zur Distanzregulierung) und einer daran befestigten Sperrholzscheibe, die als Leimfläche dient (Bild **6**.31). Bei Wanddicken bis zu etwa 20 cm sind mindestens drei Befestigungspunkte je Mauerleibung, bei dickeren Wänden die doppelte Anzahl vorzusehen. Während der Abbindezeit des Leimes (etwa 2 Stunden) sind auf Höhe der Befestigungspunkte Futterspreizen einzuspannen, damit die Leimflächen gepreßt anliegen.

Problemlose, sehr sichere, beim Einbau von Sicherheitstüren (einbruchhemmende Türen) und im gehobenen Innenausbau bevorzugte Befestigungsart, außerdem eine relativ preiswerte und umweltfreundliche Alternative zur Schäumtechnik.

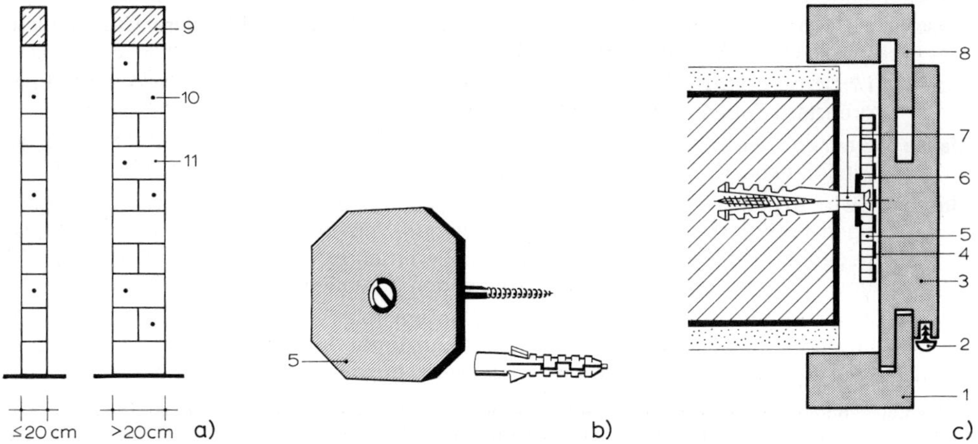

6.31 Unsichtbare mechanische Befestigung von Holztürzargen mit Tellerankern (Elepart-System, Velbert)
a) Befestigungspunkte (Bohrlöcher für Spreizdübel) je nach Wanddicke
b) Telleranker aus Sperrholz (Ø 60 und 90 mm)
c) Einbaubeispiel

1 Falzbekleidung
2 Falzdichtung
3 Türzarge/Futterstück
4 Klebefläche
5 Sperrholzscheibe (Teller)
6 Verbindungsscheibe aus Metall
7 Spreizdübel aus Metall
8 Zierbekleidung
9 Betonsturz
10 Bohrloch/Befestigungspunkte
11 Wandsteine

6.5 Türbeschläge für Holzzargen und Holztürblätter

Einteilung und Benennung: Überblick

Türbeschläge bedarf es zum Anschlagen, Öffnen, Schließen und ggf. Feststellen der Türblätter sowie zur Einbruchhemmung je nach Einsatzort. Die einfachste Ausrüstung eines Türelementes besteht demnach aus einem oberen und unteren Band, einem Schloß mit Schließblech sowie einer Drückergarnitur. Dazu können je nach Anforderungsprofil noch weitere Sonderausrüstungen hinzukommen. Zu einer funktionstüchtigen Tür gehören immer auch eine Falzdichtung, bei Bedarf mit Bodendichtung. Folgende Hauptgruppen sind demnach zu unterscheiden:

Türbänder:
- Bänder aller Art
- Türschließer
- Feststelleinrichtungen
- Sonderausrüstungen

Türschlösser:
- Schlösser aller Art
- Schließbleche
- Schloßsicherungen
- Sonderausrüstungen

Türgarnituren:
- Türdrücker aller Art
- Türschilder, Türrosetten
- Sondergarnituren
- Sonderausrüstungen

Türdichtungen:
- Falzdichtungen
- Bodendichtungen
- Anschlagschwellen
- Sonderausrüstungen

6.5.1 Türbänder

Klassifizierung von Türbändern. In E DIN EN 1935 werden Türbänder in vier Gebrauchsklassen eingeteilt. Je nach Anwendungsbereich sind zu unterscheiden:

Klasse 1: Leichter Gebrauch. Anwendungen für private und andere Bereiche, die nicht für die Öffentlichkeit zugänglich sind.

Klasse 2: Mittlerer Gebrauch. Anwendungen für private und andere Bereiche, mit begrenztem Zugang für die Öffentlichkeit.

Klasse 3: Starker Gebrauch. Anwendungen für öffentliche Gebäude und Behörden (z. B. Bibliotheken, Krankenhäuser, Schulen).

Klasse 4: Sehr starker Gebrauch (Klassen 4A, 4B, 4C). Bänder für Türen, die einem häufigen, heftigen Gebrauch unterzogen werden. Vom bewußten Mißbrauch wird ausgegangen (Anforderungen an einbruchhemmende Türen). Bänder der Klasse 4B und 4C bieten erhöhte Beständigkeit gegen potentiell dauerhaften Angriff.

In der vorgenannten Norm werden außerdem im einzelnen Anforderungen gestellt an Bänder für Feuer- und/oder Rauchschutztüren, für einbruchhemmende Türen, für Türen mit Türschließern usw. Vgl. hierzu auch Abschn. 6.8, Sondertüren.

Güteanforderungen an Türbänder. Türbänder müssen in der Lage sein, alle am Türblatt auftretenden Kräfte in die Zarge abzuleiten. Entsprechende Güteanforderungen je nach Nutzungsart einer Tür enthalten die Güte- und Prüfbestimmungen RAL-RG 607/8. Sie gelten für normal beanspruchte Türbänder im privaten und öffentlichen Bereich sowie für Sicherheitstürbänder an einbruchhemmenden Türen. Im einzelnen sind folgende Einsatzbereiche angeführt [17]:

Bereich I: Türbänder für Türen im privaten Wohnbereich

Bereich II: Türbänder für Türen im öffentlichen Bereich, wie z. B. Türen für Schulen, Kasernen, Krankenhäuser, Behindertenanlagen usw. sowie für Außentüren von Wohnbauten.

Bereich III: Sicherheitstürbänder für Türen aus den Bereichen I und II mit erhöhtem Sicherheits- und Schutzbedürfnis (einbruchhemmende Türen nach DIN 18103).

Auswahlkriterien. Bei der Bandauswahl sind vor allem folgende Kriterien zu beachten:

- Einsatzort/Einsatzbereich. Grundsätzlich ist zwischen Außentüren, Innentüren und Sondertüren (Schutztüren) zu unterscheiden. Die entsprechenden Anforderungen an Türbänder, je nach Anwendungsbereich, sind in E DIN EN 1935 sowie in den RAL-Güte- und Prüfbestimmungen im einzelnen genannt.
- Werkstoff des Türelementes. Je nach gewählter Materialart – Holz, Stahl, Aluminium, Kunststoff, Glas – lassen sich daraus jeweils ganz spezifische Band-Befestigungstechniken ableiten (z.B. einbohren, ausfräsen, aufschrauben, anschweißen, anklemmen).
- Türblattkonstruktion. Konstruktiver Aufbau sowie Falzausbildung – einfach -, mehrfach -, ungefälzte Türblattkanten – bestimmen weitgehend die Bandabwinkelung (sog. Kröpfung).
- Zargenkonstruktion. Je nach Türrahmen- bzw. Zargenart – Holztürrahmen, Holzwerkstoffzarge oder Metallzarge – bieten sich jeweils unterschiedlich ausgebildete Aufnahmeelemente (Bandtaschen) zum Befestigen der Türbänder an.
- Belastung von Bändern. Die Auswahl der Türbänder wird unter anderem vom jeweiligen Türblattgewicht bestimmt (übliche Abstufung: 40 – 60 – 80 – 100 – 120 – 150 kg). Bandbezogene Belastungswerte sind den jeweiligen Herstellungsunterlagen zu entnehmen. Normal beanspruchte Türen erhalten üblicherweise zwei Türbänder, höhere, breitere oder schwerere Türflügel je drei Bänder.
- Das dritte Band. Nach Herstellerangaben [18] erhöhen sich beim Einsatz eines dritten Bandes (370 mm bzw. 250 mm unter dem oberen Band, bezogen auf die obere Bandbezugslinie) die angegebenen Belastungswerte um etwa 30 %. Türen mit Türschließern soll-

ten immer mit einem dritten Band ausgerüstet sein (zusätzliche Belastung durch ein nach außen gerichtetes Biegemoment).

— Bandbezugslinie. Die Bandbezugslinie ist eine gedachte Linie bei einem Türband, deren Abstand vom oberen Zargenfalz die Höhenlage der Türbänder festlegt, und zwar unabhängig von Konstruktion oder Anschlagart. Ausschreibung, Bestellung, Verarbeitung und Montage werden durch diese einheitliche Festlegung wesentlich erleichtert.

— Materialwahl / Korrosionsschutz. Türbänder werden überwiegend aus Stahl, Edelstahl und Aluminiumlegierungen – natur- oder verschiedenfarbig eloxiert – sowie kunststoffbeschichtet und kunststoffummantelt hergestellt. Einen optimalen Korrosionsschutz gewährleisten verzinkte Bänder. In Feucht- und Naßräumen sowie im Außenbereich sollten jedoch nur Bänder aus Edelstahl (Chrom – Nickel – Stahl) eingesetzt werden, da nur dieses Material dauerhafte Korrosionsbeständigkeit garantiert. Gemäß E DIN EN 1670 werden Baubeschläge je nach Nutzungssituation in vier Korrosionsbeständigkeitsklassen (Klasse 0 bis 4) eingeteilt. Alle anderen Arten von Oberflächenvergütungen dienen lediglich unterschiedlichen Gestaltungsansprüchen.

— Links-/Rechtsbezeichnung. Türen, Zargen, Bänder, Schlösser, Garnituren sind nach DIN 107 mit DIN-LINKS oder DIN-RECHTS zu bezeichnen. Gemäß ISO R-1226 erfolgt die Festlegung der Schließrichtung für Rechtsbänder im Uhrzeigersinn, für Linksbänder entgegen dem Uhrzeigersinn.

Es kann nicht Aufgabe dieses Werkes sein, einen umfassenden Überblick von allen auf dem Markt befindlichen Beschlagarten zu geben; zu vielfältig sind die Ausführungsmöglichkeiten – sowohl in technischer als auch formaler Hinsicht. In den nachfolgenden Abschnitten werden deshalb nur einige wichtige Beschlagtypen in Form von Abbildungen und Einbauskizzen kurz vorgestellt. Für die Ausführung der Beschlagarbeiten ist die VOB Teil C, DIN 18357 maßgebend.

6.5.1.1 Bänder für ungefälzte und gefälzte Türen an Blend- und Blockrahmen

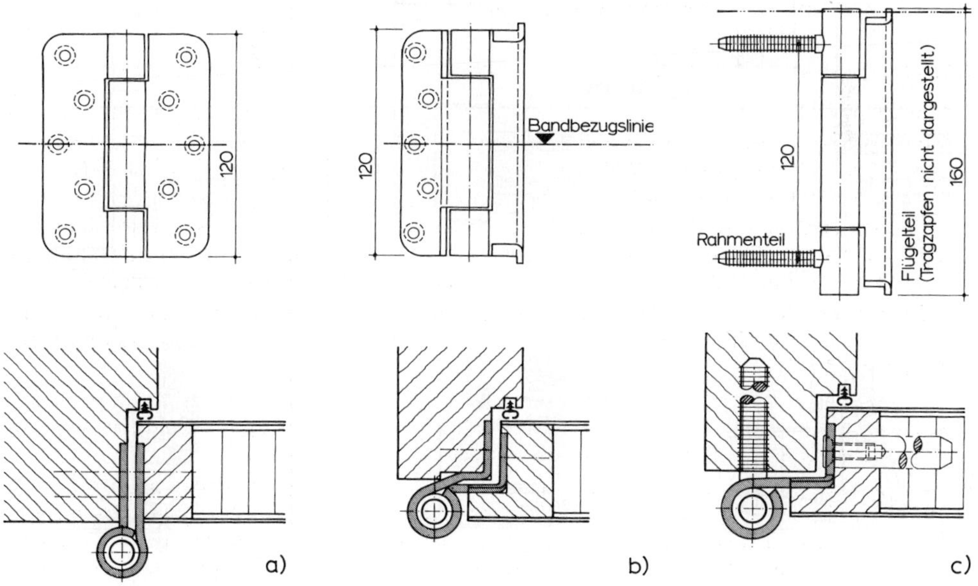

6.32 Bänder für ungefälzte (stumpf einschlagende) und gefälzte Türen an Blend- und Blockrahmen

a) Lappen-Bänder für ungefälzte Tür, b) Lappen-Winkelband (gekröpft) für gefälzte Tür, c) Zapfen-Lappen-Einbohrband (Kombiband) für gefälzte Tür.

Nach Vorlagen Simonswerk, Rheda-Wiedenbrück.

6.5.1.2 Bänder für ungefälzte und gefälzte Türen an Futterzargen

Türbänder. Zum Anschlagen von gefälzten und ungefälzten Türblättern (Falz- und Stumpftüren) an Blend- und Blockrahmen oder Futterzargen (Holzwerkstoffzargen) eignen sich vor allem Lappen-Bänder (Aufschraubbänder), Einbohrbänder, Kombibänder (z. B. Lappen-Einbohr-Bänder) sowie Sonderbeschläge.

Objekt-Türbänder. Im Objektbereich (z. B. Bibliotheken, Krankenhäuser, Schulen) werden besonders hohe Anforderungen an Türbänder bezüglich Belastbarkeit, Laufeigenschaft und Sicherheitsreserven gestellt. Hochwertige Objektbänder sind daher meist mit abriebfesten Gleitlagern (Lauflagern) ausgerüstet und mit dem RAL-Prüfzeichen versehen.

— **Lappen-Bänder** (Aufschraubbänder) Bild **6**.32. Diese Bänder gibt es je nach Fälzungsart des Türblattes mit geraden oder gekröpften Lappen (= abgewinkelte Lappen). Bei starker Beanspruchung der Tür können die Bänder noch zusätzlich mit Tragzapfen (Tragbolzen) ausgestattet sein. Entsprechend ihrer Materialdicke werden die Bandlappen in den Türfalz bzw. die Falzbekleidung eingelassen und mit Schrauben befestigt. Die Ecken der Lappen sind üblicherweise abgerundet, so daß die Vertiefungen maschinell ausgefräst werden können. Sichere, problemlose, häufig angewandte Befestigungsart.

— **Einbohrbänder** (Bild **6**.33a). Das Einbohrband gibt es in zwei- oder mehrteiliger Ausführung, jeweils mit 2, 3 oder 4 Zapfen versehen. Es eignet sich vor allem zum Anschlagen von gefälzten Türen, da bei Stumpftüren im Bereich der Einbohrstellen unschöne Auskerbungen an den Türkanten entstehen. Zum Vorbohren der Löcher werden jeweils passende Bohrlehren verwendet, so daß ein maßgenaues Anschlagen gewährleistet ist. Je

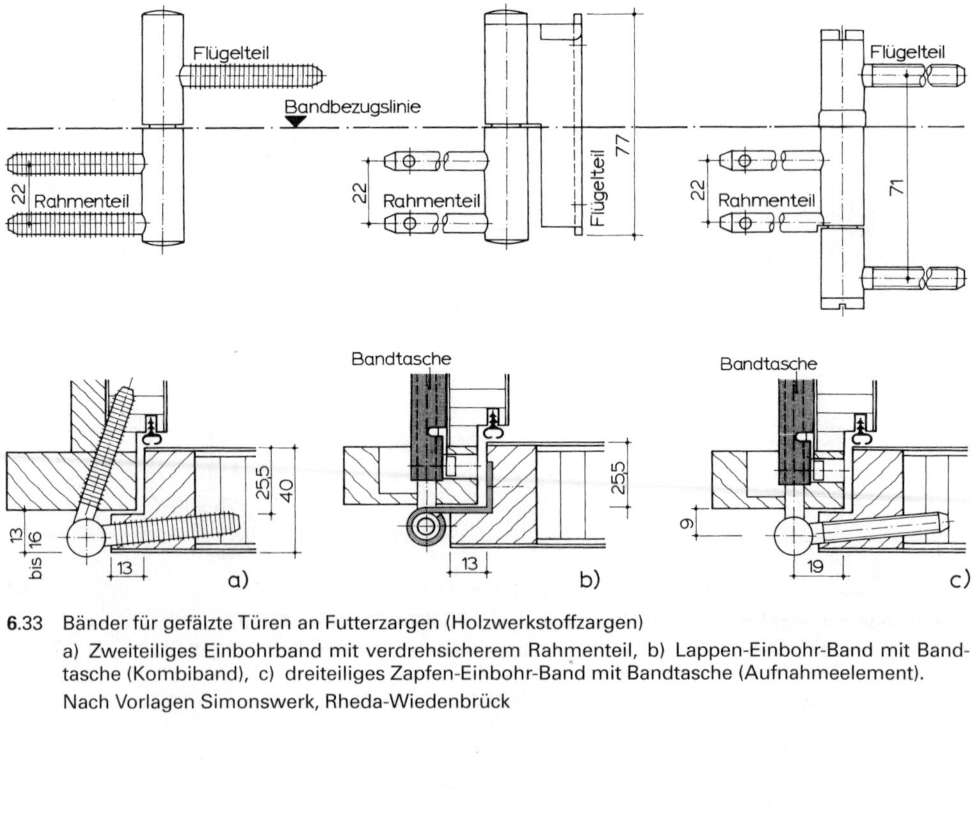

6.33 Bänder für gefälzte Türen an Futterzargen (Holzwerkstoffzargen)

a) Zweiteiliges Einbohrband mit verdrehsicherem Rahmenteil, b) Lappen-Einbohr-Band mit Bandtasche (Kombiband), c) dreiteiliges Zapfen-Einbohr-Band mit Bandtasche (Aufnahmeelement). Nach Vorlagen Simonswerk, Rheda-Wiedenbrück nach Zapfenausbildung können diese entweder eingedreht (mit Gewinde), eingeschlagen (sägeartig ausgebildetes Gewinde) oder verstiftet bzw. verschraubt werden (glatte Zapfen mit Bohrung). Den tiefenverstellbaren Bändern wird allgemein der Vorzug gegeben.

Zapfen-Einbohr-Bänder. Bild **6**.33 b und c verdeutlichen die Befestigungsart mit Aufnahmeelementen (Bandtaschen). Hier werden die Rahmenzapfen durch die Falzbekleidung in die Bandtaschen gesteckt und damit kraftschlüssig verbunden, während die Flügelzapfen seitlich in den Türüberschlag einzudrehen sind. Dieser Überschlag darf keinesfalls zu knapp bemessen sein (mind. 13, besser 15 bis 16 mm). Einbohrbänder gewährleisten eine einfache und schnelle Montage (ohne Stemm- und Fräsarbeiten), eine nachträgliche Korrektur des Bandsitzes sowie relativ hohe Belastbarkeit.

— **Kombibänder** (Bild **6**.32 c und **6**.33 b). Bei Kombibändern sind die beiden Bandteile unterschiedlich ausgebildet. So kann beispielsweise am Zargenrahmen ein Einbohrband und am Türblatt ein Aufschraubband befestigt sein. Durch derartige Bänder-Kombinationen können die Vorzüge der einzelnen Befestigungsarten noch besser ausgenutzt werden.

— **Kunststoffbänder** (Bild **6**.34). Diese Bänder bestehen aus einem tragenden Gerüst aus verzinktem Stahl und aus Kunststoffteilen, die entweder unmittelbar aufgespritzt oder erst nachträglich in Form von Abdeckkappen bzw. Steckhülsen aufgesetzt werden. Während der Stahl den Bändern eine hohe Festigkeit verleiht, erbringt der Kunststoff optimale Gleiteigenschaften, hohe Verschleißfestigkeit und ein ansprechendes Design (Farben- und Formenvielfalt). Bei den Kunststoffteilen aus Nylon ist keine störende elektrostatische Aufladung und auch keine Staubbindung zu befürchten. Sie zeichnen sich besonders durch hervorragende thermische Eigenschaften, chemische Beständigkeit, Licht- und Witterungsbeständigkeit sowie hohe Festigkeit aus. Die relativ einfach zu montierenden Bänder gibt es passend für nahezu alle Türausbildungen, Zargen- und Anschlagarten sowie Türblattgewichte.

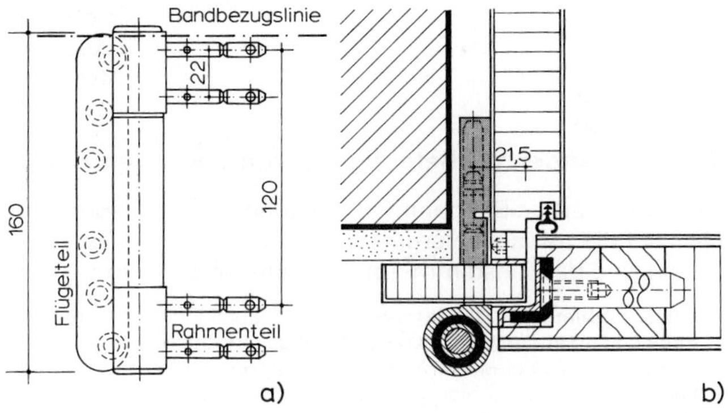

6.34
Dreiteiliges Kombiband aus Stahl/Kunststoff (Kunststoffband) für gefälzte Holztüren mit Zapfen-Einbohr-Band in einer Bandtasche (Rahmenteil) und Zapfen-Lappen-Band (Flügelteil).
a) Bandansicht
b) Einbaubeispiel
HEWI-Beschläge, Bad Arolsen

Band-Aufnahmeelemente

Aufnahmeelemente – auch Bandtaschen genannt – dienen zur kraftschlüssigen Befestigung von gefälzten und ungefälzten Türblättern an Holz- und Metallzargen. Bild **6**.35 zeigt Aufschraubtaschen für Zapfen-Einbohr-Bänder, die auch mit Rahmenteilen anderer Hersteller kombinierbar sind.

Dreidimensional verstellbare Aufnahmeelemente für den Objektbereich – geeignet für Holz-, Stahl- und Aluminiumzargen – sind in Bild **6**.36 dargestellt. Besonders beachtenswert ist das Einbaubeispiel Bild **6**.36 c, das das Aufnahmeelement mit einem Lappen-Winkelband und einer durchlaufenden Türblattdichtung zeigt; diese Konstruktion eignet sich vor allem zur Herstellung von gefälzten Schallschutztüren.

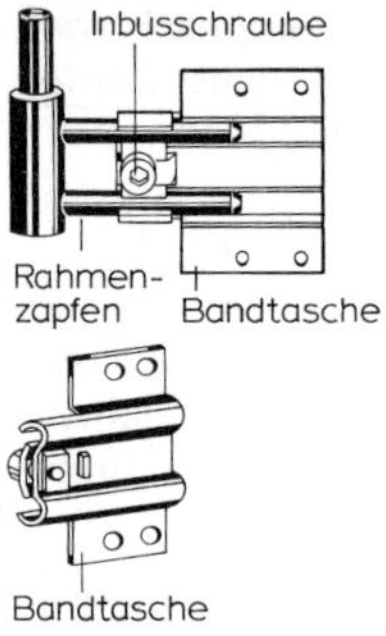

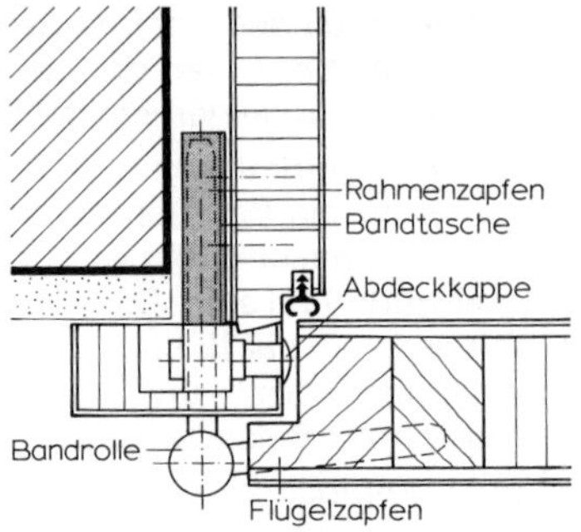

6.35
Band-Aufnahmeelement (Bandtasche) zur kraftschlüssigen Befestigung von Zapfen-Einbohr-Bändern an gefälzten Holzzargen

a) Bandtasche mit eingeschobenem Rahmenzapfen

b) Einbaubeispiel

Simonswerk, Rheda-Wiedenbrück

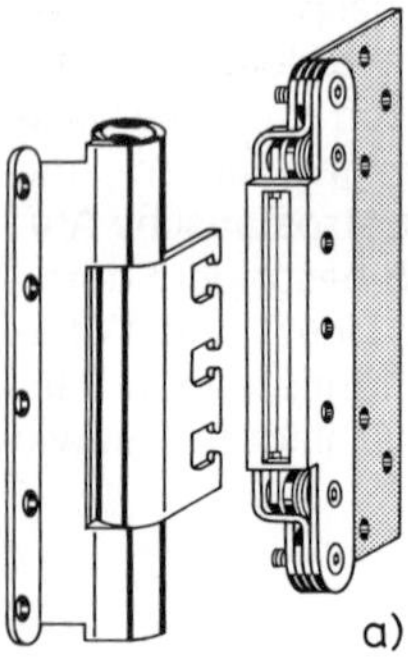

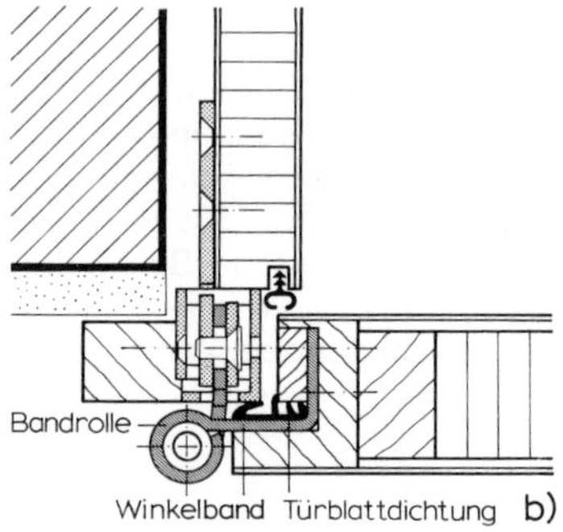

6.36
Dreidimensional verstellbare Aufnahmeelemente für den Objektbereich (Objektbänder) zur Befestigung von Lappen-Winkelbändern an Holz-, Stahl- und Aluminiumzargen.

a) Aufnahmeelement für Holzwerkstoffzargen

b) Einbaubeispiel an einer gefälzten Holzzarge. Besonders hingewiesen wird auf die durchlaufende Türblattdichtung (geeignet für Schallschutztüren).

Simonswerk, Rheda-Wiedenbrück

6.5.1.3 Bänder zur Befestigung von einfachen Holztüren

Obwohl derartige Bänder im gehobenen Ausbau kaum mehr vorkommen, sollen sie im Hinblick auf die Altbausanierung und kostengünstiges Bauen nicht unerwähnt bleiben. Im einzelnen sind das Einstemm- und Aufschraubband sowie Lang- und Winkelband zu nennen.

- **Einstemmband** (Bild **6**.37 a). Dieses Band, auch Fitschen genannt, besteht aus zwei Lappen mit je einer Rolle und einem fest vernieteten oder lose einschiebbaren Stift. Die Lappen werden in den Blendrahmen und das Türblatt eingestemmt und von außen mit Schrauben oder Stahlstiften arretiert. Nachteil: sichtbare Köpfe an der Türblattaußenseite. Sichere, jedoch relativ umständliche, kaum mehr eingesetzte Befestigungsart.
- **Einfaches Aufschraubband** (Bild **6**.37 b). Es eignet sich zum Anschlagen von Stumpf- und Falztüren (glatte und gekröpfte Ausführung) und wird noch relativ häufig eingesetzt. Während bei den neueren Modellen die Ecken der Lappen für den maschinellen Einbau abgerundet sind, weisen die früher verwendeten Bänder eckige Bandlappen auf.
- **Langband** (Bild **6**.37 c). Diese Bänder werden auch Ladenbänder genannt, da sie u. a. zum Anschlagen von Holzfensterläden sowie einfachen Latten- und Brettertüren benutzt werden. Die Befestigung an den Querriegeln erfolgt mit Nägeln oder Schrauben. Der Kloben, um dessen Dorn sich das Band dreht, wird bei massiven Wänden ankerartig eingemauert oder bei Fachwerkwänden an die Holzstiele angeschraubt.
- **Winkelband** (Bild **6**.37 d). Es eignet sich vor allem zum Anschlagen von schweren Rahmentüren (z. B. Stalltüren), wobei der kräftige Flachstahlwinkel auf den Rahmenfriesen aufgeschraubt wird. An dem querliegenden Teil des Beschlages sitzt das Auge, das um den Dorn eines Hakens läuft, der ebenfalls eingemauert oder angeschraubt sein kann.

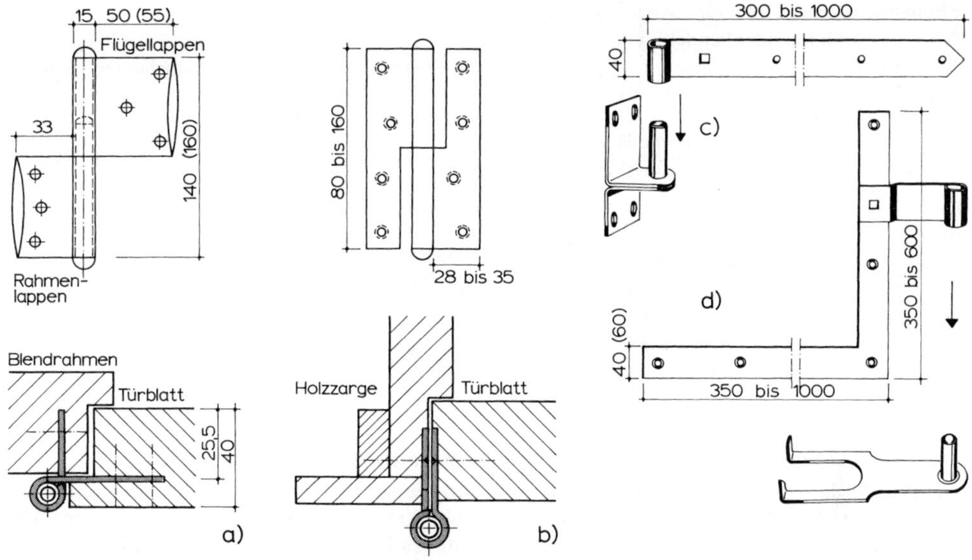

6.37 Bänder zur Befestigung von einfachen Holztüren
a) Türanschlag mit Einstemmband (Fitschen)
b) Türanschlag mit geradem Aufschraubband (Stumpftür)
c) Langband mit Haken (Kloben) zum Anschrauben
d) Winkelband mit Haken (Kloben) zum Einmauern
Simonswerk, Rheda-Wiedenbrück

6.5.1.4 Türschließer (Türschließmittel)

Türschließer dienen dazu, Drehflügeltüren nach dem manuellen Öffnungsvorgang wieder selbsttätig zu schließen. Der Schließvorgang erfolgt in der Regel hydraulisch gedämpft, nur bei einfacheren Schließmitteln (Federbänder) ungedämpft. Türschließer sind überall dort notwendig, wo der Einbau selbstschließender Türen vom Bauherrn bzw. Nutzer erwünscht (Sicherheitsaspekt, Energieeinsparung, Vermeidung störender Zugluft usw.) oder aufgrund allgemeiner gesetzlicher Vorschriften (Bauordnungen der Länder) zwingend geboten ist und wo die Türöffnung im Normalfall geschlossen sein muß. Schließmittel sind demnach üblich an Hauseingangs- bzw. Wohnungsabschlußtüren und vom Gesetzgeber vorgeschrieben an Feuerschutz-, Rauchschutz- und Sicherheitstüren.

Selbstschließende Türen benötigen auf ihrem gesamten Schließweg eine Schließkraft. Die hierfür notwendige Energie muß vom Benutzer beim Öffnen der Tür zusätzlich aufgebracht werden, so daß bei derartigen Türen – im Vergleich zu Normaltüren – stets ein größerer Kraftaufwand erforderlich ist.

Einteilung und Benennung: Überblick

Einfache Türschließmittel mit unkontrollierter (ungedämpfter) Schließbewegung

— Federband ohne und mit Tragfunktion (Türbänder mit Feder)

Türschließmittel mit kontrollierter (hydraulisch gedämpfter) Schließbewegung

— Obentürschließer; auf dem Türblatt oder Türrahmen sichtbar montiert

— Rahmentürschließer; im oberen Türrahmen verdeckt eingebaut

— Türschließer im Türblatt verdeckt eingebaut

— Bodentürschließer; im Fußboden verdeckt eingebaut
— für Anschlagtüren oder Pendeltüren
— mit zusätzlichen Einrichtungen bzw. Steuerungsmöglichkeiten (z. B. Schließkrafteinstellung, Schließgeschwindigkeit, Endschlagregulierung, Öffnungsdämpfung, Schließverzögerung, Feststellung, Schließfolgeregler u. a. m.)
— Türschließer mit Öffnungsautomatik
— Elektrisch betriebene Feststellvorrichtungen.

Hinweis zur Normung: Hinsichtlich der weiteren europäischen Normenentwicklung gelten für Türschließer zukünftig folgende Festlegungen:

DIN EN 1154 – Türschließmittel mit kontrolliertem Schließablauf
DIN EN 1155 – Elektrisch betriebene Feststellvorrichtungen
DIN EN 1158 – Schließfolgeregler
DIN 18263-1 – Obentürschließer mit Kurbeltrieb und Spiralfeder (Neufassung)
DIN 18263-4 – Türschließer mit Öffnungsautomatik (Neufassung)

Türschließmittel mit unkontrolliertem (ungedämpftem) Schließablauf

— **Federbänder** (DIN 18272). Federbänder werden als einfaches Schließmittel für einflügelige Feuerschutztüren (max. Türflügelgewicht 80 kg) der Feuerwiderstandsklassen T30 bis T80 (nach DIN 4102-5) verwendet. Ein weiteres Federband anderer Bauart ist in DIN 18262 genormt. Die beim Öffnen der Tür aufzuwendende Energie wird in einer zylindrischen Schrauben-Drehfeder gespeichert. Nach dem Loslassen des Türflügels schlägt die Tür mit Schwung ungebremst in die Zarge ein, wodurch sich erhebliche Belästigungen und auch Gefahren für die Verkehrssicherheit ergeben. Derart ungedämpfte Schließmittel sollten daher nur an wenig begangenen Türen angebracht werden.

Türschließmittel mit kontrolliertem (hydraulisch gedämpftem) Schließablauf

— **Obentürschließer mit Kurbeltrieb und Spiralfeder** (DIN18263-1). Ein Obentürschließer mit hydraulischer Dämpfung ist ein Gerät, das auf Zarge und/oder Türblatt fest aufgeschraubt ist (Bild *6*.38). Die beim Öffnen der Tür aufzuwendende Energie wird im Türschließer in einer Spiralfeder gespeichert; sie bewirkt beim Loslassen des Türflügels das selbsttätige Schließen der Tür, wobei die Schließbewegung über einen Kurbeltrieb gedämpft wird.

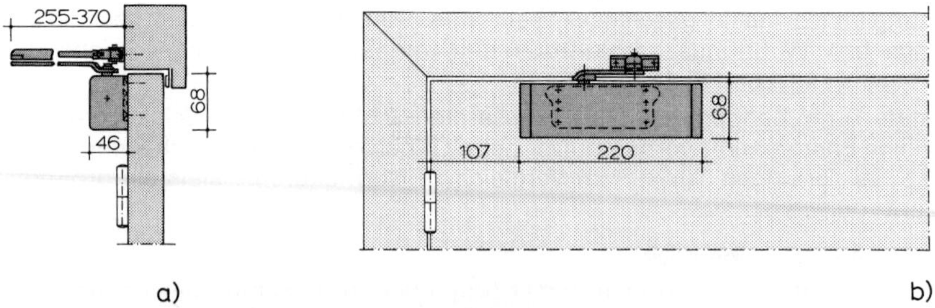

6.38 Obentürschließer mit Kurbeltrieb und Spiralfeder nach DIN 18 263-1
a) Vertikalschnitt. Türblattmontage auf der Bandseite (Regelfall)
b) Türblattansicht mit eingestrichelter, universell einsetzbarer Montageplatte für alle gebräuchlichen Türausführungen
DORMA-Baubeschläge, Ennepetal

Mit der Vorspannung der Spiralfeder wird der Türschließer auf das der Größenangabe entsprechende Nennmoment eingestellt. Für die Größenwahl eines Türschließers ist die Türflügelbreite maßgebend. Einzelheiten sind Tabelle 1 der vorgenannten Norm zu entnehmen. Die Gütesicherung (Güte- und Prüfbestimmungen) ist in RAL-RG 607/1 [19] festgelegt.

— **Obentürschließer mit Lineartrieb** (DIN 18263-2). Ein Türschließer nach dieser Norm speichert beim Öffnen der Tür über einen Lineartrieb mit Feder die zum Türverschluß erforderliche Energie; auch hier wird die Schließbewegung hydraulisch gedämpft. Obentürschließer mit Lineartrieb – vormals Zahntrieb-Türschließer genannt – werden je nach Antriebssystem sowohl mit Gestänge als auch mit Gleitarm und Gleitschiene angeboten.

Flach anliegende **Gleitschienen-Türschließer** (Bild **6**.39) sind mit ansprechendem Design und moderner Farbgebung erhältlich. Meist sind sie als modulares System konzipiert, das es ermöglicht, mit wenigen Türschließer-Modellen praktisch jede nur denkbare Funktionsanforderung zu erfüllen. So kann durch die zusätzliche Einrichtung der Öffnungsdämpfung der Schwung einer heftig aufgeworfenen oder vom Wind erfaßten Tür weitgehend aufgefangen werden.

Auch die Schließverzögerung ist eine zusätzlich mögliche Ausrüstung des Türschließers. Sie bewirkt eine Verringerung der Schließgeschwindigkeit im Bereich zwischen 120° und 70° Türöffnungswinkel. Damit haben zum Beispiel Personen mit Gepäck, Behinderte usw. ausreichend Zeit, den Türbereich zu passieren. Ein Eignungsnachweis in Verbindung mit Brandschutztüren ist in jedem Fall noch zusätzlich erforderlich.

Gleitschienen-Türschließer können auch mit mechanischer oder elektromechanischer Feststellung ausgerüstet werden. Im Alarmfall oder bei Stromausfall wird die Feststellung aufgehoben und die Tür vom Türschließer geschlossen.

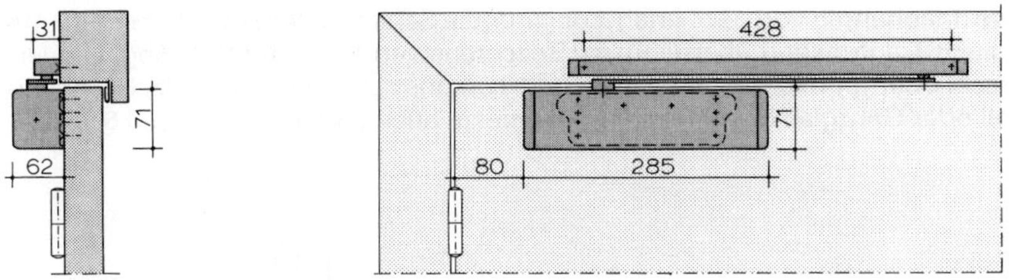

a) b)

6.39 Obentürschließer mit Linearbetrieb nach DIN 18263-2
a) Vertikalschnitt mit flach anliegendem Gleitschienen-Türschließer
b) Türblattansicht mit Türblattmontage des Türschließers
DORMA-Baubeschläge, Ennepetal

Im Türblatt verdeckt eingebauter **Gleitschienen-Türschließer** (Bild **6**.40). Dieser kompakte Türschließer kann nahezu in alle Türflügel aus Holz, Holzwerkstoffen, Metall und Kunststoff mit einer Türblattdicke ab 45 mm eingebaut werden. Auch er erfüllt – wie zuvor im eizelnen beschrieben – praktisch alle Forderungen, die an einen modernen Türschließer gestellt werden.

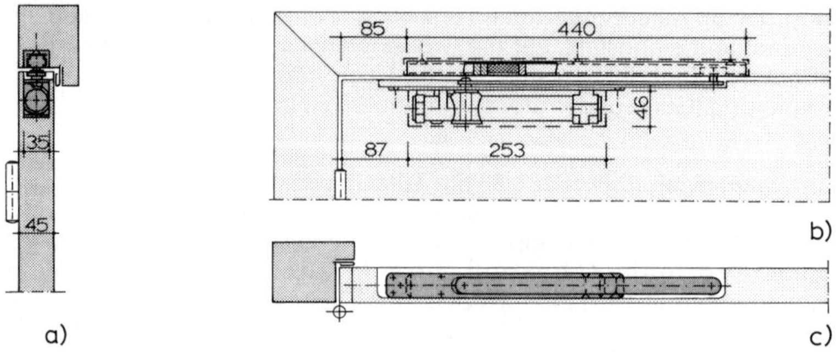

6.40 Obentürschließer nach DIN 18 263-2
a) Vertikalschnitt durch einen im Türblatt verdeckt eingebauten Gleitschienen-Türschließer
b) Türblattansicht mit unsichtbar integriertem Türschließer
c) Türschließer in obere Türblattkante eingelassen.
DORMA-Baubeschläge, Ennepetal

— **Bodentürschließer** (DIN 18263-3), deren Gehäuse weitgehend unsichtbar in den Fußboden eingelassen sind, zählen ebenfalls zu den hydraulisch gedämpften Schließmitteln. Auch hier wird die beim Öffnen der Tür entstehende Energie in einer Feder gespeichert. Bei einsetzender Schließbewegung wird der Schwung jedoch so weit hydraulisch gebremst, daß ein vollständiges Schließen des Türflügels aus jedem Öffnungswinkel heraus – ordnungsgemäße Einstellung des Gerätes vorausgesetzt – gesichert ist.

Bodentürschließer gibt es für alle Arten von Anschlagtüren (Links- und Rechtstüren) mit **exzentrisch** angeordnetem Drehpunkt sowie für Pendeltüren mit **zentrisch** angeordnetem Drehpunkt (Bild **6**.41). Ferner ist zu unterscheiden zwischen Bodentürschließern, die unabhängig von der Türlagerung nur die Schließbetätigung erbringen und solchen, die auch Tragfunktion übernehmen. Beachtenswert ist weiter, daß sog. Universal-Bodentürschließer für alle Anschlagarten und Türkonstruktionen aus Holz, Holzwerkstoffen, Metall oder Ganzglas geeignet sind. Vgl. hierzu auch Bild **6**.110 und Bild **6**.137.

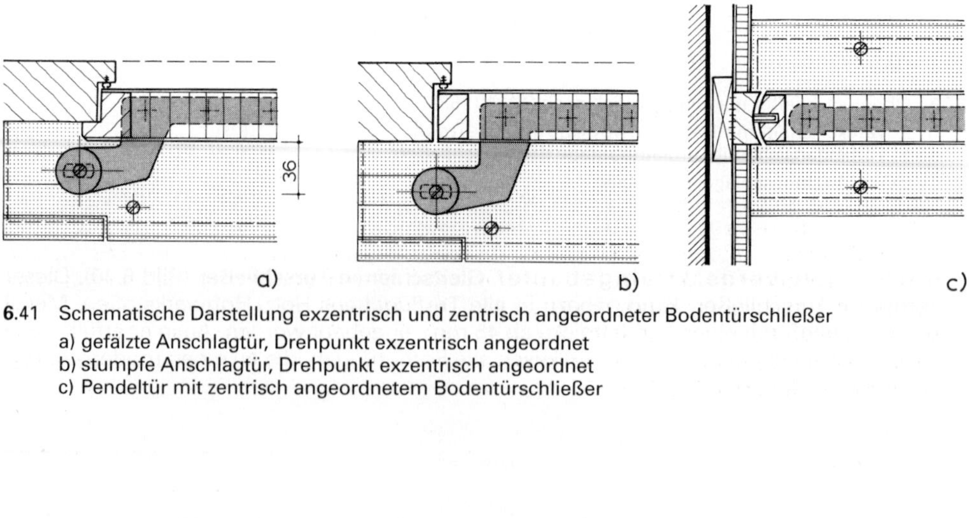

6.41 Schematische Darstellung exzentrisch und zentrisch angeordneter Bodentürschließer
a) gefälzte Anschlagtür, Drehpunkt exzentrisch angeordnet
b) stumpfe Anschlagtür, Drehpunkt exzentrisch angeordnet
c) Pendeltür mit zentrisch angeordnetem Bodentürschließer

Bild 6.42 zeigt beispielhaft eine gefälzte Holztür mit einem exzentrisch angeordneten Bodentürschließer. Dieser besteht aus einem in den Estrich eingelassenen sog. Zementkasten (Aussparung durch Hartschaumwürfel) und einem darin zu befestigenden Gehäuse mit Schließmechanik, einer unteren Türschiene (Türhebel) aus Stahl – auf der das Türblatt sitzt – sowie einem oberen Zapfenbandpaar zur Türbefestigung. Das in den Fußboden eingelassene Gehäuse ist mit einer Deckplatte aus Edelstahl abgedeckt. Auch in die Bodentürschließer können neben der eigentlichen Schließmechanik noch zusätzliche Einrichtungen, wie beispielsweise Schließverzögerung, Öffnungsdämpfung, Feststellvorrichtung usw. eingebaut sein. Außerdem stören keine weiteren Beschlagteile wie Bänderrollen o. ä. dieTüransicht.

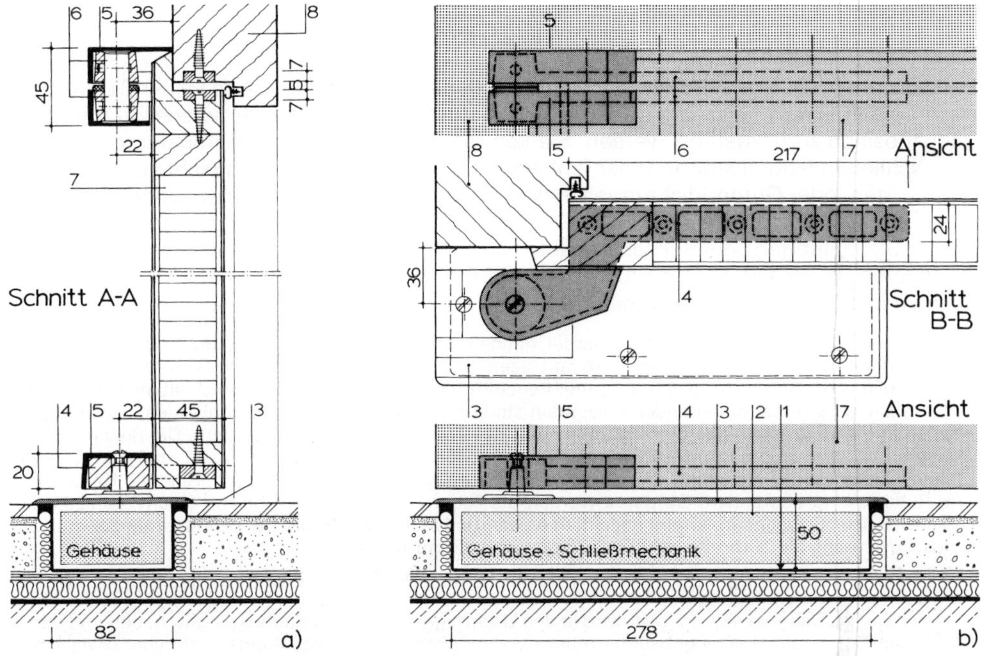

6.42 Konstruktionsbeispiel: Gefälzte Holztür mit eingebautem Bodentürschließer und oberem Zapfenbandpaar

a) Vertikalschnitt A-A

b) obere und untere Türansicht mit Horizontalschnitt B-B

1 Zementkasten
2 Gehäuse mit Schließmechanik
3 Deckplatte aus Edelstahl
4 untere Türschiene (Türhebel) aus Stahl
5 Abdeckkappen aus Edelstahl
6 oberes Zapfenbandpaar
7 Holztürblatt (Ansicht)
8 Türrahmen

GRETSCH-UNITAS, Ditzingen

Türschließer für Feuer- und Rauchschutztüren

Feuerschutztüren können ihren Zweck – ein Schadensfeuer durch die Türöffnung nicht durchzünden zu lassen – nur erfüllen, wenn sie im Brandfall dicht geschlossen sind. Entsprechend den Anforderungen der Bauordnungen der Länder und gemäß DIN 4102-5 müssen Feuerschutzabschlüsse selbstschließend und dauerhaft funktionstüchtig sein. Die Selbstschließung von Feuerschutztüren kann entweder durch den Einsatz von geprüften Federbändern (DIN 18262 und DIN 18272) oder durch Verwendung von Türschließern mit hydraulischer Dämpfung, die nach DIN 18263 geprüft sind, vorgenommen werden. Auch für Rauchschutztüren gilt die Forderung der Selbstschließung (DIN 18095-1). Zusätzliche Anforderungen an Türschließmittel, die an Feuer- und Rauchschutztüren eingesetzt werden sollen, sind in E DIN EN 1154 (Anhang A) beschrieben.

— **Türschließer mit Öffnungsautomatik** (DIN 18263-4). Türschließer mit Öffnungsautomatik sind Gerätekombinationen, die neben der Türschließerfunktion mit einem Antrieb zum automatischen Öffnen der Türen mittels Fremdenergie ausgestattet sind. Der Antrieb kann elektromechanisch, elektrohydraulisch oder pneumatisch wirken. Um die geforderte Selbstschließung der Feuer- bzw. Rauchschutztüren sicherzustellen, müssen Türschließer mit Öffnungsautomatik mit einer Überwachungseinrichtung (Branderkennungs- und Meldesystem) ausgestattet sein, damit im Alarmfall die Feststellung aufgehoben wird. Türschließer mit Öffnungsautomatik sind somit Bestandteil von Feststellanlagen. Bei zweiflügeligen Türen sorgen Schließfolgeregler (E DIN EN 1158) im Alarmfall dafür, daß die beiden Türflügel in der richtigen Reihenfolge schließen. Weitere Einzelheiten über Schließmittel bzw. Türschließer sind der Spezialliteratur [19], [20] zu entnehmen.

Pendeltürbeschläge

Pendeltüren sind selbstschließende Türen, bei denen die Türblätter durch einen Türrahmen nach beiden Seiten kurzzeitig schwingen und durch Pendeltürbänder wieder in ihre Ausgangsposition zurückgeführt werden. Sie können einflügelig oder zweiflügelig ausgebildet sein, schließen jedoch aufgrund der fehlenden Überfälzung nicht völlig dicht ab. Meist werden Bürsten- oder Gummidichtungen in die abgerundeten Türlängskanten eingelassen. Um Zusammenstöße zu vermeiden (z. B. Kellnergang), sollten die Türblätter von Pendeltüren immer Glasfüllungen oder Sehschlitze aufweisen. Neben den vorgenannten, für Pendeltüren geeigneten, hydraulisch gedämpften Bodentürschließern (Bild **6**.41c) gibt es noch weitere spezielle Pendeltürbänder.

— **Bommer-Pendeltürband** (Bild **6**.43). Hierbei handelt es sich um einstellbare, doppelseitig wirkende mechanische Schließmittel, die ein Türblatt tragen und durch die vorgespannte Schraubenfeder ohne Bremsung schließen (DIN 18265). Bommer-Pendeltürbänder bestehen aus zwei sichtbaren Rollen, die durch einen Steg fest miteinander verbunden sind, und zwei beweglichen Bandlappen, von denen je einer an die Längskante des Blendrahmens und des Türflügels angeschlagen wird. Die Rollen sind im Inneren mit kräftigen auswechselbaren Schraubenfedern bestückt. Diese bewirken, daß die Türflügel nach Ingangsetzung selbsttätig, meist hart federnd zurückfallen und nach einigem Hin- und Herpendeln in Ruhestellung übergehen. Gespannt werden die Federn nach der Montage mit einem Stahlstift, die Sicherung der Spiralfedern erfolgt mit einem Arretierungsbügel. Die Größe der Pendeltürbänder muß auf das Türgewicht, die Türbreite und die Türdicke abgestimmt werden.

— Beim **Hawgood-Pendeltürband** (Bild **6**.44) sitzt die Federkraft in runden Zapfen, die in den Blendrahmen eingelassen werden. Es gibt Bänder mit je einem oder zwei Zapfen, deren Feinmechanik jedoch immer unsichtbar ist. Das jeweilige Türblatt wird in den U-förmigen Schuh des Bandes eingeschoben und daran befestigt. Eine unsichtbar eingebaute Arretierung ermöglicht eine Offenstellung der Tür von 90° nach beiden Seiten hin. Da die Federkraft in den Zapfen nicht nachgestellt werden kann, muß das jeweils zulässige Türblattgewicht genau eingehalten werden.

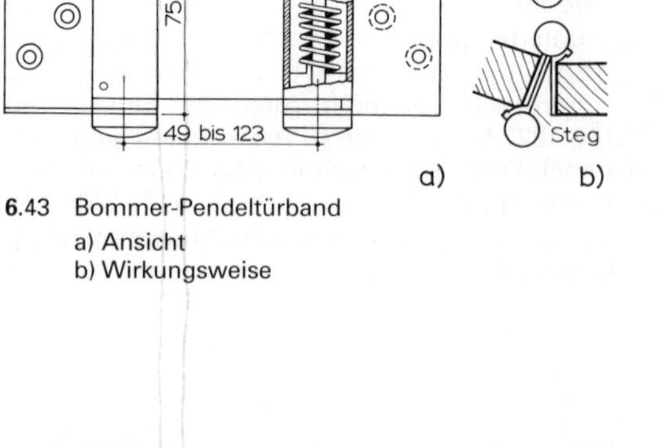

6.43 Bommer-Pendeltürband
a) Ansicht
b) Wirkungsweise

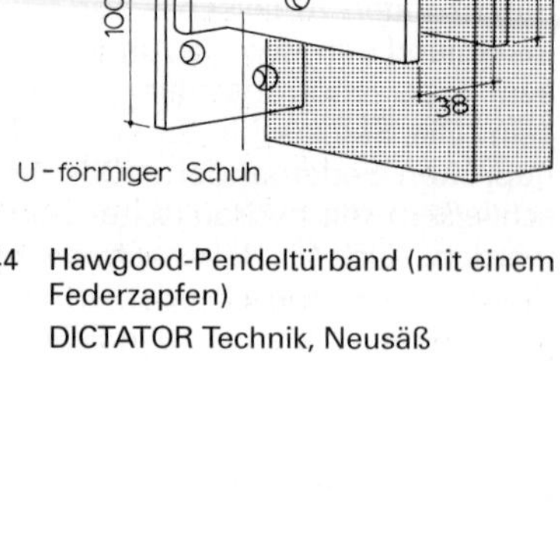

6.44 Hawgood-Pendeltürband (mit einem Federzapfen)
DICTATOR Technik, Neusäß

6.5.2 Türschlösser

Zum Öffnen, Schließen und Sichern von Türen dienen Schlösser mit den zugehörigen Schließwerken und Sicherungssystemen, einschließlich Schließblechen sowie Türgarnituren. Nach der Art der Verbindung von Türblatt und Schloß unterscheidet man

- Kastenschlösser, die auf der Türblattoberfläche aufgeschraubt werden (kaum mehr gebräuchliche Schloßart),
- Einsteckschlösser, die üblicherweise in der Längskante eines Türblattes in Schloßtaschen (sog. Ausnehmungen) eingesteckt und befestigt werden.

Kastenschlösser

Obwohl Kastenschlösser kaum mehr verwendet werden, sollen sie im Hinblick auf die Altbausanierung an dieser Stelle nicht unerwähnt bleiben (Bild **6**.45).

Kastenschlösser werden auf das Türblatt, und zwar üblicherweise auf der Bandseite der Tür, aufgeschraubt. Der Schloßkasten selbst besteht aus einem Schloßblech, auf dem die Schloßteile befestigt sind, dem umlaufenden Gehäuserand und dem darauf aufgeschraubten Schloßkastendeckblech. Der Gehäuserand wird auf der Stirnseite aus einem 40 bis 45 mm breiten Stulp (der über die Türkante greift), auf den drei anderen Seiten des Schlosses durch einen 25 bis 30 mm breiten sog. Umschweif gebildet. Der Stulp weist die Ausschnitte für die vortretenden Verschlußteile (Falle, Schließ- und Nachtriegel) auf. Wird das Kastenschloß wie üblich auf der Bandseite angeschlagen, so greifen Falle und Riegel in einen Schließhaken, liegt das Schloß auf der gegenüberliegenden Türblattseite, so ist anstelle des Schließhakens ein Schließblech zu verwenden.

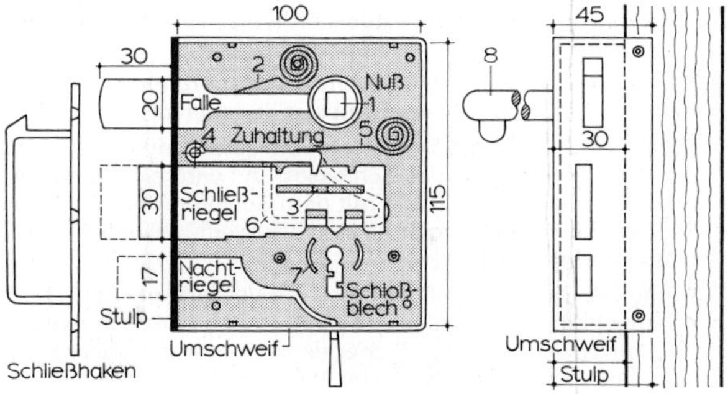

6.45
Schematische Darstellung eines Kastenschlosses
1 Nuß mit quadratischem Vierkantloch
2 Rückholfeder für die Falle
3 Führungsstift für den Schließriegel
4 Drehpunkt der Zuhaltung
5 Feder für die Zuhaltung
6 Zuhaltungsbogen
7 Sicherungsreifchen für Schlüssel (Mittelbruchbesatzung)
8 Türdrücker

6.5.2.1 Einsteckschlösser

Einsteckschlösser sind in DIN 18251 (zukünftig E DIN EN 12209-1 und -2) genormt. Diese im gesamten Bauwesen vorwiegend eingesetzten Schlösser können ein Buntbart-, Zuhaltungs- oder Zylinderschließwerk haben oder auch nur einen einfachen Riegel für Badtüren aufweisen.

Klassifizierung von Einsteckschlössern. In DIN 18251 werden Einsteckschlösser in vier Schloßklassen eingeteilt. Je nach Anwendungsbereich bzw. Beanspruchung (Benutzerfrequenz) sind zu unterscheiden:

Klasse 1: Schloß für Innentüren (sog. leichtes Innentürschloß)

Klasse 2: Schloß für Innentüren mit erhöhten Anforderungen (sog. Innentürschloß)

Klasse 3: Schloß für Wohnungsabschlußtüren

Klasse 4: Schloß für erhöhte Einbruchhemmung und hoher Benutzerfrequenz (sog. Behördenschloß für öffentlich zugängliche Bauten).

Einsteckschlösser für Feuerschutzabschlüsse sind in DIN 18250-1 und -2 genormt.

Einsteckschlösser für einbruchhemmende Türen (DIN V 18103) müssen der Schloßklasse 4 entsprechen. Vgl. hierzu auch Abschn. 6.5.2.3, Türverschlüsse mit Mehrfachverriegelung.

Güteanforderungen an Einsteckschlösser enthalten die Güte- und Prüfbestimmungen RAL-RG 607/2 [22].

Schloßteile, Maße und Bezeichnungen

Die wesentlichsten Teile, Maße und Bezeichnungen eines Einsteckschlosses sind in Bild **6**.46 dargestellt. Im einzelnen ist besonders hinzuweisen auf:

- **Falle**. Die federnd gelagerte keilförmige Falle wird üblicherweise durch den Türdrücker – bei eingebautem Wechsel auch mit dem Schlüssel – bewegt und dient zur Feststellung des Türblattes im Zargenrahmen.
- **Wechsel.** Der sog. Wechsel ist eine hebelartige Verbindung zwischen Riegel und Falle, der es ermöglicht, daß die Falle mit dem Schlüssel zurückgedreht und so das Türblatt – bei nicht verriegeltem Zustand – geöffnet werden kann. An der Außenseite der Haus- oder Wohnungseingangstür bedarf es dann eines Knopfes (Knopfschild o.ä.) zum Zuziehen, an der Türinnenseite eines Drückers.
- **Nuß**. In das quadratische Vierkantloch der Nuß wird der Vierkantstift des Türdrückers genau passend eingeschoben, so daß die bei einer Drückerbetätigung ausgehende Bewegung direkt auf die Falle übertragen und somit das Öffnen der Tür ermöglicht wird.
- **Zuhaltung**. Bei Schlössern der Klasse 4 (Sicherheitseinsteckschlösser) wird eine Zuhaltung mit 3-fachem Eingriff in das Riegelschließwerk eingebaut. Die Riegelgegenkraft wird dadurch wesentlich erhöht.
- **Riegel**. Der Riegel wird durch ein- oder zweimalige Riegeldrehung (sog. ein- oder zweitouriges Schloß) in waagerechter Richtung aus dem Stulp herausgeschoben und in ein in der Zarge vorgesehenes Schließblech eingeführt; bei entgegengesetzter Schlüsseldrehung kann er wieder in den Schloßkasten zurückgezogen werden. Festgestellt (versperrt) wird der Schloßriegel in der jeweiligen Lage durch die Zuhaltung.
- **Schlüsselloch- bzw. Schließzylinder-Aussparungen** werden entsprechend der jeweiligen Schlüsselform (Schlüsselart) oder Zylinderform aus dem Schloßkasten (Schloßkastendeckblech) ausgeschnitten.
- **Stulp**. Der Stulp ist ein Teil des Schloßkastens, durch den üblicherweise Falle und Riegel herausragen. Er dient der Befestigung des Schlosses und wird sichtbar in der Türblattlängskante eingelassen. Bei Falztüren ist er einseitig bündig mit dem Schloßkasten, bei Stumpftüren mittig am Schloßkasten befestigt. Schlösser mit schrägem Stulp sind bei zweiflügeligen Türen oder bei besonders dicken einflügeligen Türblättern erforderlich.
- **Dornmaß.** Das Dornmaß wird von der Vorderkante Stulp bis Mitte Nuß bzw. Mitte Schlüsselloch gemessen und beträgt bei Schlössern für normal benutzte Innentüren 55 mm (Schloßklasse 1 bis 3), bei Schlössern für Türen mit hoher Sicherheitsanforderung üblicherweise 65 mm (Schloßklasse 4). Weitere mögliche Dornmaße sind 70, 80 und 100 mm.

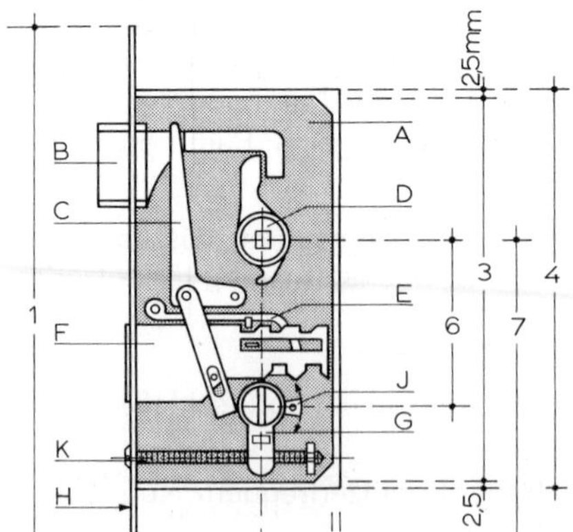

6.46
Schematische Darstellung eines Einsteckschlosses mit eingebautem Profilzylinder sowie den wichtigsten Teilen, Maßen und Bezeichnungen

A Schloßkasten, Schloßkastendeckblech, Schloßkastenplatte
B keilförmige Falle
C Wechsel
D Nuß mit quadratischem Vierkantloch
E Zuhaltung
F Riegel
G Schlüsselloch mit Zylinderaussparung
H Stulp
I Schließbart am Schließzylinder (umlegbar)
K Stulpschraube = Zylindersicherungsschraube

1 Stulplänge
2 Kastenbreite
3 Kastenhöhe
4 Ausnehmung (Ausfräsung in Türblatt)
5 Dornmaß
6 sog. Entfernung
7 Drückerhöhe von Mitte Nuß bis Oberfläche Fußboden (OFF)

- **Entfernung.** Die sog. Entfernung reicht von Mitte Nuß (Türdrücker) bis Mitte Schlüsselloch bzw. Schließzylinder und beträgt bei Schlössern für übliche Innentüren 72 mm (Bad/WC-Schlösser 78 mm), bei Schlössern für Türen mit hoher Sicherheitsanforderung normalerweise 92 mm.
- **Drückerhöhe.** Die Drückerhöhe wird von Mitte Nuß bis Oberfläche Fußboden (OFF) gemessen und beträgt üblicherweise 1050 mm (DIN 18101).

Schloßkasten. Der Schloßkasten darf bei Einsteckschlössern der Klasse 1 und 2 offen ausgeführt werden. Bei Einsteckschlössern der Klasse 3 und 4 muß der Schloßkasten allseitig geschlossen sein und darf nur solche Öffnungen aufweisen, die funktionsbedingt und zur Betätigung und Montage der gesamten Beschläge erforderlich sind.

Hochwertige Qualitätsschlösser in mittelschwerer bis schwerer Ausführung weisen eine ganze Reihe beachtenswerter Merkmale auf. So ist in der Regel der verzinkte Schloßkasten insgesamt staub- und spänedicht ausgebildet, so daß Funktionsstörungen durch Eindringen von Fremdkörpern in das Innenwerk des Schlosses ausgeschlossen sind. Durchgehende, aufbohrgeschützte Schraublöcher im Nuß- und Schlüssellochbereich ermöglichen eine sichere Verschraubung der Türschilder. Das unangenehme Flattern des Türdrückers wird durch eine selbstspannende Klemmnuß, gelagert in starken Bronze- oder Kunststoffringen, verhindert. Geräuschabsorber im Fallenbereich bewirken eine schalldämpfende Fallenfunktion. Außerdem ermöglicht ein eingebauter Graphitkanal (mit Abdeckschraube im Stulp) das Schmieren der Innenteile. Kräftige, elastische Drückerhochhaltefedern sorgen dafür, daß selbst bei starker Beanspruchung kein Nachlassen der Federkraft zu verzeichnen ist.

Einsteckschloß für Wohnungsabschlußtüren. Bild **6**.47 zeigt ein Einsteckschloß für Wohnungsabschlußtüren nach DIN 18251 (Klasse 3), vorgerichtet für Profilzylinder. Diese Schlösser werden üblicherweise in mittelschwerer Ausführung, meist mit Wechsel und mit zweitourig verschließbarem Riegel für Falz- und Stumpftüren angeboten. Das Dornmaß kann 55, 60, 65, 70 oder 80 mm betragen. Güteüberwachung erfolgt nach RAL-RG 607/2.

Behörden-Einsteckschloß. In Bild **6**.48 ist ein Behörden-Einsteckschloß nach DIN 18251 (Klasse 4) dargestellt. Derartige Schlösser eignen sich für erhöhte Einbruchhemmung und hohe Benutzerfrequenz.

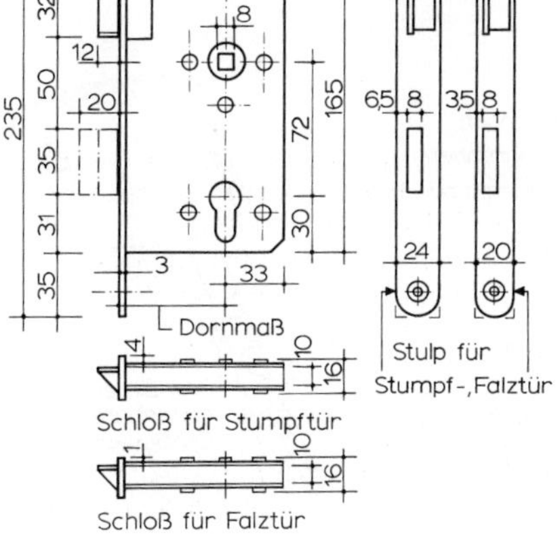

6.47 Einsteckschloß für Wohnungsabschlußtüren nach DIN 18251 (Klasse 3), mittelschwer, vorgerichtet für Profilzylinder
BKS-Gesellschaft, Velbert

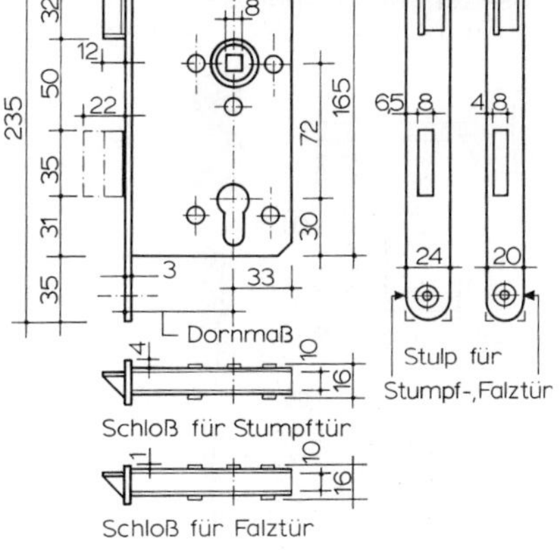

6.48 Einsteckschloß für öffentlich zugängliche Bauten (sog. Behördenschloß) nach DIN 18251 (Klasse 4), vorgerichtet für Profilzylinder
BKS-Gesellschaft, Velbert

6.5.2.2 Sicherungsarten der Schlösser

Einsteckschlösser – wie in Abschn. 6.5.2.1 näher beschreiben – können ein Buntbart-, Zuhaltungs- oder Zylinderschließwerk haben. Dementsprechend unterscheidet man:

Buntbartschloß

Die geringste Sicherheit bietet aufgrund seiner einfachen Schloßkonstruktion das Buntbartschloß. Es hat nur eine Sperrzuhaltung, die durch den Schlüsselbart so angehoben wird, daß der Riegel bewegt werden kann. Dieser wird durch ein- oder zweimaliges Drehen des Schlüssels (ein- oder zweitourig) vorgeschlossen. Der Schutz gegen unbefugtes Öffnen besteht lediglich in der Verschiedenartigkeit der Schlüsselbartformen (Schlüsselbartschweifungen) bzw. Schlüssellochausbildungen im Schloßkastendeckblech (Bild **6**.49 a). Das Buntbartschloß gilt daher nicht als Sicherheitsschloß und sollte nur in solche Türen eingebaut werden, an die keine Sicherheitsanforderungen gestellt werden (z. B. Zimmertüren im Wohnungsbau).

Zuhaltungsschloß

Das Zuhaltungsschloß – auch Chubschloß genannt – bietet eine größere Sicherheit als das Buntbartschloß. Es hat mehrere Sperrzuhaltungen, die durch den gestuften Schlüsselbart so angehoben werden, daß der Riegel bewegt werden kann. Die Zuhaltungen liegen im Schloßkasten unmittelbar oberhalb des Schlüsselloches zu einem „Paket" zusammengefaßt flach übereinander. Der Riegel wird durch zweimaliges Drehen des Schlüssels (zweitourig) vorgeschoben. Beim Zuhaltungsschloß besteht die Variationsmöglichkeit in der Auswahl der unterschiedlichen Schlüsselbartformen und in den unterschiedlichen Einschnitten des Schlüsselbartes; jede Bartabstufung hebt beim Öffnen eine Zuhaltung an (Bild **6**.49 b).

Zylinderschloß

Beim Zylinderschloß ist – im Gegensatz zu den vorgenannten Schloßarten – der Schließmechanismus (Schließwerk) vom Sicherheitsmechanismus (Schließzylinder) getrennt. Der Schließzylinder (DIN 18252) ist ein jederzeit austauschbares Bauteil, das dazu bestimmt ist, in dafür vorgerichtete Einsteckschlösser (DIN 18251) eingesetzt zu werden. Schließzylinder werden als Profil-, Rund- und Ovalzylinder angeboten. Entsprechend der jeweiligen Gehäuseform müssen Schloßkasten (Schloßkastendeckblech) und Türgarnitur (Türschilder, Rosetten) ausgespart sein.

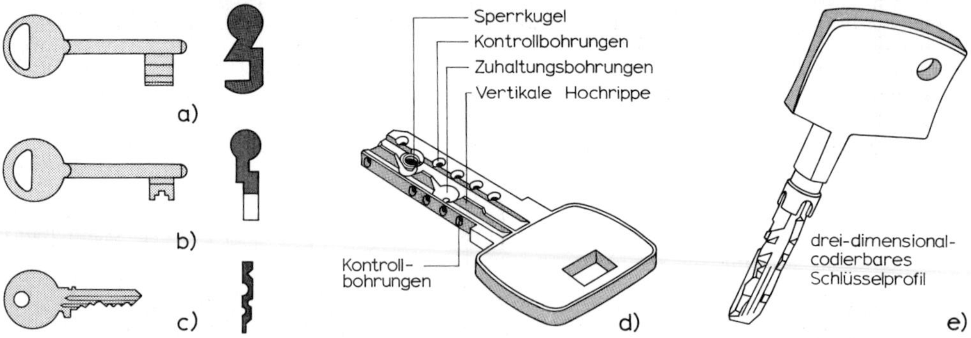

6.49 Schematische Darstellung einiger Schlüsselformen
a) Schlüssel für Buntbartschloß
b) Schlüssel für Zuhaltungsschloß
c) Schlüssel für Schließzylinder (konventionelles Schließsystem)
d) Schlüssel für Schließzylinder (Wendeschlüsselsystem). DOM Sicherheitstechnik
e) Schlüssel für Schließzylinder (dreidimensionale Codierung). DOM Sicherheitstechnik

Die Wirkungsweise des Schließzylinders beruht darauf, daß der Schließbart beim Drehen des Schlüssels den Schloßriegel bewegt und – bei Verwendung eines Schlosses mit eingebautem Wechsel – mittelbar auch die Schloßfalle. Beim klassischen Zylinderschloß besteht die Variationsmöglichkeit in den unterschiedlichen Schlüsselprofilen und Einschnitten bzw. Vertiefungen des Schlüssels (Bild **6**.49 c). Die auf dem Markt angebotenen Zylinder unterscheiden sich hinsichtlich der jeweiligen Sicherheitstechnik jedoch ganz erheblich voneinander und unterliegen einer ständigen Weiterentwicklung (Bild **6**.49 d bis e).

Schließzylinder

Die wesentlichsten Bestandteile des Schließzylinders sind das Zylindergehäuse, der Zylinderkern mit Schlüsselkanal, die Stiftzuhaltungen und der Schließbart, der das Schließwerk des Schlosses (Zylinderschloß) betätigt. Der Zylinderkern ist demnach drehbar im Zylindergehäuse gelagert. Schließzylinder für Türschlösser werden benannt und unterschieden nach (Bild **6**.50 und Bild **6**.51):

Gehäuseformen

- **Profilzylinder** (Bild **6**.50 a) mit einteiligem Zylindergehäuse nach DIN V 18254 (zukünftig DIN EN 1303). Aufgrund seiner weiten Verbreitung auch Euro-Zylinder genannt. S. hierzu auch Bild **6**.52.
- **Rundzylinder** (Bild **6**.50 b) mit ein- oder zweiteiligem Zylindergehäuse (Außen- und Innenteil). Verwendet wird vor allem die sog. Kurzzylinder-Ausführung. Der Kurzzylinder besteht aus zwei Einzelzylindern, die durch Verbindungsbolzen miteinander verbunden sind. S. hierzu auch Bild **6**.53.
- **Ovalzylinder** (Bild **6**.50 c) mit ein- oder zweiteiligem Zylindergehäuse (Außen- und Innenteil). Üblicherweise wird ebenfalls die Kurzzylinder-Ausführung eingesetzt, mit den gleichen konstruktiven Merkmalen wie bei den Rundzylindern.

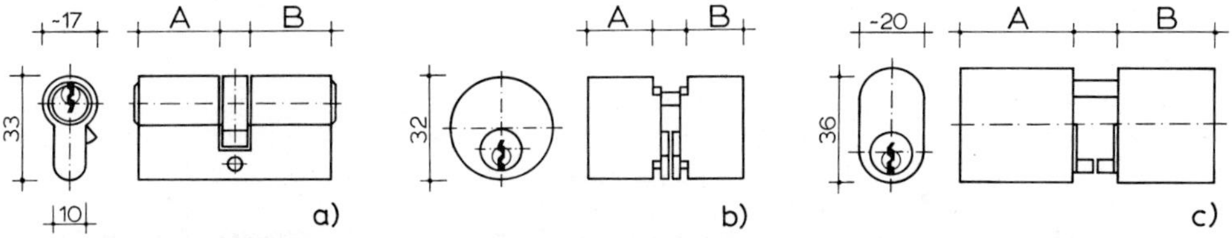

6.50 Schematische Darstellung von Schließzylinder-Gehäuseformen
a) Profilzylinder (PZ), b) Rundzylinder (RZ), c) Ovalzylinder (OZ)

Bauformen

- **Doppelzylinder** (Bild **6**.51 a). Als Doppelzylinder bezeichnet man einen Zylinder mit zwei Schließseiten (von außen und innen zu schließen). Je nach Türblattausbildung (Stumpf- oder Falztür) unterscheidet man symmetrisch oder asymmetrisch aufgebaute Doppelzylinder. S. hierzu „Zylinderverlängerungen".
- **Halbzylinder** (Bild **6**.51 b). Als Halbzylinder bezeichnet man einen Zylinder mit nur einer Schließseite, in der Regel als Außenzylinder verwendet (nur von außen zu schließen).
- **Knaufzylinder** (Bild **6**.51 c) sind Schließzylinder mit Knauf oder Drehknopf und mit einer Schließseite.

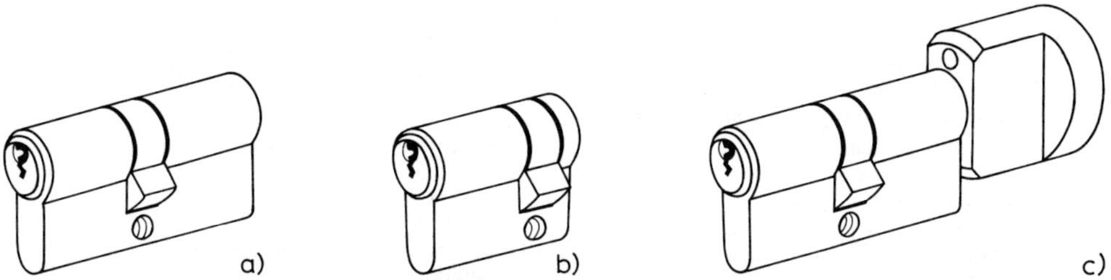

6.51 Schematische Darstellung von Schließzylinder-Bauformen
a) Doppelzylinder (D), b) Halbzylinder (H), c) Knaufzylinder (K)

Schlüsselformen

- **Klassisches Schlüsselsystem** (Bild **6**.49c) für Schließzylinder mit Stiftzuhaltungen und senkrecht angeordnetem Schlüsselkanal. Die Schlüssel weisen auf einer Schmalseite des Schlüsselschaftes entsprechende Einfräsungen bzw. Einkerbungen auf.
- **Wendeschlüsselsystem** (Bild **6**.49d) gibt es für Schließzylinder mit waagerecht oder senkrecht angeordnetem Schließkanal. Auf den Flachseiten des Schlüsselschaftes sind Bohrmulden angebracht. Diese Bohrbilder sind in der Regel spiegelsymmetrisch auf beiden Seiten gleich angeordnet, so daß es für den Benutzer keine Richtungsvorgabe beim Einschieben des Schlüssels in den Schließkanal gibt.

  Beim DOM-Kugelsystem (Bild **6**.49d) betätigt eine im Wendeschlüssel beweglich gelagerte Stahlkugel erst nach Überspringen eines tief im Schließzylinder liegenden Hindernisses eine von außen unerreichbare, zusätzliche Sperrsicherung. Widerrechtliche Manipulationen am Schlüssel oder Zylinder werden dadurch stark erschwert, so daß das unbefugte Anfertigen eines Nachschlüssels fast unmöglich ist.
- **Dreidimensional codiertes Schlüsselsystem** (Bild **6**.49e). Eine weitere Schlüsselform stellen die dreidimensional-codierbaren Schlüsselprofile dar, die bei höchsten Sicherheitsanforderungen eingesetzt werden. Das nahezu runde Schlüsselprofil des Edelstahlschlüssels ist dreidimensional derart vielfältig ausgefräst, daß ein unberechtigtes Kopieren eines Nachschlüssels nahezu ausgeschlossen werden kann. Weiterentwicklungen sind auf diesem Gebiet zu erwarten. Vgl. hierzu „Elektronische Schließzylinder".

Die Wirkungsweise eines Schließzylinders ist in Bild **6**.52 schematisch dargestellt. Es zeigt einen symmetrisch aufgebauten Doppelzylinder, die eine Hälfte ohne Schlüssel, die andere mit eingestecktem passenden Schlüssel. Dieser ordnet die unter Federdruck stehenden Kern- und Gehäusestifte so ein, daß ihre Trennungslinie zwischen Zylinderkern und Zylindergehäuse in einer Ebene liegt. Erst dadurch kann der Zylinderkern mit dem eingeführten Schlüssel gedreht, der Schlüsselbart bewegt und damit das Schloß betätigt werden. Im anderen Teil des dargestellten Doppelzylinders ragen die Stifte in den Schlüsselkanal und verhindern so – ohne passenden Schlüssel – eine Drehung des Zylinderkerns.

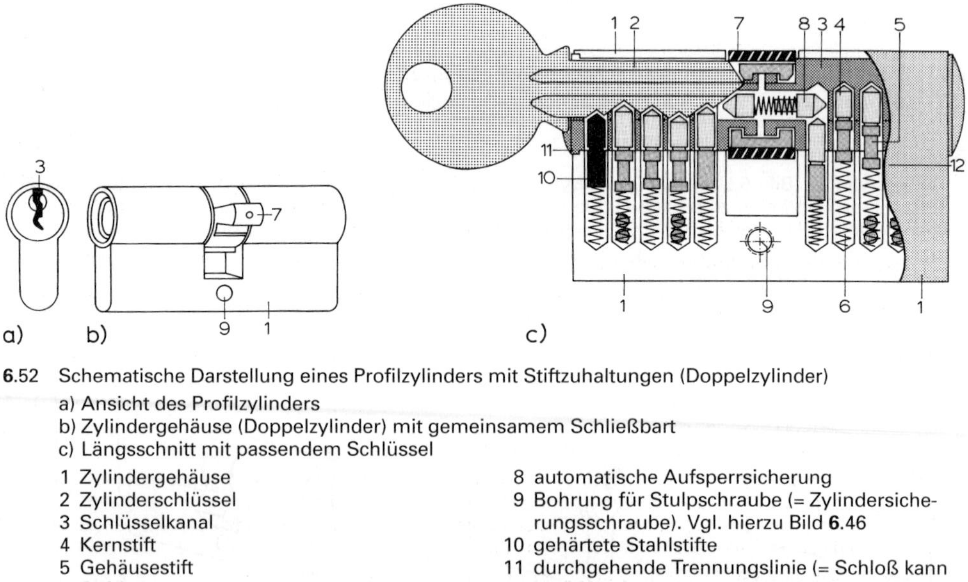

6.52 Schematische Darstellung eines Profilzylinders mit Stiftzuhaltungen (Doppelzylinder)
a) Ansicht des Profilzylinders
b) Zylindergehäuse (Doppelzylinder) mit gemeinsamem Schließbart
c) Längsschnitt mit passendem Schlüssel

1 Zylindergehäuse
2 Zylinderschlüssel
3 Schlüsselkanal
4 Kernstift
5 Gehäusestift
6 Stiftfeder
7 Schließbart, umlegbar
8 automatische Aufsperrsicherung
9 Bohrung für Stulpschraube (= Zylindersicherungsschraube). Vgl. hierzu Bild **6**.46
10 gehärtete Stahlstifte
11 durchgehende Trennungslinie (= Schloß kann betätigt werden)
12 höhenversetzte Stifte (= gesperrtes Schloß)

ZEISS IKON Aktiengesellschaft, Berlin

Der konstruktive Aufbau eines Kurzzylinders (Rund- und Ovalzylinder) ist in Bild **6**.53 schematisch dargestellt. Es zeigt einen sog. Kurzzylinder, der aus zwei getrennten Einzelzylindern besteht. Am Außenzylinder befinden sich zwei Verbindungsbolzen, die durch das Einsteckschloß hindurchgesteckt werden und auf die sich der Innenzylinder aufschieben läßt. Wenn beide Zylinderenden annähernd bündig mit den Türschildern liegen, verriegeln sich die Verbindungsbolzen selbsttätig. Diese Verriegelung kann nur mit Hilfe eines Auslösestiftes bei geöffneter Tür am Innenzylinder wieder gelöst werden. Eine Anpassung der Zylinderlängen an die jeweiligen Türblattdicken ist bei allen Systemen möglich.

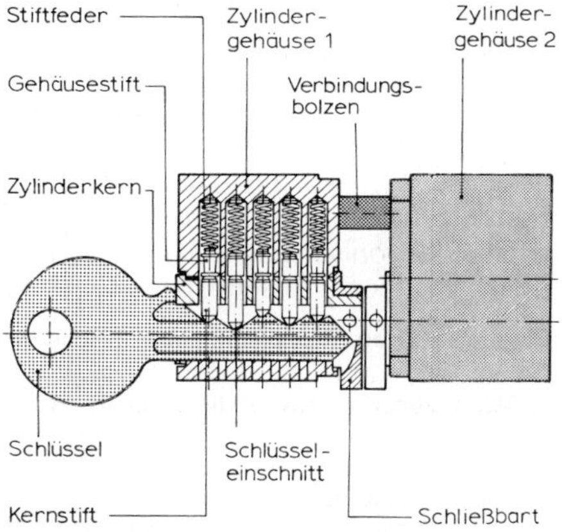

6.53
Schematische Darstellung eines Kurzzylinders (Rund- oder Ovalzylinder), der aus zwei getrennten Einzelzylindern besteht. Diese werden beim Einbau durch Verbindungsbolzen fest miteinander verbunden (selbsttätige Verriegelung).
BKS-Gesellschaft, Velbert

Klassifizierung von (Profil-)Schließzylindern. In der DIN V 18254 werden Profilzylinder in drei Klassen mit abgestuften Anforderungen eingeteilt.

Profilzylinder aller drei Klassen dürfen in Schließanlagen eingesetzt werden, wobei die Besonderheiten bei Schließanlagen berücksichtigt werden müssen.

Profilzylinder der Klassen 2 und 3 sind darüber hinaus für den Einsatz in Türschlössern für Türen mit Sicherheitsanforderungen (z.B. einbruchhemmende Türen nach DIN 18103) geeignet, sofern sie die zusätzlichen Anforderungen gemäß DIN V 18254 erfüllen. Vgl. hierzu auch Abschn. 6.8.5, Einbruchhemmende Türen.

Qualitätsmerkmale von Schließzylindern

Hochwertige Schließzylinder haben eine ganze Reihe von Forderungen bezüglich der zu erbringenden Sicherheit zu erfüllen. Von besonderer Bedeutung sind:

- **Funktionssicherheit.** Darunter versteht man das zuverlässige Zusammenwirken aller Teile der Schließzylindertechnik über eine lange Gebrauchsdauer hin.
- **Einbruchsicherheit.** Darunter ist der Widerstand des Zylinders gegen jede Art von Gewaltanwendung zu verstehen. Schließzylinder müssen vor allem gegen Abbrechen, Abdrehen, Aufbohren, Herausziehen und Durchschlagen sowie sonstige Angriffe geschützt bzw. gesichert werden.
- **Aufsperrsicherheit.** Als Aufsperrsicherheit bezeichnet man den Widerstand, den ein Schließzylinder gegen gewaltlose Öffnungsversuche mit Sperrwerkzeugen bietet. Um dies zu verhindern, sind hochwertige Schließzylinder mit automatischer Aufsperrsicherung, parazentrischen Schlüsselprofilen, Hantelstiften und zusätzlichen Sperrelementen ausgerüstet.
- **Nachschließsicherheit.** Darunter versteht man den Schutz, den Schließzylinder mit einem anderen als dem zugehörigen Schlüssel zu betätigen. Dies setzt vor allem eine hohe Präzision und sehr enge Fertigungstoleranzen voraus, mit der die Kernstifte, die Schlüsselkerben, das Profil des Schlüsselkanals und das Profil des Schlüssels hergestellt werden.

- **Abtastsicherheit.** Maßnahmen gegen das gewalt- und spurenlose Abtasten der Schließcodierung der Zuhaltungen eines Schließzylinders sollen verhindern, daß die Anfertigung von Nachschlüsseln ohne Kopie des Originalschlüssels möglich ist.
- **Aufbohrsicherheit.** Der Bohrschutz besteht darin, daß je nach Ausführung gehärtete Stahlstifte die Gehäusestifte bzw. andere gehärtete Stahleinlagen schützen. Weitere Einzelheiten sind der Spezialliteratur [23] zu entnehmen.

Elektronische Schließzylinder

Mit der Entwicklung des elektronischen Schließzylinders begann ein neuer Abschnitt im Bereich der Sicherheitstechnologie von Schlössern. Während die Zutrittsberechtigung bei rein mechanisch betriebenen Zylindern über den jeweils passenden Schlüssel erfolgt, werden beim elektronischen Schließsystem sowohl Zylinder als auch Schlüssel mit zusätzlichen Komponenten bestückt. Im Schlüsselkopf befindet sich ein codierter Mikrochip, dessen geschützter Chip-Code durch unterschiedliche Übertragungsarten (z.B. mechanische Kontakte, Infrarot, HF-Frequenz) abgefragt werden kann. Auf der Zylinderseite wird die Codierung eingelesen und an eine Steuerelektronik (sog. E-Einheit) weitergegeben. Diese kann je nach System in, auf oder neben der Tür installiert sein. Die Energieversorgung der E-Einheit erfolgt wahlweise mit Batterien oder Netzanschluß, die Codierung über kleine tragbare Handprogrammiergeräte oder über einen angeschlossenen PC (direkt mit der E-Einheit vernetzt). Elektronische Zylinder werden auch zunehmend verstärkt in Schließanlagen integriert. Vgl. hierzu Abschn. 6.5.2.4.

Die meisten Hersteller bieten elektronische Schließzylinder wahlweise in zwei Betriebsarten an, und zwar als

- **Stand-alone-System** (off-line-Betrieb). Bei dieser auf die jeweilige Einzeltür ausgerichteten Betriebsart besitzt jeder einzelne elektronische Zylinder eine Steuereinheit (meist batteriebetrieben), die jeweils vor Ort mit dem Programmiergerät codiert werden kann.
- **One-line-System.** Hierbei handelt es sich um ein verkabeltes (vernetztes) System, dessen Steuerung über eine zentrale Stelle – in der Regel einen Personal-Computer – erfolgt. Alle elektronischen Zylinder (z. B. einer Schließanlage) werden damit zentral erfaßt und ggf. noch weitere Zusatzfunktionen (z. B. Alarmgeber, Video-Überwachungsanlagen u. ä.) zugeschaltet. Außerdem ergeben sich noch weitere Möglichkeiten, den Zutritt nach zeitlichen Kriterien zu steuern bzw. einzuschränken. Auf die weiterführende Spezialliteratur [24] wird besonders hingewiesen.

Schließzylindereinbau

Schließzylinder werden als Profil-, Rund- und Ovalzylinder angeboten. Entsprechend der jeweiligen Gehäuseform müssen Schloßkasten (Schloßkastendeckblech) und Türgarnitur (Türschilder, Rosetten) ausgespart sein. Allgemein geht man bei normal beanspruchten Zimmertüren von einer Türblattdicke von etwa 38 bis 42 mm, bei Haustüren von Türdicken zwischen 66 bis 70 mm aus.

Festlegung der Zylinderlänge. Bei der Festlegung der Zylinderlänge sind folgende Angaben zu berücksichtigen (Bild **6**.54):

- der Schließzylinder-Typ (Bauform, Gehäuseform)
- die Türblattdicke
- die Schloßlage im Türblatt (Stumpf-, Falz-, Doppelfalztür)
- die Türschilddicke (außen und innen).

Wie Bild **6**.54 verdeutlicht, ergeben die Maße A und C sowie B und D die erforderlichen Mindestlängen der Zylinderhälften. Diese können symmetrisch (gleich lang) oder asymmetrisch (unterschiedlich lang) ausfallen. Die Längen der beiden Zylinderhälften sind daher immer einzeln zu ermitteln. Es bedeuten:

A und **B** = Abstand von Mitte Zylindersicherungsschraube (vgl. Bild **6**.46k) bis Türblattoberflächen

C und **D** = Türschilddicken (üblicherwiese jeweils 8 mm dick)

E = Zusatzfalztiefe (z. B. bei Doppelfalztürblättern).

Grundsätzlich sind die Zylinderlängen A und B mit den Türschilddicken C und D so aufeinander abzustimmen, daß das Gehäuse des Schließzylinders – zumindest auf der Außen- bzw. Angriffseite der Tür – um nicht mehr als **3 mm** aus dem Beschlag herausragt. Zu beachten ist, daß Schließzylinder abgebrochen werden können, wenn diese zu weit aus dem Türschild hervorstehen.

Bei Profilzylindern werden die Maße für die Bestimmung der Zylinderlängen A und B von der Zylindersicherungsschraube (Stulpschraube), bei Rund- und Ovalzylindern vom Schloßkasten aus gemessen. Dabei geht man von einer Schloßkastendicke von 14 mm aus.

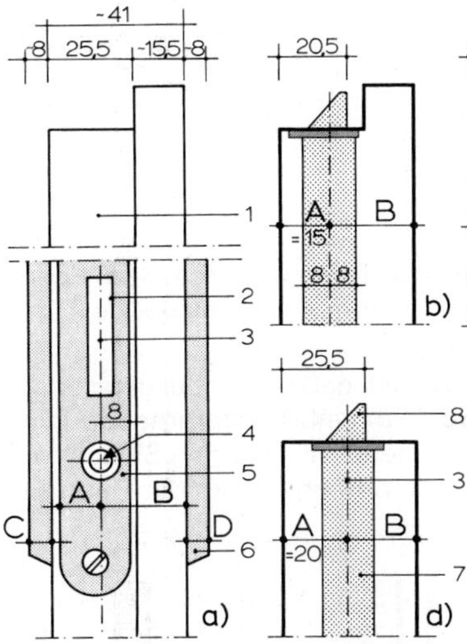

6.54 Schematische Darstellung eines Schloßkasteneinbaues und der Ermittlung von Zylinderlängen

a) Falztür mit Stulpansicht
b) Türblatt mit Einfachfalz
c) Türblatt mit Doppelfalz
d) Türblatt stumpf einschlagend

1 Falztür
2 Schloßriegel
3 Bezugslinie = Mitte Zylindersicherungsschraube (Stulpschraube). Vgl. hierzu Bild **6**.46
4 Bohrung für Zylindersicherungsschraube
5 Stulpansicht
6 Türschild, Rosette o. ä.
7 Schloßkasten
8 Schloßfalle

Nach Vorlagen WIRUS-Bauelemente GmbH, Gütersloh

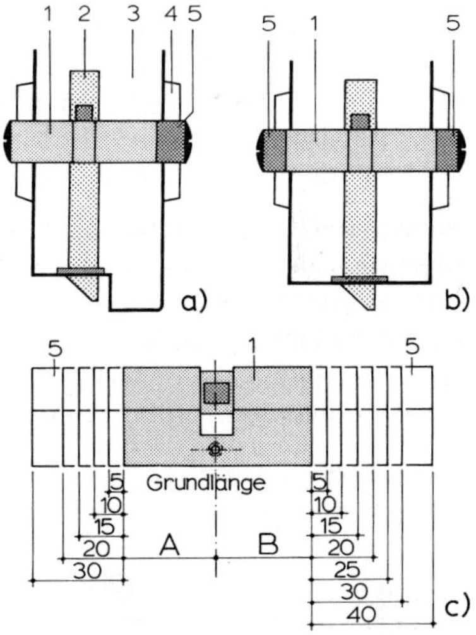

6.55

Schematische Darstellung von Schließzylinder-Verlängerungen

a) einseitig verlängerter Doppelzylinder
b) beidseitig verlängerter Doppelzylinder
c) mögliche Verlängerungen (Auszug)

1 Grundlänge (Grundmaß) eines Zylindergehäuses (unterschiedlich je nach Herstellerangebot)
2 Türschloß
3 Türblatt
4 Türschild
5 Verlängerungen

Zylinderverlängerungen. Da Schließzylinder nicht in jeder Länge geliefert – sondern ausgehend von einem bestimmten Grundmaß nur in festgelegten Rastermaßen verlängert werden – ist es erforderlich, diese Verlängerung so zu wählen, daß die Zylinderenden mit den Türschildern möglichst bündig liegen. Wie Bild **6**.55 zeigt, können die Zylinder in Stufensprüngen von üblicherweise 5 mm ein- oder beidseitig angepaßt werden. Weitere Einzelheiten sind der Spezialliteratur [8], [23], [25] sowie Abschn. 6.5.3, Türgarnituren und Abschn. 6.8.5, Einbruchhemmende Türen, zu entnehmen.

6.5.2.3 Schließbleche

Falle und Schließriegel der Schlösser greifen in passend ausgestanzte Schließbleche, die üblicherweise in der Falzkante der Türzargen (Falzbekleidung) eingelassen und festgeschraubt werden. Ausgehend von der oberen Bezugskante an der Türzarge ist der Sitz des Schließbleches in DIN 18101 geregelt. Vgl. hierzu Bild **6**.24. Schließbleche werden in der Regel passend zum Schloß mitgeliefert.

Klassifizierung von Schließblechen. Anforderungen und Prüfverfahren zur Festigkeit, Schutzwirkung, Dauerhaftigkeit und Wirkungsweise von Schließblechen für Innen- und Außentüren sind in E DIN EN 12209-2 festgelegt. Schließbleche für Feuer- und Rauchschutztüren müssen noch zusätzliche Merkmale aufweisen; Einzelheiten hierzu sind Anhang A der vorgenannten Norm zu entnehmen.

Winkel- und Lappenschließbleche

Allgemein unterscheidet man Winkelschließbleche für gefälzte Türen mit schmalem Schenkel oder gleichen Schenkeln sowie Lappenschließbleche für stumpf einschlagende Türen, jeweils für Links- und Rechtstüren geeignet (Bild **6**.56 a, b).

Winkelschließbleche mit schmalem Schenkel haben den Vorteil, daß dieser bei geschlossener Tür durch den Türüberschlag verdeckt wird (Bild **6**.56 c). Für einbruchhemmende Türen (z. B. Haus- und Wohnungseingangstüren) werden vorwiegend Winkelschließbleche mit gleichen Schenkeln verwendet, die verstärkt (Mindestdicke 3 mm) und besonders lang sind

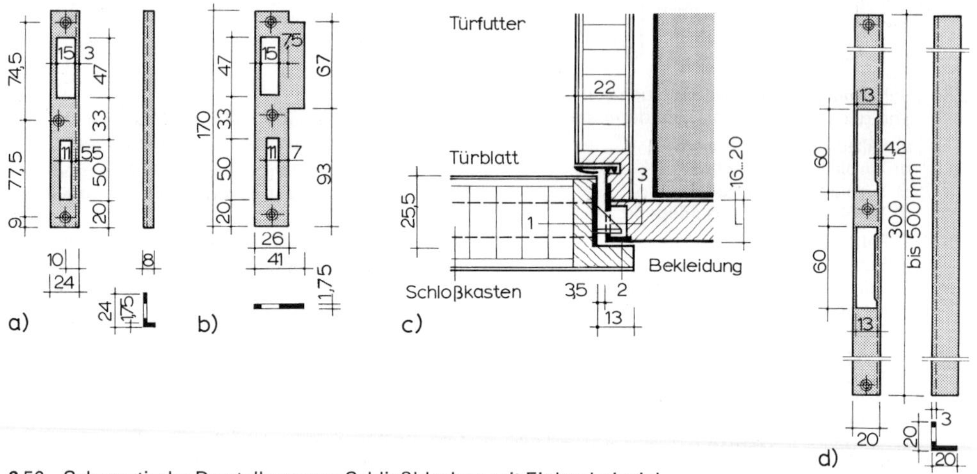

6.56 Schematische Darstellung von Schließblechen mit Einbaubeispiel
a) Winkelschließblech mit schmalem, verdeckt liegendem Schenkel für gefälzte Innentüren
b) Lappenschließblech für ungefälzte Innentüren
c) Einbaubeispiel mit den wichtigsten Maßen
d) Winkelschließblech verstärkt und verlängert, mit gleichen Schenkeln für gefälzte Haus- und Wohnungseingangstüren
1 Schloßstulp
2 Winkelschließblech mit schmalem Schenkel
3 Schloßfalle

(Bild 6.56 d). Eine besonders schwere Schließblechausstattung für Türen im Objektbereich zeigt Bild 6.57 a. Derartige Sicherheitsschließbleche eignen sich sowohl für Feuer- und Rauchschutztüren, einbruchhemmende Türen als auch für besonders schwere Türen. Ein Winkelschließblech für überfälzte Türen mit zusätzlicher Dübelverankerung bis zum Mauerwerk ist in Bild 6.57 b dargestellt.

Bei zweiflügeligen Türen und bei besonders dicken einflügeligen Drehtüren muß die schloßseitige Türblatt-Längskante unter Umständen abgeschrägt werden. Schloßstulp und Schließblech sind dann entsprechend der jeweiligen Türblattdicke in schräger Ausführung zu wählen. Die jeweils vorteilhafteste Gradzahl der Kantenschräge ist einer sog. Schrägentabelle zu entnehmen. Weitere Einzelheiten hierzu s. [26].

Türverschlüsse mit Mehrfachverriegelung

Schlösser mit Mehrfachverriegelung bieten gegenüber normalen Schlössern erhöhten Einbruchschutz. Bei diesen Türverschlüssen wird lediglich das Hauptschloß – in das ein Schließzylinder eingebaut werden kann – zum Schließen und Öffnen betätigt. Die weiteren Zusatzverriegelungen im Türfalz erfolgen ansonsten entweder über ein sog. Rollzapfengetriebe (Bild 6.58 a) – bestehend aus einem vertikal beweglichen Stahlband mit aufgenieteten Rollzapfen – oder über zusätzlich zum Hauptschloß an einem verlängerten Stulp oben und unten angebrachte, über einen Verriegelungsantrieb wirkende Riegelschlösser (Bild 6.58 b und c). Daraus ergeben sich je nach System unterschiedliche Verschlußvarianten-

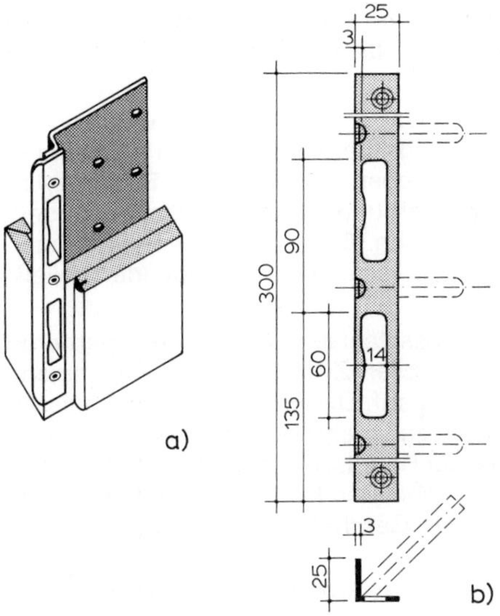

6.57 Schematische Darstellung von Sicherheits-Schließblechen

a) Schweres Schließblech für den Objektbereich (Feuer-, Rauch- und Einbruchhemmende Türen nach DIN 18 103)

b) Winkelschließblech mit gleichen Schenkeln für gefälzte Türen, verlängert und verstärkt und mit zusätzlicher Dübelverankerung bis zum Mauerwerk

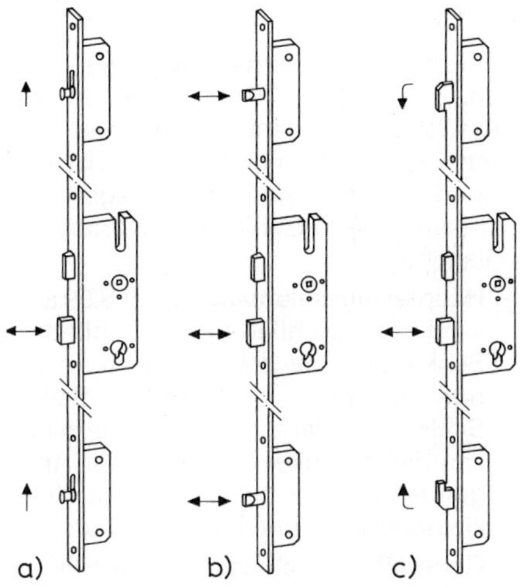

6.58 Schematische Darstellung von Türverschlüssen mit Mehrfachverriegelung

a) Mehrfachverriegelung mit Rollzapfen oder Pilzkopfzapfen und einem Hauptschloß

b) Mehrfachverriegelung mit Rundbolzenriegeln, Hauptschloß und zwei Nebenschlössern

c) Mehrfachverriegelung mit Schwenkriegeln, Hauptschloß und zwei Nebenschlössern ten, und zwar in Form von Rollzapfen (Pilzkopfzapfen), Rundbolzenriegeln und Schwenkriegeln. Ausgehend von der Anzahl der schloßseitigen Verriegelungen wird von einem Vierpunkt-, Sechspunkt- oder Zehnpunktschloß gesprochen.

Einbruchhemmende Türen der Klasse ET 1 nach DIN 18103 können mit einem Hauptschloß und damit einer Einfachverriegelung ausgerüstet werden (Tabelle **6**.133). Türen der Klasse ET 2 erfordern dagegen zwingend eine Mehrfachverriegelung in Sonderausführung und mit Prüfzeugnis. Sind auf der Schloßseite jedoch Mehrpunktverriegelungen vorgesehen, sollten in jedem Fall auch bandseitig zusätzliche Bandseitensicherungen in Form von Einbohrzapfen mit Schließkeilen eingebaut werden. Weitere Einzelheiten hierzu s. Abschn. 6.8.5, Einbruchhemmende Türen.

6.5.2.4 Schließanlagen

Als Schließanlage wird die Kombination von Schließzylindern und den zugehörigen Schlüsseln mit unterschiedlichen Schließungen bezeichnet, die miteinander in funktionellem Bezug stehen (DIN 18252). Schließanlagen werden überall dort eingerichtet, wo Sicherheit und Zweckmäßigkeit dies verlangen. Individuelle Wünsche können bei der Erstellung eines Schließplanes ebenso berücksichtigt werden wie spezielle organisatorische und sicherheitstechnische Erfordernisse. Der Schließplan wird mit speziellen EDV-Programmen erstellt und unter besonderen Sicherheitsvorkehrungen beim Zylinderhersteller gespeichert. Nachbestellungen von Schließzylindern und Schlüsseln sind daher auch noch nach vielen Jahren möglich. Passend zu jeder Schließanlage wird außerdem eine sog. Sicherheitskarte (ähnlich einer Scheckkarte) geliefert, die anlagenspezifische Daten in mehrfach codierter Form enthält. Sie ist gleichzeitig die Berechtigungskarte für Nachbestellungen von Zylindern und Schlüsseln.

Schließanlagen werden generell so geplant, daß sie auch später noch ergänzt werden können. Beabsichtigte Objekterweiterungen sollten allerdings bereits bei der Erstbestellung bekannt sein. Zunehmend werden in Schließanlagen – neben mechanischen Schließzylindern – auch elektronische Schließzylinder integriert und damit vor allem besonders sicherheitsrelevante Türen ausgerüstet. Vgl. hierzu Abschn. 6.5.2.2. Weiterentwicklungen sind auf diesem Gebiet zu erwarten. Im wesentlichen unterscheidet man folgende Schließanlagenarten:

— **Hauptschlüsselanlage** (Bild **6**.59 a). Eine Hauptschlüsselanlage besteht aus mehreren verschiedenschließenden Schließzylindern. Jeder dieser Zylinder weist eine eigene Schließung mit jeweils zugeordnetem Einzelschlüssel auf. Diese Einzelschlüssel passen nur zu einem bestimmten Schießzylinder bzw. zu mehreren gleichschließenden Schließzylindern. Allen Zylindern übergeordnet ist der Hauptschlüssel (HS), mit dem man sämtliche Schließzylinder einer Anlage öffnen und schließen kann. Hauptschlüsselanlagen eignen sich beispielsweise für Einfamilienhäuser, Geschäfte und Gaststätten sowie kleinere Büro- und Fabrikgebäude.

— **Generalhauptschlüsselanlage** (Bild **6**.59 b). Eine Generalhauptschlüsselanlage besteht aus vielen verschiedenschließenden Zylindern, die zu mehreren Gruppen zusammengefaßt werden. Jede Gruppe wird von einem Gruppenschlüssel (GS) geschlossen, mehrere solcher Gruppen lassen sich wieder zu Hauptgruppen vereinigen. Alle Schließzylinder einer Hauptgruppe sind dann von einem Hauptgruppenschlüssel (HGS) zu öffnen. Diesen HG-Schlüsseln übergeordnet ist der Generalhauptschlüssel (GHS), mit dem sämtliche Schließzylinder der Anlage betätigt werden können. Generalhauptschlüsselanlagen eignen sich für große und komplexe Organisationsstrukturen, wie sie beispielsweise bei Banken, Hotels, Krankenhäuser, Hochschulen usw. vorkommen.

— **Zentralschließanlage** (Bild **6**.59 c). Eine Zentralschließanlage besteht aus mehreren verschiedenschließenden Zylindern, deren Einzelschlüssel auch einen oder mehrere Zentral-

Schließzylinder schließen. Diese Anlagen werden vor allem in Mehrfamilienhäusern und größeren Wohnanlagen eingebaut. So kann beispielsweise jeder Hausbewohner mit seinem Wohnungsschlüssel nicht nur seine eigene Wohnungseingangstür, sondern auch die mit Zentral-Schließzylindern ausgestatteten, gemeinsam benutzten Türen wie Haustür, Kellereingangstür usw. schließen. Kein Hausbewohner kann jedoch mit seinem Schlüssel in die Wohnung eines anderen gelangen. Zentralschließanlagen lassen sich auch in Hauptschlüsselanlagen einfügen. Diese Kombination empfiehlt sich dann, wenn zum Beispiel Wohnungen und Geschäfts- oder Büroräume in einem Gebäude untergebracht sind.

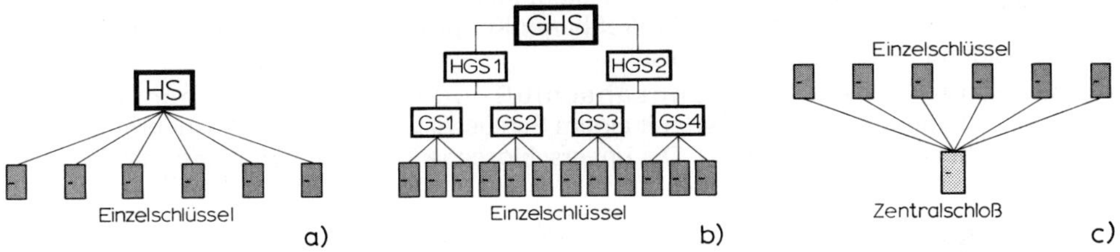

6.59 Schematische Darstellung von Schließanlagensystemen
a) Hauptschlüsselanlage
b) Generalhauptschlüsselanlage
c) Zentralschließanlage

6.5.3 Türgarnituren

Zum Öffnen und Schließen von Türen bedarf es besonderer Beschläge, die man zusammengefaßt als Türgarnitur bezeichnet. Eine Türgarnitur besteht gemäß DIN 18255 in der Regel und im wesentlichen aus:

— **Türdrückern** (auch Türgriffe genannt), die mit einem durch das Türblatt hindurchgehenden Drückerstift (Vierkantstift) verbunden sind und die beim Niederdrücken das Zurückziehen der Schloßfalle und somit das Öffnen der Tür ermöglichen.

— **Türschildern** (Außen- und Innenschild), die einmal als Gleit- und Führungslager für die Drehbewegungen der Türdrücker (axiale und vertikale Kräfte), zum anderen als Abdeckplatten für alle im Schloßbereich vorkommenden Bohrungen und Aussparungen dienen. Sie können Ausnehmungen beispielsweise für Schlüssel, Schließzylinder oder Drücker bzw. Knopfgarnituren aufweisen und werden immer von der Innenseite (Öffnungsseite) her befestigt. Türschilder dienen auch dem Schutz der Türblattoberflächen (Beschädigungen durch Schlüssel), außerdem können an sie besondere Anforderungen bezüglich des Einbruch-, Feuer- und Rauchschutzes gestellt werden. Hinsichtlich der Ausführungsform sind Langschild- und Kurzschildgarnituren (abgerundet oder eckig) sowie Rosettengarnituren zu unterscheiden.

Klassifizierung von Türgarnituren. In E DIN EN 1906 werden Türgarnituren hinsichtlich der Benutzungshäufigkeit, Einbruchsicherheit, Feuer- und Korrosionsbeständigkeit in entsprechende Klassen eingeteilt. Einbruchhemmende Schutzbeschläge sind außerdem in DIN 18257, Türdrückergarnituren für Feuer- und Rauchschutztüren in DIN 18273 genormt. In der Praxis unterscheidet man im wesentlichen folgende Hauptgruppen:

— Standardbeschläge (privater Wohnbereich mit normaler Beanspruchung)

— Objektbeschläge (öffentlicher Bereich mit häufiger Benutzung durch Publikum)

— Schutzbeschläge (einbruchhemmende Türen, Feuer- und Rauchschutztüren).

Garniturarten

Drückergarnitur (Bild **6.**60 a und b). Sie besteht aus zwei Türdrückern (Stiftteil und Lochteil) mit zwei Türschildern bzw. Rosetten.

— **Bild 6.61 a** zeigt eine Zimmer- oder Haustürgarnitur. Die Tür ist von innen und außen mit einem Schlüssel verschließbar (Ausnehmungen für Schlüssel oder Schließzylinder). Die unverschlossene Tür kann von beiden Seiten mit dem Türdrücker geöffnet werden. Anstelle von Türdrückern können auch auf einer oder beiden Türseiten Drehknöpfe angebracht sein.

Wechselgarnitur (Bild **6.**60 c und d). Sie besteht innen aus einem Türdrücker mit Türschild oder Rosette, außen aus einem nicht drehbaren Knopfschild bzw. Einzelknopf. Die Verbindung erfolgt mit einem sog. Wechselstift.

— **Bild 6.61 b** zeigt eine Wohnungsabschluß- oder Haustür-Wechselgarnitur. Die Tür ist von innen und außen mit einem Schlüssel verschließbar (Ausnehmungen für Schlüssel oder Schließzylinder). Die unverschlossene Tür kann von innen mit dem Tür-

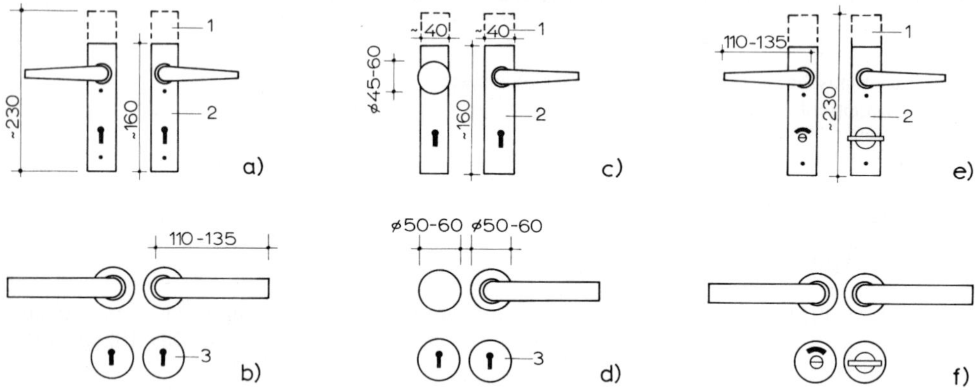

6.60 Schematische Darstellung von Türdrückern, Türschildern und Rosetten
a) bis b) Zimmertür- oder Haustürgarnitur
c) bis d) Wohnungsabschluß- oder Haustür-Wechselgarnitur
e) bis f) Badezellen- und Klosettürgarnitur
1 Langschild
2 Kurzschild
3 Rosette

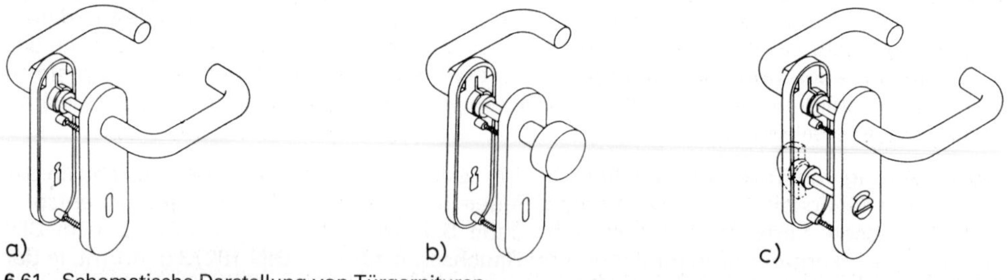

6.61 Schematische Darstellung von Türgarnituren
a) Zimmertür- oder Haustürgarnitur
b) Wohnungsabschluß- oder Haustür-Wechselgarnitur
c) Badezellen- und Klosettürgarnitur
HEWI-Beschläge, Bad Arolsen

drücker, von außen dagegen nur mit dem Schlüssel geöffnet werden, da der Knopf feststehend ist. Wechselgarnituren sind nur in Verbindung mit einem Wechselschloß verwendbar. Vgl. hierzu Bild **6**.46.

Badezellen- und Klosettürgarnitur (Bild **6**.60 e und f). Sie bestehen aus zwei Türdrückern und zwei Türschildern oder Rosetten.

— **Bild 6.61 c** zeigt eine Frei-Besetzt-Garnitur. Die Tür ist von innen mit der Riegelolive verschließbar, außen wird ein Frei-Besetzt-Zeichen in einem Fenster angezeigt. Die unverschlossene Tür ist von beiden Seiten mit dem Türdrücker zu öffnen. Diese Garnituren sind nur in Verbindung mit einem Badezellen- oder Klosettürschloß verwendbar.

Türdrücker und Türgriffe für Rahmentüren (Bild **6**.62). Bei Rahmentüren aus Metall und Kunststoff müssen die Türdrücker, Türgriffe und Türknöpfe wegen der besonders engen Platzverhältnisse im Bereich der Schloßtasche (kleines Dornmaß) so beschaffen sein, daß Verletzungen der Hand beim Öffnen und Schließen der Tür vermieden werden. Zwischen Türbeschlag und Zargenrahmen (Schließkante) ist daher in Greifhöhe ein Sicherheitsabstand von mind. **25 mm** erforderlich. Weitere Einzelheiten sind der Spezialliteratur [27] zu entnehmen.

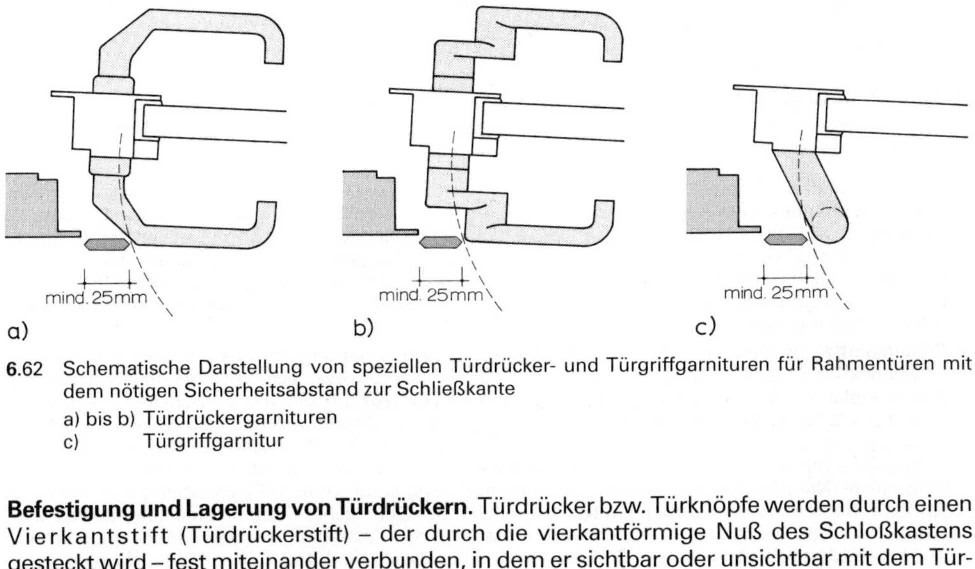

6.62 Schematische Darstellung von speziellen Türdrücker- und Türgriffgarnituren für Rahmentüren mit dem nötigen Sicherheitsabstand zur Schließkante
a) bis b) Türdrückergarnituren
c) Türgriffgarnitur

Befestigung und Lagerung von Türdrückern. Türdrücker bzw. Türknöpfe werden durch einen Vierkantstift (Türdrückerstift) – der durch die vierkantförmige Nuß des Schloßkastens gesteckt wird – fest miteinander verbunden, in dem er sichtbar oder unsichtbar mit dem Türdrückerpaar verschraubt, verkeilt oder verklemmt wird. Ziel zahlreicher unterschiedlicher Konstruktionen und Patente der Beschlagindustrie ist es, die Türdrücker so miteinander zu verbinden, daß alle auftretenden Zieh-, Druck- und Drehkräfte optimal abgestützt bzw. aufgefangen werden und die Drückerverbindungen nicht ausleiern und sich auch nicht lockern.

— **Bild 6.63** zeigt eine Drückersicherung, die durch einen Federhebel erreicht wird. Wird bei diesem Beispiel die unterseitig angeordnete Madenschraube angezogen, so spannt und klemmt diese den Federhebel und Vierkantstift derart, daß die Türdrücker dadurch rüttelsicher festsitzen.

— **Bild 6.64** zeigt eine weitere Drückersicherung, bei der zunächst die Türschilder oder Rosetten lockerungssicher verschraubt werden, danach erfolgt die Drückerarretierung. Dabei rastet ein am Ende des Vierkantstiftes sitzender Federbolzen nach dem Zusammenstecken des Drückerpaares selbsttätig in eine Bohrung des Gegendrückers ein. Da der Federbolzen formschlüssig in der Bohrung sitzt, kann die Verbindung auch nur mit einem speziellen Entriegelungsdorn wieder gelöst werden. Eine weitere kräftige Druckfeder verspannt die beiden Türdrücker – die aus Kunststoff (Nylon) mit Stahlkern bestehen – in Richtung der Nußachse.

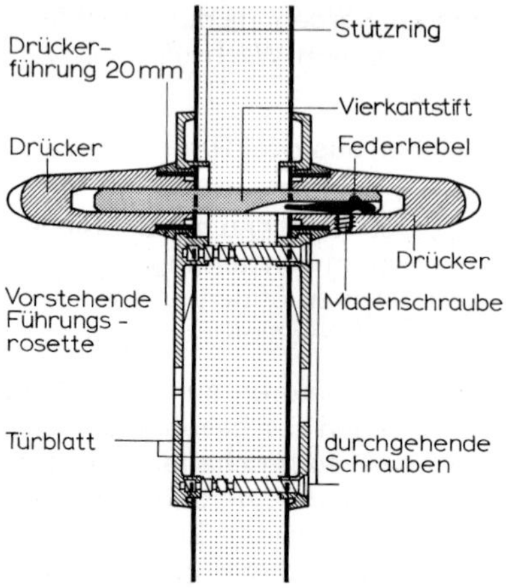

6.63 Türdrückersicherung durch Federhebel und Madenschraube (Vertikalschnitt)
WEHAG-Beschläge, Heiligenhaus

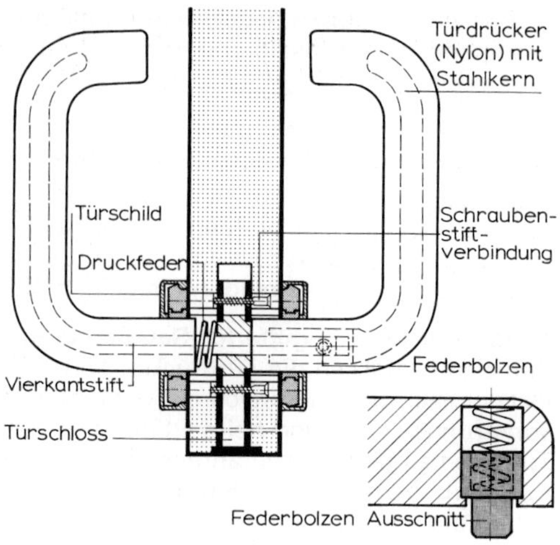

6.64 Türdrückersicherung durch Federbolzen mit Stift (Horizontalschnitt)
HEWI-Beschläge, Bad Arolsen

Materialien für Türgarnituren

Alle Garniturteile werden in vielfacher Form angeboten und aus den unterschiedlichsten Materialien hergestellt. Im wesentlichen unterscheidet man:

— **Edelstahl rostfrei** (Chrom-Nickel-Stahl). Dieser Werkstoff eignet sich in besonderer Weise für Türbeschläge im Innen- und Außenbereich, da er äußerst korrosionsbeständig (Korrosionsbeständigkeitsklassen gemäß E DIN EN 1670), hochabriebfest, kratzunempfindlich und sehr pflegeleicht ist. Aufgrund dieser Eigenschaften wird er empfohlen für Beschläge an vielbegangenen Türen, insbesondere in öffentlich zugänglichen Gebäuden, aber auch für Außenbeschläge und für Beschläge in gechlorten Schwimmbädern. Die Oberfläche wird normalerweise matt gebürstet ausgeführt, kann aber auch hochglanzpoliert geliefert werden.

— **Aluminium.** Aluminium ist ein Leichtmetall, für dessen Erstgewinnung ein relativ hoher Energieeinsatz erforderlich ist; es ist jedoch voll recycelbar. Das Aussehen wird wesentlich durch die Art der gewählten Vorbehandlung (Bearbeitungsklassen E0 bis E6 gemäß DIN 17611) beeinflußt. Einzelheiten hierzu s. Abschn. 5.6.4.2. Nach der mechanischen Bearbeitung wird die Oberfläche durch Eloxieren geschützt. Dabei handelt es sich um einen elektro-chemischen Vorgang, der die Oberfläche des Aluminiums in einer bestimmten Dicke in Aluminiumoxid umwandelt (sog. anodische Oxidation). Diese silberweiße Oxidschicht (Naturfarbton des Aluminiums) kann noch eingefärbt werden (Tauchfärbung oder elektrolytisches Verfahren). Danach erfolgt ein Nachverdichten der Oberfläche, wodurch eine hohe Korrosions-, Licht- und Wetterbeständigkeit erreicht wird. Beschläge aus Aluminium können somit im Innen- und Außenbereich eingesetzt werden. Grundsätzlich bedarf dieser Werkstoff keiner Pflege. Da Aluminium jedoch empfindlich gegen Säuren und Basen ist, müssen Profile und Beschläge während der Bauzeit gegen Kalk- oder Zementmörtelspritzer durch später wieder abziehbare Folien geschützt werden.

— **Aluminium und Farbbeschichtung**. Nach der anodischen Oxidation kann das Basismaterial durch ein lösungsmittelfreies Lackierverfahren (elektrostatische Pulverbeschichtung) auch farbig beschichtet werden. Die Oberflächenqualität entspricht in etwa der der Eloxalschichten; auch ein wetterfestes Emaillieren von Aluminium ist möglich. Vgl. hierzu auch Abschn. 5.6.4.2, Farbbeschichtungen.

— **Messing** (Kupfer-Zink-Legierung). Messingbeschläge sind aufgrund ihrer goldglänzenden Oberfläche sehr beliebt. Sie werden aus den unterschiedlichsten Legierungen hergestellt, so daß auch die Oberflächenhärte sehr variiert. Grundsätzlich ist festzuhalten, daß der Werkstoff Messing im täglichen Gebrauch zu Korrosion neigt. Die Beschlagteile müssen daher regelmäßig mit Putzmittel behandelt werden, wenn eine Oxidierung erfolgt. Es besteht auch die Möglichkeit – mit allen Vor- und Nachteilen – Messingbeschläge zu wachsen oder mit farblosem Lack zu behandeln. Weitere Einzelheiten sind der Spezialliteratur [28] zu entnehmen.

— **Kunststoff** (Polyamid – Handelsname: Nylon). Der Werkstoff Nylon weist so hervorragende Eigenschaften auf wie beispielsweise hohe Bruchsicherheit, Festigkeit, Witterungs- und Alterungsbeständigkeit, hohe Abriebfestigkeit und chemische Beständigkeit sowie keine störende elektrostatische Aufladung. Die Produkte sind durchgehend eingefärbt, greifen sich nicht ab und fühlen sich immer angenehm temperiert an. Aufgrund der glatten geschlossenen Oberfläche sind Nylon-Beschläge im Innen- und Außenbereich einsetzbar, leicht sauberzuhalten und in vielen Farbangeboten erhältlich.

Schutzbeschläge (Sicherheits-Türdrückergarnituren)

Schutzbeschläge nach DIN 18257 sollen auf der Angriffseite (Außenseite) einer Tür ein gewaltsames Abdrehen des Schließzylinders und einen unmittelbaren mechanischen Angriff auf den Schloßmechanismus wirksam erschweren. Zusätzlich sollen noch Zylinderabdeckungen (ZA) die Schließzylinder gegen gewaltsames Ziehen schützen. Daher ist die Dicke des Außenschildes so zu wählen, daß der Schließzylinder max. **3 mm** aus der Oberfläche des Türschildes hervorsteht.

In der vorgenannten Norm sind die entsprechenden Maße, Anforderungen und Prüfungen für einbruchhemmende Schutzbeschläge festgelegt. Entsprechend der beabsichtigten Schutzwirkung werden sie in drei Widerstandsklassen ES 1, ES 2, ES 3 eingeteilt, wobei die Klasse ES 1 die niedrigste Schutzwirkung aufweist. Weitere Anforderungen an Schutzbeschläge für einbruchhemmende Türen sind in E DIN EN 1906 (Anhang A) genannt. Entsprechende Güteanforderungen sind den Güte- und Prüfbestimmungen RAL-RG 607/6 [29] zu entnehmen.

Schutzbeschläge gewährleisten jedoch nur dann optimale Sicherheit, wenn auch alle anderen Elemente einer einbruchhemmenden Tür nach DIN 18103 – wie beispielsweise Einsteckschlösser, Schließzylinder, Türbänder, Schließbleche, Türblattkonstruktionen usw. – sicherheitstechnisch ebenfalls aufeinander abgestimmt und RAL-gütegesichert sind. S. hierzu auch Abschn. 6.8.5, Einbruchhemmende Türelemente sowie Feuer- und Rauchschutztüren.

— **Bild 6.65** zeigt einen güteüberwachten Schutzbeschlag (Sicherheits-Türdrückergarnitur), dessen 10 oder 14 mm dickes Außenschild sich aus mehreren Schichten zusammensetzt (Manganstahl-Unterschild mit Keramikeinlage) und so die besonders gefährdeten Schloß- und Zylinderteile ganzflächig gegen Aufbohrversuche o. ä. schützt. Mehrere unsichtbare Schraubenverbindungen gewährleisten eine sichere, gegen Abreißen geschützte Verbindung von Außen- und Innenschild. Die abgeschrägten Seitenflächen des Außenschildes verhindern außerdem das Ansetzen von Zangen oder Schraubenziehern. Der Schließzylinder ist durch fomschlüssige Umfassung im Schutzbeschlag eingebettet und so gegen Abdrehen oder Abbrechen geschützt.

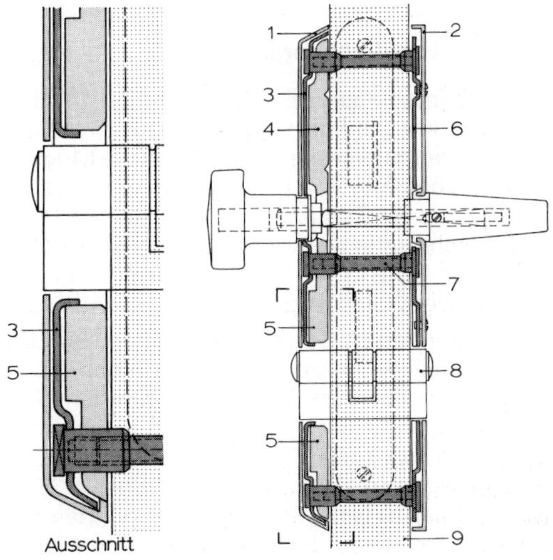

6.65
Konstruktionsbeispiel eines einbruchhemmenden Schutzbeschlages (Sicherheits-Türdrückergarnitur) mit RAL-Gütezeichen

1 Außenschild (Deckschild)
2 Innenschild (Deckschild)
3 Manganstahl-Unterschild
4 Aluminium-Füllstück
5 Anbohrschutz durch Kombination Manganstahl-Unterschild mit Keramikeinlage
6 Stahl-Unterschild
7 verdeckte Schraubenverbindungen
8 Profilzylinder
9 Türblatt

6.5.4 Türdichtungen (Falz- und Bodendichtungen)

An Türdichtungen werden gemäß E DIN EN 12365-1 zahlreiche Anforderungen gestellt. Das Leistungsvermögen von Dichtungen betrifft insbesondere die Fugendurchlässigkeit und Schlagregendichtheit sowie den Schallschutz und Wärmeschutz. Bei der Auswahl einer geeigneten Dichtung ist außerdem auf die Werkstoffqualität, Anstrichverträglichkeit, Verträglichkeit gegen Temperatur- und Umwelteinflüsse (UV-Strahlen) sowie umweltschonende Wiederverwertbarkeit zu achten. Türdichtungen müssen des weiteren mechanische Beanspruchungen aufnehmen, ein hohes Rückstellvermögen aufweisen – um zulässige Maßabweichungen und Türblattverformungen ausgleichen zu können – und so beschaffen sein, daß keine übermäßig hohen Bedienungskräfte (Schließdruck) benötigt werden.

Klassifizierung von Türdichtungen. In E DIN EN 12365-1 werden Türdichtungen hinsichtlich Wirkungsbereich, Schließdruck, Temperatur und Rückstellvermögen in entsprechende Klassen eingeteilt. Die zur Bedienung eines Türblattes oder Türdrückers erforderlichen Bedienungskräfte sind in E DIN 12217-2 (Anhang A) klassifiziert. Nähere Angaben über die Bedeutung der Falz- und Bodendichtungen auf die Schalldämmung betriebsfertig eingebauter Türelemente sind Abschn. 6.4.1.2 zu entnehmen.

Dichtungsarten

Je nach Einsatzbereich und den sich daraus ergebenden Anforderungen können Türelemente folgende Dichtungsarten aufweisen:

Falzdichtung (Dichtung zwischen Türblatt und Zarge)
- Türfalzdichtung (Türblattdichtung)
- Zargenfalzdichtung (Türrahmendichtung)

Bodendichtung (Dichtung zwischen Türblatt und Bodenbelag
- Auflaufdichtung
- Absenkdichtung
- Magnetdichtung
- Resonatordichtung
- Schwellendichtung

6.5.4.1 Falzdichtungen

Türelemente neuerer Bauart sind mit einer dreiseitig umlaufenden Falzdichtung ausgestattet. Diese kann in Form einer Türfalzdichtung oder Zargenfalzdichtung ausgebildet sein. Mit der türeigenen Dichtung ist die Möglichkeit gegeben, ein Türblatt in akustischer Hinsicht unabhängig von der Qualität der Zargenfalzdichtung auszurüsten (z. B. seperater Türblatteinbau bei Stahlzargen). Entscheidend für die Dichtheit und damit auch für das schallschutztechnische Verhalten einer Tür ist, daß Falzdichtung und Bodendichtung umlaufend in einer Ebene liegen. Schallschutztüren können auch mehrere Dichtungsebenen aufweisen (Doppelfalzzargen). Vgl. hierzu Abschn. 6.8, Schutztüren.

Falzdichtungen müssen so beschaffen sein, daß sie die zulässigen Verformungen des Türblattes ausgleichen und bei geschlossener Tür in ihrer gesamten Länge an der Türzarge bzw. Türblattoberfläche dicht anliegen. Die Einfederungstiefe (Wirkungsbereich) der Dichtung sollte mind. 3 mm – besser 5 mm – betragen. Die aufzubringende Bedienungskraft zum Schließen eines Türblattes liegt gemäß E DIN EN 12217-2 bei mittleren bis schwierigen Bedingungen (öffentlicher Bereich) bei $\geq$ 25 N/m, bei normalen Bedingungen (häuslicher Bereich) bei 10 N/m. Bei der vorwiegenden Benutzung durch ältere Menschen, Behinderte oder Kinder ist eine Schließkraft von 4 N/m anzustreben.

Dichtungsprofile für Falzdichtungen. Ausschlaggebend für die Funktion eines Dichtungsprofiles ist seine Formgebung; diese wird durch den Werkstoff unterstützt. Im wesentlichen unterscheidet man folgende Hauptgruppen (Bild **6**.66):

— **Konventionelle Kammerdichtungen** (Schlauchdichtung). Bild **6**.66 a, b. Konventionelle Kammerdichtungen sind aufgrund ihrer geringen Einfederungstiefe nur bedingt geeignet, größere Maßabweichungen und Türblattverformungen auszugleichen. Beim Schließvorgang erfordern sie außerdem einen relativ hohen Kraftaufwand. Sie werden vor allem als Zimmertürdichtungen eingesetzt.

— **Mehrkammerdichtungen** (Schlauchdichtung). Bild **6**.66 c bis d. Mehrkammerdichtungen neuerer Bauart zeichnen sich durch veränderte Profilformen und funktionsbezogene Materialkombinationen unterschiedlich harter Werkstoffe aus. So ergibt ein mit reißfestem Material verstärkter Fußbereich oder Profilrücken eine hohe Stabilität, verhindert Schrumpf- und Längenausdehnung und ermöglicht die Endlos-Montage ohne Eckverschweißung. Der Kopfbereich aus elastischem Werkstoff verbessert andererseits die schalldämmenden Eigenschaften, ergibt einen relativ großen Einfederungsweg und garantiert hohe Funktionssicherheit [30]. Mehrkammerdichtungen eignen sich je nach Qualität und Profilform für Haus- und Zimmertürdichtungen.

— **Lippendichtungen.** Bild **6**.66 e bis f. Lippendichtungen zeichnen sich durch ein gutes schallschutztechnisches Verhalten aus. Aufgrund ihres relativ großen Einfederungsweges – bei gleichzeitig geringem Kraftaufwand beim Schließvorgang – eignen sie sich besonders zum Ausgleich größerer Maßabweichungen und zulässiger Türblattverformungen. Lippendichtungen werden je nach Qualität und Formgebung sowohl in Haus- wie Zimmertüren eingebaut.

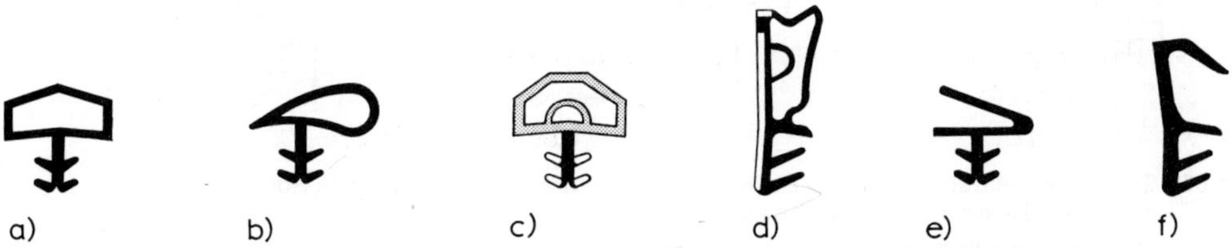

6.66 Schematische Darstellung von Dichtungsprofilen für Falzdichtungen (Haustür- und Zimmertürdichtungen)

a) bis b) Konventionelle Kammerdichtungen (Schlauchdichtungen)

c) bis d) Mehrkammerdichtungen (Schlauchdichtungen) mit verstärktem Fußbereich und Profilrücken zum Einbau ohne Eckverschweißung

e) bis f) Lippendichtungen

Werkstoffeigenschaften. Dichtungsprofile sollen im allgemeinen unempfindlich gegen Öle, Fette, Chemikalien und Reinigungsmittel sowie alterungs-, witterungs-, licht-, UV- und ozonbeständig sein. Zu ihrer Herstellung eignen sich im wesentlichen drei Materialgruppen.

— **Thermoplaste.** Thermoplastische Kunststoffe aus Polyvinylchlorid (PVC) sind kostengünstig verschweißbar, in vielen Farben erhältlich und vollständig recycelbar. Es können jedoch Verträglichkeitsprobleme durch Weichmacherwanderung beim Kontakt mit lösungsmittelhaltigen Alkydharzlacken oder wasserverdünnbaren Acryllacken entstehen.

— **Elastomere.** Elastomere Kunststoffe – wie zum Beispiel EPDM (deutsche Bezeichnung APTK) – weisen eine chemische Quervernetzung ihrer Molekülketten auf, die durch Wärmeeinwirkung nicht zu lösen ist. EPDM-Profile sind daher weder verschweißbar noch recycelfähig, sondern nur – relativ aufwendig – vulkanisierbar. Vulkanisierte Eckverbindungen weisen jedoch eine sehr hohe Zugfestigkeit auf, so daß sie mehrfach aus- und wieder eingebaut werden können (z. B. bei Maler- und Renovierungsarbeiten).

Thermoplastische Elastomere (TPE) gehören zur polymeren Gruppe der Polyolefine. Die technische Besonderheit dieses neuen Profilmateriales ist die Verbindung von zwei modifizierten Werkstoffen, d. h. in einem thermoplastischen Material sind vollvernetzte EPDM-Teilchen verteilt. Dieser Spezialwerkstoff auf Kautschukbasis (EPA) kann aufgrund seines spezifischen Strukturaufbaues problemlos verschweißt und recycelt werden und weist eine gute Lackverträglichkeit auf.

- **Silikone.** Silikone (SI) sind gummielastische Kunststoffe auf Siliciumbasis. Silikon-Kautschuk ist anderen Dichtungswerkstoffen in vielen Materialeigenschaften überlegen (z.B. hohes Rückstellvermögen, Hitze- und Kältebeständigkeit). Silikonprofile sind jedoch nicht verschweißbar – nur vulkanisierbar – und relativ teuer.

Verarbeitung. Dichtungsprofile werden in der Regel für die Eckverbindung auf Gehrung zugeschnitten und mit speziell entwickelten Verarbeitungsgeräten dicht verschweißt oder vulkanisiert. Dichtungen mit reißfest verstärktem Fußbereich oder Profilrücken werden neuerdings in den Ecken nur noch ausgeklinkt und in Endlos-Montage ohne Eckverschweißung eingebaut. Beim Einbau ist darauf zu achten, daß die Dichtungsprofile genügend lang sind und preß an den Fußbodenbelag anschließen, ohne bei Längendehnung sich aufzuwölben. Die nachträgliche leichte Austauschbarkeit der Dichtung muß gewährleistet sein, daher sollte sie nicht eingeklebt werden. Dichtungsprofile dürfen erst nach Abschluß der Malerarbeiten endgültig eingebaut werden und müssen mit dem vorgesehenen Anstrichmittel (Beschichtungsstoff) hinsichtlich der Verträglichkeit abgestimmt sein. Dichtungsprofile dürfen keinesfalls überstrichen werden, da die Gefahr der Verklebung mit dem Anstrich und Ausmagerung bzw. Versprödung der Profile besteht. S. hierzu auch Abschn. 5.6.2.4, Oberflächenbehandlung von Fenster und Außentüren.

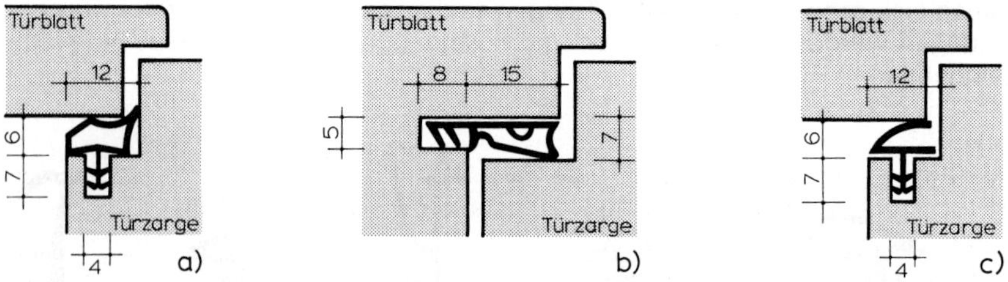

6.67 Schematische Darstellung von Dichtungsprofilen mit Einbaubeispielen in Holztürelementen. Profilmaße ohne Einpressung.
a) Konventionelle Kammerdichtung als Zargendichtung
b) Mehrkammerdichtung als Türfalzdichtung
c) Lippendichtung als Zargendichtung

6.5.4.2 Bodendichtungen

Bodendichtungen erfüllen die unterschiedlichsten Anforderungen und können in Innen- und Außentüren eingebaut werden. Bei schalldämmenden Innentüren hat die Funktionsfuge zwischen Türblatt und Bodenbelag vor allem schallschutztechnische Anforderungen zu erfüllen, in Naßräumen sind Abdichtungsmaßnahmen im Zusammenhang mit der Türschwellenausbildung vorzusehen. Vgl. hierzu auch Bild **10**.7 in Teil 1 dieses Werkes. Bei Außentüren betrifft das Leistungsvermögen von Bodendichtungen insbesondere die Schlagregendichtheit sowie den Schallschutz und Wärmeschutz. Da es sehr unterschiedliche Bodenfugendichtsysteme gibt, sollen aus Platzgründen nachstehend nur die wichtigsten Funktionsprinzipien mit den jeweiligen Vor- und Nachteilen kurz erläutert und einige Konstruktionsbeispiele aufgezeigt werden. Im wesentlichen unterscheidet man Auflauf-, Absenk-, Magnet-, Resonator- und Schwellendichtungen.

Auflaufdichtung

Auflaufdichtungen werden überall dort eingebaut, wo schwellenlose Übergänge sowie gute Schall- und Rauchschutzwerte gefordert sind (Bild **6**.68 a bis c). Sie bestehen aus einem in die

Türblattunterkante eingelassenem Aluminiumgehäuse und einem federnd darin gelagerten, höhenverstellbaren Dichtungsprofil, das beim Schließen der Tür auf eine Bodenschiene (Alu-Höckerschiene) dicht aufläuft. Auflaufdichtungen weisen keine störanfällige Mechanik auf und das doppelte Dichtungsprofil kann auch größere Bodenunebenheiten ausgleichen. Die zwingend notwendige Bodenschiene wird bei glatten Fußbodenbelägen in ein Kittbett gelegt und aufgeschraubt oder verklebt. Bei textilen Bodenbelägen ist der Belag im Schienenbereich auszuschneiden und die Schiene mit einer Unterlage (z.B. Sperrholzstreifen) dicht zu unterfüttern. Um noch höhere Schallschutzwerte zu erreichen, ist sogar ein kombiniertes Dichtungssystem (Auflauf- und Absenkdichtung) möglich; auch in diesem Fall ist unter der Doppelschiene eine Trennfuge im schwimmenden Estrich vorzusehen.

Absenkdichtung

Mit automatisch absenkbaren Türdichtungen lassen sich schwellenlose Übergänge mit guten Schall- und Wärmedämmwerten sowie Türelemente mit rauchdichten und feuerhemmenden Bodenfugen herstellen (Bild **6**.68 d bis f). Automatische Türabdichtungen sind betriebsfertige Funktionselemente, die in der Regel in die Türblattunterkante eingelassen werden. Beim Schließen der Tür wird durch eine Auslösevorrichtung (überstehende Auslöseknöpfe in den Türblattlängskanten) ein elastisches Dichtungsprofil gegen den Fußboden gedrückt; beim Öffnen hebt sich die höhenverstellbare Dichtung wieder an, ohne dabei über den Boden zu schleifen. Automatisch absenkbare Türdichtungen benötigen demnach immer eine planebene Gegendruckfläche. Diese kann aus glatten, harten und fugenlosen Bodenbelägen bestehen oder – bei Teppichböden und fugenbetonten Keramikbelägen – in Form einer unterseitig abgedichteten Alu-Schiene ausgebildet sein. Obwohl diese Schiene aus akustischer Sicht vor allem bei Teppichbelägen zwingend erforderlich ist, wird sie in der Praxis häufig als störend empfunden und daher oftmals nicht eingebaut. Dadurch geht die Schalldämmleistung einer Schallschutztür jedoch weitgehend verloren. Automatische Türabdichtungen für Rauch- und Feuerschutztüren sind auch mit selbstverlöschenden Silikonprofilen lieferbar.

Bei hohen schallschutztechnischen Anforderungen an ein Türelement ist die akustische Trennung des schwimmenden Estrichs in Form einer Trennfuge oder vorgefertigten Estrich-Trennschiene unabdingbar. Bei der in Bild **6**.68f gezeigten Trennschwelle wird ein Metallfuß auf die Rohdecke gedübelt, die Höhe der mehrteiligen Halteleiste entsprechend dem Bodenaufbau eingestellt und die Aluminiumschwelle von oben in einen druckfest ausgebildeten Haltebügel eingesetzt. Die Möglichkeit des nachträglichen Höhenausgleiches ist ebenfalls gegeben.

Resonatordichtung

Die Resonatordichtung – auch Absorberkammerdichtung genannt – wird überall dort eingesetzt, wo aus zwingenden funktionalen oder ästhetischen Gründen der Einbau einer Bodenschiene ausgeschlossen ist, aber trotzdem eine gewisse Schallabsorption im Bereich der Bodenfuge erreicht werden soll (Bild **6**.68g). Ihre Wirkungsweise beruht darauf, an der Türblattunterkante einen möglichst großen Hohlraum auszusparen, diesen mit schallabsorbierendem Material (z.B. Mineralwolle) zu füllen und zur Bodenfuge hin mit einem Lochblech o.ä. abzudecken. Diese Hohlkammerdichtung entzieht dem Schallfeld in der Türspalte so viel Energie, daß trotz Bodenfreiheit eine schalldämmende Wirkung erzielt wird. Nachteilig wirkt sich bei dieser zwar berührungslosen und somit wartungsfreien Dichtungsart aus, daß die Bodenfuge nicht größer als 3 mm sein sollte (Bodenunebenheiten beachten) und die schallschutztechnische Wirksamkeit der Absorberkammer bei kostenmäßig höherem Aufwand deutlich unter dem liegt, was die anderen beschriebenen Bodendichtungen leisten können. Weiterentwicklungen sind bei dieser Dichtungsart jedoch zu erwarten. Auf die entsprechende Spezialliteratur [31], [32] wird verwiesen.

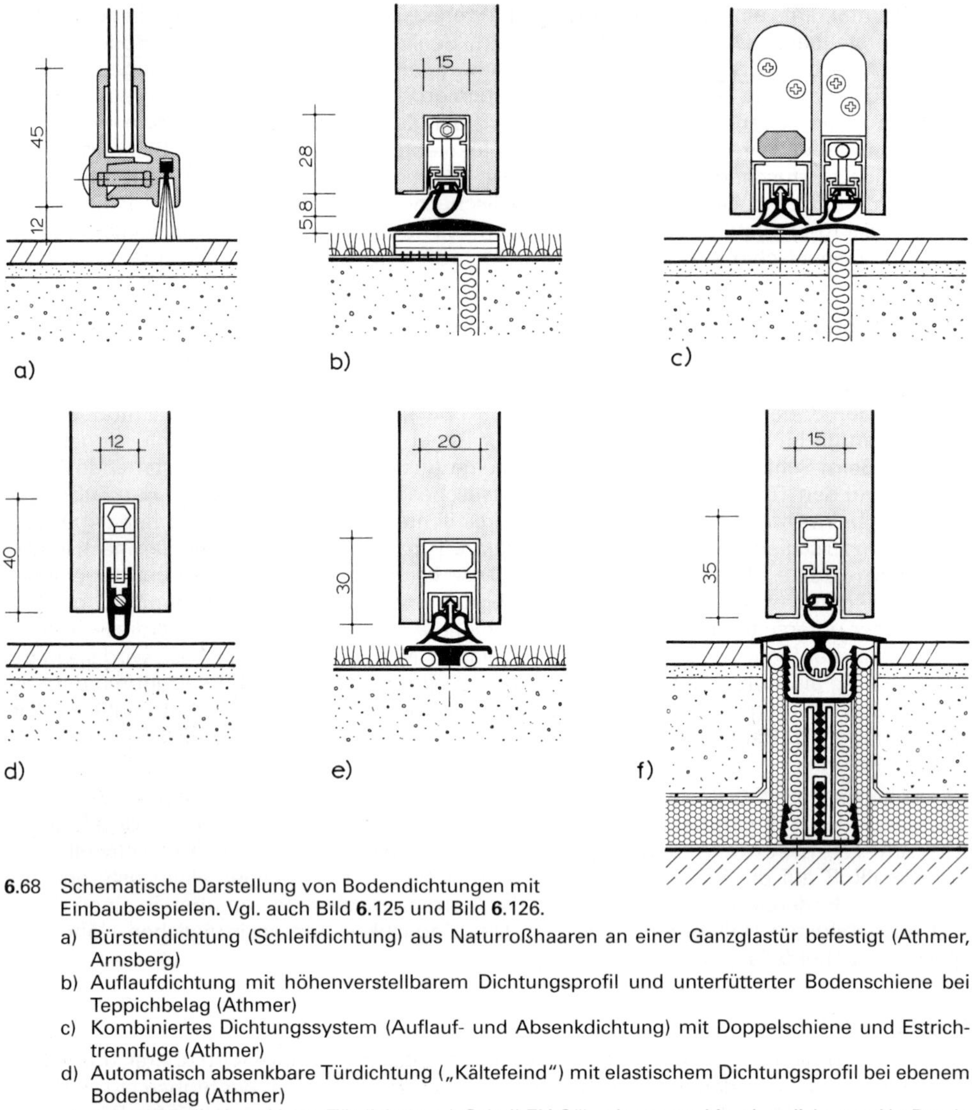

6.68 Schematische Darstellung von Bodendichtungen mit Einbaubeispielen. Vgl. auch Bild **6**.125 und Bild **6**.126.

a) Bürstendichtung (Schleifdichtung) aus Naturroßhaaren an einer Ganzglastür befestigt (Athmer, Arnsberg)

b) Auflaufdichtung mit höhenverstellbarem Dichtungsprofil und unterfütterter Bodenschiene bei Teppichbelag (Athmer)

c) Kombiniertes Dichtungssystem (Auflauf- und Absenkdichtung) mit Doppelschiene und Estrichtrennfuge (Athmer)

d) Automatisch absenkbare Türdichtung („Kältefeind") mit elastischem Dichtungsprofil bei ebenem Bodenbelag (Athmer)

e) Automatisch absenkbare Türdichtung („Schall-EX-S") mit unterseitig abgedichteter Alu-Druckschiene bei Teppichbelag (Athmer)

f) Automatisch absenkbare Türdichtung („Schall-Ex-Omega") mit höhenverstellbarer, schalldämmender Estrich-Trennschiene (Athmer)

g) Resonatordichtung (schallabsorbierende Kammerdichtung) in der Türblattunterkante über Teppichbelag

h) Automatische Magnetdichtung mit nach unten gegen die Bodenschiene dichtender Magnetleiste (Athmer)

i) Automatische Magnetdichtung mit nach oben steigender Magnetleiste und schalldämmender Estrich-Trennfugenausbildung (Alumat, Kaufbeuren)

k) Anschlagschwelle mit ringsumlaufender, in einer Ebene liegender Türfalzdichtung

l) Türanschlagschiene mit integriertem Dichtungsprofil zum Einbau in den Estrich (Alumat)

m) Thermisch getrennter Schwellenanschlag mit wärmedämmendem Aluminium-Türprofil und Estrichtrennfuge (Schüco, Bielefeld)

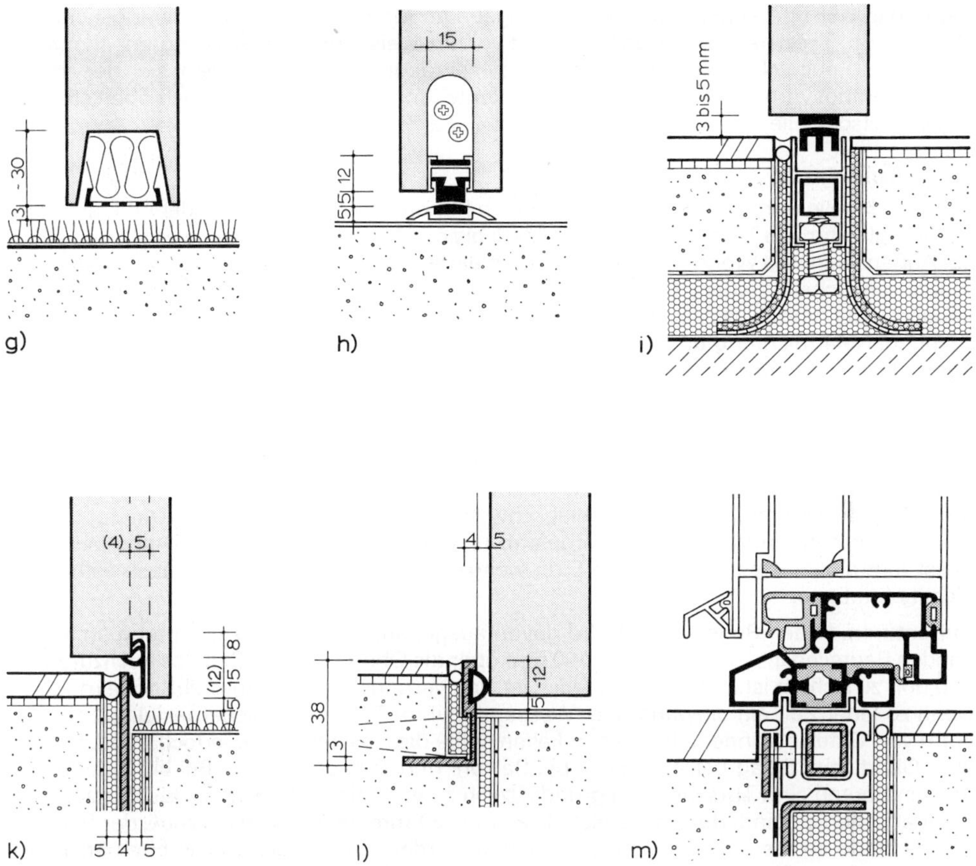

Magnetdichtung

Permanent wirkende Magnet-Türdichtungen werden überall dort eingebaut, wo schwellenlose Übergänge mit Abdichtungen gegen Schall-, Wärme- und Rauchdurchgang sowie feuerhemmende Bodenfugen gefordert sind (Bild **6**.68 h). Ihre Wirkungsweise beruht auf dem Prinzip der Magnetkraft zweier übereinander angeordneter Magnetprofile. Eine dieser Magnetleisten ist immer beweglich und wird beim Schließen der Tür vom fest eingebauten Gegenprofil magnetisch angezogen und dichtet so die Bodenfuge ab. Beim Öffnen der Tür stoßen sich die beiden Profile wieder ab und der bewegliche Teil wird in eine Aluminiumschiene zurückgezogen. Dieser Dichtungsvorgang vollzieht sich – je nach Herstellerprodukt – entweder an der Türblattunterkante (bei nach oben steigender Magnetleiste) oder im Bodenbereich (bei nach unten gezogener Dichtleiste). Beide Systeme weisen Vor- und Nachteile auf. Generell können sich negative Auswirkungen beim Magnet-Dichtsystem vor allem bei klimabedingten Türblattverformungen ergeben. Da die Magnetkraft mit der Entfernung abnimmt, ist je nach Produkt auch von unterschiedlich hohen Türspaltüberbrückungen (von 3 bis 10 mm) auszugehen.

Die in Bild **6**.68 i gezeigte, bodenbündig eingebaute Magnet-Türdichtung dient gleichzeitig als Estrich-Trennschiene und ist somit vorzugsweise für Schallschutztüren, aber auch Rauch- und Feuerschutztüren, geeignet. Bei dieser Magnetdichtung vollzieht sich der eigentliche Dichtungsvorgang an der Türblattunterkante, und zwar durch eine nach oben steigende Magnetschwelle.

Schwellendichtung

Die Türschwelle trennt angrenzende Fußböden höhenmäßig, so daß sich dadurch ein unterer Anschlag für das Türblatt ergibt (Bild **6**.68 k bis m). Anschlagschwellen werden vor allem bei Außentüren und Wohnungseingangstüren eingeplant. Aber auch bei höchsten Anforderungen an Schall-, Feuer-, Rauch- und Naßraumtüren ist ein Schwellenanschlag unumgänglich. Der Vorteil dieser Dichtungsart ist in schallschutztechnischer Hinsicht darin zu sehen, daß Falzdichtung und Bodendichtung eines Türelementes ringsumlaufend in einer Ebene liegen; in hoch belasteten Naßräumen ergibt der höhenversetzte Übergang die abdichtungstechnisch sicherste Lösung. Vgl. hierzu auch Bild **10**.7 in Teil 1 dieses Werkes. Nachteilig wirkt sich die Höhendifferenz der angrenzenden Fußbodenebenen als unerwünschte Stolperstufe aus; dies gilt vor allem für betagte und behinderte Menschen.

Innentüren. Bei Innentüren wird – unter Ausnahme der zuvor geschilderten Sonderanforderungen – im allgemeinen auf Anschlagschwellen verzichtet, da sie beim Durchgang als störend empfunden werden (Stolpergefahr, umständliche Reinigung), in Anbetracht der meist zentralbeheizten Räume ihren Sinn weitgehend verloren haben und auch ästhetisch nicht befriedigen.

Außentüren. In den Regelwerken wird davon ausgegangen, daß die Abdichtung an aufgehenden Bauteilen in der Regel mind. 150 mm über die Oberfläche des Belages hochzuführen und dort zu sichern ist. In Ausnahmefällen ist eine Verringerung der Anschlußhöhe möglich, wenn zu jeder Zeit ein einwandfreier Wasserablauf im Türbereich sichergestellt ist (z. B. in Form von Gitterrostrinnen). In solchen Fällen sollte die Anschlußhöhe jedoch mind. 50 mm über Oberfläche Belag betragen (z. B. bei Balkon- und Terrassentüren). Bei behindertengerechten Bauten sind Türschwellen grundsätzlich zu vermeiden. Soweit sie technisch unbedingt erforderlich sind, dürfen sie nicht höher als **20 mm** sein. Demnach muß der Schwellenüberstand so niedrig wie möglich gehalten werden, damit auch Rollstuhlfahrer dieses Hindernis ohne allzu große Kraftanstrengung überwinden können. Folgende Kriterien sind bei der Planung von Außentüren – insbesondere des unteren Türanschlusses – im wesentlichen zu berücksichtigen:

- Anordnung von Vordächern oder Fassadenrücksprüngen sowie richtige Orientierung des Einganges (Wetterseite beachten).
- Boden- und Falzdichtung so anordnen, daß sie ringsumlaufend in einer Ebene liegen.
- Abdichtung immer an einer stabilen Rücklage (z. B. Stahlwinkel) hochführen und mit Flanschprofilen o. ä. anpressen.
- Abdichtung möglichst zurückgesetzt, hinter der Türblattaußenfläche hochziehen.
- Schutz des oberen Randes der Abdichtung durch ein Abdeckprofil (z. B. Edelstahlwinkel).
- Schwellenprofil auf der Rohdecke ausreichend abstützen und verankern (z. B. zwei Anschweißlaschen je Meter Breite).
- Thermisch bzw. akustisch getrennte Schwellenprofile einplanen, wenn die Türanlage direkt an einen normal genutzten Innenraum (z. B. Wohnbereich) angrenzt.
- Gitterroste außenseitig und Schmutzfangmatten innenseitig unmittelbar an das Schwellenprofil der Türanlage anschließen.
- Im gesamten Türbereich ein verstärktes Bodengefälle nach außen (z. B. 3 %) bei möglichst geringem, jedoch regelgerechten Schwellenüberstand vorsehen. Auf die weiterführende Spezialliteratur [33] wird verwiesen.

Bild 6.69 zeigt den Schwellenanschlag einer Haustür, der so ausgebildet ist, daß keine nennenswerte Höhendifferenz zwischen den angrenzenden Gehebenen entsteht und trotzdem kein Spritzwasser von außen in die Fußbodenkonstruktion eindringen kann. Dies wird erreicht, indem eine Gitterrostrinne bis unmittelbar an den Schwellenanschlag herangeführt und die Bahnenabdichtung am Stahlwinkel hochgezogen und mit einem Edelstahl-Flanschprofil dicht angepreßt wird. Die in einer Ebene vierseitig ringsumlaufende Türfalzdichtung sorgt für einen dichten Verschluß.

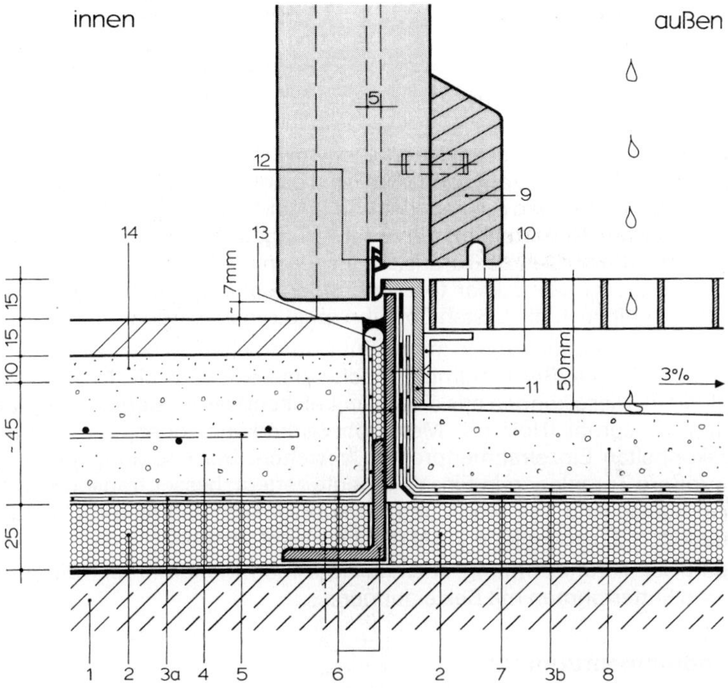

6.69 Konstruktionsbeispiel: Haustür mit Schwellenanschlag, Türfalzdichtung und Schuhabstreifer mit abgedichteter Wasserrinne

1 Rohdecke
2 Wärme- und Trittschalldämmung
3a Abdeckung (PE-Folie 0,2 mm)
3b Gleit- und Schutzfolie (PE-Folie)
4 Zementestrich mit Randdämmstreifen
5 Estrichbewehrung (soweit erforderlich)
6 feuerverzinkter Flachstahl (75 x 4 mm) mit angeschweißter Lasche (40 x 50 x 5 mm)
7 Abdichtung nach DIN 18 195
8 Schutzestrich mit Gefälle (oberflächenvergütet)
9 Wetterschenkel mit Tropfnase
10 Schuhabstreifer (Rahmen mit Gitterrost)
11 Edelstahl-Abdeckwinkel (50 x 15 x 4 mm)
12 Türfalzdichtung
13 Randfuge mit elastoplastischer Dichtmasse und Vorfüllprofil
14 Natursteinplatten in Mörtelbett

6.6 Türelemente aus Holz und Holzwerkstoffen

Türelemente aus Holz und Holzwerkstoffen werden entweder in Einzel- oder Serienfertigung hergestellt. Individuell geplante Türen – bei denen häufig handwerkliche Konstruktionen die Gestaltungsideen bestimmen – werden funktionellen und ästhetischen Anforderungen unserer Zeit genauso gerecht, wie die auf modernsten Anlagen industriell hergestellten Fertigtüren, die stetigen Qualitätsprüfungen unterliegen. Um die Entwicklung von den traditionellen Türkonstruktionen zum seriell gefertigten Türelement besser zu verstehen, werden im folgenden zuerst die nach handwerklichen Grundsätzen gearbeiteten Türkonstruktionen aufgezeigt und erst dann die Auswahlkriterien für Fertigtürelemente besprochen. Derartige Grundlagenkenntnisse sind nicht zuletzt auch im Hinblick auf eine fachgerechte Altbausanierung unerläßlich.

6.6.1 Türrahmen (Türzargen)

Jede Drehflügeltür besteht im wesentlichen aus zwei Teilen: einem fest an der Wand verankerten Türrahmen – auch Türzarge genannt – und einem beweglichen Teil, dem Türblatt. Von der Art, wie der Türrahmen ausgebildet und in der Wandöffnung befestigt ist, hängt es weitgehend ab, welchen Belastungen und Anforderungen die Tür genügt, wie geräuscharm und dicht sie schließt und wie die Türansicht insgesamt wirkt. In jedem Fall muß der Türrahmen mit der Wand unverrückbar fest verbunden sein, da an ihm der Türflügel angeschlagen ist und somit auch die Lasten über ihn abgetragen werden.

Größere Türanlagen – beispielsweise mit einem festen Seitenteil oder mehreren verglasten Seitenteilen – benötigen außerdem immer noch verstärkte vertikale Mittelrahmenprofile (Mittelpfosten). Diese können aus einem ausreichend dimensionierten Holzquerschnitt, einem Kombinationsprofil (Holz mit Metallrohrverstärkung) oder aus mehreren, additiv zusammengekoppelten Einzelrahmenprofilen bestehen. Die Kopplungsprofile haben den Vorteil, daß größere Türanlagen in Einzelelemente zerlegt, besser transportiert und vor Ort leichter zu handhaben sind. Die Stoßfugen der koppelbaren Rahmenprofile müssen immer gefälzt oder gefedert (Einschubfeder) und dicht verleimt werden.

Je nach Bauart der Türumrahmung unterscheidet man Blendrahmen, Blockrahmen, Zargenrahmen und Futterrahmen mit Bekleidungen.

6.6.1.1 Blendrahmentüren

Blendrahmen sind aus Massivholz und weisen einen rechteckigen Querschnitt auf (Bild **6**.70). Sie werden entweder in einen Mauerfalz, vor eine Wandfläche oder ohne Anschlag in eine Wandöffnung gesetzt und mit Rohrdübeln (Spreizdübelprinzip) oder Ankerlaschen am Bauwerk befestigt. Das übliche Mauerfalzmaß beträgt 62,5 mm (1/4 Stein) in der Breite und 125 mm (1/2 Stein) in der Tiefe. Blendrahmen werden vor allem bei Hauseingangs- und Windfang-, Wohnungsabschluß- und Kellertüren verwendet. Je nach Einsatzort und den sich daraus ergebenden Anforderungen muß die Anschlußfuge zwischen Blendrahmen und Bauwerk ausreichend dicht – ggf. schlagregendicht und luftundurchlässig – ausgebildet sein. Vgl. hierzu Abschn. 6.4.5, Bauwerkanschlüsse von Türen.

6.6.1.2 Blockrahmentüren

Blockrahmen bestehen, ähnlich wie die Blendrahmen, aus zwei seitlichen und einem oberen Rahmenprofil aus Massivholz mit annähernd quadratischem Querschnitt. Wie Bild **6**.71 zeigt, können die Blockrahmenprofile einteilig oder mehrteilig ausgebildet sein. Einteilige Rah-

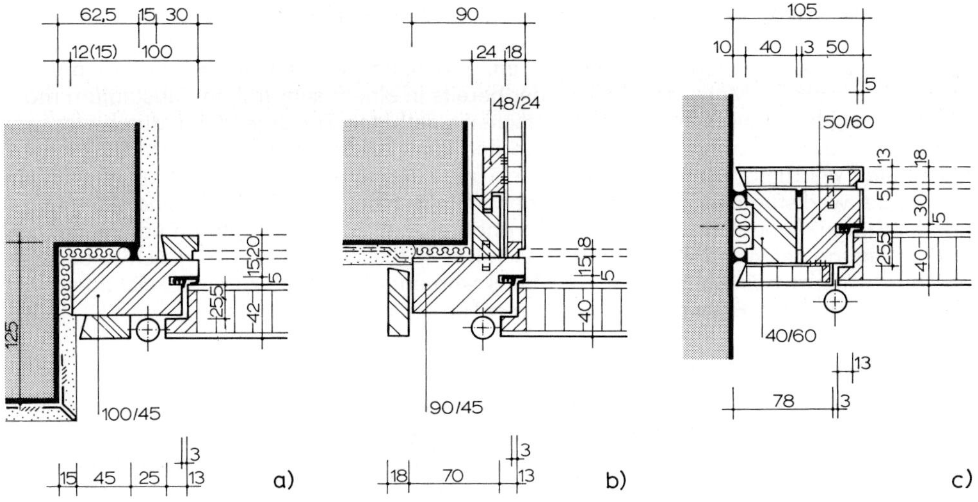

6.70 Konstruktions- und Einbaubeispiele: Blendrahmentüren

a) Blendrahmen in einem Mauerfalz (Außentür)
b) Blendrahmen vor einer Wandfläche (Innentür)
c) Blendrahmen in einer Wandöffnung (Innentür mit stark reduziertem lichtem Durchgangsmaß)

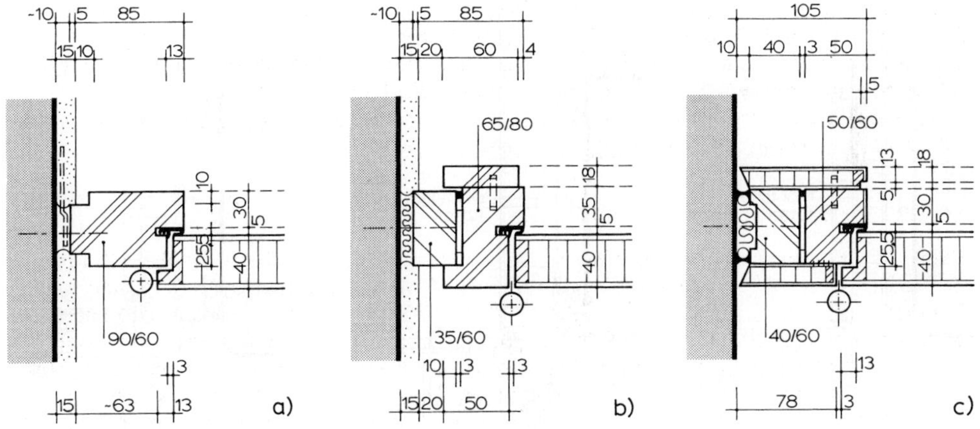

6.71 Konstruktions- und Einbaubeispiele: Blockrahmentüren

a) Einteiliger Blockrahmen, eingeputzt und nachträglich beschichtet (Anstrich)
b) Zweiteiliger Blockrahmen mit ringsumlaufender und ggf. farblich behandelter Schattenfuge. Der Montagerahmen wird bereits im Rohbaustadium montiert und beigeputzt, so daß die sichtbare Türzarge erst sehr viel später oberflächenfertig eingebaut werden kann (Vermeidung von Beschädigungen). Weitere Rahmenausbildung s. Bild **6**.85.
c) Zweiteiliger Blockrahmen auf Sichtbetonfläche o. ä. nachträglich montiert, ringsumlaufend gedämmt, abgedichtet und beidseitig oberflächenfertig verkleidet. Der Blockrahmen kann alternativ auch einteilig ausgebildet sein (Bautoleranzen beachten).

menprofile werden meist im Rohbaustadium eingesetzt, mit Ankerlaschen oder Rohrdübeln am Bauwerk befestigt und nachträglich eingeputzt. Diese Ausführung bietet sich vor allem für später zu beschichtende Türanlagen an. Zweiteilig ausgebildete Blockrahmenprofile bestehen aus einem Montagerahmen – der bereits in einem sehr frühen Baustadium montiert und beigeputzt wird – und der eigentlichen sichtbaren Türzarge, die dadurch erst sehr viel später oberflächenfertig eingebaut werden kann (Vermeidung von Beschädigungen). Schall- und Wärmeschutz fordern zwischen Türleibung und Rahmen ein sorgfältiges Dichten der Bauwerksfuge. Blockrahmen werden vor allem bei Hauseingangs- und Wohnungsabschlußtüren, Pendeltüren sowie bei raumhohen Außen- und Innentüren verwendet. Bei der Festlegung der Wandöffnungsmaße nach DIN 18100 sind die – im Vergleich zu den Zargentüren – meist beträchtlich größeren Blockrahmenquerschnitte zu berücksichtigen. Vgl. hierzu Abschn. 6.4.5, Bauwerkanschlüsse von Türen.

6.6.1.3 Zargenrahmentüren

Zargenrahmen decken die Leibungen der Wandöffnungen vollflächig ab, ihre Tiefe entspricht in der Regel der jeweiligen Wanddicke (Bild **6**.72). Ein Überstand der Zargenkanten gegenüber den angrenzenden Wandflächen ist ebenfalls möglich, wobei auf den Sockelleistenanschluß zu achten ist. Der Zargenrahmen wird üblicherweise aus Holzwerkstoffen mit Vollholzanleimern gefertigt und entweder sichtbar oder unsichtbar an der Leibung befestigt. Materialgerechte Anschlüsse zwischen Wandputz und Holzzarge – in Form einer umlaufenden Trenn- bzw. Schattenfuge – lassen sich mit Putzschienen aus verzinktem Stahlblech oder Deckleisten aus Holz herstellen. Die Putzabschlußschienen dienen gleichzeitig als Putzhilfe (Abziehkante) und Kantenschutz. Zargenrahmenkonstruktionen eignen sich für Innentüren in sturzhoher und raumhoher Ausführung. Weitere Einzelheiten sind der Spezialliteratur [34] zu entnehmen.

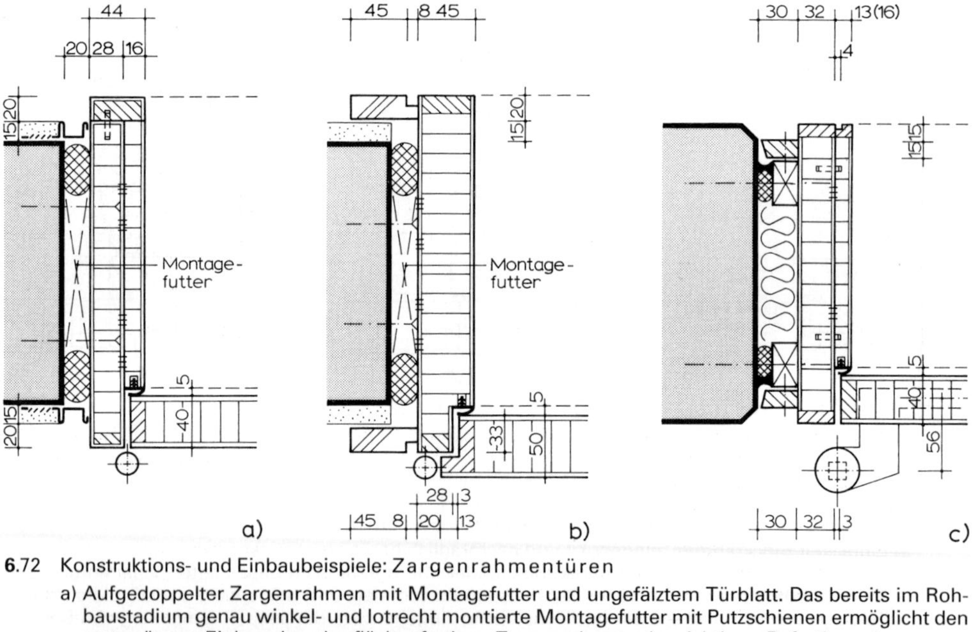

6.72 Konstruktions- und Einbaubeispiele: Zargenrahmentüren

a) Aufgedoppelter Zargenrahmen mit Montagefutter und ungefälztem Türblatt. Das bereits im Rohbaustadium genau winkel- und lotrecht montierte Montagefutter mit Putzschienen ermöglicht den erst späteren Einbau des oberflächenfertigen Zargenrahmens (unsichtbare Befestigung).

b) Ausgefälzter Zargenrahmen mit Montagefutter und gefälztem Türblatt (unsichtbare Befestigung)

c) Aufgedoppelter Zargenrahmen mit gedämmtem und abgedichtetem Anschluß an Sichtbetonwand, ungefälztem Türblatt und Bodentürschließer (unsichtbare Befestigung)

6.6.1.4 Futterrahmentüren

Bei Futterrahmentüren bestehen die feststehenden Teile aus dem sog. Futter sowie einer Falz- und Zierbekleidung (Bild **6**.73). Die Breite des Türfutters entspricht in etwa der jeweiligen Wanddicke, so daß der Futterrahmen die Leibung der Wandöffnung vollflächig abdeckt. Durch die beidseitig aufgebrachten Bekleidungen wird die Anschlußfuge zwischen Türfutter und Wand geschlossen. Futter und Bekleidung bilden zusammen einen Falz, in den das Türblatt – gefälzt oder ungefälzt – einschlägt. Futterrahmenkonstruktionen eignen sich für Innentüren, meist in sturzhoher Ausführung.

Futterrahmen. Bild **6**.73a bis e zeigt Konstruktions- und Einbaubeispiele von Futter und Bekleidungen, die überwiegend nach handwerklichen Grundsätzen gearbeitet sind. Serienmäßig hergestellte Fertigtürelemente s. Abschn. 6.6.1.5.

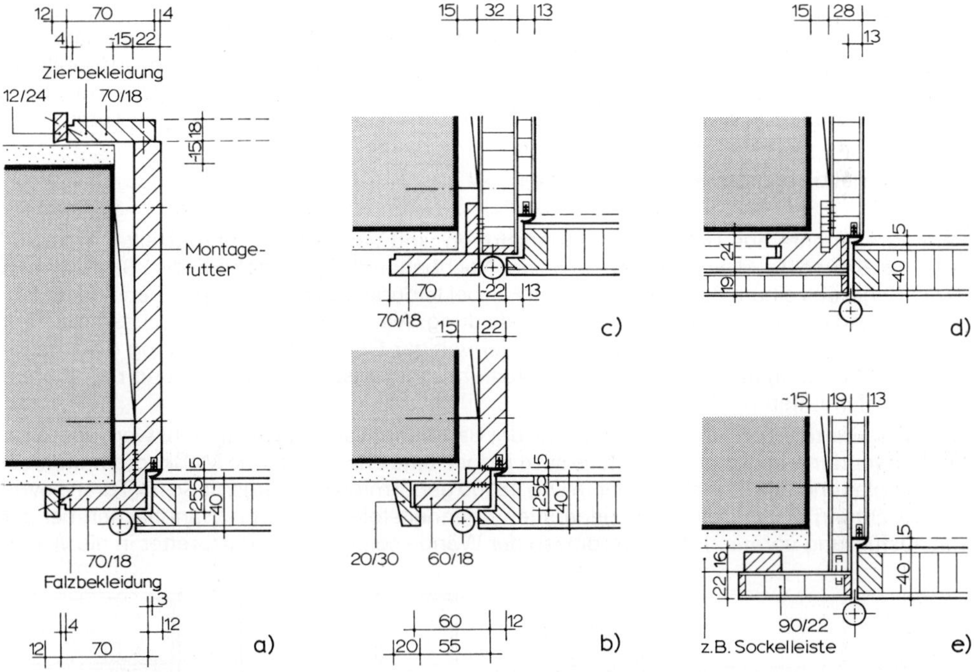

6.73 Konstruktions- und Einbaubeispiele: Futterrahmentüren

a) Nach handwerklichen Grundsätzen gearbeitete Futterrahmentür. Futter, Bekleidungen und Deckleisten aus Vollholz (z. B. Fichte für deckenden Anstrich). Falztiefe aus dem rückseitig verstärkten Futterrahmen ausgefälzt.

b) Nach handwerklichen Grundsätzen gearbeitete Futterrahmentür. Futter, Bekleidungen und Deckleisten aus Vollholz. Aufdoppelung der Falzbekleidung durch eine aufgeleimte Leiste (= Falztiefe).

c) Aufgedoppelter Futterrahmen aus Holzwerkstoffen mit Eckverstärkung durch eingeleimte Leiste (z. B. zur sicheren Befestigung von Einbohrbändern). Unsichtbare Futterbefestigung.

d) Stumpf einschlagendes Türblatt flächenbündig mit Wandbekleidung aus Holzwerkstoffen liegend (Unterkonstruktion + Vertäfelung = Türblattdicke + Falzdichtung). Futterrahmen und Unterkonstruktion sind über eine Federverbindung fest verbunden.

e) Aufgedoppelter Futterrahmen mit Stumpftür und bündig liegender Falzbekleidung. Ausgeprägte Nutbildung auf der Rückseite der Bekleidung, um unebene Wandflächen (z. B. Rauhputz, Sichtbetonwand) sowie die Sockelleiste im Bodenbereich aufnehmen zu können.

Bis zu einer Wanddicke von 11,5 cm kann das Türfutter aus etwa 22 mm dickem Vollholz gefertigt sein.[1] Bei größeren Wanddicken und zeitgemäßeren Konstruktionen verwendet man Holzwerkstoffe (Sperrholz- oder Holzspanplatten). Die beiden oberen Ecken wurden ehemals gezinkt und verleimt. Bei neueren Bauarten sorgen moderne Feder- oder Dübelverbindungen – meist zusammen mit Spannbeschlägen – für einen festen Eckverbund. Vor Ort wird der Futterrahmen entweder auf den Estrich oder Fertigfußboden aufgesetzt und sichtbar oder unsichtbar an der Leibung der Wandöffnung befestigt. Für die Montage werden Rohrdübel (Spreizdübelprinzip) oder Montageschaum verwendet.

Falzbekleidung. In die Falzbekleidung werden die Beschläge wie Türbänder auf der einen und das Schließblech auf der anderen Seite eingelassen. Die oberen Ecken der Bekleidung – meist auf Gehrung geschnitten – sind mit Federn oder Dübeln verbunden und verleimt. Moderne Eckverbinder s. Bild **6**.78. Bei deckend zu streichenden Türen wird die fertige Falzbekleidung auf die Futterkante geleimt und gestiftet, bei furnierten Bekleidungen durch Dübel o. ä. unsichtbar mit dem Futterrahmen verbunden.

Zierbekleidung. Die Zierbekleidung wird erst nach dem Einbau des Futters aufgebracht. Unebenheiten der angrenzenden Putzflächen können durch entsprechend ausgebildete Schattenfugen oder Deckleisten – die erst nach dem Tapezieren der Wandfläche aufzubringen sind – abgedeckt werden. Vgl. hierzu Abschn. 6.4.5, Bauwerkanschluß von Türen.

6.6.1.5 Fertigtürelemente

Fertigtürelemente aus Holz und Holzwerkstoffen sind serienmäßig hergestellte, einbaufertige Bauteile, die am Einsatzort keiner Nachbehandlung mehr bedürfen. Sie bestehen in der Regel aus einem Zargenrahmen mit Falzbekleidung und einer entsprechend der jeweiligen Wanddicke tiefenverstellbaren Zierbekleidung. Alle Zargenteile werden zusammen mit dem Türblatt – in gleicher Holzart oder anderweitiger Oberflächenbehandlung – als handlich verpackte Einheit angeboten. Einige Ausführungsvarianten von sturz- und raumhohen Fertigtürelementen zeigt Bild **6**.74.

Das einbaufertige Türelement ist im Sinne der Baurationalisierung nicht mehr wegzudenken. Die Verwendung derartiger Fertigteile setzt jedoch eine entsprechende Maßkoordination bei der Bauplanung, die Einhaltung der in DIN 18100 genormten Öffnungsmaße für Türen sowie die Beachtung der in DIN 18202 genannten Ebenheitstoleranzen von Wandflächen bei der Bauausführung voraus.[2] Beim Verputzen der Wände sollten daher Putzbretter in die Wand-

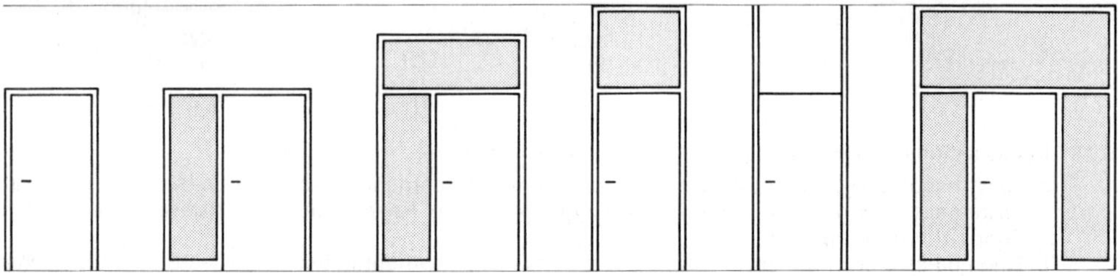

6.74 Schematische Darstellung einiger Ausführungsvarianten von Fertigtürelementen mit Normzargen aus Holz und Holzwerkstoffen.

[1] s. Fußnote Seite 555

[2] Der in Leistungsverzeichnissen und auf Bauzeichnungen oftmals vermerkte Zusatz „Maße sind am Bau zu nehmen" ist bei Verwendung von Fertigteilen nicht zulässig, da hier unveränderliche Normmaße gelten. Vgl. hierzu auch Tab. **6**.26.

öffnungen gestellt (Abzugskanten für den Putzer) und Meterrißmarkierungen neben den Öffnungen als Bezugspunkte zur maßgerechten Montage angebracht werden. Die Türelemente sind erst nach weitgehender Fertigstellung der übrigen Ausbauarbeiten einzubringen, um Beschädigungen der fertigen Oberflächen zu vermeiden.

Normzargen aus Holz und Holzwerkstoffen

Holz-Normzargen weisen sehr unterschiedliche Konstruktionen und Qualitätsmerkmale mit zum Teil erheblichen Preisdifferenzen auf (Bild **6**.75). Es gibt sie in streichfähiger, vorgrundierter, endlackierter sowie in furnierter und kunststoffbeschichteter Ausführung. Als wesentliche Auswahlkriterien gelten:

— einfache Montage und Befestigungsmöglichkeit
— Anpassungsfähigkeit an die jeweilige Wanddicke (Tiefenverstellbarkeit)
— ausreichende Stabilität und Beständigkeit gegen Stoß (Kantenbereich)
— funktionsgerechte Befestigung der Beschläge (Türgewicht, Türsicherung)
— geräuscharmes und dichtes Schließen (Falzdichtung, ggf. mit Bodendichtung)
— ansprechende Oberflächengestaltung und Formgebung

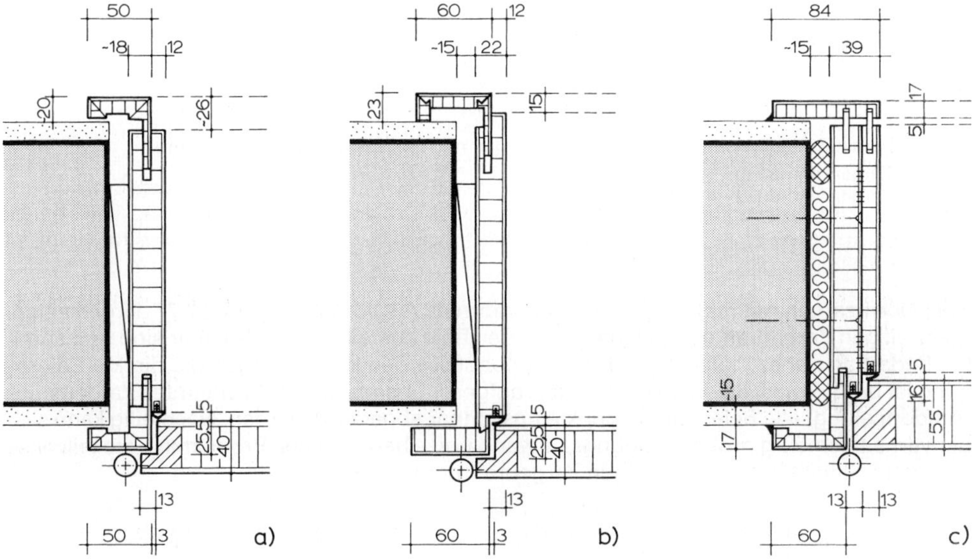

6.75 Konstruktions- und Einbaubeispiele: Fertigtürelemente aus Holz und Holzwerkstoffen
a) bis b) Einteiliger Zargenrahmen mit tiefenverstellbarer Zierbekleidung. WESTAG & GETALIT sowie WIRUS-Bauelemente
c) Aufgedoppelter Zargenrahmen mit Doppelfalz und unsichtbarer Befestigung (Schallschutztür). WIRUS-Bauelemente, Gütersloh

Holz-Normzargen mit einteiligem Zargenrahmen. Wie Bild **6**.76 zeigt, gibt es einteilige Zargenrahmen mit und ohne Bekleidungen. Diese kompakten Zargen sind relativ einfach herzustellen und zeichnen sich durch ein hohes Maß an Stabilität aus. Die Tiefenverstellbarkeit ist bei manchen Produkten zwar teilweise begrenzt, bei Einhaltung der genormten Öffnungsmaße und Ebenheitstoleranzen der Wandflächen kann dies situationsbedingt von untergeordneter Bedeutung sein.

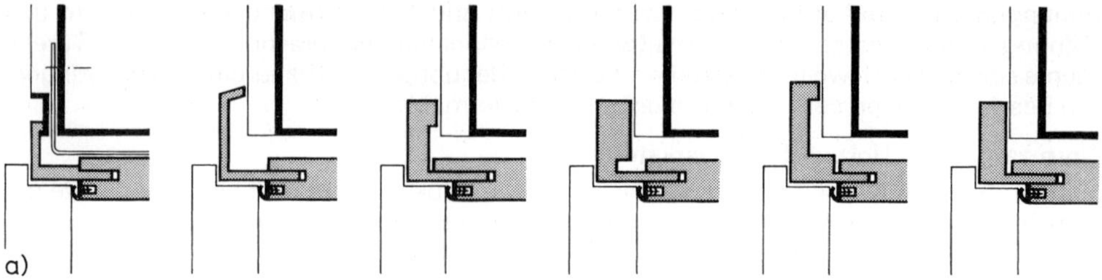
a)

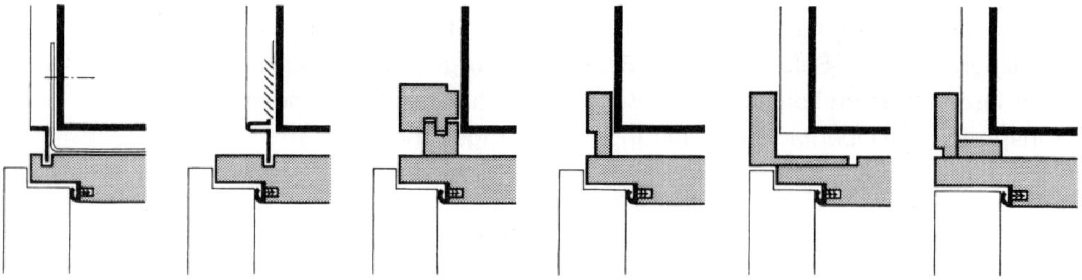
b)

6.76 Schematische Darstellung von Holz-Normzargen mit einteiligen Zargenrahmen
a) Zargenrahmen mit Bekleidungen
b) Zargenrahmen ohne Bekleidungen

Holz-Normzargen mit mehrteiligem Zargenrahmen. Als Vorteil der in Bild **6**.77 dargestellten, mehrteiligen Zargenrahmen gilt, daß sie in der Tiefe ausreichend verstellbar sind und somit bei Bedarf an nahezu jede Wanddicke angepaßt werden können. Auch die direkte Befestigung ist problemlos, da durch ein zweites, aufgeschobenes und fest verleimtes Zargenstück (Aufdoppelung) alle Befestigungspunkte unsichtbar abgedeckt werden. Nachteilig kann sich der verhältnismäßig große Fertigungsaufwand und – bei einzelnen Produkten – die teilweise geringere Stabilität des mehrteiligen Zargenrahmens auswirken.

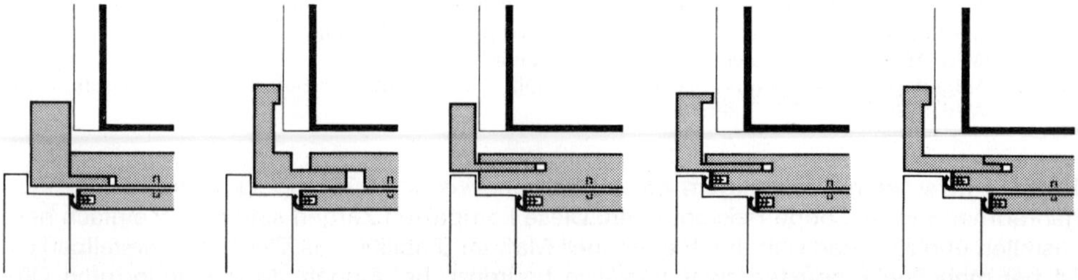

6.77 Schematische Darstellung von Holz-Normzargen mit mehrteiligen Zargenrahmen und Bekleidungen

Zusammenbau von Fertigtürelementen. Die Einzelteile der Fertigtürelemente werden vor Ort zusammengebaut und meist unter Verwendung von Schrauben, Leim und Spezial-Spannbeschlägen fest miteinander verbunden (Bild **6**.78). Die Eckverbindungen der Falz- und Zierbekleidungen können entweder stumpf (senkrecht durchlaufende Seitenfriese) oder auf Gehrung ausgebildet sein. Die Gefahr einer Beschädigung ist bei einer Gehrung im allgemeinen größer als bei der stumpfen Eckverbindung.

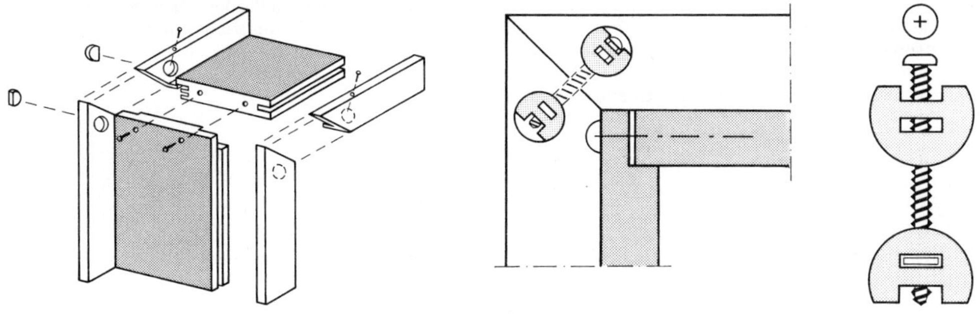

a) b) c)

6.78 Schematische Darstellung des Zusammenbaues von Fertigtürelementen
a) Einzelteile werkseitig für die Montage vorbereitet
b) Eckverbindung von Türbekleidung und Zargenrahmen
c) Universal-Eckverbinder (Spannbeschlag)
ELEPART-SYSTEM, Velbert

6.6.2 Türblattkonstruktionen aus Holz und Holzwerkstoffen

Das Türblatt ist der bewegliche Teil eines Türelementes, das die Türöffnung schließt und in der Regel nach innen bzw. zum Raum hin aufgeht. Türblätter können aus vielerlei Formen, Materialien und Konstruktionen in Einzel- und Serienfertigung hergestellt werden (Bild **6**.4). Je nach Einsatzort und den sich daraus ergebenden Anforderungen ist grundsätzlich zwischen Außen-, Innen- und Sondertürblättern sowie ein- und mehrschaligen Türblattkonstruktionen zu unterscheiden.

Drehflügeltüren kommen im Bauwesen am häufigsten vor. Bei dieser Türart wird das Türblatt um eine Längskante gedreht und schlägt – gefälzt oder ungefälzt – auf bzw. in den Türzargenrahmen.
Ähnlich wie zuvor bei den Türrahmen sollen auch in diesem Abschnitt zuerst die nach handwerklichen Grundsätzen gearbeiteten Türblattkonstruktionen aufgezeigt und erst dann die Auswahlkriterien für industriell hergestellte Fertigtürblätter besprochen werden. Je nach Bauart des Türblattes unterscheidet man Latten- und Brettertüren, Rahmentüren, aufgedoppelte Türen und Sperrtüren. Sondertüren (Schutztüren) s. Abschn. 6.8.

6.6.2.1 Latten- und Brettertüren

Lattentüren (Bild **6**.79 a). Lattentüren eignen sich zum Abschluß von Keller-, Lager- und Dachbodenräumen. Sie bestehen aus ungehobelten oder gehobelten Latten (40 bis 50 mm breit, 25 bis 35 mm dick), die senkrecht in Abständen von 20 bis 25 mm auf zwei Querriegel und eine Strebe (100 bis 120 mm breit, 30 bis 35 mm dick) genagelt oder geschraubt werden. Die Strebe muß stets, dem statischen Kräfteverlauf entsprechend – von der vorderen, oberen Türkante diagonal zum unteren Anschlag des Langbandes – gesichert sein. Lattentüren gestatten Einblick in die dahinterliegenden Räume und lassen Luft und Licht eindringen.

Stumpf verleimte Türen (Bild **6**.79 b). Vollholztüren dieser Art bestehen aus bis zu 120 mm breiten und etwa 30 mm dicken, senkrecht angeordneten Brettern. Diese werden stumpf oder gefedert aneinandergeleimt, durch zwei auf Grat eingeschobene Querleisten von etwa 120 mm Breite und 35 bis 40 mm Dicke verbunden und so das Türblatt gegen Verwerfen gesichert. Die Gratleisten dürfen nicht eingeleimt, auch nicht genagelt oder geschraubt werden, da das Vollholz des Türblattes stets „arbeiten" können muß (unterschiedliche Schwindrichtungen von Lang- und Querholz beachten). Bei dieser Türblattkonstruktion entfällt die Diagonalstrebe.

Brettertüren (Bild **7**.79 c). Brettertüren werden aus 120 bis 160 mm breiten und 25 bis 30 mm dicken, gehobelten und gespundeten Einzelbrettern (= angefräste Nut- und Federverbindung) hergestellt, die senkrecht auf 120 mm breite und 30 mm dicke Querriegel bzw. Diagonalstreben genagelt oder geschraubt sind. Dienen derartige Brettertüren als Außentüren (z. B. Schuppentüren), so liegen Querriegel und Strebe auf der Innenseite der Tür. In diesem Fall können die Bretterfugen außenseitig noch mit Deckleisten abgedeckt werden, die oben und unten in einen rings um das Türblatt laufenden Leistenrahmen enden. Weitere Einzelheiten sind der Spezialliteratur [34] zu entnehmen.

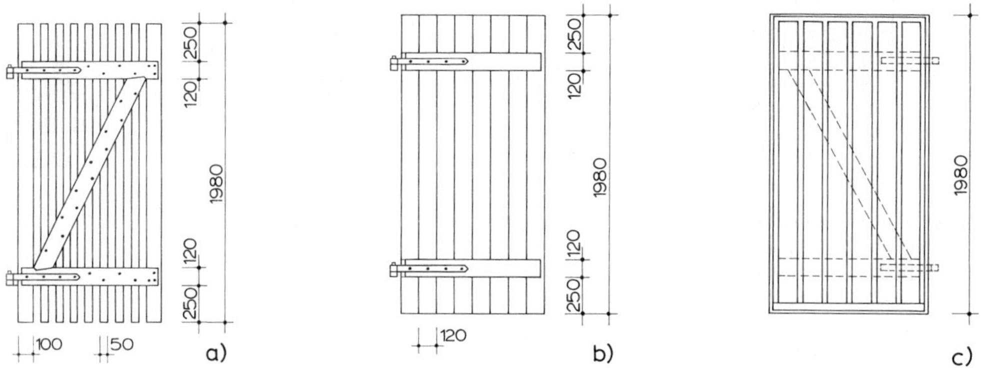

6.79 Schematische Darstellung von einfachen Latten- und Brettertüren
a) Lattentür mit Querriegeln, Diagonalstrebe und Langbändern
b) Stumpf verleimte Vollholztür mit auf Grat eingeschobenen Querleisten (Gratleisten) ohne Diagonalstrebe
c) Gespundete Brettertür mit Querriegeln und Diagonalstrebe sowie außenseitig aufgebrachten Deckleisten

6.6.2.2 Rahmentüren

Türblätter von Rahmentüren bestehen aus vierseitig umlaufenden Rahmenfriesen, ggf. einem oder mehreren waagerechten Mittelfriesen sowie eingesetzten Füllungen unterschiedlichster Art (Bild **6**.80 bis **6**.83). Sie werden als Außen- und Innentüren eingesetzt und dienen oftmals als Unterkonstruktion für aufgedoppelte Türen gemäß Abschn. 6.6.2.3.

Außentürblätter. Für Außentüren eignet sich nur gesundes, fehlerfreies Vollholz.[1]) Die Rahmenfriese müssen eine ausreichende Biegefestigkeit aufweisen, um mechanischen Beanspruchungen standzuhalten und das Verwinden des Türblattes auf ein Minimum zu reduzieren. Rahmentürblätter von schweren Außentüren erfordern demnach einen Holzquerschnitt von etwa 130 x 60 mm. Diese Querschnittmaße können durch den Einbau von Stabilisatoren in Form von Metallprofilen deutlich reduziert werden (Bild **6**.80).

Bei allen Außentürblattkonstruktionen ist jedoch besonders darauf zu achten, daß anfallendes Regenwasser unmittelbar abfließen kann. Mögliche Profilierungen (Kehlungen) an den Rahmenfriesen müssen immer so ausgebildet und zusammengefügt werden (Kehlstoß), daß sich keine Feuchtenester in den Ecken – vor allem zwischen Rahmen und Füllung – ergeben können.

---
1) s. Fußnote auf S. 555

Die Anforderungen an schwere Haustüren, Balkontüren usw. weichen in den wesentlichsten Merkmalen nicht von denen der Fenster ab. Auch die Herstellungsweise ist denen von Fenstern sehr ähnlich. Bei derartigen Fenstertüren sorgen Schlitz- und Zapfenverbindungen sowohl am Blendrahmen als auch im Türrahmen für eine hohe Festigkeit. Vgl. hierzu Abschn. 5.6, Fensterkonstruktionen.

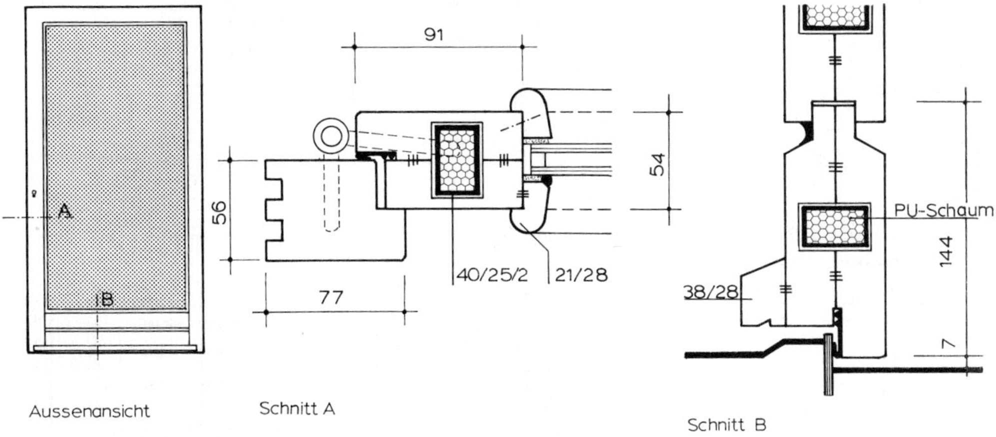

6.80 Konstruktionsbeispiel einer Rahmentür aus Vollholz: Außentürblatt mit wärmegedämmtem, biegesteifem Stahlrahmen. Serienfertigung.
Schnitt A: Horizontalschnitt (Ausschnitt)
Schnitt B: Vertikalschnitt (Ausschnitt)

Innentürblätter. Rahmentürblätter für den Innenbereich können aus Vollholz[1]) oder Holzwerkstoffen – meist Stabsperrholz – oder Holzspanplatten – gefertigt sein.

Das Zusammenfügen der Rahmenfriese erfolgt meist durch Dübelverbindungen, bei Türen älterer Bauart aus Vollholz sind sie durch Schlitzzapfen verbunden. Die beiden seitlichen Rahmenfriese und der obere Querfries sind in der Regel gleich breit (120 bis 150 mm), während der untere Rahmenfries häufig breiter angenommen wird (220 bis 280 mm). Die Friesdicke liegt bei normalen Innentüren zwischen 40 und 45 mm, je nach Türblattgröße und Beanspruchung auch darüber (Bild **6**.81).

[1]) DIN 68360-1 und -2, Holz für Tischlerarbeiten, wurden zurückgezogen und ersetzt durch
DIN EN 942, Holz in Tischlerarbeiten. Diese neue Norm beschreibt das Verfahren, das zur Bestimmung der Merkmale und zur Sortierung nach der sichtbaren Qualität von Holz – vorwiegend Vollholz – in Tischlerarbeiten anzuwenden ist.
Gemäß Tabelle 1 dieser Norm ist das Aussehen des Holzes in Tischlerarbeiten (Holzmerkmale hinsichtlich Klasse und Oberfläche) festzulegen. Dabei wird zwischen offenen und verdeckten Oberflächen unterschieden.
Im Anhang B ist der Feuchtegehalt von Vollholz nach den vorgesehenen Einsatzbedingungen festgelegt. Demnach ist im Außenbereich ein mittlerer Feuchtegehalt von 12 bis 19 %, bei Verwendung im Innenbereich (Raumtemperatur 12 bis 21° C) eine mittlere Holzfeuchte von 9 bis 13 % ausgewiesen.
Anhang C enthält des weiteren einen Leitfaden, der die Anforderungen an das Holz in Tischlerarbeiten festlegt.
Im Anhang D wird die Auswahl der Holzarten behandelt.

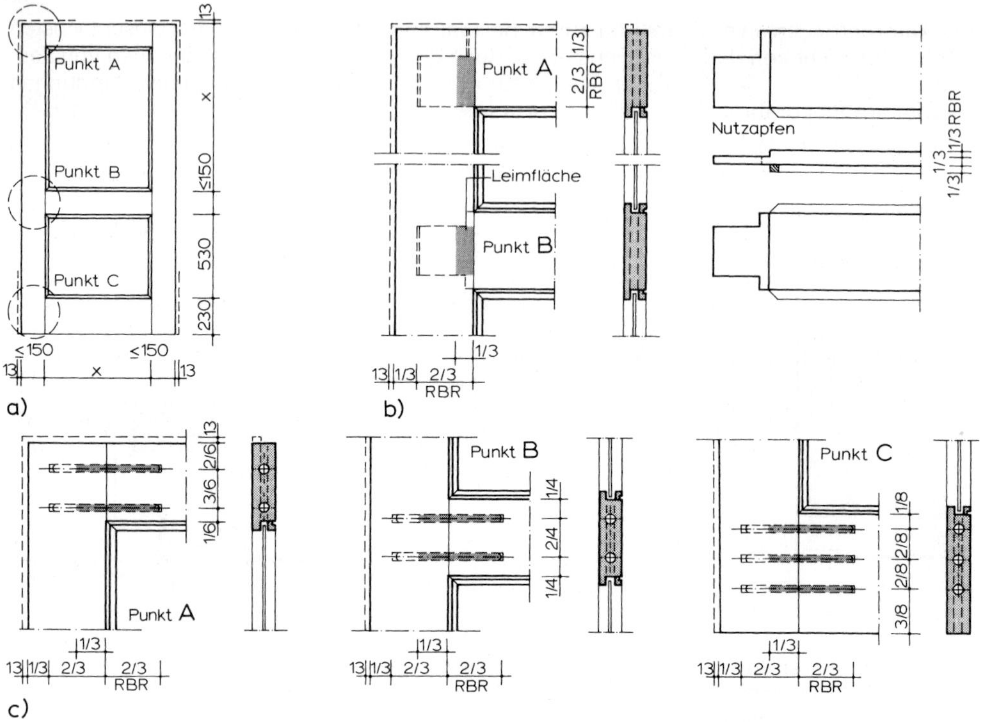

6.81 Konstruktionsbeispiel einer einfachen Rahmentür aus Vollholz: Innentürblatt mit Rahmen und Füllungen. Einzelanfertigung.

a) Ansicht der Rahmentür
b) Verbindung der Rahmenfriese durch Nutzapfen (gestemmte Rahmenverbindung)
c) Verbindung der Rahmenfriese durch Dübel (gedübelte Rahmenverbindung)

Punkt A: obere Rahmeneckverbindung
Punkt B: Mittelfries-Rahmenverbindung
Punkt C: untere Rahmeneckverbindung

Konstruktionsmerkmale

— **Gestemmte Rahmenverbindungen.** Bei Rahmentüren älterer Bauart aus Vollholz sind die Friese durch Zapfen verbunden. An den Querfriesen angeschnittene Nutzapfen greifen dabei in Stemmlöcher der senkrechten Rahmenhölzer und werden mit diesen punktweise verleimt (1/3 des Zapfens).[1] Die früher üblicherweise durchgestemmten und von außen verkeilten, im Türfalz sichtbaren Zapfenverbindungen werden bei Türen des Innenbereiches heute kaum mehr eingesetzt (unterschiedl. Schwindrichtungen von Längs- und Querholz beachten!). Bild **6**.81b zeigt ein Innentürblatt mit maschinell herstellbaren Rahmenverbindungen in Form von verkürzten – im Türfalz unsichtbaren – Nutzapfen. Einzelheiten hierzu s. [35].

— **Gedübelte Rahmenverbindungen** (Bild **6**.81c). Gedübelte Rahmenverbindungen sind einfacher und damit preiswerter herzustellen. Bis zu 150 mm Rahmenfriesbreite sind zwei Dübel, über 150 mm Friesbreite drei Dübel vorzusehen. Der Dübeldurchmesser beträgt in der Regel 16 mm (2/5 der Friesdicke), die Dübellänge etwa 2/3 der Friesbreite. Bei Außentüren sollten die gedübelten Querfriese aus Vollholz immer noch zusätzlich einen angeschnittenen Nutzapfen zur Sicherung der Fugendichtheit aufweisen. Bei Innentüren können die Rahmenfriese des Türblattes auch aus furnierten und mit Anleimern versehenen Stabsperrholz- oder Holzspanplatten bestehen, die stumpf zusammengedübelt sind (Bild **6**.83).

---

[1]) DIN EN 204 gilt für die Einstufung von **Klebstoffen** für nichttragende Bauteile zur Verbindung von Holz und Holzwerkstoffen. In Tabelle 1 dieser Norm erfolgt die Beschreibung der Beanspruchungsgruppen D1 und D4 unter Berücksichtigung entsprechender Klimabedingungen und Anwendungsbereiche. Der Tabelle ist zu entnehmen, daß bei Bauteilen, die im Außenbereich eingesetzt und der Witterung ausgesetzt sind, Klebstoffe der Beanspruchungsgruppe D 4 zu verwenden sind.

- **Mittelfries-Verbindungen.** Waagerechte Mittelfriese gliedern je nach Bedarf und formalen Vorstellungen das Türblatt. Sind Einsteckschlösser vorgesehen, ist darauf zu achten, daß in Schloßhöhe (DIN 18101) möglichst kein Querfries angeordnet wird, da sonst beim Einfräsen der Schloßtasche der Zapfen bzw. die Dübel weggefräst werden. Sind die senkrechten Rahmenfriese jedoch genügend breit angelegt, braucht darauf keine Rücksicht genommen zu werden.
- **Untere Querfriese.** Die unteren Querfriese sind aus konstruktiven (Aussteifung) und formalen Gründen bei Außentüren, Fenstertüren usw. häufig sehr breit gewählt. Damit derart breite Vollholz-Rahmenfriese ungehindert „arbeiten" (Quellen, Schwinden) können – ohne Spannungen und damit Verformungen des Türblattes auszulösen –, werden diese aus zwei Teilen hergestellt und durch eine nach oben gerichtete angefräste Feder (Schlagregen beachten) unverleimt miteinander verbunden (Bild **6**.80). Außerdem wird stirnseitig jeder Friesteil für sich in die seitlichen Rahmenfriese eingezapft (Schlitz- und Zapfenverbindung) oder gedübelt (mit angeschnittenem Nutzapfen) und nur punktweise verleimt (1/3 der Zapfen- bzw. Dübellänge), so daß die seitlichen Friese ungehindert von außen nach innen schwinden können.
- **Rahmenfüllungen** können aus den unterschiedlichsten Materialien wie beispielsweise Vollholz, Stabsperrholz- oder Holzspanplatten, Faserzement- oder MDF-Platten, Mehrscheiben-Isolierglas usw. bestehen. Witterungseinflüsse, Schutz vor Einbruch, Forderungen an Wärme- und Schalldämmung, Tageslichteinwirkung sowie gestalterische Absichten bestimmen weitgehend Materialwahl und Einbauart. Wie Bild **6**.82 zeigt, können Füllungen bespielsweise in Nuten eingeschoben, in Fälze eingelegt oder stumpf zwischen beidseitig angebrachten Falzstäben angeordnet werden. Außerdem können sie auch zweischalig ausgebildet sein (Sandwichkonstruktion mit Dämmaterial und raumseitig aufgebrachter Dampfsperre).

  Furnierte Füllungen sollten aus AW 100 verleimtem Sperrholz oder V 100 oder V 100G verleimten Holzspanplatten bestehen. Bei Füllungen, die der Witterung ausgesetzt sind, ist immer darauf zu achten, daß das Regenwasser rasch ablaufen und in keine nach innen fallenden Fugen oder Nuten eindringen kann. Holzflächen, auf oder zwischen denen Wasser stehen bleibt, verfaulen trotz Oberflächenbehandlung früher oder später.

  Verglasungen müssen dicht und für den Reparaturfall einfach austauschbar sein. Bei Außentüren werden Mehrscheiben-Isolierglas und ggf. einbruchhemmende Verglasungen eingesetzt. Das Einglasen erfolgt mit Vorlegebändern und spritzbaren Dichtstoffen oder vorgefertigten Dichtprofilen.

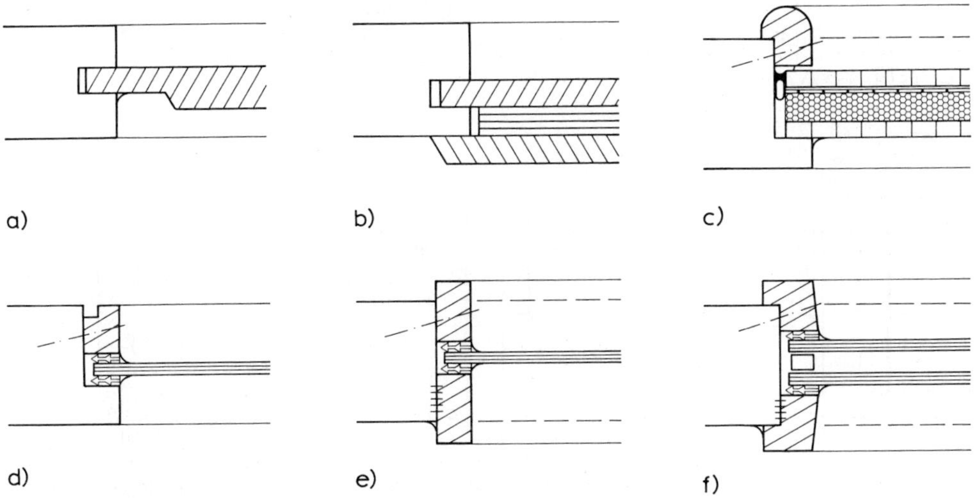

6.82 Füllungen von Rahmentüren (Beispiele)

a) eingenutete Vollholzfüllung
b) überschobene, mehrschichtig aufgebaute Füllung
c) Füllung mit Dämmschicht und Dampfsperre (Sandwichkonstruktion)
d) einseitig verleistete Glasfüllung
e) zweiseitig verleistete Glasfüllung
f) Füllung aus Mehrscheiben-Isolierglas

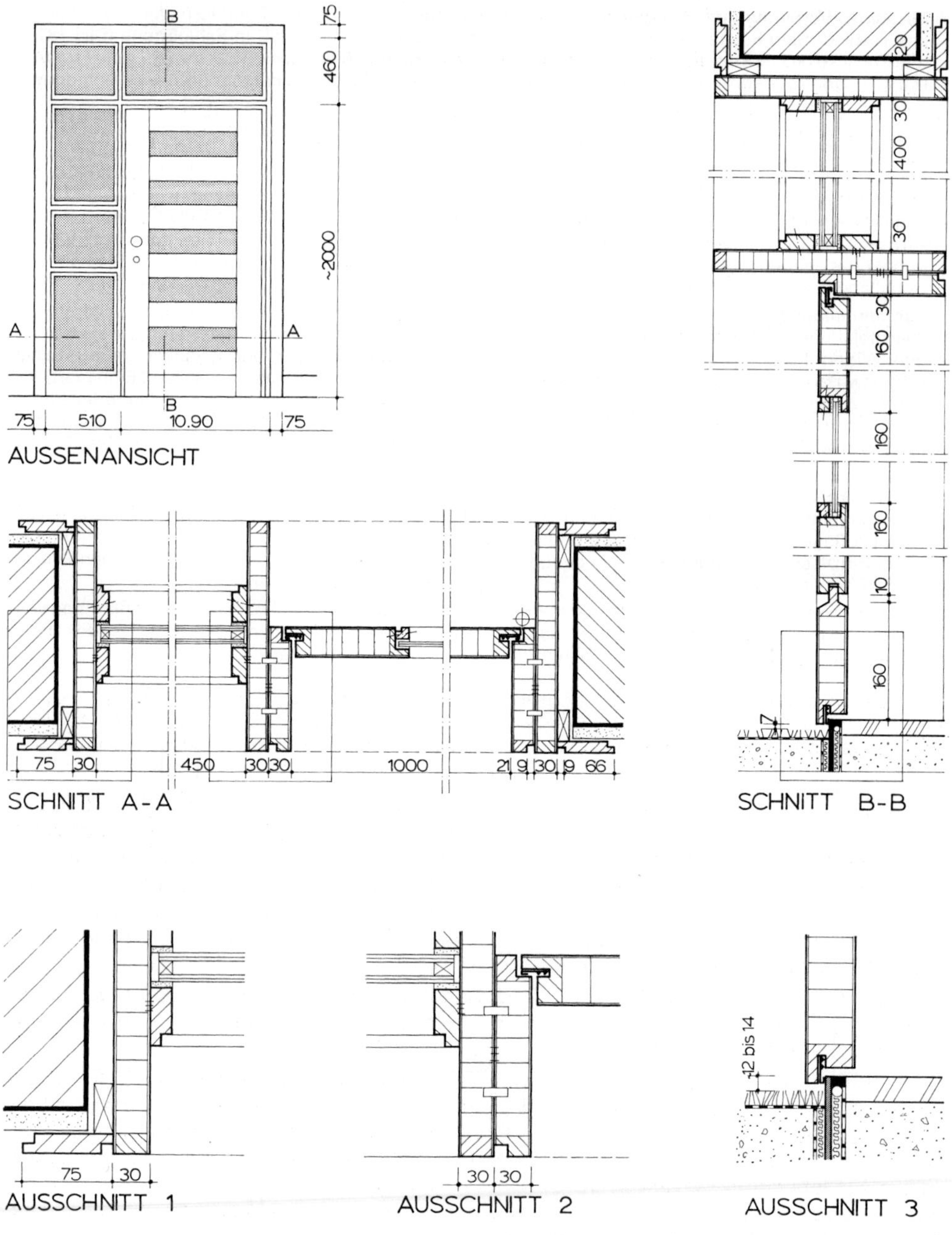

6.83 Konstruktionsbeispiel: Wohnungsabschluß-Türelement mit Rahmentür und verglasten Seiten- bzw. Oberteilen (Einzelanfertigung). Das Türblatt und alle Zargenteile sind aus Holzspanplatten (ggf. auch Stabsperrholzplatten) mit Vollholz-Kantumleimern gefertigt.

Schnitt A-A: Horizontalschnitt durch verglastes Seitenteil und Türblatt
Schnitt B-B: Vertikalschnitt durch verglastes Oberteil und Türblatt

6.6.2.3 Aufgedoppelte Türen

Aufgedoppelte Holztürblätter bestehen aus einer tragenden Konstruktion – in Form eines Holzrahmens oder einer biegesteifen Sperrtür – auf die ein- oder beidseitig Beplankungen (Aufdoppelungen) aufgebracht sind. Aufgrund ihres konstruktiven Aufbaues eignen sie sich als Außentüren (z. B. Haustüren). Aber auch Innentürblätter können ein- oder beidseitig mit Vorsatzschalen versehen sein. Hinsichtlich des Türblattaufbaues wird demnach grundsätzlich zwischen symmetrisch und asymmetrisch aufgebauten Konstruktionen unterschieden. In jedem Fall sind die Aufdoppelungen konstruktiv so auszubilden, daß sie sich unabhängig und gleitend auf dem tragenden Teil bewegen können. Vgl. hierzu Abschn. 6.4.3, Feuchteschutz von Türen.

Aufgedoppelte Außentüren aus Holz

Außentüren haben eine ganze Reihe von technischen Anforderungen zu erfüllen. Bei Holzaußentüren zählen dazu insbesondere

- bewitterungsbeständige Konstruktionen, Werkstoffe und Oberflächen,
- Widerstandsfähigkeit gegen mechanische Beanspruchung,
- geringe Fugendurchlässigkeit und ausreichende Schlagregendichtheit,
- Stehvermögen unter hygrothermischer Beanspruchung mit möglichst geringer Verkrümmung bzw. Verwindung des Holztürblattes,
- ausreichender Schall-, Wärme- und Feuchteschutz,
- bestmögliche Einbruchhemmung,
- Anordnung von Vordächern oder Fassadenrücksprüngen sowie richtige Orientierung des Einganges (Wetterseite beachten).

Technische Anforderungen an Haustüren sind in den Güte- und Prüfbestimmungen Haustüren RAL – GZ 996 im einzelnen festgeschrieben [1]. Dabei wird zwischen Mindest- und Sonderanforderungen an Haustüren aus Aluminium, Holz und Holzwerkstoffen sowie Kunststoff unterschieden. Vgl. hierzu auch Tabelle **6**.2.

Symmetrisch aufgebaute Türblätter mit tragender Rahmenkonstruktion (Bild **6**.84 und **6**.85). Bei schwerer Türblattausführung und hohen Anforderungen an den Schallschutz werden auf den biegesteifen Grundrahmen beidseitig jeweils etwa 13 (16 mm) dicke Holzspanplatten gleicher Art fest verleimt, so daß Grundrahmen und Spanplattenbeplankung in statischer Hinsicht zusammen ein biegesteifes Tragelement abgeben (Bild **6**.84 e). Bei hoher hygrothermischer Beanspruchung kann der Holzrahmen noch zusätzlich mit metallischen Stabilisatoren (z. B. Stahlrahmen) verstärkt sein.

Dieses Tragelement ist allerdings nur dann weitgehend verformungsfrei, wenn es in jeder Beziehung symmetrisch aufgebaut und gefertigt wurde. Jede Abweichung in der Symmetrie des konstruktiven Aufbaues führt zum Verzug des Türblattes.

Alle weiteren zusätzlichen Aufdoppelungen in Form von Platten, Tafeln, Profilhölzern usw. dürfen daher nur lose, d. h. mittels Einhängebeschläge, Schrauben o. ä. an der Tragkonstruktion befestigt werden (Bild **6**.85, Variante A-A). Da derart lose aufgebrachte Verkleidungen keinen kraftschlüssigen Verbund mit dem Tragelement haben, können Verformungen dieser Aufdoppelungen sich auch nicht negativ auf die Gesamt-Türblattkonstruktion auswirken. Ganz vermeiden lassen sie sich bei Holztüren allerdings nicht, doch handelt es sich hierbei meist um keine bleibenden Verwindungen.

Bei leichter Türblattausbildung und weniger hohen Anforderungen an den Schallschutz können die Aufdoppelungen bei symmetrisch aufgebauten Außentüren auch unmittelbar auf eine biegesteife Rahmenkonstruktion aufgebracht werden (Bild **6**.84 h). Gleichdicke und gleichgerichtete Aufdoppelungen auf beiden Seiten des Rahmens verhindern bei diesen Türen am ehesten eine Verformung des Türblattes.

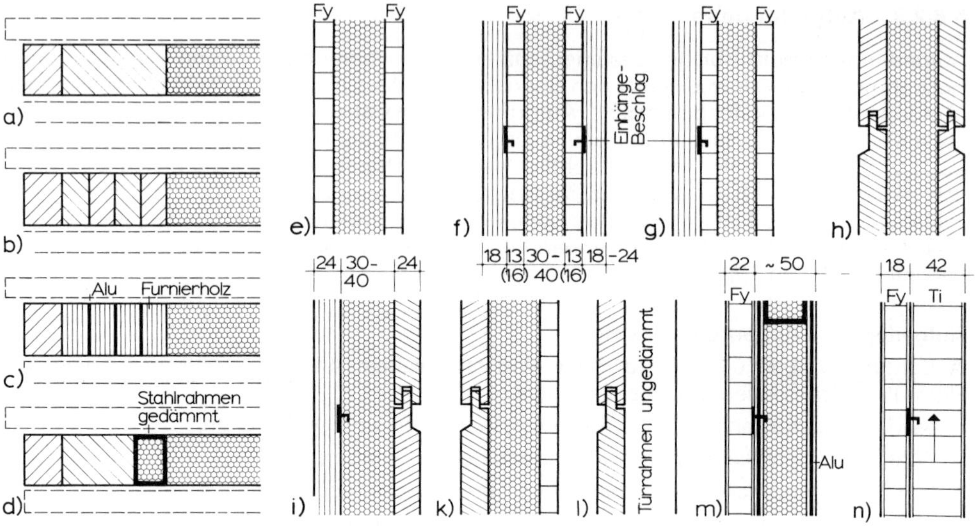

6.84 Schematische Darstellung aufgedoppelter Holztürblätter (Beispiele)

Querschnitte durch tragende Rahmenkonstruktionen (Unterkonstruktionen)

a) normaler Massivholzrahmen
b) lamellierter Massivholzrahmen
c) Rahmenkonstruktion mit Stabilisatoren aus Alu-Streifen
d) Massivholzrahmen mit Stahlrahmen

Längsschnitte durch symmetrisch oder asymmetrisch aufgebaute Holztürblätter mit und ohne Aufdoppelung

e) zweischaliges Türblatt fest verleimt (biegesteifes Tragelement)
f) Tragelement mit beidseitiger Aufdoppelung (schweres Türblatt)
g) Tragelement mit einseitiger Aufdoppelung
h) Massivholzrahmen symmetrisch aufgedoppelt
i) Massivholzrahmen asymmetrisch aufgedoppelt
k) Massivholzrahmen asymmetrisch aufgedoppelt
l) Massivholzrahmen einseitig beplankt
m) Türblatt mit gedämmtem Stahlrohrrahmen einseitig aufgedoppelt
n) Türblatt (Sperrtür) einseitig aufgedoppelt

Symmetrisch aufgebaute Türblätter mit Sperrtüren als Tragelement. Auf glatte Sperrtüren können ebenfalls Aufdoppelungen lose aufgesetzt werden. Auch hier ist darauf zu achten, daß das tragende Basistürblatt selbst genügend biegesteif ausgebildet ist (Bild **6**.84 m bis n). Besonders geeignet sind Türblätter mit eingebauter Randverstärkung, beispielsweise in Form von Alu-Stabilisatoren o. ä. (Bild **6**.17 und **6**.19).

Asymmetrisch aufgebaute Türblätter bestehen ebenfalls aus einem tragenden Basiselement – Rahmenkonstruktion oder Sperrtürblatt – das ein- oder beidseitig mit ungleichen Platten, Tafeln oder Profilhölzern beplankt ist (Bild **6**.84 i bis n). Bei derartigen Türen, die sich bei unsachgemäßer Konstruktion bereits bei geringer Klimaänderung deformieren können, ist die tragende Unterkonstruktion besonders biegesteif auszubilden. Insbesondere eine einseitige oder gar diagonal verlaufende Aufdoppelung verbietet sich von selbst, wenn der Grundrahmen zu schwach dimensioniert ist. Außerdem dürfen auch hier die ungleichen Platten immer nur lose – beispielsweise mit Einhängebeschlägen, Bettbeschlägen, Topfverbindern, Schrauben o. ä. – befestigt werden.

6.85
Konstruktionsbeispiel: Aufgedoppelte Haustür aus Holz mit fest verglastem Seitenteil (Einzelanfertigung)

a) Außenansicht des Türelementes

b) Schnitt A-A: Türelement mit angenutetem Blendrahmen für Innenanschlag.
Wärmegedämmtes Türblatt mit lammelliertem Massivholzrahmen und asymmetrischer Aufdoppelung.

c) Variante zu A-A: Türelement mit zweiteiligem Blockrahmen. Der bereits im Rohbaustadium montierte Montagerahmen (Blindrahmen) ermöglicht den sehr viel späteren Einbau des oberflächenfertigen Türelementes.
Wärmegedämmtes Türblatt mit Stahlrahmen, beidseitig fest verleimter Spanplattenbeplankung (= biegesteifes Tragelement) und einseitiger Profilholzaufdoppelung.

d) Schnitt B-B: Schwellenanschlag des Türblattes mit Schuhabstreiferrost und Außenabdichtung

e) Variante zu B-B: Schwellenanschlag des Türblattes mit Anschlagwinkel und Außenabdichtung

f) Schnitt C-C: Fester Bodenanschluß des verglasten Seitenteiles mit höhergezogenem Stahlwinkel und Außenabdichtung.

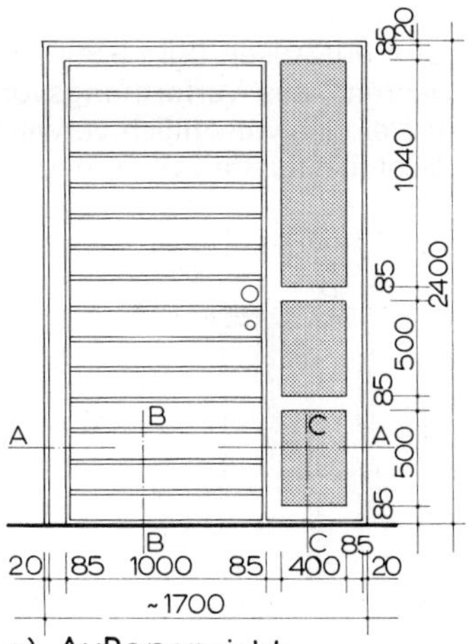

a) Außenansicht

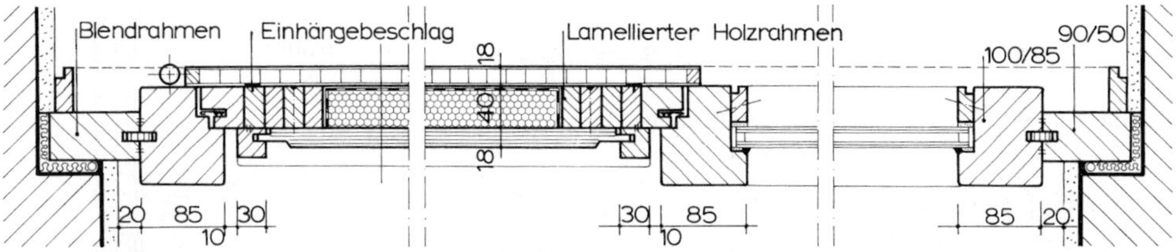

b) Schnitt A-A

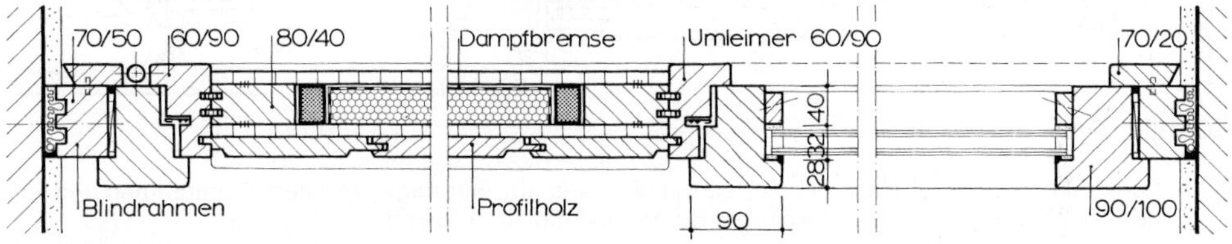

c) Variante zu A-A

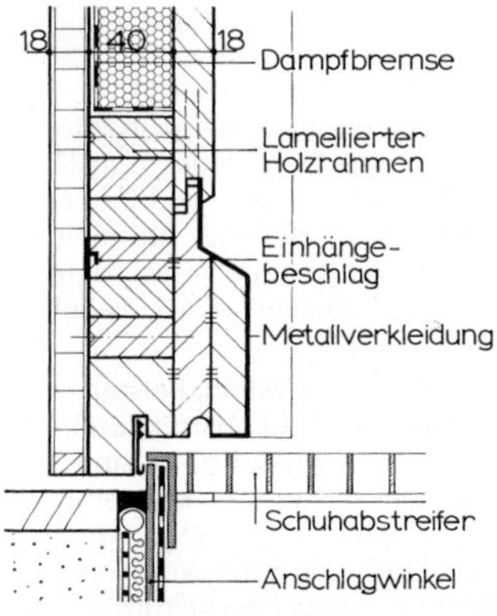

d) Schnitt B-B

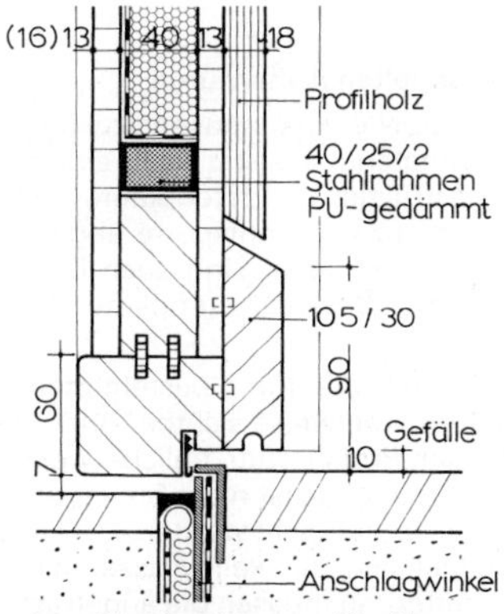

e) Variante zu B-B

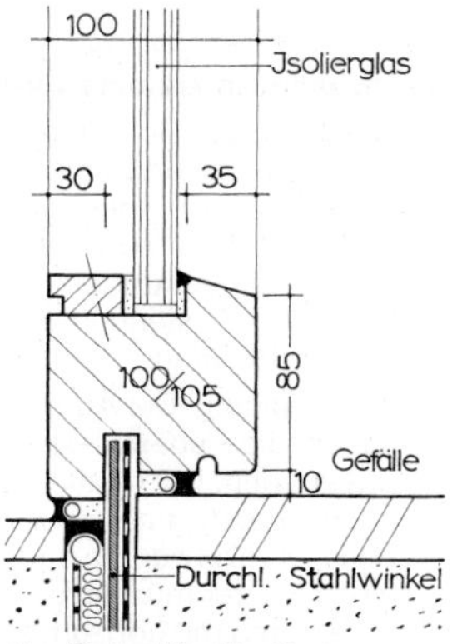

f) Schnitt C-C

Eine gewisse Ausnahme bilden Türblätter, die einen umlaufenden Stahlrahmen als Stabilisator aufweisen (Bild **6**.86). Dieser muß allerdings dann so dimensioniert sein, daß er die während des Verformungsvorganges auftretenden Spannungen aufnehmen kann, ohne daß er sich wesentlich verwindet. Ein solcher Rahmen kann sich jedoch unter Umständen nachteilig auf den Wärme- und Schallschutz des Türblattes auswirken.

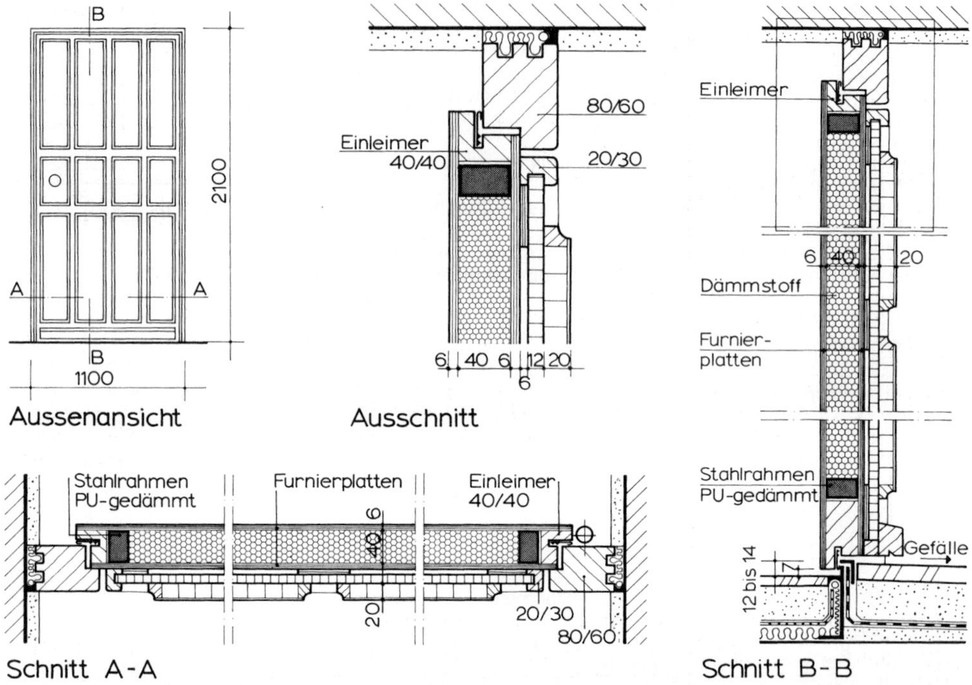

6.86 Konstruktionsbeispiel: Haustür aus Holz mit biegesteifem, wärmegedämmtem Stahlrahmen und vorgesetzter Aufdoppelung aus furnierten Holzwerkstoffplatten (Serienfertigung)
HOVESTA GmbH, Kruft

Konstruktionsmerkmale von aufgedoppelten Außentüren

— **Einlage.** In die Hohlräume aufgedoppelter Rahmenkonstruktionen wird hochwertiges, bei Außentüren feuchtigkeitsunempfindliches Dämmaterial allseitig dicht eingelegt. Damit keine Durchfeuchtung (Tauwasserbildung) innerhalb der Konstruktion auftreten kann, muß das Dämmaterial auf der Innenseite (Warmseite) mit einer Dampfbremse bzw. Dampfsperre abgedeckt werden (z. B. PE-Folie, Aluminiumblech, Delignit-Furniersperrholz o. ä.). Geeignet sind auch Dämmaterialien mit hohem Wasserdampfdurchlaßwiderstand (z. B. extrudierte PS-Hartschaumplatten). S. hierzu auch Abschn. 6.4.3, Feuchteschutz von Türen.

— **Aufdoppelung.** Die Aufdoppelung von Außentüren besteht meist aus Profilbrettern, Tafeln, Leisten oder Stäben, die – überfälzt oder genutet – wahlweise sichtbar oder unsichtbar an der Tragkonstruktion befestigt werden. Die häufig verwendeten Profilbretter, üblicherweise in gespundeter Ausführung, sind zwischen 18 und 24 mm dick und sollten möglichst nicht breiter als 100 bis 120 mm sein. Sie können horizontal, vertikal oder in anderer Form aufgebracht werden. Die Längen- und Breitenverbindungen der einzelnen Bretter müssen so ausgebildet sein, daß kein Wasser in die Nuten eindringen kann. Vor allem bei Außentüren mit horizontaler Verbretterung müssen die angefrästen (= gespundeten Federn) immer nach oben gerichtet sein (Bild **6**.84 und **6**.85).

- **Wetterschenkel.** Wetterschenkel aus Holz weisen direkten Schlagregen von der Schwelle ab. Sie werden an das untere Rahmenholz angeleimt und zusätzlich mit Dübeln oder Lamellenfedern gesichert. Wetterschenkel sind an ihrer Oberkante ausreichend abzuschrägen, an ihrer Unterkante erhalten sie zum sicheren Abtropfen des Niederschlagwassers eine Nut.
- **Blendrahmen.** Der Blendrahmen (Türrahmen) hat die Aufgabe, das Türblatt zu tragen, den Verschluß des Türblattes mit einer optimalen Falzdichtung zu ermöglichen sowie eine sichere Befestigung am Bauwerk – mit guter Dämmung und Dichtung der Anschlußfugen – zu gewährleisten. Einzelheiten hierzu s. Abschn. 6.4.5, Bauwerkanschlüsse von Türen.
- **Falz- und Bodendichtungen.** Außentüren sind mit mind. einer dreiseitig umlaufenden Dichtung auszurüsten. Geeignet sind sowohl Türfalzdichtungen als auch Zargenfalzdichtungen. Im Hinblick auf den geforderten Schall- und Wärmeschutz sowie Wind- und Schlagregendichtheit sind auch Doppelfälze mit zwei Dichtungsebenen durchaus üblich und empfehlenswert. Am Fußboden schlagen Außentüren am vorteilhaftesten gegen Anschlagschwellen (Bild **6**.69). Geeignet sind auch Bodenfugendichtungssysteme unterschiedlichster Art, wie beispielsweise Auflaufdichtungen und automatische Absenkdichtungen. Einzelheiten hierzu s. Abschn. 6.5.4, Türdichtungen.
- **Türbänder.** Die ausgewählten Bänder müssen eine ausreichende Tragfähigkeit aufweisen. Bei sehr schweren und überhohen Türen kann ein drittes Band zweckmäßig sein. Verwendet werden vor allem gekröpfte Lappenbänder mit oder ohne Tragzapfen, Kombibänder, starke Einbohrbänder sowie Bodentürschließer. S. hierzu auch Abschn. 6.5.1, Türbänder.
- **Mehrscheiben-Isolierverglasung.** Werden Außentürblätter und – wie Bild **6**.85 zeigt – auch die unmittelbar neben der Tür befindlichen Seitenteile fest verglast, so ist auf einen ausreichenden Wärmeschutz und Einbruchschutz zu achten. Das Einglasen erfolgt in den meisten Fällen mit Vorlegebändern und spritzbaren Dichtstoffen oder vorgefertigten Dichtprofilen. Vgl. hierzu auch Abschn. 6.4.2, Wärmeschutz von Türen sowie Abschn. 6.8.5, Einbruchhemmende Türen.
- **Holzarten.** Bevorzugte einheimische Holzarten sind Kiefer, Lärche, Fichte und Eiche, von den überseeischen Holzarten eignen sich u. a. Sipo, Red Meranti, Teak, Mahagoni und Pitchpine. Die Hölzer müssen der in DIN EN 942, Holz in Tischlerarbeiten (vormals DIN 68360-1 und -2) geforderten Qualität entsprechen und eine mittlere Holzfeuchte von 12 bis 15 % aufweisen.[1]) Weitere Einzelheiten sind der Spezialliteratur [35], [36] zu entnehmen.

Aufgedoppelte Innentüren aus Holz und Holzwerkstoffen

Aufgedoppelte Innentüren sind häufig integrierter Bestandteil angrenzender Wandbekleidungen (Bild **6**.87). Die Sichtflächen der Türblattaufdoppelung und die der Wandbekleidung liegen dabei bündig zueinander, so daß die Vertäfelung, Verbretterung oder einfach das Furnierbild großflächig, d. h. ohne nennenswerte Unterbrechungen durchläuft. Werden dabei noch Bodentürschließer eingebaut, so sind auch kaum Beschlagteile erkennbar.

Wie Bild **6**.87 zeigt, kann das biegesteife Tragelement des aufgedoppelten Innentürblattes auch hier entweder aus einer Rahmenkonstruktion oder aus einer glatten biegesteifen Sperrtür bestehen. Die zuvor genannten Konstruktionsregeln bezüglich des Aufbringens von Aufdoppelungen sind auch bei Sperrtüren voll zu beachten. Einseitiges Aufleimen von Platten, Tafeln, Leisten oder Stäben führt fast immer zum Verziehen des Türblattes. Daher müssen auch bei Innentüren alle zusätzlichen Aufdoppelungen lose und beweglich gleitend, d. h. mit Schrauben, Einhängebeschlägen oder punktweisen Verleimungen aufgebracht werden.

In diesem Zusammenhang ist auch zu beachten, daß Beschichtungen aller Art (z. B. Anstriche, Lacke) sowie Schichtstoffplatten u. ä. immer nur beidseitig in gleicher Dicke und Qualität auf Türblätter aufkaschiert werden dürfen. Einseitige Beschichtungen führen zwangsläufig zu Verformungen freistehender Türblätter.

[1]) s. Fußnote Seite 555

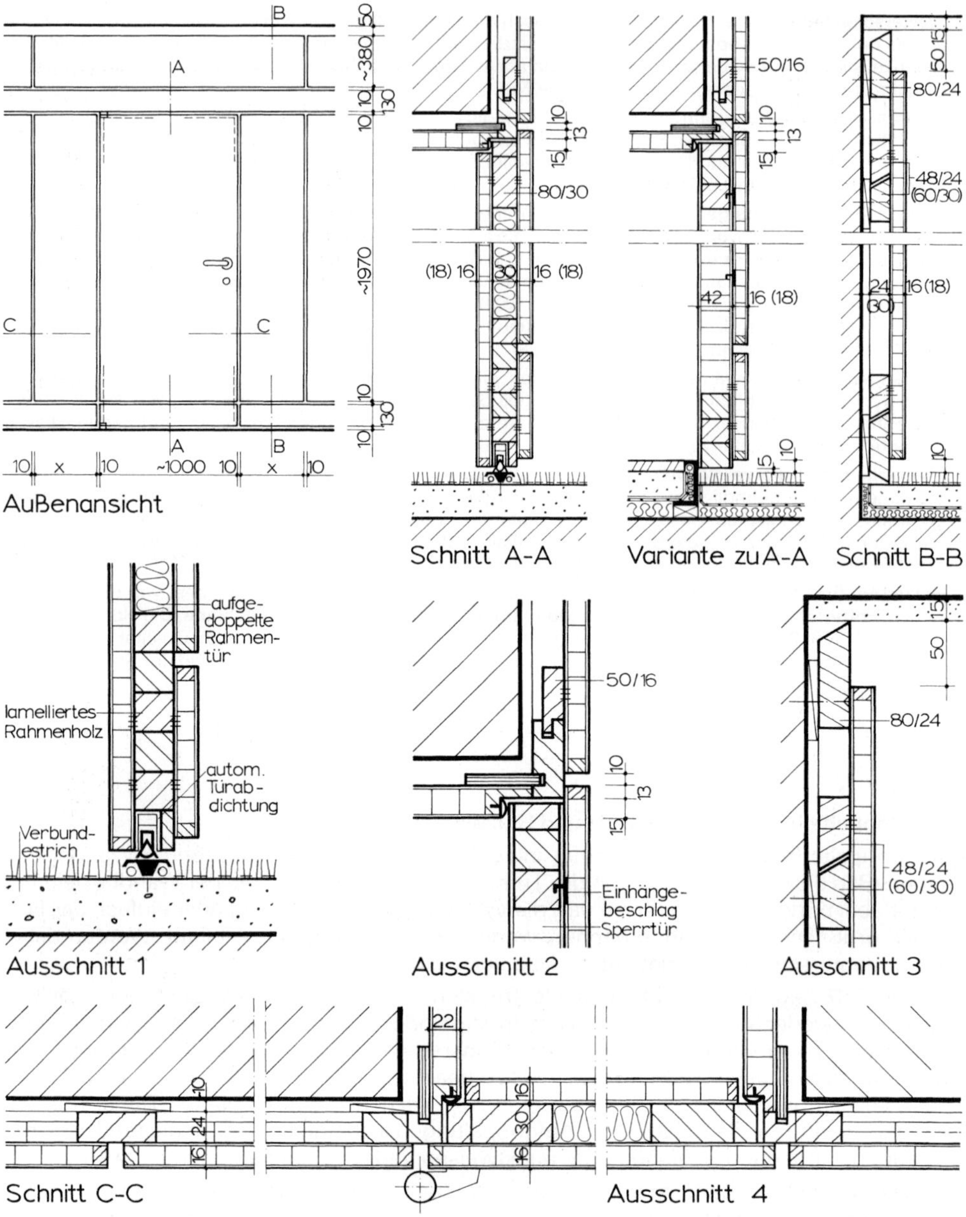

6.87 Konstruktionsbeispiel: Aufgedoppelte Innentür als integrierter Bestandteil der angrenzenden Wandbekleidung (Einzelanfertigung)
Schnitt A-A: Beidseitig aufgedoppelte Rahmentür mit Dämmstoffeinlage, Boden- und Falzdichtungen gegen Schallübertragung. Obere Wandbekleidung ist mit Nutklötzen lose eingehängt.
Variante zu A-A: Einseitig aufgedoppelte biegesteife Sperrtür. Die lose Befestigung der Bekleidung mit Einhängebeschlägen soll ein Verziehen des Türblattes ausschließen.
Schnitt B-B: Vertikalschnitt durch eine raumhohe Wandbekleidung, lose eingehängt in eine konisch ausgebildete Unterkonstruktion.
Schnitt C-C: Horizontalschnitt durch Wandbekleidung und symmetrisch aufgedopp. Rahmentür.

6.6.2.4 Sperrtüren

Sperrtürblätter bestehen in der Regel aus einem Rahmen, der Einlage und den beidseitigen Deckplatten. Aufgrund ihres konstruktiven Aufbaues werden sie als „Sperrtür" bezeichnet und sind in DIN 68706 genormt. Die darin festgelegten Konstruktionsmerkmale gelten für Innentüren allgemeiner Art. Sondertüren, wie sie in Abschn. 6.8 näher erläutert sind, und auch Außentüren werden von dieser Norm nicht erfaßt. Dessen ungeachtet, finden Sperrtür-Sonderkonstruktionen Verwendung als Hauseingang-, Laubengang-, Kellerausgang-, Wohnungsabschlußtür u.a.m. Da an die einzelnen Türgruppen sehr unterschiedliche technische Anforderungen gestellt werden, weisen sie hinsichtlich ihres konstruktiven Aufbaues – trotz annähernd gleicher Oberflächenbeschaffenheit – deutliche Unterschiede auf. Nach der Art der Mittellagenausbildung (Einlage) unterscheidet man im wesentlichen folgende Hauptgruppen (Bild **6**.88):

- **Kompakttürblätter** (Volltürblätter) aus beispielsweise Vollspan- oder Röhrenspanplatten, Stabsperrholzplatten (Tischlerplatten), Mehrschichteinlagen aus Holzfaser-, Holzspan-, Mineralfaser-, Gipskartonplatten usw.
- **Hohlraumtürblätter** aus beispielsweise hochkant stehenden waben-, raster-, spiral-, wellen- oder stegförmig verleimten Karton-, Furnierholz-, Holzfaser- oder Holzspanplattenstreifen.
- **Sandwichtürblätter** (Schalentürblätter) beispielsweise mit Dämmstoffeinlagen aus Mineralwolle, Polyurethanschaum o.ä.

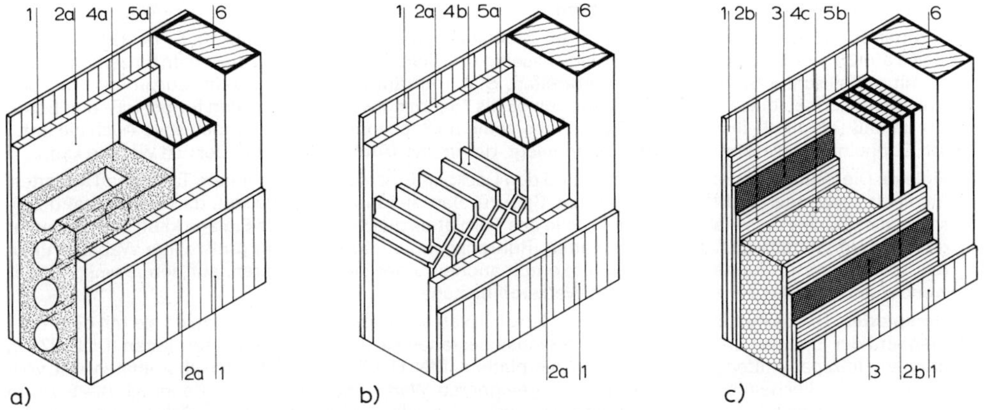

6.88 Schematische Darstellung: Aufbau und Konstruktion von Sperrtürblättern (Beispiele)
a) Kompakttürblatt: Einlage aus Röhrenspanplatte
b) Hohlraumtürblatt: Einlage aus Kartonwaben
c) Sandwichtürblatt: Einlage aus Polyurethanschaum

1 Decklage (Deckfurnier)
2a Deckplatte (Furnierholz-, Span- oder Hartfaserplatte)
2b Deckplatte (Sperrfurnier mit Aluminiumblech)
3 Alu-Blech (Dampfsperre, statisch aussteifendes Element)
4a Einlage aus Röhrenspanplatte
4b Einlage aus Kartonwaben
4c Einlage aus Polyurethanschaum
5a umlaufender Vollholzrahmen
5b Furnierplatten mit Alu-Stabilisatoren
6 verdeckter Hartholz-Anleimer

Eine Sperrtür ist ein symmetrisch aufgebautes Türblatt, das im wesentlichen aus Holz und Holzwerkstoffen hergestellt wird. Sie besteht in der Regel aus einem umlaufenden Rahmen, einer Einlage und den beidseitig darauf aufgebrachten Deckplatten. Diese Deckplatten können jeweils noch mit einer Decklage beschichtet sein. Einzelheiten des konstruktiven Aufbaues zeigt Bild **6**.89.

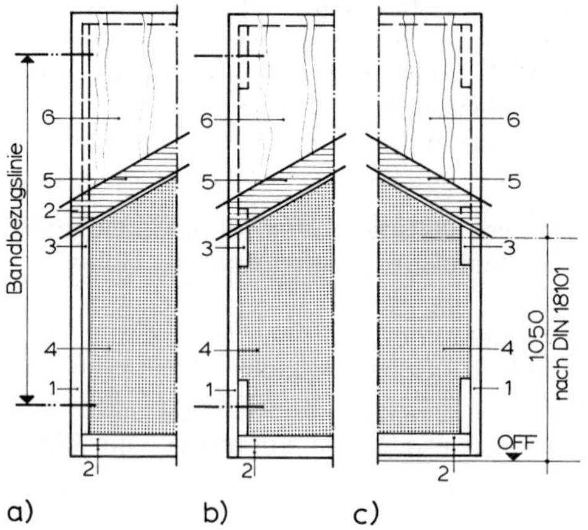

6.89
Schematische Darstellung: Konstruktionsmerkmale von Sperrtürblättern

a) Türblatt mit umlaufenden Rahmenfriesen und zusätzlicher, innenliegender Verstärkungsleiste
b) Türblatt mit umlaufenden Rahmenfriesen und eingeleimter Bandverstärkung
c) Türblatt mit umlaufenden Rahmenfriesen und eingeleimter Schloßverstärkung

1 umlaufender Rahmen
2 unteres Doppelfries
3 Rahmenverstärkung an den für Schloß und Bandsitz festgelegten Stellen
4 Deckplatte (Span-, Hartfaser-, Furnierholz-, MDF-Platten u. a.)
5 Decklage (Furnier-, Schichtstoff-, Folien- oder Kunstharzlack-Oberflächen)

Konstruktionsmerkmale von Sperrtürblättern

— **Rahmen.** Der umlaufende Rahmen sorgt für Stabilität und Verwindungssteifigkeit. Er besteht üblicherweise aus 35 bis 45 mm breiten, die Einlage allseitig umschließenden Vollholzfriesen. In Einzelfällen kann er mit metallischen Stabilisatoren (Alu-Streifen, Stahlrohrrahmen) verstärkt sein. Zusammen mit den Anleimern können diese Friese eine Breite von 55 bis 75 mm aufweisen und an den für Schloß- und Bandsitz gemäß DIN 18101 festgelegten Stellen innerseitig noch besonders aufgedoppelt sein. Auch die unteren Doppelquerfriese sind meist breiter angelegt, damit das Türblatt bei Bedarf gekürzt werden kann.

— **Einlage.** Die Einlage ist der vom Rahmen und den Deckplatten umschlossene innere Teil eines Türblattes. Sie steift zusammen mit dem Rahmen das Sperrtürblatt aus und gewährleistet, daß der Abstand zwischen den beiden Deckplatten an jeder Stelle des Türblattes gleich bleibt. Die Einlage kann aus den zuvor genannten Materialien (z. B. Vollspanplatten, Röhrenspanplatten, klein- und großzellige Wabenstrukturen, mehrlagige Aufbauten mit Werkstoffkombinationen) oder einem anderen, auf den jeweiligen Verwendungszweck der Tür abgestimmten Werkstoff bestehen.

— **Deckplatten.** Die beiden Deckplatten geben dem Türblatt seine endgültige Stabilität, da sie mit dem Rahmen und der Einlage verleimt sind. Üblicherweise bestehen sie aus harten Holzfaserplatten (DIN 68750), dünnen Holzspanplatten (DIN 68763), Furnierplatten (DIN 68705-2), MDF-Platten, Laminaten mit vollflächigen Alu-Blecheinlagen sowie anderen geeigneten Werkstoffen. Die in der Regel 3,0 bis 5,0 mm dicken Deckplatten müssen so beschaffen sein, daß sich weder die Einlage noch die Rahmenfriese an der Türblattoberfläche abzeichnen.

— **Decklage.** Die Decklage wird als äußerste Schicht auf die Deckplatte aufgeleimt, sofern sie nicht ohnehin Bestandteil der Deckplatte ist. Übliche Decklagen sind Furniere (DIN 4079 – Edelfurnier oder Furnier für deckenden Anstrich), dekorative Schichtstoffplatten (DIN EN 438-1), Anstrichfolien sowie Direktbeschichtungen. Um Decklagen auch noch nachträglich auf Sperrtüren aufleimen zu können, muß die Einlage so druckfest sein, daß sie den zum Überfurnieren erforderlichen Preßdruck von 0,25 N/mm² bei 80° C aufnehmen kann. Je nach Art der Decklage liegt die Türblattdicke zwischen 39 und 42 mm.

Sperrtüren werden seriell hergestellt und entweder als Halbfabrikate (Türrohlinge) zur Weiterbearbeitung angeboten oder in Form von Fertigprodukten mit werkseitig aufgebrachten Edelfurnier-, Schichtstoff-, Folien- oder Kunstharzlack-Oberflächen verkauft. Weit verbreitet ist der Handel mit Türrohlingen, deren Oberflächenbeschaffenheit auch noch später den individuellen Wünschen der Auftraggeber angepaßt werden kann (z. B. gebeizte Furnieroberfläche, farbig deckender Anstrich usw.). Als Haftgrund für deckenden Anstrich werden sog. Anstrich- oder Grundierfolien bereits werkseitig aufgebracht.

Kanten- und Falzausbildungen an Sperrtüren. Da die außenseitigen Rohkanten der umlaufenden Rahmenfriese im gehobenen Innenausbau nicht unbehandelt bleiben können, müssen entsprechende Vollholzvorleimer oder Beschichtungen aufgebracht werden. Kanten können demnach mit Anleimern oder Einleimern gebildet werden bzw. mit Furnieren, Kunststoffen oder Schichtstoffplatten beschichtet sein. Die Kantenausbildung eines Türblattes sollte immer auf den jeweiligen Türentyp abgestimmt und entsprechend des jeweiligen Einsatzortes der Tür ausgewählt werden. Neben technischen und funktionalen Gesichtspunkten (z. B. Stoßfestigkeit, Feuchtraumbeständigkeit) sind immer auch gestalterische Kriterien zu berücksichtigen. Folgende Kanten- und Falzausbildungen sind üblich (Bild **6**.90):

- **Der Einleimer** ist eine an den Längskanten des Türblattes eingeleimte Hartholzleiste, die beiderseits von den Deckplatten überdeckt ist. Er kann farblich durch Beizen, Lackieren o. ä. an die Türblattoberfläche angepaßt werden.
- **Die Kantenbeschichtung** mit Furnier oder Kunststoff-Folie wertet das Türblatt auf. Kante und Türblattoberfläche bilden optisch eine Einheit, da Deckplatte und Decklage im seitlichen Falzbereich durch die Beschichtung überdeckt sind.
- **Der verdeckte Anleimer** ist eine an den Längskanten des Türblattes angeleimte Hartholzleiste, die nur noch von der Decklage überdeckt wird. Er gibt der Türkante ein einheitliches Aussehen und verleiht ihr zudem eine hohe Stoßfestigkeit. Der verdeckte Anleimer kann in jeder geeigneten Holzart aufgeführt werden oder auch aus besonders schlagfestem Kunststoff (Polystyrol) bestehen. Beachtenswert ist, daß derartige Kunststoffanleimer nachhobelbar ausgebildet sind.
- **Der sichtbare, unverdeckte Anleimer** ist ebenfalls eine Vollholzleiste, die entweder zweiseitig (an den Längskanten) oder auch dreiseitig umlaufend an der Sperrtür angebracht wird. Der Anleimer liegt mit der Türblattoberfläche bündig und ist durch eine V-Nut von der Decklage abgesetzt. Ein unverdeckter Hartholzanleimer ergibt einen ausgezeichneten Kantenschutz und verleiht der Tür ein unverwechselbares Aussehen. Er ist in allen geeigneten Holzarten (z. B. Limba, Rotholz, Sipo, Eiche, Esche, Buche u. a.) ausführbar und immer auch zum Nachhobeln geeignet.

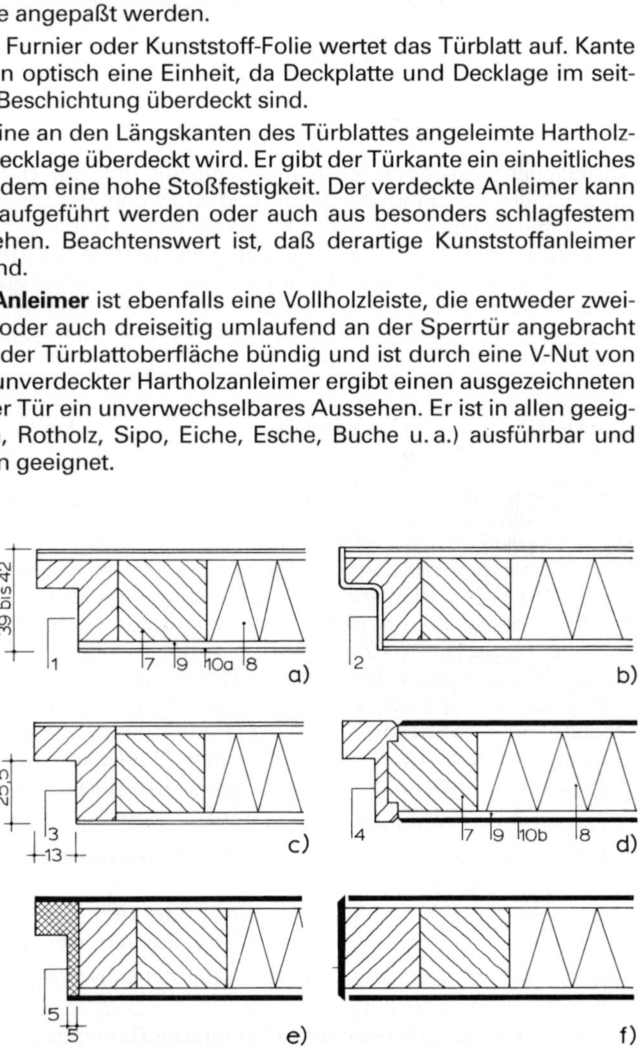

6.90
Schematische Darstellung: Kanten- und Falzausbildungen an Sperrtürblättern
a) Falztür mit Einleimer
b) mit Kantenbeschichtung
c) mit verdecktem Anleimer
d) mit unverdecktem Anleimer
e) mit Kunststoffanleimer
f) Stumpftür mit Schichtstoffkante

1 Einleimer
2 Kantenbeschichtung (Folie)
3 verdeckter Anleimer
4 unverdeckter Anleimer
5 Kunststoffanleimer
6 Schichtstoffkante
7 umlaufender Holzrahmen
8 Einlage
9 Deckplatte
10a Decklage (Furnier)
10b Decklage (Schichtstoff)

Klimatische und mechanische Beanspruchungen. Je nach Einsatzort und Nutzung sind Innentüren unterschiedlichen klimatischen und mechanischen Beanspruchungen ausgesetzt. Entsprechende Anforderungen und Klassifizierungen für Innentürblätter aus Holz und Holzwerkstoffen – Sperrtüren nach DIN 68706 – sind in den Güte- und Prüfbedingungen RAL – RG 426 [2] festgelegt. Wie aus Tabelle **6**.18 zu ersehen ist, werden Sperrtüren in drei Klimaklassen I, II und III sowie in drei mechanische Beanspruchungsgruppen N, M und S eingeteilt und klassifiziert. Diese Einsatzempfehlungen sollen die Auswahl geeigneter Türblätter für den jeweiligen Verwendungsort erleichtern und eine Arbeitshilfe bei der Erstellung von Leistungsverzeichnissen sein. Weitere Einzelheiten hierzu s. Abschn. 6.4.3.

An Sperrtüren werden darüber hinaus noch eine ganze Reihe weiterer Anforderungen gestellt. Zu nennen sind vor allem Schallschutz und Wärmeschutz. Einzelheiten hierzu sind den Abschnitten 6.4.1 und 6.4.2 zu entnehmen. Weitere Forderungen, wie beispielsweise Brand- und Rauchschutz, Strahlenschutz, Durchschuß- und Einbruchhemmung, sind in Abschn. 6.8, Sondertüren (Schutztüren) angesprochen.

6.7 Türelemente aus Metall

Anstelle der herkömmlichen Türelemente aus Holz und Holzwerkstoffen werden in Verwaltungs-, Industrie-, Freizeit-, Schul- und Krankenhausbauten, aber auch im Wohnungsbau (Mehrfamilienhäuser) vermehrt Türelemente aus Metall eingebaut. Sie zeichnen sich durch ganz bestimmte Vorteile aus, die in den nachstehenden Abschnitten im einzelnen erläutert werden. Türelemente aus Metall bestehen in der Regel aus einer Metallzarge und einem Metalltürblatt. Häufig werden jedoch auch Stahlzargen mit Türblättern aus anderen Materialien – wie beispielsweise Holz, Holzwerkstoffen, Kunststoff, Glas usw. – miteinander kombiniert.

6.7.1 Türzargen aus Metall

Stahlzargen haben sich zu einem modernen Ausbauelement entwickelt. Sie werden vor allem im Objektbereich, aber auch in zunehmendem Maße im Wohnbereich eingesetzt und sind in vielen Formen und Ausführungen erhältlich. Grundsätzlich kann man davon ausgehen, daß der jeweilige Zargentypus ganz wesentlich von der Ausführung und Beschaffenheit der jeweiligen Wandart bestimmt wird. Mauerwerk-, Ständerwerk- und Gipsdielenwände stellen unterschiedliche Anforderungen an die Konstruktion und Verankerung der Stahlzarge. Hinzu kommen können noch weitere Anforderungen aus den Bereichen Schall-, Brand-, Rauch-, Einbruch- und Strahlenschutz. Die Auswahl der richtigen Stahlzarge richtet sich auch danach, ob sie gleichzeitig mit der Wanderstellung (meist im Rohbaustadium) oder nachträglich in die fertige Öffnung (bei Fertigstellung des Innenausbaues) eingebaut werden soll. Die wesentlichsten Vorteile von Stahlzargen sind

- Unempfindlichkeit gegen Stoß, Feuchtigkeit und Temperatureinflüsse,
- wahlweise verwendbar als DIN-LINKS oder DIN-RECHTS Zarge,
- Einbau entweder gleichzeitig mit der Wanderstellung oder nachträglich in die fertige Wandöffnung,
- kraftschlüssige Verbindung zwischen Zarge und den unterschiedlichsten Wandbauarten sowie rationelle Montage durch ausgereifte Verankerungssysteme,
- hohe Tragfestigkeit und Stabilität auch bei schwersten Türblättern und geschoßhohen Elementgrößen,
- geräuscharmer und dichtender Türverschluß mit hochwertigen Dichtungsprofilen,

— Angebot zahlreicher Sonderzargen für besondere Funktionen und Anforderungen, wie beispielsweise Schall-, Brand-, Rauch-, Strahlen-, Einbruchschutz, Hygiene, Feuchtigkeit usw.,
— dauerhafter Korrosionsschutz durch feuerverzinkte Stahlbleche mit Einbrenngrundierung,
— Sonderzargen aus Edelstahl für besonders gefährdete Bereiche (z. B. Schwimmbäder),
— relativ günstige Herstellungskosten durch serielle Fertigung (Standardzargen),
— unauffällige, raumsparende Bauform, formal und farblich anpassungsfähig an jedes Türblatt und jeden Einrichtungsstil, bei gleichzeitig geringen Wartungskosten.

Einteilung und Benennung: Überblick

Stahlzargen

Standard-Stahlzargen: (Mauerwerkzargen)	Einteilige Normzarge nach DIN 18111 für Mauerwerk- und Betonwände, feuerverzinkt und grundiert für bauseitige Endbeschichtung — Umfassungszarge — Eckzarge — Gegenzarge
Trockenbauzargen: (Ständerwerkzargen)	Einteilige Stahlzarge (nicht genormt) für Ständerwerkwände, feuerverzinkt und grundiert für bauseitige Endbeschichtung Dreiteilige Stahlzarge (auch Schnellbauzarge genannt) für Ständer- und Mauerwerkwände, feuerverzinkt mit werkseitig endbehandelter Oberfläche Zweischalige Stahlzarge für Ständer- und Mauerwerkwände (bleiben hier unberücksichtigt)
Sonderzargen: (Sonderformzargen)	Alle Arten von Funktionszargen für Mauerwerk- und Ständerwerkwände, in vielfältigen Material-, Formen- und Farbvarianten
Aluminiumzargen	Zweischalige Aluminiumzarge für Mauerwerk- und Ständerwerkwände, eloxiert oder pulverbeschichtet, als werkseitig endbehandelte Oberfläche.

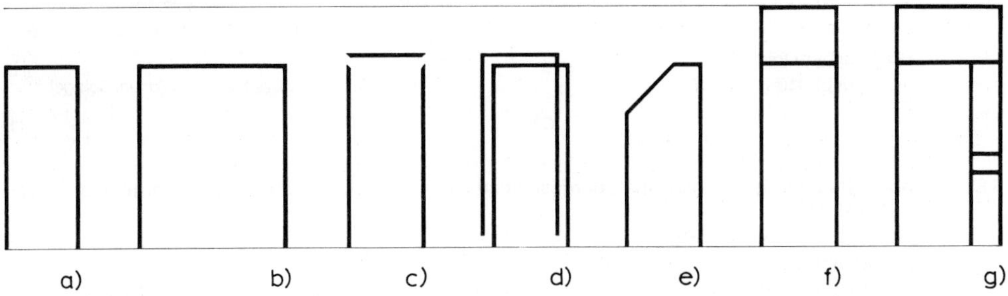

6.91 Schematische Darstellung einiger Ausführungsvarianten von Stahlzargen (Beispiele)
a) Normzarge
b) 2-flügelige Zarge
c) 3-teilige Zarge
d) 2-schalige Zarge
e) Dachschrägenzarge
f) Oberlichtzarge
g) Elementzarge

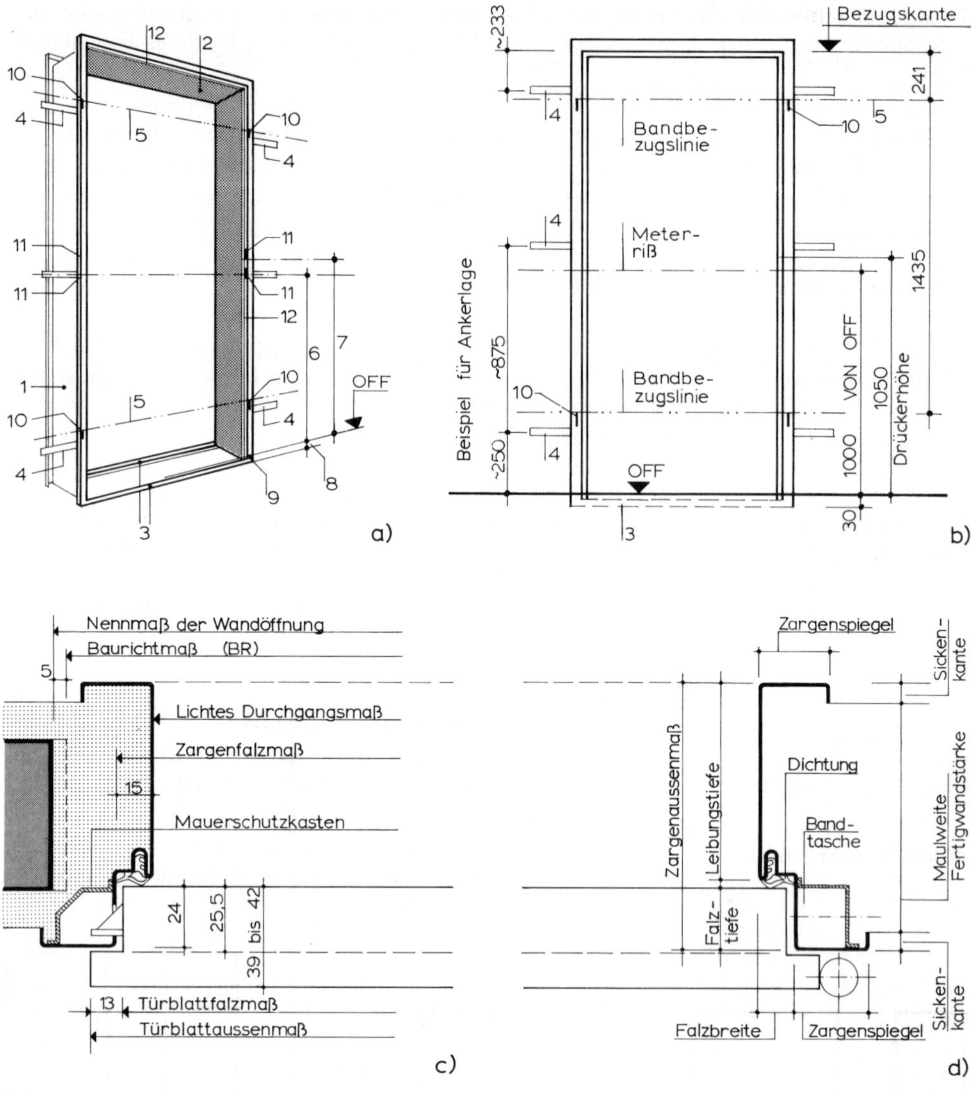

6.92 Fachbegriffe und Maße beispielhaft dargestellt an einer einteiligen Standard-Stahlzarge (Normzarge nach DIN 18 111)

a) Übersicht – Gesamtansicht
b) Maßangaben
c) Maßbezeichnungen
d) Fachbezeichnungen

1 Seitenprofil der Zarge
2 Querprofil der Zarge
3 Distanzprofil (Transportwinkel)
4 Maueranker
5 Bandbezugslinie
6 Meterrißmarkierung
7 Drückerhöhe
8 Fußbodeneinstand
9 Fußbodeneinstandsmarkierung
10 Stanzung für Bandschlitz (beidseitig) mit rückseitiger Bandtasche
11 Stanzung für Schloßfalle und Schloßriegel (beidseitig) mit rückseitigem Mauerschutzkasten
12 Dichtungsprofil

6.7.1.1 Standard-Stahlzargen (einteilige Mauerwerkzarge)

Einteilige Stahlzargen – Normzargen für gefälzte Türblätter – sind in DIN 18111-1 genormt. Eine Stahlzarge im Sinne dieser Norm ist ein Bauteil, das in Wandöffnungen nach DIN 18100 eingesetzt wird. Es ist dazu bestimmt, gefälzte Türflügel unter Berücksichtigung der maßlichen Festlegungen nach DIN 18101 aufzunehmen. Vgl. hierzu auch Abschn. 6.4.4, Geometrische und maßliche Festlegungen. Die entsprechenden Güteanforderungen sind in den Güte- und Prüfbestimmungen RAL-RG 611/5 [37] genannt.

Fachbegriffe und Maße. Die wichtigsten Fachbegriffe und Maße können Bild **6**.92 sowie Tabelle **6**.93 entnommen werden. In diesem Zusammenhang sind auch die Bilder **6**.20 bis **6**.26 b vergleichend zu beachten.

Tabelle **6**.93 Maße von Stahlzargen (Standardzargen) für gefälzte Türblätter (Auszug aus DIN 18111)

	Baurichtmaß (s. DIN 18100) Breite x Höhe	Nennmaß der Wandöffnung Breite x Höhe	Zargenfalzmaß Breite x Höhe $\pm 1^{\,0}_{-2}$	Lichtes Zargendurchgangsmaß Breite x Höhe	Türblattaußenmaß (s. DIN 18101) Breite x Höhe
1	875 x 1875	885 x 1880	841 x 1858	811 x 1843	860 x 1860
2	**625 x 2000** 1)	**635 x 2005**	**591 x 1983**	**561 x 1968**	**610 x 1985**
3	**750 x 2000** 1)	**760 x 2005**	**716 x 1983**	**686 x 1968**	**735 x 1985**
4	**875 x 2000** 1)	**885 x 2005**	**841 x 1983**	**811 x 1968**	**860 x 1985**
5	**1000 x 2000** 1)	**1010 x 2005**	**966 x 1983**	**936 x 1968** 2)	**985 x 1985**
6	750 x 2125	760 x 2130	716 x 2108	686 x 2093	735 x 2110
7	875 x 2125	885 x 2130	841 x 2108	811 x 2093	860 x 2110
8	1000 x 2125	1010 x 2130	966 x 2108	936 x 2093 2)	985 x 2110
9	1125 x 2125	1135 x 2130	1091 x 2108	1061 x 2093 2)	1110 x 2110

1) Diese Größen sind Vorzugsgrößen (Lagerzargen)
2) Nur diese Größen sind geeignet für Rollstuhlbenutzer (lichte Durchgangsbreite mindestens 850 mm, siehe DIN 18025-1)

Werkstoffe und Herstellung. Stahlzargen für normale Beanspruchungen werden üblicherweise aus 1,5 mm dickem feuerverzinktem Feinblech nach DIN EN 10143 oder DIN EN 10147 hergestellt. Bei Zargen, die weitergehenden Anforderungen genügen müssen – wie beispielsweise beim Einsatz von besonders schweren Türblättern, bei starken mechanischen Belastungen in Schulen, Kasernen o. ä. sowie bei hohen Schallschutzanforderungen an das gesamte Türelement – ist eine Materialdicke von 2,0 mm erforderlich. Sonderzargen sind auch in 1,5 oder 2,0 mm dickem Edelstahl (V2 A oder V4 A) erhältlich.

Die Stahlbleche werden im Abkant- oder Walzverfahren kaltprofiliert, die Zargenprofile in den beiden oberen Ecken auf Gehrung geschnitten, mit den notwendigen (vorgestanzten) Öffnungen, Bandtaschen, Mauerschutzkasten, Anker sowie Meterriß- und Fußbodeneinstandsmarkierungen versehen und anschließend auf Schweißautomaten elektrisch stumpf zu Rahmen verschweißt. Die untere Querverbindung (Transportschiene) wird aus Winkel- oder Flachstahl hergestellt, die in der Regel nach der Zargenmontage wieder entfernt wird.

Korrosionsschutz. Die hohen Anforderungen, die heute an die Stahlzargen gestellt werden, verlangen einen umfassenden Korrosionsschutz der gesamten Zargenoberfläche, einschließlich der Kanten und Bearbeitungsflächen. Ein sicherer Korrosionsschutz wird vor allem durch den Einsatz von feuerverzinktem Stahlblech und einer zusätzlichen – nach Abschluß des Produktionsvorganges werkseitig aufgebrachten – Grundbeschichtung nach dem Elektrophorese-Verfahren erreicht. Diese sog. EC-Tauchgrundierung mit anschließendem Einbrennvorgang bei 180° C ist außerdem als Grundlage für den weiteren Anstrichaufbau mit handelsüblichen Kunstharzlacken (z. B. Alkydharzlacke) bestens geeignet. In Sonderfällen, d. h. bei höchsten Korrosionsschutzanforderungen, können die Stahlzargen auch aus Edelstahl rostfrei (Chrom-Nickel-Stahl) gefertigt sein.

Zargenarten. Normzargen werden vorzugsweise als Umfassungszargen und Eckzargen geliefert. Eine Umfassungszarge deckt die Wandleibung der Öffnung vollflächig ab, so daß auf beiden Seiten der Wand Zargenspiegel sichtbar sind. Eckzargen werden nur auf einer Wandseite angebracht und lassen die Leibung weitgehend frei. Im einzelnen geht man von folgenden Annahmen aus (Bild **6**.94):

— **Umfassungszargen** bei Wanddicken ≤ 270 mm (einschließlich beidseitigem Putz),

— **Eckzargen** üblicherweise bei Fertigwanddicken ≥ 300 mm.

Den einteiligen Umfassungszargen wird aus Stabilitätsgründen im allgemeinen der Vorzug gegeben. Eckzargen sind zwar billiger als Umfassungszargen, erfordern jedoch Mehrkosten an Verputzer- und ggf. Tapezierarbeiten. Falls Eckzargen verwendet werden, empfiehlt es sich, die gegenüberliegende Ecke der Leibung entweder durch eine sog. Gegenzarge oder eingeputzte Kantenschutzschienen zu schützen.

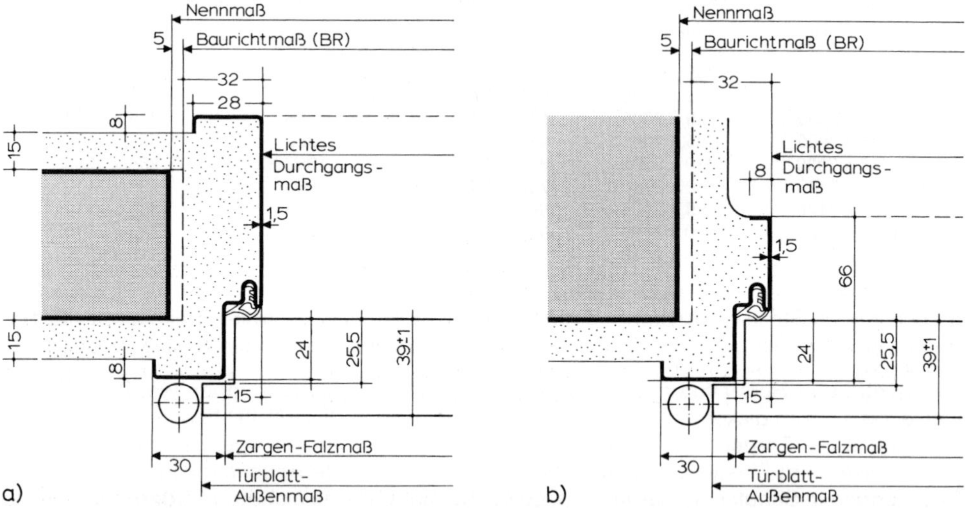

6.94 Einteilige Standard-Stahlzargen für gefälzte Türblätter (Beispiele)
a) Umfassungszarge
b) Eckzarge

Konstruktionsmerkmale von Normzargen

— **Fußbodeneinstand.** Der übliche Bodeneinstand der seitlichen Zargenprofile in den Estrich beträgt bei Normzargen 30 mm. Schnellbauzargen, die erst nachträglich in die Wandöffnung eingesetzt werden, eignen sich dagegen zur Montage auf den Estrich oder fertigen Fußboden.

— **Bodeneinstandsmarkierung.** Als zusätzlicher Orientierungspunkt für den Estrich- bzw. Bodenleger und als Hilfe zur genauen Ausrichtung der Zarge ist eine Fußbodeneinstandsmarkierung am unteren Ende des Zargenprofils in Form einer Kerbe angebracht. Diese Markierung entspricht der Lage des Fertigfußbodens OFF.

— **Meterrißmarkierung.** An jedem Zargenseitenteil ist im Bereich der Schließlöcher eine weitere Markierung eingestanzt. Das Abstandsmaß von dieser Markierung bis Oberfläche des Fertigfußbodens OFF beträgt exakt 1.00 m. Beim Zargeneinbau muß die Markierungskerbe mit dem bauseits an der Wandfläche angebrachten Meterriß in der Höhe übereinstimmen. Diese Meterrißmarkierung dient auch allen anderen Ausbaufirmen als Bezugspunkt.

— **Distanzprofile.** Die am unteren Ende der Zargenprofile angebrachten Querverbindungen dienen als Aussteifung der Zarge während des Transportes und als Einbauhilfe. Sie bestehen aus Winkel- oder Flachstahlschienen, die normalerweise nach der Montage der Stahlzarge wieder herausgetrennt werden. Wie

Bild 6.95 verdeutlicht, können diese Winkelschienen bei unterschiedlichen Fußbodenhöhen auch als Anschlagschienen – mit und ohne Dichtungsprofile – ausgebildet sein. Beim Verbleib sind die Schienen durch Unterfüttern mit Mörtel gegen Durchbiegen zu sichern.

– **Mauerschutzkasten, Bandtaschen.** An beiden Zargenseitenteilen befinden sich Vorrichtungen zur Abdeckung der Schließlöcher (Mauerschutzkasten) und zur Aufnahme der Bänder (Bandtaschen bzw. Aufnahmeelemente), die so ausgebildet sein sollten, daß kein Mörtel während des Zargeneinbaues in die Aussparungen eindringen kann. Da diese Schutzkästen an den Stahlzargenseiten jedoch oftmals nicht dicht angeschweißt, sondern nur angepunktet sind, müssen die Kastenfugen vor dem Zargeneinbau ggf. noch mit Selbstklebeband o. ä. besonders abgedichtet werden.

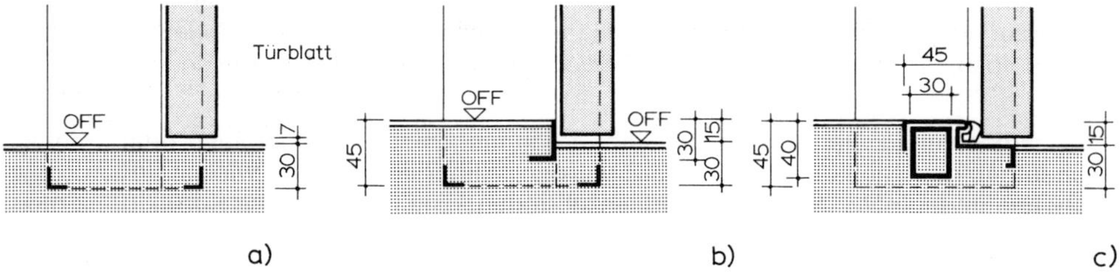

6.95 Schematische Darstellung von Standard-Stahlzargen mit Distanzprofilen und Bodenschwellen
a) Distanzprofile (Transportwinkel) an die Zargenseiten geschweißt, genietet oder geschraubt (20 x 15 x 1,5 mm)
b) eingeschweißte Bodenschwelle (Anschlagwinkel 30 x 20 x 3 mm)
c) Bodenschwelle mit Dichtungsprofil und untergeschweißtem Vierkantrohr zur Aussteifung

Verankerungssysteme. Ausgereifte Verankerungssysteme ermöglichen eine weitgehend problemlose Befestigung der Zarge an der Wand. Je nach Wandbauart werden die Anker entweder werkseitig an der Zarge fest angeschweißt oder lose mitgeliefert. Immer sollten sie jedoch an den Stellen eingebaut werden, wo die Kräfte – vor allem resultierend aus Türaufhängung und Verschluß – auf die Zargenseiten einwirken. Entsprechende Maßangaben sind Bild 6.92b zu entnehmen. Bei einer Zargenbreite von über 1,00 Meter empfiehlt es sich, auch das obere Querprofil durch einen Anker am Sturz oder an der Rohdecke zu arretieren.

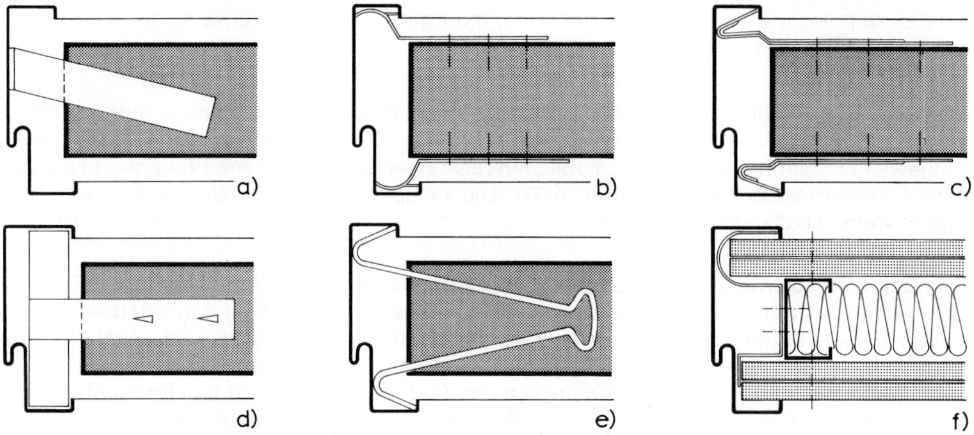

6.96 Schematische Darstellung von Verankerungselementen für Stahlzargen
a) angeschweißter Maueranker (Mauerwerkwand)
b), c) lose mitgelieferte Klemmanker (Mauerwerkwand)
d), e) lose mitgelieferte Schiebeanker (Porenbeton- oder Gipsdielenwand)
f) angepunkteter Hutanker (Ständerwerkwand)

Bild 6.96a bis f zeigt verschiedenartige Verankerungssysteme. Demnach weisen Zargen, die eingemauert bzw. einbetoniert werden, angeschweißte Anker auf. Erfolgt der Einbau erst später in die bereits vorhandene Wandöffnung, so kommen meist lose Klemmanker zum Einsatz. Sie werden im Zargenspiegel an beliebiger Stelle eingeklemmt und an der Wandfläche festgeschraubt. Damit erübrigt sich das früher übliche, nachträgliche Stemmen von Ankerlöchern. Stahlzargen, die in Porenbeton- oder Gipsdielenwänden eingesetzt werden, sind mit sog. Schiebeankern ausgerüstet, die je nach Fugenlage in der Höhe justierbar sind. Der Einbau in nichttragende Ständerwerkwände hängt im wesentlichen von der jeweiligen Zargenart ab. Einteilige Umfassungszargen müssen vor oder während der Wandmontage eingebaut werden. Das Einsetzen mehrteiliger Schnellbauzargen erfolgt dagegen nach dem Wandaufbau, ggf. sogar erst nach Abschluß der Tapezier- und Malerarbeiten.

Stahlzargeneinbau. Ganz gleich, ob Stahlzargen eingemauert, einbetoniert oder in fertige Wandöffnungen nachträglich eingesetzt werden, immer sind sie lot-, winkel- und fluchtgerecht und in der Höhe genau passend einzubringen. Eine nachträgliche Korrektur ist meist ausgeschlossen.

Der Einbau der Normzarge soll gemäß DIN 18111 in der Weise erfolgen, daß diese in X-Form vorgespannt und leicht nach innen gewölbt ausgespreizt wird. Damit kann die durch das Hinterfüllen mit Mörtel zu erwartende Durchbiegung aufgefangen und das Zargenfalzmaß auf der gesamten Höhe gehalten werden. Dieses Ausspreizen ist beim Beton- bzw. Mauerwerkbau immer erforderlich, da der Hohlraum zwischen Leibung und Zarge mit erdfeuchtem Zementmörtel (Mörtelgruppe II nach DIN 1053-1, Mörtelmischung 1:4) satt ausgegossen wird. Ob dies auch tatsächlich erreicht wurde, läßt sich leicht durch Beklopfen aller Teile kontrollieren.

Die Befestigung von Standard-Stahlzargen am Baukörper mittels PU-Montageschaum wird häufig praktiziert. Diese Hinterfüllung ist möglich (nicht genormt), wenn an das Türelement keine besonderen Anforderungen gestellt werden und nur normale Belastungen zu erwarten sind. Vgl. hierzu Abschn. 6.4.5, Bauwerkanschlüsse von Türen. Demnach ist der Einsatz von Montageschaum für Sondertüren – wie sie in Abschn. 6.8 im einzelnen erläutert sind – ausgeschlossen. Grundlegende Untersuchungen wurden in diesem Zusammenhang bisher noch nicht durchgeführt, so daß eine Aussage hinsichtlich der Wirksamkeit und Dauerhaftigkeit dieser Befestigungsart daher nicht möglich ist. Weitere Einzelheiten hierzu sind der Spezialliteratur [16] zu entnehmen.

Bandauswahl. Bei der Bandauswahl sind die in Abschn. 6.5.1 im einzelnen erläuterten Kriterien, wie beispielsweise die Belastbarkeit der Bänder, zu beachten. Ausgehend vom Türflügelgewicht erhalten normale Türen üblicherweise zwei Bänder, höhere, breitere und schwerere Türblätter je drei Bänder (Bild **6**.97). Die entsprechenden Herstellerangaben (Belastungswerte) sind zu beachten.

Bandaufnahmeelemente. Bild **6**.98 zeigt Aufnahmeelemente zur Befestigung von Türbändern an Stahlzargen. Wie der Schnitt durch die Bandtasche verdeutlicht, schließt das Klemmstück zunächst bündig mit dem Zargenspiegel ab (wahlweise DIN-LINKS oder DIN-RECHTS verwendbar). Erst beim Betätigen der Inbus-Stellschraube weicht es seitlich nach innen zurück und gibt den Schlitz zum Einstecken des Bandes (Rahmenteil) frei. Danach wird die Stellschraube wieder angezogen und der Bandlappen festgeklemmt. Bei dem in Bild **6**.98c dargestellten Aufnahmeelement muß das Kunststoff-Klemmstück zuerst ganz entfernt werden, um das Band in den Schlitz einschieben zu können. Bleibt die Bandtasche ungenutzt, wird der überstehende Teil des Füllstückes abgeschliffen und die Fläche überstrichen. Mittels dieser dreidimensional verstellbaren Aufnahmeelemente lassen sich die Türblätter auch später noch nachregulieren bzw. die Bänder jederzeit austauschen.

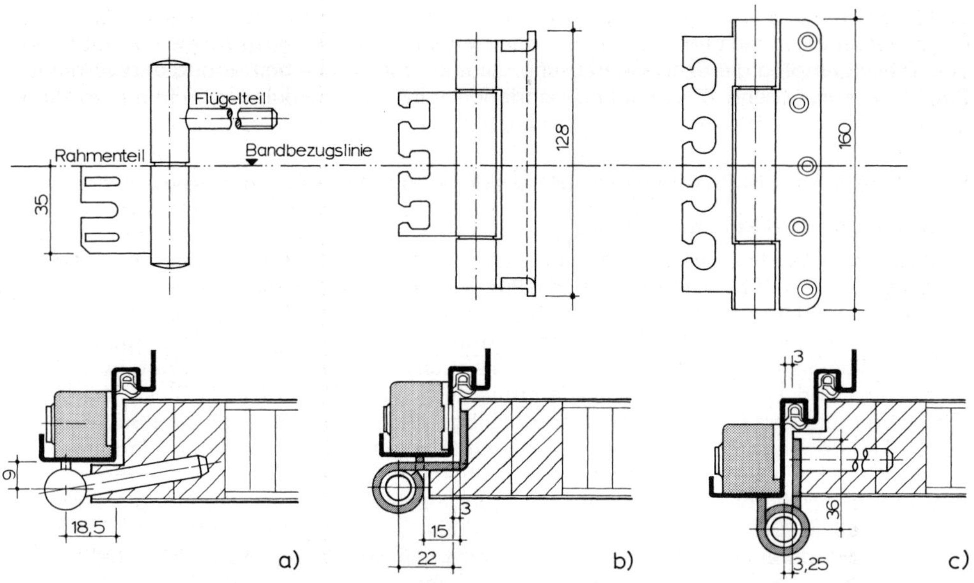

6.97 Bänder für gefälzte Türblätter an Stahlzargen

a) Einbohrband mit verdrehsicherem Rahmenteil
b) Winkelband mit verdrehsicherem Rahmenteil
c) Lappen-Zapfen-Band für Türblatt an Doppelfalz-Stahlzarge, flächenbündig einliegend

Simonswerk, Rheda-Wiedenbrück

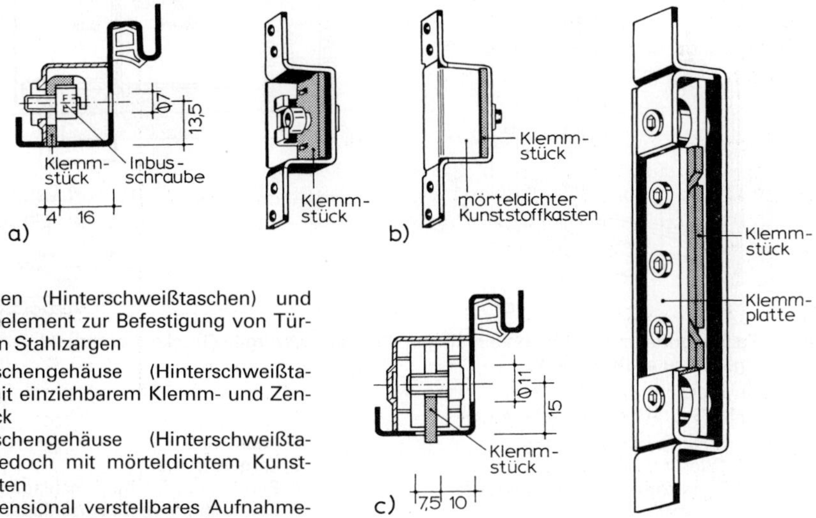

6.98 Bandtaschen (Hinterschweißtaschen) und Aufnahmeelement zur Befestigung von Türbändern an Stahlzargen

a) Bandtaschengehäuse (Hinterschweißtasche) mit einziehbarem Klemm- und Zentrierstück
b) Bandtaschengehäuse (Hinterschweißtasche), jedoch mit mörteldichtem Kunststoffkasten
c) dreidimensional verstellbares Aufnahmeelement für schwere Objektbänder mit herausnehmbarem Klemmstück

Simonswerk, Rheda-Wiedenbrück

Dichtungsprofile. Stahlzargen sind üblicherweise mit einer umlaufenden Nut im Bereich des Falzes versehen, in die nach Abschluß der Malerarbeiten Dichtungsprofile eingezogen werden. Diese dämpfen die Schließgeräusche, mindern die Schallübertragung und verhindern Zugluft. Wie in Abschn. 6.5.4 näher beschrieben, wird die Funktion der Dichtung vorrangig durch die Formgebung und das Material bestimmt.

6.7.1.2 Ein- und mehrteilige Ständerwerkzargen (Trockenbauzargen)

Einteilige Standard-Ständerwerkzargen

Einteilige Ständerwerkzargen weisen ähnliche Konstruktionsmerkmale wie die einteiligen Normzargen gemäß DIN 18111 auf (Bild **6**.99). Die an den beiden oberen Ecken verschweißten Zargen werden zusammen mit dem Metallständerwerk montiert und mittels vier Hutanker (Bügelanker) je Zargenprofil mit diesem kraftschlüssig verbunden. Diese Hutanker sind so dimensioniert, daß sie sowohl für einzel- als auch doppelbeplankte Gipskartontrennwände geeignet sind. Um optimale Schalldämmwerte zu erzielen, werden die Gipskartonplatten beidseitig möglichst tief in das Zargenprofil eingeschoben. In der Regel sind Ständerwerkzargen für Links- und Rechtsanschlag vorbereitet und ohne Bodeneinstand lieferbar, so daß sie auf den Estrich oder fertigen Fußboden aufgesetzt werden können. Die vorgrundierten Profile erhalten die bauseitige Endbeschichtung nach weitestgehender Fertigstellung des Innenausbaues. Der Einbau der Dichtungsprofile und das Anschlagen der Türblätter schließen sich daran an. Einteilige Ständerwerkzargen sind besonders stabil, so daß sie insbesondere für hohe Beanspruchungen geeignet sind.

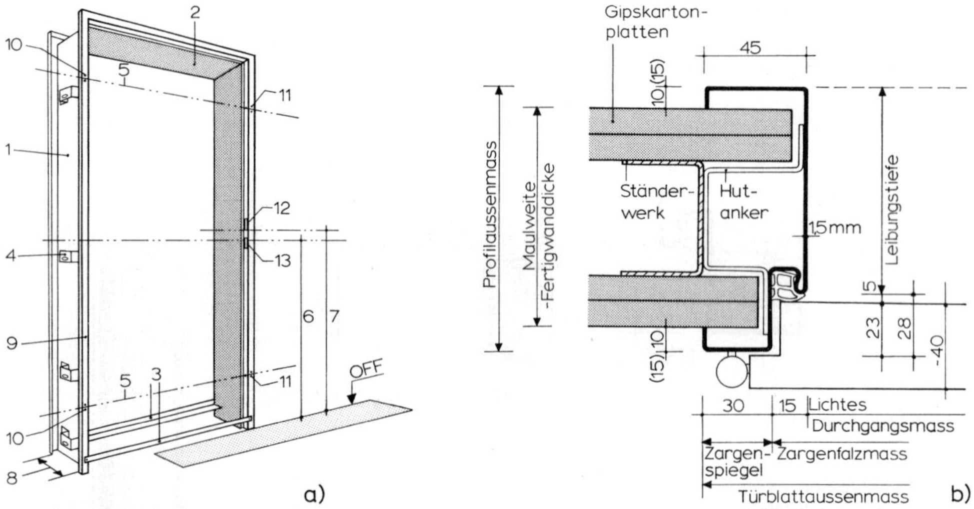

6.99 Fachbegriffe und Maße von einteiligen Ständerwerkzargen (Trockenbauzargen). Vgl. hierzu auch Bild **6**.92
a) Übersicht
b) Maß- und Fachbezeichnungen

1 Seitenprofil der Zarge
2 Querprofil der Zarge
3 Distanzprofil (Transportwinkel)
4 Hutanker
5 Bandbezugslinie
6 Meterrißmarkierung
7 Drückerhöhe
8 Maulweite
9 Zargenspiegel
10 Bandaufnahme für Anschlagart DIN-LINKS
11 Bandaufnahme für Anschlagart DIN-RECHTS
12 Stanzung für Schloßfalle
13 Stanzung für Schloßriegel

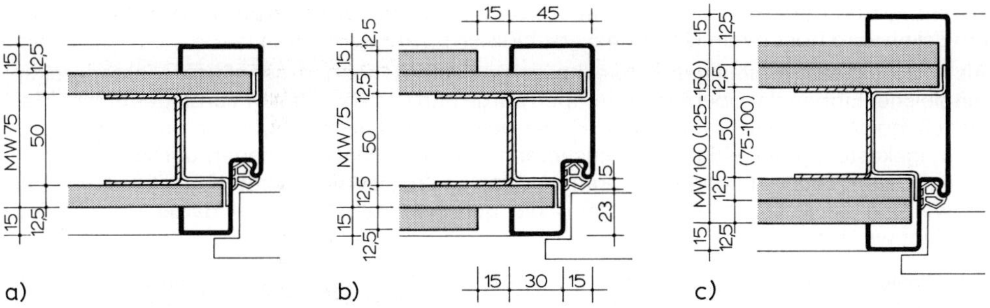

6.100 Konstruktions- und Einbaubeispiele von einteiligen Ständerwerkzargen mit Wandprofilen und Beplankungen aus Gipskartonplatten

a) Ständerwerk beidseitig einfach beplankt
b) Ständerwerk beidseitig doppelt beplankt mit Schattenfuge
c) Ständerwerk beidseitig doppelt beplankt und in das Zargenprofil tief eingeschoben

HÖRMANN KG Verkaufsgesellschaft, Steinhagen

Dreiteilige Ständerwerkzargen

Mit entscheidend für die Auswahl einer bestimmten Stahlzargenart ist der Zeitpunkt, zu dem die Zarge eingebaut werden soll. Üblicherweise werden einteilige Umfassungszargen vor oder während der Errichtung des Metallständerwerkes montiert und erst kurz vor Fertigstellung des Bauvorhabens beschichtet. Im Gegensatz dazu kommen endlackierte, dreiteilige Ständerwerkzargen – auch Schnellbauzargen genannt – erst dann in die fertige Wandöffnung, wenn der Innenausbau bereits weitgehend abgeschlossen ist. Daher weisen diese Zargen auch keinen Bodeneinstand auf, sondern werden maßgenau auf den fertigen Fußbodenbelag aufgesetzt. Die kraftschlüssige Verbindung mit der Trennwand erbringen drei Spannanker je Zargenseite, die unsichtbar im Zargenhohlraum liegen (Bild **6**.101). Diese werden mit Inbus-Schrauben angezogen, so daß sich eine sichere Klemmverbindung zwischen Zarge und Trennwand ergibt. Eingefügte Dichtungsprofile verdecken die im Falz

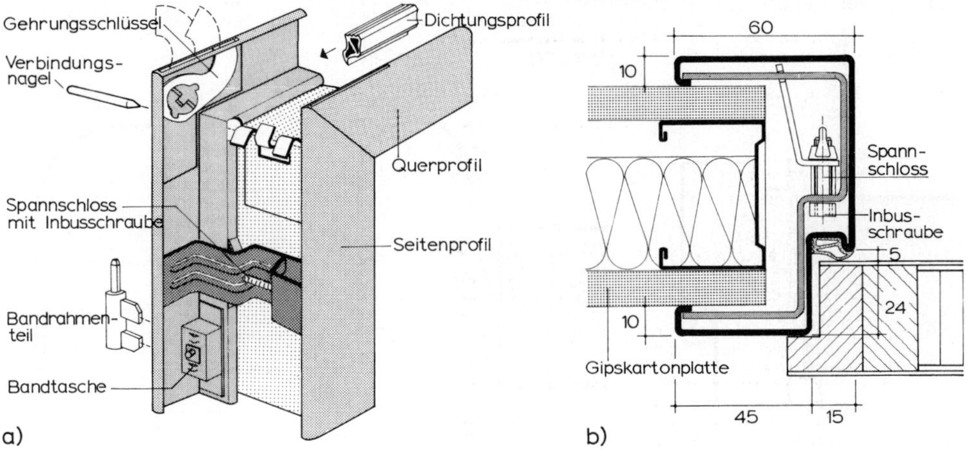

6.101 Dreiteilige Ständerwerkzarge (Schnellbauzarge) zum nachträglichen Einbau in eine Gipskarton-Trennwand

a) Isometrische Darstellung
b) Horizontalschnitt

BEDO-Vertriebsgesellschaft, Schwerte

liegenden Bohrungen. Die Verbindung der Seitenteile mit dem Querprofil in den beiden oberen Ecken wird über einen Gehrungsverschluß erreicht.

Als Vorteile dieser dreiteiligen Schnellbauzargen sind zu nennen: sehr kurze Montagezeiten, zeitgleicher Einbau der oberflächenfertigen Zarge und des kompletten Türblattes erst bei Fertigstellung des Innenausbaues, dadurch Vermeidung von Beschädigungen und Senkung der Montagekosten, jederzeitiges Nachjustieren, Aus- und Wiedereinbauen der Zargen sowie erheblich reduzierte Lager- und Transportkosten im Vergleich mit den einteiligen verschweißten Zargen. Als Nachteil muß die geringere Stabilität und damit Belastbarkeit genannt werden.

Zweischalige Ständerwerkzargen. Eine gewisse Sonderstellung nehmen zweischalige Stahlzargen ein, die ansonsten im Rahmen dieser Abhandlung unberücksichtigt bleiben. Sie werden überall dort eingesetzt, wo in fertige Ständerwerk- oder Mauerwerköffnungen Türen gebraucht werden, die über normale Beanspruchungen, Gewichte und Abmessungen hinausgehen. Einzelheiten hierzu sind den Herstellerunterlagen [38] zu entnehmen.

6.7.1.3 Sonderzargen

Unter Sonderzargen versteht man Zargen, die besondere Funktionen und Anforderungen zu erfüllen haben. Sonderzargen bieten aber auch die Möglichkeit, individuelle Wünsche der Raumgestaltung durch besondere Formgebung realisieren zu können. In Abweichung zu den in DIN 18111 genannten Standard-Zargen sind an Sonderausführungen beispielsweise zu nennen: Aufzugzargen, Doppeltürzargen, Doppelfalzzargen, Pendeltürzargen, Dehnungsfugenzargen, Renovierungszargen, Rundbogenzargen, Schattennutzargen, Schiebetürzargen, Sonderzargen für Schallschutz-, Brandschutz-, Rauchschutz-, Strahlenschutz- und Sicherheitstüren, Sonderzargen aus Aluminium oder Edelstahl für Hygiene- und Feuchtbereiche sowie im Auftrag gefertigte, objektgebundene Sonderzargen.

Es kann nicht Aufgabe dieses Werkes sein, auf all diese Sonderzargen im einzelnen näher einzugehen; zu vielfältig sind die Ausführungsmöglichkeiten, sowohl in technischer als auch formaler Hinsicht. Mit den in Bild **6**.102 dargestellten Sonderzargen sollen nur einige typische Beispiele vorgestellt werden; darüber hinaus wird auf die Herstellerunterlagen [38], [39], [40] verwiesen.

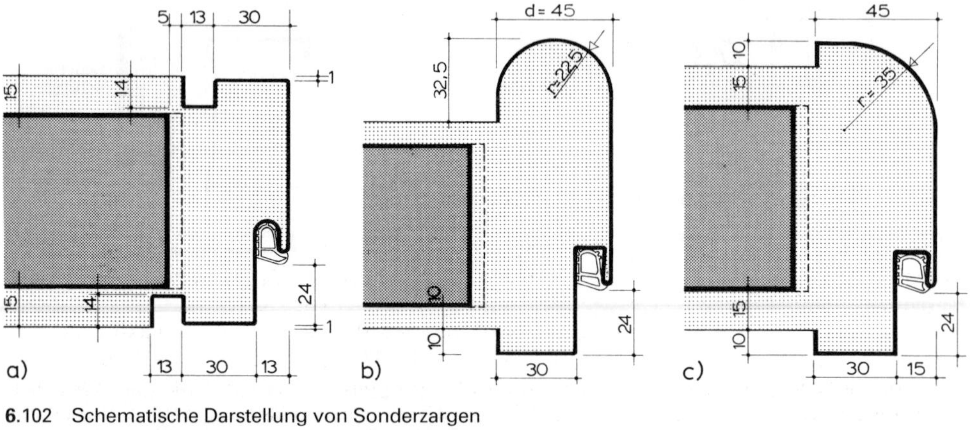

6.102 Schematische Darstellung von Sonderzargen
a) Umfassungszarge mit beidseitig umlaufender Schattennut (Schattennutzarge)
b), c) Stahlzargen mit besonderer Formgebung für moderne Innenraumgestaltung
WULF-Handelsgesellschaft, Anröchte-Effeln

6.7.1.4 Zweischalige Aluminiumzargen

Aluminiumzargen bestehen aus 3 mm dicken Alu-Strangpreßprofilen und sind zweischalig ausgebildet. Nach Fertigstellung der Wände und des Fußbodens werden sie oberflächenfertig in die Wandöffnungen eingebaut und mittels variabler Anschraubanker unsichtbar an der Leibung befestigt. Die Alu-Zargenrahmen bestehen aus zwei ineinander schiebbaren Teilstücken, die durch Feststellschrauben – unsichtbar im Falzbereich liegend – kraftschlüssig miteinander verbunden werden. Die Rahmenecken sind auf Gehrung geschnitten, verschraubt und geklebt. Die Oberflächen der Zargenteile werden in Eloxal oder pulverbeschichtet geliefert.

Aluminiumzargen sind formstabil, kratz- und stoßfest sowie korrosionsbeständig. Als Innentüren werden sie in vielfältiger formaler Ausbildung vor allem in Verwaltungs-, Instituts- und Krankenhausbauten, aber auch in Schwimmbädern und Saunen eingebaut.

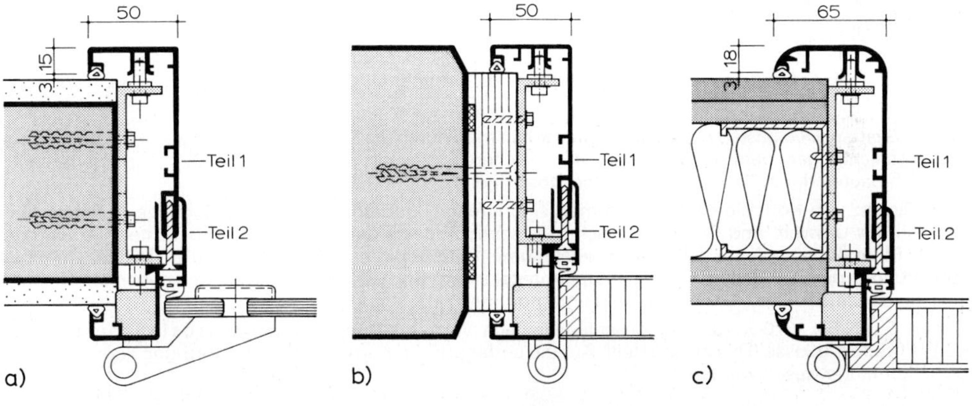

6.103 Zweischalige Aluminiumzargen mit fertiger Oberfläche zum nachträglichen Einbau (nach Fertigstellen der Wandflächen und Verlegen des Fußbodenbelages)
a) Zweischalige Umfassungszarge für Normalfalz- und Ganzglastüren (Eckformzarge)
b) Zweischalige Umfassungszarge für Stumpftüren, flächenbündig eingebaut in Sichtbetonwand
c) Zweischalige Umfassungszarge für Falztüren in Gipskartonwand (Rundformzarge)
KÜFFNER Aluzargen, Rheinstetten

6.7.2 Türblattkonstruktionen aus Metall

Türblätter aus Metall zeichnen sich vor allem durch ihre weitgehende Widerstandsfähigkeit gegen mechanische Beanspruchung, Unempfindlichkeit gegen Feuchtigkeit und Temperatureinflüsse sowie durch ihre meist sehr günstigen Schalldämmwerte aus. Den erhöhten Anforderungen des Wärmeschutzes genügen neu entwickelte, hohlraumgedämmte bzw. thermisch getrennte Konstruktionen, so wie sie beim Fenster- und Fassadenbau gleichermaßen eingesetzt werden. Sie werden als Außen- und Innentüren im gesamten Bauwesen (Wohnungs-, Verwaltungs-, Industrie-, Freizeit-, Schul- und Krankenhausbau) vorzugsweise als Dreh-, Pendel-, Falt- und Schiebetüren verwandt. Außerdem eignen sie sich in besonderem Maße als Schutztüren für besondere Anforderungen, so wie diese in Abschnitt 6.8, Sondertüren, im einzelnen beschrieben sind.

Korrosionsschutz

Korrosionsschutz von Stahl. Unter Korrosion versteht man die Zerstörung der Metalle durch chemische oder elektrochemische Vorgänge. Korrosion kann beispielsweise durch Luft – bei Stahl etwa ab 70 % relative Luftfeuchte – durch Wasser sowie Berühren mit feuchten Baustoffen verursacht werden. Korrosionsschäden sind demnach durch vorbeugende Maßnahmen auszuschließen.

Wirksame Korrosionsschutzsysteme bestehen entweder aus

— ein bis vier Beschichtungen – oder

— einem Überzug (Feuerverzinkung) oder

— einem Überzug (Feuerverzinkung) mit ein bis zwei Beschichtungen (sog. Duplex-System).

Beschichtungen (früher Anstriche genannt) sind mehrere zusammenhängende Schichten aus Stoffen mit Bindemitteln. Zu einem kompletten Korrosionsschutzsystem gehören die Fertigungsbeschichtung, die Grundbeschichtungen und die Deckbeschichtungen. Der Korrosionsschutz wird beispielsweise erreicht durch Kunstharzbeschichtungen, in Form einer Naßlack-Beschichtung (Zweikomponentenlack) oder Pulver-Beschichtung (Einbrennlack).

Überzüge. Überzüge bestehen aus einer metallischen Schicht, die auf die Stahloberfläche aufgebracht wird. Der gebräuchlichste Überzug ist das Feuerverzinken, das in entsprechenden Bädern (Stückverzinkung) erfolgt. Korrosionsschutz dieser Art ist in der Regel dauerhafter als der vorgenannte durch Beschichtungssysteme.

Duplex-System. Den besten Korrosionsschutz erhält man durch die Kombination von Verzinkung mit ein bis drei Beschichtungen, dem sog. Duplex-System. Weitere Einzelheiten hierzu s. DIN 55928, Korrosionsschutz von Stahlbauten durch Beschichtungen und Überzüge.

Beim Einsatz von Korrosionsschutzsystemen sind strenge Anforderungen und gesetzliche Auflagen hinsichtlich des Umwelt- und Gesundheitsschutzes sowie Aspekte der Entsorgung zu beachten. So wurden bereits Mitte der 80er Jahre die Schwermetallpigmente (Zinkchromat, Bleimennige u. a.) in den Grundbeschichtungen durch andere (z. B. Phosphatpigmente) ersetzt und wirksame Maßnahmen gegen die umweltbelastende Emission von Lösungsmitteln unternommen.

Gemäß E DIN EN 1670 werden Baubeschläge je nach Nutzungssituation in vier Korrosionsbeständigkeitsklassen (Klasse 0 bis 4) eingeteilt. Auf die umfangreiche Korrosionsschutz-Normung kann an dieser Stelle nur hingewiesen werden.

Kontaktkorrosion. Mit der Möglichkeit der Kontaktkorrosion unter Einwirkung von Feuchtigkeit muß gerechnet werden, wenn verschiedene Metalle oder Legierungen mit unterschiedlichem elektrischem Potential (Spannungsunterschied) in ein und derselben Konstruktion verarbeitet werden. Es ist deshalb empfehlenswert, bereits bei der Planung bzw. Konstruktion von Bauteilen, bei denen verschiedene Metalle oder Legierungen zusammengefügt werden sollen, sog. Korrosionstabellen zu beachten. Sie zeigen an, ob es möglich ist, bestimmte Metalle / Legierungen direkt miteinander zu verbinden, ohne die Kontaktflächen gegeneinander isolieren zu müssen (z. B. durch Zwischenlager aus Neoprene, Fiber, Butyl oder ähnlich neutralen Werkstoffen). So ist den Tabellen zu entnehmen, daß bei ungünstigen Flächenverhältnissen der Werkstoffe zueinander, beispielsweise feuerverzinkter Stahl nicht mit Kupfer in Kontakt kommen sollte. Dies gilt auch für Verbindungen zwischen Aluminiumlegierungen und Kupfer, Zinn oder Blei sowie zwischen Aluminium und Zink bzw. verzinktem Stahl und legiertem oder unlegiertem Stahl.

Die Bauteile sind außerdem so anzuordnen, daß die Korrosionsprodukte edlerer Werkstoffe (= positives Potential) möglichst nicht auf unedlere Werkstoffe (= negatives Potential) verschleppt werden können, beispielsweise durch Regenwasser. Weitere Einzelheiten sind [41] zu entnehmen.

Werkstoff Aluminium. Es muß immer beachtet werden, daß Aluminiumflächen sehr empfindlich gegen das Einwirken von frischem Kalk- oder Zementmörtel, Farben sowie verschiedener Lösungsmittel sind. Daher dienen Haftfolien bzw. Haftpapiere dem vorübergehenden Schutz der fertigen Oberfläche bei Lagerung, Bearbeitung und Montage. Sie müssen sich allerdings leicht und ohne Rückstände wieder entfernen lassen.

6.7.2.1 Türen aus Stahlblech

Glatte Stahlblechtüren bestehen im allgemeinen aus 1,0 bis 1,5 mm dicken, beidseitig verzinkten Stahlblechtafeln, die so gefälzt sind, daß ein in der Ansicht fugenloses, hohlkastenförmiges Türblatt entsteht (Bild **6**.104). Diese dreiseitig aufgefälzte Schalenkonstruktion wird durch einen innenliegenden, meist umlaufenden Rahmen aus Flachstahl oder Vierkantrohr ausgesteift. Je nach Nutzung bzw. zu erwartender Beanspruchung können noch weitere Versteifungen aus senkrecht verlaufenden Z- oder Γ-Stahlprofilen eingebracht und wechselweise mit einem der beiden Deckbleche punktweise verschweißt werden. Die schall- und wärmedämmende Einlage ist mit den beiden äußeren Schalen vollflächig verleimt, so daß ein vorzeitiges Abrutschen verhindert und gleichzeitig der Blechtür ihr metallischer Körperklang weitgehend genommen wird. Der Einbau dieser Türen erfolgt normalerweise in handelsübliche Stahlzargen. Glatte Türen aus Stahlblech werden angeboten als:

- **Leichte Innentür** (Alternative zur glatten Sperrtür aus Holz), 40 mm dick, mit aussteifendem Holzrahmen und engmaschiger Wabeneinlage sowie gefälzten Stahlblechtafeln und fix und fertiger Oberfläche (Fertigtürelement).
- **Strapazierfähige Mehrzwecktür** (Außen- und Innentür für Verwaltungs-, Schul-, Gewerbe- und Industriebau), 45 mm dick, mit umlaufendem Stahlrahmen und vertikaler Zusatzaussteifung sowie vollflächig eingeleimten Schall- bzw. Wärmedämmstoffen aus Mineralwolleplatten (Bild **6**.104). Die feuerverzinkten und grundierten Stahl-Deckbleche erhalten werkseitig eine pulverbeschichtete Oberfläche. Eine Weiterentwicklung dieser Mehrzwecktür stellt die
- **Feuerschutztür aus Stahl** dar, so wie sie in Abschn. 6.8, Sondertüren, näher beschrieben ist.

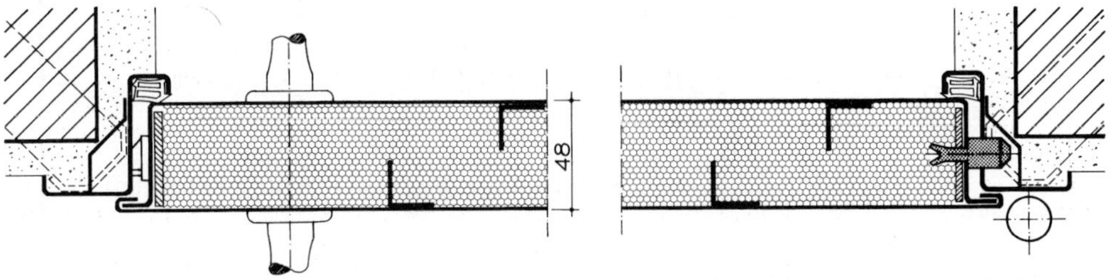

6.104 Konstruktionsbeispiel einer dreiseitig gefälzten, doppelwandigen Stahlblechtür mit umlaufendem Stahlrahmen, senkrechten Profilen als Zusatzaussteifung und einer schall- bzw. wärmedämmenden Mineralwolleeinlage (handelsübliche Mehrzwecktür)
HÖRMANN KG Verkaufsgesellschaft, Steinhagen

6.7.2.2 Türen aus Stahlprofilrohren

Das Ausgangsmaterial für die Herstellung von Stahlprofilrohren ist warmgewalzter Bandstahl auf Rollen. Dieser wird durch mehrere hintereinanderliegende Walzenpaare zu einem oben offenen Schlitzrohr geformt und anschließend durch Schweißen geschlossen. Die gewünschte Profilierung dieser Rohre erfolgt durch Kaltziehen über eine Ziehmatrize. Bei komplizierten Profilquerschnitten wird dieser Vorgang wiederholt. Danach werden die auf Gehrung geschnittenen Rahmenecken stumpf verschweißt. Auf die möglichen Oberflächenbehandlungen wurde zuvor bereits hingewiesen.

Grundsätzlich ist zwischen thermisch nicht getrennten (ungedämmten) und thermisch getrennten (wärmedämmenden) Profilkonstruktionen zu unterscheiden, des weiteren können die einzelnen Profile aufliegend oder flächenbündig zueinander angeordnet sein. Vgl. hierzu Bild **6**.105b und c. Je nach Herstellersystem erfolgt die thermische Entkoppelung der zweischaligen Verbundprofile entweder durch H-förmige Halteexzenter aus Kunststoff (Bild **6**.105d) oder in Form einer Sandwichkonstruktion mit mittig liegenden, wärmedämmenden Kunststoffprofilen (Bild **6**.105e) oder durch hochwertige Isolierstege (Bild **6**.106).

Die verschiedenen Profilserien sind jeweils in unterschiedlichen Dicken (40, 45, 50, 60, 65 mm) lieferbar. Zu beachten ist, daß die Dimensionierung dieser Profile nicht nur nach den statischen und wärmeschutztechnischen Erfordernissen zu treffen ist, sie hängt ebenso von den eingesetzten Beschlägen und der vorgesehenen Verglasung ab. Mit diesen Profilkonstruktionen lassen sich auch Feuer- und Rauchschutztüren gemäß Abschn. 6.8.1 bzw. Abschn. 6.8.2 herstellen.

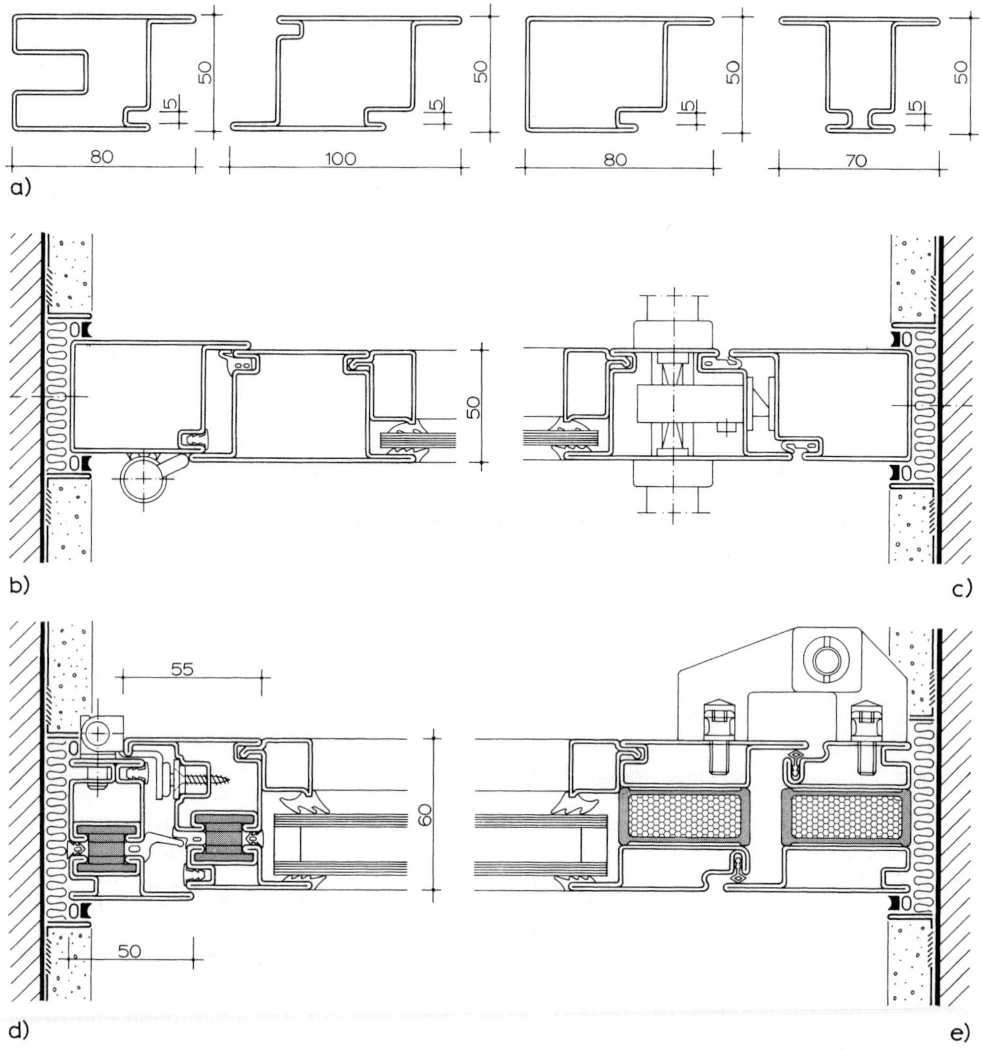

6.105 Konstruktionsbeispiele von Türen aus Stahlprofilrohren. S. hierzu auch Bild **6**.106.
a) Stahlprofilrohre (Beispiele)
b) Profile aufliegend angeordnet, thermisch nicht getrennt (ungedämmt)
c) Profile flächenbündig angeordnet, thermisch nicht getrennt (ungedämmt)
d) Profilrohre thermisch getrennt mit H-förmigen Halteexzentern aus Kunststoff
e) zweischalige Verbund-Profile, thermisch getrennt mit wärmedämmenden Kunststoffprofilen (Sandwichkonstruktion)

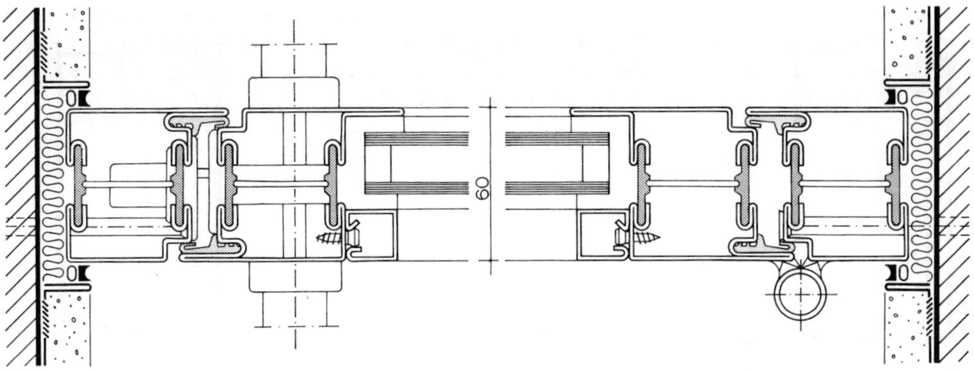

6.106 Konstruktionsbeispiel einer mit Isolierstegen thermisch getrennten (wärmegedämmten) Tür und flächenbündig angeordneten Stahlprofilrohren

6.7.2.3 Türen aus Stahl-Aluminium-Kombinationsprofilen

Bei dieser Mischkonstruktion besteht der tragende Kern aus Stahlrohrprofilen, die auf einer oder auf beiden Seiten mit Aluminium-Deckschalen verkleidet werden (Bild **6**.107). Die Schalenbauweise ergibt kubische Formen und vermeidet Fugen für zusätzliche Glasfalzstäbe. Weitere Vorteile dieser Bauweise sind: Die unempfindliche Stahlrahmenkonstruktion kann zur Herstellung der Bauabdichtung sowie der Wand- und Deckenanschlüsse schon frühzeitig montiert werden. Erst nach Abschluß aller groben Bauarbeiten werden die dekorativ behandelten Deckschalen aus Aluminium montiert, so daß Beschädigungen durch den Baustellenbetrieb weitgehend vermieden werden. Da die Deckschalen mit Kunststoffklammern an den Stahlgrundprofilen befestigt sind, lassen sie sich im Bedarfsfall auch einzeln auswechseln. Die Rahmenkonstruktion und Verglasung werden hiervon nicht berührt.

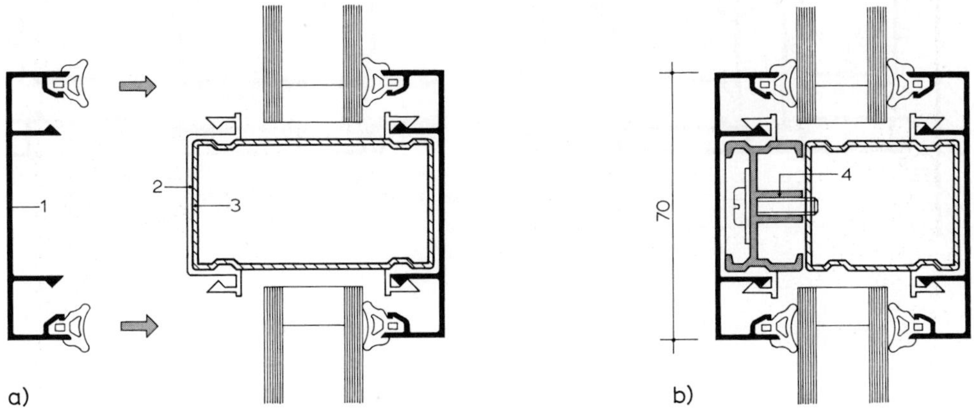

6.107 Stahl-Aluminium-Kombinationsprofile für Türen und Schaufensteranlagen
a) Stahl-Aluminium-Kombinationsprofil thermisch nicht getrennt (ungedämmt)
b) Stahl-Aluminium-Kombinationsprofil durch Isoliersteg thermisch getrennt (wärmedämmend)

1 Aluminiumprofil (Deckschale)
2 Kunststoffklammern zur Befestigung der Alu-Deckschalen
3 Rohrprofil aus Stahl (tragender Kern)
4 Isoliersteg für thermisch getrennte Profile

MBB Metallbau-Bedarf-GmbH, Willich

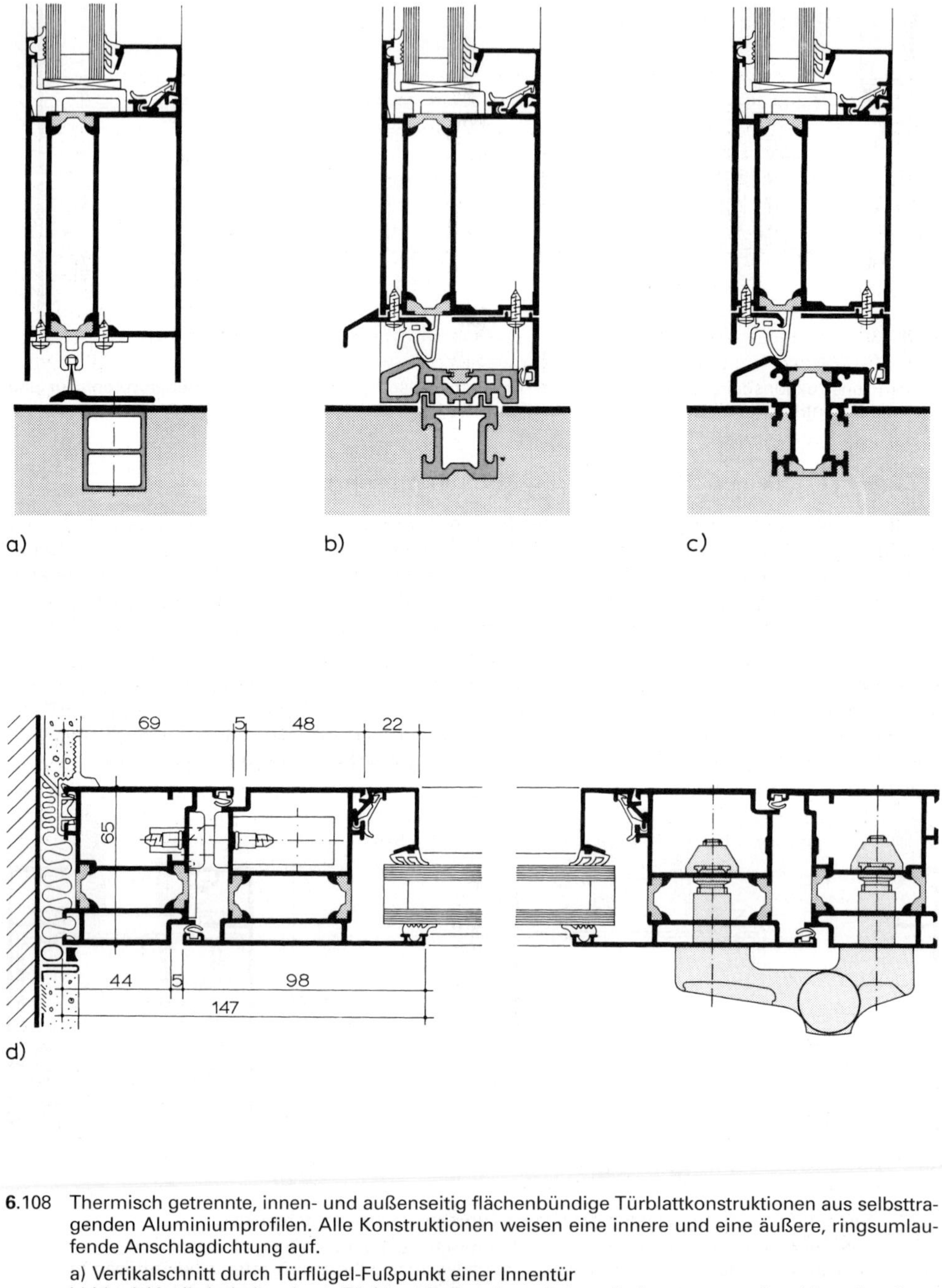

6.108 Thermisch getrennte, innen- und außenseitig flächenbündige Türblattkonstruktionen aus selbsttragenden Aluminiumprofilen. Alle Konstruktionen weisen eine innere und eine äußere, ringsumlaufende Anschlagdichtung auf.

a) Vertikalschnitt durch Türflügel-Fußpunkt einer Innentür

b) bis c) Vertikalschnitte durch Türflügel-Fußpunkte mit thermisch getrennten Anschlagschwellen von Außentüren

d) Horizontalschnitt durch Anschlagtür nach außen öffnend

SCHÜCO International, Bielefeld

6.7.2.4 Türen aus selbsttragenden Aluminiumprofilen

Die Rahmenprofile für Türen – und Fenster – werden im Strangpreßverfahren aus einer Aluminiumlegierung hergestellt. Dieser Werkstoff ist leicht, korrosions-, feuchtigkeits- und witterungsbeständig, läßt sich gut und präzise verformen und die Oberfläche vielseitig veredeln. Neben der rein mechanischen Oberflächenbehandlung durch Schleif- oder Bürstenbänder gibt es noch die dekorative Behandlung in Form von anodischer Oxidation (Eloxierung nach DIN 17611) oder farbiger Kunstharzbeschichtung (Naßlack- bzw. Pulverbeschichtung) in allen RAL-Farben. Alt-Aluminium ist außerdem recycelbar und behält im Werkstoff-Kreislauf seine originalen Qualitätseigenschaften. Als nachteilig kann das hohe Wärmeleitvermögen vor allem bei einteiligen, nicht gedämmten Profilen angesehen werden. Bei niedrigen Außentemperaturen kühlen diese Rahmenprofile stark ab und es bildet sich auf der warmen Raumseite Kondenswasser, vor allem bei hoher Raumluftfeuchte. Um Schwitzwasserbildung zu vermeiden und auch die Forderungen der Wärmeschutzverordnung einhalten zu können, kommen im Wohnungs- und Verwaltungsbau heute nur noch thermisch getrennte, wärmedämmende Verbundkonstruktionen zum Einsatz (Bild **6**.108).

Diese Alu-Verbundprofile bestehen aus zwei voneinander getrennten – äußeren und inneren – Profilschalen, die über durchlaufende Kunststoffstege aus glasfaserverstärktem Polyamid oder sonstigen Hartschaumverbindungen zu einem zweischaligen Gesamtprofil verbunden sind. Der form- und kraftschlüssige Verbund der inneren und äußeren Schale – bei gleichzeitiger thermischer Entkoppelung – ergeben hohe Querzug- und Schubfestigkeitswerte, so daß beide Profilschalen zum Abtragen von Druck-, Zug-, Schub- oder Verwindungskräften herangezogen werden können. Dadurch lassen sich wärmedämmende Verbundprofile in gleich schlanker Kontur wie ungedämmte Ganzaluminiumprofile ausführen.

Bereits bei ihrer Herstellung erhalten die Hohlkammerprofile alle für Zusammenbau und Funktion der Türen erforderlichen Ausformungen, so daß eine problemlose Verarbeitung und Montage gewährleistet ist. Die Eckverbindung der auf Gehrung geschnittenen Rahmenprofile erfolgt bei den meisten Konstruktionen mechanisch, d. h. durch in die Profilkammern fest und dicht eingebaute Leichtmetall-Eckwinkel (Bild **6**.109). Der feste Verbund wird durch maschinelles Einstanzen bzw. Pressen der Profilwandungen in dafür vorgesehene Nuten des Eckwinkels erreicht; auch zusätzliche Schraubenverbindungen sind möglich. Außerdem werden alle mechanischen Eckverbindungen noch zusätzlich mit Metallklebstoff verklebt und damit gleichzeitig die Gehrungsfuge abgedichtet. Bild **6**.110 zeigt beispielhaft die Montage von Türbeschlägen an einem Aluminium-Hohlkammertürblatt.

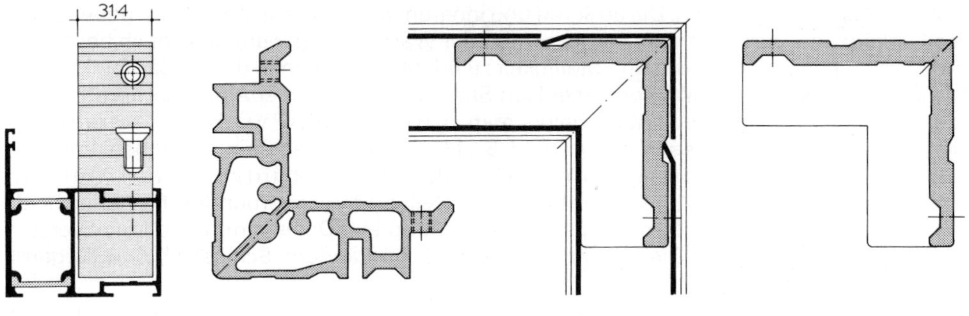

a) b)

6.109 Darstellung von Eckwinkelverbindungen bei Aluminium-Hohlkammerprofilen (Beispiele)
a) Leichtmetall-Eckwinkel mit zweischaligem Alu-Verbundprofil
b) Leichtmetall-Eckwinkel mit Einbaubeispiel

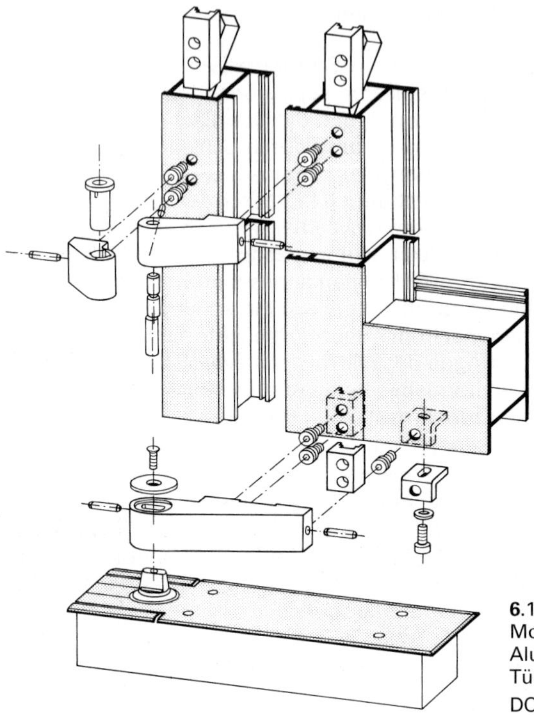

6.110
Montagebeispiel einer flächenbündig liegenden Aluminium-Anschlagtür mit Leichtmetall-Türband, Türhebel und Bodentürschließer
DORMA GmbH, Ennepetal

6.7.2.5 Türen aus Kunststoff-Metall-Hohlkammerprofilen

Der überwiegende Teil der Kunststofftüren wird aus Hohlkammerprofilen hergestellt, deren Konstruktionsprinzip auf dem Mehrkammersystem beruht. Die stranggepreßten Profile weisen meist zwei oder drei, manchmal sogar fünf Kammern auf und werden in Wanddicken von 3 bis 4,5 mm angeboten. Die äußeren und inneren Vorkammern erbringen – neben anderen Funktionen – vor allem eine Verbesserung der Wärmedämmwerte. Um auch bei größeren Türelementen die notwendige Steifigkeit zu erhalten, werden in die große Hohlkammer Metallverstärkungen in Form von verzinkten Stahlrohrprofilen oder Aluminiumprofilen eingebracht. Dementsprechend unterscheidet man im wesentlichen PVC-Hohlkammerprofile mit Stahlrohraussteifung (Bild **6**.111) – nachträglich eingeschoben und verschraubt – sowie PVC-Hartschaum-Verbundprofile mit integrierter Aluminium-Armierung (Bild **6**.112). Bereits bei der Herstellung dieser Verbundprofile gehen beide Werkstoffe eine unlösbare formschlüssige Verbindung ein. Dabei nimmt die Metallverstärkung alle Druck-, Zug- und Biegekräfte auf und gibt den Bändern, Schlössern und Türgarnituren einen optimalen Halt.

Die auf Gehrung geschnittenen Eckverbindungen werden üblicherweise dicht verschweißt. Bei PVC-Hartschaum-Verbundprofilen erfolgt die Eckverbindung auch mechanisch durch in die Aluminium-Hohlkammerprofile eingepreßte Eckwinkel. Diese krallen sich an den Wandungen fest und werden noch zusätzlich mit einem Metallklebstoff verklebt, so daß damit gleichzeitig auch die Gehrungsfuge abgedichtet wird.

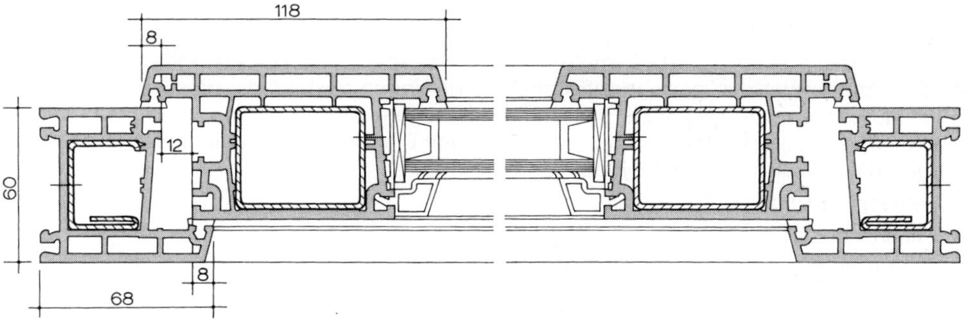

6.111 Konstruktionsbeispiel einer Außentür aus PVC-Hohlkammerprofilen mit Stahlrohraussteifung (Dreikammersystem). Die Konstruktion weist eine innere und eine äußere, ringsumlaufende Anschlagdichtung auf.

REHAU AG, Erlangen

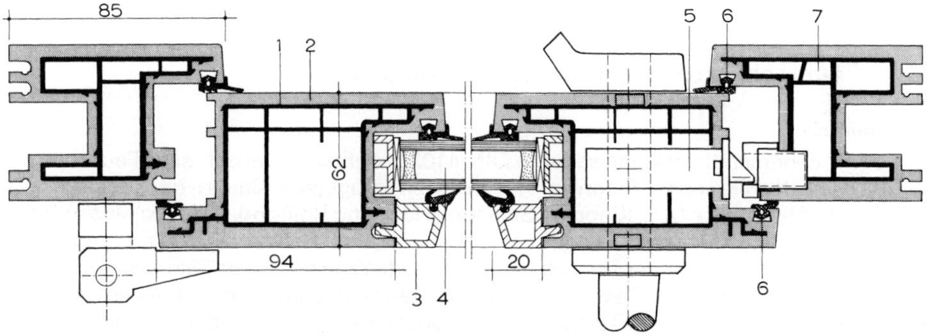

6.112 Konstruktionsbeispiel einer Außentür aus PVC-Hartschaum-Verbundprofilen mit integrierter Aluminium-Armierung. Die Konstruktion weist eine innere und eine äußere, ringsumlaufende Anschlagdichtung auf.

1 integriertes Aluminiumprofil
2 PVC-Hartschaum
3 Glasleiste
4 Isolierglas mit beidseitiger Profildichtung
5 Schloßkasten
6 innere und äußere Anschlagdichtung
7 Blendrahmenprofil

KÖMMERLING-Kunststoffwerke, Pirmasens

Der Werkstoff PVC (Polyvinylchlorid) ist ein Thermoplast, das sich durch Wärmezufuhr verformen und verschweißen läßt. Je nach Weichmacheranteil unterscheidet man Hart-PVC und Weich-PVC (letzteres bleibt hier unberücksichtigt). PVC-Hart ist ein weichmacherfreies, modifiziertes PVC, das beständig ist gegen alle gebräuchlichen Säuren, Laugen und Salzlösungen sowie gegen Alkohol, Benzin, Öle usw. Dagegen reagiert es unbeständig bei einigen Lösungsmitteln wie Benzol, Aceton usw. Schlagzähes PVC-Hart weist gute mechanische Eigenschaften auf, ist schwerentflammbar, unverrottbar, feuchtigkeits-, witterungs- und alterungsbeständig, gut wärmedämmend, recycelbar und wiederverwertbar.

Der Wärmeausdehnungskoeffizient von PVC ist jedoch relativ hoch, daher spielt die Farbgebung bei Kunststoffprofilen eine wichtige Rolle. PVC in hellen Farbtönen heizt sich bei intensiver Sonneneinstrahlung bis zu 50° C an der Profiloberfläche auf, in dunklen Farbtönen sogar bis 80° C. Farbige und vor allem dunkle Kunststoffprofile dehnen sich demnach stärker aus als helle, was Auswirkungen auf die Funktionstüchtigkeit von Türelementen haben kann. Es werden daher vorwiegend weiße und hellgraue Profile eingesetzt. Die Anforderungen an Haustüren sind in den Güte- und Prüfbestimmungen RAL – GZ 996 [1] festgelegt.

6.8 Sondertüren (Schutztüren)

An Schutztüren werden ganz spezifische Anforderungen gestellt, die diese jeweils nur als vollständiges, einbaufertiges Element mit der dazugehörigen Ausrüstung erfüllen können. Ein Zusammenbau derartiger Türen aus beliebigen Einzelteilen verschiedener Hersteller ist ausgeschlossen. Man unterscheidet:

— Feuerschutztüren
— Rauchschutztüren
— Schallschutztüren
— Strahlenschutztüren
— Einbruchhemmende Türen
— Schußhemmende Türen
— Naß- und Feuchtraumtüren
— Wohnungsabschlußtüren

6.8.1 Feuerschutztüren (Feuerschutzabschlüsse)

Allgemeines

Der Begriff Feuerschutzabschlüsse ist in DIN 4102-5 definiert. Danach sind Feuerschutzabschlüsse selbstschließende Türen in ein- oder zweiflügeliger Bauart und andere selbstschließende Abschlüsse (z. B. Klappen, Schiebe-, Hub- und Rolltore), die dazu bestimmt sind, im eingebautem Zustand den Durchtritt eines Feuers durch notwendige Öffnungen in raumabschließenden Wänden oder Decken eines Gebäudes zu verhindern. Sie bestehen aus mit der Wand fest verbundenen Teilen (z. B. Zargen, Rahmen, Laufschienen), einem oder mehreren beweglichen Teilen (z. B. Türblatt, Rolltor) sowie den zum Befestigen, Führen oder Verschließen notwendigen Beschlägen, Schlössern usw.

Maßgebend für Anforderungen an den baulichen Brandschutz sind die Bauordnungen der Länder, die Verordnungen und Richtlinien für Bauten und Räume besonderer Art und Nutzung (z. B. Geschäftshaus-, Versammlungsstätten-, Krankenhaus-, Gaststättenverordnungen u. a. m.) sowie eine Vielzahl weiterer Vorschriften und Erlasse.

Feuerschutzabschlüsse werden nach DIN 4102-5 geprüft und in unterschiedliche Feuerwiderstandsklassen eingeteilt (Tabelle **6**.113). Beim Brandversuch, dessen Dauer der Feuerwiderstandsklasse entspricht, muß die raumabschließende Wirkung gewahrt bleiben und der Durchgang des Feuers verhindert werden. Feuerabschlüsse dürfen bei der Brandprüfung nicht zusammenbrechen oder sich ganz oder teilweise durch Versagen von Verschluß- oder Verriegelungsteilen öffnen. Außerdem müssen sie selbstschließend sein (Dauerfunktionsprüfung nach DIN 4102-18). Die Fertigung genormter und zugelassener Bauarten setzt außerdem eine laufende Eigen- und Fremdüberwachung voraus.

Tabelle **6**.113 Feuerwiderstandsklassen T nach DIN 4102-5

Feuerwiderstandsklasse	Feuerwiderstandsdauer in Minuten
T 30	≥ 30
T 60	≥ 60
T 90	≥ 90
T 120	≥ 120
T 180	≥ 180

Feuerschutzabschlüsse bilden als Bestandteil eines feuerwiderstandfähigen Raumabschlusses mit den Wänden, der daran befestigten Zarge und den beweglichen Teilen (Türblatt, Schließmittel, Beschläge) eine Einheit, die nur zusammen beurteilt werden kann. Grundsätzlich dürfen nur Feuerschutzabschlüsse verwendet werden, die die bauaufsichtlichen Anforderungen erfüllen. Konstruktion, Montage, Betrieb und die für den Einbau vorgeschriebenen Wände müssen in allen Einzelteilen dem **Verwendbarkeitsnachweis** entsprechen. Dieser kann bei Feuerschutzabschlüssen erbracht werden für

a) **geregelte Bauprodukte** durch Verwendung einer normgerechten Bauart in Übereinstimmung mit den in der Bauregelliste A, Teil 1 bekanntgemachten technischen Regeln (= Nachweis in Form einer DIN-Norm).

b) **nicht geregelte Bauprodukte**

— Verwendung einer Bauart mit allgemeiner bauaufsichtlicher Zulassung (= Nachweis in Form eines bauaufsichtlichen Zulassungsbescheides vom Deutschen Institut für Bautechnik in Berlin – DIBt) oder

— in Ausnahmefällen durch Zustimmung im Einzelfall (= Nachweis in Form eines Zulassungsbescheides von der obersten Bauaufsichtsbehörde).

Die meisten auf dem Markt befindlichen Feuerschutzabschlüsse weisen einen allgemeinen bauaufsichtlichen Zulassungsbescheid als Verwendbarkeitsnachweis auf.

Erläuterungsvermerk über Bauprodukte, Verwendbarkeitsnachweis, Übereinstimmungsnachweis

Die neuen Landesbauordnungen unterscheiden zwischen geregelten, nicht geregelten und sonstigen Bauprodukten, die in verschiedenen Bauregellisten aufgeführt sind.

Die Bauregelliste **A** gilt für Bauprodukte im Sinne der Begriffsbestimmung der Landesbauordnungen. Teil 1 dieser Bauregelliste enthält die geregelten Bauprodukte, Teil 2 die nicht geregelten Bauprodukte.

Die Bauregelliste **B** dient der Umsetzung von Richtlinien der Europäischen Union, die aber bisher noch nicht erstellt wurde.

In der Liste **C** (nicht „Bauregelliste"!) werden Bauprodukte geführt, für die es weder technische Baubestimmungen noch allgemein anerkannte Regeln der Technik gibt und die für die Bauordnungen nur eine untergeordnete Bedeutung haben.

Geregelte Bauprodukte entsprechen den in der Bauregelliste A Teil 1 bekanntgemachten technischen Regeln oder weichen von ihnen nicht wesentlich ab.

Nicht geregelte Bauprodukte sind Bauprodukte, die wesentlich von den in der Bauregelliste A Teil 1 bekanntgemachten technischen Regeln abweichen oder für die es keine Technischen Baubestimmungen oder allgemein anerkannten Regeln der Technik gibt. Für sie gibt es keine besonderen Anforderungen an die Sicherheit baulicher Anlagen. Nicht geregelte Bauprodukte sind in Teil 2 der Bauregelliste A aufgeführt.

Die Verwendbarkeit ergibt sich

a) für geregelte Bauprodukte aus der Übereinstimmung mit den bekanntgemachten technischen Regeln in der Bauregelliste A,

b) für nicht geregelte Bauprodukte aus der Übereinstimmung mit

— der allgemeinen baulichen Zulassung oder

— dem allgemeinen bauaufsichtlichen Prüfzeugnis[1]) oder

— der Zustimmung im Einzelfall.

---

[1]) Das allgemeine bauaufsichtliche Prüfzeugnis wurde neu eingeführt. Dieser Verwendbarkeitsnachweis tritt an die Stelle der allgemeinen bauaufsichtlichen Zulassung bei nicht geregelten Bauprodukten, die entweder

- keine erheblichen Anforderungen wegen der Sicherheit der baulichen Anlagen erfüllen müssen oder
- nach allgemein anerkannten Prüfverfahren beurteilt werden können.

Für welche Bauprodukte ein allgemeines bauaufsichtliches Prüfzeugnis als Verwendbarkeitsnachweis ausreicht, wird in der Bauregelliste A bekanntgemacht.

Geregelte und nicht geregelte Bauprodukte dürfen nur verwendet werden, wenn dies in einem **Übereinstimmungsnachweis** bestätigt ist und sie das Übereinstimmungszeichen (**Ü**-Zeichen) tragen. Für die sonstigen Bauprodukte braucht die Verwendbarkeit nicht nachgewiesen zu werden. Bei diesen Verfahren bildet die werkseigene Produktionskontrolle durch den Hersteller (bisher Eigenüberwachung) die Grundlage der Nachweisführung.

Sonstige Bauprodukte sind Bauprodukte, für die es allgemein anerkannte Regeln der Technik gibt, die jedoch nicht in der Bauregelliste A enthalten sind. An diese Bauprodukte stellt die Bauordnung zwar die gleichen materiellen Anforderungen, sie verlangt aber weder Verwendbarkeits- noch Übereinstimmungsnachweis; sie sind deshalb auch nicht in der Bauregelliste A erfaßt. Weitere Einzelheiten hierzu s. [43].

Feuerschutzabschlüsse müssen sowohl hinsichtlich der Konstruktion als auch bezüglich der Montage dem Verwendbarkeitsnachweis entsprechen. Folgende allgemeine Hinweise sind dabei besonders zu beachten:

- Feuerschutztüren müssen immer als eine komplette, einbaufertige Einheit hergestellt, angeboten und eingebaut werden, bestehend aus Türblatt, Zarge und allen Beschlägen, einschließlich Türschließer.
- Zwischen Wand und Türelement besteht eine Wechselwirkung: Der Einbau einer Feuerschutztür darf nur in Wände erfolgen, die der allgemeinen bauaufsichtlichen Zulassung entsprechen.
- Die Schutzwirkung wird nur dann erzielt, wenn die Übergänge (z. B. Anschlüsse zwischen Wand und Zarge) die gleichen Feuerwiderstände aufweisen, wie die Schutztürflächen selbst. So müssen Stahlzargen in Massivwänden beispielsweise mit Mörtel satt hinterfüllt und voll eingeputzt werden.
- Da sich auch die Eigenschaften von Beschlägen, Schlössern, Schließmitteln und anderen Zubehörteilen auf das Brandverhalten und die Funktionstüchtigkeit des Feuerschutzabschlusses auswirken können, dürfen nur diejenigen Zubehör- und Beschlagteile verwendet werden, die den jeweiligen Normen bzw. bauaufsichtlichen Zulassungsbescheiden entsprechen. Für Beschläge, die nicht im Verwendbarkeitsnachweis erwähnt werden, sind entsprechende Eignungsnachweise zu erbringen.
- Für dekorative Oberflächen dürfen nur Materialien verwendet werden, die den im Zulassungsbescheid angeführten gleichwertig sind.
- Feststellanlagen benötigen immer eine eigene Zulassung.
- Müssen Feuerschutzabschlüsse aus besonderen Gründen eine Verglasung aufweisen, so muß diese zusammen mit der jeweiligen Feuerschutztür-Bauart geprüft und bauaufsichtlich zugelassen sein. Grundsätzlich dürfen in Feuerschutzabschlüssen nur Brandschutzverglasungen der Feuerwiderstandsklasse F eingebaut werden.

Türschließmittel. Feuerschutzabschlüsse können ihren Zweck – ein Schadensfeuer durch die Türöffnung nicht durchzünden zu lassen – nur erfüllen, wenn sie im Brandfall dicht geschlossen sind.

Entsprechend den Anforderungen der Bauordnungen der Länder und gemäß DIN 4102-5 müssen Feuerschutzabschlüsse selbstschließend und nach DIN 4102-18 dauerhaft funktionstüchtig sein. Die dafür vorgesehenen Türschließmittel müssen daher jederzeit zuverlässig arbeiten. Sofern die selbstschließenden Abschlüsse offengehalten werden, ist hierzu eine Feststellanlage zu verwenden, deren Brauchbarkeit bauaufsichtlich nachgewiesen ist.

Türschließer. Die Selbstschließung von Feuerschutztüren kann entweder durch den Einsatz von geprüften Federbändern (DIN 18262 und DIN 18272) oder durch Verwendung von Türschließern mit hydraulischer Dämpfung (DIN 18263) vorgenommen werden. Auch für Rauchschutztüren gilt die Forderung der Selbstschließung (DIN 18095-1).

Weitere Einzelheiten sind Abschn. 6.5.1.4, Türschließer, zu entnehmen.

Feststellanlagen. Besteht aus betrieblichen Gründen oder in stark frequentierten Bereichen die Notwendigkeit, Feuerschutztüren offen zu halten, so müssen zusammen mit den Feuerschutzabschlüssen bauaufsichtlich zugelassene Feststellanlagen eingebaut werden. Zu beachten ist jedoch, daß in Bereichen, in denen mit Explosionen, Verpuffungen oder sonstigen schnellen Brandausbreitungen zu rechnen ist, keine derartigen Anlagen eingesetzt werden dürfen.

Feststellanlagen sind Geräte oder Gerätekombinationen, die geeignet sind, die Funktion von Schließmitteln (Türschließer) kontrolliert unwirksam zu machen. Eine Feststellanlage besteht aus einer Feststellsicherung (Haftmagnete o. ä.), dem Brandmelder (Rauch- oder Temperaturmelder), der Auslösevorrichtung als Steuerungseinheit und der Energieversorgung. Jede Feststelleinrichtung muß auch von Hand ausgelöst werden können.

Einsteckschlösser für Feuerschutztüren sind in DIN 18250-1 und -2 genormt. Sie stellen eine gewisse Schwachstelle des dämmenden Türblattes dar. Daher wird die Schloßtasche oftmals zusätzlich mit besonderem Isoliermaterial ausgefüttert (Bild **6**.115). Einzelheiten hierzu s. Abschn. 6.5.2, Türschlösser. **Türbänder** für Feuerschutztüren sind in DIN 18272 bzw. E DIN EN 1935, **Türdrückergarnituren** in DIN 18273 bzw. E DIN EN 1906 genormt. Vgl. hierzu auch die Abschnitte 6.5.1 und 6.5.3.

Brandschutzplatten

Brandschutzplatten bestehen im wesentlichen aus wasserhaltigem Natriumsilicat (auch Kalziumsilicat), das mit Glasfasern bzw. einem Glasgewebe (Drahtnetz) zusammengehalten wird. Die etwa 2 mm dicken Platten schäumen bei Hitzeeinwirkung von etwa 150° C zu einer druckfesten, nichtbrennbaren und hitzedämmenden Schaumschicht bis zu 15 mm Dicke auf. Bei großflächiger Anwendung wird dadurch der Wärmedurchgang durch eine Türblattfläche wesentlich reduziert. Den Durchtritt von Feuer und Rauch über die Türfugen verhindern sog. Brandschutzleisten, die in die Türkante oder den Zargenfalz integriert sind. Wie Bild **6**.114 und **6**.121 sowie Bild **6**.122 verdeutlichen, verhindern Schutzschichten aus Aluminium oder in Form von Holzeinleimern die notwendige Schaumschichtentwicklung nicht. Weitere Einzelheiten sind der Spezialliteratur [44] zu entnehmen.

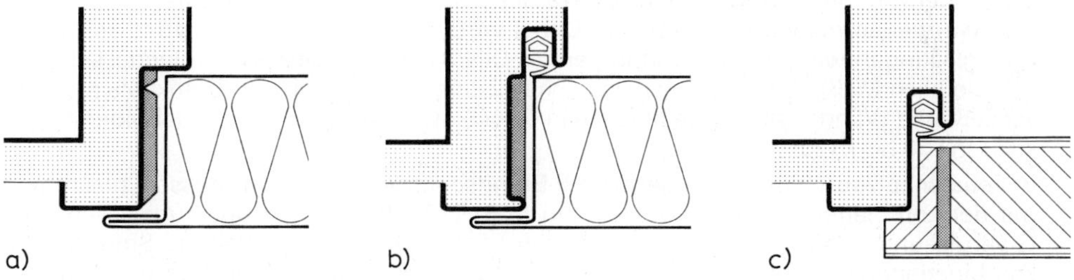

6.114 Schematische Darstellung des Einbaues von Brandschutzleisten bei Feuerschutztüren. Diese schäumen unter Hitzeeinwirkung auf, so daß der Luftspalt zwischen Zarge und Türblatt verschlossen und der Durchtritt von Feuer und Rauch verhindert wird.

a) Stahlzargenfalz mit aufgeklebter Brandschutzleiste
b) Stahlzargenfalz mit bündig eingelegter Brandschutzleiste
c) Türblattkante mit integrierter Brandschutzleiste

Brandschutzverglasungen

Brandschutzverglasungen sind transparente Bauteile, die aus einem oder mehreren lichtdurchlässigen Elementen (Glasscheiben), einem Rahmen einschließlich Dichtungsprofilen sowie Halterungen und Befestigungsmaterial bestehen. Die Gesamtheit aller Konstruktionselemente ergibt eine Brandschutzverglasung. Diese Brandschutzverglasungen werden in F- und G-Verglasungen unterteilt. Die entsprechenden Anforderungen und Prüfungen sind in DIN 4102-13 festgelegt. Diese Norm gilt jedoch nur für feststehende Brandschutzverglasungen, nicht für beweglich verglaste Bauteile, wie zum Beispiel Fenster, Türen usw.

Generell ist festzuhalten, daß normales Glas für den Brandschutzbereich nur bedingt einsetzbar ist. Im Brandfall springen bei einseitiger Hitzeeinwirkung Floatscheiben in kurzer Zeit und ermöglichen so den Feuerdurchtritt in den nächsten Brandabschnitt.

Verglasungsarten. Der grundsätzliche Unterschied zwischen den brandschutztechnisch wirksamen Verglasungsarten ergibt sich aus dem Kriterium der Wärmestrahlung, woraus sich auch die unterschiedlichen Anwendungsbereiche von G- und F-Verglasungen ableiten lassen.

— **G-Verglasungen** behalten im Brandfall ihre raumabschließende Wirkung und verhindern während einer bestimmten Zeitdauer entsprechend ihrer Feuerwiderstandsklasse (G30 bis G120) die Ausbreitung von Feuer und Rauch. Außerdem bleiben sie im Brandfall durchsichtig. G-Verglasungen lassen allerdings die Wärmestrahlung – wenn auch vermindert – passieren (= strahlungsdurchlässige Verglasung), so daß es durch die Hitzestrahlung im angrenzenden Raum zu Entzündungen von leichtentflammbaren Gegenständen kommen kann. Derartige Verglasungen sind damit gegen Feuer „widerstandsfähig", jedoch nicht „feuerhemmend" bzw. „feuerbeständig". G-Verglasungen sind brandschutztechnische Sonderbauteile. Sie dürfen deshalb nur an Stellen eingebaut werden, wo aus brandschutztechnischen Gründen keine Bedenken gegen auftretende Wärmestrahlung auf feuerabgekehrter Seite bestehen. Über die Zulässigkeit der Verwendung von G-Verglasungen entscheidet die zuständige örtliche Bauaufsichtsbehörde in jedem Einzelfall.

— **F-Verglasungen** sind Bauteile aus Glas, die entsprechend ihrer Feuerwiderstandsdauer nicht nur die Ausbreitung von Feuer und Rauch, sondern auch den Durchtritt von Wärmestrahlung durch thermische Isolation verhindern (= strahlen**un**durchlässige Verglasung). Dies geschieht in der Regel durch glasklare Zwischenschichten (Natriumsilicat), die zwischen den einzelnen Sicherheitsglasscheiben eingelagert sind. Wenn im Brandfall die dem Feuer zugewandte erste Scheibe zerspringt, schäumt die Gelschicht auf und bildet mit ihrem verdampfenden Wassergehalt für die weiteren Glasscheiben eine hochwärmedämmende Isolierschicht. Dabei wird der Glasverbund undurchsichtig. F-Verglasungen werden wie Wände gemäß DIN 4102-2 klassifiziert. Infolgedessen können sie nach Maßgabe der bauaufsichtlichen Zulassungen uneingeschränkt als raumabschließende Wände oder als Teilflächen in diesen ausgeführt werden (Feuerwiderstandsklassen F30 bis F120).

  In Feuerschutzabschlüssen eingesetzte F-Brandschutzverglasungen müssen zusammen mit der kompletten Feuerschutztür-Bauart (z. B. T30, T90) geprüft und zugelassen sein. G-Verglasungen dürfen in Feuerschutztüren nicht eingebaut werden. Sind Bauteilkombinationen geplant (z. B. feststehende Brandschutzverglasung mit Feuerschutztür), so müssen diese die gleiche Feuerwiderstandsklasse aufweisen und als Bauteilkombination bauaufsichtlich zugelassen sein.

6.8.1.1 Feuerschutztüren aus Stahl

Feuerhemmende einflügelige Stahltüren – auch doppelwandige Stahlblechtüren genannt – sind in DIN 18082-1 und -3 beschrieben. Dabei handelt es sich um selbstschließende Türen ohne Verglasung, die dazu bestimmt sind, Öffnungen im raumabschließenden Wänden zu verschließen (Bild **6**.115). Stahltüren, die den Festlegungen dieser Normen entsprechen, gelten ohne besonderen Nachweis als T30 Türen nach DIN 4102-5. Die entsprechenden Güte- und Prüfbestimmungen für Feuerschutzabschlüsse sind RAL-RG 611 [42] zu entnehmen.

1 Einsteckschloß nach DIN 18 250-1 mit Schlüssellochblende bei BB-Lochung
2 Ankerlochaussparung (z. B. 80 mm im Beton, 95 mm im Mauerwerk)
3 Lage der Kennzeichnungsschilder
4 Federband nach DIN 18 262 oder DIN 18 272
5 Meterrißmarkierung (Kerbe)
6 Verstärkungswinkel für Obentürschließer
7 Lage der Z-Stahlzarge
8 Anker nach DIN 18 093
9 Z-Stahlzarge, eingeputzt, 54 x 50 x 25 x 3 mm
10 Schutzkasten
11 umlaufende Flachstahlverstärkung 50 x 5 mm
12 Schloßtaschenauskleidung mit Wärmedämmplatten
13 Schloßtasche
14 Mineralfaserplatten nach DIN 18 089-1
15 Sicherungszapfen

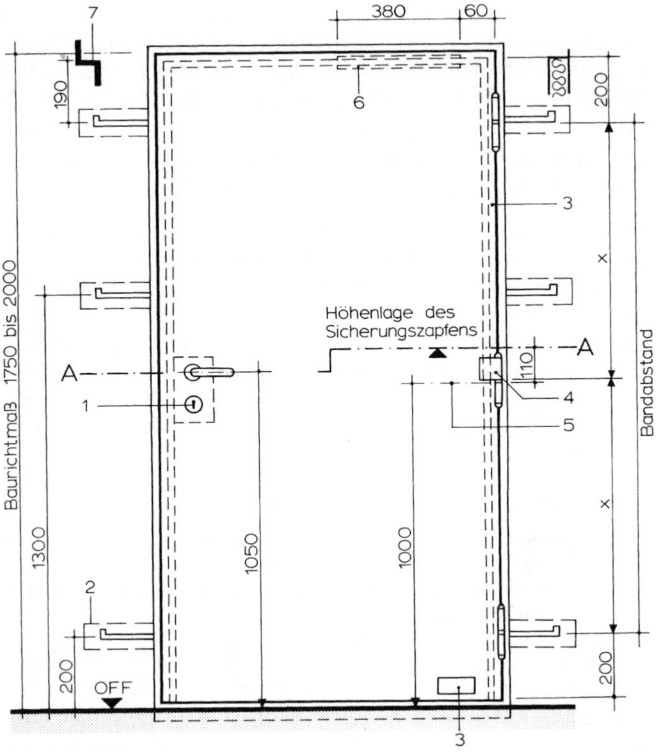

a)

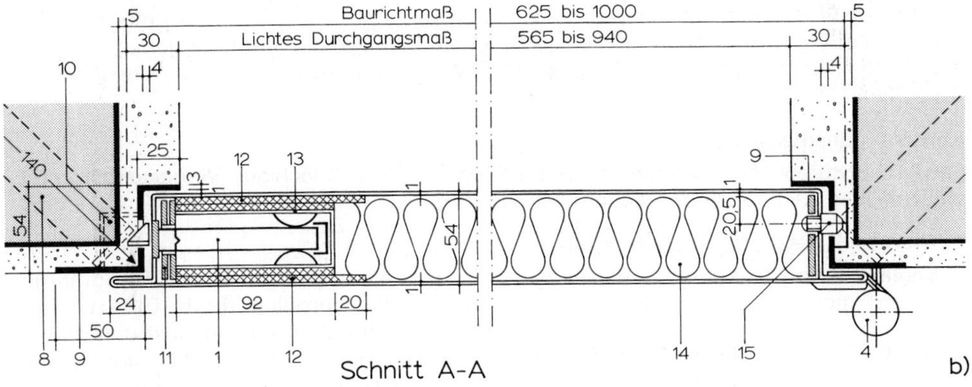

b)

6.115 Feuerschutztür nach DIN 18 082-1 (Ausg. 12.91): Feuerhemmende einflügelige T30-1 Stahltür, **Bauart A** (insgesamt vereinfachte Darstellung, Maße in mm)

a) Ansicht der Feuerschutztür. Baurichtmaße der Wandöffnung in der Breite von 625 bis 1000 mm, in der Höhe von 1750 bis 2000 mm

b) Schnitt A-A durch Schloßtasche und bandseitigem Sicherungszapfen

DIN 18082-1 (Ausg. 12.91) beschreibt T30-1 Stahltüren der **Bauart A** (Türblattdicke 54 mm) zur Verwendung in Wandöffnungen von 625 mm bis 1000 mm Breite und von 1750 bis 2000 mm Höhe (Baurichtmaße). Die Wanddicke muß mindestens 115 mm bei Mauerwerk (DIN 1053-1) und 100 mm bei Beton (DIN 1045) betragen.

DIN 18082-3 (Ausg. 1.84) erfaßt T30-1 Stahltüren der **Bauart B** (Türblattdicke 62 mm) für Wandöffnungen von 750 bis 1250 mm Breite und von 1750 bis 2250 mm Höhe (Baurichtmaße). Die Wanddicke muß mind. 240 mm bei Mauerwerk und 140 mm bei Beton betragen.

Bild 6.115 zeigt eine einflügelige Feuerschutztür der **Bauart A** gemäß DIN 18082-1. Das Türblatt besteht aus zwei 1,0 mm dicken Feinblechen, die zu einem allseitig geschlossenen 54 mm dicken Türkasten zusammengefügt sind, und zwar so, daß an drei Türblattkanten umbördelte Anschlagfalze von 24 mm Breite entstehen. Weitere Flach- bzw. Winkelstahlverstärkungen sind zur inneren Aussteifung des Türkastens, zur Verstärkung des Schloßbereiches und zur Befestigung des Obentürschließers eingeschweißt. Auf der Bänderseite des Türblattes ist ein Sicherungszapfen untergebracht, der beim Schließen der Tür in die Zarge eingreift, um im Falle eines Brandes ein Ausbiegen des Türflügels zu verhindern. Als Dämmstoff kommen nichtbrennbare Mineralfaserplatten nach DIN 18089-1 zur Anwendung, wobei diese den Türkasten vollständig ausfüllen müssen. Die Stahlzarge besteht aus einem Z-förmigen Stahlprofil von 3 bis 4 mm Dicke, an deren Längsseiten je drei Maueranker angeschweißt sind. Die Verankerung der Türzarge mit der Wand muß nach DIN 18093 erfolgen. Das Türblatt ist an zwei Konstruktionsbändern aufgehängt. Als Schließmittel sind ein nichttragendes Federband (DIN 18262 bzw. 18272) auf halber Türkastenhöhe oder ein Obentürschließer mit hydraulischer Dämpfung nach DIN 18263-1 möglich.

6.8.1.2 Feuerschutztüren aus Rohrrahmenkonstruktionen mit großflächiger Verglasung

An manche Feuerschutztüren wird beispielsweise aus Gründen der Verkehrssicherheit die Forderung nach Durchsicht erhoben. Besonders in Krankenhäusern, Heimen, Hotels usw., wo Flucht- und Rettungswege in Fluren und Treppenhäusern jederzeit passierbar sein müssen, sind die großflächig verglasten Feuerschutzabschlüsse von großem Vorteil. Passend zu den meisten ein- oder zweiflügeligen Türelementen gibt es auch durchsichtig verglaste Trennwandanlagen. Ihre Aufteilung wird durch die bauaufsichtlich zugelassene maximale Scheibengröße bestimmt. Die großflächige Verglasung besteht in jedem Fall aus Brandschutzgläsern (G- und F-Verglasung), so wie sie in Abschn. 6.8.1 näher beschrieben sind. In Feuerschutztüren dürfen grundsätzlich nur Brandschutzverglasungen der Feuerwiderstandsgruppe F eingebaut werden. G-Verglasungen sind in Rauchschutztüren einsetzbar. Erfüllen Feuerschutzabschlüsse die zusätzlichen Dichtigkeitsanforderungen gemäß DIN 18095, so können sie auch als Rauchschutztüren verwendet werden. Vgl. hierzu Abschn. 6.8.2, Rauchschutztüren.

Konstruktionsmerkmale

Feuerschutztüren aus Rohrrahmenprofilen und mit großflächiger Verglasung sind im wesentlichen nach folgenden Konstruktionsprinzipien aufgebaut:

1. Thermisch geschützte Konstruktionen

a) **Beplankte Konstruktion.** Bei dieser Bauart besteht die tragende Tür- und Blendrahmenkonstruktion aus jeweils mittig angeordneten Stahlrohrprofilen, die beidseitig von außen mit bauaufsichtlich zugelassenen Fasersilikatplatten o. ä. beplankt und dadurch thermisch geschützt sind. Die Plattenstreifen werden mittels Klemmprofilen auf die Stahlrohre aufgeschraubt, die gleichzeitig auch als Halterung für die äußere Alu-Verkleidung dienen. Mit dieser Verbundkonstruktion lassen sich außerdem bauübliche Beschädigungen minimieren, da die fertig eloxierten oder einbrennlackierten Aluminium-Deckschalen erst kurz vor Baufertigstellung auf die bereits installierten Türelemente aufgeklipst werden können.

Konstruktionsbeispiele siehe Bild **6.**116 und Bild **6.**117.

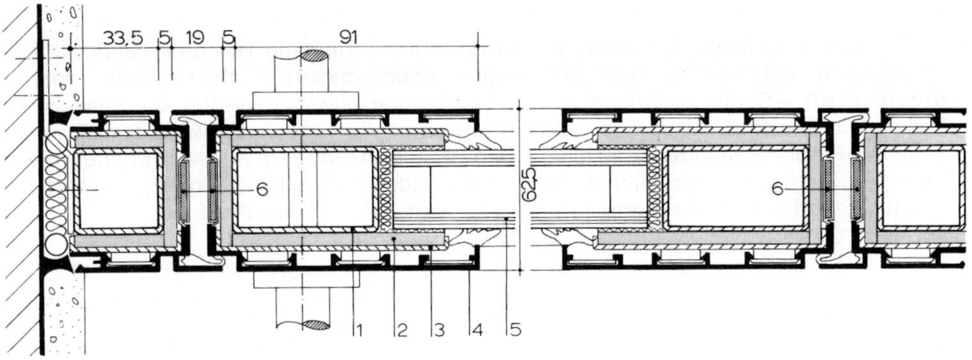

6.116 Konstruktionsbeispiel einer T30-1 Feuerschutztür aus thermisch geschützten Stahlrohrprofilen mit großflächiger Verglasung und aufgeklipsten Aluminium-Deckschalen

1 einteiliges Stahlrohrprofil (tragender Stahlrahmen)
2 thermischer Schutz durch außen angebrachte Fasersilikatplatten
3 gekantete Stahlblechschale mit Klemmhalterungen
4 aufgeklipste Aluminium-Deckschale
5 Brandschutzglas
6 unter Hitzeeinwirkung aufschäumbare Palusol-Brandschutzleisten

HÖRMANN KG, Steinhagen

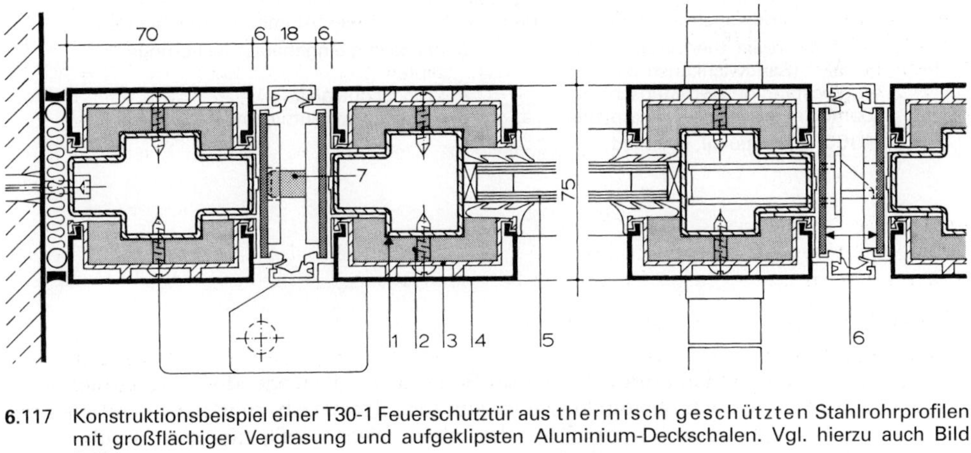

6.117 Konstruktionsbeispiel einer T30-1 Feuerschutztür aus thermisch geschützten Stahlrohrprofilen mit großflächiger Verglasung und aufgeklipsten Aluminium-Deckschalen. Vgl. hierzu auch Bild **6.**124.

1 einteiliges Strahlrohrprofil (tragender Stahlrahmen)
2 thermischer Schutz durch profilierte Fasersilikatplatten
3 aufgeschraubtes Aluminium-Klemmprofil
4 aufgeklipste Aluminium-Deckschale
5 Brandschutzglas
6 unter Hitzeeinwirkung aufschäumbare Palusol-Brandschutzleisten
7 bandseitig eingebauter Sicherungszapfen

MBB Metallbau-Bedarf GmbH, Willich

2. Thermisch getrennte Konstruktionen

a) **Sandwich-Konstruktion.** Bei dieser Bauart besteht die tragende Tür- und Blendrahmenkonstruktion aus jeweils zwei außenseitig angeordneten – thermisch mittig getrennten – Stahlrohrprofilen, die zu Rahmen verschweißt werden. Die thermische Entkoppelung erfolgt durch eine feuerbeständige, isolierende Zwischenschicht (Dämmkern) aus Fasersilikatplatten o. ä., die mit den Brandschutzgläsern auf einer Ebene liegen. Derartige Stahlrohrkonstruktionen können entweder bau- oder werkseitig direkt farbbeschichtet oder auch mit Aluminium-Deckschalen verkleidet werden,

Konstruktionsbeispiel siehe Bild **6**.118.

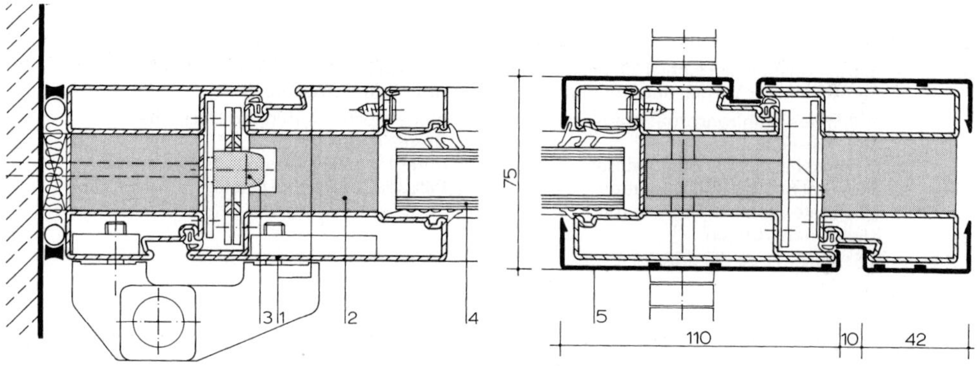

6.118 Konstruktionsbeispiel einer T30-1 Feuerschutztür aus thermisch getrennten Stahlrohrprofilen (Sandwichkonstruktion) mit großflächiger Verglasung

a) Stahlrohrprofilkonstruktion für bauseitige oder werkseitige Beschichtungssysteme
b) Stahlrohrprofilkonstruktion mit eloxierten oder beschichteten Aluminium-Deckschalen

1 Stahlrohrprofile, thermisch mittig getrennt (Sandwichkonstruktion)
2 feuerbeständige Zwischenschicht (Dämmkern) aus Fasersilikatplatten o. ä.
3 bandseitig eingebauter Sicherungszapfen
4 Brandschutzglas
5 aufgeklipste Aluminium-Deckschale

SCHÜCO International, Bielefeld

b) **Stegkonstruktion mit Isolatoren.** Bei dieser Bauart kann die tragende Tür- und Blendrahmenkonstruktion je nach System entweder aus zwei Stahlrohrprofilen oder aus zwei selbsttragenden Aluminiumprofilen bestehen. Diese Profilpaare sind durch Kunststoffstege (Isolierstege) kraftschlüssig miteinander verbunden und dadurch gleichzeitig auch thermisch mittig getrennt. Außerdem sind in die Hohlprofile innenseitig Gipskarton-Plattenstreifen eingeklebt. Diese sog. Isolatoren geben bei Hitzeeinwirkung Feuchtigkeit ab und kühlen die Profile, so daß die kritischen Temperaturgrenzen nicht überschritten werden.

Konstruktionsbeispiele siehe Bild **6**.119 und Bild **6**.120.

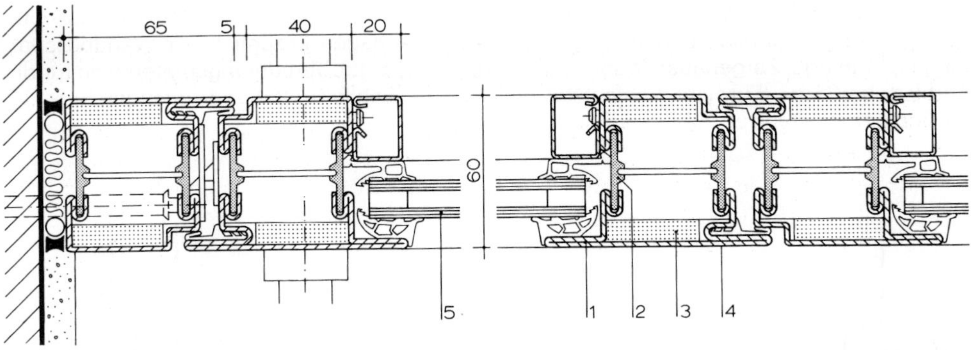

6.119 Konstruktionsbeispiel einer T30-1 Feuerschutztür aus thermisch getrennten Stahlrohrprofilen (Stegkonstruktion) mit eingeklebten Gipskarton-Plattenstreifen (Isolatoren) und großflächiger Verglasung

1 Stahlrohrprofile, thermisch mittig getrennt durch Isolierstege
2 kohlefaserverstärkte Kunststoffstege (Isolierstege)
3 innenseitig angeklebte Gipskarton-Plattenstreifen (Isolatoren)
4 Oberfläche der Stahlrohrprofile vorbereitet für bauseitige oder werkseitige Beschichtungssysteme

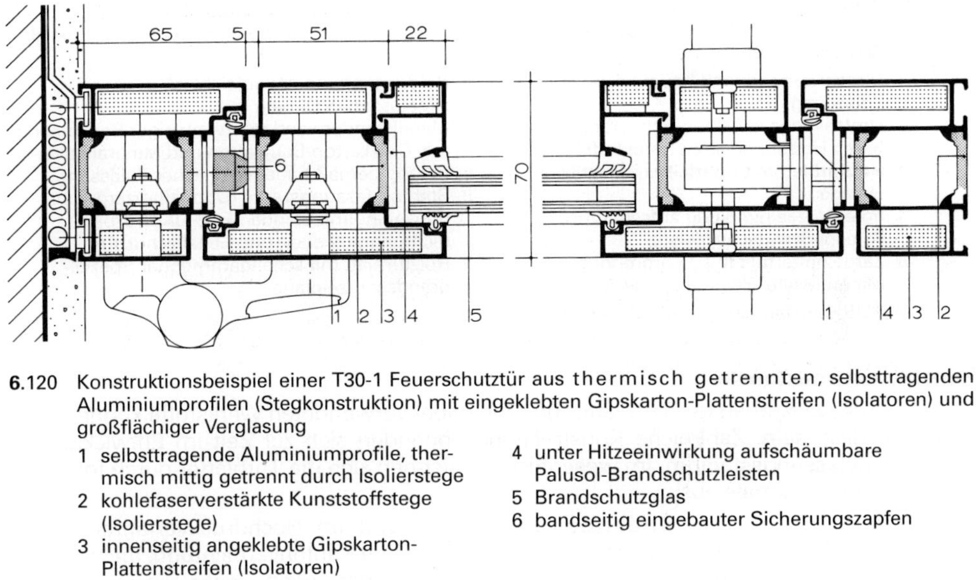

6.120 Konstruktionsbeispiel einer T30-1 Feuerschutztür aus thermisch getrennten, selbsttragenden Aluminiumprofilen (Stegkonstruktion) mit eingeklebten Gipskarton-Plattenstreifen (Isolatoren) und großflächiger Verglasung

1 selbsttragende Aluminiumprofile, thermisch mittig getrennt durch Isolierstege
2 kohlefaserverstärkte Kunststoffstege (Isolierstege)
3 innenseitig angeklebte Gipskarton-Plattenstreifen (Isolatoren)
4 unter Hitzeeinwirkung aufschäumbare Palusol-Brandschutzleisten
5 Brandschutzglas
6 bandseitig eingebauter Sicherungszapfen

SCHÜCO International, Bielefeld

6.8.1.3 Feuerschutztüren aus Holz oder Holzwerkstoffen

Neben den Feuerschutzabschlüssen aus Metall gibt es auch eine ganze Reihe serienmäßig hergestellter Brandschutz-Türelemente aus Holz oder Holzwerkstoffen in T30, T60 und sogar T90-Ausführung. Besondere Bedeutung kommt hierbei der sorgfältigen Werkstoffauswahl, dem konstruktiven Aufbau des Türblattes sowie der Fugenabdichtung zwischen Türblatt und Zarge zu. Auch diese Feuerschutztüren müssen nach DIN 4102-5 geprüft und wie in

Abschn. 6.8.1 näher beschrieben, bauaufsichtlich zugelassen sein. Die im Verwendbarkeitsnachweis (Zulassungsbescheid) festgeschriebenen Auflagen bezüglich der Wandbeschaffenheit, Montage, Zargenausbildung (Stahl- oder Holzzarge), Veredelungsmaterialien für die Türblattoberfläche (Furniere, Schichtstoffplatten o. ä.), Schließmittel und sonstigen Beschläge sind genauestens einzuhalten (Bild **6**.121).

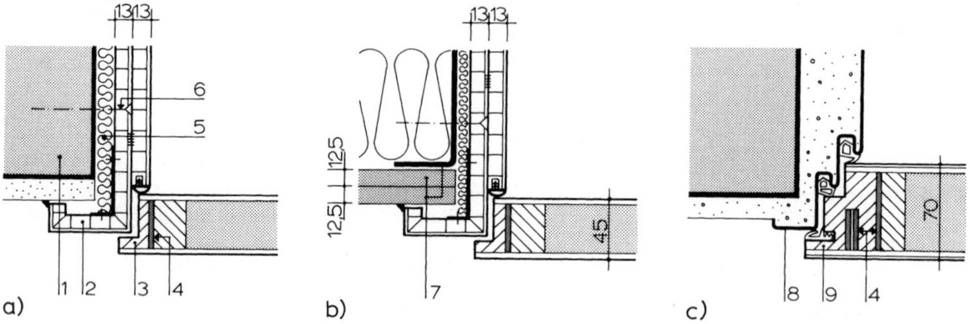

6.121 Konstruktionsbeispiele von einflügeligen T30-1 Feuerschutztüren mit Türblättern aus Holz und Holzwerkstoffen (Ausschnitte)

a) Zarge aus Holzspanplatten zur Montage in Massivwänden
b) Zarge aus Holzspanplatten zur Montage in Metallständerwände (Leichtbauwände)
c) Stahlumfassungszarge (Doppelfalzzarge) zur Montage in Massivwände für Feuer- und zugleich Schallschutztür

1 Massivwand gemäß bauaufsichtlicher Zulassung
2 Umfassungszarge aus schwerentflammbaren Holzspanplatten (Baustoffklasse B1)
3 Holztürblatt mit Spezialbrandschutzeinlage
4 unter Hitzeeinwirkung aufschäumbare Palusol-Brandschutzleiste
5 Zarge hinterfüllt mit nichtbrennbarer Mineralwolle (Baustoffklasse A)
6 Befestigung mit bauaufsichtlich zugelassenen Dübeln
7 Metallständerwand mit zweilagiger Beplankung aus Gipskarton-Bauplatten und Mineralwollefüllung gemäß bauaufsichtlicher Zulassung
8 Stahlumfassungszarge (Doppelfalzzarge) mit dreiseitig umlaufenden Falz- und Türblattdichtungen (Feuer- und Schallschutztür)
9 Holztürblatt mit schalldämmender Spezialbrandschutzeinlage

WIRUS-Bauelemente GmbH, Gütersloh

Konstruktionsmerkmale

Der konstruktive Aufbau der Türblätter und die dabei verwendeten Werkstoffe können sehr unterschiedlich sein. Zahlreiche Konstruktionen befinden sich zur Zeit im Entwicklungs-, Prüf- und Zulassungsstadium. Im wesentlichen zeichnen sich die Türblätter durch folgende Konstruktionsmerkmale aus:

— In die Kanten von Spezialspanplatten wird im Hochdruckverfahren feuerresistentes Duroplast eingepreßt. Dadurch entsteht eine Kantenverdichtung, die das günstige Brandverhalten des Türblattes in den Randzonen wesentlich erhöht. Dreiseitig in den Türkanten eingelassene Brandschutzleisten – abgedeckt mit zum Deckfurnier passendem Hartholzeinleimer – sorgen im Brandfall für einen dichten Verschluß der Fuge zwischen Türblatt und Zarge (Bild **6**.122a). S. hierzu auch Abschn. 6.8.1, Brandschutzplatten sowie Bild **6**.114.

— Zweischalige Sandwichkonstruktion, bestehend aus einem inneren Hartholzrahmen mit beidseitiger Beplankung aus schwerentflammbaren Holzspanplatten, und einer Einlage im Kern aus nichtbrennbaren leichten Materialien (z.B. Mineralfaserplatten). Auch bei dieser Bauart sind im Türkantenbereich dreiseitig umlaufende Brandschutzleisten vorgesehen (Bild **6**.122b).

– Mit mehrschichtig aufgebauten Spanplattentüren können ebenfalls sehr günstige Brandschutzwerte (bis T90) erzielt werden. Dabei werden mehrere Schichten normal- bzw. schwerentflammbarer Spanplatten zusammengefügt und die Türblattaußenflächen beidseitig entweder mit dünnen, hochdämmenden und temperaturbeständigen Wärmedämmplatten oder mit Brandschutzplatten – die unter Hitzeeinwirkung aufschäumen – vollflächig beschichtet; die Sichtflächen sind mit Furnieren, Schichtstoffplatten o. ä. veredelt. Auch bei dieser Ausführung sind im Kantenbereich Brandschutzleisten vorgesehen (Bild **6**.122c).

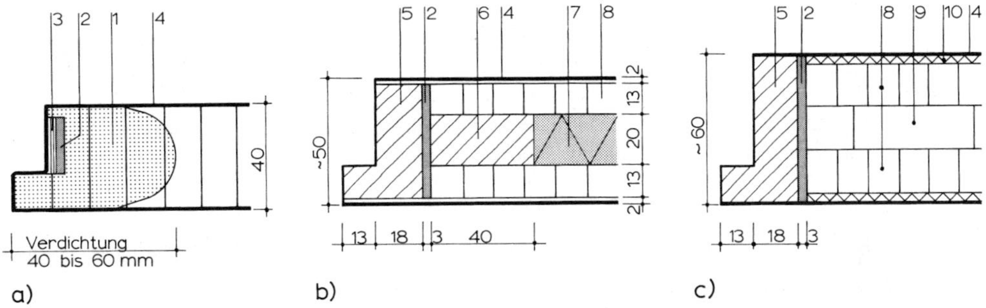

6.122 Schematische Darstellung des konstruktiven Aufbaues von Feuerschutztürblättern aus Holz und Holzwerkstoffen (Beispiele)

a) kantenverdichtete Spezialspanplatte (mit feuerresistentem Duroplast)
b) Sandwichkonstruktion mit nichtbrennbarer Einlage
c) mehrschichtig aufgebautes Verbundtürblatt mit Beschichtungen aus hitzebeständigen Wärmedämmplatten oder mit im Brandfall aufschäumbaren Brandschutzplatten

1 verdichtete Türblattkante
2 dreiseitig umlaufende Brandschutzleiste
3 Schutzabdeckung aus Furnier-, Schichtstoff- oder Hartholzstreifen
4 Sichtfläche aus Furnieren oder Schichtstoffplatten
5 Hartholzeinleimer
6 umlaufender Hartholzrahmen
7 nichtbrennbare Einlage (z. B. Mineralfaserplatten)
8 schwerentflammbare Spanplatten
9 normalentflammbare Spanplatte
10 vollflächige Oberflächenbeschichtung aus hitzebeständigen Wärmedämmplatten oder mit im Brandfall aufschäumbaren Brandschutzplatten

6.8.1.4 Ganzglas-Feuerschutztür aus Spezialverbundglas

Eine neu entwickelte T30-1 Ganzglas-Feuerschutztür (Bild **6**.123) bietet neben dem erforderlichen Brandschutz gemäß DIN 4102 ein Höchstmaß an Transparenz und somit auch interessante innenräumliche Gestaltungsmöglichkeiten. Das Glastürblatt besteht aus einem gegen Feuer widerstandsfähigen Spezialverbundglas, dessen Zwischenschichten im Brandfall unter Hitzeeinwirkung aufschäumen und Kristallwasser freisetzen. Dadurch wird ein Durchdringen der Wärmestrahlung durch das Glas und somit die Entzündung von brennbaren Stoffen auf der dem Feuer abgewandten Seite verhindert (F-Verglasung). Außerdem erfüllt das Spezialverbundglas alle geforderten Verkehrssicherheitseigenschaften. Vgl. hierzu Abschn. 6.8.1., Brandschutzverglasungen.

Im geschlossenen Zustand unterscheidet sich die Ganzglas-Feuerschutztür nicht von herkömmlichen Ganzglastüren. Das vierseitig umlaufende, neu entwickelte Spezial-Dichtungs- und Anschlagprofil ist optisch kaum wahrnehmbar. Im Falle eines Brandes würde es unter

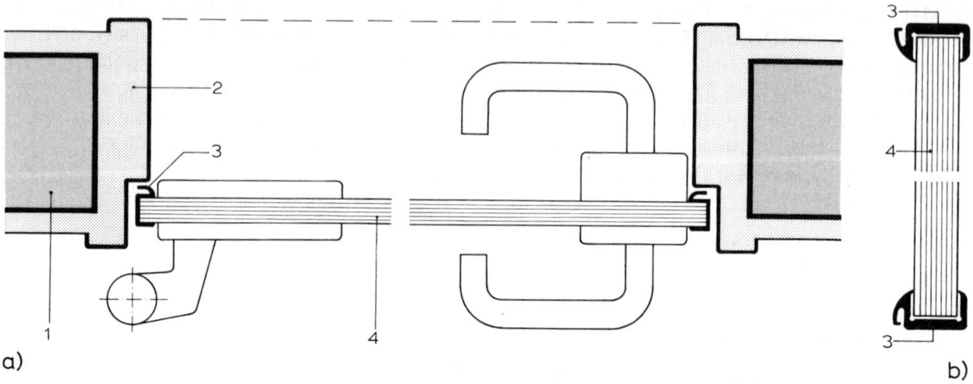

6.123 Konstruktionsbeispiel einer T30-1 Ganzglas-Feuerschutztür aus Spezialverbundglas
a) Horizontalschnitt durch Ganzglastür für Einbau in Massivwand
b) Ausschnitt: Ganzglastürblatt mit vierseitig umlaufendem Dichtungs- und Anschlagprofil
1 Massivwand (Mauerwerk ≥ 115 mm, Beton ≥ 100 mm)
2 Umfassungszarge aus Stahl (alternativ Eckzarge)
3 vierseitig umlaufendes, im Brandfalle unter Hitzeeinwirkung aufschäumendes Spezial-Dichtungs- und Anschlagprofil
4 Promat-Spezialverbundglas
PROMAT GmbH, Ratingen

Hitzeeinwirkung aufschäumen und das Glastürblatt allseitig fest verkeilen und dicht abschließen. Die Ganzglas-Feuerschutztür wird mit der dazugehörigen Stahlzarge (Umfassungs- oder Eckzarge) einbaufertig geliefert. Ihr Einbau ist in Massivwänden im Innenbereich zugelassen. Vor direkter Sonneneinstrahlung bzw. UV-Strahlung aus speziellen Beleuchtungskörpern ist sie zu schützen.

6.8.2 Rauchschutztüren (Rauchschutzabschlüsse)

Im Brandfall sind Menschen, die sich in dem betroffenen Gebäude befinden, nicht nur durch das Feuer und die daraus resultierende Wärmestrahlung, sondern auch durch die sich sehr schnell ausbreitenden Rauchgase gefährdet. Für die Rettung flüchtender Personen und für die Arbeit der Feuerwehr ist es entscheidend, daß die Rettungswege (Flure, Treppenhäuser) möglichst lange rauchfrei und damit begehbar bleiben. Während Feuerschutztüren der unmittelbaren Feuer- und Wärmestrahlung standhalten müssen, sollen Rauchschutztüren diejenigen Teile des Gebäudes rauchfrei halten, die nicht direkt neben dem Brandherd liegen. Viele geprüfte und bauaufsichtlich zugelassene Feuerschutzabschlüsse verhindern jedoch nicht nur den Feuerdurchtritt, sondern sind gleichzeitig auch als Rauchschutztüren gemäß DIN 18095 ausgebildet. In diesem Fall sind zwei Verwendbarkeitsnachweise zu erbringen.

Die entsprechenden Anforderungen sind in DIN 18095-1 festgelegt. Nach dieser Norm sind Rauchschutztüren selbstschließende, ein- oder zweiflügelige Drehtüren, die in geschlossenem Zustand den Durchtritt von Rauch in ausreichendem Maße behindern. Sie behindern den Durchtritt von Rauch so, daß der dahinterliegende Raum im Brandfall für eine Zeitspanne von etwa 10 Minuten zur Rettung von Menschen ohne Atemschutz genutzt werden kann. Rauchschutztüren nach DIN 18095 sind demnach **keine** Feuerschutzabschlüsse (Feuerschutztüren) nach DIN 4102-5.

DIN 18095-1 ist in der Bauregelliste A als technische Regel aufgeführt; damit gelten Rauchschutztüren als g e r e g e l t e B a u p r o d u k t e. Der bauaufsichtlich erforderliche Verwendbarkeitsnachweis besteht somit aus der Feststellung der Übereinstimmung mit DIN 18095-1.

Einzelheiten hierzu s. Abschn. 6.8.1, Verwendbarkeitsnachweis. Güteanforderungen an Rauchschutzabschlüsse enthalten die Güte- und Prüfbestimmungen RAL-GZ 612 [45].

Der Nachweis der Rauchdichtheit und Dauerfunktionstüchtigkeit wird durch Prüfung nach DIN 18095-2 – zukünftig DIN EN 1634-3 – erbracht. Als Kenngröße für die Dichtheit einer Rauchschutztür gilt die sog. Leckrate Q. Sie ist der Luftvolumenstrom in m³/h, der durch die Spalten und Ritzen einer Tür bei einer bestimmten Druckdifferenz dringt. Bei Prüfungen mit 50 Pa Überdruck (Druckdifferenz) und bei Lufttemperaturen sowohl zwischen 10° C und 40° C (kalter Rauch) als auch bei 200° C (warmer Rauch) darf die Leckrate dabei nicht größer sein als

— 20 m³/h bei einflügeligen Rauchschutztüren
— 30 m³/h bei zweiflügeligen Rauchschutztüren.

Konstruktionsmerkmale

Ein Rauchschutz-Türelement besteht im wesentlichen aus

— einer Zarge,
— einem oder zwei Türflügeln einschließlich der dazugehörigen Schlösser und Beschläge,
— Türschließer mit hydraulischer Dämpfung nach DIN 18263; bei zweiflügeligen Rauchschutztüren auch mit Schließfolgeregler (durch die das Schließen der Türflügel in der richtigen Reihenfolge sichergestellt wird) sowie
— Dichtungsmittel (auch Bodendichtungen) und gegebenenfalls Feststellanlagen.

Rauchschutztüren in allgemein zugänglichen Fluren, die als Rettungswege dienen, dürfen keine unteren Anschläge und keine Schwellen haben. Zulässig sind nur Flachrundschwellen mit kreissegmentförmigem Querschnitt bis 5 mm Höhe. Aus betrieblichen Gründen verbieten sich diese jedoch in Krankenhäusern, Pflegeheimen usw.

Verglasungen müssen bruchsicher sein und können beispielsweise aus Drahtspiegelglas oder Einscheiben-Sicherheitsglas bestehen. Dazu passend und geeignet sind die Schlösser für Feuerschutztüren nach DIN 18250 sowie Feuerschutz-Türdrückergarnituren nach DIN 18082 (zukünftig DIN EN 1906 – Anhang C). Bänder für Feuer- und/oder Rauchschutztüren müssen den Anforderungen der DIN EN 1935 (Anhang B) entsprechen.

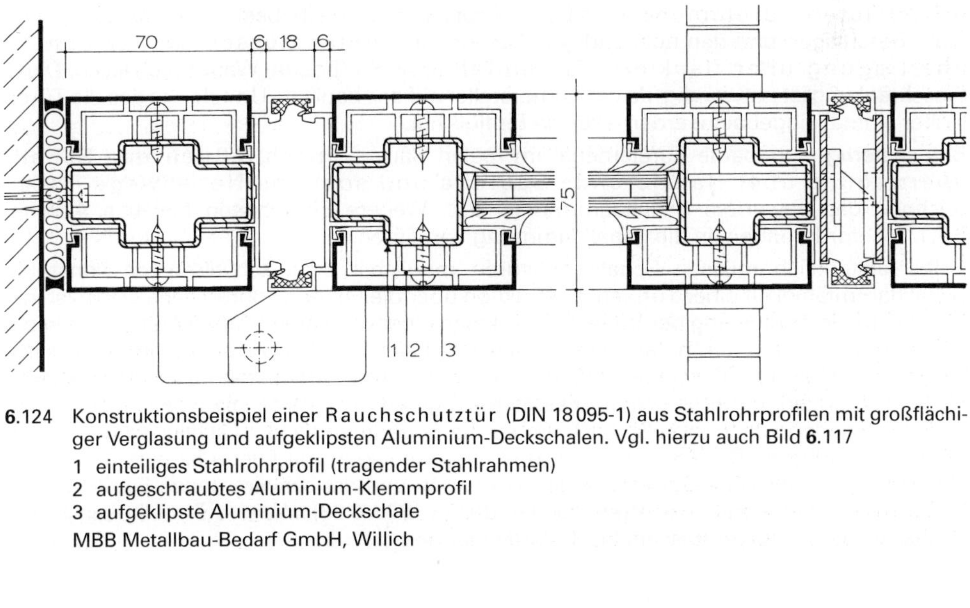

6.124 Konstruktionsbeispiel einer Rauchschutztür (DIN 18 095-1) aus Stahlrohrprofilen mit großflächiger Verglasung und aufgeklipsten Aluminium-Deckschalen. Vgl. hierzu auch Bild **6**.117

1 einteiliges Stahlrohrprofil (tragender Stahlrahmen)
2 aufgeschraubtes Aluminium-Klemmprofil
3 aufgeklipste Aluminium-Deckschale

MBB Metallbau-Bedarf GmbH, Willich

Zum Offenhalten von Rauchschutztüren – beispielsweise bei starkem Publikumsverkehr – sind bauaufsichtlich zugelassene Feststellanlagen einzubauen, die geeignet sind, das selbsttätige Schließen der Rauchschutztüren kontrolliert (d.h. zeitweise) unwirksam zu machen. Für Rauchschutztüren sind allein Feststellanlagen geeignet, die auf die Brandkenngröße Rauch ansprechen. Sie bestehen im allgemeinen aus Feststellvorrichtung, Auslösevorrichtung (Rauchmelder) und Stromversorgung (Netzgleichrichter). Siehe hierzu auch Abschn. 6.5.1.4, Türschließmittel.

Die Anschlüsse von Rauchschutztüren – gegebenenfalls auch der erforderlichen Seiten- und Oberteile – an benachbarte Bauteile müssen nach Einbauanleitung des Herstellers so ausgeführt werden, daß sie dauerhaft dicht sind. Außerdem müssen sie so ausgebildet sein, daß sie mögliche Spannungen in der Zarge und an den Befestigungspunkten infolge hoher Temperaturen aufnehmen können. Als dichte Anschlüsse gelten voll hintermörtelte und eingeputzte Stahlzargen oder abgedichtete Fugen nach DIN 18540 (Abdichtungen von Außenwandfugen im Hochbau mit Fugendichtungsmassen).

6.8.3 Schallschutztüren

Schallschutztüren werden als Raumabschluß beispielsweise in Wohnheimen, Hotels, Krankenhäusern, Konferenzräumen, Chefbüros, Anwalts- und Arztpraxen eingebaut, Die mittleren Schalldämmwerte normaler, handelsüblicher Wohnungstüren liegen betriebsfertig im allgemeinen bei 20 dB. Wie Tabelle **6**.9 verdeutlicht, werden jedoch nach DIN 4109 – je nach Einsatzort der Türen – Schallschutzleistungen von 27, 32 und 37 dB verlangt. Unter Berücksichtigung des in der Schallschutznorm geforderten Vorhaltemaßes von 5 dB ergeben sich somit für betriebsfertig eingebaute Türelemente Schalldämmwerte in Höhe von 32, 37 und 42 dB (bewertetes Schalldämm-Maß R_w). Einzelheiten hierzu s. Abschn. 6.4.1.1, Vorhaltemaß.

Bei der Beurteilung der Schallschutzleistungen von Türen wird oftmals vom labormäßig ermittelten Schalldämm-Maß eines allein im Prüfstand gemessenen Türblattes ausgegangen (Bild **6**.10). Nicht der Schalldämmwert eines abgekittet geprüften Türblattes ist jedoch maßgebend, sondern nur das bewertete Schalldämm-Maß R_w des betriebsfertig eingebauten Türelementes (in einem Prüfstand ermittelt), bestehend aus Zarge, Türblatt, Beschlägen und den notwendigen Dichtungen – unter Ausschluß der Schallübertragung über flankierende Bauteile wie Fußboden, Wand und Decke. Diese Einschränkung ist notwendig, da der Türhersteller auf das bauliche Umfeld – in das die Türen später einmal eingebaut werden – keinen Einfluß hat.

Betriebsfertig eingebaute Türelemente im realen Bau – einschließlich der Schallübertragung über flankierende Bauteile und sonstige Nebenwege – kennzeichnen das bewertete Schalldämm-Maß R'_w. Weitere Einzelheiten hierzu s. Abschn. 6.4.1.1, Anforderungen an die Schalldämmung von Türen.

Selbstverständlich müssen Schallschutztüren möglichst dicht schließen, da sonst die Schalldämmfähigkeit einer Türblattkonstruktion über die Fugen verloren geht. Dabei ist insbesondere die Abdichtung der Bodenfuge – neben einer wirksamen Falzdichtung – die wichtigste Voraussetzung, um hohe Schallschutzwerte bei Türen zu erzielen. In diesem Zusammenhang ist darauf zu achten, daß das Dichtungsprofil von automatisch absenkbaren Bodendichtungen immer in seiner gesamten Länge auf eine harte, planebene Fläche (z.B. harter Fußbodenbelag) gepreßt wird, um so die Bodenfuge dicht zu schließen (ggf. Lichtprobe durchführen). Bei Teppichböden und Fliesenbelägen mit Fugen ist eine unterseitig abgedichtete Aluminium-Bodenschiene einzubauen und der schwimmende Estrich in diesem Bereich durch eine Trennfuge zu unterteilen (Bild **6**.68). Weitere Einzelheiten hierzu s. Abschn. 6.4.1.1 sowie Abschn. 6.5.4, Türdichtungen.

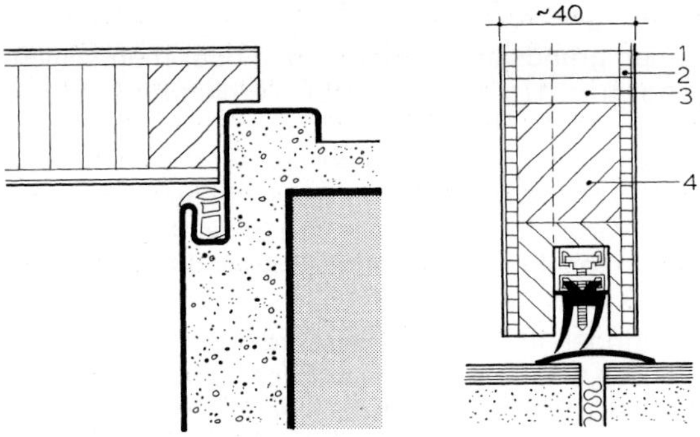

Schalldämmwert der Türblattkonstruktion Rw=34 dB
Schalldämmwert der betriebsfertigen Tür Rw= 29 dB a)

1 Deckfurnier oder Schichtstoffplatte
2 MDF- oder Hartfaserplatte, etwa 4,5 mm
3 stranggepreßte Holzspanplatte (Vollspanplatte)
4 Massivholz-Doppelrahmen
5 biegeweiche Schallschutzplatten (Weichfaserplatten, 13 mm)
6 Hartfaserplatte, etwa 2,7 mm
7 biegeweiche Schallschutzplatte (Weichfaserplatte, 20 mm)
8 dauerelastoplastische Dichtungsmasse (Silikon o. ä.)
9 vorkomprimiertes Dichtband o. ä.
10 Fugenfüllmaterial (Mineralwolle oder Montageschaum)

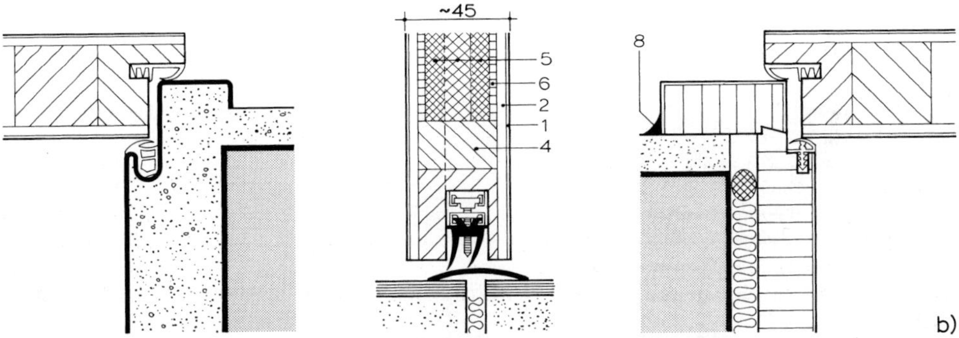

b)

Schalldämmwert der Türblattkonstruktion Rw=42 dB
Schalldämmwert der betriebsfertigen Tür Rw=39 dB

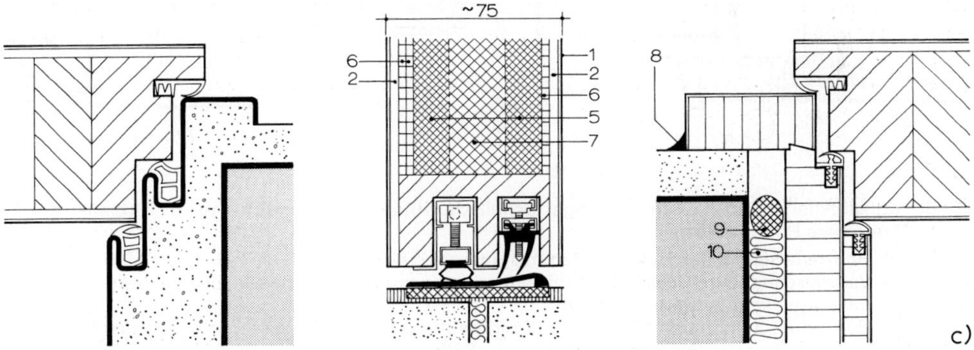

c)

Schalldämmwert der Türblattkonstruktion Rw= 45 dB
Schalldämmwert der betriebsfertigen Tür Rw=42 dB

6.125 Vergleichende Gegenüberstellung betriebsfertiger Schallschutztüren und unterschiedlich aufgebauter, einschaliger Türblattkonstruktionen

a) einschichtig aufgebautes Türblatt mit Vollspanplatte als Einlage, Falz- und Auflaufdichtung
b) mehrschichtig aufgebautes Türblatt mit biegeweichen Schallschutzplatten als Einlage, Türblattdichtung, Falz- und Auflaufdichtung
c) mehrschichtig aufgebautes Türblatt mit biegeweichen Schallschutzplatten als Einlage, Türblattdichtung, doppelter Falzdichtung, Auflauf- und absenkbarer Bodendichtung

WIRUS-Bauelemente GmbH, Gütersloh

Vergleichende Gegenüberstellung betriebsfertiger Schallschutztüren

- **Einschalige Türblattkonstruktionen** können grundsätzlich einschichtig oder mehrschichtig ausgebildet sein (Bild **6**.125). Bei einschichtig ausgebildeten Türblättern kann der Schalldämmwert vor allem durch Erhöhung des Flächengewichtes (z. B. Einlagen aus Vollspanplatten, Stabsperrholzplatten, Röhrenspanplatten) verbessert werden, während die schallschutztechnische Wirkung mehrschichtig aufgebauter Türblätter (Verbundkonstruktionen) vor allem von der Art der Verbindung der einzelnen Schichten untereinander abhängig ist. Je loser diese Schichten miteinander verbunden sind, desto höher ist die Dämmwirkung. S. hierzu auch Tabelle **6**.12.
- **Mehrschalige Türblattkonstruktionen** erbringen in der Regel bessere Schalldämmwerte als einschalig ausgebildete Elemente (Tabelle **6**.13). Die beiden äußeren Deckplatten sollten ein möglichst hohes Flächengewicht (z. B. Stahlblech, mehrfach verleimte Furnierplatte), gleichzeitig jedoch möglichst dünn und biegeweich sein und ein Minimum an starrer Verbindung miteinander haben. Außerdem sollte der Schalenabstand möglichst groß und der Hohlraum mit möglichst biegeweichen Einlagen (z. B. Mineralwolleplatten, Weichfaserplatten o. ä.) gefüllt sein. Vgl. hierzu auch Abschn. 6.4.1.2, Schalldämmung von Türblättern.

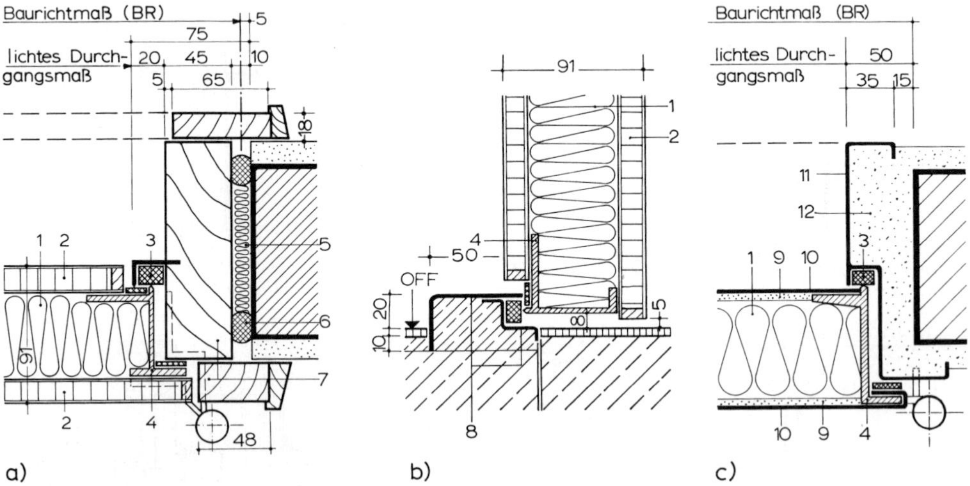

6.126 Konstruktionsbeispiele betriebsfertiger Schallschutztüren mit zweischaligen Türblattkonstruktionen aus Holz und Metall

a) Horizontalschnitt durch Holztürblatt mit Futter und Bekleidung
b) Vertikalschnitt durch Holztürblatt mit eingegossener Anschlagschwelle (bei Stahlzargen). Bewertetes Schalldämm-Maß R_w = 45 dB.
c) Horizontalschnitt durch Metalltürblatt mit Stahlzarge und eingegossener Anschlagschwelle wie bei b). Bewertetes Schalldämm-Maß R_w = 48 dB.

1 Mineralfaserplatten als Dämmschicht-Einlage
2 Holzspanplatte, 18 mm
3 umlaufendes Dichtungsprofil
4 umlaufender Aluminium- bzw. Stahlrahmen
5 Mineralwolle
6 dauerelastoplastische Dichtungsmasse oder vorkomprimiertes Dichtungsband
7 Futter und Bekleidung
8 eingegossene Anschlagschwelle mit Dichtungsprofil
9 körperschalldämmende (entdröhnende) Schicht
10 Stahlblechtafeln
11 Stahl-Umfassungszarge
12 Zementmörtel

G + H Montage GmbH, Ludwigshafen

Das in Bild **6**.126a und b dargestellte Holztürblatt besteht aus einem umlaufenden Aluminiumrahmen, an den beidseitig je eine 18 mm dicke Schale aus Holzspanplatten angebracht und der Hohlraum mit Mineralfasereinlagen verfüllt ist. Vorstehende Kanten des Aluminiumrahmens pressen sich als Schneidendichtung in ringsumlaufende Gummiprofile.

Das in Bild **6**.126c gezeigte Metalltürblatt besteht ebenfalls aus einem verwindungssteifen Metallprofilrahmen. Daran befestigt sind hohlkastenförmig zusammengefügte, körperschallgedämmte (entdröhnte) Stahlblechtafeln mit nichtbrennbarer Mineralfasereinlage. Auch hier pressen sich vorstehende Kanten als Schneidendichtung in weiche Gummiprofile. Derartige zweischalige Stahlblechtüren ergeben besonders hohe Luftschalldämmwerte. Dies ist auf die sehr schweren, bezogen auf ihr Flächengewicht jedoch sehr biegeweichen, dünnwandigen Stahlblechschalen zurückzuführen.

Derart schwere und dicke Türblätter müssen in der Regel mit Spezialbändern, z. B. mit verlängerten Bandlappen, angeschweißten Tragbolzen o. ä. angeschlagen werden. Außerdem sind entsprechend kräftige Einsteckschlösser bzw. Drückergarnituren auszuwählen.

Montagehinweise für Schallschutztüren. Durch eine unsachgemäße Montage kann die Schallschutzleistung eines Türelementes stark vermindert werden. So ist zunächst darauf zu achten, daß die Zarge absolut lot-, winkel- und fluchtgerecht sowie in der Höhe genau passend eingebaut wird. Wie in Bild **6**.127 dargestellt, müssen Doppelfalzzargen wegen des hohen Türblattgewichtes außerdem noch mit der Wand verschraubt werden. Diese Verschraubung wird durch die Aufdoppelung verdeckt.

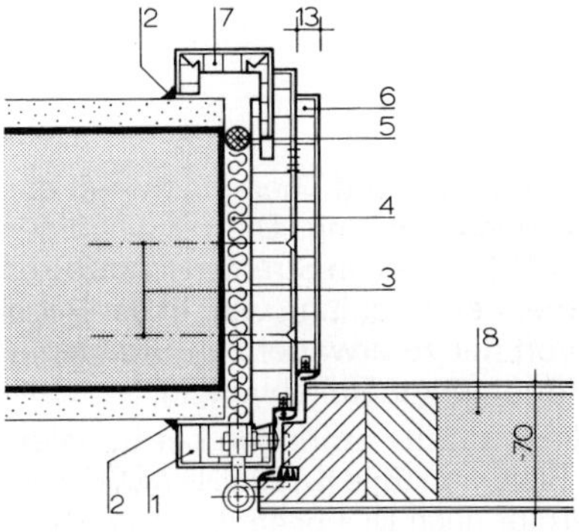

6.127 Konstruktionsbeispiel einer betriebsfertigen Schallschutztür mit Doppelfalzzarge
1 Falzbekleidung
2 dauerelastoplastische Dichtungsmasse
3 Spreizdübelbefestigung auf Höhe der Bänder
4 Fugenfüllmaterial (Mineralwolle oder Montageschaum)
5 vorkomprimiertes Dichtband (Alternative)
6 Aufdoppelung
7 Zierbekleidung
8 Schallschutztürblatt
WIRUS-Bauelemente GmbH, Gütersloh

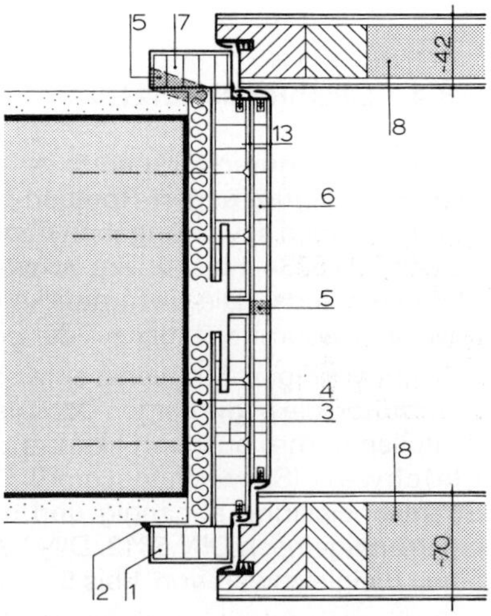

6.128 Konstruktionsbeispiel eines Doppeltürelementes aus Holz und Holzwerkstoffen für höchste Schallschutzanforderungen
1 Falzbekleidung
2 dauerelastoplastische Dichtungsmasse
3 Spreizdübelbefestigung auf Höhe der Bänder
4 Fugenfüllmaterial (Mineralwolle oder Montageschaum)
5 Entlüftungsbohrungen
6 Aufdoppelung
7 Zierbekleidung
8 Schallschutztürblatt
WIRUS-Bauelemente GmbH, Gütersloh

Um Schallnebenwege über die Anschlußfuge zwischen Türzarge und Wandleibung möglichst weitgehend zu unterbinden, muß der Hohlraum bei Holztürzargen sowohl mit Fugenfüllmaterial gedämmt (z. B. mit Mineralwolle oder Montageschaum), als auch mit spritzbaren Dichtstoffen bzw. vorkomprimierten Dichtbändern zusätzlich noch umlaufend abgedichtet werden. Alternativ hierzu bietet es sich auch an, nur die Anschlußfuge zwischen Falz- und Zierbekleidung und der Wandfläche (Putzfläche) abzudichten. Vgl. hierzu Abschn. 6.4.5.2, Bauwerkanschluß von Innentüren.

Bei Stahlzargen im Massivbau muß der Fugenhohlraum dreiseitig, vollflächig mit Zementmörtel hinterfüllt, bei Metallzargen in Leichtbauwänden mit Mineralwolle ausgestopft und der Wandanschluß ebenfalls dauerelastisch abgedichtet werden. Weitere Einzelheiten sind den Montageanleitungen der Herstellerfirmen [8], [9], [39] zu entnehmen.

Doppeltüren für höchste Schallschutzanforderungen. In bestimmten Anwendungsfällen (z. B. Verbindungstüren zwischen zwei Hotelzimmern oder zwischen Sekretariat und Direktion usw.) werden Türelemente mit größtmöglichem Schallschutz gefordert, und zwar in Größenordnungen von etwa 50 dB. Derartige Schallschutzleistungen können mit üblichen, hochschalldämmenden Türen (z. B. übliche Türblattdicke 60 bis 70 mm) nicht erbracht werden. Diese Werte sind allenfalls mit Stahltüren und einer Türblattdicke von etwa 100 mm erreichbar. Bild **6**.128 zeigt eine preiswertere Alternative in Form eines Doppeltürelementes aus Holz und Holzwerkstoffen, das eine Schallschutzleistung in betriebsfertigem Zustand von etwa 50 dB erbringt.

6.8.4 Strahlenschutztüren

Strahlenschutztüren für medizinisch genutzte Räume (Diagnostik- und Therapieräume) dienen dem Schutz gegen Röntgen-, Gamma- und Elektronenstrahlung. Die notwendigen Anforderungen sowie Angaben über die Herstellung und Montage von Strahlenschutztüren enthält DIN 6834-1 bis -5. Zur Schwächung der abschirmenden Strahlung wird in der Regel Blei[1]) verwendet. Die Gesamtdicke der Bleieinlage ist von der zu erwartenden Strahlenintensität und somit von der Art der eingesetzten Geräte (Röntgengeräte) abhängig.

Den notwendigen Strahlenschutz über die gesamte Türblattfläche erbringen bei Strahlenschutztüren die in die beiden Deckplatten eingebetteten Bleifolien (Bild **6**.129a). Die Dicke der Bleifolien in mm ausgedrückt und zusammenaddiert ergibt nach DIN 6845 den sog. Bleigleichwert (Schwächungsgrad). Der geforderte Bleigleichwert ist von der zu erwartenden Strahlenbelastung abhängig und ergibt sich aus dem Strahlenschutzplan zur Errichtung einer Anlage nach DIN 6812, DIN 6846 oder DIN 6847. Übliche Strahlenschutztüren weisen einen Bleigleichwert von 1 bis 5 mm auf.

Wie Bild **6**.129a zeigt, bestehen die beiden Deckplatten jeweils aus einer mehrfach verleimten, etwa 4 bis 6 mm dicken Furnierplatte oder einer entsprechenden Hartfaserplatte mit darin eingebetteter Bleifolie. Als Türeinlage wird meist eine Röhrenspanplatte mit guten schalldämmenden Eigenschaften verwendet (Sperrtür nach DIN 68706-1). Geeignete Veredelungsmaterialien für die Türblattoberflächen sind Furniere, Schichtstoffplatten o. ä. Durch die beidseitige Bleikaschierung des Türblattes und die dadurch bedingte Gewichtserhöhung sind stärkere Bänder vorzusehen (1 mm Bleifolie = 11 kg/m²). Schlösser müssen so abgeschirmt oder angeordnet sein – ggf. mit versetzter Nuß- und Schlüssellochdurchführung – daß an keiner Stelle der Tür deren Schutzwert unterbrochen ist. Zwischen Türunterkante und Fußbodenoberfläche darf bei Türen für Diagnostikräume der Spalt nicht größer als 10 mm sein, bei Therapieräumen nicht größer als 5 mm.

[1]) Blei besitzt in Abhängigkeit zur Materialdicke die positive Eigenschaft, Röntgenstrahlen abzuschwächen. So entspricht beispielsweise eine 1 mm dicke Bleikaschierung auf einer Gipskartonplatte der Abschirmungswirkung einer 130 mm dicken Stahlbetonwand.

Üblicherweise werden ein- oder zweiflügelige Türen eingebaut, die als Drehflügel in eine Stahlzarge schlagen. Aus raumbedingten Gründen können auch Schiebetüren nach DIN 6834-4 oder -5 zweckmäßig sein. Als Türzarge ist eine mindestens 2,5 mm dicke Stahlumfassungszarge mit umlaufender Dichtung und etwa 50 mm Bodeneinstand vorzusehen; wahlweise kann auch eine Zarge aus Holz oder Holzwerkstoffen eingesetzt werden. Durch rückseitiges Auskleiden der Umfassungszargen mit Bleifolie ist der notwendige Strahlenschutz auch im Bereich der Anschlußfuge zur Wandleibung gegeben. Strahlenschutztüren sollten im Zuge des Innenausbaues so spät wie möglich montiert werden, um sie vor Beschädigungen während der Bauzeit zu schützen. Weitere Angaben, vor allem im Hinblick auf die zu verwendenden Sonderbeschläge und Montagerichtlinien sind den DIN-Normen bzw. Anweisungen der Herstellerfirmen zu entnehmen.

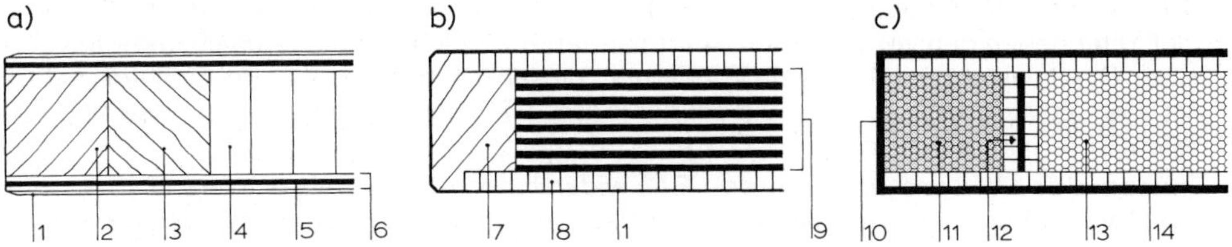

6.129 Schematische Darstellung von Türblatt-Sonderkonstruktionen (Beispiele)

a) Türblatt einer Strahlenschutztür
b) Türblatt einer schußhemmenden Tür
c) Türblatt einer Feuchtraumtür

1 Decklage (Furnier, Schichtstoffplatte o. ä.)
2 Einleimer
3 umlaufender Holzrahmen
4 Röhrenspanplatte o. ä.
5 Bleifolie (Bleigleichwert = Schwächungsgrad)
6 7fach aufgebaute Furnierplatte mit Bleieinlage
7 verdeckter Anleimer aus Hartholz
8 MDF- oder Spanplatte mit Decklage
9 Einlage aus 33fach verleimtem Panzerholz
10 PVC-Anleimer
11 wasserbeständiger Polyurethan-Rahmen
12 Aluminium-Stabilisator
13 wasserunempfindliche Hartschaum-Einlage
14 Schichtstoffplatte

WESTAG & GETALIT AG, Rheda-Wiedenbrück

6.8.5 Einbruchhemmende Türen

Über die Hälfte aller Einbrüche werden – so die Kriminalstatistik – durch die Haus- und Wohnungseingangstüren verübt. Meist sind es sog. Gelegenheitstäter, die durch einen Einbruch auf schnelle Weise an das Geld oder den Besitz anderer gelangen wollen. Die meisten geben jedoch auf, wenn sie überraschend auf zusätzliche Sicherheitseinrichtungen stoßen. Übliche Türen ohne zusätzliche Sicherungsmaßnahmen weisen nur begrenzte einbruchhemmende Eigenschaften auf. Demgemäß sind einbruchhemmende Türen dazu bestimmt, dem Versuch einer gewaltsamen Beschädigung oder Zerstörung einzelner Bauteile der Tür – mit dem Ziel des Eindringens in einen zu schützenden Bereich – eine bestimmte Zeit Widerstand zu leisten. Die einbruchhemmende Wirkung von Sicherheitstüren ist jedoch immer relativ – eine absolute Sicherheit gegen Einbrüche allein durch Verwendung derartiger Türelemente gibt es nicht. Bei der Absicherung höherer Werte sind noch zusätzliche Maßnahmen (z. B. Einbau von Alarmanlagen) notwendig.

DIN V 18103 – zukünftig EN 1627 bis EN 1630 – definiert Begriffe, Anforderungen und Prüfungen, die an einbruchhemmende Türen gestellt werden. Generell versteht man darunter komplette Bauelemente, bestehend aus Türzarge, den erforderlichen Befestigungsmitteln, ein- oder mehrflügelige Türflügel, einschließlich aller Schlösser, Türbänder sowie Türdrücker und Türschilder (sog. Schutzbeschläge). Diese Teile müssen alle aufeinander abgestimmt und auch als Einheit geprüft sein (Kennzeichnung durch ein Schild im Falzbereich). Der Nachweis der Einbruchhemmung gilt allerdings nur in Verbindung mit der für das jeweilige Element vorgesehenen und geprüften Montageart, die dem Kunden durch die einbauende Firma schriftlich bestätigt werden muß.

Widerstandsklassen. Sicherheitstüren nach DIN V 18103 werden entsprechend ihrer einbruchhemmenden Wirkung in drei Widerstandsklassen eingeteilt, die wiederum auf bestimmte Tätertypen und deren mutmaßliche Vorgehensweise abgestimmt sind (Tabelle **6**.130).

- Türen der Widerstandsklasse **ET1** widerstehen einem Einbruchversuch, bei dem der Täter nur in geringem Maße Werkzeuge einsetzt und die verschlossene und verriegelte Tür vorwiegend durch körperliche Gewalt aufzubrechen versucht. Dieser Widerstandsklasse sind vor allem Wohnungsabschlußtüren zuzuordnen.
- Türen der Widerstandsklasse **ET2** widerstehen einem Einbruchversuch, bei dem der Täter neben den vorgenannten Angriffsarten zusätzlich einfache Hebelwerkzeuge einsetzt. Die Belastungen, denen ein Türelement dieser Kategorie bei der Prüfung ausgesetzt ist, sind etwa doppelt so hoch wie bei der Klasse ET1. Dieser Widerstandsklasse sind vor allem Türen des allgemeinen Objektschutzes zuzuordnen.
- Türen der Widerstandsklasse **ET3** widerstehen einem Einbruchversuch, bei dem der Täter neben den vorgenannten Angriffsarten vorwiegend – zum Teil auch schwere – Werkzeuge einsetzt. Man geht hierbei von einem erfahrenen Tätertyp aus, der das Objekt kennt und der zielgerichtet und planmäßig vorgeht. Dieser Widerstandsklasse sind vor allem Türen des speziellen Objektschutzes (besondere Sicherheitsbereiche) zuzuordnen.

Tabelle **6**.130 Zuordnung von Widerstandsklassen zu Tätertyp und Vorgehensweise (DIN V 18103, Erläuterungen)

Widerstands-klassen	Bezeichnung	Tätertyp Mutmaßliche Vorgehensweise
ET 1	Tür DIN 18103 – ET 1	Einbrecher ohne bzw. mit nur sehr geringem Werkzeug; er versucht, die verschlossene und verriegelte Tür in erster Linie durch den Einsatz körperlicher Gewalt zu überwinden: Gegentreten, Gegenspringen, Schulterwurf oder ähnliches
ET 2	Tür DIN 18103 – ET 2	wie bei Widerstandklasse ET 1; der Einbrecher benutzt zusätzlich einfache Hebelwerkzeuge
ET 3	Tür DIN 18103 – ET 3	wie bei Widerstandsklasse ET 2; erfahrener Einbrecher; benutzt vorwiegend Werkzeug – Hebelwerkzeuge, Keile, kleinere Schlagwerkzeuge – jedoch ohne Einsatz von Elektro-Werkzeugen[1])

[1]) Der Anwender sollte dafür sorgen, daß Außensteckdosen, z. B. im Flur vor einer Wohnung, im Regelfall spannungslos sind, um ihre Benutzung durch den Einbrecher unmöglich zu machen.

Tabelle **6**.131 Einsatzempfehlungen einbruchhemmender Türen (Institut für Fenstertechnik e.V., Rosenheim)

Gefährdung	**Einfamilienhaus** **Lage** geschützt	 ungeschützt	**Mehrfamilienhaus**
normal	ET 1	ET 1	ET 1
erhöht[1])	ET 1	ET 2	ET 1
hoch[2])	ET 2	ET 3	ET 2

[1]) erhöhte Sachwerte
[2]) Personenschutz, hoher Sachwertschutz
Für den gewerblichen Bereich wird empfohlen, alle Klassifizierungen um eine Klasse zu erhöhen.

Türblattkonstruktionen. Nach den in DIN V 18103 festgelegten Prüfverfahren darf die Tür an keinem der Angriffspunkte so stark beschädigt oder zerstört werden, daß ein Eindringen in den zu schützenden Bereich möglich wird. Bei einem Angriff sind neben der Türblattfläche – die über eine ausreichende Druckfestigkeit verfügen muß – vor allem der Schloß- und Bandbereich besonderen Belastungen ausgesetzt. Entsprechende Verstärkungen des Türblattrahmens, beispielsweise durch Stahlprofile oder Aluminium-Stabilisatoren, so wie sie in Bild **6**.17 dargestellt sind, bewirken eine merklich verbesserte Ausreißfestigkeit aller Beschlagteile. Wesentlich erhöht ist auch die Einbruchhemmung bei sog. Sandwich-Türblattkonstruktionen, in deren Deckplatten Aluminiumbleche vollflächig eingearbeitet sind (Bild **6**.19). Ungeeignet für Sicherheitstüren sind demgegenüber Hohlraumtürblätter mit Wabeneinlagen sowie Kompakttüren aus Röhrenspanplatten.

Bei noch höheren Sicherheitsanforderungen sind Türblätter aus Stahlblech, die sich nach außen von einer „normalen Tür" nicht unterscheiden, einzubauen. Bei diesen Türen besteht die Sicherheitsschloßanlage aus einem Getriebemittelschloß mit einem unteren und oberen Rollzapfen bzw. Schwenkriegel (Bild **6**.58). Auf der Bandseite weisen sie drei bis fünf Sicherheitsbolzen auf, die beim Schließen der Tür exakt in die Metallzarge eingreifen (5-, 7-, 9fach-Verriegelung). Entsprechende Güte- und Prüfbestimmungen für einbruchhemmende Türen aus Stahl sind RAL-RG 611/3 [46] zu entnehmen.

Wände, Verglasungen und Füllungen (Ausfachungen). Wände, in die einbruchhemmende Türen eingebaut werden sollen, müssen den Angaben der Tabelle **6**.132 entsprechen.

Die Befestigungen von Verglasungen und Füllungen müssen so beschaffen sein, daß sie die ruhende Beanspruchung, die Stoßbeanspruchung und die Beanspruchung durch Werkzeuge gemäß DIN V 18103 aufnehmen können und von der Angriffseite nicht lösbar sind. Werden Verglasungen nach DIN 52290-1 verwendet, so müssen diese durchbruchhemmend nach DIN 52290-3 sein. Je nach Widerstandsklasse der einbruchhemmenden Tür werden durchbruchhemmende Verglasungen der Klassen B1, B2 oder B3 gefordert (Tabelle **6**.132).

Türbänder, Schlösser, Profilzylinder, Schließbleche und Schutzbeschläge. Einzelheiten über Türbeschläge sind den Abschnitten 6.5.1 bis 6.5.4 und den zugehörigen Bildbeispielen zu entnehmen. Wie Tabelle **6**.133 zeigt, werden den Widerstandsklassen einbruchhemmender Türen entsprechende Schlösser, Profilzylinder und Schutzbeschläge zugeordnet. In diesem Zusammenhang sind die Bilder **6**.57 und **6**.65 besonders beachtenswert. Auf die weiterführende Literatur [47], [48] wird hingewiesen.

Tabelle **6**.132 Zuordnung der Widerstandsklassen von einbruchhemmenden Türen zu umgebenden Wänden und durchbruchhemmenden Verglasungen (DIN V 18103)

Widerstandsklasse der einbruchhemmenden Tür	Umgebende Wände					Zu verwendende Verglasung nach DIN 52290-3
	aus Mauerwerk nach DIN 1053-1			aus Stahlbeton nach DIN 1045		
	Nenndicke in mm	Druckfestigkeitsklasse der Steine	Mörtelgruppe	Nenndicke in mm	Festigkeitsklasse	
ET 1	≥ 115	≥ 12	II	≥ 100	B 15	B 1
ET 2	≥ 115	≥ 12	II	≥ 120	B 15	B 2
ET 3	≥ 240	≥ 12	II	≥ 140	B 15	B 3

Tabelle **6**.133 Zuordnung der Schlösser, Profilzylinder und Schutzbeschläge zu den Widerstandsklassen einbruchhemmender Türen ET 1, ET 2 und ET 3 (DIN V 18103)

Widerstands-klasse der Tür	Mindestens zu verwenden Schlösser nach DIN 18251 Klasse	Profilzylinder nach DIN V 18254[1]) Klasse	Schutzbeschlag nach DIN 18257[1]) Klasse
ET 1	3	2	ES 1
ET 2	3	2	ES 2
ET 3	4	3	ES 3

[1]) Auf den im Profilzylinder integrierten Ziehschutz darf verzichtet werden, wenn dieser im Schutzbeschlag integriert ist, d. h. Schutzbeschlag mit Zylinderabdeckung (ZA).

6.8.5.1 Wohnungsabschlußtüren

Die Anforderungen an Wohnungsabschlußtüren (Wohnungseingangstüren) sind in keiner eigenen Norm einheitlich definiert, da die Vornorm für Wohnungsabschlußelemente (DIN V 18105) zwischenzeitlich zurückgezogen wurde. Wohnungsabschlußtüren sind einmal den einbruchhemmenden Türen (Widerstandsklasse ET1) zuzuordnen, zum anderen sind brand- und schallschutztechnische Aspekte zu berücksichtigen.

Wie Tabelle **6**.9 verdeutlicht, wird hinsichtlich der Schalldämmwerte unterschieden zwischen Wohnungseingangstüren, die von Hausfluren oder Treppenräumen in Flure und Dielen von Wohnungen führen (bewertetes Schalldämm-Maß R_w 27 dB) und Türen, die von Hausfluren oder Treppenräumen unmittelbar in Aufenthaltsräume von Wohnungen, Appartements o. ä. führen (bewertetes Schalldämm-Maß R_w 37 dB).

Weitere Einzelheiten sind Abschn. 6.3, Planungshinweise, den Abschnitten 6.4.1 bis 6.4.3, Schall-, Wärme-, Feuchteschutz von Türen sowie Abschn. 6.8.1, Feuerschutzabschlüsse, zu entnehmen.

6.9 Ganzglas-Türen und Ganzglas-Türanlagen

Ganzglas-Türen und Ganzglas-Türanlagen ergeben großzügige, transparente Raumabschlüsse, weitgehend ohne störende Rahmen und nur mit den notwendigsten Beschlägen ausgerüstet. Die Türen sind wahlweise als Pendel- oder Anschlagtüren – jeweils ein- oder zweiflügelig – lieferbar. Vgl. hierzu auch Abschn. 7, Ganzglas-Schiebewände sowie Falt- und Harmonika-Türanlagen.

Glas im Bauwesen. In Verbindung mit der Neuabfassung der Europäischen Normen wurden die Begriffe neu geordnet und definiert. Tabelle **6**.134 zeigt die Gegenüberstellung alter und neuer Glasbezeichnungen.

Tabelle **6**.134 Glas im Bauwesen: Gegenüberstellung alter und neuer Bezeichnungen

Regelwerk **Alte Bezeichnung**		Regelwerk **Neue Bezeichnung**	
Spiegelglas	DIN 1249-3 (02.80)	**Floatglas**	DIN EN 572-2 (01.95)
Drahtspiegelglas		**Poliertes Drahtglas**	DIN EN 572-3 (01.95)
Fensterglas	DIN 1249-1 (08.91)	**Gezogenes Flachglas**	DIN EN 572-4 (01.95)
Ornamentglas	DIN 1249-4 (08.91)	**Ornamentglas**	DIN EN 572-5 (01.95)
Drahtornamentglas	DIN 1249-4 (08.81)	**Drahtornamentglas**	DIN EN 572-6 (01.95)

Sicherheitsgläser

Glasarten dieses Bereiches vereinen sowohl passive als auch aktive Sicherheitseigenschaften.

Passive Sicherheit (= Sicherheit mit Glas) ist der Schutz des Menschen vor Verletzungen durch das Glas selbst. Hierfür bieten sich im wesentlichen folgende Glaserzeugnisse an:

— Einscheiben-Sicherheitsglas (ESG)

— Verbund-Sicherheitsglas (VSG).

Glasprodukte dieser Gruppe zerfallen bei einem Bruch entweder in stumpfkantige Krümel (ESG) oder die Glasbruchstücke haften an einer Zwischenschicht (VSG).

Aktive Sicherheit (= Sicherheit durch Glas) ist der Schutz des Eigentums oder des Menschen selbst gegenüber Angriffen durch Dritte mit Hilfe von Sondergläsern. Hierfür bietet sich Verbund-Sicherheitsglas (VSG) in unterschiedlichen Dicken an. Der Aufbau dieser Gläser ist sehr unterschiedlich. Sie werden anhand der Prüfverfahren in verschiedene Widerstandsklassen eingeteilt. Zusätzliche Alarmgabe ist möglich und erhöht die Sicherheit.

Angriffhemmende Verglasungen nach DIN 52290-1 bis -4 (zukünftig DIN EN 356 und DIN EN 1063) gibt es je nach Schutzwirkung als

— Durchwurfhemmende Gläser (Widerstandsklassen A1 bis A3)

— Durchbruchhemmende Gläser (Widerstandsklassen B1 bis B3)

— Durchschußhemmende Gläser (Widerstandsklassen C1 bis C5)

— Sprengwirkungshemmende Gläser (Widerstandsklassen D1 bis D3).

Um Glasunfälle zu vermeiden und hochwertige Güter vor Einbruch zu sichern, müssen bei Ganzglas-Türen und Ganzglas-Türanlagen immer Sicherheitsgläser verwendet werden.

Einscheiben-Sicherheitsglas (ESG) nach DIN 1249-12 ist ein sogenanntes vorgespanntes Glas, bei dem durch rasche Abkühlung der erhitzten Glastafel an den Oberflächen Druckspannungen erzeugt werden, während sich im Scheibeninneren eine hohe Zugspannung einstellt. Aufgrund dieser ausgewogenen Spannungsverteilung läßt sich Einscheiben-Sicherheitsglas nachträglich nicht mehr bearbeiten. Jede weitere Bearbeitung hätte den Zerfall des Glases zur Folge. Die Glastafel muß deshalb **vor** dieser Wärmebehandlung auf Größe zugeschnitten, die Kanten bearbeitet und alle erforderlichen Lochbohrungen (z. B. für Türgriffe) vorher vorgenommen werden. Bei gewaltsamer Zerstörung zerfällt diese Art von Sicherheitsglas in kleine, stumpfkantige Glaskrümel, die niemanden ernsthaft verletzen.

Zusätzlich zu dieser Sicherheitseigenschaft (Schutz vor Verletzungen) weist Einscheiben-Sicherheitsglas erhöhte Biegebruchfestigkeit, Schlag- und Stoßfestigkeit sowie Temperaturwechselbeständigkeit auf. Hergestellt wird es im wesentlichen aus Floatglas, gezogenem Flachglas und strukturiertem Ornamentglas in Dicken von 4 – 5 – 6 – 8 – 10 – 12 – 15 – 19 mm. Das Glas kann durchsichtig, eingefärbt, transluzent, beschichtet oder emailliert sein.

Einscheiben-Sicherheitsglas wird nicht nur zu konventionellen Isolierglaskombinationen verarbeitet, ebenso können alle Wärmeschutz- oder Sonnenschutzgläser in ESG-Ausführung geliefert werden (z. B. für Fassaden- und Schrägverglasungen). Verwendet wird es vor allem für Ganzglas-Innentüren, Ganzglas-Türanlagen, zur Absturzsicherung als Treppen-, Balkon- und Geländersicherung, bei anwendungsfertigen Produkten wie Duschkabinen usw. sowie im Fahrzeug- und Sportstättenbau (Ballwurfsicherheit nach DIN 18032). Weitere Einzelheiten sind der Speziallliteratur [49], [50], [51] zu entnehmen.

Verbund-Sicherheitsglas (VSG) besteht aus zwei oder mehreren Glastafeln, die jeweils durch klardurchsichtige, zähelastische, hochreißfeste PVB-Folien (Polyvinylbutyral) fest miteinander verbunden sind. Die Schutzwirkung von Verbund-Sicherheitsglas beruht auf der hohen Reißfestigkeit dieser PVB-Zwischenschicht. Bei gewaltsamer Zerstörung haften die Bruchstücke an der Folie (= splitterbindendes Glas), so daß dadurch die Verletzungsgefahr gemindert wird und kein Totalverlust der Verglasung wie beim Einscheiben-Sicherheitsglas befürchtet werden muß. Die Schutzwirkung (= aktive Sicherheit) bleibt demnach beim Verbund-Sicherheitsglas auch nach einem Glasbruch weitgehend erhalten. Durch die Kombination verschieden dicker Glas- und Folienschichten lassen sich unterschiedliche Sicherheitseigenschaften gegen Durchbruch, Beschuß und Explosion schaffen. Verbund-Sicherheitsglas kann mehrschichtig aus Einzelscheiben hergestellt oder als Isolierglas mit Funktionsgläsern für Sonnen-, Wärme-, Schall- und Brandschutz ausgestattet werden. In die Verbundschicht können auch dünne Drähte für Alarmanlagen, zu Heizzwecken usw. eingelegt sein.

Verbund-Sicherheitsglas wird überall dort eingesetzt, wo Licht gebraucht und ein Höchstmaß an Sicherheit verlangt wird, wie beispielsweise bei Schaufenster- und Türanlagen von Juwelier-, Pelz- und Antiquitätengeschäften, in Banken, Museen, Rechenzentren usw. Aufgrund der Splitterbindung und des Einbruchschutzes wird es auch in Schulen, Kindergärten und Privathäusern sowie bei Überkopf-Verglasungen eingebaut. Vgl. hierzu auch Abschn. 5.4, Verglasungen. Zu beachten ist jedoch, daß Verbund-Sicherheitsglas – im Gegensatz zum Einscheiben-Sicherheitsglas – immer in eine **Rahmenkonstruktion** gelegt werden muß. Rahmenlose Ganzglas-Türanlagen werden demnach ausschließlich aus Einscheiben-Sicherheitsgläsern hergestellt. Außerdem ist Verbund-Sicherheitsglas in der Regel auch teurer als Einscheiben-Sicherheitsglas. Weitere Einzelheiten sind der Spezialliteratur [49], [50], [51] zu entnehmen.

6.9.1 Ganzglas-Fertigtüren

Türen aus Glas werden ein immer wichtigeres Gestaltungsmittel im Wohnungsbau, aber auch in Büro- und Verwaltungsgebäuden, Praxisräumen usw. Sie bieten die Möglichkeit, Räume funktional voneinander zu trennen und dennoch optisch mehr oder weniger stark zu verbinden. Das von der Glasindustrie angebotene Ganzglas-Fertigtürenprogramm besteht aus verschiedenen Grundtypen mit zahlreichen Variationsmöglichkeiten in Glasart, Struktur und Beschlag. Die mit allen erforderlichen Beschlagteilen ausgerüsteten rahmenlosen Türblätter bestehen aus 8 mm oder 10 mm dickem Einscheiben-Sicherheitsglas (ESG). Sie sind in den drei hauptsächlich verwendeten Türbreiten von 709, 834 und 959 mm erhältlich (Höhe jeweils 1972 mm oder 2097 mm). Ihre Außenmaße sind auf die Baurichtmaße nach DIN 18100 abgestimmt und eignen sich somit zum Einbau in Norm-Stahlzargen oder Holzwerkstoffzargen mit Bekleidung (Bild **6**.135). Von der Norm abweichende Sonderabmessungen mit maximalen Türblattaußenmaßen 1200 x 2300 x 10 mm sind möglich.

6.9.2 Ganzglas-Türanlagen

Ganzglas-Türanlagen sind ideale Bauelemente für großflächige, transparente Raumabschlüsse, wie sie beispielsweise in Büro- und Verwaltungsgebäuden, Einkaufszentren und Ladenbauten, Hotel- und Theaterfoyers, aber auch in Privathäusern erwünscht sind (Bild **6**.136). Sie bestehen aus einem oder mehreren Standard-Türflügeln, um die sich fest eingebaute Seitenteile und/oder Oberlichtglasflächen gruppieren. Die Türen sind wahlweise als Pendel- oder Anschlagtüren ausführbar. Aus Sicherheitsgründen müssen alle Teile aus Einscheiben-Sicherheitsglas (ESG) bestehen.

Die zulässigen Minimal- bzw. Maximalabmessungen für Türflügel und feststehende Glasflächen sind den jeweiligen Produkt-Diagrammtafeln der Herstellerfirmen zu entnehmen. Die Abmessungen der Einzelflügel erstrecken sich demnach von 900 x 2900 mm (mit Eckbeschlägen) bis hin zu 1500 x 2900 mm (mit durchgehenden Türschienen oben und unten).

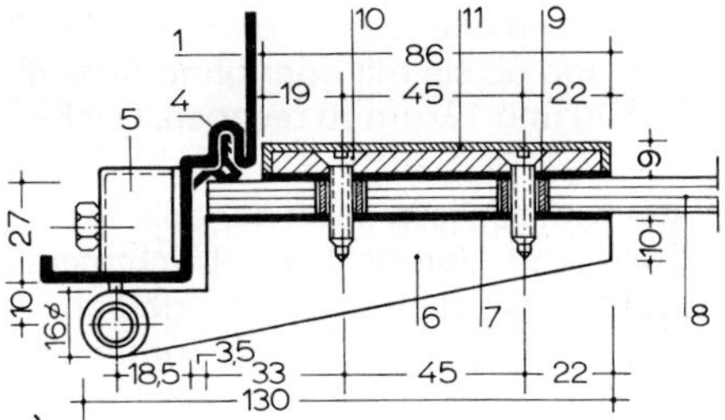

a)

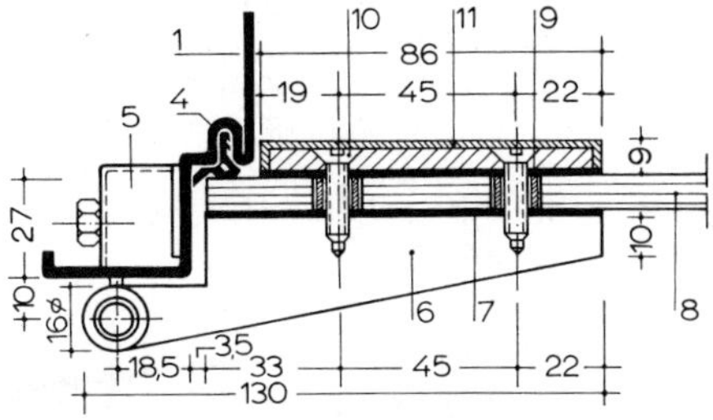

b)

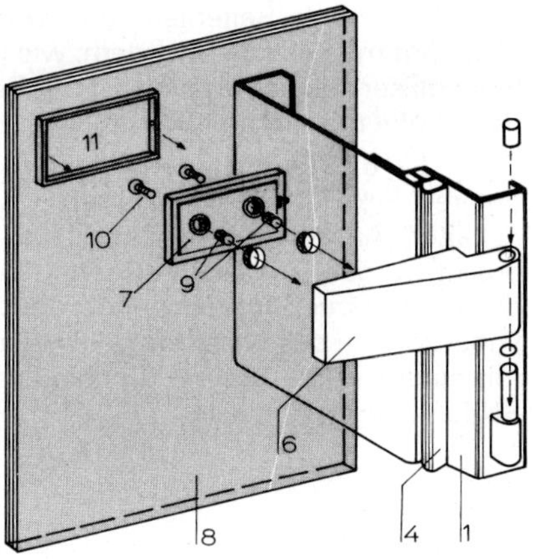

c)

6.135 Konstruktionsbeispiele von Ganzglas-Fertigtüren

a) Ganzglas-Fertigtür mit Stahlzarge
b) Ganzglas-Fertigtür mit Holzzarge und Bekleidung (VEGLA, Vereinigte Glaswerke GmbH, Aachen)
c) Darstellung des Zusammenbaues eines Ganzglas-Türscharniers (FLACHGLAS AG, Gelsenkirchen)

1 Stahlzarge
2 Holzzarge
3 Falzbekleidung
4 Falzdichtung
5 Bandtasche
6 Türscharnier
7 Klemmplatte mit Preßspan-Zwischenlage
8 Einscheiben-Sicherheitsglas (ESG)
9 Kunststoffhülse
10 Befestigungsschraube
11 Abdeckplatte aus Aluminium oder Edelstahl

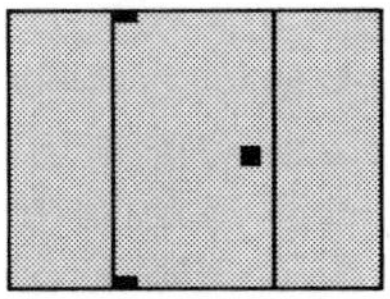

a)

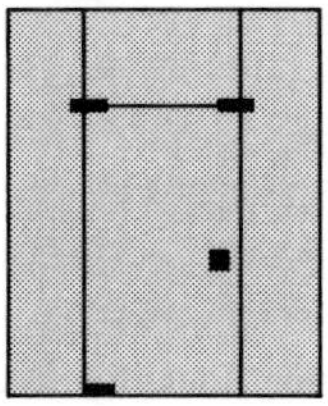

b)

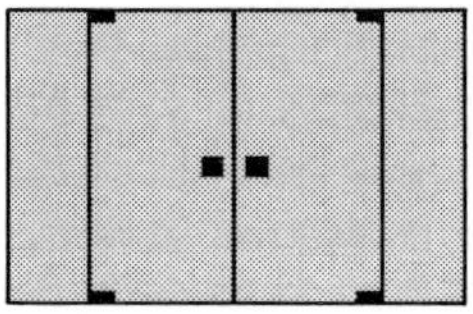

c)

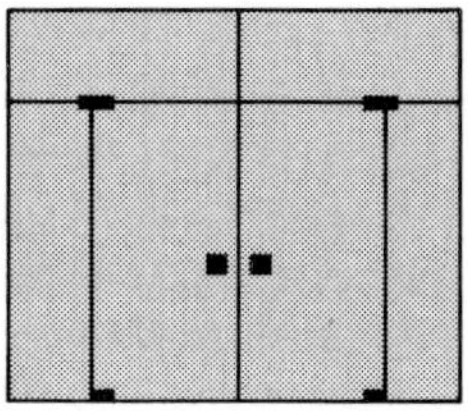

d)

6.136 Schematische Darstellung von ein- und zweiflügeligen Ganzglas-Türanlagen mit Seitenteilen und Oberlichtteilen (Beispiele)

a) einflügelig mit türhohen Seitenteilen
b) einflügelig mit raumhohen Seitenteilen und Oberlicht
c) zweiflügelig mit türhohen Seitenteilen
d) zweiflügelig mit türhohen Seitenteilen und zweigeteiltem Oberlicht

Für feststehende Seitenteile und Oberlichtflächen sind Maximalabmessungen bis 2400 x 4200 mm möglich. Je nachdem, wie groß die Anlage ist und ob sie mit oder ohne Aussteifungsgläser ausgeführt wird, ist mit Glasdicken zwischen 10 und 12 mm zu rechnen. Der Einbau erfolgt mit Klemmrahmen oder anderen Profilen.

Die in Bild **6**.137a und b dargestellten Ganzglas-Türblätter werden jeweils an der oberen und unteren Ecke durch angeklemmte Zapfenbänder (Ober- und Unterteil) aus Leichtmetall gehalten. Anstelle dieser Türeckbeschläge können auch durchlaufende Türschienen angebracht werden. Zwischen diesen Klemmbeschlägen und der Glasscheibe muß immer eine den Klemmdruck ausgleichende, elastische Zwischenlage aus Preßspan o. ä. liegen. Die Türflügel können des weiteren wahlweise mit einem Eckschloß, Mittelschloß (in Türgriffhöhe), mit einem in die untere, durchlaufende Türschiene oder in den Fußboden eingebauten Schloß ausgerüstet sein.

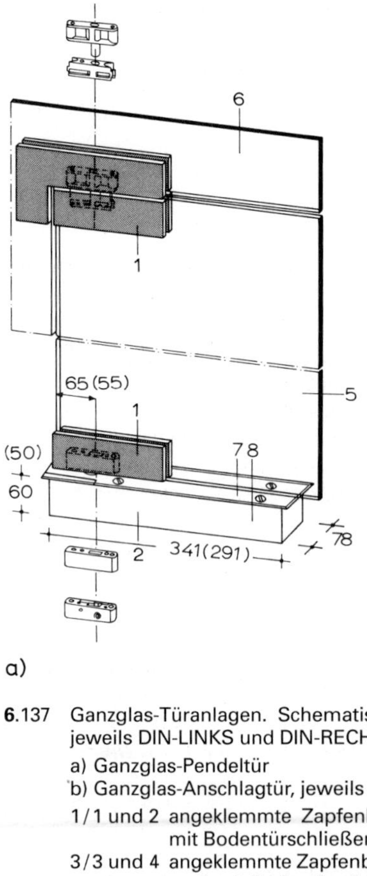

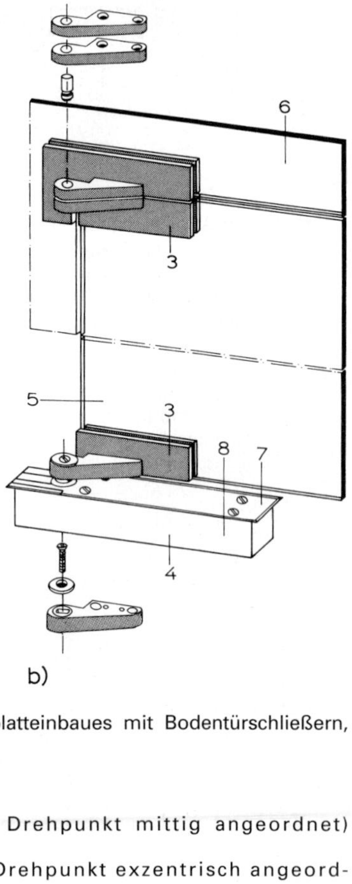

6.137 Ganzglas-Türanlagen. Schematische Darstellung des Türblatteinbaues mit Bodentürschließern, jeweils DIN-LINKS und DIN-RECHTS verwendbar.

a) Ganzglas-Pendeltür
b) Ganzglas-Anschlagtür, jeweils mit Glasoberlicht

1/1 und 2 angeklemmte Zapfenbänder (Oberteil/Unterteil, Drehpunkt mittig angeordnet) mit Bodentürschließer für Pendeltür
3/3 und 4 angeklemmte Zapfenbänder (Oberteil/Unterteil, Drehpunkt exzentrisch angeordnet) mit Bodentürschließer für Anschlagtür
5 Ganzglas-Türblatt
6 Glasoberlicht
7 Deckplatte aus Edelstahl rostfrei
8 Gehäuse des Bodentürschließers

DORMA GmbH, Ennepetal

Zapfenbänder, Türschienen sowie alle anderen Beschläge einschließlich Bodentürschließer werden vom Glaswerk mitgeliefert bzw. sind an den einzelnen Glasteilen bereits vormontiert. Die für diese Beschlagteile erforderlichen Glasausschnitte und Lochbohrungen werden ebenfalls werkseitig festgelegt (Bild **6**.138). Besondere Wünsche sind bereits bei der Auftragserteilung anzugeben, da Einscheiben-Sicherheitsglas (ESG) nach der Auslieferung (Vorspannung des Glases) nicht mehr bearbeitet werden kann. Dies bedeutet, daß alle Abmessungen genau angegeben und sämtliche Bearbeitungen (z.B. Lochbohrungen, Ausschnitte usw.) bei der Bestellung auf das Sorgfältigste festgelegt sein müssen. Weitere Einzelheiten, insbesondere über Kantenbearbeitung, Lochbohrungen, Bohrlochabstände und Glasausschnitte sind den Herstellerunterlagen [49], [50], [51] zu entnehmen.

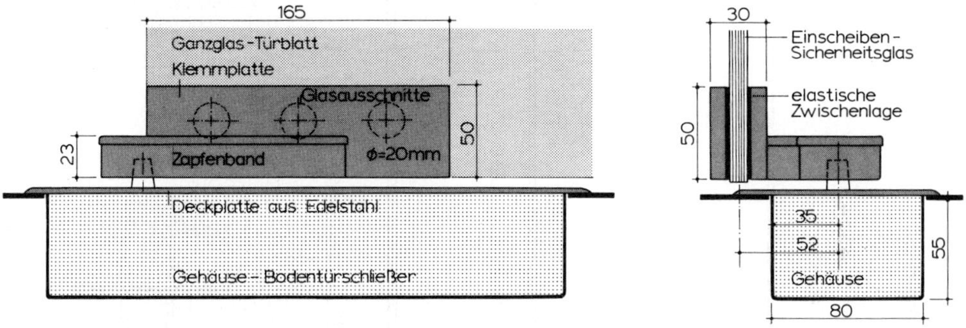

6.138 Schematische Darstellung eines an ein Ganzglas-Türblatt angeklemmten Zapfenbandes mit Bodentürschließer
VEGLA, Vereinigte Glaswerke GmbH, Aachen

Bild 6.139 zeigt eine Ganzglas-Türanlage, die aus einem türhohen bzw. raumhohen Seitenteil, einem Oberlichtteil und einem Türflügel besteht. Die Darstellung dient zur Erläuterung der Einbaumöglichkeiten und der erforderlichen Abstände der Glasteile untereinander. So ist die Türflügelbreite immer 6 mm (3 + 3 mm) kleiner als das lichte Durchgangsmaß und die Türflügelhöhe 11 mm (7 + 4 mm) kleiner als die lichte Öffnungshöhe anzunehmen. Einbaumöglichkeiten feststehender Glasflächen wie Seiten- und Oberlichtteile zeigen Schnitt A-A bis Schnitt D-D des Bildes **6**.139. Demnach erhalten Türanlagen mit Oberlichtteil als oberen Abschluß ein Klemmrahmenprofil gemäß Schnitt A-A, während die feststehenden Seitenteile in U-Profile eingeschoben und verkeilt werden.

Allgemeine Montagehinweise

Folgende allgemeine Montagehinweise sind beim Einbau von Ganzglas-Türanlagen zu beachten:

- Einscheiben-Sicherheitsglas darf nach der Auslieferung keinesfalls mehr bearbeitet werden.
- Die Glasscheiben sollen beim Transport möglichst nicht naß werden. Naß gewordene Gläser sind umgehend zu trocknen. Außerdem dürfen die Scheiben nicht direkt auf den Boden, sondern nur auf Holzleisten o. ä. abgestellt werden.
- Beim Einsetzen der Glasscheiben in Klemmrahmen oder beim Montieren von Beschlägen ist in jedem Fall zwischen dem Glas und den Metallteilen ein Trennmaterial (elastische Zwischenlage) wie beispielsweise Preßspan o. ä. einzulegen.
- Trotz der hohen Biegebruch- und Schlagfestigkeit der Gläser ist beim Einbau mit größter Sorgfalt zu verfahren, da schon kleine Beschädigungen der Glaskante zur Zerstörung der ganzen Scheibe führen können.
- Werden Ganzglas-Türanlagen vor Abschluß der Putzarbeiten eingebaut, so sind sie zum Schutz gegen Kratzer und Ätzungen (z. B. Kalkspritzer) mit Papier zu bekleben oder anderweitig zu schützen.
- Für die Standfestigkeit von Ganzglas-Türanlagen sind außer den Metallbeschlägen keine zusätzlichen Verbindungsmittel erforderlich (Firmenauskünfte einholen).

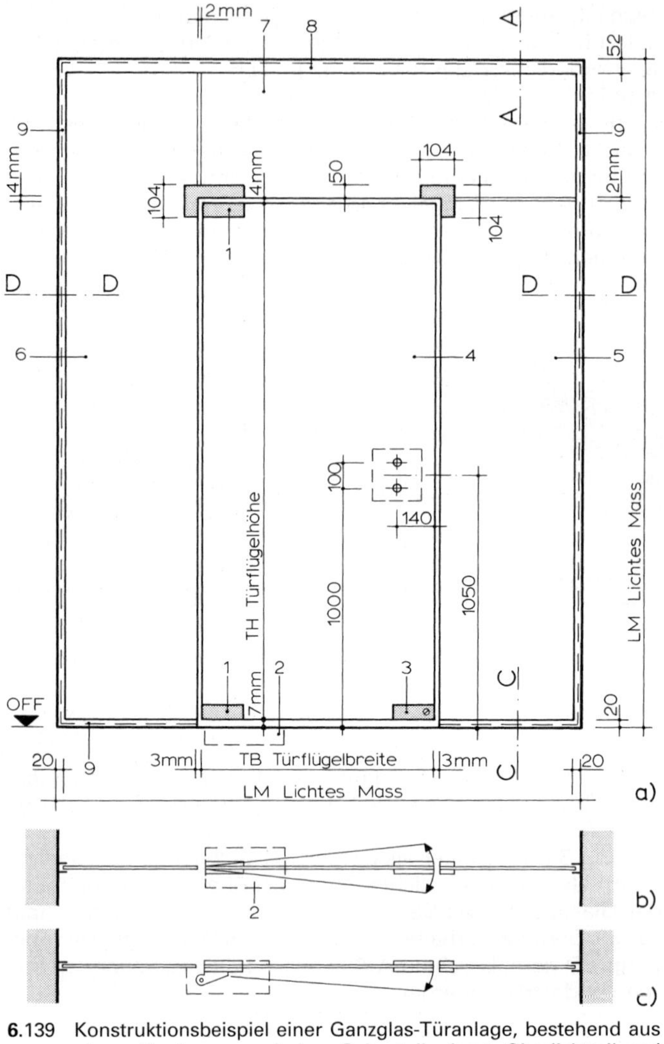

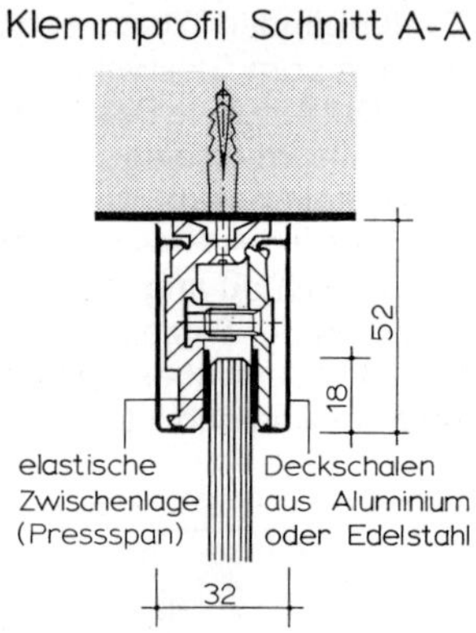

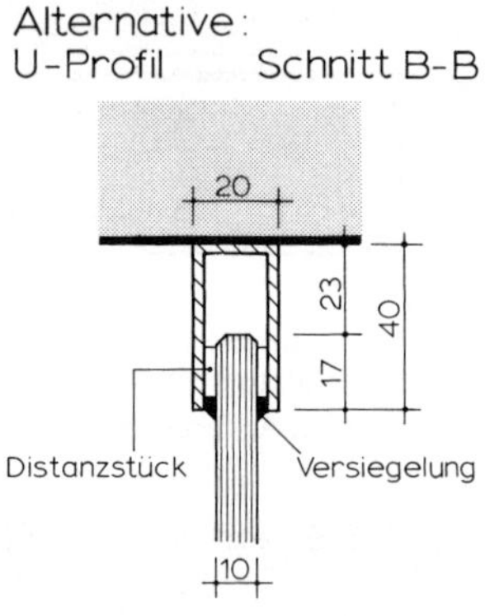

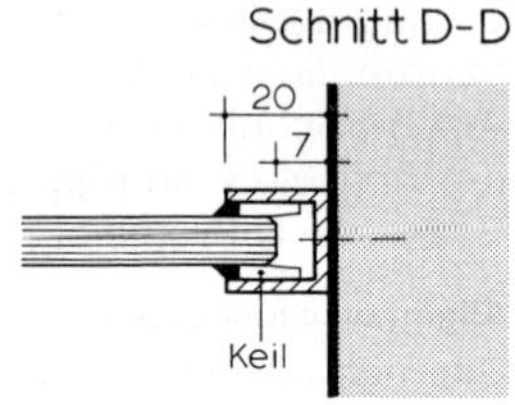

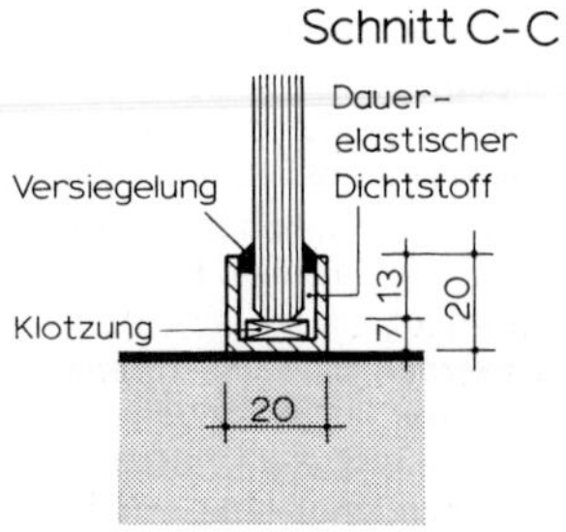

6.139 Konstruktionsbeispiel einer Ganzglas-Türanlage, bestehend aus einem tür- bzw. raumhohen Seitenteil, einem Oberlichtteil und einem Türflügel

a) Ansicht
b) Horizontalschnitt – Pendeltür
c) Horizontalschnitt – Anschlagtür

Einbaudetails: Schnitt A-A bis Schnitt D-D

1 angeklemmte Zapfenbänder
2 Bodentürschließer
3 Eckschloß
4 Ganzglas-Türflügel
5 türhohes Seitenteil
6 raumhohes Seitenteil
7 Oberlichtteil
8 Klemmprofil
9 umlaufendes U-Profil

Nach Vorlagen VEGLA, Vereinigte Glaswerke GmbH, Aachen

- Muß die Stoßfuge zwischen feststehenden Scheiben (Seiten- und Oberlichtteil) staubdicht ausgeführt werden, so können hierfür elastisch bleibende Materialien verwandt werden.
- Es ist darauf zu achten, daß alle Teile (Rahmen und Verglasungen) einwandfrei gefluchtet eingebaut werden, da sonst durch die Verwindung der Glasscheiben die Optik beeinträchtigt wird.

Aussteifungsgläser. Bei Ganzglas-Türanlagen, die aus mehreren Glasscheiben bestehen und bestimmte Abmessungen überschreiten, können Aussteifungsgläser erforderlich sein (Bild **6**.140). Diese stehen senkrecht zu der Glaswand und werden von einer Klemmkonstruktion, die starr mit dem angrenzenden Bauteil verbunden ist (z. B. Rohdecke, Unterzug), gehalten. Aussteifungsgläser können – je nach statischen oder bauaufsichtlichen Erfordernissen – im Bereich großflächiger Oberlichtteile oder bei sehr hohen Türanlagen auch in raumhoher Ausführung angebracht werden. Die Glasdicke von Aussteifungsgläsern beträgt üblicherweise 12 mm. Bei Pendeltüranlagen ist eine beidseitige Aussteifung empfehlenswert.

Kenntlichmachung von Glasflächen. In Fußgängerbereichen müssen Glastüren und andere Glasflächen, die bis zum Fußboden herabreichen, so angeordnet oder gekennzeichnet sein – beispielsweise durch Griffleisten, Ätzungen, Beschriftungen o. ä. – daß sie rechtzeitig wahrgenommen werden. Dabei ist zu beachten, daß auch Personen von geringerer Körpergröße (z. B. Kinder) auf wirksame Weise gewarnt werden müssen. An besonders gefährdeten Stellen kann die Bauaufsichtsbehörde das Anbringen von Schutzgeländern oder ähnlichem vorschreiben. S. hierzu auch Abschn. 6.3, Planungshinweise.

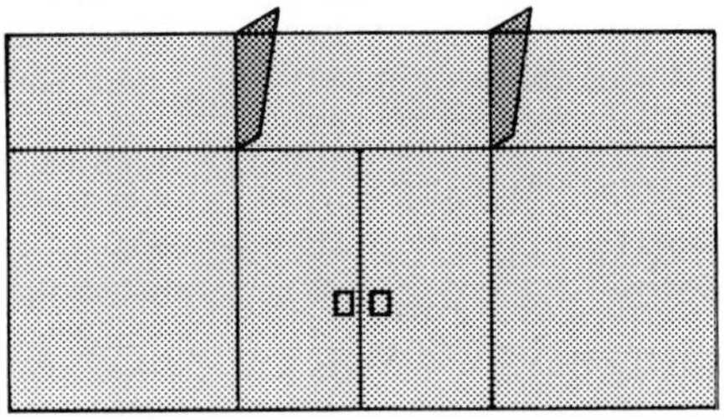

6.140
Ganzglas-Türanlage mit Aussteifungsgläsern zur Stabilisierung der großflächigen Oberlichtteile im Bereich der darunterliegenden Türflügeldrehpunkte

6.10 Normen

Norm	Ausgabe-Datum	Titel
DIN 107	4.74	Bezeichnung mit links oder rechts im Bauwesen
DIN 1045	7.88	Beton und Stahlbeton; Bemessung und Ausführung
DIN 1053-1	11.96	Mauerwerk; Berechnung und Ausführung
DIN 1055-1	7.78	Lastenannahme für Bauten; Lagerstoffe, Baustoffe und Bauteile, Eigenlasten und Reibungswinkel
DIN 1249-12	9.90	Flachglas im Bauwesen; Einscheiben-Sicherheitsglas; Begriffe, Maße, Bearbeitung, Anforderungen
DIN 4079	5.76	Furniere; Dicken
DIN 4102-1	5.81	Brandverhalten von Baustoffen und Bauteilen; Baustoffe; Begriffe, Anforderungen und Prüfungen (teilweise ersetzt durch DIN 4102-15, DIN 4102-16)
DIN 4102-2	9.77	–; Bauteile; Begriffe, Anforderungen und Prüfungen
DIN 4102-3	9.77	–; Brandwände und nichttragende Außenwände; Begriffe, Anforderungen und Prüfungen

Fortsetzung s. nächste Seite

Normen, Fortsetzung

Norm	Ausgabe-Datum	Titel
DIN 4102-4	3.94	–; Zusammenstellung und Anwendung klassifizierter Baustoffe, Bauteile und Sonderbauteile
DIN 4102-5	9.77	–; Feuerschutzabschlüsse, Abschlüsse in Fahrschachtwänden und gegen Feuer widerstandsfähige Verglasungen; Begriffe, Anforderungen und Prüfungen (teilweise ersetzt durch DIN 4102-13)
DIN 4102-13	5.90	–; Brandschutzverglasungen; Begriffe, Anforderungen und Prüfungen
DIN 4102-18	3.91	–; Feuerschutzabschlüsse; Nachweis der Eigenschaft „selbstschließend" (Dauerfunktionsprüfung)
DIN 4108 Bbl 1	4.82	Wärmeschutz im Hochbau; Inhaltsverzeichnisse; Stichwortverzeichnis
DIN 4108-1	8.81	–; Größen und Einheiten
DIN 4108-2	8.81	–; Wärmedämmung und Wärmespeicherung; Anforderungen und Hinweise für Planung und Ausführung
E DIN 4108-2	11.95	; –; (Teil 2)
DIN 4108-3	8.81	–; klimabedingter Feuchteschutz; Anforderungen und Hinweise für Planung und Ausführung
E DIN 4108-3/A1	11.95	–; –; (Teil 3); Änderung
DIN 4108-4	11.91	–; Wärme- und feuchtschutztechnische Kennwerte
E DIN 4108-4	11.95	–; –; (Teil 4)
DIN 4108-5	8.81	–; Berechnungsverfahren
DIN 4109	11.89	Schallschutz im Hochbau; Anforderungen und Nachweise
DIN 4109 Bbl 1	11.89	–; Ausführungsbeispiele und Rechenverfahren
DIN 4109 Bbl 2	11.89	–; Hinweise für Planung und Ausführung; Vorschläge für einen erhöhten Schallschutz; Empfehlungen für den Schallschutz im eigenen Wohn und Arbeitsbereich
DIN 4172	7.55	Maßordnung im Hochbau
DIN 4701-1	3.83	Regeln für die Berechnung des Wärmebedarfs von Gebäuden; Grundlagen der Berechnung
E DIN 4701-1	8.95	Regeln für die Berechnung der Heizlast von Gebäuden; Teil 1: Grundlagen der Berechnung
DIN 4701-2	3.83	Regeln für die Berechnung des Wärmebedarfs von Gebäuden; Tabellen, Bilder, Algorithmen
E DIN 4701-2	8.95	Regeln für die Berechnung für Heizlast von Gebäuden; Teil 2: Tabellen, Bilder, Algorithmen
DIN 6834-1	9.73	Strahlenschutztüren für medizinisch genutzte Räume; Anforderungen
DIN 6834-2	9.73	–; Drehflügeltüren, einflügelig mit Richtzarge, Maße
DIN 6834-3	9.73	–; Drehflügeltüren, zweiflügelig mit Richtzarge, Maße
DIN 6834-4	9.73	–; Schiebetüren, einflügelig, Maße
DIN 6834-5	9.73	–; Schiebetüren, zweiflügelig, Maße
DIN 6845-1	2.80	Prüfung von Strahlenschutzstoffen für Röntgen- und Gamma-Strahlung; Röntgenstrahlung bis 400 kV
DIN 17611	6.85	Anodisch oxidiertes Halbzeug aus Aluminium und Aluminium-Knetlegierungen mit Schichtdicken von mindestens 10 µm; Technische Lieferbedingungen
DIN 18000	5.84	Modulordnung im Bauwesen
DIN 18024-1	1.98	Barrierefreies Bauen; Teil 1: Straßen, Plätze, Wege, öffentliche Verkehrs- und Grünanlagen sowie Spielplätze; Planungsgrundlagen
DIN 18024-2	11.96	Barrierefreies Bauen; Teil 2: Öffentlich zugängige Gebäude und Arbeitsstätten; Planungsgrundlagen
DIN 18025-1	12.92	Barrierefreie Wohnungen; Wohnungen für Rollstuhlbenutzer; Planungsgrundlagen
DIN 18025-2	12.92	–; Planungsgrundlagen

Fortsetzung s. nächste Seite

Normen, Fortsetzung

Norm	Ausgabe-Datum	Titel
DIN 18032-1	4.89	Sporthallen; Hallen für Turnen, Spiele und Mehrzwecknutzung; Grundsätze für Planung und Bau
DIN 18032-3	4.97	–; Hallen für Turnen und Spiele; Prüfung der Ballwurfsicherheit
DIN 18055	10.81	Fenster; Fugendurchlässigkeit, Schlagregendichtheit und mechanische Beanspruchung; Anforderungen und Prüfung
DIN 18082-1	12.91	Feuerschutzabschlüsse; Stahltüren T30-1; Bauart-A
DIN 18082-3	1.84	–; Bauart-B
DIN 18089-1	1.84	–; Einlagen für Feuerschutztüren; Mineralfaserplatten; Begriffe, Bezeichnung, Anforderungen, Prüfung
DIN 18093	6.87	–; Einbau von Feuerschutztüren in massive Wände aus Mauerwerk oder Beton; Ankerlagen, Ankerformen, Einbau
DIN 18095-1	10.88	Türen; Rauchschutztüren; Begriffe und Anforderungen
DIN 18095-2	3.91	–; –; Bauartprüfung der Dauerfunktionstüchtigkeit und Dichtheit
DIN 18100	10.83	–; Wandöffnungen für Türen; Maße entsprechend DIN 4172
DIN 18101	1.85	–; Türen für den Wohnungsbau; Türblattgrößen, Bandsitz und Schloßsitz; Gegenseitige Abhängigkeit der Maße
DIN V 18103	3.92	–; Einbruchhemmende Türen; Begriffe, Anforderungen, Prüfungen und Kennzeichnung
DIN 18111-1	1.85	Türzargen; Stahlzargen; Standardzargen für gefälzte Türen
DIN 18195-1	8.83	Bauwerksabdichtungen; Allgemeines; Begriffe
DIN 18195-2	8.83	–; Stoffe
DIN 18195-3	8.83	–; Verarbeitung der Stoffe
DIN 18195-4	8.83	–; Abdichtungen gegen Bodenfeuchtigkeit; Bemessung und Ausführung
DIN 18195-5	2.84	–; Abdichtungen gegen nichtdrückendes Wasser; Bemessung und Ausführung
DIN 18195-6	8.83	–; Abdichtungen gegen von außen drückendes Wasser; Bemessung und Ausführung
DIN 18195-7	6.89	–; Abdichtungen gegen von innen drückendes Wasser; Bemessung und Ausführung
DIN 18201	4.97	Toleranzen im Bauwesen; Begriffe, Grundsätze, Anwendung, Prüfung
DIN 18202	4.97	Toleranzen im Hochbau; Bauwerke
DIN 18250-1	7.79	Schlösser; Einsteckschlösser für Feuerschutzabschlüsse; Einfallenschloß
DIN 18250-2	7.79	–; –; Dreifallenverschluß
DIN 18251	3.91	–; Einsteckschlösser für Türen
DIN 18252	3.91	Schließzylinder für Türschlösser; Begriffe, Benennungen
DIN V 18254	7.91	Profilzylinder mit Stiftzuhaltungen für Türschlösser; Maße, Werkstoffe, Anforderungen, Prüfungen, Kennzeichnung
DIN 18255	3.91	Baubeschläge; Türdrücker, Türschilder und Türrosetten; Begriffe, Maße, Anforderungen
DIN 18257	3.91	–; Schutzbeschläge; Begriff, Maße, Anforderungen
DIN 18262	5.69	Einstellbares, nichttragendes Federband für Feuerschutztüren
DIN 18263-1	5.97	Schlösser und Baubeschläge; Türschließer mit hydraulischer Dämpfung; Oben-Türschließer mit Kurbeltrieb und Spiralfeder
DIN 18263-4	5.97	–; –; Türschließer mit Öffnungsautomatik (Drehflügelantrieb)
DIN 18264	9.78	Baubeschläge; Türbänder mit Feder
DIN 18265	9.78	–; Pendeltürbänder mit Feder
DIN 18268	1.85	–; Türbänder; Bandbezugslinie

Fortsetzung s. nächste Seite

Normen, Fortsetzung

Norm	Ausgabe-Datum	Titel
DIN 18272	8.87	Feuerschutzabschlüsse, Bänder für Feuerschutztüren; Federband und Konstruktionsband
DIN 18273	12.97	Baubeschläge; Türdrückergarnituren für Feuerschutztüren und Rauchschutztüren; Begriffe, Maße Anforderungen und Prüfungen
DIN 18357	5.98	VOB Verdingungsordnung für Bauleistungen; Teil C; Allgemeine Technische Vertragsbedingungen für Bauleistungen (ATV); Beschlagarbeiten
DIN 18361	6.96	–; –; Verglasungsarbeiten
DIN 18540	2.95	Abdichten von Außenwandfugen im Hochbau mit Fugendichtstoffen
DIN 52290-1	11.88	Angriffhemmende Verglasungen; Begriffe
DIN 52290-2	11.88	–; Prüfung auf durchschußhemmende Eigenschaft und Klasseneinteilung
DIN 52290-3	6.84	–; Prüfung auf durchbruchhemmende Eigenschaft gegen Angriff mit schneidfähigem Schlagwerkzeug und Klasseneinteilung
DIN 52290-4	11.88	–; Prüfung auf durchwurfhemmende Eigenschaften und Klasseneinteilung
DIN 52290-5	12.87	–; Prüfung auf sprengwirkungshemmende Eigenschaft und Klasseneinteilung
DIN 68705-2	7.81	Sperrholz; Sperrholz für allgemeine Zwecke (teilweise ersetzt durch DIN EN 635-1)
DIN 68705-3	12.81	–; Bau-Furniersperrholz
DIN 68705-4	12.81	–; Bau-Stabsperrholz; Bau-Stäbchensperrholz
DIN 68705-5	10.80	–; Bau-Furniersperrholz aus Buche
DIN 68706-1	1.80	Sperrtüren; Begriffe, Vorzugsmaße, Konstruktionsmerkmale für Innentüren
DIN 68763	9.90	Spanplatten; Flachpreßplatten für das Bauwesen; Begriffe, Anforderungen, Prüfung
DIN 68764-1	9.73	–; Strangpreßplatten für das Bauwesen; Begriffe, Eigenschaften, Prüfung, Überwachung
DIN EN 24	7.76	Türen; Prüfung von Fehlern in der allgemeinen Ebenheit von Türblättern
DIN EN 25	7.76	–; Prüfung der Abmessungen und der Rechtwinkeligkeit von Türblättern
DIN EN 43	11.90	Prüfverfahren für Türen; Verhalten von Türblättern unter verschiedenen Feuchtigkeitsbedingungen in aufeinanderfolgenden allseitig einheitlich einwirkenden konstanten klimatischen Verhältnissen
DIN EN 79	11.90	–; Verhalten von Türblättern zwischen zwei unterschiedlichen Klimaten
DIN EN 85	1.81	Prüfverfahren an Türen; Prüfung von Türblättern gegen harten Stoß
DIN EN 108	1.82	Prüfverfahren für Türen; Verschiebung in der Türblattebene
DIN EN 129	11.90	–; Prüfung der Verformung von Türblättern durch Verwinden
DIN EN 204	10.91	Beurteilung von Klebstoffen für nichttragende Bauteile zur Verbindung von Holz und Holzwerkstoffen
E DIN EN 356	1.91	Glas im Bauwesen; Prüfverfahren und Klasseneinteilung für angriffhemmende Verglasungen für das Bauwesen; durchwurfhemmend und durchbruchhemmend
E DIN EN 357	1.91	–; Verglasungen mit feuerwiderstandsfähigem, durchsichtigem oder durchscheinendem Glas zur Verwendung im Bauwesen
DIN EN 438-1	12.92	Dekorative Hochdruck-Schichtstoffplatten (HPL); Platten auf Basis härtbarer Harze; Teil 1: Spezifikationen

Fortsetzung s. nächste Seite

Normen, Fortsetzung

Norm	Ausgabe-Datum	Titel
DIN EN 572-1	1.95	Glas im Bauwesen; Basis Erzeugnisse aus Kalk-Natronglas; Teil 1: Definitionen und allgemeine physikalische und mechanische Eigenschaften
DIN EN 572-2	1.95	–; –; Teil 2: Floatglas
DIN EN 572-3	1.95	–; –; Teil 3: Poliertes Drahtglas
DIN EN 572-4	1.95	–; –; Teil 4: Gezogenes Flachglas
DIN EN 572-5	1.95	–; –; Teil 5: Ornamentglas
DIN EN 572-6	1.95	–; –; Teil 6: Drahtornamentglas
DIN EN 572-7	1.95	–; –; Teil 7: Profilbauglas mit oder ohne Drahteinlage
DIN EN 622-1	8.97	Faserplatten-Anforderungen – Teil 1: Allgemeine Anforderungen
DIN EN 622-2	8.97	–; Teil 2: Anforderungen an harte Platten
DIN EN 622-4	8.97	–; Teil 4: Anforderungen an poröse Platten
DIN EN 942	6.96	Holz in Tischlerarbeiten – Allgemeine Sortierung nach der Holzqualität
E DIN EN 947-2	4.93	Widerstandsfähigkeit gegen vertikale Belastung; Prüfverfahren; Teil 2: Drehflügeltüren
E DIN EN 948-2	4.93	Widerstandsfähigkeit gegen statisches Verwinden (Verdrehen); Prüfverfahren; Teil 2: Drehflügeltüren
E DIN EN 949-2	4.93	Widerstandsfähigkeit gegen Aufprall eines weichen und schweren Stoßkörpers; Prüfverfahren; Teil 2: Drehflügel- oder Schiebetüren
E DIN EN 950-2	4.93	Widerstandsfähigkeit gegen Aufprall eines harten Stoßkörpers; Prüfverfahren; Teil 2: Türblätter
E DIN EN 951-1	4.93	Ermittlung von Höhe, Breite, Dicke und Rechtwinkeligkeit; Meßverfahren; Teil 1: Türblätter
E DIN EN 952	4.93	Türblätter; Ermittlung der allgemeinen und lokalen Ebenheit; Meßverfahren
E DIN EN 1026	6.93	Fenster und Türen, Fugendurchlässigkeit; Prüfverfahren
E DIN EN 1027	6.93	Fenster und Türen, Schlagregendichtheit; Prüfverfahren
E DIN EN 1063	7.93	Spezifikation für angriffhemmende Verglasungen; Durchschußhemmende Verglasungen; Klasseneinteilung und Prüfverfahren
DIN EN 1154	5.97	Schlösser und Baubeschläge; Türschließmittel mit kontrolliertem Schließablauf; Anforderungen und Prüfverfahren
DIN EN 1154 Bbl 1	5.97	–; –; Anschlagmaße und Einbau
DIN EN 1155	10.97	–; Elektrisch betriebene Feststellvorrichtungen; Anforderungen und Prüfverfahren
DIN EN 1158	6.97	–; Schließfolgeregler; Anforderungen und Prüfverfahren
DIN EN 1303	5.98	Baubeschläge; Zylinder für Schlösser; Anforderungen und Prüfverfahren
E DIN EN 1527	10.94	Schlösser und Baubeschläge; Baubeschläge für Schiebetüren und Falttüren; Anforderungen und Prüfverfahren
E DIN EN 1634-1	1.95	Brandprüfungen für Tür- und Abschlußeinrichtungen; Teil 1: Prüfverfahren zur Ermittlung der Feuerwiderstandsfähigkeit von Feuerschutzabschlüssen
E DIN EN 1670	1.95	Schlösser und Baubeschläge; Widerstand der Beschläge für Türen, Tore, Fenster, Fensterläden und leichte, vorgehängte Fassaden gegen Korrosion; Anforderungen und Prüfverfahren
E DIN EN 1906	7.95	–; Türdrücker und Türknäufe, Anforderungen und Prüfverfahren
E DIN EN 1935	9.95	Baubeschläge; Tür- und Fensterbänder; Anforderungen und Prüfverfahren
DIN EN 130	11.90	–; Prüfung der Steifigkeit von Türblättern durch wiederholtes Verwinden

Fortsetzung s. nächste Seite

Normen, Fortsetzung

Norm	Ausgabe-Datum	Titel
DIN EN 162	11.90	–; Prüfung von Türblättern bei Aufprall eines weichen schweren Stoßkörpers
DIN EN 10143	3.93	Kontinuierlich schmelztauchveredeltes Blech und Band aus Stahl; Grenzabmaße und Formtoleranzen
DIN EN 10147	8.95	Kontinuierlich feuerverzinktes Band und Blech aus Baustählen; Technische Lieferbedingungen
E DIN EN 12046-2	2.96	Bedienungskräfte; Prüfverfahren; Teil 2: Türen
E DIN EN 12150	2.96	Glas im Bauwesen; Thermisch vorgespanntes Einscheiben-Sicherheitsglas
E DIN EN 12207-1	2.96	Fugenluftdurchlässigkeit; Anforderungen, Einteilung; Teil 1: Fenster und Türen
E DIN EN 12208-1	2.96	Schlagregendichtheit; Anforderung; Einteilung; Teil 1: Fenster und Türen
E DIN EN 12209-1	2.96	Baubeschläge; Schlösser und Fallen; Teil 1: Mechanisch betätigte Schlösser und Fallen; Anforderungen und Prüfung
E DIN EN 12209-2	2.96	–; –; Teil 2: Schließbleche für mechanisch betätigte Schlösser und Fallen
E DIN EN 12210	2.96	Widerstandsfähigkeit bei Wind; Einteilung; Fenster und Türen
E DIN EN 12217-2	2.96	Bedienungskräfte, Anforderungen und Klassifizierung; Teil 2: Türen
E DIN EN 12219-2	2.96	Klimaeinflüsse; Anforderungen und Klassifizierung; Teil 2: Türen
E DIN EN 12365-1	6.96	Baubeschläge; Dichtungen und Dichtungsprofile für Fenster, Türen und andere Abschlüsse sowie vorgehängte Fassaden; Teil 1: Anforderungen und Klassifizierung
E DIN EN 12365-2	6.96	–; –; Teil 2: Schließdruck; Prüfverfahren
E DIN EN 12365-3	6.96	–; –; Teil 3: Rückstellvermögen; Prüfverfahren
E DIN EN 12365-4	6.96	–; –; Teil 4: Langzeitrückstellvermögen; Prüfverfahren
E DIN EN 12400	7.96	Fenster und Türen: Mechanische Beanspruchung; Anforderung und Einteilung
E DIN EN 12488	10.96	Glas am Bau; Verglasungsrichtlinien; Verglasungssysteme und Anforderungen für die Verglasung
E DIN EN 12519	11.96	Türen und Fenster; Terminologie
E DIN EN 30077	2.94	Fenster, Türen und Abschlüsse; Wärmedurchgang; Rechenmethode

6.11 Literatur

[1] Güte- und Prüfbestimmungen Haustüren. Gütesicherung RAL-GZ 996. Anlage 1: Montagerichtlinien für gütegesicherte Haustüren. Anlage 2: Eignungsnachweis Aluminiumhaustüren. Anlage 3: Eignungsnachweis Holzhaustüren. Anlage 4: Eignungsnachweis Kunststoffhaustüren. Stand Juli 1987. RAL – Deutsches Institut für Gütesicherung und Kennzeichnung, Bonn

[2] Güte- und Prüfbestimmungen für Innentüren aus Holz und Holzwerkstoffen. Gütezeichen RAL-RG 426, Teil 1: Türblätter. Stand Januar 1995. RAL – Deutsches Institut für Gütesicherung und Kennzeichnung, Bonn

[3] Feldmeier, F.; Küchler, A.; Schmid, J.; Siebenrath, U. (Institut für Fenstertechnik e.V., Rosenheim): Wohnungseingangstüren. Forschungsbericht im Auftrag des Bundesministeriums für Raumordnung, Bauwesen und Städtebau, Bonn. Ausg.: 1983

[4] Schulz, P.: Schallschutz, Wärmeschutz, Feuchteschutz, Brandschutz im Innenausbau. 6. Aufl. Stuttgart. 1996

[5] Gösele, K.; Schüle, W.: Schall, Wärme, Feuchte, 10. Aufl. Wiesbaden-Berlin. 1996

[6] Sieberath, U.: Einsatzempfehlungen für Innentüren aus Holz und Holzwerkstoffen. 1996. Institut für Fenstertechnik, Rosenheim

[7] Schulze, H.: Holzbau. Verlag B. G. Teubner, Stuttgart. 1996
[8] WIRUS-Kompendium. WIRUS-Bauelemente, Gütersloh. 1996
[9] WESTAG & GETALIT – Türen und Zargen, Rheda-Wiedenbrück. 1996
[10] Nutsch, W.: Haustüren in Holz. Entwurf und Konstruktion. Deutsche Verlags-Anstalt, Stuttgart. 1994
[11] Müller, R.: Hauseingangstüren aus Holz. Planung, Konstruktion, Gestaltungsgrundsätze. 2. Aufl. 1994. Bauverlag
[12] Leitfaden zur Montage von Fenstern, Fassaden und Haustüren mit Qualitätskontrolle durch das RAL-Gütezeichen. Stand 1995. RAL-Gütegemeinschaften für Fenster und Haustüren, Frankfurt /M.
[13] Schmid, J.: Deutsches Architektenblatt (DAB) **3** (1994)
[14] IVD-Merkblätter. Industrieverband Dichtstoffe, Düsseldorf
[15] Abdichtungstechnik. Stand 1995. ILLBRUCK Bau-Produkte, Leverkusen
[16] Küchler, A.: Montage von Innentüren. Rosenheimer Türentage 1996 (i.f.t. Rosenheim)
[17] Güte- und Prüfbestimmungen RAL-RG 607/8 (Auszug): Güteanforderungen an RAL-Türbänder. Hrsg.: Gütegemeinschaft Schlösser und Beschläge e.V., Velbert
[18] Simonswerk-Baubeschlagtechnik: Das Bandprogramm (Hauptkatalog). Stand 1996. Simonswerk GmbH, Rheda-Wiedenbrück
[19] Güte- und Prüfbestimmungen RAL-RG 607-1 (Auszug): Obentürschließer mit hydraulischer Dämpfung. Hrsg.: Gütegemeinschaft Schlösser und Beschläge e.V., Velbert
[20] Sichelschmidt, D.: Schließmittel. Rosenheimer Fachtagung TÜR + TOR 1996
[21] Wüstermann, K.-D.: Türschließer mit hydraulischer Dämpfung. DIN-Mitteilungen **7**/1995
[22] Güte- und Prüfbestimmungen RAL-RG 607/2 (Auszug): RAL-Sicherheitseinsteckschlösser (Profilzylinder-Einsteckschlösser). Hrsg.: Gütegemeinschaft Schlösser und Beschläge e.V., Velbert
[23] Krühn, J.: Schließzylinder. Entwicklungsgeschichte, Technik, Anwendung. Gert Wohlfahrt GmbH. Verlag Fachtechnik + Mercator-Verlag, Duisburg. 1997
[24] Schuchardt, U.: Elektronische Zutritts- und Kontrollsysteme. Elektronische Schließzylinder. In: Baubeschlag-Taschenbuch 1997. Gert Wohlfahrt GmbH. Verlag Fachtechnik + Mercator-Verlag, Duisburg
[25] Zylinder und Schließanlagen, BKS-Gesellschaft, Velbert
[26] Baubeschlag-Taschenbuch 1997. Gert Wohlfarth GmbH, Duisburg
[27] Türdrücker für Rahmentüren. Stand 1997. HEWI-Baubeschläge, Bad Arolsen
[28] Materialien für Türgarnituren. Handbuch 1996/97. FSB-Beschläge, Brakel
[29] Güte- und Prüfbestimmungen RAL-RG 607/6 (Auszug): RAL-Schutzbeschläge. Hrsg.: Gütegemeinschaft Schlösser und Beschläge e.V., Velbert
[30] Info-Service. Dichtungsprofile für Haus- und Zimmertüren. Stand 1997. Brügmann Frisoplast GmbH, Papenburg
[31] Herbort, L.: Über die Bedeutung von Dichtungen bei der Schalldämmung von Innentüren. WIRUS-Report 1996, Gütersloh
[32] Schuhmacher, R., Saß, B.: Der Schallschutz von Türen. Rosenheimer Türentage 1996 (i.f.t. Rosenheim)
[33] Oswald, R.: Schwachstellen-Abdichtungsanschlüsse. Deutsche Bauzeitung (db) **7** (1993)
[34] Nutsch, W.: Konstruktionshilfen – Innentüren. Band 1. Stand 1993. Konradin Verlag, Leinfelden-Echterdingen
[35] Holztechnik-Fachkunde. 15. Aufl., 1996. Verlag Europa-Lehrmittel, Haan-Gruiten
[36] Informationsdienst Holz: Haustüren für Wohnbauten. Stand 1995. Hrsg.: Arbeitsgemeinschaft Holz e.V., Düsseldorf
[37] Güte- und Prüfbestimmungen RAL-RG 611/5: Stahlzargen. Stand 1995. Hrsg.: Gütegemeinschaft Tore, Türen, Zargen aus Stahl e.V., Hagen
[38] Renovierungsstahlzargen. BOS-OHMEN GmbH, Emsdetten
[39] Sonderzargen – Technische Unterlagen. HÖRMANN KG Verkaufsgesellschaft, Steinhagen
[40] Novoferm – Sonderzargen. NOVOFERM GmbH, Rees-Haldern
[41] van Eijnsbergen, I.F.H.: Kontaktkorrosion. Das Bauzentrum **2**/1982
[42] Güte- und Prüfbestimmungen RAL-RG 611: Feuerschutzabschlüsse. Stand 1979. Hrsg.: Gütegemeinschaft Tore, Türen, Zargen e.V., Hagen
[43] Bauregellisten. Sonderheft **8**/94, Mitteilungen des Deutschen Instituts für Bautechnik, Berlin (DIBt)
[44] Palusol-Brandschutzplatten gegen Feuer und Rauch. Stand 1996. BASF Aktiengesellschaft, Ludwigshafen

[45] Güte- und Prüfbestimmungen RAL-GZ 612: Rauchschutzabschlüsse. Stand 1989. Hrsg.: Gütegemeinschaft Tore, Türen, Zargen e.V., Hagen

[46] Güte- und Prüfbestimmungen RAL-RG 611/3: Einbruchhemmende Türen aus Stahl. Stand 1989. Hrsg.: Gütegemeinschaft Tore, Türen, Zargen aus Stahl e.V., Hagen

[47] Moosreiner, J.: Einbruchhemmende Türen. Rosenheimer Türentage 1996 (i.f.t. Rosenheim)

[48] Teune, J.: Sicherheit durch geprüfte Eingangstüren. Das Bauzentrum **8**/94

[49] Technisches Handbuch: Glas am Bau. Produkte, Anwendungen, Montage. Stand 1996. VEGLA, Vereinigte Glaswerke GmbH, Aachen

[50] Das Glas-Handbuch. Stand 1996. Flachglas AG, Gelsenkirchen

[51] Technisches Handbuch. Stand 1996. Interpane Sicherheitsglas, Hildesheim

7 Horizontal verschiebbare Tür- und Wandelemente

Großflächig verschiebbare Tür- und Wandelemente dienen der variablen Raumnutzung. Sie trennen benachbarte Bereiche, in denen gleichzeitig und ohne sich gegenseitig zu stören, verschiedenartige Funktionsabläufe stattfinden sollen; sie bieten andererseits aber auch die Möglichkeit großzügiger Raumverbindungen. Das vielfältige Angebot teilt sich nach Einbauart, Größe und Funktion auf in (vgl. hierzu Bild **6**.3 in Abschn. 6, Türen):

- Schiebetüren
- Harmonikatüren und Harmonikawände
- Falttüren und Faltwände
- bewegliche Elementwände und
- Sonderkonstruktionen, wie beispielsweise Teleskopwände, Rollwände, Hub- und Versenkwände (bleiben hier unberücksichtigt).

7.1 Schiebetüren

Schiebetüren werden in der Regel an einem Laufwerk aufgehängt und in ihrer ganzen Breite seitlich verschoben (ein- oder beidseitig). Gegenüber den Drehflügeltüren haben sie den Vorteil, daß sie beim Öffnen keinen Drehraum beanspruchen und auch nicht in die meist sparsam bemessene Verkehrsfläche hineinragen. Schiebetüren sind jedoch auf Grund ihrer Bewegungsrichtungen umständlicher zu öffnen und daher im allgemeinen für stark begangene Durchgangstüren weniger geeignet (Ausnahme: Schiebetüren mit vollautomatischem Türantrieb). Außerdem lassen sie sich nur ungenügend abdichten und benötigen neben der Türöffnung immer eine etwa gleich große, feststehende Wand- oder Glasfläche zur Unterbringung des oder der aufgeschobenen Schiebetürflügel. Schiebetüren können ein-, zwei- oder mehrflügelig ausgebildet sein. Bild **6**.3 b verdeutlicht, wie sie angeordnet bzw. geführt werden können:

- sichtbar vor einer feststehenden Wand- oder Glasfläche
- unsichtbar in Mauernischen bzw. Wandtaschen
- unsichtbar hinter Vertäfelungen, Einbauschränken o. ä.

Mehrflügelige Türen sind als Klappschiebetüren (ein Flügel wird auf den anderen aufgeklappt und zusammen in eine Wandtasche geschoben) oder als Teleskopschiebetüren (kulissenartige Führung parallel laufender Schiebetüren) auszubilden. Schiebetüren können aus glatten Sperrtüren, beschichteten Vollspanplatten, mehrschichtig aufgebauten Schalenkonstruktionen, Rahmentüren mit verschiedenartigen Füllungen sowie aus Ganzglas oder Metall hergestellt werden.

7.1.1 Schiebetüren aus Holz und Holzwerkstoffen

Die Ausbildung der Türumrahmung hängt weitgehend von der grundrißlichen Anordnung des Türelementes und damit von der Lage des Türflügels zu den angrenzenden Bauteilen ab. Läuft die Schiebetür beispielsweise mittig in einer Mauernische oder Wandtasche, so besteht die Türumrahmung aus zwei gleich großen Zargenhälften (Halbfutter), s. Bild **7**.1 a. Um das Laufwerk auch nach dem Einbau noch warten und den Türflügel in der Höhe justieren oder ggf. aus- bzw. einhängen zu können, sollte zumindest eine obere Zargenhälfte abnehmbar ausgebildet sein. Schiebetüren werden entweder in Einzelfertigung hergestellt oder als Fertigelement angeboten (Bild **7**.1 bis **7**.4). Weitere Beispiele sind der Spezialliteratur [1], [2] zu entnehmen.

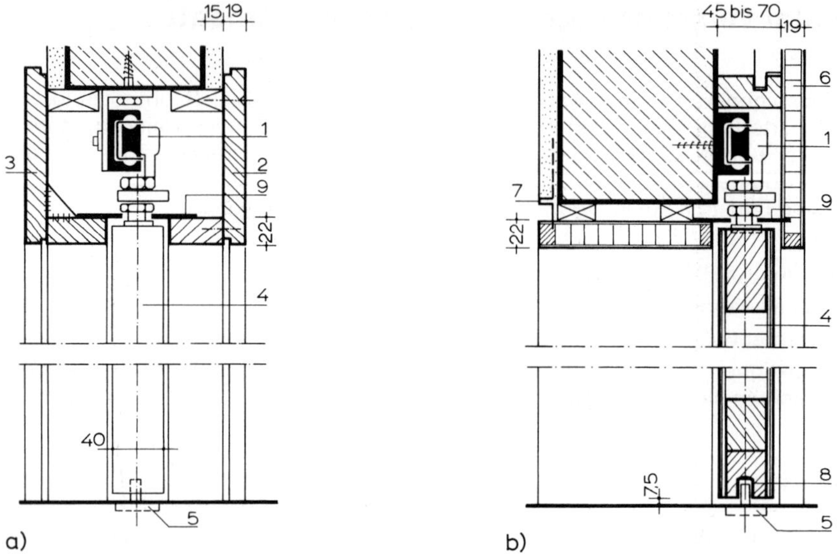

7.1 Konstruktionsbeispiele: Schiebetürelemente aus Holz und Holzwerkstoffen (Einzelfertigung)

a) in einer Mauernische bzw. Wandtasche mittig laufend (Decken- bzw. Sturzbefestigung)

b) unsichtbar hinter einer Wandvertäfelung laufend (Wandbefestigung des Laufwerkes)

1 Kugel-Schiebetürbeschlag GEZE-PERKEO
2 abnehmbare Bekleidung
3 fest eingebaute Zargenhälfte (Halbfutter)
4 Schiebetürflügel
5 Führungsnocke
6 abnehmbare Vertäfelung
7 Putzschiene (Protektorschiene)
8 U-förmige Laufnute
9 Sperrholzleiste o. ä. als Nutabdeckung

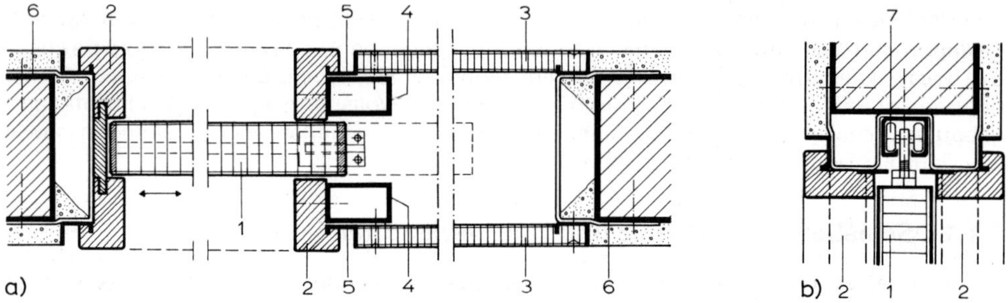

7.2 Konstruktionsbeispiel: Schiebetüranlage aus Holz und Holzwerkstoffen (Serienfertigung)

a) Horizontalschnitt

b) Vertikalschnitt

1 Schiebetürflügel
2 Zargenhälfte (Halbfutter)
3 Wandtasche (Verkleidung)
4 Stahlrohr zur Aussteifung
5 U-förmige Metallprofile (Schattenfuge, Putzleiste)
6 verzinkte Bandeisen (zugl. Montagebügel)
7 Rollen-Schiebetürbeschlag

Neuform-Türenwerk, H. Glock, Erdmannshausen

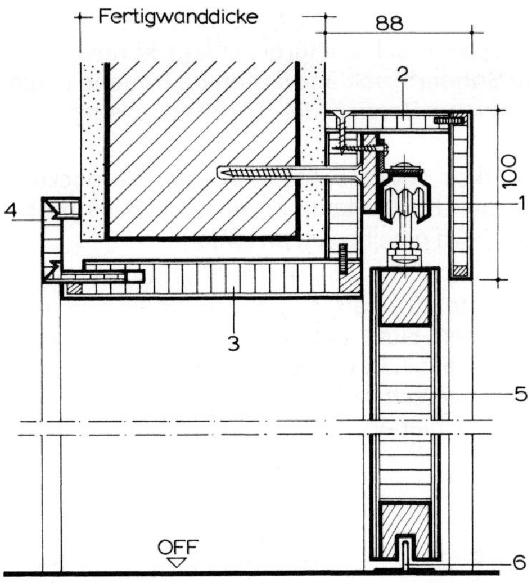

7.3 Konstruktionsbeispiel: Schiebetürelement aus Holzwerkstoffen (Serienfertigung)
1 Schiebetürbeschlag GEZE-ROLLAN
2 abnehmbare Winkelblende
3 fest eingebaute Holzzarge
4 Zierbekleidung
5 Schiebetürflügel vor der Wand laufend
6 Führungsnocke mit U-förmiger Laufnute
WIRUS-Werke, Gütersloh

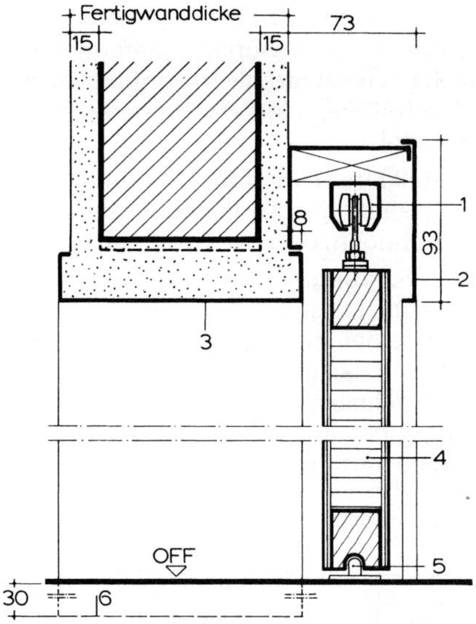

7.4 Konstruktionsbeispiel: Schiebetüranlage aus Stahlblech mit Holztürblatt
1 Laufwerk
2 abnehmbare Metallblende
3 Stahlzarge (Umfassungszarge)
4 Schiebetürflügel vor der Wand laufend
5 Führungsnocke mit U-förmiger Laufnute
6 Bodeneinstand
BEDO-Werk, Schwerte

Schiebetürbeschläge müssen ein leichtes, geräuscharmes Öffnen und Schließen der Türflügel ermöglichen. Vgl. hierzu VOB Teil C, DIN 18357, Beschlagarbeiten sowie [3]. Im einzelnen werden benötigt:

— **Das Laufwerk,** an dem der Schiebetürflügel aufgehängt ist. Vorwiegend werden Rollenbeschläge (auch Laufrohrbeschläge genannt) und Kugel-Schiebetürbeschläge verwandt.

Einen Rollen- bzw. Laufrohrbeschlag zeigt Bild 7.5. Meist doppelpaarig angeordnete, kugelgelagerte Nylon- oder Stahlrollen laufen in einer nahezu geschlossenen Laufschiene, so daß mit Schmutzeinfall kaum zu rechnen ist. Die doppelpaarige Rolle, in Verbindung mit einem Pendelgelenk, gewährleistet eine stets gleichmäßige Belastung des Laufwerkes und ein lotrechtes Hängen des Türflügels.

Bei dem in Bild 7.6 dargestellten Kugel-Schiebetürbeschlag hängt das Türblatt nicht an Rollen, sondern an einer Tragschiene mit doppelter Stahlkugelführung, die sich in einer Laufschiene nahezu geräuschlos bewegt. Ein Flattern des Türflügels ist ausgeschlossen. Auch hier sorgen Pendelaufhänger dafür, daß der Flügel stets lotrecht hängt.

Die Höhen- und Seitenverstellbarkeit ist bei beiden Beschlagarten auch nach dem Einbau jederzeit gegeben. Verstellbare Anschraubwinkel ermöglichen den Einbau beider Beschlagarten sowohl an der Wand und seitlich am Unterzug, als auch an der Decke bzw. Unterkante Sturz. Entsprechend der jeweiligen Türflügelgewichte sind die Laufwerke jeweils von Fall zu Fall zu bestimmen. Bei hohen und schmalen Schiebetüren können sich u. U. ungünstige Laufeigenschaften ergeben. Die Aufhängungen sind bei derart schmalen Türen möglichst nahe an die Längskanten des Türflügels zu legen.

Das Laufwerk wird im allgemeinen vor dem Aufstellen der zweiten Schale der Wandtasche montiert. Besonders kräftige, freitragende Spezial-Schiebetürbeschläge können aber auch noch nachträglich montiert werden. Diese Sonderbeschläge laufen freitragend in die Mauernische oder Wandtasche und werden nur im Bereich der Türöffnung sorgfältig befestigt.

— **Einstellbare Türstopper** innerhalb des Laufwerkes sowie weitere, an der verdeckten Längskante des Türflügels montierte Puffer sorgen für die Laufbegrenzung. Sie sind so anzubringen, daß der Türflügel an allen Endstoppern gleichzeitig anschlägt.

— **Eine Führungsnocke** (Alu-Schiene, Kunststoffrolle o. ä.), meist am Fußboden angeschraubt, sorgt für die exakte Führung des ansonsten freihängenden Türflügels. Sie gleitet in einer an der Türblattunterkante eingefrästen Nute und hält so die Schiebetür während des ganzen Öffnungsweges in der Spur (Bild **7**.7). In den Fußboden eingelassene, durchlaufende U-förmige Führungsschienen (Verschmutzungsgefahr) oder auf den Fußboden aufgeschraubte Sattelschienen (Stolperschienen) sollten im gehobenen Innenausbau vermieden werden.

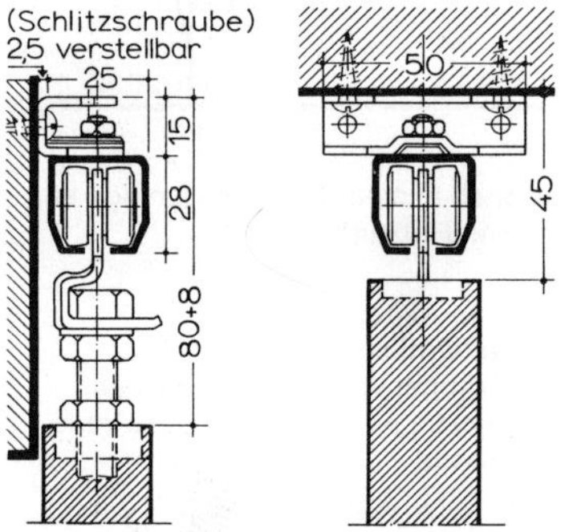

a) b)

7.5 Rollen-Schiebetürbeschlag
a) Wandbefestigung, b) Deckenbefestigung
HELM-Beschläge, Hespe und Woelm, Heiligenhaus

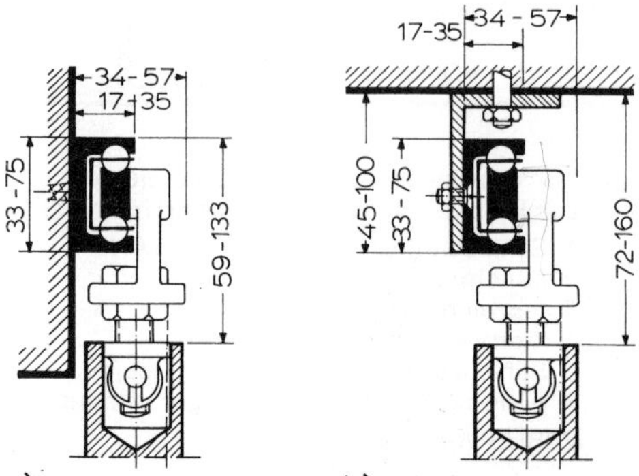

a) b)

7.6 Kugel-Schiebetürbeschlag
a) Wandbefestigung, b) Deckenbefestigung
GEZE GmbH, Leonberg

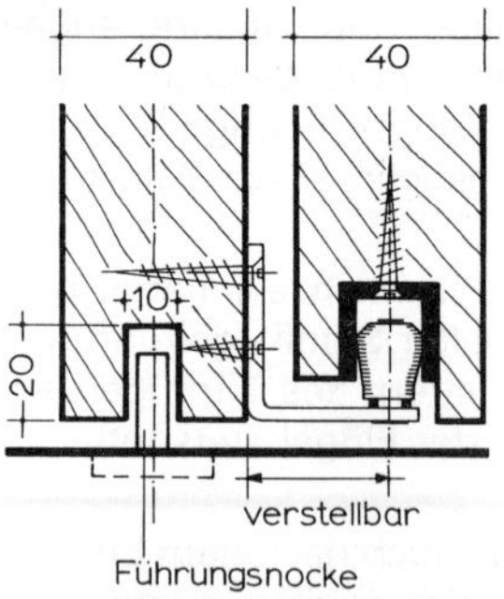

7.7 Schiebetürflügel parallel voreinander laufend, mit tiefenverstellbarer Führungsrolle (Langloch)
HELM-Beschläge, Hespe und Woelm, Heiligenhaus

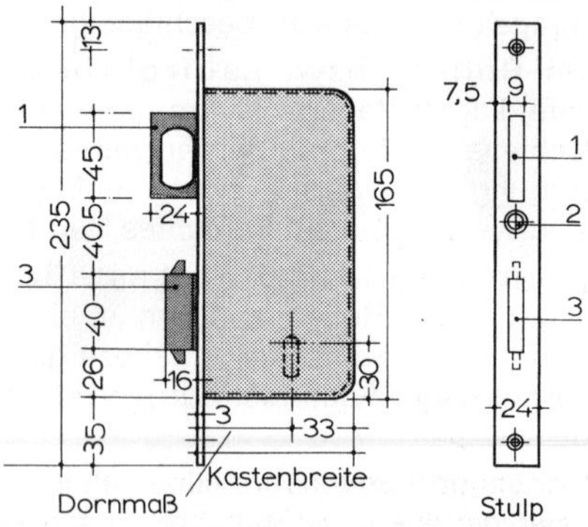

7.8 Einsteck-Schiebetürschloß mit Ziehgriff, Flügelriegel und Druckknopf im Stulp (für einflügelige Schiebetür)
1 Ziehgriff durch
2 Druckknopf im Stulp auslösbar
3 Flügelriegel

— **Schiebetürschlösser** – Einsteckschlösser mit üblichen Schließ- und Sicherungsarten – sind mit Ziehgriff und Flügelriegel ausgerüstet (Bild 7.8). Flügelriegelschlösser, meist ohne Vierkantnuß, sind nur mit einem Klappringschlüssel (umklappbarer Gelenkschlüssel) zu bedienen. Anstelle der üblichen Drückergarnituren werden

— **Griffmuscheln** aus Holz, Metall oder Kunststoff in den Türflügel eingelassen (Mindestdicke der Türblätter 42 mm), so daß die Schiebetür jeweils in ihrer ganzen Breite in die Wandtasche eingeschoben werden kann. Durch einen Knopf im Stulp des Schlosses ist der Ziehgriff auslösbar. An ihm kann die Schiebetür wieder herausgezogen werden.

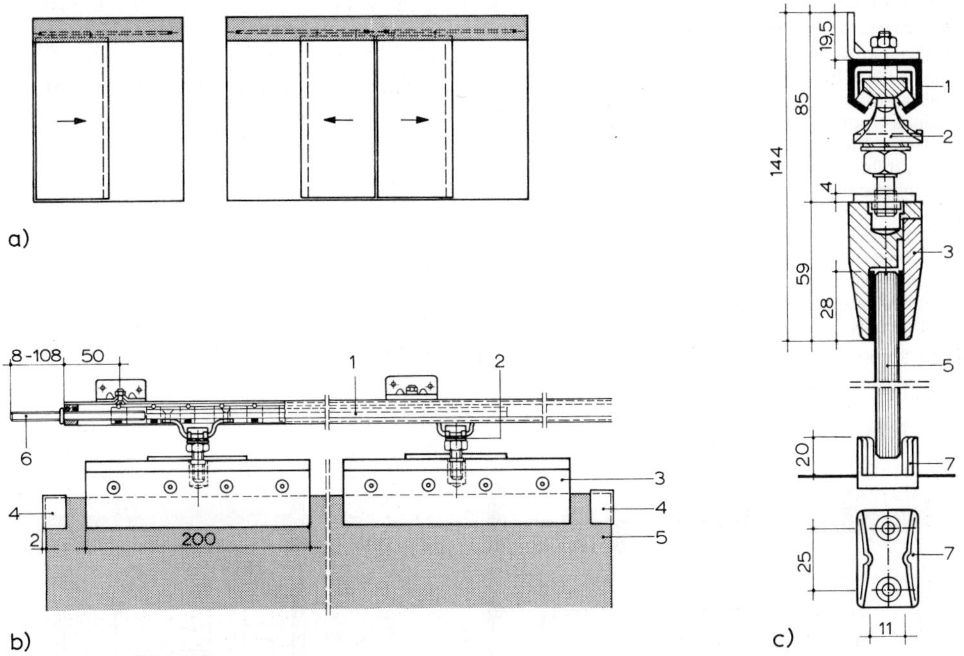

7.9 Schiebetürbeschlag für Ganzglastüren mit Laufwerk nach dem Rollenlagerprinzip
a) Ansichten (ein- und zweiflügelige Anlagen)
b) Schiebetürbeschlag
c) Vertikalschnitt (Ausschnitt)

1 Laufwerk (Schiene) für Wandbefestigung
2 Laufwagen
3 Klemmbeschlag (Klemmschuh)
4 Glasschutzecken
5 Einscheiben-Sicherheitsglas
6 verstellbarer Anschlagbolzen
7 Bodenführung aus Kunststoff

DORMA GmbH, Ennepetal

7.1.2 Ganzglas-Schiebetüren

Ganzglas-Schiebetüren können ein- oder zweiflügelig ausgebildet sein. Die Glasflügel bestehen im allgemeinen aus 10 bis 12 mm dicken Einscheiben-Sicherheitsgläsern, an deren oberen Ecken Klemmbeschläge mit den dazugehörenden Laufrollen angebracht sind (Bild 7.9). Um mögliche Bautoleranzen besser ausgleichen zu können, werden die Glasflügel, ähnlich wie die Holz- bzw. Metallschiebetüren, oben freihängend aufgehängt und am Fußboden durch Führungsnocken oder -rollen in der richtigen Spur gehalten. Die Begrenzung des Laufweges kann im Laufwerk über verstellbare Anschlagbolzen und/oder Stopper erfolgen.

7.10
Konstruktionsbeispiel: Automatische Schiebetüranlage (Ganzaluminiumkonstruktion)

a), b) Funktionsprinzip der Radarsteuerung mit einstellbarem Wirkungsbereich
c) Horizontalschnitt durch Türanlage
d) Vertikalschnitt durch Türanlage mit Isolierverglasung (Sicherheitsglas)
e) Vertikalschnitt durch Türanlage mit Einfachverglasung (Sicherheitsglas)

1 Trägerwinkel aus Aluminium bis 5,00 m freitragend
2 abnehmbare Winkelverkleidung
3 Elektromotor (Antrieb mit vollelektronischer Steuerung)
4 Laufrolle
5 feststehendes Seitenteil
6 Schiebetürflügel
7 Türblattführung mit integriertem Einbruchschutz
8 Seitendichtung
9 Fotozelle (elektron. Klemmschutz)
10 Oberlichtverglasung

BLASI GmbH, Mahlberg

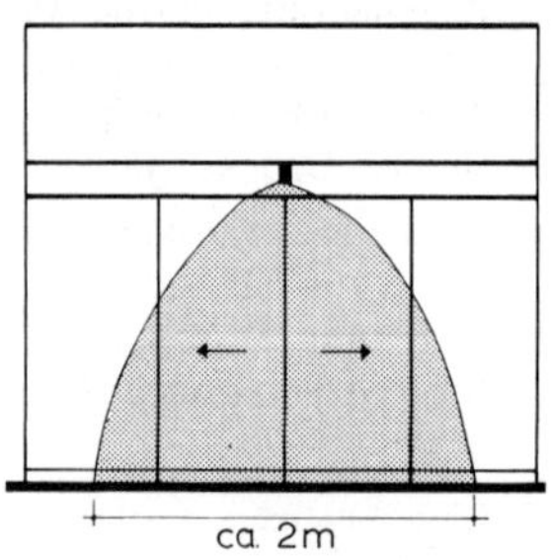

a) Gesamtansicht

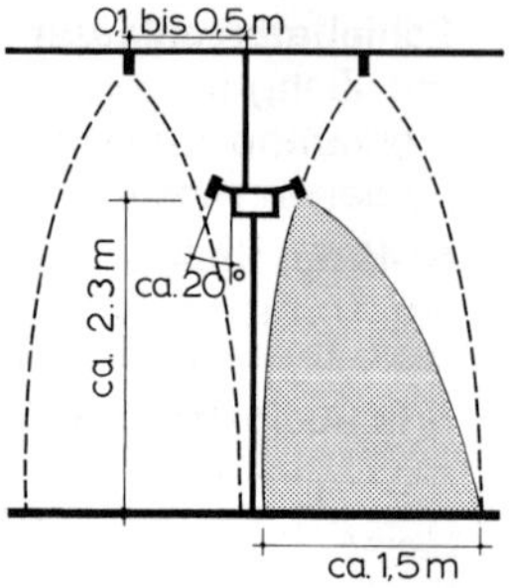

b) Gesamtschnitt

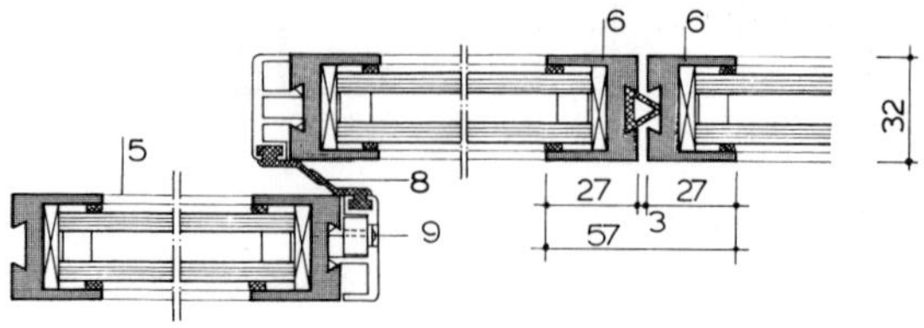

c) Horizontalschnitt

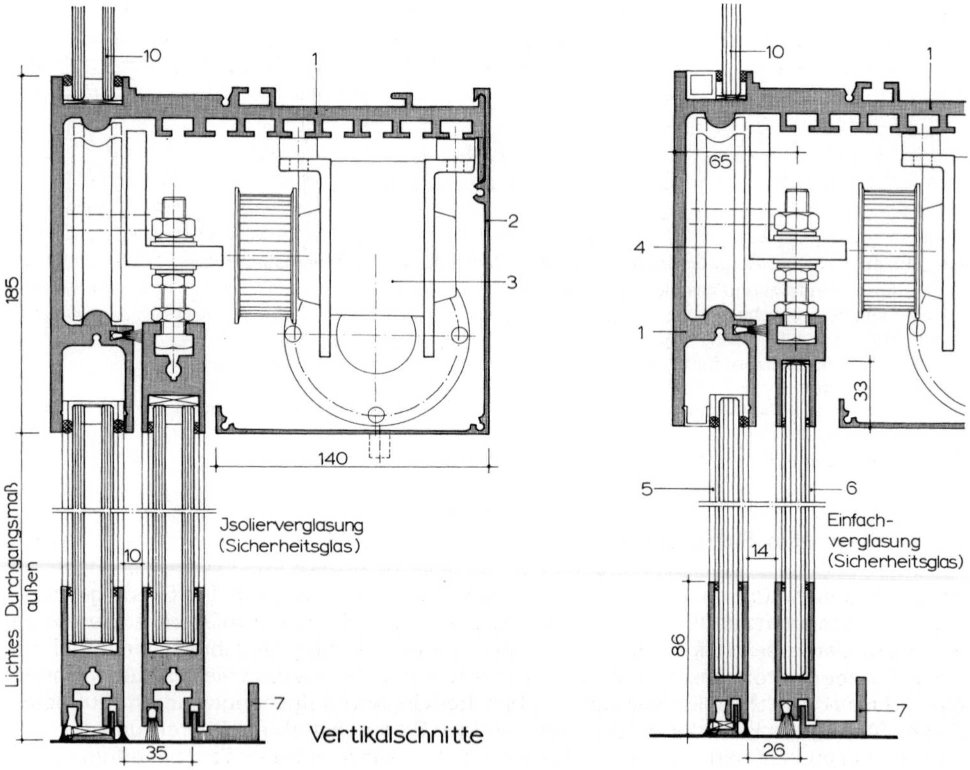

Vertikalschnitte

7.1.3 Automatische Schiebetüranlagen

Schiebetüren mit automatischem Türantrieb finden überall dort Anwendung, wo ein schnelles, präzises Öffnen und Schließen von Türen erforderlich ist und der Benutzer überdies nur schwer in der Lage ist, den üblichen Türöffnungsvorgang selbst vorzunehmen. Sie sind besonders geeignet als Abschluß stark frequentierter Zugänge von Einkaufszentren, Versammlungsstätten, Krankenhäusern, Verwaltungsbauten, Alten- und Pflegeheimen, Schalterhallen von Bahnhöfen, Flughäfen usw. Eine hohe Flügelgeschwindigkeit in Öffnungsrichtung erlaubt die schnelle Freigabe, aber auch den sofortigen Wiederverschluß einer breiten Türöffnung (Heizkostenersparnis). Automatische Schiebetüren werden auch überall dort eingesetzt, wo die bauseitigen Gegebenheiten vor und hinter der Tür keinen Bewegungsraum für Drehtürflügel zulassen, zu den Seiten hin jedoch ausreichend Platz zur Verfügung steht. Sie dürfen auch im Zuge von Rettungswegen eingebaut werden, sofern sich ihre Flügel im Notfall von Hand aus ihrer seitlichen Führung herausdrücken lassen und so zu Türen mit Drehflügeln in Fluchtrichtung werden. Voraussetzung ist eine amtliche Baumusterprüfung als Nachweis der Brauchbarkeit. Auf die von den gewerblichen Berufsgenossenschaften herausgebenen „Richtlinien für kraftbetätigte Fenster, Türen und Tore" [4] wird hingewiesen.

Grundsätzlich besteht jede automatische Schiebetüranlage aus drei Hauptkomponenten:

— Impulsgeber (Impulsgeräte)

— Schaltkasten mit verschiedenen Befehlsstellungen und Offen-Haltezeiteinstellung

— Antriebssystem.

Die Steuerung (Befehl zum Öffnen) der Türanlage erfolgt über vollautomatische Impulsgeber wie beispielsweise Kontaktmatten (im Fußboden eingelassen), Radarbewegungsmelder (über der Tür angebracht), Lichtschranken (vertikal oder horizontal wirkend) oder über halbautomatische Impulsgeber wie Schalter, Drucktaster u. ä. Generell gilt, daß der Abstand zwischen der Türautomatik und dem Impulsgeber so bemessen sein muß, daß man die Türanlage bei normaler Gang- oder Fahrgeschwindigkeit ohne Behinderung passieren kann.

Bild **7**.10 zeigt die wichtigsten Konstruktionsmerkmale einer automatischen Schiebetüranlage. Die Schiebetürautomatik ist zu einer kompakten Einheit zusammengefaßt, die komplett auf einem freitragenden Trägerwinkel aus Aluminium an Ort und Stelle montiert wird (z. B. als Kämpferprofil einer Türanlage mit Oberlichtverglasung). Jede Anlage muß mit einer automatischen Wendeschaltung versehen sein, die ein sofortiges Öffnen der Türflügel bei Einklemmgefahr bewirkt. In der gezeigten Anlage ist eine Reflexfotozelle im unmittelbaren Türbereich als zusätzliche Sicherheitseinrichtung eingebaut. Bei Stromausfall müssen sich die Türflügel selbsttätig öffnen (Übergang zu manuellem Betrieb).

7.2 Harmonikatüren und Harmonikawände

Harmonikatüren weisen gegenüber den Drehflügeltüren die gleichen Vorteile auf wie die Schiebetüren. Während diese jedoch seitlich in ihrer ganzen Breite zu verschieben sein müssen und immer eine der Türöffnung entsprechend große Wandfläche beanspruchen, benötigen die gefalteten Pakete der Harmonikatüren seitlich wesentlich weniger Platz. Vgl. hierzu Bild **6**.3. Harmonikatüren eignen sich daher zum Verschluß von größeren Wandöffnungen, beispielsweise im Wohnbereich, wo eine normale Drehflügeltür aus räumlichen Gründen als störend empfunden würde. Die großflächigeren Harmonikawände sind entsprechend ihrer Größe stabiler konstruiert und dienen vor allem der Unterteilung von Kantinen, Gaststätten, Vereinsräumen, Kirchen und Gemeindesälen. Ihr Anwendungsfeld ist überall dort, wo bei relativ leichter Bedienung mittlere Schalldämmwerte erreicht werden sollen.

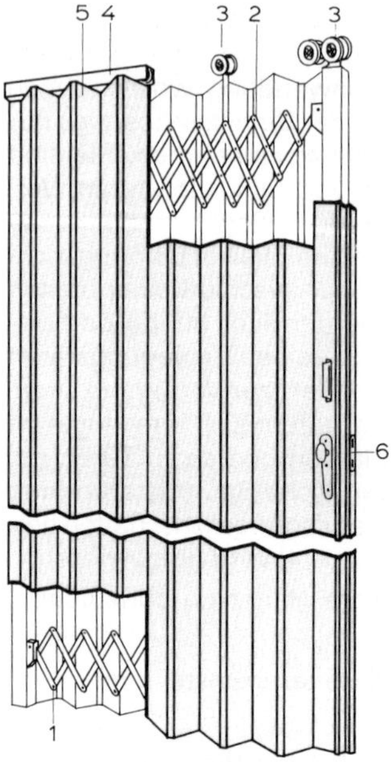

7.11 Konstruktiver Aufbau einer Holzharmonikatür ohne Bodenführung
1 Einfach-Stahlscherenreihe
2 Doppel-Stahlscherenreihe
3 kugelgelagerte Laufrollen
4 Laufschiene
5 beiderseitige Bekleidung mit Spanplattenstreifen
6 Doppelhaken-Sicherheitsschloß

Hüppe-Raumsysteme, Oldenburg

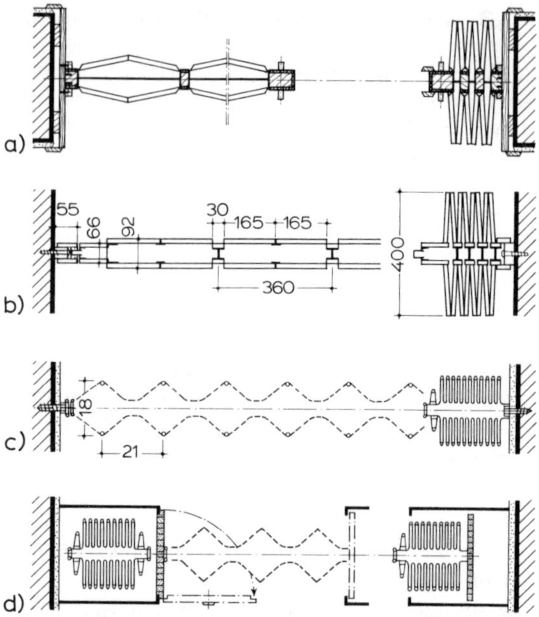

7.12 Schematische Darstellung einiger Einbaubeispiele von Holz- und Kunstlederharmonikatüren
a) ein- oder zweiflügelige Holzharmonikatür mit Futterrahmen und Bekleidung
b) ein- oder zweiflügelige Holzharmonikatür. Beim Aufschieben werden nur die Segmente bewegt, die zum Öffnen und Schließen der Tür bzw. Wand benötigt werden.
c) bis d) ein- oder zweiflügelige Kunstlederharmonikatüren mit und ohne Paketverkleidung

Hüppe-Raumsysteme, Oldenburg

Harmonikatüren und -wände sind zweischalig ausgebildete, einbaufertige Raumabschlußelemente, die in ein- oder zweiflügeliger Ausführung mittig an einem Laufwerk aufgehängt und harmonikaförmig zusammengeschoben werden. Sie bestehen im Inneren aus einem verzinkten, robusten Stahlscherengitter-Gerüst, das beidseitig entweder mit furnierten Holzspanplattenstreifen (Holzharmonikatür s. Bild **7**.11) oder einem Bespannungsmaterial aus schwerem geschäumtem Spezialkunstleder vollflächig verkleidet ist (Kunstlederharmonikatür s. Bild **7**.12 c bis d). Die Flügelpakete laufen kugelgelagert in einer oberen Laufschiene und bedürfen in der Regel am Fußboden keiner weiteren Führung (durchlaufender Bodenbelag). Beidseitig umlaufende Schleifdichtungen, gegen Fußboden und Unterdecke abdichtend sowie schalldämmende Spezialeinlagen (z. B. Schwermatte mit Mineralwolle) verbessern die Schalldämmwerte.

Harmonikatüren und -wände werden nahezu ausnahmslos nach Aufmaß einzeln gefertigt. Durch den Einbau von Weichen o. ä. sind die Pakete in verschiedene Richtungen ausfahrbar, so daß sie in Nischen oder Taschen eingefahren und ggf. unsichtbar verstaut werden können. Dazu müssen Decke und Fußboden genau parallel und waagerecht liegen, die seitlichen Anschläge lot- und fluchtgerecht stehen. Die Verkleidung der Wandleibungen, Stürze usw. werden in der Regel bauseits hergestellt, wobei die Oberflächen der Harmonikaelemente mit denen der angrenzenden Wandvertäfelungen aufeinander abgestimmt sein können. Griffe auf beiten Türseiten ermöglichen ein leichtes Herausziehen und Feststellen der Harmonikatür bzw. -wand an jeder beliebigen Stelle, während ein Doppelhaken-Sicherheitsschloß den dichten Abschluß sichert. Da die Führung im Decken- und Fußbodenbereich, die verschiedenartigen Faltungen der Elemente und ihre Parkmöglichkeiten sowie ihre Ausrüstung mit Beschlägen und Garnituren von einer derartigen Vielfalt sind, muß von einer Beschreibung aller Möglichkeiten abgesehen werden. Nähere Angaben sind den Herstellerunterlagen zu entnehmen.

7.3 Falttüren und Faltwände

Falttüren und -wände bestehen aus einer Anzahl, meist durch Scharniere gelenkig, miteinander verbundener Flügel, die an einem Laufwerk – mit oder ohne Bodenführung – aufgehängt sind und sich durch Zusammenklappen zurückschieben lassen. Sie werden aus Holz bzw. Holzwerkstoffen oder Metall oder in einer Kombination beider Werkstoffgruppen ein- oder mehrschalig hergestellt. Größere Raumabschlüsse sollten möglichst zweiseitig aufzuschieben sein und aus Gründen der Zweckmäßigkeit einen Durchgangsflügel aufweisen. Bild **6**.2 verdeutlicht, wie sie angeordnet und geführt werden. Demnach unterscheidet man:

— **Faltwände mit exzentrischer Aufhängung** (Bild **7**.13). Sie bestehen aus gleich breiten Flügeln (etwa 600 bis 900 mm), die sich auf Grund ihrer exzentrischen Aufhängung immer nur nach einer Raumseite hin ausfalten lassen. Das Laufwerk kann wahlweise an einer

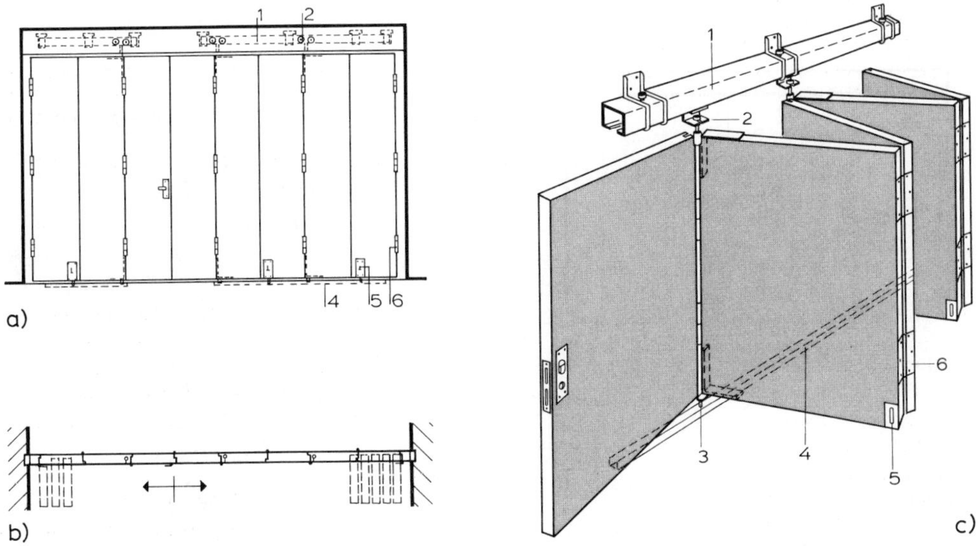

7.13 Schematische Darstellung einer Faltwand mit exzentrischer Aufhängung (gleich breite Flügel)

a) Ansicht der Faltwand
b) Horizontalschnitt
c) Schema der Faltwand (Hespe und Woelm, Heiligenhaus)

1 Laufrohr mit Befestigungsmuffen
2 Tragrolle (Trägerwinkel mit aufgesetztem Rollapparat)
3 Führungsrolle
4 U-förmige Bodenschiene
5 Feststellriegel
6 kugelgelagerte Scharniere

Sturzunterkante oder Wandfläche montiert werden (Flügelgewichte beachten). Die Tragrollen sind an der oberen Ecke eines jeden zweiten Flügels, die Bodenführungsrollen genau lotrecht darunterliegend, an der unteren Flügelecke angeordnet. Diese Bodenrollen sind wegen der außermittigen Belastung im gefalteten Zustand unbedingt erforderlich und laufen in einer im Fußboden eingelassenen U-förmigen Schiene (Verschmutzungsgefahr beachten).

— **Faltwände mit zentrischer Aufhängung** (Bild **7**.14). Auf Grund ihrer zentrischen Aufhängung falten sie sich jeweils zur Hälfte nach innen und außen und beginnen an der Wand immer mit einem halben Flügel. Die übrigen Flügel sind gleich breit (etwa 600 bis 900 mm). Bei dieser Wandart sitzen die Tragrollen in der Mitte eines jeden zweiten Flügels. Auf Grund des sich daraus ergebenden Gleichgewichtes ist eine Bodenführung bei kleineren Flügelgruppen nicht erforderlich, bei breiteren Anlagen sind die Bodenführungsrollen lotrecht unter den Laufrollen montiert. Diese Faltwandart wird von der Beschlagindustrie auch als Harmonikawand bezeichnet.

Gemeinsam ist allen Faltwandarten, daß die einzelnen Flügel durch jeweils zwei, bei hohen Elementen auch durch drei oder vier kugelgelagerte Scharniere miteinander verbunden sind. Ähnlich wie bei den Schiebetüren sollte auch hier die im Bereich des Laufwerkes liegende Bekleidung bzw. Wandvertäfelung abnehmbar sein, um ggf. Reparaturen oder eine nachträgliche Höhenjustierung der Faltwand vornehmen zu können. Einzelheiten bezüglich des konstruktiven Aufbaues der einzelnen Türflügel und der notwendigen Schalldämm-Maßnahmen, die beim Einbau derartiger Wandanlagen beachtet werden müssen, s. Abschn. 7.4, Bewegliche Elementwände.

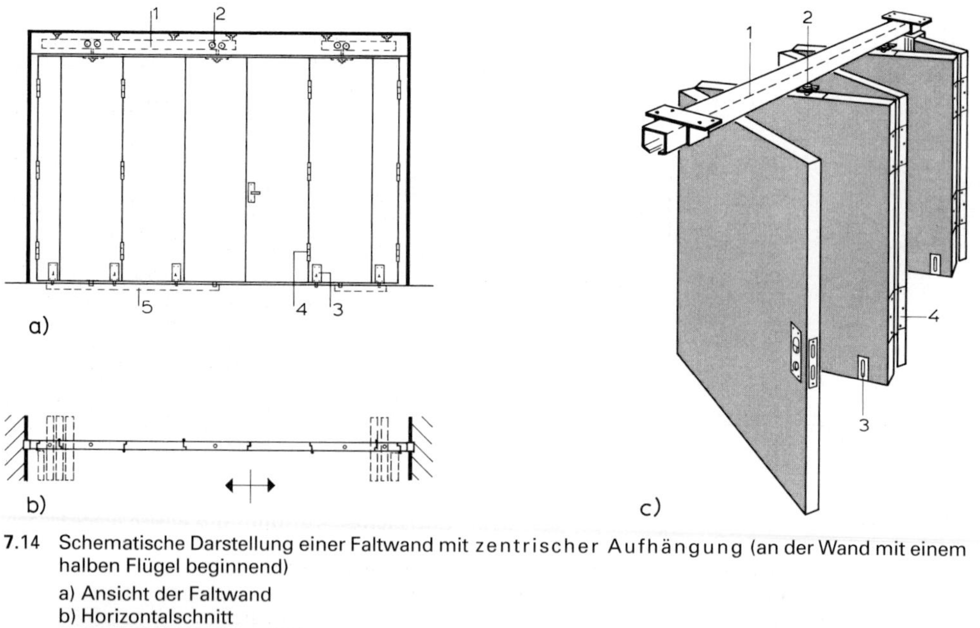

7.14 Schematische Darstellung einer Faltwand mit zentrischer Aufhängung (an der Wand mit einem halben Flügel beginnend)
a) Ansicht der Faltwand
b) Horizontalschnitt
c) Schema der Faltwand (Hespe und Woelm, Heiligenhaus)
1 Laufrohr mit Befestigungsmuffen
2 Tragrolle
3 Feststellriegel
4 kugelgelagerte Scharniere
5 U-förmige Bodenschiene

Ganzglas-Falttüranlagen

In Eingänge, die je nach Bedarf teilweise oder in der gesamten Breite zur Verfügung stehen sollen, können Ganzglas-Falttüranlagen in verschiedenen Größen und Ausführungen eingebaut werden. Sie eignen sich vor allem als beweglicher, transparenter Abschluß von Hallen und Foyers oder als großflächiger Raumteiler in Ladenstraßen und Warenhäusern.

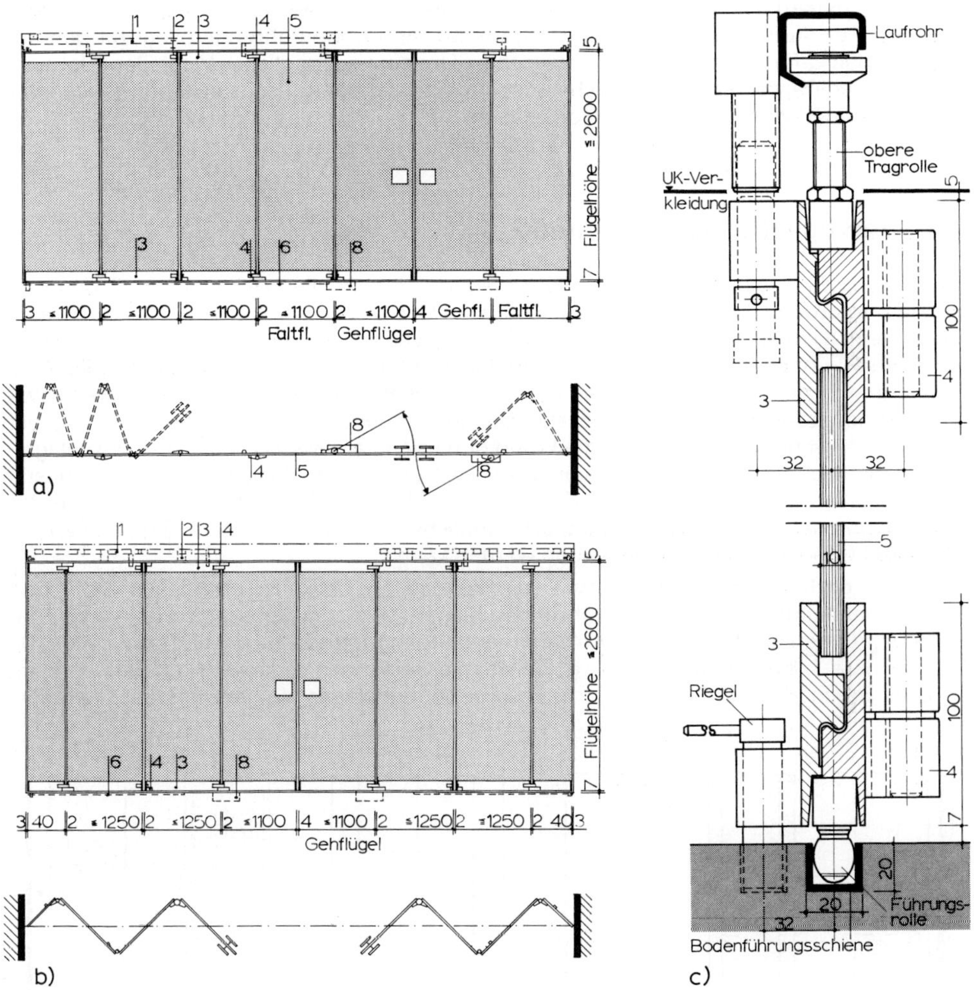

7.15 Ganzglas-Falttüranlage aus Einscheiben-Sicherheitsglas

a) Ansicht und Horizontalschnitt von einer exzentrisch aufgehängten Falttüranlage
b) Ansicht und Horizontalschnitt von einer zentrisch aufgehängten Falttüranlage
c) Vertikalschnitt durch eine exzentrisch aufgehängte Falttüranlage

1 Laufrohr
2 Tragrolle
3 angeklemmte Türschienen
4 Gelenkbänder
5 Türflügel mit Einscheiben-Sicherheitsglas
6 Bodenführungsschiene
7 Bodenführungsrolle
8 Bodentürschließer

VEGLA Vereinigte Glaswerke GmbH, Aachen

Ganzglas-Falttüranlagen bestehen aus rahmenlosen Ganzglas-Türflügeln, an deren oberen und unteren Enden durchlaufende Türschienen mit den dazugehörigen Trag- bzw. Führungsrollen angeklemmt sind. Bis zu fünf Türflügel können zusammenhängend seitlich verschoben und zu einem Paket zusammengefaltet werden. Falttüranlagen aus Einscheiben-Sicherheitsglas können mit oder ohne Gehflügel ausgestattet sein, wobei der Gehflügel als Pendeltür oder als Anschlagtür ausgebildet wird. Alle erforderlichen Beschlagteile werden vom Glaswerk mitgeliefert. Vgl. hierzu auch Abschn. 6.9, Ganzglastüren.

Wie Bild **7**.15 verdeutlicht, gibt es Ganzglas-Falttüren wahlweise mit exzentrischer oder zentrischer Aufhängung. Bei beiden Systemen sind Bodenführungsrollen mit den entsprechenden U-förmigen Schienen vorzusehen. Um ein nachträgliches Verstellen (Höhenjustierung) der Tragrollen zu ermöglichen, ist auch hier in der bauseits anzubringenden Verkleidung eine Revisionsklappe o. ä. vorzusehen.

7.4 Bewegliche Elementwände

Die Forderung, eine begrenzte Grundfläche jederzeit so aufteilen zu können, daß sie wechselnden Anforderungen genügt, führte zur Entwicklung von beweglichen Elementwänden. Dabei handelt es sich um schalldämmende, bewegliche Wände ohne Bodenführung, die aus raumhohen, unabhängig voneinander bedienbaren Einzelelementen bestehen (Bild **7**.16). Sie werden vorzugsweise in Schulen, Mehrzweckhallen, Kongreß- und Sportzentren sowie in gastronomischen Objekten eingesetzt. Die zusammengeschobenen Elemente ergeben eine geschlossene, vollkommen glatte Wand ohne sichtbare Metallprofile oder Beschlagteile. Als Oberflächenmaterial werden vorzugsweise Holzfurniere, Schichtstoffplatten, Kunstleder sowie alle anderen im gehobenen Innenausbau üblichen Materialien verwendet. Die derzeit angebotenen Wände haben einen sehr ähnlichen Aufbau, so daß im allgemeinen von folgenden Gegebenheiten ausgegangen werden kann:

— Die verfahrbaren Elementwände werden an Deckenschienen aus Stahl oder Aluminium aufgehängt. Bodenführungsschienen sind aus optischen und Verschmutzungsgründen unerwünscht. Für die Elementaufhängung gibt es zwei Möglichkeiten: Die einfachere 1-Punktaufhängung, bei der die Gefahr des Verkantens der Elemente und damit Beschädigung der Decke bzw. des Fußbodenbelages nie ganz auszuschließen ist,

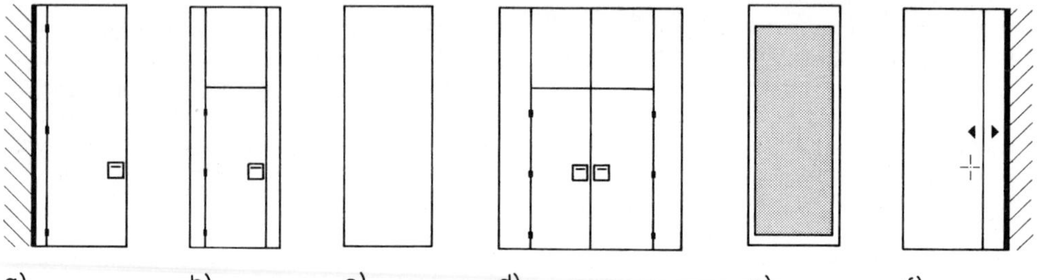

a) b) c) d) e) f)

7.16 Schematische Darstellung allgemein üblicher Element-Typen beweglicher Trennwände
a) fest angeschlagenes Türelement
b) einflügelige Durchgangstür
c) Vollwand-Element
d) zweiflügelige Durchgangstür
e) Fenster-Element
f) Teleskop-Element

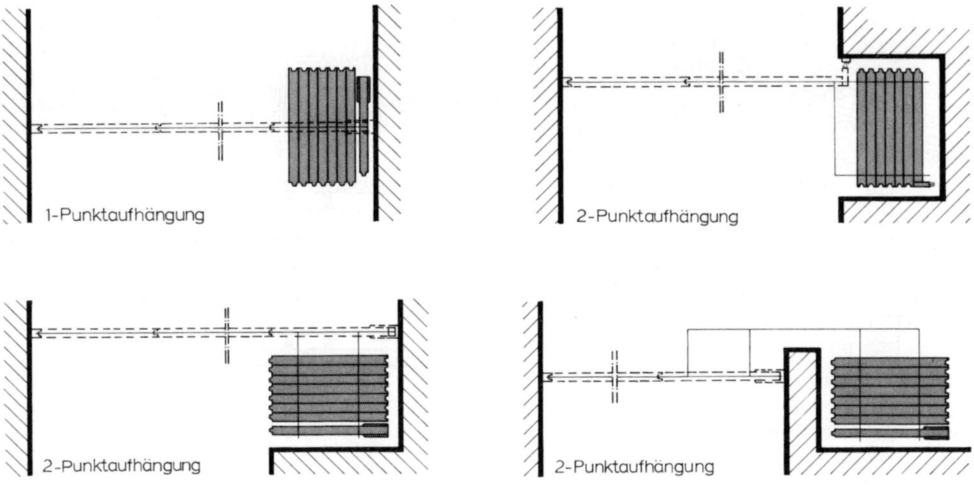

7.17 Schematische Darstellung verschiedener Parkmöglichkeiten beweglicher Elementwände

und die aufwendigere, aber heute übliche 2-Punktaufhängung (Bild **7**.17). Auf Grund ihres Gewichtes erfordern verschiebbare Wände ein hochwertiges Laufrollensystem. Besonders geeignet sind sog. Kreuzrollen, die ein leichtes, geräuscharmes Verschieben der Elemente nach allen Richtungen (ohne Drehscheiben und Weichen) gestatten. Die Elemente der geöffneten Wand können beliebig in einer separaten Nische, hinter einer vorspringenden Wand oder einem Pfeiler sowie einfach seitlich geparkt werden.

— Die einzelnen Plattenelemente bestehen im Inneren aus einem tragenden, verwindungssteifen Metallrahmen, der beidseitig punktförmig (freihängend) mit etwa 16 mm dicken Spanplatten beplankt ist (Bild **7**.18). Die Paneelen können auch aus einer selbsttragenden Konstruktion aus verzinkten Stahlblechtafeln in zweischaliger Bauweise gefertigt sein. Entsprechend der jeweils geforderten Schalldämmung wird der Hohlraum zwischen den Paneelen mit Mineralwolle gefüllt und das notwendige Flächengewicht der Elemente durch Aufkleben von Stahlblechen, Schwermatten oder Gipskartonplatten erreicht. Daraus ergeben sich Wanddicken von 80 bis 160 mm, je nach Elementhöhe und gefordertem Schalldämmwert.

— Die Abdichtung der Elemente gegen den Baukörper, ihre dichte Verbindung untereinander und die Begrenzung der baulichen Schallnebenwege sind weitere wichtige Schalldämm-Maßnahmen. Jedes Wandelement besitzt nach oben und unten ausfahrbare, beweglich gelagerte Doppeldichtungen, die über eine Spindelmechanik – ausgelöst durch eine Steckkurbel – gegen Fußboden und Deckenschiene gepreßt werden (Bild **7**.18 und **7**.19). Diese federgelagerten, mit einer Anpreßkraft von 15 bis 20 N/mm^2 versehenen Dichtleisten geben jedem Element eine gute Standfestigkeit, dichten gegen Fußboden und Deckenschiene schalldämmend ab und gleichen Toleranzen sowie nachträgliche Veränderungen des Bauwerks (z. B. Deckendurchbiegungen) bis zu einer Höhendifferenz von beispielsweise zweimal 40 mm selbsttätig aus.

— Die vertikale Verbindung der Elemente untereinander erfolgt bei einer hochwertigen Wand einmal durch formschlüssige Nut-Feder-Profile mit eingearbeiteten Mehrfachdichtungen, zum anderen durch eine kraftschlüssige Verbindung (Bild **7**.20). Dies kann entweder mechanisch durch zwei versenkt angeordnete Schließhaken oder durch die gegenseitige Anziehungskraft zweier, in der Nut-Feder-Schiene verlaufender Magnetbänder geschehen.

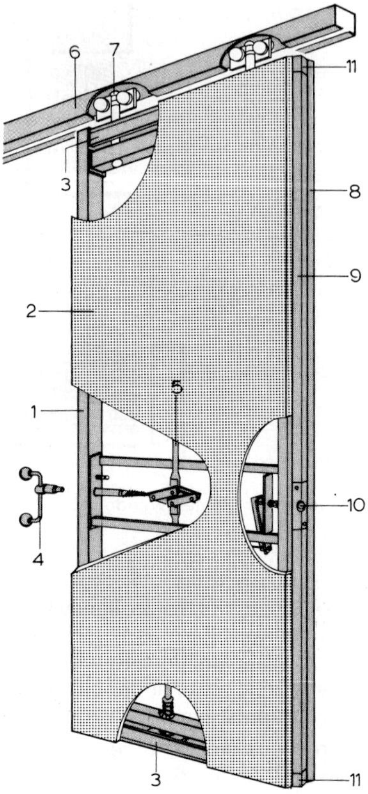

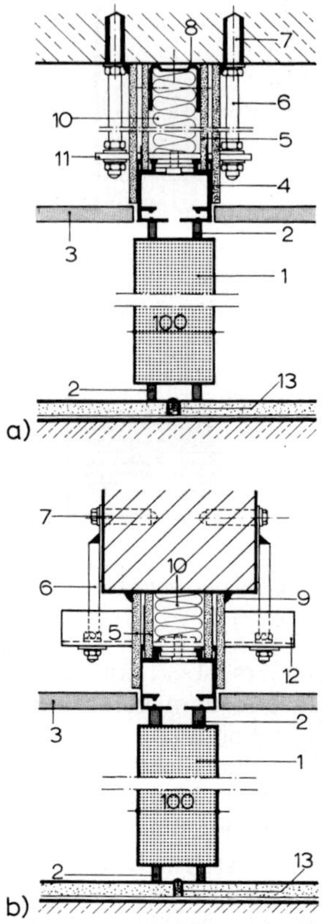

7.18 Schematische Darstellung des Aufbaues und der Mechanik eines beweglichen Trennwandelementes

1 Rahmen aus Aluminiumhohlkammer- und Stahlrohrprofilen
2 Spanplattenbekleidung (16 mm) mit Schwermatten und Hohlraumfüllung
3 horizontale Abdichtung (oben/unten) durch ausfahrbare Dichtleisten
4 Steckkurbel
5 Getriebemechanik
6 Deckenschiene aus Aluminium
7 Laufwagen mit Kreuzrollen (Zweipunkt-Aufhängung)
8 vertikale Abdichtung (Nut-Feder-Profil mit Lippendichtungen)
9 kraftschlüssige Verbindung durch Magnetbänder
10 Abdrückmechanismus
11 zusätzliche Eckabdichtung

Hüppe-Raumsysteme, Oldenburg

7.19 Beispiele von Laufschienen-Abhängungen (System VARIFLEX)

a) Abhängung an einer Betondecke
b) Abhängung an einem Unterzug

1 bewegliche Elementwand
2 ausfahrbare Dichtleisten
3 abgehängte Unterdecke
4 Deckenschiene aus Aluminium
5 Gipskartonplatten (je 12,5 mm dick)
6 Gewindestange mit höhenjustierbarer Halteplatte bzw. Konsole
7 Dübel nach Angabe
8 Stahlblechprofil
9 dauerelastische Dichtmasse
10 Mineralfaserwolle
11 Halteplatte
12 Konsole
13 Trennfuge im schwimmenden Estrich

Hüppe-Raumsysteme, Oldenburg

— Auch der Wandanschluß muß bei einer schalldämmenden Elementwand sehr sorgfältig ausgeführt werden. Im allgemeinen wird hierzu eine sog. Wandanschlußleiste verwendet, die im Prinzip nichts anderes darstellt als das Endstück eines normalen Elementes, das mit der Raumwand dicht verbunden ist und in dessen Nut-Feder-Profil das erste aufzustellende Wandelement eingeschoben wird. Um auch das letzte Element der beweglichen Trennwand einfügen zu können, ist ein gewisser Spielraum gegenüber dem Wandanschluß notwendig. Dieser verbleibende Zwischenraum wird meist durch ein aus dem letzten Element ausfahrbaren Teleskop verschlossen (Bild **7**.20 c).

Aus Gründen der Zweckmäßigkeit sollte jede größere, bewegliche Elementwand eine allseits flächenbündig eingebaute Durchgangstür erhalten. Diese sollte keine Bodenschwelle haben, sondern dreiseitig umlaufende Doppeldichtungen sowie eine nach unten ausfahrbare Dichtleiste aufweisen. Generell ist jedoch zu beachten, daß Durchgangstüren in der Regel die Schalldämmwerte einer Wand verringern.

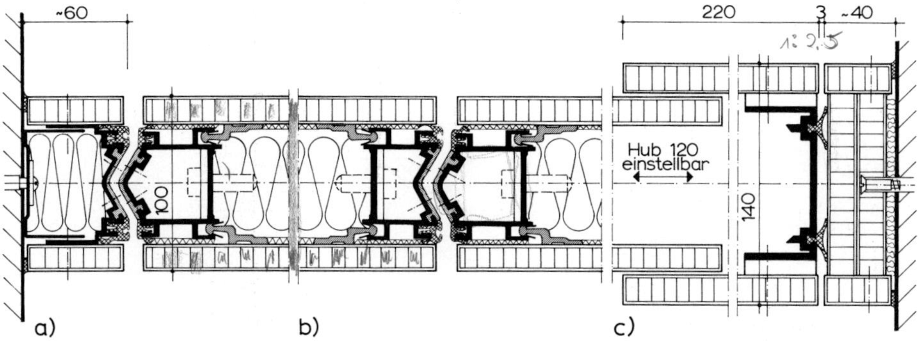

7.20 Horizontalschnitt durch eine bewegliche Elementwand (System VARIFLEX)
a) Wandanschluß: erstes Element mit Schloßleiste
b) vertikale Elementverbindung: Nut-Feder-Profil mit Lippendichtungen und beidseitig angeordneten Magnetbändern
c) Wandanschluß: letztes Element mit ausfahrbarem Teleskop
Hüppe-Raumsysteme, Oldenburg

— Die Begrenzung der baulichen Schallnebenwege über die flankierenden Bauteile ist genauso wichtig wie die schalltechnischen Maßnahmen am trennenden Bauteil, der beweglichen Trennwand selbst. Der Einbau einer Elementwand mit einem Schalldämm-Maß R'_w von beispielsweise 45 bis 60 dB hat nur dann einen Sinn, wenn die Schall-Längsleitung über die flankierenden Bauteile wie Fußboden, Wand, Decke, Fassade usw. weitgehend reduziert werden kann (Bild **7**.19 und **7**.20). Das Problem der horizontalen Schall-Längsleitung tritt vor allem auf entlang schwimmender Estriche und schallleitender Fußbodenbeläge (durchlaufende Trennfuge oder Verbundestrich vorsehen), schalleitender Unterdeckenplatten und ungedämmter Deckenhohlräume (horizontale Dämmung und/oder vertikale Abschottung einplanen) sowie bei undichten Randanschlüssen. Dazu kann noch die Schall-Längsleitung über Fassaden- bzw. Fensterelemente, Ver- und Entsorgungsleitungen sowie über Lüftungskanäle hinzukommen. Die geforderte Schalldämmung kann außerdem nur erreicht werden, wenn auch die zwangsläufig auftretenden Bautoleranzen im Rahmen der Grenzen liegen, die die beweglichen Trennwandsysteme auffangen können. Weitere Einzelheiten sind Abschn. 13.2.2.3 und Abschn. 14.3.3.1 in Teil 1 dieses Werkes sowie der weiterführenden Spezialliteratur [5] zu entnehmen.

7.5 Literatur

[1] Nutsch, W.: Handbuch der Konstruktion. 9. Aufl. Stuttgart 1992

[2] Holztechnik Fachkunde, 15. Aufl., Verlag Europa-Lehrmittel, Hasan-Gruiten 1997

[3] Baubeschlag-Taschenbuch. Hrsg.: G. Wohlfahrt, Duisburg 1997

[4] Richtlinien für kraftbetätigte Fenster, Türen und Tore. Hrsg.: Hauptverband der gewerblichen Berufsgenossenschaften, Bonn (1984)

[5] Panitz, E.: Bewegliche Elementwände, technischer Stand und Anwendung. Hüppe-Raumsysteme, Oldenburg (1983).

8 Mineralputze, Kunstharzputze und Wärmedämmsysteme

8.1 Allgemeines

Putz ist ein an Wänden oder Decken ein- oder mehrlagig in bestimmter Dicke aufgetragener Belag aus Putzmörteln oder Beschichtungsstoffen, der seine endgültigen Eigenschaften erst durch Verfestigung am Baukörper erreicht. Je nach Belagdicke und Art der verwendeten Mörtel bzw. Beschichtungsstoffe übernehmen Putze bestimmte bauphysikalische Aufgaben. Zugleich dienen sie der Oberflächengestaltung eines Bauwerkes. Von folgenden Normen ist auszugehen:

— **DIN 18550-1** (Ausg. 1.85) beschreibt als übergeordnete Norm die Putzeigenschaften und notwendigen Fachbegriffe, außerdem legt sie die Anforderungen an die Putze entsprechend ihrer Aufgaben fest.

— **DIN 18550-2** (Ausg. 1.85) enthält die Regeln für die Herstellung und Verarbeitung von Putzmörteln mit mineralischen Bindemitteln.

— **DIN 18550-3** (Ausg. 3.91) beinhaltet Angaben über Wärmedämm-Putzsysteme aus Mörteln mit mineralischen Bindemitteln und expandiertem Polystyrol (EPS).

— **DIN 18550-4** (Ausg. 3.91) beschreibt Putze mit Zuschlägen mit porigem Gefüge.

— **DIN 18558** (Ausg. 8.93) gilt für die Herstellung und Verarbeitung von Kunstharzputzen mit Beschichtungsstoffen aus organischen Bindemitteln.

— **DIN 18559** (Vornorm 12.88) behandelt Wärmedämm-Verbundsysteme, die zur Wärmedämmung und Gestaltung von Wand- und Deckenflächen dienen.

An Außen- und Innenputze werden sowohl allgemeine als auch ganz spezifische Anforderungen gestellt. Im einzelnen sind zu nennen:

Allgemeine Anforderungen. Gute und gleichmäßige Haftung am Putzgrund und gute Haftung der einzelnen Lagen aneinander (ohne Hohlräume) sowie gleichmäßiges Gefüge innerhalb der einzelnen Lagen. Festigkeit bzw. Widerstand gegen Abrieb und Oberflächenbeschaffenheit sind dem jeweiligen Putzgrund und der Putzanwendung – unter Berücksichtigung der Putzweise – anzupassen. Sollen noch Beschichtungen oder Tapeten auf einen Putz aufgebracht werden, so kann dies besondere Maßnahmen erforderlich machen. Auch die Wasserdampfdurchlässigkeit der Putze – innen wie außen – muß auf den Wandaufbau insgesamt abgestimmt sein. Es ist dafür zu sorgen, daß keine unzulässige Feuchtigkeitserhöhung in der Wand durch innere Kondensation auftritt. Vgl. hierzu auch Abschn. 15.5.6 in Teil 1 dieses Werkes. Werden an Putze Anforderungen hinsichtlich des Brandverhaltens gestellt, ist DIN 4102 zu beachten.

Außenputze müssen darüber hinaus vor allem noch witterungsbeständig sein, d. h. insbesondere der Einwirkung von Feuchtigkeit und wechselnden Temperaturen widerstehen sowie einen den jeweiligen Beanspruchungsgruppen entsprechenden Regenschutz gewährleisten. Die Wasserdampfwanderung zwischen innen und außen darf dadurch jedoch nicht unterbunden werden und der Außenputz keinesfalls als Dampfsperre wirken, hinter der es zu Tauwasserbildung kommen könnte.

Innenputze müssen zusätzliche Anforderungen vor allem als Träger von Anstrichen und schweren Tapeten sowie besondere Aufgaben des baulichen Brand- und Schallschutzes übernehmen. Außerdem muß der Innenputz in bewohnten Räumen so beschaffen sein, daß er Wasserdampf (Luftfeuchte) rasch aufnehmen, speichern und bei Bedarf langsam wieder abgeben kann (klimaregulierende Wirkung).

8.2 Einteilung und Benennung: Überblick

Nach DIN 18550 und DIN 18558 sind grundsätzlich zu unterscheiden:

- **Putze mit mineralischen Bindemitteln (Mineralputze)**
  Für ihre Herstellung werden Putzmörtel verwendet.
- **Putze mit organischen Bindemitteln (Kunstharzputze)**
  Zu ihrer Herstellung dienen Beschichtungsstoffe.

Putzmörtel

Putzmörtel werden den Putzmörtelgruppen P I bis P V zugeordnet, wenn sie die entsprechenden mineralischen Bindemittel enthalten. Zu unterscheiden sind:

Putzmörtel nach dem Zustand

- Frischmörtel (gebrauchsfertiger, verarbeitbarer Mörtel)
- Festmörtel (verfestigter Mörtel)

Putzmörtel nach dem Ort der Herstellung

- Baustellenmörtel (auf der Baustelle zusammengesetzte und gemischte Mörtel)
- Werkmörtel (im Werk zusammengesetzte, gemischte und überwachte Mörtel)
- Werktrockenmörtel (im Werk gefertigte, überwachte, verarbeitungsfähige, pulverförmige Mischung)

Putzmörtel nach der Art des Bindemittels

- Baukalke
- Putz- und Mauerbinder
- Zemente
- Baugipse
- Anhydritbinder

Putzmörtel nach der Art des Zuschlages

- mineralischer Zuschlag
- organischer Zuschlag, jeweils mit dichtem oder porigem Gefüge.

Beschichtungsstoffe

Beschichtungsstoffe dienen zur Herstellung von Kunstharzputzen und bestehen aus organischen Bindemitteln in Form von Kunststoffdispersionen. Nach Anwendung und Bindemittelanteil werden zwei Beschichtungsstofftypen unterschieden:

- P Org 1 – für Kunstharzputz als Außen- und Innenputz
- P Org 2 – für Kunstharzputz als Innenputz

Putzgrund

Putzgrund ist der Bauteil, der geputzt wird. Zur Vorbereitung des Putzgrundes gehören geeignete Maßnahmen, die einen festen und dauerhaften Verbund zwischen Putz und Putzgrund fördern. Dies wird gegebenenfalls erreicht durch das Aufbringen eines

- Spritzbewurfes (bei mineralisch gebundenen Putzen)
- Grundanstriches (bei Kunstharzputzen)

Putzträger

Putzträger verbessern das Haften des Putzes oder ermöglichen eine vom tragenden Untergrund weitgehend unabhängige Putzkonstruktion. Verwendet werden u. a. metallische Putzträger, Holzwolle-Leichtbauplatten, Ziegeldrahtgewebe.

Putzbewehrung

Putzbewehrungen bewirken eine Verbesserung der Zugfestigkeit des Putzes auf schwierigem Untergrund und tragen so zur Verminderung der Rissebildung bei. Verwendet werden u. a. Glasgitter-Armierungsgewebe, eingebettet in die oberste Schicht des frisch aufgebrachten Unterputzes.

Putzaufbau

Eine Putzlage ist eine in einem Arbeitsgang ausgeführte Putzschicht. Der Spritzbewurf zählt nicht als Putzlage. Dem Aufbau nach unterscheidet man:

— einlagige Putze

— mehrlagige Putze

Die unteren Lagen werden Unterputz, die oberste Lage wird Oberputz genannt. Kunstharzputze auf Wand- und Deckenflächen eignen sich nur als Oberputz.

Putzsysteme

Unter Putzsystem versteht man das ganzheitliche Zusammenwirken von Putzgrund und Putzlage(n). Die an einen Putz gestellten Anforderungen müssen demnach von allen Schichten zusammen dauerhaft erfüllt werden.

Putzanwendung

Entsprechend seiner örtlichen Lage im Bauwerk und der dadurch gegebenen Beanspruchungsart sind zu unterscheiden:

Außenputz

— Außenwandputz (auf über dem Sockel liegenden, aufgehenden Flächen)

— Außensockelputz (oberhalb der Erdanschüttung)

— Kellerwand-Außenputz (im Bereich der Erdanschüttung)

— Außendeckenputz (auf Deckenunterseiten, die der Witterung ausgesetzt sind).

Innenputz

— Innenwandputz für Räume üblicher Luftfeuchte (einschließlich der häuslichen Küchen und Bäder)

— Innenwandputz für Feuchträume

— Innendeckenputz für Räume üblicher Luftfeuchte (einschließlich der häuslichen Küchen und Bäder)

— Innendeckenputz für Feuchträume.

Putzarten

Nach den zu erfüllenden Anforderungen werden unterschieden:

Putze, die allgemeinen Anforderungen genügen

Putze, die zusätzlichen Anforderungen genügen.

— wasserhemmender Putz

— wasserabweisender Putz

— Außenputz mit erhöhter Festigkeit

— Innenwandputz mit erhöhter Abriebfestigkeit

— Innenwand- und Innendeckenputz für Feuchträume.

Putze für Sonderzwecke

— brandschutztechnisch wirksame Putzbekleidungen

— schallschutztechnisch wirksame Putzbekleidungen

— Wärmedämm-Putzsysteme

— Wärmedämm-Verbundsysteme

— Sanierputze

— Leichtputze.

Putzweisen

Die Putzweise kennzeichnet die Putze nach der Art ihrer Oberflächenbearbeitung und der dadurch entstehenden Oberflächenstruktur.

— Geglätteter Putz

— Gefilzter Putz

— Geriebener Putz oder Reibeputz (auch genannt: Münchner Rauhputz, Wurmputz, Madenputz, Altdeutscher Putz usw.)

— Kellenwurfputz

— Spritzputz

— Kratzputz

— Rollputz

— Buntsteinputz u. a.

Allgemeine Technische Vorschriften für **Putz- und Stuckarbeiten** (Stoffe, Ausführung, Nebenleistung, Abrechnung) sind VOB Teil C, DIN 18350 (Ausg. 05.98) zu entnehmen.

8.3 Ausgangsstoffe

8.3.1 Mineralische Bindemittel für Mörtelputze

Mineralische Bindemittel im Sinne der DIN 18550 sind Baukalke, Zemente, Baugipse, Anhydritbinder sowie Putz- und Mauerbinder. Nach ihrem Erhärtungsverhalten werden sie in lufthärtende und hydraulisch erhärtende Bindemittel eingeteilt.

Baukalke (DIN 1060)[1]

Baukalke werden aus Kalkstein, Dolomitstein, Kalksteinmergel oder mergeligem (tonhaltigem) Kalkstein durch Brennen unterhalb der Sintergrenze (900 bis 1200 °C) hergestellt. Je mehr tonhaltige Bestandteile der Kalkstein enthält, um so hydraulischer (unter Wasser erhärtend) verhält sich der Kalk. Während nicht hydraulische Bindemittel nach dem Anmachen mit Wasser nur an der Luft erhärten (Luftbindemittel), erhärten hydraulische Baukalke nach Wasserzugabe sowohl an der Luft als auch unter Wasser. Sie erhärten außerdem schneller und erzielen höhere Festigkeiten als lufthärtende Bindemittel. Auf Grund dieses unterschiedlichen Erhärtungsverhaltens unterscheidet man:

Luftkalke	Wasserkalk
— Weißkalk	Hydraulischer Kalk
— Dolomitkalk	Hochhydraulischer Kalk

Luftkalke verfestigen durch langsame Aufnahme von Kohlendioxid aus der Luft.[2] Dieser Vorgang wird Karbonatisierung (Karbonaterhärtung) genannt. Sie erhärten nicht unter Wasser (reine Luftbindemittel) und sind nach dem Erhärtungsvorgang – im Vergleich zu Hydraulischem Kalk – deutlich weniger wasserbeständig. Weiß- bzw. Dolomitkalkmörtel besitzen gute Verarbeitungseigenschaften (Geschmeidigkeit, Dehnungsfähigkeit). Nach längerer, meist monatelanger Abbindezeit – während der keine luftabsperrenden Tapeten oder dichte Anstriche aufgebracht werden dürfen – entstehen Putze geringerer Festigkeit (vorwiegend Innenputze der Mörtelgruppe P I), jedoch mit hoher Wasserdampfdurchlässigkeit.

Wasserkalke verfestigen durch Zusammenwirken von vorwiegend Karbonaterhärtung und schwach hydraulischer Reaktion. Da die Erhärtung überwiegend durch Aufnahme von Kohlendioxid aus der Luft[2] beruht, ist eine etwaige 7tägige Luftlagerung erforderlich, bevor die weitere Erhärtung unter Wasser erfolgen kann. Sonst weitgehend ähnliche Eigenschaften wie bei den Luftkalken. An ihre Druckfestigkeit werden gemäß DIN 1060 keine Anforderungen gestellt.

Hydraulische und hochhydraulische Kalke zeichnen sich vor allem durch ihre vorwiegend hydraulischen Erhärtungsfähigkeiten aus. Die Mörtel sind unter Wasser beständig, sofern sie zuvor eine gewisse Zeit (hydraulische Kalke mind. 5 Tage, hochhydraulische Kalke zwischen 1 und 3 Tagen) an der Luft[2] gelagert haben, d. h. vorhärten konnten. Außerdem binden sie schneller ab und erreichen eine höhere Festigkeit (Mörtelgruppe P II) als Luftkalke. Sie sind besonders geeignet für Außenputze, die ungünstigen Witterungsverhältnisse und mechanischen Beanspruchungen ausgesetzt sind. Vgl. hierzu Abschn. 8.4.1, Putzmörtel sowie Abschn. 6.2.2.3, Mauermörtel in Teil 1 dieses Werkes.

Handelsformen: Baukalke werden in ungelöschtem (Einsumpfzeit von etwa 10 bis 12 Stunden beachten) oder gelöschtem Zustand (im Auslieferungszustand sofort verarbeitbar) geliefert. Die Verarbeitungsanweisungen der Herstellerwerke sind zu beachten. Auf die entsprechende Spezialliteratur [1] wird verwiesen.

Zemente (DIN 1164)

Zement ist ein hydraulisches Bindemittel, das im wesentlichen aus Kalkstein, Kieselsäure, Tonerde und Eisenoxid besteht. Das entsprechende Rohstoffgemisch wird oberhalb der Sintergrenze (1400 bis 1500 °C) gebrannt und anschließend fein gemahlen.

Durch Reaktion mit Wasser erhärtet Zement sowohl an der Luft als auch unter Wasser und bleibt nach der Erhärtung auch unter Wasser fest. Die Druckfestigkeit muß nach 28 Tagen mindestens 25 N/mm^2 betragen (Vergleich: Geforderte Mindestdruckfestigkeit bei hochhydraulischem Kalk 5 N/mm^2).

---

1) Europäische Norm: DIN EN 459.

2) Nach dem Anmachen mit Wasser.

Normenzemente sind Portlandzement, Portlandkompositzement (Eisenportlandzement), Hochofenzement und Traßzement. Darüber hinaus gibt es noch genormte Zemente mit besonderen Eigenschaften sowie Spezialzemente für die verschiedensten Baumaßnahmen. Einzelheiten über die verschiedenen Zementarten, Festigkeitsklassen usw. können DIN 1164 sowie Abschnitt 5.2, Baustoffe, Teil 1 dieses Werkes, entnommen werden.

Baugipse (DIN 1168)

Gips kommt in der Natur als Mineral (Gipsstein) vor oder fällt als Nebenprodukt der chemischen Industrie an (Chemiegips). Zunehmende Bedeutung gewinnt der sog. **REA**-Gips, der in den **R**auchgas-**E**ntschwefelungs-**A**nlagen der Steinkohle-Kraftwerke anfällt. Er ist den Naturgipsen in bautechnischer Hinsicht durchaus ebenbürtig und wie diese auch gesundheitlich völlig unbedenklich.

Durch thermische Behandlung (z. B. Brennen in Drehöfen) wird dem Rohgips das Kristallwasser teilweise oder vollständig entzogen. Mit zunehmender Entwässerung bzw. Brenntemperatur (120 bis 180 °C bei Stuckgips, 300 bis 900 °C bei Putzgips) steigen Festigkeit und Abbindedauer (Erhärtungsverhalten) der verschiedenen Gipssorten. Das beim Brennen entzogene Wasser wird dem feingemahlenen Gips später beim Anmachen wieder zugeführt, so daß wieder Gipsstein entsteht. Gips ist ein nichthydraulisches Bindemittel, das ausschließlich durch Kristallisation (Hydration) an der Luft erhärtet. Gipse – sowie alle Gipsbaustoffe – sind durch Dauereinwirkung von Wasser löslich und verlieren bei langanhaltender, starker Feuchtigkeitseinwirkung merklich ihre Festigkeit (Gefügezerstörung). Gips darf daher weder in Außenwandputzen noch als Innenputz in Räumen mit langzeitig einwirkender Feuchtigkeit (z. B. in Hallenbädern, Saunen) verwendet werden. Vorübergehend auftretender Feuchtigkeitsanfall – wie er beispielsweise in häuslichen Bädern und Küchen vorkommt – ist unschädlich, da Gips überschüssige Luftfeuchtigkeit rasch aufnehmen und in Trocknungsperioden wieder rasch abgeben kann.

Zur Erzielung bestimmter Eigenschaften dürfen den Baugipsen im Herstellerwerk Zusätze beigegeben werden. Zusätze sind Stellmittel (anorganische Stoffe), die die Konsistenz, die Haftung, das Wasserrückhaltevermögen oder die Versteifungszeit (Erhärtungsverhalten) des Gipses in gewünschter Weise beeinflussen. Bereits werkseitig zugefügt sein können auch Füllstoffe wie Sand oder Perlit. Vor allem der zeitlich unterschiedliche Verlauf des Erhärtungsvorganges (Versteifung) ist ein wesentliches Kriterium zur Unterscheidung der einzelnen Gipssorten. Dementsprechend wird nach DIN 1168 zwischen Baugipsen ohne und mit werkseitig beigegebenen Zusätzen unterschieden:

Baugipse ohne werkseitig beigegebene Zusätze:

- **Stuckgips.** Bei niedrigen Temperaturen gebrannt, verhältnismäßig rasch versteifend. Er wird vor allem für Stuck-, Form- und Rabitzarbeiten, für das Herstellen von Innenputzen (Gipsputz, Gipskalkputz) sowie zur werksmäßigen Herstellung von Gipsbauplatten verwendet.
- **Putzgips.** Bei höheren Temperaturen gebrannt, beginnt früher zu versteifen und ist dennoch – ohne Schaden zu nehmen – länger an der Putzfläche zu bearbeiten als Stuckgips. Er wird vor allem eingesetzt für die Herstellung von Innenputzen (Gipsputz, Gipssandputz, Gipskalkputz) sowie für Rabitzarbeiten.

Baugipse mit werkseitig beigegebenen Zusätzen:

- **Maschinenputzgips.** Die Stellmittel ermöglichen einen kontinuierlichen maschinellen Putzauftrag. Der verarbeitungsbereit gelieferte, werkseitig vorgemischte Gips wird während des Putzvorganges fortlaufend (meist aus Silos o. ä.) in die Putzmaschine automatisch eingeblasen, das erforderliche Wasser richtig dosiert zugesetzt, homogen gemischt, als weichplastischer Mörtel über eine Schlauchleitung (Spritzkopf mit Druckluft) transportiert und gleichmäßig in gewünschter Dicke auf den Putzgrund aufgespritzt. Geeignet für einlagige Innenputze (Wand- und Deckenputz) auf nahezu allen festen Putzgründen; mehrlagiges Putzen ist zu vermeiden.
- **Haftputzgips.** Mit Zusätzen (z. B. Kunstharz) zur Verbesserung der Haftung versehen. Er wird verarbeitungsfähig geliefert, weitere Zusätze bzw. Zuschläge dürfen nicht beigegeben werden. Haftputzgips ist vor allem zum Verputzen von schwierigen, d. h. glatten und schwach saugenden Putzgründen – wie bei-

spielsweise Stahlbetondecken – bestimmt. Der einlagige Auftrag des Innenputzes erfolgt von Hand; mehrlagiges Putzen ist zu vermeiden.

- **Fertigputzgips.** Versteift langsam, Füllstoffe (z. B. Perlit, Sand) sind werkseitig zugesetzt, weitere Zuschläge oder Zusätze dürfen nicht zugegeben werden. Fertigputzgips ist das Standardmaterial zum einlagigen Verputzen von Mauerwerksflächen. Er eignet sich besonders für gut saugende Putzgründe. Das Anmachen und Auftragen des Mörtels erfolgt von Hand; mehrlagiges Putzen ist zu vermeiden. Vgl. hierzu auch die ausgewiesene Spezialliteratur [2], [14], [15].

Baugipse dürfen zwar mit Luftkalken, jedoch niemals mit hydraulischen Bindemitteln, wie Zement oder hydraulischem Kalk, vermischt bzw. verarbeitet werden, da die Gefahr der Gefügezerstörung durch sog. Treiben (Kristallwasseranreicherung in Folge Ettringitbildung) besteht. Auch eine Vermischung der Sorten Maschinenputzgips, Haftputzgips und Fertigputzgips untereinander oder mit anderen Bindemitteln oder Zuschlägen ist unzulässig, da die gewünschten Eigenschaften verlorengehen. Weiter ist zu beachten, daß Gips für eingelagerte Metallteile keinerlei schützende Wirkung besitzt, (ungehinderter Zutritt von Feuchte und Sauerstoff), so daß es zu Korrosion kommen kann. Daher sind metallische Putzträger bzw. Aufhängevorrichtungen immer zu lackieren oder zu verzinken. Demgegenüber weist Gipsputz – wie alle Gipsbauteile – ein günstiges Brandverhalten auf: Gips bindet eine verhältnismäßig große Wassermenge, die im Brandfall die Bauteiloberfläche in Form eines Wasserdampfschleiers schützt.

Anhydritbinder (DIN 4208), Putz- und Mauerbinder (DIN 4211) sowie Traß (DIN 51043) sind weitere mineralische Bindemittel, die jedoch im Rahmen dieser Abhandlung unberücksichtigt bleiben.

8.3.2 Organische Bindemittel für Kunstharzputze

Als Bindemittel von Beschichtungsstoffen für Kunstharzputze werden Polymerisatharze in Form von Dispersionen oder Lösungen verwendet. Der Bindemittelgehalt des Beschichtungsstoffes ist in Abhängigkeit von der Kornzusammensetzung des Zuschlages gemäß DIN 18558, Kunstharzputze, festzulegen.

8.3.3 Zuschläge für Mörtel- und Kunstharzputze

Baukalke und Zemente müssen durch Zuschläge gemagert werden, weil diese mineralischen Bindemittel für sich allein beim Erhärten schwinden. Baugipse und Anhydritbinder dagegen bedürfen an sich keines Magerungsmittels (Ausnahmen: Gezielte Beeinflussung bestimmter Eigenschaften). Außerdem schwinden Baugipse nicht, im Gegensatz zu Baukalk und Zement. Für die Herstellung von Mörtel- und Kunstharzputzen eignen sich folgende Zuschläge:

Mineralischer Zuschlag. Mineralischer Zuschlag ist nach DIN 18550 bzw. DIN 18558 ein Gemenge (Haufwerk) aus ungebrochenen und/oder gebrochenen Körnern von natürlichen und/oder künstlichen mineralischen Stoffen. Man unterscheidet:

- Zuschlag mit dichtem Gefüge (z. B. Natursand, Brechsand o. ä.)
- Zuschlag mit porigem Gefüge (z. B. Perlit, Blähton, Blähglaskügelchen, Bims), auch Leichtzuschläge genannt.

Korngröße, -form, -zusammensetzung, -festigkeit und Reinheit des Sandes sind für das Verhalten und die Widerstandsfähigkeit eines Mörtels oder Putzes ebenso wichtig wie die Art und Güte des Bindesmittels. Schädliche Bestandteile wie Lehm, Ton, Kohle, Eisen, Sulfate o. ä. dürfen die Zuschläge entweder gar nicht oder nur in solchen Mengen enthalten, daß sie die Eigenschaften der Putze nicht beeinträchtigen.

Mörtelsande zur Herstellung von Putzen mit mineralischen Bindemitteln sollen eine möglichst geringe Hohlräumigkeit besitzen. Am vorteilhaftesten sind gemischtkörnige Sande, da sie u. a. weniger Bindemittel benötigen und bessere Verarbeitungseigenschaften ergeben. Günstig sind Sande, deren Massenanteil an Körnung 0 bis 0,25 mm zwischen 10 und 30% liegt. Größe und Anteil des Grobkorns richten sich immer nach der Putzanwendung. Für die einzelnen Putzanwendungen sind jeweils empfohlene Korngruppen in Tabelle **8**.1 angegeben. Der Spritzbewurf erfordert stets einen grobkörnigen Sand, damit eine rauhe Oberfläche entsteht, an der sich der nachfolgende Putz festklammern kann.

Tabelle **8**.1 Empfohlene Korngruppen nach DIN 18550-2

Zeile	Putzanwendung	Mörtel für	Korngruppe/Lieferkörnung nach DIN 4226-1 in mm
1	Außenputz	Spritzbewurf	0/4[1]), (0/8)[1])
2		Unterputz	Unterputz 0/2, 0/4
3		Oberputz	je nach Putzweise
4	Innenputz	Spritzbewurf	0/4[1])
5		Unterputz	0/2, 0/4
6		Oberputz	0/1, 0/2[2])

[1]) Der Anteil an Grobkorn soll möglichst groß sein.
[2]) Bei oberflächengestaltenden Putzen ist das Grobkorn nach der Putzweise zu wählen.

Organischer Zuschlag. Organischer Zuschlag ist ein Gemenge aus Körnern organischer Stoffe. Man unterscheidet:

- Zuschlag mit dichtem Gefüge (z. B. Kunststoffgranulate)
- Zuschlag mit porigem Gefüge (z. B. Expandiertes Polystyrol = geschäumte Kügelchen).

8.3.4 Zusätze für Putzmörtel

Zusätze sind vor allem Zusatzmittel, die die Mörteleigenschaften durch chemische und/oder physikalische Wirkung beeinflussen, so daß die Putze besonderen Anforderungen genügen. Sie dürfen dem jeweiligen Mörtelgemisch nur in geringen Mengen zugegeben werden; außerdem dürfen nur Zusätze verwendet werden, die keinen schädigenden Einfluß auf den Putz ausüben. So dürfen sie insbesondere die Festigkeit und Beständigkeit des Mörtels, den Korrosionsschutz der Putzbewehrung oder des Putzträgers sowie das Erhärten des Bindemittels nicht beeinträchtigen. Die wichtigsten Zusatzmittel, die Putzmörteln für Außenputze beigegeben werden, sind:

- **Luftporenbildner.** Durch künstlich erzeugte, gleichmäßig verteilte kleine Luftporen werden die Kapillaren unterbrochen, wodurch die Wasseraufnahmefähigkeit des Putzes verringert wird. Des weiteren wird die Verarbeitbarkeit des Mörtels durch die Gleitwirkung der Luftporen verbessert (Plastifizierungsmittel) und das Mörtelgewicht aufgrund der eingeschlossenen Luft reduziert, so daß dickere Putzlagen in einem Arbeitsgang aufgebracht werden können. Vgl. hierzu auch Abschn. 8.7.5.4. Diese Porenbildner dürfen jedoch nur in kleinen Mengen beigegeben werden, da ein zu hoher LP-Gehalt zu wesentlichen Festigkeitsminderungen führt.
- **Hydrophobierungsmittel** (wasserabweisende Zusätze). Hierbei handelt es sich in der Regel um fettähnliche Substanzen, die weitgehend wasserunlöslich sind und dem Mörtel in genau dosierten Mengen bereits werkseitig zugegeben werden. Sie bewirken, daß das von außen an den fertigen Putz herangetragene Wasser (z. B. Schlagregen) abgewiesen

wird, indem sie die Benetzbarkeit der Kapillarwände so stark herabsetzen, daß der Kapillarsog praktisch unterbleibt. Die Wasserdampfdurchlässigkeit darf dadurch jedoch nur unwesentlich gemindert werden. Auch darf die Hydrophobierung nur in einem solchen Maße erfolgen, daß die Haftung nachfolgender Schichten (z. B. Anstriche) nicht nachteilig beeinflußt wird. Wie in Abschnitt 9.2 näher beschrieben, können Putzoberflächen auch noch nachträglich mit farblosen Imprägniermitteln (Silanen, Siloxanen oder Silikonen) wasserabweisend ausgerüstet werden.

- **Dichtungsmittel.** Sie machen den Putz weitgehend wasserundurchlässig, indem sie bei Wasserandrang porenstopfend wirken und dadurch einen Dichteffekt herbeiführen. Eingesetzt werden sie fast ausschließlich bei Außenputzen aus reinem Zementmörtel (Mörtelgruppe P III) im Sockelbereich und unter der Erdoberfläche. Bei höherem Wasserdruck wird die wasserabweisende Wirkung in den Kapillaren jedoch überwunden, so daß bitumöse Anstriche oder sogar Dichtungsbahnen eingesetzt werden müssen.
- **Erstarrungsbeschleuniger.** Sie bewirken eine Beschleunigung der Mörtelerstarrung. Auch sie dürfen nur in geringen Mengen zugegeben werden, da sie sonst die Endfestigkeit des Putzes vermindern.
- **Haftverbessernde Zusatzmittel.** Sie verbessern den Haftverbund zwischen Putzmörtel und Putzgrund.
- **Frostschutzmittel.** Sie würden Putzarbeiten auch bei niedrigeren Temperaturen zulassen. Nach DIN 18550 sollen derartige Zusätze jedoch nicht verwendet werden.
- **Farbmittel** (Pigmente). Diese müssen zur Herstellung eines gefärbten Putzes licht-, kalk- und zementecht sowie wetter- und UV-beständig sein, damit sie durch die Bindemittel, Zuschlagstoffe oder Lichteinwirkung nicht verfärbt oder zerstört werden. Farbpigmente dürfen nur in solchen Mengen verwendet werden, daß ein nachteiliger Einfluß auf den Putz unterbleibt.

8.4 Putzmörtel und Beschichtungsstoffe

8.4.1 Putzmörtel für Mineralputze

Putzmörtel ist nach DIN 18550-1 ein Gemisch, das aus einem oder mehreren miteinander verträglichen **mineralischen** Bindemitteln, gemischtkörnigem Zuschlag mit einem überwiegenden Kornanteil zwischen 0,25 und 4 mm sowie Anmachwasser besteht. Bei Mörteln aus Baugipsen und Anhydritbindern kann der Zuschlag entfallen.

Tabelle **8.2** Putzmörtelgruppen nach DIN 18550-1

Putzmörtelgruppe	Art der Bindemittel
P I	Luftkalke, Wasserkalke, Hydraulische Kalke
P II	Hochhydraulische Kalke, Putz- und Mauerbinder, Kalk-Zement-Gemische
P III	Zemente
P IV	Baugipse ohne und mit Anteilen an Baukalk
P V	Anhydritbinder ohne und mit Anteilen an Baukalk

Tabelle **8.3** Druckfestigkeit nach DIN 18550-2

Putzmörtelgruppe	Mindestdruckfestigkeit in N/mm²
P I a, b	keine Anforderungen
P I c	1,0
P II	2,5
P III	10,0
P IV a, b, c	2,0
P IV d	keine Anforderungen
P V	2,0

Putzmörtel werden den in Tabelle **8**.2 genannten Mörtelgruppen P I bis P V zugeordnet, sofern sie die dort angeführten mineralischen Bindemittel enthalten und die in Tabelle **8**.4 angegebenen – sich auf Erfahrung gründenden – Mischungsverhältnisse aufweisen. Derart zusammengesetzte Mörtel erreichen die in Tabelle **8**.3 genannten Mindestdruckfestigkeiten und können ohne weitere Nachweise für die in Abschn. 8.6 angeführten Putzsysteme verwendet werden.

Bei der Wahl der Mörtelgruppe ist jedoch immer auch zu berücksichtigen, ob der Putz später noch mit anderen Stoffen beschichtet werden soll.

8.4.1.1 Putzmörtelgruppen

Kalkmörtel der Mörtelgruppe P I (s. Tab. **8**.4) ergeben stark saugende, elastische, wenig druckfeste Putze mit hoher Wasserdampfdurchlässigkeit, die jedoch nicht immer ausreichend witterungsbeständig sind. Sie eignen sich vor allem für mechanisch nicht stärker beanspruchte Innenputze, gegebenenfalls auch für Außenputze, an die keine besonderen Feuchtigkeits- bzw. Festigkeitsanforderungen gestellt werden. Um die Beständigkeit und Festigkeit von Kalkputzen zu erhöhen, können geringe Zementzusätze beigegeben werden. Dadurch werden die Putze fester, aber auch dichter und weniger elastisch. Eine zusätzliche Hydrophobierung oder ein Anstrich machen den Putz wasserabweisend. Allerdings dürfen auf Kalkputzen der Mörtelgruppe P I keine dichten Beschichtungssysteme und auch keine Putzschichten mit höherer Festigkeit aufgebracht werden. Geeignet sind nur sehr wasserdampfdurchlässige Anstriche (z. B. Silikatfarben). Da bei diesen Putzen jedoch Monate vergehen, bis eine ausreichende Erhärtung auf Grund des Karbonatisierungsvorganges eintritt, dürfen diese erst nach etwa einem halben Jahr auf den Kalkputz aufgebracht werden. Außerdem eignen sich reine Kalkputze – so wie sie an historischen Gebäuden (Denkmalpflege) häufig angetroffen werden – nicht als Unterputz für Kunstharzputze und normalerweise auch nicht für Dispersionsfarbenanstriche.

Wie in Abschn. 8.3.1, Baukalke, bereits erwähnt, hängt es von der Handelsform des Baukalkes ab, ob er unmittelbar verarbeitet werden kann oder ob eine Einsumpfdauer bzw. Mörtelliegezeit (s. DIN 1060) einzuhalten ist. Erhärtungs- und Abbindevorgang laufen beim Kalkmörtel parallel. Da das Abbinden (Karbonisation) jedoch primär von dem nur in verhältnismäßig geringen Mengen vorhandenen Kohlendioxid der Luft abhängt, kann sich das Abbinden von Luftkalkmörteln unter Umständen über Wochen und Monate hinziehen. Es ist daher ratsam, Beschleunigungsmaßnahmen wie beispielsweise kräftiges Lüften, Aufstellung von Propangasbrennern (keine Koksöfen!) usw. zu veranlassen, damit dauernd neues Kohlendioxid an den Putz herangeführt und das bei der Karbonisation frei werdende Wasser (Teil der sog. Neubaufeuchtigkeit) rascher weggeführt wird. Zugluft muß dabei allerdings vermieden werden, da sonst unter Umständen Putzrisse durch eine zu rasche Oberflächentrocknung entstehen können.

Kalkzementmörtel der Mörtelgruppe P II (s. Tab. **8**.4) ergeben sehr widerstandsfähige (Mindestdruckfestigkeit 2,5 N/mm²), ausreichend elastische, schwachsaugende Putze mit ausreichender Wasserdampfdurchlässigkeit. Sie eignen sich hauptsächlich für stark beanspruchte Außenputze (Standardmörtel), denen jedoch trotz ihrer niederschlaghemmenden Eigenschaften in der Regel noch wasserabweisende Zusätze beigegeben werden. Als Innenputz werden sie überall dort eingesetzt, wo starke mechanische Beanspruchungen zu erwarten sind. Vgl. hierzu Abschn. 8.7.5 und 8.7.6, Mineralisch gebundene Außen- und Innenputze. Bei den hydraulisch erhärtenden Mörteln ist besonders darauf zu achten, daß die Verarbeitungszeit (Versteifungsbeginn) nicht überschritten wird.

Zementmörtel der Mörtelgruppe P III (s. Tab. **8**.4) ergeben sehr feste (Mindestdruckfestigkeit 10 N/mm²), kaum saugende, wenig elastische, starre Putze mit geringer Wasserdampfdurchlässigkeit. Sie eignen sich hauptsächlich für Außenputze zum Abdichten von Bauteilen, die ständiger Feuchtigkeitseinwirkung ausgesetzt sind (z. B. Kellerwand-Außenputze unter

Tabelle **8.4** Mischungsverhältnisse in Raumteilen nach DIN 18550-2 (Ausg. 1.85) für **Baustellenmörtel**

Zeile	Mörtelgruppe		Mörtelart	Baukalke DIN 1060-1: Luftkalk Wasserkalk – Kalkteig	Baukalke DIN 1060-1: Luftkalk Wasserkalk – Kalkhydrat	Hydraulischer Kalk	Hochhydraulischer Kalk	Putz- und Mauerbinder DIN 4211	Zement DIN 1164	Baugipse ohne werkseitig beigegebene Zusätze DIN 1168-1: Stuckgips	Putzgips	Anhydritbinder DIN 4208	Sand[1])
1	P I	a	Luftkalkmörtel	1,0[2])									3,5 bis 4,5
2					1,0[2])								3,0 bis 4,0
3		b	Wasserkalkmörtel	1,0									3,5 bis 4,5
4					1,0								3,0 bis 4,0
5		c	Mörtel mit hydraulischem Kalk			1,0							3,0 bis 4,0
6	P II	a	Mörtel mit hochhydraulischem Kalk oder Mörtel mit Putz- und Mauerbinder				1,0 oder 1,0						3,0 bis 4,0
7		b	Kalkzementmörtel	1,5 oder 2,0					1,0				9.0 bis 11,0
8	P III	a	Zementmörtel mit Zusatz von Kalkhydrat		≤ 0,5				2,0				6,0 bis 8,0
9		b	Zementmörtel						1,0				3,0 bis 4,0
10	P IV	a	Gipsmörtel							1,0[3])			
11		b	Gipssandmörtel							1,0[3]) oder 1,0[3])			1,0 bis 3,0
12		c	Gipskalkmörtel	1,0 oder 1,0						0,5 bis 1,0 oder 1,0 bis 2,0			3,0 bis 4,0
13		d	Kalkgipsmörtel	1,0 oder 1,0						0,1 bis 0,2 oder 0,2 bis 0,5			3,0 bis 4,0
14	P V	a	Anhydritmörtel									1,0	≤ 2,5
15		b	Anhydritkalkmörtel	1,0 oder 1,5								3,0	12,0

[1]) Die Werte dieser Tabelle gelten nur für mineralische Zuschläge mit dichtem Gefüge. [2]) Ein begrenzter Zementzusatz ist zulässig.
[3]) Um die Geschmeidigkeit zu verbessern, kann Weißkalk in geringen Mengen, zur Regelung der Versteifungszeiten können Verzögerer zugesetzt werden.
Hinweis: Die in Tabelle **8.4** angegebenen Mischungsverhältnisse sind unter Berücksichtigung des Mischverfahrens dem jeweiligen Kornaufbau des Zuschlages (z. B. Sand) anzupassen und müssen dabei innerhalb der angegebenen Grenzen liegen.

der Erdoberfläche) sowie für Sockelputze. Durch Zugabe von Dichtungsmitteln oder Aufbringen von entsprechenden Dichtungsanstrichen (Beschichtungen) können sie wasserundurchlässig ausgeführt werden. Vgl. hierzu Abschn. 8.7.5. Zum Verputzen von aufgehenden Wänden (Fassadenbereich) sind sie nur dann geeignet, wenn ein sehr harter und dichter Putzgrund, zum Beispiel Beton, vorhanden ist. Werden Zementmörtel auf weniger feste Mauerwerkstoffe aufgebracht, so kommt es wegen ihrer großen Härte zu Spannungsrissen, durch die Niederschlagswasser ungehindert eindringen kann.

Gipshaltige Mörtel der Mörtelgruppe P IV (s. Tab. **8**.4) ergeben stark saugende und schnell trocknende Putze, die vorübergehenden Feuchtigkeitsanfall rasch aufnehmen, aber ebenso schnell durch Verdunsten wieder abgeben. Gipshaltige Mörtel eignen sich aufgrund der Wasserlöslichkeit des Putzes nur zur Herstellung von Innenputzen. Sie sind auch nicht verwendbar in Räumen mit langzeitiger Feuchtigkeitseinwirkung (z. B. in Schwimmbädern). Zum Einsatz in häuslichen Küchen und Bädern sind sie jedoch gut geeignet, da sie die dort vorübergehend auftretenden Feuchtigkeitsspitzen ausgleichen und rasch abbauen. Festigkeit und Härte der Putze mit Gips hängen wesentlich von der Gipsart, vom Gipsanteil und gegebenenfalls von der Höhe des Sand- bzw. Perlitzuschlages ab. Vgl. hierzu Abschn. 8.7.6, Innenputz.

Besondere Hinweise: Baugipse und Anhydritbinder dürfen nicht zusammen mit hydraulischen Bindemitteln, wie beispielsweise hydraulisch erhärtende Kalke, Putz- und Mauerbinder sowie Zement, verarbeitet werden. Werden Luftkalk oder Wasserkalk mit Stuckgips oder Putzgips gemeinsam verarbeitet, so ist der Gips kurz vor dem Putzen getrennt in Wasser einzustreuen und dann mit dem bereits angemachten Kalkmörtel zu vermischen. Zu beachten ist weiter, daß bereits im Zustand des Erstarrens befindliche Mörtel – die hydraulische Bindemittel, Baugips oder Anhydritbinder enthalten – nicht durch erneute Wasserzugabe wieder verarbeitbar gemacht werden dürfen.

8.4.1.2 Zubereitung und Lieferform der Putzmörtel

Nach dem Ort der Herstellung unterscheidet man zwischen Baustellen- und Werkmörtel.

Baustellenmörtel. Früher wurden die Putzmörtel von den Verarbeitern auf der Baustelle – aus den dort vorhandenen Bindemitteln und Sanden – selbst zusammengesetzt und gemischt. Heute werden die Baustellenmörtel entsprechend den in Tabelle **8**.4 angegebenen Richtrezepturen ausgeführt. Für diese Mörtel gelten dann die zuvor erwähnten Festigkeitsanforderungen als erfüllt, so daß sie ohne weitere Nachweise für die in den Tabellen **8**.6 bis **8**.9 angegebenen Putzsysteme verwendet werden können. Bei der Mörtelzubereitung auf der Baustelle sind die Mischungsverhältnisse der Richtrezepturen in Raumteilen angegeben (Zumeßbehälter mit Meßmarken), obwohl eine wesentlich genauere Zumessung der Mörtelstoffe mit Gewichtsteilen zu erzielen ist (Vorteil der Werkmörtelzubereitung). In jedem Fall sind die Mörtelstoffe innig miteinander zu vermengen. Daher ist die Maschinenmischung dem Mischen von Hand immer vorzuziehen. Die für jedes Gerät (Putzmaschine) vorgeschriebene Mischdauer ist unbedingt einzuhalten.

Auf der Baustelle zusammengestellte Mörtelmischungen führen oftmals – soweit keine geschulten Fachkräfte oder keine zweckmäßigen Geräte zum Einsatz kommen – zu Mängeln. Diese können zum Beispiel entstehen durch Beimischung ungeeigneter oder mit schädlichen Bestandteilen behafteter Zuschläge, ungenau dosierter Zusatzstoffe u. v. m. Diese Bedenken und nicht zuletzt wirtschaftliche Überlegungen (hoher Lohnkostenanteil) führten während der letzten Jahrzehnte dazu, daß immer mehr Werkmörtel – vor allem lagerfähige Werktrockenmörtel – verarbeitet werden.

Werkmörtel sind in einem Werk aus Ausgangsstoffen zusammengesetzte und gemischte Mörtel, die in stets gleichbleibender Qualität geliefert und einer ständigen Güteüberwachung (Eigen- und Fremdüberwachung gemäß DIN 18557) unterliegen. Diese Überwachung garantiert, daß nur geeignete Rohstoffe verarbeitet, normgerechte Mischungsverhältnisse eingehalten und Zusatzmittel (z. B. Hydrophobierungszusätze) in richtiger Dosierung beigegeben werden. Nur aus Werkmörteln lassen sich Putze mit besonderen Eigenschaften sowie durchgefärbte Oberputze mit gleichmäßig farbiger Struktur herstellen. Dies bedeutet jedoch nicht, daß diese Mörtel in jedem Fall genau nach den in der Putznorm angeführten Mischungsverhältnissen zusammengesetzt sein müssen. Der Nachweis, daß ein bestimmter Werkmörtel einer der vorgenannten Mörtelgruppen entspricht, kann auch über eine Eignungsprüfung erbracht werden. Wie die Baustellenmörtel, müssen jedoch auch die Werkmörtel den Anforderungen der Mörtelgruppen (z. B. Mindestdruckfestigkeit gemäß Tab. **8**.3) insgesamt entsprechen und für die in Abschn. 8.6 angeführten Putzsysteme anwendbar sein. Im einzelnen unterscheidet man:

— **Werkmörtel,** der gebrauchsfertig, d. h. mit dem notwendigen Anmachwasser versehen in verarbeitbarer Konsistenz an die Baustelle geliefert wird.

— **Werktrockenmörtel,** der trocken, d. h. pulverförmig in Papiersäcken oder Containern/Silos geliefert und auf der Baustelle – durch ausschließliche Zugabe einer vom Hersteller genau anzugebenden Menge Wasser und durch Mischen – verarbeitungsfertig gemacht wird (z. B. Edelputze sowie alle Putze, an die besondere Anforderungen gestellt werden).

8.4.2 Beschichtungsstoffe für Kunstharzputze

Beschichtungsstoffe dienen der Herstellung von Kunstharzputzen. Sie bestehen nach DIN 18558 aus **organischen** Bindemitteln in Form von Dispersionen (Kunstharzdispersionen) oder Lösungen und aus Zuschlägen – auch Füllstoffe genannt – mit überwiegendem Kornanteil 0,25 mm. Der Bindemittelgehalt des Beschichtungsstoffes ist in Abhängigkeit von der Kornzusammensetzung des Zuschlags festzulegen. Kornzusammensetzung und Korngröße sind variabel und bestimmen zusammen mit der Verarbeitungsart die Schichtdicke und die Oberflächenstruktur des Kunstharzputzes. Die Beschichtungsstoffe werden im Herstellerwerk gefertigt und verarbeitungsfähig geliefert. Sie sind stets in Verbindung mit einem Grundanstrich zu verarbeiten. Mit Ausnahme geringer Zugaben von Verdünnungsmitteln zur Regulierung der Konsistenz sind Veränderungen der Beschichtungsstoffe unzulässig. Nach Anwendung und Bindemittelanteil werden zwei Typen von Beschichtungsstoffen unterschieden:

— **Beschichtungsstoff – Typ P Org 1: Außen- und Innenputz**

— **Beschichtungsstoff – Typ P Org 2: nur für Innenputze.**

Weitere Einzelheiten sind der vorgenannten Norm für Kunstharzputze zu entnehmen. Vgl. hierzu auch Abschn. 8.8, Kunstharzputz sowie die Tabellen **8**.6 bis **8**.9.

8.5 Putzaufbau

Putzlagen

Eine Putzlage ist nach DIN 18550 eine in einem Arbeitsgang ausgeführte Putzschicht. Dies kann durch einen oder mehrere Anwürfe des gleichen Mörtels oder – bei Kunstharzputzen – durch Auftragen des Beschichtungsstoffes (einschließlich des erforderlichen Grundanstriches) geschehen. Es gibt ein- und mehrlagige Putze (Bild **8**.5).

Unterputz – werden die unteren Lagen,

Oberputz – wird die oberste Lage genannt.

Der traditionelle Putzaufbau ist mehrlagig, bestehend aus einer Putzgrundvorbehandlung (z. B. Spritzbewurf als Haftgrund), dem Unterputz als Hauptschicht und dem Oberputz als eine Art Dekorschicht. Der Spritzbewurf zählt jedoch nicht als Putzlage. Wie in Abschn. 8.7.1 im einzelnen erläutert, dient er lediglich der Vorbereitung des Putzgrundes.

Putzdicke

Die mittlere Dicke von mineralischen Putzen, die **allgemeinen Anforderungen** genügen, muß gemäß DIN 18550-2 betragen bei

— Außenflächen 20 mm (zulässige Mindestdicke 15 mm),
— Innenflächen 15 mm (zulässige Mindestdicke 10 mm).

Die Bemühungen um eine Rationalisierung der Verputzarbeiten führten zur Entwicklung von Werktrockenmörteln, die einen Putzaufbau in nur **einer** Lage gestatten. Einlagenputze gibt es mit und ohne Putzgrundvorbehandlung (z. B. Spritzbewurf). Für diese Putze ist vom Hersteller der Nachweis der Eignung durch eine Eignungsprüfung zu führen. Die Putznorm nennt

— einlagige Innenputze 10 mm (zulässige Mindestdicke 5 mm).

Die Dicke von mineralischen Putzen, die **zusätzlichen Anforderungen** genügen sollen, ist so zu wählen, daß diese Anforderungen sicher erfüllt werden. Nach der Norm können dies sein

— einlagige wasserabweisende Außenputze 15 mm (erforderliche Mindestdicke 10 mm), gefertigt aus Werkmörtel. Die jeweils zulässigen Mindestdicken müssen sich dabei immer auf einzelne Stellen beschränken.

Bei Putzen mit erhöhter Wärmedämmung, wie sie in Abschn. 8.11.4 näher beschrieben sind, richtet sich die Dicke nach dem angestrebten physikalischen Effekt. Die Mindestdicke derartiger Wärmedämm-Putzsysteme muß 20 mm betragen. Bei Bauteilen, an die besondere brand- oder schallschutztechnische Anforderungen gestellt werden, kann eine bestimmte Putzdicke zur Erfüllung der Aufgaben erforderlich sein. S. hierzu Abschn. 8.9 und Abschn. 8.10.

Kunstharzputze werden nur als oberste Lage (Oberputz) verwendet. Ihre Schichtdicke richtet sich nach der Korngröße des Größtkorns und/oder der gewünschten Oberflächenstruktur. Einzelheiten hierzu s. Abschn. 8.8.

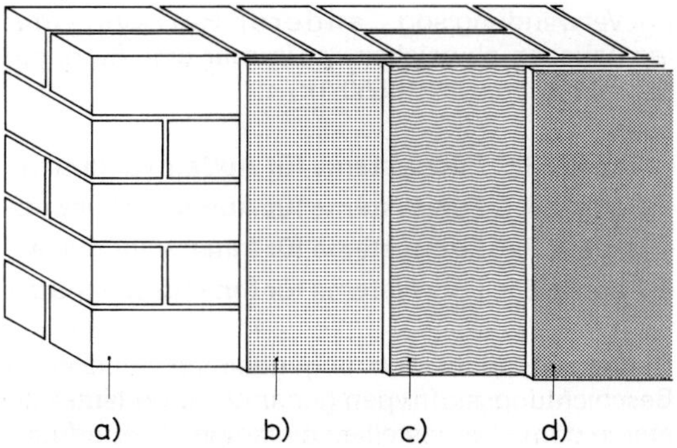

8.5
Schematische Darstellung des Aufbaues eines zweilagigen Außenputzes gemäß DIN 18550

a) Mauerwerk (Putzgrund)
b) Spritzbewurf (zählt nicht als Putzlage)
c) Unterputz (z. B. Kalkzementmörtel P II b)
d) Oberputz (z. B. mineralischer Putz- oder Kunstharzputz)

8.6 Putzsysteme

Nach DIN 18550-1 sind die an einen Putz gestellten Anforderungen vom Putzsystem in seiner Gesamtheit zu erfüllen. Demnach sollen die Eigenschaften der verschiedenen Putzlagen eines Systems so aufeinander abgestimmt sein, daß die in den Berührungsflächen der einzelnen Putzlagen und des Putzgrundes auftretenden Spannungen (z. B. durch Schwinden oder Temperaturdehnungen) aufgenommen werden können. Bei mineralisch gebundenen Putzen kann diese Forderung im allgemeinen dann als erfüllt angesehen werden, wenn die Festigkeit des Oberputzes geringer als die Festigkeit des Unterputzes ist oder beide Putzlagen gleich fest sind.

Noch immer gilt die alte Handwerkerregel – für Innenputze wie Außenputze –, wonach die Festigkeit des Putzes von innen nach außen, d. h. zur jeweiligen Putzoberfläche hin, abnehmen soll: Nie hart auf weich putzen! Diese Regel ist auch sinngemäß bei der Festigkeitsabstufung zwischen dem Putzgrund und dem Unterputz anzuwenden. Ausnahmen ergeben sich bei Kellerwand-Außenputz, Sockelputz, Wärmedämm-Putzsystemen und Wärmedämm-Verbundsystemen.

Mörtel höherer Festigkeit binden schneller ab. Sie verbinden sich intensiv mit dem Putzgrund und bilden eine gute Unterlage für den weniger festen, elastischen Oberputz, der Spannungen aus Temperaturunterschieden und Feuchtigkeit aufnehmen kann, ohne zu reißen. Würde der festere Putz über dem weicheren Putz liegen, wären Risse und sogar Absprengungen die unvermeidbare Folge.

Des weiteren gilt es zu beachten, daß Putze mit dunkler Oberfläche durch Sonneneinstrahlung thermisch stärker als helle Putze beansprucht werden. Dies gilt insbesondere bei Wänden mit hoher Wärmedämmung. S. hierzu Abschn. 8.11, wärmegedämmte und verputzte Außenbauteile.

Für eine Vielzahl von Putzsystemen ist die Eignung durch Erfahrung nachgewiesen. Diese sog. „bewährten Putzsysteme" sind in den Tabellen **8.6** bis **8.9** zusammengefaßt. Hier sind für unterschiedliche Anwendungsbereiche Mörtelgruppen für die Herstellung des Unterputzes und Mörtelgruppen bzw. Beschichtungsstoffe für den zugehörigen Oberputz aufgeführt. Werden diese Putzsysteme angewendet, so kann bei sachbezogener und fachgerechter Ausführung davon ausgegangen werden, daß die jeweiligen Anforderungen an den Putz erfüllt werden. Bei Außenputzen muß jedoch sichergestellt sein, daß Unterputze für Kunstharzputze überwiegend hydraulisch erhärten. Diese Forderung gilt bei Verwendung von Mörteln der Gruppen P II und P III als erfüllt.

Bei Verwendung sog. „anderer Putzsysteme", d. h. die von den Angaben der genannten Tabellen abweichen, ist immer eine Eignungsprüfung notwendig. Im einzelnen unterscheidet man (DIN 18550-1):

- **Tabelle 8.6: Putzsysteme für Außenwandputze**
- **Tabelle 8.7: Putzsysteme für Außendeckenputze**
- **Tabelle 8.8: Putzsysteme für Innenwandputze**
- **Tabelle 8.9: Putzsysteme für Innendeckenputze**

Hinweis: Sind in den angegebenen Tabellen nur in einer Spalte Mörtelgruppen oder Beschichtungsstofftypen genannt, so bedeutet dies, daß die jeweiligen Anforderungen von einem damit hergestellten einlagigen Putz erfüllt werden können.

Tabelle **8.6** Putzsysteme für Außenwandputze nach DIN 18550-1 (Ausg. 1.85)

Zeile	Anforderung bzw. Putzanwendung	Mörtelgruppe bzw. Beschichtungsstoff-Typ für		Zusatzmittel[2]
		Unterputz	Oberputz[1]	
1	ohne besondere Anforderung	–	P I	
2		P I	P I	
3		–	P II	
4		P II	P I	
5		P II	P II	
6		P II	P Org 1	
7		–	P Org 1[3]	
8		–	P III	
9	wasserhemmend	P I	P I	erforderlich
10		–	P Ic	erforderlich
11		–	P II	
12		P II	P I	
13		P II	P II	
14		P II	P Org 1	
15		–	P Org 1[3]	
16		–	P III[3]	
17	wasserabweisend[5]	P Ic	P I	erforderlich
18		P II	P I	erforderlich
19		–	P Ic[4]	erforderlich[2]
20		–	P II[4]	
21		P II	P II	erforderlich
22		P II	P Org 1	
23		–	P Org 1[3]	
24		–	P III[3]	
25	erhöhte Festigkeit	–	P II	
26		P II	P II	
27		P II	P Org 1	
28		–	P Org 1[3]	
29		–	P III	
30	Kellerwand-Außenputz	–	P III	
31	Außensockelputz	–	P III	
32		P III	P III	
33		P III	P Org 1	
34			P Org 1[3]	

Tabelle **8.7** Putzsysteme für Außendeckenputze nach DIN 18550-1 (Ausg. 1.85)

Zeile	Mörtelgruppe bzw. Beschichtungsstoff-Typ bei Decken ohne bzw. mit Putzträger		
	Einbettung des Putzträgers	Unterputz	Oberputz[1]
1	–	P II	P I
2	P II	P II	P I
3	–	P II	P II
4	P II	P II	P II
5	–	P II	P IV[2]
6	P II	P II	P IV[2]
7	–	P II	P Org 1
8	P II	P II	P Org 1
9	–	–	P III
10	–	P III	P III
11	P III	P III	P II
12	P III	P II	P II
13	–	P III	P Org 1
14	P III	P III	P Org 1
15	P III	P II	P Org 1
16	–	–	P IV[2]
17	P IV[2]	–	P IV[2]
18	–	P IV[2]	P IV[2]
19	P IV[2]	P IV[2]	P IV[2]
20	–	–	P Org 1[3]

1) Oberputze können mit abschließender Oberflächengestaltung oder ohne diese ausgeführt werden (z. B. bei zu beschichtenden Flächen).
2) Nur an feuchtigkeitsgeschützten Flächen.
3) Nur bei Beton mit geschlossenem Gefüge als Putzgrund.

Fußnoten zu Tabelle **8.6**
1) Oberputze können mit abschließender Oberflächengestaltung oder ohne diese ausgeführt werden (z. B. bei zu beschichtenden Flächen).
2) Eignungsnachweis erforderlich (s. DIN 18550-2 Abschn. 3.4).
3) Nur bei Beton mit geschlossenem Gefüge als Putzgrund.
4) Nur mit Eignungsnachweis am Putzsystem zulässig.
5) Nur bei Beton mit geschlossenem Gefüge als Putzgrund.
6) Hierzu zählen nicht häusliche Küchen und Bäder.

Tabelle **8.8** Putzsysteme für Innenwandputze nach DIN 18550-1 (Ausg. 1.85)

Zeile	Anforderungen bzw. Putzanwendung	Mörtelgruppe bzw. Beschichtungsstoff-Typ für	
		Unterputz	Oberputz [1] [2]
1	nur geringe	–	P Ia, b
2	Beanspruchung	P Ia, b	P Ia, b
3		P II	P Ia, b, P IVd
4		P IV	P Ia, b, P IVd
5	übliche	–	P Ic
6	Beanspruchung [3]	P Ic	P Ic
7		–	P II
8		P II	P Ic, P II, P IVa, b, c, P V P Org 1, P Org 2
9		–	P III
10		P III	P Ic, P II, P III, P Org 1, P Org 2
11		–	P IVa, b, c
12		P IVa, b, c	P IVa, b, c, P Org 1, P Org 2
13		–	P V
14		P V	P V, P Org 1, P Org 2
15		–	P Org 1, P Org 2 [4]
16	Feuchträume [5]	–	P I
17		P I	P I
18		–	P II
19		P II	P I, P II, P Org 1
20		–	P III
21		P III	P II, P III, P Org 1
22		–	P Org 1 [4]

[1] Bei mehreren genannten Mörtelgruppen ist jeweils nur eine als Oberputz zu verwenden.
[2] Oberputze können mit abschließender Oberflächengestaltung oder ohne diese ausgeführt werden (z. B. bei zu beschichtenden Flächen).
[3] Schließt die Anwendung bei geringer Beanspruchung ein.
[4] Nur bei Beton mit geschlossenem Gefüge als Putzgrund.
[5] Hierzu zählen nicht häusliche Küchen und Bäder.

Tabelle **8.9** Putzsysteme für Innendeckenputze [1] nach DIN 18550-1 (Ausg. 1.85)

Zeile	Anforderungen bzw. Putzanwendung	Mörtelgruppe bzw. Beschichtungsstoff-Typ für	
		Unterputz	Oberputz [2] [3]
1	nur geringe	–	P Ia, b
2	Beanspruchung	P Ia, b	P Ia, b
3		P II	P Ia, b, P IVd
4		P IV	P Ia, b, P IVd
5	übliche	–	P Ic
6	Beanspruchung [3]	P Ic	P Ic
7		–	P II
8		P II	P Ic, P II, P IVa, b, c P Org 1, P Org 2
9		–	P IVa, b, c
10		P IVa, b, c	P IVa, b, c, P Org 1, P Org 2
11		–	P V
12		P V	P V, P Org 1, P Org 2
13		–	P Org 1 [5], P Org 2 [5]
14	Feuchträume [6]	–	P I
15		P I	P I
16		–	P II
17		P II	P I, P II, P Org 1
18		–	P III
19		P III	P II, P III, P Org 1
20		–	P Org 1 [5]

[1] Bei Innendeckenputzen auf Putzträgern ist gegebenenfalls der Putzträger vor dem Aufbringen des Unterputzes in Mörtel einzubetten. Als Mörtel ist Mörtel mindestens gleicher Festigkeit wie für den Unterputz zu verwenden.
[2] Bei mehreren genannten Mörtelgruppen ist jeweils nur eine als Oberputz zu verwenden.
[3] Oberputze können mit abschließender Oberflächengestaltung oder ohne diese ausgeführt werden (z. B. bei zu beschichtenden Flächen).
[4] Schließt die Anwendung bei geringer Beanspruchung ein.
[5] Nur bei Beton mit geschlossenem Gefüge als Putzgrund.
[6] Hierzu zählen nicht häusliche Küchen und Bäder.

8.7 Putze mit mineralischen Bindemitteln: Mineralputz als Außen- und Innenputz

8.7.1 Putzgrund

Putzgrund ist der Bauteil, der geputzt werden soll. In der Regel handelt es sich dabei um Wand- oder Deckenflächen, die so maßgerecht sein müssen, daß der Putz in gleichmäßiger Dicke aufgetragen werden kann. Die zu beachtenden Ebenheitstoleranzen für Flächen von Wänden und Unterseiten von Decken sind in DIN 18202 festgelegt. Abweichungen von den vorgeschriebenen Maßen sind nur im Rahmen der von dieser Norm bestimmten Grenzen zulässig. Wie Tabelle **10.**2, in Teil 1 dieses Werkes, zeigt, wird zwischen nichtflächenfertigen (z. B. Unterseiten von Rohdecken) und flächenfertigen Untergründen (z. B. verputzte Wände) unterschieden.

Weist der Putzgrund erhebliche Unebenheiten auf, so sind diese vor Beginn des Putzens auszugleichen. Entsprechend dem Aufbau des nachfolgenden Putzes ist entweder ein Mörtel der Gruppe P II oder IV oder V zu verwenden. Ehe weitergeputzt wird, ist eine ausreichende Erhärtung der Ausgleichsschicht abzuwarten.

Beschaffenheit und Vorbereitung des Putzgrundes

Die Beschaffenheit des Putzgrundes ist für eine gute Haftung des Putzes von großer Bedeutung. Daher sollte jeder Putzausführung eine sorgfältige Prüfung des Putzgrundes auf Putzfähigkeit vorausgehen.

Ein guter Putzgrund muß sauber, staubfrei und frostfrei sein. Er soll außerdem möglichst homogen aus einem Baustoff bestehen, keine schlecht vermörtelten Fugen aufweisen, eine gewisse Rauhigkeit und normale Saugfähigkeit besitzen und in bezug auf Längen- bzw. Formänderungen – beispielsweise bedingt durch Temperatur – und/oder Feuchtigkeitseinflüsse – sich unproblematisch verhalten. Außerdem sind gewisse Festigkeitskriterien zu beachten. Als Faustregel gilt, daß die Putzfestigkeit geringer als die Steinfestigkeit des Putzgrundes sein sollte.

Im Zuge der Verbesserung des baulichen Wärmeschutzes von einschaligen Außenwänden haben sich die Eigenschaften der Putzgründe im Laufe der letzten Jahre jedoch entscheidend verändert (Stichwort: porosierte Leichtziegel). Demzufolge sind die in Abschn. 8.7.5.4 gemachten Ausführungen in diesem Zusammenhang besonders zu beachten.

Wo sich die Verwendung unterschiedlicher Wandbaustoffe – mit teilweise sehr unterschiedlichen Eigenschaften – nicht vermeiden läßt (inhomogener Putzgrund), ist die Herstellung eines einheitlichen Putzgrundes, beispielsweise durch einen Spritzbewurf, erforderlich. Die Notwendigkeit einer derartigen Putzgrundvorbereitung richtet sich nach Art und Beschaffenheit des Putzgrundes und nach den Eigenschaften des nachfolgenden Putzmörtels. Folgende Maßnahmen kommen im einzelnen in Betracht:

Verunreinigungen durch anhaftende Fremdstoffe wie Staub, Mörtelspritzer, Betonschlämme u. ä. sowie Ausblühungen aller Art (insbesondere Salze von Sulfaten), Ölflecke oder Rückstände von Entschalungsmitteln sind zu entfernen bzw. unschädlich zu machen.

Bei glattem Putzgrund hängt der Verbund vor allem von der Saugfähigkeit des Untergrundes ab; gegebenenfalls ist er noch zusätzlich aufzurauhen oder mit einem Spritzbewurf zu versehen. Sehr glatte, nicht saugende Putzgründe müssen mit einem dem nachfolgenden Putz entsprechenden Haftanstrich oder mit einem flächigen Putzträger beschichtet werden.

Unterschiedliches Saugverhalten der Baustoffe erfordert in der Regel eine Vorbehandlung des Putzgrundes:

— Stark saugender Putzgrund ist ausreichend vorzunässen und mit einem volldeckenden, grobkörnigen Spritzbewurf zu behandeln, dessen Oberfläche nicht weiter bearbeitet werden darf. Unter Umständen kann auch eine Grundierung aus Kunststoffdispersion die zu große Saugfähigkeit mindern.
— Unterschiedlich saugender Putzgrund, meist aus verschiedenartigen Baustoffen bestehend (z. B. Mischmauerwerk mit unterschiedlichen Längen- und Formänderungen bei Feuchtigkeits- und Temperatureinwirkung), ist ebenfalls mit einem volldeckenden Spritzbewurf vorzubehandeln, soweit nicht zusätzliche Putzträger erforderlich sind.
— Schwach saugender Putzgrund ist mit einem nicht volldeckenden (warzenförmigen) Spritzbewurf zu versehen. Auch hier darf die möglichst grobkörnige Oberfläche nicht weiter bearbeitet werden.
— Gleichmäßig und normal saugender Putzgrund (z. B. Vollziegelmauerwerk) wird im allgemeinen nur ausreichend vorgenäßt. Ansonsten kann hier auf einen Spritzbewurf verzichtet werden. Auch in anderen Fällen kann ein Spritzbewurf entfallen, wenn ein Putzmörtel besonderer Zusammensetzung verwendet wird (z. B. Werktrockenmörtel) oder der Putzgrund eine besondere Vorbehandlung erhält (z. B. Grundierung, Haftbrücke o. ä.).

Bei Beton als Putzgrund ist zur Putzgrundvorbereitung im allgemeinen ein Spritzbewurf aufzubringen (Ausnahme: Maschinenputz- und Haftputzgipse aus Werktrockenmörtel). Hierfür wird in der Regel Mörtel der Mörtelgruppe P III verwendet. Der Beton muß im Oberflächenbereich allerdings trocken und saugfähig sein. Auf glatte, wenig saugende Betonflächen ist vor dem Verputzen eine Haftbrücke – ein Gemisch aus Kunststoffdispersion und Quarzsand – aufzustreichen bzw. aufzurollen. Weitere Einzelheiten s. Abschn. 8.7.6.5, Putze auf Beton.

Alte mineralische Putze können, soweit sie tragfähig und genügend saugfähig sind, eine rauhe Oberfläche aufweisen und, sofern sie vorher nicht gestrichen waren (z. B. mit Dispersionsfarben), ohne weiteres mit einem mineralischen Putzsystem überarbeitet werden.

Alte Anstriche stellen in der Regel keinen tragfähigen Putzgrund dar und sollten deshalb vor dem Aufbringen neuer mineralischer Putze weitgehend entfernt werden.

Spritzbewurf

Der Spritzbewurf dient der Vorbereitung des Putzgrundes, zählt jedoch nicht als Putzlage. Er soll die mechanische Haftung des Mörtels am Putzgrund verbessern, den zu schnellen Wasserentzug des Mörtels durch den Putzgrund vermindern und feuchteempfindliche Wandbaustoffe bzw. Putzträger (z. B. Holzwolle-Leichtbauplatten) vor Feuchtigkeit während der Bauzeit schützen. Je nach Funktion unterscheidet man demnach
— volldeckenden Spritzbewurf (bei stark oder unterschiedlich saugendem Putzgrund sowie auf Holzwolle-Leichtbauplatten),
— nicht volldeckenden, warzenförmigen Spritzbewurf (bei schwach saugendem Putzgrund, wie beispielsweise Betonflächen).

Der klassische Spritzbewurfmörtel besteht aus 4 RTL gewaschenem Sand (Korngröße 0 bis 4 mm), 1 RTL Portlandzement und 0,5 RTL Kalkhydrat. Je nach Festigkeit des Putzgrundes und entsprechend dem Aufbau des nachfolgenden Putzes wird diese Zusammensetzung variiert und kommt entweder ein Zementmörtel der Mörtelgruppe P III oder Kalkzementmörtel der Mörtelgruppe P II zur Anwendung. Auf den Spritzbewurf darf erst geputzt werden, wenn er ausreichend erhärtet ist (Wartezeit mind. 12 Stunden). Dies gilt insbesondere beim Aufbringen einer Putzlage aus Mörteln der Gruppe P IV und P V auf einen Spritzbewurf aus Zementmörtel.

Untersuchungen haben ergeben [3], daß dem Spritzbewurf oftmals eine zu große Bedeutung beigemessen wird. Er sollte nur in den Fällen angewendet werden, die in der Norm genannt sind. Abgesehen von diesen Sonderfällen lassen sich durch den Einsatz von modifizierten Werktrockenmörteln mit wasserrückhaltenden Eigenschaften gleiche Ergebnisse erzielen. Die kosten- und zeitintensive Vorbehandlung des Putzgrundes durch den manuell ausgeführten Spritzbewurf kann dabei entfallen. Die heutigen Maschinenputzweisen dürfen jedoch nicht generell dazu verleiten, den Unterputz ohne Spritzbewurf direkt auf kritische Putzträger aufzubringen.

Konstruktive und bautechnische Forderungen

Die Ursachen, welche zu Schäden an Putzen führen, lassen sich im Prinzip in zwei Hauptgruppen zusammenfassen (abgesehen von umweltbedingten Einflüssen): Einmal kann die Ursache des Putzschadens in einer mangelhaften Konstruktion liegen, zum anderen können Putzschäden durch fehlerhafte Zubereitung und Verarbeitung von Putzmörteln entstehen. In jedem Fall begünstigen Risse das Eindringen von Wasser. Durchfeuchtetes Mauerwerk ist jedoch vermindernd wärmedämmend und anfällig gegen Frost, Algen- und Schimmelpilzbefall. Außerdem neigen derartige Putze und Beschichtungen verstärkt zum Abplatzen. Selbst feine Risse in der Putzoberfläche stellen einen optischen Mangel dar, auch wenn sie für die Funktion des Putzsystems ohne Auswirkung bleiben. Im wesentlichen unterscheidet man:

— **Baugrundbedingte Risse.** Bewegungen bzw. Verformungen von Baukörpern und Bauteilen können sich zum Beispiel durch unterschiedliche Setzungen des Baugrundes, Veränderungen des Grundwasserstandes, Erschütterungen aus Straßen-, Bahn- oder Luftverkehr usw. ergeben. Dabei kann es sich um Bewegungen von Bauteilen handeln, die als Putzgrund dienen, oder von solchen, die an verputzte Bauteile anschließen. Kein Putz ist selbstverständlich in der Lage, derartige Bewegungen zu überbrücken oder gar zu verhindern. Daher sind an den gefährdeten Stellen Bewegungsfugen einzuplanen. Spezielle Dehnungsfugenprofile (Gebäude-Trennfugenprofile), die auf dem Putzgrund befestigt und später eingeputzt werden, decken die Fugen ab und nehmen gleichzeitig die Bewegungen der Bauteile bzw. Baukörper auf. Einzelheiten hierzu s. Abschn. 8.7.2, Putzprofile.

— **Konstruktionsbedingte Risse.** Mögliche Ursachen sind Verformungen durch zu hohe Auflasten (z. B. Deckendurchbiegungen), tages- und jahreszeitliche Temperatureinflüsse (z. B. Längenänderungen auf Grund mangelnder Wärmedämmung von Betonteilen), Schwinden und Quellen infolge Feuchtigkeitseinwirkung (z. B. durchfeuchtete Putzgrundmaterialien), Verwendung oder Kombination ungeeigneter Baustoffe, fehlende oder in nicht ausreichendem Maße angeordnete Bwegungsfugen usw. Auch mangelhafte Mauerabdeckungen, vorspringende Gebäudesockel, ungenügend durchdachte Putzanschlüsse an Fenstersimsen usw. begünstigen das Eindringen von Feuchtigkeit. Ist die oberste Geschoßdecke eines Bauwerkes unterseitig zu verputzen (z. B. Massivbetondecke mit darüberliegendem Flachdach), so muß vor Beginn der Putzarbeiten die oberseitige Wärmedämmung (einschließlich Abdichtung) aufgebracht sein, um die Bildung von Kondenswasser zu verhindern.

— **Putzgrundbedingte Risse.** Auch sie werden vor allem verursacht durch wechselnde thermische und feuchtigkeitsbedingte Einflüsse sowie falsch eingeschätzte Festigkeitskriterien. So ist mit Rissen zu rechnen, wenn die Festigkeit des Putzes größer als die des Putzgrundes ist (z. B. beim Einsatz fester, traditioneller Putze auf porosierten Leichtziegelsteinen). Auch die thermischen Längenänderungskoeffizienten aller Metallbauteile sind wesentlich größer als die von verputztem Mauerwerk (z. B. eingeputzte Alu-Fensterbänke, Metallgeländer); noch größere weisen die Kunststoffe auf. Feuchteänderungen wiederum verursachen das Schwinden und Quellen von Holz und Holzwerkstoffen, so daß derartige Materialien als Putzgrund ungeeignet sind. Ähnliches gilt für Rolladenkästen, Stürze usw. mit Abdeckungen aus Holzwolle-Leichtbauplatten; werden diese nicht richtig vorbehandelt, so entstehen Risse im Bereich der Anschlußstellen. S. hierzu auch Abschn. 8.7.2, Wärmedämmende Putzträgerplatten.

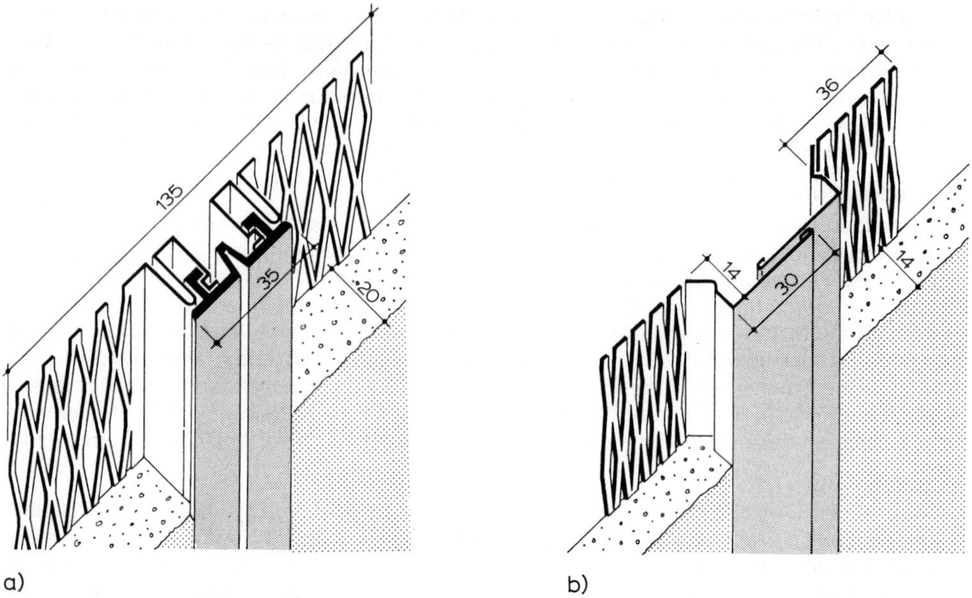

8.10 Bewegungsfugenprofile (auch als Dehnungsfugenprofile bzw. Gebäude-Trennfugenprofile bezeichnet) für Außen- und Innenputz

a) Fugenabdeckung durch bewegliches Mittelteil
b) Fugenabdeckung durch Kombination der Profile

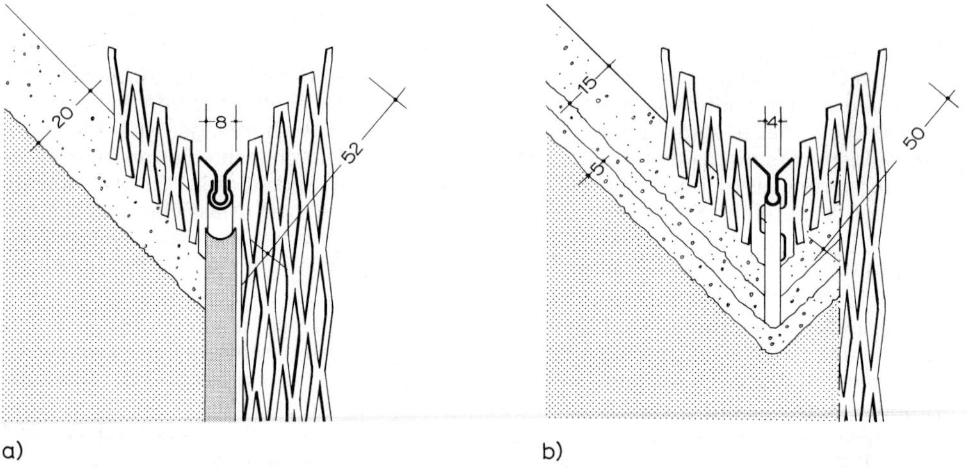

8.11 Kantenprofile für den Außenputz

a) Die Profilkante dieses Kantenschutzprofiles ist mit einem schlagzähen PVC-Überzug gegen Abrieb und Korrosion geschützt und liegt mit der fertigen Putzoberfläche bündig.
b) Dieses Kantenprofil eignet sich zur allseitigen Einbettung in den Grundputz und einer mind. 5 mm dicken Überdeckung der Profilkante mit mineralischem Oberputz.

Protektorwerk, Gaggenau

— **Putzbedingte Risse.** Derartige Risse können auf Grund einer falschen Zusammensetzung des Putzmörtels (z.B. ungeeigneter Sand, zu hoher Bindemittelanteil) oder durch die Art seiner Verarbeitung entstehen. Im einzelnen unterscheidet man Netzrisse (Ursache: falsche Zusammensetzung oder falsches Aufbringen des Mörtels, zu starkes Verreiben oder Glätten), Schrumpfrisse (Ursache: zu schneller Feuchteentzug infolge unterlassener Putzgrundvorbehandlung), Schwindrisse (Ursache: Volumenverkleinerung des Mörtels während der Erhärtungsphase, falsche Mörtelzusammensetzung), Sackrisse (Ursache: der Putzgrund ist zu glatt und zu wenig saugend, oder die Putzlage ist zu dick oder zu schwer), Spannungsrisse (Ursache: ungünstiges Festigkeitsgefälle zwischen den einzelnen Putzlagen oder zwischen Putzgrund und Putzlagen). Auch die Verarbeitung des Putzmörtels bei Wind und/oder Sonne führt zu Rissen in der Putzschale.

Die besten vorsorglichen Maßnahmen zur Verhinderung von Rissen sind noch immer die Herstellung eines möglichst homogenen Mauerwerkes, eine genügend lange Standzeit des Rohbaues vor dem Verputzen sowie ein auf den jeweiligen Putzgrund richtig abgestimmtes Verputzmaterial. Besonders zu beachten ist, daß ein Großteil der Verformungen in den ersten Monaten nach Erstellung des Bauwerkes auftritt. Deshalb sollte vor dem Verputzen eine möglichst lange Wartezeit – wenn möglich bis zu einem halben Jahr – eingehalten werden.

8.7.2 Putzträger, Putzbewehrung und Putzprofile

In der Regel kann davon ausgegangen werden, daß die zu verputzenden Wand- oder Deckenflächen auf Grund der vorhandenen Rauhigkeit und Saugfähigkeit – oder nach entsprechender Untergrundvorbereitung (Spritzbewurf, Haftbrücke, Grundierung) – selbst in der Lage sind, mineralischen Putzmörtel aufzunehmen und eine gute Haftung zu erbringen. Ist diese Haftfähigkeit des Unterputzes auf dem Putzgrund jedoch nicht gegeben, so sind von seiten des Planers bzw. verarbeitenden Handwerks rechtzeitig entsprechende Maßnahmen vorzusehen. Im einzelnen unterscheidet man:

Putzträger haben nach DIN 18550 die Aufgabe, das Haften des Putzes zu verbessern oder eine vom tragenden Untergrund weitgehend unabhängige Putzkonstruktion (statisch wirksame Trägerkonstruktion) zu ermöglichen. Sie müssen gegen Korrosion geschützt und beständig sein gegenüber wechselnden Temperatur- und Feuchtigkeitseinflüssen sowie normgerecht und nach den Vorschriften der Hersteller befestigt werden. Vgl. hierzu auch VOB Teil C, DIN 18350, Putz- und Stuckarbeiten. Im wesentlichen verwendet man metallische Putzträger unterschiedlichster Art, Holzwolle-Leichtbauplatten und Mehrschicht-Leichtbauplatten, Ziegeldrahtgewebe, Rohrmatten sowie Gipskarton-Putzträgerplatten.

Putzbewehrungen sind Einlagen (Armierungen), die in die oberste Schicht des frisch aufgebrachten Unterputzes eingebettet werden. Sie bewirken eine Verbesserung der Zugfestigkeit des Putzes auf schwierigem Untergrund, nehmen Spannungen auf und tragen so zur Verminderung der Rißbildung bei. Neben Glasfaser- und Kunstfaser-Armierungsgeweben werden für stärkere Beanspruchungen auch Drahtgittermatten (Drahtnetzgewebe) eingesetzt, die bei Verwendung spezieller Dübel gleichzeitig als Putzträger dienen. Einzelheiten über Putzbewehrungen sind den nachstehenden Erläuterungen zur Putzgrundvorbereitung von Holzwolle-Leichtbauplatten sowie den Abschnitten 8.11.3 und 8.11.4 zu entnehmen.

Putzprofile werden in vielfältiger Weise an schwierigen Begrenzungs- oder Anschlußstellen sowohl im Außen- wie Innenbereich eingesetzt. Mit ihrer Hilfe ist es auch möglich, die Putzdicke sowohl in der zu verputzenden Fläche als auch an den Kanten genau festzulegen. Je nach Putzverträglichkeit und Einsatzort (z.B. in Naßräumen mit max. Korrosionsschutz) kommen Profile aus verzinktem Stahlblech, Leichtmetall- oder Edelstahlprofile sowie witterungs- und alterungsbeständige Kunststoffprofile zum Einsatz. Die Befestigung der exakt zugeschnittenen Profile auf dem Putzgrund erfolgt zunächst mit verzinkten Stahlstiften, bevor sie mit einem Ansetzmörtel (Batzen auf Abstand) endgültig fixiert werden. Grundsätzlich ist dabei zu beachten, daß im Außenbereich, in Feuchträumen sowie an Flächen, die mit Mörteln aus Zement, Kalkzement, Putz- und Mauerbinder verputzt werden, kein gipshaltiges Ansetzmaterial verwendet werden darf. Geeignet sind nur Ansetzmörtel auf Zementbasis. Nach dem Abbinden des Ansetzmörtels sind die Stahlstifte wieder zu entfernen. Im wesentlichen werden Kantenprofile, Sockelprofile, Bewegungsfugenprofile, Gleitlagerfugenprofile u. a. eingesetzt. Vgl. hierzu auch die Bildgruppen in den jeweiligen Abschnitten.

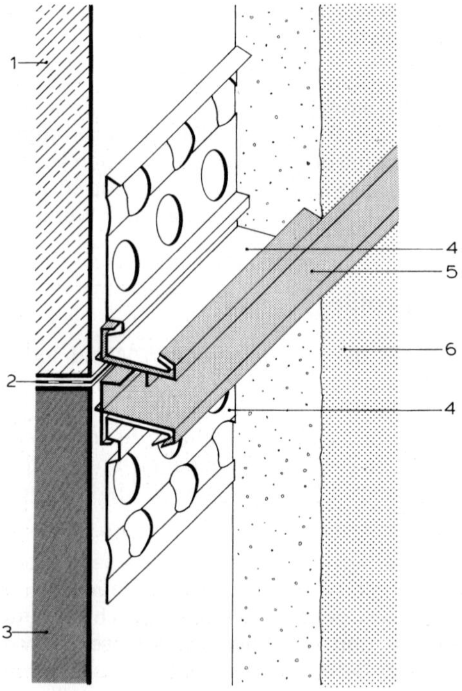

8.12 Gleitlagerfugenprofil zum waagerechten Einbau für den Außenputz

Das aus zwei Einzelprofilen bestehende Fugenprofil trennt die Außenputzflächen, nimmt die unterschiedlichen Bewegungen des Untergrundes auf und überdeckt die offenbelassene Gleitlagerfuge (zugleich Schattenfuge). Die beiden Profile sind nach außen hin mit Hart-PVC-Teilen abgedeckt (Korrosionsschutz), und liegen bündig mit der fertigen Putzoberfläche.

1 Betonteil (z. B. Betondecke)
2 Gleitlager
3 Mauerwerk
4 Metallprofile
5 Hart-PVC-Überzug
6 Außenputz

Protektorwerk, Gaggenau

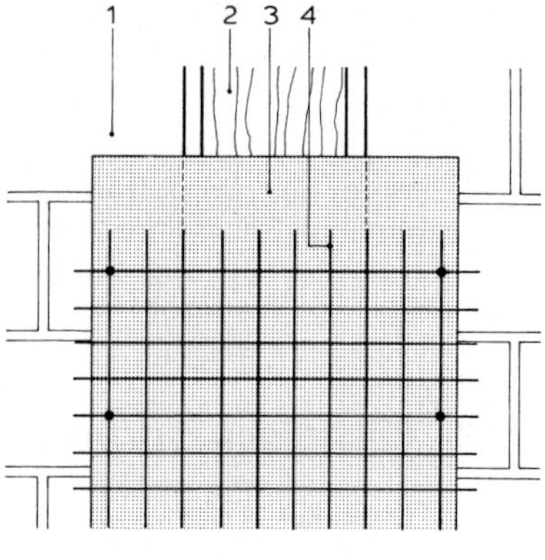

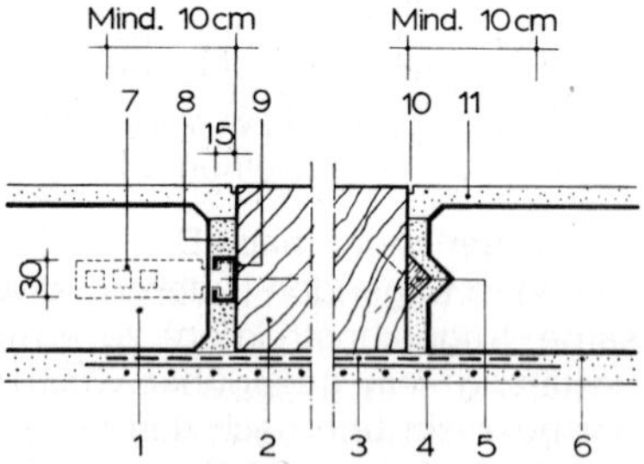

8.13 Überspannen eines kritischen Bauteiles (Holzfachwerk) mit geschweißtem und verzinktem Drahtgitter. Ein hinterlegtes Bitumenpapier o. ä. verhindert das Eindringen von Mörtelfeuchtigkeit in den Holzständer. Der Putzträger muß allseitig mind. 10 cm auf den angrenzenden tragenden Putzgrund übergreifen und an diesem – nicht am Holzständer – befestigt werden.

1 Mauerwerk (z. B. Porenbetonsteine)
2 Holzständer
3 Bitumenpapier o. ä.
4 geschweißtes, verzinktes Drahtgitter
5 Dreikantleiste (Altbau), umlaufend
6 Innenputz
7 höhenverstellbarer Metallanker (Neubau)
8 Leichtmauermörtel (Wärmedämmörtel)
9 Ankerschiene aus nichtrostendem Stahl
10 Kellenschnitt
11 Außenputz

Metallische Putzträger

— **Rippenstreckmetall** besteht in der Regel aus 0,2 bis 0,5 mm dickem, verzinktem Stahlblech, das so eingestanzt ist, daß es zu einem profilierten Putzträger mit Grätenstruktur auseinandergezogen werden kann. Wie Bild **8**.14 verdeutlicht, hat jede Tafel im Abstand von 100 mm 7 in Längsrichtung verlaufende, entweder 10 mm oder 4 mm hohe, gelochte oder ungelochte Rippen (Hoch- bzw. Flachripp) und aussteifende 2,5 mm hohe Sicken mit dazwischenliegenden Grätenfeldern. Die üblicherweise 0,60 x 2,50 m großen Tafeln sind nicht völlig ausgebreitet (gestreckt), so daß die schräg stehenden Gräten auftretende Spannungen ausgleichen können. Beim Anbringen der Tafeln werden an den Längsseiten Randrippe in Randrippe ineinandergelegt (kein stumpfer Stoß!) und alle 20 cm mit verzinktem Bindedraht verrödelt. Auch an den Kopfstößen dürfen die Tafelenden nicht stumpf gestoßen, sondern mind. 5 cm überlappend ineinandergelegt und jede Rippe einmal mit Bindedraht verrödelt werden. Auf dem Untergrund sind die Rippenstreckmetall-Tafeln mit den Rippen nach unten aufzudübeln, so daß die Putzträgerfläche in Rippenhöhe vom Putzgrund absteht. Auf Grund dieses Abstandes kann sich der scharf angeworfene, heute meist maschinell aufgetragene Mörtel mit der Grätenstruktur allseitig innig verklammern und auch mit dem Putzgrund (meist Spritzbewurf) kraftschlüssig verbinden. Die Putzdicke über den Rippenstreckmetall-Tafeln sollte mindestens 10 (15) mm betragen.

— **Punktgeschweißte Drahtgitter** sind Putzträger aus etwa 1 mm dicken, verzinkten Stahldrähten mit einer Maschenweite von beispielsweise 12,7 x 12,7 mm. Sie werden in Form von Rollen oder Matten (Großformat 2500 x 1020 mm, Kleinformat 1220 x 400 mm) geliefert und allseitig 100 mm überlappt mittels Spreizdübel und Abstandhalter auf den Untergrund aufgedübelt (Bild **8**.15). Die Höhe des Abstandhalters richtet sich nach der jeweils aufzubringenden Putzdicke. Sie bewirken in jedem Fall, daß sich der mit Druck aufgebrachte Mörtel allseitig mit dem abstehenden Gitterputzträger verklammern und auch mit dem Putzgrund, meist mit Spritzbewurf vorbehandelt, kraftschlüssig verbinden kann. Derartige Drahtgitter – die durch ihre Verdübelung mit dem Untergrund auch eine putztragende Funktion übernehmen – eignen sich für das vollflächige Überspannen von gerissenen Fassaden bei normalem mineralischem Putzaufbau sowie für die Bewehrung von Wärmedämmputzen.

— **Drahtgitter mit hinterlegter Absorptionspappe** sind ebenfalls Putzträger aus verzinkten Stahldrähten, deren Rückseite jedoch noch mit einem gelochten Bitumenpapier o. ä. abgedeckt ist. Diese Hinterlegung verhindert weitgehend das Eindringen von Mörtelfeuchtigkeit in den Putzgrund und dient gleichzeitig der Einsparung von Putzmaterial, da sich der Mörtel nur punktuell durch die Langlochschlitze des Papiers hindurch mit den Drahtkreuzungen allseitig verkrallen kann. Die in verschiedenen Abmessungen lieferbaren Putzträgertafeln bzw. -streifen eignen sich besonders zum problemlosen Überspannen von senkrechten oder waagerechten Wandschlitzen sowie von kritischen Bauteilen in der Wand-

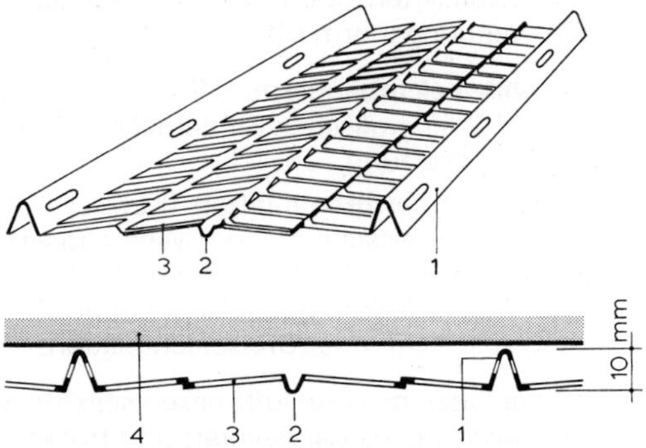

8.14
Schematische Darstellung einer Rippenstreckmetall-Tafel mit gelochten Rippen. Vgl. hierzu auch Bild **8**.22.

1 Rippe(n) mit Lochung, etwa 10 mm hoch, als Abstandhalter zum Putzgrund
2 gegenüberliegende Sicke, 2,5 mm hoch, zur Aussteifung der Grätenfelder
3 Grätenfelder
4 Putzgrund

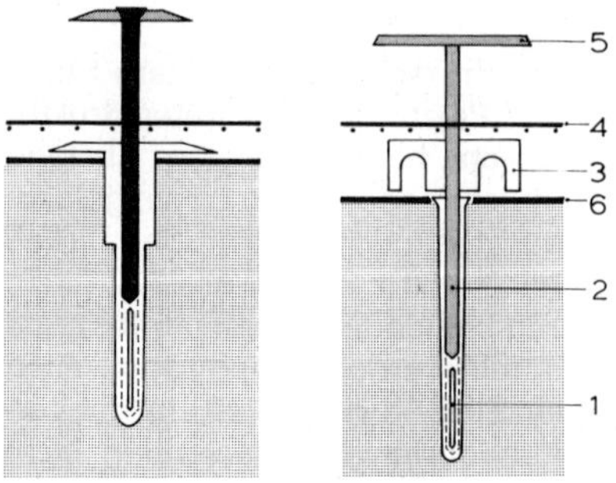

a)

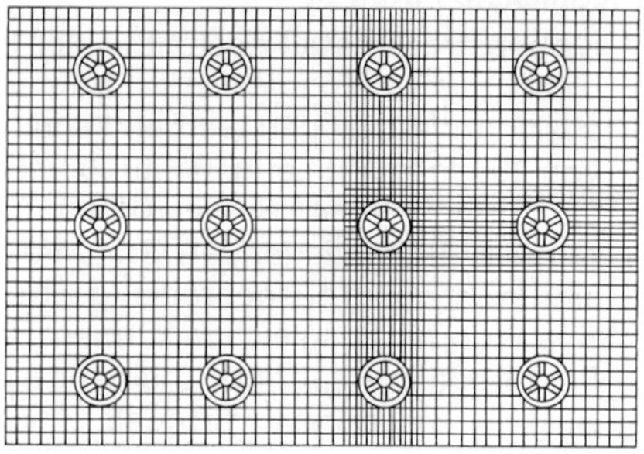

b)

8.15 Schematische Darstellung der Befestigung von punktgeschweißtem Drahtgitter mit Abstand vor dem Putzgrund
a) Abstandhalter mit Spreizdübel und Putznagel
b) vollflächige Armierung vor einer Fassade mit 10 cm breiter Mattenüberlappung
1 Spreizdübel
2 Nagel
3 Abstandhalter je nach aufzubringender Putzdicke
4 punktgeschweißtes Drahtgitter (als Putzträger oder Putzbewehrung)
5 Halteteller aus Kunststoff
6 Putzgrund
Bekaert, Bad Homburg

fläche wie Holzständer, Stahlträger, Kunststoffrohre usw. Beim Überspannen derartiger putzunfähiger Bauteile muß der Putzträger allseitig mindestens 100 mm auf den angrenzenden tragfähigen Putzgrund übergreifen und auf diesem – keinesfalls auf dem überspannten Bauteil – befestigt werden (Bild **8**.13). Um bei Holzständern ein mögliches Quellen infolge eindringender Mörtelfeuchtigkeit gänzlich auszuschließen, wird statt des gelochten Bitumenpapieres eine ungelochte Teerpapierunterlage o. ä. verwendet. Damit sich der kritische Bauteil darunter frei bewegen kann, muß der Putzträger selbst ausreichend dimensioniert sein (Eigenstabilität), um seine tragende Funktion (Brückenfunktion) erfüllen zu können.

Leichtbauplatten mit Putzbewehrung

Leichtbauplatten aus mineralisch gebundener Holzwolle werden als Dämmstoffe zum Zwecke des Wärmeschutzes, aber auch des Schall- und Brandschutzes im gesamten Bauwesen eingesetzt. Auf Grund ihrer offenporigen Plattenstruktur eignen sie sich – bei Beachtung normgerechter Verarbeitungsregeln – als Putzgrund für mineralischen Außen- und Innenputz.

Im einzelnen unterscheidet man Holzwolle-Leichtbauplatten und Mehrschicht-Leichtbauplatten. Beide Arten sind in einer gemeinsamen Stoffnorm DIN 1101 und einer gemeinsamen Anwendungsnorm DIN 1102 (beide Ausg. 11.89) zusammengefaßt.

— **Holzwolle-Leichtbauplatten** (Kurzzeichen HWL-Platten) bestehen aus langfaseriger Holzwolle und mineralischen Bindemitteln (Zement oder gebrannter Magnesit) in homogener Zusammensetzung.
— **Mehrschicht-Leichtbauplatten** (Kurzzeichen ML-Platten) setzen sich aus einer Dämmstoffschicht (Hartschaum oder Mineralfaser) und einer darauf einseitig oder beidseitig aufgebrachten Deckschicht aus mineralisch gebundener Holzwolle zusammen. Dementsprechend unterscheidet man Hartschaum-ML-Platten und Mineralfaser-ML-Platten in Form von Zweischicht- oder Dreischichtplatten.

Leichtbauplatten müssen lufttrocken sein, wenn sie eingebaut werden. Deshalb müssen sie feuchtigkeitsgeschützt angeliefert und trocken gelagert werden. Die Platten kann man entweder anbetonieren (mit zusätzlichen Haftsicherungsankern), auf einer Unterkonstruktion annageln oder anschrauben (Leichtbauplatten-Stifte mit Unterlegscheiben), andübeln an massiven Bauteilen sowie anblenden mit Dünnbettmörtel/Mörtel an Massivwänden im Innenbereich. Die Platten werden dicht gestoßen und im Verband verlegt; bei Wänden sollen die Längskanten der Platten waagerecht liegen. Übliches Plattenformat: 500 x 2000 mm, Sonderformate auf Anfrage. Hartschaum-ML-Platen müssen mindestens der Baustoffklasse B 2 (normalentflammbar), HWL-Platten und Mineralfaser-ML-Platten der Baustoffklasse B 1 (schwerentflammbar) entsprechen. Die Möglichkeit der Zuordnung von Mineralfaser-ML-Platten zur Brennstoffklasse A 2 (nichtbrennbar) ist gegeben.

Putz auf Leichtbauplatten. Angaben der DIN 1102 über das Verputzen von Leichtbauplatten gelten einheitlich für alle Plattenarten. Grundsätzlich ist nach dieser Norm auch stets eine ganzflächige Putzbewehrung – sowohl bei Außen- wie Innenputzen auf Leichtbauplatten – erforderlich. Dabei ist den Schwachstellen, nämlich zusätzliche Bewehrung der Ecken von Fenster- und Türöffnungen, deren Leibungen, der Stoßüberlappung und dem Übergreifen auf benachbarte Bauteile, besondere Aufmerksamkeit zu schenken.

1. Mineralischer Außenputz auf Leichtbauplatten

Leichtbauplatten sind Wärmedämmstoffe, die vor Feuchtigkeit geschützt werden müssen, und zwar einmal vor Regen, zum anderen vor dem Anmachwasser aus dem Unterputz. Deshalb ist **sofort** (möglichst unmittelbar) nach dem Anbringen bzw. Ausschalen der Platten ein volldeckender Spritzbewurf aus Zementmörtel (Mörtelgruppe P III) aufzubringen. Ausnahmeregelungen für Kleinflächen (Stützen, Stürze, Deckenränder u. ä.) sind DIN 1102 zu entnehmen. Vor dem Auftragen des Unterputzes muß der Spritzbewurf erhärtet und trocken sein (Standzeit ca. 4 Wochen). Die für Unterputz und Oberputz zu verwendenden Mörtelgruppen entsprechen den in Abschn. 8.6 erläuterten Putzsystemen für Außenputze. Ungeeignet als Außenputz auf Leichtbauplatten sind gemäß DIN 1102 allerdings Einlagenputze und Kunstharzputze. Die ganzflächige Putzbewehrung kann auf drei Arten aufgebracht werden.

— **Ausführung A: Mineralischer Außenputz auf Leichtbauplatten mit ganzflächiger Putzbewehrung aus Drahtnetzgewebe (Drahtgittergewebe).** Bei dieser Ausführung sind die Leichtbauplatten zunächst ganzflächig mit geschweißtem und verzinktem Drahtnetzgewebe (Maschenweite 20 x 20 bis 25 x 25 mm) so zu überspannen, daß sich Stoßüberlappungen von mind. 50 mm ergeben und die Bewehrung mind. 100 mm auf benachbarte Bauteile übergreift. Damit eine vollständige Umhüllung der Drähte mit dem Spritzbewurf möglich ist, wird das Drahtnetzgewebe mit Abstand zur Plattenoberfläche – beispielsweise durch Einhängen in Laschen von Spezialdübeln – befestigt. Anschließend ist ein volldeckender Spritzbewurf aufzubringen. Diese Ausführungsart, für die sowohl Baustellenmörtel gemäß Tabelle **8**.4 als auch Werktrockenmörtel (mittlere Putzdicke 20 mm) verwendet werden können, eignet sich zur ganzflächigen Bewehrung für Fassaden jeder Größe. Geeignete Putzsysteme sowie weitere Angaben über Art und Ausführung der Putzbewehrung sind den Tabellen 5 und 7 der DIN 1102 sowie dem vom Bundesverband der Leichtbauplattenindustrie herausgegebenen Merkblatt [4] zu entnehmen.

— **Ausführung B: Mineralischer Außenputz auf Leichtbauplatten mit ganzflächiger Putzbewehrung aus Glasfaser-Armierungsgewebe – im Unterputz eingebettet.** Bei dieser Ausführung ist auf die Leichtbauplatten zunächst ein volldeckener Spritzbewurf aufzubringen, der ebenfalls vollständig erhärten und austrocknen muß. Die in den Unterputz einzubettende ganzflächige Putzbewehrung besteht in diesem Fall aus alkalibeständigem Glasfaser-Armierungsgewebe mit einer Maschenweite von etwa 8 mm. Nach dem Auftrag von etwa $^2/_3$ der Gesamt-Unterputzdicke wird das Armierungsgewebe darin so eingebettet (glatt und ohne Falten), daß sich Stoßüberlappungen von mind. 100 mm ergeben und das Gewebe mind. 100 mm auf benachbarte Bauteile übergreift. Anschließend ist die restliche

Unterputzdicke frisch in frisch noch aufzubringen, wobei die Mörtelkonsistenz beider Schichten gleich sein muß. Für diese Ausführungsart eignen sich nur Werktrockenmörtel. Bei größeren zusammenhängenden Flächen, die nach diesem Verfahren verputzt werden sollen, ist eine objektbezogene Beratung durch den Werkmörtel-Hersteller unerläßlich. Geeignete Putzsysteme sowie weitere Angaben über Art und Ausführung der Putzbewehrung sind den Tabellen 5 und 7 der DIN 1102 sowie dem vom Bundesverband der Leichtbauplattenindustrie herausgegebenen Merkblatt [4] zu entnehmen.

— **Ausführung C: Mineralischer Außenputz auf Leichtbauplatten mit ganzflächiger Putzbewehrung aus Glasfaser-Armierungsgewebe – auf den Unterputz aufgespachtelt.** Abweichend von den in DIN 1102 im einzelnen beschriebenen Putzsystemen dürfen auch andere, sich bereits auf Leichtbauplatten bewährte Putzsysteme angewandt werden. Es gelten dann die Verarbeitungsrichtlinien der jeweiligen Putzhersteller. Als mineralische Außenputze auf Leichtbauplatten haben sich zum Beispiel Systeme bewährt, bei denen ein Spritzbewurf in der Regel nicht erforderlich ist und die ganzflächige Putzbewehrung aus Glasfaser-Armierungsgewebe auf den Unterputz aufgespachtelt wird. Armierungsgewebe und Mörtelgruppen für Unterputz, Spachtel und Oberputz müssen jedoch immer eine Systemeinheit sein. Bei dieser Ausführungsart entfallen die langen Standzeiten für das Erhärten und Trocknen des Spritzbewurfes. Außerdem zeichnet sie sich durch relativ einfache, in ähnlicher Form auch bei anderen Dämmsystemen angewandte Verarbeitungstechniken aus. Vgl. hierzu Abschn. 8.11.3, Wärmedämm-Verbundsysteme.

2. Mineralischer Innenputz auf Leichtbauplatten

Da an den Innenputz auf Grund fehlender Witterungseinflüsse insgesamt geringere Anforderungen gestellt werden als an Außenputz, ist ein Spritzbewurf bei Innenputz auf Leichtbauplatten in der Regel nicht erforderlich. Die ganzflächige Putzbewehrung besteht aus Glasfaser-Armierungsgewebe, das in den Unterputz bzw. Einlagenputz gemäß **Ausführungsvariante B** einzubetten ist. Bei Gipsmörteln/gipshaltigen Mörteln beträgt die Maschenweite des Gewebes allerdings nur 5 mm. Wie bereits erwähnt, darf für Unterputz und Oberputz nur Werktrockenmörtel bzw. Einlagenputz verwendet werden. Ungeeignet als Innenputz auf Leichtbauplatten sind gemäß DIN 1102 im wesentlichen Kunstharzputz und Putze mit Anhydritmörtel. Die mittlere Putzdicke beträgt bei zweilagigen Putzen etwa 20 mm, bei einlagigen Putzen etwa 15 mm. Geeignete Putzsysteme sowie weitere Angaben über Art und Ausführung der Putzbewehrung sind den Tabellen 6 und 7 der DIN 1102 sowie dem vom Bundesverband der Leichtbauplattenindustrie herausgegebenen Merkblatt [5] zu entnehmen.

Gipskartonplatten im Innenbereich

Im Innenbereich können auch Gipskartonplatten (DIN 18180) als sog. Wand-Trockenputz unmittelbar an senkrechte Leichtbauplatten-Flächen angeblendet werden. Für das Ansetzen der Gipskartonplatten gilt DIN 18181. Da diese Platten lediglich mittels Ansetzgips befestigt werden, ergeben sich daraus – im Vergleich zu den feucht eingebrachten Mörtelputzen mit ihren manchmal doch recht umständlich anzubringenden Putzträgern – wesentlich kürzere Montage- und Trockenzeiten. Dies gilt auch für **Gipskarton-Verbundplatten** (Gipskartonplatten mit werkseitig aufkaschierten Mineralfaser- oder Hartschaumplatten), die im Innenbereich sowohl für Schallschutz- als auch Wärmedämmzwecke eingesetzt werden. Dabei ist jedoch immer zu beachten, daß Dämmstoffe mit hoher dynamischer Steifigkeit (z. B. PS-Hartschaumplatten) den bestehenden Schallschutz negativ beeinflussen können, sowohl im Schalldurchgang als auch in der Schall-Längsleitung.

Sonstige Putzträgerplatten, -gewebe und -matten

— **Putzträgerplatten aus gebranntem Ton** werden überall dort angesetzt, wo auf stoßfeste Untergründe und zugleich rissefreie, optisch einheitliche Putzflächen besonderer Wert gelegt wird (z. B. als Putzgrund von Betonteilen wie Pfeiler, Stürze, Massivdeckenteile).

Auf Grund gleicher Materialeigenschaften zeichnen sich die mit Tonplatten bekleideten Bauteile nach dem Verputzen nicht vom übrigen Ziegelmauerwerk ab. Die Tonplatten, deren Oberflächen zur besseren Putzhaftung profiliert sind, werden entweder anbetoniert (in die Schalung gestellt oder gelegt) oder nachträglich mit Zementmörtel angeblendet.

— **Ziegeldrahtgewebe** ist ein Putzträger, der aus einem Drahtgewebe besteht, an dessen Kreuzungsstellen rautenförmige Tonkreuzchen aufgepreßt und bei 900 °C ziegelhart gebrannt worden sind (Bild **8**.16). Der Ziegeldraht ist ein formbares und formbeständiges Bauelement, aus dem sich große Flächen in ebener, gewölbter oder in freier Gestaltung (Tropfsteinhöhlencharakter) herstellen lassen. Die Draht-Ton-Kombination ist beständig gegen Temperaturschwankungen bzw. Klimawechsel und besteht aus nichtbrennbaren Materialien der Baustoffklasse A 1. Putze auf Ziegeldrahtgewebe können daher nach DIN 4102-4 als Brandschutzbekleidungen eingesetzt werden. Der Ziegeldraht wird in Form von Rollen (1 x 5 m) oder Fassadenmatten aus nichtrostendem Stahldraht (1 x 6 m) in einer Materialdicke von 6 bis 8 mm (Maschenweite 20 x 20 mm) geliefert. An den Stoßstellen müssen sich die Bahnen seitlich mind. 30 mm überlappen, so daß die Tonkreuze ineinandergreifen. Im Abstand von je 10 cm sind die Stöße mit Bindedraht zu verrödeln. Das Verlängern von Bahnenstreifen erfolgt durch Abschlagen von je einer Reihe Tonkreuze und Verrödeln der überstehenden Drahtenden. Da dieser Putzträger flexibel ist, wird bei größeren Flächen, insbesondere wenn eine gewölbte Ausbidung erfolgt (Rabitzkonstruktion), eine zusätzliche Unterkonstruktion aus Trag- und Bewehrungsstäben (Stahlarmierung) gemäß DIN 4121 erforderlich. Vgl. hierzu Abschn. 8.7.6.6, Hängende Drahtputzdecken.

— **Rohrmatten aus Schilfrohrstengeln** sind als Putzträger kaum mehr im Gebrauch. Sie werden an dieser Stelle nur noch erwähnt, weil sie im Hinblick auf die Altbausanierung von einem gewissen Interesse sein können.

Die Rohrmatten bestehen aus 80 bis 300 cm langen Schilfrohrstengeln, die durch verzinkte Stahldrähte zu Matten zusammengebunden sind (Handelsform: einfache oder doppelte Rohrmatten). In dieser Form dienen sie als Putzträger, beispielsweise für Deckenbekleidungen an Holzbalkendecken. Dabei werden sie mit verzinkten Rohrhaken – straff gespannt – auf eine aus Holzlatten bestehende Schalung (mit etwa 15 mm breiten Fugen) geheftet. Die Matten müssen immer quer zur Schalung aufgebracht, die Stöße gut miteinander verzahnt und durch einen Spanndraht gesichert sein. Dickere Rohrmatten sind stumpf zu stoßen und die Stoßstellen mit einem etwa 200 mm breiten Drahtgewebe zu überdecken. Vor dem Putzauftrag ist stets ein Spritzbewurf aufzubringen.

— **Gipskarton-Putzträgerplatten** eignen sich vorwiegend zur Herstellung von fugenlosen Deckenbekleidungen und Unterdecken, wie sie in Abschn. 13.5.2 in Teil 1 dieses Werkes beschrieben sind. Nach der trockenen Montage der Platten auf einer Unterkonstruktion – bei der zwischen den abgerundeten Längskanten ein Abstand von etwa 5 mm einzuhalten ist – sind diese Fugen mit Gips so auszudrücken, daß sich auf der Plattenrückseite ein beidseitig übergreifender Wulst bildet. Anschließend werden die Plattenflächen einlagig etwa 10 mm dick mit geeignetem Gipsmörtel ganzflächig verputzt. Diese Unterdecken zeichen sich – im Vergleich zu den in Abschn. 8.7.6.6 beschriebenen sog. hängenden Drahtputzdecken – durch wesentlich kürzere Montage- und Trockenzeiten sowie geringeres Flächengewicht aus.

8.16
Schematische Darstellung eines Ziegeldrahtgewebes, geeignet als nichtbrennbarer Putzträger zur Herstellung ebener, gewölbter oder frei gestalteter Rabitzkonstruktionen. Vgl. hierzu auch Abschn. 8.7.6.6, Hängende Drahtputzdecken.

8.7.3 Putzausführung

Witterungseinflüsse

Außenputzarbeiten dürfen nach DIN 18550 nicht vorgenommen werden, wenn die zu putzenden Flächen vom Regen getroffen werden oder Nachtfröste zu erwarten sind. So können zum Beispiel durch starken Schlagregen die Putzoberfläche beschädigt, noch nicht erhärtete Bindemittel gelöst und an die Putzoberfläche geschwemmt werden. Bei Frost lassen sich Außenputzarbeiten nur durchführen, wenn die Arbeitsstelle vollständig gegen die Außentemperatur abgeschlossen ist und der so entstehende Arbeitsraum bis zum ausreichenden Erhärten des Putzes beheizt werden kann. Außerdem sind die jeweils geltenden „Richtlinien für den Winterbau“ zu beachten.

Ähnlich ungünstig wirkt sich ein zu schneller Wasserentzug aus dem frischen Putz durch Zugluft (Folge: „verbrannter“ Oberputz) oder zu starke Sonneneinstrahlung aus. Daher gilt die Putzregel: nicht in, sondern mit der Sonne putzen! Weitere Schutzmaßnahmen sind: Verhängen der Fassade mit Folien o. ä., Annässen des Putzgrundes und ggf. Feuchthalten des Frischputzes (vorteilhafte Nachbehandlung bei Kalk- und Zementmörtel).

Innenputzarbeiten dürfen erst begonnen werden, wenn sichergestellt ist, daß die Temperatur der Innenräume nicht unter + 5 °C liegt bzw. während der Putzarbeiten auch nicht darunter absinken kann. Dieser Temperaturbereich ist vor allem bei allen Kalkputzen deshalb kritisch, weil der Putz nicht mehr „abbindet“, d. h. die zu Karbonat erhärtenden Bindemittel können bei dieser Temperatur keine Kohlensäure mehr aufnehmen. Vgl. hierzu auch Abschn. 8.3.1 und 8.4.1. Alle Öffnungen müssen daher zumindest behelfsmäßig verschlossen sein. Nach Abschluß der Innenputzarbeiten sind die Räume häufig kurzzeitig zu lüften.

Putzgerüste, An- und Abrüsten

Putzgerüste sollen freistehen und einen Wandabstand von etwa 30 cm haben. Damit soll erreicht werden, daß die Handwerker Hand in Hand arbeiten können – vorausgesetzt alle Gerüstlagen sind gleichzeitig besetzt – so daß horizontale Nahtstellen bzw. Arbeitsfugen in Höhe der einzelnen Gerüstbretter vermieden werden. S. hierzu auch Abschn. 10, Gerüste und Abstützungen.

Im Mauerwerk aufliegende Gerüstriegel (= einfach stehende Gerüste) oder die Verankerung der Gerüste mit herkömmlichen Mauerhaken sollten keinesfalls mehr eingesetzt werden, da die hierbei entstehenden Mauerlöcher erst nachträglich ausgemauert und verputzt werden können. Solche Ausbesserungen zeichnen sich später an der Putzoberfläche immer ab. Moderne Gerüstverankerungen, die keine Schäden im Putz verursachen, sind so konstruiert, daß nichtrostende Hülsen im Mauerwerk (eingeputzt) verbleiben und durch eine farblich angleichbare Kunststoffkappe verschlossen werden. Spätere Wiedereinrüstungen sind so ohne Beschädigung der Putzfassade möglich. Das Abrüsten ist mit größter Sorgfalt vorzunehmen, da die Putzflächen nach der Fertigstellung sehr stoßempfindlich sind und jede nachträgliche Ausbesserung fast immer sichtbar bleibt.

Aufbringen des Mörtels

Der Mörtelauftrag kann von Hand oder mit einer Maschine erfolgen. Die einzelnen Putzlagen sind – außen wie innen – möglichst gleichmäßig dick aufzubringen und sorgfältig zu verziehen oder zu verreiben. Mit dem Auftragen der jeweils nächsten Lage ist so lange zu warten, bis die vorhergehende so fest ist, daß sie die neue Lage tragen kann. Dies gilt auch für den Spritzbewurf, auf den der Unterputz erst aufgebracht werden darf, wenn der Mörtel ausreichend erhärtet ist, frühestens jedoch nach 12 Stunden. Der Unterputz ist vor dem Auftragen des Oberputzes gegebenenfalls aufzurauhen und je nach Mörtelart und Witterungsbedingungen anzunässen.

— **Der von Hand aufgetragene Mörtel** wird entweder mit der Kelle kräftig angeworfen oder mit dem Aufziehbrett bzw. Traufel kräftig auf den Putzgrund aufgezogen, so daß er sich mit diesem gut verzahnt. Anschließend wird er in der Regel mit der Abziehlatte oder Kartätsche eingeebnet. Besonders ebenflächige und gleichmäßig dicke Putzüberzüge lassen sich mit Hilfe von sog. Putzleisten (Putzlehren) erzielen. Hierbei handelt es sich um lot- und fluchtgerecht angebrachte, jeweils 10 bis 15 cm breite Mörtelstreifen, die vor dem eigentlichen Putzauftrag in Abständen von etwa 1 bis 1,5 m in der vorgesehenen Putzdicke auf dem Putzgrund angebracht werden. Nach dem Erhärten des Mörtels wird das eigentliche Putzmaterial zwischen den Putzleisten vollflächig angetragen und mit der Abziehlatte über diese Leisten abgezogen. Die jeweils vorgesehene Putzdicke kann auch mit Hilfe von Putzprofilen und im Bereich von Türöffnungen mittels Putzbrettern – die an den Türleibungen befestigt sind – exakt eingehalten werden. Vgl. hierzu auch Abschn. 6.6.1.5, Fertigtürelemente. Bei allen Beiputzarbeiten und Ausbesserungen ist außerdem darauf zu achten, daß in jeder Putzlage immer nur Mörtel gleicher Zusammensetzung verarbeitet wird, da sonst Rißbildungen, Farbveränderungen o. ä. auftreten können.

— **Die maschinelle Verarbeitung** geeigneter Putzmörtel führt – im Vergleich zum Mörtelauftrag mit der Hand – zu wesentlich höheren Putzleistungen und damit zu Kosteneinsparungen (Senkung des Lohnkostenanteils, der Standkosten für das Gerüst usw.). Der heute üblicherweise verwendete Werktrockenmörtel wird entweder als Sackware in die Putzmaschine eingefüllt oder – bei umfangreicheren Bauvorhaben – aus einem Silo oder Container kontinuierlich durch eine pneumatische Förderanlage eingeblasen. Das Anmachen erfolgt durch intensives Mischen in der Putzmaschine. Dabei ist die werkseitig angegebene Mindestmischdauer einzuhalten und die Wasserdosierung entsprechend der gewünschten Mörtelkonsistenz vorzunehmen. Der weichplastische Mörtelbrei wird dann in Schläuchen bis an die Verarbeitungsstelle gepumpt und durch die dem Spritzkopf zugeführte Druckluft gleichmäßig kräftig, querreihig und ggf. in mehreren dünnen Schichten auf den Putzgrund gespritzt. Diese Art des Mörtelauftrages zeichnet sich durch einen geringen Materialverlust aus. Außerdem wird durch den Anspritzdruck eine verbesserte Haftung erzielt, da der Mörtel relativ gut in die Poren und Vertiefungen des Putzgrundes eindringt. Auch hier ist der Mörtel sofort nach dem Auftragen mit der Abziehlatte oder Kartätsche lot- und fluchtgerecht abzuziehen und je nach Putzart bzw. Putzweise weiter zu bearbeiten. Angaben über Ausführung, Aufmaß und Abrechnung sind VOB Teil C, DIN 18350, Putz- und Stuckarbeiten, zu entnehmen.

8.7.4 Putzweise

Die Art der Oberflächengestaltung eines frisch aufgebrachten Putzmörtels und die dadurch entstehende Oberflächenstruktur wird als Putzweise bezeichnet. Sie ist mit entscheidend für das äußere Erscheinungsbild eines Gebäudes und die gestalterische Wirkung von Innenraumflächen. Grundsätzlich ist zu unterscheiden zwischen

— rein dekorativen Putzweisen mit vorwiegend schmückender Wirkung,
— Putzweisen, die zur Vorbereitung eines tragenden Untergrundes für weitere Beschichtungen (z. B. Anstriche, Tapeten) dienen und
— Putzweisen, die von der Putzzusammensetzung, Auftragsdicke und ihrer Oberflächenstruktur her eine schützende und bauphysikalische Funktion zu erfüllen haben.

Für Außenputze sollten nur solche Putzweisen gewählt werden, die das Niederschlagwasser gut ableiten, durch Staub und Ablagerungen aus der Luft nicht zu schnell verschmutzen und sich auch sonst handwerksgerecht ausführen lassen. Auch Lage, Höhe und Standort eines Bauwerkes spielen bei der Auswahl eine Rolle. Im wesentlichen sind zu nennen:

— **Gefilzter oder geglätteter Putz.** Nach dem Putzauftrag wird die Oberfläche mit der Filzscheibe bzw. Glättekelle (Traufel) bearbeitet. Als glatter Innenputz eignet er sich auch zur Aufnahme weiterer Beschichtungen wie Anstriche, Tapeten usw.

Gipsputz, der frisch aufgebracht, eben abgezogen und eine bereits ausreichend versteifte Oberfläche hat, wird zunächst leicht angenäßt, mit der Filzscheibe gefilzt und ggf. anschließend sorgfältig mit der Traufel geglättet.

Auf Kalkputz, eben abgezogen und gefilzt, kann gegebenenfalls noch eine feinsandige Schlämme sehr dünn aufgetragen und vorsichtig abgerieben werden. Dabei darf es jedoch zu keiner Sinterhautbildung (Bindemittelanreicherung) an der Oberfläche durch zu langes und zu kräftiges Verreiben kommen. Diese würde die Entstehung von Schwindrissen fördern, bei Luftkalkmörteln das Erhärten der tieferen Schichten hemmen (Karbonaterhärtung) und insgesamt eine weitgehend saugunfähige Oberfläche ergeben.

— **Geriebener Putz oder Reibeputz.** Das Zuschlaggemenge dieses Putzes enthält unter anderem ein Rollkorn (Rundkorn), das beim Reiben rillenartige Vertiefungen in der sonst ebenen Putzoberfläche hinterläßt. Durch waagerechtes, senkrechtes oder kreisförmiges Reiben können unterschiedliche Strukturbilder erzeugt werden. Je nach Art des verwendeten Werkzeugs (Holzscheibe, Traufel o. ä.) wird er als Münchener Rauhputz, Rillenputz, Wurmputz, Madenputz, Rindenputz, Altdeutscher Putz usw. bezeichnet. Bevorzugte Struktur auch für kunstharzgebundene Putze.

— **Kellenwurfputz.** Der Mörtel wird durch Anwerfen mit der Kelle aufgebracht. Seine Oberflächenstruktur hängt einmal von der Kornzusammensetzung und Mörtelkonsistenz, zum anderen von der Anwurftechnik des jeweiligen Putzers ab. Vor der eigentlichen Putzausführung sollten daher immer Probeputzflächen erstellt werden. In der Regel wird ein Zuschlag grober Körnung von 6 bis 10 (12) mm verwendet. Die rauhe Oberfläche des Kellenwurfputzes vermittelt immer einen rustikalen Eindruck und belebt so auch großflächige Fassaden. Je nach Grobkorn- bzw. Bindemittelzusammensetzung neigen derartige Putzstrukturen aber auch mehr zum Verschmutzen, so daß sie nicht für Hochhausfassaden oder Fassaden, die extremen Wetterbedingungen ausgesetzt sind, verwendet werden sollen.

— **Kratzputz.** Seine gleichmäßige, porige Oberfläche wird durch das Kratzen des sich erhärtenden Putzes mit einem Nagelbrett o. ä. erzeugt. Diese Putzweise ist besonders vorteilhaft, da durch das Kratzen die bindemittel- und damit spannungsreiche Oberfläche des im allgemeinen 8 bis 10 mm dicken Oberputzes entfernt wird. Der richtige Zeitpunkt des Kratzens richtet sich nach dem Erhärtungsverlauf des Putzes. Es darf damit begonnen werden, wenn das Korn beim Kratzen herausspringt (charakteristische Putzstruktur, bedingt durch die jeweilige Korngröße) und nicht mehr im Nagelbrett hängen bleibt. Anschließend muß der Putz noch gründlich mit einem Handbesen abgefegt werden. Der Kratzputz gilt als bevorzugte Putzweise für alle Edelputze (vgl. Abschn. 8.7.5.4). Die Verarbeitungsrichtlinien der Hersteller sind zu beachten [5].

— **Spritzputz.** Diese Putzweise beruht auf einer alten Putztechnik (Besenspritzputz). Der feinkörnige, dünnflüssige Mörtel wird heute üblicherweise mit einem Spritzputzgerät oder spezieller Spritzpistole durch zwei- oder mehrlagiges Aufsprenkeln (Auftragrichtung jeweils ändern) aufgetragen. Es entsteht eine gleichmäßige Oberfläche, die meist mehr schmückende als schützende Wirkung hat. Sie eignet sich u. a. auch zur Renovierung alter Kratzputzfassaden, die lediglich optisch unansehnlich geworden sind.

— **Kellenstrichputz.** Der angeworfene und eben abgezogene Mörtel wird mit der Kelle oder Traufel derart fächer- oder schuppenförmig verstrichen, daß der einzelne Kellenstrich bewußt sichtbar bleibt (dekorative Oberflächenbehandlung).

— **Waschputz.** Aufgrund seiner speziellen Rezeptur ist er besonders stoßfest und auch hohen Feuchtigkeitsbelastungen gewachsen (Unterputz der Mörtelgruppe P III). Er wird daher vorrangig überall dort eingesetzt, wo es zu starken Beanspruchungen wie zum Beispiel im Sockelbereich, in öffentlichen Treppenhäusern, Fluren usw. kommt. Außerdem bietet der Waschputz interessante gestalterische Möglichkeiten durch eine Vielzahl verschiedener Gesteinskörnungen und Grundeinfärbungen. Seine Struktur erhält er durch Abwaschen der an der Oberfläche befindlichen, noch nicht erhärteten Bindemittelschlämme. Mit einer weichen Bürste wird so lange gewaschen, bis die Steinkörnung klar zum Vorschein kommt, wobei diese keinesfalls herausgewaschen werden darf. Der verbliebene Zementschleier wird anschließend mit einem Spezialreinigungsmittel entfernt.

— **Kunstharzgebundene Putze.** Die Oberflächenstruktur organisch gebundener Putze nach DIN 18558 entspricht weitgehend den vorgenannten Strukturen mineralisch gebundener Putze. S. hierzu Abschn. 8.8, Kunstharzputz. Aus dieser Gruppe sind noch die sogenannten **Buntsteinputze** besonders zu erwähnen. Sie enthalten, ähnlich wie der Waschputz, natürlich vorkommende oder gefärbte Steine in den verschiedensten Korngrößen (von 1,5 bis 10 mm), die allerdings nicht mit mineralischen Bindemitteln, sondern mit durchsichtig auftrocknenden Kunstharzen gebunden sind. Da diese Beschichtungsstoffe keine deckenden Pigmente enthalten, trocknet Buntsteinputz klar auf und bedarf keiner weiteren Oberflächenbehandlung. Die Quarzkiesbeschichtung eignet sich für dekorative, wetterbeständige Außenbeschichtungen, ausdrucksstarke Wandgestaltung im Innenbereich und für besonders widerstandsfähige Sockelbeschichtungen.

8.7.5 Mineralisch gebundene Außenputze

An den Außenputz werden ganz besondere Anforderungen gestellt. Neben der äußeren Gebäudegestaltung durch entsprechende Struktur- und Farbgebung hat er vor allem bauphysikalische Aufgaben, aber auch mechanische Anforderungen zu erfüllen. Für die Putzauswahl sind seine örtliche Lage am Bauwerk, die daraus erwachsende Beanspruchungsart sowie die Beschaffenheit des jeweiligen Putzgrundes von Bedeutung. Dabei müssen gemäß DIN 18550-1 die an einen Putz zu stellenden Anforderungen grundsätzlich vom Gesamtsystem – d. h. von allen Schichten einer Wand, wie zum Beispiel Putzgrund, Putzlagen und ggf. Anstrich – zusammen dauerhaft erfüllt werden. Bewährte Putzsysteme sind zusammengestellt in

— **Tabelle 8.6 für Außenwandputze,**
— **Tabelle 8.7 für Außendeckenputze.**

8.7.5.1 Außenputze, die allgemeinen Anforderungen genügen

Auf die allgemeinen Anforderungen wie gute Haftung der Putzlagen untereinander und am Putzgrund, gleichmäßiges Gefüge, Festigkeit, Brandverhalten, Wasserdampfdurchlässigkeit – die jede Putzart erfüllen muß – wurde bereits in Abschn. 8.1 hingewiesen. Bei Außenputzen ist insbesondere auf die Wasserdampfdurchlässigkeit zu achten. Da diese bei Kunstharzputzen wesentlich geringer sein kann als bei mineralisch gebundenen Putzen, mußte in der Putznorm ein Grenzwert festgelegt werden, um unzulässige Feuchtigkeitserhöhungen in der Wand infolge innerer Kondensation zu vermeiden. Bei Außenputzen darf demnach die diffusionsäquivalente Luftschichtdicke s_d bei keiner Putzlage den Wert von 2,0 m überschreiten. Da mineralische Putze diese Anforderungen erfahrungsgemäß erfüllen, ist für derartige Putze kein Nachweis erforderlich. Vgl. hierzu auch Abschn. 8.8, Kunstharzputz sowie Abschn. 15.5.6.2 in Teil 1 dieses Werkes.

8.7.5.2 Außenputze, die zusätzlichen Anforderungen genügen

Wie Tabelle **8**.6 verdeutlicht, gibt es darüber hinaus Außenputze, die zusätzlichen Anforderungen genügen müssen. Im einzelnen sind genannt: Witterungsbeständigkeit des Putzsystems, Regenschutz durch wasserhemmende oder wasserabweisende Putzsysteme, Außenputz mit erhöhter Festigkeit, Kellerwandaußenputz sowie Außensockelputz.

— **Witterungsbeständigkeit des Putzsystems.** Es muß den immer wiederkehrenden tages- und jahreszeitlichen Temperaturwechseln und der Einwirkung von Feuchtigkeit standhalten, ohne Schaden zu nehmen. Als witterungsbeständig ohne besonderen Nachweis gilt ein Putzsystem, wenn es entsprechend Tabelle **8**.6 und **8**.7 aufgebaut ist. Darüber hinaus unterstützen konstruktive Maßnahmen den Witterungsschutz, wie zum Beispiel ausreichend bemessene Dach- und Fensterbanküberstände, der Einbau von Bewegungsfugen-, Kantenschutz- und Sockelabschlußprofilen sowie bei kritischen Untergründen bzw. Materialübergängen die Einbettung von Putzarmierungen, Putzträgern usw.

— **Regenschutz durch wasserhemmende oder wasserabweisende Putzsysteme.** DIN 4108-3 enthält erstmals Angaben über den Schlagregenschutz von Außenwänden. Diese Angaben sollen dazu beitragen, erhöhte Wandfeuchtigkeit durch Regeneinwirkungen zu vermeiden, um einen dem Wandbaustoff entsprechenden Wärmeschutz zu erzielen. Je weniger Feuchtigkeit sich bekanntlich in einer Wand befindet, desto höher ist der Wärmedurchlaßwiderstand. In diesem Zusammenhang ist zu beachten, daß die heute verwendeten leichten und porösen Wandbaustoffe mehr Wasser aufnehmen als die früher eingesetzten, schweren und dichten Baustoffe.

Regenschutz kann einmal durch konstruktive Maßnahmen wie zweischaliges Mauerwerk oder hinterlüftete Außenwandbekleidung erreicht werden, zum anderen durch Außenputz, der entsprechend der jeweiligen Beanspruchung zu wählen ist. Bei der Beurteilung der Schlagregenbeanspruchung sind die regionalen klimatischen Bedingungen, die örtliche Lage und die Höhe des Gebäudes zu berücksichtigen. Entsprechend der in DIN 4108-3 angeführten drei Beanspruchungsgruppen werden die Außenputze wie folgt eingeteilt:

Beanspruchungsgruppe I (geringe Schlagregenbeanspruchung):
keine Anforderungen hinsichtlich des Regenschutzes.

Beanspruchungsgruppe II (mittlere Schlagregenbeanspruchung):
wasserhemmende Außenputze. Putzsysteme gelten als wasserhemmend, wenn sie nach Tabelle **8**.6 (Zeilen 9 bis 16) aufgebaut sind.

Beanspruchungsgruppe III (starke Schlagregenbeanspruchung):
wasserabweisende Außenputze. Putzsysteme gelten als wasserabweisend, wenn sie nach Tabelle **8**.6 (Zeilen 17 bis 24) aufgebaut sind und in der Regel wasserabweisende Zusatzmittel enthalten. Einzelheiten hierzu s. Abschn. 8.3.4. Hierbei müssen die den Regenschutz hauptsächlich bewirkende(n) Putzlage(n) folgende Anforderungen erfüllen:

$w \cdot s_d \leq 0{,}2$ kg/mh^{0,5}

$w \leq 0{,}5$ kg/m^{2}h^{0,5}

$s_d \leq 2{,}0$ m.

Untersuchungen [6] ergaben, daß die Feuchtigkeitsverhältnisse in beregneten Außenputzwänden abhängen von der Wasseraufnahme in den Regenperioden und der Wasserabgabe in den Trocknungsperioden. Die Wasseraufnahme eines verputzten Mauerwerkes bei Beregnung erfolgt durch Kapillarleitung, und zwar immer von der feuchten zur trockenen Seite hin, wobei primär die Wasseraufnahme des Außenputzes maßgebend ist (kennzeichnende Größe: Wasseraufnahmekoeffizient *w*). Die Wasserabgabe in den Trocknungsperioden erfolgt zunächst durch Verdampfung an der Oberfläche und wird im späteren Verlauf durch den Rücktransport der Feuchtigkeit infolge von Kapillarleitung und Dampfdiffusion bestimmt. Der maßgebende Einfluß ist dabei der Wasserdampfdurchlaßwiderstand der Putzschicht (kennzeichnende Größe für die Wasserabgabe in den Trocknungsperioden: diffusionsäquivalente Luftschichtdicke s_d). Maßgebend für die Einstufung eines Putzsystems als **wasserabweisend** ist demnach die Erfüllung der Forderung $w \cdot s_d \leqq 0{,}2$ kg/mh^{0,5}. Wasseraufnahme und Wasserabgabe müssen in einem solchen Verhältnis zueinander stehen, daß die Außenwand – langfristig gesehen – trocken bleibt bzw. austrocknen kann. Vgl. hierzu auch Abschn. 15.5.6 in Teil 1 dieses Werkes.

— **Regenschutz durch wasserabweisende Putz/Anstrich-Systeme.** Wie bereits zuvor erwähnt, kann der Regenschutz gemäß DIN 4108-3 durch konstruktive Maßnahmen (z. B. hinterlüftete Außenwandbekleidung) oder durch geeignete Außenputze erreicht werden. In der Regel wird hierfür der 5 bis 8 mm dicke Oberputz durch Zusatzmittel wasserabweisend eingestellt. Nicht aufgeführt sind dagegen die Anstriche (Beschichtungen), obwohl in der Praxis Außenputze häufig mit Anstrichen versehen werden. Der Grund ist darin zu suchen, daß in einer Norm nur auf genormte Stoffe hingewiesen wird und Fassadenanstriche nicht genormt sind. Vertreter der Mörtel- und Bindemittelindustrie haben deshalb gemeinsam eine Richtlinie für die Bewertung von wasserabweisenden Putz/Anstrich-Systemen erarbeitet (die jedoch nicht genormt ist): Demnach wird ein wasserabweisendes Putz/Beschichtungs-System aus einem wasserhemmenden Putz und einer wasserabweisenden Beschichtung (Anstrich) gebildet. Beide Eigenschaften müssen durch Prüfungen nachgewiesen werden. Einzelheiten sind der Spezialliteratur [7] zu entnehmen. Vgl. hierzu auch Abschn. 9, Beschichtungen (Anstriche) auf Putzgrund.

— **Außenputz mit erhöhter Festigkeit.** Mineralisch gebundene Außenputze, die als Träger von Beschichtungen auf organischer Basis (z. B. kunstharzgebundene Oberputze) dienen sollen oder die starker mechanischer Beanspruchung ausgesetzt sind, müssen nach DIN 18550-1 eine Druckfestigkeit von mind. 2,5 N/mm^2 erreichen. Werden Putzsysteme nach Tabelle **8**.6 (Zeilen 25 bis 39) gewählt, so bedarf es keines besonderen Festigkeitsnachweises.

— **Kellerwandaußenputz.** Kellerwandaußenputze als Träger von Beschichtungen (z. B. Abdichtungen gegen Feuchtigkeit) müssen aus Mörteln mit hydraulischen Bindemitteln hergestellt werden (Mörtelgruppe P III) und eine Mindestdruckfestigkeit von 10 N/mm^2 erreichen. Obwohl hierfür in der Norm Mauerwerk aus Steinen der Druckfestigkeitsklasse 6 verlangt wird, sollten zur Vermeidung von Schäden besser Steine der Druckfestigkeitsklasse 12 oder Beton mit einer Festigkeitsklasse $\geqq$ B 15 ausgeschrieben werden.

  Hinweis: Kunstharzputze dürfen nicht als Kellerwandaußenputze, d. h. im Bereich der Erdanschüttung, verwendet werden.

— **Außensockelputze.** Außensockelputze müssen ausreichend fest, wenig wassersaugend und widerstandsfähig gegen kombinierte Einwirkung von Feuchtigkeit und Frost sein. Putze mit mineralischen Bindemitteln müssen eine Mindestdruckfestigkeit von 10 N/mm^2 erreichen. Werden Putzsysteme nach Tabelle **8**.6 (Zeilen 31 bis 34) verwendet, so bedarf es keines besonderen Festigkeitsnachweises. Außensockelputze der Mörtelgruppe P III auf Mauerwerk der Steinfestigkeitsklasse $\leqq$ 6 dürfen ausnahmsweise eine Mindestdruckfestigkeit von 5 N/mm^2 haben. Dieses Putzsystem muß dann wasserabweisend ausgerüstet sein.

Die Sockelfläche zwischen erdberührter Kellerwand und aufgehender Außenwand stellt eine Übergangszone dar, die vor allem durch Spritzwasser und Stoßbeanspruchung stark belastet ist. Aus diesem Grund ist der Sockelbereich besonders widerstandsfähig auszubilden. Die Sockelhöhe richtet sich im wesentlichen nach dem Geländeverlauf, der Oberflächenbeschaffenheit und dem verwendeten Material der jeweils angrenzenden Regenaufschlagfläche. In der Regel beträgt die Sockelhöhe 30 cm. Bei harter und ebener Aufprallfläche sollte sie höher sein und der Plattenbelag ein vom Gebäude wegführendes Gefälle aufweisen. Vorteilhafter ist ein an den Sockelbereich direkt anschließendes Grobkiesbett, da das Oberflächenwasser darin sofort versickern kann. Die Sockelfläche selbst muß eine vertikale Abdichtung aufweisen, die bis zur oberen horizontalen Wandabdichtung (sog. konstruktive Sockellinie) reicht und im Erdreich nahtlos an die vertikale Kelleraußenwand-Abdichtung übergeht. Einzelheiten hierzu s. Abschn. 15.4.4 in Teil 1 dieses Werkes.

Die Putzzone der aufgehenden Außenwände ist von der Dichtungszone des Bauwerkes möglichst deutlich abzusetzen (bessere Wasserableitung). Der Sockelputz sollte hinter dem Wandputz zurückspringen, zumindest bündig mit diesem liegen, keinesfalls jedoch überstehen (Regenstau, Frostschäden, Schmutzablagerungen). Um ein Hinterwandern des Sockelputzes durch abfließendes Regenwasser auszuschließen, ist im Bereich der Fuge zwischen Sockel- und Wandputz ein Sockelabschlußprofil anzubringen. Dieses wird mit Ansetzmörtel auf Zementbasis (keinesfalls gipshaltiges Material verwenden!) auf dem aufgehenden Mauerwerk befestigt. S. hierzu Bild **8**.17 sowie Bild **8**.34.

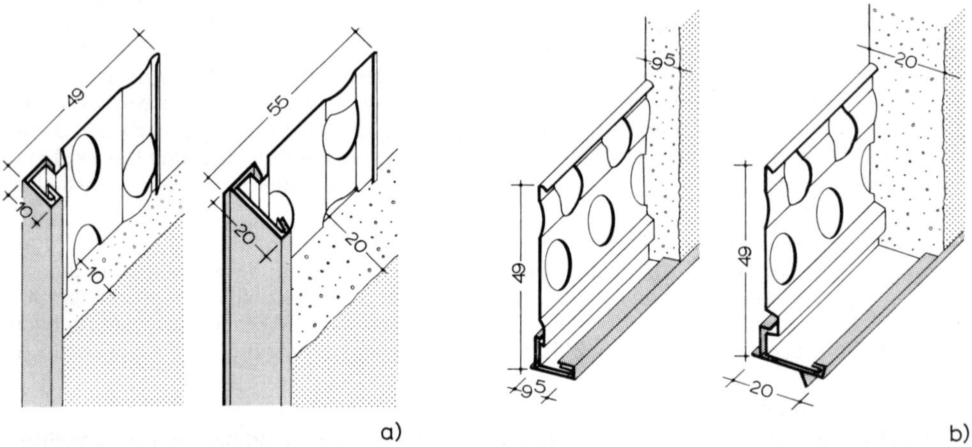

8.17 Putzabschluß- und Sockelprofile für den Außenputz. Alle Profilkanten sind mit einem schlagzähen PVC-Überzug gegen Abrieb und Korrosion geschützt und liegen mit der fertigen Putzoberfläche bündig.
a) Putzabschlußprofile
b) Sockelprofile

8.7.5.3 Sanierputzsysteme für feuchte und salzbelastete Außenwände

Allgemein bekannt sind die häßlichen Schadensbilder im Sockelbereich von Altbauten (historischen Gebäuden). Die Ursache hierfür ist in fast allen Fällen die gleiche: Auf Grund fehlender oder nicht mehr funktionierender horizontaler bzw. vertikaler Wandabdichtungen kann Feuchtigkeit in das Mauerwerk eindringen und dort – infolge der kapillaren Saugfähigkeit poröser Baustoffe – entgegen der Schwerkraft in der Wand aufsteigen. Dabei werden bauschädigende Salze gelöst und von der kapillar wandernden Feuchtigkeit nach oben in das aufgehende Mauerwerk transportiert. Beim Verdunsten des Wassers reichern sich die mitgeführten Salze an der Oberfläche an und kristallisieren dort aus. An der Grenze zwischen dem kapillar durchfeuchteten Bereich und dem trockenen Mauerwerk sind Salzausblühungen zu erkennen. Da es bei der Kristallisation aber auch zu einer Volumenvergrößerung kommt, entstehen dadurch erhebliche Drücke (Sprengkräfte), die zum Abplatzen des Anstriches und im Laufe der Zeit zur Zerstörung der Putzschale führen können.

Ungeeignete Sanierungsversuche, wie zum Beispiel das Aufbringen von wasserundurchlässigen dichten Sperrputzen der Mörtelgruppe P III, das Verlegen von Keramikfliesen oder der Einsatz von nahezu dampfundurchlässigen Beschichtungen führen meist zu einer Verschlimmerung des Schadensbildes. Da die salzhaltige Feuchtigkeit auf Grund derart dampfdichter Verblendungen im Sockelbereich nicht nach außen diffundieren kann, steigt sie im Mauerwerk weiter auf (sog. Dochtwirkung), wodurch sich die Zerstörung von Anstrich und Putz in immer höhere Fassadenzonen verlagert.

Sanierputze

Da herkömmliche Putze nur eine sehr geringe Beständigkeit gegen bauschädigende Salze besitzen, wurden im Laufe der letzten zwanzig Jahre Putze mit besonderen Eigenschaften entwickelt, die man heute allgemein als Sanierputze bezeichnet. Unter Sanierputze versteht man mineralische Werktrockenmörtel, die Putze mit hoher Porosität und Wasserdampfdurchlässigkeit bei gleichzeitig erheblich verminderter kapillarer Leitfähigkeit ergeben. Auf Grund der hydrophoben (wasserabweisenden) Ausrüstung des Putzes kann das im Mauerwerk vorhandene salzhaltige Wasser nur etwa 3 bis 7 mm in den Sanierputz kapillar eindringen. Bedingt durch die hohe Wasserdampfdurchlässigkeit verdunstet das Wasser ansonsten innerhalb der Sanierputzschicht, um nach außen zu gelangen. Damit wird die Verdunstungszone – die bei ungeeigneten Putzen an der Oberfläche liegt – wesentlich weiter nach innen in den Putzquerschnitt verlagert. Da Wasserdampf jedoch keine Salze transportieren kann, kristallisieren diese beim Verdunsten des Wassers im hinteren Bereich des Sanierputzes aus und werden dort in den Porenräumen abgelagert, ohne Schaden an der Putzoberfläche anzurichten. In einem vom Wissenschaftlich-Technischen Arbeitskreis für Denkmalpflege und Bauwerksanierung (WTA) herausgegebenen Merkblatt [8] werden die Anforderungen an Sanierputze wie folgt festgelegt:

— Luftporengehalt des Frischmörtels >25 Volumen-%
— Wasserdampfdiffusionswiderstandszahl $\mu = < 12$
— Kapillare Wasseraufnahme (Eindringtiefe) nach 24 Stunden zwischen 3 und 7 mm
— Druckfestigkeit nach 28 Tagen <6 N/mm^2
— Verhältnis von Druck- zu Biegezugfestigkeit nach 28 Tagen <3,0
— Frost- und Salzbeständigkeit.

Auf Grund der Festlegung dieser Anforderungen kann nun eindeutig zwischen Sanierputzen und den weitgehend wasserdampfdichten bzw. wasserundurchlässigen Sperrputzen oder Dichtungsschlämmen unterschieden werden. Demnach sind Sanierputze *keine Sperrputze*, denn der Feuchtigkeitsaustausch zwischen Mauerwerk und umgebender Luft wird von den Sanierputzen nicht behindert, sondern begünstigt. Sanierputze sind auch keine sog. *Entfeuchtungsputze* (irreführende Bezeichnung), da es auf Grund bauphysikalischer Gesetzmäßigkeiten gar nicht möglich ist, feuchtes Mauerwerk alleine durch den Einsatz von porenreichen, wasserdampfdurchlässigen Putzen zu trocknen. Bei allen Schädigungen der Bausubstanz sollte daher zuerst versucht werden, die Ursachen zu beseitigen und Maßnahmen zu ergreifen, die das Wasser vom Baukörper fernhalten. Da aber derartige Maßnahmen (Anbringung vertikaler und horizontaler Abdichtungen, Bohrlochinjektionen usw.) stets einen massiven Eingriff in die Bausubstanz bedeuten, sind sie bei Altbauten häufig nicht durchführbar (statische Gründe, Kostengründe, Nichtzugänglichkeit). In derartigen Fällen können feuchte und salzbelastete Wandflächen außen und innen mit Hilfe der Sanierputze so behandelt werden, daß man langfristig intakte Putzoberflächen – ohne Salzausblühungen und Absprengungen – erhält.

Sanierputzsysteme

Sanierputzsysteme bestehen aus einzelnen, jeweils ganz bestimmten Aufgaben übernehmenden Komponenten, deren bauphysikalische und bauchemische Eigenschaften sorgfältig aufeinander abgestimmt sein müssen. Je nach Anforderung und baulicher Situation

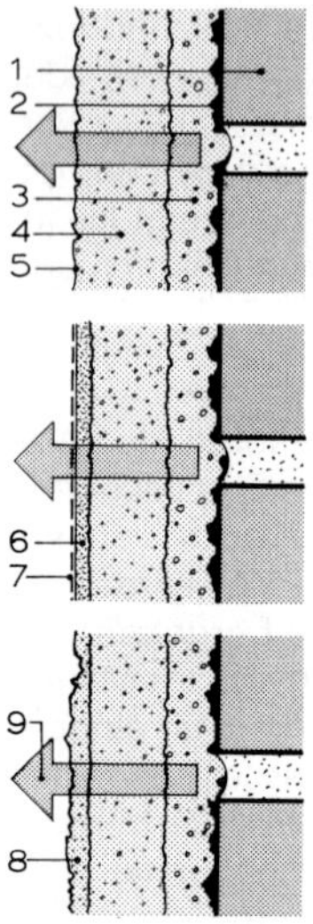

Capatect Dämmsysteme GmbH, Ober-Ramstadt

8.18
Schematische Darstellung eines Sanierputzsystems auf einer feuchten und salzbelasteten Außenwand

1 feuchtes und salzbelastetes Mauwerk (Altputz abgeschlagen, mürbe Fugenmörtel ausgekratzt)
2 warzenförmiger, halbdeckender Spritzbewurf
3 Porengrundputz als Pufferschicht für gelöste Salze und als Ausgleichsschicht
4 hydrophober (wasserabweißender) Sanierputz aus Werktrockenmörtel mit hoher Porosität und Wasserdampfdurchlässigkeit in 15 bis 20 mm Schichtdicke
5 Oberfläche des Sanierputzes modellierend an den angrenzenden Altputz angepaßt und die ganze Fassadenfläche mit einem wasserabweisenden, diffusionsoffenen Anstrich vollflächig beschichtet
6 Spachtelputz in 2 bis 5 mm Schichtdicke als glatte Oberfläche für Anstrich
7 wasserabweisender, diffusionsoffener Anstrich
8 mineralischer Leichtputz (weiß oder eingefärbt und gestrichen) als Deckputz/Strukturputz
9 Wassertransport durch Diffusion und Verdunstung

können die Produktsysteme zwar unterschiedlich aufgebaut und zusammengesetzt sein, immer aber dürfen nur System-Komponenten von einem Hersteller verwendet werden, da sonst alle Gewährleistungsansprüche verloren gehen. In der Regel besteht ein Sanierputzsystem aus einem Produkt oder Verfahren der Salzbehandlung, einem Spritzbewurf, einem Porengrundputz/Ausgleichsputz, dem eigentlichen Sanierputz und einem Anstrich oder Deckputz (Bild **8**.18).

— **Putzgrundvorbereitung/Putzgrundvorbehandlung.** Zunächst wird der alte, schadhafte Putz bis mind. 80 cm über der geschädigten Zone vollständig abgeschlagen und mürber Fugenmörtel mind. 2 cm tief ausgekratzt. Um das Einwandern von bauschädlichen Salzen (Sulfate, Chloride, Nitrate) in den frischen, noch nicht ausreichend hydrophoben Sanierputz zu vermeiden, wurden bisher die leichtlöslichen Salze durch Auftragen einer Bleisalzlösung in schwerlösliche Salze umgewandelt (chemisches Salzumwandlungsverfahren). Wegen der Giftigkeit und Umweltunverträglichkeit solcher Produkte wird zunehmend auf diese Art der Salzbehandlung verzichtet.

— **Spritzbewurf/Porengrundputz.** Die Praxis hat gezeigt, daß Sanierputze auch ohne chemische Salzbehandlung schadfrei bleiben, wenn auf einem warzenförmigen, halbdeckenden Spritzbewurf (Standzeit mind. 24 Stunden), zunächst eine zusätzliche Pufferschicht in Form eines porenreichen Grundputzes in einer Schicktdicke von mind. 10 mm aufgebracht wird (Bild **8**.18). Dieser Porengrundputz verhindert, daß die Salze aus dem Mauerwerksbereich in den nachfolgend aufzubringenden, eigentlichen Sanierputz einwandern können. Sie kristallisieren bereits im Porengrundputz aus, so daß der Sanierputz unbelastet trocknen und aushärten kann. Gleichzeitig dient er als Ausgleichsputz zum Egalisieren größerer Unebenheiten.

— **Sanierputz/Anstrich/Deckputz.** Der Porengrundputz muß eine Standzeit von mind. 7 Tagen je cm Schicktdicke aufweisen, bevor der eigentliche porenhydrophobe Sanierputz aus Werktrockenmörtel in einer Mindestdicke von 15 bis 20 mm aufgetragen werden kann. Je nach Gestaltungswunsch wird die Oberfläche eben abgezogen und gefilzt oder modellierend an den vorhandenen Altputz angepaßt. Wie Bild **8**.18 zeigt, kann auf den Sanierputz wahlweise auch ein etwa 2 bis 5 mm dicker Spachtelputz als glatte streichfähige Oberfläche oder ein mineralischer Leichtputz als Deckputz (Strukturputz) aufgebracht werden. Als Anstriche kommen nur Beschichtungen in Frage, die die günstigen Wasserdampfdiffusionseigenschaften der Putzlagen möglichst wenig behindern. Besonders geeignet sind hydrophobe (wasserabweisende) und diffusionsoffene Silikonharzfarben sowie Dispersions-Silikatfarben. Vgl. hierzu Abschn. 9, Beschichtungen auf Putzgrund. Dispersionsfarben sind in der Regel zu wasserdampfdicht, und reine Silikatfarben besitzen keine Wasserabweisung. Auf einen derartigen Anstrich ist dann immer noch eine zusätzliche hydrophobierende farblose Imprägnierung aufzubringen. Weitere Einzelheiten sind der Spezialliteratur [9], [10], [11] zu entnehmen.

8.7.5.4 Leichtputze auf wärmedämmenden Wandbaustoffen

Die Forderung nach besserer Wärmedämmung einschaliger Außenwände hat die Eigenschaften dieser Putzuntergründe im Laufe der letzten Jahre entscheidend verändert. An Stelle des herkömmlichen Mauerwerkes – das im wesentlichen statisch/lastabtragende Funktionen zu erfüllen hatte und aus relativ festen kleinen Steinen mit hohem Fugenanteil bestand – treten nunmehr leichtere, wärmedämmende großformatige Wandbausteine (z. B. Leichthochlochziegel, Bimshohlblocksteine, Porenbetonsteine). Am Beispiel der Weiterentwicklung des Leichthochlochziegels (DIN 105-2) läßt sich der Wandel des Putzgrundes am besten verdeutlichen.

Putzgrund aus Leichtziegel. Die wärmedämmenden Eigenschaften und die damit zusammenhängende Gewichtsreduzierung werden einmal erreicht durch die Porosierung des Scherbens, zum anderen durch Optimierung des Lochbildes (Luftkammern). Daraus resultierend können die Steinformate vergrößert (Rationalisierungseffekt) und somit auch der Fugenanteil verringert werden. Gleichzeitig wurden Leichtmauermörtel mit Leichtzuschlägen und Luftporenbildnern entwickelt, so daß Festigkeit und Wärmedämmwert des Mörtels in etwa der Steinqualität entsprechen. Mit der Einführung der mörtelfreien Stoßfuge – in diesem Fall werden Zahnziegel „knirsch" gestoßen, mit einem tolerierten Zwischenraum von max. 5 mm – ergeben sich für den Putzgrund und seine Beurteilung jedoch neue Probleme. Es entstehen offene Bereiche, die vom Putz ohne Haftung zum Grund überbrückt werden müssen.
Auf diese weiterentwickelten wärmedämmenden Wandbausteine wurden zunächst die herkömmlichen, relativ schweren und starren mineralischen Putze aufgetragen und dabei häufig gegen die alte Putzregel – nie hart auf weich zu putzen – verstoßen. Außenwände unterliegen jedoch erheblichen Temperaturbelastungen. Besonders bei wärmedämmenden Wandbaustoffen führt Sonnenbestrahlung im Außenputz zu hohen thermischen Beanspruchungen (Wärmestau, Spannungen, Verformungsbestrebungen), die die Festigkeitseigenschaften der herkömmlichen starren Außenputze übersteigen. Es kommt zu Rissen in der Putzschale und zu Ablösungserscheinungen, die schließlich in Einzelfällen so weit führen, daß sogar die äußere Zone der Mauersteine mit abgezogen/abgesprengt wird. Da leichte wärmedämmende Wandbaustoffe jedoch vermehrt Wasser aufnehmen und nur trockene Wände eine gute Wärmedämmung besitzen, muß der Außenputz gerade diesen Putzgrund dauerhaft und sicher vor Schlagregen und Feuchtigkeit schützen.

Leichtputze. Herkömmliche Außenputze auf wärmedämmenden Wandbaustoffen können diese Anforderungen nur bedingt erfüllen. Daher wurden sog. Leichtputze entwickelt, die zwischenzeitlich in der DIN 18550-4 genormt sind. Hierbei handelt es sich um mineralisch gebundene, aus Werktrockenmörtel hergestellte Putze mit begrenzter Rohdichte, die je nach Zusammensetzung außen wie innen eingesetzt werden. Mineralische und organische Leichtzuschläge mit porigem Gefüge sowie Luftporenbildner (konstante Luftporenmenge) sorgen unter anderem für die Reduzierung des Putzgewichtes bzw. der Putzfestigkeit und damit des E-Moduls sowie für eine bessere Verarbeitbarkeit des Putzmörtels (je kleiner der Elastizitätsmodul, desto günstiger das Verformungsverhalten).

Besondere Hinweise: Leichtputze sind jedoch keine Wärmedämmputze, wie sie in Abschn. 8.11.4 erläutert sind, da sie hinsichtlich der Wärmedämmung nur geringe Verbesserung erbringen und ansonsten andere Aufgaben zu erfüllen haben. Ausdrücklich ist auch darauf hinzuweisen, daß einlagige Leichtputze mit Baugips in DIN 18550-4 nicht behandelt werden. Einzelheiten s. Abschn. 8.7.6.3.

Der Aufbau eines Putzes richtet sich nach den jeweiligen Anforderungen, die an ihn gestellt werden und nach der Beschaffenheit des Putzgrundes. In der Regel bestehen Leichtputze aus Unterputz (Grundputz) und Oberputz (Dekorputz). Bei diesem Putzsystem müssen die mechanischen und bauphysikalischen Eigenschaften des Unterputzes und des Oberputzes aufeinander abgestimmt sein. Es werden jedoch vermehrt auch universell einsetzbare Leichtputze angeboten, die sowohl als Unter- wie Oberputz eingesetzt werden können.

Tabelle **8**.19 Putzsysteme für Außenputze mit Leichtputz nach DIN 18550-4

Lfd. Nr.	Anforderung an das Putzsystem	Unterputz Leichtputzmörtel entsprechend Mörtelgruppe	Oberputz Putzmörtel entsprechend Mörtelgruppe
1	wasser-abweisend	–	P Ic
2		–	P II
3		P II	P Ic
4		P II	P II

In Tabelle **8**.19 sind Putzsysteme für Außenputze (Leichtputz) angegeben, bei denen die Anforderungen an den Putz als erfüllt angesehen werden können.

Für Innenputze gelten die Tabellen **8**.8 und **8**.9. Die mittlere Dicke von Putzsystemen muß außen 20 mm, die des Unterputzes soll in der Regel 15 mm betragen. Vgl. hierzu auch Abschn. 8.7.6.3, einlagige Leichtputze mit Baugips für den Innenbereich.

Leichtputze als Unterputz entsprechen, wie Tabelle **8**.19 zeigt, der Mörtelgruppe P II. Sie sollen eine Druckfestigkeit zwischen 2,5 und 5,0 N/mm² sowie eine Rohdichte zwischen 0,6 und 1,3 kg/dm³ aufweisen. Neben Luftporenbildnern und mineralischen Leichtzuschlägen (Bims, Perlit, Blähton, Blähglaskügelchen usw.) kommt bei einigen Produkten auch noch ein organischer Zuschlag in Form von EPS-Perlen (expand. Polystyrol) hinzu. Derartige Leichtputze mit organischen Zuschlägen dürfen im Außenbereich jedoch nur als Unterputze verwendet werden. Nach DIN 4102 gelten sie als nichtbrennbar (Baustoffklasse A 1), sofern der Gesamtgehalt an organischen Anteilen einen Massenanteil von 1,0% nicht überschreitet.

Der Werktrockenmörtel wird mit Wasser angesetzt, innig miteinander vermengt und der Unterputzmörtel – einheitlicher Putzgrund vorausgesetzt – in einem Arbeitsgang aufgetragen. Stark saugendes Mauerwerk muß gegebenenfalls noch vorgenäßt werden. Bei ungleich saugendem Putzgrund (Mischmauerwerk) trägt man den Unterputz vorteilhafterweise in zwei Arbeitsgängen „naß in naß" auf. Dabei wird zunächst eine erste Schicht von etwa 8 bis 10 mm Dicke aufgespritzt. Wird auf schwierigem Putzgrund eine Putzarmierung für erforderlich gehalten, so ist diese anschließend in den Mörtel einzubetten. Nach dem ersten Ansteifen des Mörtels wird die weitere Putzschicht bis zur erforderlichen Unterputzdicke aufgebracht. Ein Spritzbewurf auf porosierten Leichtziegeln ist in der Regel nicht erforderlich, da er die Rißbildung nach Aussage verschiedener Untersuchungen weder positiv noch negativ beeinflußt. Vgl. hierzu Abschn. 8.7.1, Spritzbewurf. Vor dem Auftragen des Oberputzes muß für den Unterputz eine Mindeststandzeit von 1 Tag je mm Putzdicke eingehalten werden.

Oberputze auf Leichtputz entsprechen gemäß Tabelle **8**.19 den Mörtelgruppen P II oder P Ic, wobei die Druckfestigkeit von P II 2,5 N/mm² nicht unterschreiten darf und in der Regel 5,0 N/mm² nicht überschreiten soll. Entsprechend des Festigkeitsgefälles darf der Oberputz auf keinen Fall fester als der Unterputz sein. Außerdem muß das Putzsystem durch Hydrophobierung dauerhaft wasserabweisend sein und gleichzeitig eine hohe Wasserdampfdurchlässigkeit aufweisen. Dementsprechend darf auf Leichtputzen (Unterputz) im Außenbereich kein organischer Oberputz (Kunstharzputz) aufgebracht werden. Weitere Einzelheiten sind dem Merkblatt [12], das Mörtelindustrie und Ziegelhersteller gemeinsam erarbeitet haben, zu entnehmen.

8.7.5.5 Edelputze

Früher wurden die Putzmörtel von den Verarbeitern auf der Baustelle selbst zusammengesetzt und aufbereitet. Bereits vor nahezu 100 Jahren begann man jedoch damit, fertige Trockenmischungen an die Baustelle zu liefern, um daraus sog. „Edelputze" (eine Bezeichnung der Werkmörtelindustrie) herzustellen. Mit der fabrikmäßigen Fertigung wurde es möglich, Körnungen (und damit Strukturen) sowie Farbgebung für Putzflächen schon vor der Verarbeitung festzulegen. Unter Berücksichtigung veränderter Umweltbedingungen und nicht zuletzt im Hinblick auf die modernen leichten Wandbaustoffe sind diese Produkte im Laufe der Jahre weiter verbessert worden, so daß sich die Werkmörtel – vor allem lagerfähige Werktrockenmörtel – heute allgemein durchgesetzt haben. Vgl. Abschn. 8.4.1.2, Zubereitung und Lieferform der Putzmörtel.

Edelputz ist ein Wertbegriff für weiße und farbige mineralische Werktrockenmörtel zur Herstellung von Oberputzen für außen und innen gemäß DIN 18550. Edelputze sind witterungsbeständig, dauerhaft wasserabweisend und gleichzeitig wasserdampfdurchlässig sowie in Farbe und Oberflächenstruktur vielfältig gestaltet. Die Mörtel sind lieferbar für die verschiedensten Putzweisen; als besonders günstige Oberflächenstruktur wird die Kratzputztechnik angesehen. Edelputze eignen sich auch als Oberputz auf Leichtunterputz, EPS-Wärmedämmputz sowie auf Wärmedämm-Verbundsystemen. Weitere Einzelheiten sind den Informationsbroschüren [13] der Deutschen Mörtelindustrie zu entnehmen.

8.7.6 Mineralisch gebundene Innenputze

Auch an den Innenputz werden ganz bestimmte Anforderungen gestellt. Neben seiner Bedeutung für die Innenraumgestaltung hat er sowohl bauphysikalische Aufgaben als auch mechanische Anforderungen zu erfüllen. Für die Auswahl des Innenputzes sind – ähnlich wie beim Außenputz – seine örtliche Lage im Bauwerk (z. B. als Wand- oder Deckenputz), die daraus erwachsenden Anforderungen (z. B. Stoß- und Abriebfestigkeit) sowie die Beschaffenheit des jeweiligen Putzgrundes von Bedeutung. Auch beim Innenputz müssen gemäß DIN 18550-1 die an einen Putz zu stellenden Anforderungen grundsätzlich vom Gesamtsystem – d. h. von allen Schichten einer Wand, wie zum Beispiel Putzgrund, Putzlagen und ggf. sonstigen Beschichtungen – zusammen dauerhaft erfüllt werden. Bewährte Putzsysteme sind zusammengestellt in

— **Tabelle 8.8 für Innenwandputze**

— **Tabelle 8.9 für Innendeckenputze.**

8.7.6.1 Innenputze, die allgemeinen Anforderungen genügen

Auf die allgemeinen Anforderungen, wie gute Haftung der Putzlagen untereinander und am Putzgrund, gleichmäßiges Gefüge, Festigkeit, Brandverhalten, Wasserdampfdurchlässigkeit – die jede Putzart erfüllen muß – wurde bereits in Abschn. 8.1 hingewiesen. Innenputze eignen sich insbesondere zur Herstellung ebener und fluchtgerechter Wand- und Deckenflächen, die gegebenenfalls noch mit Anstrichen, Tapeten oder Kunstharzputzen beschichtet werden können und dann eine bestimmte Mindestdruckfestigkeit sowie ein entsprechendes Haftvermögen aufweisen müssen. Verputzte Innenflächen von bewohnten Räumen sollten außerdem die Fähigkeit besitzen, Wasserdampf (Luftfeuchte) aufnehmen, zu speichern und zur gegebenen Zeit langsam an trockene Raumluft wieder abgeben zu können (klimaregulierende Wirkung). Innenputze sind deshalb mindestens 10 mm dick vorzusehen. Einzelheiten hierzu s. Abschn. 8.5, Putzaufbau und Putzdicke.

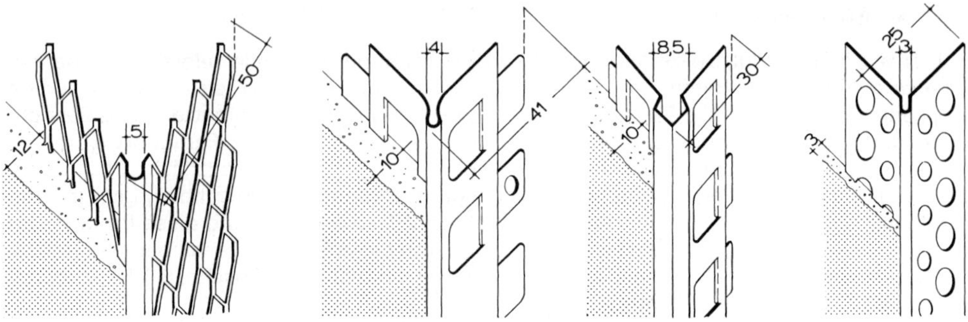

a) b) c) d)

8.20 Putzeckprofile für den Innenputz

a) Profil mit besonders schmaler Kopfform
b) Profil für Kunstharzputz geeignet
c) Profil in scharfkantiger Ausführung
d) Profil für Dünnbeschichtung auf Porenbeton

Protektorwerk, Gaggenau

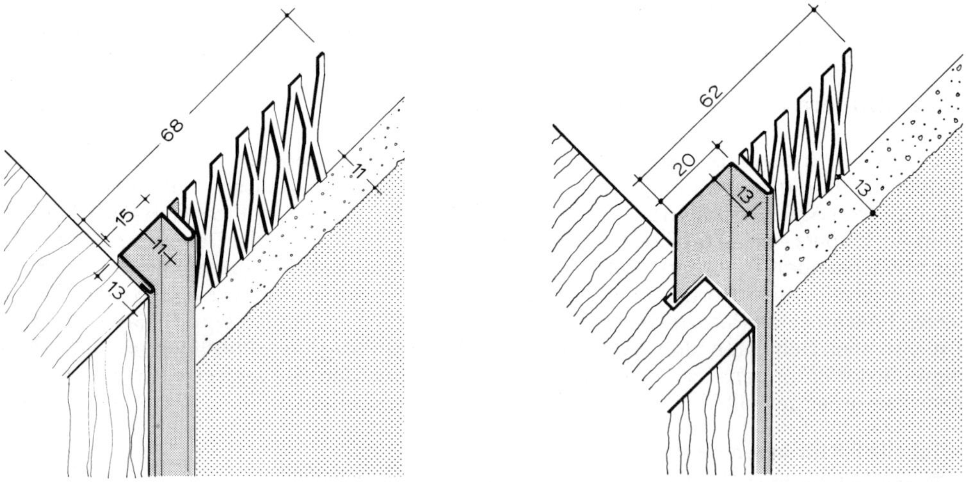

8.21 Putzanschlußprofile für den Innenputz. Zur Herstellung von Schattenfugen, beispielsweise zwischen Putzflächen und Holztürzargen oder anderen Bauteilen

Protektorwerk, Gaggenau

Auch beim Innenputz gilt die Regel, daß die Festigkeit des Putzes vom Putzgrund zur Putzoberfläche hin abnehmen soll (Festigkeitsgefälle). Dies gilt auch für die in den Abschnitten 8.7.5.4 und 8.7.6.3 näher beschriebenen Leichtputze für den Innenbereich.

- Innenputze für nur geringe Beanspruchungen, an die keine Festigkeitsanforderungen gestellt werden (Mörtelgruppe P I a, P I b und P IV d), zeigen die Tabellen **8**.8 und **8**.9, jeweils Zeilen 1 bis 4.
- Innenputze für übliche Beanspruchungen, an die z. B. Anforderungen als Träger von Anstrichen, Tapeten oder Kunstharzputzen gestellt werden, müssen eine Mindestdruckfestigkeit von 1,0 N/mm² aufweisen. Ein Nachweis ist nicht erforderlich, wenn Putze nach Tabelle **8**.8 (Zeilen 5 bis 15) und Tabelle **8**.9 (Zeilen 5 bis 13) gewählt werden.

8.7.6.2 Innenputze, die zusätzlichen Anforderungen genügen

An Innenputze können eine ganze Reihe weiterer Anforderungen gestellt werden. DIN 18550-1 nennt im einzelnen:

- **Innenwandputze mit erhöhter Abriebfestigkeit.** Innenwandflächen, die mechanischer Beanspruchung ausgesetzt sind (z. B. in Treppenhäusern, in Fluren von öffentlichen Gebäuden und Schulen), erfordern Putze mit einer Mindestdruckfestigkeit von 2,0 N/mm^2 sowie Putzoberflächen erhöhter Abriebfestigkeit. Die Anforderungen an eine erhöhte Abriebfestigkeit werden von Putzsystemen nach Tabelle **8**.8 (Zeilen 7 bis 15), mit Ausnahme von Mörtelgruppe P I als Oberputz, erfüllt.
- **Innenwand- und Innendeckenputze für Feuchträume.** Derartige Innenputze müssen gegen langzeitig einwirkende Feuchtigkeit beständig sein. Feuchtraumbeständige Putzsysteme sind den Tabellen **8**.8 und **8**.9 zu entnehmen. Putzsysteme, die Bindemittel nach DIN 1168-1 (Baugipse) und DIN 4208 (Anhydritbinder) beinhalten, scheiden für diese Putzanwendung aus. Für Räume mit üblicher Luftfeuchte – einschließlich der häuslichen Küchen und Bäder – sind derartige Gipsputze jedoch geeignet.

8.7.6.3 Innenputze mit Gips

Putze mit Gips eignen sich als Wand- und Deckenputz für Innenräume, die keiner langzeitig einwirkenden Feuchtigkeit ausgesetzt sind. Nach DIN 18550-2 werden sie der Mörtelgruppe P IV zugeordnet und die verschiedenen Mörtelarten in Tabelle **8**.4 (Zeilen 10 bis 13) näher beschrieben. Die Mörtelart ist im wesentlichen nach den zu erwartenden Beanspruchungen des Putzes und der Beschaffenheit des Putzgrundes auszuwählen. Einzelheiten über die im Bauwesen verwendeten Gipssorten und ihre Einsatzbereiche sind den Abschnitten 8.3.1 und 8.4.1, bewährte Putzsysteme den Tabellen **8**.8 und **8**.9 zu entnehmen.

Gipsputze weisen folgende Vorteile auf: Festigkeit und Härte (einstellbar durch geeignete Gipssorten bzw. Sand- und Kalkbeimischungen), gute Haftfestigkeit (als Deckenputz, bei Rabitzarbeiten usw.), klimaregulierende Wirkung (Puffer bei Feuchtigkeitsspitzen vor allem in häuslichen Küchen und Bädern), anpaßbare Versteifungszeit (wichtig beim Einsatz von Putzmaschinen), kurzer Abbindevorgang (keine langanhaltende Baufeuchtigkeit), geeignet zur Herstellung von Flächen, an deren Glätte und Formbeständigkeit hohe Anforderungen gestellt werden, idealer Baustoff für feuerhemmend oder feuerbeständig auszubildende Konstruktionen (im Brandfalle bzw. bei Hitzeeinwirkung entsteht ein schützender Dampfschleier durch entweichendes Kristallwasser).

- **Einlagige Gipsputze** werden aus Maschinenputzgips, Haftputzgips und Fertigputzgips hergestellt, die verarbeitungsfähig als Werktrockenmörtel geliefert und denen an der Baustelle nur noch das erforderliche Wasser richtig dosiert zugesetzt wird. Mögliche Schäden, wie sie beim Mehrlagen-Putz durch falschen Putzaufbau auftreten können, sind beim einlagigen Gipsputz von vornherein ausgeschlossen. Im Hinblick auf die Haftung ist zwischen putzfreundlichen Untergründen (z. B. Ziegel-, Kalksandstein-, Hohlblockmauerwerk, saugendem Beton) sowie schwierigen Putzgründen (z. B. schwach saugendem, glattem Beton) zu unterscheiden. Auf diese Gegebenheiten ist die Wahl der Gipssorten und die Vorbehandlungsart des Putzgrundes (z. B. Grundiermittel bei stark saugendem Grund, Haftbrücken auf dichten Betonflächen) abzustimmen. Bei einlagigen Innenputzen beträgt die mittlere Putzdicke 10 mm. Putze aus Maschinenputzgips, Haftputzgips und Fertigputzgips sind der Mörtelgruppe P IV a zugeordnet.
- **Leichtputze mit Baugips** wurden entwickelt, um neuzeitliches Mauerwerk aus porosierten Steinen, Betondecken sowie stark unterschiedlich saugende Putzgründe problemlos und rationell verputzen zu können. Damit hat der Handwerker die Möglichkeit, sowohl leichte wie schwere Baustoffe in Schichtdicken bis zu 25 mm in einem Arbeitsgang zu verputzen.

Zum Vergleich: Um einen derart dicken Putzauftrag mit herkömmlichen schweren Putzen herstellen zu können, mußten seither jeweils mehrere, in ihrer Festigkeit genau aufeinander abgestimmte Putzlagen in mehreren Arbeitsgängen – unter Beachtung notwendiger Wartezeiten – aufgebracht werden.

Wie in Abschnitt 8.7.5.4, Leichtputze auf wärmedämmenden Wandbaustoffen, bereits erwähnt, werden Leichtputze mit Baugips in der DIN 18550-4 nicht behandelt. Daher sind folgende Hinweise besonders zu beachten:

— Gips-Leichtputze sind nur im Innenbereich auszuführen.

— Gips-Leichtputze sind stets einlagig herzustellen.

— Die Dicke der Gips-Leichtputze soll 10 mm nicht unterschreiten.

— **Mehrlagige Putze mit Gips.** Bei der Ausführung mehrlagiger Putze mit Gips ist durch die Wahl entsprechender Mörtel bzw. Mischungsverhältnisse gemäß Tabelle **8**.4 (Zeilen 10 bis 13) dafür zu sorgen, daß der Unterputz zumindest die gleiche Festigkeit wie der Oberputz erreicht. In Gipskalk- und Kalkgipsputzen nimmt die Festigkeit mit steigendem Gipsgehalt des Mörtels zu. Wird der Oberputz unter Verwendung von Gips hergestellt, sollte auch beim Unterputz Gips verwendet werden. Um für den weiteren Putzauftrag eine genügend rauhe Oberfläche zu erhalten, ist die Oberfläche der ersten Gipsputzlage in noch weichem Zustand mit dem Putzkamm aufzukämmen und erst nach dem Erhärten die zweite Lage aufzutragen. Die Dicke der mehrlagig verarbeiteten, gipshaltigen Putze beträgt im Mittel etwa 15 mm. Weitere Einzelheiten sind der Spezialliteratur [2], [14] zu entnehmen.

8.7.6.4 Innenputze mit Kalk

Putze mit Kalk eignen sich als Wand- und Deckenputze für nahezu alle Innenräume. Nach DIN 18550-2 werden sie im wesentlichen den Mörtelgruppen P I und P II zugeordnet und die verschiedenen Mörtelarten in Tabelle **8**.4 (Zeilen 1 bis 7) näher beschrieben. Die Mörtelart ist nach den zu erwartenden Beanspruchungen des Putzes und der Beschaffenheit des Putzgrundes auszuwählen. Einzelheiten über die im Bauwesen verwendeten Kalksorten und ihre Einsatzbereiche sind den Abschnitten 8.3.1 und 8.4.1, bewährte Putzsysteme den Tabellen **8**.8 und **8**.9 zu entnehmen. Auf die in Abschn. 8.7.5.4 erläuterten Leichtputze für den Innenbereich wird besonders hingewiesen.

Da die Mörtel aus Luftkalken und Wasserkalken überwiegend dadurch erhärten, daß sie Kohlendioxid aus der Luft aufnehmen (Karbonaterhärtung), andererseits für den Verlauf dieser Reaktion auch Feuchtigkeit benötigen (ein völlig trockener Luftkalkmörtel kann nicht erhärten), ist dafür Sorge zu tragen, daß die für die Erhärtung des Innenputzes erforderliche Mindestfeuchtigkeit durch Nachnässen erhalten bleibt und gleichzeitig eine gute Raumlüftung gewährleistet ist. Damit dieser Abbindevorgang nicht verhindert wird (Folge: Festigkeitseinbuße), dürfen auch die Putze – vor allem die Luftkalkputze der Mörtelgruppe P I – nicht zu früh durch schnell härtende Oberputze o. ä. abgedeckt werden. Die Erhärtung des Unterputzes muß vorher weitgehend abgeschlossen sein. Vielfach wird darauf auch eine gipsreiche Feinputzschicht aufgebracht, um eine möglichst glatte Oberfläche zu erreichen. Dieser Putzaufbau muß jedoch zu Schäden führen, weil gegen eine der wichtigsten Putzregeln, wonach der Oberputz nicht härter als der Unterputz sein darf (Festigkeitsgefälle), verstoßen wird.

8.7.6.5 Innenputze auf Betonflächen

Zum Verputzen von Wand- und Deckenflächen aus Beton haben sich vor allem Kalkzement- und Kalkgipsputze sowie Gipsputze bewährt. Vor Beginn der Putzarbeiten ist zunächst die Beschaffenheit des Putzgrundes sorgfältig zu prüfen. Dabei sind durch Ansehen sowie Wisch-, Kratz- und Benetzungsproben vor allem der Feuchtigkeitsgehalt, die Saugfähigkeit, die Festigkeit, die Sauberkeit und die Ebenheit der zu verputzenden Oberfläche zu kontrollieren. Staub, lose Bestandteile, anhaftende Sinterhaut, Mörtelspritzer usw. müssen durch Abkehren, Bürsten oder Sandstrahlen, Schalungstrennmittelrückstände durch Lösungsmittel beseitigt werden. Junger und nasser Beton kann nicht verputzt werden, da die Verformungen noch nicht genügend abgeklungen sind und Betonflächen ausreichend saugfähig sein müssen. Eine ausreichende Trockenheit muß daher vor Putzbeginn in jedem Fall abgewartet werden. Alle nicht putzbaren Bauteile (Holz-, Stahl-, Kunststoffteile) sind mit einem Putzträger, wie in Abschn. 8.7.2 erläutert, zu überspannen und alle Stahlteile dauerhaft gegen Rost zu schützen.

— **Kalkzement- bzw. Kalkgipsputze auf Betonflächen.** Flächen aus Ortbeton, vor allem aber von Betonfertigteilen, weisen häufig eine sehr dichte und glatte Oberfläche auf. Als Putzgrundvorbereitung wird daher in herkömmlicher Weise ein Spritzbewurf mit grober Sandkörnung aufgebracht. Dieser hat die Aufgabe, die Haftfläche und die Verzahnungsmöglichkeiten des Putzes mit dem Untergrund zu vergrößern. Wie in Abschn. 8.7.1 näher beschrieben, ist hierfür in der Regel Mörtel der Mörtelgruppe P III zu verwenden. Auf den Spritzbewurf darf jedoch erst geputzt werden, wenn dieser ausreichend erhärtet ist. Im Hinblick auf den damit verbundenen Aufwand und die notwendige Wartezeit kann anstelle des Spritzbewurfes auch eine sog. Haftbrücke flüssig aufgetragen werden, die im wesentlichen ein Gemisch aus Kunststoffdispersion und Quarzsand darstellt. Auf einen derart vorbereiteten Untergrund werden dann entweder in herkömmlicher Weise mehrlagig aufgebaute Kalkzement- bzw. Kalkgipsputze oder neu entwickelte einlagige Leichtputze aus Werktrockenmörtel aufgebracht. S. hierzu auch Abschn. 8.7.5.4.
— **Gipsputze auf Betonflächen.** Zum Verputzen von Wand- und vor allem Deckenflächen aus Beton haben sich Gipsputze, insbesondere werkseitig verarbeitungsfähig gelieferte Maschinenputzgipse und Haftputzgipse bestens bewährt. S. hierzu Abschn. 8.7.1, Baugipse. Bedingt durch den Wandel der Putztechnik während der letzten Jahrzehnte werden diese Gipsputze unmittelbar einlagig, im Mittel etwa 10 mm dick, nach Herstellerangabe maschinell aufgetragen. Geeignet sind auch Leichtputze mit Gips, wie sie in Abschn. 8.7.6.3 genannt sind. Auf dichte, glatte Betonfertigteile und Betondachdecken ist immer eine Haftbrücke aus Kunststoffdispersionen aufzutragen, stark saugender Untergrund mit Grundiermittel vorzubehandeln. Sind Bewegungen beispielsweise zwischen Betondachdecken und angrenzenden Wänden zu erwarten, so ist der Deckenputz durch entsprechende Putzprofile oder Kellenschnitte (Fugenschnitt) abzutrennen. Muß ausnahmsweise zweilagig geputzt werden, so ist die Oberfläche der ersten Gipsputzlage in noch weichem Zustand aufzurauhen (Putzkamm) und erst nach dem Erhärten die zweite Lage aufzutragen. Weitere Einzelheiten sind der Spezialliteratur [15] zu entnehmen.

8.7.6.6 Innenputze für Drahtputzdecken (Rabitzdecken)

Hängende Drahtputzdecken nach DIN 4121 sind ebene oder anders geformte Unterdecken, die an tragenden Bauteilen befestigt werden. Sie bestehen in der Regel aus Abhängern, der Unterkonstruktion, dem Putzträger und dem Putz (Bild **8**.24). Drahtputzdecken besitzen keine wesentliche Tragfähigkeit und dürfen daher weder betreten noch belastet werden. Ihre Konstruktion entspricht der herkömmlichen Bauweise.

— **Abhänger.** Als Abhänger eignen sich nach der Norm Rundstähle von mind. 5 mm Durchmesser oder andere Spezialabhänger mit gleicher Zugfestigkeit. Die Anzahl der Abhänger je m^2 und deren Abstand richtet sich im wesentlichen nach der Art der Unterkonstruktion, insbesondere nach deren Tragfähigkeit und Verformbarkeit. Es sind jedoch mind. 3 Abhänger je m^2 in möglichst gleichen Abständen anzuordnen und normgerecht an den tragenden Bauteilen zu befestigen. Einzelheiten über die Befestigungsart der Abhänger an den verschiedenen Deckenarten sind DIN 4121 zu entnehmen. So sollten bereits bei der Herstellung von Stahlbetondecken geeignete Vorrichtungen für das Anbringen der

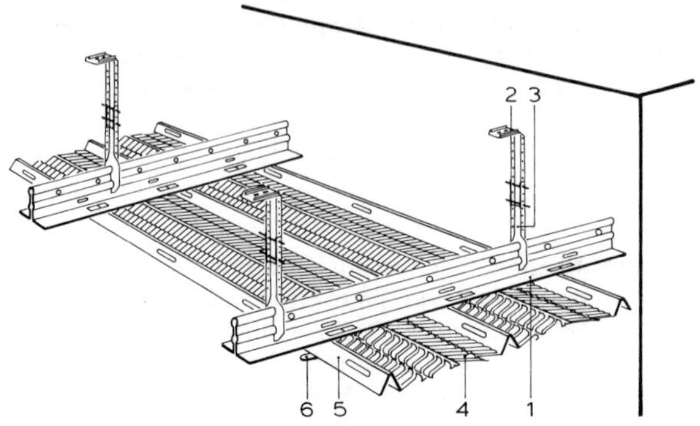

8.22
Putzträgerdecke aus Rippenstreckmetall und verzinkter Metallunterkonstruktion aus T-förmigen Tragschienen mit angestanzten, zunächst senkrecht nach unten stehenden Laschen. Bei der Montage werden die Streckmetalltafeln von unten so zwischen die Laschen geschoben, daß diese von beiden Seiten um die Randrippen gebogen werden können. Vgl. hierzu auch Bild **8**.14.

1 T-förmige Tragschiene
2 Noniusabhänger
3 Justierstab
4 Rippenstreckmetall (Grätenfeld)
5 Randrippe mit Lochung
6 umgebogene Lasche

Abhänger vorgesehen werden (z.B. einbetonierte Ankerschienen). Beim nachträglichen Einsetzen von Metalldübeln ist für die zulässige Belastung von den Angaben der Dübelhersteller auszugehen. Alle Dübel, die für tragende Konstruktionen eingesetzt werden, müssen entweder eine allgemeine bauaufsichtliche Zulassung (Institut für Bautechnik, Berlin) oder eine Zustimmung im Einzelfall (amtliche Prüfanstalt) aufweisen. An Deckenholzbalken sind die Abhänger vorzugsweise mit Schrauben an den Seitenflächen der Balken zu befestigen, an Walzstahlprofilen durch Anbringen von Schellen aus Flachstahl. Alle Metallteile müssen – vor allem in Räumen mit hoher Luftfeuchtigkeit – ausreichend gegen Korrosion geschützt sein. Weitere Einzelheiten s. Abschn. 13.3.2 in Teil 1 dieses Werkes.

— **Unterkonstruktion.** Die Unterkonstruktion (Tragkonstruktion) in herkömmlicher Bauweise besteht aus Tragstäben (Rundstahl ≧ Ø 7 mm) und darüber kreuzweise aufgelegten Querstäben ≧ Ø 5 mm. Die Sicherung an den Kreuzungspunkten erfolgt durch einen Drahtbund aus verzinktem Draht. Auf die Querstäbe kann verzichtet werden, wenn ein Metallputzträger mit größerer Eigensteifigkeit verwendet wird, so daß die Putzdecke zwischen den Tragstäben nicht durchhängen kann. Eine zeitgemäßere Konstruktion zeigt Bild **8**.22. Diese Putzträgerdecke besteht aus Rippenstreckmetall, T-förmigen Tragschienen und Noniusabhängern.

Hängende Drahtputzdecken sind gegen seitliches Verschieben zu sichern, indem die Tragkonstruktion fest mit den angrenzenden Wänden verbunden wird. Die Decken sind jedoch freischwebend auszubilden und eine ringsumlaufende Trennfuge von mind. 8 mm vorzusehen, wenn sie unter Flachdachdecken eingebaut (ruhendes Luftpolster ergäbe Taupunktverschiebung), starke Temperaturschwankungen (z. B. Deckenstrahlungsheizungen) oder Erschütterungen zu erwarten sind und der Putz aus Mörtel der Mörtelgruppe P II besteht.

— **Metallputzträger.** Geeignete Metallputzträger zur Herstellung von Drahtputzdecken – wie beispielsweise Rippenstreckmetall, Drahtgitter mit hinterlegter Absorptionspappe sowie Ziegeldrahtgewebe – sind in Abschn. 8.7.2 im einzelnen erläutert und in den Bildern **8**.14 und **8**.16 dargestellt. Sie sind straff zu spannen und sorgfältig an der Unterkonstruktion zu befestigen. Werden Anforderungen an den Brandschutz gestellt, so sind die Stöße der Tafeln in jedem Fall etwa 100 mm zu überlappen und die einzelnen Putzträgerbahnen durch Verrödelung mit Draht zu verbinden. Vgl. hierzu auch Abschn. 8.9, Brandschutztechnisch wirksame Putzbekleidungen.

— **Putz auf Putzträger.** Der Metallputzträger ist mit geeignetem Mörtel nach DIN 18550, Mörtelgruppe P II oder P IV auszudrücken, so daß auf der Sichtseite der Putz den Putzträger mind. 15 mm überdeckt. Die fertige Putzdecke soll einschließlich des eingebetteten Putzträgers mind. 25 mm und nicht mehr als 50 mm dick sein. Bei Decken aus Mörtel der Mörtelgruppe P II sind außerdem in Abständen von etwa 5 m Bewegungsfugen vorzusehen, die bei Putzen aus Mörteln der Mörtelgruppe P IV entfallen. Die Wandanschlüsse sind so auszuführen, daß der Deckenputz vom Wandputz entweder durch Schnittfuge oder Putzprofil getrennt ist.

Da bei der Herstellung von herkömmlichen Drahtputzdecken hohe Lohnkostenanteile anfallen und relativ viel Feuchtigkeit in den Bau gebracht wird (Bauverzögerung), werden ebene oder gewölbeartig ausgebildete fugenlose Unterdecken heute vorwiegend in Trockenbauweise aus Gipskarton-Bauplatten bzw. Gipskarton-Putzträgerplatten hergestellt. In diesem Zusammenhang ist auf die in Abschn. 13 in Teil 1 dieses Werkes behandelten „Leichten Deckenbekleidungen und Unterdecken" (DIN 18168) besonders hinzuweisen.

8.7.6.7 Innenputze für Holzbalkendecken

Bei verputzten Deckenbekleidungen ist die Unterkonstruktion unmittelbar an den tragenden Holzbalken verankert; bei Unterdecken wird die Unterkonstruktion abgehängt.

Unmittelbar an Deckenholzbalken angebrachte Putzträgertrafeln sind so zu befestigen, daß sich die Holzbalken oberhalb des Putzträgers frei bewegen können, ohne daß dadurch Schäden an der Putzschale auftreten. Werden Anforderungen an den Schallschutz gestellt, sind nach DIN 4109-3 Balken und Deckenbekleidung zu trennen, d. h. zwischen Holzbalken und Putzträger noch zusätzliche Längs- bzw. Querleisten (geringere Berührungsfläche) oder Federbügel mit unterlegten Dämmstreifen anzubringen. Vgl. hierzu Bild **10**.11 in Teil 1 dieses Werkes. Brandschutztechnisch wirksame Putzbekleidungen sind in Abschn. 8.9 erläutert; Einzelheiten über die in Frage kommenden Putzträger – wie beispielsweise Rippenstreckmetall, Ziegeldrahtgewebe, Rohrmatten – sind Abschn. 8.7.2 zu entnehmen.

Die Konstruktion der abgehängten Unterdecke aus Putz entspricht in herkömmlicher Bauweise weitgehend dem zuvor beschriebenen Aufbau der „Hängenden Drahtputzdecken" (DIN 4121). Eine zeitgemäßere Konstruktion zeigt Bild **8**.22. Fugenlose Deckenbekleidungen und Unterdecken an Holzbalkendecken werden heute jedoch vorwiegend in Trockenbauweise aus Gipskarton-Bauplatten bzw. Gipskarton-Putzträgerplatten hergestellt. Einzelheiten hierzu siehe Abschn. 13.5.2 in Teil 1 dieses Werkes.

8.8 Putze mit organischen Bindemitteln: Kunstharzputze als Außen- und Innenputz

Kunstharzputze sind nach DIN 18558 Beschichtungen mit putzartigem Aussehen. Für ihre Herstellung werden Beschichtungsstoffe aus **organischen** Bindemitteln, mineralischen Zuschlägen, Pigmenten und eigenschaftsverbessernden Zusätzen verwendet. Als Bindemittel kommen Polymerisatharze in Form von Dispersionen oder Lösungen in Frage, als Zuschlag Sande in den Korngrößen von 0,2 bis 4 (15) mm. Die Beschichtungsstoffe werden im Werk hergestellt und als pastöse Masse verarbeitungsfähig geliefert. Mit Ausnahme geringer Zugaben von Verdünnungsmitteln (Wasser oder organische Lösungsmittel) zur Regulierung der Konsistenz sind weitere Veränderungen der Beschichtungsstoffe unzulässig. Kunstharzputze erfordern immer einen vorherigen Grundanstrich. Je nach Anwendungsbereich und Bindemittelanteil unterscheidet man 2 Beschichtungsstoff-Typen

— **P Org 1 – für Kunstharzputz als Außen- und Innenputz**
— **P Org 2 – für Kunstharzputz als Innenputz.**[1])

---

1) **Kunstharzputz,** das ist die fertig getrocknete und erhärtete Beschichtung.
Beschichtungsstoff, das ist die pastöse Masse im Gebinde, die aufgezogen und strukturiert wird, und aus der nach Trocknung der Kunstharzputz entsteht.

Die Trocknung der Kunstharzputze erfolgt nicht, wie bei den meisten mineralischen Putzen durch chemische Reaktionen (Ausnahme Gipsputze), sondern rein physikalisch durch Verdunstung des enthaltenen Wassers bzw. Lösungsmittels. Dabei tritt eine immer engere Aneinanderlagerung, d. h. dauerhafte Verklebung der Kunstharzteile mit den Mineralien und dem Untergrund ein. Die Folge ist eine Art Verschweißung zu einer festen, wasserunlöslichen und wasserabweisenden Schicht, die jedoch ausreichend wasserdampfdurchlässig bleibt (keine geschlossene Filmbildung). Es entstehen zähelastische, rissefreie Oberflächen, die sich unter anderem durch eine äußerst geringe Wasseraufnahme bei Schlagregen (Regendichtigkeit) und damit Frostunempfindlichkeit sowie erhöhte Abriebfestigkeit im Innenbereich auszeichnen.

Kunstharzputze werden nur als **oberste Lage** (Oberputz) verwendet. Die an einen Putz zu stellenden Anforderungen sind jedoch von dem jeweiligen Putzsystem in seiner Gesamtheit zu erfüllen, in dem Kunstharzputz als Oberputz verwendet wird. Bewährte Putzsysteme für verschiedene Anwendungsbereiche sind zusammengestellt in

— **Tabelle 8.6 und 8.7 für Außenwand- und Außendeckenputze**

— **Tabelle 8.8 und 8.9 für Innenwand- und Innendeckenputze.**

Bei Anwendung dieser Systeme sowie sach- und fachgerechter Ausführung können die genannten Anforderungen an den Putz ohne weiteren Nachweis als erfüllt angesehen werden. Wie die Tabellen verdeutlichen, werden an den Kunstharzputz P Org 1 wesentlich höhere Anforderungen gestellt als an den Typ P Org 2, der nur für den Innenbereich gedacht ist.

Anforderungen an den Kunstharzputz

Neben den allgemeinen Anforderungen (DIN 18550-1), die an jeden Putz zu stellen sind – wie gleichmäßig gute Haftung der Putzlagen untereinander und am Putzgrund – treten bei organisch gebundenen Putzen im Vergleich mit den Mineralputzen andere Eigenschaften deutlicher in den Vordergrund. Im einzelnen sind zu nennen:

— **Wasserdampfdurchlässigkeit.** Da diese bei kunstharzgebundenen Außenputzen wesentlich geringer sein kann als bei mineralisch gebundenen Putzen, mußte in DIN 18550-1 ein Grenzwert festgelegt werden, um unzulässige Feuchtigkeitserhöhungen in der Wand infolge innerer Kondensation zu vermeiden. Bei Außenputzen darf demnach die diffusionsäquivalente Luftschichtdicke s_d (Wasserdampfdurchlaßwiderstand) bei keiner Putzlage den Wert von 2,0 m überschreiten. Im Gegensatz zu den mineralisch gebundenen Putzen, die diese Anforderungen erfahrungsgemäß erfüllen, ist für Kunstharzputze der Nachweis vom Hersteller des Beschichtungsstoffes zu führen.

Der im Einzelfall tatsächlich gegebene Wasserdampf-Diffusionswiderstand bestimmt sich einmal aus der materialspezifischen Diffussionswiderstandszahl μ (gespr. mü), zum anderen – und das wird häufig vernachlässigt – von der von Fall zu Fall sich verändernden Schichtdicke. Erst beide Werte zusammen multipliziert ($\mu \cdot s$ in m) ergeben die in der Norm angegebene diffusionsäquivalente Luftschichtdicke s_d und damit in der Praxis vergleichbare Resultate (amtliche Prüfzeugnisse anfordern). Grundsätzlich gilt, daß der Diffusionswiderstand der Außenwandbeschichtung nicht höher liegen darf als der der anderen verwendeten Wandbaustoffe. Daraus ergibt sich die

Regel: Der Diffusionswiderstand $\mu \cdot s$ der einzelnen Schichten sollte von innen nach außen **abnehmen,** der Wärmedurchlaßwiderstand s/λ der Schichten von innen nach außen dagegen **zunehmen.**

— **Witterungsbeständigkeit.** Kunstharz-Außenputz muß witterungsbeständig und frostbeständig sein, d. h. insbesondere der Einwirkung von Feuchtigkeit und/oder wechselnden Temperaturen widerstehen. Als witterungsbeständig ohne besonderen Nachweis gelten Putzsysteme mit Kunstharzputz P Org 1, wenn sie entsprechend Tabelle **8**.6 und **8**.7 aufgebaut sind. Bei Kunstharzputzen für Außensockel im Bereich oberhalb der Anschüttung gelten die Anforderungen an die Witterungsbeständigkeit dann als erfüllt, wenn sie auf Beton oder auf einen mineralischen Unterputz der Mörtelgruppe P III aufgetragen sind.

- **Regenschutz.** Kunstharzputze für Außenflächen müssen bezüglich des Regenschutzes wasserabweisend sein und wie die mineralischen Außenputze folgende Anforderungen erfüllen (Einzelheiten hierzu s. Abschn. 8.7.5.2):

  $w \cdot s_d \leq 0{,}2$ kg/mh^{0,5}

  $w \leq 0{,}5$ kg/m^{2}h^{0,5}

  $s_d \leq 2{,}0$ m.

- **Festigkeit.** Bei Kunstharz-Außenputzen gelten die Anforderungen an Putze mit erhöhter Festigkeit als erfüllt, wenn als Untergrund Beton mit geschlossenem Gefüge oder mineralischer Unterputz der Mörtelgruppe P II oder P III vorliegt. Die entsprechenden Angaben sind Tabelle **8**.6 zu entnehmen.
- **Innenputz.** Die Anforderungen an Innenputze für übliche Beanspruchung gelten als erfüllt, wenn Putzsysteme nach Tabelle **8**.8 und **8**.9 verwendet werden. In Feuchträumen dürfen nur Beschichtungsstoffe des Typs P Org 1 auf Beton oder Unterputzen der Mörtelgruppen P II und P III eingesetzt werden. Sofern Anforderungen hinsichtlich einer erhöhten Abriebfestigkeit gestellt werden, gelten sie als erfüllt, wenn Kunstharzputz als Oberputz verwendet wird.
- **Brandschutz.** Kunstharzputze mit ausschließlich mineralischen Zuschlägen auf massivem mineralischem Untergrund müssen hinsichtlich des Brandschutzes mindestens der Baustoffklasse B 1 (schwerentflammbar) nach DIN 4102-1 entsprechen. Für Kunstharzputze mit anderen Zuschlägen oder auf anderen Untergründen ist das Brandverhalten nach DIN 4102-1 jeweils nachzuweisen.

Anwendung und Ausführung von Kunstharzputzen

Kunstharzputze – aus relativ hochwertigen Rohstoffen hergestellt – sind nicht zum Ausgleich grober Wand- und Deckenunebenheiten gedacht. Vielmehr werden sie in den meisten Fällen als **oberste Lage** eines Putzsystems auf mineralischem Unterputz (Mörtelgruppe P II, P III, P IV a, b, c und P V) oder unmittelbar einlagig auf Beton aufgebracht. Außerhalb des Geltungsbereiches der DIN 18558 kommen Kunstharzputze auch auf anderen ebenen Untergründen zum Einsatz, wie zum Beispiel auf Bauteilen aus Gasbeton, Gipskartonplatten, Holzspanplatten, Furnierplatten, zementgebundenen Platten usw. In jedem Fall muß der zu beschichtende Untergrund fest und tragfähig, sauber und frei von Trennmitteln oder sonstigen Verschmutzungen sowie trocken und saugfähig sein. Zur Vorbereitung des Untergrundes gehört zwingend ein vorheriger **Grundanstrich,** der nach Vorschrift des Herstellers auf den Untergrund aufzutragen ist. Je nach Art des Beschichtungsstoffes (z. B. Korngröße der verwendeten Sande), des Auftragverfahrens und der Oberflächenbehandlung lassen sich unterschiedliche Oberflächenstrukturen bzw. -effekte herstellen, die im wesentlichen den in Abschn. 8.7.4 beschriebenen Putzweisen entsprechen.

Frisch aufgezogene mineralische Unterputze müssen ausreichend erhärtet und lufttrocken sein, bevor sie mit Grundierung bzw. Beschichtungsstoff beschichtet werden dürfen. Die Wartezeit richtet sich nach den bestehenden Witterungsverhältnissen und der Zusammensetzung des Unterputzmörtels. Eine Mindestwartezeit von 14 Tagen ist vorzusehen; ungünstige Witterungsverhältnisse und Untergrundbeschaffenheit können aber wesentlich längere Wartezeiten erforderlich machen. Bei der Verarbeitung von Beschichtungsstoffen muß die Temperatur des Untergrundes und der umgebenden Luft mindestens +5 °C betragen. Des weiteren dürfen sie nicht bei direkter oder starker Sonneneinstrahlung sowie Wind- und Regeneinwirkung aufgebracht werden. Auch ist die frisch aufgetragene Beschichtung vor Frost zu schützen. Da die Verfestigung von Beschichtungsstoffen durch Trocknung erfolgt, kann diese bei hoher relativer Luftfeuchte und/oder niedrigen Temperaturen stark verzögert werden.

Auf Beton mit geschlossenem Gefüge kann der Beschichtungsstoff unmittelbar, d. h. ohne Unterputz aufgebracht werden. Auch bei diesem Putzgrund ist immer ein vorheriger Grundanstrich erforderlich. Durch diesen Grundanstrich wird unter anderem ein einheitliches Saugen des Untergrundes erreicht und damit auch eine gleichmäßigere Strukturierung des Oberputzes. Die Beschichtungsstoffe werden als pastöse Masse verarbeitungsfertig geliefert. Die Putzdicke richtet sich nach dem jeweiligen Größtkorn-Durchmesser und der gewünschten Oberflächenstruktur. In der Regel werden Kunstharzputze in Dicken bis zu 5 mm, gegebenenfalls auch bis zu 10 mm aufgetragen. Der Putzanschluß in der Fläche muß immer naß erfolgen; außerdem darf nach dem Auftrocken nicht mehr nachgerieben werden, da sonst unschöne Flecken in der Oberfläche entstehen können. Weitere Einzelheiten sind der Spezialliteratur [16], [17], [18] sowie DIN 18558, Kunstharzputze, zu entnehmen.

8.9 Putze für Sonderzwecke: Brandschutztechnisch wirksame Putzbekleidungen

DIN 4102 – Brandverhalten von Baustoffen und Bauteilen – konkretisiert als technische Baubestimmung (Ausführungsnorm) die einzelnen brandschutztechnischen Begriffe, die in den baurechtlichen Vorschriften (z. B. Musterbauordnung, Landesbauordnungen und Rechtsverordnungen) Verwendung finden. Sie enthält ferner die Bedingungen für die Einteilung der Baustoffe nach ihrem Brandverhalten und deren Bezeichnung sowie die Prüfbedingungen für Bauteile und deren Einstufung in Feuerwiderstandsklassen.

Baustoffe werden in DIN 4102-1 nach ihrem Brandverhalten in Baustoffklassen eingeteilt. Dabei wird unterschieden zwischen nichtbrennbaren Baustoffen (Baustoffklasse A) und brennbaren Baustoffen (Baustoffklasse B) mit folgender weiterer Untergliederung: A 1/A 2 ohne bzw. mit geringen Anteilen brennbarer Stoffe, B 1 schwerentflammbar, B 2 normalentflammbar, B 3 leichtentflammbar. Nach den Prüfzeichenverordnungen der Länder müssen nichtbrennbare Baustoffe – soweit sie brennbare Bestandteile haben (Klasse A 2) – sowie schwerentflammbare Baustoffe (Klasse B 1) ein gültiges Prüfzeichen des Deutschen Instituts für Bautechnik in Berlin besitzen und güteüberwacht werden. Die Verwendung von Baustoffen der Klasse B 3 ist nach § 17 MBO grundsätzlich verboten.

Bauteile werden in DIN 4102-2 entsprechend ihrer Feuerwiderstandsdauer in Feuerwiderstandsklassen $\geqq$ 30, 60, 90, 120 und 180 eingeteilt. Die Abstufungen geben die Zeit in Minuten an (Mindestdauer), während der ein Bauteil bzw. eine Konstruktion dem Feuer Widerstand leistet. Des weiteren kennzeichnen vorangestellte Buchstaben die Bauteilart (z. B.: **F** für Wände, Stützen, Decken, Unterzüge, Treppen). Nachgestellte Buchstaben weisen auf die Brennbarkeit der für das jeweilige Bauteil verwendeten Baustoffe hin: A – AB – B. Bauteile mit brandschutztechnischen Sonderanforderungen (Sonderbauteile), wie zum Beispiel Brandwände, Feuerschutzabschlüsse, feuerwiderstandsfähige Verglasungen usw. werden in besonderen Teilen der DIN 4102 behandelt. Weitere Angaben sind Abschn. 15.7, Teil 1 dieses Werkes, zu entnehmen.

Klassifizierte Bauteile. Gebräuchliche Baustoffe, Bauteile und Konstruktionen – deren Brandverhalten durch Normbrandprüfungen nachgewiesen und bekannt ist und die daher **ohne besonderen Nachweis** unter den angegebenen Voraussetzungen eingesetzt werden dürfen – sind in DIN 4102 **Teil 4** zusammengestellt und klassifiziert (geregelte Bauprodukte). Ihre Anwendung ist im Rahmen bestimmter bauaufsichtlicher Anforderungen ohne weitere Prüfung des Brandverhaltens möglich. Diese katalogartige Zusammenstellung ist somit für die Bauplanung und Bauausführung gleichermaßen von besonderer Bedeutung. Bauteile und Sonderbauteile, die nicht in DIN 4102-4 verzeichnet sind, bedürfen besonderer Prüfzeugnisse anerkannter Prüfanstalten. Vgl. hierzu auch Abschn. 6.8.1, Verwendbarkeitsnachweis.

Die Feuerwiderstandsdauer und damit auch die Feuerwiderstandsklasse eines Bauteiles hängt nach DIN 4102-4 im wesentlichen von folgenden Einflüssen ab:

— Brandbeanspruchung (z. B. einseitig oder mehrseitig),

— verwendeter Baustoff oder Baustoffverbund,

— Bauteilabmessungen (z. B. Querschnitt, Schlankheit),

— bauliche Ausbildung (z. B. Anschlüsse, Befestigungen),
— statisches System (z. B. statisch bestimmte oder unbestimmte Lagerung),
— Ausnutzungsgrad der Festigkeiten der verwendeten Baustoffe infolge äußerer Lasten,
— Anordnung von Bekleidungen (Putze, Unterdecken, Vorsatzschalen, Ummantelungen).

Die Feuerwiderstandsfähigkeit von Bauteilen kann demnach unter anderem durch Bekleidungen aus Putz erhöht werden. Dabei ist nach DIN 4102 zu unterscheiden zwischen Putzen, die **ohne Putzträger**, und solchen, die **mit Putzträgern** auf die zu schützenden Bauteile aufgebracht werden.

Putzbekleidungen bei Stahlbeton- und Spannbetonbauteilen

Die Bewehrungsstäbe derartiger Bauteile werden in brandschutztechnischer Hinsicht von der Betondeckung geschützt. Wenn bei Stahlbeton- oder Spannbetonbauteilen der mögliche Achsabstand der Bewehrung zur beflammten Betonoberfläche konstruktiv begrenzt ist und wenigstens den Mindestwerten für F 30 entspricht oder Bauteile in brandschutztechnischer Hinsicht nachträglich verstärkt werden müssen, so kann nach DIN 4102-4 der für höhere Feuerwiderstandsklassen notwendige Achsabstand durch Putzbekleidungen ersetzt werden. In Frage kommen:

Putze ohne Putzträger aus Mörtel der Mörtelgruppe P II oder P IV a, b, c nach DIN 18550-2. Voraussetzung für die brandschutztechnische Wirksamkeit ist eine ausreichende Haftung am Putzgrund. Sie wird sichergestellt, wenn der Putzgrund
— die Anforderungen nach DIN 18550-2 erfüllt,
— einen voll deckenden Spritzbewurf mit einer Dicke $\geqq$ 5 mm erhält und
— aus Beton gemäß den in DIN 4102-4 gemachten Angaben besteht.

Die Brauchbarkeit von Putzbekleidungen, die brandschutztechnisch notwendig sind und die nicht durch Putzträger am Bauteil gehalten werden, ist besonders nachzuweisen, zum Beispiel durch eine allgemeine bauaufsichtliche Zulassung.

Putze auf nichtbrennbaren Putzträgern aus Mörtel der Mörtelgruppe P II oder P IV a, b, c nach DIN 18550-2 sowie brandschutztechnisch besonders geeignete Dämmputze. Genannt werden in der Brandschutznorm: Zweilagige Vermiculite- oder Perlite-Zementputze sowie zweilagige Vermiculite- oder Perlite-Gipsputze in normgerechter Mischung. Als nichtbrennbare Putzträger eignen sich z. B. Drahtgittergewebe, Ziegeldrahtgewebe oder Rippenstreckmetall. Voraussetzungen für die brandschutztechnische Wirksamkeit der genannten Putze auf nichtbrennbaren Putzträgern sind:
— Der Putzträger muß am zu schützenden Bauteil ausreichend fest verankert werden,
— die Spannweite der Putzträger muß $\leqq$ 500 mm sein,
— die Stöße der Putzträgertafeln sind 100 mm zu überlappen und mit Draht zu verrödeln,
— der Putz muß die Putzträger $\geqq$ 10 mm durchdringen. S. hierzu auch Abschn. 8.7.2, Putzträger. Weitere Angaben sind DIN 4102-4 sowie Abschn. 13.5, Teil 1 dieses Werkes, zu entnehmen.

Putzbekleidungen bei Stahlbauteilen

Stahl erleidet eine Festigkeitseinbuße, wenn er hohen Temperaturen ausgesetzt ist. Die kritische Temperatur des Stahls (crit T) ist die Temperatur, bei der die Streckgrenze (Fließgrenze) des Stahls auf die im Bauteil vorhandene Stahlspannung absinkt. Um zu erreichen, daß sich Stahlbauteile bei Brandbeanspruchung nur auf eine Stahltemperatur < 500 °C erwärmen und um sie entsprechenden Feuerwiderstandsklassen zuordnen zu können, ist im allgemeinen eine Bekleidung aus Putz, Gipskartonplatten o. ä. erforderlich. S. hierzu Bild **15**.89 bis **15**.91 in Teil 1 dieses Werkes.

Ihre Bemessung richtet sich nach dem Verhältniswert U/A, d.h. dem Verhältnis vom beflammten Umfang U zu der erwärmenden Querschnittsfläche A. In diesem Zusammenhang ist zu unterscheiden, ob es sich um profilfolgende oder profilunabhängige kastenförmige Ummantelung bei vier-, drei- oder einseitiger Beflammung handelt. Die Dicke der Bekleidung wird außerdem beeinflußt von der Wärmeleitfähigkeit des jeweils eingesetzten Bekleidungsmaterials. Die in der DIN 4102-4 im einzelnen beschriebenen Putzbekleidungen werden durch nichtbrennbare Putzträger wie Rippenstreckmetall, Drahtgittergewebe o.ä. am Bauteil gehalten. Sie sind mit Klemm- oder Schraubbefestigungen ausreichend fest zu verankern. Putzbekleidungen ohne derartige Putzträger sind ohne besondere Nachweise der Brauchbarkeit – zum Beispiel durch eine allgemeine bauaufsichtliche Zulassung – nicht gestattet. Die Erhöhung der Feuerwiderstandsdauer von Stahlbauteilen kann generell auch durch dämmschichtbildende Beschichtungen/Anstriche (nur F30), Spritzummantelungen, Ummauerungen oder durch Einbetonieren erreicht werden. Einzelheiten sind DIN 4102-4 zu entnehmen.

Putzbekleidungen bei Wänden aus Mauerwerk

Mauerwerk besteht im allgemeinen aus nichtbrennbaren mineralischen Baustoffen. Ihre Einstufung in eine bestimmte Feuerwiderstandsklasse hängt daher im wesentlichen von ihrer Dicke bzw. Breite ab. Aus der Sicht des Brandschutzes wird zwischen nichttragenden und tragenden sowie zwischen nichtraumabschließenden und raumabschließenden Wänden unterschieden. Einzelheiten s. DIN 4102-4. Zur Verbesserung der Feuerwiderstandsdauer können Putze der Mörtelgruppe P II oder P IV nach DIN 18550-2 verwendet werden. Voraussetzung für die brandschutztechnische Wirksamkeit ist eine ausreichende Haftung am Putzgrund. Sie wird sichergestellt, wenn

- der Putzgrund die Anforderungen nach DIN 18550-2 erfüllt und
- der Putzgrund einen volldeckenden Spritzbewurf nach DIN 18550-2 mit einer Dicke von ≧ 5 mm erhält. Bei Verwendung von Maschinenputzgips nach DIN 1168 ist in der Regel kein Spritzbewurf erforderlich. Vgl. hierzu Abschn. 8.3.1, Baugipse, Abschn. 8.7.6.3, Innenputze mit Gips sowie Tabelle **15**.85 in Teil 1 dieses Werkes.

Putzbekleidungen bei Deckenkonstruktionen (Unterdecken bzw. Deckenbekleidungen)

Viele Geschoßdecken (Tragdecken) besitzen eine ausreichende Feuerwiderstandsdauer, ohne daß es dazu des zusätzlichen Schutzes durch eine Unterdecke bedarf (z.B. Stahlbetondecken, sofern sie bestimmte Mindestdimensionen und entsprechende Bewehrungen bzw. Betondeckungen aufweisen). Anders verhält es sich bei Decken, deren tragende Teile dem Feuer frei ausgesetzt sind (z.B. Stahlträgerdecken, Trapezblechdecken). Sie halten einer Brandbeanspruchung nicht lange Stand, da ihre tragenden Teile sich sehr schnell erwärmen und bei Temperaturen von etwa 500 °C ihre Tragfähigkeit verlieren. Ähnlich verhält es sich bei Holzbalkendecken. Hier sind vor allem die Felder zwischen den Holzbalken meist mit brennbaren und relativ dünnen Baustoffen geschlossen. Generell unterscheidet man Massiv-Rohdecken der **Bauart I bis III** sowie Deckenbauarten aus Holz (Holzbalkendecken bzw. Decken aus Holztafeln) der **Bauart IV.** Die kennzeichnenden Kriterien der einzelnen Bauarten sind DIN 4102-4 zu entnehmen.

Der Feuerwiderstand gefährdeter Tragdecken läßt sich am einfachsten verbessern durch den Einbau ebener, unter den tragenden Teilen durchlaufender Unterdecken bzw. Deckenbekleidungen. Der auf diese Weise erreichte Brandschutz muß – wenn er nicht Teil 4 der Brandschutznorm zu entnehmen ist – durch ein Prüfzeugnis nach Teil 2 der Norm nachgewiesen werden. Da man nicht jede in der Praxis vorkommende Tragdecke mit jeder vorkommenden Unterdecke prüfen kann, sind in DIN 4102-2 ganz bestimmte, gegen Feuer besonders empfindliche Tragdecken als Prüfdecken festgelegt (Stahlträgerdecke, Stahlbetonrippendecke, Holzbalkendecke). Bei der Prüfung geht man im Regelfall von einer Brandbeanspruchung von **unten,** d. h. von der Raumseite der Unterdecke aus. Generell können Tragdecken bzw. Unterdecken folgenden Arten der Brandbeanspruchung ausgesetzt sein:

— Brandbeanspruchung von unten (untere Raumseite)
— Brandbeanspruchung von oben aus dem darüberliegenden Raum (obere Raumseite)
— Brandbeanspruchung von oben aus dem Zwischendeckenbereich
— Brandbeanspruchungskombinationen von oben und unten.
Die Brandbeanspruchung erfolgt im Brandfalle nur von einer Seite – nie gleichzeitig.

Unterdecken bzw. Deckenbekleidungen haben bezüglich des baulichen Brandschutzes demnach im wesentlichen folgende Aufgaben zu erfüllen [19]:

— Sie sollen so beschaffen sein, daß ein entstandener Brand sich nicht unkontrolliert – beispielsweise horizontal – auf dem Weg über den oberen Raumabschluß (Decklage bzw. Deckenhohlraum) ausbreiten kann. Dementsprechend müssen – je nach Bauart, Größe und Zweckbestimmung (Gefahrengrad) des Gebäudes – die für die Herstellung der Unterdecken verwendeten Baustoffe schwerentflammbar oder nichtbrennbar sein.
— Unterdecken sollen außerdem die jeweils darüberliegende Tragdecke vor zu intensiver Brandbeanspruchung von unten schützen, so daß ein Übergreifen des Brandes in das darüberliegende Geschoß verhindert oder so lange wie möglich verzögert wird. Diese Aufgabe übernimmt in der Regel die jeweilige Gesamtkonstruktion, bestehend aus Tragdecke und Unterdecke.

In Sonderfällen übernimmt eine Unterdecke auch alleine den Schutz einer empfindlichen Tragdecke bzw. eines hochinstallierten Deckenhohlraumes gegen Brandbeanspruchung von unten. Bei einem Brand im Deckenhohlraum (Zwischendeckenbereich) kann eine selbständige Unterdecke jedoch auch umgekehrt den Schutz des darunterliegenden Fluchtweges gegen Brandbeanspruchung von oben gewährleisten. S. hierzu Abschn. 13.2.3, Brandschutz von leichten Unterdecken sowie Bild **14**.8 in Teil 1 dieses Werkes. Nach DIN 4102-4 werden demnach unterschieden:

— **Tragdecke selbständig.** Deckenkonstruktionen (Tragdecken), die allein einer Feuerwiderstandsklasse angehören.
— **Tragdecke mit Unterdecke.** Deckenkonstruktionen (Tragdecken), die eine Feuerwiderstandsklasse nur mit Hilfe einer Unterdecke erreichen.
— **Unterdecke selbständig.** Unterdecken, die bei Brandbeanspruchung von unten oder von oben (aus dem Zwischendeckenbereich) **allein** einer Feuerwiderstandsklasse angehören.

Klassifizierte Deckenkonstruktionen (Tragdecken) der Bauart I bis III mit entsprechenden Unterdecken, die ohne besonderen Nachweis verwendet werden dürfen, sind DIN 4102-4 zu entnehmen. Beispielhaft zeigt Tabelle **8**.23 eine hängende Drahtputzdecke nach DIN 4121, die bei Brandbeanspruchung von unten allein einer Feuerwiderstandsklasse angehört. Den schematischen Aufbau einer hängenden Drahtputzdecke mit dichtem Wandanschluß verdeutlichen die Bilder **8**.24 und **8**.25.

Aus Gründen des Brandschutzes nennt DIN 4102-4 noch weitere Konstruktionshinweise, die bei der Ausbildung von Unterdecken in jedem Fall zu berücksichtigen sind. Diese beziehen sich im einzelnen auf:

— Anschlüsse von Unterdecken an Massivwände,
— Anschlüsse von Unterdecken an nichttragende leichte Trennwände,
— Einbauten wie Leuchten, klimatechnische Geräte usw. in Unterdecken,
— Anbringung zusätzlicher Bekleidungen, Anstriche oder Beschichtungen,
— Brandlast in Form von brennbaren Kabel- und Rohrisolierungen im Zwischendeckenbereich,
— Dämmschichten im Zwischendeckenbereich, die die Feuerwiderstandsdauer von Unterdecken bzw. Deckenbekleidungen beeinflussen.

Tabelle **8**.23 Hängende Drahtputzdecken nach DIN 4121, die bei Brandbeanspruchung von unten **allein** einer Feuerwiderstandsklasse angehören (Maße in mm)

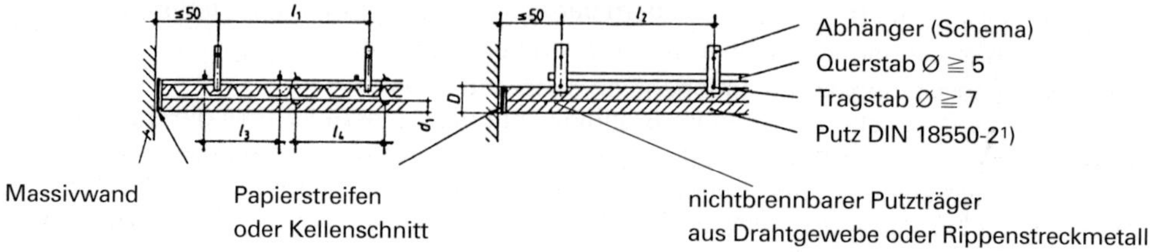

Zeile	Max. Spannweite der			Max. Abstände der		Mindestputzdicke[1]) bei Verwendung von		Feuerwiderstandsklasse Benennung
	Tragstäbe Ø ≧ 7	Putzträger aus Drahtgewebe	Putzträger aus Rippenstreckmetall	Querstäbe Ø ≧ 5	Putzträgerbefestigungspunkte	Putz der Mörtelgruppe P IVa oder P IVb	Vermiculite- oder Perlite-Putz	
	l_1	l_2	l_2	l_3	l_4	d_1	d_1	
1	750	500	1000	1000	200	20	15	F30-A
2	700	400	800	750	200		25	F60-A

[1]) d_1 über Putzträger gemessen; die Gesamtputzdicke muß $D \geqq d_1 + 10$ mm sein – d. h. der Putz muß den Putzträger ≧ 10 mm durchdringen.

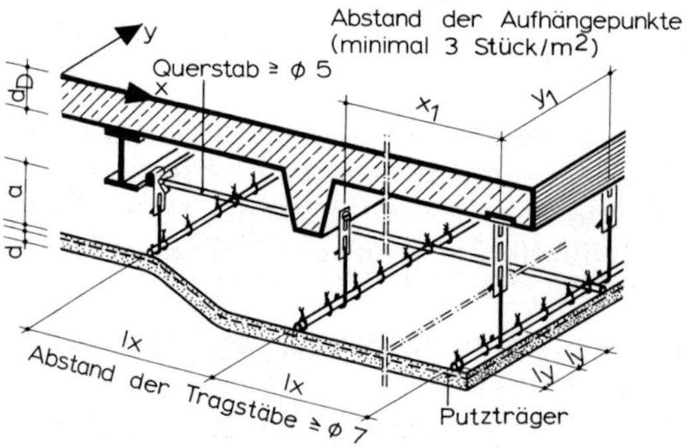

8.24 Brandschutztechnische Bezeichnungen bei Unterdecken (Schema). Beispiel: Hängende Drahtputzdecke nach DIN 4121. Vgl. hierzu auch Abschn. 8.7.6.6.

X_1, Y_1 = Abstände der Aufhängepunkte in x- und y-Richtung
l_x = max. Abstände der Tragstäbe
l_y = Abstände der Putzträgerbefestigungspunkte
a = Abhängehöhe (Abstand zwischen UK I-Träger bzw. Balken und OK Putzträger)
d = Mindestputzdicke über Putzträger je nach Mörtelgruppe

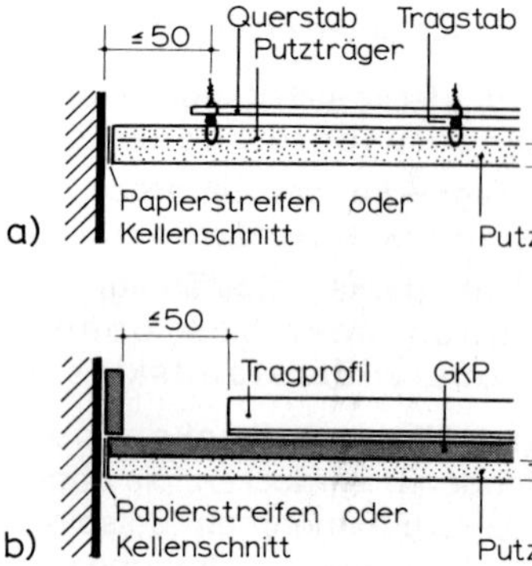

8.25 Dichte Wandanschlüsse von Unterdecken an Wänden aus Mauerwerk oder Beton (Schema). Weitere Anschlüsse s. Abschn. 13.2.3 in Teil 1 dieses Werkes.

a) Hängende Drahtputzdecke nach DIN 4121
b) Putz auf Gipskarton-Putzträgerplatten (GKP) nach DIN 18180 bis DIN 18181

8.10 Putze für Sonderzwecke: Schallschutztechnisch wirksame Putzbekleidungen

Beim Schallschutz ist grundsätzlich zu unterscheiden zwischen Maßnahmen der Schalldämmung und der Schallabsorption. Schalldämmung beinhaltet die Minderung der Schallübertragung zwischen benachbarten Räumen, d. h. die Verringerung des Schalldurchganges durch ein Bauteil. Schallabsorption (auch Schallschluckung oder Schalldämpfung genannt) bedeutet die Minderung des Schalles bzw. der Schallausbreitung im Raum selbst. Ihr Ziel ist es, die Schallreflexion an den Umgebungsflächen zu beeinflussen und dadurch die Akustik im Raum zu ändern. Beide Maßnahmen unterscheiden sich und müssen getrennt voneinander betrachtet werden.

Schallenergie, die von einer Schallquelle ausgestrahlt wird, kann von den Begrenzungsflächen des Raumes ungeschwächt reflektiert (bei harten und geschlossenen Oberflächen) oder mehr oder weniger absorbiert werden (bei weichen und offenporigen Oberflächen). Schallabsorbierende Decken- und Wandflächen eignen sich demnach – je nach Zweckbestimmung des Raumes – einmal zur Senkung des Lärmpegels, zum anderen aber auch zur Regulierung der Nachhallzeit und damit der Verbesserung der Raumakustik.

Um eine gleichmäßige Lärmminderung in Industriebetrieben, Büroräumen, Schalterhallen usw. zu erreichen, sind möglichst große Absorptionsflächen mit möglichst hohem Schallabsorptionsvermögen im Raum anzubringen. Anders verhält es sich in Unterrichtsräumen, Vortrags- und Konzertsälen. Hier ist eine optimale Wahrnehmung von Sprache und Musik an jeder Stelle des Zuhörerraumes zu gewährleisten. Dabei kommt es nicht darauf an, möglichst viel Schallschluckmaterial im Raum unterzubringen, sondern das richtige Material in der richtigen Menge an der richtigen Stelle einzuplanen [19]. Weitere Einzelheiten s. DIN 18041, Hörsamkeit in kleinen bis mittelgroßen Räumen.

Zur Regulierung von Nachhallzeiten und zur Vermeidung unerwünschter Reflexionen bieten sich zwei Arten von Schallabsorbern an:

- **Poröse Schallabsorber** (Hochtonschlucker). Hierzu zählen alle porösen oder faserigen Materialien, wie zum Beispiel Mineralfaserplatten, Holzfaserstoffe, Holzwolle-Leichtbauplatten, Akustikputze u. ä., deren Oberflächen offene Poren aufweisen, durch die die Schallwellen möglichst tief in das Gefüge eindringen können. Dementsprechend muß der Absorber eine ausreichende Dicke (mind. 10 mm) aufweisen oder mit Abstand vor einer reflektierenden Fläche angeordnet werden.
- **Resonanz-Absorber** (Mittel- bzw. Tieftonschlucker). Hierunter versteht man Bekleidungen aus Sperrholz, Holzbrettern, Gipskartonplatten u. ä., die mit Abstand vor einer Fläche montiert sind. Diese Absorber aus harten dünnen Platten werden durch die auftreffenden Schallwellen nach Art einfacher Masse-Feder-Systeme zum Mitschwingen angeregt, wodurch der Schallwelle Energie entzogen wird. Durch offenporige Dämmstoffe im Hohlraum kann die Schallabsorption im allgemeinen noch verbessert werden. Konstruktionen ohne Fugen bezeichnet man als Plattenschwinger (Platten-Resonatoren), solche mit Fugen oder Löchern als Lochplattenschwinger (Helmholtz-Resonatoren).

Schallabsorbierende Putzbekleidungen an Decken- und Wandflächen

Üblicher, vollflächig haftender Putz verbessert zwar die Luftschalldämmung von einschaligen Bauteilen (entsprechend seinem Anteil an der flächenbezogenen Masse), auf Grund seiner dichten Oberfläche weist er jedoch so gut wie kein Schallschluckvermögen auf. Wo Ansprüche an die Schallabsorption gestellt werden und aus gestalterischen Gründen fugenlose Putzbekleidungen erwünscht sind, haben sich sog. Akustikputze und putzbeschichtete Akustikdecken bewährt.

Akustikputze. Schallabsorbierende Putze – mineralisch gebunden und mit Leichtzuschlagstoffen versetzt – eignen sich zur Direktbeschichtung von trockenem und tragfähigem Putzgrund oder auch von abgehängten Unterdecken und Vorsatzschalen, die eine Naßbeschichtung zulassen. Mitentscheidend für ihre Wirksamkeit als poröse Schallabsorber ist die besondere Auftragstechnik. Je nach Produkt wird der Mörtel entweder von Hand mit der Traufel in mehreren Lagen aufgezogen oder mehrlagig mit geringem Druck aufgespritzt. Die jeweilige Putzschicht muß in der Regel weitgehend durchhärtet sein, bevor die nächste Lage aufgebracht werden kann (Wartezeiten beachten!). Die Gesamtputzdicke liegt üblicherweise bei etwa 25 bis 30 mm (Bild **8**.26).

Mit Akustikputzen ist es möglich, gebogene, schiefwinkelige oder anders geformte Flächen – unabhängig von plattenförmigen Akustikelementen – schallabsorbierend auszubilden. Der mit derartigen Putzen erzielbare Einfluß auf die Nachhallzeit eines Raumes ist auf Grund des hohen Porenanteiles ganz beachtlich. Bei der Auswahl der Putze ist jedoch auf die unterschiedliche mechanische Belastbarkeit zu achten. Je nachdem, ob sie härtere oder weichere Zuschlagstoffe enthalten, sind sie auch mehr oder weniger mechanisch belastbar. Weniger belastbare Putze können demnach nur an Deckenflächen oder im Oberwandbereich eingesetzt werden.

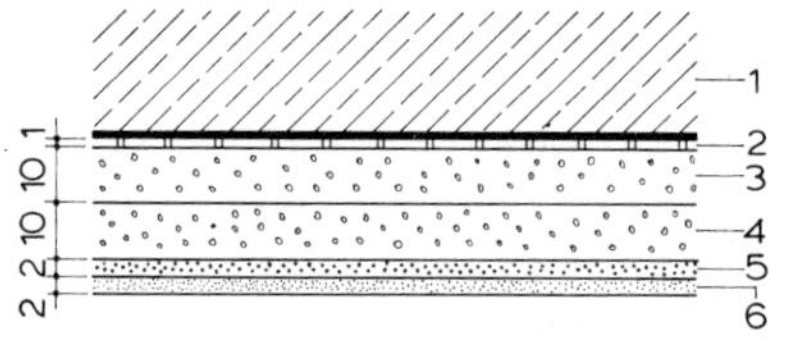

8.26
Schallabsorbierender Akustikputz mit Dekorbeschichtung
1 Putzgrund
2 Grundierung/Haftvermittler
3 erste Putzlage
4 zweite Putzlage
5 Feinschicht
6 Dekorschicht
Sto AG, Stühlingen

Putzbeschichte Akustikdecken. Übliche Akustikdecken – wie sie auch in Abschnitt 13, Teil 1 dieses Werkes beschrieben sind – bestehen in der Regel aus einzelnen Platten, Kassetten oder Paneelen mit deutlich sichtbaren Fugen. Putzbeschichtete Akustikdecken ergeben demgegenüber fugenlose homogene Deckenuntersichten, die farblich und strukturell vielfältig gestaltbar sind. Um den oftmals sehr unterschiedlichen räumlichen Gegebenheiten und schalltechnischen Anforderungen entsprechen zu können, bietet der Markt ganz verschiedenartig ausgebildete Akustikdeckensysteme an.

Bild **8**.27 zeigt beispielhaft eine Gipskarton-Absorberdecke, die sich aus einzelnen montagefertigen Plattenelementen zusammensetzt, auf die – nach ihrer Montage an einer abgehängten Unterkonstruktion – eine dünne fugenlose Spritzputzbeschichtung aufgetragen wird. Das Akustikelement ist 2100 x 900 mm groß und insgesamt nur 31 mm dick. Es besteht aus einer 12,5 mm dicken Gipskarton-Lochplatte (Lochbild 12/20/46), auf deren Rückseite Gipskartonstreifen (Montagestege) mit dazwischenliegender Mineralwolle vollflächig aufgeklebt sind. Um unkontrollierte Luftbewegungen durch die Elemente hindurch und damit auch spätere Lochabzeichnungen (Schmutzausfilterungen) auf der Sichtfläche zu vermeiden, ist das gesamte Element rückseitig mit einer Aluminiumfolie beschichtet. Nach der Deckenmontage wird auf die Unterseite der gelochten und ggf. auch ungelochten Gipskartonplatten (Randfries) eine schalldurchlässige Glasvliesbahn vollflächig aufkaschiert und darauf ein feiner Dekorputz – in drei zeitlich versetzten Arbeitsgängen – aufgespritzt. Damit ist es möglich, sowohl absorbierende wie reflektierende Flächen durchgehend einheitlich, fugenlos und ohne optische Unterschiede herzustellen.

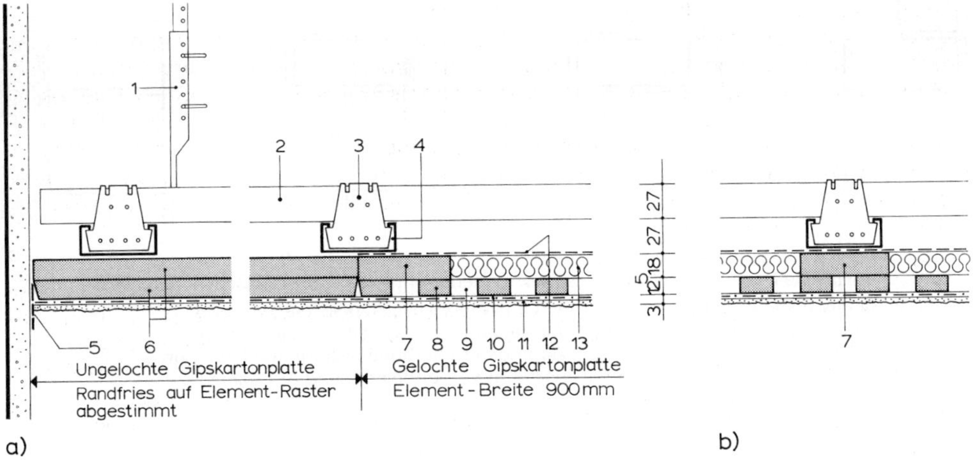

8.27 Abgehängte Akustik-Element-Decke (Gipskarton-Absorberdecke) mit fugenloser homogener Spritzputzbeschichtung

a) Wandanschluß mit Randfries, b) Regelaufbau des Akustikelementes

1 Noniusabhänger
2 Grundprofil 60 x 27
3 Kreuzverbinder
4 Tragprofil 60 x 27
5 Trennstreifen oder elast. Fugenverschluß
6 Randfries (ungelochte Gipskartonplatten)
7 GK-Plattenstreifen (Montagesteg)
8 Gipskarton-Lochplatte
9 Lochbild 12/20/46
10 Glasvliesbahn (schalldurchlässig)
11 Dekorputz
12 Aluminiumfolie
13 Mineralwolle

Sto AG, Stühlingen und Gebr. Knauf, Westdeutsche Gipswerke, Iphofen

8.11 Putze für Sonderzwecke: Wärmegedämmte und verputzte Außenbauteile

Auf Grund der Verteuerung der Energierohstoffe und damit auch der Heizkosten haben sich die Anforderungen an den Wärmeschutz von Außenbauteilen in den letzten Jahren wesentlich erhöht. Grundlage für die Bemessung des winterlichen Wärmeschutzes bilden die Bestimmungen der DIN 4108 und der jeweils gültigen Wärmeschutzverordnung. Während die DIN 4108 in erster Linie ein hygienisches Raumklima und die Vermeidung von Bauschäden durch Tauwasserbildung zum Ziel hat (Mindestforderungen, die in keinem Fall unterschritten werden dürfen), ist die zur Zeit gültige 3. Wärmeschutzverordnung vorwiegend zur Energieeinsparung aus volkswirtschaftlichen und umweltbedingten Gründen erlassen worden. Danach müssen alle Dämmaßnahmen so aufeinander abgestimmt werden, daß ein wirtschaftlich optimaler Wärmeschutz erreicht wird. Dies setzt jedoch voraus, daß alle Außenbauteile wie beispielsweise Fenster, Außentüren, Keller- und Dachdecken sowie alle Außenwandflächen gleichermaßen in die Wärmedämmaßnahmen einbezogen werden.

Bei Außenwänden ist eine Verbesserung des Wärmeschutzes grundsätzlich möglich durch

- Vergrößerung der Wanddicke,
- Einsatz eines hoch wärmedämmenden Wandbaustoffes (z. B. monolithische Bauweise mit Leichthochlochziegel, Bimshohlblocksteine, Porenbetonsteine usw.),
- Anordnung einer zusätzlichen Dämmschicht im Wandquerschnitt.

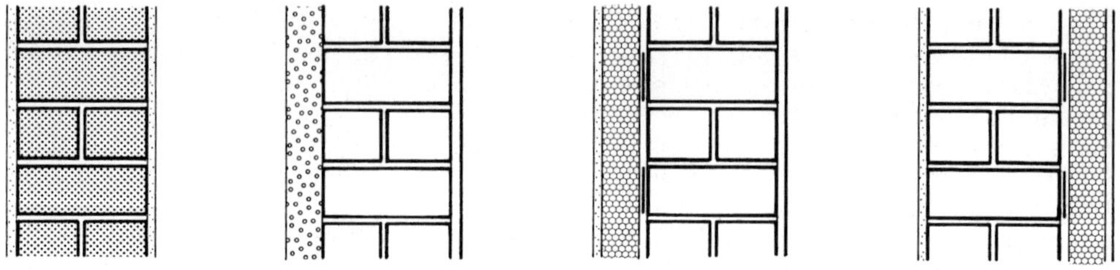

8.28 Schematische Darstellung einschaliger, wärmegedämmter verputzter Außenwandkonstruktionen
a) Mauerwerk aus hoch wärmedämmendem Wandbaustoff, beidseitig verputzt
b) Mauerwerk mit Außendämmung (Wärmedämm-Putzsystem) und Innenputz
c) Mauerwerk mit Außendämmung (Wärmedämm-Verbundsystem) und Innenputz
d) Mauerwerk mit Innendämmung (Gipskarton-Verbundplatte) und Außenputz

Auf Grund dieser Annahme lassen sich alle Außenwände einteilen in einschalige Wandkonstruktionen (einschichtiger oder mehrschichtiger Aufbau) sowie mehrschalige Wandkonstruktionen (mit oder ohne Luftschicht). Dabei geht man von der Annahme aus, daß lediglich massive Wandschichten – und zwar außenliegende Wandschichten aus Mauerwerk von mind. 11,5 cm bzw. 9,0 cm Dicke sowie alle Wandschichten aus Beton – als Schale bezeichnet werden. Keine Schalen stellen nach dieser Definition beispielsweise angemörtelte und angemauerte Bekleidungen, sonstige Fassadenbekleidungen, Putzschichten und Wärmedämmschichten dar. S. hierzu auch Bild **6**.10 in Teil 1 dieses Werkes.

Im Zusammenhang mit wärmegedämmten Putzfassaden sind folgende Wandaufbauten von besonderem Interesse (Bild **8**.28):

— Einschalige Wand aus **hoch wärmedämmenden Wandbaustoffen**, beidseitig verputzt.

— Einschalige Wand mit **außenliegender Wärmedämmung**, beidseitig verputzt.

— Einschalige Wand mit **innenliegender Wärmedämmung**, beidseitig verputzt.

Zusätzliche Wärmedämmschichten können bei verputzten Außenwandkonstruktionen demnach entweder außen- oder innenseitig angebracht werden (Altbau/Neubau). In jedem Fall entstehen bauphysikalische Veränderungen im Wandgefüge, die immer rechtzeitig vor Beginn der Baumaßnahmen überprüft werden müssen. Einzelheiten hierzu sowie Rechenbeispiele s. Abschn. 15.5.6 in Teil 1 dieses Werkes. Als Faustregel für eine einwandfreie Ausbildung der Außenwand in diffusions- wie wärmeschutztechnischer Hinsicht kann gelten:

— Der Diffusionswiderstand der einzelnen Schichten sollte von innen nach außen **abnehmen,**

— der Wärmedurchlaßwiderstand der Schichten von innen nach außen jedoch **zunehmen.**

8.11.1 Außendämmung von Wänden

Die außenseitig aufgebrachte Wärmedämmung weist aus bauphysikalischer Sicht überwiegend Vorteile auf. Dadurch, daß alle Bauteile gleichmäßig ummantelt und lückenlos gedämmt werden (z. B. auch Fensterstürze und Fensterleibungen, einbindende Decken und Zwischenwände, Ringanker, Heizkörpernischen, außenliegende Rohrleitungen usw.), ist die tragende Wandkonstruktion nur geringfügigen Temperaturschwankungen ausgesetzt.

Somit halten sich thermisch bedingte Baukörperbewegungen (Rißbildungen in der Wandscheibe durch Längenänderungen, Spannungen und Verformungen) in Grenzen. Des weiteren übernimmt die Außenwand eine temperaturregulierende Funktion. Das Wärmespeichervermögen des Bauteiles bleibt erhalten und dient dem Temperaturausgleich im Innenraum (verzögerte Außentemperatureinflüsse). Da bei richtiger Dimensionierung der Dämmschichtdicke und dem Einsatz bauphysikalisch bewährter Systeme die Taupunktlage weit nach außen verlegt wird (Frostbeanspruchung nur in der Dämmschicht oder äußersten Oberflächenschicht der tragenden Wand), kann auch kaum Tauwasserbildung im Inneren der tragenden Bauteile entstehen. Die daraus ableitbare konstantere Oberflächentemperatur auf der Raumseite gewährleistet sowohl im Winter als auch im Sommer ein behagliches Innenraumklima.

Da der Diffusionswiderstand der einzelnen Schichten von innen nach außen abnehmen soll, eignen sich für die nachträgliche Außendämmung von aufgehenden Bauteilen – neben den relativ problemlosen Wärmedämmputzen – vor allem PS-Hartschaumplatten mit niedriger Rohdichte (15 bis 20 kg/m³) sowie nichtbrennbare, diffusionsoffene Mineralfaserplatten.

8.11.2 Innendämmung von Wänden

Die Innendämmung von Außenwänden wird überall dort bevorzugt, wo Räume rasch und in der Regel nur für kurze Zeit aufgeheizt werden sollen (z. B. Versammlungsstätten) und wo erhaltenswerte Altbaufassaden (z. B. reich gegliederte Stuckfassaden) aufgrund denkmalpflegerischer Gesichtspunkte nicht verändert werden dürfen. Auch bei vorhandenen Sichtbeton-, Klinker- und Natursteinfassaden werden in der Regel innenseitige Dämmaßnahmen vorgenommen, um das äußere Erscheinungsbild der Gebäude zu erhalten.

Innendämmungen verändern jedoch das bauphysikalische Verhalten von Außenwänden ganz wesentlich. Bei niedriger Außentemperatur und mit zunehmender Dicke der Innendämmung sinkt die Temperatur im tragenden Wandbauteil stark ab, wodurch sich die Lage des Taupunktes weit nach innen, d. h. zur Raumseite hin, verschiebt. Die wärmespeichernde Wirkung der schweren Wandteile geht verloren und im Übergangsbereich zwischen tragender Wand und Innendämmung kann es im Winter zur Kondensation und eindiffundierender Raumfeuchte kommen. Tauwasserausfall im Innern oder auf der Oberfläche von Bauteilen entsteht immer dann, wenn die Taupunkttemperatur unterschritten wird.

Tauwasserbildung im Innern von Bauteilen

Ein gewisses Maß an Tauwasserbildung in Bauteilen ist nach DIN 4108-3 unschädlich, wenn durch Erhöhung des Feuchtegehaltes der Bau- und Dämmstoffe der Wärmeschutz und die Standsicherheit der Bauteile nicht gefährdet werden und die im Winter anfallende Feuchtigkeit während der Trocknungsperiode im Sommer an die Umgebung wieder abgegeben werden kann. Im Teil 3 der DIN 4108 sind die zulässigen Tauwasser-Höchstmengen angegeben sowie eine Reihe von bewährten Außenwandkonstruktionen genannt, für die kein rechnerischer Nachweis des Tauwasserausfalls infolge Dampfdiffusion unter normalen Klimabedingungen erforderlich ist. Für alle anderen Außenwandkonstruktionen ist eine Diffusionsberechnung nach DIN 4108-5 durchzuführen und mit den Forderungen der zulässigen Maximalmengen zu vergleichen. Entsprechende Rechenbeispiele s. Abschn. 15.5.6 in Teil 1 dieses Werkes.

Auch bei der Innendämmung sollte zunächst immer von der Regel – wonach der Diffusionswiderstand der einzelnen Schichten von innen nach außen abnehmen soll – ausgegangen werden. Dieser Vorsatz kann jedoch häufig nicht eingehalten werden, beispielsweise bei dichten Wandbaustoffen, so daß die Innendämmung entgegen dieser Regel aufgebracht wird. Dabei kommt der jeweiligen Schichtenkombination eine große Bedeutung zu.

Je dampfdichter das vorgegebene Außenbauteil (Mauerwerk, Betonwand) ist und je höher sich die jeweilige relative Raumluftfeuchte darstellt, desto sorgfältiger muß die Innendämmung in ihrem Dampfdiffusionswiderstand darauf abgestimmt werden. Das kann einmal über die Art (Rohdichte) und Dicke des gewählten Materials (z. B. PS-Hartschaumplatten, Mineralfaserplatten) oder im Extremfall (z. B. Schwimmbad, Sauna) durch zusätzliche Anordnung einer raumzugewandten Dampfbremse/Dampfsperre erfolgen.

— **Innendämmung von Außenwänden aus herkömmlichen Wandbaustoffen** (z. B. Hochlochziegel, Bimshohlblocksteine). Bei relativ dampfdurchlässigem Mauerwerk und bei Annahme üblicher Wohnraumbedingungen ergeben sich bei richtiger Dimensionierung und sorgfältiger Ausführung der Innendämmung (z. B. dichte Plattenstöße) kaum Tauwasserprobleme, sofern der Diffusionswiderstand (diffusionsäquivalente Luftschichtdicke s_d) der innenliegenden Wärmedämmschicht mindestens 0,5 m beträgt. Man kann hierfür die üblichen PS-Hartschaumplatten mit Rohdichten von 15 kg/m³ – meist in Form von Gipskarton-Verbundplatten – verwenden. Dabei ist zu beachten, daß Hartschaumplatten mit hoher dynamischer Steifigkeit, innenseitig mit einem Naß- oder Trockenputz versehen, eine Verschlechterung der Schalldämmung durch Flankenübertragung (Resonanzeffekt) bewirken. Um dies zu verhindern, können Verbundplatten aus elastifiziertem PS-Hartschaum mit niedriger Steifigkeit < 30 MN/m³ und mind. 12,5 mm dicker Gipskartonplatte verwendet werden (Bild **8**.29 a). Eine Verbesserung des Luftschallschutzes wird bei Innendämmung jedoch vor allem mit Mineralfaserplatten (Verbundplatte MF) erreicht. Bei dampfdurchlässigem Mauerwerk und üblichen Wohnraumbedingungen sind auch hier bezüglich der Wasserdampfdiffusion keine besonderen Maßnahmen erforderlich. Bei erhöhter Raumluftfeuchte und/oder dampfdichteren Wandbaustoffen sind jedoch MF-Verbundplatten mit werkseitig eingebauter Dampfsperre (Alufolie) zu verwenden und Diffusionsberechnungen nach DIN 4108-5 durchzuführen (Bild **8**.29 b). Eine wirksame Dampfsperre/Dampfbremse (nicht exakt abgrenzbar) kann auch noch nachträglich mit einem dampfdichten Anstrich (z. B. auf Chlor-Kautschuk-Basis o. ä.) erreicht werden.

— **Innendämmung von Außenwänden aus dampfdichteren Wandbaustoffen** (z. B. Kalksand-Vollsteine, Klinker). Bei dichterem Mauerwerk wird die zulässige Tauwassermenge von 500 g/m² meist überschritten, und auch die Rücktrocknung ist rechnerisch oftmals nicht gegeben. Bei Annahme üblicher Wohnraumbedingungen sind daher zumindest PS-Hartschaumplatten mit einem höheren Diffusionswiderstand einzusetzen (Rohdichte 30 kg/m³). Handelt es sich jedoch um Außenwände von Feuchträumen (häusliche Küchen und Bäder), so ist der Einsatz einer zusätzlichen Dampfsperre oder von fugendicht verlegten PS-Extruder-Hartschaumplatten zwingend angezeigt. Derartige Platten zeichnen sich einmal aus durch einen relativ hohen Diffusionswiderstand (μ = 100 bis 150) und hohe Druckfestigkeit (Rohdichte 30 bis 50 kg/m³), zum anderen nehmen sie auf Grund ihrer geschlossenzelligen Struktur praktisch kaum Feuchtigkeit auf.

— **Innendämmung von Außenwänden aus relativ dampfdichten Wandbaustoffen** (z. B. Betonwände). Die Innendämmung von relativ dampfdichten Betonwänden (Rohdichte etwa 2400 kg/m³) ist besonders sorgfältig auszuführen. So hat beispielsweise eine 24 cm dicke Betonwand einen etwa 20mal höheren Diffusionswiderstand als ein gleich dickes Mauerwerk aus Hohlblocksteinen. Würde ein derart dichtes Bauteil innenseitig mit einem Dämmaterial niedriger Rohdichte beplankt, käme es im Winter im Grenzbereich Betonschale/Innendämmung zu ganz erheblichem Tauwasserausfall. Auf Grund der nahezu diffusionsdichten Betonwand könnte dieses Wasser auch nicht in der Trocknungsperiode im Sommer in ausreichendem Maße nach außen entweichen. Die Innendämmung von Betonwänden – insbesondere in Naßräumen wie Schwimmbädern usw. – muß deshalb immer mit zusätzlicher, raumseitig aufgebrachter Dampfsperre aus Alufolie ausgeführt werden. Hochwertige Dampfsperren zeichnen sich vor allem durch dichtgeschlossene Fugen der einzelnen Dampfsperrbahnen untereinander und dampfdichte Bahnenanschlüsse an die angrenzenden Bauteile aus. Auch hierbei sind möglichst diffusionsdichte Dämmplatten zu verwenden. Die entsprechenden Diffusionswiderstandszahlen sind Tabelle **15**.54, Teil 1 dieses Werkes, zu entnehmen.

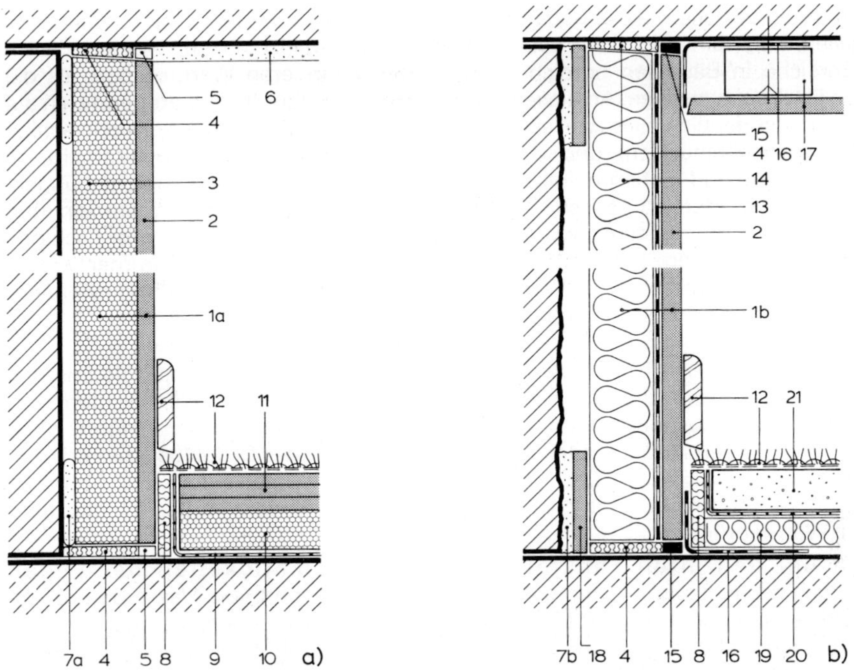

8.29 Konstruktionsbeispiele: Gipskarton-Verbundplatten als Innendämmung vor Außenwandkonstruktionen

a) PS-Verbundplatte

b) MF-Verbundplatte, werkseitig mit einer Dampfsperre ausgerüstet und bauseits mit selbstklebenden Alubändern dicht eingeklebt

1 a Polystyrol-Verbundplatte
1 b Mineralfaser-Verbundplatte mit Dampfsperre
2 Gipskarton-Bauplatte B nach DIN 18180
3 Polystyrol-Hartschaumplatte nach DIN 18164 (z. B. Styropor PS 15 SE)
4 lose Mineralfaserstreifen, 10 mm dick
5 Fugenfüller
6 Deckenputz
7 a Klebemörtel bei planebenen Wandflächen (Dünnbettverfahren), sonst Gipsansetzbinder
7 b Gipsansetzbinder
8 Dämmstreifen, 5 mm dick
9 Feuchtigkeitsschutz (z. B. PE-Folie 0,2 mm)
10 Polystyrol-Hartschaumplatte
11 Fertigteilestrich aus 3 x 8 mm GK-Platten
12 Teppichbelag mit Holzsockelleiste
13 Dampfsperre (Alufolie), werkseitig eingebaut
14 Mineralfaserplatte
15 dichte, dauerelastische Abdichtung
16 selbstklebendes Aluband (dichter Bauteilanschluß)
17 Deckenbekleidung
18 GK-Plattenstreifen
19 Mineralfaser-Trittschalldämmplatten
20 Abdeckung (z. B. PE-Folie 0,1 mm)
21 schwimmender Mörtelestrich

Tauwasserbildung auf der Oberfläche von Bauteilen

An den Innenoberflächen von ungenügend gedämmten Außenbauteilen kann es bei niedrigen Außentemperaturen und übermäßig hoher Raumluftfeuchte zu Tauwasserbildung kommen. Diese Erscheinung tritt vor allem dann auf, wenn die raumseitige Oberflächentemperatur der Bauteile zu niedrig, d. h. unter der Taupunkttemperatur der Raumluft liegt. Bei Einhaltung der Mindestwerte des Wärmedurchlaßwiderstandes nach DIN 4108-2 – nämlich 0,55 m^2K/W für Außenwände – werden Schäden durch Tauwasserbildung im allgemeinen vermieden. Dies setzt jedoch normale Raumlufttemperaturen und relative Luftfeuchten sowie genügende Beheizung und Lüftung voraus.

Schadstellen treten vor allem an ungedämmten, ungenügend oder fehlerhaft gedämmten Außenbauteilen auf, den sog. Wärmebrücken. Als Wärmebrücken werden örtlich begrenzte Bereiche in Bauteilen bezeichnet, die einen geringeren Wärmeschutz als die umgebenden Flächen aufweisen. An diesen Stellen liegen die Oberflächentemperaturen auf der Innenseite meist deutlich niedriger, so daß es hier bevorzugt zu Tauwasserniederschlag (Durchfeuchtungserscheinungen) und damit auch häufig zu Pilz- und Schimmelbefall kommt. Stockflecken und Schimmelpilze sind vor allem an inneren Fensterleibungen, Außenwandecken, im Bereich zwischen Dachdecke und Außenwand, an Stürzen und Deckenflächen unter Kragplatten sowie an Außenwandflächen hinter großflächigen Schrankwänden vorzufinden. Diese Mängel sind jedoch nicht – wie dies immer wieder behauptet wird – auf den verbesserten Wärmeschutz der Gebäude zurückzuführen. Vielmehr sind folgende Ursachen im Zusammenhang zu bedenken:

— Bei Sanierungsmaßnahmen an Altbauten stehen im Hinblick auf die Energieeinsparung der Austausch alter undichter Fenster gegen neue – wesentlich dichtere – an erster Stelle. Dieser Austausch wird häufig als Einzelmaßnahme durchgeführt, ohne gleichzeitig die übrigen Außenbauteile den Anforderungen der DIN 4108 bzw. Wärmeschutzverordnung anzupassen. Die Folge sind Tauwasserschäden auf Grund höherer Raumluftfeuchte und mangelnder Wärmedämmung, insbesondere im Bereich der zuvor genannten Wärmebrücken.

— Während bei den alten Fenstern über die Undichtigkeiten der Fugen eine ständige Frischluftzufuhr – und damit auch der Abtransport von Wasserdampf und Kohlendioxid – stattfand, kann der Mindestluftwechsel bei den neuen, sehr dichten Fenstern nur durch gezielte Lüftungsmaßnahmen (mehrfache Stoßlüftung am Tage) erreicht werden. Die heute vermehrt festzustellenden Feuchteschäden sind vor allem auf zu hohe Raumluftfeuchten und damit auf falsche Heizungs- und Lüftungsgewohnheiten zurückzuführen. Untersuchungen ergaben, daß die Luftwechselzahlen zur Gewährleistung einer ausreichenden Wohnungs- und Raumhygiene bei etwa 0,4- bis 0,8mal je Stunde liegen sollten. Die Annahme, der Feuchtetransport aus den Räumen würde über die Wasserdampfdiffusion durch die Wand in ausreichendem Maße stattfinden (auf Grund des Dampfdruckgefälles im Winter von innen nach außen), ist nicht richtig. Mengenmäßig ist dieser Feuchtetransport über die Diffusion sehr gering, so daß auch ein noch so günstiger, diffusionsoffener Wandaufbau die gezielte Raumlüftung zwecks Feuchteabfuhr nicht ersetzen kann.

  In diesem Zusammenhang ist auch noch auf die Fähigkeit der Feuchtespeicherung (Wasserdampfabsorption) von Raumumschließungsflächen und Einrichtungsgegenständen hinzuweisen. Bei plötzlichem Anstieg und großen Schwankungen der relativen Luftfeuchte ist es vorteilhaft, wenn Materialien mit offenen Poren und Kapillaren – wie beispielsweise Innenputze mit Gips, Holz, Textilien usw. – Feuchte aus der Luft aufnehmen und speichern können (Feuchtepuffer). Diese vorübergehend absorbierte Wassermenge wird dann zu einem späteren Zeitpunkt wieder langsam an trockenere Raumluft zurückgegeben und durch Lüften nach außen abgeführt.

— Im Zuge der Energieeinsparung wird auch häufig die Heizung gedrosselt und in den Schlafzimmern sogar oftmals ausgeschaltet. Die Folge sind – insbesondere bei neuen dichten Fenstern – eine weitere Erhöhung der relativen Luftfeuchtigkeit sowie ein weiteres Absinken der Oberflächentemperaturen auf den Außenbauteilen. Die Tendenz zur übermäßigen Heizenergieeinsparung fördert somit das Risiko der Tauwasserbildung auf den Oberflächen der Außenbauteile und damit auch der Schimmelpilzbildung. Die Bedeutung der Mindestbeheizung von Räumen sollte demnach wieder verstärkt beachtet werden. Außerdem sollte man darauf verzichten, krasse Temperaturunterschiede innerhalb einer Wohnung zu erzeugen, da nennenswerte Mengen an Heizenergie dadurch sowieso nicht einzusparen sind.

— Raumhohe Schrankwände vor Außenwandflächen wirken bauphysikalisch wie eine zusätzlich innenseitig angebrachte Wärmedämmung. Der Temperaturverlauf innerhalb der Außenwand wird dadurch nachhaltig verändert, so daß die raumseitige Oberflächentemperatur der Wand um einige Grade abfällt und somit die Kondensationsgefahr in diesem Bereich wächst. Der Einbau derart großflächiger Schrankwände vor Außenwänden sollte deshalb unterbleiben. Läßt er sich nicht vermeiden, so muß zum einen auf einen genügend großen Abstand zwischen Wand und Möbel geachtet (mind. 6 bis 8 cm) und zum anderen für eine ausreichende Luftzirkulation hinter dem Möbel – über Lüftungsschlitze im Sockel- und Deckenbereich – gesorgt werden. Weitere Einzelheiten sind der Spezialliteratur [20], [21], [22], [23], [24] zu entnehmen. In [25] werden die wesentlichen Unterschiede zwischen dem Standardkomplex „Bautechnischer Wärmeschutz" TGL 35 424 der ehemaligen DDR im Vergleich zur DIN 4108 und zur Wärmeschutzverordnung analysiert.

8.11.3 Wärmedämm-Putzsysteme

Zur Verbesserung der Wärmedämmung von Außenwänden (Altbau/Neubau) wurden spezielle Dämmputz-Systeme entwickelt, die aus mehreren, technisch aufeinander abgestimmten Putzlagen bestehen. Sie setzen sich üblicherweise zusammen aus einem 20 bis max. 100 mm dicken Unterputz – dem eigentlichen Wärmedämmputz – und einem etwa 10 mm dicken Oberputz, der vor allem schützende Funktionen übernimmt, gleichzeitig aber auch der Gestaltung dient (Bild **8**.30).

Unterputz (Dämmputz). Der Unterputz ist ähnlich wie ein herkömmlicher mineralischer Putz aufgebaut: als Bindemittel werden hydraulischer Kalk und Zement, Zusätze zur Verbesserung der Verarbeitbarkeit (Luftporenbildner) sowie Hydrophobierungsmittel verwendet. Anstelle des Zuschlages Sand, mit dichtem Gefüge, treten jedoch entweder

— organische Zuschläge (expandiertes Polystyrol – EPS – in Form von 1 bis 3 mm großen Kügelchen) oder
— mineralische Zuschläge (Leichtzuschlagstoffe nach DIN 4226-2 wie Blähton, Blähschiefer, Blähglaskügelchen, Bims sowie Perlite und Vermiculite) oder
— ein Gemisch aus den vorgenannten organischen/mineralischen Zuschlägen.

Je leichter ein Baustoff ist, um so besser sind seine Wärmedämmeigenschaften; dies gilt auch für die Putzmörtel. Dämmputze werden deshalb heute vorwiegend aus extrem leichten Zuschlagstoffen – nämlich geschäumten Polystyrolkügelchen – hergestellt. Diese ergeben eine gute Wärmedämmung, bewirken jedoch andererseits eine geringere mechanische Festigkeit des Unterputzes, so daß dieser immer eines schützenden Oberputzes bedarf. Neben diesen besonders leichten Unterputzen gibt es auch solche mit mineralischen Leichtzuschlägen, deren Rohdichte und folglich auch Wärmeleitzahl jedoch höher liegen.

Wärmedämm-Putzsysteme aus Mörteln mit mineralischen Bindemitteln und expandiertem Polystyrol (EPS) als Zuschlag sind in DIN 18550-3 genormt. Diese Putzsysteme befinden sich seit etwa 30 Jahren auf dem Markt und wurden in dieser Zeit ständig weiterentwickelt.

Nach dieser Norm muß der Unterputz aus Werktrockenmörtel (DIN 18557) hergestellt werden und mindestens 75% Volumenanteil expandiertes Polystyrol (EPS) als Zuschlag enthalten. Die Wärmeleitzahlen (λ) derartiger EPS-Unterputze liegen bei 0,057 bis 0,094 W (m · K), die üblichen Rohdichten zwischen 200 und 300 kg/m^3, die Dicken zwischen 20 und max. 100 mm.Damit besitzt ein Dämmputz – bei einer angenommenen Wärmeleitfähigkeit λ = 0,07 W (m · K) und bei gleicher Dicke – eine über 12mal bessere Dämmwirkung als ein herkömmlicher Kalk-Zement-Putz mit 0,87 W (m · K). Im Vergleich zu einer Dämmplatte aus PS-Hartschaum λ = 0,040 W (m · K) ist die Dämmwirkung eines Dämmputzes jedoch nur halb so hoch.

Als Besonderheit ist bei allen Wärmedämm-Putzsystemen zu beachten, daß zur Berechnung des Wärmedurchlaßwiderstandes nur der eigentliche Unterputz herangezogen werden darf. Der Oberputz bleibt dabei unberücksichtigt. Auf Grund des Polystyrolzusatzes (geschäumte Kügelchen) sind die EPS-Dämmputz-Systeme nur schwerentflammbar (Baustoffklasse B 1 nach DIN 4102). Außerdem muß der Unterputz **wasserhemmend** ausgerüstet sein. Dies gilt als erfüllt, wenn der Wasseraufnahmekoeffizient $w \leqq 2{,}0$ kg (m² · h^{0,5}) beträgt.

Oberputz. Der Oberputz nach DIN 18550-2 ist ebenfalls aus Werktrockenmörtel herzustellen und soll den Eigenschaften eines Putzes aus den Mörtelgruppen P I oder P II vergleichbar sein. Nur ein qualitativ hochwertiger, **wasserabweisender** Oberputz kann eine Durchfeuchtung und damit eine Verminderung der Wärmedämmung des Unterputzes verhindern. Daher werden alle Dämmputze nur zusammen mit einem passenden Oberputz als System zugelassen (Eigen- und Fremdüberwachung). An ihn werden vor allem Anforderungen hinsichtlich des Regenschutzes (Wasseraufnahmekoeffizient $w \leqq 0{,}5$ kg (m² · h^{0,5}), Witterungsbeständigkeit, mechanische Festigkeit (Druckfestigkeit zwischen 0,80 und 3,0 N/mm²) sowie Wasserdampfdurchlässigkeit (μ = etwa 10) gestellt. Außerdem ist praktisch jede gewünschte und bekannte Putzoberfläche herstellbar.

Bei Wärmedämm-Putzsystemen richtet sich das Verhältnis zwischen den Druckfestigkeiten von Unterputz zu Oberputz nach der Art der verwendeten Zuschläge. Nach der bereits mehr-

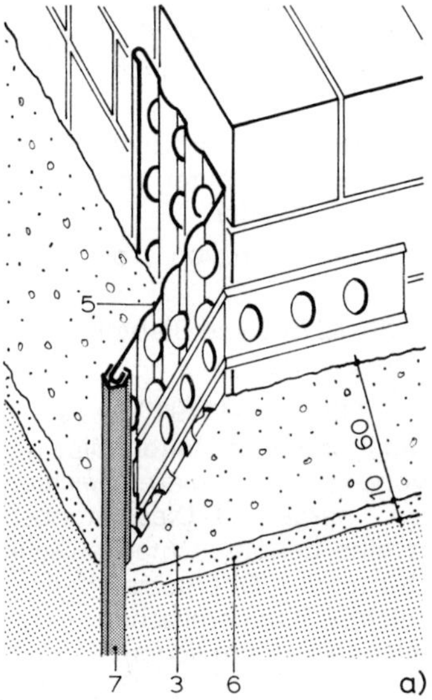

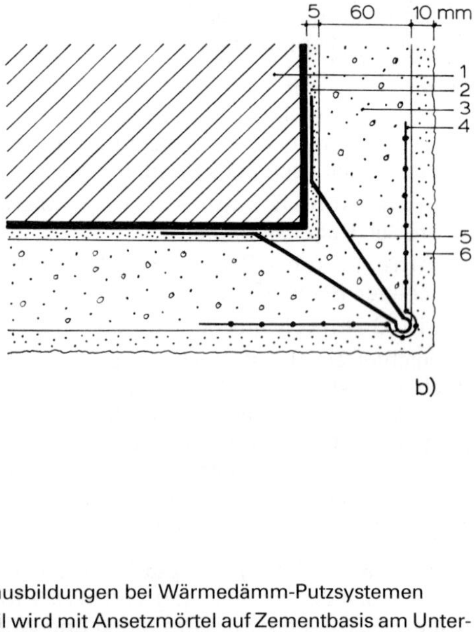

8.30 Konstruktionsbeispiele: Unterschiedliche Kantenausbildungen bei Wärmedämm-Putzsystemen

a) Kantenprofil mit PVC-Überzug. Das Profil wird mit Ansetzmörtel auf Zementbasis am Untergrund befestigt. Der mit Druck aufgespritzte Mörtel verklammert sich allseitig kraftschlüssig durch die Lochungen des Profils hindurch. Der PVC-Überzug wird nicht verputzt und ist nach dem Putzvorgang umgehend zu reinigen. Vgl. hierzu auch Bild **8.11**.

b) Kantenprofil ohne PVC-Überzug. Dieses Profil eignet sich für die Unterputzanbringung, d. h. die Schiene wird unsichtbar in den Dämmputz eingebaut und im Kantenbereich ein Glasgittergewebestreifen als zusätzliche Armierung eingebettet. Der Oberputz wird in einer Dicke von etwa 8 bis 10 mm um die Ecke herumgeführt.

1 Putzgrund
2 Spritzbewurf (soweit erforderlich)
3 Unterputz (Dämmputz)
4 Glasgittergewebe
5 Kantenprofil
6 Oberputz
7 PVC-Überzug

fach angeführten Putzregel soll die Festigkeit des Oberputzes immer geringer sein als die Festigkeit des Unterputzes. Das Festigkeitsgefälle bei den Wärmedämm-Putzsystemen verläuft jedoch genau umgekehrt: Der Oberputz ist härter als der darunterliegende Dämmputz. Die langjährige Anwendung hat aber gezeigt, daß dadurch nicht zwangsläufig Schäden auftreten müssen – vorausgesetzt, der Unterschied in der Festigkeit beider Lagen liegt innerhalb der festgelegten Grenzen. Vgl. hierzu auch Abschn. 8.7.5.4, Leichtputze auf wärmedämmenden Wandbaustoffen.

Verarbeitung. Vor dem Aufbringen des Dämmputzes ist eine besonders sorgfältige Untergrundbeurteilung vorzunehmen. Bei neuem, einheitlichem und gleichmäßig saugendem Mauerwerk sind keine besonderen Maßnahmen erforderlich. Unterschiedlich saugende Untergründe bedürfen jedoch eines voll deckenden Spritzbewurfes. Bei Untergründen mit erhöhter Rißbildungsgefahr (Mischmauerwerk) ist eine Putzarmierung in Form eines Glasgittergewebes erforderlich, das in die obere Zone des Dämmputzes – vor Aufbringung des Oberputzes – eingebettet wird. Holzwolle-Leichtbauplatten sind, wie in Abschn. 8.7.2 näher beschrieben, mit einem Putzträger aus geschweißtem Drahtnetz zu überspannen und ein Spritzbewurf aufzubringen. Auch Altbaufassaden sind meist vollflächig mit einem Putzträger-System zu versehen und die Angaben des Herstellers zu beachten.

Um einen gleichmäßig dicken, planebenen Putzauftrag und wirksamen Kantenschutz zu erreichen, ist es unverzichtbar, Sockel-, Kanten-, Sturz- und Dehnungsprofile an Fensterleibungen, Rolladenkästen, Hauskanten u. ä. anzubringen (Bild **8**.30 und **8**.31). Auf Grund der größeren Putzdicken ist auch darauf zu achten, daß Überstände wie beispielsweise Ortgänge, Fensterbänke und Abdeckungen aller Art entsprechend breiter ausgebildet werden.

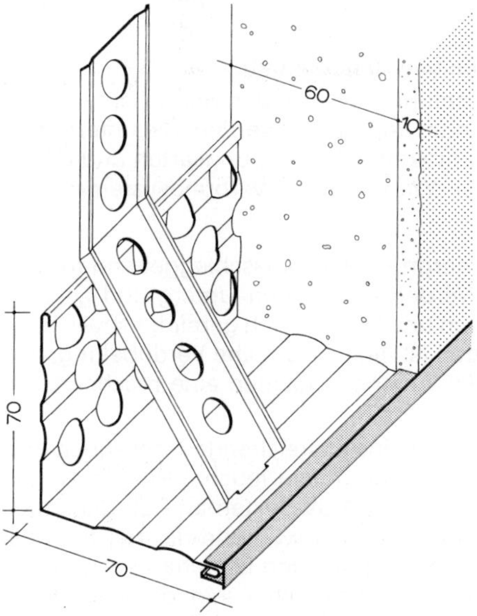

a)

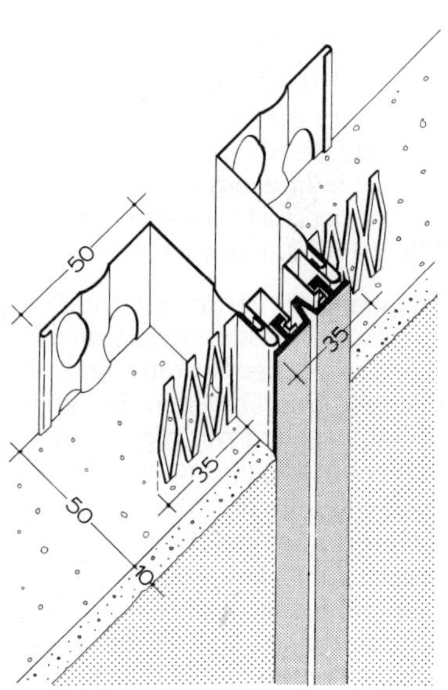

b)

8.31 Putzsockel- und Dehnungsfugenprofil für Wärmedämm-Putzsysteme
a) Sockelprofil mit schräggestelltem Schenkel (110°) und Stützbügel
b) Dehnungsfugenprofil für senkrecht verlaufende Wandfugen
Protektorwerk, Gaggenau

Dem fertigen Werktrockenmörtel darf außer Wasser sonst nichts mehr zugesetzt werden. Der Unterputz wird in Schichtdicken von 50 bis 60 mm (max. 100 mm) in einem Arbeitsgang aufgetragen und eben abgezogen, wobei Reiben und Filzen zu vermeiden ist. Ist aus wärmetechnischen Gründen ein dickerer Dämmputz erforderlich, so kann nach ausreichender Wartezeit (mehrere Tage) eine zweite Lage aufgetragen werden. Dabei sind die jeweiligen Verarbeitungsrichtlinien der Hersteller genauestens einzuhalten. Nach einer Austrockungszeit von mindestens 1 Tag pro 1 cm Dämmputzdicke wird der jeweils zugelassene System-Oberputz aufgetragen. Bei der farblichen Gestaltung ist darauf zu achten, daß nur helle Farbtöne gewählt werden, da dunkle Farben bei thermischer Beanspruchung zu Spannungen und damit zur Rißbildung in der Putzschale führen können.

8.11.4 Wärmedämm-Verbundsysteme

Wärmedämm-Verbundsysteme (WDVS) – vielfach auch als Thermohaut bzw. irreführend als „Vollwärmeschutz" bezeichnet – bestehen aus mehreren fest miteinander verbundenen, jeweils ganz spezifische Aufgaben übernehmende Schichten, die jedoch als System insgesamt aufeinander abgestimmt sein müssen. Sie haben sich als Außenwanddämmung seit über drei Jahrzehnten bewährt und setzen sich im einzelnen zusammen aus (Bild **8**.32 und **8**.33):

— Tragwand (vorrangig statische und schallschutztechnische Funktionen)

— Klebemasse (meist aus Quarzsand, Zement und Zusatz von Kunststoffdispersion)

— Wärmedämmschicht (meist aus PS-Hartschaum- oder Mineralfaserplatten)

— Armierungsschicht (Glasgittergewebe in eine Armierungsmasse eingebettet)

— Außenputz (wahlweise Kunstharzputz oder mineralisch gebundener Strukturputz).

Anforderungen unterschiedlichster Art haben dazu geführt, daß von den Herstellern jeweils mehrere, verschiedenartig aufgebaute Systemvarianten angeboten werden. Sie unterscheiden sich vor allem hinsichtlich der verwendeten Dämmstoffe, Befestigungsarten und Oberflächenbeschichtungen. Allgemeine Angaben über Wärmedämm-Verbundsysteme sind DIN V 18559 zu entnehmen.

Tragwand (Untergrund). Die Beschaffenheit des Untergrundes ist ausschlaggebend für die jeweilige Befestigungsart der Dämmstoffplatten. Werden sie auf den Untergrund geklebt (herkömmliches System), so muß dieser eben, trocken und mechanisch gereinigt sowie ausreichend tragfähig sein. Bei unsicheren Untergründen ist eine zusätzliche Verdübelung, bei Altbaufassaden mit nicht tragfähigen Putz- und/oder Anstrichschichten eine mechanische Schienenbefestigung angebracht.

Die Verlegung der Dämmplatten darf erst erfolgen, wenn eine ausreichende Trockenheit des Untergrundes gewährleistet ist. Wird eine Außendämmung auf zu feuchte Wände aufgebracht, führt dies – vor allem bei relativ dampfbremsenden WDV-Systemen – zu Schäden. Dies gilt insbesondere dann, wenn die Dämmung kurz vor oder während der Heizperiode angesetzt wird. Bei Neubauten müssen demnach die Innenputz- und Estricharbeiten abgeschlossen und das Mauerwerk sowie der Innenputz so weit getrocknet sein, daß eine übermäßige Feuchtigkeitsanreicherung im Wandinneren nicht mehr vorhanden ist. Es muß auch sichergestellt sein, daß kein Wasser (Regen, aufsteigende Feuchtigkeit) in bzw. hinter das WDV-System gelangen kann. Daher müssen Fenster, Rolladenkästen und vor allem die Horizontalabdeckungen (z.B. Fensterbänke, Dacheindeckungen) vor Verlegebeginn montiert sein. Das Dampfdiffusionsverhalten des Untergrundes ist bei der Wahl des Verbundsystems zu berücksichtigen. Günstig wirken sich Mauerwerksteine hoher Rohdichteklassen aus.

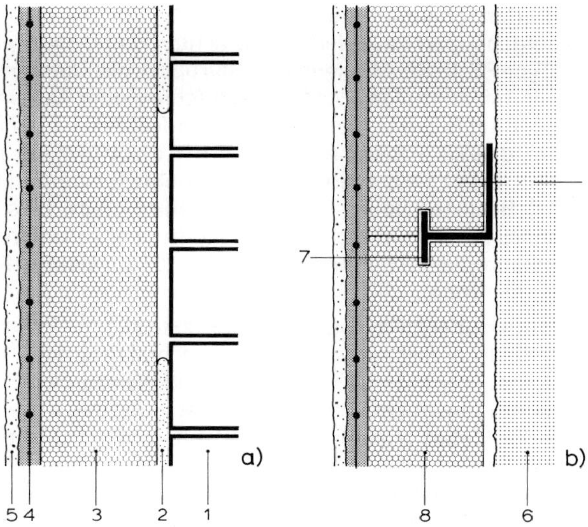

8.32
Wärmedämm-Verbundsysteme
a) Klebeverfahren, ggf. mit Verdübelung
b) mechanische Schienenbefestigung
1 Untergrund (tragfähiges Mauerwerk)
2 Klebemasse (Klebemörtel)
3 Dämmstoff (PS-Hartschaum- oder Mineralfaserplatten)
4 Armierungsschicht (Glasgittergewebe in Armierungsmasse)
5 Außenputz/Schlußbeschichtung (Kunstharzputz oder Mineralputz)
6 labiler, nicht tragfähiger Untergrund
7 Hart-PVC-Schiene
8 PS-Hartschaumplatten mit umlaufender Nut

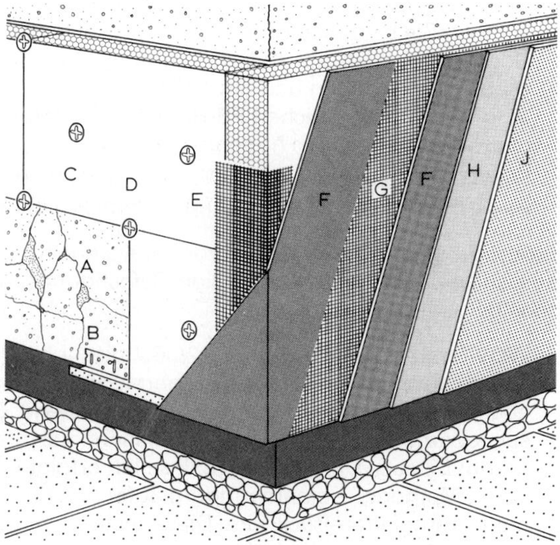

8.33
Wärmedämm-Verbundsystem: Schematische Darstellung der Verarbeitungsschritte
A Vorbereitung des Untergrundes (Altbau/Neubau)
B Anbringen der Sockelschienen mit Spreizdübel
C Ankleben der Dämmplatten mit Klebemörtel
D zusätzliche Verdübelung (nur bei unsicherem Untergrund und geforderter Standfestigkeit gemäß Tabelle **8**.35; zwingend erforderlich bei Mineralfaserplatten)
E Anbringen der Eckverstärkung (Gewebeeckschutz oder spezielle Eckschutzschienen)
F Aufbringen einer zweilagigen Armierungsschicht
G Einarbeiten des Glasgittergewebes „naß in naß" mittig in die Armierungsmasse
H Auftrag einer Grundierung (soweit erforderlich)
I Auftrag des Außenputzes/Schlußbeschichtung

Wärmedämmschicht. Dämmstoffe lassen sich in zwei große Gruppen einteilen. Danach sind die Ausgangsprodukte entweder organischen oder mineralischen Ursprungs. Bei den WDV-Systemen werden vor allem eingesetzt:

- **PS-Hartschaumplatten** (expandierter Polystyrolschaum). Die Mindestrohdichte der an aufgehenden Bauteilen angebrachten Hartschaumplatten beträgt üblicherweise 15 kg/m³ (Type PS 15 SE, Markenname Styropor), die Plattenmaße 500 x 1000 mm. Ihre Kanten können mit stumpfem Stoß, mit Stufenfalz oder Nut und Feder, die Plattenoberflächen glatt oder mit Rillen versehen sein. Grundsätzlich ist bei PS-Hartschaumplatten darauf zu achten, daß sie ausreichend lang – mindestens sechs Wochen – werkseitig abgelagert sind, bevor sie auf die Fassade aufgebracht werden (Schwindvorgänge auf Grund flüchtiger Bestandteile im Polystyrolschaum). Beim Einsatz von zu frischen Platten würde es sonst zu Rißbildung an den Stoßfugen kommen. WDV-Systeme mit Polystyrol-Hartschaumplatten gehören nach DIN 4102 zur Baustoffklasse B 1 und sind demnach schwerentflammbar.
- **PS-Extruder-Hartschaumplatten** (extrudierter Polystyrol-Hartschaum). Geschlossenzellige Extruderschaumstoffe nehmen praktisch kein Wasser auf und können deshalb im Wandbereich außerhalb der Feuchtigkeitsabdichtung eines Bauwerkes – als Perimeterdämmung im Bereich der Sockelzone und des Kellergeschosses – eingesetzt werden (Bild **8**.34). Neben ihrer Feuchtigkeitsunempfindlichkeit zeichnen sie sich auch durch hohe mechanische Festigkeit aus (Markenname Styrodur). S. hierzu auch Abschn. 10.3.4, Wärmeschutz von erdreichberührten Böden und Geschoßdecken, in Teil 1 dieses Werkes.
- **Mineralfaser-Dämmstoffe.** Unter diesem Oberbegriff werden Produkte aus Glaswolle und Steinwolle zusammengefaßt. Die nach verschiedenen Verfahren hergestellten und bei hoher Temperatur gewonnenen Mineralfasern werden durch Zusatz eines Kunstharzes zu festen Platten gebunden. Mit diesem Zusatz wird gleichzeitig die Hydrophobierung erzielt, wodurch die Platten in ihrer ganzen Dicke wasserabweisend ausgerüstet sind. Bei WDV-Systemen werden Mineralfaserplatten des Anwendungstyps **WD** gemäß DIN 18165-1 verwendet. Sie sind nichtbrennbar (Baustoffklasse A 2 nach DIN 4102) und deshalb auch im Hochhausbereich als Außendämmung einsetzbar. Außerdem weisen sie gute Schallschutzeigenschaften und ein äußerst günstiges Wasserdampfdiffusionsverhalten auf. Im Vergleich zu den üblichen PS-Hartschaumplatten zeichnen sie sich jedoch andererseits in der Regel durch einen höheren Preis aus.
- Für WDV-Systeme werden außerdem noch Polyurethan-Hartschaumplatten sowie expandierter Kork in geringem Umfang eingesetzt (bleiben hier unberücksichtigt).

Befestigungstechniken. Wie zuvor bereits erwähnt, ist die Beschaffenheit des Untergrundes ausschlaggebend für die jeweilige Befestigungsart der Dämmplatten. Im einzelnen unterscheidet man:

- **WDV-System geklebt** (Bild **8**.32). Bei dieser häufig ausgeführten Anwendung werden die Dämmstoffplatten im Klebeverfahren auf die Fassade aufgebracht. Voraussetzung sind ebene, gereinigte, trockene und ausreichend tragfähige Untergründe. Als Klebemasse/Klebemörtel kommen sowohl dispersions- als auch mineralisch gebundene Werkstoffe zum Einsatz. Die Klebetechnik selbst erfolgt üblicherweise in der sogenannten „Wulst-Punkt-Methode" – einem randumlaufenden Kleberstreifen mit mittigem Batzenauftrag auf der Dämmplatten-Rückseite. Diese feste Verbindung mit dem Untergrund ist notwendig, da sich der Nachschwindevorgang bei PS-Hartschaumplatten über mehrere Jahre hinzieht (etwa drei bis fünf Jahre) und somit die Schwind- und Kontraktionskräfte in sogenannter Zwängungsspannung gehalten werden müssen. Sie verhindert jegliche Eigenbewegung der Dämmplatten und damit auch die Rißbildung in den Putzbeschichtungen oberhalb der Stoßfugen.

  Vor Beginn der Klebearbeiten sind in Sockelhöhe auf Gehrung geschnittene Sockelabschlußschienen mit Dübelschrauben zu befestigen. Die Dämmplatten werden dann im Verband (versetzte Vertikalfugen) dicht und preß gestoßen sowie flucht- und lotgerecht angesetzt. Im Bereich der Gebäudeecken sind die Platten zu verzahnen und der am Plattenstoß gegebenenfalls herausquellende Kleber sofort zu entfernen. Nach 3 Tagen hat der Kleber so weit abgebunden, daß weitergearbeitet werden kann.

- **WDV-System geklebt und gedübelt** (Bild **8**.33). Bei unsicheren Untergründen ist eine zusätzliche Verdübelung der Dämmstoffplatten vorzunehmen. Dabei unterscheidet man zwei Ausführungsarten (Typ I und Typ II), die nicht zuletzt im Hinblick auf den Standsicherheitsnachweis von WDV-Systemen von Bedeutung sind. Beim **Typ I** werden die Dübel unmittelbar nach dem Anbringen der Dämmplatten gesetzt, so daß mit dem Dübelkopf nur die Dämmplatten gehalten werden. Dies hat jedoch den Vorzug, daß die Dübel jeweils gezielt auf den Platten-T-Stößen gesetzt werden können. Beim **Typ II** wird die Verdübelung dagegen erst nach der Verlegung (Einbettung) des Glasgittergewebes vorgenommen. Damit werden vom Dübelkopf sowohl die Dämmplatten als auch die Armierungsschicht und somit indirekt auch die Putzschale verbessert gehalten. Vgl. hierzu auch Tab. **8**.35.
- **WDV-System mit Schienenbefestigung** (Bild **8**.32 b). Dieses System wurde speziell zur Montage auf nicht tragfähigen Untergründen entwickelt, also insbesondere für die nachträgliche Wärmedämmung von Altbauten. Hierbei werden die Dämmplatten mit ihrer umlaufenden Nut in Hart-PVC-Schienen eingefügt, die mit speziellen Dübeln durch den labilen Untergrund hindurch fest mit dem tragfähigen Mauerwerk verankert sind. Aufwendige Untergrundvorbehandlungen, wie sie bei herkömmlichen Verbundsystemen zur Verbesserung der Haftung notwendig sind, entfallen. Nur bei Gebäuden mit mehr als 2 Vollgeschossen ist eine zusätzliche punktweise Verklebung der einzelnen Dämmplatten erforderlich.

Armierungsschicht. Auf die Dämmplatten wird eine zum System gehörende Armierungsschicht – bestehend aus Armierungsmasse und Glasgittergewebe – aufgebracht. In der Regel entspricht die Armierungsmasse der Klebemasse, die auch zum Ankleben der Dämmplatten verwendet wird. Sie wird zweilagig, jeweils 2 bis 3 mm dick, „naß in naß" aufgetragen, so daß das Glasgittergewebe mittig in der Armierungsschicht zu liegen kommt und eine Bahnenüberlappung von etwa 10 cm aufweist. Darüber hinaus sind alle Außenecken und Kanten mit einem besonderen Gewebeeckschutz oder speziellen Eckschutzschienen zu sichern und vollflächig mit Armierungsmasse anzusetzen. Die Armierungsschicht ist für die Qualität des gesamten Dämmsystems von ausschlaggebender Bedeutung, da sie den durch thermischen Einflüssen entstehenden Zug- und Druckspannungen (Winter-/Sommertemperaturen usw.) standhalten und auch noch ausreichend wasserdampfdurchlässig sein muß.

Außenputz (Schlußbeschichtung). Für die Oberflächenbeschichtung kommen – je nach WDV-System – sowohl Kunstharzputze als auch Mineralputze in Frage. Es wird von ihr sowohl geringe Wasseraufnahme als auch hohes Diffusionsvermögen verlangt. Da der Farbton einen wesentlichen Einfluß auf die Oberflächentemperatur hat (dunkle Flächen erwärmen sich bei Besonnung wesentlich stärker als helle Flächen), und um die thermischen Spannungen im System möglichst gering zu halten, dürfen für die Schlußbeschichtung nur helle Farben gewählt werden. Als Maß hierfür gilt der sogenannte **Hellbezugswert**[1]); er sollte die Werte 60 bei Mineralputz bzw. 20 bei Kunstharzputz nicht unterschreiten.

Um unzulässige Feuchtigkeitserhöhungen in der Wand zu vermeiden, darf außerdem die diffusionsäquivalente Luftschichtdicke s_d der Putze (Armierungsschicht und Putzschicht zusammen) gemäß DIN 18550-1 nicht größer als 2,0 m sein. Des weiteren dürfen stets nur System-Komponenten verwendet werden, die aufeinander abgestimmt sind (Materialverträglichkeit) und von einem Hersteller stammen, da sonst alle Gewährleistungsansprüche verlorengehen.

---

1) Der Hellbezugswert ist ein Maß für den Reflexionsgrad einer bestimmten Farbe; entscheidend sind der Schwarzpunkt HBW = 0 und der Weißpunkt HBW = 100. Der HBW gibt also an, wie weit der bestimmte Farbton vom Schwarz- oder Weißpunkt entfernt ist. Wesentlich hierfür ist das Pigment (Farbkörper) und nicht das Bindemittel oder der Glanzgrad einer Farbe [28].

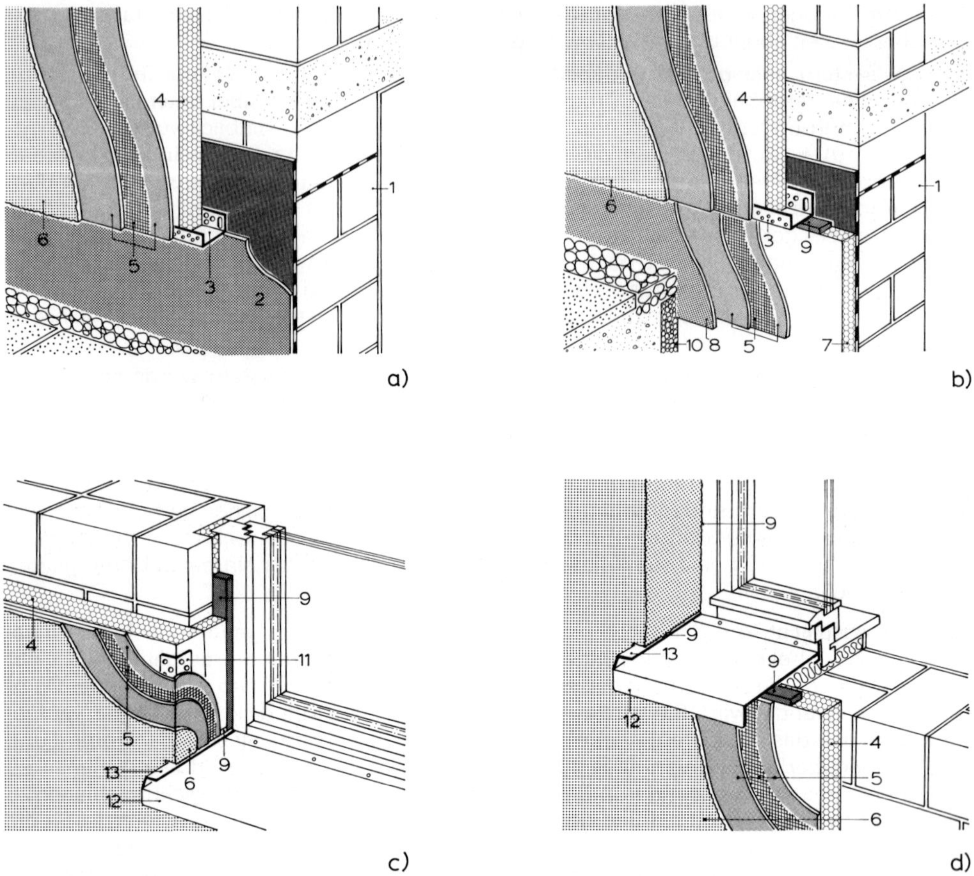

8.34 Konstruktionsbeispiele: Regelanschlüsse und Verlegehinweise für Wärmedämm-Verbundsysteme

a) **Sockelausbildung.** Zur Vermeidung von Wärmebrücken, Fassadendämmung mindestens 30 cm unter UK Kellerdecke führen, jedoch mindestens 30 cm oberhalb Geländeoberfläche enden lassen. Vertikale Abdichtung bis hinter Dämmung hochziehen und an horizontale Dichtung anschließen.

b) **Fassaden-/Kellerwanddämmung.** Kellerwanddämmung (Perimeterdämmung) mindestens 30 cm über Erdreich hochziehen und elastisch/dicht an überstehende Sockelschiene anschließen. Vertikale und horizontale Abdichtung wie zuvor gemäß DIN 18195.

c) **Fenster-/Türleibungen** außenseitig grundsätzlich mitdämmen (Tauwasserbildung!) und Anschlußfuge zwischen Fassadendämmplatte und Fensterrahmen mit Fugendichtband abdichten. Armierungsschicht und Außenputz über das Dichtband ziehen und mit Kellenschnitt vom Rahmen trennen (unsichtbare Ausführung).

d) **Fensterbankanschlüsse.** Metallfensterbänke mit seitlicher Aufkantung (⊏-Profil) und Dehnungspuffer, ausreichendem Fassadenüberstand (etwa 3 cm) und mit Gefälle nach außen anbringen. Alle Anschlußfugen, wie zuvor beschrieben, mit unsichtbarem Fugendichtband elastisch dicht ausbilden.

e) **Rolladenkastenanschlüsse.** Profilschiene auf Höhe des Rolladenkasten-Sturzes anbringen und außenseitig mit Armierungsschicht und Putzlage beschichten (unsichtbare Ausführung). Anschlußfugen an Rolladenschienen, wie bei c) beschrieben, mit unsichtbarem Fugendichtband elastisch ausbilden.

Fortsetzung s. nächste Seite

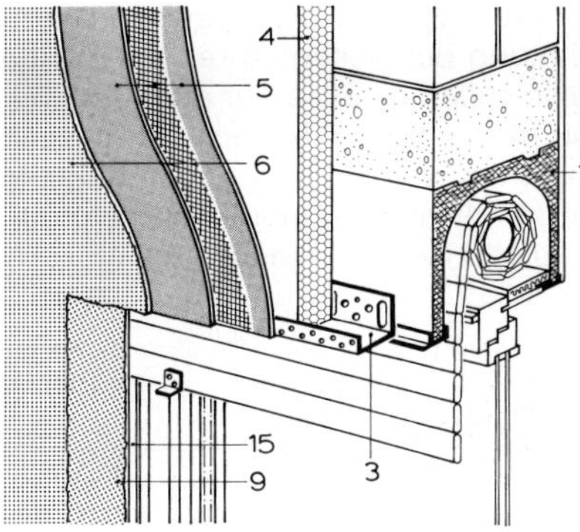

e)

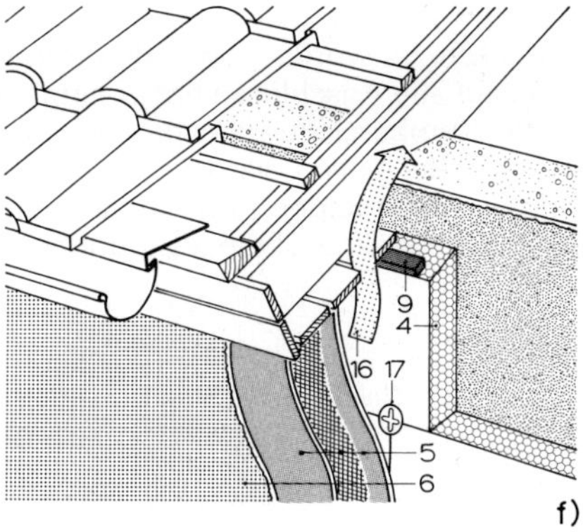

f)

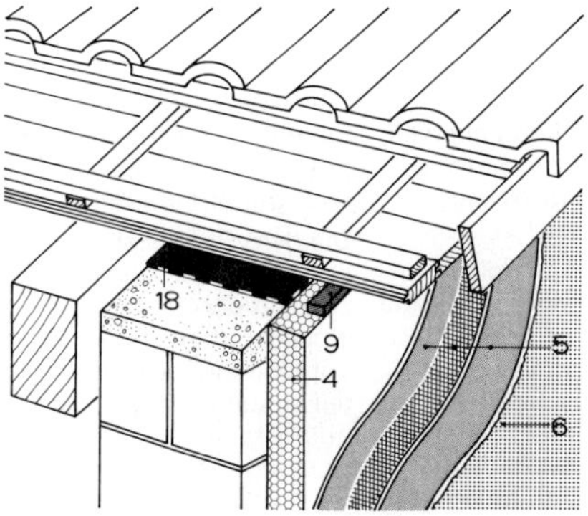

g)

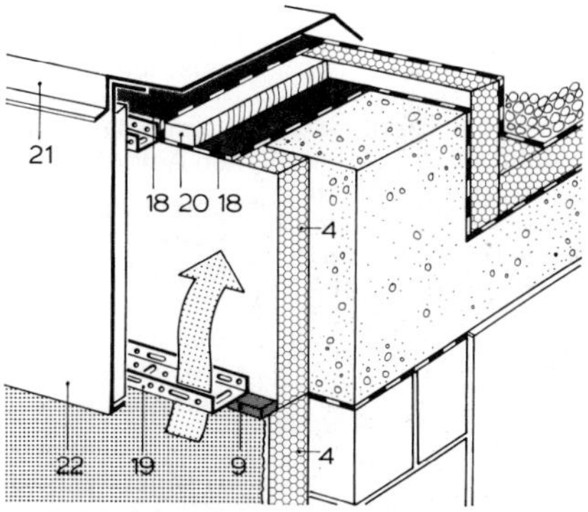

h)

f) bis g) **Steildachanschlüsse** (vereinfachte Darstellung). Dachüberstände – vor allem am Ortgang – niemals zu knapp bemessen. Zuluftöffnungen im Bereich der Traufenverkleidung keinesfalls verschließen und bei ausgebauten Dachgeschossen Fassadendämmung an Dachdämmung lückenlos anschließen. Alle Anschlußfugen, wie unter c) beschrieben, ausbilden.

h) **Flachdachanschlüsse.** Fassadendämmung lückenlos an Dachdämmung anschließen, Attika-Aufkantungen auch innenseitig (zur Dachfläche hin) dämmen und vorgegebene Bewegungsfugen übernehmen (ggf. mit sichtbarem Dehnungsfugenprofil). Zuluftprofile ausreichend bemessen und Metallabdeckungen mit beweglichen Schiebenähten montieren. Für die Dachausbildung selbst sind die „Flachdachrichtlinien" zu beachten.

1 Kellermauerwerk mit horizontaler und vertikaler Abdichtung
2 Sockelputz (Mörtelgruppe P III)
3 Sockelabschlußschiene
4 Fassadendämmplatte
5 Armierungsschicht mit Glasgittergewebe
6 Außenputz
7 Perimeterdämmung
8 Sockelbeschichtung
9 elastisches Fugendichtband
10 Dränplatten mit Schutzvlies
11 Eckschutz
12 Metallfensterbank
13 [-Profil/Dehnungspuffer
14 Rolladenkasten
15 Rolladenschiene
16 Hinterlüftung
17 Spreizdübel
18 Bitumenbahn o. ä.
19 Zuluftprofil
20 Randbohle
21 Abdeckprofil
22 Metallblende o. ä.

Capatect Dämmsysteme GmbH, Ober-Ramstadt

Schon im Planungsstadium ist der Detailausbildung große Aufmerksamkeit zu schenken. Es würde jedoch den Rahmen dieser Abhandlung bei weitem sprengen, wollte man auf alle Anschlüsse näher eingehen. An dieser Stelle sollen deshalb nur einige wichtige Problembereiche angesprochen und mit **Bild 8.34 a bis h** einige Detaillösungen vorgestellt werden. Bei diesen Bildbeispielen wurden die an das Dämmsystem angrenzenden Bauteile und Schichtenfolgen – im Hinblick auf eine bessere Übersichtlichkeit – bewußt nur schematisch dargestellt. Auf die weiterführende Literatur [29], [30], [31] wird hingewiesen.

Tabelle **8**.35 Nachweis der Standsicherheit von Wärmedämm-Verbundsystemen [26]

1	2	3	4
Gebäude mit Höhen < 8 m	**Gebäude mit Höhen > 8 bis 20 m**		**Gebäude mit Höhen > 20 m**
Ohne Nachweis	***Variante 1*** **Vereinfachter Nachweis ohne rechnerischen Nachweis**	***Variante 2*** **Rechnerischer Nachweis**	**Rechnerischer Nachweis**
Für Gebäude mit Höhen < 8 m bzw. Wohngebäude bis zu 2 Vollgeschossen sind keine Nachweise für die Standsicherheit des WDVS vorzulegen.	Werden die vorgegebenen Anforderungen[1]) an • Verankerungsgrund • Kleber • Mineralfaser-Dämmstoff • Dübel • Bewehrungs-Gewebe • Putzsystem erfüllt, braucht kein rechnerischer Nachweis geführt zu werden. Die Erfüllung der Anforderungen an das Putzsystem ist durch Gutachten zu belegen[2]).	Alternativ **kann** auch ein rechnerischer Standsicherheitsnachweis geführt werden. Die dem Standsicherheitsnachweis zugrunde zu legenden Materialeigenschaften sowie die vorgeschriebenen Bauteilversuche sind durch gutachterliche Äußerung zu belegen[2]).	Es **muß** ein rechnerischer Standsicherheitsnachweis geführt werden. Die dem Standsicherheitsnachweis zugrunde zu legenden Materialeigenschaften sowie die vorgeschriebenen Bauteilversuche sind durch gutachterliche Äußerung zu belegen[2]).
Je nach Erfordernis Verdübelung gemäß Ausschreibung bzw. Herstellerangabe.	Ab Sockelkante sind je m^2 Wandfläche mind. 4 Dübel (durch das Gewebe) bzw. 5 Dübel (unter dem Gewebe) anzuordnen. Im Randbereich sind 8 bzw. 12 Dübel zu verwenden.	Unabhängig von den Materialeigenschaften und dem rechnerischen Ergebnis des Standsicherheitsnachweises darf die Mindestanzahl von 4 Dübeln/m^2 (durch das Gewebe gedübelt) bzw. 5 Dübel (unter dem Gewebe gedübelt) nicht unterschritten werden. Die erforderliche Dübelanzahl im Randbereich richtet sich nach dem Ergebnis des Standsicherheitsnachweises.	

[1]) Für den vereinfachten Nachweis an Gebäuden mit Höhen < 20 m gibt die DIfBt-Regelung [26] spezielle Parameter vor, die auf der Basis wissenschaftlicher Untersuchungen festgelegt wurden.

[2]) Für entsprechende Gutachten und Untersuchungen sind autorisiert:
- Universität Dortmund, Institut für Beton- und Stahlbetonbau
- Technische Universität Berlin, Institut für Baukonstruktion und Festigkeit.

Hinweis: Für WDVS mit Hartschaum-Dämmstoffen nach DIN 18164-1 und Eigenlasten **bis** 0,1 kN/m^2 darf auf die zusätzliche Befestigung mit Dübeln verzichtet werden, wenn eine Haftfestigkeit des Systems am Untergrund von mindestens 0,1 N/m^2 (auch im durchfeuchteten Zustand) nachgewiesen wird.

Für WDVS, die **nur** mit Dübeln oder durch Schienen befestigt sind, d. h. ohne Verklebung mit dem Verankerungsgrund, gelten die vorgenannten Regelungen nicht, da hierfür bisher keine ausreichenden allgemeingültigen Erkenntnisse vorliegen.

Standsicherheit. Das Deutsche Institut für Bautechnik in Berlin (DIfBt) hat mit Wirkung vom 2. August 1990 neue Regelungen zum Nachweis der Standsicherheit von WDV-Systemen erlassen (Tabelle **8.**35). Diese neue Regelung (Mitteilungsblatt 4/1990) gilt

a) zum Nachweis der Standsicherheit von Wärmedämm-Verbundsystemen mit Mineralfaser-Dämmstoffen und mineralischem Putz und sinngemäß auch für

b) Wärmedämm-Verbundsysteme mit Hartschaum-Dämmplatten nach DIN 18164-1 und Eigenlasten (Dämmstoff und Putzbeschichtung) **über** 0,1 kN/m^2.

Brandschutz. Zusammengehörige und geprüfte WDV-Systeme mit Hartschaumplatten sind als schwerentflammbare Baustoffe (Baustoffklasse B 1) zu klassifizieren, Systeme mit Mineralfaserplatten und mineralischem Putz als nichtbrennbarer Baustoff (Baustoffklasse A). Als amtlicher Nachweis für diese Eigenschaft muß ein gültiges Prüfzeugnis des Deutschen Instituts für Bautechnik in Berlin vorliegen.

Ihr jeweiliger Einsatz im Fassadenbereich richtet sich nach der Gebäudehöhe. Für Außenwandverkleidungen bei Gebäuden mit geringer Höhe (max. 7 m Traufhöhe) gelten keine Vorschriften. Bei Gebäuden bis zur Hochhausgrenze (max. 22 m) muß die Oberfläche mindestens in Baustoffklasse B 1/schwerentflammbar, bei Gebäuden über Hochhausgrenze und mit „besonderer Art und Nutzung" (Krankenhäuser, Altenheime usw.) in Baustoffklasse A/nichtbrennbar ausgeführt werden. Weitere Einzelheiten sind [27] zu entnehmen.

8.12 Normen

Norm	Ausgabe-Datum	Titel
DIN 105-1	8.89	Mauerziegel; Vollziegel und Hochlochziegel
DIN 105-2	8.89	–; Leichthochlochziegel
DIN 1045	7.88	Beton und Stahlbeton; Bemessung und Ausführung
DIN 1053-1	11.96	Mauerwerk; Berechnung und Ausführung
DIN 1053-2	11.96	–; Mauerwerksfestigkeitsklassen aufgrund von Eignungsprüfungen
DIN 1053-3	2.90	–; Bewehrtes Mauerwerk; Berechnung und Ausführung
DIN 1060-1	3.95	Baukalk; Definitionen, Anforderungen, Überwachung
DIN 1101	11.89	Holzwolle-Leichtbauplatten und Mehrschicht-Leichtbauplatten als Dämmstoffe für das Bauwesen; Anforderungen, Prüfung
DIN 1102	11.89	Holzwolle-Leichtbauplatten und Mehrschicht-Leichtbauplatten nach DIN 1101 als Dämmstoffe für das Bauwesen; Verwendung, Verarbeitung
DIN 1164-1	10.94	Zement; Zusammensetzung, Anforderungen
DIN 1164-2	11.96	–; Übereinstimmungsnachweis (Güteüberwachung)
DIN 1168-1	1.86	Baugipse; Begriffe, Sorten und Verwendung; Lieferung und Kennzeichnung
DIN 1168-2	5.98	–; Anforderungen, Prüfung, Überwachung
DIN 1960	12.92	VOB Verdingungsordnung für Bauleistungen; Teil A: Allgemeine Bestimmungen für die Vergabe von Bauleistungen
DIN 1961	6.96	–; Teil B: Allgemeine Vertragsbedingungen für die Ausführung von Bauleistungen
DIN 4102-1	5.98	Brandverhalten von Baustoffen und Bauteilen; Baustoffe; Begriffe, Anforderungen und Prüfungen
DIN 4102-2	9.77	–; Bauteile; Begriffe, Anforderungen und Prüfungen

Fortsetzung s. nächste Seite

Normen, Fortsetzung

Norm	Ausgabe-datum	Titel
DIN 4102-3	9.77	–; Brandwände und nichttragende Außenwände; Begriffe, Anforderungen und Prüfungen
DIN 4102-4	3.93	–; Zusammenstellung und Anwendung klassifizierter Baustoffe, Bauteile und Sonderbauteile
DIN 4108 Bbl 1	4.82	Wärmeschutz im Hochbau; Inhaltsverzeichnisse; Stichwortverzeichnis
DIN 4108-1	8.81	–; Größen und Einheiten
DIN 4108-2	8.81	–; Wärmedämmung und Wärmespeicherung; Anforderungen und Hinweise für Planung und Ausführung
E DIN 4108-2	11.95	–; –; (Teil 2)
DIN 4108-3	8.81	–; klimabedingter Feuchteschutz; Anforderungen und Hinweise für die Planung und Ausführung
E DIN 4108-3/A1	11.95	–; –; (Teil 3); Änderung
DIN 4108-4	11.91	–; Wärme- und feuchteschutztechnische Kennwerte
E DIN 4108-4	11.95	–; (Teil 4)
DIN 4108-5	8.81	–; Berechnungsverfahren
DIN 4109	11.89	Schallschutz im Hochbau; Anforderungen und Nachweise
DIN 4109 Bbl 1	11.89	–; Ausführungsbeispiele und Rechenverfahren
DIN 4109 Bbl 2	11.89	–; Hinweise für Planung und Ausführung; Vorschläge für einen erhöhten Schallschutz; Empfehlungen für den Schallschutz im eigenen Wohn- und Arbeitsbereich
DIN 4121	7.78	Hängende Drahtputzdecken; Putzdecken mit Metallputzträgern, Rabitzdecken; Anforderungen für die Ausführung
DIN 4208	4.97	Anhydritbinder
DIN 4211	3.95	Putz- und Mauerbinder, Anforderungen, Überwachung
DIN 4226-1	4.83	Zuschlag für Beton; Zuschlag mit dichtem Gefüge; Begriffe, Bezeichnung und Anforderungen
DIN 4226-2	4.83	–; Zuschlag mit porigem Gefüge (Leichtzuschlag); Begriffe, Bezeichnung und Anforderungen
DIN 18041	10.68	Hörsamkeit in kleinen bis mittelgroßen Räumen
DIN 18163	6.78	Wandbauplatten aus Gips; Eigenschaften, Anforderungen, Prüfung
DIN 18164-1	8.92	Schaumkunststoffe als Dämmstoffe für das Bauwesen; Dämmstoffe für die Wärmedämmung
DIN 18165-1	7.91	Faserdämmstoffe für das Bauwesen; Dämmstoffe für die Wärmedämmung
DIN 18168-1	10.81	Leichte Deckenbekleidungen und Unterdecken; Anforderungen für die Ausführung
DIN 18168-2	12.84	–; Nachweis der Tragfähigkeit von Unterkonstruktionen und Abhängern aus Metall
DIN 18180	9.89	Gipskartonplatten; Arten, Anforderungen, Prüfung
DIN 18181	9.90	Gipskartonplatten im Hochbau; Grundlagen für die Verarbeitung
DIN 18182-1	1.87	Zubehör für die Verarbeitung von Gipskartonplatten; Profile aus Stahlblech
DIN 18184	6.91	Gipskarton-Verbundplatten mit Polystyrol- oder Polyurethan-Hartschaum als Dämmstoff
DIN 18195-1	8.83	Bauwerksabdichtungen; Allgemeines; Begriffe
DIN 18201	4.97	Toleranzen im Bauwesen; Begriffe, Grundsätze, Anwendung, Prüfung
DIN 18202	4.97	Toleranzen im Hochbau; Bauwerke
DIN 18350	12.92	VOB Verdingungsordnung für Bauleistungen; Teil C: Allgemeine Technische Vertragsbedingungen für Bauleistungen (ATV); Putz- und Stuckarbeiten
DIN 18363	6.96	–; –; Maler- und Lackierarbeiten

Normen, Fortsetzung

Norm	Ausgabe-datum	Titel
DIN 18366	12.92	–; –; Tapezierarbeiten
DIN 18550-1	1.85	Putz; Begriffe und Anforderungen
DIN 18550-2	1.85	–; Putze aus Mörteln mit mineralischen Bindemitteln; Ausführung
DIN 18550-3	3.91	–; Wärmedämm-Putzsysteme aus Mörteln mit mineralischen Bindemitteln und expandiertem Polystyrol (EPS) als Zuschlag
DIN 18550-4	8.93	–; Leichtputze, Ausführung
DIN 18557	11.97	Werkmörtel; Herstellung, Überwachung und Lieferung
DIN 18558	1.85	Kunstharzputze; Begriffe, Anforderungen, Ausführung
DIN V 18559	12.88	Wärmedämm-Verbundsysteme; Begriffe, Allgemeine Angaben
DIN 51043	8.79	Traß; Anforderungen, Prüfung
DIN 53778-1	8.83	Kunststoffdispersionsfarben für Innen; Mindestanforderungen
DIN 53778-2	8.83	–; Beurteilung der Reinigungsfähigkeit und der Wasch- und Scheuerbeständigkeit von Anstrichen
DIN 55945	9.96	Lacke und Anstrichstoffe – Fachausdrücke und Definitionen für Beschichtungsstoffe – Weitere Begriffe zu den Normen der DIN EN 971
DIN 55945 Bbl 1	9.96	–; Hinweise und Begriffe in anderen Normen
DIN 68800-1	5.74	Holzschutz im Hochbau; Allgemeines
DIN EN 233	8.91	Wandbekleidungen in Rollen; Festlegungen für fertige Papier-, Vinyl- und Kunststoffwandbekleidungen
DIN EN 234	2.97	–; Festlegungen für Wandbekleidungen für nachträgliche Behandlung
DIN EN 235	10.89	–; Begriffe und Symbole
DIN V ENV 459-1	3.95	Baukalk; Definitionen, Anforderungen und Konformitätskriterien
DIN EN 459-2	3.95	Baukalk, Prüfverfahren

8.13 Literatur

[1] Härig, S., Günther, K., Klausen, D.: Technologie der Baustoffe. 12. Aufl., Karlsruhe 1994

[2] Volkart, K.: Bauen mit Gips. Von Baugipsen und Gipsbauelementen und deren Verwendung. Hrsg.: Bundesverband der Gips- und Gipsbauplattenindustrie, Darmstadt. 11. Aufl. 1986

[3] Böhm, H., Künzel, H.: Kann ein Spritzbewurf Risse verhindern? Der Stukkateur **11** (1989)

[4] Außenputz auf Holzwolle-Leichtbauplatten und Mehrschicht-Leichtbauplatten. Hrsg.: Bundesverband der Leichtbauplattenindustrie, München

[5] Innenputz auf Holzwolle-Leichtbauplatten und Mehrschicht-Leichtbauplatten. Hrsg.: Bundesverband der Leichtbauplattenindustrie, München

[6] Künzel, H.: Regenschutz von Außenwänden. Der Stukkateur **5** (1985)

[7] Künzel, H.: Wasserabweisende Putz/Anstrich-Systeme. Der Stukkateur **6** (1986)

[8] Merkblatt über die bauphysikalischen und technischen Anforderungen an Sanierputze. Wissenschaftlich-Technischer Arbeitskreis für Denkmalpflege und Bauwerksanierung (WTA), Baierbrunn (1985)

[9] Weber, H.: Mauerfeuchtigkeit und Mauerwerksanierung. Teil 5: Salzsanierung, Putzsanierung, Sanierputze, Anstriche. Bausubstanz **5** (1988)

[10] Meier, H. G.: Lexikon der Bauwerkerhaltung – Putzinstandsetzung. Folge 1 bis 5. Bausubstanz **8** (1990) bis **1** (1991)

[11] Außenputze. Eine Informationsreihe des Bundesarbeitskreises Altbauerneuerung e.V., Bonn, und der Zeitschrift Althaus-Modernisierung. Hrsg.: Fachzeitschriften-Verlag, Fellbach

[12] Merkblatt: Außenputz auf Leichtziegel, Außenputz nach DIN 18550-1 und 18550-2. Hrsg.: Hauptgemeinschaft der Deutschen Werkmörtelindustrie, Köln u. a. Ausgabe Dezember 1988

[13] Informationsbroschüren „Edelputz". Hrsg.: Fachgruppe Edelputz im Bundesverband der Deutschen Mörtelindustrie, Duisburg

[14] Technische Information: Verarbeitung einlagiger Gipsputze

[15] Merkblatt: Putzen auf Beton (Hinweise für Gipsputze auf Beton). Hrsg.: [8] und [9]: Bundesverband der Gips- und Gipsbauplattenindustrie, Darmstadt

[16] Pieper, K.: Kunstharzputze. Bundesbaublatt **2** (1985)

[17] Bader, H.-P.: Kunstharzputz und Mineralputz im Vergleich. Deutsches Architektenblatt (DAB) **1** (1985)

[18] Kunstharzputz – baubiologisch untersucht. Fachgemeinschaft Kunstharzputze e.V. Die Mappe **10** (1988)

[19] Jungwelter, N.: Schall- und Brandschutz von Unterdecken. Das Bauzentrum **5** (1980)

[20] Gertis, K.: Wärmedämmung innen oder außen? Deutsche Bauzeitschrift (DBZ) **5** (1987)

[21] Künzel, H.: Richtiges Heizen und Lüften in Wohnungen. Zeitschrift für Wärmeschutz, Kälteschutz, Schallschutz, Brandschutz (wksb) **22** (1987)

[22] Oswald, R.: Nachträglicher Wärmeschutz von Außenwänden. Deutsches Architektenblatt (DAB) **10** (1984)

[23] Oswald, R.: Sanierungsmaßnahmen bei Außenwänden und Fenstern. Deutsches Architektenblatt (DAB) **6** (1987)

[24] Zimmermann, G.: Harte Schaumkunststoffe im Bauwesen. Deutsches Architektenblatt (DAB) **2** (1987)

[25] Arndt, H.: Normen zum Wärmeschutz im Hochbau. Was steht im Standardkomplex „Bautechnischer Wärmeschutz" TGL 35424 der ehemaligen DDR im Vergleich zur DIN 4108 und zur Wärmeschutzverordnung? Hrsg.: Capatect Dämmsysteme GmbH, Ober-Ramstadt (1991)

[26] Nachweis der Standsicherheit von Wärmedämm-Verbundsystemen. Fachverband Fassaden-Vollwärmeschutz e.V., Köln (1990)

[27] Pätzold, H.-P.: Brandschutz und baurechtliche Zulassung bei Wärmedämm-Verbundsystemen. Capatect Dämmsysteme GmbH, Ober-Ramstadt. **3** (1988)

[28] Engelmann, M.: Wie können wärmegedämmte Fassaden problemlos farbig gestaltet werden? Capatect Dämmsysteme GmbH, Ober-Ramstadt. **8** (1987)

[29] Die Technik der Wärmedämmung (Architektenmappe). Capatect Dämmsysteme GmbH, Ober-Ramstadt (1991)

[30] STO – Wärmedämm-Verbundsysteme. Systembeschreibung, Verarbeitung, Ausschreibung. STO AG, Stühlingen (1988)

[31] HECK-Außenwand-Dämmung (Fachinformation). Dämmsystem Heck GmbH, Fußgönheim (1991)

9 Beschichtungen (Anstriche) und Wandbekleidungen (Tapeten) auf Putzgrund

9.1 Beschichtungen: Allgemeine Grundbegriffe

Beschichtungen – früher Anstriche genannt – werden auf Außen- und Innenputzen zum Zwecke der Sachwerterhaltung (Schutzfunktion), aus Gründen der Hygiene (Verminderung der Verschmutzung, Erleichterung der Reinigung) sowie aus gestalterischen Gründen (Farbgebung) aufgebracht.

Anstrich ist eine aus Anstrichstoffen hergestellte Beschichtung auf einem Untergrund, auf dem er nach dem Trocknen haftet. Er kann aus einer oder mehreren Schichten bestehen.

Anstrichstoff ist ein flüssiger bis pastenförmiger Beschichtungsstoff, der vorwiegend durch Streichen, Rollen oder Spritzen aufgetragen wird. Anstrichstoffe ergeben im allgemeinen nach physikalischer Trocknung oder chemischer Reaktion einen festen Anstrich, auch Beschichtung genannt.

Beschichtung ist der Oberbegriff (Sammelbegriff) und die neue Bezeichnung für eine aus Beschichtungsstoffen hergestellte Schicht auf einem Untergrund. Auch mehrere in sich zusammenhängende Schichten werden Beschichtung genannt. Mehrschichtige Beschichtungen bezeichnet man als Beschichtungssystem.

Beschichtungsstoff

Farbige Beschichtungsstoffe, auch Beschichtungsmittel genannt, bestehen im einzelnen aus:

- **Farbmitteln,** die der Farbgebung dienen. Nach ihren Eigenschaften wird zwischen löslichen Farbstoffen (z. B. Holzbeizen, Druckfarben) – die im Bauwesen von untergeordneter Bedeutung sind – und unlöslichen **Pigmenten** organischer oder anorganischer Herkunft unterschieden (z. B. natürliche Pigmente aus aufbereiteten Erden oder synthetische Pigmente). Für Beschichtungsstoffe am Bau werden unslösliche Pigmente verwendet. Sie werden durch Bindemittel miteinander und mit dem Untergrund verbunden und haben deckende Wirkung. Je nach ihrem Verwendungszweck müssen sie licht-, kalk- und zementecht sowie wetter- und UV-beständig sein.
- **Bindemitteln,** die der nichtflüchtige Anteil eines Beschichtungsstoffes sind (ohne Pigment und Füllstoff). Das Bindemittel verbindet die Pigmentteilchen untereinander und mit dem Untergrund und bestimmt somit weitgehend die Haltbarkeit der Beschichtung. Man unterscheidet wasserverdünnbare Bindemittel (z. B. Kalk, Zement, Wasserglas, Dispersionen) und lösungsmittelverdünnbare Bindemittel (z. B. Lacke, Leinöl-Firnis).
- **Verdünnungsmitteln,** die zur Verbesserung der Verarbeitbarkeit zugesetzt werden und nach dem Beschichtungsauftrag wieder verflüchtigen, sowie **Füllstoffen** (z. B. Kreide), die den Beschichtungsstoffen unter Umständen zur Strukturgebung beigemengt werden.

Beschichtungsaufbau

Ein Beschichtungssystem kann je nach Lage und Beschaffenheit der zu streichenden Putzfläche, den an sie gestellten Anforderungen und gestalterischen Absichten sehr unterschiedlich aufgebaut sein. Zu beachten ist auch, daß allen Anstricharbeiten immer eine äußerst sorgfältige Untergrundprüfung bzw. Untergrundvorbehandlung vorausgehen muß. Im einzelnen unterscheidet man:

— **Grundbeschichtung** (Grundierung), die aus einer oder mehreren Schicht(en) bestehen kann und einmal zur Haftverbesserung zwischen Untergrund und nachfolgenden Beschichtungen, zum anderen zur Untergrundverfestigung sowie Verminderung der Saugfähigkeit des Untergrundes dient. Hierbei können auch Spezialgrundierungen (Tiefengrund) notwendig werden. Zwischen Grund- und Deckanstrich eines Beschichtungssystems kann je nach Bedarf eine bzw. mehrere **Zwischenbeschichtung(en)** liegen (evtl. mit Gewebeeinbettung zur Rißüberbrückung).

— **Deckbeschichtung** (Schlußanstrich), die aus einer oder mehreren Schicht(en) besteht und insgesamt mit den Stoffen der darunterliegenden Anstrichschichten abgestimmt sein muß. Sie übernimmt den Schutz der unter ihr liegenden Schichten und gibt dem Beschichtungssystem die geforderten Oberflächeneigenschaften. Zu beachten ist jedoch, daß der Begriff „Deckanstrich" nichts über das Deckvermögen des Anstriches (z. B. Verdecken von Farbunterschieden o. ä.) aussagt. Weitere Einzelheiten sind DIN 55945, Beschichtungsstoffe, zu entnehmen.

Abnutzungsbeanspruchung (Beständigkeit)

Beschichtungen auf mineralischem Untergrund sind nach der geforderten Beanspruchung auszuführen. Nach DIN 18363, Maler- und Lackierarbeiten, unterscheidet man:

— **Wischbeständigkeit.** Sie ist die Eigenschaft einer Beschichtung, bei leichtem, trockenem Reiben nicht abzufärben. Da sie grundsätzlich von allen Beschichtungen zu erbringen ist, wird diese Grundforderung in der vorgenannten Norm nicht mehr besonders angeführt.

— **Waschbeständigkeit.** Sie weist eine Beschichtung auf, wenn sie mit Schwamm und Wasser unter Zusatz eines neutralen Feinwaschmittels gewaschen werden kann, ohne daß sich das Reinigungswasser färbt.

— **Scheuerbeständigkeit.** Sie weist eine Beschichtung auf, wenn sie mit einer Bürste und Wasser unter Zusatz eines neutralen Feinwaschmittels gescheuert werden kann, ohne daß die Beschichtung beschädigt wird oder das Reinigungswasser sich färbt.

Hinweis: Kunststoffdispersionsfarben für Innen sind in DIN 53778-1 genormt. Danach dürfen für Innenbeschichtungen nur Dispersionsfarben der Güteklasse W „waschbeständig" oder der Güteklasse S „scheuerbeständig" verwendet werden. Die Güteklasse „wischbeständig" wurde in diese Norm nicht mehr aufgenommen. Diese Eigenschaft wird grundsätzlich von allen Beschichtungen gefordert. An Glanzgradstufen werden genannt: Hochglänzend (HG), glänzend (G), seidenglänzend (SG), seidenmatt (SM) sowie matt (M).

— **Wetterbeständigkeit.** Sie weist eine Beschichtung auf, wenn sie unter normalen Witterungseinflüssen (Temperatur- und Feuchtigkeitsschwankungen) noch nach 2 Jahren in zweckentsprechendem Zustand ist.

Die Entwicklung auf dem Gebiet der Beschichtungsstoffe während der letzten Jahrzehnte führte zu einem nahezu unüberschaubaren Angebot an Anstrichstoffen, Lacken und ähnlichen Produkten mit den unterschiedlichsten Eigenschaften, Auftragstechniken, Oberflächenstrukturen usw. Immer neue Produkte für ganz spezifische Einsatzgebiete kommen auf den Markt und erfordern eine sehr differenzierte Auswahl, die letztlich nur noch in enger Zusammenarbeit mit den Fachberatern getroffen werden kann. Diese Beratungsdienste sollten rechtzeitig in Anspruch genommen werden, damit unkorrigierbare Fehlentscheidungen vermieden werden. Firmenneutrale Merkblätter bzw. Technische Richtlinien der Berufsverbände können dabei eine wertvolle Hilfe sein. Vgl. hierzu [4] bis [5]. Alle wichtigen anstrichtechnischen Begriffe über Beschichtungsstoffe sind in DIN 55945 festgelegt. Bei der Abfassung von Leistungsverzeichnissen sollte man sich dieser Begriffe bedienen, um Mißverständnisse von vornherein auszuschließen. Angaben über Werkstoffe, Ausführung und Abrechnung von Maler- und Lackierarbeiten sind VOB Teil C, DIN 18363 zu entnehmen. Auf die weiterführende Spezialliteratur [1], [2] wird hingewiesen. Eine Zusammenstellung über mögliche gesundheitliche Gefahren, die von Baustoffen ausgehen können, enthält [3].

9.2 Besondere Merkmale einiger Beschichtungsstoffe

Deckende Beschichtungssysteme für Außen- und Innenputze

— **Leimfarbe** ist ein Beschichtungsstoff mit Leim als wasserlöslichem Bindemittel, der seine Löslichkeit in Wasser nach dem Trocknen nicht verliert. Die nur wischbeständige Innenbeschichtung bleibt empfindlich gegen Nässe und Feuchtigkeit und kann durch Abwaschen entfernt werden. Alte Leimfarbenanstriche sind kein geeigneter Untergrund für Tapeten oder weitere Beschichtungen. Die heute kaum mehr gebräuchliche Leimfarbentechnik ist weitgehend von den Dispersionsfarbenbeschichtungen verdrängt worden.

— **Kalkfarbe** ist eine wässerige Aufschlämmung von gelöschtem Kalk, der zugleich Bindemittel und Pigment darstellt. Kalkfarbenanstriche – innen und außen einsetzbar – erhärten durch Aufnahme von Kohlendioxid (Karbonaterhärtung s. Abschn. 8.3.1) und sind besonders geeignet für kalk- und zementhaltige Putzflächen (Hinweis: Fresko-Maltechnik auf feuchtem Kalkputz). Ungeeignet sind alle Untergründe, die bereits einmal mit Öl-, Lack-, Dispersionsfarben o. ä. gestrichen wurden sowie stark gipshaltige Putze. Kalkfarbenanstriche sind preiswert, wasserdampfdurchlässig und je nach Zusätzen wischbeständig bzw. wetterbeständig. Sie kommen heute nur noch in Sonderfällen (landwirtschaftliche Bauten, historische Putzfassaden) zur Anwendung, da sie sich unter Einwirkung von saurer Atmosphäre (Industrieabgase) zersetzen.

— **Kalk-Weißzementfarbe** besteht aus Weißzement und Kalkfarbe und erhärtet vorwiegend hydraulisch. Daher sind Kalk-Weißzementfarben gegenüber schwefeliger Säure aus dem Regenwasser weniger empfindlich als Kalkfarben, jedoch genauso wasserdampfdurchlässig. Zusätze, wie Kunststoffdispersionen in geringen Mengen, verbessern die Bindefähigkeit und Verarbeitbarkeit. Der Effekt des „Schlämmanstriches" wird durch Feinsandzuschläge erzielt. Kalk-Weißzementanstriche kommen noch in untergeordneten Bereichen zur Anwendung. Besonders geeignet sind mineralische Untergründe, jedoch keinesfalls gipshaltige Putze.

— **Silikatfarbe (zweikomponentig)** besteht aus kieselsäurereichem Wasserglas (flüssiges Bindemittel auch als „Fixativ" bezeichnet) und wasserglasbeständigen Pigmenten zur Farbgebung. Die Erhärtung erfolg physikalisch (Verdunstung des Wassers) und chemisch (kristalline Versteinerung). Diese sogenannte Verkieselung bewirkt eine widerstandsfähige Verbindung der Pigmente untereinander und eine vorzügliche Verankerung mit dem Untergrund. Silikatfarbenbeschichtungen können auf alle mineralischen Untergründe (Kalk- und Zementputz, Ziegelmauerwerk, Naturstein, Beton) aufgebracht werden. Ungeeignet sind gipshaltige Putze und Flächen mit alten organischen Beschichtungen. Silikatfarbenanstriche sind licht-, säure- und wetterbeständig, geeignet für Außen- und Innenbeschichtungen. Des weiteren zeichnen sie sich durch hohe Wasserdampf- und Gasdurchlässigkeit aus, so daß sie auch auf kalkreiche Putze aufgetragen werden können. Da sie auf Grund ihrer kristallinen Versteinerung auch gegen Einwirkung saurer Atmosphäre (Industrieabgase) beständig sind und ein relativ günstiges Anschmutzverhalten aufweisen, gewinnen sie für den Schutz historischer Fassaden (Denkmalschutz) immer größere Bedeutung. Mit der Verarbeitung sollten jedoch nur erfahrene Firmen beauftragt und die Beratungsdienste der Herstellerfirmen rechtzeitig in Anspruch genommen werden.

Die jeweiligen Verarbeitungsrichtlinien sind unbedingt einzuhalten. Verschmutzte Untergründe und alte mineralische Anstriche werden mit einer Ätzflüssigkeit (1:5 mit Wasser verdünnt) und harter Bürste gründlich gereinigt und mit reinem Wasser nachgewaschen. Öl-, Latex- und Dispersionsfarben sind restlos zu entfernen. Bei stark saugenden Untergründen ist eine Grundbeschichtung auf Wasserglasbasis erforderlich. Bereits einige Stunden vor der Verarbeitung soll das Farbpulver (Pigment) mit dem kristallklaren Bindemittel (Fixativ) genau nach Herstellervorschrift gemischt werden (Einsumpfzeit). Bei stark saugendem Untergrund wird der ersten Beschichtung entsprechend mehr Fixativ (keinesfalls Wasser) zugegeben und zügig mit der Bürste – naß in naß – aufgetragen. Die zweite Beschichtung erfolgt meist unverdünnt. Zwischen jeder Beschichtung müssen 12 Stunden Trockenzeit liegen, um eine ausreichende Erhärtung und Verkieselung zu erreichen. Die hohe Wasseraufnahmefähigkeit der Silikatfarbe wird meist durch eine nachfolgende Hydrophobierung (wasserabweisende farblose Imprägnierung) gemindert.

— **Dispersions-Silikatfarbe (einkomponentig)** – früher Silikat-Organfarbe genannt – ist eine Weiterentwicklung der zuvor beschriebenen reinen Silikatfarbe. Durch Zusatz von bis zu 5% Dispersionsbindemittel kann sie in streichfertigem Zustand geliefert werden, ohne dadurch ihre typisch mineralischen Eigenschaften zu verlieren. Dazu gehören neben einer hohen Wasserdampfdurchlässigkeit auch die vorgenannte Verkieselung mit dem mineralischen Untergrund. Eine Art „Filmbildung", wie sie bei kunstharzgebundenen Beschichtungen vorgegeben ist, findet nicht statt. Sie läßt sich auch wesentlich problemloser als die reinen Silikatfarben verarbeiten. Mischungsfehler und Schäden infolge unsachgemäßer Verarbeitung – wie sie bei den mehrkomponentig aufgebauten reinen Silikatfarben unter Umständen auftreten können – sind weitgehend ausgeschlossen. Eine leichte Kreidung ist allerdings im Laufe der Jahre möglich. Hochwertigen Dispersions-Silikatfarben werden bereits werkseitig Hydrophobierungsmittel zugesetzt, um einen verbesserten Feuchteschutz (Regenschutz) zu bewirken. Dadurch wird die vorgegebene Oberflächenstruktur des Untergrundes, z. B. bei historischen Gebäuden, jedoch nicht verändert.

— **Dispersionsfarbe** (Kunststoffdispersionsfarbe) – auch Kunststofflatexfarbe genannt – besteht aus einem Dispersionsbindemittel gemäß DIN 55947 (in Wasser dispergierte/fein verteilte Polymerisatharze), Pigmenten und Füllstoffen. Während das Wasser verdunstet bzw. vom Untergrund aufgenommen wird, verfließen die Kunstharzteilchen ineinander und verschweißen schließlich langsam miteinander, so daß eine geschlossene (mikroporöse), weitgehend wasserundurchlässige Beschichtung entsteht, die jedoch ausreichend wasserdampfdurchlässig ist. Da sich diese „filmartige" Beschichtung mit Wasser nicht wieder auflösen läßt, sind für die Entfernung dieser Anstriche spezielle Abbeizmittel erforderlich. Durch Zugabe unterschiedlicher Arten/Mengen von Bindemitteln bzw. Füllstoffen lassen sich Dispersionsfarbenbeschichtungen mit ganz verschiedenen Eigenschaften und Oberflächenstrukturen herstellen. So ergeben sich gut deckende, wetterbeständige Außenbeschichtungen – vgl. auch Kunstharzputze – sowie wasch- und scheuerbeständige Innenbeschichtungen für Decken und Wandflächen gemäß DIN 53778. Sie haften auf fast allen festen und tragfähigen Untergründen wie Putz, allen Arten von Beton, Sichtmauerwerk, Gipskartonplatten, Rauhfasertapeten usw., lassen sich einfach verarbeiten, sind farbig beliebig abtönbar (klare, kräftige Farbtöne) und sehr wirtschaftlich. Zu beachten ist, daß durch zu niedrige Temperaturen (untere Grenze + 5 °C) und/oder zu hohe relative Luftfeuchtigkeit die Trocknung bzw. Filmbildung um Wochen verzögert oder ganz verhindert werden kann (Folge: nicht waschbeständige Beschichtungen). Die Wartezeit bis zur Anstrichausführung auf Neuputzen der Mörtelgruppe P II und P III beträgt mindestens 3 Wochen. Putze der Mörtelgruppe P I (Luftkalkmörtel) dürfen mit Dispersionsfarben nicht beschichtet werden. Auf die in Abschn. 9.3 angesprochenen Zusammenhänge von Wasserdampfdurchlässigkeit und kapillarer Wasseraufnahme wird verwiesen.

— **Polymerisatharzfarben** trocknen durch Verdunstung des Lösungsmittels. Während die Dispersionsfarben auf wäßriger Basis aufgebaut sind, stellen die Polymerisatharzfarben lösungsmittelhaltige Systeme dar, wobei heute vor allem Beschichtungen auf **Acrylatbasis** eingesetzt werden. Sie zeichnen sich durch leichte Verarbeitbarkeit, sehr rasche Trocknung, gute Alterungsbeständigkeit, Lichtbeständigkeit und ausreichende Wasserdampfdurchlässigkeit aus. Diese kann durch Zugabe von Siloxanen noch erhöht werden. Polymerisatharzfarbenbeschichtungen sind vor allem für mineralische Untergründe geeignet.

Weitere Beschichtungssysteme bleiben im Rahmen dieser Abhandlung unberücksichtigt. Auf die weiterführende Spezialliteratur [1], [2] wird verwiesen.

Farblose Beschichtungssysteme für Außenputze

Imprägnierungsmittel (Hydrophobierungsmittel) werden für den farblosen Fassadenschutz verwendet. Sie dienen dazu, mehr oder weniger stark saugende mineralische Wandbaustoffe (Kalksandsteine, Ziegelmauerwerk, alle Arten von Beton, Natursteine, Mineralputze) wasserabweisend auszurüsten, ohne ihre Wasserdampfdurchlässigkeit nennenswert zu mindern. Durch das Imprägnieren sind die häufig auftretenden Folgeschäden stetiger Fassadendurchfeuchtung weitgehend vermeidbar (z. B. Verfärbungen und Verschmutzungen, Salzausblühungen, Pilz- und Moosbefall, Frostschäden, Schäden durch saure Atmosphäre usw.). Außerdem behalten imprägnierte Bauteile ihre ursprüngliche Wärmedämmfähigkeit. Ein Imprägniermittel muß unter anderem alkali- und UV-beständig sein, klebfrei auftrocknen und möglichst tief in den Wandbaustoff eindringen. Dabei werden die oberflächennahen Poren mit einer hauchdünnen Schicht ausgekleidet, die jedoch äußerlich nicht zu erkennen ist. Das Imprägnierungsmittel besteht im Regelfall aus dem eigentlichen Wirkstoff (z. B. Silikonharz) und einem Lösungsmittel (z. B. Alkohol). Es werden hauptsächlich verwendet:

- Silane (löslich in Alkohol)
- Silikonharze (löslich in organischen Lösungsmitteln)
- Siloxane (löslich in Alkoholen und Kohlenwasserstoffen) u. a. m.

a) **Silanimprägnierungen** weisen ein sehr hohes Eindringvermögen auf. Außerdem kann man sie auf noch feuchten Untergründen verarbeiten. Sie sind jedoch relativ teuer.

b) **Silikonharzimprägnierungen** lassen sich problemlos auf allen saugfähigen Untergründen verarbeiten, wobei diese möglichst trocken sein sollten. Sie weisen geringere Eindringtiefe auf, ergeben jedoch einen wirksameren Oberflächenschutz als die Silane und sind preisgünstiger.

c) **Siloxanimprägnierungen** weisen ein gutes Eindringvermögen auf, können auf feuchtem Untergrund eingesetzt werden und sind relativ preiswert.

Die Verarbeitung der sehr unterschiedlichen Imprägnierungsmittel wird von der Art des Baustoffes bestimmt. Üblicherweise werden sie mit Sprüh- und Flutgeräten bis zur völligen Sättigung des Untergrundes aufgebracht. Vor jeder Imprägnierung hat eine gründliche Reinigung der Fassade zu erfolgen. Bei sachgemäßer Ausführung der Imprägnierung ist mit einer Wirkungsdauer von bis zu 10 (15) Jahren zu rechnen. Weiterentwicklungen sind zu erwarten. Hinzuweisen ist noch, daß Imprägnierungsmittel keine Dichtungsmittel sind und sie daher auch nicht zur Imprägnierung/Abdichtung von Flächen, die unter Wasserdruck stehen, verwendet werden können.

9.3 Beschichtungen (Anstriche) auf mineralischen Außenputzen

Außenputz und das jeweilige Beschichtungssystem sind immer aufeinander abzustimmen. Der Putz ist einerseits auf die nachfolgende Oberflächenbehandlung einzustellen, andererseits darf die Beschichtung das materialbedingte Verhalten der Putzlagen nicht nachteilig beeinflussen. Somit bestimmen Putzart und Beschaffenheit des Untergrundes, ebenso wie der jeweilige Beschichtungsstoff bzw. Anstrichtechnik, Wirkung und Haltbarkeit des Beschichtungssystems.

Bauphysikalische Anforderungen

Anforderungen bezüglich des klimabedingten Feuchteschutzes sind in DIN 4108-3 festgelegt. Im Zusammenhang mit den Fassadenbeschichtungen sind dies vor allem:

- Erhaltung einer möglichst hohen Wasserdampfdurchlässigkeit
- Begrenzung der kapillaren Wasseraufnahme (Regenschutz).

Die Tauwasserbildung im Inneren von Bauteilen ist abhängig vom Temperaturverlauf in der Wand und vom Wasserdampfdiffusionswiderstand der einzelnen Baustoffschichten. Die wesentlichen Kenngrößen sind in Abschn. 15.5.6, in Teil 1 dieses Werkes beschrieben. Durch das Aufbringen von Beschichtungen auf eine Außenwand können sich die Verhältnisse im Inneren des Bauteiles bezüglich Tauwasserbildung ändern. Wie in Abschn. 8.7.5 bereits erläutert, darf vor allem im Grenzbereich zwischen Beschichtung und Untergrund kein Tauwasser anfallen. Der Einfluß der Beschichtung ist vernachlässigbar, wenn ihre diffusionsäquivalente Luftschichtdicke $s_d \leq 2$ m beträgt. Während diese Forderung bei Neubauten kaum Probleme aufwirft, können bei der Renovierung von Altbauten – insbesondere wenn bereits früher relativ dichte Fassadenbeschichtungen aufgetragen wurden – Berechnungen des Diffusionswiderstandes der verschiedenen Wandschichten notwendig werden (Glaserdiagramm). An dieser Stelle wird nochmals darauf hingewiesen, daß beim Beschichten von reinen Kalkputzen (Mörtelgruppe P I) auch immer eine ausreichende Kohlendioxiddurchlässigkeit gegeben sein muß.

Bei Beregnung der Fassade kann Wasser durch kapillaren Transport in Außenbauteile eindringen. Maßnahmen zur Begrenzung der Wasseraufnahme – wie beispielsweise hinterlüftete Außenwandbekleidungen sowie wasserabweisende oder wasserhemmende Außenputze – sind in DIN 4108-3 angeführt. Die wesentlichen Kenngrößen sind in Abschn. 15.5.6, Teil 1 dieses Werkes, beschrieben. Fassadenbeschichtungen können die Wasseraufnahme ebenfalls wirksam mindern, dabei darf die Wasserabgabe während der Trocknungsperiode jedoch nicht nachteilig beeinträchtigt werden. Wie in Abschn. 8.7.5, Schlagregenschutz, bereits erwähnt, sind Beschichtungssysteme in DIN 4108-3 zur Erzielung eines entsprechenden Regenschutzes nicht aufgeführt, da Fassadenbeschichtungen nicht genormt sind. Vertreter der Mörtel- und Bindemittelindustrie haben deshalb in einer Richtlinie [6] vereinbart, daß ein **wasserabweisendes Putz/Beschichtungs-System** aus einem wasserhemmenden Putz und einer wasserabweisenden Beschichtung gebildet wird.

Die kapillare Wasseraufnahme bzw. Wasserdampfdurchlässigkeit beeinflußt den Feuchtehaushalt einer Außenwand maßgeblich. Dabei spielt die Größe und Verteilung der Poren (Porenstruktur) eine wichtige Rolle. Vergleicht man die Wirkungsweise der mineralischen Beschichtungen mit denen der kunstharzgebundenen Beschichtungsmittel, so stellt man fest, daß mineralische Beschichtungen aus Kalk, Weißzement und Wasserglas (Silikatfarbe) die größeren Poren des Putzes „verstopfen" und so die kapillare Wasseraufnahme in gewünschtem Maße herabsetzen, ohne die Wasserdampfdurchlässigkeit des Putzes zu beeinträchtigen: Eine rasche Feuchtigkeitsabgabe ist nach wie vor möglich. Die kunstharzgebundenen Beschichtungen aus Dispersionen u. ä. bieten demgegenüber einen wesentlich besseren Wetterschutz, da sie beispielsweise gegen anfallenden Schlagregen nahezu dicht sind. Entsprechend niedriger ist jedoch ihre Wasserdampfdurchlässigkeit. Bei diesen Anstrichen bzw. Kunstharzbeschichtungen kann die in die Wand eingedrungene Feuchtigkeit nur noch wesentlich verlangsamt nach außen entweichen. Eine ausreichend hohe Wasserdampfdurchlässigkeit ($s_d \leq 2$ m) ist daher in jedem Fall zu fordern.

Putz als Beschichtungsuntergrund

Seit jeher gilt die wichtige Malerregel: Jede Beschichtung ist nur so gut, wie ihr Untergrund dies zuläßt. Die einwandfreie Beschaffenheit des Untergrundes ist daher eine unerläßliche Voraussetzung für die Haltbarkeit der Beschichtung.

Außenputze auf mineralischer Basis müssen DIN 18550-1 und -2 entsprechen. Sie können ein- oder mehrlagig mit unterschiedlicher Oberflächenstruktur aufgebracht sein. Neben den allgemeinen Anforderungen, die jede Putzart erfüllen soll, müssen Außenputze vor allem den in Abschn. 8.7.5 angeführten zusätzlichen Anforderungen genügen. Danach sollen sie witterungsbeständig, ausreichend fest und tragfähig sein. um Beschichtungen aufnehmen zu können. Vgl. hierzu Tabelle **8**.6, Zeilen 25 bis 29. Die jeweiligen Putzmörtelgruppen mit den entsprechenden Mindestdruckfestigkeiten sind Tabelle **9**.1 zu entnehmen. Außerdem muß der Außenputz richtig aufgebaut sein, so daß die Festigkeit der einzelnen Lagen nach außen hin abnimmt (Festigkeitsgefälle). Bei Neuputzen muß bereits aus der Leistungsbeschreibung erkennbar sein, welche nachfolgende Oberflächenbehandlung vorgesehen ist.

Tabelle **9**.1 Putzmörtelgruppen nach DIN 18550-1 mit der jeweils geforderten Mindestdruckfestigkeit [4]

Putzmörtelgruppe nach DIN 18550				Mindest-druckfestigkeit
P Ia P Ib	Luftkalk- und Wasserkalkmörtel		Anwendung auf Außen- und Innenflächen	keine Anforderungen
P Ic	Hydraulischer Kalkmörtel			1,0 N/mm²
P IIa P IIb	Hochhydraulischer Kalkmörtel Kalk-Zementmörtel			2,5 N/mm²
P IIIa P IIIb	Zementmörtel mit Zusatz von Kalkhydrat Zementmörtel			10,0 N/mm²
P IVa P IVb P IVc	Gipsmörtel Gipssandmörtel Gipskalkmörtel	nur für feuchtigkeitsgeschützte Außenflächen	Anwendung nur für feuchtigkeitsgeschützte Außenflächen	2,0 N/mm²
P IVd	Kalkgipsmörtel	nur für feuchtigkeitsgeschützte Außenflächen		keine Anforderungen

Oberflächenbehandlung

Die Auswahl der Werkstoffe richtet sich nach den erwarteten Beanspruchungen, der Beschaffenheit des zu beschichtenden Untergrundes und nach gestalterischen Gesichtspunkten. Die Beschichtungen sind entsprechend VOB Teil C, DIN 18363, Maler- und Lackierarbeiten, auszuführen. Die jeweilige Eignung der Beschichtungsstoffe auf verschiedenen Putzuntergründen ist Tabelle **9**.2 zu entnehmen. Für den Beschichtungsaufbau sind die Angaben der Hersteller zu beachten.

Wie Tabelle **9**.2 verdeutlicht, sind Putze der Mörtelgruppe P I gemäß den Zeilen 1 bis 4.1 nur als Träger für vorwiegend mineralische Beschichtungsstoffe geeignet. Bei Beschichtungen mit kunstharzgebundenen Beschichtungsstoffen entsprechend den Zeilen 4.2 bis 10 muß der Putz der Mörtelgruppe P II oder P III entsprechen. Danach sind Putze der *Mörtelgruppe P I für diese Beschichtungsstoffe nicht geeignet*. Zu beachten ist auch, daß kalk- oder zementhaltige Putze in Verbindung mit Feuchtigkeit immer alkalisch reagieren. Eine nachhaltige Neutralisation ist nicht möglich. Die ausgewählten Beschichtungsstoffe müssen daher alkalibeständig sein. Weitere Einzelheiten sind der Spezialliteratur [4] zu entnehmen.

Wie in Abschn. 8.3.1 bereits erwähnt, erhärten Luftkalkmörtel überwiegend dadurch, daß sie langsam – von außen nach innen – Kohlendioxid aus der Luft aufnehmen und dabei der gelöschte Kalk wieder in Calciumcarbonat (Kalkstein) umgewandelt wird. Der Verlauf dieser Reaktion ist abhängig vom Feuchtigkeitsgehalt des Mörtels und vom Eindringvermögen des Kohlendioxids in die Mörtelporen. Diese Umkristallisation kann dann nicht – oder nur sehr verlangsamt – stattfinden, wenn eine dichte, filmbildende Beschichtung vorgenannter Art aufgebracht und so das Kohlendioxid bzw. Regenwasser vom Putz ferngehalten wird (Dauer des Abbindeprozesses 1 bis 2 Jahre). Die Folge davon sind mürbe Mörtel mit geringer Festigkeit. Kunstharzgebundene Beschichtungen erfordern daher als Anstrichuntergrund einen Putz aus hydraulisch erhärtendem Mörtel (Mörtelgruppe P II oder P III), der auch bei Luftabschluß die notwendige Festigkeit erreicht. Putze der Mörtelgruppe P I sind vor allem an alten Bauwerken (historischen Gebäuden) anzutreffen.

Tabelle 9.2 Eignung der Beschichtungsstoffe auf verschiedenen Außenputzen [4]

Zeile	Beschichtungsstoffe	Mörtelgruppen nach DIN 18550					
		P Ia/b	P Ic	P IIa/b	P III	P IVa/c nur für feuchtigkeits-geschützte Außenflächen	P IVd nur für feuchtigkeits-geschützte Außenflächen
1	Silikatfarben	+	+	+	+	–	+
2	Dispersions-Silikatfarben	+	+	+	+	+	+
3	Silicon-Emulsionsfarben	+	+	+	+	+	+
4	Strukturbeschichtungen[1])						
4.1	Silikat-, Silicon-Emulsionsbasis	+	+	+	+	+	+
4.2	Weißzementbasis	–	+	+	+	–	–
5	Dispersionsfarben, wetterbeständig	–	–	+	+	+	–
6	Gefüllte Dispersionsfarben, wetterbeständig	–	–	+	+	+	–
7	Kunstharzputze nach DIN 18558	–	–	+	+	+	–
8	Dispersionslackfarben	–	–	+	+	+	–
9	Polymerisatharz-Lackfarben	–	–	+	+	+	–
10	Kunstharzlackfarben und Reaktionslackfarben	–	–	+	+	+	–

+ geeignet – ungeeignet

1) Beschichtungen mit putzartigem Aussehen auf Basis von Silikaten, Silicon-Emulsionen oder Weißzement mit Kunststoffdispersionen vergütet

9.4 Beschichtungen (Anstriche) auf mineralischen Innenputzen

Putz als Beschichtungsuntergrund

Innenputze auf mineralischer Basis müssen ebenfalls DIN 18550-1 und -2 entsprechen. Sie können ein- oder mehrlagig mit unterschiedlicher Oberflächenstruktur aufgebracht sein. Neben den allgemeinen Anforderungen, die jede Putzart erfüllen soll, müssen Innenputze vor allem den in Abschn. 8.7.6 angeführten zusätzlichen Anforderungen genügen. Danach sollen sie ausreichend fest und tragfähig sein, um Beschichtungen oder auch Tapeten (s. Abschn. 9.5) aufnehmen zu können. Auch auf ihre Feuchtigkeitsbeständigkeit und das Festigkeitsgefälle der einzelnen Putzlagen ist zu achten (Tab. 8.8). Bei mineralischen Innenputzen, an die übliche Anforderungen als Träger von **Beschichtungen** und **Tapeten** gestellt werden, müssen die Mörtel eine Mindestdruckfestigkeit von 1,0 N/mm² aufweisen. Siehe hierzu Tabelle 9.3. Demnach sind Putze der Mörtelgruppe P Ia, P Ib und P IVd für kunstharzgebundene Beschichtungen oder Tapezierungen nicht geeignet. Auch bei der Ausführung von Innenputzen (Neuputzen) muß bereits in der Leistungsbeschreibung erkennbar sein, welche nachfolgende Oberflächenbehandlung vorgesehen ist.

Tabelle **9**.3 Putzmörtelgruppen nach DIN 18550-1 mit der jeweils geforderten Mindestdruckfestigkeit und Beanspruchung als Innenputz [5]

Mörtelgruppe nach DIN 18550		Beanspruchung	Mindestdruckfestigkeit
P Ia P Ib	Luftkalk- und Wasserkalkmörtel	nur für geringe Beanspruchung	keine Anforderungen
P Ic	Hydraulischer Kalkmörtel	übliche Beanspruchung	1,0 N/mm²
P IIa P IIb	Hydraulischer Kalkmörtel und Kalk-Zementmörtel	höhere mechanische Beanspruchung, Putze in Naß- und Feuchträumen	2,5 N/mm²
P III a P III b	Zementmörtel mit Zusatz von Kalkhydrat und Zementmörtel	hohe mechanische Beanspruchung, Putze in Naß- und Feuchträumen	10,0 N/mm²
P IVa P IVb P IVc	Gipsmörtel[1)] Gipssandmörtel[1)] Gipskalkmörtel[1)]	für übliche Beanspruchung	2,0 N/mm²
P IVd	Kalkgipsmörtel[1)]	nur für geringe Beanspruchung	keine Anforderungen
P Va P Vb	Anhydritmörtel[1)] Anhydritkalkmörtel[1)]	für übliche Beanspruchung	2,0 N/mm²

[1)] nur für feuchtigkeitsgeschützte Außendecken

Die Eignung bzw. Beschaffenheit des Beschichtungsuntergrundes ist vor Beginn der Malerarbeiten zu überprüfen. Der Putz muß zum Zeitpunkt der vorgesehenen Oberflächenbehandlung tragfähig (fest) und ausreichend trocken sein. Im allgemeinen ist eine Standzeit von mindestens vier Wochen erforderlich. Der Zeitraum ist auch von den klimatischen Verhältnissen im Bau, von der Putzart und Putzdicke und von der vorgesehenen Oberflächenbehandlung abhängig. Die Putzoberfläche muß saugfähig und frei von Schmutz sowie losen bzw. schlecht haftenden Teilen sein. Sie darf keine Kalksinterschichten, abblätternde Altanstriche, Bindemittelanreicherungen, Ausblühungen o.ä., sowie keine die Haft beeinträchtigenden Rückstände von Putzzusätzen aufweisen. Sind Risse vorhanden, so sind entsprechende Maßnahmen (z.B. Armierungsspachtelung) vorzusehen. Die Putzoberfläche muß außerdem fluchtgerecht und frei von störenden Unebenheiten sein. Die entsprechenden Ebenheitstoleranzen sind Tabelle **10**.2, Teil 1 dieses Werkes, zu entnehmen.

Oberflächenbehandlung

Die Auswahl der Werkstoffe richtet sich nach den erwarteten Beanspruchungen, der Beschaffenheit des Beschichtungsuntergrundes und nach gestalterischen Anforderungen. Die Beschichtungen sind entsprechend VOB Teil C, DIN 18363, Maler- und Lackierarbeiten, auszuführen. Die jeweilige Eignung der Beschichtungsstoffe ist Tabelle **9**.4 zu entnehmen. Für den Beschichtungsaufbau sind die Angaben der Hersteller zu beachten. Weitere Einzelheiten s. [5].

Tabelle **9**.4 Eignung der Beschichtungsstoffe auf verschiedenen Innenputzen [5]

Beschichtungsstoffe	Mörtelgruppen nach DIN 18550						
	P I a/b	P I c	P II	P III	P IV a/b/c	P IV d	P V
Kalkfarben	+	+	+	+	–	–	–
Kalk-Weißzementfarben	+	+	+	+	–	–	–
Silikatfarben	+	+	+	+	○	○	○
Dispersions-Silikatfarben	+	+	+	+	○	○	○
Strukturbeschichtungen auf Dispersions-Silikatbasis	+	+	+	+	○	○	○
Leimfarben	+	+	+	+	+	+	+
Dispersionsfarben waschbeständig	–	+	+	+	+	–	+
scheuerbeständig nach DIN 53778	–	+	+	+	+	–	+
Dispersionslackfarben	–	–	+	+	+	–	+
Gefüllte Dispersionsfarben	–	–	+	+	+	–	+
Dispersionsfarben mit Rauhfasereffekt	–	–	+	+	+	–	+
Kunstharzputze nach DIN 18558	–	–	+	+	+	–	+
Dispersions-Plastikfarben	–	–	+	+	+	–	+
Mehrfarben-Effektlackfarben	–	–	+	+	+	–	+
Polymerisatharzlackfarben	–	+	+	+	+	–	+
Alkydharzlackfarben	–	–	–	–	+	–	+
Epoxidharz- und Polyurethanlackfarben	–	–	+	+	+	–	+

+ geeignet
– ungeeignet
○ nur mit geeignetem Grundbeschichtungsstoff nach Herstellerangabe

9.5 Wandbekleidungen (Tapeten) auf mineralischen Innenputzen

Der Oberbegriff „Wandbekleidungen in Rollen" umfaßt alle Arten flexibler Gewebe, die als Bahnen in Rollenform geliefert und an Wänden oder Decken mit einem Kleber vollflächig angebracht werden. In den Normentwürfen DIN EN 233, 234, 235 sowie 259 und 266 sind alle in Frage kommenden Wandbekleidungen in Rollenform (Tapetenarten) einzeln angeführt, die Begriffe für ihre Reinigung und ihr Entfernen vom Untergrund (Tabellen mit kennzeichnenden Symbolen) eingehend erläutert sowie Wandbekleidungen für nachträgliche Behandlung (z. B. Beschichtung mit Anstrichstoffen) beschrieben.

Tapezierarbeiten sind entsprechend VOB Teil C, DIN 18366 auszuführen. Für die Beurteilung des (Tapezier)Untergrundes gelten die gleichen Voraussetzungen wie für die zuvor in Abschn. 9.4 erläuterten Beschichtungen auf mineralischen Innenputzen. Die jeweilige Eignung des Untergrundes für die Art der Tapeten ist Tabelle **9**.5 zu entnehmen. Weitere Einzelheiten siehe [5].

Tabelle 9.5 Eignung der Wandbekleidungen (Tapeten) auf verschiedenen Innenputzen [5]

Wandbekleidungen (Tapeten)	Mörtelgruppen						
	P I a/b	P I c	P II	P III	P IV a/b/c	P IV d	P V
leichte Tapeten	–	+	+	+	+	–	+
schwere Tapeten	–	–	+	+	+	–	+
Spezialtapeten	Nur nach Angabe des Herstellers						
Wandbekleidungen für nachträgliche Behandlung							
Rauhfaser nach DIN 6742 und Beschichtung	–	+	+	+	+	–	+
Glasfasergewebe und Beschichtung	–	–	+	+	+	–	+

9.6 Normen

Norm	Ausgabe-Datum	Titel
DIN 1060-1	3.95	Baukalk; Anforderungen, Definitionen, Überwachung
DIN 1164-1	10.94	Zement; Zusammensetzung, Anforderungen
DIN 1164-2	11.96	Zement; Übereinstimmungsnachweis (Güteüberwachung)
DIN 1168-1	1.86	Baugipse; Begriffe, Sorten und Verwendung; Lieferung und Kennzeichnung
DIN 1168-2	7.75	–; Anforderungen, Prüfung, Überwachung
DIN 4102-1	5.98	Brandverhalten von Baustoffen und Bauteilen; Baustoffe; Begriffe, Anforderungen und Prüfungen
DIN 4102-2	9.77	–; Bauteile; Begriffe, Anforderungen und Prüfungen
DIN 4102-3	9.77	–; Brandwände und nichttragende Außenwände; Begriffe, Anforderungen und Prüfungen
DIN 4102-4	3.93	–; Zusammensetzung und Anwendung klassifizierter Baustoffe, Bauteile und Sonderbauteile
DIN 4108 Bbl 1	4.82	Wärmeschutz im Hochbau; Inhaltsverzeichnisse, Stichwortverzeichnis
DIN 4108-1	8.81	–; Größen und Einheiten
DIN 4108-2	8.81	–; Wärmedämmung und Wärmespeicherung; Anforderungen und Hinweise für Planung und Ausführung
E DIN 4108-2	11.95	–; –; (Teil 2)
DIN 4108-3	8.81	–; Klimabedingter Feuchteschutz, Anforderungen und Hinweise für Planung und Ausführung
E DIN 4108-3/A1	11.95	–; –; (Teil 3)
DIN 4108-4	11.91	–; Wärme- und feuchteschutztechnische Kennwerte
DIN V 4108-4	3.98	–; (Teil 4)
DIN 4108-5	8.81	–; Berechnungsverfahren
DIN 4109	11.89	Schallschutz im Hochbau; Anforderungen und Nachweise
DIN 4109 Bbl 1	11.89	–; Ausführungsbeispiele und Rechenverfahren
DIN 4109 Bbl 2	11.89	–; Hinweise für Planung und Ausführung; Vorschläge für einen erhöhten Schallschutz; Empfehlungen für den Schallschutz im eigenen Wohn- und Arbeitsbereich

Fortsetzung s. nächste Seite

Normen, Fortsetzung

Norm	Ausgabe-datum	Titel
DIN 4208	4.97	Anhydritbinder
DIN 4211	3.95	Putz- und Mauerbinder; Anforderungen, Überwachung
DIN 18164-1	8.92	Schaumkunststoffe als Dämmstoffe für das Bauwesen; Dämmstoffe für die Wärmedämmung
DIN 18165-1	7.91	Faserdämmstoffe für das Bauwesen; Dämmstoffe für die Wärmedämmung
DIN 18168-1	10.81	Leichte Deckenbekleidungen und Unterdecken; Anforderungen für die Ausführung
DIN 18180	9.89	Gipskartonplatten; Arten, Anforderungen, Prüfung
DIN 18181	9.90	Gipskartonplatten im Hochbau; Grundlagen für die Verarbeitung
DIN 18182	1.87	Zubehör für die Verarbeitung von Gipskartonplatten; Profile aus Stahlblech
DIN 18184	6.91	Gipskarton-Verbundplatten mit Polystyrol- oder Polyurethan-Hartschaum als Dämmstoff
DIN 18195-1	8.83	Bauwerksabdichtungen; Allgemeines; Begriffe
DIN 18201	4.97	Toleranzen im Bauwesen; Begriffe, Grundsätze, Anwendung, Prüfung
DIN 18202	4.97	Toleranzen im Hochbau; Bauwerke
DIN 18350	5.98	VOB Verdingungsordnung für Bauleistungen; Teil C: Allgemeine Technische Vertragsbedingungen für Bauleistungen (ATV); Putz- und Stuckarbeiten
DIN 18363	6.96	–; –; Maler- und Lackierarbeiten
DIN 18366	12.92	–; –; Tapezierarbeiten
DIN 18550-1	1.85	Putz; Begriffe und Anforderungen
DIN 18550-2	1.85	–; Putze aus Mörteln mit mineralischen Bindemitteln; Ausführung
DIN 18550-3	3.91	–; Wärmedämm-Putzsysteme aus Mörteln mit mineralischen Bindemitteln und expandiertem Polystyrol (EPS) als Zuschlag
DIN 18550-4	8.93	Leichtputze, Ausführung
DIN 18557	11.97	Werkmörtel; Herstellung, Überwachung und Lieferung
DIN 18558	1.85	Kunstharzputze; Begriffe, Anforderungen, Ausführung
DIN 53778-1	8.83	Kunststoffdispersionsfarben für Innen; Mindestanforderungen
DIN 53778-2	8.83	–; Beurteilung der Reinigungsfähigkeit und der Wasch- und Scheuerbeständigkeit von Anstrichen
DIN 55945	9.96	Lacke und Anstrichstoffe – Fachausdrücke und Definitionen für Beschichtungsstoffe – Weitere Begriffe zu den Normen der Reihe DIN EN 971
DIN 55945 Bbl 1	9.96	–; Hinweise und Begriffe in anderen Normen
DIN EN 233	2.97	Wandbekleidungen in Rollen; Festlegungen für fertige Papier-, Vinyl- und Kunststoffwandbekleidungen
DIN EN 234	2.97	–; Festlegungen für Wandbekleidungen für nachträgliche Behandlung
DIN EN 235	10.89	–; Begriffe und Symbole
DIN EN 259	2.97	–; Festlegungen für hoch beanspruchbare Wandbekleidungen
DIN EN 266	3.92	–; Festlegungen für Textilwandbekleidungen
DIN V ENV 459-1	3.95	Baukalk; Definitionen, Anforderungen und Konformitätskriterien
DIN EN 459-2	3.95	Baukalk; Prüfverfahren
DIN EN 12149	1.98	Wandbekleidungen in Rollen – Bestimmung des Gehalts an bestimmten Schwermetallen und an Formaldehyd sowie an Vinylchlorid-Monomer

9.7 Literatur

[1] Hänig, Günther, Klausen: Technologie der Baustoffe, Eigenschaften und Anwendung. 12. Aufl. Heidelberg 1994

[2] Gatz, K.: Lexikon der Anstrichtechnik. Teil 1, Grundlagen. Teil 2, Anwendung. 6. Aufl. München 1983

[3] Fischer, M.: Gesundheitliche Gefahren von Baustoffen – Erfahrungen und Erkenntnisse. Deutsches Architektenblatt (DAB) **6** (1986)

[4] Merkblatt 9: Beschichtungen auf Außenputzen. Hrsg.: Bundesausschuß Farbe- und Sachwertschutz. Frankfurt/Main (1997)

[5] Merkblatt 10: Beschichtungen, Tapezier- und Klebearbeiten auf Innenputz. Hrsg.: Bundesausschuß Farbe- und Sachwertschutz. Frankfurt/Main (1986)

[6] Künzel, H.: Wasserabweisende Putz/Anstrich-Systeme. Der Stukkateur **5** (1985)

10 Gerüste und Abstützungen

10.1 Gerüste[1])

10.1.1 Allgemeine Bestimmungen

Alle Gerüste erfordern für Entwurf, Berechnung und Ausführung den Einsatz von Fachleuten und Unternehmen, die eine sorgfältige Ausführung gewährleisten.

Während für die betriebssichere Errichtung und den Ausbau von Gerüsten der Gerüstbauunternehmer verantwortlich ist, haftet für die ordnungsgemäße Erhaltung und Benutzung jeder Unternehmer, der die Gerüste benutzt.

Grundsätzlich muß für alle Gerüste, wenn sie nicht in Regelausführung errichtet werden, eine statische Berechnung aufgestellt werden oder eine geprüfte Typberechnung vorliegen. Die dabei zu beachtenden Bestimmungen sind enthalten vor allem in DIN 4420 und 4422.

Nach der Verwendungsart werden unterschieden:

— Arbeitsgerüste und Schutzgerüste (DIN 4420)

— Fahrgerüste (DIN 4422)

— Traggerüste (DIN 4421)

Traggerüste dienen zur Unterstützung von Bauteilen bei der Montage oder während der Bauzeit, solange die vorgesehene Tragfähigkeit noch nicht erreicht ist. Zu den zahlreichen Ausführungsformen sind Absteifungen und Abfangungen zu rechnen (Abschn. 10.2) sowie freistehende Gerüste zur Sicherung einzelner Bauwerksteile während der Ausführungszeit (Abschn. 10.3). Traggerüste als Unterstützungen von Betonschalen bzw. Betonschalungen sind in Abschn. 5.4 in Teil 1 des Werkes behandelt.

Die für Arbeits- und Schutzgerüste zu beachtenden ausführlichen Bestimmungen sowie Festlegungen für Bezeichnungen, Materialien, sicherheitstechnische Anforderungen usw. sind in DIN 4420-1 bis -4 enthalten, die nachfolgend auszugsweise wiedergegeben sind:

Arbeitsgerüste (AG) dienen der Durchführung von Bau- und Montagearbeiten sowie der Lagerung von Material und Werkzeugen.

Schutzgerüste können als Fanggerüste (FG) oder Dachfanggerüste (DG) der Absturzsicherung von Personen dienen oder als Schutzdächer (SD) gegen herabfallende Gegenstände schützen.

Hinsichtlich des Tragsystems werden unterschieden:

— Standgerüste (S)

— Hängegerüste (H)

— Auslegergerüste (A)

— Konsolgerüste (K)

Standortgebundene Gerüste können ausgeführt werden als:

— Stahlrohr-Kupplungsgerüste (SR)

— Leitergerüste (LG)

— Rahmengerüste (RG)

— Modulsysteme (MS)

---

[1]) Europäische Normen in Vorbereitung (s. Abschn. 10.4)

Unterschieden werden ferner Gerüste mit längenorientierten Gerüstlagen (Fassadengerüste u.ä.) sowie Raumgerüste z.B. zur Einrüstung von Innenräumen für Deckenarbeiten. Tagesgerüste werden bei starker Windgefährdung (Windgeschwindigkeiten > 12 m/s) mit besonderer Verankerung errichtet oder so, daß sie ggf. leicht teilweise abgebaut oder in den Windschatten eines vorhandenen standsicheren Bauwerkes verfahren werden können.

Fassadengerüste werden für leichtere Beanspruchungen als Leitergerüste, sonst meistens sehr wirtschaftlich als Systemgerüste erstellt. Stahlrohr-Kupplungsgerüste kommen insbesondere bei komplizierten Gerüstformen oder bei hohen Beanspruchungen zum Einsatz.

Die Bezeichnungen der Einzelteile eines Fassadengerüstes in der Ausführung als Standgerüst zeigt Bild **10**.1.

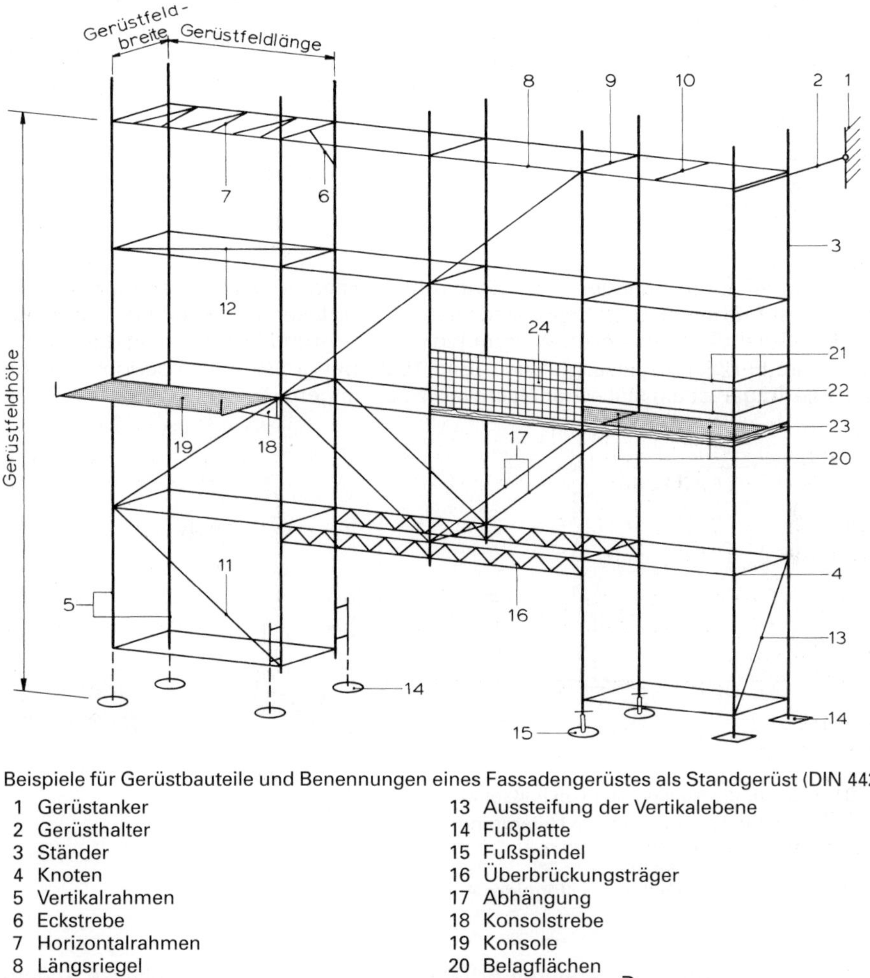

10.1 Beispiele für Gerüstbauteile und Benennungen eines Fassadengerüstes als Standgerüst (DIN 4420-1)

1 Gerüstanker
2 Gerüsthalter
3 Ständer
4 Knoten
5 Vertikalrahmen
6 Eckstrebe
7 Horizontalrahmen
8 Längsriegel
9 Querriegel
10 Zwischenquerriegel
11 Längsverstrebung
12 Aussteifung der Horizontalebene
13 Aussteifung der Vertikalebene
14 Fußplatte
15 Fußspindel
16 Überbrückungsträger
17 Abhängung
18 Konsolstrebe
19 Konsole
20 Belagflächen
21 Geländerholm }
22 Zwischenholm } Seitenschutz
23 Bordbrett }
24 Geflecht }

Tabelle **10**.2 Gerüstgruppen (DIN 4420-1, Tab. 1)

Gerüstgruppe	Mindestbreite der Belagfläche[2]) in m	flächenbezogenes Nutzgewicht in kg/m²	Flächenpressung[3]) in kg/m²
1	0,50[1])	–	–
2	0,60[1])	150	–
3	0,60[1])	200	–
4	0,90	300	500
5	0,90	450	750
6	0,90	600	1000

[1]) Die Bordbrettdicke darf mitgerechnet werden.
[2]) Die freie Durchgangsbreite muß bei Materiallagerung auf der Belagfläche mindestens 0,20 m betragen.
[3]) Flächenpressung ist hier Nutzgewicht durch dessen tatsächliche Grundrißfläche.

Hinsichtlich ihrer Tragfähigkeit werden Arbeits- und Schutzgerüste in 6 Gerüstgruppen eingeteilt (Tab. **10**.2).

Die Bezeichnung eines Gerüstes – z. B. bei der Ausschreibung – soll nach DIN 4420 mit Kurzzeichen den Verwendungszweck, die Gerüstbauart, die Orientierung der Gerüstlagen und die Gerüstgruppe enthalten.

Beispiel Arbeitsgerüst (AG) als Standgerüst (S) mit längenorientierten Gerüstlagen (L), Gerüstgruppe 4:

Gerüst DIN 4420 – AG – SL 4

bzw. für ein entsprechendes Leitergerüst (LG):

Gerüst DIN 4420 – AG – LG – SL 4.

Diese Kennzeichnung und die Angabe des Gerüsterstellers muß an gut sichtbarer Stelle auf einem Schild auch am Gerüst angebracht werden.

Gerüste sind mit ihren Auflagern – bei Stahlrohrgerüsten mit Fußplatten bzw. Fußspindel – vollflächig auf tragfähigen Untergrund oder lastverteilende Unterlagen (z. B. Bohlen, Kanthölzer, Stahlträger) zu stellen. Neigungen im Untergrund bis zu 5° sind durch Keile oder schwenkbare Fußplatten auszugleichen (Bild **10**.3). Bei größeren Neigungen und für lastabtragende Träger ist ein statischer Nachweis zu erbringen.

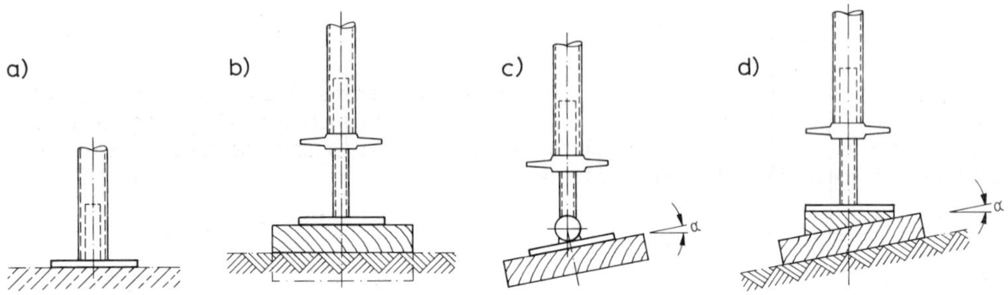

10.3 Beispiele für die Auflagerung von Fußspindel und Fußplatten
a) Auflagerung auf tragfähigem Untergrund
b) Auflagerung auf Bohle, Träger o. ä.
c) schwenkbare Fußspindel ($\alpha < 5°$)
d) Neigungsausgleich durch keilförmiges Auflager ($\alpha < 5°$)

Vor der Benutzung und nach längeren Arbeitsunterbrechungen, konstruktiven Änderungen oder bei sonstigen außergewöhnlichen Einwirkungen sind die Gerüste durch den verantwortlichen Unternehmer anhand einer in DIN 4420-1 gegebenen Checkliste zu überprüfen (Bild **10**.4).

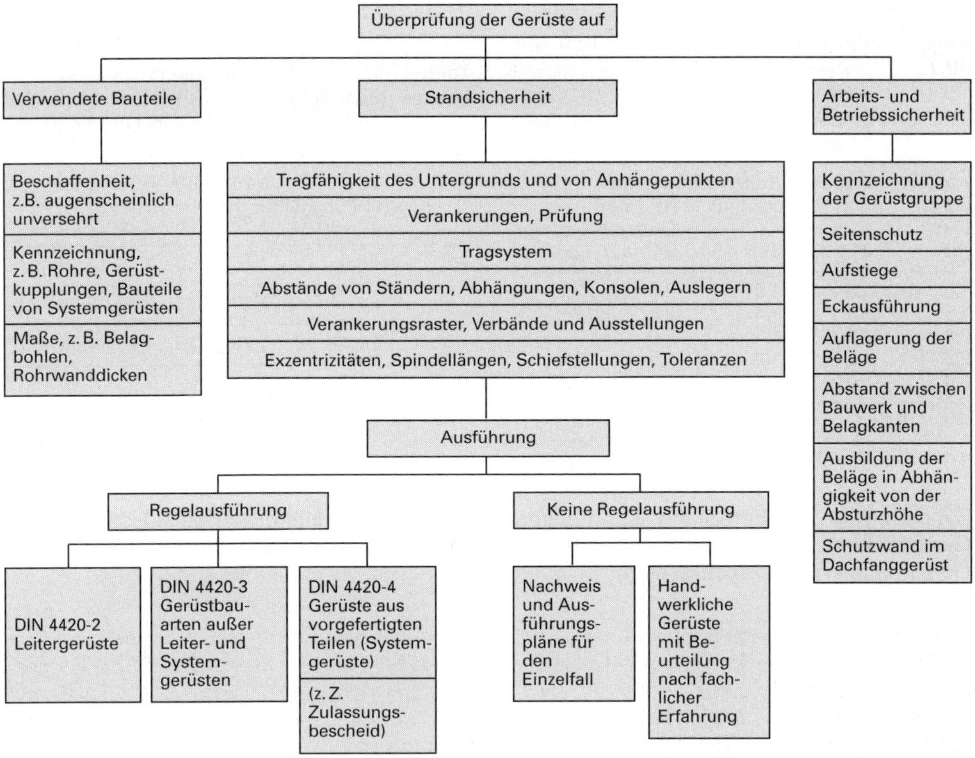

10.4 Prüfung von Arbeits- und Schutzgerüsten

10.1.2 Materialien

Für Gerüstbauteile aus Stahl (nur in korrosionsgeschützter Ausführung nach DIN 4427), Aluminium oder Holz sind in DIN 4420-1 genaue Angaben enthalten. Gerüstbohlen aus Holz müssen mindestens 3 cm dick, vollkantig und dürfen an den Enden nicht aufgerissen sein. Ihre Mindestauflagerung zeigt Bild **10**.5.

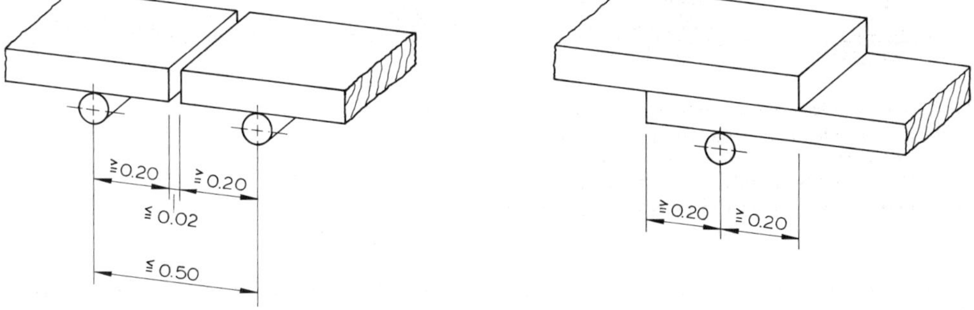

a) gestoßen b) überlappt

10.5 Auflagerung von Gerüstbohlen a) gestoßen, b) überlappt

Zulässige Stützweiten für Gerüstbohlen oder -bretter zeigen die Tabellen **10**.6 und **10**.7.

Tabelle **10**.6 Gerüstbohlen aus Holz als Belagteile von Fanggerüsten

Absturzhöhe *h* in m max.	Zulässige Stützweite in m für Bohlenquerschnitt in cm × cm 24 × 4,5	28 × 4,5	Doppelbelegung 24 × 4,5	28 x 4,5
1,0	1,4	1,5	2,5	2,7
1,5	1,2	1,4	2,2	2,5
2,0	1,2	1,3	2,0	2,2
2,5	1,1	1,2	1,9	2,0
3,0	1,0	1,1	1,8	2,0

Tabelle **10**.7 Zulässige Stützweite in m für Gerüstbeläge aus Holzbohlen/-brettern

Gerüstgruppe	Brett- oder Bohlenbreite in cm	Brett- oder Bohlendicke in cm 3,0	3,5	4,0	4,5	5,0
1, 2, 3	20	1,25	1,50	1,75	2,25	2,50
	24 und 28	1,25	1,75	2,25	2,50	2,75
4	20	1,25	1,50	1,75	2,25	2,50
	24 und 28	1,25	1,75	2,00	2,25	2,50
5	20, 24, 28	1,25	1,25	1,50	1,75	2,00
6	20, 24, 28	1,00	1,25	1,25	1,50	1,75

10.1.3 Bauliche Anforderungen

Bei dem erforderlichen Standsicherheitsnachweis muß eine ausreichende Aussteifung der Gerüste durch Diagonalen, Rahmen usw. (Bild **10**.8) sowie eine Verankerung mit Hilfe von Gerüsthaltern berücksichtigt sein.

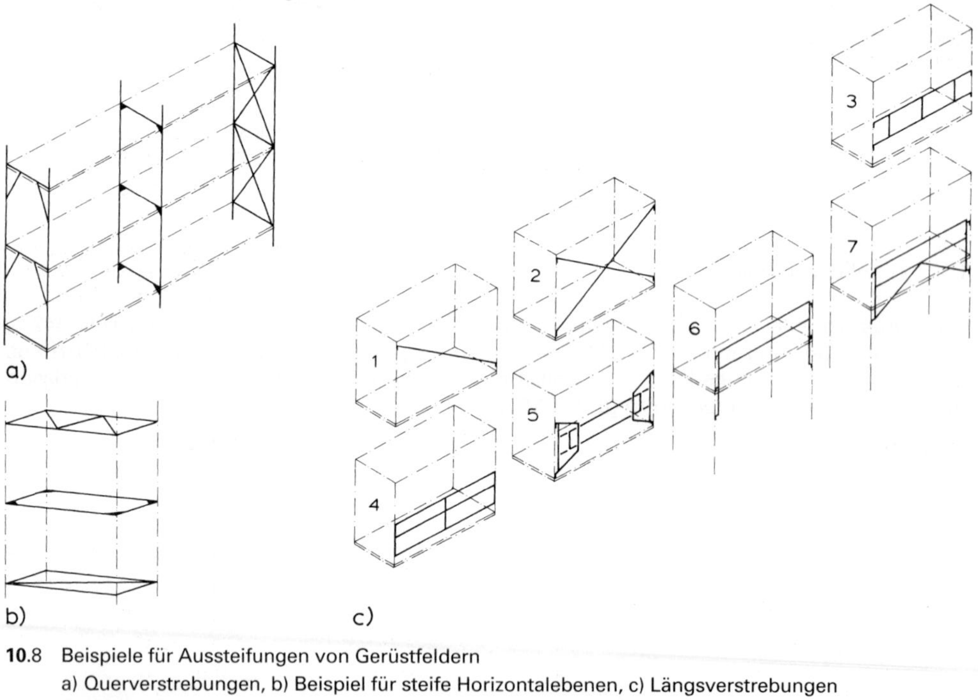

10.8 Beispiele für Aussteifungen von Gerüstfeldern

a) Querverstrebungen, b) Beispiel für steife Horizontalebenen, c) Längsverstrebungen

1 mit Diagonale
2 mit Diagonalen als Andreaskreuz
3 mit Geländerholm und Zwischenholm als Träger
4 Rahmen mit Geländerholm, Zwischenholm und Ständer
5 Rahmen aus drei Teilen als Verstrebungen
6 Überbrückungsrahmen als Seitenschutz auf der zu errichtenden Ebene
7 Überbrückungsrahmen mit Verstrebungen als Seitenschutz auf der zu errichtenden Ebene

Die Arbeitsplätze auf den Gerüsten müssen über Treppen, Leitern oder Laufstege sicher erreichbar sein.

Bei Gerüstlagen mit mehr als 2 m Höhe über sicherem Untergrund muß ein Seitenschutz bestehend aus Geländerholm, Zwischenholm und Bordbrett vorhanden sein (Bild **10**.9).

Alle Teile müssen gegen unbeabsichtigtes Lösen, das Bordbrett auch gegen Kippen gesichert sein.

Der Abstand zwischen Gerüstbelägen und Bauwerk darf nicht größer als 0,30 m sein. Wenn ein Absturz auch in das Gebäude hinein möglich ist, muß der Seitenschutz nach Bild **10**.10 ausgebildet werden.

Besondere Bestimmungen gelten für Dachfang- und Fanggerüste (Bild **10**.11 und **10**.12). Die Höhe der Schutzwand muß mindestens 1,00 m betragen, und sie muß die Absturzkante um mindestens das Maß $1{,}5 - b_1$ überragen (Bild **10**.11).

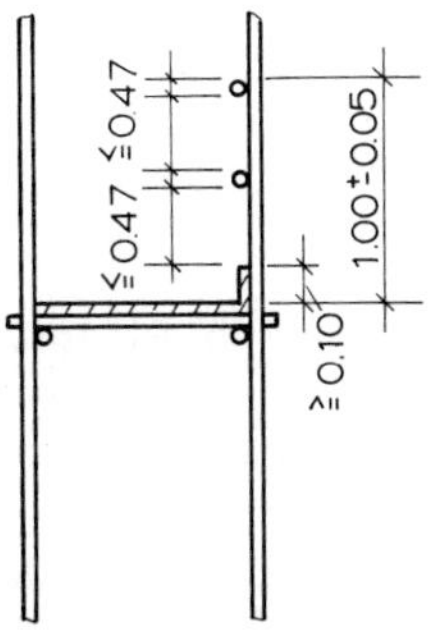

10.9 Seitenschutz bei Arbeits- und Fanggerüsten (DIN 4420)

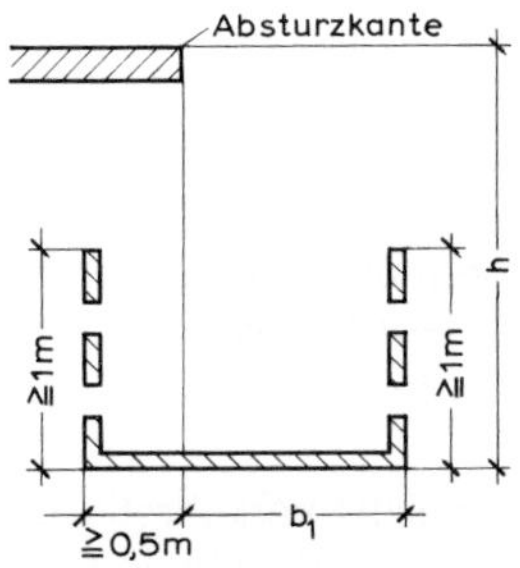

10.10 Schutzgerüst vor offener Fassade o. ä.

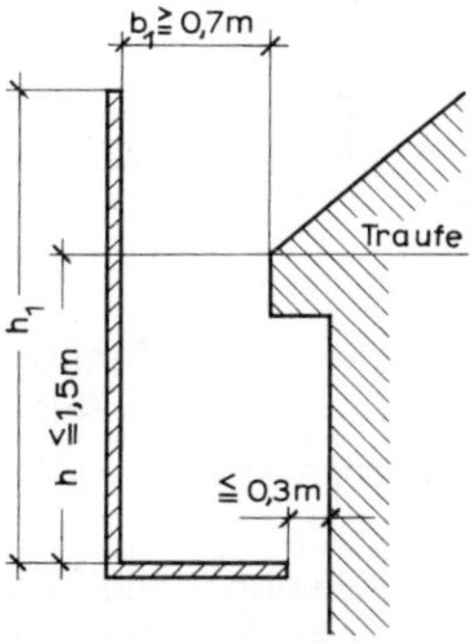

10.11 Dachfanggerüste; lotrechte und waagerechte Begrenzungen (DIN 4420)

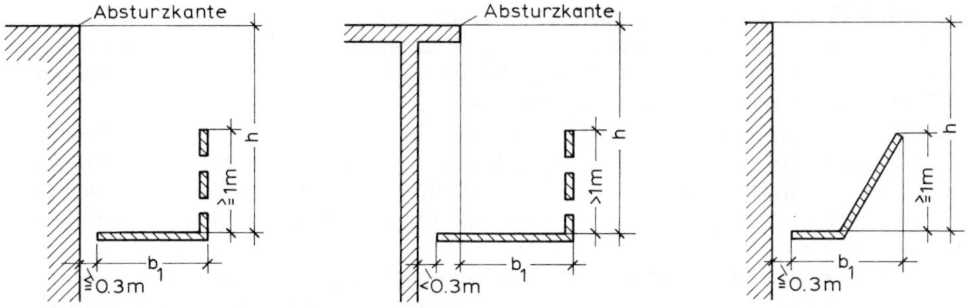

a) b) c)

10.12 Belagbreite und Seitenschutz bei Fanggerüsten (DIN 4420)

a) und b) Schutzgerüste vor senkrechten Wänden

c) Fanggerüst

Die Anforderungen an Schutzdächer sind aus Bild **10**.13 ersichtlich.

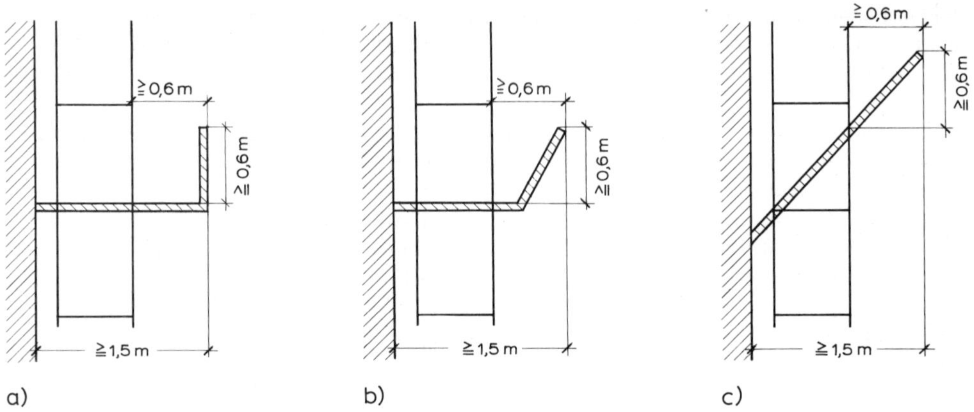

10.13 Abmessungen von Schutzdächern (DIN 4420)
a) und b) Schutzdächer mit Bordwand
c) geneigtes Schutzdach

Bei Dächern mit Traufenhöhen von mehr als 5 m müssen bei Dachneigungen > 45° Absturzsicherungen direkt am Arbeitsplatz angeordnet werden.

Grundsätzlich sind alle Absturzkanten bei Höhen über 2 m durch Absperrungen o. ä. zu sichern.

Besonders, wenn Sicherungen an öffentliche Verkehrsflächen angrenzen, sind ausreichende Freiflächen zu berücksichtigen und durch Beschilderung und Absperrung kenntlich zu machen.

10.1.4 Gerüstbauarten

Stahlrohr-Kupplungsgerüste

Sie bestehen aus korrosionsgeschützten Stahlrohren nach DIN 4427, ∅ 48,3 mm, Mindestwanddicke 4 mm, und besonderen Verbindungsstücken (Bild **10**.14). Für alle Verbindungsteile ist eine besondere behördliche Zulassung (Prüfzeichen) erforderlich. Sie müssen dauerhaft und deutlich erkennbar gekennzeichnet sein.

Bei Stahlrohr-Kupplungsgerüsten mit flächenorientierten Gerüstlagen darf der Vertikalabstand von Quer- und Längsriegeln nicht größer als 2 m sein. Für die erforderlichen Verankerungen werden in DIN 4420-1 je nach Gerüstbauhöhe und Ausführungsart spezielle Verankerungsraster und die der statischen Berechnung zugrunde zu legenden Ankerkräfte festgelegt.

Stahlrohrgerüste werden heute insbesondere als Traggerüste bei Einschalungsarbeiten für große Bauteile verwendet. Für normale Arbeits- und Schutzgerüste ist der Arbeitsaufwand für das Auf- und Abbauen relativ hoch. Zur Rationalisierung werden hier vielfach als Sonderform der Stahlrohrgerüste die meistens in geschlossenen Systemen angebotenen Schnellbaugerüste (Systemgerüste) eingesetzt.

Die Ständerabstände sind nach Tabelle **10**.15 zu wählen.

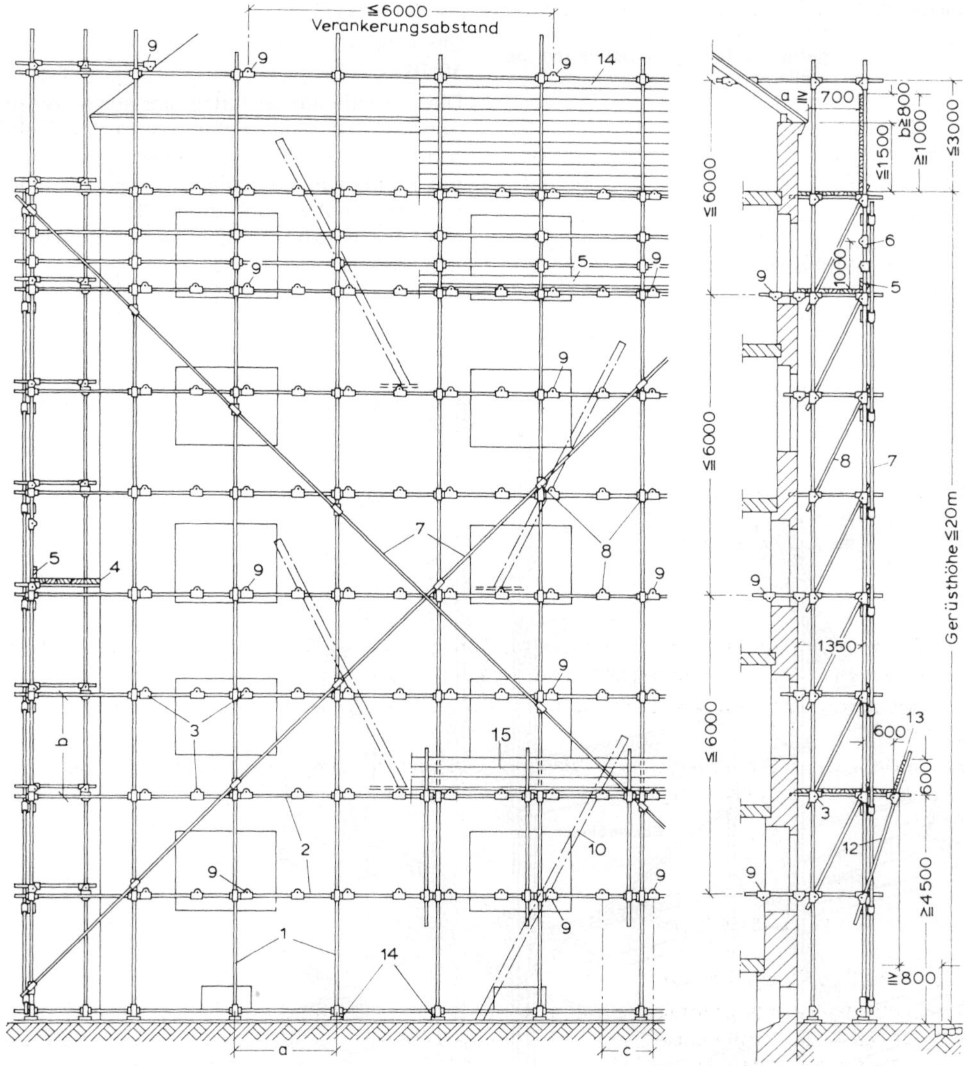

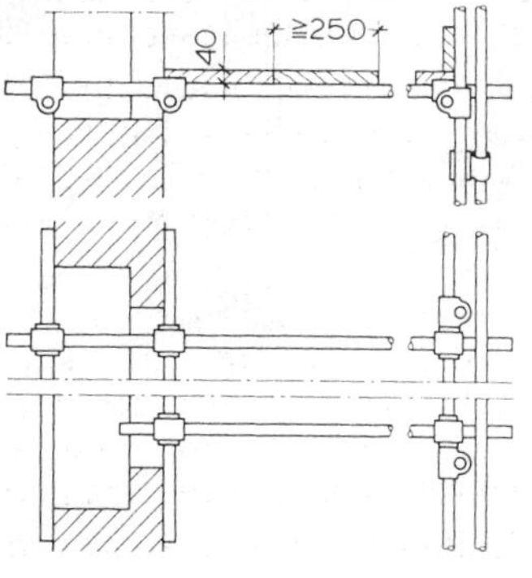

10.14
Zweireihiges Stahlrohrgerüst

1 Ständer
2 Längsriegel
3 Querriegel
4 Belag
5 Bordbrett
6 Fußplatte
7 Längsverstrebung
8 Querverstrebung
9 Verankerung
10 Kupplung
11 Leitergang
12 Schutzdachstreben
13 Schutzdach
14 Schutzwand
15 Schutzgeländer

Tabelle **10**.15 Ständerabstände für die Regelausführung der Stahlrohr-Kupplungsgerüste mit längenorientierten Gerüstlagen

Gerüstgruppe	1 oder 2	3 oder 4	5	6[1])
Ständerabstand l in mm	2,5	2,0	1,5	1,2

1) Für die Gerüstgruppe 6 sind zusätzlich Zwischenquerriegel erforderlich.

Systemgerüste

Ein modernes Schnellbaugerüst zeigt Bild **10**.16.

Die Gerüstlagen bestehen hier aus leiterartigen Baukastenelementen, die in das Stahlrohrgerüst eingehängt werden. Bodenplatten können in verschiedenen Kombinationen eingelegt werden. Auch die einhängbaren Leitern gehören zum Gerüstbausystem (Hünnebeck).

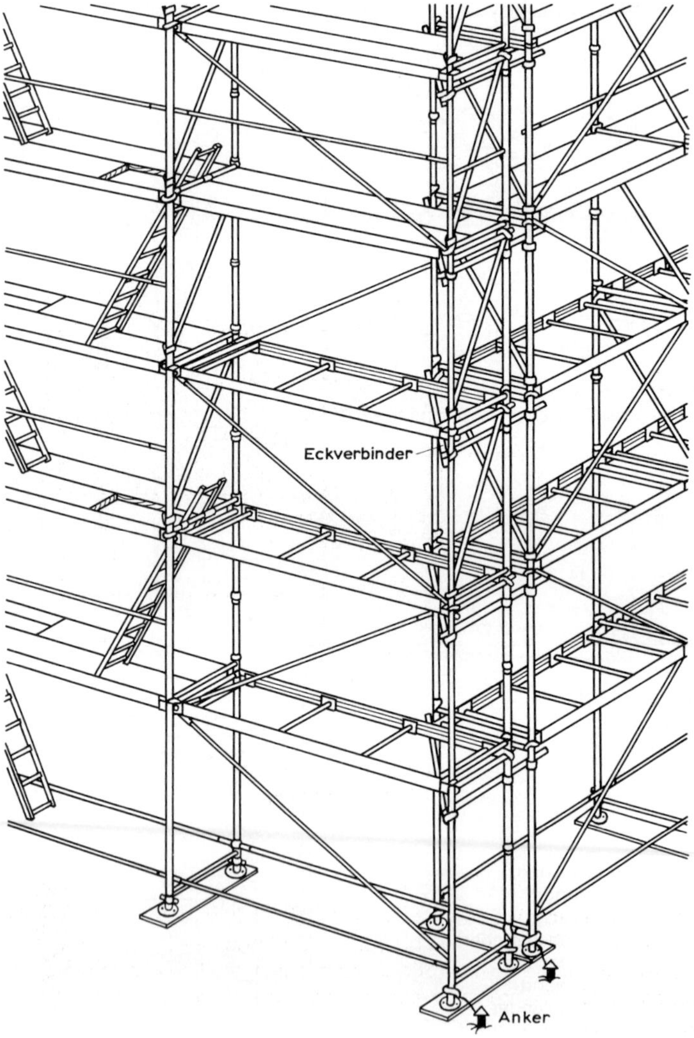

10.16
Modernes Systemgerüst (Hünnebeck)

Auslegergerüste

In Regelausführung dürfen Auslegergerüste für Arbeitsgerüste der Gerüstgruppen 1 bis 3 und als Fanggerüste eingesetzt werden. Als Ausleger dürfen nur Stahlprofile I 80, IPE 80, I 100 oder IPE 100 (DIN 17100) verwendet werden, die in Stahlbeton-Massivdecken mit mindestens 2 Verankerungsbügeln aus Betonstahl (mindestens ∅ 10) verankert sein müssen Bild **10**.17). Die Abstände der Ausleger dürfen höchstens 1,50 m betragen. Die Ausbildung von Gerüstecken zeigt Bild **10**.17 d.

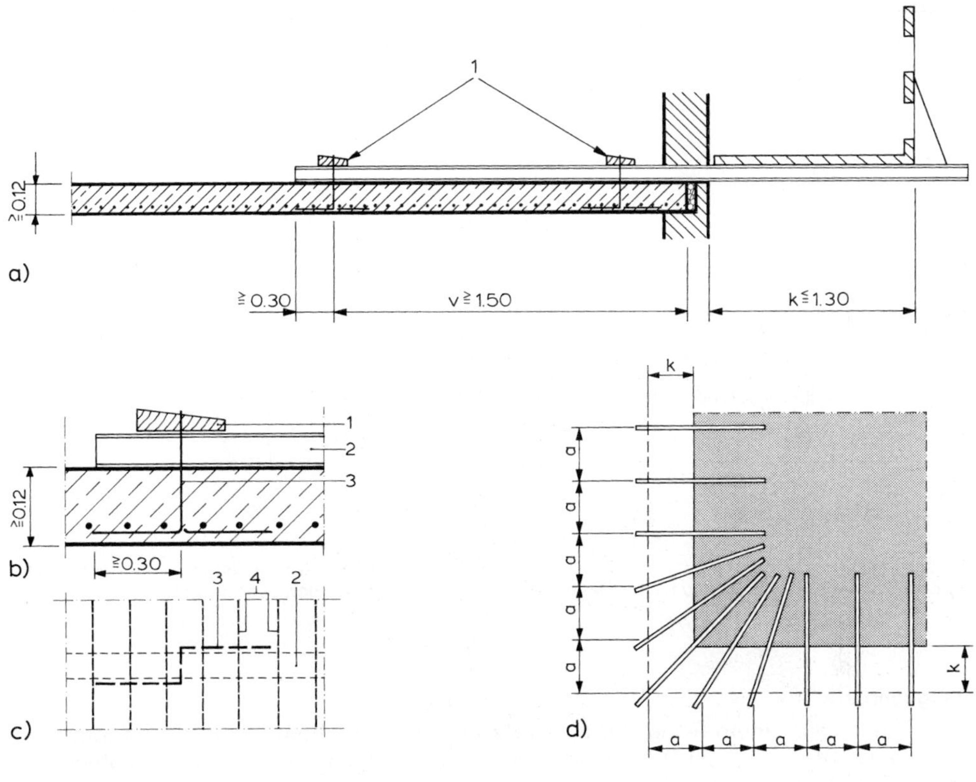

10.17 Auslegergerüst
a) Schnitt
b) Detail der Verankerung (Schnitt)
c) Detail der Verankerung (Grundriß)
d) Eckausbildung (Auslegerabstand $a < 1{,}50$ m)

1 Holzkeil
2 Ausleger
3 Ankerbügel ∅ 10 mm
4 Deckenbewehrung

Konsolgerüste

Konsolgerüste in Regelausführung sind für Arbeitsgerüste der Gerüstgruppen 1 bis 3 sowie für Fanggerüste mit einer maximalen Belagbreite von 1,30 m und höchstens 1,50 m Konsolenabstand zugelassen (Bild **10**.18). Sie müssen in Stahlbetonmassivdecken mit mindestens 2 Einhängschlaufen aus Baustahl > ∅ 10 mm verankert werden. Wandöffnungen dürfen mit Trägern gemäß Tabelle **10**.19 überbrückt werden.

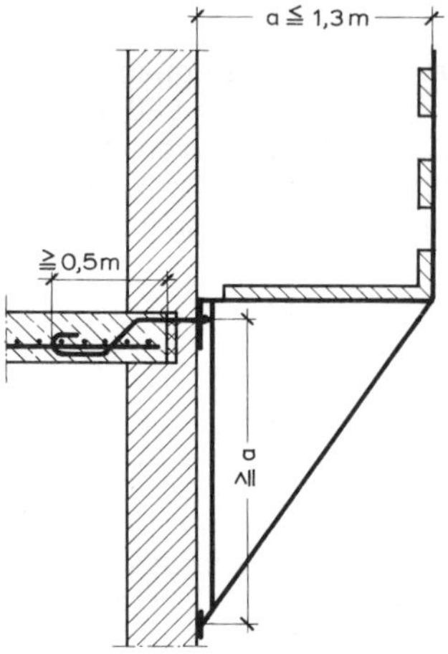

10.18 Konsolgerüst nach DIN 4420

Konsolbefestigung ohne statischen Nachweis
Lage der Bügel bei Doppelbefestigung (Grundriß)

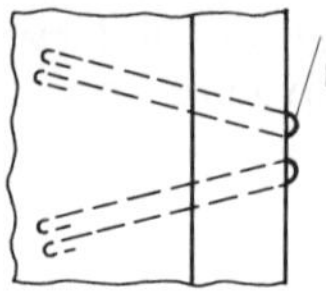

Tabelle **10**.19 Überbrückung von Wandöffnungen für die Regelausführung der Verankerung von Konsolgerüsten

Überbrückungsträger	zu überbrückende Öffnung ≦ 1,0 m	≦ 2,25 m
Holz[1])	□ 10 cm × 10 cm	2 □ 10 cm × 10 cm
Stahl		I 100 IPE 100

[1]) Sortierklasse S 10 oder MS 10 nach DIN 4074-1

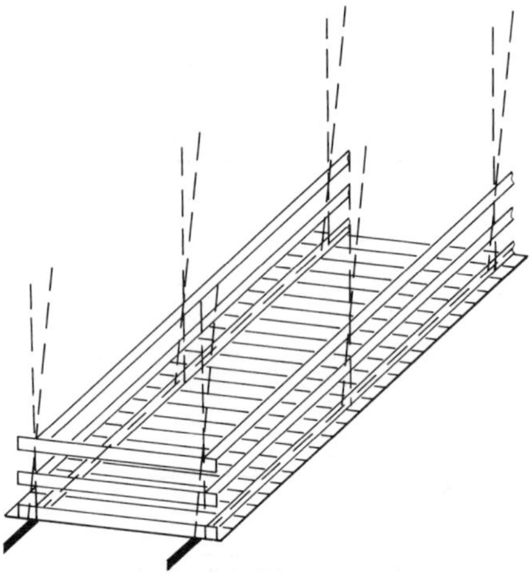

10.20 Hängegerüst mit längsorientierter Gerüstlage (Bohlen quer gespannt)

Hängegerüste

Sie bestehen aus einem Belag, der auf Profilstählen, Stahlrohren, Rund- oder Kanthölzern befestigt ist. Diese sind mit Drahtseilen, Ketten oder Profilstählen am Bauwerk aufgehängt. Sie sind als Arbeitsgerüste der Gruppen 1 bis 3, nicht jedoch als Fanggerüste zugelassen (Bild **10**.20).

Bügelgerüste

Bügelgerüste werden vorwiegend für Dacharbeiten verwendet. Sie werden oberhalb der Traufe befestigt und stützen sich unterhalb der Traufe gegen die Gebäudewand.

Bockgerüste

Sie bestehen aus Böcken von Holz oder Stahl mit darübergelegtem Gehbelag. Es dürfen nicht mehr als zwei Gerüstböcke übereinander gestellt werden. Die Gesamthöhe darf nicht größer als 4 m sein. Der Abstand der Gerüstböcke darf nicht größer als 3 m sein.

Leitergerüste (DIN 4420-2)

Leitergerüste sind Systemgerüste aus Gerüstleitern mit hölzernen Holmen und mit Sprossen aus Holz oder Stahl, einsetzbar als Stand- oder Hängegerüste für Arbeits- und Schutzgerüste der Gerüstgruppen 1 bis 3.

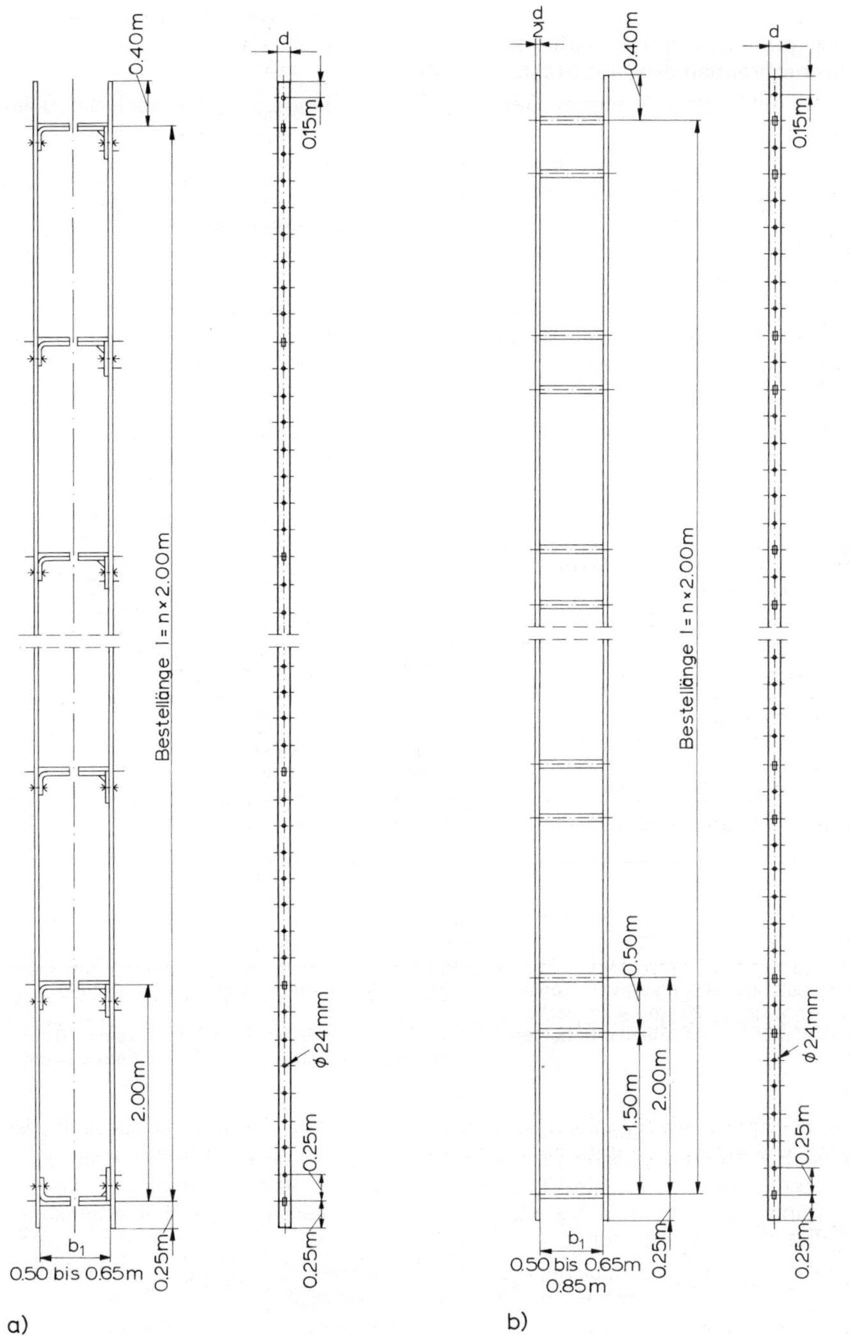

10.21 Gerüstleitern

a) einsprossige Gerüstleiter L 1 (S)

b) zweisprossige Gerüstleiter L 2

Unterschieden werden einsprossige Gerüstleitern mit stahlunterstützten Sprossen (L1 (S)) und zweisprossige Gerüstleitern (L2) (Bild **10**.21). Zur Verbindung dienen Klammern, Haken, Konsolen, Hakenschrauben usw. aus Stahl.

Für Standgerüste mit längenorientierten Gerüstlagen (Fassadengerüste) betragen die zulässigen Gerüsthöhen *h*

— 18,00 m, wenn alle Gerüstlagen in Höhenabständen von je 2,00 m ausgelegt und davon nur eine Gerüstlage mit Nutzlast belegt wird,

— 24,00 m, wenn eine bis drei Gerüstlagen ausgelegt sind und davon nur eine Gerüstlage je Gerüstfeld mit Nutzlast belegt wird (in Höhenabständen von 4,00 m dürfen zusätzliche Montagebohlen verbleiben).

Die zulässigen Gerüstfeldlängen *a* sind abhängig vom Querschnitt der Gerüstbohlen (Tabelle **10**.22). Gerüstbeläge müssen auf Sprossen oder Konsolen flächenfüllend so aufgelegt werden, daß an keiner Stelle größere Überstände als 30 cm bestehen.

Tabelle **10**.22 Zulässige Gerüstfeldlänge zul *a* für Fassadengerüste in Abhängigkeit von Mindestdicke und -breite der Gerüstbohlen

Breite × Dicke der Gerüstbohlen aus Holz in cm × cm min.	zulässige Gerüstfeldlänge zul *a* in m max.
24 × 5	2,75
28 × 4,5 24 × 4,5 20 × 5	2,50
28 × 4 20 × 4,5	2,25
24 × 4	2,00
24 × 4	1,75[1])

[1]) Bei über 2 Gerüstfelder durchlaufende Gerüstbohlen mit Breite × Dicke = 20 cm × 4 cm darf die zulässige Gerüstfeldlänge auf 2,00 m erhöht werden.

Tabelle **10**.23 Holmquerschnitte am Zopfende der Gerüstleitern (s. Bild **10**.21)

Leiterlänge in m	Mindestholmquerschnitt am Zopfende[1]) $\frac{d}{2} \cdot d$ in cm × cm
bis 8,65	4 × 8
bis 10,65	4,2 × 8,5
bis 12,65	4,2 × 9
bis 14,65	5 × 10
Holmquerschnitte für Standleitern mit Holmabstand 0,50 m bis 0,65 m	
Gerüsthöhe in m	
bis 8,65	4 × 8
bis 15,00	4,2 × 8,5
bis 20,00	4,5 × 9
bis 30,00	5 × 10

[1]) Für Gerüstleitern mit lichtem Holmabstand 0,85 m gilt:
Holmquerschnitt am Zopfende ≧ 5 cm × 10 cm
Holmquerschnitt am Zopfende ≧ 7 cm × 14 cm

Die Gerüstleitern müssen auf Leiterschuhen oder Unterlagen so aufgestellt werden, daß beide Holme die Belastungen gleichmäßig auf den Untergrund übertragen. Die Holmquerschnitte der Leitern sind nach Tabelle **10**.23 zu bestimmen. Bei Verlängerungen der Leitern müssen diese mindestens 2,00 m übergreifen und sind mit Leiterhaken, -laschen oder -klammern gemäß Bild **10**.24 miteinander zu verbinden.

Gerüste, die freistehend nicht standsicher sind, müssen mit dem Bauwerk verankert werden. Dabei sind beide Leiterholme mit Hakenschrauben in Höchstabständen von 4,00 m anzuschließen. Die Leitern dürfen nicht mehr als 7,00 m über die oberste Verankerung hinausragen, und der oberste Gerüstbelag darf nicht höher als 2,00 m über dem letzten Verankerungspunkt liegen.

Jedes zweite Gerüstfeld und auch die Endfelder sind durchgehend kreuzweise zu verstreben.

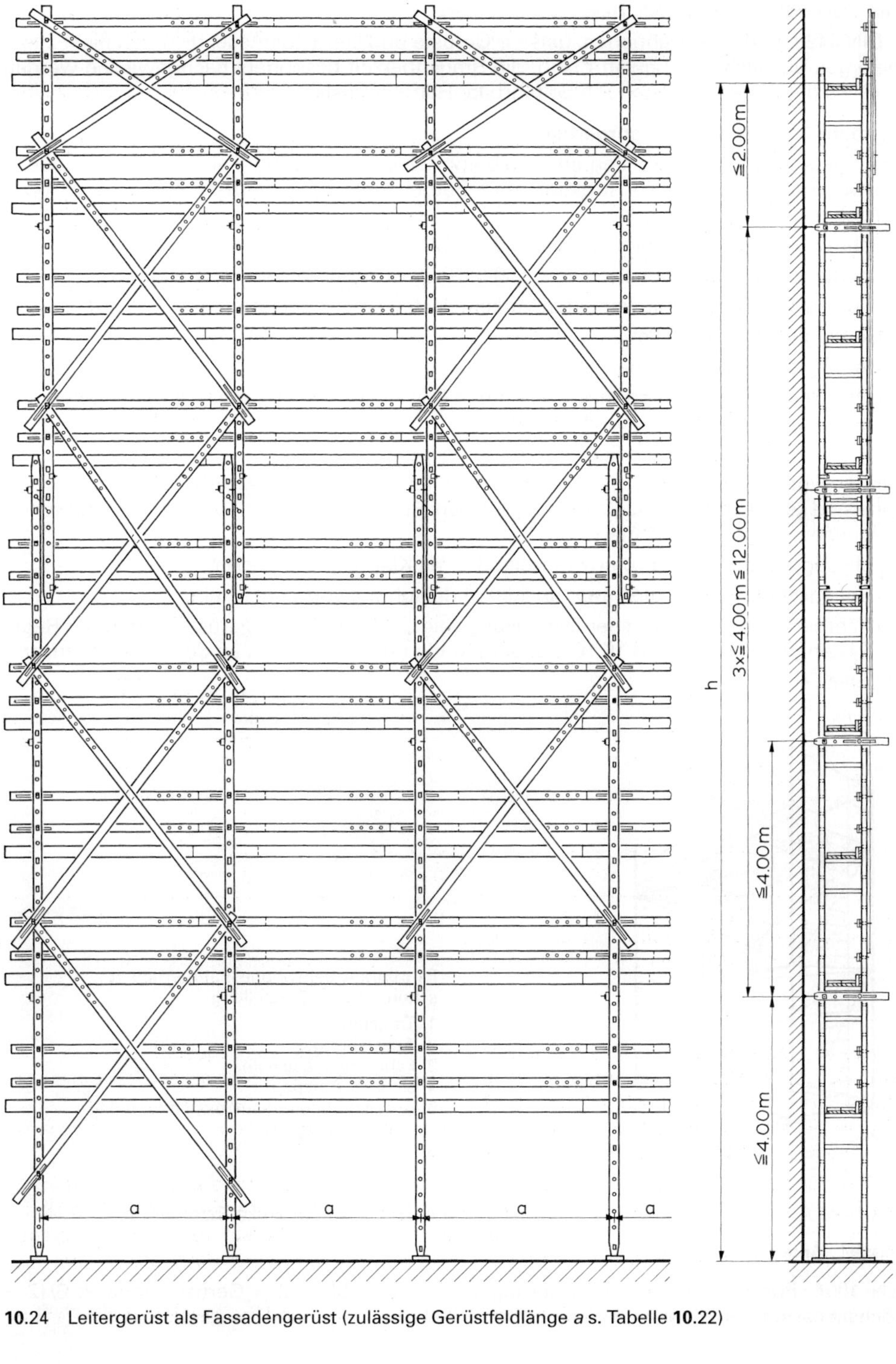

10.24 Leitergerüst als Fassadengerüst (zulässige Gerüstfeldlänge *a* s. Tabelle **10**.22)

Gerüste und Gerüstbauteile besonderer Bauart

In DIN 4420 wird vorgeschrieben, daß für Gerüste und Gerüstbauteile, die noch nicht allgemein gebräuchlich und bewährt sind, die Brauchbarkeit besonders nachgewiesen werden muß. Zu derartigen Gerüsten zählen fahrbare Hängegerüste.

Fahrbare Arbeitsbühnen (Fahrgerüste)

Besonders für Montagearbeiten innerhalb von Gebäuden werden Fahrgerüste verwendet. Die Bestimmungen für Konstruktion und Betrieb derartiger Gerüste enthält DIN 4422. Danach werden unterschieden:

— Fahrgerüste mit Aufbauhöhen von 2,50 bis 12,00 m innerhalb von Gebäuden und

— Fahrgerüste mit Aufbauhöhen von 2,50 bis 8,00 m außerhalb von Gebäuden.

Bei vertikalen, gleichmäßig verteilten Verkehrslasten sind zugelassen für

— Gerüstgruppe 2: 1,5 kN/m^2

— Gerüstgruppe 3: 2,0 kN/m^2.

Für den Nachweis der Standsicherheit enthält DIN 4422 Abschn. 6 weitere Definitionen und die anzuwendenden Berechnungsverfahren.

Die Fahrrollen müssen unverlierbar und feststellbar sein.

Zur Besteigung von Fahrgerüsten sind Anlegeleitern nicht zugelassen. Bis zu 5,00 m Arbeitshöhe sind senkrechte Aufstiegleitern zugelassen. Bei mehr als 0,90 m Belagbreite sind schräge Innenaufstiege vorgeschrieben.

Durchstiegöffnungen sind zu umwehren oder mit Klappen abzudecken.

Ein Seitenschutz (s. Bild **10**.9) muß ab 1,00 m Belaghöhe vorhanden sein.

Ein Fahrgerüst in schematischer Darstellung zeigt Bild **10**.25. Fahrgerüste sind in der Regel als Systemgerüste (vgl. Bild **10**.16) auf dem Markt und werden erst an der Baustelle zusammengesetzt.

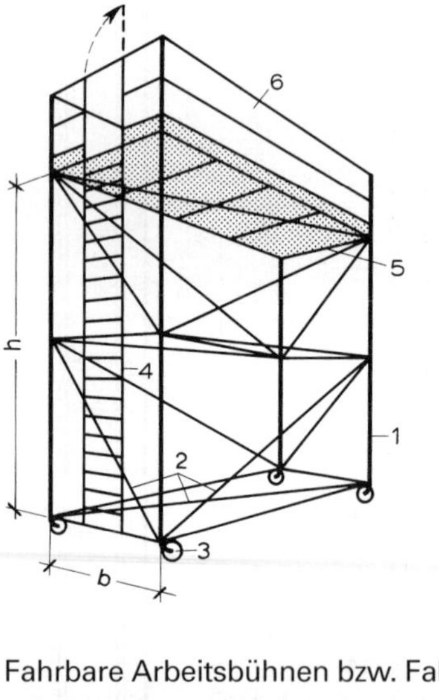

10.25
Fahrbare Arbeitsbühne (Fahrgerüst) in schematischer Darstellung

1 Tragstäbe
2 Aussteifungen
3 Fahrrollen, feststellbar
4 sicherer Aufstieg
5 Arbeitsbühne mit ausreichender Belagunterstützung
6 Seitenschutz

Fahrbare Arbeitsbühnen bzw. Fahrgerüste sind vom Hersteller zu kennzeichnen.

Beispiel Arbeitsbühne EN 1004 – 2 – 8/12

(EN 1004: Europäisches Harmonisierungsdokument (1992); 2 = Gerüstgruppe 2; 8/12 = höchstzulässige Höhe innen 8,00 m, außen 12,00 m)

10.2 Absteifungen und Abfangungen

Absteifungen

Baumaßnahmen mit umfangreichen Erdarbeiten unmittelbar neben bestehenden Bauwerken erfordern in der Regel besondere Sicherungsvorkehrungen, denn durch Veränderungen im Gründungsbereich kann es – besonders bei Böden mit Grundbruchgefahr – zu erheblichen Setzungen und sogar zum Einsturz der betroffenen Bauteile kommen (s. auch Abschn. 3.1 und 3.5 in Teil 1 des Werkes).

Zu den in solchen Fällen erforderlichen Sicherungsmaßnahmen gegen Kippen und Knicken bzw. Ausbeulen gehören Absteifungen der benachbarten Bauwerksteile.

Die Art der Maßnahmen und die Dimensionierung der Absteifungen müssen nach statischer Berechnung festgelegt werden.

Für die Ausführung kommen Holz- und Profilstahlträger in Frage, die mit besonderen zimmermannsmäßigen Verbindungen eingebaut werden.

Häufig müssen z. B. für Unterfangungsarbeiten (s. Abschn. 4.4 in Teil 1 des Werkes) freistehende Giebelwände abgesteift werden. Dabei werden meistens schräg angreifende Absteifungen angewendet, die in den ermittelten notwendigen Abständen (z. B. ca. 2,00 m) am günstigsten in der Höhe der Geschoßdecken ansetzen (Bild **10**.26). An den abzusteifenden Bauteilen wird mit „Klebepfosten" angesetzt (Bild **10**.27). Sie werden nach Möglichkeit in den abzusteifenden Bauteil eingelassen, oder sie stützen sich gegen angebolzte oder angedübelte Querbalken. Die Streben werden gegen verankerte Auflagerbohlen oder -kanthölzern verkeilt oder in verankerte Treibladen eingesetzt (Bild **10**.28).

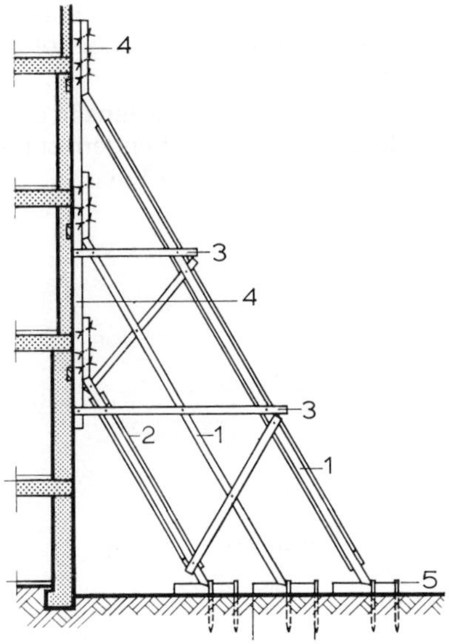

10.26 Absteifung einer Giebelwand
1 Absteifungsstrebe
2 Diagonalverbände
3 Zangen
4 Klebepfosten (s. Bild **10**.27)
5 Tragschwelle oder Treiblade (s. Bild **10**.28)

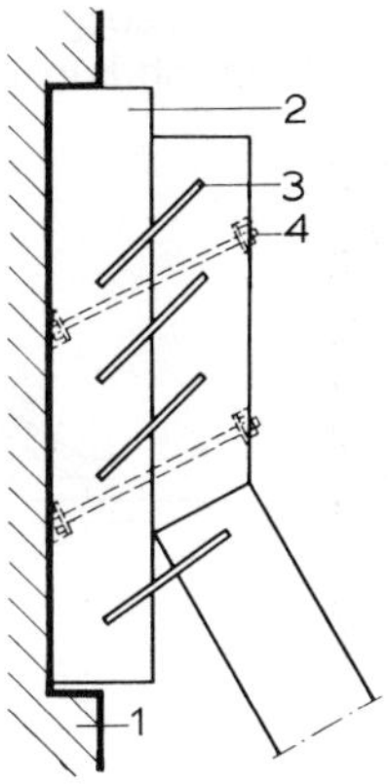

10.27 Klebepfosten
1 Abzusteifender Bauteil
2 Klebepfosten
3 Widerlager, gesichert durch Klammern
4 Bolzenverbindung

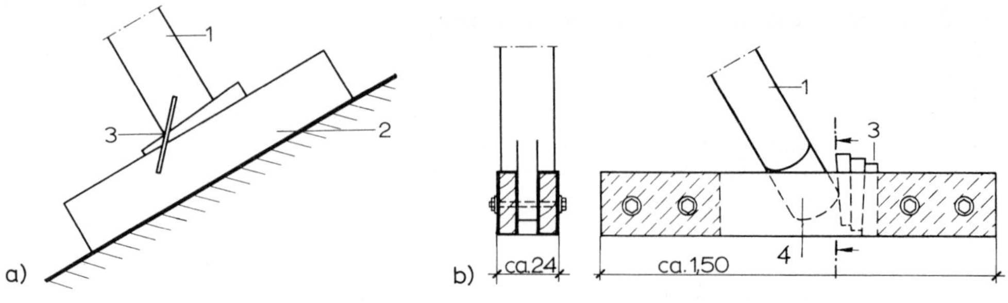

10.28 Absteifung: Strebenfuß
a) auf Schwelle verkeilt
b) in Treiblade
1 Strebe
2 Schwelle
3 Keile, gesichert durch Klammern
4 Zapfen

Werden Arbeiten die eine Absteifung erforderlich machen, in Baulücken ausgeführt, können bei Entfernungen bis zu ca. 15,00 m Verspreizungen angewendet werden.

Die Spreizbalken werden je nach erforderlicher Länge ein- oder zweiteilig ausgeführt (Bild **10**.29 und **10**.30).

Bei Verspreizungen von Giebelwänden werden waagerechte Balkenhölzer mit Hilfe von Klebepfosten oder Balkenkreuzen in Richtung der Mittelwände und in Höhe der Geschoßdecken zwischen die Giebel eingespannt und verkeilt. Die Balkenkreuze werden gegen die Spreizbalken verstrebt. Bei größerer Spannweite sind die Balken in der Mitte durch angebolzte Spannriegel zu verstärken und durch Verschwertungen zu sichern.

Abfangkonstruktionen, insbesondere Verspreizungen, werden immer noch meistens in den herkömmlichen Holzkonstruktionen ausgeführt. Sie sind jedoch – bei entsprechendem statischem Nachweis – auch mit Stahlrohrkonstruktionen möglich (vgl. Abschn. 10.1.4).

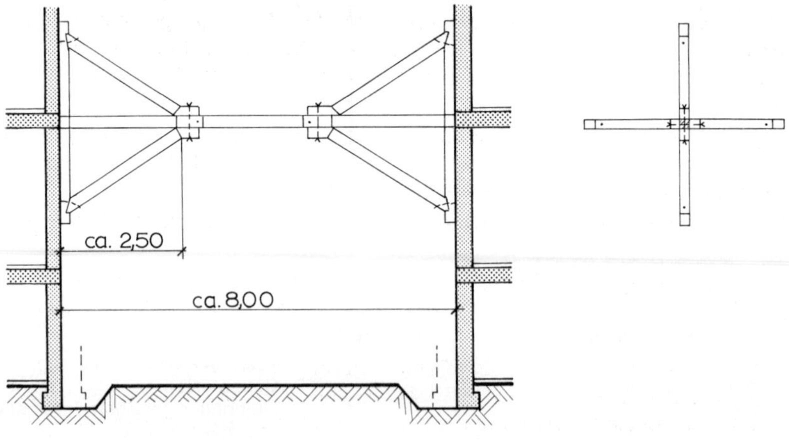

10.29 Verspreizung von Giebelwänden (Spreizstück aus einem Stück)

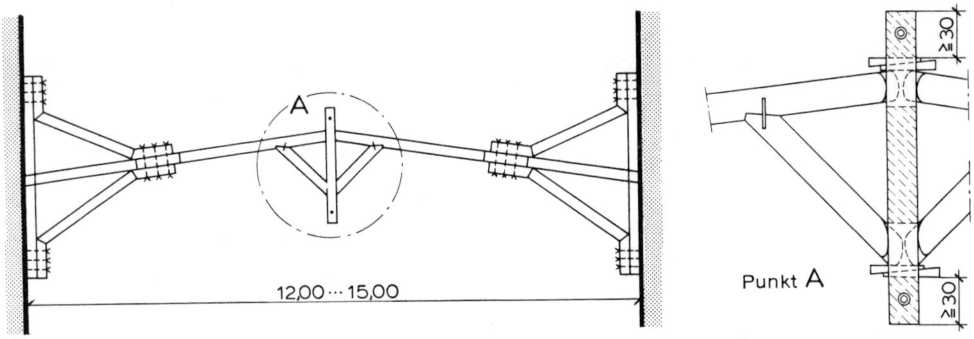

10.30 Verspreizung von Giebelwänden (Spreizbalken geteilt und von der Mitte her verspannt)

Abfangungen

Wenn bei Umbauten oder Reparaturen tragende Konstruktionselemente entfernt und durch andere ersetzt werden müssen, sind die darüber liegenden Bauwerksteile vorher abzufangen, d.h. es müssen provisorische Tragekonstruktionen eingebaut werden.

Für die Ausführung der Abfangung sind die aufzunehmenden Eigengewichts- und Verkehrslasten und alle sonstigen Rahmenbedingungen (z.B. Erschütterungen aus Maschinenbetrieb oder Verkehr) genau zu erfassen. Danach sind die Ausführungsart und die erforderlichen Dimensionen der Abfangungsmaßnahmen statisch zu ermitteln. Daneben sind für die Zeit der Bauausführung ggf. Provisorien für den laufenden Betrieb des vorhandenen Bauwerkes zu planen (gesicherte Zugänge bzw. Zufahrten für die Nutzer, vorläufige Umlegungen und der Betrieb von Ver- und Entsorgungsleitungen, Verkehrssicherung usw.

In Bild **10**.31 ist die zimmermannsmäßig ausgeführte Abfangungskonstruktion für einen größeren Fassadenausbruch dargestellt (z.B. Einbau einer Durchfahrts- oder Schaufensteröffnung).

Bei der gezeigten Ausführungsmöglichkeit ist die Einbeziehung des über der Ausbruchstelle liegenden Bauwerksteiles notwendig.

Die in diesem Falle abzufangende tragende Außenwand wird ggf. zunächst abgesteift (vgl. Bilder **10**.28 bis **10**.30). Größere Öffnungen von Fenstern o.ä. werden bei großen abzufangenden Lasten evtl. gesondert ausgesteift. Danach werden oberhalb der Mauerdurchbrüche zum Durchschieben der Abfangträger hergestellt. Die Abfangträger liegen hier außen auf einer untereinander ausgesteiften Reihe von Abfangstützen. Innen werden die auf den Abfangträgern ruhenden Lasten von Stützenreihen im Erd- und Kellergeschoß über eine Schwelle auf den Baugrund abgetragen.

Bei sehr großen abzutragenden Lasten kann eine provisorische Gründung für die Abfangstützen erforderlich werden (Stahlbetonbalken o.ä.). Auf eventuell im Untergrund vorhandene Entsorgungsleitungen ist Rücksicht zu nehmen.

In ähnlicher Weise wird vorgegangen, wenn eine Tragkonstruktion im Gebäudeinneren abzufangen ist.

Sollen lange Strahlträger als Unterzüge (Abfangträger) eingebaut werden, so sind sie vor dem Absteifen der Wände an Ort und Stelle bereitzulegen, damit ihr Antransport und Einbau durch die Absteifungen nicht behindert wird.

Sind beim Abfangen von Wänden größere Setzungen beim Belasten der Jochkonstruktion zu erwarten, werden zwischen die Jochstützen und Jochlängsträger hydraulische Pressen eingebaut, durch welche die Jochkonstruktion mehrfach bis zur vollen errechneten Belastung gedrückt wird, bevor die Joche die Last der angefangenen Wand aufnehmen (Bild **10**.32).

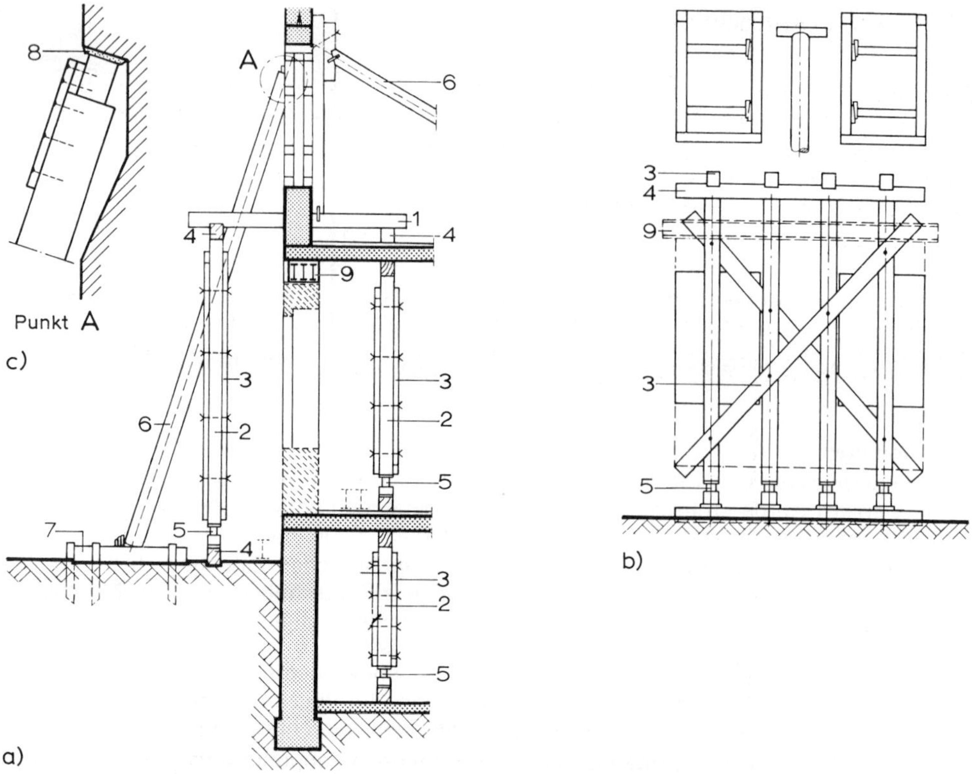

10.31 Abfangung einer Fassade in zimmermannsmäßiger Ausführung
a) Schnitt, b) Ansicht, c) Detail Anschluß Absteifungsstrebe

1 Abfangträger
2 Abfangstütze
3 Diagonalverband
4 Schwelle
5 Hydraulikpresse
6 Absteifungsstrebe
7 Treiblade (vgl. Bild **10**.28b)
8 Zementmörtel
9 Neu eingebaute Abfangträger

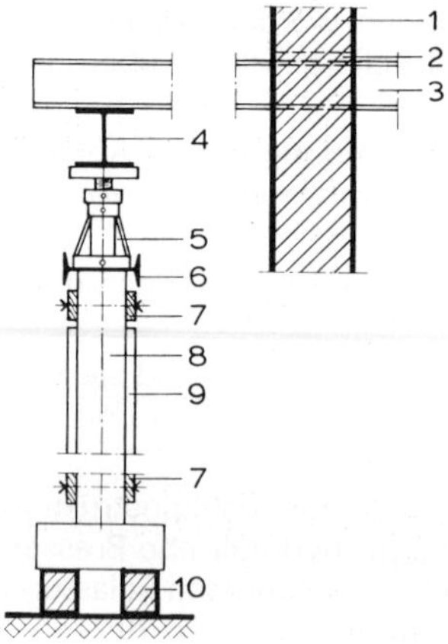

10.32
Abfangen einer Wand unter Verwendung von hydraulischen Pressen

1 abgefangene Wand
2 Stampfbetonfuge
3 Abfangeträger (Breitflansch)
4 Jochträger
5 hydraulische Presse
6 Auflager für Pressen und Spindeln
7 Zange
8 Holzstütze
9 Kreuzstrebe
10 Schwellenrost

10.3 Freistehende Gerüste

Zunehmend müssen freistehende Bauwerksteile vorübergehend gesichert werden wie z. B. historische Fassaden, hinter denen oft ein völlig neues Bauwerk errichtet wird.

In der Regel muß zunächst vor Beginn der Abbrucharbeiten im Gebäudeinneren durch teilweises vorübergehendes Ausmauern von Öffnungen die Scheibenwirkung der zu erhaltenden Wandflächen verbessert werden.

Die Abfanggerüste können in diesen Fällen meistens nur auf der Außenseite der Baustelle errichtet werden.

Die bestehenbleibenden Bauwerksteile müssen bis zur Fertigstellung der neuen Decken und aussteifenden Innenwände durch Gerüstkonstruktionen stabilisiert und gegen Windkräfte gesichert werden. Dabei entstehen in den Gerüsten Druck- und Zugbeanspruchungen. Es ist deshalb eine feste Verankerung mit dem Untergrund erforderlich.

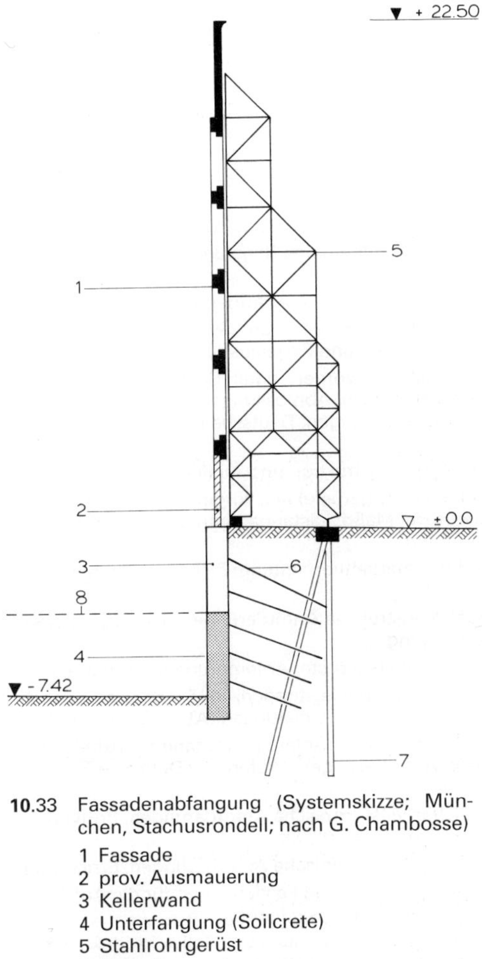

10.33 Fassadenabfangung (Systemskizze; München, Stachusrondell; nach G. Chambosse)
1 Fassade
2 prov. Ausmauerung
3 Kellerwand
4 Unterfangung (Soilcrete)
5 Stahlrohrgerüst
6 Erdanker
7 Pfahlgründung bzw. Anker
8 ursprüngliche Gründungsebene

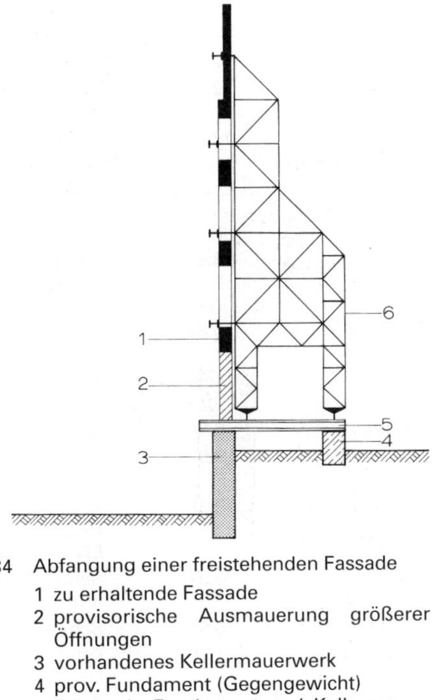

10.34 Abfangung einer freistehenden Fassade
1 zu erhaltende Fassade
2 provisorische Ausmauerung größerer Öffnungen
3 vorhandenes Kellermauerwerk
4 prov. Fundament (Gegengewicht)
5 Träger, in Fundament und Kellermauerwerk verankert
6 räumliches Gitterrohr-Gerüst, mit horizontalen Trägern an der Fassade verankert

Auf der Gebäudeaußenseite werden für die Gerüste deshalb meistens schwere provisorische Fundamente aus Ortbeton oder Fertigteilen geschaffen, die durch ihr Eigengewicht gegen auftretende Zugkräfte wirken können. Wenn die Kellergeschosse bestehen bleiben, kann die innere Gerüstverankerung bei entsprechendem statischem Nachweis an Kellerdecken und andere Bauteilen ausreichen. Mit den bestehenbleibenden Außenwände werden die Gerüste mit Hilfe schwerer Querträger auf der Innen- und nötigenfalls auch auf der Außenseite verbunden (Bild **10**.33).

Wenn das Eigengewicht der Gerüstfundamente bei sehr umfangreichen Sicherungsarbeiten an hohen Bauwerksteilen zur Aufnahme von Zugkräften nicht ausreicht, müssen die Fundamente durch Erdanker gesichert werden. Können innenliegende bestehenbleibende Bauwerksteile nicht zur Gründung der freistehenden Gerüste herangezogen werden (z. B. wenn auch die vorhandenen Kellergeschosse zu ersetzen sind), können zusätzliche provisorische Fundamente an der Außenseite der zu sichernden Wände erforderlich sein (Bild **10**.34).

Erforderliche Fundamentunterfangungen werden nach den in Abschn. 4.4 in Teil 1 dieses Werkes dargestellten Grundsätzen ausgeführt.

10.4 Normen

Norm	Ausgabe-Datum	Titel
DIN 4420-1	12.90	Arbeits- und Schutzgerüste; Allgemeine Regelungen; Sicherheitstechnische Anforderungen, Prüfungen
DIN 4420-2	12.90	–; Leitergerüste; Sicherheitstechnische Anforderungen
DIN 4420-3	12.90	–; Gerüstbauarten ausgenommen Leiter- und Systemgerüste; Sicherheitstechnische Anforderungen und Regelausführungen
DIN 4420-4	12.88	Arbeits- und Schutzgerüste aus vorgefertigten Bauteilen (Systemgerüste); Werkstoffe, Gerüstbauteile, Abmessungen, Lastannahmen und sicherheitstechnische Anforderungen; Deutsche Fassung HD 1000: 1988
DIN 4421	8.82	Traggerüste; Berechnung, Konstruktion und Ausführung
DIN 4422-1	8.92	Fahrbare Arbeitsbühnen (Fahrgerüste) aus vorgefertigten Bauteilen; Werkstoffe, Gerüstbauteile, Maße; Lastannahmen und sicherheitstechnische Anforderungen
DIN 4424	6.87	Baustützen aus Stahl mit Ausziehvorrichtung; Sicherheitstechnische Anforderungen und Prüfung
DIN 4425	11.90	Leichte Gerüstspindel; Konstruktive Anforderungen, Tragsicherheitsnachweis und Überwachung
DIN 4427	9.90	Stahlrohr für Trag- und Arbeitsgerüste; Anforderungen, Prüfungen
DIN 18451	5.98	VOB Verdingungsordnung für Bauleistungen; Teil C: Allgemeine Technische Vertragsbedingungen für Bauleistungen (ATV); Gerüstarbeiten
DIN EN 74	12.88	Kupplungen, Zentrierbolzen und Fußplatten für Stahlrohr-Arbeitsgerüste und Traggerüste; Anforderungen, Prüfungen; Deutsche Fassung EN 74: 1988
DIN EN 1263-1	6.97	Schutznetze; Teil 1: Sicherheitstechnische Anforderungen, Prüfverfahren
E DIN EN 1263-2	10.95	Schutznetze; Teil 2: Sicherheitstechnische Anforderungen, Errichtung
DIN EN 1298	4.96	Fahrbare Arbeitsbühnen – Regeln und Festlegungen für die Aufstellung einer Aufbau- und Verwendungsanleitung
E DIN EN 12810-1	6.97	Fassadengerüste aus vorgefertigten Bauteilen – Teil 1: Produktfestlegungen; Deutsche Fassung prEN 12810-1: 1997

Fortsetzung s. nächste Seite

Normen, Fortsetzung

Norm	Ausgabe-datum	Titel
E DIN EN 12810-2	6.97	Fassadengerüste aus vorgefertigten Bauteilen – Teil 2: Besondere Bemessungsverfahren und Nachweise; Deutsche Fassung prEN 12810-2: 1997
E DIN EN 12811	6.97	Arbeitsgerüste – Anforderungen, Bemessung und Entwurf; Deutsche Fassung prEN 12811: 1997
E DIN EN 12812	6.97	Traggerüste – Anforderungen, Bemessung und Entwurf; Deutsche Fassung prEN 12812: 1997
E DIN EN 12813	6.97	Stützentürme aus vorgefertigten Bauteilen – Besondere Bemessungsverfahren und Nachweise; Deutsche Fassung prEN 12813: 1997

10.5 Literatur

[1] Bauberufsgenossenschaft Frankfurt/Main: Unfallverhütungsvorschrift Gerüste (1986)
[2] –: Sicherheit bei der Errichtung von Fahrgerüsten (1976)
[3] –: Merkblatt für das Anbringen von Dübeln zur Verankerung von Fassadengerüsten (1976)
[4] –: Sicherheit am Bau (1984)
[5] –: Unfallverhütungsvorschrift Bauarbeiten (1983)
[6] Chambosse, G.: Sicherung historischer Fassaden bei Entkernung von Gebäuden. In: DAB 6/92
[7] Heiermann/Keskari: Erläuterungen zur DIN 18451. Köln 1992
[8] Deutscher Abbruchverband: Technische Vorschriften für Abbrucharbeiten. Düsseldorf 1987

Sachverzeichnis